Mathematische Methoden in der Physik

Christian B. Lang · Norbert Pucker

Mathematische Methoden in der Physik

3. Auflage

Christian B. Lang
Institut für Physik
Universität Graz
Graz, Österreich

Norbert Pucker
Institut für Physik
Universität Graz
Graz, Österreich

ISBN 978-3-662-49312-0
ISBN 978-3-662-49313-7 (eBook)
DOI 10.1007/978-3-662-49313-7

Die Deutsche Nationalbibliothek verzeichnet diese Publikation in der Deutschen Nationalbibliografie; detaillierte bibliografische Daten sind im Internet über http://dnb.d-nb.de abrufbar.

Springer Spektrum

Planung: Margit Maly

Gedruckt auf säurefreiem und chlorfrei gebleichtem Papier.

Springer-Verlag GmbH Berlin Heidelberg ist Teil der Fachverlagsgruppe Springer Science+Business Media (www.springer.com)

Vorwort

Die Sprache der Mathematik ist ein Teil der Sprache der Naturwissenschaft. Sie erlaubt es, Sachverhalte so zu beschreiben, dass verschiedene Leute ohne Verständigungsprobleme über das Gleiche reden können. Ja, mehr noch, wir können Naturgesetze in ihr formulieren und mit Hilfe ihrer Regeln neue Aussagen ableiten. Den Naturwissenschaftler (oder die Naturwissenschaftlerin, wir bitten um Nachsicht, dass wir solche Begriffe künftig geschlechtsneutral verstehen wollen; nicht, um die Kolleginnen oder Kollegen zu missachten, sondern einfach der kürzeren Formulierungen zuliebe) als Anwender fasziniert die Eleganz und Leichtigkeit, zu handfesten Ergebnissen zu gelangen. Mathematik macht Spaß! Vom in Gleichungen gefassten Gesetz bis zur praktischen Anwendung ist es allerdings oft ein weiter Weg, der viel technisches Können erfordert. Die wichtigen praktischen Kenntnisse sollten möglichst bald erworben werden, um den Weg durch das eigentliche Fachgebiet nicht zu einem frustrierenden Hürdenlauf werden zu lassen.

Wie beim Erlernen einer Sprache gibt es auch beim „Erlernen der Mathematik" verschiedene Zugänge. Ein Linguist geht dabei anders vor als ein Dichter, eine Sprachschule oder auch ein Kleinkind. In diesem Text wollen wir wichtige Methoden der Mathematik kennen lernen und dabei die Anwendung betonen. Wir verzichten oft auf die Beweisführung oder die genaue Ableitung des jeweiligen Verfahrens, und wir können so auch auf viele „Hilfssätze" verzichten. All dies ist zwar für ein tiefes Verständnis wichtig, stellt aber am Anfang eine Motivationsschranke dar. Der Leser soll schnell den Überblick und die notwendigen Fertigkeiten erlangen, Probleme zu lösen. Er wird ermuntert, einzelne Aussagen zu hinterfragen und, vielleicht in einem späteren Stadium, entsprechend „härtere" Fachbücher zu konsultieren. Im ersten Anlauf wollen wir versuchen, klar und einfach zu sein; wir werden nicht betrügen, aber oft auch nicht alles sagen. Um die abstrakte Schärfe der Mathematik zu demonstrieren, werden wir ab und zu den Sachverhalt in prägnanter Form in einer „Mathematikbox" darstellen: „**Kurz und klar**". Diese Kurzdarstellung des Formalismus bringt oft zusätzliche Informationen, die hilfreich sein können.

Im Text werden viele Beispielsrechnungen durchgeführt. Daneben findet man am Ende jedes Abschnittes weitere Hinweise auf Literatur und Aufgabensammlungen. Oft können die Aufgaben sowohl mit Bleistift und Papier („analytisch") als auch mit Hilfe eines Computers gelöst werden. Viele Lösungen sind zumindest in kurzer Form angegeben. Ausführliche Lösungen finden Sie über die weiter unten angegebene World-Wide-Web-Adresse zum Buch.

Dieser Text wendet sich an Studienanfänger. Grundkenntnisse der Mathematik, wie man sie im Gymnasium erlernt, werden daher vorausgesetzt. Um aber gegebenenfalls die Erinnerung daran aufzufrischen, sind in Anhang A einige gebräuchliche Begriffe und Abkürzungen kurz erläutert. Anhang B erinnert an den Begriff der Funktion und stellt ein „Vademecum" elementarer analytischer Funktionen dar. Dieser Anhang enthält Grundwissen, das im Haupttext nicht mehr näher erläutert wird, aber oft notwendig ist. Sollte Ihnen im Haupttext ein Begriff fremd sein, so schlagen Sie zuerst im Stichwortverzeichnis und in diesen beiden Anhängen nach! Wenn Sie diesen Text selbstständig erarbeiten, so wäre es eine gute Idee, mit diesen beiden Anhängen zu beginnen. Auch die Kapitel des eigentlichen Hauptteils sind von verschiedenem Schwierigkeitsgrad. Die ersten fünf Kapitel haben einführenden Charakter. Die Präsentation ist ausführlich und vieles darin kommt Ihnen vermutlich bekannt vor. Lassen Sie sich nicht täuschen. Diese Grundlagen sind wichtig für das weitere Verständnis. Einiges aus diesen ersten Schritten wird in späteren Abschnitten wieder aufgenommen und detaillierter betrachtet.

Der Computer ist heute selbstverständlich geworden. Daher soll hier auch der Einsatz einfacher Programme der Entwicklung der mathematischen Intuition dienen. In eigenen Einschüben „**... und auf dem Computer**" wird daher in so einer „Computerbox" auf numerische Formulierungen im Zusammenhang mit den jeweiligen Fragestellungen eingegangen. Fragen werden aufgeworfen, die man mit Hilfe eigener Computerprogramme beantworten sollte. Dies kann nicht einen Kurs über Numerische Mathematik ersetzen, aber es soll wiederum die Freude am Thema verstärken. Anwendung motiviert: Ein selbst geschriebenes Programm hilft, ein Verfahren und seine Beschränkungen viel besser kennen zu lernen, als man das beim theoretischen Studium kann. Als Starthilfe und Rettungsanker finden Sie im Internet Programmvorschläge (siehe auch Anhang C) – bitte nur verwenden, wenn Sie es sonst wirklich nicht schaffen!

Jede Mathematik- oder Computerbox ist mit einer Referenznummer mit vorangestelltem „M" oder „C" versehen; auch die Gleichungen darin sind entsprechend gekennzeichnet, damit darauf Bezug genommen werden kann. Allgemein werden wir auf Gleichungen in der Form (12.2) verweisen, wobei die erste Zahl das Kapitel und die zweite die entsprechende Unternummer bezeichnet. Gleichungen in Mathematik- oder Computer-Kästen heißen dann (M.2.2.1) oder (C.14.1.2). Kapitel und Abschnitte werden ohne Klammersymbole zitiert.

Der vorliegende Text entspricht dem Umfang einer dreisemestrigen 5-stündigen Vorlesung mit Übungen. Nehmen Sie sich also entsprechend Zeit. Die Kenntnis der wesentlichsten Ideen und die Beherrschung der wichtigsten Methoden der Mathematik erlauben einen unbeschwerteren Zugang zu Ihrem Fachgebiet. Wir wünschen uns, dass der Text diesem Ziel dient. Alle, die tiefer in diese Welt eindringen möchten, sollten auf jeden Fall auch Vorlesungen über Analysis und andere Teilgebiete der reinen Mathematik hören, die von Fachmathematikern gehalten werden.

Obwohl wir versucht haben, die für Physiker wichtigsten Methoden der Mathematik zu besprechen, gibt es natürlich einige Gebiete, die wir nicht diskutiert haben. In vielen

Fällen werden im vorliegenden Text an geeigneter Stelle – zum Beispiel am Kapitelende – Literaturhinweise gegeben.

Die folgende Skizze ist der unzulängliche Versuch einer Strukturierung des weiten Feldes der Mathematik. Nur ein Teil der vielfältigen Zusammenhänge ist dargestellt. Wir geben dabei auch an, welche Kapitel des vorliegenden Buches sich mit Aspekten aus dem jeweiligen Bereich beschäftigen.

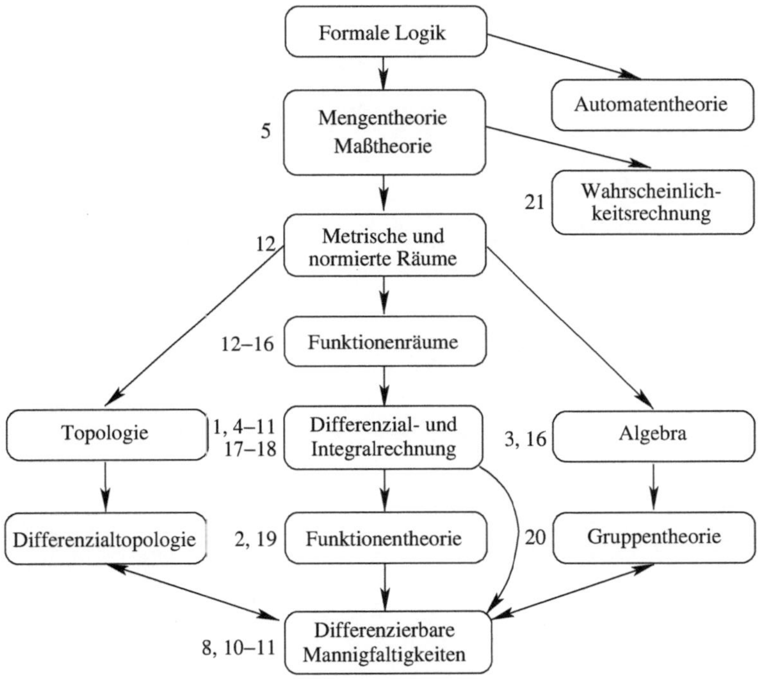

Zusatzinformationen zu diesem Buch wie Programmbeispiele, Lösungen zu den Aufgaben und anderes finden Sie im World-Wide-Web entweder über die Verlags-Homepage oder die ebenfalls angegebene Seite der Autoren:
http://physik.uni-graz.at/~cbl/mm/

Sie benötigen dazu nur einen WWW-Browser und können damit die Programme und weitere Informationen auf Ihren Computer holen.

Dies ist die dritte Auflage und wir möchten unseren aufmerksamen Lesern danken, die mit ihren Rückmeldungen zur Verbesserung beigetragen haben. Besonders hilfreich bei der Erstellung und Überarbeitung des Texts und der Fehlersuche waren R. Abt, G. Bachmaier, G. Brecht, G. Folberth, H. Gausterer, J. Hejtmanek, I. Hip, M. Kammerhofer, W. Ortner, M. Salmhofer, W. Schweiger und P. Obersteiner. Es war ein Vergnügen, mit dem Lektorat des Verlages zusammenzuarbeiten; besonders danken wir Andreas Rüdinger für viele sachliche Hinweise bei der ersten Auflage, Frau Margit Maly für das Lektorat der dritten Auflage und Barbara Lühker für die redaktionelle Betreuung. Familiärer Dank gilt auch Renate Pucker für wertvolle Hilfe bei der Korrektur.

Inhaltsverzeichnis

Kurz und klar

Auf dem Computer

Unendliche Reihen

1

1.1 Folgen und Reihen

1.1.1 Achill und die Schildkröte

Wir wollen keine Ausnahme machen und den Abschnitt über unendliche Reihen und Folgen wie üblich mit dem Zenoschen[1] Paradoxon beginnen: Kann Achill die Schildkröte je überholen?

Die Situation ist bekanntlich die folgende: Der berühmte Held Achill läuft pro Sekunde 9 m, die (offenbar ziemlich schnelle) Schildkröte jedoch nur 0.9 m, bekommt am Start aber einen Vorsprung von 9 m. Es geht los und in der ersten Sekunde hat Achill 9 m zurückgelegt, aber die Schildkröte hat die Zeit genutzt und ist um 0.9 m vor Achill. Dieser braucht zwar nur 0.1 Sekunde für diese Strecke, aber die Schildkröte ist inzwischen um 0.09 m vorangekommen. Dazu benötigt Achill 0.01 Sekunden, aber wieder ist die Schildkröte währenddessen weitergekommen. So geht es immer weiter, und der arme Achill kann die Schildkröte anscheinend nie einholen.

Natürlich kann da was nicht stimmen. Schon nach 1.2 s ist Achill 10.8 m vom Start entfernt, aber die Schildkröte nur 10.08 m. Achill muss die Schildkröte also bereits überholt haben.[2] Betrachten wir doch einmal die Teilstrecken, die Achill und die Schildkröte zurücklegen.

[1] Angaben über Leben und Werk der hier genannten Mathematiker findet man unter dem URL http://www-history.mcs.st-andrews.ac.uk/index.html

[2] Als Physiker(in) würde man durch Lösung der Gleichung für die zurückgelegte Strecke ($T\,9\,\text{m/s} = 9\,\text{m} + T\,0.9\,\text{m/s}$) den Überholzeitpunkt $T = 10/9\,\text{s}$ bestimmen!

C.B. Lang, N. Pucker, *Mathematische Methoden in der Physik*,
DOI 10.1007/978-3-662-49313-7_1

n	Zeit (s)	Schildkröte: Teilstrecke (m)	Schildkröte: gesamte Distanz (m)	Achill: Teilstrecke (m)	Achill: gesamte Distanz (m)
0	0	Start	9	Start	0
1	1	0.9	9.9	9	9
2	1.1	0.09	9.99	0.9	9.9
3	1.11	0.009	9.999	0.09	9.99
4	1.111	0.0009	9.9999	0.009	9.999

Man hat hier **Zahlenfolgen**, also zum Beispiel die Folge der Teilstrecken des Achill: (9, 0.9, 0.09, 0.009, ...), oder die Folge der zurückgelegten Distanz (9, 9.9, 9.99, 9.999, ...). Man errät, dass vermutlich bei der Streckenmarke von 10 m Achill die Schildkröte überholt. Aber wie kann man das mathematisch richtig formulieren? Die Lösung dieses Problems bringt neue Begriffe in die Mathematik: die **unendliche Folge** und ihre Summe, die **unendliche Reihe**.

Folgen von Zahlen $a_0, a_1, a_2, \ldots, a_n, \ldots$ schreiben wir symbolisch als (a_n). Die Teilstrecken, die Achill zurückgelegt hat, sind so eine Folge:

$$(9, 0.9, 0.09, 0.009, \ldots)\ . \tag{1.1}$$

Für diese spezielle Folge entsteht jedes Glied durch Multiplikation seines Vorgängers mit einer festen Zahl r,

$$a_{n+1} = r\,a_n\ , \quad \text{also} \quad a_n = a_0\,r^n\ . \tag{1.2}$$

Man nennt solche Folgen **geometrische Folgen**. In Achills Fall ist der Multiplikator $r = 0.1$.

Beispiel

Für die Folge $1, \frac{2}{3}, \frac{4}{9}, \frac{8}{27}, \frac{16}{81} \ldots$, gilt offenbar $a_0 = 1$ und $r = \frac{2}{3}$. Auch die konstante Folge $1, 1, 1, 1, \ldots$ ist eine geometrische Folge, oder die anwachsende Folge $1, 2, 4, 8, 16, \ldots$ mit $a_0 = 1$ und $r = 2$. □

Eine Bakterienkultur wächst so an: In jeder Zeiteinheit ist die verbrauchte Energie (und Nährlösung) der gerade lebenden Anzahl von Bakterien proportional, die sich wiederum in dieser Zeiteinheit verdoppelt. Das Folgenglied a_n gibt den Energieverbrauch pro Zeiteinheit an, und der Index n gibt an, um die wievielte Zeiteinheit es sich handelt. Die insgesamt nach $n-1$ Perioden verbrauchte Energie ist nach dieser Rechnung

$$S_n = a_0 + a_1 + a_2 + \cdots + a_{n-1} = a_0 + a_0\,2 + a_0\,2^2 + \cdots + a_0\,2^{n-1}. \tag{1.3}$$

Der Index von S gibt nach unserer Konvention die Anzahl der summierten Folgenglieder an. Man nennt diese Summe von Folgengliedern auch **Reihe**, wenn es sich um eine geometrische Folge handelt, eine **geometrische Reihe**. Mit dem Wachstumsfaktor r kann man die Reihe in die Form

$$S_n = a_0(1 + r + r^2 + \cdots + r^{n-1}) = a_0 \sum_{i=0}^{n-1} r^i \tag{1.4}$$

bringen. Dabei haben wir zur kürzeren Schreibweise das **Summensymbol** $\sum$ eingeführt.

Wir sind hier also einen Schritt weiter gegangen und haben die Folgenglieder summiert. Aus einer Folge (a_n) haben wir eine Reihe gewonnen. Besteht die Reihe aus unendlich vielen Gliedern, so ist

$$S_n = \sum_{i=0}^{n-1} a_i \tag{1.5}$$

die **Teilsumme** oder **Partialsumme** der Reihe. Reihen, die nicht abbrechen, also „unendlich" viele Glieder haben, heißen **unendliche Reihen**. Zu den Vertretern der unendlichen geometrischen Reihen gehören auch Dezimalzahlen wie etwa

$$\frac{1}{3} = \frac{3}{10} + \frac{3}{100} + \frac{3}{1000} + \cdots = 0.333\ldots . \tag{1.6}$$

Der von Achill oder der Schildkröte zurückgelegte Weg ist ebenfalls eine unendliche geometrische Reihe. Es gibt natürlich noch viele andere Typen von unendlichen Reihen. Es ist üblich, die Reihe mit dem Glied a_0 oder a_1 beginnen zu lassen und die a_n durch eine Vorschrift anzugeben.

Beispiel

Einige Beispiele für unendliche Reihen sind $(n = 1, 2, \ldots)$

$$\begin{array}{lllllllllll}
\text{(a)} & 1 & + & \frac{1}{2} & + & \frac{1}{3} & + & \frac{1}{4} & \cdots \Rightarrow & a_n & = & \frac{1}{n}\,, \\
\text{(b)} & 1 & - & 1 & + & 1 & - & 1 & \cdots \Rightarrow & a_n & = & -(-1)^n\,, \\
\text{(c)} & 1^2 & + & 2^2 & + & 3^2 & + & 4^2 & \cdots \Rightarrow & a_n & = & n^2\,, \\
\text{(d)} & \frac{1}{2^2} & + & \frac{2}{3^2} & + & \frac{3}{4^2} & + & \frac{4}{5^2} & \cdots \Rightarrow & a_n & = & \frac{n}{(n+1)^2}\,, \\
\text{(e)} & x & - & 2x^2 & + & 3x^3 & - & 4x^4 & \cdots \Rightarrow & a_n & = & (-1)^{n-1} n x^n\,.
\end{array}$$

Die Glieder der Reihe (e) sind Funktionen der Variablen x; solche Reihen werden wir später noch eingehend besprechen (in Abschn. 1.3). □

Und nun kommt der wichtige Punkt. Wenn bei einer unendlichen Reihe die Folge der Teilsummen S_n gegen einen endlichen Wert strebt, so nennen wir diesen Wert die Summe der unendlichen Reihe! Nicht jede unendliche Reihe hat tatsächlich eine (endliche)

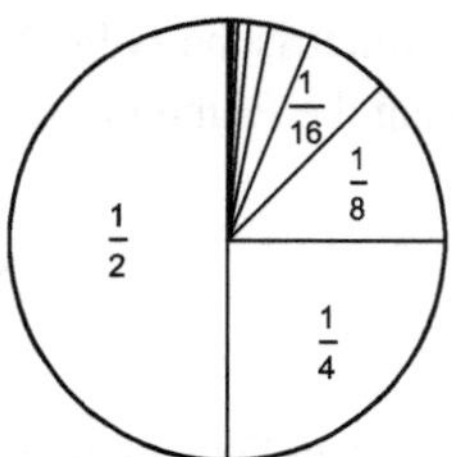

Abb. 1.1 Auch das wird durch eine geometrische Reihe beschrieben: Aufteilung einer Torte in Teile der Größe $\frac{1}{2}, \frac{1}{4}, \frac{1}{8}, \frac{1}{16}, \frac{1}{32}, \ldots$. Die Summe der Teilstücke entspricht der Tortenfläche

Summe. Das Grundproblem ist, wie man feststellen kann, ob ein **Grenzwert** und damit die Summe einer unendlichen Reihe jeweils existiert. In so einem Fall könnten wir unsere Rechenmethoden um Rechnungen mit unendlichen Reihen erweitern.

Im Fall der geometrischen Reihe ist die Beantwortung dieser Frage einfach. Wie man aus der Algebra weiß, gilt für die Teilsumme

$$S_n = a\,(1 + r + r^2 + \cdots r^{n-1}) = a\,\frac{1-r^n}{1-r} \quad \text{für } r \neq 1\,. \tag{1.7}$$

Wie man leicht sieht (wir werden dies im nächsten Abschnitt noch eingehend diskutieren), strebt für $|r| < 1$ der Wert von r^n für $n \to \infty$ gegen 0, und daher kann man diesen Beitrag schließlich vernachlässigen. Man schreibt

$$\lim_{n\to\infty} S_n = \lim_{n\to\infty} a\,\frac{1-r^n}{1-r} = \frac{a}{1-r} \equiv S\,. \tag{1.8}$$

Nun wissen wir, wo Achill die Schildkröte überholt, und wir können das Paradoxon auflösen. Da $a = 9$ und $r = \frac{1}{10}$ war, ist die unendliche Summe der Teilstrecken

$$S = \lim_{n\to\infty} 9\,\frac{1-\frac{1}{10}^n}{1-\frac{1}{10}} = 10\,, \tag{1.9}$$

genauso wie es uns die Intuition gesagt hat.

M.1.1 Kurz und klar: Folgen und Reihen

Wir führen folgende Begriffe ein:

Folge:	geordnete Menge von Elementen
(Unendliche) Zahlenfolge:	(a_n)
Geometrische Zahlenfolge:	$a_n = a_0 r^n$
(Unendliche) Reihe:	$a_0 + a_1 + a_2 + \cdots$
Geometrische Reihe:	$a_0 + a_0 r + a_0 r^2 + \cdots$
Partialsumme:	$S_n = \sum_{i=0}^{n-1} a_i$
Grenzwert:	$S = \lim_{n\to\infty} S_n$ = „Summe der Reihe“

C.1.1 ... und auf dem Computer: Computermethoden

Computer werden im Bereich der Naturwissenschaften auf verschiedenste Art eingesetzt. Sie dienen als Hilfsmittel bei der Planung, dem Ablauf und der Analyse von Experimenten. Ohne die Hilfe von Computern zur Hardware-Überwachung und Steuerung wären moderne Experimente nicht denkbar. Aber auch die mathematische Vor- und Nachbereitung erfordert Rechnungen.

Bei Rechnungen müssen wir uns entscheiden, ob wir **numerisch**, also mit Zahlen oder **symbolisch**, also mit allgemeinen Ausdrücken arbeiten wollen. (Statt der Bezeichnung symbolisch verwendet man oft auch den Ausdruck **algebraisch**.) Die allgemeinen Ausdrücke haben einen weiteren Gültigkeitsbereich. Wenn man sagen kann, dass $[(a+1)^2-a^2-2a-1]$ für beliebige Werte von a immer identisch null ist, so ist das sicher aussagekräftiger, als wenn man zeigt, dass $[1.1^2-1-0.2-0.01]$ den Wert 0 hat. Was wann die bessere Methode ist, hängt von der Situation ab. Oft reicht es die Zahl zu bestimmen, und die allgemeine Aussage ist nicht erforderlich. Oft ist sie aber notwendig. (Sie kennen die Anekdote vom Mathematiker und vom Physiker, die beide $\sqrt{4}$ ausrechnen sollen? Der Physiker nimmt seinen Taschenrechner und erhält 1.999 als Antwort. Der Mathematiker denkt lange nach und meint dann: „Es gibt eine eindeutige Antwort".)

Diese Entscheidung muss man auch bei Computeranwendungen treffen: numerisch oder symbolisch? Der Unterschied legt meist auch die Wahl der Programmiersprache fest. Numerische Rechnungen sind im Normalfall viel schneller durchzuführen, bei symbolischen Rechnungen stößt man schneller an die Grenzen der Maschinen.

Bei numerischen Rechnungen sind die Variablen nur Platzhalter für die Formulierung des Programms. Bei der eigentlichen Rechnung entsprechen sie Speicherplätzen, auf denen Zahlen abgespeichert sind. Wenn Sie die Befehle

```
a = 0.1
f = (a + 1)²
Print f
```

ausführen lassen, so wird beim Print-Befehl die Zahl 1.21 gedruckt. Es ist dies eine numerische Rechnung, die üblicherweise mit Programmiersprachen wie FORTRAN oder C++ durchgeführt werden wird.

Wenn Sie das Programm mit einem symbolischen Programmiersystem (wie etwa MATHEMATICA, MAPLE, oder MATLAB) ausführen lassen wollen, so können Sie die erste Zeile weglassen und erhalten als Ergebnis den Textausdruck `1 + 2 a + a`^{2}.

„Wozu das Ganze, muss man nicht am Ende doch Zahlen ausrechnen?", wird oft gefragt. Eine Antwort liegt in der Genauigkeit. Es liegen oft Welten zwischen der Aussage: „A ist in den untersuchten Einzelfällen numerisch von B nicht unterscheidbar“ und der Aussage: „A ist immer gleich B“.

Wir werden uns in den Computer-Kästen zuerst vorwiegend mit numerischen Verfahren beschäftigen. Sie sind ein guter Einstieg, um die verschiedenen Algorithmen kennen zu lernen. (Ein **Algorithmus** ist eine genaue „idiotensichere“ Vorschrift, einen Rechenvorgang durchzuführen.) Auch die algebraischen Programmiersprachen verwenden im Hintergrund numerische Verfahren für manche Rechenvorgänge. Letztendlich muss in einem Computer ja doch alles auf das Rechnen mit Bits zurückgeführt werden. Im Verlauf des Textes werden wir aber zunehmend auch symbolische Verfahren besprechen.

Numerische Rechnungen haben ein Problem, das bei exakten Rechnungen nicht auftaucht. Im Computer sind alle Zahlen im Normalfall nur durch eine maximale Zahl von Dezimalstellen gegeben. Meist werden ganze Zahlen und Gleitkommazahlen intern durch vier Byte (32 Bit) gespeichert. Bei ganzen Zahlen benötigt man davon ein Bit, um das Vorzeichen festzulegen, und damit ist die größte darstellbare ganze Zahl $2^{31} = 2147483648$. Rechenoperationen, die zu (im Betrag) größeren ganzen Zahlen führen würden, ergeben eine Fehlermitteilung. Man kann aber auch höhere Genauigkeit wählen, dann werden acht oder mehr Byte reserviert und der Wertebereich wird entsprechend größer.

Bei Gleitkommazahlen mit vier Byte gehen 1 Bit für das Vorzeichen und 7 Bit für die interne Darstellung des Exponenten verloren. Die Dezimalstellen werden durch die restlichen 24 Bit dargestellt, das entspricht etwa 7 bis 8 Dezimalstellen. Bei Subtraktion von zwei Zahlen, die in den ersten Dezimalstellen übereinstimmen, ist die Differenz nur durch die unterschiedlichen Dezimalstellen bestimmt, hat also weniger als 7 bis 8 signifikante Stellen. Diese obligatorischen Rundungsfehler müssen in numerischen Algorithmen besonders beachtet werden. Ein gutes Programm überprüft die Genauigkeit und warnt, wenn Rundungsfehler dieser Art das Ergebnis beeinträchtigen können.

M.1.2 Kurz und klar: Schranken

Eine Menge von Zahlen $\mathbb{X} \subset \mathbb{R}$ kann **beschränkt** sein. Wenn etwa alle Zahlen der Menge kleiner oder gleich einer bestimmten Zahl a sind, also $x \in \mathbb{X} \Rightarrow x \leq a$, dann ist a eine **obere Schranke**. Natürlich sind dann auch beliebige Zahlen, die größer als a sind, obere Schranken. Falls $a \in \mathbb{X}$, so nennt man a das **Maximum** und schreibt

$$\max \mathbb{X} \equiv \max_{x \in \mathbb{X}} x = a \ . \qquad \text{(M.1.2.1)}$$

Nicht jede Menge hat ein Maximum. Die Menge der reellen Zahlen $x < 1$ ist zwar durch die Zahl 1 nach oben beschränkt, 1 ist sogar die kleinste aller oberen Schranken. Da es aber nicht zur Menge gehört, gibt es hier kein Maximum!

Jede nach oben beschränkte, nichtleere Teilmenge von $\mathbb{R}$ hat eine **kleinste obere Schranke**. Man nennt diese das **Supremum** der Menge,

$$\sup \mathbb{X} \tag{M.1.2.2}$$

(im Englischen: l.u.b. für „least upper bound").

Analog definiert wird die **untere Schranke** eingeführt. Falls für eine Teilmenge $\mathbb{X} \subset \mathbb{R}$ gilt, dass es zumindest eine Zahl b gibt, sodass $x \in \mathbb{X} \Rightarrow b \leq x$, so ist b eine untere Schranke. Wenn $b \in \mathbb{X}$, dann ist es auch das **Minimum** der Menge, $\min \mathbb{X} = b$. Die **größte aller unteren Schranken** heißt **Infimum**, $\inf \mathbb{X}$. Jede nach unten beschränkte, nichtleere Teilmenge von $\mathbb{R}$ hat ein Infimum (im Englischen: g.l.b. für „greatest lower bound").

1.1.2 Rechnen mit Grenzwerten

Im ersten Abschnitt besprachen wir verschiedenartige Folgen (a_i): geometrische Folgen, anwachsende Folgen, kleiner werdende Folgen, konstante Folgen, Folgen von Teilsummen. Wir wollen nun den Begriff **Grenzwert einer Folge** klären.

Wenn man sich die Zahlenwerte der Folgenglieder auf der Zahlengeraden markiert vorstellt, so stellt man manchmal fest, dass sich an einem Punkt die Glieder der Folge häufen. Wenn man in so einem Fall abzählt, wie viele Folgenglieder in einem kleinen Intervall um diesen Punkt liegen und dabei feststellt, dass, egal wie klein das Intervall ist, immer beliebig viele Folgenglieder hineinfallen, so handelt es sich um einen **Häufungspunkt** der Folge. „Beliebig viele" soll dabei „mehr als eine beliebig große Anzahl" bedeuten.

Beispiel

Die Folge $(a_n = 5)$ hat offenbar genau einen Häufungspunkt $A = 5$, da beliebig viele (alle!) Glieder sogar identisch mit A sind.

Die Folge $(a_n = 1 + \frac{1}{n})$ hat einen Häufungspunkt bei $A = 1$: Nehmen Sie ein beliebig kleines Intervall $(1-\epsilon, 1+\epsilon)$ um den Punkt A, dann liegen ab dem Folgenglied a_{n_0} mit $n_0 = [\frac{1}{\epsilon}] + 1$ alle weiteren Glieder in diesem Intervall ($[x]$ bezeichnet das „größte Ganze" von x, siehe Anhang A). Da das noch immer beliebig viele Glieder der Folge sind, sind die Voraussetzungen für den Häufungspunkt erfüllt. □

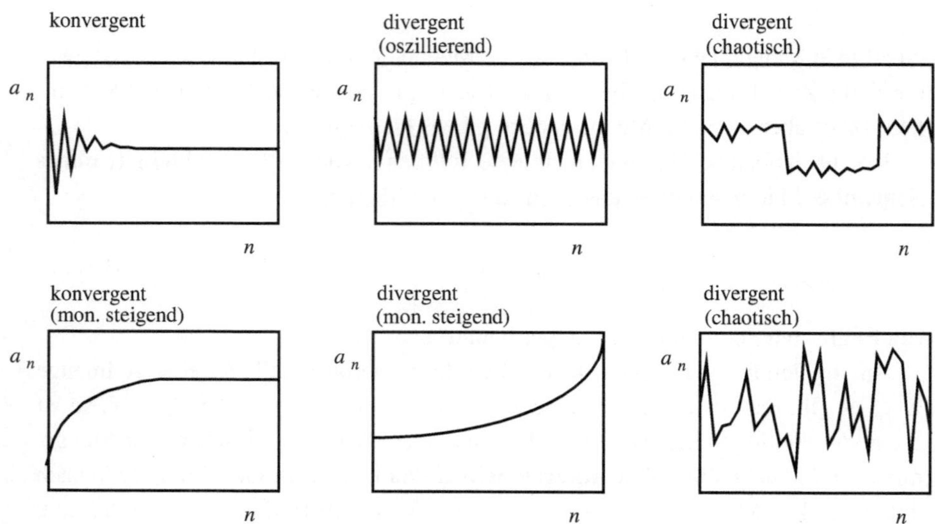

Abb. 1.2 Beispiele für divergente und konvergente Folgen; zur besseren Übersicht sind die aufeinander folgenden Werte der Folgenglieder durch Linien verbunden

Man kann verschiedene Verhalten von Folgen beobachten (vgl. Abb. 1.2):

konvergent: Es gibt nur einen Häufungspunkt, und sein Zahlenwert ist endlich.
divergent: Es gibt entweder mehrere Häufungspunkte, oder aber ein Häufungspunkt liegt nicht im Endlichen (sein Wert ist größer als jede beliebige Zahl oder kleiner als jede beliebige Zahl, strebt also gegen ∞ oder $-\infty$).
streng monoton steigend: Jedes Folgenglied ist größer als sein Vorgänger.
streng monoton fallend: Jedes Folgenglied ist kleiner als sein Vorgänger.
alternierend: Das Vorzeichen wechselt von einem zum nächsten Folgenglied.
beschränkt: Man kann eine obere Schranke $a_n \leq A$ (nach oben beschränkt) oder eine untere Schranke $A \leq a_n$ (nach unten beschränkt) oder sowohl eine obere als auch eine untere Schranke (beschränkt) angeben, die für alle Folgenglieder gilt (zum Begriff *beschränkt* siehe M.1.2).

Wenn man beim Monotoniebegriff das Wort „streng“ weglässt, so können einzelne Folgenglieder auch gleich groß wie ihre Vorgänger sein.

C.1.2 … und auf dem Computer: Grafische Darstellung von Folgen

Schreiben Sie ein Programm, das Ihnen die ersten 10 Glieder einiger Folgen berechnet. Nach Möglichkeit stellen Sie diese Werte grafisch dar, zum Beispiel als Punkte auf einer Zahlengeraden oder indem Sie das Folgenglied a_n als Funktion von n zeichnen (siehe Abb. 1.3).

$$\begin{array}{llll} 1. & a_n = 1.25 & 5. & a_n = a_0 r^n,\ a_0 = 2,\ r = 0.5 \\ 2. & a_n = 9\,(0.1)^n & 6. & a_0 = 1,\ a_{n+1} = -0.8\,a_n \\ 3. & a_n = 3 + \dfrac{(-1)^n}{n} & 7. & a_0 = 0.5,\ a_{n+1} = 2.5\,a_n\,(1 - a_n) \\ 4. & a_n = \left(1 + \dfrac{1}{n}\right)^n & 8. & a_0 = 0.5,\ a_{n+1} = 3.8\,a_n\,(1 - a_n) \end{array} \tag{C.1.2.1}$$

Was passiert, wenn man immer mehr Folgenglieder berücksichtigt?

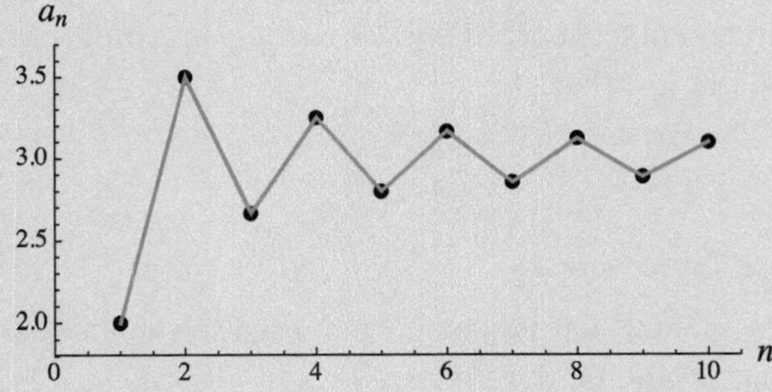

Abb. 1.3 Grafische Darstellung der ersten zehn Glieder der Folge (3), durch Linien miteinander verbunden

Untersuchen Sie die Häufungspunkte der angegebenen Folgen. Zur grafischen Darstellung empfiehlt sich, zuerst eine ausreichende Anzahl von Folgengliedern zu berechnen, ohne sie grafisch darzustellen. Man könnte etwa erst die Folgenglieder ab a_{200} durch entsprechende Punkte auf dem Bildschirm darstellen. Wie verhält sich eine konvergente Folge? Welche Arten von Divergenz findet man? Häufungspunkte der Folge nennt man auch Fixpunkte. Wie ist die Verteilung der Fixpunkte in den angegebenen Beispielen?

Wenn man die Folge $x_0 = 0.5,\ x_{n+1} = a\,x_n\,(1 - x_n)$ für verschiedene Werte von a auf ihre Konvergenzeigenschaften hin untersucht, findet man Bereiche mit sehr verschiedenem Verhalten. Für bestimmte Werte von a gibt es einzelne Häufungspunkte, für andere Werte gibt es ein chaotisches Verhalten. In Abb. 1.4 wurde a (Abszisse) in kleinen Schritten verändert und für jeden Wert zunächst die Folgenglieder x_{201} bis x_{300} markiert (Ordinate). Dieses Verhalten ist im Zusammenhang mit dynamischen Systemen und Fraktalen von Mitchell Feigenbaum untersucht worden.

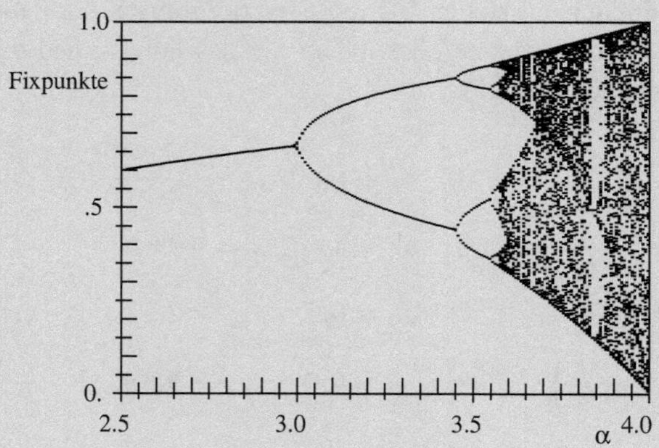

Abb. 1.4 Feigenbaum Attraktor (Programmbeispiele siehe Anhang C)

Weitere chaotische Folgen werden bei der Erzeugung von Pseudozufallszahlen in C.21.1 in Kap. 21 besprochen.

M.1.3 Kurz und klar: Grenzwert

Wir betrachten beschränkte, unendliche Folgen. Eine solche Folge ist **konvergent**, wenn es einen Punkt a gibt, für den gilt:

$$\forall\epsilon > 0\,\exists N_\epsilon : \forall n > N_\epsilon : |a - a_n| < \epsilon. \quad \text{(M.1.3.1)}$$

Die Bedeutung der Symbole ∀ und ∃ ist im Anhang A erklärt. Dieser Punkt a ist also ein Häufungspunkt im Endlichen. Man schreibt dann

$$a = \lim_{n\to\infty} a_n \quad \text{(M.1.3.2)}$$

und nennt a den Grenzwert der Folge. Falls $a = 0$ gilt, so nennt man die Folge eine **Nullfolge**. Wenn eine Folge nicht konvergent ist, so nennt man sie **divergent**.

- Jede beschränkte Folge hat mindestens eine konvergente Teilfolge (Satz von Bolzano-Weierstraß, Beweis siehe zum Beispiel [1, 2]). Eine Teilfolge besteht aus einer Untermenge der Folge, wobei die relative Anordnung der Glieder nicht verändert wird.
- Jede beschränkte und monotone Folge ist konvergent.

- Jede konvergente Folge ist beschränkt. (Oder: Jede unbeschränkte Folge ist divergent.)

Eine Folge (a_n) nennt man **Cauchy-Folge**, wenn es für jedes beliebige $\epsilon > 0$ ein N_ϵ gibt, sodass

$$n, m > N_\epsilon \quad \Rightarrow \quad |a_m - a_n| < \epsilon \, . \tag{M.1.3.3}$$

Jede Cauchy-Folge ist beschränkt und hat einen Grenzwert (vgl. zum Beispiel [1, 2]).

Bei Reihen betrachtet man die Folge der Partialsummen S_n. Wenn $\lim_{n\to\infty} S_n$ endlich ist, so definieren wir die Summe der unendlichen Reihe $S = \lim_{n\to\infty} S_n$ und nennen die Reihe konvergent. Wenn bei einer geometrischen Reihe $|r| < 1$ ist, so ist die Reihe konvergent, und ihre Summe hat den Wert $S = a_0/(1-r)$.

Wenn die Folge (a_n) *genau einen* Häufungspunkt a hat, und dieser im Endlichen liegt, dann schreiben wir

$$\lim_{n\to\infty} a_n = a \tag{1.10}$$

und nennen a den **Grenzwert** der Folge. Oder anders ausgedrückt: *Fast alle* (also alle bis auf endlich viele, vgl. Anhang A) Elemente der Folge liegen in einem beliebig kleinen Intervall um a.

Man kann mit Grenzwerten ähnlich rechnen wie mit normalen Zahlen. Falls die Folgen (a_n) und (b_n) konvergent sind, also $\lim_{n\to\infty} a_n$ und $\lim_{n\to\infty} b_n$ existieren und endlich sind, so gilt:

$$\begin{aligned} \lim_{n\to\infty} (\alpha\, a_n \pm \beta\, b_n) &= \alpha \lim_{n\to\infty} a_n \pm \beta \lim_{n\to\infty} b_n \, , \\ \lim_{n\to\infty} (a_n\, b_n) &= \lim_{n\to\infty} a_n \lim_{n\to\infty} b_n \, , \\ \lim_{n\to\infty} \frac{a_n}{b_n} &= \frac{\lim_{n\to\infty} a_n}{\lim_{n\to\infty} b_n} \\ &\quad \text{(gilt nur, wenn } \lim_{n\to\infty} b_n \neq 0) \, . \end{aligned} \tag{1.11}$$

Auch der Begriff der **Stetigkeit** einer Funktion braucht den Grenzwert (siehe Anhang B). Wenn wir eine Folge von Zahlen (x_n) betrachten, die gegen einen Grenzwert a konvergiert, dann entspricht das für eine Funktion $f(x)$ ebenfalls einer Folge. Wir können also

$$\lim_{n\to\infty} x_n = a \, , \qquad \lim_{n\to\infty} f(x_n) \equiv \lim_{x\to a} f(x) \tag{1.12}$$

schreiben. Wenn die Funktion stetig ist, so ist das Ergebnis gleich $f(a)$.

Eine Folge, deren Grenzwert $a = 0$ ist, heißt **Nullfolge**. Für eine konvergente Folge (b_n) gilt $\lim_{n\to\infty} b_n = b$; damit ist offenbar die Folge $(c_n \equiv b_n - b)$ eine Nullfolge. Bei der Untersuchung einer Folge auf Konvergenz kann man daher durch geeignete termweise Subtraktion das Problem auf Untersuchung einer Nullfolge reduzieren. Wir erwähnen zwei Kriterien für die Konvergenz einer Nullfolge.

Vergleichskriterium: Falls eine Folge (a_n) eine Nullfolge ist und falls dann für eine zu untersuchende Folge (b_n) ab irgendeinem Glied der Folge für alle weiteren Glieder gilt, dass

$$|b_n| \leq |a_n| \,, \tag{1.13}$$

so ist auch diese Folge eine Nullfolge. Offenbar kann man *endlich* viele Folgenglieder von (b_n) ändern, ohne dass sich an dieser Eigenschaft etwas ändert.

Quotientenkriterium: Man betrachte das asymptotische Verhältnis aufeinander folgender Glieder,

$$\rho = \lim_{n\to\infty} \left| \frac{a_{n+1}}{a_n} \right| \,, \begin{cases} \rho < 1 & \Rightarrow \quad \text{die Folge ist eine Nullfolge} \,, \\ \rho = 1 & \Rightarrow \quad \text{keine Aussage ist möglich} \,, \\ \rho > 1 & \Rightarrow \quad \text{die Folge divergiert} \,. \end{cases} \tag{1.14}$$

Beispiel

Man kann sich die analytische Untersuchung einer Folge erheblich erleichtern, da man das Problem in Teile zerlegen kann, deren Grenzwert man bereits kennt. Betrachten wir zum Beispiel die Folge (b_n) mit

$$b_n = \frac{2n}{5+n} \quad (n = 1, 2, \ldots) \;: \quad \frac{1}{3}, \frac{4}{7}, \frac{3}{4}, \frac{8}{9}, \ldots \,.$$

Der Grenzwert existiert, und man kann ihn (ausführlich) folgendermaßen berechnen:

$$b = \lim_{n\to\infty} \frac{2n}{5+n} = \lim_{n\to\infty} \frac{2}{\frac{5}{n}+1} = \frac{\lim 2}{\lim \frac{5}{n} + \lim 1} = \frac{2}{5 \lim \frac{1}{n} + 1} = 2 \,. \qquad \square$$

Die Teilsummen (Partialsummen) S_n einer unendlichen Reihe bilden ebenfalls eine unendliche Folge; wenn ein Grenzwert existiert, so wird er mit S bezeichnet. So ist für die Reihe (wegen (1.8))

$$\sum_{i=0}^{\infty} \left(\frac{2}{3}\right)^i \quad \Rightarrow \quad \begin{aligned} S_1 &= 1 \,, \\ S_2 &= 1 + \frac{2}{3} = \frac{5}{3} = 1.66\ldots, \; S_3 = 2.11\ldots \,, \\ &\ldots \\ \lim_{n\to\infty} S_n &= \frac{a}{1-r} = \frac{1}{1-\frac{2}{3}} = 3 = S \,. \end{aligned} \tag{1.15}$$

Um die Bestimmung von Grenzwerten zu erleichtern, geben wir hier (ohne Beweis) einige Grenzwerte an:

$$\lim_{n\to\infty} c^n = \begin{cases} \text{divergent} & \text{wenn } c > 1 \\ 1 & \text{wenn } c = 1 \\ 0 & \text{wenn } -1 < c < 1 \\ \text{existiert nicht} & \text{wenn } c \leq -1 \\ & \text{(oszillierende Folge)} \end{cases}$$

$$\begin{aligned} \lim_{n\to\infty} c^{\frac{1}{n}} &= 1 \quad \text{wenn } c > 0 \\ \lim_{n\to\infty} n^{\frac{1}{n}} &= 1 \\ \lim_{n\to\infty}\left(1+\frac{x}{n}\right)^n &= \mathrm{e}^x \quad \text{für } x \in \mathbb{R} \quad \text{(Exponentialfunktion, vgl. Anhang B)} \\ \lim_{n\to\infty}\left(1+\frac{1}{n}\right)^n &= 2.718\,281\,828\,459\,045\ldots \equiv \mathrm{e}\,. \end{aligned} \tag{1.16}$$

1.1.3 Anwendungen von unendlichen Reihen

Bevor uns wir weiter mit unendlichen Reihen beschäftigen, wollen wir in einer Vorschau kurz die Motivation dazu liefern. Wozu braucht man unendliche Reihen?

Oft ist es nicht möglich oder sinnvoll, das Ergebnis einer Rechnung exakt zu bestimmen. Es kann sich dabei um ein analytisch nicht explizit lösbares Integral, um die Lösung einer Differenzialgleichung, oder vielleicht einfach nur um eine einfache Funktion handeln, die tabelliert werden soll.

In C.1.3 haben wir genau so einen Fall. Die Funktion $\cos x$ ist durch eine unendliche Reihe gegeben, jeder Term ist eine Potenz in x. Für kleine Werte von x reichen die ersten Glieder der Reihe aus, um eine Abschätzung des Funktionswerts zu erhalten. Die gewünschte Genauigkeit bestimmt die Zahl der zu berücksichtigenden Terme. Man stellt fest, dass etwa für $x = 0.1$ die ersten zwei Terme $(1 - \frac{x^2}{2})$ ausreichen, um $\cos 0.1$ auf 5 Stellen genau zu bestimmen.

C.1.3 ... und auf dem Computer: Näherung durch Potenzreihen

Nehmen Sie die Reihe

$$\sum_{n=0}^{\infty} \frac{(-1)^n x^{2n}}{(2n)!} = 1 - \frac{x^2}{2!} + \frac{x^4}{4!} - \frac{x^6}{6!} \cdots ,$$

und berechnen Sie die Partialsummen $S_1, S_2, S_3, \ldots$ für verschiedene Werte von x. Zur Kontrolle geben wir hier die ersten Partialsummen für zwei Werte von x an.

Partialsumme	für $x = 0.1$	für $x = 3$
S_1	1	1
S_2	0.99500	- 3.5
S_3	0.995004166667	- 0.125
S_4	0.995004169278	- 1.1375

Stellen Sie die Werte grafisch dar, etwa als Funktion $S_n(x)$ gegen n für $n = 1 \ldots 10$. Wie ist das Konvergenzverhalten der Partialsummen?

Wir werden später feststellen, dass diese Reihe gegen die Funktion $\cos x$ konvergiert. Überprüfen Sie damit Ihre Ergebnisse! (Die Werte der Funktion an diesen beiden Punkten sind

$$S(x = 0.1) = 0.995004165278, \; S(x = 3) = -0.989992496588 \,,$$

jeweils auf 12 Stellen gerundet.)

Zu welchem Ergebnis führt $\sum_{n=0}^{\infty} \frac{x^n}{n!}$ für $x = -1, -0.1, 0.1, 1$? (Vergleichen Sie mit e^x!)

1.2 Konvergenz und Divergenz

Im Abschn. 1.1.1 betrachteten wir den Energieverbrauch einer Bakterienkultur, der einer divergenten Folge von Termen entsprach. Es ist klar, dass in so einem Fall die Reihe auch keine endliche Summe haben kann. Die Folge der Partialsummen wächst sogar mit jedem hinzugefügten Term stärker an. Wenn die Vorzeichen der Glieder der Reihe alternieren, ergibt sich eine oszillierende Folge von Partialsummen; wenn der Betrag der Glieder wächst, so ist die Folge der Partialsummen oszillierend divergent.

Auch wenn der Betrag der Glieder einer Reihe einem festen Wert $a > 0$ zustrebt, divergiert die Folge der Partialsummen. Es gilt dann ja

$$S_{n+1} = S_n + a_n \quad \text{und daher} \quad \lim_{n\to\infty} |S_{n+1} - S_n| = \lim_{n\to\infty} |a_n| = a > 0 \,. \tag{1.17}$$

Es kann daher keine Konvergenz der Partialsummen gegen einen Grenzwert S geben, da sich ja aufeinander folgende Partialsummen stets unterscheiden. Daraus erkennen wir eine *notwendige Bedingung* für die Existenz der Summe einer unendlichen Reihe: Die Glieder der Reihe a_n müssen gegen 0 streben, also eine **Nullfolge** sein. Reihen, deren Glieder keine Nullfolge bilden, sind sicher divergent.

Wir fassen zusammen:

- Wenn die Reihe konvergent ist, dann gilt $\lim_{n\to\infty} a_n = 0$;
- wenn $\lim_{n\to\infty} a_n \neq 0$, dann ist die Reihe divergent.

Man muss sich davor hüten, diese Ergebnisse falsch umzukehren: Eine Reihe, deren Glieder eine Nullfolge bilden, ist nicht unbedingt auch tatsächlich konvergent. Man sagt, dass die Nullfolgen-Eigenschaft eine notwendige Bedingung für die Konvergenz ist, aber keine hinreichende Bedingung. (Die Begriffe „notwendig" und „hinreichend" haben in der Mathematik eine bestimmte Bedeutung, die im Anhang A erläutert wird.)

Ein Beispiel für so einen Fall ist die **harmonische Reihe**

$$\sum_{k=1}^{\infty} \frac{1}{k} . \tag{1.18}$$

Es gilt $\lim_{k\to\infty} a_k = 0$, die Reihe ist aber divergent. Man kann die Divergenz einfach zeigen. Man schreibt die Terme der Reihe an und ersetzt einzelne Terme durch kleinere Brüche.

$$\begin{aligned} &1 + \frac{1}{2} + \underbrace{\frac{1}{3}}_{>\frac{1}{4}} + \frac{1}{4} + \underbrace{\frac{1}{5}}_{>\frac{1}{8}} + \underbrace{\frac{1}{6}}_{>\frac{1}{8}} + \underbrace{\frac{1}{7}}_{>\frac{1}{8}} + \frac{1}{8} + \underbrace{\frac{1}{9}}_{>\frac{1}{16}} + \cdots \\ &> 1 + \frac{1}{2} + \underbrace{\frac{1}{4} + \frac{1}{4}}_{\frac{1}{2}} + \underbrace{\frac{1}{8} + \frac{1}{8} + \frac{1}{8} + \frac{1}{8}}_{\frac{1}{2}} + \frac{1}{16} + \cdots . \end{aligned} \tag{1.19}$$

Die Zusammenfassung der angedeuteten Termgruppen zeigt, dass die Summe der Reihe sicher größer als die Summe einer Reihe mit konstanten Gliedern $\frac{1}{2}$ sein muss. Die Glieder dieser Reihe bilden aber keine Nullfolge und die Reihe divergiert daher sicher. Also divergiert auch die harmonische Reihe. Wie wir später sehen werden, ist die **alternierend harmonische Reihe**

$$\sum_{k=1}^{\infty} \frac{(-1)^{k+1}}{k} = 1 - \frac{1}{2} + \frac{1}{3} - \frac{1}{4} \cdots \tag{1.20}$$

nicht divergent, sondern **bedingt konvergent**; sie hat eine Summe, wenn man die gegebene Reihenfolge der Terme beibehält!

Nur eine endliche Summe ist eine Summe in strengem Sinn. Es ist gefährlich, einfach anzunehmen, dass eine Reihe eine Summe hat, ohne über die Konvergenz der Reihe Bescheid zu wissen. Allein die Annahme der Existenz einer Summe kann zu verwirrenden, da falschen Ergebnissen führen. Man betrachte etwa die Reihe

$$1 + 2 + 4 + 8 + 16 + \cdots$$

und nehme naiv an, dass eine Summe existiere. Dann kann man die Reihe und die Summe mit einem Faktor 2 multiplizieren

$$\begin{aligned} S &= 1 + 2 + 4 + 8 + 16 + \cdots \,, \\ 2\,S &= 2 + 4 + 8 + 16 \cdots = S - 1 \,, \end{aligned} \tag{1.21}$$

und erhält das verblüffende Ergebnis $S = -1$!?

Wir sehen an den genannten Beispielen die Bedeutung einer klaren Feststellung der Konvergenz einer Reihe. Es kann nicht oft genug darauf hingewiesen werden, dass die Konvergenz einer Reihe zuerst gezeigt werden muss, bevor man mit der Reihe wie mit anderen Größen arbeiten kann (vgl. M.1.6).

M.1.4 Kurz und klar: Konvergenz von Reihen

Wir fassen zusammen und erklären einige übliche Begriffe.

1. Wenn eine Reihe eine endliche Summe S hat, so heißt sie konvergent (andernfalls divergent). Man kann dann die formale Summe der Reihe in eine Partialsumme und die zugehörige Restsumme aufspalten

$$S = S_n + R_n \,, \tag{M.1.4.1}$$

und für konvergente Reihen gilt, dass die Folge der Partialsummen konvergiert:

$$\lim_{n\to\infty} S_n = S \;\Rightarrow\; \lim_{n\to\infty} R_n = \lim_{n\to\infty} (S_n - S) = 0 \;\Rightarrow\; \lim_{n\to\infty} a_n = 0 \,. \tag{M.1.4.2}$$

2. Konvergiert bei einer Reihe

$$a_1 + a_2 + a_3 + \cdots \tag{M.1.4.3}$$

auch die neu gebildete Reihe

$$|a_1| + |a_2| + |a_3| + \cdots \,, \tag{M.1.4.4}$$

dann nennt man die Reihe **absolut konvergent**.
Wenn eine Reihe absolut konvergent ist, dann ist sie natürlich auch konvergent. Zum Beweis dieser Behauptung konstruieren wir eine neue Reihe mit Gliedern $b_n = a_n + |a_n|$. Diese sind alle positiv und sicher jedes kleiner oder gleich $2|a_n|$, also termweise kleiner als die konvergente Reihe $2 \sum |a_n|$. Da somit $\sum b_n$ konvergiert, $\sum |a_n|$ konvergiert und $\sum b_n = \sum |a_n| + \sum a_n$ ist, konvergiert also auch die ursprüngliche Reihe $\sum a_n$.

1.2.1 Konvergenztests für Reihen

Um die Konvergenz oder Divergenz einer Reihe festzustellen, gibt es viele verschiedene Methoden, die dem jeweiligen Problem angepasst sind. Vier dieser Methoden wollen wir herausgreifen. Wir werden feststellen, dass es Reihen gibt, deren Konvergenz oder Divergenz man mit der einen Methode nicht nachweisen kann, wohl aber mit einer anderen. Es gibt also kein Universalrezept, und es bleibt der eigenen Erfahrung überlassen, welches Verfahren das geeignetste ist.

Reihenvergleich

Der Reihenvergleich, auch Majorantenkriterium genannt, ist der Stammvater aller Konvergenztests. Wir wollen eine Reihe

$$a_1 + a_2 + a_3 + \cdots \tag{1.22}$$

auf ihre Konvergenzeigenschaften untersuchen. Wenn bekannt ist, dass die aus positiven Gliedern gebildete Reihe

$$m_1 + m_2 + m_3 + \cdots \text{ , wobei } m_i > 0 \text{ ,} \tag{1.23}$$

konvergiert und wenn man zeigen kann, dass für *fast alle* (das soll heißen: alle, bis auf endlich viele) Glieder die Ungleichung

$$|a_n| \leq m_n \quad \text{oder gleichwertig} \quad -m_n \leq a_n \leq m_n \tag{1.24}$$

gilt, dann ist die Reihe $\sum a_n$ absolut konvergent.

Man beachte: Wir haben nicht nur Konvergenz, sondern sogar absolute Konvergenz bestimmt.

Beispiel

Jede unendliche geometrische Reihe mit Multiplikationsfaktor $|r| < 1$ ist absolut konvergent. Dies haben wir schon früher durch explizite Konstruktion der Summe gezeigt (vgl. 1.7). Nun wollen wir eine andere Reihe untersuchen. Wir vergleichen die Reihe

$$\sum_{n=1}^{\infty} a_n \equiv \sum_{n=1}^{\infty} \frac{1}{n!} = 1 + \frac{1}{2} + \frac{1}{6} + \frac{1}{24} + \frac{1}{120} + \cdots$$

mit der als konvergent bekannten Reihe

$$\sum_{n=1}^{\infty} m_n \equiv \sum_{n=1}^{\infty} \frac{1}{2^n} = \frac{1}{2} + \frac{1}{4} + \frac{1}{8} + \frac{1}{16} + \frac{1}{32} + \cdots \text{ .}$$

Die Glieder dieser Reihe sind positiv, und die Reihe ist konvergent, da es sich um eine geometrische Reihe mit Faktor $r = \frac{1}{2}$ handelt. Ab dem vierten Glied der Reihe ist die Ungleichung $|a_n| \leq m_n$ für alle weiteren Glieder erfüllt, sie gilt also für „fast alle" Glieder der Reihe. Daher konvergiert die untersuchte Reihe. □

Quotientenkriterium

Bei geometrischen Reihen war das Verhältnis aufeinander folgender Glieder konstant und musste kleiner als 1 sein, um Konvergenz zu gewährleisten. Dementsprechend geht man beim Quotientenkriterium vor. Man bildet den Quotienten

$$\rho_n = \left| \frac{a_{n+1}}{a_n} \right| \tag{1.25}$$

und kann aus seinem asymptotischen Verhalten die Konvergenzeigenschaften der Reihe bestimmen:

$$\rho = \lim_{n\to\infty} \rho_n \,, \qquad \begin{cases} \rho < 1 & \Rightarrow \quad \text{die Reihe ist absolut konvergent} \,, \\ \rho = 1 & \Rightarrow \quad \text{keine Aussage ist möglich} \,, \\ \rho > 1 & \Rightarrow \quad \text{die Reihe divergiert} \,. \end{cases} \tag{1.26}$$

Um die Konvergenz zu beweisen, reicht es zu zeigen, dass ab einem Wert N gilt: $\forall n > N : \left|\frac{a_{n+1}}{a_n}\right| \leq \sigma < 1$ (wobei σ auch kleiner als ρ sein kann).

Beispiel

Wir wollen die gleiche Reihe überprüfen, die wir beim Reihenvergleich untersucht haben. Da $a_n = \frac{1}{n!}$, ergibt

$$\rho_n = \left| \frac{\frac{1}{(n+1)!}}{\frac{1}{n!}} \right| = \left| \frac{\frac{1}{(n+1)\,n!}}{\frac{1}{n!}} \right| = \left| \frac{n!}{(n+1)\,n!} \right| = \frac{1}{n+1} \,.$$

Man bildet den Grenzwert und erhält

$$\rho = \lim_{n\to\infty} \rho_n = \lim_{n\to\infty} \frac{1}{n+1} = 0 < 1 \,,$$

das heißt, die Reihe ist konvergent. □

Beispiel

Wenn man die harmonische Reihe $a_n = \frac{1}{n}$ untersucht,

$$1 + \frac{1}{2} + \frac{1}{3} + \frac{1}{4} + \cdots \,,$$

dann ist

$$\rho_n = \left| \frac{\frac{1}{n+1}}{\frac{1}{n}} \right| = \frac{n}{n+1} ,$$

$$\rho = \lim_{n\to\infty} \rho_n = \lim_{n\to\infty} \frac{n}{n+1} = 1 ,$$

und man kann daher nichts über Konvergenz oder Divergenz der Reihe aussagen. (Man beachte: Obwohl für alle $\rho_n < 1$ gilt, ist $\rho = 1$, und es gibt auch keine Zahl unter 1, die immer größer als ρ_n wäre!) □

Wurzelkriterium

Manchmal ist es einfacher, die n-te Wurzel aus dem Absolutbetrag des allgemeinen Glieds der Reihe zu bilden. Dann ist

$$\rho_n = \sqrt[n]{|a_n|} \equiv |a_n|^{\frac{1}{n}} , \tag{1.27}$$

und wieder gilt

$$\rho = \lim_{n\to\infty} \rho_n , \quad \begin{cases} \rho < 1 & \Rightarrow \text{ die Reihe ist absolut konvergent ,} \\ \rho = 1 & \Rightarrow \text{ keine Aussage ist möglich ,} \\ \rho > 1 & \Rightarrow \text{ die Reihe divergiert .} \end{cases} \tag{1.28}$$

Beispiel

Dafür wählen wir die Reihe mit dem allgemeinen Glied $a_n = (-\frac{3}{2})^n$ und finden

$$\rho = \lim_{n\to\infty} \sqrt[n]{\left| \left(-\frac{3}{2}\right)^n \right|} = \frac{3}{2} .$$

Diese Reihe ist daher divergent. Man beachte den Absolutbetrag! □

Integraltest

Bei diesem Kriterium versucht man, die Konvergenz der Reihe dadurch zu zeigen, dass man durch ein Integral eine Fläche berechnet, die mit der Reihensumme verglichen wird. Der Test funktioniert nur, wenn die Glieder der Reihe monoton fallend im Betrag sind. Es handelt sich also wie bei den bisherigen drei Verfahren um eine Überprüfung der absoluten Konvergenz. Um $a_{n+1} \leq a_n$ zu gewährleisten, können natürlich bei Bedarf endlich viele Glieder, die diese Forderung verletzen, entfernt werden, da es ja nur auf das Konvergenzverhalten im Limes $n \to \infty$ ankommt. Wir betrachten nun die a_n als Funktion von n und schreiben $a(n)$. Das **Integralkriterium** besagt, dass die Reihe konvergiert, wenn

$$\int^{\infty} dn\, a(n) \tag{1.29}$$

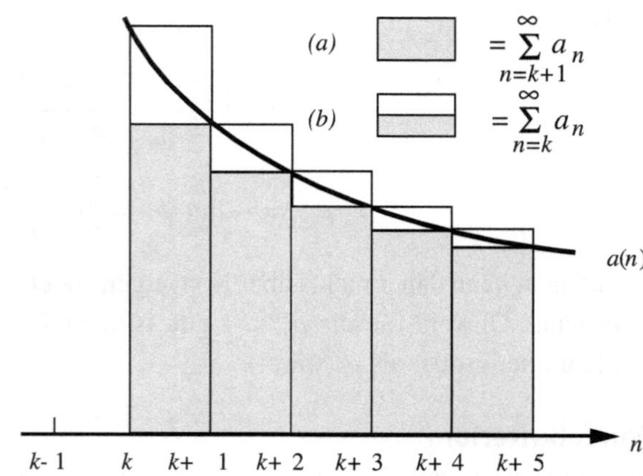

Abb. 1.5 Die *Rechtecksflächen* entsprechen den Werten der Reihenglieder. **a** Die Fläche unter der Kurve ist immer größer als die Fläche der darunter liegenden *grauen Rechtecke*, also größer als die Summe $\sum_{n=k+1}^{\infty} a_n$. **b** Für die um die *weißen Anteile* ergänzten *Rechtecke* ist die Situation genau umgekehrt. Ihre Fläche $\sum_{n=k}^{\infty} a_n$ ist größer als die Fläche unter der Kurve

endlich ist. Ja, es gilt sogar, dass die Reihe sicher divergiert, wenn das Integral divergiert. Das Integral braucht also nur an seiner oberen Grenze tatsächlich berechnet zu werden. Dieser Test ist daher immer dann günstig anwendbar, wenn das unbestimmte Integral von $a(n)$ oder zumindest das bestimmte Integral mit der oberen Grenze ∞ bekannt ist.

Um diesen Test zu begründen und gleichzeitig als Beispiel dazu untersuchen wir die Reihe $\sum \frac{1}{n^2}$. Aus Abb. 1.5(a) sieht man, dass ab einem beliebigen, frei wählbaren Indexwert k gilt,

$$\sum_{n=k+1}^{\infty} a_n < \int_k^{\infty} dn\, a(n) < \sum_{n=k}^{\infty} a_n\,. \qquad (1.30)$$

Da man endlich viele Glieder der Reihe wegnehmen kann, kommt es auf den genauen Wert von k nicht an. Wir erkennen, dass wir eine divergente Reihe haben (rechte Summe), wenn das Integral nicht beschränkt ist, aber eine konvergente (linke Summe), wenn das Integral endlich ist.

Beispiel

Es reicht also in unserem Beispiel $a(n) = \frac{1}{n^2}$, das Integral

$$\int^{\infty} dn\, a(n) = \int^{\infty} dn\, \frac{1}{n^2} = -\left.\frac{1}{n}\right|^{\infty} = 0 + c$$

zu bestimmen. Die Konstante c haben wir hingeschrieben, um darauf hinzuweisen, dass wir das Integral an der unteren Grenze nicht ausgewertet haben, da dieser Beitrag für die Schlussfolgerungen unerheblich ist. Da unser Ergebnis endlich ist, konvergiert die Reihe.

Bei der harmonischen Reihe ist das entsprechende Integral unbeschränkt,

$$\int^{\infty} dn \, \frac{1}{n} = \ln n \Big|^{\infty} \to \infty ,$$

und die Reihe divergiert daher. □

Leibniz-Kriterium für alternierende Reihen

Bisher haben wir nur Verfahren zur Prüfung auf absolute Konvergenz besprochen. Bei vielen Reihen reicht dies. Es gibt aber Reihen, die zwar konvergent, aber nicht absolut konvergent sind.

Bei einer **alternierenden Reihe** wechseln die Vorzeichen aufeinander folgender Glieder ab. Ein Beispiel dafür ist die alternierende harmonische Reihe

$$1 - \frac{1}{2} + \frac{1}{3} - \frac{1}{4} + \frac{1}{5} - \cdots + \frac{(-1)^{n+1}}{n} + \cdots , \tag{1.31}$$

die offensichtlich nicht *absolut* konvergent sein kann (wir haben ja schon die Divergenz der harmonischen Reihe gezeigt). Dennoch ist die Reihe, so wie wir sie geschrieben haben, konvergent.

Das entsprechende Kriterium stammt von Leibniz und besagt, dass eine alternierende Reihe dann konvergent ist, wenn

- die Reihe absolut monoton fallend ist, also jedes Glied im Betrag kleiner oder gleich dem Betrag des vorhergehenden Gliedes ist, $|a_{n+1}| \leq |a_n|$, und
- die Glieder eine Nullfolge bilden, also $\lim_{n\to\infty} a_n = 0$.

Wieder kann man endlich viele Glieder der Reihe außer Betracht lassen.

M.1.5 Kurz und klar: Leibniz-Kriterium

Wir beweisen das Leibniz-Kriterium für alternierende Reihen: Wir wollen zunächst annehmen, dass das erste Glied der Reihe positiv ist. Man betrachtet dann die Folge der Partialsummen mit ungeraden und geraden Indizes.

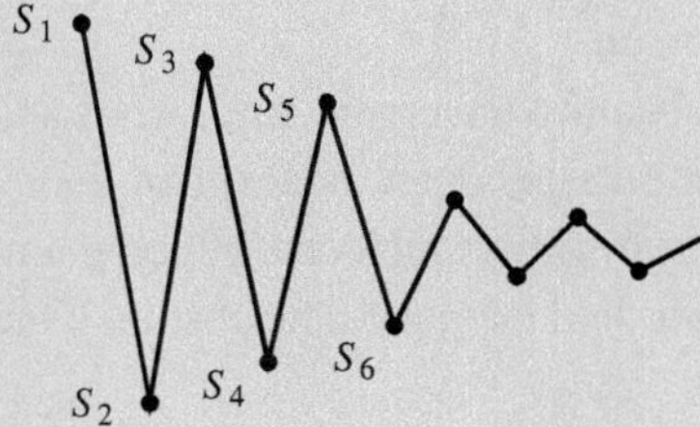

Abb. 1.6 Die ungeraden Partialsummen bilden eine monoton fallende, die geraden eine monoton steigende Folge

Man erkennt leicht in Abb. 1.6, dass die ungeraden Partialsummen S_{2n+1} eine monoton fallende Folge und die geraden Partialsummen S_{2n} eine monoton steigende Folge bilden. Beide Folgen sind beschränkt und haben daher einen Grenzwert

$$\lim_{n\to\infty} S_{2n+1} = S^* \ , \ \lim_{n\to\infty} S_{2n} = S^{**} \ .$$

Da die Reihenglieder laut Voraussetzung eine Nullfolge waren, ist

$$S^* - S^{**} = \lim_{n\to\infty} (S_{2n+1} - S_{2n}) = \lim_{n\to\infty} a_{2n} = 0 \ ,$$

es ist also $S^* = S^{**}$, und es existiert daher eine Summe.

Dieses Kriterium ist für die alternierende harmonische Reihe erfüllt. Sie ist alternierend, im Betrag monoton fallend $\frac{1}{n+1} < \frac{1}{n}$, und es ist $\lim_{n\to\infty} \frac{1}{n} = 0$. Wir werden später auch die Summe dieser Reihe bestimmen, sie ist ln 2.

Warum ist es so wichtig, dass die Reihe genau in der angegebenen Art (alternierend und im Betrag monoton fallend) geschrieben wird? Der Grund dafür ist, dass nur dann die Summe der Reihe eindeutig ist. Durch eine Umordnung der Glieder der Reihe könnte man jede gewünschte Summe erreichen. Will man zum Beispiel durch Umordnung der alternierenden harmonischen Reihe die Summe 1.3 erhalten, so zieht man einfach zuerst genügend viele positive Glieder nach vorn, um eine Partialsumme > 1.3 zu erhalten, das wären

$$1 + \frac{1}{3} = \frac{4}{3} > 1.3 \ .$$

Anschließend nimmt man genügend viele negative Glieder, um wieder unter den Wert 1.3 zu kommen, also

$$1 + \frac{1}{3} - \frac{1}{2} = \frac{5}{6} < 1.3 \ ,$$

dann wieder geeignet viele positive Glieder und so weiter. Nach dieser Vorschrift konvergiert die Folge der Partialsummen wirklich gegen den vorgegebenen Wert, der jedoch völlig willkürlich gewählt war. So ein Verhalten ist natürlich Unsinn und wird durch das Leibniz-Kriterium ausgeschlossen.

Solche Reihen, die nicht absolut konvergent sind, wohl aber alternieren und den Bedingungen des Leibniz-Kriteriums genügen, nennt man auch **bedingt konvergent**. Bei absolut konvergenten Reihen konvergiert auch eine beliebig umgeordnete Reihe. Und umgekehrt: Wenn irgendeine Umordnung einer Reihe absolut konvergent ist, so ist die Reihe absolut konvergent.

M.1.6 Kurz und klar: Rechnen mit Reihen

Unendliche Reihen erweitern unser Weltbild. Sobald wir die Konvergenz einer Reihe überprüft haben, können wir mit ihr arbeiten wie mit gewöhnlichen Zahlen!

1. An Konvergenz oder Divergenz einer Reihe ändert sich nichts, wenn man jeden Term mit derselben Konstanten (ungleich null) multipliziert oder wenn man eine endliche Anzahl von Gliedern verändert (zum Beispiel weglässt).
2. Zwei konvergente Reihen $\sum a_n$ und $\sum b_n$ können Glied für Glied addiert oder subtrahiert werden ($c_n = a_n + b_n$); die sich ergebende Reihe ist wieder konvergent und ihre Summe ergibt sich durch Addition oder Subtraktion der ursprünglichen Reihensumme.
3. Die Glieder einer absolut konvergenten Reihe können beliebig umgeordnet werden, ohne dass sich an Konvergenz oder Summe etwas ändert. Das gilt also nicht für bedingt konvergente Reihen!

1.3 Potenzreihen

Wir haben viele Techniken am Beispiel von Reihen mit konstanten Gliedern erkundet, aber nichts verbietet, dass die Glieder einer Reihe Funktionen von Variablen sind. Der einfachste und auch gebräuchlichste Fall ist der einer **Potenzreihe**.

Ein Glied dieser Reihe hat die Form $a_n\,(x - x_0)^n$, und man nennt x_0 den Entwicklungspunkt dieser Reihe. Der Grund für diese Bezeichnung wird später klar werden. In vielen unserer Beispiele wählen wir $x_0 = 0$ und haben dann die Reihendarstellung

$$\sum_{n=0}^{\infty} a_n\,x^n = a_0 + a_1\,x + a_2\,x^2 + \cdots \,. \tag{1.32}$$

Im Konvergenzbereich der Potenzreihe hängt die Summe

$$S(x) = \sum_{n=0}^{\infty} a_n\,(x - x_0)^n \tag{1.33}$$

von der Variablen x ab. Man sagt: „Die Potenzreihe konvergiert gegen die Funktion $S(x)$“, oder: „Die Funktion $S(x)$ wird durch die Potenzreihe dargestellt.“

Wir verwenden die uns bekannten Kriterien, um festzustellen, ob die Reihe für bestimmte Werte von x konvergiert.

Beispiel

Einige Beispiele für solche Reihen sind:

$$
\begin{array}{llllllll}
\text{(a)} & 1 & - & \frac{x}{2} & + & \frac{x^2}{4} & + \cdots + & \frac{(-x)^n}{2^n} + \cdots\,, \\
\text{(b)} & (x-1) & - & \frac{(x-1)^2}{2} & + & \frac{(x-1)^3}{3} & - \cdots + & \frac{(-1)^{n+1}(x-1)^n}{n} + \cdots\,, \\
\text{(c)} & x & - & \frac{x^3}{3!} & + & \frac{x^5}{5!} & - \cdots + & \frac{(-1)^{n+1}x^{2n-1}}{(2n-1)!} + \cdots\,.
\end{array}
$$

Reihe (a) (mit Quotientenkriterium):

$$\rho_n = \left| \frac{(-x)^{n+1}\, 2^n}{2^{n+1}\, (-x)^n} \right| = \left| \frac{x}{2} \right| \;\Rightarrow\; \rho = \lim_{n\to\infty} \rho_n = \left| \frac{x}{2} \right| \,.$$

Die Reihe ist daher konvergent für $|\frac{x}{2}| < 1$ oder konvergent für $|x| < 2$ und divergent für $|x| > 2$.

Für $|x| = 2$ folgt $\rho = 1$, das Konvergenzverhalten ist noch unbestimmt, und wir müssen diese beiden Fälle getrennt betrachten.

$$
\begin{aligned}
x &= +2: \quad 1 - 1 + 1 - 1 \cdots \\
x &= -2: \quad 1 + 1 + 1 + 1 \cdots
\end{aligned}
$$

Bei beiden Reihen bilden die Glieder keine Nullfolgen, und die Reihen sind daher divergent. Wir finden also einen Konvergenzbereich von $-2 < x < 2$.

Reihe (b) (mit Wurzelkriterium):

$$\rho_n = \sqrt[n]{\frac{|(x-1)|^n}{n}} = \frac{|x-1|}{(n)^{\frac{1}{n}}} \;\Rightarrow\; \rho = |x-1| \lim_{n\to\infty} \frac{1}{\sqrt[n]{n}} = |x-1| \,.$$

Die Reihe konvergiert für $|x-1| < 1$, also im Intervall $0 < x < 2$, und divergiert für $|x-1| > 1$ oder $x < 0$, $x > 2$. Der Fall $|x-1| = 1$ $(x = 0, 2)$ muss wieder getrennt untersucht werden, und man findet

$$
\begin{aligned}
\text{für } x &= 2: \quad 1 - \frac{1}{2} + \frac{1}{3} - \frac{1}{4} \cdots\,, \\
\text{für } x &= 0: \quad -1 - \frac{1}{2} - \frac{1}{3} - \frac{1}{4} \cdots\,,
\end{aligned}
$$

im ersten Fall also Konvergenz (alternierend harmonische Reihe) und im zweiten Fall Divergenz (harmonische Reihe). Die Reihe konvergiert also für $0 < x \leq 2$.

Reihe (c) (mit Quotientenkriterium):

$$\rho_n = \left|\frac{x^{2(n+1)-1}\,(2n-1)!}{(2(n+1)-1)!\,x^{2n-1}}\right| = \left|\frac{x^{2n+1}}{x^{2n-1}}\,\frac{(2n-1)!}{(2n+1)!}\right| = \left|\frac{x^2}{(2n+1)\;2n}\right| ,$$

$$\rho = \lim_{n\to\infty}\left|\frac{x^2}{2n\;(2n+1)}\right| = x^2 \lim_{n\to\infty}\frac{1}{2n\;(2n+1)} = 0 .$$

Diese Reihe konvergiert also für alle endlichen x, da unabhängig von x immer $\rho < 1$ ist! □

C.1.4 ... und auf dem Computer: Konvergenzverhalten

Berechnen Sie mit einem Programm die Partialsummen (getrennt für S_1, S_2, S_4, S_8) der Potenzreihen in den angegebenen Beispielen am Beginn des Abschn. 1.3 für mehrere Werte von x im Konvergenzbereich. Versuchen Sie zum Beispiel (a) die Partialsummen als Kurven im Konvergenzbereich grafisch darzustellen. Sie sollten das in Abb. 1.7 gezeigte Bild bekommen.

Wie konvergiert die Reihe? Wo konvergiert sie am besten, wo am schlechtesten? Wie verhalten sich die Reihen in den anderen Beispielen?

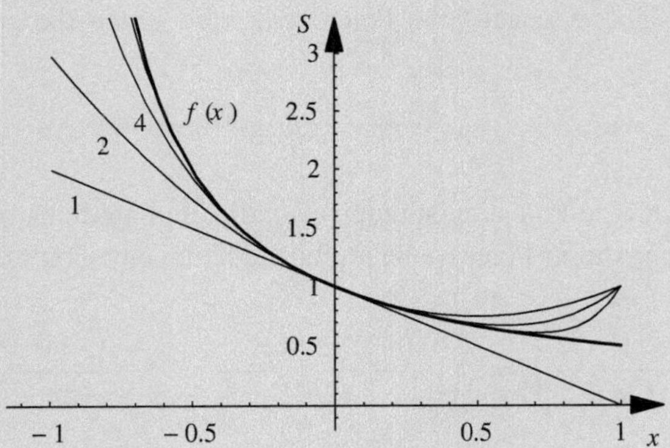

Abb. 1.7 $S_1(x)$ bis $S_4(x)$ im Vergleich mit $S_8(x)$ und $f(x) = \frac{1}{1+x}$ (*durchgezogene Kurve*). In der Abbildung ist S_8 nur am rechten Rand deutlich von $f(x)$ unterscheidbar!

Auch die Konvergenzgeschwindigkeit einer Potenzreihe hängt von x ab; die Konvergenz wird zum Rand des Konvergenzgebiets hin langsamer. Das Konvergenzgebiet solcher Potenzreihen ist (bis auf den Rand) symmetrisch zum Entwicklungspunkt x_0.

Man kann mit konvergenten Potenzreihen also wie mit Funktionen arbeiten. Wir wollen die wichtigsten Punkte besprechen.

1. Eine Potenzreihe kann gliedweise differenziert oder integriert werden. Die so erhaltene Potenzreihe konvergiert im gleichen Konvergenzgebiet – aber nicht unbedingt auch am

Rand des Konvergenzgebiets – gegen die Ableitung oder das Integral der Funktion, die durch die ursprüngliche Reihe dargestellt wurde. Bei der Integration muss natürlich eine Integrationskonstante berücksichtigt werden.

2. Zwei Potenzreihen kann man addieren, subtrahieren oder auch multiplizieren. Die sich ergebende Reihe konvergiert zumindest im Überlappungsgebiet der Konvergenzgebiete der Ausgangsreihen gegen die entsprechende Funktion.
3. Man kann zwei Potenzreihen dividieren; die Nennerreihe darf allerdings entweder keine Nullstelle am Entwicklungspunkt x_0 haben, also $a_0 \neq 0$, oder die Nullstelle (n-ter Ordnung) der Nennerreihe wird durch eine entsprechende Nullstelle (zumindest n-ter Ordnung) der Zählerreihe aufgehoben. Die Quotientenreihe hat ein nicht-leeres Konvergenzgebiet.
   Die Division ist also eine diffizile Angelegenheit. Da eine Division durch 0 nicht erlaubt ist, spielen Nullstellen der Nennerreihe $Q(x)$ eine wichtige Rolle. Sie schränken das Konvergenzgebiet ein: Da das Konvergenzgebiet symmetrisch zum Entwicklungspunkt ist, hängt es von der Position der nächsten Nullstelle der Nennerreihe ab!
4. Eine Potenzreihe $P(x)$ kann als Argument eine andere Potenzreihe haben, also $P(Q(x))$, wenn die Werte der anderen Reihe Q im Konvergenzgebiet der Reihe P liegen.
5. Die Potenzreihe einer Funktion ist eindeutig. Wenn der Entwicklungspunkt x_0 festgelegt ist, dann gibt es genau eine Potenzreihe, die gegen die gegebene Funktion konvergiert.

Beispiel

In C.1.3 haben wir eine Potenzreihe untersucht, die die Funktionswerte von $\cos x$ lieferte. Die Ableitung dieser Potenzreihe ergibt wiederum eine Potenzreihe,

$$\left(\sum_{n=0}^{\infty} \frac{(-1)^n\, x^{2n}}{(2n)!}\right)' = \sum_{n=1}^{\infty} \frac{(-1)^n\, 2n\, x^{2n-1}}{(2n)!} = \sum_{n=1}^{\infty} \frac{(-1)^n\, x^{2n-1}}{(2n-1)!} .$$

Da die ursprüngliche Reihe die Funktion $\cos x$ darstellte, müsste die neue Reihe die Funktion $-\sin x$ darstellen. Das bestätigt auch eine ähnliche Konvergenzuntersuchung wie in C.1.3. Wiederholte Differenziation ergibt die Reihen für $-\cos x$, $\sin x$ und schließlich wieder $\cos x$! □

Bisher haben wir nur die Potenzreihen betrachtet und die Summe $S(x)$ durch Betrachtung der Konvergenz der Partialsummen bestimmt. In der tatsächlichen Anwendung stellt sich jedoch die Frage häufig umgekehrt: Wie kann man eine gegebene Funktion in eine Potenzreihe entwickeln?

Wir wollen das an einem Beispiel demonstrieren und werden so eine allgemeine Formel ableiten. Dazu müssen wir allerdings voraussetzen, dass eine Reihenentwicklung möglich ist. Wir werden später sehen, dass das nicht immer richtig ist.

Beispiel

Die Funktion, welche in eine Potenzreihe entwickelt werden soll, sei $\sin x$. Der Entwicklungspunkt sei $x_0 = 0$. Wir schreiben zunächst die Funktion formal als Potenzreihe mit (noch) unbestimmten Koeffizienten hin. Dann setzen wir in diese Gleichung für x den Wert von $x_0 = 0$ ein und erhalten so eine Gleichung für den ersten Entwicklungskoeffizienten.

$$\sin x = a_0 + a_1 x + a_2 x^2 + a_3 x^3 + \cdots a_n x^n + \cdots \qquad x = 0: \quad 0 = a_0 .$$

Nun differenzieren wir die Funktion und ihre Reihe und vergleichen wieder am Entwicklungspunkt; dies liefert einen Wert für a_1. Dieser Vorgang wird wiederholt, bis man wunschgemäß viele Koeffizienten bestimmt hat:

$$\begin{array}{rcl@{\qquad}rcl@{\quad}rcl}
\cos x &=& a_1 + 2\,a_2 x + 3\,a_3\,x^2 + \cdots & x &=& 0: & 1 &=& a_1 , \\
-\sin x &=& 2\,a_2 + 6\,a_3\,x + \cdots & x &=& 0: & 0 &=& 2\,a_2 , \\
-\cos x &=& 6\,a_3 + \cdots & x &=& 0: & -1 &=& 6\,a_3 .
\end{array}$$

Damit ergibt sich die Potenzreihe zu

$$\sin x = x - \frac{x^3}{3!} + \frac{x^5}{5!} - \cdots + \frac{(-1)^n\,x^{2n+1}}{(2n+1)!} + \cdots . \qquad \square$$

Wenn wir dieses Verfahren für eine allgemeine Funktion $f(x)$ durchführen, erhalten wir

$$\begin{array}{rclllll}
f(x) &=& a_0 &+& a_1\,(x - x_0) &+& a_2\,(x - x_0)^2 \quad + \cdots \\
 &&&&&+& a_n\,(x - x_0)^n \quad + \cdots \\
f'(x) &=& && a_1 &+& a_2\,2\,(x - x_0) \quad + \cdots \\
 &&&&&+& a_n n\,(x - x_0)^{n-1} \quad + \cdots \\
f''(x) &=& &&&+& 2\,a_2 \quad + \cdots \\
 &&&&&+& a_n n(n-1)\,(x - x_0)^{n-2} \quad + \cdots \\
\vdots &&&&&& \\
f^{(n)}(x) &=& &&&+& a_n\,n! \quad + \cdots .
\end{array} \tag{1.34}$$

Ein Vergleich bei $x = x_0$ ergibt dann

$$\begin{array}{rcl}
f(x_0) &=& a_0 \\
f'(x_0) &=& a_1 \\
f''(x_0) &=& 2a_2 \\
\vdots && \\
f^{(n)}(x_0) &=& n!\,a_n ,
\end{array} \tag{1.35}$$

wobei die Bezeichnung

$$f^{(n)}(x_0) \equiv \left. \frac{d^n f(x)}{dx^n} \right|_{x=x_0} \tag{1.36}$$

die n-te Ableitung der Funktion, berechnet am Punkt $x = x_0$, bedeutet. Damit ist die Potenzreihe der Funktion formal

$$\begin{aligned} f(x) = f(x_0) + (x - x_0)\, f'(x_0) &+ \frac{1}{2}\,(x - x_0)^2\, f''(x_0) + \cdots \\ &+ \frac{1}{n!}\,(x - x_0)^n\, f^{(n)}(x_0) + \cdots . \end{aligned} \tag{1.37}$$

Wenn man als Entwicklungspunkt den Ursprung $x_0 = 0$ wählt, ergibt sich so

$$f(x) = f(0) + x\, f'(0) + \frac{1}{2!}\, x^2\, f''(0) + \cdots + \frac{1}{n!}\, x^n\, f^{(n)}(0) + \cdots . \tag{1.38}$$

Dieses Ergebnis kann man im folgenden formalen Ausdruck zusammenfassen:

$$f(x) = \sum_{n=0}^{\infty} \frac{1}{n!}\,(x - x_0)^n\, f^{(n)}(x_0)\,, \qquad x \in \text{Konvergenzgebiet}\,. \tag{1.39}$$

Dies ist die **Formel von Taylor**. Man nennt die Reihe daher oft **Taylor-Reihe**. Der Spezialfall mit $x_0 = 0$ wird **MacLaurin-Reihe** genannt. Obwohl es diese Universalformel also ermöglicht, aus der Kenntnis einer Funktion (und ihrer Ableitungen) am Entwicklungspunkt formal die Koeffizienten einer Potenzreihe zu ermitteln, ist im Einzelfall natürlich noch das Konvergenzgebiet zu überprüfen. Es gibt Funktionen, deren formale Potenzreihe als Konvergenzgebiet nur den Entwicklungspunkt hat!

1.3.1 Einfache Wege zur Potenzreihe

Bevor wir auf einfachere Verfahren zur Berechnung von Potenzreihen eingehen, wollen wir uns als Grundlage eine Basissammlung von wichtigen Potenzreihen schaffen. Die unten angegebenen Potenzreihen sind alle MacLaurin-Reihen ($x_0 = 0$) und können mit der Taylor-Formel leicht berechnet werden.

$$
\begin{aligned}
\sin x &= x - \frac{x^3}{3!} + \frac{x^5}{5!} - \frac{x^7}{7!} + \cdots &&= \sum_{n=0}^{\infty} \frac{(-1)^n x^{2n+1}}{(2n+1)!} && \text{für } x \in \mathbb{R} \\
\cos x &= 1 - \frac{x^2}{2!} + \frac{x^4}{4!} - \frac{x^6}{6!} + \cdots &&= \sum_{n=0}^{\infty} \frac{(-1)^n x^{2n}}{(2n)!} && \text{für } x \in \mathbb{R} \\
\mathrm{e}^x &= 1 + x + \frac{x^2}{2!} + \frac{x^3}{3!} + \cdots &&= \sum_{n=0}^{\infty} \frac{x^n}{n!} && \text{für } x \in \mathbb{R} \\
\frac{1}{1-x} &= 1 + x + x^2 + x^3 + \cdots &&= \sum_{n=o}^{\infty} x^n && \text{für } |x| < 1 \\
\ln(1+x) &= x - \frac{x^2}{2} + \frac{x^3}{3} - \frac{x^4}{4} + \cdots &&= \sum_{n=1}^{\infty} \frac{(-1)^{n+1} x^n}{n} && \text{für } -1 < x \leq 1 \\
(1+x)^p &= 1 + p\,x + \frac{p(p-1)}{2!} x^2 \\
&\quad + \frac{p(p-1)(p-2)}{3!} x^3 + \cdots &&= \sum_{n=0}^{\infty} \binom{p}{n} x^n && \text{für } |x| < 1
\end{aligned}
\tag{1.40}
$$

Für ganzzahlige, nichtnegative p ergibt der letzte Ausdruck die (endliche) Binomialreihe. Die Bedeutung des Binomialkoeffizienten $\binom{p}{n}$ kann im Anhang A nachgeschlagen werden. Koeffizient und Reihe sind auch für beliebige p definiert, die Reihe ist dann eine unendliche.

Da wir wissen, dass die Potenzreihe (zu einem gegebenen Entwicklungspunkt) eindeutig ist, können wir in vielen Fällen Methoden zur Berechnung der Glieder der Reihe verwenden, die rechentechnisch einfacher als die Taylor-MacLaurin-Formel sind.

Multiplikation von Reihen: Bei Ausdrücken, die aus Produkten verschiedener Funktionen bestehen, deren Potenzreihen wir kennen, ist es oft günstig, diese direkt einzusetzen.

Beispiel

Man sucht für $\mathrm{e}^x \cos x$ die Potenzreihe in x und erhält sie durch die Multiplikation

$$
\begin{aligned}
\mathrm{e}^x \cos x &= \left(1 + x + \frac{x^2}{2!} + \frac{x^3}{3!} + \frac{x^4}{4!} + \mathcal{O}(x^5)\right) \cdot \left(1 - \frac{x^2}{2!} + \frac{x^4}{4!} + \mathcal{O}(x^6)\right) \\
&= 1 + x - \frac{x^3}{3} - \frac{x^4}{6} + \mathcal{O}(x^5)\,.
\end{aligned}
$$

□

Um anzudeuten, dass die ersten nicht mehr aufgeschriebenen Glieder der Reihe Potenzen „der Ordnung x^5 “ enthalten, haben wir die Bezeichnung $\mathcal{O}(x^5)$ eingeführt. Man fasst in diesem Ausdruck alle möglicherweise vorkommenden Glieder von Potenzen dieser oder höherer Ordnung zusammen (siehe Anhang A). So ersparen wir uns die unpräzisen Punkte „. . .“ und haben eine laufende Kontrolle über die niedrigste Potenz der ersten nicht aufgeschriebenen Terme. Im obigen Beispiel haben wir die Potenzreihe nur bis zu Gliedern der Ordnung x^4 bestimmt, als mögliches nächstes Glied käme eines mit der Potenz x^5.

Division von zwei Potenzreihen: Explizite Division von Potenzreihen, die bis zu einer geeignet hohen Ordnung aufgeschrieben werden, kann oft auch schnell zum Ziel führen.

Beispiel

Es ergibt

$$\frac{1}{x}\ln(1+x) = \frac{1}{x}\left(x - \frac{x^2}{2} + \frac{x^3}{3}\cdots\right) = 1 - \frac{x}{2} + \frac{x^2}{3}\cdots .$$

Wie groß ist der Konvergenzbereich? □

Substitution: Auch das Einsetzen eines Polynoms oder gar einer Potenzreihe als Argument in eine andere Potenzreihe kann schnell Ergebnisse liefern.

$$e^{-x^2} = 1 - x^2 + \frac{(-x^2)^2}{2!}\cdots = 1 - x^2 + \frac{x^4}{2!} + \mathcal{O}(x^6) . \tag{1.41}$$

Dabei sollte man sich aber überlegen, wo man den Entwicklungspunkt der Potenzreihe haben will. So ist

$$\frac{1}{2-x} = \frac{1}{1-(x-1)} = \sum_{n=0}^{\infty}(x-1)^n \quad \text{aber auch} \quad \frac{1}{2-x} = \frac{1}{2}\frac{1}{1-x/2} = \sum_{n=0}^{\infty}\frac{x^n}{2^{n+1}} . \tag{1.42}$$

Die beiden Reihen haben unterschiedliche Konvergenzgebiete!

Integration und Differenziation von bekannten Potenzreihen: Wir haben früher schon die Potenzreihe für $\cos x$ differenziert und so die Reihe für $-\sin x$ erhalten. Ähnlich kann man zum Beispiel auch die folgende Funktion in eine Potenzreihe entwickeln (vgl. Anhang B).

Beispiel

Die Funktion $\arctan x$ kann als Integral geschrieben werden. Daher ist

$$\begin{aligned}\arctan x &= \int dx\, \frac{1}{1+x^2} = \int dx\, (1 - x^2 + x^4 - x^6 + \mathcal{O}(x^8)) \\ &= x - \frac{x^3}{3} + \frac{x^5}{5} - \frac{x^7}{7} + \mathcal{O}(x^9) + c\,.\end{aligned}$$

Da $\arctan 0 = 0$, hat auch die Integrationskonstante c den Wert null. □

1.3.2 Konvergenz und Genauigkeit

Wir können nun zwar feststellen, in welchem Bereich von Werten eine gegebene Potenzreihe konvergiert, haben aber keinen Hinweis auf die Geschwindigkeit der Konvergenz. Wie viele Terme einer Potenzreihe muss man berücksichtigen, wenn man die Summe der Reihe mit einer bestimmten, gewünschten Genauigkeit berechnen möchte? Gibt es vielleicht sogar Reihen, die konvergieren, deren Partialsummen aber nicht gegen die Funktion konvergieren, die über die Taylor-Entwicklung die Potenzreihe bestimmte? Das ist ein gefürchteter Fall in der Physik: Konvergiert die Störungsreihe gegen die Funktion, die man damit darstellen will? Oft ist es zwar möglich, die ersten Glieder einer Potenzreihe zu berechnen, sonst ist aber über die Funktion kaum etwas bekannt. Haben die Partialsummen dann irgendetwas mit der zu nähernden Funktion zu tun?

Diese Problematik unterscheidet sich von dem vergleichsweise einfachen Fall, bei dem eine Potenzreihenentwicklung nicht möglich ist. Natürlich kann man Funktionen wie $\frac{1}{x}$, $\ln x$ oder $\sqrt{x}$ nicht am Punkt $x = 0$ in eine Reihe entwickeln, da entweder die Funktion selbst oder ihre Ableitungen am Entwicklungspunkt nicht definiert sind. Im folgenden Beispiel jedoch ist die Entwicklung formal möglich. Die Funktion $\exp\left(-\frac{1}{x^2}\right)$ und alle ihre Ableitungen haben bei $x = 0$ den Wert 0. Die Potenzreihe lautet daher

$$e^{-\frac{1}{x^2}} = 0 + 0 + 0 \cdots ,$$

und damit sind alle Partialsummen und die Summe der Reihe gleich null. Die Reihe ist also konvergent. Der Wert der Funktion ist aber größer als null, wenn $x \neq 0$! Es gibt also Funktionen mit einer formal konvergenten Potenzreihe, die aber nicht gegen die Funktion konvergiert. Ebenso gibt es Fälle, wo die Taylorreihe auch noch in einem Gebiet konvergiert, in dem ihre Summe nicht mit der Funktion übereinstimmt. Offenbar ist die MacLaurin-Reihe der Funktion $|\cos x|$ so ein Beispiel. Die Reihe konvergiert im Prinzip überall, stellt aber die Funktion $\cos x$ dar.

In der Theorie komplexer Funktionen („Funktionentheorie", siehe Kap. 19) wird gezeigt, unter welchen Umständen eine Funktion in eine konvergente Potenzreihe entwickelt werden kann, die tatsächlich die Funktion darstellt. Wir werden bis auf weiteres annehmen, dass die betrachteten Funktionen sich nicht bösartig verhalten. Unter dieser Annahme werden wir die Qualität der Konvergenz untersuchen.

Wir wollen nun die Abweichung von $S_n(x)$ von $S(x)$, also das Restglied $R_n(x)$ abschätzen. Für eine Potenzreihe

$$f(x) = \sum_{k=0}^{\infty} a_k \,(x - x_0)^k \;, \quad a_k = \frac{1}{k!}\, f^{(k)}(x_0) \tag{1.43}$$

ist das Restglied

$$R_n(x) = f(x) - \sum_{k=0}^{n} a_k \,(x - x_0)^k \;, \tag{1.44}$$

und die Reihe konvergiert, wenn $\lim_{n\to\infty} R_n = 0$. Am einfachsten geht die Abschätzung für eine alternierende Reihe, deren Glieder im Betrag monoton fallend sind. Man kann sich anhand einer grafischen Darstellung der Folge der Partialsummen (vgl. M.1.5) leicht überlegen, dass das Restglied immer kleiner als das erste nicht mehr berücksichtigte Glied der Reihe ist. In diesem speziellen Fall ist daher $|R_n(x)| \leq |a_{n+1}\,(x - x_0)^{n+1}|$.

Im allgemeinen Fall ist der Betrag des Restglieds wie folgt beschränkt:

$$|R_n(x)| \leq \left|\frac{(x - x_0)^{n+1}}{(n+1)!}\right| \max_{\substack{x_0 \leq t \leq x \\ \text{oder} \\ x \leq t \leq x_0}} |f^{(n+1)}(t)| \;. \tag{1.45}$$

(Wenn $x < x_0$, gilt entsprechend $x \leq t \leq x_0$.) In diese Abschätzung geht also der größtmögliche Wert der $(n+1)$-ten Ableitung der Funktion im Intervall zwischen dem Entwicklungspunkt x_0 und dem Punkt x (an dem man die Reihe berechnen will) ein. Diese Form heißt **Lagrangesches Restglied** (einen Beweis dazu findet man etwa in [3]); in Formelsammlungen finden Sie noch andere Abschätzungen.

Beispiel

In vielen Fällen überschätzt dieses Restglied den tatsächlichen Fehler bei vorzeitigem Abbruch der Reihe. Als Beispiel wollen wir die Reihe

$$\frac{1}{1-x} = 1 + x + x^2 + R_2(x) \;, \quad |x| < 1$$

bei $x = 1/2$ betrachten. Es ist $f^{(3)}(x) = 3.2.1/(1-x)^4$, und diese Funktion hat ihr Maximum am jeweils größtmöglichen Wert des Arguments. Das Restglied an der Stelle $x = \frac{1}{2}$ ist daher

$$\left|R_2\left(\frac{1}{2}\right)\right| \leq \frac{(\frac{1}{2})^3\, 6}{3!\,(\frac{1}{2})^4} = 2 \;.$$

Da wir in diesem Fall die Summe $f(1/2) = 2$ kennen und daher wissen, dass $R_2(1/2) = 1/4$, erkennen wir die Überschätzung des Restglieds. □

C.1.5 ... und auf dem Computer: Numerische Interpolation

Eine der Taylor-Formel verwandte Fragestellung ist: Wenn wir die Werte einer Funktion nur an einigen Punkten kennen, kann man dann ein Polynom konstruieren, dessen Werte an diesen Punkten mit den Funktionswerten übereinstimmen? Sei die Zahl der Punkte $n + 1$, die Menge der Stützstellen $\{x_i, i = 0, \ldots, n\}$ und die der Funktionswerte $\{f_i, i = 0, \ldots, n\}$. Für das noch unbekannte Polynom

$$P(x) = \sum_{j=0}^{m} a_j\, x^j \tag{C.1.5.1}$$

gelten daher $n + 1$ Gleichungen, die linear in den unbekannten Koeffizienten a_j sind:

$$\sum_{j=0}^{m} a_j\, x_i^j = f_i\ , \quad i = 0, \ldots, n\ . \tag{C.1.5.2}$$

Bei systematischer Berücksichtigung der Potenzterme muss $m = n$ sein, das Polynom hat also die Ordnung n. Das lineare Gleichungssystem für die $n + 1$ unbekannten Koeffizienten a_j kann gelöst werden, und es gibt für die Lösung sogar einen leicht merkbaren Ausdruck (siehe unten).

Da das Polynom an den Stützstellen mit den Funktionswerten übereinstimmt, aber auch an den Werten dazwischen definiert ist, kann man es zur Abschätzung für diese Zwischenwerte verwenden. Daher kommt der Name „Interpolation". Auch Funktionswerte außerhalb des gegebenen Wertebereichs kann man mit Hilfe des Polynoms abschätzen, und man spricht in diesem Fall von einer „Extrapolation". Die Qualität der Interpolation und Extrapolation hängt von der Zahl und Qualität der Stützstellen ab. Im allgemeinen ist die Extrapolation instabiler und unzuverlässiger als die Interpolation.

Wir wollen zuerst einen einfachen Fall betrachten, den der linearen Interpolation zwischen je zwei Stützstellen. Das Polynom hat dabei die Form

$$P(x) = f_0 + (x - x_0)\,\frac{f_1 - f_0}{x_1 - x_0}\ , \tag{C.1.5.3}$$

und offensichtlich gilt $P(x_0) = f_0$, $P(x_1) = f_1$. Man nennt diese Form „2-Punkt-Formel". Falls die Stützstellen für die betrachtete Funktion dicht genug liegen, kann die lineare Interpolation (entsprechend einem Polygonzug) von hinlänglicher Qualität sein. Für höhere Anforderungen muss man zu „Mehrpunkt-Formeln" übergehen (vgl. Abb. 1.8).

Die **Lagrangesche Interpolationsformel** für $n+1$ Stützstellen („$(n+1)$ - Punkt - Formel") lautet

$$\begin{aligned} P(x) &= \sum_{j=0}^{n} f_j l_j(x) + R_n(x) , \\ l_j(x) &= \frac{(x-x_0)(x-x_1)\cdots(x-x_{j-1})(x-x_{j+1})\cdots(x-x_{n-1})(x-x_n)}{(x_j-x_0)(x_j-x_1)\cdots(x_j-x_{j-1})(x_j-x_{j+1})\cdots(x_j-x_{n-1})(x_j-x_n)} . \end{aligned} \tag{C.1.5.4}$$

Man beachte, dass für l_j jeweils der x_j entsprechende Term in Zähler und Nenner entfallen. Die Fehlerabschätzung $R_n(x)$ hat eine Form ähnlich wie (1.45) und kann zum Beispiel in [4] nachgeschlagen werden. Wenn man die Funktion $f(x)$ selbst nicht explizit kennt, dann gibt einem dieser Ausdruck natürlich nur eine grobe Vorstellung der Größenordnung. Wie man sehen kann, sind die $l_j(x)$ jeweils Polynome vom Grad n. Man erhält die Koeffizienten des Interpolationspolynoms also in einer impliziten Form. Für die numerische Rechnung ist das natürlich unwesentlich, da man dabei für gegebene x direkt die Werte von $l_j(x)$ berechnet.

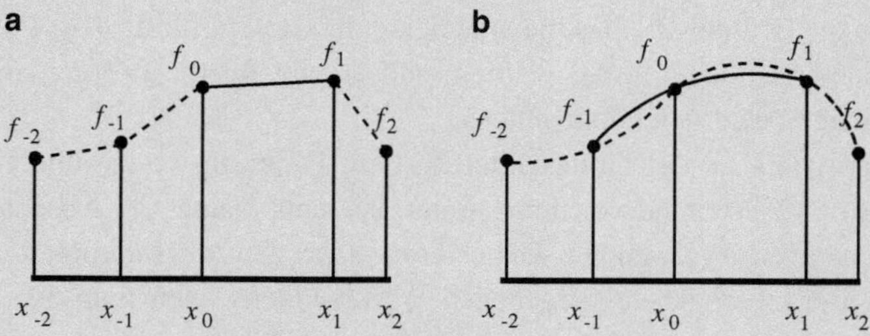

Abb. 1.8 Bei der 2-Punkt Interpolation (**a**) werden jeweils die beiden benachbarten Punkte (hier x_0 und x_1) mit einer linearen Funktion interpoliert. Bei der 3-Punkt Interpolation (**b**) werden drei Punkte (hier x_{-1}, x_0, x_1) durch eine Parabel interpoliert. Die *gestrichelten Kurven* deuten Interpolationspolynome für die Nachbarintervalle an

Entwickeln Sie ein Interpolationsprogramm, das für beliebiges n die Lagrangesche Formel anwendet. Es soll für eine gegebene, aufsteigend geordnete Menge von Stützstellen die geeigneten Stützstellen ermitteln und die entsprechende Interpolation durchführen. Abhängig vom aktuellen Wert von x wählt man die benachbarten Stützstellen als Basis für die lokale Interpolation. Geben Sie sich willkürliche Daten (x_i, f_i) vor, und vergleichen Sie die durch das Interpolationspolynom gewonnene Kurve mit den Daten. Vergleichen Sie verschiedene Interpolationsgrade! Was passiert qualitativ, wenn die Ordnung des Polynoms größer (> 5) wird? Wie gut sind die Werte an Punkten im Inneren des betrachteten Bereichs, was passiert am Rand und außerhalb? Kleine Fehler in den Funktionswertangaben führen dann oft zu großen

Änderungen der Ergebnisse. Daher beschränkt man sich meist auf einen niedrigen Grad des Interpolationspolynoms (3-5).

Neben dem beschriebenen Verfahren gibt es noch zahlreiche andere Interpolationsschemata [5–8]. Viele davon sind auf den Fall äquidistanter Stützstellen spezialisiert und dann besonders einfach. Mit der leichten Verfügbarkeit von Computern hat die Kunst des Interpolierens zwischen Werten bestimmter Funktionen in Tabellen aber an Bedeutung verloren, da man die Funktionen oft direkt für das gewünschte Argument berechnen kann. Die Interpolation ist weiter wichtig, wenn die Bestimmung von Funktionswerten sehr aufwändig ist und man sich daher auf einige wenige beschränken muss oder wenn die Natur des Problems nur bestimmte Stützstellenwerte erlaubt (zum Beispiel in einem Experiment).

1.3.3 Anwendungen

Um uns die notwendige Motivation für unsere Beschäftigung mit Potenzreihen zu schaffen, wollen wir ein paar Beispiele für ihren Einsatz anführen.

Numerik

Wenn Sie auf eine Funktionstaste Ihres Taschenrechners drücken, etwa um den Sinus oder eine Quadratwurzel zu berechnen, dann gibt es im Computer natürlich keine Tabelle oder gar Analogfunktion für diese Funktionen. Tatsächlich wird die Berechnung der Funktion auf die Berechnung von Termen entsprechender Potenzreihen zurückgeführt. Der Prozessor des Taschenrechners benötigt also im Grunde nur die arithmetischen Operationen Multiplikation und Addition – wie Sie in den folgenden Beispielen.

Oft kann man mit einem Potenzreihenansatz schnell näherungsweise Lösungen berechnen. Die Grundidee ist dabei immer folgende: Man kann ein gegebenes Problem nicht lösen, kennt aber die Lösung zu einer vereinfachten Problemstellung. Dann drückt man den Unterschied zwischen der vereinfachten und der tatsächlichen Version durch die Abhängigkeit von einer Variablen x aus und entwickelt die gesuchte Lösung in eine Reihe in x. Wir wollen das in einem Beispiel darlegen.

Beispiel

Sie wollen unbedingt den Wert von $1/\sqrt[3]{999}$ auf 9 Dezimalstellen genau berechnen (und die Batterie Ihres Taschenrechners hat gerade ihren Geist aufgegeben). Den Wert von $1/\sqrt[3]{1000}$ kennen Sie: 0.1. Da

$$\frac{1}{\sqrt[3]{999}} = \frac{1}{\sqrt[3]{1000-1}} = \frac{1}{\sqrt[3]{1000}}\,\frac{1}{\sqrt[3]{1-0.001}} = \frac{0.1}{\sqrt[3]{1-0.001}}\,,$$

geht es also um die Reihenentwicklung der Funktion

$$f(x) = (1-x)^{-\frac{1}{3}} = 1 + \frac{1}{3}x + \frac{2}{9}x^2 + \cdots ,$$

die wir für den Wert $x = 0.001$ berechnen müssen.

$$\begin{aligned} \frac{1}{\sqrt[3]{999}} = 0.1\, f(0.001) &= 0.1\left(1 + \frac{1}{3}\,10^{-3} + \frac{2}{9}\,10^{-6} + \cdots\right) \\ &= 0.1\,(1 + 0.000\dot{3} + 0.000000\dot{2} + \cdots) \\ &= 0.1000333556\ldots . \end{aligned}$$

Bei der letzten angeschriebenen Dezimalstelle haben wir gerundet. Wie genau ist dieses Ergebnis? Nun, der nächste Beitrag würde die Ordnung $x^3 = 10^{-9}$ haben und mit einem Faktor kleiner als 1 multipliziert werden. Um sicher zu gehen, führen wir die Restabschätzung durch.

$$f^{(3)}(x) = \frac{1}{3}\,\frac{4}{3}\,\frac{7}{3}\,(1-x)^{-\frac{10}{3}}$$

nimmt sein Maximum bei $x = 10^{-3}$ an. Damit ist

$$|R_2| \le \left|\frac{\left(10^{-3}\right)^3}{3!}\,\frac{28}{27}\right| \approx 1.7 \times 10^{-10} ,$$

und unser Schätzwert stimmt bis auf 9 Dezimalstellen nach dem Komma! □

Beispiel

Auf einer einsamen Insel gestrandet, wollen Sie sich (als Hilfsmittel zur Bestimmung Ihrer Raum-Zeit Koordinaten) einige Werte von Winkelfunktionen berechnen. Wir betrachten dazu die Reihe für

$$\begin{aligned} \sin\frac{1}{10} &\approx \frac{1}{10} - \frac{1}{3!}\left(\frac{1}{10}\right)^3 + \frac{1}{5!}\left(\frac{1}{10}\right)^5 = 0.1 - \frac{0.001}{6} + \frac{0.00001}{120} \\ &= 0.1 - 0.00001\dot{6} + 0.00000008\dot{3} = 0.099833417\ldots . \end{aligned}$$

Eine einfache Abschätzung des maximalen Fehlers ist bei alternierenden Reihen durch das erste vernachlässigte Glied möglich, in unserem Fall ist also der Fehler $\le \frac{1}{7!}\frac{1}{10^7} \approx 0.2\,10^{-10}$. □

Beispiel

Wenn Sie sich auf der Insel langweilen, bekommen Sie vielleicht Lust dazu, sich auch eine Tabelle von natürlichen Logarithmen anzulegen. Als Beispiel wollen wir ln 2 bestimmen. Dabei finden wir unsere alte Bekannte wieder: die alternierende harmonische Reihe.

$$\begin{aligned} \ln(1+x) &= x - \frac{x^2}{2} + \frac{x^3}{3} - \frac{x^4}{4}\,, \\ \ln 2 &= \ln(1+1) = 1 - \frac{1}{2} + \frac{1}{3} - \frac{1}{4} \cdots . \end{aligned}$$

Da der Fehler bei alternierenden Reihen durch das erste vernachlässigte Glied beschränkt werden kann, gibt uns die Summe der ersten 10 Terme den Näherungswert 0.6456..., bei einem Fehler von $R_{10} \leq \frac{1}{11}$. Der exakte Wert ist $\ln 2 = 0.6931\ldots$. Diese Reihe konvergiert sehr langsam. Für drei Dezimalstellen Genauigkeit muss man zumindest 1000 Glieder der Reihe berücksichtigen.

Wenn Sie den Logarithmus von 2 berechnet haben, können Sie leicht die Logarithmen beliebig großer oder kleiner Zahlen auf die gewünschte Form $\ln(1+x)$ mit $|x| < 1$ bringen. Sie spalten einfach eine geeignete Potenz von 2 als Faktor ab. So ist etwa

$$\begin{aligned} \ln 36 &= \ln(32 \times 1.125) = \ln 2^5 + \ln 1.125 \\ &= 5\,\ln 2 + \ln(1 + 0.125) \approx 3.465736 + 0.125 - \frac{1}{2}0.125^2 + \cdots . \end{aligned}$$

□

C.1.6 ... und auf dem Computer: Approximation von Funktionen

Eine Potenzreihe gibt die Funktion am besten in der Nähe des Entwicklungspunkts wieder, weiter weg wird die Näherung schlechter. In der Praxis will man aber häufig die Funktion durch eine Reihe nähern, welche die Funktion über einen Argumentbereich mit mehr oder weniger gleich bleibender Qualität wiedergibt. Diese Problematik taucht vor allem bei Computerprogrammen zur Berechnung von Funktionen auf, bei denen eine Genauigkeit von 7-8 Dezimalstellen ausreicht, die Geschwindigkeit der Berechnung aber eine wichtige Rolle spielt.

Es gibt daher eigens angepasste Reihen, die diese Forderungen erfüllen. So gibt es zum Beispiel die Darstellung

$$\ln(1+x) = \sum_{i=1}^{5} a_i x^i + \epsilon(x)\,,\ x \in [0,1]\,,\quad |\epsilon| < 0.00001\,, \tag{C.1.6.1}$$

$$\begin{aligned} a_1 &= 0.99949556 & a_2 &= -0.49190896 & a_3 &= 0.28947478 \\ a_4 &= -0.13606275 & a_5 &= 0.03215845 & . \end{aligned}$$

Man erhält so also eine Genauigkeit von 5 Dezimalstellen (vgl. zum Beispiel [4], Kap. 4.1.43). Vergleichen Sie die Werte von a_i mit der Taylor-Reihe für diese Funktion. Welche Unterschiede stellt man fest?

Integrale

Viele wichtige Integrale sind nicht explizit integrierbar, das heißt das Integral ist durch keine der üblichen analytischen Funktionen ausdrückbar. Das ist nicht beunruhigend, da die „üblichen" Funktionen ja im Grund recht willkürlich gewählt sind und, wie wir inzwischen festgestellt haben, eben meist auch nur durch Reihen berechenbar sind.

Beispiel

Unser Beispiel sind die Fresnel-Integrale; das sind Integrale über Winkelfunktionen von Potenzen. Unter bestimmten Bedingungen (gleichmäßige Konvergenz der Potenzreihe, siehe M.1.7) kann man das Integral über eine Summe durch die Summe der Integrale über die Summanden vertauschen. Dies ist in unserem Beispiel erlaubt, und wir erhalten

$$\int_0^1 dx\, \sin x^2 = \int_0^1 dx \left(x^2 - \frac{x^6}{3!} + \frac{x^{10}}{5!} \cdots \right) = \frac{1}{3} - \frac{1}{7.3!} + \frac{1}{11.5!} \cdots = 0.31028\ldots,$$

wobei das Restglied kleiner als 10^{-5} ist. □

Unbestimmte Formen

Durch die Darstellung von Funktionen durch Potenzreihen können wir ein weiteres Problem der Analysis lösen. Es gibt Funktionen, die sich fast überall wohl verhalten und stetig, ja sogar differenzierbar sind, die aber an einzelnen Punkten nicht definiert sind. Ein Beispiel dafür ist

$$f(x) = \frac{1 - e^x}{x} \tag{1.46}$$

an der Stelle $x = 0$. Es verschwinden im $\lim_{x \to 0}$ sowohl Zähler als auch Nenner und die Funktion ist zunächst unbestimmt. Es handelt sich also um eine **unbestimmte Form**, in diesem Beispiel eine so genannte $\frac{0}{0}$ unbestimmte Form. In unserem Beispiel ist das eine **hebbare Unstetigkeit**, also eine Unstetigkeit, die man durch Bestimmung des Grenzwerts der unbestimmten Form entfernen kann. Andere Beispiele führen zu unbestimmten Formen vom Typ $\frac{\infty}{\infty}$, $0 \cdot \infty$, 1^∞, 0^0, ∞^0 und so weiter. Auch ein so einfacher Fall wie $f(x) = \frac{x}{x}$ ist für $x \to 0$ eine unbestimmte Form, da man ja nur im Falle $x \neq 0$ Zähler und Nenner durch x kürzen darf.

Für die meisten dieser Fälle kann der Grenzwert mit Hilfe der von Johann Bernoulli gefundenen und nach **de l'Hospital** benannten Regel bestimmt werden. Sie besagt, dass man bei $\frac{0}{0}$ Formen eine Umformung vornehmen kann,

$$\lim_{x\to a} \frac{f(x)}{g(x)} = \lim_{x\to a} \frac{f'(x)}{g'(x)}\,, \qquad \text{wenn}\, f(a) = g(a) = 0\,. \tag{1.47}$$

Man differenziert also einfach sowohl Zähler- als auch Nennerfunktion und bildet erst dann den Grenzwert. Da auch die Ableitungen nur im Limes existieren müssen, reicht es, wenn die Funktionen beliebig nahe bei a differenzierbar sind.

Wenn der neue Ausdruck wieder eine unbestimmte Form ist, so wendet man die Regel noch einmal an. Das geht solange, bis man entweder einen wohldefinierten Grenzwert erhält oder die Divergenz des Grenzwertes feststellt.

Beispiel

In unserem Beispiel finden wir

$$\lim_{x\to 0} \frac{1-\mathrm{e}^x}{x} = \lim_{x\to 0} \frac{-\mathrm{e}^x}{1} = -1\,.$$ □

Der Grund für die Gültigkeit dieser Regel ist aus einer Darstellung der beteiligten Funktionen durch Potenzreihen erkennbar. Wenn $f(a) = g(a) = 0$, dann folgt

$$\begin{aligned} \lim_{x\to a} \frac{f(x)}{g(x)} &= \lim_{x\to a} \frac{f(a) + (x-a)f'(a) + \frac{(x-a)^2}{2} f''(a) + \cdots}{g(a) + (x-a)g'(a) + \frac{(x-a)^2}{2} g''(a) + \cdots} \\ &= \lim_{x\to a} \frac{f'(a) + \frac{x-a}{2} f''(a) + \cdots}{g'(a) + \frac{x-a}{2} g''(a) + \cdots} = \frac{f'(a)}{g'(a)} \qquad \text{falls } g'(a) \neq 0\,. \end{aligned} \tag{1.48}$$

Falls beide Ableitungen f', g' bei $x = a$ verschwinden, so kommen die höheren Ableitungen zu tragen, entsprechend der Regel von de l'Hospital.

Was passiert für den Fall, dass Grenzwerte für $x \to \infty$ untersucht werden sollen? Auch dann darf man die Regel von de l'Hospital anwenden, sofern die Zählerfunktion und die Nennerfunktion im Limes verschwinden und für hinreichend große x differenzierbar sind, und der Grenzwert existiert. So ist (für $c > 0$):

$$\lim_{x\to\infty} \frac{\ln x}{x^c} = \lim_{x\to\infty} \frac{\frac{1}{x}}{c\, x^{c-1}} = \frac{1}{c} \lim_{x\to\infty} \frac{1}{x^c} = 0\,. \tag{1.49}$$

Auch anders geht es: Wir ersetzen die Variable x durch $1/y$ und untersuchen dann den Grenzfall $y \to 0$.

Man kann zeigen, dass die Regel (1.47) auch für $\frac{\infty}{\infty}$ Formen gilt. Andere unbestimmte Formen sollten zuerst in $\frac{0}{0}$ Formen (oder $\frac{\infty}{\infty}$ Formen) umgewandelt werden. Die entsprechende Vorgangsweise ist in einzelnen Fällen beispielhaft angegeben:

Typ $0 \cdot \infty$: $f \cdot g \to \frac{f}{g^{-1}}$

Beispiel

$$\lim_{x\to 0} \frac{1}{x} \sin x = \lim_{x\to 0} \frac{\sin x}{x} = 1 \,.$$ □

Typ $\infty - \infty$: $f - g \to \frac{g^{-1} - f^{-1}}{(fg)^{-1}}$

Beispiel

$$\lim_{x\to 1} \left(\frac{x}{x-1} - \frac{1}{\ln x} \right) = ? \Rightarrow \quad \frac{x}{x-1} - \frac{1}{\ln x} = \frac{\ln x - \frac{x-1}{x}}{\frac{1}{\frac{x}{x-1}\frac{1}{\ln x}}} = \frac{x \ln x - x + 1}{(x-1)\ln x} \,,$$

$$\lim_{x\to 1} \frac{x \ln x - x + 1}{(x-1)\ln x} = \lim_{x\to 1} \frac{\ln x}{\ln x + \frac{x-1}{x}} = \lim_{x\to 1} \frac{\frac{1}{x}}{\frac{1}{x} + \frac{1}{x^2}} = \frac{1}{2} \,.$$

□

Typ $0^\infty, \infty^0, 1^\infty$: $f^g \to \exp(g \, \ln f)$

Beispiel

$$\lim_{x\to\infty} x^{\frac{1}{x}} = \lim_{x\to\infty} \mathrm{e}^{\frac{1}{x}\ln x} = \exp \lim_{x\to\infty} \frac{1}{x} \ln x = \mathrm{e}^0 = 1 \,, \quad \text{da ja} \quad \lim_{x\to\infty} \frac{\ln x}{x} = 0 \,.$$ □

In vielen Beispielen kennen wir die Potenzreihen der entsprechenden Funktionen und können dann durch direktes Einsetzen schneller die gleichen Ergebnisse für den Grenzwert erhalten.

Wie wir soeben gesehen haben, gibt es für Funktionen eine Art Hierarchie der Divergenz im Grenzwert $x \to \infty$,

$$x^x \succ a^x \succ x^c \succ \ln x \tag{1.50}$$

(mit $x, a, c \in \mathbb{R}; a > 1, c > 0$). Die Zeichen sollen „asymptotisch schneller wachsend" bedeuten: Die jeweils linksstehende Funktion divergiert schneller als die weiter rechtsstehende. Es ist also etwa

$$\lim_{x\to\infty} \frac{\ln x}{x^c} = 0 \,. \tag{1.51}$$

Lösung von Differenzialgleichungen

Es gibt Differenzialgleichungen, deren Lösungen nicht durch einfache analytische Funktionen ausgedrückt werden können. In vielen dieser Fälle führt ein Potenzreihenansatz für die Lösung zum Ziel. Meist kann man durch Einsetzen des allgemeinen Ansatzes in die Differenzialgleichung zu einer Rekursionsformel für die unbekannten Koeffizienten der Reihenglieder kommen. Diese Methode wird in Kap. 6 besprochen.

Funktionentheorie

Potenzreihen können auch komplexe Koeffizienten haben (vgl. Abschn. 2.2) und spielen in der Funktionentheorie (Kap. 19) eine wichtige Rolle. Eine so genannte **analytische Funktion** ist durch ihre Potenzreihe gegeben. Es reicht die Kenntnis der Funktion und aller ihrer Ableitungen an einem Punkt aus, um die Funktion in einem (in der zweidimensionalen komplexen Ebene kreisförmigen) Gebiet darstellen zu können. Das Konvergenzgebiet wird durch die nächste Singularität beschränkt.

M.1.7 Kurz und klar: Gleichmäßige Konvergenz

Es kann vorkommen, dass eine Funktionenreihe im Konvergenzbereich zwar gegen die richtige Grenzfunktion konvergiert, die Konvergenzgeschwindigkeit aber stark von x abhängt. Man führt daher den Begriff der **gleichmäßigen Konvergenz** ein.

Eine Funktionenreihe $\sum_n a_n(x)$ sei in einem Bereich $x \in A$ konvergent gegen $f(x)$ mit dem **Restglied** $R_n(x) = f(x) - S_n(x)$. Es gilt also $\forall x \in A$: $\lim_{n\to\infty} R_n(x) \to 0$. Wir führen nun für ein festes n das Supremum der Werte $R_n(x)$ ein,

$$U_n = \sup_{x\in A} |R_n(x)|. \tag{M.1.7.1}$$

Dann sagt man, die Reihe ist **gleichmäßig konvergent** für $x \in A$, wenn $\lim_{n\to\infty} U_n = 0$.

(Eine andere, gleichwertige Definition lautet: $\forall \epsilon > 0 \exists N_\epsilon : \forall n > N_\epsilon \Rightarrow |R_n(x)| \leq \epsilon$. Wichtig dabei ist, dass N_ϵ nicht von der Position x abhängt. Einfache Konvergenz erlaubt eine x-Abhängigkeit!)

Auf den ersten Blick sieht es so aus, als ob jede konvergente Reihe auch gleichmäßig konvergent wäre, da ja $\lim_{n\to\infty} R_n(x) = 0$ gilt. Das stimmt leider nicht, und wir wollen uns das in einem Beispiel vor Augen führen. Die Reihe

$$f(x) = x^2 + \frac{x^2}{1+x^2} + \frac{x^2}{(1+x^2)^2} \cdots \tag{M.1.7.2}$$

konvergiert für alle Werte von x, da

- für $x \neq 0$: $\rho = |\frac{1}{1+x^2}| < 1$, und
- für $x = 0$ jedes Glied der Reihe verschwindet.

Da es sich dabei um eine geometrische Reihe handelt, können wir leicht (für $x \neq 0$) die Summe der Reihe bilden,

$$f(x) = \frac{x^2}{1 - \frac{1}{1+x^2}} = 1 + x^2. \tag{M.1.7.3}$$

Für $x = 0$ ist die Summe der (aus Nullgliedern bestehenden) Reihe 0. Die Summe existiert also für alle x, hat allerdings eine (hebbare) Unstetigkeit bei $x = 0$.

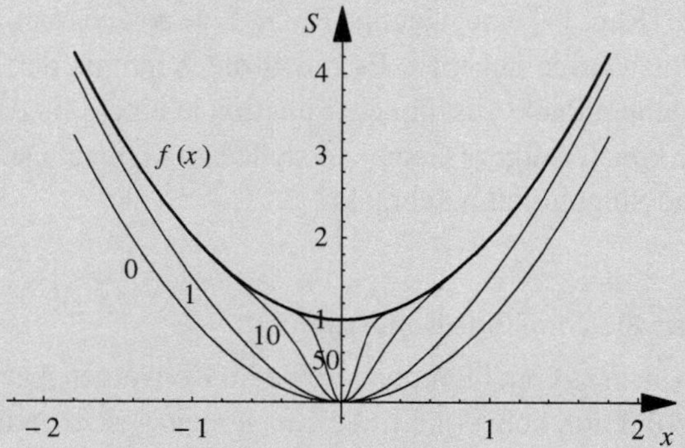

Abb. 1.9 Einige Partialsummen $S_n(x), n = 0, 1, 10, 50$ im Vergleich zu $f(x)$

In Abb. 1.9 sind die ersten Partialsummen $S_n(x)$ skizziert, und man sieht das Problem: Die Konvergenz der Reihe wird im Intervall um $x = 0$ immer schlechter. Die Reihe konvergiert zwar für alle Werte von x, gleichmäßig konvergent ist sie aber nur in $\mathbb{R}\backslash[-\epsilon, \epsilon]$, $\quad \epsilon > 0$.

Das **Kriterium von Weierstraß** ist hinreichend, um die gleichmäßige Konvergenz einer absolut konvergenten Reihe $\sum_{n=0}^{\infty} a_n(x)$ in einem Bereich $x \in A$ festzustellen:

Wenn $\sum_{n=0}^{\infty} m_n$ eine konvergente Reihe mit positiven Gliedern m_n ist und $|a_n(x)| \leq m_n$ für fast alle n (und $x \in A$) ist, dann ist die Reihe $\sum_{n=0}^{\infty} a_n(x)$ gleichmäßig konvergent in A (auch Majorantenkriterium genannt, Beweis siehe [1, 2]).

Gleichmäßige Konvergenz ist die Voraussetzung für einige wichtige Eigenschaften von Reihen:

- Die Summe einer gleichmäßig konvergenten Reihe von stetigen Funktionen ist eine stetige Funktion.
- Für gleichmäßig konvergente Reihen sind Summe und Integral vertauschbar,

$$\int \sum dx\, u_n(x) = \sum \int dx\, u_n(x)\,.$$

- Wenn die Reihe, die man durch gliedweise Differenziation einer stetig differenzierbaren, konvergenten Reihe erhält, gleichmäßig konvergent ist, dann konvergiert sie gegen die Ableitung der Summenfunktion,

$$\frac{d}{dx}\sum u_n(x) = \sum \frac{d}{dx}u_n(x) .$$

Diese Aussagen betreffen allgemeine Reihen von Funktionen. Potenzreihen sind jedoch besonders angenehm. Man kann zeigen, dass Potenzreihen im Inneren des Konvergenzgebiets (nicht aber unbedingt auch am Rand) *immer* gleichmäßig konvergent sind. Näheres zur gleichmäßigen Konvergenz finden Sie in [9] und [1, 2].

Neben der gleichmäßigen Konvergenz gibt es auch den Begriff der gleichmäßigen Stetigkeit. Eine in einem Intervall I stetige Funktion ist **gleichmäßig stetig**, wenn es für jedes beliebig kleine $\epsilon > 0$ einen Wert $\delta > 0$ gibt, sodass für $|x-y| < \delta$ (mit $x, y \in I$) sicher auch die Differenz $|f(x) - f(y)| < \epsilon$ ist. Es hängt also δ nur von ϵ, nicht aber von x oder y ab!

1.4 Was war da noch?

Man könnte natürlich etliche Bücher zum Thema Reihen schreiben, (und viele haben das schon getan). Wir wollen dieses Kapitel aber nur mit einigen weiterführenden Anmerkungen beenden.

1.4.1 Funktionenreihen

Ähnlich, wie man eine Funktion durch eine Potenzreihe darstellen kann, geht das oft auch durch Reihen in anderen Funktionen in der Form

$$f(x) = \sum_{n=0}^{\infty} a_n f_n(x) , \qquad (1.52)$$

wobei die $f_n(x)$ zum Beispiel so genannte Legendre-Polynome sein können (siehe auch Kap. 12 und 17). Das sind Polynome vom Grad n mit speziellen Eigenschaften (Orthogonalität). Ein anderes Beispiel sind die Fourierreihen (vgl. Kap. 13), bei denen die $f_n(x)$ Winkelfunktionen $\sin nx$ und $\cos nx$ sind.

Reihen in orthogonalen Funktionensystemen werden im Rahmen der Funktionalanalysis in Kap. 12 und bei der Lösung von Eigenwertproblemen von Differenzialgleichungen in Kap. 16 und 17 besprochen.

1.4.2 Divergente Reihen

Wenn man die Funktion

$$f(x) = \frac{1}{1-x} \tag{1.53}$$

in eine Potenzreihe entwickelt, erhält man die Reihe $\sum_{n=0}^{\infty} x^n$, die für $|x| < 1$ konvergiert. Wenn man in diese Reihe Werte außerhalb des Konvergenzgebiets einsetzt, so erhält man natürlich divergente Reihen,

$$\begin{aligned} x &= 1 &&: \quad 1+1+1+1+\cdots \\ x &= -1 &&: \quad 1-1+1-1+\cdots \\ x &= 2 &&: \quad 1+2+4+8+\cdots\,. \end{aligned} \tag{1.54}$$

Andererseits hat die zu Grunde liegende Funktion an manchen dieser Punkte durchaus wohldefinierte Werte. So ist $f(-1) = \frac{1}{2}$, $f(2) = -1$, $f(-2) = -\frac{1}{3}$, und nur $f(x \to 1)$ ist nicht definiert. Wenn die zu Grunde liegende Funktion unbekannt ist und nur die divergente Reihe gegeben ist, könnte man dann diese Beobachtung nicht dazu verwenden, auch divergenten Reihen Werte zuzuordnen?

Unter bestimmten Zusatzannahmen (Analytizität der Zielfunktion) geht das in der Tat[3]. Ein Ansatz dazu ist folgender. Wenn man eine Reihe mit konstanten Gliedern gegeben hat, so identifiziert man sie mit der Potenzreihe

$$\sum a_n = \sum a_n\, x^n \bigg|_{x=1}\,. \tag{1.55}$$

Das Problem ist dann, diejenige Funktion $f(x)$ zu finden, deren Taylor-Reihe eben $\sum a_n x^n$ ist. Der Wert dieser Funktion an der Stelle $x = 1$ definiert dann die Summe der ursprünglichen Reihe.

Das **Verfahren von Padé** erlaubt es, zu einer gegebenen Potenzreihe die rationale Funktion (ein Quotient von zwei Polynomen) zu konstruieren, deren Potenzreihe mit der Ausgangsreihe übereinstimmt. Wenn die ursprüngliche (unbekannte) Funktion wirklich eine rationale Funktion sein sollte, so ist die Rekonstruktion exakt, ansonsten eine meist sehr gute Näherung. Daneben gibt es noch viele andere solcher **Summationsverfahren**, wie etwa die Borel-Summation, die Abel-Summation oder Verfahren zur analytischen Fortsetzung mit konformen Abbildungen.

Divergente Reihen werden in [10] ausführlich behandelt, die Methode der Padé-Approximation in [11].

---

[3] In einem Brief (1826) an seinen Kollegen Holmboe hat der bekannte Mathematiker Niels Henrik Abel festgestellt: „Divergente Reihen sind ein Unglücksding, und es ist eine Schande, damit etwas zu beweisen!“ Diese Meinung hat ihn nicht daran gehindert, die Basis zur heutigen Theorie der Grenzwerte zu schaffen.

1.5 Aufgaben und Lösungen

1.5.1 Aufgaben

1.1: Bestimmen Sie die Häufungspunkte der Folgen:

(a) $1\,,\frac{1}{2}\,,1\,,\frac{1}{3}\,,1\,,\frac{1}{4}\,,1\,,\frac{1}{5}\,,\cdots$
(b) $1\,,2\,,1\,,3\,,1\,,4\,,1\,,5\,,\cdots$
(c) $1\,,2\,,1\,,2\,,3\,,1\,,2\,,3\,,4\,,1\,,2\,,3\,,4\,,5\,,\cdots$
(d) $0, \sin\frac{\pi}{7}\,, \sin\frac{2\pi}{7}\,, \sin\frac{3\pi}{7}\,, \sin\frac{4\pi}{7}, \ldots$
(e) $0, \sin 1, \sin 2, \sin 3, \sin 4, \sin 5, \ldots\,.$

1.2: Untersuchen Sie die Folgen (b_n) sowohl analytisch als auch mit Hilfe eines Computerprogramms:

$$\text{(a)}\quad b_n = 3 - \frac{1}{n}, \quad \text{(b)}\quad b_n = \frac{5n}{1-10n}, \quad \text{(c)}\quad b_n = \left(1 + \frac{1}{n}\right)^n .$$

1.3: Schreiben Sie einige Terme der folgenden Reihen explizit nieder:

$$\text{(a)}\quad \sum_{n=1}^{\infty} \frac{n}{2^n}, \quad \text{(b)}\quad \sum_{n=1}^{\infty} \frac{(-1)^n}{n}, \quad \text{(c)}\quad \sum_{n=1}^{\infty} \frac{\sqrt{n}}{n+1}, \quad \text{(d)}\quad \sum_{n=1}^{\infty} \frac{n!^2}{(2n)!} .$$

1.4: Schreiben Sie folgende Reihen in der Form $\sum_{n=0} c_n$:

$$\text{(a)}\quad \frac{1}{3} + \frac{2}{5} + \frac{4}{7} + \frac{8}{9} + \cdots ,$$
$$\text{(b)}\quad \frac{1}{4} - \frac{1}{8} + \frac{1}{16} - \frac{1}{32} + \cdots ,$$
$$\text{(c)}\quad \frac{\ln 2}{2} - \frac{\ln 3}{3} + \frac{\ln 4}{4} - \cdots .$$

1.5: Berechnen Sie folgende Grenzwerte:

$$\text{(a)}\ \lim_{n\to\infty} \frac{n-1}{n+1} \qquad \text{(b)}\ \lim_{n\to\infty} \frac{2n^3 - n^2 + 5}{5n^3 + 2n - 1} \qquad \text{(c)}\ \lim_{n\to\infty} \frac{a^{-n}\,(n+1)\,(n-1)}{3\,n^2}, a > 1$$
$$\text{(d)}\ \lim_{n\to 0} \frac{2n^3 - n}{5n^3 - 2n} \qquad \text{(e)}\ \lim_{n\to\infty} \frac{n^2 - 1}{n^2 + \mathrm{e}^n} \qquad \text{(f)}\ \lim_{n\to\infty} \left[\prod_{k=2}^{n} \left(1 - \frac{1}{k^2}\right)\right] .$$

1.6: Beweisen Sie, dass (a) $\lim_{n\to\infty} \sqrt[n]{n} = 1$ und (b) $\lim_{n\to\infty} \sqrt[n]{a} = 1$ für $a > 0$.

1.7: Wie lauten die Partialsummen der folgenden Reihen, konvergieren sie, und was ist gegebenenfalls die Summe?

(a) $1+2+3+4+5+\cdots+N$ (b) $1+1+1+1+1+\cdots+1$

(c) $1-1+1-1+1-\cdots+(-1)^{N+1}$ (d) $\sum_{n=1}^{N}\frac{1}{n\,(n+1)}$.

1.8: Für welche Werte von α konvergiert die Reihe $\sum_{n=1}^{\infty} n^{-\alpha}$?

1.9: Überprüfen Sie die Konvergenz der folgenden Reihen:

(a) $\sum_{n=1}^{\infty}\frac{n^2}{2^n}$ (b) $\sum_{n=0}^{\infty}\frac{3^n}{2^{2n}}$ (c) $\sum_{n=1}^{\infty}\frac{2^n}{(n+1)!}$

(d) $\sum_{n=1}^{\infty}\frac{5^n\,((n+1)!)^2}{(2n)!}$ (e) $\sum_{n=1}^{\infty}\frac{n!}{100^n}$ (f) $\sum_{n=1}^{\infty}\frac{n-1}{(n+2)(n+3)}$

(g) $\sum_{n=1}^{\infty}\frac{(-1)^n}{n^2}$ (h) $\sum_{n=2}^{\infty}\frac{(-1)^n n}{n-1}$ (i) $\sum_{n=2}^{\infty}\frac{1}{(\ln n)^2}$

(j) $\sum_{n=1}^{\infty}\frac{1}{\sqrt{n}}$ (k) $\sum_{n=1}^{\infty}\frac{\sin n}{n^2}$ (l) $\sum_{n=1}^{\infty}\frac{1}{3^{\ln n}}$

(m) $\sum_{n=1}^{\infty}\frac{n}{2^n}$ (n) $\sum_{n=0}^{\infty}\frac{2+(-1)^n}{n^2+7}$ (o) $\sum_{n=2}^{\infty}\left(\frac{1}{n}-\frac{1}{n-1}\right)$.

1.10: Die Kochsche Schneeflocke ist ein Beispiel für eine fraktale Kurve. Konstruktionsvorschrift: Das Anfangsobjekt ist ein gleichseitiges Dreieck (Seitenlänge a). Man drittle jede Dreieckseite und konstruiere über dem mittleren Drittel ein gleichseitiges Dreieck, dessen Seitenlänge ein Drittel der ursprünglichen Seitenlänge ist. Man wiederhole diesen Vorgang immer wieder (Abb. 1.10). Berechnen Sie den Umfang und die eingeschriebene Fläche der Kochschen Kurve.

Abb. 1.10 Die drei ersten Schritte bei der Konstruktion einer Kochschen Kurve (Schneeflockenkurve)

1.11: Berechnen Sie die ersten drei Glieder der MacLaurin-Reihe der Funktionen:

(a) $\frac{1+x}{1-x}$, (b) $(\sin x)^2$, (c) $\cosh x = \frac{1}{2}\left(\mathrm{e}^x+\mathrm{e}^{-x}\right)$.

1.12: Berechnen Sie die ersten drei Glieder der Taylor-Reihe um den Punkt a für folgende Funktionen :

$$\text{(a)} \quad f(x) = \ln x \ , \ (a = 1) \ ,$$
$$\text{(b)} \quad f(x) = \sqrt{x} \ , \ (a = 36) \ ,$$
$$\text{(c)} \quad f(x) = \tan x \ , \ (a = \frac{\pi}{4}) \ .$$

1.13: Zeigen Sie, dass sich die Reihenentwicklungen der Funktionen $\sqrt{\frac{1+x}{1-x}}$ und e^x um den Punkt $x = 0$ erst ab einer höheren Ordnung in x unterscheiden. Berechnen Sie die Differenz der beiden Funktionen für $x = 0.001$ und $x = 0.1$ sowohl mit Hilfe der Reihenentwicklung als auch auf dem Taschenrechner durch Subtraktion der Funktionswerte.

1.14: Berechnen Sie das Konvergenzintervall der folgenden Reihen:

$$\text{(a)} \ \sum_{n=1}^{\infty} \frac{n\,x^n}{2^n} \qquad \text{(b)} \ \sum_{n=1}^{\infty} \frac{x^n}{n^2+1} \qquad \text{(c)} \ \sum_{n=1}^{\infty} n!\left(\frac{x}{n}\right)^n \qquad \text{(d)} \ \sum_{n=1}^{\infty} \frac{(nx)^n}{n!}$$
$$\text{(e)} \ \sum_{n=1}^{\infty} \frac{(-1)^n\,(x-1)^n}{2^n\,(3n-1)} \qquad \text{(f)} \ \sum_{n=1}^{\infty} \frac{n^2}{\left(2+\frac{\cos nx}{2}\right)^n} \qquad \text{(g)} \ \sum_{n=0}^{\infty} \frac{(2x)^2}{3^n} \ .$$

1.15: Berechnen Sie die folgenden Ausdrücke mit Hilfe der entsprechenden Potenzreihe auf drei Stellen genau:

$$\text{(a) } e(= e^1) \ , \quad \text{(b) } \frac{1}{1.01} \ , \quad \text{(c) } \ln 0.99 \ , \quad \text{(d) } \ln 3 \ .$$

1.16: Verwenden Sie MacLaurin-Reihen, um folgende Grenzwerte zu berechnen:

$$\text{(a) } \lim_{x\to 0} \frac{\tan x}{x} \ , \quad \text{(b) } \lim_{x\to 0} \frac{\sin^2 x}{x} \ , \quad \text{(c) } \lim_{x\to 0} \frac{\ln(1+x)}{x} \ .$$

1.17: Berechnen Sie die Grenzwerte:

$$\text{(a)} \ \lim_{x\to 1} \frac{\ln x}{1-x} \qquad \text{(b)} \ \lim_{x\to 0} \frac{\tan x - x}{x - \sin x} \qquad \text{(c)} \ \lim_{x\to 0} \frac{\sin x}{x}$$
$$\text{(d)} \ \lim_{x\to\infty} \left(\sqrt{x\,(x+a)} - x\right) \qquad \text{(e)} \ \lim_{x\to\pi} \frac{x\,\sin x}{x-\pi} \qquad \text{(f)} \ \lim_{x\to\infty} x^n e^{-x}$$
$$\text{(g)} \ \lim_{x\to 0} x\,(\ln x)^n \ \ (n \in \mathbb{N}) \qquad \text{(h)} \ \lim_{x\to 0} \left(\frac{\sin x}{x}\right)^{\frac{1}{1-\cos x}} \qquad \text{(i)} \ \lim_{x\to 0} (\cos x)^{1/x^2}$$
$$\text{(j)} \ \lim_{x\to\infty} \frac{\cos x}{x} \qquad \text{(k)} \ \lim_{x\to 1} \frac{\ln(2-x)}{1-x} \qquad \text{(l)} \ \lim_{x\to 1} \frac{\ln(1-x)+x^2}{\ln(1-x^2)+e^x} \ .$$

1.18: Aus zwei positiven reellen Zahlen a und b kann man verschiedene Mittelwerte bestimmen. Das Mittel der Ordnung α ist definiert als

$$S_\alpha(a,b) = \left(\frac{a^\alpha + b^\alpha}{2}\right)^{\frac{1}{\alpha}} .$$

Bekannte Sonderfälle sind S_1, das arithmetische, und S_{-1}, das harmonische Mittel. Welche Grenzwerte ergeben sich für $\alpha \to 0, +\infty, -\infty$? Überprüfen Sie Ihr Lieblings-Computeralgebra-Programm mit Hilfe dieser Aufgabe. (Hinweis: Verwenden Sie die Regel von de l'Hospital!)

1.19: In Hochenergiebeschleunigern werden die Elektronen auf Energien beschleunigt, die um viele Größenordnungen höher als ihre Ruhemasse sind ($\frac{m}{m_0} \gg 1$). Die Geschwindigkeit v dieser Elektronen ist fast so groß wie die Lichtgeschwindigkeit c. Die relativistische Formel für das Verhältnis $\frac{v}{c}$ lautet

$$\frac{v}{c} = \sqrt{1 - \left(\frac{m_0}{m}\right)^2} .$$

Berechnen Sie dieses Verhältnis über die ersten beiden Terme der binomischen Reihe für $\frac{m}{m_0}$ = (a) 10^2, (b) 10^3 und (c) $2.5\ 10^6$.

1.5.2 Lösungen

Vollständige Lösungen unter http://physik.uni-graz.at/~cbl/mm/.

1.1: (a) 1, 0; (b) 1, ∞; (c) $\mathbb{N}, \infty$; (d) $0, \pm\sin(\frac{\pi}{7}), \pm\sin(\frac{2\pi}{7}), \pm\sin(\frac{3\pi}{7})$; (e) $[-1, 1]$.

1.2: Grenzwerte (a) $B = 3$; (b) $B = -1/2$; (c) $B = \mathrm{e} = 2.718\ldots$.

1.4: (a) $a_n = 2^n/(2n+3)$; (b) $a_n = (-1)^n/2^{n+2}$; (c) $a_n = (-1)^n \frac{\ln(n+2)}{n+2}$.

1.5: (a) 1; (b) $2/5$; (c) 0; (d) $1/2$; (e) 0; (f) $1/2$ (Hinweis: Man schreibe explizit einige der Faktoren hin und beachte Kürzungen!)

1.7: (a) $N(N+1)/2$ divergent; (b) N divergent; (c) $(1-(-1)^N)/2$ divergent; (d) Hinweis: $\frac{1}{n\,(n+1)} = \frac{1}{n} - \frac{1}{(n+1)}$, Partialsumme=$N/(N+1)$, konvergent, Summe=1.

1.8: $\alpha > 1$ (Integraltest).

1.9: (a) k.; (b) k.; (c) k.; (d) d.; (e) d.; (f) d.; (g) k.; (h) d.; (i) d. (vgl. Integraltest); (j) d. (vgl. Integraltest); (k) k. (Vergleichskriterium); (l) k. (vgl. vorhergehende Aufgabe, Integraltest); (m) k.; (n) k. (vgl. mit $2/n^2$); (o) k., Summe=-1 (Wie sieht diese Reihe aus?).

1.10: Umfang$\to\infty$, Fläche=$2a^2\sqrt{3}/5$.

1.11: (a) $1+2x+2x^2$; (b) $x^2-x^4/3+2x^6/45$; (c) $1+x^2/2+x^4/24$.

1.12: (a) $(x-1)-{}^1\!/\!_2\,(x-1)^2+{}^1\!/\!_3\,(x-1)^3\cdots$; (b) $6+{}^1\!/\!_{12}\,(x-36)-{}^1\!/\!_{1728}\,(x-36)^2\cdots$; (c) $1+2\,(x-{}^\pi\!/\!_4)+2\,(x-{}^\pi\!/\!_4)^2\cdots$.

1.13: Erster abweichender Term der Potenzreihen: ${}^1\!/\!_3\,x^3$.

1.14: (a) $|x|<2$; (b) $|x|\le 1$; (c) Wurzelkriterium(!) $|x|<\mathrm{e}$ (siehe auch Stirlingsche Formel Anhang A); (d) $-\frac{1}{\mathrm{e}}\le x<\frac{1}{\mathrm{e}}$; (e) $-1<x\le 3$; (f) $x\in\mathbb{R}$; (g) $x\in\mathbb{R}$.

1.15: (a) langsame Konvergenz, in $\mathcal{O}(x^6)$ ergibt sich die Summe $1957/720\approx 2.718$; (b) $1+x+x^2$ ergibt für $x=-0.01$ bereits den Wert 0.9901; (c) $=\ln(1-0.01)\approx -0.01-(0.01)^2/2$; (d) Beachten Sie: $\ln 3=\ln\mathrm{e}+\ln(3/\mathrm{e})=1+\ln(1+(3-\mathrm{e})/\mathrm{e})$.

1.16: (a) 1; (b) 0; (c) 1.

1.17: (a) -1; (b) 2; (c) 1; (d) $a/2$; (e) $-\pi$; (f) 0; (g) 0; (h) $\mathrm{e}^{-1/3}$; (i) $1/\sqrt{\mathrm{e}}$; (j) 0; (k) 1; (l) 1.

1.18: $S_\infty=\max(a,b)$, $S_{-\infty}=\min(a,b)$, $S_0=\sqrt{a\,b}$ = geometrisches Mittel.

Literaturempfehlungen

Folgen und Grenzwerte werden in [9] genauer besprochen. Unendliche Reihen werden in zahlreichen Standardtexten behandelt, und wir müssen uns auf einige Zitate beschränken: [1, 2, 12, 13] und vor allem [14]. Anwendungsorientierte Informationen über numerische Verfahren findet man in [15].

Literatur

1. H. Fischer und H. Kaul, *Mathematik für Physiker*, Bd. 1, 7. Aufl. (Vieweg+Teubner, Wiesbaden, 2010).
2. H. Fischer und H. Kaul, *Mathematik für Physiker*, Bd. 2 (Springer Spektrum, Berlin, Heidelberg, New York, 2014).
3. H. J. Weber und G. Arfken, *Essential Mathematical Methods for Physicists*, 5. Aufl. (Academic Press, San Diego, 2003).

4. M. Abramowitz und I. A. Stegun, *Handbook of Mathematical Functions* (Martino Fine Books, Eastford, CT, 2014).
5. W. H. Press, B. P. Flannery, S. A. Teukolsky, und W. T. Vetterling, *Numerical Recipes: The Art of Scientific Computing*, 3. Aufl. (Cambridge University Press, Cambridge, 2007).
6. W. Törnig und P. Spellucci, *Numerische Mathematik für Ingenieure und Physiker, Band 1 und 2* (Springer, Heidelberg, Berlin, 1996).
7. R. Sedgewick, *Algorithmen* (Pearson Studium, München, 2002).
8. R. L. Burden und J. D. Faires, *Numerical Analysis* (Cengage Learning, Inc, Boston, 2010).
9. S. Lang, *Analysis* (Inter European Editions, Amsterdam, 1977).
10. G. H. Hardy, *Divergent Series*, 2. Aufl. (AMS Chelsea Publishing, New York, 2000).
11. G. A. Baker und P. R. Graves-Morris, *Padé Approximants* (Addison-Wesley, Reading, 1981).
12. H. Meschkowski, *Reihenentwicklungen in der mathematischen Physik* (Bibl. Inst. AG, Mannheim, 1984).
13. H. Neunzert, W. G. Eschmann, A. Blickensdörfer-Ehlers, und K. Schelkes, *Analysis* (Springer, Heidelberg, Berlin, 1996).
14. H. V. Mangoldt und K. Knopp, *Einführung in die höhere Mathematik, Bd. 1-3* (HIRZEL, Stuttgart, 1982).
15. Paul L. DeVries, *Computerphysik* (Spektrum Akademischer Verlag, Heidelberg, 1995).

Komplexe Zahlen

2

2.1 Komplexe Zahlen und die komplexe Ebene

Die allgemeine Lösung einer quadratischen Gleichung

$$a\,z^2 + b\,z + c = 0 \tag{2.1}$$

für die Unbekannte z ist

$$z = -\frac{b}{2a} \pm \frac{1}{2a}\sqrt{b^2 - 4ac} \quad ; \tag{2.2}$$

dabei wird der Ausdruck $d = b^2 - 4ac$ **Diskriminante** genannt. Das heißt, die Menge der Werte für die Unbekannte z, welche die Gleichung erfüllen, besteht entweder aus einer reellen Zahl (wenn $d = 0$) oder aus einem Paar von zwei reellen Zahlen (wenn $d > 0$). Wenn allerdings die Diskriminante negativ wird, können wir im Raum der uns bisher bekannten reellen Zahlen keine Lösung finden. Um dennoch zwei Lösungen angeben zu können, erweitert man diesen Zahlenraum.

Man führt dazu eine neue Art von Zahl ein und nennt sie **imaginäre Einheit**

$$\mathrm{i} \quad \text{mit der Definition } \mathrm{i}^2 \equiv -1 \ . \tag{2.3}$$

Man kann i in gewissem Sinn als die Wurzel $+\sqrt{-1}$ betrachten oder sagen, $\sqrt{-1}$ wird durch i definiert; diese Form soll man aber vermeiden, um Missverständnissen vorzubeugen[1].

[1] Folgende Rechnung etwa ist *falsch*: $(+\sqrt{-1})(+\sqrt{-1}) = +\sqrt{(-1)(-1)} = +\sqrt{1} = 1$

C.B. Lang, N. Pucker, *Mathematische Methoden in der Physik*,
DOI 10.1007/978-3-662-49313-7_2

Ausdrücke, die ein Produkt aus einer reellen Zahl und der imaginären Einheit sind, heißen **imaginäre Zahlen**. Beispiele sind

$$\begin{aligned} \sqrt{-16} &= 4\,\mathrm{i}\,, \\ -\sqrt{-3} &= -\sqrt{3}\,\mathrm{i}\,, \\ \mathrm{i}^3 &= -\mathrm{i}\,. \end{aligned} \tag{2.4}$$

Manche Produkte von imaginären Zahlen ergeben wieder reelle Zahlen, wie etwa

$$\begin{aligned} \mathrm{i}^2 &\equiv -1\,, \\ \sqrt{-2}\sqrt{-8} &= \mathrm{i}\sqrt{2}\cdot\mathrm{i}\sqrt{8} = -4\,, \\ \mathrm{i}^{4n} &= 1 \quad (n \in \mathbb{Z})\;. \end{aligned} \tag{2.5}$$

Summen von reellen ($\in \mathbb{R}$) und imaginären Zahlen ($\in \mathrm{i}\mathbb{R}$) nennt man **komplexe Zahlen**, und Beispiele dafür sind etwa $(1 + 3\,\mathrm{i})$ oder $(3 - \sqrt{5}\,\mathrm{i})$. Den Raum der komplexen Zahlen bezeichnet man abgekürzt mit $\mathbb{C}$. Er ist ein Beispiel für einen (mathematischen) **Körper**.

M.2.1 Kurz und klar: Körper

In der Mathematik gibt es einen eigenen Namen für eine Menge von Objekten, die Rechenregeln folgen, wie es die reellen oder die komplexen Zahlen tun: **Körper** (Englisch: **Field**).

Wir wollen hier kurz die Definition des Körpers vorstellen. Man habe eine Menge $\mathbb{A}$ von Objekten, auf der zwei Operationen (Addition und Multiplikation) wie folgt definiert seien:

1. $\alpha + (\beta + \gamma) = (\alpha + \beta) + \gamma$, (assoziativ bezüglich der Addition);
   $\alpha + \beta = \beta + \alpha$, (kommutativ, also eine „abelsche Gruppe" bezüglich der Addition, siehe auch Kap. 20);
   $\alpha + \beta = \gamma$, (Lösbarkeit für beliebige α, γ; das heißt, es gibt ein Nullelement und ein negatives Element bezüglich der Addition).
2. $\alpha\beta = \beta\alpha$, (kommutativ, also „abelsche Gruppe" bezüglich der Multiplikation);
   $\alpha(\beta\gamma) = (\alpha\beta)\gamma$, (assoziativ bezüglich der Multiplikation).
3. $\alpha\,(\beta + \gamma) = \alpha\,\beta + \alpha\,\gamma$,
   $(\beta + \gamma)\,\alpha = \beta\,\alpha + \gamma\,\alpha$, (distributives Gesetz).

Bisher ist $\mathbb{A}$ nur ein (kommutativer) **Ring**. Wenn zusätzlich gilt:

4. Es gibt ein Einheitselement „1" (ungleich dem Nullelement) bezüglich der Multiplikation: $\alpha\,1 = \alpha = 1\,\alpha$.

5. Für alle Elemente außer dem Nullelement gibt es ein inverses Element bezüglich der Multiplikation, das heißt für alle α gibt es ein geeignetes β, sodass gilt $\alpha\,\beta = 1 = \beta\,\alpha$,

so ist $\mathbb{A}$ ein Körper. Die komplexen Zahlen $\mathbb{C}$ sind – ebenso wie die reellen Zahlen $\mathbb{R}$ – ein Körper.

Damit können wir die Lösungen jeder denkbaren quadratischen Gleichung finden:

$$\begin{aligned} z^2 - 2z + 2 &= 0 \\ z &= \frac{2}{2} \pm \frac{1}{2}\sqrt{4-8} = 1 \pm \frac{\sqrt{-4}}{2} = 1 \pm \mathrm{i} \\ &\Rightarrow \quad z_1 = 1 + \mathrm{i}\,, \quad z_2 = 1 - \mathrm{i}\,. \end{aligned} \tag{2.6}$$

Es gibt im Fall negativer Diskriminante immer ein Lösungspaar, das sich nur durch das Vorzeichen des imaginären Anteils unterscheidet (Man nennt ein solches Paar von komplexen Zahlen komplex konjugiert, mehr darüber später).

Eine komplexe Zahl hat einen **Realteil** und einen **Imaginärteil**; man beachte, dass Realteil und Imaginärteil reelle Zahlen sind. Man schreibt zum Beispiel

$$\text{komplexe Zahl} = \underbrace{2}_{\text{Realteil}} + \underbrace{5}_{\text{Imaginärteil}}\ \mathrm{i}\,. \tag{2.7}$$

Wenn Realteil oder Imaginärteil verschwinden, vereinfacht man

$$\begin{aligned} 0 + 5\mathrm{i} &= 5\mathrm{i}\,, \\ 2 + 0\mathrm{i} &= 2\,. \end{aligned} \tag{2.8}$$

Zwei komplexe Zahlen sind nur dann gleich, wenn sie in Real- und Imaginärteil übereinstimmen,

$$a + \mathrm{i}\,b = c + \mathrm{i}\,d \quad \text{genau dann, wenn } a = c \text{ und } b = d \text{ ist!} \tag{2.9}$$

Um eine komplexe Zahl anzuschreiben, braucht man also zwei reelle Zahlen. Entsprechend benötigt man für eine grafische Darstellung die zweidimensionale Ebene. Die komplexe Zahl $z \equiv x + \mathrm{i}\,y$ wird wie ein Punkt in der analytischen Geometrie mit den Koordinaten (x, y) eingezeichnet (vgl. Abb. 2.1).

Die x-Achse nennt man reelle Achse, die y-Achse heißt imaginäre Achse; die Ebene nennt man in diesem Zusammenhang „komplexe Ebene", „Gaußsche Ebene" oder **Arganddiagramm**.

Wir haben zur Darstellung kartesische (rechtwinkelige) Koordinaten gewählt. Genauso könnte man auch Polarkoordinaten r und φ wählen (vgl. Anhang A). Dabei bezeichnet

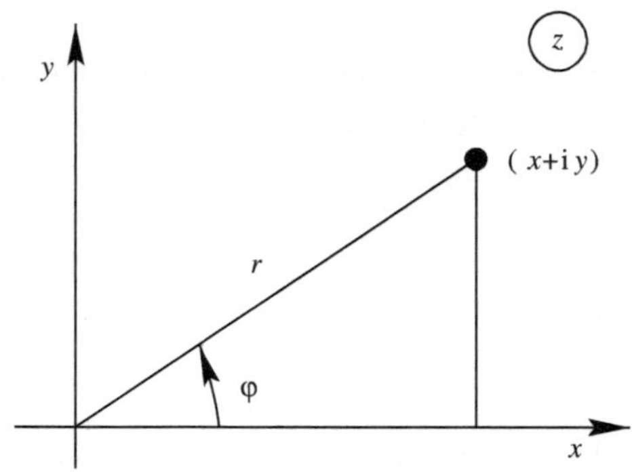

Abb. 2.1 Darstellung der komplexen Zahl in der komplexen Ebene. Um klarzustellen, dass es um die komplexe Ebene geht, schreiben wir rechts oben einen entsprechenden Hinweis $\mathbb{C}$ oder (z) hin

$0 \leq r < \infty$ den Abstand des Punktes zum Ursprung $(0, 0)$ und $\varphi \in [0, 2\pi)$ den Winkel des Radiusvektors mit der positiven x-Achse (Intervalle werden im Anhang A diskutiert). Da

$$x = r \cos\varphi \, , \quad y = r \sin\varphi$$

gilt, ist eine komplexe Zahl über diese Beziehung auch in „polarer Form" darstellbar (siehe Abb. 2.1). Wir haben also eine elegante Kurzschreibweise für komplexe Zahlen gefunden:

$$z = x + \mathrm{i}\, y = r\, (\cos\varphi + \mathrm{i}\, \sin\varphi) \; . \tag{2.10}$$

So entspricht also $r = 2$ und $\varphi = \pi/3$ (entsprechend 60°) der komplexen Zahl

$$2\left(\cos\frac{\pi}{3} + \mathrm{i}\, \sin\frac{\pi}{3}\right) = 1 + \mathrm{i}\sqrt{3} \tag{2.11}$$

oder auch in anderer Schreibweise $(1, \sqrt{3})$.

Die Umrechnungsvorschrift ergibt sich aus folgender Übersicht. Man nennt

$$\begin{aligned}
x &= \operatorname{Re} z && \text{„Realteil von } z\text{"} \, , \\
y &= \operatorname{Im} z && \text{„Imaginärteil von } z\text{"} \, , \\
r &= +\sqrt{x^2 + y^2} = |z| = \operatorname{mod} z && \text{„Betrag (oder Modul) von } z\text{"} \, , \\
\varphi &= \arctan\frac{y}{x} = \arg(z) && \text{„Argument von } z\text{"} \, .
\end{aligned} \tag{2.12}$$

Man muss bei der Definition des Arguments Vorsicht walten lassen. Es gibt zwei Quellen für mögliche Missverständnisse. Zum einen ist der arctan üblicherweise mit dem Wertebereich $[-\pi/2, \pi/2]$ definiert. Man muss also durch Beachtung des Quadranten, in dem sich die komplexe Zahl befindet, das richtige Intervall feststellen.

M.2.2 Kurz und klar: Komplexe Zahlen

Komplexe Zahlen können als Paare (Tupel) von reellen Zahlen (x, y) aufgefasst werden, für die spezielle Rechenoperationen gelten:

$$\begin{aligned} a\,(x,\,y) &= (a\,x, a\,y)\ , \quad a \in \mathbb{R} \\ (x_1,\,y_1) + (x_2,\,y_2) &= (x_1 + x_2,\,y_1 + y_2)\ , \\ (x_1,\,y_1) \cdot (x_2,\,y_2) &= (x_1\,x_2 - y_1\,y_2,\,x_1\,y_2 + y_1\,x_2)\ , \\ \overline{(x_1,\,y_1)} &= (x_1,\,-y_1)\ . \end{aligned} \tag{M.2.2.1}$$

Da man $(x, 0)$ mit einer reellen Zahl identifizieren kann, kann auch $(-1, 0)$ als Quadrat eines Tupels geschrieben werden,

$$(-1, 0) = (0, 1).(0, 1)\ .$$

Durch die Identifikation von $(0, 1)$ mit einem neuen Objekt, der **imaginären Einheit** i, ist die Tupel-Darstellung äquivalent der von uns im Haupttext gewählten, üblichen Schreibweise.

Selbst wenn man den richtigen Wert aus der Lage des Quadranten bestimmt hat, gibt es die bei Winkelfunktionen bekannte Unbestimmtheit von Vielfachen der Periode $2\,\pi$.

Betrachten wir die komplexe Zahl $z = -1 - \mathrm{i}$. Der Betrag ist offenbar $r = \sqrt{2}$, das Argument zunächst aber nicht eindeutig, da ja $y/x = (-1)/(-1) = 1 = \tan\varphi$ beliebig viele Lösungen hat. Die Zahl liegt im 3. Quadranten, es ist daher

$$\varphi = \frac{5\,\pi}{4} + 2\,n\,\pi\ , \quad n = 0,\ \pm 1,\ \pm 2,\ \pm 3, \ldots\ . \tag{2.13}$$

Bildlich gesprochen, kann man bei der Bestimmung des Winkels von der positiven x-Achse weg beliebig oft im oder gegen den Uhrzeigersinn um den Ursprung kreisen, bevor man den Winkel festlegt. Man trifft daher die Konvention, den Winkelwert im Bereich $[0, 2\pi)$ anzugeben und **Hauptwert** oder Hauptwinkel zu nennen. Das Argument von $(-1 - \mathrm{i})$ ist also $5\,\pi/4$, und es ist

$$\begin{aligned} z = -1 - \mathrm{i} &= \sqrt{2}\left(\cos\left(\frac{5\,\pi}{4} + 2n\,\pi\right) + \mathrm{i}\,\sin\left(\frac{5\,\pi}{4} + 2n\,\pi\right)\right) \\ &= \sqrt{2}\left(\cos\frac{5\,\pi}{4} + \mathrm{i}\,\sin\frac{5\,\pi}{4}\right)\ . \end{aligned} \tag{2.14}$$

Ein Paar von komplexen Zahlen, die sich nur durch das Vorzeichen des Imaginärteils unterscheiden, nennt man **komplex konjugiert**. Die entsprechende Operation heißt „komplex konjugieren" und entspricht eben der Umkehr des Vorzeichens des Imaginärteils der komplexen Zahl. Die zu $z = x + \mathrm{i}y$ komplex konjugierte Zahl $\overline{z}$ ist also $\overline{z} = x - \mathrm{i}y$. Das ist offenbar eine reflexive Beziehung, es ist $\overline{z}$ zu z komplex konjugiert, aber auch z zu $\overline{z}$. Oft schreibt man auch z^* statt $\overline{z}$. In der komplexen Ebene entspricht diese Operation der Spiegelung an der reellen Achse. Es ist etwa

$$\begin{aligned} z &= 2 + 3\,\mathrm{i}\,, \quad &\text{wenn} \quad \overline{z} &= 2 - 3\,\mathrm{i}\,, \\ u &= 2 - 3\,\mathrm{i}\,, \quad &\text{wenn} \quad \overline{u} &= 2 + 3\,\mathrm{i}\,. \end{aligned} \tag{2.15}$$

In Polarform entspricht das komplex Konjugieren der Vorzeichenumkehr des Arguments. Der Betrag ändert sich dabei nicht.

$$\begin{aligned} z &= r\,(\cos\varphi + \mathrm{i}\,\sin\varphi)\ , \\ \overline{z} &= r\,(\cos\varphi - \mathrm{i}\,\sin\varphi) = r\,(\cos(-\varphi) + \mathrm{i}\,\sin(-\varphi))\ . \end{aligned} \tag{2.16}$$

Um das Argument wieder in den üblichen Bereich $[0, 2\pi)$ zu bringen, sollte man streng genommen $(2\pi - \varphi)$ als Argument von $\overline{z}$ angeben. Wir, und die meisten Naturwissenschaftler mit uns, nehmen das aber nicht so genau.

Durch geeignete Kombinationen von z und $\overline{z}$ kann man Real- und Imaginärteil und auch den Betrag von z ausdrücken,

$$\begin{aligned} z + \overline{z} &= 2\,\mathrm{Re}\,z = 2x\ , \\ z - \overline{z} &= 2\mathrm{i}\ \mathrm{Im}\,z = 2\,y\,\mathrm{i}\ , \\ z\overline{z} &= (x + \mathrm{i}\,y)\,(x - \mathrm{i}\,y) = x^2 + y^2 = r^2 = |z|^2 \geq 0\ , \\ |z| &= \sqrt{z\overline{z}}\ . \end{aligned} \tag{2.17}$$

Zusammengesetzte Ausdrücke werden durch komplex Konjugieren aller Teilausdrücke komplex konjugiert, also

$$\overline{(z_1 + z_2)} = \overline{z}_1 + \overline{z}_2 \tag{2.18}$$

oder für komplexe f, g

$$z = f + \mathrm{i}g \quad \Leftrightarrow \quad \overline{z} = \overline{f} - \mathrm{i}\,\overline{g}\,. \tag{2.19}$$

Beispiel

Man findet mit den obigen Regeln

$$z = \frac{2 - 3\,\mathrm{i}}{\mathrm{i} + 4} \quad \Leftrightarrow \quad \overline{z} = \frac{2 + 3\,\mathrm{i}}{-\mathrm{i} + 4}\,.$$

Der Betrag einer komplexen Zahl lässt sich nach (2.17) wie folgt berechnen:

$$\left|\frac{\sqrt{5}+3\,\mathrm{i}}{1-\mathrm{i}}\right| = \left(\frac{\left(\sqrt{5}+3\,\mathrm{i}\right)}{(1-\mathrm{i})}\frac{\left(\sqrt{5}-3\,\mathrm{i}\right)}{(1+\mathrm{i})}\right)^{\frac{1}{2}} = \sqrt{\frac{14}{2}} = \sqrt{7}\,. \qquad \square$$

Algebra mit komplexen Zahlen ist wie gewöhnliche Algebra, nur eben unter Beachtung der zusätzlichen Rechenregel $\mathrm{i}^2 = -1$.

Beispiel

Wir bestimmen

$$(1-\mathrm{i})^2 = 1 - 2\,\mathrm{i} + \mathrm{i}^2 = 1 - 2\,\mathrm{i} - 1 = -2\,\mathrm{i}\,.$$

Brüche kann man leicht auch in die Form $a + \mathrm{i}\,b,\ \ a,b \in \mathbb{R}$ bringen: Man erweitert sie durch Multiplikation von Zähler und Nenner mit dem komplex Konjugierten des Nenners, also beispielsweise

$$\frac{2+\mathrm{i}}{3-\mathrm{i}} = \frac{(2+\mathrm{i})\,(3+\mathrm{i})}{(3-\mathrm{i})\,(3+\mathrm{i})} = \frac{6+5\,\mathrm{i}+\mathrm{i}^2}{9-\mathrm{i}^2} = \frac{5+5\,\mathrm{i}}{10} = \frac{1}{2} + \frac{1}{2}\mathrm{i}\,. \qquad \square$$

Komplexe Zahlen entsprechen Paaren von reellen Zahlen. Daher sind Gleichungen mit komplexen Zahlen eigentlich immer Paare von reellen Gleichungen, je eine für den reellen Anteil und eine für den imaginären Anteil der Gleichung.

Beispiel

Die Gleichung

$$z^2 = 2\,\mathrm{i} \quad \Leftrightarrow \quad (x + \mathrm{i}\,y)^2 = 2\,\mathrm{i}$$

kann explizit als

$$x^2 - y^2 + 2\,\mathrm{i}\,y\,x = 2\,\mathrm{i}$$

geschrieben werden und entspricht also zwei Gleichungen

$$x^2 - y^2 = 0\,, \qquad x\,y = 1\,.$$

Dieses Gleichungspaar hat zwei reelle Lösungen $(x,\ y)_1 = (1,1), (x,\ y)_2 = (-1,-1)$, also $z_1 = 1 + \mathrm{i} = -z_2$. □

Die Lösungsmenge solcher Gleichungen beschreibt häufig einfache geometrische Objekte in der Ebene.

Beispiel

$\lvert z\rvert = 3$	$\Leftrightarrow$	$\sqrt{x^2+y^2} = 3$	der Rand eines Kreises mit dem Radius 3 (Kreisgleichung)
$\lvert z-1\rvert = 2$	$\Leftrightarrow$	$(x-1)^2+y^2 = 4$	der Rand eines Kreises um den Punkt (1,0) mit dem Radius 2
$\arg z = \frac{\pi}{4}$			ein Halbstrahl vom Ursprung weg in die Richtung, die mit der x-Achse einen Winkel von 45° einschließt
$\operatorname{Re} z > \frac{1}{2}$			die offene (ohne Rand) Halbebene rechts von $x = 1/2$

□

Entsprechend lassen sich auch Teilchenbahnen, die in der Ebene verlaufen, gut durch komplexe Variablen darstellen. Es ist dies ein Beispiel für die **Parametrisierung** (Parameterdarstellung) einer Kurve. Die Koordinaten der Bahnkurve werden als Funktionen eines Parameters, zum Beispiel der Zeit t, dargestellt.

Beispiel

So sei etwa die Bahn eines Teilchens in (x, y)-Ebene in Abhängigkeit von der Zeit t

$$z(t) = \frac{\mathrm{i}+2t}{t-\mathrm{i}} = \left(\frac{2t^2-1+3t\,\mathrm{i}}{t^2+1}\right)$$

gegeben. Realteil und Imaginärteil sind einfach die Koordinaten $(x,\ y)$, und Geschwindigkeit und Beschleunigung können durch entsprechende Ableitungen nach der Zeit bestimmt werden:

$$v = \left|\frac{dz}{dt}\right| \,, \ a = \left|\frac{d^2z}{dt^2}\right| \,.$$

In unserem Beispiel ist daher

$$\frac{dz}{dt} = \frac{2\,(t-\mathrm{i})-(\mathrm{i}+2\,t)}{(t-\mathrm{i})^2} = \frac{-3\,\mathrm{i}}{(t-\mathrm{i})^2}\,,$$

und der Betrag der Geschwindigkeit ergibt sich zu

$$v = \left|\frac{dz}{dt}\right| = \sqrt{\frac{(-3\mathrm{i})(+3\mathrm{i})}{(t-\mathrm{i})^2(t+\mathrm{i})^2}} = \frac{3}{t^2+1}\,.$$

□

2.2 Komplexe Reihen

In Kap. 1 haben wir unendliche Reihen diskutiert. Unendliche Reihen mit komplexen Koeffizienten oder mit Potenzen der komplexen Variablen z werden mit denselben Methoden untersucht. Man betrachtet bei der Partialsumme einfach Realteil und Imaginärteil getrennt:

$$S_n = X_n + \mathrm{i}\, Y_n \,. \tag{2.20}$$

Konvergenz liegt vor, wenn beide Teile konvergieren,

$$\lim_{n\to\infty} S_n = S = X + \mathrm{i}\, Y \Leftrightarrow \quad \lim_{n\to\infty} X_n = X \,, \quad \lim_{n\to\infty} Y_n = Y \,. \tag{2.21}$$

Absolute Konvergenz liegt vor, wenn die Reihe der Absolutbeträge der Glieder der komplexen Reihe konvergiert. Alle Konvergenzkriterien können sinngemäß angewandt werden, wenn man den früher nur für reelle Zahlen definierten Absolutbetrag nun als Absolutbetrag für komplexe Zahlen interpretiert.

Beispiel

Wir wollen die Reihe

$$1 + \frac{1+\mathrm{i}}{2} + \frac{(1+\mathrm{i})^2}{4} + \cdots \frac{(1+\mathrm{i})^n}{2^n} + \cdots$$

mit Hilfe des Quotientenkriteriums auf ihre Konvergenzeigenschaften überprüfen. Es ist

$$\begin{aligned} \rho &= \lim_{n\to\infty} \rho_n = \lim_{n\to\infty} \left| \frac{(1+\mathrm{i})^{n+1}}{2^{n+1}} \frac{2^n}{(1+\mathrm{i})^n} \right| = \lim_{n\to\infty} \left| \frac{1+\mathrm{i}}{2} \right| \\ &= \left| \frac{1+\mathrm{i}}{2} \right| = \frac{\sqrt{2}}{2} < 1 \,. \end{aligned}$$

Diese Reihe ist also absolut konvergent. □

Auch Potenzreihen

$$\sum a_n z^n \quad \text{mit } a_n,\, z \in \mathbb{C}$$

können entsprechend untersucht werden. Ja, man kann im Grunde sogar die bekannten reellen Potenzreihen als Spezialfall von komplexen Potenzreihen ($z = x + \mathrm{i}y, y = 0$) ansehen. Für die Reihe

$$1 - z + \frac{z^2}{2} - \frac{z^3}{3} + \frac{z^4}{4} \cdots$$

ergibt sich, mit dem Quotientenkriterium untersucht,

$$\rho = \lim_{n\to\infty} \left| \frac{z\, n}{n+1} \right| = |z| < 1$$

ein kreisförmiges Konvergenzgebiet $|z| < 1$ oder $\sqrt{x^2 + y^2} < 1$. Der Rand muss wieder gesondert untersucht werden. Dies ist nicht immer einfach, und wir verzichten in unserem Beispiel darauf. Man kann zeigen, dass die Reihe nur bei $z = -1$ divergiert.

Die Kreisform des Konvergenzgebiets ist typisch für Potenzreihen. Man bezeichnet daher auch ρ als Konvergenzradius. Wenn man die Potenzen durch spezielle Funktionen eines orthogonalen Funktionensystems (siehe Funktionalanalysis, Kap. 12) ersetzt, so ändert sich auch die Form des entsprechenden Konvergenzgebiets. Für Legendre-Reihen hat es zum Beispiel Ellipsenform.

Alle Aussagen aus Abschn. 1.3 über Konvergenz von Potenzreihen sind weiterhin gültig. Man ersetze einfach den Begriff „Konvergenzintervall" durch „Konvergenzgebiet" (oder „Konvergenzkreis").

Beispiel

Die Reihe

$$1 + \mathrm{i}\,z + \frac{(\mathrm{i}\,z)^2}{2!} + \frac{(\mathrm{i}\,z)^3}{3!} + \cdots = 1 + \mathrm{i}\,z - \frac{z^2}{2!} - \frac{\mathrm{i}\,z^3}{3!} + \cdots$$

ist für alle $z \in \mathbb{C}$ konvergent, da ja gilt, dass

$$\rho = \lim_{n\to\infty} \left| \frac{(\mathrm{i}\,z)^{n+1}}{(n+1)!} \frac{n!}{(\mathrm{i}\,z)^n} \right| = \lim_{n\to\infty} \left| \frac{\mathrm{i}\,z}{n+1} \right| = 0\,. \qquad \square$$

C.2.1 ... und auf dem Computer: Mandelbrots Apfelmännchen

Im Abschnitt über Folgen haben wir festgestellt, dass es oft schwer oder sogar unmöglich ist, die Art der Häufungspunkte zu bestimmen. Bei der Feigenbaum-Folge (in C.1.2) etwa fanden wir sowohl konvergentes Verhalten als auch verschiedene Arten von divergentem Verhalten, abhängig von einem Kontrollparameter. Die Häufungspunkte traten isoliert auf, aber es gab auch Bereiche chaotischen Verhaltens.

Eine Verallgemeinerung dieser Fragestellung führt zu so genannten fraktalen Punktmengen. Der Begriff **Fraktal** wurde von Benoit Mandelbrot geprägt, der sich eingehend mit diesen Strukturen beschäftigt hat [1]. Die sich ergebenden Punktmengen haben eine faszinierende Schönheit, die in vielen Bildbänden festgehalten wurde [2].

Fraktale Punktmengen heißen auch **Julia-Mengen**. Die vielleicht bekannteste davon ist das „Apfelmännchen", auch „Mandelbrot-Menge" genannt. Diese Menge wird mit Hilfe der Häufungspunkte der Folge komplexer Zahlen

$$z_0 = 0\,,\ z_{n+1} = z_n^2 + c\,,\quad z, c \in \mathbb{C}\,, \qquad \text{(C.2.1.1)}$$

konstruiert. Dabei ist c ein Kontrollparameter. Je nach Wert von c gibt es zwei Alternativen:

- Der Häufungspunkt liegt im Endlichen – dann gehört c zur Julia-Menge.
- Der Häufungspunkt ist nicht im Endlichen – dann gehört c nicht zur Julia-Menge.

Für jeden Wert von c muss man allerdings die entsprechende Zahlenfolge bilden. Die Entscheidung, ob der Häufungspunkt im Endlichen liegt, kann streng genommen für die meisten Werte von c nie getroffen werden, da man nie sicher sein kann, dass die Folge für höhere Indizes nicht doch noch divergiert. Man kann allerdings zeigen, dass die Folge sicher divergiert, wenn ein Folgenglied $|z_n| > 2$ wird. Man gibt daher in der Praxis eine maximale Zahl von Iterationen N vor. Wenn man bis zu z_N keine Divergenz feststellen kann, dann nimmt man an, dass der entsprechende Wert von c zur Julia-Menge gehört. Wenn man in einem Gebiet der komplexen Ebene alle Punkte c markiert, die zur Julia-Menge gehören, erhält man ein Fraktal.

Je größer N ist, desto feiner sind Details der Menge erkennbar; leider dauert die Rechnung dann auch entsprechend länger. Am besten wählt man am Anfang Werte von $N = 50$ und erhöht später bis zu $N = 500$. Wenn man schon bei $n < N$ Divergenz feststellt, so gehört der Punkt nicht zur Julia-Menge. Die Mandelbrotmenge liegt in $\mathbb{C}$ im Bereich der Werte -2< Re(c) < 0.5, -1.25< Im(c) <1.25; ihren vollen Reiz erkennt man aber, wenn man sich kleine Ausschnitte (zum Beispiel -0.28< Re(c) <-0.24, 0.75< Im(c) <0.79) genauer ansieht. Wiederholte Vergrößerung von Details verdeutlicht die Selbstähnlichkeit dieser fraktalen Punktmengen.

Noch faszinierendere Bilder erhält man, wenn man abhängig vom Index n des Folgengliedes z_n, bei dem man Divergenz feststellte, den Punkt in verschiedenen Farben darstellt. Im einfachsten Fall wählen Sie schwarz für gerade Indizes und weiß für ungerade. Prachtvoll farbige Bilder finden Sie bei [2] und im Internet auf speziell dafür eingerichteten Seiten.

2.3 Funktionen komplexer Variablen

Im Anhang B werden die bekannten elementaren Funktionen, wie Potenzen und Wurzeln, trigonometrische Funktionen und ihre Umkehrfunktionen, Logarithmen und Exponentialfunktionen, so wie sie für reelle Argumente definiert sind, in Erinnerung gerufen. Sie alle können auch für komplexe Zahlen definiert und berechnet werden. Ausgangspunkt ist dabei immer die Definition für die reellen Zahlen, es müssen also für den Fall $z = x \in \mathbb{R}$ die bekannten Rechenregeln erfüllt sein.

2.3.1 Exponentialfunktion und trigonometrische Funktionen

Die Definition der Ableitung wird im Kap. 4 über Differenziation noch einmal genauer besprochen. Insbesondere muss die Ableitung nach komplexen Zahlen gesondert diskutiert werden (siehe Funktionentheorie, Kap. 19). Einstweilen benötigen wir nur die Ableitung von Potenzen, für die – wie bei Potenzen von reellen Variablen – gilt:

$$\frac{d}{dz} z^n = n\, z^{n-1} . \tag{2.22}$$

Damit können wir die elementaren Funktionen über ihre Potenzreihen definieren und darin einfach die reellen Variablen durch komplexe ersetzen. So ist die Exponentialfunktion auch für komplexe Argumente durch die Reihe

$$\mathrm{e}^z \equiv 1 + \frac{z}{1!} + \frac{z^2}{2!} + \frac{z^3}{3!} + \cdots \tag{2.23}$$

definiert. Diese Reihe konvergiert für alle $z \in \mathbb{C}$. Die Funktion e^z hat auch alle anderen für reelle Zahlen schon bekannten Eigenschaften. So gilt

$$\frac{d}{dz} \mathrm{e}^z = \mathrm{e}^z , \tag{2.24}$$

und auch die Beziehung

$$\mathrm{e}^{z_1}\, \mathrm{e}^{z_2} = \mathrm{e}^{z_1 + z_2} \tag{2.25}$$

kann aus der Definition mittels Potenzreihe bewiesen werden.

C.2.2 … und auf dem Computer: Computeralgebra zur Potenz

Überprüfen Sie mit Hilfe eines Computeralgebra-Programms, dass für die ersten Terme der Potenzreihen gilt:

$$\mathrm{e}^u\, \mathrm{e}^v = \left(\sum_{k=0}^{\infty} \frac{u^k}{k!}\right) \left(\sum_{n=0}^{\infty} \frac{v^n}{n!}\right) = \sum_{n=0}^{\infty} \frac{(u+v)^n}{n!} = \mathrm{e}^{u+v} .$$

Sie können diese Identität zum Beispiel für die ersten 10 bis 20 Terme demonstrieren! Sie können auch spezielle (reelle) nicht zu große Werte von u und v annehmen und die Reihensummen numerisch auswerten.

Jetzt wird es spannend. Was ist der Wert von e^z für ein rein imaginäres z? Aus der Definition über die Potenzreihe ersehen wir, dass

$$\begin{aligned} e^{i\varphi} &= 1 + i\varphi + \frac{(i\varphi)^2}{2!} + \frac{(i\varphi)^3}{3!} + \cdots \\ &= 1 + i\varphi - \frac{\varphi^2}{2!} - i\frac{\varphi^3}{3!} + \frac{\varphi^4}{4!} + i\frac{\varphi^5}{5!} \\ &= \underbrace{1 - \frac{\varphi^2}{2!} + \frac{\varphi^4}{4!}\cdots}_{\cos\varphi} + i\underbrace{\left(\varphi - \frac{\varphi^3}{3!} + \frac{\varphi^5}{5!}\cdots\right)}_{\sin\varphi} \end{aligned} \tag{2.26}$$

ist. Man kann die Exponentialfunktion $e^{i\varphi}$ ($\varphi \in \mathbb{R}$) also durch die bekannten Winkelfunktionen ausdrücken. Diese Beziehung ist als **Eulersche Formel** bekannt,

$$e^{i\varphi} = \cos\varphi + i\,\sin\varphi\,, \tag{2.27}$$

und wir können daraus eine neue Schreibweise für komplexe Zahlen ableiten. Es gilt ja

$$z = x + i\,y = r\,(\cos\varphi + i\,\sin\varphi) = r\,e^{i\varphi}\,. \tag{2.28}$$

Beispiel

So kann man $z = 1 + i$ (mit $r = \sqrt{2}, \varphi = \frac{\pi}{4}$) auch

$$z = 1 + i = \sqrt{2}\left(\cos\frac{\pi}{4} + i\,\sin\frac{\pi}{4}\right) = \sqrt{2}\,e^{i\frac{\pi}{4}}$$

schreiben. □

Auch die Unbestimmtheit des Arguments einer komplexen Zahl finden wir wieder, so gilt

$$e^{2n\pi i} = \cos 2n\pi + i\sin 2n\pi = 1 \tag{2.29}$$

oder auch

$$e^{-i\frac{\pi}{2}} = \cos\left(-\frac{\pi}{2}\right) + i\sin\left(-\frac{\pi}{2}\right) = 0 + i(-1) = -i = e^{i\frac{3\pi}{2}}\,. \tag{2.30}$$

Für die komplexen Zahlen $i, -1, -i$ schreibt man häufig $e^{i\frac{\pi}{2}}, e^{i\pi}, e^{i\frac{3\pi}{2}}$.

Dieser neue Zusammenhang zwischen Exponential- und Winkelfunktionen erlaubt eine sehr elegante Ableitung verschiedener Winkeladditionstheoreme für trigonometrische Funktionen. Es ist

$$\begin{aligned} (\cos\varphi_1 + i\,\sin\varphi_1)(\cos\varphi_2 + i\,\sin\varphi_2) &= e^{i\varphi_1}e^{i\varphi_2} = e^{i(\varphi_1+\varphi_2)} \\ &= \cos(\varphi_1 + \varphi_2) + i\,\sin(\varphi_1 + \varphi_2) \end{aligned} \tag{2.31}$$

und andererseits

$$(\cos\varphi_1 + \mathrm{i}\sin\varphi_1)(\cos\varphi_2 + \mathrm{i}\sin\varphi_2) = \underbrace{(\cos\varphi_1\cos\varphi_2 - \sin\varphi_1\sin\varphi_2)}_{\cos(\varphi_1+\varphi_2)} + \mathrm{i}\,\underbrace{(\sin\varphi_1\cos\varphi_2 + \cos\varphi_1\sin\varphi_2)}_{\sin(\varphi_1+\varphi_2)} . \tag{2.32}$$

Man kann unmittelbar die Additionstheoreme ablesen. Entsprechendes gilt für

$$\frac{\mathrm{e}^{\mathrm{i}\varphi_1}}{\mathrm{e}^{\mathrm{i}\varphi_2}} = \mathrm{e}^{\mathrm{i}\varphi_1}\mathrm{e}^{-\mathrm{i}\varphi_2} = \mathrm{e}^{\mathrm{i}(\varphi_1-\varphi_2)} . \tag{2.33}$$

Auch Produkte oder Quotienten von komplexen Zahlen können oft in dieser Darstellung schneller bestimmt werden:

$$\begin{aligned} z_1 z_2 &= r_1\,\mathrm{e}^{\mathrm{i}\varphi_1}\, r_2\,\mathrm{e}^{\mathrm{i}\varphi_2} = r_1 r_2 \mathrm{e}^{\mathrm{i}(\varphi_1+\varphi_2)} , \\ \frac{z_1}{z_2} &= \frac{r_1}{r_2}\,\mathrm{e}^{\mathrm{i}(\varphi_1-\varphi_2)} . \end{aligned} \tag{2.34}$$

Beispiel

Es ist

$$\frac{(1+\mathrm{i})^2}{1-\mathrm{i}} = \frac{\left(\sqrt{2}\,\mathrm{e}^{\mathrm{i}\frac{\pi}{4}}\right)^2}{\sqrt{2}\mathrm{e}^{-\mathrm{i}\frac{\pi}{4}}} = \frac{2}{\sqrt{2}}\,\mathrm{e}^{\mathrm{i}\frac{3\pi}{4}} = \sqrt{2}\,\mathrm{e}^{\mathrm{i}\frac{3\pi}{4}} = -1 + \mathrm{i}$$

und

$$(1+\mathrm{i})^8 = \left(\sqrt{2}\,\mathrm{e}^{\mathrm{i}\frac{\pi}{4}}\right)^8 = \left(\sqrt{2}\right)^8 \mathrm{e}^{\mathrm{i}\,8\frac{\pi}{4}} = 16\,\mathrm{e}^{2\pi\,\mathrm{i}} = 16 .$$

□

Potenzen einer komplexen Zahl können entsprechend durch

$$z^n = \left(r\mathrm{e}^{\mathrm{i}\varphi}\right)^n = r^n\,\mathrm{e}^{\mathrm{i}\,n\varphi} \tag{2.35}$$

berechnet werden. Dieser Zusammenhang wird auch **Satz von De Moivre** genannt. Insbesondere gilt für so genannte **unimodulare Zahlen** (das sind komplexe Zahlen mit dem Betrag $r \equiv |z| = 1$),

$$\left(\mathrm{e}^{\mathrm{i}\varphi}\right)^n = (\cos\varphi + \mathrm{i}\,\sin\varphi)^n = \cos n\varphi + \mathrm{i}\,\sin n\varphi . \tag{2.36}$$

Was passiert nun für komplexe Exponenten? Es ist

$$\mathrm{e}^z = \mathrm{e}^{x+\mathrm{i}\,y} = \mathrm{e}^x\,\mathrm{e}^{\mathrm{i}\,y} = \mathrm{e}^x\,(\cos y + \mathrm{i}\,\sin y) . \tag{2.37}$$

Beispiel

Eine reelle Zahl ist auch

$$e^{2-i\pi} = e^2\, e^{-i\pi} = e^2\,(\cos\pi - i\,\sin\pi) = -e^2\,. \qquad \square$$

Durch Linearkombination von $e^{i\varphi}$ und $e^{-i\varphi}$ bekommt man Ausdrücke für die Winkelfunktionen selbst:

$$\sin\varphi = \frac{e^{i\varphi} - e^{-i\varphi}}{2\,i}\,, \qquad \cos\varphi = \frac{e^{i\varphi} + e^{-i\varphi}}{2}\,. \tag{2.38}$$

Wir können diese sofort für komplexe Argumente verallgemeinern:

$$\begin{aligned} \sin z &= \frac{e^{iz} - e^{-iz}}{2i}\,, & \tan z &= \frac{\sin z}{\cos z}\,, \\ \cos z &= \frac{e^{iz} + e^{-iz}}{2}\,, & \cot z &= \frac{1}{\tan z}\,. \end{aligned} \tag{2.39}$$

Dabei muss der Funktionswert nicht unbedingt komplex sein, selbst wenn das Argument komplex ist.

Beispiel

So ist etwa

$$\cos i = \frac{e^{i^2} + e^{-i^2}}{2} = \frac{e^{-1} + e}{2} = \frac{1}{2\,e} + \frac{e}{2} = 1.54308\ldots\,.$$

Auch

$$i^i = \left(e^{i\frac{\pi}{2}}\right)^i = e^{i^2\frac{\pi}{2}} = e^{-\frac{\pi}{2}} = 0.20788\ldots$$

ist eine reelle Zahl. Eigentlich ist dies nur einer der vielen möglichen Werte. Das Argument ist nur bis auf Vielfache von $2\,\pi$ bestimmt, und man könnte genauso gut schreiben

$$\begin{aligned} i^i = \left(e^{i(2n\pi+\frac{\pi}{2})}\right)^i = e^{i^2(2n\pi+\frac{\pi}{2})} = e^{-(2n\pi+\frac{\pi}{2})} &= 0.20788\ldots \quad (n=0)\,, \\ &= 0.00039\ldots \quad (n=1)\,, \\ &= 111.32\ldots \quad (n=-1) \\ &\ \text{und so weiter}\,. \end{aligned}$$

Diese Vieldeutigkeit wird in den folgenden Abschnitten über Wurzeln und über Logarithmen noch weiter besprochen. $\square$

Die Winkelfunktionen für rein imaginäre Argumente sind entweder ebenfalls imaginär (sin) oder reell (cos). Man kann sie mit den so genannten **hyperbolischen Winkelfunktionen** sinh und cosh in Beziehung setzen,

$$\sin \mathrm{i}\, y = \mathrm{i}\, \frac{\mathrm{e}^{y} - \mathrm{e}^{-y}}{2} = \mathrm{i} \sinh y \ , \quad \cos \mathrm{i}\, y = \frac{\mathrm{e}^{y} + \mathrm{e}^{-y}}{2} = \cosh y \ . \tag{2.40}$$

Auch die Hyperbelfunktionen können für komplexe Argumente definiert werden und haben die Form

$$\begin{aligned} \sinh z &= \frac{\mathrm{e}^{z} - \mathrm{e}^{-z}}{2} \ , \quad & \tanh z &= \frac{\sinh z}{\cosh z} \ , \\ \cosh z &= \frac{\mathrm{e}^{z} + \mathrm{e}^{-z}}{2} \ , \quad & \coth z &= \frac{1}{\tanh z} \ . \end{aligned} \tag{2.41}$$

2.3.2 Wurzeln

Die Exponentialdarstellung erlaubt es uns, näher auf andere elementare Funktionen einzugehen. Wir wollen zuerst die Wurzeln von komplexen Zahlen betrachten. Die Zahlen w, welche die Gleichung

$$z = w^{n} \quad \text{oder} \quad z^{\frac{1}{n}} = w \tag{2.42}$$

lösen, nennt man die „n-ten Wurzeln" von z. Offenbar hängt die Anzahl der Wurzeln mit n zusammen. So wird die Gleichung

$$w^{2} = 1 \quad \text{oder} \quad 1^{\frac{1}{2}} = w \tag{2.43}$$

durch $w = 1$ und $w = -1$ erfüllt, die Gleichung

$$w^{4} = 1 \quad \text{oder} \quad 1^{\frac{1}{4}} = w \tag{2.44}$$

aber durch jede der vier komplexen Zahlen $w = 1,\ \mathrm{i},\ -1,\ -\mathrm{i}$!

Mit Hilfe der Exponentialdarstellung können wir die Situation klären. Es ist

$$z^{\frac{1}{n}} = \left(r\, \mathrm{e}^{\mathrm{i}\varphi}\right)^{\frac{1}{n}} = r^{\frac{1}{n}}\, \mathrm{e}^{\mathrm{i}\frac{\varphi}{n}} = \sqrt[n]{r} \left(\cos \frac{\varphi}{n} + \mathrm{i} \sin \frac{\varphi}{n}\right) \tag{2.45}$$

mit dem reellen, positiven Betragsfaktor $\sqrt[n]{r}$. Die Mehrwertigkeit des Arguments führt zu verschiedenen Wurzeln. Es ist ja

$$\mathrm{e}^{\mathrm{i}\varphi} = \mathrm{e}^{\mathrm{i}(\varphi + 2k\pi)} \ , \qquad k = 0, \pm 1, \pm 2, \dots \ , \tag{2.46}$$

und man muss diese Vieldeutigkeit in der obigen Ableitung erst berücksichtigen. Man sollte also φ durch $(\varphi + 2k\,\pi)$ ersetzen. Wenn man alle Werte von k betrachtet und berücksichtigt, dass die Winkelfunktionen selbst wieder periodisch in ihrem Argument sind, so findet man nur n verschiedene Wurzeln, also

$$\begin{aligned} z &= w_k^n\,, \\ w_k &= \sqrt[n]{r}\left(\cos\frac{(\varphi + 2k\,\pi)}{n} + \mathrm{i}\,\sin\frac{(\varphi + 2k\,\pi)}{n}\right), \\ & k = 0, 1, \dots, (n-1)\,. \end{aligned} \tag{2.47}$$

Beispiel

Betrachten wir das Beispiel $\sqrt[3]{8\,\mathrm{i}}$. In Exponentialdarstellung ist $8\,\mathrm{i} = 8\,\mathrm{e}^{\mathrm{i}\frac{\pi}{2}}$ und daher

$$\begin{aligned} \sqrt[3]{8\,\mathrm{i}} &= \left(8\,\mathrm{e}^{\mathrm{i}\frac{\pi}{2}}\right)^{\frac{1}{3}} = 2\,\mathrm{e}^{\mathrm{i}\frac{\pi}{6}} = 2\left(\cos\frac{\pi}{6} + \mathrm{i}\,\sin\frac{\pi}{6}\right) \\ &= 2\left(\frac{\sqrt{3}}{2} + \frac{1}{2}\mathrm{i}\right) = \sqrt{3} + \mathrm{i}\,. \end{aligned}$$

Es gilt aber auch

$$\begin{aligned} \sqrt[3]{8\,\mathrm{i}} &= \left(8\,\mathrm{e}^{\mathrm{i}\left(\frac{\pi}{2}+2\pi\right)}\right)^{\frac{1}{3}} = 2\,\mathrm{e}^{\mathrm{i}\frac{5\pi}{6}} = -\sqrt{3} + \mathrm{i}\,, \\ \sqrt[3]{8\,\mathrm{i}} &= \left(8\,\mathrm{e}^{\mathrm{i}\left(\frac{\pi}{2}+4\pi\right)}\right)^{\frac{1}{3}} = 2\,\mathrm{e}^{\mathrm{i}\frac{3\pi}{2}} = -2\,\mathrm{i}\,. \end{aligned}$$

Wenn man so weiter macht, findet man

$$\sqrt[3]{8\,\mathrm{i}} = \left(8\,\mathrm{e}^{\mathrm{i}\left(\frac{\pi}{2}+6\pi\right)}\right)^{\frac{1}{3}} = 2\,\mathrm{e}^{\mathrm{i}\left(\frac{\pi}{6}+2\pi\right)} = 2\,\mathrm{e}^{\mathrm{i}\frac{\pi}{6}}\,.$$

Dies ist wieder die schon gewonnene erste Lösung. Die Lösungsmenge besteht nur aus drei verschiedenen komplexen Zahlen $\sqrt[3]{8\,\mathrm{i}} = \{\sqrt{3} + \mathrm{i}, -\sqrt{3} + \mathrm{i}, -2\mathrm{i}\}$. Berücksichtigung von weiteren Vielfachen von $2\,\pi$ führt zu keinen weiteren Lösungen. □

Es gibt genau n verschiedene komplexe Zahlen, die die Gleichung (2.42) lösen. Diese Zahlen liegen auf einem Kreis in der komplexen Ebene, der den Radius $|z^{1/n}| \equiv |z|^{1/n}$ hat. Sie teilen den Kreis in n gleich große Sektoren mit Sektorwinkeln $2\pi/n$. Die n-ten Wurzeln von 1 nennt man „Einheitswurzeln", und sie haben die Werte

$$\sqrt[n]{1} = \mathrm{e}^{\mathrm{i}\frac{2k\pi}{n}}\,, \quad k = 0, 1, \dots (n-1).$$

Die Abb. 2.2 zeigt den Sachverhalt für $n = 1$ bis 6.

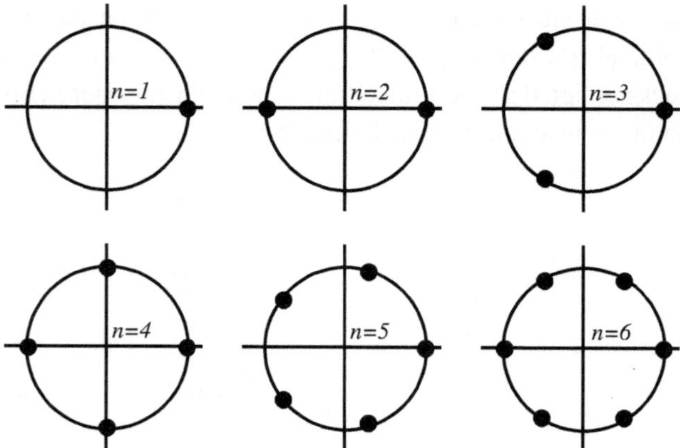

Abb. 2.2 Die Lage der Einheitswurzeln von $1^{1/n}$ am Einheitskreis für $n = 1$ bis 6

2.3.3 Andere Umkehrfunktionen

Die Wurzeln sind Umkehrfunktionen der Potenzen und sind, wie wir gesehen haben, mehrdeutig. Manche Exponentialfunktionen waren, verursacht durch die Vieldeutigkeit des Arguments der Variablen, ebenfalls vieldeutig. Die Umkehrfunktion der Exponentialfunktion ist der (natürliche) Logarithmus (vgl. Anhang B). Auch dieser kann auf komplexe Argumente verallgemeinert werden und ist vieldeutig.

$$z = \mathrm{e}^{w} \quad \Leftrightarrow \quad w = \ln z \,. \tag{2.48}$$

Es ist

$$\begin{aligned} w = \ln z &= \ln r\, \mathrm{e}^{\mathrm{i}\,(\varphi+2k\,\pi)} = \ln r + \ln \mathrm{e}^{\mathrm{i}(\varphi+2k\pi)} \\ &= \underbrace{\ln r + \mathrm{i}\,\varphi}_{\substack{\text{Hauptwert} \\ \text{(„principal value“)}}} \quad +2\,k\,\pi\,\mathrm{i}, \quad k = 0, \pm 1, \pm 2 \ldots \,. \end{aligned} \tag{2.49}$$

Die Vieldeutigkeit der Phase der Variablen z tritt hier unmittelbar auf, und wieder beschränkt man sich meist auf die Angabe des so genannten **Hauptwerts des Logarithmus**.

Wir können den Logarithmus damit auch für negative reelle Zahlen bestimmen. Es ist

$$\ln(-1) = \ln 1 + \pi\,\mathrm{i} + 2n\,\pi\,\mathrm{i} = \pi\,\mathrm{i}, -\pi\,\mathrm{i}, 3\pi\,\mathrm{i}, -3\pi\,\mathrm{i}, \ldots \,, \tag{2.50}$$

der Hauptwert ist also π i.

Bei allgemeinen Potenzen brauchen wir den Logarithmus, da wir sie in die Form $a^b = \mathrm{e}^{b\,\ln a}$ umschreiben.

Beispiel

Wir berechnen

$$\ln(1+\mathrm{i}) = \ln\sqrt{2} + \mathrm{i}\left(\frac{\pi}{4} + 2n\,\pi\right) = 0.347\ldots + \frac{\pi}{4}\,\mathrm{i} + (2n\,\pi\,\mathrm{i})\ldots .$$

Ein weiteres Beispiel (ähnlich wie die Bestimmung von i^{i} im vorhergehenden Abschnitt über Exponentialfunktionen) ist

$$\begin{aligned}(-2\,\mathrm{i})^{-2\,\mathrm{i}} &= \mathrm{e}^{-2\mathrm{i}\,\ln(-2\,\mathrm{i})} = \mathrm{e}^{-2\,\mathrm{i}\left(\ln 2 + \mathrm{i}\left(\frac{3\pi}{2} + 2n\,\pi\right)\right)} = \mathrm{e}^{3\,\pi + 4n\,\pi}\,\mathrm{e}^{-\mathrm{i}\,2\,\ln 2} \\ &= \mathrm{e}^{3\,\pi+4n\,\pi}\,(\cos(2\,\ln 2) - \mathrm{i}\,\sin(2\,\ln 2))\;, \quad n = 0, \pm 1, \ldots .\end{aligned}$$

□

Auch die Umkehrfunktionen der trigonometrischen Funktionen können für komplexe Argumente bestimmt werden. Ja, wir können nun sogar eine explizite Form dafür angeben. Als Beispiel betrachten wir $z = \arccos w$ beziehungsweise $\cos z = w$. Da

$$\cos z = w \quad \Leftrightarrow \quad \frac{\mathrm{e}^{\mathrm{i}\,z} + \mathrm{e}^{-\mathrm{i}\,z}}{2} = w\;, \tag{2.51}$$

gilt ferner

$$\begin{aligned} \mathrm{e}^{2\mathrm{i}\,z} + 1 &= 2\,w\,\mathrm{e}^{\mathrm{i}\,z} \\ \left(\mathrm{e}^{\mathrm{i}\,z}\right)^2 - 2\,w\,\mathrm{e}^{\mathrm{i}\,z} + 1 &= 0 \\ \mathrm{e}^{\mathrm{i}\,z} &= w \pm \sqrt{w^2 - 1} \\ \arccos w = z &= \frac{1}{\mathrm{i}}\,\ln\left(w \pm \sqrt{w^2-1}\right) + 2\,n\,\pi\;, \quad n \in \mathbb{Z}\,. \end{aligned} \tag{2.52}$$

Dabei müssen je nach tatsächlichem Wert von w entsprechende Vieldeutigkeiten berücksichtigt werden. Für $w = 2$ erhält man

$$\begin{aligned} \arccos 2 = z &= \frac{1}{\mathrm{i}}\,\ln\left(2 \pm \sqrt{4-1}\right) + 2\,n\,\pi \\ &= -\mathrm{i}\,\ln\left(2 \pm \sqrt{3}\right) + 2\,n\,\pi\;, \quad n \in \mathbb{Z}\,. \end{aligned} \tag{2.53}$$

Beispiel

Für $w = 1/2$ ist

$$\arccos\frac{1}{2} = z \quad = \quad \frac{1}{\mathrm{i}}\ln\left(\frac{1}{2} \pm \sqrt{\frac{1}{4} - 1}\right) + 2n\pi$$
$$= \quad -\mathrm{i}\ln\left(\frac{1 \pm \mathrm{i}\sqrt{3}}{2}\right) + 2n\pi = \pm\arctan\sqrt{3} + 2n\pi\,, \quad n \in \mathbb{Z}.$$

□

2.4 Riemannsche Blätter

Reelle Funktionen sind Abbildungen von $\mathbb{R}$ in $\mathbb{R}$ (vgl. Anhang B). Analog sind die komplexen Funktionen komplexer Argumente Abbildungen von der komplexen Ebene in die komplexe Ebene,

$$w = f(z) \quad \Leftrightarrow \quad z \in \overline{\mathbb{C}} \mapsto w \in \overline{\mathbb{C}}\,. \tag{2.54}$$

Wir haben dabei die ganze komplexe Ebene $\overline{\mathbb{C}}$, also die endlichen komplexen Zahlen erweitert um den Punkt im Unendlichen, berücksichtigt (siehe auch M.2.3). Diese Abbildung ist, wie wir schon gesehen haben, nicht immer eindeutig. Es gibt aber eine Betrachtungsweise, die im Prinzip mehrdeutige Abbildung (wie etwa die Quadratwurzel) eineindeutig zu interpretieren. Dazu muss man sich – je nach Funktion – die komplexe Ebene in Form von mehreren, übereinander angeordneten Kopien vorstellen. Es sind dies die so genannten **Riemannschen Blätter**.

M.2.3 Kurz und klar: Riemannsche Zahlenkugel

Die Menge aller endlichen komplexen Zahlen wird $\mathbb{C}$ genannt. Es sind dies aber nur alle komplexen Zahlen im Endlichen. In vielen Fällen, vor allem bei der Besprechung von Integrationswegen in der komplexen Ebene, ist es jedoch wichtig, auch den „Punkt" im Unendlichen dazuzunehmen. Man erhält so die „abgeschlossene" Menge $\overline{\mathbb{C}}$, die „ganze" komplexe Ebene.

Dass es sich dabei wirklich nur um einen „Punkt" handelt, sieht man am besten an der Projektion der komplexen Ebene auf die **Riemannsche Zahlenkugel** (Abb. 2.3).

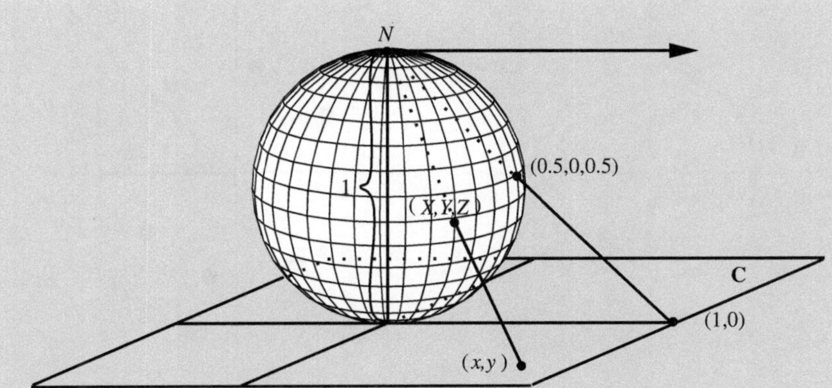

Abb. 2.3 Skizze der Projektion der komplexen Zahlenebene auf die Oberfläche einer Kugel (und umgekehrt)

Jedem Punkt (x, y) der komplexen Ebene – entsprechend der komplexen Zahl $z \equiv x + \mathrm{i}y$ – kann genau ein Punkt auf der Kugeloberfläche mit den Koordinaten

$$X = \frac{x}{1 + x^2 + y^2}, \quad Y = \frac{y}{1 + x^2 + y^2}, \quad Z = \frac{x^2 + y^2}{1 + x^2 + y^2} \qquad \text{(M.2.3.1)}$$

zugeordnet werden. Damit wird auch der Punkt im Unendlichen genau einem Punkt der Zahlenkugel, nämlich dem Nordpol, zugeordnet. So wird klar, dass ein Weg, der auf der reellen Achse von $+1$ nach ∞ und von $-\infty$ nach -1 verläuft, in $\overline{\mathbb{C}}$ tatsächlich *ein* zusammenhängender Weg zwischen $+1$ und -1 ist, der durch den Nordpol der Zahlenkugel verläuft.

Mit Hilfe der komplexen Zahlen können wir alle n Werte von $\sqrt[n]{z}$ hinschreiben. Wie kann man diese Vieldeutigkeit grafisch darstellen? Betrachten wir noch einmal die Beziehung (für $|z| \equiv r$, $\arg z \equiv \varphi$),

$$w^n = z \quad \Leftrightarrow \quad w = z^{\frac{1}{n}} = r^{\frac{1}{n}}\, \mathrm{e}^{\mathrm{i}\frac{\varphi}{n}}. \qquad (2.55)$$

Wir haben früher festgestellt, dass φ nur bis auf additive Vielfache von 2π festgelegt werden kann. Wenn man also $2\,k\,\pi$ $(k = 0, 1, \ldots)$ zu φ addiert, so findet man insgesamt n verschiedene Werte von w, nämlich die n Wurzeln der Gleichung.

Man sieht in Abb. 2.4, wie das zustande kommt. Betrachten wir die Werte in der w-Ebene, die sich ergeben, wenn man in der z-Ebene Werte entlang eines Kreises (mit festem Radius, zum Beispiel $r = 1$) vorgibt. Die Werte von φ in der z-Ebene bewegen sich dann von 0 bis zu $2\,\pi$, in der w-Ebene aber nur von 0 bis zu $2\,\pi/n$. Jedem Punkt der z-Ebene entspricht also genau ein Punkt in dem ersten Sektor der w-Ebene!

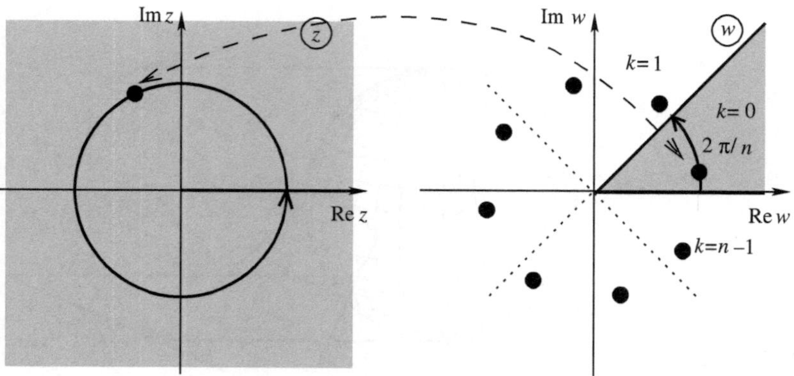

Abb. 2.4 Darstellung der z- und der w-Ebene für die Beziehung $z = w^n$ (oder $w = z^{\frac{1}{n}}$). Jeder der n Punkte in der w-Ebene entspricht demselben Punkt in der z-Ebene. (Hier ist $n = 8$)

Erst wenn man φ weiter erhöht, also größere Werte als 2π annehmen lässt, erreicht man auch andere Sektoren der w-Ebene. In der Variablen z befindet man sich aber anscheinend noch immer in derselben Ebene, da ja $\operatorname{Re} z$ und $\operatorname{Im} z$ nicht von der Vieldeutigkeit des Arguments φ wissen. Um diese Vieldeutigkeit beschreiben zu können, hat Riemann vorgeschlagen, sich die komplexe z-Ebene in diesem Beispiel aus mehreren **Riemannschen Blättern** aufgebaut zu denken, die einfach übereinander gelegte z-Ebenen sind. Jedes Blatt entspricht einem anderen Wert von k. Jeder Wert von k gibt gleichzeitig an, in welchem Sektor der w-Ebene man sich befindet. Da es nur n Sektoren gibt – wie bei einer Torte, bei der jedes Tortenstück den Teilwinkel $2\pi/n$ hat – gibt es genau n Blätter der z-Ebene. Zusätzlich zur Angabe von Real- und Imaginärteil von z sollte man also auch die Nummer des Blattes angeben.

Damit wird der Vorteil dieser Betrachtungsweise klar. Die Beziehung zwischen w- und z-Ebene ist in beide Richtungen eindeutig. Jedem Punkt der w-Ebene entspricht genau ein Punkt der z-Ebene auf einem der n Blätter. Wenn wir etwa in der w-Ebene einen vollständigen Kreis um den Ursprung ziehen, so entspricht diesem in der Variablen z ein mehrfaches Umkreisen des Ursprungs, wobei man jeweils beim Überschreiten der positiven Realteil-Achse von einem Riemannschen Blatt in das nächste wechselt. Nach dem n-ten Umkreisen wechselt man vom n-ten Blatt (mit $k = n - 1$) zurück auf das erste (mit $k = 0$).

Die Gesamtheit der Riemannschen Blätter bildet die **Riemannsche Fläche**. Auf der Riemannschen Fläche gibt es also eine umkehrbar eindeutige Beziehung zwischen z und w. Auf diese Art kann man auch andere, mehrdeutige komplexe Funktionen $w = f(z)$ analysieren. Die Eindeutigkeit der Beziehung zwischen z und w ist durch diese Konstruktion von Riemannschen Blättern gewährleistet.

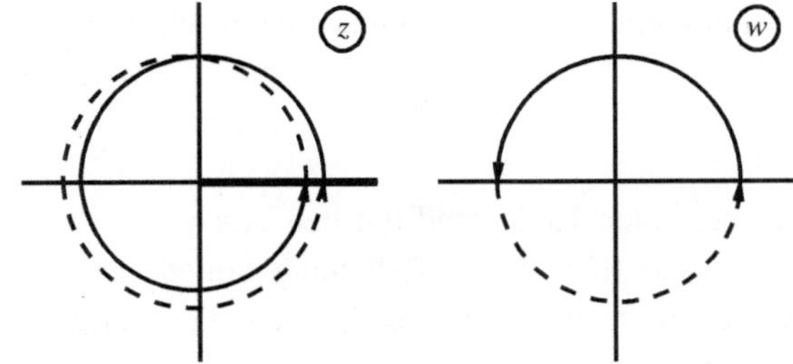

Abb. 2.5 Weg in w und der entsprechende Verlauf von $z = w^2$ in der z-Ebene mit zwei Riemann-Blättern; der Verlauf auf dem 2. Blatt der z-Ebene ist gestrichelt gezeichnet

In Abb. 2.5 ist für die Funktion $w = \sqrt{z}$ der Weg entlang eines Kreises in w mit der Parametrisierung $w(t) = \cos t + \mathrm{i} \sin t$ in der z-Ebene gezeigt. Es ist

$$z = w^2 \ \Rightarrow \ z = \cos 2t + \mathrm{i} \sin 2t \ . \tag{2.56}$$

Während in w der Kreis für den Bereich $0 \leq t \leq 2\pi$ einmal durchlaufen wird, umkreist der entsprechende Weg in z den Ursprung zweimal. Um den Weg über die beiden Blätter besser darzustellen, haben wir ihn in der z-Ebene etwas verschoben und den Verlauf im zweiten Blatt gestrichelt gezeichnet.

Die Linie (im Prinzip kann es eine Kurve sein), entlang derer man jeweils von einem Blatt zum anderen wechselt, ist beliebig festlegbar. Ihre Position hängt von der Parametrisierung von z durch r und φ ab. In unserem Beispiel verläuft sie entlang der positiven reellen Achse. Man könnte sich vorstellen, dass die einzelnen Blätter alle entlang dieser Linie aufgeschnitten und dann entsprechend miteinander verbunden zusammengefügt wurden. Man spricht daher von einem **Schnitt** (Abb. 2.6).

Jeder Schnitt hat zwei Endpunkte. Im Beispiel der Abb. 2.5 sind das die Punkte $z = 0$ und $z = \infty$. Es ist nun auch klar, warum man sich unendlich als Punkt vorzustellen hat: Auf der Riemannschen Zahlenkugel verläuft der Schnitt einfach zwischen Nordpol und Südpol. Die Endpunkte eines Schnittes werden auch **Verzweigungspunkte** genannt, da sich an dieser Stelle die einzelnen Blätter „trennen“, also verschiedenen Werten entsprechen.

Man erkennt einen Verzweigungspunkt einer Funktion in der komplexen Ebene daran, dass ein diesen Punkt einmal umrundender Weg auf ein anderes Blatt führt, wohingegen man im selben Blatt bleibt, wenn der Weg den Verzweigungspunkt nicht umrundet. Bei

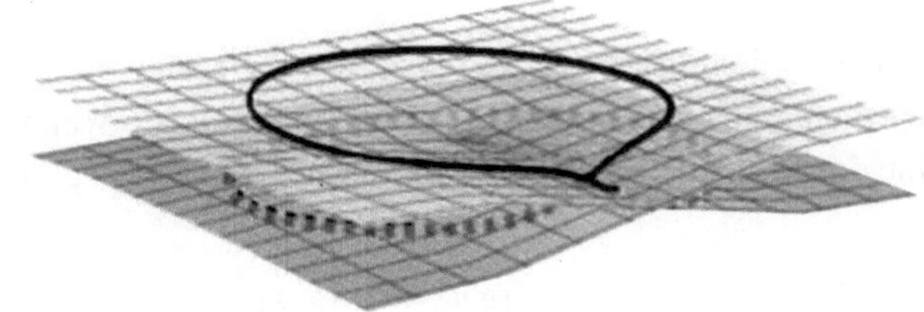

Abb. 2.6 Die Funktion $w = \sqrt{z}$ hat in der z-Ebene zwei Riemannsche Blätter. Eine in w einmalige Umrundung des Verzweigungspunkts entspricht in z einer zweimaligen Umrundung

der Funktion $w = \sqrt{z}$ kann man leicht sehen, dass zum Beispiel der Weg

$$z = 1 + \epsilon\, e^{i\varphi}\,, \tag{2.57}$$

welcher einen Kreis rund um den Punkt $z = 1$ beschreibt, in w wieder zum gleichen Wert zurückführt. In der Rechnung wollen wir annehmen, dass ϵ sehr klein ist, wir also Terme $\mathcal{O}(\epsilon^2)$ vernachlässigen können (das erleichtert die Rechnung, ändert aber nichts am Ergebnis). Es ist

$$|z| = 1 + \epsilon\cos\varphi + \mathcal{O}(\epsilon^2)\,, \quad \arg z = \arctan\left(\frac{\epsilon\sin\varphi}{1 + \epsilon\cos\varphi}\right) \approx \epsilon\,\sin\varphi + \mathcal{O}(\epsilon^2) \tag{2.58}$$

und daher

$$w = \sqrt{z} \Rightarrow |w| = |z|^{\frac{1}{2}}\,, \quad \arg w = \frac{1}{2}\arg z \approx \frac{\epsilon}{2}\sin\varphi\,. \tag{2.59}$$

Wenn also φ von 0 bis $2\,\pi$ variiert, so bewegt sich $\arg w$ von 0 nach 0 mit einem Maximum von ungefähr $\epsilon/2$ und einem Minimum von $-\epsilon/2$. Es wechselt also nicht den Sektor in der w-Ebene. Der Punkt $z = 1$ ist daher kein Verzweigungspunkt der Funktion $w = \sqrt{z}$.

Die Verzweigungspunkte liegen offenbar genau dort, wo keine Mehrdeutigkeit vorhanden ist. Im Fall der Funktion $w = \sqrt[n]{z}$ ist das $z = 0$ (und der Punkt im Unendlichen). Der die beiden Verzweigungspunkte verbindende Schnitt kann beliebig gelegt werden.

2.4.1 Schnittstruktur einiger Funktionen

Nichtganzzahlige Potenzen

Wenn die Potenz in der Form

$$w = (z - z_0)^{\frac{m}{n}} \tag{2.60}$$

auftritt, so besteht die Riemannsche Fläche aus n Blättern, die Verzweigungspunkte sind bei $z = z_o$ und im Unendlichen. Wenn der Exponent hingegen eine irrationale Zahl ist, so erhält man unendlich viele Blätter, ähnlich wie beim Logarithmus, der weiter unten besprochen wird.

Die Schnitte müssen nicht immer ins Unendliche laufen. Wir betrachten die Funktion

$$w = \left(z^2 - 1\right)^{\frac{1}{2}} \equiv [(z + 1)\,(z - 1)]^{\frac{1}{2}}\,. \tag{2.61}$$

Sie hat zwei Nullstellen ($z = -1, z = 1$), die auch die Verzweigungspunkte sind. Um das zu sehen, untersuchen wir das Verhalten von $w(z)$, wenn z sich auf einem Kreis rund um eine der Nullstellen (Wege 1 und 2 in Abb. 2.7) bewegt. Es ist

$$\arg w = \frac{1}{2}\left(\arg(z + 1) + \arg(z - 1)\right) \tag{2.62}$$

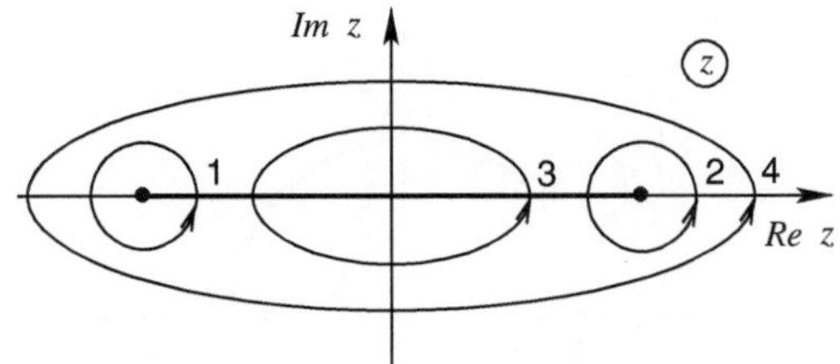

Abb. 2.7 Wir untersuchen den Funktionswert von $w = \sqrt{z^2 - 1}$ entlang verschiedener Wege

und bei einem kleinen Kreis (klein genug, dass er die andere Nullstelle nicht beinhaltet) um $z = -1$, also

$$z = -1 + \epsilon\, \mathrm{e}^{\mathrm{i}\varphi}, \quad (\varphi = 0 \ldots 2\pi), \tag{2.63}$$

variiert $\arg(z + 1)$ von 0 bis 2π, während $\arg(z - 1)$ nur um π herum pendelt und bei $\varphi = 2\pi$ wieder den Wert π annimmt. Damit hat sich $\arg w$ von $\pi/2$ nach $3\pi/2$ bewegt, man befindet sich also an einem anderen Punkt der w-Ebene und somit im zweiten Blatt der Riemannschen z-Fläche. Erst nach einer nochmaligen Umrundung ist man wieder beim gleichen Wert von w angelangt. Analoges passiert bei einer Umrundung von $z = 1$. Es sind also beide Nullstellen Verzweigungspunkte eines Schnittes.

Wenn wir hingegen Wege betrachten, die beide oder keinen der Verzweigungspunkte umrunden, bleiben wir auf dem gleichen Blatt und beobachten keine Diskrepanz in w. Zum Beispiel beim Weg rund um den Ursprung mit einem Radius < 1 (Weg 3 in Abb. 2.7) ändern sich weder $\arg(z + 1)$ noch $\arg(z - 1)$. Bei einer Umrundung beider Nullstellen (Weg 4, Radius > 1) ändert sich sowohl $\arg(z + 1)$ als auch $\arg(z - 1)$ um je 2π und daher $\arg w$ ebenfalls um 2π, man hat damit also den gleichen Funktionswert wie zu Beginn.

Damit wird klar, dass der Schnitt die beiden Verzweigungspunkte verbindet. Seine Lage ist frei wählbar, und wir könnten ihn entweder (wie in Abb. 2.7) auf die reelle Achse zwischen die Nullstellen platzieren oder auch von $z = 1$ über den Punkt Unendlich und dann aus dem Unendlichen zu $z = -1$ legen. Die Betrachtung des Sachverhalts auf der Riemannschen Zahlenkugel macht klar, dass all diese Varianten vollkommen gleichwertig sind.

Logarithmen

Die Funktion $w = \ln z$ hat – wie oben besprochen – beliebig viele Werte, da $\arg z$ ja nur bis auf beliebige additive Vielfache von 2π bestimmt ist. Der Hauptwert liegt in $[0, 2\pi)$, jedem Punkt in der z-Ebene entspricht also (bei Berücksichtigung nur des Hauptwerts) ein Punkt in einem 2π breiten Streifen der w-Ebene (Abb. 2.8).

Auch die weitere w-Ebene ist in parallele Streifen gleicher Breite eingeteilt, die anderen Werte unterscheiden sich von den Hauptwerten durch $2k\pi\,\mathrm{i}$ und entsprechen den anderen Blättern (zu den Werten $k \in \mathbb{Z}$) der Riemannschen Fläche in z.

Ein Verzweigungspunkt des entsprechenden Schnittes in der z-Ebene ist im obigen Beispiel bei $z = 0$, der andere wieder im Unendlichen. Im Gegensatz zur Wurzel ist der Funktionswert bei $z = 0$ aber nicht wohldefiniert, sondern singulär. Logarithmen von

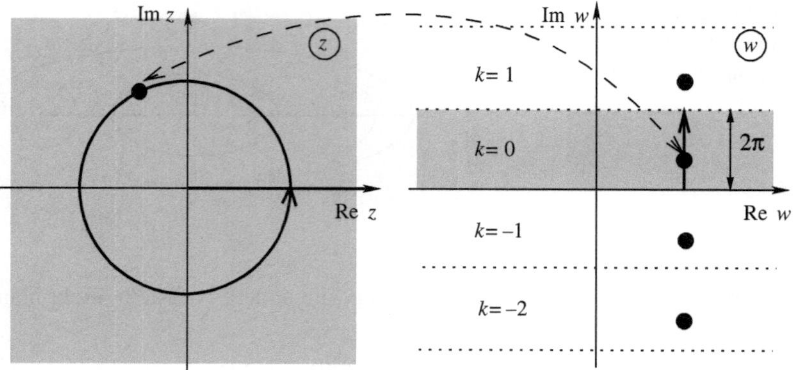

Abb. 2.8 Darstellung der Funktion $z = \exp w$ (also $w = \ln z$) in z und w-Ebene. Jeder der Punkte in der w-Ebene (die sich um Vielfache von 2π unterscheiden) hat als Bild denselben Punkt in der z-Ebene

Polynomen können geeignet umgeformt werden, wie etwa

$$\ln\left[(z-a)(z-b)\right] \to \ln(z-a) + \ln(z-b) \,, \tag{2.64}$$

und so auf ihre Schnittstruktur hin untersucht werden.

Beispiel

Wir untersuchen die Funktion

$$w = \ln\left(z^2 - 1\right) \equiv \ln(z-1) + \ln(z+1) \,.$$

Bei einem Kreis der Form $z = 1 + \epsilon\, \mathrm{e}^{\mathrm{i}\varphi}$ ($\varphi = 0 \ldots 2\pi$) ergibt sich der Verlauf in w zu

$$w = \ln|\epsilon| + \mathrm{i}\,\varphi + \ln\left(2 + \epsilon\, \mathrm{e}^{\mathrm{i}\varphi}\right) \,.$$

Man erkennt schnell, dass im Fall $\epsilon < 2$ das Argument des dritten Terms der rechten Seite von 0 wieder zu 0 zurückkehrt, nur $\mathrm{i}\,\varphi$ verursacht einen Sprung um 2π. Man wechselt also in das Blatt mit $k = 1$. Wenn man einen analogen Kreis um $z = -1$ verfolgt, so ändert sich das Argument von w ebenfalls um 2π. Bei einem Kreis, der beide Verzweigungspunkte umrundet, ändert sich w sogar um 4π. Man kann also offenbar die beiden Punkte nicht direkt mit einem Schnitt im Endlichen verbinden. In der Tat kann man sehen, dass auch bei ∞ ein Verzweigungspunkt liegt, mit dem die beiden anderen verbunden werden müssen. □

Die Funktion

$$\ln\frac{z-a}{z-b} \to \ln(z-a) - \ln(z-b) \tag{2.65}$$

hat auch zwei Verzweigungspunkte; hier allerdings erkennt man, dass ein kreisförmiger Weg, der beide Verzweigungspunkte umläuft, wieder auf denselben Wert, also zum Ausgangspunkt am gleichen Riemanschen Blatt, führt. Dank des Minuszeichens heben sich die beiden Schnittdiskontinuitäten auf.

Den Punkt im Unendlichen untersucht man am besten, indem man ihn durch eine Variablentransformation $z \to 1/z$ in den Ursprung abbildet und dann einen Weg rund um den Ursprung (in der neuen Variablen) untersucht.

Trigonometrische Funktionen

Trigonometrische Funktionen kann man gut durch eine Zerlegung in Realteil und Imaginärteil untersuchen, also

$$\begin{aligned} w = \arcsin z \equiv u + \mathrm{i}\, v \;\Leftrightarrow\; z &= \sin w = \sin(u + \mathrm{i}\, v) \\ &= \sin u \, \cos \mathrm{i}\, v + \cos u \, \sin \mathrm{i}\, v \\ &= \sin u \, \cosh v + \mathrm{i} \cos u \, \sinh v \,. \end{aligned} \tag{2.66}$$

Durch genauere Betrachtung verschiedener Wege kann man sehen, dass der Streifen $u \in [-\pi/2, \pi/2)$, $v \in \mathbb{R}$ in der w-Ebene auf die ganze z-Ebene abgebildet wird! Ebenso werden alle weiteren, um Vielfache von π verschobenen Streifen jeweils auf die gesamte z-Ebene abgebildet.

Die Berechnung der Umkehrfunktion klärt den Sachverhalt. Dazu geht man wie in (2.52) vor und erhält hier

$$\begin{aligned} w &= \arcsin z = -\mathrm{i} \ln\left(\mathrm{i}\, z \pm \sqrt{1 - z^2}\right) \\ &= \arg\left(\mathrm{i}\, z \pm \sqrt{1 - z^2}\right) + 2k\,\pi - \mathrm{i} \ln\left|\mathrm{i}\, z \pm \sqrt{1 - z^2}\right| \,. \end{aligned} \tag{2.67}$$

Die Verzweigungspunkte liegen also bei $z = \pm 1$. Der Wert von k nummeriert die 2π breiten Streifen, der Wert des Vorzeichens der Wurzel bestimmt die linke oder rechte Hälfte des Streifens. Die Schnitte legt man von den beiden Verzweigungspunkten jeweils nach unendlich. Es ist instruktiv, sich zu überlegen, welchen Verlauf in z eine kreisförmige Bahnkurve um den Ursprung in w hat, deren Radius einen Wert zwischen $\pi/2$ und $3\pi/2$ hat, die also den Streifen wechselt.

In der Theorie komplexer Funktionen (in Kap. 19) spielen Schnitte eine wichtige Rolle. In gewisser Weise charakterisieren sie (und die punktförmigen Singularitäten einer Funktion) eindeutig die Funktion.

2.5 Anwendungen

Häufig, wenn es um die Darstellung von Problemen in der Ebene geht, kann man den Sachverhalt mit Hilfe von komplexen Zahlen vereinfachen. Ein Beispiel dafür (Teilchenbahn) haben wir schon diskutiert.

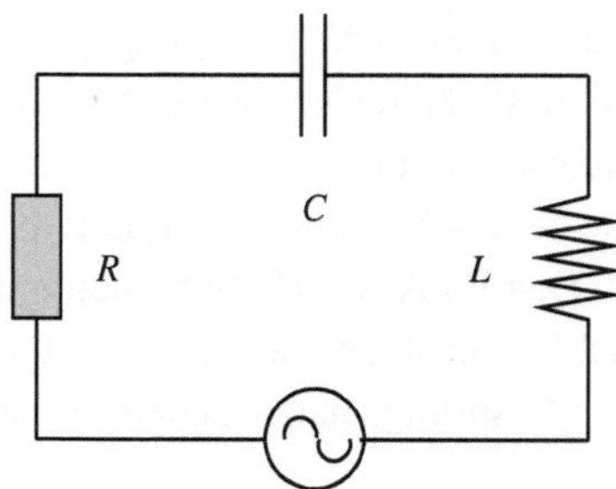

Abb. 2.9 Ein Schwingungskreis mit Ohmschem Widerstand R, Kapazität C und Induktivität L

Oft treten in der Natur periodische Prozesse auf. Ein elektrodynamischer Schwingungskreis ist das Paradebeispiel dafür. Man hat dabei einen Ohmschem Widerstand (R), einen Kondensator (Kapazität C) und eine Induktionsspule (Induktivität L) in Serie mit einer Wechselspannung verbunden. Die Gesetze, die das Verhalten des Stromes bei den einzelnen Komponenten regeln, sind:

$$\begin{aligned} V &= I\,R \quad \text{Ohmsches Gesetz}\,, \\ V &= L\,\frac{dI}{dt} \quad \text{Induktionsgesetz}\,, \\ \frac{dV}{dt} &= \frac{I}{C} \quad \text{Kapazität}\,. \end{aligned} \tag{2.68}$$

Der Gesamtwiderstand dieser Elemente bei Einschalten einer Wechselspannung kann mit Hilfe komplexer Funktionen gut beschrieben werden. Der Wechselstrom sei durch den Realteil der komplexen Funktion $I = I_0\,\mathrm{e}^{\mathrm{i}\omega t}$ gegeben; entsprechend ist dann die gemessene Spannung der Realteil einer komplexen Größe. Die Teilspannungen sind:

$$\begin{aligned} V_R &= R\,I_0\,\mathrm{e}^{\mathrm{i}\omega t} = R\,I\,, \\ V_L &= \mathrm{i}\,\omega\,L\,I_0\,\mathrm{e}^{\mathrm{i}\,\omega\,t} = \mathrm{i}\,\omega\,L\,I\,, \\ V_C &= \frac{1}{\mathrm{i}\,\omega\,C}\,I_0\,\mathrm{e}^{\mathrm{i}\,\omega\,t} = \frac{1}{\mathrm{i}\,\omega\,C}\,I\,, \end{aligned} \tag{2.69}$$

$$V = V_R + V_L + V_C = \left[R + \mathrm{i}\left(\omega\,L - \frac{1}{\omega\,C}\right)\right] I\,. \tag{2.70}$$

Der Sachverhalt kann also durch einen komplexen Widerstand (Impedanz Z) beschrieben werden:

$$V = Z\,I\,, \quad Z = R + \mathrm{i}\left(\omega L - \frac{1}{\omega\,C}\right)\,. \tag{2.71}$$

Das Argument von Z ist die zwischen Stromstärke und Spannung auftretende Phasenverschiebung. Dieses Gesetz ist das Wechselstrom-Analogon zum Ohmschen Gesetz für Gleichstrom.

Viele Probleme der Elektrodynamik und Elektrostatik, wie etwa Potenzialfeldverteilungen, lassen sich elegant mit Hilfe von komplexen Zahlen lösen. Alle Wellengleichungen führen zu Ausdrücken, in denen Terme wie $e^{i\varphi}$ vorkommen. Die Funktionentheorie (Kap. 19) beschäftigt sich genauer mit den Eigenschaften komplexer Funktionen, mit Analytizität und Singularitäten. Dort wird die Mächtigkeit komplexer Zahlen vollends deutlich.

C.2.3 ... und auf dem Computer: Wellenoptik: Beugungsbilder

Wellen spielen in vielen Bereichen der Physik ein wichtige Rolle. Wellenphänomene wie Beugung und Interferenz können gut mit Hilfe komplexer Zahlen beschrieben werden.

Wir wollen das Entstehen von Beugungsbildern visualisieren. Dazu betrachten wir eine Blende in Form eines so genannten Doppelspalts in einer Fläche. Das ist ein Paar von parallelen und unendlich langen, kleinen Spaltöffnungen. Wir wollen der Einfachheit wegen diejenige Richtung, in welche diese beiden Spalte unendliche Ausdehnung haben, nicht beachten, und das Problem so in nur zwei Dimensionen betrachten. Licht, das von links kommt, verlässt diese Doppelspaltblende an jedem Spalt als auslaufende Kugelwelle (siehe Abb. 2.10). Sei y die Richtung in der Blendenebene normal zu dem Doppelspalt und x die Richtung senkrecht auf die Blendenebene.

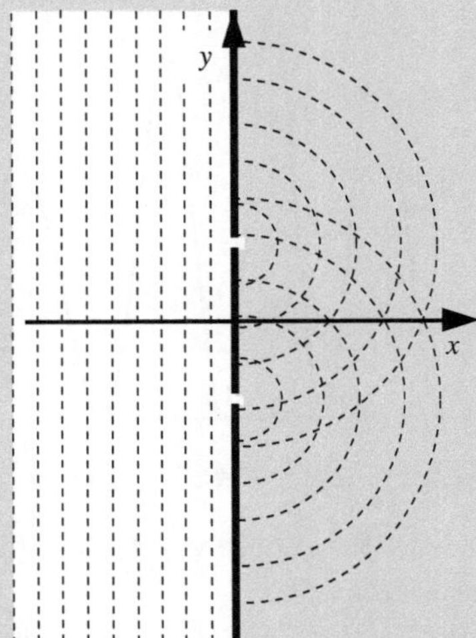

Abb. 2.10 Die Blenden liegen auf der vertikalen Achse; das Licht fällt von links ein

Die Kugelwellen (in der (x, y)-Ebene eigentlich Kreiswellen) können durch komplexe Funktionen von x und y dargestellt werden. Eine Kugelwelle, die vom Punkt (x_0, y_0) ausgeht, hat die Form

$$\frac{\exp\left(\mathrm{i}k\sqrt{(x-x_0)^2+(y-y_0)^2}\right)}{\sqrt{(x-x_0)^2+(y-y_0)^2}}, \qquad \text{(C.2.3.1)}$$

wobei k proportional der Frequenz der Lichtwelle ist. Beim Doppelspalt haben wir eine Überlagerung von zwei solchen Kugelwellen, die von zwei verschiedenen Punkten (in unserer (x, y)-Ebene) ausgehen. Die beiden Punkte mögen beide auf der y-Achse liegen und die Koordinaten $(0, -0.5)$ und $(0, 0.5)$ haben.

Die Intensität des Lichtes in einem beliebigen Punkt rechts von der Doppelspaltebene ist durch das Quadrat des Absolutbetrags der Summe der beiden Kugelwellen gegeben. Wenn wir uns einen Schirm parallel zur Doppelspaltebene (in unserer Vereinfachung also eine Gerade parallel zur y-Achse) vorstellen, dann entspricht die Lichtintensität auf diesem Schirm (auf der Geraden) dem Beugungsbild des Doppelspalts!

Berechnen Sie die Intensitätskurve dieses Beugungsbilds (als Funktion von y), und stellen Sie sie grafisch dar (siehe Abb. 2.11)! Untersuchen Sie verschiedene Werte von k und vom Abstand a zwischen Schirm und Doppelspalt (Vorschlag: $k = 20, a = 10$). Was passiert, wenn die Frequenz k größer wird? Was passiert, wenn man mehrere parallele Spalten hat?

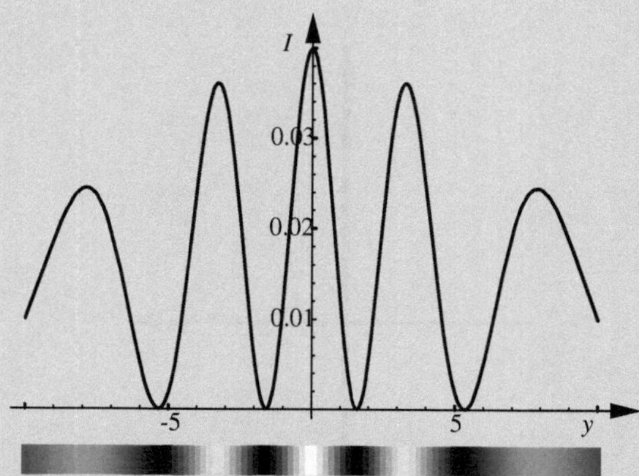

Abb. 2.11 Intensitätskurve für unser Beispiel mit $k = 20, a = 10$ im Schirmbereich $-10 < y < 10$, darunter die beobachtete Helligkeit

Die Quantenmechanik zeigt, dass auch „Materieteilchen", wie etwa Elektronen, solche Beugungsbilder beim Doppelspaltexperiment liefern. Die Wahrscheinlichkeit, mit der die Elektronen nach Durchlaufen des Doppelspalts auf dem Schirm auftreffen, entspricht der oben berechneten Intensität. Dies verdeutlicht die Wellennatur der Materie.

2.6 Aufgaben und Lösungen

2.6.1 Aufgaben

2.1: Zeichnen Sie die folgenden Zahlen in der komplexen Ebene $(1+\mathrm{i})$, $(1-\mathrm{i})$, $(1+\mathrm{i})^2$, $(\mathrm{i}+\sqrt{3})^2$, $2\left(\cos\frac{\pi}{4}+\mathrm{i}\sin\frac{\pi}{4}\right)$, $4\left(\cos\frac{4\pi}{3}+\mathrm{i}\sin\frac{4\pi}{3}\right)$, $2\exp\left(-\mathrm{i}\,\frac{3\pi}{2}\right)$, und geben Sie für jede drei verschiedene Notationen an.

2.2: Lösen Sie die Gleichungen:

(a) $z=(2+3\,\mathrm{i})\,\bar{z}$ (d) $\dfrac{z+2+3\,\mathrm{i}}{2\,z-3}=\mathrm{i}+2$

(b) $z=-\mathrm{i}\,\bar{z}$ (e) $\dfrac{z}{1+\mathrm{i}}-\dfrac{z}{1-\mathrm{i}}=1+(z-\bar{z})\,\sin(\pi+\mathrm{i}\ln 3)$

(c) $z^2=\bar{z}^2$ (f) $-2\mathrm{i}\,z=\dfrac{1+\bar{z}}{1+\mathrm{i}}\,.$

2.3: Die Bahn eines Teilchens liegt in einer Ebene und kann in Abhängigkeit von der Zeit t durch $z=1+2\,\mathrm{e}^{4\mathrm{i}t}$ parametrisiert werden. Berechnen Sie Geschwindigkeit und Beschleunigung. Welche Form hat die Bahn? Wohin zeigen Geschwindigkeit und Beschleunigung bei $t=0$ und bei $t=\pi/8$?

2.4: Berechnen Sie $\sin\left({}^{\pi}\!/_{2}+\mathrm{i}\ln 2\right)$.

2.5: Berechnen Sie mit Hilfe von (2.17) den Betrag, sowie die Real- und Imaginärteile von

(a) $\dfrac{2\,\mathrm{i}-1}{\mathrm{i}-2}$, (b) $(1+2\,\mathrm{i})^3$, (c) $\dfrac{3\,\mathrm{i}}{\mathrm{i}-\sqrt{3}}$.

2.6: Bringen Sie die folgenden Ausdrücke in die Form $x+\mathrm{i}\,y$:

(a) $\dfrac{2+2\,\mathrm{i}}{\left(1-\mathrm{i}\sqrt{3}\right)^3}$, (b) $\ln\mathrm{i}$, (c) $\sin(1+\mathrm{i})$, (d) $\mathrm{e}^{-\mathrm{i}\,\frac{\pi}{4}+\ln 3}$.

Der Umweg über die Polarform kann dabei nützlich sein!

2.7: Bringen Sie folgende komplexe Ausdrücke in die Polarform:

$$\text{(a)}\quad \left(z^{1/3}\right)^{-2i} \qquad \text{(b)}\quad (2i)^{2i} \qquad \text{(c)}\quad \ln\left(i+\sqrt{3}\right)$$
$$\text{(d)}\quad (1-i)^8 \qquad \text{(e)}\quad \frac{(1+i)^4}{(1-i)^4} \qquad \text{(f)}\quad e^{-2\pi i} - e^{-4\pi i} + e^{-6\pi i}\,.$$

2.8: Welche Figur bilden die Punktmengen, für die gilt:

$$\text{(a)}\quad |z| \le 3 \qquad \text{(b)}\quad |z+1| + |z-1| = 8 \qquad \text{(c)}\quad \operatorname{Im} z > \operatorname{Re} z$$
$$\text{(d)}\quad \operatorname{Im} z + \operatorname{Re} z = 1 \qquad \text{(e)}\quad 0 \le \arg z < \pi/2 \qquad \text{(f)}\quad |z-1+i| = 4$$
$$\text{(g)}\quad z = -\overline{z} \qquad \text{(h)}\quad 1 < (z-1)(\overline{z}-1) < 2 \qquad \text{(i)}\quad 0 < z + \overline{z} < 1\,.$$

2.9: Zeigen Sie aus der Exponentialdarstellung und aus der Definition durch eine Potenzreihe, dass auch für komplexe Argumente gilt:

$$\frac{d}{dz}\sin z = \cos z\,, \qquad \cosh^2 z - \sinh^2 z = 1\,.$$

2.10: Beweisen Sie für beliebige, komplexe z_1, z_2 die Dreiecksungleichung $|z_1 + z_2| \le |z_1| + |z_2|$ und veranschaulichen Sie diese grafisch.

2.11: Bestimmen Sie die Konvergenzeigenschaften folgender komplexer Reihen:

$$\text{(a)}\quad \sum_{n=0}^{\infty} \frac{n!\,z^n}{(2n)!} \qquad \text{(b)}\quad \sum_n (1+i)^n \qquad \text{(c)}\quad \sum \frac{i^n}{n}$$
$$\text{(d)}\quad \sum_{n=1}^{\infty} \frac{(iz)^n}{n^2} \qquad \text{(e)}\quad \sum_n \exp\left(i\,n\,\frac{\pi}{6}\right) \qquad \text{(f)}\quad \sum_{n=1}^{\infty} n^2 (3iz)^n$$
$$\text{(g)}\quad z - \frac{z^2}{2} + \frac{z^3}{3} - \frac{z^4}{4}\cdots \qquad \text{(h)}\quad \sum_n z^n \qquad \text{(i)}\quad \sum_n \frac{1}{z^n}$$
$$\text{(j)}\quad \sum_n \left(\frac{2-z}{n}\right)^n \frac{1}{n!} \qquad \text{(k)}\quad \sum_n 2^n\,(z-3+i)^{2n} \qquad \text{(l)}\quad \sum_{n=0}^{\infty} (-1)^n \frac{z^{2n}}{(2n)!}\,.$$

2.12: Schreiben Sie die Potenzreihen in z^n (zumindest bis zum 3. Term) für folgende Funktionen hin und bestimmen Sie das Konvergenzgebiet (vgl. Abschnitt 1.3):

$$\text{(a)}\ \frac{e^z}{(1+z)^2}\,,\quad \text{(b)}\ \frac{\sin z}{z\,(1+z)^3}\,,\quad \text{(c)}\ \frac{e^z-e^{-z}}{1-z}\,.$$

2.13: Suchen Sie alle drei Wurzeln von $\sqrt[3]{1}$. Überprüfen Sie, dass das Quadrat jeder der Wurzeln wieder unter den Lösungen zu finden ist. Zeigen Sie, dass die Summe aller drei Wurzeln null ist. Verallgemeinern Sie letzteres auf die n Lösungen von $\sqrt[n]{z}$ (z beliebig komplex).

2.14: Finden Sie alle Wurzeln, und stellen Sie diese grafisch dar:

$$\begin{array}{llll} \text{(a)}\ \sqrt{i} & \text{(b)}\ \sqrt[3]{i} & \text{(c)}\ \sqrt[3]{-8i} & \text{(d)}\ \left(-2\sqrt{3}-2i\right)^{1/4} \\ \text{(e)}\ \sqrt[5]{32} & \text{(f)}\ \sqrt[5]{-1-i} & \text{(g)}\ \sqrt[6]{1} & \text{(h)}\ \sqrt[6]{-1}\,. \end{array}$$

2.15: Gelten für beliebige komplexe Zahlen folgende Relationen?

$$\text{(a)}\ \cos^2 z+\sin^2 z=1\,,\quad \text{(b)}\ (\overline{z})^n=\overline{(z^n)}\,,\quad \text{(c)}\ \sin 2z=2\sin z\cos z\,.$$

2.16: Sind $(z^{z_1})^{z_2}$ und $z^{z_1 z_2}$ gleich ? (Beispiel !)

2.17: Wie lauten Real- und Imaginärteil von $z=(1+\sqrt{3}i)^{10}+(1-\sqrt{3}i)^{10}$?

2.18: Berechnen Sie im Komplexen:

$$\text{(a)}\ \sqrt[i]{i}\,,\quad \text{(b)}\ \ln(i\,e)\,,\quad \text{(c)}\ i\exp\left(1+\frac{i\pi}{2}\right)\,.$$

2.19: Zeigen Sie, dass die stereografische Projektion (M.2.3.1) den Punkt (x,y) in der Ebene auf den Punkt (X,Y,Z) auf der Kugelfläche projiziert.

2.20: Diskutieren Sie die Abbildung $w=\sinh z$, insbesondere mögliche Mehrdeutigkeiten und Riemannsche Blätter.

2.21: Man diskutiere die Schnittstruktur von (a) $f(z) = \ln \frac{z-a}{z-b}$ und (b) $f(z) = \ln[(z - a)(z - b)]$. Gibt es Wege, die beide Verzweigungspunkte umrunden und die dennoch geschlossen sind? Kann man einen Schnitt zwischen die beiden Verzweigungspunkte legen?

2.22: Zeigen Sie, dass die Funktion $f(z) = z^{\frac{1}{2}} + z^{\frac{1}{3}}$ sechs Riemannsche Blätter hat.

2.23: Untersuchen Sie die Riemann-Blatt-Struktur einiger Funktionen (aus dem Text und aus den Aufgaben weiter oben) mit Hilfe eines Computerprogramms, indem Sie die Position von Punkten und Wegen in z in die entsprechenden Punkte und Wege in w umrechnen. Versuchen Sie so auf grafischem Weg die Lage von Verzweigungspunkten zu bestimmen.

2.6.2 Lösungen

Vollständige Lösungen unter http://physik.uni-graz.at/~cbl/mm/.

2.2: (a) $z = 0$; (b) $x = -y$; (c) $x = 0$ oder $y = 0$; (d) $z = (36 + 2\mathrm{i})/13$; (e) $y = -3/5$, $x = 0$; (f) $z = (3 + 2\,\mathrm{i})/7$.

2.3: $v = |\frac{dz}{dt}| = 8$, $a = |\frac{d^2z}{dt^2}| = 32$.

2.4: $5/4$.

2.5: (a) $0.8 - 0.6\,\mathrm{i}$; (b) $-11 - 2\,\mathrm{i}$; (c) $3(1 - \sqrt{3}\,\mathrm{i})/4$.

2.6: (a) $-(1 + \mathrm{i})/4$; (b) $\mathrm{i}\,\pi/2$; (c) $\cosh 1\ \sin 1 + \mathrm{i}\ \cos 1\ \sinh 1$; (d) $(1 - \mathrm{i})\,3/\sqrt{2}$.

2.7: (d) 16; (e) 1; (f) 1.

2.8: (a) Abgeschlossene Kreisscheibe, Mittelpunkt $(0, 0)$, Radius 3; (b) Ellipse; (f) Kreisrand; (i) Streifen $0 < x < 1/2$.

2.10: Die Summe zweier Seiten eines Dreiecks ist größer als die dritte Seite.

2.11: (a) konv. f. $z \in \mathbb{C}$; (b) div.; (c) Real- und Imaginärteil sind beide bedingt konvergente Reihen; (d) konv. f. $|z| < 1$; (e) div.; (f) konv. f. $|z| < 1/3$; (g) konv. f. $|z| < 1$;(h) konv. f. $|z| < 1$; (i) konv. f. $|z| > 1$.

2.12: Das Konvergenzgebiet wird durch die nächste Singularität bestimmt; in allen drei Beispielen ist die Reihe daher für $|z| < 1$ konvergent. (a) $1 - z + 3\,z^2/2 + \mathcal{O}(z^3)$; (b) $1 - 3\,z + 35\,z^2/6 + \mathcal{O}(z^3)$; (c) $2\,z + 2\,z^2 + 7\,z^3/3 + \mathcal{O}(z^4)$.

2.14: (a) $\pm(1+\mathrm{i})/\sqrt{2}$; (b) $-\mathrm{i}$, $(\pm\sqrt{3}+\mathrm{i})/2$; (e) 2, $-(1+\sqrt{5})/2 \pm \mathrm{i}\sqrt{(5-\sqrt{5})/2}$, $-(1-\sqrt{5})/2 \pm \mathrm{i}\sqrt{(5+\sqrt{5})/2}$.

2.15: Ja, Beweis am einfachsten mittels Exponentialdarstellung.

2.16: Ja.

2.17: $z = -1024$.

2.18: (a) $\exp(\pi/2 + 2n\pi)$; (b) $1 + \mathrm{i}\pi\,(1/2 + 2n)$; (c) $-\mathrm{e}$.

2.20: Zerlegen Sie die Funktion mit $z = x + \mathrm{i}y$ und mit Hilfe der Winkeladditionstheoreme in den reellen und imaginären Anteil; ein Streifen der z-Ebene bildet auf die gesamte w-Ebene ab.

2.21: Zur Analyse bringt man am besten die Funktionen in die Form $\ln(z-a) \pm \ln(z-b)$. Ein Schnitt von a nach b ist nur im Fall (a) möglich, bei (b) muss der Schnitt nach ∞ laufen. Im Fall (a) erfüllt ein Weg in Form einer liegenden 8 die Bedingungen.

Literaturempfehlungen
Komplexe Zahlen sind in [3–6] einführend behandelt, weitere Beispiele finden Sie in [7]. Mehr über komplexe Funktionen finden Sie in Kap. 19 über Funktionentheorie, wo es auch weitere Literaturhinweise gibt.

Literatur

1. B. B. Mandelbrot, *The Fractal Geometry of Nature* (W.H. Freeman and Co.,, New York, 1983).
2. H.-O. Peitgen und P. H. Richter, *The Beauty of Fractals* (Springer-Verlag, Berlin, Heidelberg, New York, Tokyo, 1986).
3. K. Jänich, *Mathematik 1*, 2. Aufl. (Springer-Verlag, Berlin-Heidelberg-New York, 2005).
4. H. Fischer und H. Kaul, *Mathematik für Physiker*, Bd. 1, 7. Aufl. (Vieweg+Teubner, Wiesbaden, 2010).
5. H. Fischer und H. Kaul, *Mathematik für Physiker*, Bd. 2 (Springer Spektrum, Berlin, Heidelberg, New York, 2014).
6. M. L. Boas, *Mathematical Methods in the Physical Sciences*, 3. Aufl. (John Wiley &Sons, Inc., New York, 2005).
7. Dennis Spellman, *Schaum's Outline of Complex Variables* (McGraw-Hill, New York, 2009).

Vektoren und Matrizen 3

3.1 Lineare Gleichungssysteme

Ein **lineares Gleichungssystem** (kurz: LGS) besteht aus einem Satz von Gleichungen, die alle linear in den Unbekannten sind. Wenn es insgesamt n verschiedene Variablen gibt, dann definiert jede dieser Gleichungen eine Ebene im $\mathbb{R}^n$ (beziehungsweise eine Gerade, wenn es sich um den $\mathbb{R}^2$ handelt). Die Menge der Punkte, die alle Gleichungen erfüllen, kann leer sein (parallele Ebenen oder Geraden), nur aus einem Punkt bestehen („die Lösung", Punktlösung), oder eine Gerade oder auch eine Ebene im $\mathbb{R}^n$ sein. Die Struktur der Lösungs- oder Schnittmenge hängt von der Zahl und Art der linearen Gleichungen ab. Wir wollen allgemeine, algebraische Methoden besprechen, um diese Lösungsmengen zu identifizieren.

Wir beginnen mit dem einfachen Beispiel der beiden Gleichungen

$$\begin{aligned} x + 3\,y &= 6\,, \\ 2\,x - y &= 5\,. \end{aligned} \tag{3.1}$$

Durch Elimination der Variablen findet man die Lösung: $x = 3$, $y = 1$.

Wir wollen das Verfahren der Lösung dieses LGS formal durchführen. Ausgehend von einem System mit allgemeinen Koeffizienten

$$\begin{aligned} a\,x + b\,y &= c\,, \\ d\,x + e\,y &= f \end{aligned} \tag{3.2}$$

eliminieren wir zuerst y und berechnen x und nach Auflösung und Einsetzen die Variable y:

$$\begin{aligned} (a\,e - b\,d)\,x = c\,e - b\,f \quad &\Rightarrow \quad x = \frac{c\,e - b\,f}{a\,e - b\,d}\,, \\ &\Rightarrow \quad y = \frac{a\,f - d\,c}{a\,e - b\,d}\,. \end{aligned} \tag{3.3}$$

C.B. Lang, N. Pucker, *Mathematische Methoden in der Physik*,
DOI 10.1007/978-3-662-49313-7_3

Es fällt auf, dass hier bestimmte Kombinationen von Koeffizienten wiederholt auftauchen. Wenn wir die Abkürzung

$$a\,e - b\,d \equiv \begin{vmatrix} a & b \\ d & e \end{vmatrix} \tag{3.4}$$

definieren, so lauten die beiden Lösungen

$$x = \frac{\begin{vmatrix} c & b \\ f & e \end{vmatrix}}{\begin{vmatrix} a & b \\ d & e \end{vmatrix}}\,, \quad y = \frac{\begin{vmatrix} a & c \\ d & f \end{vmatrix}}{\begin{vmatrix} a & b \\ d & e \end{vmatrix}}\,. \tag{3.5}$$

Diese Anordnung von Zahlen zwischen senkrechten Strichen heißt **Determinante**. Diese neue Form lässt sich auf beliebig viele Dimensionen und Unbekannte verallgemeinern, und der entsprechende Formalismus erlaubt die Lösung des LGS.

Wir sehen schon in unserem Beispiel, dass eine einfache Lösung nicht immer möglich sein wird. Wenn die Determinante im Nenner verschwindet, entsprechen die beiden Gleichungen entweder parallelen oder gar identischen Geraden. In einem Fall gibt es keine Lösung, im anderen Fall definiert die Gerade die Lösungsmenge.

3.1.1 Determinanten

Im Vertrauen darauf, dass die nun folgende Vorleistung das spätere Verständnis erleichtert, definieren wir Determinanten für beliebig große quadratische Zahlenschemas. Eine Determinante ist eine Funktion von $n \times n$ Elementen in quadratischer Anordnung (n Zeilen und n Spalten: n-Determinante) entsprechend einer bestimmten Vorschrift. Für $n = 2$ haben wir die Vorschrift schon kennen gelernt:

$$\begin{vmatrix} a_{11} & a_{12} \\ a_{21} & a_{22} \end{vmatrix} = a_{11}\,a_{22} - a_{21}\,a_{12}\,. \tag{3.6}$$

Der jeweils erste Index von a_{ij} bezeichnet die Zeile, der zweite die Spalte. Statt der senkrechten Striche schreibt man oft auch

$$\det \begin{pmatrix} a_{11} & a_{12} \\ a_{21} & a_{22} \end{pmatrix} \equiv \begin{vmatrix} a_{11} & a_{12} \\ a_{21} & a_{22} \end{vmatrix}\,. \tag{3.7}$$

Die Striche haben nichts mit dem „Absolutbetrag" zu tun, Determinanten können positiv oder negativ, ja auch komplex sein.

Für $n = 1$ ist die Determinante gleich dem Element selbst

$$\det(a) = a \tag{3.8}$$

und um Verwechslungen mit dem Absolutbetrag zu vermeiden empfiehlt sich vor allem in diesem Fall die Verwendung der Schreibweise mit „det". Für allgemeine n lautet die Vorschrift:

$$\begin{vmatrix} a_{11} & a_{12} & a_{13} & \cdots & a_{1n} \\ a_{21} & a_{22} & \cdot & \cdots & \cdot \\ a_{31} & \cdot & \cdot & \cdots & \cdot \\ \vdots & \cdot & \cdot & \cdots & \vdots \\ a_{n1} & \cdot & \cdot & \cdots & a_{nn} \end{vmatrix} = \sum_{P[\alpha\beta\gamma\cdots\omega]} \epsilon_{\alpha\beta\gamma\cdots\omega} a_{1\alpha}\, a_{2\beta}\, a_{3\gamma} \cdots a_{n\omega} \,. \tag{3.9}$$

Dabei bedeutet $P[\alpha\beta\gamma\cdots\omega]$ alle möglichen Permutationen der Reihenfolge der n Indizes $\alpha, \beta, \gamma, \ldots, \omega$. Für n Zahlen gibt es $n!$ Permutationen (vgl. Kap. 21 und Anhang A), und daher hat die n-Determinante $n!$ Beiträge. Der Faktor $\epsilon_{\ldots}$ nimmt je nach Art der Permutation folgende Werte an:

$$\epsilon_{\alpha\beta\gamma\cdots\omega} \begin{cases} = & +1 \quad \text{für} \quad \alpha\beta\cdots\omega \quad \text{gerade Perm. von} \quad 1\cdots n \,, \\ = & -1 \quad \text{für} \quad \alpha\beta\cdots\omega \quad \text{ungerade Perm. von} \quad 1\cdots n \,. \end{cases} \tag{3.10}$$

M.3.1 Kurz und klar: Determinante

Eine **Determinante** ist eine Funktion von $n \times n$ Elementen, zum Beispiel Zahlen, in quadratischen Anordnung (n Zeilen und n Spalten: n-Determinante) entsprechend der Vorschrift

$$\begin{vmatrix} a_{11} & \cdots & a_{1n} \\ \vdots & & \vdots \\ a_{n1} & \cdots & a_{nn} \end{vmatrix} = \sum_{P[\alpha\beta\cdots\omega]} \epsilon_{\alpha\beta\gamma\cdots\omega} a_{1\alpha} a_{2\beta} \cdots a_{n\omega} \,. \tag{M.3.1.1}$$

Dabei bedeutet $P[\alpha\beta\cdots\omega]$ alle möglichen Permutationen (vgl. Kap. 21) der Reihenfolge der Indizes von α, β, $\ldots, \omega$. Der Faktor $\epsilon_{\ldots}$ hat den Wert 1 oder -1, je nachdem, ob es sich dabei um eine gerade oder eine ungerade Permutation handelt.

Beispiel

Wir wollen diese Vorschrift für $n = 2$ überprüfen:

$$\begin{vmatrix} a_{11} & a_{12} \\ a_{21} & a_{22} \end{vmatrix} = \underbrace{\epsilon_{12}}_{1}\, a_{11}\, a_{22} + \underbrace{\epsilon_{21}}_{-1}\, a_{12}\, a_{21} \,.$$

Allgemein erhält man $n!$ Terme; für $n = 3$ ergibt sich

$$\begin{vmatrix} a_{11} & a_{12} & a_{13} \\ a_{21} & a_{22} & a_{23} \\ a_{31} & a_{32} & a_{33} \end{vmatrix} = \begin{cases} a_{11}a_{22}a_{33} & -a_{11}a_{23}a_{32} \\ +a_{12}a_{23}a_{31} & -a_{12}a_{21}a_{33} \\ +a_{13}a_{21}a_{32} & -a_{13}a_{22}a_{31}\,. \end{cases} \qquad \square$$

Hier ist ein weiteres Schema, sich die Entwicklung einer 3-Determinante zu merken: Die mittels stark ausgezogener Linien markierten Produkte werden positiv, die durch feinere Linien markierten Beiträge werden negativ gezählt.

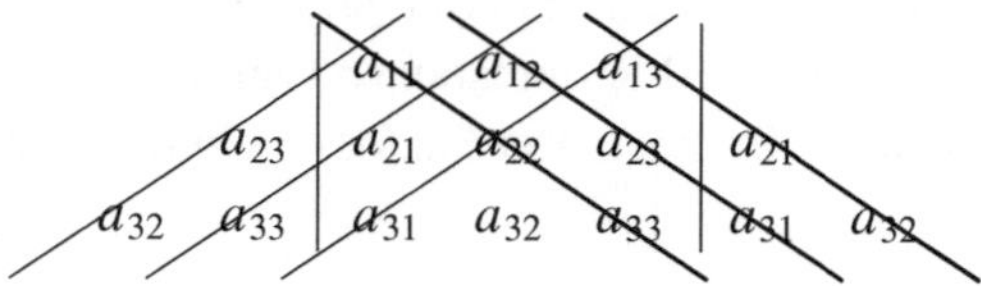

Die rechts und links von der eigentlichen Determinante stehenden Elemente sind einfach die periodisch fortgesetzten Zeilen. Dieses Verfahren gilt wirklich nur für 3-Determinanten und ist für größere Determinanten nicht anwendbar!

Da die Zahl der Terme schnell wächst (eine 5-Determinante hat bereits 120 Terme, eine 10-Determinante hat 3 628 800 Beiträge!), ist die Definition mittels Permutationen für die praktische Berechnung nicht gut geeignet. Dafür gibt es ein rekursives Verfahren, bei dem eine Determinante der Ordnung n durch n Determinanten der Ordnung $n-1$ ausgedrückt werden kann. Es ist dies die so genannte **Laplace-Entwicklung**. Dazu müssen wir zuerst zwei Begriffe einführen.

Wenn man bei einer n-Determinante die i-te Zeile und die j-te Spalte wegstreicht, so erhält man eine $(n-1)$-Determinante, den so genannten **Minor** M_{ij} von a_{ij}. Das Produkt

$$C_{ij} = (-1)^{i+j} M_{ij} \tag{3.11}$$

heißt **Kofaktor** von a_{ij}. Der Kofaktor ergibt sich also aus dem Minor durch schachbrettartigen Vorzeichenwechsel.

Die Laplace-Entwicklung erlaubt es, eine Determinante durch eine Summe von Unterdeterminanten auszudrücken:

$$\begin{aligned} \begin{vmatrix} a_{11} & \cdots & . \\ \vdots & & \vdots \\ . & \cdots & a_{nn} \end{vmatrix} &= \sum_{j=1}^{n} a_{ij}\, C_{ij} = a_{i1}\, C_{i1} + a_{i2}\, C_{i2} \cdots + a_{in}\, C_{in} \\ &= \sum_{i=1}^{n} a_{ij}\, C_{ij} = a_{1j}\, C_{1j} + a_{2j}\, C_{2j} \cdots + a_{nj}\, C_{nj}\,. \end{aligned} \tag{3.12}$$

Man kann die Determinante also nach einer beliebigen Zeile (erste Summenformel, i ist beliebig) oder nach einer beliebigen Spalte (zweite Summenformel, j ist beliebig) entwickeln.

Eine 3-Determinante, wenn sie nach der ersten Spalte entwickelt wird, gibt

$$\begin{vmatrix} a_{11} & a_{12} & a_{13} \\ a_{21} & a_{22} & a_{23} \\ a_{31} & a_{32} & a_{33} \end{vmatrix} = a_{11} \begin{vmatrix} a_{22} & a_{23} \\ a_{32} & a_{33} \end{vmatrix} - a_{21} \begin{vmatrix} a_{12} & a_{13} \\ a_{32} & a_{33} \end{vmatrix} + a_{31} \begin{vmatrix} a_{12} & a_{13} \\ a_{22} & a_{23} \end{vmatrix} . \qquad (3.13)$$

Weitere Entwicklung liefert die richtigen sechs Terme entsprechend dem Beispiel weiter oben.

Beispiel

So erhält man aus der Entwicklung nach der ersten Spalte

$$\begin{aligned} D &= \begin{vmatrix} 1 & -5 & 2 \\ 7 & 3 & 4 \\ 2 & 1 & 5 \end{vmatrix} = 1 \begin{vmatrix} 3 & 4 \\ 1 & 5 \end{vmatrix} - 7 \begin{vmatrix} -5 & 2 \\ 1 & 5 \end{vmatrix} + 2 \begin{vmatrix} -5 & 2 \\ 3 & 4 \end{vmatrix} \\ &= 1\,(15-4) - 7\,(-25-2) + 2\,(-20-6) = 148 . \end{aligned}$$

Die Zeile oder Spalte, nach der man die Determinante entwickelt, ist beliebig. In unserem Beispiel hätten wir genau so gut etwa nach der zweiten Zeile entwickeln können, also

$$D = -7 \begin{vmatrix} -5 & 2 \\ 1 & 5 \end{vmatrix} + 3 \begin{vmatrix} 1 & 2 \\ 2 & 5 \end{vmatrix} - 4 \begin{vmatrix} 1 & -5 \\ 2 & 1 \end{vmatrix} = 148 .$$

□

Es ist klar: Man wird diese Eigenschaft von Determinanten nach Möglichkeit dazu nutzen, sich das Leben zu erleichtern. Dazu gehört, dass man nach Zeilen oder Spalten entwickelt, in denen möglichst viele Elemente verschwinden; so erspart man sich die Berechnung der entsprechenden Minoren! Aus der Definition folgen noch weitere interessante Eigenschaften von Determinanten (vgl. M.3.2), die uns die Berechnung erleichtern.

M.3.2 Kurz und klar: Eigenschaften von Determinanten

Wir bezeichnen hier die Determinante abgekürzt mit D. Determinanten haben unter anderem folgende Eigenschaften:

D1 $D = 0$, wenn

- eine Zeile oder eine Spalte verschwindet.
- zwei Zeilen oder zwei Spalten gleich oder proportional sind ($\exists i, k, \lambda : \forall j : a_{ij} = \lambda a_{kj}$ oder $\exists k, j, \lambda : \forall i : a_{ij} = \lambda a_{ik}$).

D2 Wenn man alle Elemente einer Zeile oder einer Spalte mit einer Konstanten k multipliziert, so ändert sich auch der Wert der Determinante multiplikativ: $D \to kD$.

D3 Wenn man zwei Zeilen oder zwei Spalten miteinander vertauscht, so wechselt das Vorzeichen der Determinante: $D \to -D$.

D4 D ändert sich *nicht*, wenn

- alle Zeilen mit den Spalten vertauscht werden ($a_{ij} \to a_{ji}$),
- zu einer Zeile (oder Spalte) das Vielfache einer *anderen* Zeile (respektive Spalte) addiert wird.

D5 Wenn sich zwei Determinanten D_1 und D_2 nur in einer Zeile (oder nur in einer Spalte) unterscheiden, so ist ihre Summe gleich dem Wert einer Determinante D, die durch gliedweise Addition der entsprechenden Zeile (oder Spalte) und ansonsten unveränderte Übernahme der anderen Elemente gebildet wird.

Beispiel

In den folgenden Beispielen berechnen wir einige Determinanten und verwenden dabei die verschiedenen Eigenschaften D1-D5 in M.3.2:

$$\begin{aligned}
D &= \begin{vmatrix} 0 & 0 \\ 1 & 2 \end{vmatrix} = 0 && \text{(D1)} \\
D &= \begin{vmatrix} 1 & 2 \\ 2 & 4 \end{vmatrix} = 4 - 4 = 0 && \text{(D1)} \\
D &= \begin{vmatrix} 1 & 2 \\ 3 & 4 \end{vmatrix} = \begin{vmatrix} 1 & 2 \\ 0 & -2 \end{vmatrix} = -2 && \text{(D4)} \\
D &= \begin{vmatrix} 3 & 6 \\ 3 & 4 \end{vmatrix} = 3 \begin{vmatrix} 1 & 2 \\ 3 & 4 \end{vmatrix} = +3\,.\,(-2) = -6 && \text{(D2)} \\
D &= \begin{vmatrix} 2 & 1 \\ 4 & 3 \end{vmatrix} = 6 - 4 = 2 = -\begin{vmatrix} 1 & 2 \\ 3 & 4 \end{vmatrix} && \text{(D3)} \\
D &= \begin{vmatrix} 1 & 2 \\ 3 & 4 \end{vmatrix} = \begin{vmatrix} 1 & 2 \\ 4 & 6 \end{vmatrix} = 6 - 8 = -2 && \text{(D4)}\,.
\end{aligned}$$

□

Beispiel

Die Elemente von Determinanten können auch allgemeine Ausdrücke mit Variablen sein. So ist

$$D = \begin{vmatrix} x^2+1 & y \\ -y & x \end{vmatrix} = x^3 + x + y^2\,, \quad D = \begin{vmatrix} \cos\alpha & \sin\alpha & 0 \\ -\sin\alpha & \cos\alpha & 0 \\ 0 & 0 & 1 \end{vmatrix} = \cos^2\alpha + \sin^2\alpha = 1\,.$$

Determinanten dieser Art werden uns später im Zusammenhang mit linearer Abhängigkeit im Abschn. 3.2.5 und in der Differenzial- und Integralrechnung von Nutzen sein. □

Wir können die Eigenschaften von Determinanten auch dazu benützen, die Gleichung derjenigen Ebene zu bestimmen, die durch drei vorgegebene Punkte geht. Die Punkte seien: $(1, 0, 1), (1, 2, 0), (0, 1, 3)$. Mit dem Ansatz

$$\begin{vmatrix} x & y & z & 1 \\ 1 & 0 & 1 & 1 \\ 1 & 2 & 0 & 1 \\ 0 & 1 & 3 & 1 \end{vmatrix} = 0 \tag{3.14}$$

erhalten wir (zum Beispiel mit Hilfe der Laplace-Entwicklung) tatsächlich eine Gleichung, die linear in den drei Variablen ist, also eine Ebene beschreibt. Die zweite, dritte und vierte Zeile der Determinante enthält als erste drei Elemente die Koordinaten des ersten, zweiten und dritten Punktes. Die Elemente der letzten Spalte sind gleich groß und im Prinzip frei wählbar (wir wählten den Wert 1). Wenn man nun die Koordinaten eines der drei Punkte anstelle von x, y und z in die erste Zeile einsetzt, so sind zwei Zeilen der Determinante gleich, und sie muss daher verschwinden: Die Gleichung der Ebene ist durch den Punkt erfüllt!

3.1.2 Lösung eines linearen Gleichungssystems

Wir haben nun die notwendigen Vorbereitungen getroffen, um beliebige lineare Gleichungssysteme lösen zu können. Als Beispiel betrachten wir ein System mit drei Variablen; die Verallgemeinerung auf eine andere Anzahl ist einfach.

$$\begin{array}{ccccccc} a_{11}\,x & + & a_{12}\,y & + & a_{13}\,z & = & b_1\,, \\ a_{21}\,x & + & a_{22}\,y & + & a_{23}\,z & = & b_2\,, \\ a_{31}\,x & + & a_{32}\,y & + & a_{33}\,z & = & b_3\,. \end{array} \tag{3.15}$$

Wir benötigen zur Lösung die Determinante der Koeffizienten

$$D = \begin{vmatrix} a_{11} & a_{12} & a_{13} \\ a_{21} & a_{22} & a_{23} \\ a_{31} & a_{32} & a_{33} \end{vmatrix} \tag{3.16}$$

und die drei Determinanten, die man erhält, wenn man jeweils eine Spalte der Koeffizientendeterminante durch die aus den drei Gliedern auf der rechten Seite des LGS gebildeten Spalte ersetzt.

$$D_1 = \begin{vmatrix} b_1 & a_{12} & a_{13} \\ b_2 & a_{22} & a_{23} \\ b_3 & a_{32} & a_{33} \end{vmatrix}, \quad D_2 = \begin{vmatrix} a_{11} & b_1 & a_{13} \\ a_{21} & b_2 & a_{23} \\ a_{31} & b_3 & a_{33} \end{vmatrix}, \quad D_3 = \begin{vmatrix} a_{11} & a_{12} & b_1 \\ a_{21} & a_{22} & b_2 \\ a_{31} & a_{32} & b_3 \end{vmatrix}. \tag{3.17}$$

Die **Cramersche Regel** sagt, dass, wenn D nicht verschwindet, die drei Lösungen des LGS lauten:

$$D \neq 0 \Rightarrow x_0 = \frac{D_1}{D}, \quad y_0 = \frac{D_2}{D}, \quad z_0 = \frac{D_3}{D}. \tag{3.18}$$

Wenn die rechte Spalte des LGS gleich null ist, so nennt man das LGS **homogen**. Bei einem homogenen LGS sind die drei D_i alle gleich null und, sofern $D \neq 0$, auch die Lösungen $x_0 = 0$, $y_0 = 0$, $z_0 = 0$.

Was aber, wenn D selbst verschwindet? Nach allem, was wir über die Eigenschaften von Determinanten gelernt haben, bedeutet das, dass die Zeilen dieser Determinante nicht von einander unabhängig sind. Man kann also zumindest eine der Zeilen durch irgendeine Linearkombination der anderen Zeilen ausdrücken. Die Cramersche Regel besagt, dass es in diesem Fall zwei Alternativen gibt:

1. Es ist zumindest eine der D_i ungleich null. Dann ist das Gleichungssystem widersprüchlich; das ist etwa der Fall, wenn die Gleichungen parallele Ebenen beschreiben.
2. Alle D_i haben den Wert null; das ist sicher bei einem homogenen System der Fall, kann aber auch sonst vorkommen. In diesem Fall gibt zumindest keine Punkt-Lösung. Die Lösungsmenge ist entweder leer oder eine Punktmenge, etwa eine Gerade oder eine Ebene, die durch einen oder mehrere Parameter dargestellt werden kann. (Genaueres dazu folgt im Abschn. 3.2.6 über den Rang von Matrizen.)

Wir haben mit dieser Regel also ein systematisches Verfahren, das es uns erspart, die Lösung durch schrittweise Elimination und Substitution von Variablen zu bestimmen.

Beispiel

Erinnern wir uns an das einfache LGS am Beginn dieses Kapitels

$$x + 3y = 6, \quad 2x - y = 5.$$

Wir berechnen zuerst die Determinanten

$$\begin{vmatrix} 1 & 3 \\ 2 & -1 \end{vmatrix} = -7, \quad \begin{vmatrix} 6 & 3 \\ 5 & -1 \end{vmatrix} = -21, \quad \begin{vmatrix} 1 & 6 \\ 2 & 5 \end{vmatrix} = -7$$

und erhalten die Punktlösung

$$x = \frac{-21}{-7} = 3, \quad y = \frac{-7}{-7} = 1. \qquad \square$$

Beispiel

Ein wesentlicher Aspekt ist daneben, dass unser Verfahren auch angibt, wann es keine Punktlösung geben kann! Im folgenden homogenen LGS

$$\begin{aligned} x + 2y + 3z &= 0, \\ 4x + 5y + 6z &= 0, \\ 7x + 8y + 9z &= 0 \end{aligned}$$

berechnen wir zuerst die Determinante D. Durch einfache Umformung (die zweite Zeile wird zweimal von der dritten abgezogen) sehen wir, dass $D = 0$ sein muss, da wir eine Proportionalität zwischen der ersten und der dritten Zeile feststellen:

$$\begin{vmatrix} 1 & 2 & 3 \\ 4 & 5 & 6 \\ 7 & 8 & 9 \end{vmatrix} = \begin{vmatrix} 1 & 2 & 3 \\ 4 & 5 & 6 \\ -1 & -2 & -3 \end{vmatrix} = 0.$$

Da es sich um ein homogenes LGS handelt, sind alle $D_i = 0$, und es gibt keine Punktlösung, sondern eine Punktmenge als Lösung. In diesem Beispiel erhalten wir die Lösungsmenge aus den ersten beiden Gleichungen, da ja die dritte eine Linearkombination der ersten beiden ist. Zur Parametrisierung der Lösungsmenge führen wir den Parameter t ein und setzen $x = t$. Damit wird aus den beiden Gleichungen

$$\begin{aligned} 2y + 3z &= -t, \\ 5y + 6z &= -4t, \end{aligned}$$

und wir erhalten die Lösung $y = -2t$, $z = t$. Die Lösung des LGS ist also die Menge der Punkte $\{P(t, -2t, t); t \in \mathbb{R}\}$, eine Gerade im $\mathbb{R}^3$, die durch den Ursprung läuft. □

M.3.3 Kurz und klar: Cramersche Regel

Ein n-dimensionales lineares Gleichungssystem der Form

$$\begin{array}{ccccccccc} a_{11}\,x_1 & + & a_{12}\,x_2 & + & \cdots & + & a_{1n}\,x_n & = & b_1 \\ a_{21}\,x_1 & + & a_{22}\,x_2 & + & \cdots & + & a_{2n}\,x_n & = & b_2 \\ \vdots & & \vdots & + & \cdots & & \vdots & = & \vdots \\ a_{n1}\,x_1 & + & a_{n2}\,x_2 & + & \cdots & + & a_{nn}\,x_n & = & b_n \end{array} \tag{M.3.3.1}$$

kann mit Hilfe der Cramerschen Regel gelöst werden. Dazu bestimmt man zuerst die Determinante des Koeffizientenschemas

$$D = \begin{vmatrix} a_{11} & a_{12} & \cdots & a_{1n} \\ a_{21} & a_{22} & \cdots & a_{2n} \\ \vdots & \vdots & \cdots & \vdots \\ a_{n1} & a_{n2} & \cdots & a_{nn} \end{vmatrix} \tag{M.3.3.2}$$

und die Determinanten D_i $(i = 1, \ldots n)$, die man erhält, wenn man die i-te Spalte der Koeffizientendeterminante durch die Spalte der inhomogenen Glieder des LGS (also die $b_1 \cdots b_n$) ersetzt.

Die Lösung des LGS bestimmt sich daraus wie folgt:

$\boldsymbol{D \neq 0}$: Die Lösung ist ein Punkt im $\mathbb{R}^n$, gegeben durch $x_{i,0} = \frac{D_i}{D}$. Bei einem homogenen LGS (alle $b_i = 0$) gibt es dann nur die triviale Lösung $x_{i,0} = 0$.

$\boldsymbol{D = 0}$: Es gibt zwei Möglichkeiten:

- **zumindest ein $\boldsymbol{D_i \neq 0}$** : Die Gleichungen sind widersprüchlich, und es gibt keine Lösung.
- **alle $\boldsymbol{D_i = 0}$** : Die Gleichungen sind linear abhängig, und die Lösungsmenge ist eine leere Menge oder eine unendliche Punktmenge (zum Beispiel eine Gerade oder eine Ebene).

3.2 Matrizen

3.2.1 Lineare Algebra der Matrizen

Zuerst eine Bemerkung zum Fachchinesisch: Matrizen ist der Plural von „Matrix (wohingegen eine „Matrize“ ein Begriff aus der Welt der Drucktechnik ist). Eine Matrix ist eine rechteckige Anordnung von $n \times m$ Zahlen oder algebraischen Ausdrücken (Matratzen findet man im Kaufhaus). Wir bezeichnen Matrizen mit Großbuchstaben und schreiben sie in der Form

$$\mathbf{A} = \begin{pmatrix} a_{11} & \cdots & a_{1m} \\ \vdots & \vdots & \vdots \\ a_{n1} & \cdots & a_{nm} \end{pmatrix} = \left(a_{ij}\right) . \tag{3.19}$$

Diese Matrix hat n Zeilen und m Spalten. Sie ist *keine Determinante* und folgt auch anderen Regeln! Um sie auch in der Schreibweise von Determinanten zu unterscheiden, versehen wir Matrizen mit runden (manchmal geschwungenen) Klammern, Determinanten dagegen mit senkrechten Strichen.

Matrizen tauchen in vielen Gebieten der Naturwissenschaften auf, und wir wollen nur einige wenige Anwendung herausheben, um uns auf den Geschmack zu bringen.

- In der Mechanik zur Darstellung von Drehungen; zur Beschreibung von Elastizitätseigenschaften.
- In der Elektrodynamik ist der Feldstärketensor eine Matrix mit speziellen Transformationseigenschaften (daher: Tensor, vgl. Kap. 10).
- In der Quantenmechanik werden Operatoren (wie etwa der Impulsoperator) durch Matrizen dargestellt; die Funktionalanalysis (siehe Kap. 12 bis 16) verwendet Matrizen, um Eigenfunktionensysteme zu untersuchen.
- Lösungsverfahren für Differenzialgleichungen (Kap. 6) arbeiten mit Matrizen.
- In der Gruppentheorie (Kap. 20) werden die Elemente von Gruppen oft als Matrizen mit speziellen Kommutativitätseigenschaften wiedergegeben.

Schlicht gesagt: Ohne Matrizen kommen wir in der Mathematik nicht aus, und es ist hoch an der Zeit, dass wir uns ihnen nun widmen!

Matrizen sind neu für uns. Wir haben bisher ganze und natürliche Zahlen, reelle Zahlen und als Paare von reellen Zahlen komplexe Zahlen kennen gelernt. All diese hatten bestimmte Rechenregeln. Der mathematische Begriff für solche Mengen von Objekten mit entsprechenden Rechenregeln lautet Körper (siehe M.2.1). Die Matrizen sind neue Objekte, und wir werden Regeln einführen, nach denen man sie addieren, subtrahieren, multiplizieren und dividieren kann. Die Matrizen bilden eine **Algebra** und wegen des Prototyp-Charakters nennt man sie oft einfach *die* **Lineare Algebra** (vgl. M.3.8).

Die Rechenregeln für Matrizen sind:

1. $\mathbf{A} = \mathbf{B} \;\Leftrightarrow\; \forall i, j : a_{ij} = b_{ij}$
   Zwei Matrizen sind gleich, wenn alle Elemente übereinstimmen.
2. $\mathbf{A} + \mathbf{B} = \mathbf{C} \;\Leftrightarrow\; \forall i, j : a_{ij} + b_{ij} = c_{ij}$
   Matrizen werden elementweise addiert. Diese Addition ist kommutativ und assoziativ:
   $$\mathbf{A} + \mathbf{B} = \mathbf{B} + \mathbf{A}\,, \quad \mathbf{A} + (\mathbf{B} + \mathbf{C}) = (\mathbf{A} + \mathbf{B}) + \mathbf{C}\,.$$
3. $\mathbf{B} = \alpha\,\mathbf{A} \;\Leftrightarrow\; \forall i, j : b_{ij} = \alpha\, a_{ij}$
   Bei der Multiplikation einer Matrix mit einer Zahl wird jedes Element der Matrix mit der Zahl multipliziert. Diese Operation ist kommutativ $\alpha\,\mathbf{A} = \mathbf{A}\,\alpha$.
4. Multiplikation von zwei Matrizen ist nur dann möglich, wenn die linksstehende Matrix gleich viele Spalten hat wie die rechtsstehende Matrix Zeilen. Das Ergebnis der Multiplikation ist eine Matrix mit so vielen Zeilen wie die linke und so vielen Spalten wie die rechte Matrix:
   $$\underbrace{\mathbf{A}}_{n\times k}\,\underbrace{\mathbf{B}}_{k\times m} = \underbrace{\mathbf{C}}_{n\times m}\,. \tag{3.20}$$
   Die Multiplikation entspricht der folgenden Operation für die Elemente
   $$\mathbf{A}\,\mathbf{B} = \mathbf{C} \;\Leftrightarrow\; c_{ij} = \sum_k a_{ik}\, b_{kj}\,. \tag{3.21}$$
   Für Multiplikation und Addition gilt auch ein distributives Gesetz $\mathbf{A}\,(\mathbf{B} + \mathbf{C}) = \mathbf{A}\,\mathbf{B} + \mathbf{A}\,\mathbf{C}$.

Wir wollen die Multiplikation anhand von 2×2 Matrizen erläutern. Obwohl jeder seine eigenen mnemotechnischen Tricks hat, soll hier doch eine effiziente Schreibweise vorgestellt werden. Man schreibe bei der Matrixmultiplikation die rechte Matrix rechts neben und über die linke Matrix. Das Ergebnis kommt auf den freien Platz:

		b_{11}	b_{12}
		b_{21}	b_{22}
a_{11}	a_{12}	$a_{11}\, b_{11} + a_{12}\, b_{21}$	$a_{11}\, b_{12} + a_{12}\, b_{22}$
a_{21}	a_{22}	$a_{21}\, b_{11} + a_{22}\, b_{21}$	$a_{21}\, b_{12} + a_{22}\, b_{22}$

Man erkennt, dass jedes Element der Produktmatrix durch eine Kontraktion der entsprechenden Zeile und Spalte der Matrizen daneben und darüber entsteht.

Beispiel

Wir multiplizieren die Matrizen

$$\mathbf{A} = \begin{pmatrix} 0 & 1 \\ 1 & 0 \end{pmatrix}\,, \quad \mathbf{B} = \begin{pmatrix} 1 & 0 \\ 0 & -1 \end{pmatrix}$$

miteinander.

$$\mathbf{AB} = \begin{pmatrix} 0 & 1 \\ 1 & 0 \end{pmatrix}\begin{pmatrix} 1 & 0 \\ 0 & -1 \end{pmatrix} = \begin{pmatrix} 0 & -1 \\ 1 & 0 \end{pmatrix} ,$$

$$\mathbf{BA} = \begin{pmatrix} 1 & 0 \\ 0 & -1 \end{pmatrix}\begin{pmatrix} 0 & 1 \\ 1 & 0 \end{pmatrix} = \begin{pmatrix} 0 & 1 \\ -1 & 0 \end{pmatrix} \neq \mathbf{AB} . \qquad \square$$

Wir sehen an diesem Beispiel, dass die Matrizenmultiplikation nicht immer kommutativ ist. Der so genannte **Kommutator** ist die Differenz

$$[\mathbf{A}, \mathbf{B}] \equiv \mathbf{A}\,\mathbf{B} - \mathbf{B}\,\mathbf{A} \tag{3.22}$$

und verschwindet also für Matrizen nicht immer.

5. Schließlich gibt es auch bei Matrizen ein Nullelement

$$\mathbf{A} = \mathbf{0} \;\Leftrightarrow\; a_{ij} = 0 \tag{3.23}$$

und ein Eins-Element, die so genannte **Einheitsmatrix**

$$\mathbf{A} = \mathbf{1} \;\Leftrightarrow\; a_{ij} = \delta_{ij} \;, \quad \delta_{ij} = \begin{cases} 0 & i \neq j \;, \\ 1 & i = j \;. \end{cases} \tag{3.24}$$

Die Funktion δ_{ij} heißt **Kronecker-Delta**. Die Einheitsmatrix $\mathbf{1}$ wird manchmal auch mit $\mathbf{E}$ oder $\mathbf{I}$ bezeichnet und ist eine quadratische Matrix, deren Diagonalelemente alle den Wert 1 haben, alle anderen Elemente den Wert 0. Es gilt natürlich

$$\mathbf{A}\,\mathbf{0} = \mathbf{0}\,\mathbf{A} = \mathbf{0} \;, \quad \mathbf{1}\,\mathbf{A} = \mathbf{A}\,\mathbf{1} = \mathbf{A} \;. \tag{3.25}$$

Matrizen ergeben sich in verschiedenem Zusammenhang. Das LGS vom Beginn des Kapitels kann durch eine 2×3-Matrix dargestellt werden,

$$\begin{aligned} x + 3y &= 6 \\ 2x - y &= 5 \end{aligned} \quad \Leftrightarrow \quad \mathbf{A}_{(2\times3)} = \begin{pmatrix} 1 & 3 & 6 \\ 2 & -1 & 5 \end{pmatrix} . \tag{3.26}$$

Eine Matrix kann auch aus nur einem Element bestehen,

$$\mathbf{A}_{(1\times1)} = (a_{11}) \;, \tag{3.27}$$

aus nur einer Zeile (ein „Zeilenvektor"),

$$\mathbf{A}_{(1\times3)} = \begin{pmatrix} 1 & 3 & 27 \end{pmatrix} \;, \tag{3.28}$$

oder aus nur einer Spalte („Spaltenvektor"),

$$\mathbf{A}_{(n\times 1)} = \begin{pmatrix} a_1 \\ a_2 \\ \vdots \\ a_n \end{pmatrix} . \tag{3.29}$$

Einzeilige oder einspaltige Matrizen bezeichnet man als Vektoren, da sie die gleiche Form wie die später noch genauer zu besprechenden Vektoren (Abschn. 3.3) haben. Jene folgen ähnlichen Rechenregeln, haben aber weitere Bedeutung und Eigenschaften.

Lineare Gleichungssysteme können in Matrixform formal wie eine einfache Gleichung mit einer Variablen geschrieben werden (vgl. (3.26)):

$$\sum_j a_{ij}\, x_j = b_i \;\Leftrightarrow\; \mathbf{A}\,\boldsymbol{X} = \boldsymbol{B} . \tag{3.30}$$

Da Spaltenmatrizen denselben Regeln folgen wie die noch zu besprechenden Vektoren und in der praktischen Anwendung nichts anderes als Vektoren sind, werden wir künftig auch die entsprechende Schreibweise, also hier zum Beispiel $\boldsymbol{X}$ und $\boldsymbol{B}$ dafür verwenden.

Beispiel

Mit

$$\mathbf{A} = \begin{pmatrix} 1 & 3 \\ 2 & -1 \end{pmatrix} , \quad \boldsymbol{X} = \begin{pmatrix} x \\ y \end{pmatrix} , \quad \boldsymbol{B} = \begin{pmatrix} 6 \\ 5 \end{pmatrix}$$

lautet die Matrixgleichung $\mathbf{A}\,\boldsymbol{X} = \boldsymbol{B}$ in Komponenten geschrieben:

$$\begin{pmatrix} 1 & 3 \\ 2 & -1 \end{pmatrix} \begin{pmatrix} x \\ y \end{pmatrix} = \begin{pmatrix} 6 \\ 5 \end{pmatrix} \Rightarrow \begin{matrix} x + 3\,y = 6 \\ 2\,x - y = 5 \end{matrix} .$$

□

Es gibt auch einige neue Phänomene. Das Produkt zweier Matrizen kann null sein, obwohl die Matrizen ungleich null sind:

$$\begin{aligned} \mathbf{A} &= \begin{pmatrix} 1 & 2 \\ 3 & 6 \end{pmatrix} , & \mathbf{B} &= \begin{pmatrix} 10 & 4 \\ -5 & -2 \end{pmatrix} , \\ \mathbf{AB} &= \begin{pmatrix} 0 & 0 \\ 0 & 0 \end{pmatrix} , & \mathbf{BA} &= \begin{pmatrix} 22 & 44 \\ -11 & -22 \end{pmatrix} . \end{aligned} \tag{3.31}$$

Es kann also passieren, dass $\mathbf{A\,C} = \mathbf{A\,D}$ ist, aber dennoch $\mathbf{C} \neq \mathbf{D}$! In unserem Beispiel ist dies für alle $\mathbf{D}, \mathbf{C}$ der Fall, die sich um beliebige Vielfache von $\mathbf{B}$ unterscheiden: $\mathbf{D} = \mathbf{C} + \alpha\,\mathbf{B}$.

Sogar Potenzen von Matrizen können verschwinden, obwohl die jeweilige Matrix selbst nicht null ist:

$$\mathbf{A} = \begin{pmatrix} 0 & 1 \\ 0 & 0 \end{pmatrix} , \quad \mathbf{A}^2 = \mathbf{A}\,\mathbf{A} = \begin{pmatrix} 0 & 0 \\ 0 & 0 \end{pmatrix} = \mathbf{0} . \tag{3.32}$$

Solche Matrizen nennt man **nilpotent**.

Für quadratische Matrizen kann man auch die Determinante berechnen. **Diagonale Matrizen**, also Matrizen, bei denen nur die Diagonalelemente ungleich null sind, haben als Determinante einfach das Produkt der Diagonalelemente. Insbesondere gilt für die Einheitsmatrix

$$\det(\mathbf{1}) = 1. \tag{3.33}$$

Für komplexe Matrizen ist

$$\det \overline{\mathbf{A}} = \overline{\det \mathbf{A}} . \tag{3.34}$$

Eine **transponierte Matrix** wird mit $\mathbf{A}^T$ bezeichnet und entspricht der um die Diagonale gespiegelten Matrix: $(\mathbf{A}^T)_{ij} = (\mathbf{A})_{ji}$. Die Determinante einer transponierten Matrix ist gleich der der Matrix,

$$\det \mathbf{A}^T = \det \mathbf{A} . \tag{3.35}$$

Für Matrizenprodukte gilt

$$\det(\mathbf{A}\,\mathbf{B} \cdots \mathbf{X}) = \det(\mathbf{A}) \det(\mathbf{B}) \cdots \det(\mathbf{X}) . \tag{3.36}$$

M.3.4 Kurz und klar: Drehungen in der Ebene

Matrizen eignen sich gut dazu, um Drehungen mathematisch zu beschreiben. Als Beispiel betrachten wir eine Drehung in der Ebene um einen Winkel φ. Der Drehpunkt sei der Ursprung. Ein Punkt, der im ursprünglichen System die Koordinaten (x, y) hat, hat im gedrehten System (siehe Abb. 3.1) die Koordinaten

$$\begin{aligned} x' &= x \cos\varphi + y \sin\varphi , \\ y' &= -x \sin\varphi + y \cos\varphi . \end{aligned} \tag{M.3.4.1}$$

Dies kann elegant durch Multiplikation der Spaltenmatrix (ein Spaltenvektor) der Punktkoordinaten mit einer Drehmatrix geschrieben werden:

$$\begin{pmatrix} x' \\ y' \end{pmatrix} = \begin{pmatrix} \cos\varphi & \sin\varphi \\ -\sin\varphi & \cos\varphi \end{pmatrix} \begin{pmatrix} x \\ y \end{pmatrix} \tag{M.3.4.2}$$

oder in Matrixform

$$X' = \mathbf{R}(\varphi)\, X . \tag{M.3.4.3}$$

Die Determinante der Drehmatrix hat immer den Wert 1:

$$\det(\mathbf{R}) = \begin{vmatrix} \cos\varphi & \sin\varphi \\ -\sin\varphi & \cos\varphi \end{vmatrix} = 1. \qquad \text{(M.3.4.4)}$$

Man kann leicht folgende, weitere Eigenschaften dieser Drehmatrizen (in der Ebene) zeigen:

1. Einheitselement: $\mathbf{R}(0) = \mathbf{1}$
2. Multiplikation: $\mathbf{R}(\alpha)\,\mathbf{R}(\beta) = \mathbf{R}(\alpha + \beta)$
3. Kommutativität: $[\mathbf{R}(\alpha), \mathbf{R}(\beta)] = 0$ (Achtung: Drehungen im Raum werden in M.3.10 besprochen; diese sind im allgemeinen *nicht* kommutativ!)

Drehungen bilden eine Gruppe (siehe Kap. 20).

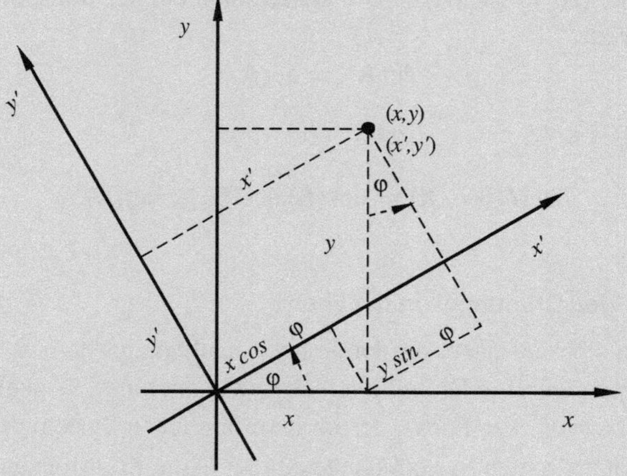

Abb. 3.1 Der Punkt mit den Koordinaten (x, y) hat im um den Winkel φ gedrehten Koordinatensystem die Koordinaten (x', y')

3.2.2 Die inverse Matrix

Für quadratische Matrizen $\mathbf{A}$ kann man sich fragen, ob es vielleicht eine **inverse Matrix** geben kann, also eine Matrix „$\mathbf{A}^{-1}$", sodass

$$\mathbf{A}\,\mathbf{A}^{-1} = \mathbf{A}^{-1}\,\mathbf{A} = \mathbf{1} \qquad (3.37)$$

gilt. Bei den Drehmatrizen, die eine Drehung in der Ebene beschreiben (siehe M.3.4), gibt es offenbar immer eine inverse Matrix, da ja

$$\mathbf{R}(\varphi)\,\mathbf{R}(-\varphi) = \mathbf{R}(0) = \mathbf{1} \;\Rightarrow\; \mathbf{R}(-\varphi) \equiv \mathbf{R}(\varphi)^{-1} \,. \tag{3.38}$$

Allgemein gibt es immer dann eine zu $\mathbf{A}$ inverse Matrix, wenn die Determinante von $\mathbf{A}$ ungleich null ist. Die inverse Matrix kann explizit hingeschrieben werden. Ihre Elemente sind durch

$$\left(\mathbf{A}^{-1}\right)_{ij} = \frac{C_{ji}}{\det \mathbf{A}} \tag{3.39}$$

gegeben, also durch die an der Diagonale gespiegelte ($i, j \to j, i$) Matrix der Kofaktoren (3.11), geteilt durch die Determinante von $\mathbf{A}$. Matrizen, deren Determinante verschwindet,

$$\det(\mathbf{A}) = 0 \,, \tag{3.40}$$

heißen **singulär** und können nicht invertiert werden!

M.3.5 Kurz und klar: Inverse Matrix

Wir wollen zeigen, dass unter der Voraussetzung $det(\mathbf{A}) \neq 0$ die Matrix

$$\left(\mathbf{A}^{-1}\right)_{ij} = \frac{C_{ji}}{\det(\mathbf{A})} \tag{M.3.5.1}$$

die zu $\mathbf{A}$ inverse Matrix ist. Dazu untersuchen wir

$$(\mathbf{X})_{ij} = \left(\mathbf{A}^{-1}\,\mathbf{A}\right)_{ij} = \sum_k \left(\mathbf{A}^{-1}\right)_{ik} (\mathbf{A})_{kj} = \sum_k \frac{C_{ki}\, a_{kj}}{\det(\mathbf{A})} = ? \tag{M.3.5.2}$$

Wir betrachten die beiden Fälle $i = j$ und $i \neq j$ getrennt.

$i = j$: Dann gilt

$$\sum_k C_{ki} a_{ki} = |\mathbf{A}| \,, \tag{M.3.5.3}$$

da dies ja die Laplace-Entwicklung der Determinante von $\mathbf{A}$ nach der i-ten Spalte ist! Damit ist $(\mathbf{X})_{ii} = 1$.

$i \neq j$: Die Summe $\sum_k C_{ki} a_{kj}$ wäre die Laplace-Entwicklung einer Determinante, deren i-te Spalte man durch die Werte der j-ten Spalte ersetzt hat. Das ergäbe die Determinante einer Matrix mit zwei gleichen Spalten. So eine Determinante hat aber den Wert 0, wie es aus den Regeln für Determinanten folgt, wenn zwei Spalten übereinstimmen. Damit ist $(\mathbf{X})_{i\neq j} = 0$.

Der Beweis ist nun komplett, da wir zeigen konnten, dass $\mathbf{X} = \mathbf{1}$ gilt.

Da wir früher festgestellt haben, dass $\det(\mathbf{A}\,\mathbf{B}) = \det(\mathbf{A})\,\det(\mathbf{B})$ gilt, folgt

$$\det\left(\mathbf{A}\,\mathbf{A}^{-1}\right) = \det(\mathbf{1}) = 1 \Rightarrow \det\left(\mathbf{A}^{-1}\right) = \frac{1}{\det(\mathbf{A})}\,. \tag{3.41}$$

Auch ist

$$(\mathbf{A}\,\mathbf{B})^{-1} = \mathbf{B}^{-1}\,\mathbf{A}^{-1}\,. \tag{3.42}$$

Man kann das leicht erkennen, wenn man

$$(\mathbf{A}\,\mathbf{B})\,(\mathbf{AB})^{-1} = \mathbf{1} \tag{3.43}$$

von links mit $\mathbf{A}^{-1}$ und danach mit $\mathbf{B}^{-1}$ multipliziert.

Beispiel

Wir betrachten eine Matrix und ihre Kofaktormatrix

$$\mathbf{A} = \begin{pmatrix} 1 & 2 \\ 3 & 4 \end{pmatrix}, \quad \mathbf{C} = \begin{pmatrix} 4 & -3 \\ -2 & 1 \end{pmatrix}.$$

Es ist $\det\mathbf{A} = -2$. Damit berechnet sich die inverse Matrix zu

$$\mathbf{A}^{-1} = -\frac{1}{2}\begin{pmatrix} 4 & -2 \\ -3 & 1 \end{pmatrix} = \begin{pmatrix} -2 & 1 \\ \frac{3}{2} & -\frac{1}{2} \end{pmatrix}.$$

Wir wollen dieses Ergebnis überprüfen und berechnen das Produkt

$$\mathbf{A}\,\mathbf{A}^{-1} = \begin{pmatrix} 1 & 2 \\ 3 & 4 \end{pmatrix}\begin{pmatrix} -2 & 1 \\ \frac{3}{2} & -\frac{1}{2} \end{pmatrix} = \begin{pmatrix} 1 & 0 \\ 0 & 1 \end{pmatrix}.$$

□

M.3.6 Kurz und klar: Matrixoperationen und spezielle Matrizen

Transponierte Matrix: wird mit $\mathbf{A}^T$ bezeichnet und entspricht der um die Diagonale gespiegelten Matrix: $(\mathbf{A}^T)_{ij} = (\mathbf{A})_{ji}$. Ähnlich wie für inverse Matrizen gilt auch für transponierte: $(\mathbf{A}\,\mathbf{B})^T = \mathbf{B}^T\,\mathbf{A}^T$.

Komplexe konjugierte Matrix: wird mit $\mathbf{A}^*$ oder $\overline{\mathbf{A}}$ bezeichnet und entspricht der Matrix, die man durch komplexe Konjugation aller Elemente erhält.

Hermitisch konjugierte Matrix: (auch: adjungierte Matrix) wird mit $\mathbf{A}^\dagger$ bezeichnet und entspricht der Transposition und komplexen Konjugation; es ist also $\mathbf{A}^\dagger = \overline{(\mathbf{A}^T)}$ und $(\mathbf{A}^\dagger)_{ij} = (\overline{\mathbf{A}})_{ji}$.

Diagonalmatrix: ist eine quadratische Matrix, bei der nur die Diagonalelemente ungleich null sind, also zum Beispiel

$$\begin{pmatrix} 5 & 0 \\ 0 & -1 \end{pmatrix} .$$

(Anti)symmetrische Matrix: Eine quadratische Matrix ist symmetrisch, falls $\mathbf{A} = \mathbf{A}^T$ und antisymmetrisch (oft auch schiefsymmetrisch genannt), falls $\mathbf{A} = -\mathbf{A}^T$.

Reelle oder imaginäre Matrix: Für reelle Matrizen gilt $\mathbf{A} = \mathbf{A}^*$, für imaginäre $\mathbf{A} = -\mathbf{A}^*$.

Orthogonale Matrix: wenn für eine quadratische Matrix $\mathbf{A}^T = \mathbf{A}^{-1}$, also $\mathbf{A}\,\mathbf{A}^T = \mathbf{A}^T\,\mathbf{A} = \mathbf{1}$. Das bekannteste Beispiel dafür sind die Drehmatrizen $\mathbf{R}(\varphi)$.

Hermitische Matrix: wenn $\mathbf{A}^\dagger = \mathbf{A}$; ein Beispiel für so eine Matrix ist

$$\begin{pmatrix} 1 & \mathrm{i} \\ -\mathrm{i} & 1 \end{pmatrix} .$$

Hermitische Matrizen (auch **selbsadjungiert** genannt) haben reelle Eigenwerte (vgl. Abschnitt 3.4). Da sie oft physikalische Operatoren (siehe Kap. 16) darstellen, ist diese Eigenschaft besonders wichtig.

Antihermitische Matrix: wenn $\mathbf{A}^\dagger = -\mathbf{A}$; solche Matrizen haben imaginäre Eigenwerte. Wenn $\mathbf{A}$ hermitisch ist, dann ist $\mathrm{i}\,\mathbf{A}$ antihermitisch.

Unitäre Matrix: wenn für eine quadratische Matrix $\mathbf{A}^\dagger = \mathbf{A}^{-1}$, also $\mathbf{A}\mathbf{A}^\dagger = \mathbf{A}^\dagger\mathbf{A} = \mathbf{1}$; ein Beispiel dafür ist

$$\begin{pmatrix} \cos\vartheta & \mathrm{i}\sin\vartheta \\ \mathrm{i}\sin\vartheta & \cos\vartheta \end{pmatrix} .$$

Unitäre Matrizen spielen in vielen Bereichen der Physik, zum Beispiel bei den modernen Quantentheorie der Elementarteilchen, eine wichtige Rolle.

Nilpotente Matrix: eine Matrix, bei der ab einem bestimmten n_0 gilt, dass $\forall n > n_0 : \mathbf{A}^n = 0$.

Singuläre Matrix: sind Matrizen, deren Determinante verschwindet, $\det \mathbf{A} = 0$, und die daher nicht invertierbar sind.

3.2.3 Lösung durch Matrixinversion

Wäre das lineare Gleichungssystem (3.30) wirklich eine einfache Gleichung für eine Unbekannte X, so könnten wir die Lösung sofort hinschreiben, nämlich

$$\mathbf{A}X = B \Rightarrow X = \mathbf{A}^{-1} B \,. \tag{3.44}$$

Dank der geleisteten gedanklichen Vorarbeit können wir diese Lösung in der Tat auch für Matrizen finden. Wenn **A** quadratisch (gleich viele Gleichungen wie Unbekannte) und invertierbar ($\det \mathbf{A} \neq 0$) ist, dann können wir die Gleichung (3.30) von links mit $\mathbf{A}^{-1}$ multiplizieren,

$$\mathbf{A}^{-1}\mathbf{A}X = \mathbf{A}^{-1}B \Rightarrow X = \mathbf{A}^{-1}B \,, \tag{3.45}$$

oder komponentenweise

$$(X)_j = \sum_i \left(\mathbf{A}^{-1}\right)_{ji} (B)_i \,. \tag{3.46}$$

(Achtung: $(\mathbf{A}^{-1})_{ji}$ ist natürlich nicht dasselbe wie $(\mathbf{A}_{ji})^{-1}$.) Wir erinnern an unsere Notation: Die kursiv geschriebenen X und B bezeichnen Spaltenmatrizen.

Unser altbekanntes Beispiel (3.1) führt zur Lösung

$$X = \mathbf{A}^{-1} B = \frac{1}{7}\begin{pmatrix} 1 & 3 \\ 2 & -1 \end{pmatrix}\begin{pmatrix} 6 \\ 5 \end{pmatrix} = \frac{1}{7}\begin{pmatrix} 21 \\ 7 \end{pmatrix} = \begin{pmatrix} 3 \\ 1 \end{pmatrix} = \begin{pmatrix} x \\ y \end{pmatrix} . \tag{3.47}$$

Matrizen, die linear voneinander abhängigen Gleichungen entsprechen, können nicht invertiert werden, da ihre Determinante verschwindet – sie haben ja auch keine Punktlösung!

3.2.4 Weiteres Zubehör

Wir haben erst einige auf Matrizen anwendbare Operationen kennen gelernt. Wir müssen unsere Terminologie erweitern und erklären in M.3.6 einige wichtige Operationen und Bezeichnungen.

Neben der Determinante gibt es noch eine zweite charakteristische Größe für eine quadratische Matrix, nämlich die so genannte **Spur einer Matrix**. Diese Matrixfunktion bezeichnet die Summe über alle Diagonalelemente. Sie wird abgekürzt mit Sp(**A**) (für „Spur") oder tr(**A**) (für „Trace") bezeichnet:

$$\mathrm{Sp}\,\mathbf{A} \equiv \mathrm{tr}\,\mathbf{A} \equiv \sum_i (\mathbf{A})_{ii} = \sum_i a_{ii} \,. \tag{3.48}$$

Die Spur eines Produkts von Matrizen ändert sich nicht, wenn die Reihenfolge der Matrizen *zyklisch* verändert wird, zum Beispiel ist

$$\operatorname{tr}(\mathbf{A}\,\mathbf{B}) = \sum_{i,k} \mathbf{A}_{ik}\,\mathbf{B}_{ki} = \sum_{k,i} \mathbf{B}_{ki}\,\mathbf{A}_{ik} = \operatorname{tr}(\mathbf{B}\,\mathbf{A}) \tag{3.49}$$

und allgemein

$$\operatorname{tr}(\mathbf{A}\,\mathbf{B}\,\mathbf{C}\cdots\mathbf{X}) = \operatorname{tr}(\mathbf{B}\,\mathbf{C}\cdots\mathbf{X}\,\mathbf{A})\ . \tag{3.50}$$

Offenbar ist für $n \times n$ Matrizen $\operatorname{tr}\mathbf{1} = n$.

Beispiel

Ein bekanntes Beispiel für die in M.3.6 erwähnten hermitischen Matrizen sind die **Pauli-Matrizen**, (nach dem bekannten Physiker Wolfgang Pauli so benannt) die im Zusammenhang mit dem halbzahligen Spin in der Quantenmechanik vorkommen. Sie lauten:

$$\sigma_1 = \begin{pmatrix} 0 & 1 \\ 1 & 0 \end{pmatrix}, \quad \sigma_2 = \begin{pmatrix} 0 & -\mathrm{i} \\ \mathrm{i} & 0 \end{pmatrix}, \quad \sigma_3 = \begin{pmatrix} 1 & 0 \\ 0 & -1 \end{pmatrix}. \tag{3.51}$$

Messgrößen in der Quantenmechanik können durch hermitische Matrizen dargestellt werden (vgl. auch Kap. 16). □

Matrizen können auch das Argument von Funktionen sein. Man geht dabei immer von der Darstellung der Funktion durch eine Potenzreihe aus. Wenn also

$$f(x) = \sum_i c_i\, x^i\ , \tag{3.52}$$

dann ist

$$f(\mathbf{A}) = \sum_i c_i\, \mathbf{A}^i\ . \tag{3.53}$$

Beispiel

So ist etwa

$$\exp(\mathbf{A}) = \sum_n \frac{1}{n!}\,\mathbf{A}^n\ .$$

Mit

$$\mathbf{A} = \begin{pmatrix} 0 & \mathrm{i} \\ \mathrm{i} & 0 \end{pmatrix}, \quad \mathbf{A}^2 = -\mathbf{1}\ , \quad \mathbf{A}^3 = -\mathbf{A}\ , \quad \mathbf{A}^4 = \mathbf{1}\ , \ldots$$

erhalten wir

$$\begin{aligned}\exp(\mathbf{A}) &= \mathbf{1} + \mathbf{A} + \frac{1}{2!}\mathbf{A}^2 + \frac{1}{3!}\mathbf{A}^3 + \frac{1}{4!}\mathbf{A}^4 + \cdots \\ &= \mathbf{1}\left(1 - \frac{1}{2!} + \frac{1}{4!} - \cdots\right) + \mathbf{A}\left(1 - \frac{1}{3!} + \cdots\right) \\ &= \mathbf{1}\cos 1 + \mathbf{A}\sin 1\,. \end{aligned}$$

□

Diese Eigenschaft, dass man Funktionen von Matrizen als *endliche* Summen von Matrizen hinschreiben kann, ist eine allgemeine. Da eine endliche Matrix sich nur aus endlich vielen Elementen aufbaut, kann man immer eine endliche Menge von „Basismatrizen“ angeben. Jede Funktion einer Matrix kann dann als Summe über solche Basismatrizen geschrieben werden. In Kap. 12 wird beschrieben, wie man die Basiselemente eines Vektorraums findet.

3.2.5 Lineare Abhängigkeit

Wir haben bei den linearen Gleichungssystemen festgestellt, dass die Determinante verschwindet, wenn eine Gleichung sich als Linearkombination der anderen Gleichungen ausdrücken lässt. Lineare Abhängigkeit ist ein wichtiges Konzept, das insbesondere im Zusammenhang mit dem Begriff der Basis von Funktionenräumen von grundlegender Bedeutung ist (Funktionalanalysis, Kap. 12).

Zwei Zahlentupel, also etwa

$$\{2, -4, 12\} \quad \text{und} \quad \{7, -14, 42\}\,, \tag{3.54}$$

sind genau dann proportional, wenn man durch Multiplikation aller Zahlen des ersten Tupels mit einem gemeinsamen Faktor die Zahlen des zweiten Tupels (in der gegebenen Reihenfolge) erhält. In unserem Beispiel ist dies der Fall, da

$$\frac{2}{7} = \frac{-4}{-14} = \frac{12}{42} \tag{3.55}$$

ist. Man muss also das zweite Tupel mit $^2/_7$ multiplizieren, um das erste Tupel zu erhalten. Anders ausgedrückt müssen also für unser Tripel die drei Bedingungen

$$\begin{aligned} 2\alpha + 7\beta &= 0\,, \\ -4\alpha - 14\beta &= 0\,, \\ 12\alpha + 42\beta &= 0 \end{aligned} \tag{3.56}$$

gleichzeitig erfüllbar sein, wenn es sich um linear abhängige Tripel handelt. Dabei dürfen die Konstanten α und β natürlich nicht null sein, die Gleichungen müssen also „nicht-trivial“ erfüllbar sein!

Wir drücken die Proportionalität (lineare Abhängigkeit) zweier Tupel durch

$$\{\text{Tupel a}\} \propto \{\text{Tupel b}\} \tag{3.57}$$

aus. Zwei n-Tupel $\{a_1, a_2, \ldots a_n\}$ und $\{b_1, b_2, \ldots b_n\}$ sind **linear unabhängig**, wenn es keine Zahlen $\alpha \neq 0, \beta \neq 0$ gibt, für die die Gleichungen

$$\begin{array}{ccccc} \alpha\, a_1 & + & \beta\, b_1 & = & 0 \\ \alpha\, a_2 & + & \beta\, b_2 & = & 0 \\ \vdots & & \vdots & & \vdots \\ \alpha\, a_n & + & \beta\, b_n & = & 0 \end{array} \tag{3.58}$$

gleichzeitig erfüllbar sind.

Wann sind zwei lineare Funktionen linear abhängig? Offenbar dann, wenn die eine Funktion f_1 proportional der anderen ist, also

$$f_1 = a\, f_2 \tag{3.59}$$

(für $a \neq 0$) gilt, oder allgemeiner, wenn es Zahlen $\alpha \neq 0$, $\beta \neq 0$ gibt, für die die Linearkombination

$$\alpha\, f_1 + \beta\, f_2 = 0 \tag{3.60}$$

verschwindet. Wir haben dies ja schon bei den linearen Gleichungen gesehen. Dort ging es um Funktionen der Form

$$\begin{aligned} f_1 &= a_1\, x + a_2\, y + \cdots\,, \\ f_2 &= b_1\, x + b_2\, y + \cdots\,. \end{aligned} \tag{3.61}$$

Diese sind linear abhängig, wenn die Tupel der Koeffizienten linear abhängig sind:

$$\{a_i\} \propto \{b_i\} \rightarrow f_1 \propto f_2\,. \tag{3.62}$$

Andernfalls sind sie linear unabhängig. Man kann diese Definition natürlich auf Gruppen von Funktionen verallgemeinern.

Beispiel

Die folgenden drei Funktionen

$$\begin{aligned} f_1 &= x + 2\,y + z\,, \\ f_2 &= x - y\,, \\ f_3 &= 9\,x + 3\,z \end{aligned}$$

sind linear abhängig, da

$$f_1 + 2\,f_2 - \frac{1}{3}\,f_3 = 0\,.$$

Wenn wir die Matrix der Koeffizienten berechnen, sehen wir, dass ihre Determinante verschwindet: ein Zeichen der linearen Abhängigkeit. □

Bisher haben wir Funktionen betrachtet, die linear in verschiedene Variablen $x, y, \ldots$ waren. Wie kann man dieses Konzept auf beliebige Funktionen einer Variablen verallgemeinern? Wir wollen hier ohne Beweis die entsprechende Aussage formulieren. Wenn ein Satz von Funktionen $f_1(x),\ f_2(x), \ldots f_n(x)$, die stetige Ableitungen bis zur Ordnung $n-1$ haben, **linear abhängig** ist, dann ist die **Wronski-Determinante** $W = 0$. Die Wronski-Determinante wird aus den Funktionen und ihren Ableitungen gebildet,

$$W = \begin{vmatrix} f_1(x) & f_2(x) & \cdots & f_n(x) \\ f_1'(x) & f_2'(x) & \cdots & f_n'(x) \\ \vdots & \vdots & & \vdots \\ f_1^{(n-1)}(x) & f_2^{(n-1)}(x) & \cdots & f_n^{(n-1)}(x) \end{vmatrix}\,. \tag{3.63}$$

Wenn an wenigstens einem Punkt $W(x) \neq 0$, so sind die Funktionen linear unabhängig.

Beispiel

Sind die drei Funktionen

$$\begin{aligned} f_1 &= \sin x\,, \\ f_2 &= \sin(x-1)\,, \\ f_3 &= \sin(x+1) \end{aligned}$$

linear unabhängig? Die Wronski-Determinante lautet:

$$W = \begin{vmatrix} \sin x & \sin(x+1) & \sin(x-1) \\ \cos x & \cos(x+1) & \cos(x-1) \\ -\sin x & -\sin(x+1) & -\sin(x-1) \end{vmatrix} = 0\,.$$

Ohne weitere Rechnung sieht man, dass sie verschwindet: Die erste und die dritte Zeile sind proportional! Die drei Funktionen sind also vermutlich (genaue Definition beachten!) linear abhängig. Man erkennt die Abhängigkeit auch durch explizite Rechnung mit Hilfe der Additionstheoreme für Winkelfunktionen (vgl. Kap. 2). Es gilt zum Beispiel $\sin(x+1) = \cos 1\ \sin x + \sin 1\ \cos x$. Daher lässt sich jede der drei Funktionen durch eine Linearkombination der zwei Funktionen $\sin x$ und $\cos x$ ausdrücken! □

Beispiel

Hingegen sind die beiden Funktionen $f_1 = x$ und $f_2 = 1$ linear unabhängig, da ja gilt:

$$W = \begin{vmatrix} x & 1 \\ 1 & 0 \end{vmatrix} = -1 \neq 0 . \qquad \square$$

Wir wollen annehmen, dass es eine Menge von n linear unabhängigen Funktionen g_i gibt und dass die Funktionen f_j als Linearkombination der g_i geschrieben werden,

$$f_j = \sum_{i=1}^{n} a_{ij} g_i . \tag{3.64}$$

Die Funktionen $f_1, f_2, \ldots f_n$ sind linear abhängig, wenn es eine nicht-triviale Linearkombination gibt, die verschwindet, also wenn es Parameterwerte $\{b_j \neq 0\}$ gibt, für die

$$\sum_j b_j f_j = 0 = \sum_j \sum_{i=1}^{n} b_j a_{ij} g_i \equiv \sum_{i=1}^{n} c_i g_i \quad \text{mit} \quad c_i = \sum_{i=1}^{n} a_{ij} b_j . \tag{3.65}$$

Da die g_i laut Annahme linear unabhängig sind, müssen alle c_i verschwinden. In Matrixform führt das zum homogenen LGS

$$\sum_j a_{ij} b_j = 0 , \tag{3.66}$$

wobei $i = 1 \ldots n$ der Zeilenindex ist. Es hat nur dann eine nicht-triviale Lösung, wenn die Determinante der Koeffizientenmatrix verschwindet, also

$$\det a_{ij} = 0 \quad \Rightarrow \quad \text{Abhängigkeit} . \tag{3.67}$$

Das Gleichungssystem liefert in diesem Fall eine ein- oder mehrparametrige Schar von Lösungen.

Beispiel

Wir können so feststellen, dass die beiden Funktionen

$$\begin{aligned} f_1 &= x + y , \\ f_2 &= x - y \end{aligned}$$

nicht linear abhängig sind, da

$$\begin{vmatrix} 1 & 1 \\ 1 & -1 \end{vmatrix} = -2 \neq 0$$

ist. Das homogene Gleichungssystem für die Parameter α und β hat also nur die triviale Lösung $\alpha = \beta = 0$. □

C.3.1 … und auf dem Computer: Gauß-Algorithmus

Die Cramersche Regel ist ein gutes Verfahren zur Lösung von linearen Gleichungssystemen. Dennoch wird in Computerprogrammen ein anderes systematisches Verfahren angewandt: der **Gauß-Algorithmus**, auch **Gaußsches Eliminationsverfahren** genannt. Dabei wird zunächst das LGS

$$\begin{array}{ccccccccc} a_{11}\,x_1 & + & a_{12}\,x_2 & + & \cdots & + & a_{1n}\,x_n & = & b_1 \\ a_{21}\,x_1 & + & a_{22}\,x_2 & + & \cdots & + & a_{2n}\,x_n & = & b_2 \\ \vdots & & \vdots & + & \cdots & & \vdots & = & \vdots \\ a_{n1}\,x_1 & + & a_{n2}\,x_2 & + & \cdots & + & a_{nn}\,x_n & = & b_n \end{array} \tag{C.3.1.1}$$

schematisch in Matrixform geschrieben:

$$\begin{pmatrix} a_{11} & a_{12} & \cdots & a_{1n} & b_1 \\ a_{21} & \cdot & \cdots & \cdot & b_2 \\ \vdots & \vdots & \cdots & \vdots & \vdots \\ \cdot & \cdot & \cdots & a_{nn} & b_n \end{pmatrix} . \tag{C.3.1.2}$$

Nun wird schrittweise der Koeffiziententeil der Matrix auf Dreiecksform gebracht, das heißt, durch geeignete Manipulationen alle Elemente unter den Diagonalelementen a_{ii} zum Verschwinden gebracht. Dazu subtrahiert man zuerst von allen Zeilen außer der ersten die jeweils mit dem Faktor a_{i1}/a_{11} multiplizierte erste Zeile. In der so erhaltenen Matrix sind alle Elemente der ersten Spalte, bis auf das oberste, gleich null,

$$\begin{pmatrix} a_{11} & a_{12} & \cdots & b_1 \\ 0 & a_{22} - \dfrac{a_{12}\,a_{21}}{a_{11}} & \cdots & \cdot \\ 0 & \vdots & \cdots & \vdots \\ 0 & \cdot & \cdots & \cdot \end{pmatrix} . \tag{C.3.1.3}$$

Für die in der zweiten Spalte und zweiten Zeile beginnende Untermatrix wird entsprechend vorgegangen. Wenn ein Diagonalelement a_{kk} den Wert null hat, so kann man sich durch eine Vertauschung von Zeilen oder Spalten behelfen, muss aber dabei gegebenenfalls die dadurch erfolgte Umordnung der Variablen für die spätere Auswertung notieren (siehe auch die Diskussion weiter unten). In einem Programm kann man dieses Verfahren leicht rekursiv definieren. Schließlich erhält man eine Matrix der Form

$$\begin{pmatrix} a_{11} & a_{12} & \cdots & \cdot & a_{1n} & b_1 \\ 0 & \tilde{a}_{22} & \cdots & \cdot & \tilde{a}_{2n} & \tilde{b}_2 \\ 0 & 0 & \vdots & \vdots & \vdots & \vdots \\ 0 & 0 & \cdots & \tilde{a}_{n-1n-1} & \tilde{a}_{n-1n} & \tilde{b}_{n-1} \\ 0 & 0 & \cdots & 0 & \tilde{a}_{nn} & \tilde{b}_n \end{pmatrix} . \qquad \text{(C.3.1.4)}$$

Da die Elemente nicht mit den ursprünglichen a_{ij} identisch sind, haben wir sie mit einer Tilde versehen. Sobald unsere Matrix in diese Form gebracht ist, ist das Problem auch schon gelöst. Wir finden die gesuchten $x_{i,0}$ durch schrittweise Auflösung in umgekehrter Reihenfolge. Aus der n-ten Gleichung folgt

$$x_{n,0} = \tilde{b}_n / \tilde{a}_{nn} . \qquad \text{(C.3.1.5)}$$

Wir setzen diesen Wert in die vorletzte Gleichung ein, um $x_{n-1,0}$ zu erhalten, und so fort bis zu $x_{1,0}$.

Es gibt verschiedene Verfeinerungen dieses Algorithmus. Wenn die verschiedenen Zeilen oder Spalten einer Matrix Elemente sehr unterschiedlicher Größe haben, so können die durch die endliche Rechengenauigkeit bewirkten Rundungsfehler ein erhebliches Problem sein. Es kann dann passieren, dass sich das LGS wie ein System mit $D = 0$ verhält, obwohl es ein „gutes" System ist. Im **Gauß-Pivot-Verfahren** wird die Matrix durch einen Trick stabilisiert. Zunächst werden alle Gleichungen auf denselben größten Koeffizienten skaliert. In der „vollständigen Pivot-Suche" wird dann in der aktuellen Untermatrix jeweils das im Betrag größte Element gesucht. Dann werden die Zeilen und die Spalten so miteinander vertauscht, dass dieses Element links oben in der Untermatrix zu stehen kommt. Die dabei erfolgte Änderung der Variablenindizes muss separat notiert und am Ende entsprechend berücksichtigt werden.

Die Determinante einer quadratischen Matrix in Diagonal- oder Dreiecksform ist gleich dem Produkt ihrer Diagonalelemente. So erlaubt der Gauß-Algorithmus, sozusagen als Nebenprodukt, auch die Bestimmung der Determinante der Koeffizientenmatrix D.

Schreiben Sie ein Programm, das dieses Verfahren implementiert! Was passiert, wenn das Gleichungssystem widersprüchlich ist, was, wenn die Gleichungen linear abhängig sind? Der beschriebene Algorithmus ist relativ stabil und hat den Vorteil der Anschaulichkeit. Es gibt aber noch bessere Verfahren, die etwa in [1, 2] besprochen werden.

3.2.6 Rang einer Matrix

Gleichungen sind voneinander linear abhängig, wenn man eine durch eine Linearkombination der anderen ausdrücken kann. Aber offenbar gibt es verschiedene Stufen der Abhängigkeit. Das System

$$\mathbf{A}\,X = \boldsymbol{B} \quad \text{mit} \quad \mathbf{A} = \begin{pmatrix} 1 & 2 & 3 \\ 1 & -1 & -1 \\ 2 & -2 & -2 \end{pmatrix} \tag{3.68}$$

ist linear abhängig, da die zweite und dritte Gleichung je nach dem Wert von b_2 und b_3 entweder identische oder zumindest parallele Ebenen beschreiben. Die dritte Zeile der Matrix ist proportional zur zweiten Zeile, und die Determinante verschwindet daher. Aber auch für die Matrix

$$\mathbf{A} = \begin{pmatrix} 3 & -3 & -3 \\ 1 & -1 & -1 \\ 2 & -2 & -2 \end{pmatrix} \tag{3.69}$$

ist $\det \mathbf{A} = 0$; offenbar ist aber hier nur eine der Zeilen unabhängig, und die beiden anderen Zeilen sind ihr proportional. Der Grad der linearen Abhängigkeit muss also in diesem Fall höher sein.

Die Frage nach der Stufe der linearen Abhängigkeit, nach der Zahl der tatsächlich linear unabhängigen Zeilen (oder Spalten) einer Matrix führt zum Begriff des **Rangs einer Matrix**. Der Rang ist die Ordnung der größten nichtverschwindenden Unterdeterminante der Matrix und gibt damit die Zahl der linear unabhängigen Zeilen an. Unterdeterminanten konstruiert man, indem man geeignet viele Zeilen und Spalten in der Ausgangsmatrix streicht. Der Rang ist für allgemeine $m \times n$ -Matrizen definiert; natürlich müssen die betrachteten (Unter-)Determinanten quadratische Dimensionen haben.

Beispiel

Bei der singulären, quadratischen Matrix

$$\mathbf{A} = \begin{pmatrix} 1 & 1 & 2 \\ 1 & 1 & 2 \\ 1 & 0 & 1 \end{pmatrix}$$

muss $\text{Rang}(\mathbf{A}) < 3$ sein, da $\det(\mathbf{A}) = 0$ ist. Wir finden, dass zum Beispiel die Unterdeterminante (links unten)

$$\det \begin{pmatrix} 1 & 1 \\ 1 & 0 \end{pmatrix} \neq 0$$

ist, daher ist der Rang der Matrix 2. □

Mit Hilfe des Rangs können wir nun noch genauere Angaben über das Gleichungssystem machen, die wir in M.3.7 zusammengefasst haben. Man kann aus dem Vergleich des Rangs der Koeffizientenmatrix **A** und dem Rang der aus **A** und der Spaltenmatrix des inhomogenen Teils $\boldsymbol{B}$ gebildeten Matrix **M** genau die Art der Lösungsmenge feststellen. In den Grundzügen finden wir die Aussagen der Cramerschen Regeln wieder. Darüber hinaus wissen wir nun auch noch, durch wie viele Parameter unsere Lösungsmenge im Falle abhängiger Gleichungen dargestellt werden kann.

M.3.7 Kurz und klar: Rang einer Matrix

Wir halten fest:

1. $0 \leq \text{Rang}(\mathbf{A}_{m \times n}) \leq \min(n, m)$; der Rang einer Matrix ist nur dann null, wenn die Matrix die Nullmatrix ist.
2. Der Rang einer Matrix bleibt gleich, wenn man Zeilen oder Spalten mit einer Konstante multipliziert.
3. Der Rang einer Matrix bleibt gleich, wenn man Zeilen zu Zeilen oder Spalten zu Spalten addiert.

Wir betrachten ein LGS mit m Gleichungen und n Unbekannten, $\mathbf{A}\,\boldsymbol{X} = \boldsymbol{B}$, und bilden aus **A** und $\boldsymbol{B}$ die $m \times (n+1)$-Matrix

$$\mathbf{M} = \begin{pmatrix} a_{11} & \cdots & a_{1n} & b_1 \\ \vdots & & \vdots & \vdots \\ a_{m1} & \cdots & a_{mn} & b_m \end{pmatrix}. \qquad \text{(M.3.7.1)}$$

Mit Hilfe des Rangs können wir noch genauere Angaben über das Gleichungssystem machen.

$\text{Rang}(\mathbf{M}) = \text{Rang}(\mathbf{A}) = n$: Es gibt genau eine (Punkt-)Lösung!

$\text{Rang}(\mathbf{M}) > \text{Rang}(\mathbf{A})$: Die Gleichungen sind widersprüchlich (inkonsistent), und es gibt daher keine Lösung.

$\text{Rang}(\mathbf{M}) = \text{Rang}(\mathbf{A}) = r < n$: Es gibt eine Schar von Lösungen, die durch $(n-r)$ Variablen parametrisierbar ist.

Man kann auch folgendermaßen argumentieren. Für ein linear abhängiges System verschwindet die Determinante der Koeffizientenmatrix **A**. In diesem Fall kann man immer nichttriviale Lösungen $\boldsymbol{Z}$ finden, die das homogene Gleichungssystem

$$\mathbf{A}\,\boldsymbol{Z} = \mathbf{0} \qquad \text{(M.3.7.2)}$$

lösen. Die Menge dieser Lösungen bilden den so genannten **Nullraum** (Englisch: Nullspace) oder auch den **Kern der Matrix**. Die Dimension dieses Vektorraums ist $(n - r)$. Wenn man eine Lösung $\boldsymbol{X}$ des inhomogenen Systems

$$\mathbf{A}\boldsymbol{X} = \boldsymbol{B} \tag{M.3.7.3}$$

kennt, dann ist offenbar auch $\boldsymbol{X} + \boldsymbol{Z}$ eine Lösung. Daher ist die Dimension des Lösungsraums $(n - r)$ auch die des Nullraums. Der Nullraum spielt später in der Funktionalanalysis bei Behandlung von Operatoren eine Rolle (vgl. Kap. 16).

Bei Punktlösungen ist alles klar. Wie aber bestimmt man in der Praxis die Lösungsmenge, wenn es sich um Gerade, Ebenen oder noch höherdimensionale Punktmengen handelt?

- Wenn die Zahl der Parameter der Lösungsschar mit $(n - r)$ feststeht (vgl. M.3.7), so wählt man einfach $(n - r)$ Variablen als Parameter. Entweder denkt man sich neue Parameterbezeichnungen aus, oder die alten Variablen werden die neuen Parameter.
- Man sucht sich aus den ursprünglichen Gleichungen r linear unabhängige Gleichungen aus (erkennbar an einer nichtverschwindenden r-Determinante) und bringt die den Parametern entsprechenden Variablen auf die rechte Seite der Gleichungen.
- Das so entstandene LGS löst man und erhält damit die gewünschte Parametrisierung der Lösungsmenge.

Beispiel

Im folgenden Beispiel folgen wir genau dieser Vorschrift. Wir haben zwei Gleichungen mit $n = 2$ Variablen.

$$\begin{aligned} 2x - 3y &= 5 \\ -10x + 15y &= 8 \end{aligned} \quad \Rightarrow \mathbf{A} = \begin{pmatrix} 2 & -3 \\ -10 & 15 \end{pmatrix}, \quad \mathbf{M} = \begin{pmatrix} 2 & -3 & 5 \\ -10 & 15 & 8 \end{pmatrix}.$$

Es ist $\det \mathbf{A} = 0$, daher $\text{Rang}(\mathbf{A}) = 1$. Wegen

$$\det \begin{pmatrix} -3 & 5 \\ 15 & 8 \end{pmatrix} \neq 0 \quad \text{folgt} \quad \text{Rang}(\mathbf{M}) = 2\,.$$

Da also $\text{Rang}(\mathbf{M}) > \text{Rang}(\mathbf{A})$, handelt es sich um widersprüchliche Gleichungen, und die Lösungsmenge ist die leere Menge. □

Beispiel

Im Gleichungssystem

$$\begin{array}{rcl} 2x - 3y &=& 5 \\ -10x + 15y &=& -25 \end{array} \quad \Rightarrow \mathbf{A} = \begin{pmatrix} 2 & -3 \\ -10 & 15 \end{pmatrix}, \quad \mathbf{M} = \begin{pmatrix} 2 & -3 & 5 \\ -10 & 15 & -25 \end{pmatrix}.$$

Da hier $\text{Rang}(\mathbf{M}) = \text{Rang}(\mathbf{A}) = 1 = r$ und $(n - r) = (2 - 1) = 1$, handelt es sich um eine 1-Parameter Familie von Lösungen. Wir berechnen die Lösungsmenge aus einer beliebigen der beiden Gleichungen, setzten für die Variable x den Parameter t ein und erhalten schließlich

$$(x, y) = \left(t, -\frac{5}{3} + \frac{2t}{3}\right).$$

□

Beispiel

Als drittes Beispiel betrachten wir ein System von drei Gleichungen mit

$$\mathbf{A} = \begin{pmatrix} 1 & 2 & 3 \\ 2 & 4 & 6 \\ 1 & 1 & 1 \end{pmatrix} \Rightarrow \text{Rang}(\mathbf{A}) = 2\,,$$

$$\mathbf{M} = \begin{pmatrix} 1 & 2 & 3 & 6 \\ 2 & 4 & 6 & 12 \\ 1 & 1 & 1 & 3 \end{pmatrix} \Rightarrow \text{Rang}(\mathbf{A}) = \text{Rang}(\mathbf{M}) = 2\,.$$

Damit ist $\text{Rang}(\mathbf{M}) = r = \text{Rang}(\mathbf{A})$ und $(n - r) = (3 - 2) = 1$. Wir haben drei Gleichungen, und zwei davon sind linear unabhängig. An den 2×2-Unterdeterminanten sehen wir, dass die ersten beiden Gleichungen proportional sind. Wir wählen daher die zweite und dritte Gleichung als linear unabhängiges Paar. Wir setzen eine Variable gleich dem Parameter $x = t$ und erhalten daraus die Lösungsgerade in Parameterform,

$$\begin{array}{rcrcrcrcl} 4y &+& 6z &=& 12 &-& 2t \\ y &+& z &=& 3 &-& t \end{array} \quad \Rightarrow \quad (x, y, z) = (t, 3 - 2t, t)\,.$$

Wären alle drei Gleichungen proportional zueinander gewesen, so wäre die Lösung einfach eine Ebene gewesen, für deren Gleichung man eine beliebige der drei Gleichungen hätte wählen können! □

Zum Abschluss wollen wir noch ein wenig abstrakter zusammenfassen. Die n Variablen eines Gleichungssystems leben in einem n-dimensionalen Vektorraum. Die linearen

Gleichungen definieren Einschränkungen auf Teilmengen dieses Raumes. Wenn Gleichungen linear abhängig sind, so kommt es entweder zu Widersprüchen (wenn die inhomogenen Anteile unverträglich sind) oder eben zu keiner weiteren Einschränkung. Der Rang der Koeffizientenmatrix definiert die Zahl r der unabhängigen Einschränkungen.

Wenn es bei n Variablen $r = n$ solche linear unabhängigen Einschränkungen gibt, dann reduziert sich die Lösungsmenge auf einen Punkt, also gleichsam einen nulldimensionalen Teilraum. Wenn es hingegen bei n Variablen nur r linear unabhängige Gleichungen gibt, zerfällt der Raum in zwei Teile. Einer davon ist der $(n - r)$-dimensionale Teilraum der Lösungen, eben der in M.3.7 erwähnte Nullraum.

3.3 Vektoren und ihre Algebra

3.3.1 Vektoren

In der Physik ist ein **Vektor** eine gerichtete Größe mit einem bestimmten Betrag. Die Geschwindigkeit hat Richtung und Betrag und ist daher ein Vektor. Dasselbe gilt für die Beschleunigung, für Kräfte, oder auch für eine Größe, die eine Verschiebung um eine bestimmte Distanz in einer bestimmte Richtung beschreibt. Wir deuten das durch fett und kursiv gedruckte Buchstaben an: $(\boldsymbol{v}, \boldsymbol{E}, \boldsymbol{F})$. Oft, vor allem in Handschrift, wird diese Vektoreigenschaft auch durch einen Pfeil über dem Symbol angedeutet: $(\vec{v}, \vec{E}, \vec{F})$. In der grafischen Darstellung drücken wir den Vektor durch einen Pfeil im jeweiligen (d-dimensionalen) Raum aus, also durch Angabe der Richtung und der Länge (vgl. Abb. 3.2).

M.3.8 Kurz und klar: Vektorraum

In M.2.1 haben wir den mathematischen Begriff des Rings (Eigenschaften 1 bis 3) und des Körpers (Eigenschaften 1 bis 5) eingeführt; wir haben dabei festgestellt, dass es sich bei den reellen und bei den komplexen Zahlen um Körper handelt.

Um einen entsprechenden Begriff für die Matrizen (und Vektoren) zu definieren, wollen wir zuerst abstrahieren. Wir betrachten eine **abelsche Gruppe** $\mathbb{X}$. Das ist eine Menge von Elementen $x \in \mathbb{X}$, für die eine kommutative Addition erklärt ist (mehr über Gruppen findet sich im Kap. 20), und für die ein so genanntes „Nullelement" existiert, also:

1.a $x, y \in \mathbb{X} \Rightarrow x + y \in \mathbb{X}\,, x + y = y + x;$

1.b $x + 0 = x\,, x, 0 \in \mathbb{X}.$

Daneben soll es auch einen Zahlenkörper $\mathbb{A}$ geben, in unserem Fall die reellen oder komplexen Zahlen. Wir nennen diese Zahlen zur besseren Unterscheidung von anderen Objekten auch skalare Zahlen oder kurz **Skalare**. Für die Elemente $\alpha \in \mathbb{A}$ sei eine skalare Multiplikation mit den Elementen aus $\mathbb{X}$ definiert, also $x \in \mathbb{X}, \alpha \in \mathbb{A} \Rightarrow \alpha\, x \in \mathbb{X}$. Für diese Multiplikation fordert man die Eigenschaften:

2. $1\, x = x\,;$

3. $\alpha\,(x + y) = \alpha\, x + \alpha\, y\,;$

4. $(\alpha + \beta)\, x = \alpha\, x + \beta\, x\,;$

5. $\alpha\,(\beta\, x) = (\alpha\, \beta)\, x\,.$

Dabei sind $\alpha, \beta \in \mathbb{A}$ und $x, y \in \mathbb{X}$. Wenn diese Eigenschaften erfüllt sind, sagt man „$\mathbb{X}$ ist ein **Vektorraum** über $\mathbb{A}$" oder „$\mathbb{X}$ ist ein **linearer Raum**".

Die $m \times n$-Matrizen (für festes m und n) bilden so einen linearen Raum oder Vektorraum: Man kann sie addieren und mit reellen oder komplexen Zahlen skalar multiplizieren und erhält immer wieder eine $m \times n$-Matrix.

Quadratische Matrizen ($m = n$) kann man darüber hinaus auch noch miteinander multiplizieren und erhält wieder eine quadratische Matrix gleicher Dimension n. Diese Operation ist auch assoziativ ($\alpha\,(x\, y) = (\alpha\, x)\, y = x\,(\alpha\, y)$). Auch gibt es ein Einheitselement. Daher bilden die quadratischen Matrizen sogar eine **Algebra**, eben die **Lineare Algebra**.

Ein anderes Beispiel für einen Vektorraum kann man mit Hilfe der n-Zahlentupel

$$x \equiv (x_1, x_2, \ldots, x_n)\,, \quad x_i \in \mathbb{R} \tag{M.3.8.1}$$

finden. Der Raum $\mathbb{X}$ heißt dann $\mathbb{R}^n$, da n reelle Zahlen das n-Tupel definieren. Die Addition zweier n-Tupel $x,\ y$ definiert man durch komponentenweise Addition. Das Nullelement ist $(0, 0, \ldots, 0)$. Als Körper wählt man $\mathbb{A} = \mathbb{R}$, und die skalare Multiplikation wird durch

$$\alpha\, x \equiv (\alpha\, x_1, \alpha\, x_2, \ldots\, , \alpha\, x_n) \tag{M.3.8.2}$$

definiert. Die Forderungen für einen Vektorraum sind bei $\mathbb{R}^n$ also erfüllt. Der alltägliche dreidimensionale Raum ist ein Vektorraum: $\mathbb{R}^3$ (vgl. Abschn. 3.3). Auch die Polynome $P_n(x)$ mit Koeffizienten aus $\mathbb{R}$ (oder $\mathbb{C}$) bilden einen Vektorraum über $\mathbb{R}$ (oder $\mathbb{C}$).

Der Begriff des Vektorraums ist aber noch viel mächtiger, als hier demonstriert werden konnte. Auch Funktionenräume können Vektorräume sein. Dieses Konzept ist in der Funktionalanalysis von großer Bedeutung, wie wir in Kap. 12 sehen werden.

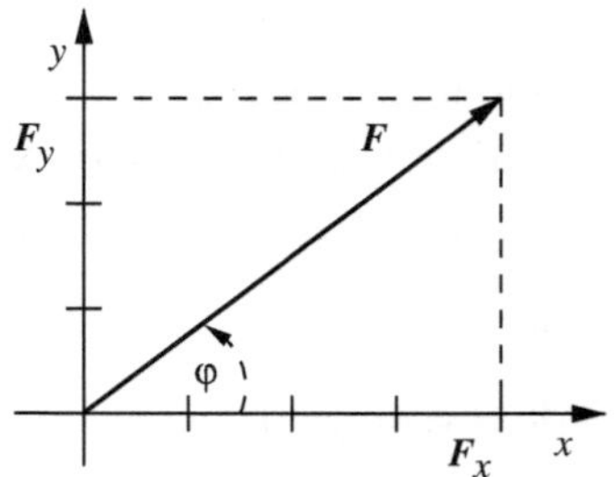

Abb. 3.2 Ein Vektor hat Betrag und Richtung; in zwei Dimensionen hat er zwei Komponenten. Der Vektor $\boldsymbol{F} = (4, 3)$ hat die Länge $|\boldsymbol{F}| = \sqrt{9 + 16} = 5$ und die Richtung $\varphi = \arctan {}^3\!/_4$

Physikalische Größen, die durch eine einfache Zahl beschrieben werden können, wie etwa die Masse, die Zeit oder die Temperatur, heißen **Skalare**, um den Unterschied zu den gerichteten Vektoren zu betonen.

In einem speziellen Koordinatensystem, zum Beispiel im (d-dimensionalen) kartesischen, kann so eine gerichtete Größe durch d Komponenten beschrieben werden. In unserem dreidimensionalen Raum ist daher

$$\boldsymbol{A} = \left(A_x, A_y, A_z\right) \quad \text{oder} \quad \boldsymbol{A} = (A_1, A_2, A_3) \ . \tag{3.70}$$

Vektoren können durch einzeilige oder einspaltige Matrizen dargestellt werden. Ihre Länge ist durch

$$|\boldsymbol{A}| \equiv \sqrt{A_1^2 + A_2^2 + A_3^2 + \cdots} \tag{3.71}$$

gegeben. In zwei Dimensionen ist daher $|\boldsymbol{A}| = (A_x^2 + A_y^2)^{1/2}$, in 3 Dimensionen $|\boldsymbol{A}| = (A_y^2 + A_y^2 + A_z^2)^{1/2}$.

Vektoren kann man addieren, subtrahieren und mit Konstanten multiplizieren. Wie in M.3.8 beschrieben, bilden sie einen so genannten mathematischen **Vektorraum**. Man kann Vektoren auch miteinander multiplizieren. Es gibt eine **Vektoralgebra**, so wie es eine Matrizenalgebra gibt. Beim mathematischen Konzept des Vektors ist die Länge und die Richtung entscheidend, nicht aber der „Angriffspunkt" (Abb. 3.2). Mathematische Vektoren, wie wir sie betrachten, sind so genannte „freie Vektoren", und ihre Komponenten bezeichnen Differenzen zwischen einem Startpunkt und einem Endpunkt (siehe Abb. 3.3).

Wenn man Vektoren mit festem Anfangspunkt betrachten will, und das kann zum Beispiel der Ortsvektor $\boldsymbol{r} = (x, y, z)$ eines Teilchens sein, dessen Anfangspunkt der Ur-

Abb. 3.3 Der mathematische Vektor hat keinen festen Angriffspunkt, sondern ist allein durch Richtung und Betrag gegeben. Alle Vektoren dieser Skizze sind, als mathematische Objekte betrachtet, gleich

sprung des jeweiligen Koordinatensystems ist, so nennt man sie „gebundene Vektoren". Es sind dann keine Vektoren im Sinn der Mathematik.

3.3.2 Vektoralgebra

Alle geometrischen Operationen mit Vektoren müssen ihr Äquivalent in der mathematischen Beschreibung haben. Wir wollen nun die entsprechenden Rechenregeln für Vektoren zusammenstellen.

Wir gehen dabei schon von einer Komponentendarstellung aus, obwohl wir dafür eigentlich, wie in M.3.9 besprochen, zuerst eine Basis einführen müssten. Wir verschieben diesen Punkt einstweilen und nehmen an, dass man mathematische Vektoren mit Hilfe eines Komponenten-Tupels darstellen und dafür geeignete Rechenregeln angeben kann.

Länge und Richtung: Ein Vektor, der die gleiche Länge wie $\boldsymbol{A}$ hat, aber genau entgegengesetzte Richtung, heißt $-\boldsymbol{A}$ und hat die Komponenten

$$-\boldsymbol{A} = -(A_1, A_2, \ldots) = (-A_1, -A_2, \ldots) \; . \tag{3.72}$$

Addition: Die Addition von zwei Vektoren entspricht algebraisch der Addition der einzelnen Komponenten,

$$\boldsymbol{A} + \boldsymbol{B} = \boldsymbol{C} \;\Leftrightarrow\; C_i = A_i + B_i \; . \tag{3.73}$$

Geometrisch konstruiert man $\boldsymbol{C}$, indem man den Anfangspunkt von $\boldsymbol{B}$ in den Endpunkt von $\boldsymbol{A}$ verschiebt, oder umgekehrt. Dieses „Vektorparallelogramm" ist in Abb. 3.4 skizziert.

Die Addition ist kommutativ und assoziativ,

$$\boldsymbol{A} + \boldsymbol{B} = \boldsymbol{B} + \boldsymbol{A} \; , \quad (\boldsymbol{A} + \boldsymbol{B}) + \boldsymbol{C} = \boldsymbol{A} + (\boldsymbol{B} + \boldsymbol{C}) \; . \tag{3.74}$$

Die Subtraktion entspricht der Addition des entgegengesetzten Vektors,

$$\boldsymbol{A} - \boldsymbol{B} = \boldsymbol{A} + (-\boldsymbol{B}) \; . \tag{3.75}$$

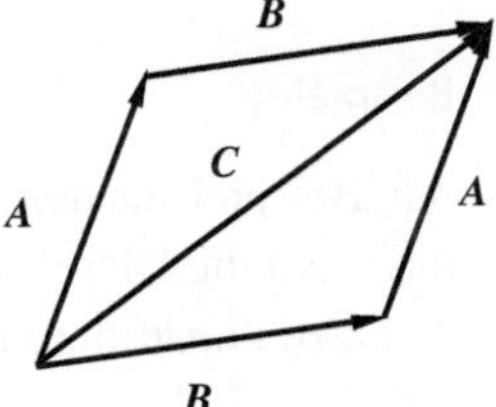

Abb. 3.4 Vektorparallelogramm zur Darstellung der Vektoraddition: $\boldsymbol{A} + \boldsymbol{B} = \boldsymbol{C}$

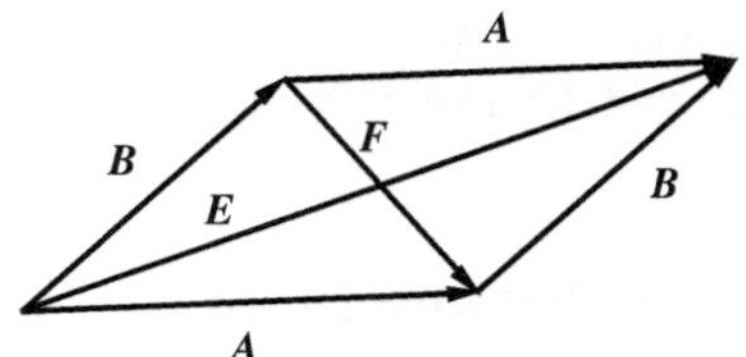

Abb. 3.5 Der Schnittpunkt teilt die Diagonalen eines Parallelogramms in zwei jeweils gleich lange Hälften

Multiplikation: Die Multiplikation eines Vektors mit einem (positiven) Skalar ändert nichts an der Richtung des Vektors, nur die Länge wird mit dem skalaren Faktor multipliziert. Durch Komponenten ausgedrückt, ist

$$\alpha\,\boldsymbol{A} = (\alpha\,A_1, \alpha\,A_2, \ldots) = \boldsymbol{A}\,\alpha\;. \tag{3.76}$$

Es gilt auch ein distributives Gesetz:

$$\alpha\,(\boldsymbol{A} + \boldsymbol{B}) = \alpha\,\boldsymbol{A} + \alpha\,\boldsymbol{B}\;. \tag{3.77}$$

Gleichungen für Vektoren entsprechen Gleichungen für alle Komponenten. So ist die Vektorgleichung

$$\boldsymbol{A} + 2\,\boldsymbol{B} = -26\,\boldsymbol{C} \tag{3.78}$$

für die dreidimensionalen Vektoren gleichbedeutend mit den drei Gleichungen

$$\begin{aligned} A_x + 2\,B_x &= -26\,C_x\;, \\ A_y + 2\,B_y &= -26\,C_y\;, \\ A_z + 2\,B_z &= -26\,C_z\;. \end{aligned} \tag{3.79}$$

Das heißt, dass Newtons Gesetz der klassischen Mechanik, $\boldsymbol{F} = m\,\boldsymbol{a}$, also: „Eine Kraft $\boldsymbol{F}$ bewirkt für eine Masse m eine Beschleunigung $\boldsymbol{a}$", drei Gleichungen für die drei Komponenten des dreidimensionalen Raumes entspricht.

Der algebraische Weg, also unsere Komponenten-Darstellung und die entsprechenden Rechenregeln, und der geometrische Weg, nämlich die grafische Darstellung durch Pfeile, sind äquivalent. Allerdings hat der geometrische Weg zwei Vorteile: den Vorzug einer intuitiv anschaulichen Beschreibung und die Unabhängigkeit von einem speziellen Koordinatensystem. Ein Pfeil ist ein Pfeil, unabhängig von der Lage des Ursprungs oder davon, ob wir kartesische, schiefwinkelige oder Kugelkoordinaten wählen.

Beispiel

Als Beispiel für den geometrischen Weg wollen wir die bekannte Tatsache beweisen, dass sich die Diagonalen eines Parallelogramms im Schnittpunkt halbieren.

Dazu konstruieren wir in Abb. 3.5 zunächst ein Vektorparallelogramm mit den Seiten $\boldsymbol{A}$ und $\boldsymbol{B}$. Die beiden Diagonalen ergeben die Vektoren $\boldsymbol{E} = \boldsymbol{A} + \boldsymbol{B}$ und $\boldsymbol{F} =$

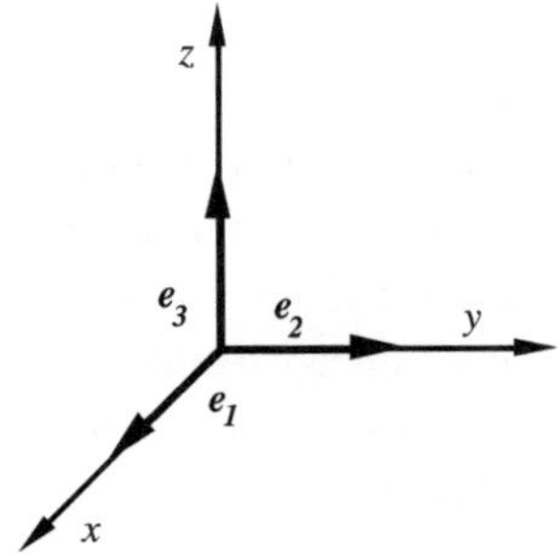

Abb. 3.6 Die drei Einheitsvektoren im kartesischen Koordinatensystem

$\boldsymbol{A} - \boldsymbol{B}$. Wenn der Halbierungspunkt von $\boldsymbol{E}$ und der von $\boldsymbol{F}$ identisch sein sollen, dann muss

$$\frac{1}{2}\boldsymbol{F} + \frac{1}{2}\boldsymbol{E} = \boldsymbol{A}$$

gelten. Man kann leicht sehen, dass diese Beziehung tatsächlich gilt. □

Einheitsvektoren: Sie haben die Länge 1 und können als Basisvektoren für spezielle Koordinatensysteme dienen. Abb. 3.6 zeigt die Situation im kartesischen Koordinatensystem. Alle Vektoren können als Summen von Vielfachen der Einheitsvektoren

$$\begin{aligned} \boldsymbol{e}_1 &= (1,0,0) = \boldsymbol{i} \ , \\ \boldsymbol{e}_2 &= (0,1,0) = \boldsymbol{j} \ , \\ \boldsymbol{e}_3 &= (0,0,1) = \boldsymbol{k} \ . \end{aligned} \tag{3.80}$$

der Einheitsvektoren $\boldsymbol{e}_1, \boldsymbol{e}_2, \boldsymbol{e}_3$ geschrieben werden. Die zweite Bezeichnung wird manchmal in Texten, die sich nur auf den $\mathbb{R}^3$ beziehen, verwendet, wir werden aber die erste Form verwenden, das sie in späteren Kapitel wie etwa in Kap. 7 nützlich ist. Statt $\boldsymbol{e}_1$, $\boldsymbol{e}_2$, $\boldsymbol{e}_3$ schreibt man im kartesischen System im $\mathbb{R}^3$ oft auch $\boldsymbol{e}_x, \boldsymbol{e}_y, \boldsymbol{e}_z$.

Die jeweiligen Koeffizienten sind die Komponenten des Vektors im entsprechenden Koordinatensystem

$$\boldsymbol{A} = (A_x, A_y, A_z) = A_x\,\boldsymbol{e}_1 + A_y\,\boldsymbol{e}_2 + A_z\,\boldsymbol{e}_3 \ . \tag{3.81}$$

Jeder beliebige Vektor (ausgenommen der Nullvektor) kann auf Länge 1 normiert werden: $\boldsymbol{X}_0 = \boldsymbol{X}/|\boldsymbol{X}|$.

M.3.9 Kurz und klar: Basis eines Vektorraums

Wir haben in M.3.8 den Vektorraum eingeführt und dabei Matrizen als Beispiel betrachtet. Dieses Konzept gibt es aber auch abstrakt, losgelöst von diesem speziellen

Beispiel. Um Elemente aus einem Vektorraum in einer uns leicht zugänglichen Form darstellen zu können, brauchen wir eine Basis.

Wir beginnen mit einem solchen abstrakten Vektorraum $\mathbb{X}$ und wählen eine Teilmenge $\mathbb{U} \subset \mathbb{X}$ von m linear unabhängigen Elementen $\varphi_i \in \mathbb{U}$ (vgl. die Diskussion über lineare Abhängigkeit in Abschn. 3.2.5). Kein φ_i lässt sich daher durch eine Linearkombination der anderen Elemente von $\mathbb{U}$ ausdrücken. $\mathbb{U}$ ist eine linear unabhängige Teilmenge unseres Vektorraums $\mathbb{X}$!

Für den $\mathbb{R}^2$ etwa bilden die beiden Elemente $\varphi_1 = (1, 0)$ und $\varphi_2 = (0, 1)$ eine solche Teilmenge, da jedes beliebige andere Element aus $\mathbb{R}^2$ als Linearkombination dieser beiden Elemente geschrieben werden kann (Beispiel: $(1.5, -16.3) = 1.5\,\varphi_1 - 16.3\,\varphi_2$). Es gibt aber auch andere Möglichkeiten für linear unabhängige Teilmengen für $\mathbb{R}^2$, zum Beispiel die Elemente $(1, 1)$ und $(1, -1)$, und so könnte man beliebig fortfahren.

Es gibt immer *zumindest eine* größte linear unabhängige Teilmenge eines Vektorraums; diese bildet eine so genannte **Basis**. Tatsächlich gibt es meist beliebig viele alternative größte linear unabhängige Teilmengen $\mathbb{U}$; jede davon kann als Basis dienen.

Alle Elemente des Vektorraums können als Linearkombination der Elemente einer solchen Basis angeschrieben werden:

$$x = \sum_{i=1}^{m} \alpha_i \, \varphi_i \; . \tag{M.3.9.1}$$

Die Operationen des Vektorraums können auf diese Art als Operationen der Komponenten x_i ausgedrückt werden. Wenn x und y Elemente aus $\mathbb{X}$ sind und in der gewählten Basis $\mathbb{U}$ durch die jeweiligen Komponenten x_i und y_i dargestellt werden, dann gilt etwa

$$x + y = \sum_{i=1}^{m} (x_i + y_i)\, \varphi_i \; , \quad \lambda x = \sum_{i=1}^{m} \lambda\, x_i \, \varphi_i \; . \tag{M.3.9.2}$$

Wichtig ist dabei aber eine gemeinsame Eigenschaft all dieser möglichen größten linear unabhängigen Teilmengen $\mathbb{U} \subset \mathbb{X}$: Die Anzahl der Elemente von $\mathbb{U}$ ist immer dieselbe. Diese Zahl ist die **Dimension des Vektorraums**. Wir betrachten hier nur endlich-dimensionale Vektorräume. Später, in der Funktionalanalysis (Kap. 12), kann die Dimension auch unendlich werden. Die Vektoren im $\mathbb{R}^n$ spannen einen Vektorraum auf, und die Dimension, also die Zahl der Basiselemente dieses Vektorraums, ist offenbar n.

Im $\mathbb{R}^3$ brauchen wir also 3 linear unabhängige Elemente, um jeden beliebigen Vektor als Linearkombination dieser Elemente schreiben zu können. Das kartesische Basissystem ist durch die drei – linear unabhängigen – Vektoren $\boldsymbol{e_1} = (1, 0, 0)$,

$e_2 = (0,1,0)$ und $e_3 = (0,0,1)$ bestimmt. Jeder Vektor $a \in \mathbb{R}^3$ kann daher als Linearkombination dieser Basiselemente angeschrieben werden Diese Wahl der Basis hat noch einen Vorzug. Aus der Definition des Skalarprodukts sehen wir, dass diese Basiselemente zueinander orthogonal sind. Das kartesische Basissystem ist daher ein **orthogonales Basissystem**. Wenn die Basisvektoren noch dazu auf Länge 1 normiert sind, dann nennt man so eine Basis **orthonormal** (siehe auch Kap. 8 und 12).

Es gibt, zumindest im $\mathbb{R}^3$, zwei Arten, Vektoren zu multiplizieren. In der ersten Version, dem **inneren Produkt**, ist das Ergebnis der Multiplikation ein Skalar, in der zweiten Art, dem **äußeren Produkt**, ist es wieder ein Vektor.

Skalarprodukt (Inneres Produkt): Es wird durch einen Punkt zwischen den beiden Vektoren ausgedrückt. Dabei ist $\vartheta(\boldsymbol{A}, \boldsymbol{B})$ der Winkel zwischen den beiden Vektoren. Es ist

$$\begin{aligned} \boldsymbol{A} \cdot \boldsymbol{B} &\equiv |\boldsymbol{A}|\,|\boldsymbol{B}| \cos \vartheta(\boldsymbol{A}, \boldsymbol{B}) \\ &= |\boldsymbol{A}|.\,(\text{Projektion von } \boldsymbol{B} \text{ auf } \boldsymbol{A}) \\ &= |\boldsymbol{B}|.\,(\text{Projektion von } \boldsymbol{A} \text{ auf } \boldsymbol{B})\ . \end{aligned} \tag{3.82}$$

Insbesondere ist für parallele Vektoren $\boldsymbol{A} \cdot \boldsymbol{B} = |\boldsymbol{A}|\,|\boldsymbol{B}|$, und für Vektoren, die aufeinander senkrecht stehen, gilt $\boldsymbol{A} \cdot \boldsymbol{B} = 0$; solche Vektoren nennt man **orthogonal** zueinander.

Offenbar ist das Skalarprodukt kommutativ,

$$\boldsymbol{A} \cdot \boldsymbol{B} = \boldsymbol{B} \cdot \boldsymbol{A}\ . \tag{3.83}$$

Das innere Produkt eines Vektors mit sich selbst hat den Wert des Quadrats der Länge,

$$\boldsymbol{A} \cdot \boldsymbol{A} = |\boldsymbol{A}|^2\ . \tag{3.84}$$

Es gilt das distributive Gesetz

$$\boldsymbol{A} \cdot (\boldsymbol{B} + \boldsymbol{C}) = \boldsymbol{A} \cdot \boldsymbol{B} + \boldsymbol{A} \cdot \boldsymbol{C} = (\boldsymbol{B} + \boldsymbol{C}) \cdot \boldsymbol{A}\ . \tag{3.85}$$

Mit Hilfe der Eigenschaften der Einheitsvektoren

$$\begin{aligned} \boldsymbol{e}_1 \cdot \boldsymbol{e}_1 &= \boldsymbol{e}_2 \cdot \boldsymbol{e}_2 = \boldsymbol{e}_3 \cdot \boldsymbol{e}_3 = \cos 0 = 1\ , \\ \boldsymbol{e}_1 \cdot \boldsymbol{e}_2 &= \boldsymbol{e}_1 \cdot \boldsymbol{e}_3 = \boldsymbol{e}_2 \cdot \boldsymbol{e}_3 = \cos \frac{\pi}{2} = 0 \end{aligned} \tag{3.86}$$

können wir das Skalarprodukt auch durch die Komponenten der beiden Vektoren ausdrücken. Es ist ja

$$\boldsymbol{A} \cdot \boldsymbol{B} = (A_1\,\boldsymbol{e}_1 + A_2\,\boldsymbol{e}_2 + A_3\,\boldsymbol{e}_3) \cdot (B_1\,\boldsymbol{e}_1 + B_2\,\boldsymbol{e}_2 + B_3\,\boldsymbol{e}_3) = A_1\,B_1 + A_2\,B_2 + A_3\,B_3\ . \tag{3.87}$$

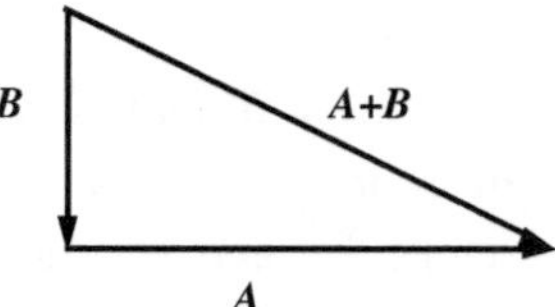

Abb. 3.7 Skizze zum Beweis des Satzes von Pythagoras

Diese Beschreibung des inneren Produkts kann übrigens problemlos auf den $\mathbb{R}^n$ auch für $n \neq 3$ verallgemeinert werden! Damit haben wir zwei Arten, das Skalarprodukt zu berechnen,

$$\boldsymbol{A} \cdot \boldsymbol{B} = |\boldsymbol{A}||\boldsymbol{B}| \cos\vartheta = A_1 B_1 + A_2 B_2 + A_3 B_3 \,. \tag{3.88}$$

Das erlaubt eine elegante Berechnung des Winkels zwischen zwei Vektoren,

$$\cos\vartheta = \frac{\boldsymbol{A} \cdot \boldsymbol{B}}{|\boldsymbol{A}||\boldsymbol{B}|} \,. \tag{3.89}$$

Das innere Produkt ist in vielen Bereichen der Physik nützlich. So berechnet sich zum Beispiel die durch oder gegen eine Kraft $\boldsymbol{F}$ geleistete Arbeit A entlang einer Strecke $\boldsymbol{s}$ aus $A = \boldsymbol{F} \cdot \boldsymbol{s}$.

Beispiel

Wir beweisen als Beispiel den Satz von Pythagoras. Die Seiten eines Dreiecks werden in Abb. 3.7 durch die Vektoren $\boldsymbol{A}$, $\boldsymbol{B}$ und $\boldsymbol{A} + \boldsymbol{B}$ dargestellt. Für die Quadrate der Längen gilt die Identität

$$|\boldsymbol{A} + \boldsymbol{B}|^2 = (\boldsymbol{A} + \boldsymbol{B}) \cdot (\boldsymbol{A} + \boldsymbol{B}) = |\boldsymbol{A}|^2 + |\boldsymbol{B}|^2 + 2\boldsymbol{A} \cdot \boldsymbol{B} \,.$$

Wenn $\boldsymbol{A}$ senkrecht auf $\boldsymbol{B}$ steht, so verschwindet das innere Produkt, und die Beziehung entspricht genau dem Satz von Pythagoras für rechtwinkelige Dreiecke! □

Vektorprodukt (Äußeres Produkt): Es ist in dieser Form nur in drei Dimensionen definiert. Das Vektorprodukt (auch Kreuzprodukt genannt) wird mit dem Zeichen „×“ angedeutet,

$$\boldsymbol{C} = \boldsymbol{A} \times \boldsymbol{B} \,, \tag{3.90}$$

und ergibt einen Vektor, der entsprechend der **Rechtsregel** senkrecht auf die von den beiden Vektoren $\boldsymbol{A}$ und $\boldsymbol{B}$ gebildete Ebene steht.

Die Rechtsregel definiert die Richtung so: Wenn man eine rechtshändige Schraube (also eine „normale“ Schraube) in Vorwärtsrichtung im Uhrzeigersinn einschraubt, so bewegt sich ein gedachter Uhrzeiger von der Richtung $\boldsymbol{A}$ nach $\boldsymbol{B}$, und die Blickrichtung ist die Richtung von $\boldsymbol{A} \times \boldsymbol{B}$ (vgl. Abb. 3.8). Die übliche Konvention für das kartesische Koordinatensystem ist „rechtshändig“; wenn $\boldsymbol{A}$ in x-Richtung zeigt und $\boldsymbol{B}$ in y-Richtung zeigt, dann zeigt das Vektorprodukt $\boldsymbol{A} \times \boldsymbol{B}$ in z-Richtung!

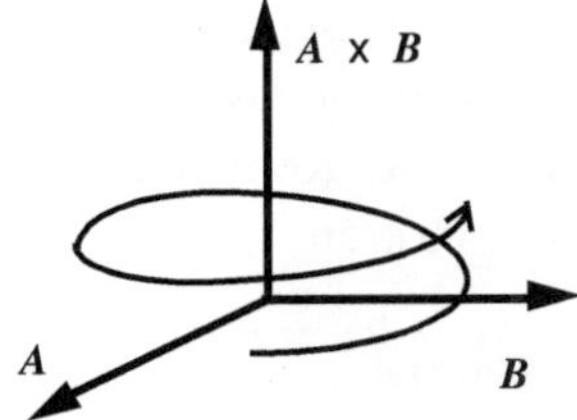

Abb. 3.8 Die Rechtsregel gibt die Richtung von $\boldsymbol{A} \times \boldsymbol{B}$ an

Der Vektor $\boldsymbol{A} \times \boldsymbol{B}$ hat die Länge

$$|\boldsymbol{A}||\boldsymbol{B}| \sin \vartheta(\boldsymbol{A}, \boldsymbol{B}) \,. \tag{3.91}$$

Dabei ist $\vartheta(\boldsymbol{A}, \boldsymbol{B})$ der von den beiden Vektoren eingeschlossene Winkel. Der Betrag $|\boldsymbol{A} \times \boldsymbol{B}|$ gibt die Fläche des von $\boldsymbol{A}$ und $\boldsymbol{B}$ gebildeten Parallelogramms an. Sind die Vektoren parallel oder entgegengesetzt, dann verschwindet das Vektorprodukt. Offenbar gilt

$$\boldsymbol{A} \times \boldsymbol{B} = -\boldsymbol{B} \times \boldsymbol{A} \quad \text{und} \quad \boldsymbol{A} \times \boldsymbol{A} = 0 \,. \tag{3.92}$$

Für die Einheitsvektoren im kartesischen System ist

$$\begin{aligned} \boldsymbol{e}_1 \times \boldsymbol{e}_1 &= 0 \,, & \boldsymbol{e}_1 \times \boldsymbol{e}_2 &= \boldsymbol{e}_3 \,, \\ \boldsymbol{e}_2 \times \boldsymbol{e}_2 &= 0 \,, & \boldsymbol{e}_2 \times \boldsymbol{e}_3 &= \boldsymbol{e}_1 \,, \\ \boldsymbol{e}_3 \times \boldsymbol{e}_3 &= 0 \,, & \boldsymbol{e}_3 \times \boldsymbol{e}_1 &= \boldsymbol{e}_2 \,. \end{aligned} \tag{3.93}$$

Die komponentenweise Berechnung des Vektorprodukts folgt aus

$$\begin{aligned} \boldsymbol{A} \times \boldsymbol{B} &= (A_x \boldsymbol{e}_1 + A_y \boldsymbol{e}_2 + A_z \boldsymbol{e}_3) \times (B_x \boldsymbol{e}_1 + B_y \boldsymbol{e}_2 + B_z \boldsymbol{e}_3) = \\ &= \boldsymbol{e}_1 (A_y B_z - A_z B_y) + \boldsymbol{e}_2 (A_z B_x - A_x B_z) + \boldsymbol{e}_3 (A_x B_y - A_y B_x) \\ &= \begin{vmatrix} \boldsymbol{e}_1 & \boldsymbol{e}_2 & \boldsymbol{e}_3 \\ A_x & A_y & A_z \\ B_x & B_y & B_z \end{vmatrix} \,. \end{aligned} \tag{3.94}$$

Insbesondere die letzte Form, das äußere Produkt mit Hilfe einer Determinante zu bilden, ist leicht zu merken! Bitte beachten Sie die richtige Reihenfolge: Wenn die beiden unteren Vektorzeilen vertauscht werden, ändert sich nach den Regeln der Determinanten das Vorzeichen, wie es ja auch nach der Definition der Vektorprodukts sein soll!

Es gilt auch das folgende distributive Gesetz:

$$\boldsymbol{A} \times (\boldsymbol{B} + \boldsymbol{C}) = \boldsymbol{A} \times \boldsymbol{B} + \boldsymbol{A} \times \boldsymbol{C} \,. \tag{3.95}$$

Viele Gesetze der Mechanik brauchen das Vektorprodukt. So ist zum Beispiel das Drehmoment das äußere Produkt aus der Kraft und dem Abstandsvektor vom Angriffspunkt einer Kraft zum Drehpunkt $\boldsymbol{N} = \boldsymbol{r} \times \boldsymbol{F}$. Das Drehmoment zeigt die Richtung der Drehachse an.

Beispiel

Wir berechnen das äußere Produkt der beiden Vektoren $\boldsymbol{r} = (x, y, z)$ und $\boldsymbol{p} = (1, 0, 2)$.

$$\boldsymbol{r} \times \boldsymbol{p} = \begin{vmatrix} \boldsymbol{e}_1 & \boldsymbol{e}_2 & \boldsymbol{e}_3 \\ x & y & z \\ 1 & 0 & 2 \end{vmatrix} = 2\,y\,\boldsymbol{e}_1 + (z - 2\,x)\,\boldsymbol{e}_2 - y\,\boldsymbol{e}_3 \,. \qquad \square$$

Eine besonders interessante Kombination von Vektorprodukt und Skalarprodukt ist das so genannte **Spatprodukt**

$$\boldsymbol{A} \cdot (\boldsymbol{B} \times \boldsymbol{C}) \,, \tag{3.96}$$

welches das Volumen eines durch die Vektoren $\boldsymbol{A}$, $\boldsymbol{B}$ und $\boldsymbol{C}$ gebildeten **Parallelepipeds**[1] angibt. Aus unserer Determinantendarstellung des Vektorprodukts ergibt sich

$$\boldsymbol{A} \cdot (\boldsymbol{B} \times \boldsymbol{C}) = \begin{vmatrix} A_x & A_y & A_z \\ B_x & B_y & B_z \\ C_x & C_y & C_z \end{vmatrix} = \boldsymbol{B} \cdot (\boldsymbol{C} \times \boldsymbol{A}) = \boldsymbol{C} \cdot (\boldsymbol{A} \times \boldsymbol{B}) \,. \tag{3.97}$$

Beispiel

Wir berechnen das Volumen des Parallelepipeds mit den Seitenvektoren $\boldsymbol{a} = (1, 0, 0)$, $\boldsymbol{b} = (0, 1, 1)$, $\boldsymbol{c} = (0, 2, 4)$ zu

$$V = \boldsymbol{a} \cdot (\boldsymbol{b} \times \boldsymbol{c}) = \begin{vmatrix} 1 & 0 & 0 \\ 0 & 1 & 1 \\ 0 & 2 & 4 \end{vmatrix} = 1. \begin{vmatrix} 1 & 1 \\ 2 & 4 \end{vmatrix} = 2 \,. \qquad \square$$

M.3.10 Kurz und klar: Räumliche Drehungen

Wir haben früher Drehungen des Koordinatensystems in zwei Dimensionen diskutiert (vgl. M.3.4). Auch in drei Dimensionen kann man Drehungen durch eine

[1] ein Parallelepiped ist ein in eine oder mehrere Richtungen schiefer Quader

Multiplikation des Ortsvektors mit einer Drehmatrix beschreiben,

$$X' = \mathbf{R}\, X \; . \tag{M.3.10.1}$$

So eine lineare Transformation lässt die Länge des Ortsvektors unverändert, sofern die Matrix orthogonal ist (M.3.6). Es gilt:

$$\begin{aligned} \textstyle\sum_i x_i'^2 &= \sum_{i,j,k} (R_{ij}\, x_j)(R_{ik}\, x_k) = \sum_{i,j,k} x_j \underbrace{(R^T)_{ji}\, R_{ik}}_{(R^T R)_{jk}}\, x_k \\ &= \sum_{j,k} x_j\, \delta_{jk}\, x_k = \sum_j x_j^2 \, , \end{aligned} \tag{M.3.10.2}$$

wenn $\mathbf{R}$ orthogonal ist, $\mathbf{R}^T\, \mathbf{R} = \mathbf{R}\, \mathbf{R}^T = \mathbf{1}$. Drehmatrizen sind orthogonale Matrizen, deren Determinanten den Wert $+1$ haben.

Um eine Drehung im Raum zu beschreiben, benötigt man drei Parameter; zwei davon können etwa die Drehachse festlegen und einer den Drehwinkel angeben. Eine geeignete Parametrisierung der Drehmatrix ist nach **Euler**

$$\mathbf{R}_{\text{Euler}}(\varphi, \vartheta, \psi) = \begin{pmatrix} \cos\varphi\, \cos\psi - \sin\varphi\, \cos\vartheta\, \sin\psi & \sin\varphi\, \cos\psi + \cos\varphi\, \cos\vartheta\, \sin\psi & \sin\vartheta\, \sin\psi \\ -\cos\varphi\, \sin\psi - \sin\varphi\, \cos\vartheta\, \cos\psi & -\sin\varphi\, \sin\psi + \cos\varphi\, cos\vartheta\, \cos\psi & \sin\vartheta\, \cos\psi \\ \sin\varphi\, \sin\vartheta & -\cos\varphi\, \sin\vartheta & \cos\vartheta \end{pmatrix} . \tag{M.3.10.3}$$

Dabei ist der Reihe nach φ der Drehwinkel um die z-Achse, danach ϑ der Winkel einer Drehung um die aktuelle x-Achse und schließlich ψ der Drehwinkel um die dann aktuelle z-Achse. Die Matrix beschreibt die Drehung des Koordinatensystems. Die Komponenten x_i' sind die Komponenten des Punktes im neuen, gedrehten System. Will man statt dessen den Punkt in einem festgehaltenen Koordinatensystem drehen, so ergibt $\mathbf{R}^T\, X$ die Koordinaten des gedrehten Punktes.

Drehungen in n Dimensionen lassen Skalarprodukte $\boldsymbol{X} \cdot \boldsymbol{Y}$ zwischen Vektoren im $\mathbb{R}^n$ unverändert. Das Quadrat der Vektorlänge ist nur ein Spezialfall dafür. Mehr darüber finden Sie in Kap. 10.

Allgemein führen Mengen von Objekten mit bestimmten Regeln zum Begriff der Gruppe. Damit können Symmetrien und deren Beziehung zu physikalischen Gesetzen behandelt werden. Orthogonale Matrizen in n Dimensionen stellen eine mathematische Gruppe mit Namen $O(n)$ dar. Wenn man nur orthogonale Matrizen mit Determinante $+1$ betrachtet, so erhält man die Gruppe $SO(n)$. Drehmatrizen in zwei Dimensionen wie in M.3.4 besprochen sind also Elemente einer Gruppe mit der Bezeichnung $SO(2)$, solche in drei Dimensionen bilden die Gruppe $SO(3)$.

Typische weitere Beispiele sind die diskreten Symmetriegruppen der Festkörper oder die analytischen (Lie-)Gruppen der Elementarteilchenphysik, wie etwa die Gruppe $SU(3)$ der komplexen, unitären 3×3-Matrizen, die in der Theorie der starken Kraft zwischen den Quarks wichtig sind. Ausführlich besprechen wir Gruppen in Kap. 20.

Komplexe Vektoren: Wenn die Komponenten eines Vektors komplex sind, dann ist der Vektorraum ein $\mathbb{C}^n$. Man muss die Definition des Skalarprodukts und des Betrags geeignet modifizieren. Es ist dann

$$\begin{aligned} \text{Skalarprodukt:} \quad \overline{\boldsymbol{a}} \cdot \boldsymbol{b} &= \sum_i \overline{a}_i\, b_i \,, \\ \text{Betrag:} \quad |\boldsymbol{a}| &= \sqrt{\overline{\boldsymbol{a}} \cdot \boldsymbol{a}} = \sqrt{\sum_i \overline{a}_i\, a_i} = \sqrt{\sum_i |a_i|^2}\,. \end{aligned} \tag{3.98}$$

Der linksstehende Vektor wird also komplex konjugiert. Mehr über solche Verallgemeinerungen wird in Kap. 12 besprochen.

Beispiel

Wir wollen einen Vektor auf Betrag 1 normieren.

$$\boldsymbol{X} = \begin{pmatrix} 1 \\ \mathrm{i} \\ 1-\mathrm{i} \end{pmatrix} \quad \Rightarrow \quad |\boldsymbol{X}|^2 = \overline{\boldsymbol{X}} \cdot \boldsymbol{X} = 1 + (-\mathrm{i})(\mathrm{i}) + (1+\mathrm{i})(1-\mathrm{i}) = 4\,.$$

Wir sehen daraus, dass der neu gebildete Vektor $\boldsymbol{X}_0 = {}^1\!/_2 \boldsymbol{X}$ ein Einheitsvektor ist. □

3.3.3 Analytische Geometrie

Mit Vektoren wird die analytische Beschreibung geometrischer Sachverhalte oft übersichtlicher und damit einfacher. In diesem Abschnitt beschränken wir uns auf unsere räumliche Welt und daher auf drei Dimensionen. Der Vektor der Ortskoordinaten, der **Ortsvektor**

$$\boldsymbol{r} = x\,\boldsymbol{e}_1 + y\,\boldsymbol{e}_2 + z\,\boldsymbol{e}_3 \tag{3.99}$$

verbindet den Ursprung mit dem Punkt (x, y, z) und ist daher so ein gebundener Vektor.

Wenn der Ortsvektor eine Funktion eines Parameters t ist, so beschreibt $\boldsymbol{r}(t)$ eine Kurve im Raum. Der einfachste Fall ist der einer linearen Funktion. Das ist die **Vektordarstellung** oder **Parameterdarstellung einer Geraden** und hat die Form

$$\boldsymbol{r}(t) = \boldsymbol{r}_0 + \boldsymbol{a}\,t\,. \tag{3.100}$$

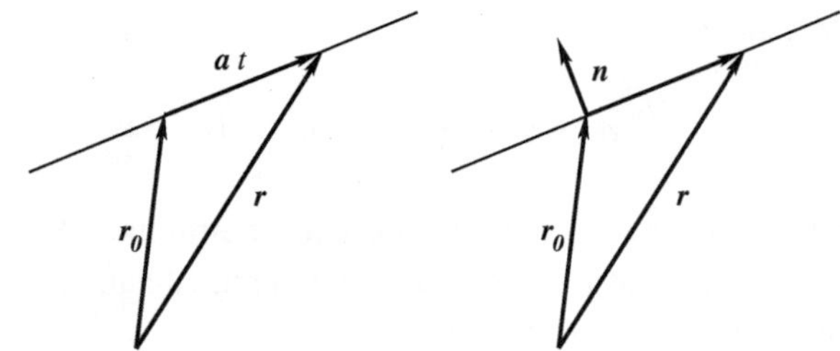

Abb. 3.9 Links: Parameterdarstellung einer Geraden: $\boldsymbol{r}(t) = \boldsymbol{r}_0 + \boldsymbol{a}\,t$. Rechts: Eine Gerade in der Ebene kann auch mit Hilfe eines auf der Geraden liegenden Punktvektors und des Normalenvektors dargestellt werden: $(\boldsymbol{r} - \boldsymbol{r}_0)\cdot\boldsymbol{n} = 0$

Dabei ist t ein Parameter, der die Punkte auf der Geraden bezeichnet (Abb. 3.9). Der Wert $t = 0$ gibt $\boldsymbol{r} = \boldsymbol{r}_0$, der Punkt mit dem Ortsvektor $\boldsymbol{r}_0$ liegt also auch auf der Geraden. Der Vektor $\boldsymbol{a}$ gibt die Richtung der Geraden an.

Diese Parameterdarstellung ist in beliebig vielen Dimensionen möglich. In zwei Dimensionen lässt sie sich auf eine lineare Gleichung umschreiben,

$$\begin{aligned} x &= x_0 + a_x t \;, \\ y &= y_0 + a_y t \;, \qquad \Rightarrow \qquad y - y_0 = c\,(x - x_0) \;, \quad c = \frac{a_y}{a_x} \;. \end{aligned} \tag{3.101}$$

Die Konstante c ist dabei die bekannte „Steigung“ der Geraden. Wenn $a_x = 0$, so erhält man $x = x_0$.

Beispiel

Es gibt genau eine Gerade, die durch zwei gegebene, verschiedene Punkte läuft. Wir betrachten die beiden Punkte

$$A(1,2,0), \quad B(3,5,-4) \;.$$

Die Richtung der Geraden ist durch den Abstandsvektor $\overline{AB} \equiv \boldsymbol{a} = (2,3,-4)$ gegeben. Damit ist die Gleichung der Geraden

$$\boldsymbol{r}(t) = (1,2,0) + (2,3,-4)\,t \;,$$

oder in Komponenten

$$\begin{aligned} x &= 1 + 2t \;, \\ y &= 2 + 3t \;, \\ z &= -4t \;. \end{aligned}$$

□

Nur in zwei Dimensionen anwendbar ist eine zweite Methode: Man verwendet den auf die Gerade senkrechten **Normalenvektor** $\boldsymbol{n}$. Falls nur $\boldsymbol{a}$ bekannt ist, dann muss man zunächst den zu $\boldsymbol{a}$ senkrechten Vektor $\boldsymbol{n}$ berechnen. Da $\boldsymbol{a} \perp \boldsymbol{n}$, ergibt sich die wohlbekannte

Beziehung

$$\boldsymbol{a} \cdot \boldsymbol{n} = a_x n_x + a_y n_y = 0 \quad \Rightarrow \quad (n_x, n_y) \propto (a_y, -a_x) . \tag{3.102}$$

Wir können so einen Normalenvektor bestimmen. Falls ein Normalenvektor bekannt ist, wissen wir, dass für alle Punkte der durch $\boldsymbol{r}_0$ laufenden Geraden $(\boldsymbol{r} - \boldsymbol{r}_0) \perp \boldsymbol{n}$ sein muss und daher (siehe Abb. 3.9)

$$(\boldsymbol{r} - \boldsymbol{r}_0) \cdot \boldsymbol{n} = 0 . \tag{3.103}$$

Auch dies liefert die implizite Form der Geradengleichung

$$x\, n_x + y\, n_y = c , \quad \text{mit} \quad c = x_0\, n_x + y_0\, n_y . \tag{3.104}$$

Im $\mathbb{R}^3$ gibt es noch eine weitere Variante, um zur Geradengleichung zu kommen. Die Menge aller Punkte, die durch $\boldsymbol{r}_0$ gehen und parallel zu $\boldsymbol{a}$ sind, haben verschwindendes Vektorprodukt

$$(\boldsymbol{r} - \boldsymbol{r}_0) \times \boldsymbol{a} = 0 . \tag{3.105}$$

Dies ist daher eine alternative Form der Geradengleichung. In Determinantenschreibweise lautet die Gleichung

$$\begin{vmatrix} \boldsymbol{e}_1 & \boldsymbol{e}_2 & \boldsymbol{e}_3 \\ x - x_0 & y - y_0 & z - z_0 \\ a_x & a_y & a_z \end{vmatrix} = 0. \tag{3.106}$$

Man erhält einen Vektor, dessen Komponenten verschwinden müssen, also drei lineare Gleichungen. Zwei davon sind unabhängig, die Schnittgerade ist die gesuchte Gerade. Zugegeben, das klingt etwas umständlich, aber manchmal ist es doch nützlich.

Beispiel

Für unser Beispiel ergibt dieses Verfahren:

$$\begin{vmatrix} \boldsymbol{e}_1 & \boldsymbol{e}_2 & \boldsymbol{e}_3 \\ x - 1 & y - 2 & z \\ 2 & 3 & -4 \end{vmatrix} = 0 , \quad \Rightarrow \quad \begin{aligned} -4\, y + 8 - 3\, z &= 0 , \\ 2\, z + 4\, x - 4 &= 0 , \\ 3\, x - 3 - 2\, y + 4 &= 0 . \end{aligned}$$

□

Eine **Ebene** ist durch eine der drei Gruppen von Angaben bestimmt:

- drei verschiedene Punkte,
- ein Punkt und zwei unabhängige Richtungen,
- ein Punkt $\boldsymbol{r}_0$ und eine zur Ebene senkrechte Richtung $\boldsymbol{n}$.

Alle drei Varianten lassen sich auf die letzte der drei zurückführen. Im ersten Fall ergeben je zwei der drei Punkte zwei Richtungsvektoren und damit den zweiten Fall.

Mit Hilfe eines Punktes in der Ebene $\boldsymbol{r}_0$ und zweier unabhängiger Richtungsvektoren $\boldsymbol{u}$ und $\boldsymbol{v}$ kann man die **Parameterdarstellung einer Ebene** formulieren:

$$\boldsymbol{r}(s,t) = \boldsymbol{r}_0 + s\,\boldsymbol{u} + t\,\boldsymbol{v}\,. \tag{3.107}$$

Das Vektorprodukt der zwei Richtungsvektoren liefert auch die Normalenrichtung $\boldsymbol{n}$ und so den dritten Fall. Wir betrachten Punkte, die in der Ebene liegen sollen: $\boldsymbol{r} - \boldsymbol{r}_0$. Damit können wir die **implizite Form der Ebenengleichung** als Menge aller Punkte identifizieren, für die

$$(\boldsymbol{r} - \boldsymbol{r}_0) \cdot \boldsymbol{n} = 0 \tag{3.108}$$

gilt, für die der Abstandsvektor $(\boldsymbol{r} - \boldsymbol{r}_0)$ also immer senkrecht auf $\boldsymbol{n}$ steht. Dies ist analog zur zweidimensionalen Geradengleichung. In Komponenten lautet die Gleichung

$$(x - x_0)\,n_x + (y - y_0)\,n_y + (z - z_0)\,n_z = 0\,, \tag{3.109}$$

oder

$$x\,n_x + y\,n_y + z\,n_z = c\,, \tag{3.110}$$

wobei die Konstante durch $c = x_0\,n_x + y_0\,n_y + z_0\,n_z$ gegeben ist. Umgekehrt kann man aus der impliziten Form der Ebenengleichung sofort den Normalenvektor ablesen!

Beispiel

Wir suchen die Gleichung der Ebene, die durch die Punkte $A(-1,1,1)$, $B(2,3,0)$ und $C(0,1,-2)$ geht. Die beiden Abstandsvektoren

$$\begin{aligned} \overline{AB} &\equiv \boldsymbol{u} = (3,2,-1)\,, \\ \overline{AC} &\equiv \boldsymbol{v} = (1,0,-3) \end{aligned}$$

liegen sicher in der Ebene, daher ist das Vektorprodukt

$$\boldsymbol{u} \times \boldsymbol{v} = \begin{vmatrix} \boldsymbol{e}_1 & \boldsymbol{e}_2 & \boldsymbol{e}_3 \\ 3 & 2 & -1 \\ 1 & 0 & -3 \end{vmatrix} = (-6, 8, -2)$$

ein geeigneter Normalenvektor $\boldsymbol{n} \perp \boldsymbol{u}, \boldsymbol{v}$. Damit wird die Ebenengleichung

$$-6\,(x-2) + 8\,(y-3) - 2z = 0 \;\Rightarrow\; 3\,x - 4\,y + z = -6\,.$$ □

Eine andere, elegante Methode, die Ebenengleichung aus drei Punkten zu bestimmen, haben wir schon früher im Abschnitt über Determinanten in (3.14) kennen gelernt.

C.3.2 ... und auf dem Computer: Animation einer Drehung im Raum

Mit Drehmatrizen kann man die Transformation von Ortsvektoren unter Drehungen berechnen, $\boldsymbol{X}' = \mathbf{R}(\varphi, \vartheta, \psi)\, \boldsymbol{X}$. Dabei ist **R** die Euler-Drehmatrix aus M.3.10.

Als Beispiel wollen wir uns überlegen, wie eine Computeranimation der Drehung eines so genannten **Drahtgittermodells** funktioniert. Das ist das Modell eines räumlichen Objekts, bei dem die Kanten durch Strecken gegeben und die Flächen durchsichtig sind. Jede Strecke ist durch die Angabe der Indizes der beiden Endpunkte im Raum charakterisiert. Insgesamt betrachten wir n_s solcher Strecken, die im Array $s(i = 1, 2; j = 1, \ldots n_s)$ codiert seien; dabei gibt der Wert von $s(1, j)$ den Index des Anfangspunktes und $s(2, j)$ den des Endpunktes für die Strecke Nummer j an. Das Array $p(i = 1, 2, 3; j = 1, \ldots n_p)$ gibt die Koordinaten $(i = 1, 2, 3)$ der Punkte j an.

Wir müssen für jedes Bild unseres Trickfilms zwei Drehungen durchführen. Die eine ist die eigentliche Drehung des Drahtgittermodells im Raum. Die Drehmatrix kann durch die Euler-Drehmatrix $\mathbf{R}(d\varphi, d\vartheta, d\psi)$ beschrieben werden. Jeder Punkt $\boldsymbol{x}$ geht also in $\boldsymbol{x}' = \mathbf{R}\boldsymbol{x}$ über. Drehungen um die Achsen des raumfesten Koordinatensystems sind dabei durch folgende Matrizen gegeben:

$$\begin{aligned} &\text{um die } x\text{-Achse:} \quad \Rightarrow \quad \mathbf{R}(0, d\vartheta, 0) \\ &\text{um die } y\text{-Achse:} \quad \Rightarrow \quad \mathbf{R}\left(-\tfrac{\pi}{2}, d\vartheta, \tfrac{\pi}{2}\right) \\ &\text{um die } z\text{-Achse:} \quad \Rightarrow \quad \mathbf{R}(d\varphi, 0, 0)\ . \end{aligned} \tag{C.3.2.1}$$

Durch entsprechende Werte der Drehwinkel können Drehungen um beliebige Drehachsen realisiert werden. Wie schon im Zusammenhang mit der Euler-Drehmatrix besprochen, handelt es sich dabei um Drehungen des Koordinatensystems. Wenn man statt dessen die Punkte in einem festgehaltenen System drehen möchte, so muss man die Drehwinkel entsprechend umkehren (vgl. Abschn. 10.5). Ausgehend von der Anfangsposition werden die Koordinaten der Punktmenge in jedem Zeitschritt um $(d\varphi, d\vartheta, d\psi)$ gedreht und dann der Streckenzug grafisch dargestellt. So entsteht der Eindruck einer kontinuierlichen Drehung.

Als Beobachter müssen Sie aber auch angeben, aus welcher Raumrichtung Sie in die Richtung des Ursprungs des Koordinatensystems blicken. Dazu wählen wir in Kugelkoordinaten die beiden Winkel φ und ϑ. Um das gedrehte Drahtgittermodell in die richtige Blickperspektive zu bringen, muss man es also vor der grafischen Darstellung noch einmal um $\mathbf{R}(-\varphi, -\vartheta, 0)$ drehen, also eine „Beobachter-Transformation" durchführen. Bei räumlicher Darstellung ist es üblich, Objekte aus der Richtung $\varphi \approx \pi/3$ und $\vartheta \approx \pi/3$ zu betrachten. Wenn der Ursprung des Koordinatensystems nicht im Bildmittelpunkt liegen soll, so muss noch eine geeignete Translation ausgeführt werden.

Wir verzichten auf Feinheiten der stereografischen Projektion wie etwa Parallaxe oder Betrachtungsabstand und nehmen einfach an, dass die „Sehstrahlen" parallel sind. Wir stellen jeden Punkt einfach durch seine Projektion auf die Bildschirm-Ebene, also seine Koordinaten (x, y) dar. Natürlich wird man die Produkte der verschiedenen Drehmatrizen in einer Matrix zusammenfassen und die benötigten Werte der Winkelfunktionen jeweils zwischenspeichern. Schreiben Sie ein Programm, um ein von Ihnen gewähltes Bild (zum Beispiel einen Würfel!) so zu animieren.

3.4 Das Eigenwertproblem

Die Multiplikation eines Vektors mit einer Matrix kann eine Drehung beschreiben.Sie kann aber auch eine Verzerrung in bestimmte Raumrichtungen oder eine Kombination von Drehung und Verzerrung bedeuten.

Eine Drehung ist dadurch charakterisiert, dass es eine Richtung im Raum gibt, die nicht verändert wird: die Drehachse. Wir erwarten daher, dass es auch bei der Multiplikation einer Matrix $\mathbf{A}$ mit einer Spaltenmatrix (also einem Vektor) $\boldsymbol{v}$ einen oder mehrere spezielle Werte für $\boldsymbol{v}$ gibt, welche die Gleichung

$$\mathbf{A}\,\boldsymbol{v} = \lambda\,\boldsymbol{v} \tag{3.111}$$

erfüllen; λ ist dabei jeweils eine konstante, reelle oder komplexe Zahl, die eine Maßstabsänderung in Richtung der „Drehachse" beschreibt und **Eigenwert** genannt wird. Jeder Vektor $\boldsymbol{v}$, der in Bezug auf $\mathbf{A}$ diese Eigenschaft hat, charakterisiert die Richtung einer „Drehachse" und heißt **Eigenvektor**.

Wir müssen dieses gerade besprochene Bild gleich wieder etwas einschränken. Lösungen zur Eigenwertgleichung sind auch dann interessant und möglich, wenn die Matrix keine Drehung beschreibt. Tatsächlich taucht die Frage nach Eigenvektoren und Eigenwerten in fast jedem Teilgebiet der Physik auf. In der Mechanik sind die Trägheitsmomente und die entsprechenden Drehachsen Eigenwerte und Eigenvektoren. Aber auch die Energieniveaus der Elektronen in der Atomhülle sind Eigenwerte einer entsprechenden Gleichung. Wie wir im Kap. 16 diskutieren, kann man bestimmte Differenzialgleichungen analog zum Matrixproblem untersuchen und nach Eigenwerten und Eigenvektoren fragen.

Die Frage nach Eigenwerten und Eigenvektoren bezeichnet man als **Eigenwertproblem** für Matrizen: Gibt es für eine gegebene quadratische Matrix $\mathbf{A}$ Eigenwerte λ und (von 0 verschiedene) Eigenvektoren $\boldsymbol{v}$, sodass die Matrixgleichung

$$(\mathbf{A} - \lambda\,\mathbf{1})\,\boldsymbol{v} = 0 \tag{3.112}$$

erfüllt ist? Der Nullvektor ist offenbar immer eine – triviale – Lösung. Da dies ein homogenes Gleichungssystem ist, kann es nicht-triviale Lösungen nur dann geben, wenn die

Determinante verschwindet, also

$$\det(\mathbf{A} - \lambda\, \mathbf{1}) = 0 \tag{3.113}$$

gilt. Für eine $n \times n$-Matrix **A** ergibt die Determinante ein Polynom mit den Potenzen $\lambda^0, \ldots \lambda^n$, welches **charakteristisches Polynom** genannt wird. Die sich ergebende Gleichung heißt **Säkulargleichung**.

Da es sich um ein Polynom n-ter Ordnung handelt, hat die Gleichung n Lösungen: $\lambda_1, \lambda_2, \ldots \lambda_n$. Diese sind die Eigenwerte des Problems. Natürlich kann es auch Nullstellen höherer (zum Beispiel k-ter) Ordnung und damit so genannte „entartete" (zum Beispiel k-fache) Eigenwerte geben. Der Begriff Entartung ist dabei völlig wertfrei, man meint einfach die höhere Multiplizität der Lösungen und bezeichnet sie als **algebraische Multiplizität**. (Dementsprechend spricht man dann auch in der Quantentheorie von „entarteten" Energieniveaus, wenn mehrere unterschiedliche Quantenzustände den gleichen Energiewert haben.)

Beispiel

Wir demonstrieren die Vorgangsweise an einem Beispiel. Für die Matrix

$$\mathbf{A} = \begin{pmatrix} 10 & -3 \\ -3 & 2 \end{pmatrix} \Rightarrow \mathbf{A} - \lambda\mathbf{1} = \begin{pmatrix} 10-\lambda & -3 \\ -3 & 2-\lambda \end{pmatrix}$$

führt das Eigenwertproblem zur Säkulargleichung

$$\begin{aligned} \det(\mathbf{A} - \lambda\mathbf{1}) &= (10-\lambda)(2-\lambda) - 9 = 0 \\ &\Rightarrow \lambda^2 - 12\lambda + 11 = 0\,, \quad \lambda_1 = 1\,, \quad \lambda_2 = 11\,. \end{aligned}$$

Es gibt also zwei verschiedene Eigenwerte. □

Sobald man die Eigenwerte aus der Säkulargleichung berechnet hat, kann man versuchen, zu jedem unterschiedlichen Eigenwert den zugehörigen Eigenvektor zu berechnen. Dazu setzt man in die Matrixgleichung den Eigenwert ein und löst das homogene Gleichungssystem. Für ein 2×2 Problem hat dieses die Form

$$\begin{pmatrix} a_{11} - \lambda_i & a_{12} \\ a_{21} & a_{22} - \lambda_i \end{pmatrix} \begin{pmatrix} (X_i)_1 \\ (X_i)_2 \end{pmatrix} = 0\,. \tag{3.114}$$

Da wir zur Bestimmung der Eigenwerte die Bedingung (3.113) erzwungen haben, werden diese linearen Gleichungen linear abhängig sein. Gleichzeitig ist es aber ein homogenes LGS, und so wird die Lösung nichttrivial sein (vgl. Abschn. 3.2.6). Die Lösungsvektoren sind also – bis auf einen unbestimmten Multiplikationsfaktor – bestimmbar. Man kann sie geeignet normieren, zum Beispiel auf Länge 1, damit sie Einheitsvektoren werden.

Beispiel

Wir setzen unser Beispiel fort. Einsetzen der Eigenwerte in die ursprüngliche Gleichung liefert die entsprechenden Eigenvektoren. Den unbestimmbaren Parameter nennen wir t.

$$\lambda_1 = 1: \qquad (\mathbf{A} - \mathbf{1})\, \boldsymbol{v}_1 = 0 \Rightarrow \qquad \begin{pmatrix} 9 & -3 \\ -3 & 1 \end{pmatrix} \begin{pmatrix} x \\ y \end{pmatrix} = 0\,;$$

$$\Rightarrow x_1 = t\,, \quad y_1 = 3t\,, \qquad 1.\,\text{Eigenvektor}: \ \boldsymbol{v}_1 = \begin{pmatrix} t \\ 3t \end{pmatrix}.$$

$$\lambda_2 = 11: \qquad (\mathbf{A} - 11\,\mathbf{1})\, \boldsymbol{v}_2 = 0 \Rightarrow \qquad \begin{pmatrix} -1 & -3 \\ -3 & -9 \end{pmatrix} \begin{pmatrix} x \\ y \end{pmatrix} = 0\,;$$

$$\Rightarrow x_2 = t\,, \quad y_2 = -\frac{t}{3}\,, \qquad 2.\text{Eigenvektor}: \ \boldsymbol{v}_2 = \begin{pmatrix} t \\ -\frac{t}{3} \end{pmatrix}.$$

Wir sehen dabei, dass die beiden Matrixzeilen wie erwartet einander proportional sind.

Da die Eigenvektoren immer nur bis auf einen beliebigen multiplikativen Faktor bestimmt sind, einigt man sich oft auf eine spezielle Normierung. Eine Konvention besteht darin, die Vektoren auf die Länge 1 zu normieren; man beachte dabei die Definition des Betrages für komplexe Vektoren. In unserem Beispiel erhalten wir dann

$$\boldsymbol{v}_1 = \frac{1}{\sqrt{10}} \begin{pmatrix} 1 \\ 3 \end{pmatrix}, \quad \boldsymbol{v}_2 = \frac{1}{\sqrt{10}} \begin{pmatrix} 3 \\ -1 \end{pmatrix}.$$

Eine andere Möglichkeit ist, die jeweils erste nichtverschwindende Komponente auf den Wert 1 festzulegen. Wir werden die erste Art der Normierung bevorzugen. □

Die Menge der Eigenvektoren und der Eigenwerte einer Matrix nennt man auch das **Eigensystem**. Das Wort „eigen“ taucht sogar als deutsches Lehnwort in der englischsprachigen Fachliteratur auf: „eigenvalue“, „eigenvector“ oder „eigensystem“! Die Eigenwerte von $\mathbf{A}$ und $\mathbf{A}^T$ stimmen überein. Die entsprechenden Eigenvektor-Systeme können aber unterschiedlich sein. Man spricht in diesem Fall von rechten Eigenvektoren (zu $\mathbf{A}$) und linken Eigenvektoren (zu $\mathbf{A}^T$). Wir werden in Kap. 16 noch mehr über die Eigenschaften von Eigensystemen sagen. Zur Appetitanregung folgen hier nur ein paar Hinweise.

Die zu unterschiedlichen Eigenwerten gehörenden Eigenvektoren sind linear unabhängig! Wenn man also für eine $n \times n$-Matrix n verschiedene Eigenwerte hat, spannen die n Eigenvektoren einen n-dimensionalen Vektorraum auf.

Beispiel

Leider gibt es nicht immer gleich viele Eigenvektoren wie Eigenwerte. Die Matrix

$$\mathbf{A} = \begin{pmatrix} 0 & 1 \\ -1 & -2 \end{pmatrix}$$

hat einen entarteten Eigenwert $\lambda = -1$. Ein Eigenvektor ergibt sich zu $(1, -1)$ und es gibt keinen weiteren Eigenvektor. □

Das ist ein Beispiel für eine nicht-hermitische Matrix, bei der das Eigensystem eine niedrigere Dimensionalität hat als die Matrix selbst. Die Zahl der Eigenvektoren zu einem bestimmten Eigenwert nennt man **geometrische Multiplizität** und sie ist kleiner oder gleich der algebraischen Multiplizität. Bei hermitischen Matrizen kann man immer den Eigenraum durch Konstruktion zu einem vollständigen ergänzen. Für diese Matrizen gilt sogar, dass sie reelle Eigenwerte haben, deren Eigenvektoren für verschiedene Eigenwerte von vornherein zueinander orthogonal sind.

Die Matrix im Beispiel weiter oben war symmetrisch und reell, also hermitisch. Die Eigenwerte waren daher reell und die Eigenvektoren zueinander orthogonal, wie man sich leicht überzeugen kann. Auch die Eigenvektoren zu entarteten Eigenwerten spannen einen Teilraum auf. Wenn also Eigenwerte existieren, so kann man aus den zugehörigen Eigenvektoren eine orthogonale Basis konstruieren. Dies hilft dabei, im Falle entarteter Eigenwerte die Eigenvektoren zu finden. Man kann einfach die Basisvektoren des entsprechenden Teilraumes dazu verwenden.

Nicht immer ist die Problemstellung so, dass das kartesische Koordinatensystem das einfachste ist. Es kann günstig sein, andere Koordinaten zu verwenden. Oft geben die Eigenvektoren einer Matrix die idealen Richtungen an. Wir betrachten daher noch einmal das Eigenwertproblem (3.112) und nehmen an, dass die Eigenwerte λ_i reell und die entsprechenden Eigenvektoren $\boldsymbol{v}_i$ orthogonal und auf die Länge 1 normiert sind. Wir ordnen nun die n Eigenvektoren als *Spalten* zu einer Matrix an, also

$$\mathbf{U} \equiv \begin{pmatrix} \boldsymbol{v}_1 & \cdots & \boldsymbol{v}_n \end{pmatrix} \quad \Leftrightarrow \quad (\mathbf{U})_{ji} = (\boldsymbol{v}_i)_j \; . \tag{3.115}$$

Dann gilt offenbar

$$\mathbf{U}^\dagger \, \mathbf{U} = \mathbf{U} \, \mathbf{U}^\dagger = \begin{pmatrix} \overline{\boldsymbol{v}_1} \cdot \boldsymbol{v}_1 & \overline{\boldsymbol{v}_1} \cdot \boldsymbol{v}_2 & \cdots \\ \overline{\boldsymbol{v}_2} \cdot \boldsymbol{v}_1 & \overline{\boldsymbol{v}_2} \cdot \boldsymbol{v}_2 & \cdots \\ \cdots & \cdots & \overline{\boldsymbol{v}_n} \cdot \boldsymbol{v}_n \end{pmatrix} = \mathbf{1} \, . \tag{3.116}$$

Die Nichtdiagonalelemente verschwinden, da die Eigenvektoren aufeinander normal stehen. Die Diagonalelemente haben den Wert 1, da die Eigenvektoren normiert sind. Diese Matrix **U** ist daher unitär. Wenn alle Eigenvektoren reell sind, dann ist **U** sogar eine orthogonale Matrix.

Wenn wir die Matrix **A** auf **U** anwenden und (3.115) beachten, so erhalten wir

$$\mathbf{A}\,\mathbf{U} = \left(\lambda_1\, \boldsymbol{v}_1 \cdots \lambda_n\, \boldsymbol{v}_n\right) = \mathbf{U} \begin{pmatrix} \lambda_1 & 0 & 0 & \cdots & 0 \\ 0 & \lambda_2 & 0 & \cdots & 0 \\ \vdots & \vdots & \vdots & \cdots & \vdots \\ 0 & 0 & 0 & \cdots & \lambda_n \end{pmatrix} \equiv \mathbf{U}\boldsymbol{\Lambda} \tag{3.117}$$

Wir haben implizit die Diagonalmatrix der Eigenwerte $\boldsymbol{\Lambda}$ eingeführt.

Multiplikation von links ergibt

$$\mathbf{U}^\dagger\,\mathbf{A}\,\mathbf{U} = \boldsymbol{\Lambda}\,. \tag{3.118}$$

Man sagt, „**U** diagonalisiert **A**“ oder „**U** bringt **A** in **Diagonalform**“. Entsprechend gilt dann auch

$$\mathbf{A} = \mathbf{U}\boldsymbol{\Lambda}\mathbf{U}^\dagger \quad \Leftrightarrow \quad (\mathbf{A})_{lm} = \sum_i \lambda_i\, (\boldsymbol{v}_i)_l\, (\overline{\boldsymbol{v}}_i)_m\,. \tag{3.119}$$

und man kann also die Matrix aus ihren Eigenwerten und Eigenvektoren rekonstruieren. Diese Zerlegung nach Eigenwerten heißt **Spektralzerlegung** oder auch **Spektraldarstellung** und ist bei vielen allgemeinen Beweisführungen und Ableitungen wichtig und hilfreich.

Wenn man also zu einer Matrix **A** eine entsprechende unitäre Matrix **U** findet, die **A** diagonalisiert, dann hat man gleichzeitig das Eigenwertproblem gelöst. Numerische Verfahren versuchen, diese Diagonalisierung iterativ in Teilschritten durchzuführen [1, 2].

Beispiel

Die Matrix aus unserem Beispiel weiter oben hat Eigenvektoren ergeben, die man auf Einheitslänge normieren konnte. Aus diesen konstruieren wir die unitäre Matrix **U** und zeigen, dass diese die ursprüngliche Matrix **A** diagonalisiert.

$$\mathbf{U}^\dagger\,\mathbf{A}\,\mathbf{U} = \begin{pmatrix} \frac{1}{\sqrt{10}} & \frac{3}{\sqrt{10}} \\ \frac{3}{\sqrt{10}} & -\frac{1}{\sqrt{10}} \end{pmatrix} \begin{pmatrix} 10 & -3 \\ -3 & 2 \end{pmatrix} \begin{pmatrix} \frac{1}{\sqrt{10}} & \frac{3}{\sqrt{10}} \\ \frac{3}{\sqrt{10}} & -\frac{1}{\sqrt{10}} \end{pmatrix} = \begin{pmatrix} 1 & 0 \\ 0 & 11 \end{pmatrix}. \qquad \square$$

Nicht alle Matrizen sind auf diese Art diagonalisierbar. Und manchmal ist **U** auch nicht unitär, und man muss statt dessen mit

$$\mathbf{U}^{-1}\,\mathbf{A}\,\mathbf{U} = \Lambda \tag{3.120}$$

diagonalisieren. Matrizen, bei denen der Kommutator $[A, A^\dagger]$ verschwindet, heißen **normal**. Normale Matrizen sind unitär diagonalisierbar und haben daher eine Spektraldarstellung. Allerdings ist nicht jede diagonalisierbare Matrix normal, und nicht jede hat eine Spektraldarstellung!

Näheres zu diesen Einschränkungen findet man in Texten wie etwa [3], und einiges werden wir in Kap. 16 erwähnen. Der bei weitem wichtigste Fall ist aber der hier besprochene für hermitische Matrizen mit orthogonalen Eigenvektoren und unitären $\mathbf{U}$, und wir beschränken uns hier auf diesen Fall.

Die **Diagonalisierung** entspricht dem Übergang in ein neues Koordinatensystem und ist eine so genannte Ähnlichkeitstransformation. Man kann die Eigenwertgleichung

$$\mathbf{A}\,\boldsymbol{v} = \lambda\,\boldsymbol{v} \tag{3.121}$$

mit $\mathbf{U}^\dagger$ multiplizieren und umformen,

$$\mathbf{U}^\dagger\,\mathbf{A}\,\mathbf{U}\,(\mathbf{U}^\dagger\,\boldsymbol{v}) = \lambda\,(\mathbf{U}^\dagger\,\boldsymbol{v}) \quad \Rightarrow \quad \mathbf{\Lambda}\,\tilde{\boldsymbol{v}} = \lambda\,\tilde{\boldsymbol{v}}\ , \tag{3.122}$$

wobei $\mathbf{\Lambda} = \mathbf{U}^\dagger\mathbf{A}\mathbf{U}$ die diagonalisierte Matrix ist, und $\tilde{\boldsymbol{v}} = \mathbf{U}^\dagger\boldsymbol{v}$ der Vektor $\boldsymbol{v}$ in der neuen Basis. Nur eine seiner Komponenten ist ungleich 0; sie hat den Wert 1 und blendet damit genau den entsprechenden Eigenwert aus $\mathbf{\Lambda}$ heraus. Anders ausgedrückt: In der neuen Basis der Eigenvektoren $\tilde{\boldsymbol{v}}$ hat $\mathbf{A}$ die einfache, diagonale Form $\mathbf{\Lambda}$. Wir werden diese Eigenschaft im folgenden Abschn. 3.4.1 zur Vereinfachung quadratische Formen nutzen.

Beispiel

Betrachten wir die Matrix

$$\mathbf{A} = \begin{pmatrix} 3 & -2 \\ -2 & 3 \end{pmatrix}\ . \tag{3.123}$$

Das charakteristische Polynom hat die Lösungen

$$\det\begin{pmatrix} 3-\lambda & -2 \\ -2 & 3-\lambda \end{pmatrix} = (3-\lambda)^2 - 4 = 0 \quad \Rightarrow \quad 3-\lambda = \pm 2\ , \quad \lambda_1 = 1\ , \quad \lambda_2 = 5\ .$$

Die Eigenvektoren sind bis auf multiplikative Konstante bestimmbar aus

$$\begin{pmatrix} 3-\lambda_i & -2 \\ -2 & 3-\lambda_i \end{pmatrix} \boldsymbol{v}_i = 0\ .$$

Für den ersten Eigenwert $\lambda_1 = 1$ und den Ansatz $\boldsymbol{v}_1 = (s, t)$ für die Komponenten des entsprechenden Eigenvektors erhält man die beiden Gleichungen

$$\begin{aligned} 2s - 2t &= 0\ , \\ -2s + 2t &= 0\ . \end{aligned}$$

Wie zu erwarten, sind die Gleichungen linear abhängig, liefern also nur *eine* Beziehung: $s = t$. Analog geht man für den zweiten Eigenwert vor. Damit ergeben sich die beiden Eigenvektoren

$$\boldsymbol{v}_1 \propto \begin{pmatrix} 1 \\ 1 \end{pmatrix} , \quad \boldsymbol{v}_2 \propto \begin{pmatrix} 1 \\ -1 \end{pmatrix} ,$$

und bei Normierung zu Einheitsvektoren

$$\boldsymbol{v}_1 = \frac{1}{\sqrt{2}} \begin{pmatrix} 1 \\ 1 \end{pmatrix} \quad , \quad \boldsymbol{v}_2 = \frac{1}{\sqrt{2}} \begin{pmatrix} 1 \\ -1 \end{pmatrix} .$$

Wir verifizieren nun die Spektraldarstellung und bilden

$$\lambda_1 \, (\boldsymbol{v}_1)_l \, (\overline{\boldsymbol{v}}_1)_m + \lambda_2 \, (\boldsymbol{v}_2)_l \, (\overline{\boldsymbol{v}}_2)_m = 1 \begin{pmatrix} \frac{1}{2} & \frac{1}{2} \\ \frac{1}{2} & \frac{1}{2} \end{pmatrix} + 5 \begin{pmatrix} \frac{1}{2} & -\frac{1}{2} \\ -\frac{1}{2} & \frac{1}{2} \end{pmatrix} = \begin{pmatrix} 3 & -2 \\ -2 & 3 \end{pmatrix} .$$

Das ist genau die erwartete Matrix. □

Wenn alle Eigenwerte λ_i und deren Multiplizitäten (Entartungsgrad der entsprechenden Nullstellen der Säkulargleichung) p_i bekannt sind, so kann man sowohl die Spur der Matrix als auch die Determinante durch diese ausdrücken:

$$\operatorname{tr} \mathbf{A} = \sum_{i=1}^{N} p_i \lambda_i \, , \qquad \det \mathbf{A} = \prod_{i=1}^{N} \lambda_i^{p_i} \, , \tag{3.124}$$

wobei N die Anzahl der unterschiedlichen Eigenwerte angibt. Man sieht dies leicht aus der Definition der Säkulargleichung.

Wir kehren in Kap. 16 zum Eigenwertproblem zurück und besprechen in Abschn. 16.2 weitere Eigenschaften von hermitischen Matrizen in diesem Zusammenhang.

M.3.11 Kurz und klar: Lineare Abbildung und Ähnlichkeitstransformation

Wenn man einen Vektor mit einer Matrix multipliziert,

$$X' = \mathbf{U} X \, , \tag{M.3.11.1}$$

so handelt es sich um eine Abbildung des Vektorraums $\mathbb{X}$ auf sich selbst: Ein Element $X \in \mathbb{X}$ wird in ein Element $X' \in \mathbb{X}$ übergeführt. Da es sich um eine lineare Transformation handelt, spricht man auch von einer **linearen Abbildung**. Die Matrix agiert also als ein **linearer Operator** in unserem Vektorraum.

Wenn $\mathbf{U}$ eine Drehmatrix ist, so entspricht diese Operation einer Drehung des Vektors im Raum. Im allgemeinen wird die Matrixmultiplikation aber eine Kombination von Drehungen und Stauchungen oder Dehnungen beschreiben.

Wie ändert sich die Matrixgleichung

$$\mathbf{A}\,X = B \qquad \text{(M.3.11.2)}$$

unter so einer Transformation auf neue Koordinaten (M.3.11.1)? Wir multiplizieren die Gleichung von links mit **U** und fügen zwischen **A** und X die Einheit in der Form $\mathbf{U}^{-1}\mathbf{U}$ ein.

$$\mathbf{A}\,X = B \;\Rightarrow\; \mathbf{U}\,\mathbf{A}\,\mathbf{U}^{-1}\,\mathbf{U}\,X = \mathbf{U}\,B \;\Rightarrow\; \mathbf{A}'\,X' = B' \qquad \text{(M.3.11.3)}$$

mit den Definitionen

$$X' = \mathbf{U}\,X\;, \quad B' = \mathbf{U}\,B\;, \quad \mathbf{A}' = \mathbf{U}\,\mathbf{A}\,\mathbf{U}^{-1}\;. \qquad \text{(M.3.11.4)}$$

Wir erkennen daraus, dass

(a) die Transformationsmatrix invertierbar (nicht singulär) sein muss,
(b) sich Vektoren durch die Multiplikation mit **U** transformieren, und
(c) Matrizen in den neuen Koordinaten aus der alten Form **A** durch Multiplikation mit **U** von links und $\mathbf{U}^{-1}$ von rechts gewonnen werden.

Transformationen dieses Art nennt man **Ähnlichkeitstransformationen**. Wenn **U** die Matrix der normierten Eigenvektoren von **A** ist, dann ist $\mathbf{A}'$ eine Diagonalmatrix.

3.4.1 Quadratische Formen

Der Ausdruck

$$Q(x_1,\ldots,x_n) = \sum_{i,j=1}^{n} a_{ij}\,x_i\,x_j \quad , \quad x_i,\,a_{ij} \in \mathbb{R} \qquad (3.125)$$

heißt **reelle quadratische Form** im $\mathbb{R}^n$. Da $x_i\,x_j = x_j\,x_i$ kann man immer eine symmetrische Matrix finden, mit der

$$X^T\mathbf{A}X = \sum_{i,j=1}^{n} a_{ij}\,x_i\,x_j \qquad (3.126)$$

und $a_{ij} = a_{ji}$ gilt. Dabei ist X der Vektor der Variablen $(x_1,\ldots x_n)$. Wenn **A** nicht symmetrisch sein sollte, dann kann man sie durch die Matrix $(\mathbf{A}+\mathbf{A}^T)/2$ ersetzen, die symmetrisch ist und dieselbe quadratische Form ergibt.

Wenn die quadratische Form für alle Werte von X (außer dem Ursprung) streng positiv ist, nennt man sie **positiv definit**, wenn sie überall außer am Ursprung negativ ist, nennt man sie **negativ definit**. Wie kann man das aber feststellen? Nun, reelle symmetrische Matrizen sind immer diagonalisierbar. Diese Eigenschaft hilft uns, ein optimales Koordinatensystem zu finden, in dem die entsprechende Matrix diagonal ist. Die quadratische Form ist in diesem speziellen System dann eine Summe von quadratischen Termen. Dies gilt nicht nur in 3 Dimensionen, sondern für reelle quadratische Formen in beliebig vielen Dimensionen.

Es gibt eine interessante geometrische Anwendung zur Diagonalisierung. Die quadratische Gleichung der Oberfläche eines dreiachsigen Ellipsoids in $\mathbb{R}^3$, dessen Zentrum im Ursprung liegt, kann ebenfalls als quadratische Form

$$X^T \mathbf{A} X = 1 \tag{3.127}$$

geschrieben werden. Im allgemeinen Fall stimmen die Hauptachsen des Ellipsoids nicht mit den Achsen des kartesischen Koordinatensystems überein, und $\mathbf{A}$ hat nicht nur in der Diagonale nichtverschwindende Elemente. Wenn wir die Matrix $\mathbf{A}$ diagonalisieren, so können wir (wegen der Unitarität von $\mathbf{U}$ mittels (3.119)) die Gleichung umschreiben:

$$X^T \, \mathbf{A} \, X = X^T \, \mathbf{U} \boldsymbol{\Lambda} \mathbf{U}^\dagger \, X = \left(\mathbf{U}^\dagger \, X\right)^T \, \boldsymbol{\Lambda} \, \left(\mathbf{U}^\dagger \, X\right) = 1 \, . \tag{3.128}$$

Mit neuen Koordinaten $X' = \mathbf{U}^\dagger \, X$ ist die Gleichung also besonders einfach, da sie in diesen „diagonal“ ist. Sie hat die Form

$$\lambda_1 \, (x_1')^2 + \lambda_2 \, (x_2')^2 + \lambda_3 \, (x_3')^2 = 1 \, . \tag{3.129}$$

Das ist die Gleichung eines Ellipsoids in Hauptachsenlage. Wir haben durch die Diagonalisierung also das für die Darstellung einfachste Koordinatensystem der X' gefunden. Die Eigenwerte sind den Quadraten der Hauptachsenabschnitte umgekehrt proportional. Ein Ellipsoid hat nur positive Eigenwerte.

Dieses Beispiel ist natürlich auf quadratische Formen anderer Dimensionen als 3 verallgemeinerbar. Man kann diese durch Diagonalisierung der entsprechenden symmetrischen Matrix $\mathbf{A}$ immer in eine „kanonische“ Form

$$X'^T \, \boldsymbol{\Lambda} \, X' = \sum_i \lambda_i \, x_i'^2 \tag{3.130}$$

bringen. Die Zahl der quadratischen Terme heißt auch **Rang** der quadratischen Form.

Wenn alle Koeffizienten in der diagonalen Darstellung positiv sind, ist die quadratische Form positiv definit! Wir lernen daraus: Wenn alle Eigenwerte der eine quadratische Form definierenden Matrix positiv sind, dann ist die Form positiv definit, wenn alle Eigenwerte negativ sind, ist sie negativ definit.

Beispiel

Wir wollen die Funktion (eine quadratische Form!)

$$Q(x,y) = -x^2 - y^2 + x\,y$$

in die einfachere Form $Q(u,v) = a\,u^2 + b\,v^2$ bringen, wobei die neuen Variablen Linearkombinationen der alten sein sollen. Es ist

$$Q(x,y) = \begin{pmatrix} x & y \end{pmatrix} \begin{pmatrix} -1 & \frac{1}{2} \\ \frac{1}{2} & -1 \end{pmatrix} \begin{pmatrix} x \\ y \end{pmatrix},$$

und die Eigenwerte und (normierten) Eigenvektoren der Matrix sind

$$\lambda_1 = -\frac{1}{2}, \quad \boldsymbol{v}_1 = \sqrt{\frac{1}{2}} \begin{pmatrix} 1 \\ 1 \end{pmatrix}, \quad \lambda_2 = -\frac{3}{2}, \quad \boldsymbol{v}_2 = \sqrt{\frac{1}{2}} \begin{pmatrix} 1 \\ -1 \end{pmatrix}.$$

Damit finden wir die gewünschte Darstellung zu

$$Q(u,v) = -\frac{1}{2}u^2 - \frac{3}{2}v^2, \quad \text{mit } u = \sqrt{\frac{1}{2}}(x+y), \quad v = \sqrt{\frac{1}{2}}(x-y). \tag{3.131}$$

Bei dieser Lösungsmethode sind die neuen Variablen solche eines orthogonalen Systems, die Koordinatenachsen stehen senkrecht aufeinander. □

Das eben betrachtete Beispiel behandelt eine **binäre quadratische Form**, die allerdings nicht positiv definit war. Eine allgemeine reelle, binäre quadratische Form ist

$$Q(x,y) = a_{11}\,x_1^2 + 2\,a_{12}\,x_1\,x_2 + a_{22}\,x_2^2. \tag{3.132}$$

Abb. 3.10 zeigt Beispiele für drei bilineare quadratische Formen $z = Q(x,y)$ und die Schnittkurven $Q(x,y) = 1$. Für so eine einfache Form reicht es zu zeigen, dass

$$a_{11}\,a_{22} - a_{12}^2 > 0 \quad \text{sowie} \quad a_{11} > 0 \tag{3.133}$$

gilt und damit ist die Form positiv definit ($a_{22} > 0$ gilt dann automatisch). Das ist nicht anderes als die Feststellung, dass es sich um ein Maximum handelt, wie wir es in 4.76 und M.4.4 besprechen.

Beispiel

Als dreidimensionales Beispiel betrachten wir

$$x_1^2 + x_2^2 + x_3^2 + x_1\,x_2 + x_1\,x_3 + x_2\,x_3 = 1$$

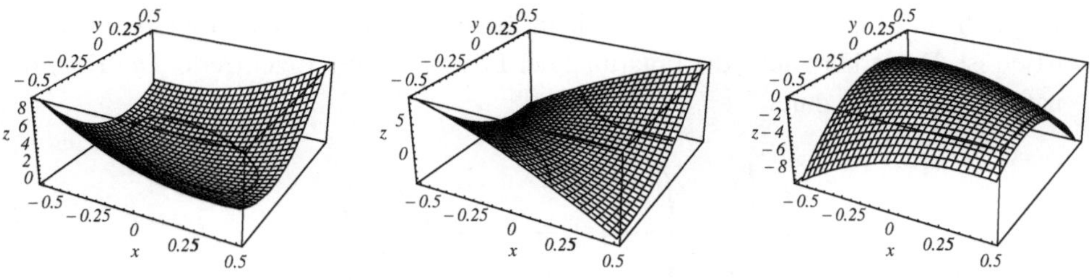

Abb. 3.10 Die Flächen geben die quadratischen Formen $z = 8\,x^2 + 12\,x\,y + 17\,y^2$, $z = -4\,x^2 + 24\,x\,y + 14\,y^2$, und $z = -8\,x^2 - 12\,x\,y - 17\,y^2$ an, sowie deren Schnittkurven mit $z = 1$ (Ellipse, Hyperbel, leere Menge). Die Formen sind (von links nach rechts) positiv definit, gemischt und negative definit. Welche Eigenwerte haben die entsprechenden diagonalen Darstellungen?

oder, durch eine symmetrische Matrix ausgedrückt,

$$\begin{pmatrix} x_1 & x_2 & x_3 \end{pmatrix} \begin{pmatrix} 2 & 1 & 1 \\ 1 & 2 & 1 \\ 1 & 1 & 2 \end{pmatrix} \begin{pmatrix} x_1 \\ x_2 \\ x_3 \end{pmatrix} = 2\,.$$

Hier ergeben sich die Eigenwerte der Matrix zu $\lambda_1 = \lambda_2 = 1$, $\lambda_3 = 4$. Der Eigenvektor für λ_3 ist

$$\boldsymbol{v}_3 = \frac{1}{\sqrt{3}} \begin{pmatrix} 1 \\ 1 \\ 1 \end{pmatrix}\,.$$

Für den „entarteten" Eigenwert $\lambda = 1$ hingegen erhält man nur eine unabhängige Gleichung für die Komponenten des Eigenvektors, nämlich

$$x_1 + x_2 + x_3 = 0\,.$$

Das ergibt keine Punktlösung, sondern eine zweidimensionale Lösungsmannigfaltigkeit, eine Ebene. Wir suchen daher aus der möglichen Menge der Lösungen zwei heraus, die miteinander und mit $\boldsymbol{v}_3$ ein orthogonales Dreibein bilden, also zum Beispiel

$$\boldsymbol{v}_1 = \frac{1}{\sqrt{2}} \begin{pmatrix} -1 \\ 0 \\ 1 \end{pmatrix}, \quad \boldsymbol{v}_2 = \frac{1}{\sqrt{6}} \begin{pmatrix} -1 \\ 2 \\ -1 \end{pmatrix}.$$

Die Diagonalisierung der Matrix der quadratischen Form führt damit zur Hauptachsendarstellung der Fläche

$$(x_1')^2 + (x_2')^2 + 4\,(x_3')^2 = 2\,,$$

wodurch ein Ellipsoid beschrieben wird, das bezüglich der x_3'-Achse rotationssymmetrisch ist. Das erklärt auch die Entartung der Lösung für die Eigenwerte. Die Koordinaten ergeben sich durch

$$\begin{pmatrix} x_1' \\ x_2' \\ x_3' \end{pmatrix} = \begin{pmatrix} -\frac{1}{\sqrt{2}} & 0 & \frac{1}{\sqrt{2}} \\ -\frac{1}{\sqrt{6}} & \frac{2}{\sqrt{6}} & -\frac{1}{\sqrt{6}} \\ \frac{1}{\sqrt{3}} & \frac{1}{\sqrt{3}} & \frac{1}{\sqrt{3}} \end{pmatrix} \begin{pmatrix} x_1 \\ x_2 \\ x_3 \end{pmatrix} .$$

□

3.4.2 Funktionen von Matrizen

Funktionen von quadratischen Matrizen kann man über die entsprechende Potenzreihe der Funktion definieren, also zum Beispiel

$$\exp \mathbf{A} = \sum_{k=0}^{\infty} \frac{\mathbf{A}^k}{k!} . \tag{3.134}$$

Die Konvergenz der Reihe wird dabei durch den betragsgrößten Eigenwert bestimmt. Das ist bei der Exponentialfunktion natürlich überhaupt kein Problem, das sie ja immer konvergiert.

Muss man also alle Potenzen der Matrix kennen, um die Matrixfunktion zu berechnen? Nein, glücklicherweise nicht! Man kann zeigen, dass es für eine $n \times n$-Matrix ausreicht, die Potenzen bis zu $\mathbf{A}^{n-1}$ zu kennen, da man aus diesen alle höheren berechnen kann. Wir betrachten dazu das charakteristische Polynom

$$\lambda^n + c_{n-1}\,\lambda^{n-1} + \ldots + c_1\,\lambda + c_0 = 0 \tag{3.135}$$

das ja für alle Eigenwerte gleich null ist. Wenn wir hier λ durch die Diagonalmatrix der Eigenwerte $\mathbf{\Lambda}$ ersetzen, gilt die Gleichung (eigentlich dann n Gleichungen, pro Diagonalelement eine) ebenfalls, also

$$\mathbf{\Lambda}^n + c_{n-1}\,\mathbf{\Lambda}^{n-1} + \ldots + c_1\,\mathbf{\Lambda} + c_0\,\mathbf{1} = 0 \tag{3.136}$$

Nun multiplizieren wir diese Gleichung von links mit $\mathbf{U}$ und von rechts mit $\mathbf{U}^\dagger$ und den fügen zwischen den Matrizen $\mathbf{\Lambda}$ die Einheit in der Form $\mathbf{U}^\dagger\mathbf{U}$ ein,

$$\mathbf{U\Lambda U}^\dagger = \mathbf{A}\,, \quad \mathbf{U\Lambda}^n\,\mathbf{U}^\dagger = \mathbf{U\Lambda}\ldots\mathbf{\Lambda U}^\dagger = \mathbf{U\Lambda U}^\dagger\,\mathbf{U}\ldots\mathbf{U\Lambda U}^\dagger = \mathbf{A}^n \tag{3.137}$$

Wie erhalten damit die so genannte **Cayley-Hamilton Beziehung**

$$\mathbf{A}^n + c_{n-1}\,\mathbf{A}^{n-1} + \ldots + c_1\,\mathbf{A} + c_0\,\mathbf{1} = 0 . \tag{3.138}$$

Eine quadratische Matrix löst ihre Säkulargleichung und es gibt damit nur n linear unabhängige Potenzen der Matrix. Schon $\mathbf{A}^n$ kann so durch die niedrigeren Potenzen ausgedrückt werden. Falls $\mathbf{A}$ nicht singulär ist, kann man auch $\mathbf{A}^{-1}$ bestimmen. Wir multiplizierem (3.138) mit $\mathbf{A}^{-1}$ und erhalten

$$\mathbf{A}^{-1} = -\frac{1}{c_0}\left(\mathbf{A}^{n-1} + c_{n-1}\,\mathbf{A}^{n-2} + \ldots + c_1\right) . \tag{3.139}$$

Dank (3.138) kann eine unendliche Potenzreihe einer quadratischen Matrix durch eine Summe der Form

$$f(\mathbf{A}) = \sum_{k=0}^{n-1} a_k\,\mathbf{A}^k \tag{3.140}$$

ausgedrückt werden, wobei allerdings die Koeffizienten unendliche Summen der Taylorkoeffizienten der ursprünglichen Potenzreihe sein können.

Beispiel

Wenn alle Eigenwerte einer $n \times n$-Matrix n-te Einheitswurzeln sind, dann lautet die Säkulargleichung $\lambda^n = 1$ und damit ist $\mathbf{A}^n = \mathbf{1}$. Das ist zum Beispiel für die Pauli-Matrizen (3.51) der Fall. Es gilt dann eben

$$\sigma_i^2 = \sigma_i^{2k} = \mathbf{1} \quad , \quad \sigma_i^{2k+1} = \sigma_i \ .$$

Damit ist aber auch

$$\exp\sigma_i = \sum_{k=0}^{\infty} \frac{1}{k!}\,\sigma_i^k = \sum_{k \text{ gerade}}^{\infty} \frac{1}{k!}\,\mathbf{1} + \sum_{k \text{ ungerade}}^{\infty} \frac{1}{k!}\,\sigma_i = \cosh(1)\,\mathbf{1} + \sinh(1)\,\sigma_i \ . \quad \square$$

Weitere nützliche Eigenschaften können wir für Funktionen von diagonalisierbaren Matrizen ableiten. Für eine Polynom in $\mathbf{A}$ gilt nach (3.137)

$$P(\mathbf{A}) = \sum_n c_n\,\mathbf{A}^n = \sum_n c_n\,\left(\mathbf{U}\,\mathbf{\Lambda}\,\mathbf{U}^\dagger\right)^n = \sum_n c_n\,\mathbf{U}\,\mathbf{\Lambda}^n\,\mathbf{U}^\dagger \tag{3.141}$$

Somit ist für Funktionen, die durch Potenzreihen ausdrückbar sind,

$$f(\mathbf{A}) = \mathbf{U}\,f(\mathbf{\Lambda})\,\mathbf{U}^\dagger \tag{3.142}$$

oder, durch die Eigenvektoren ausgedrückt,

$$f(\mathbf{A})_{lm} = \sum_i f(\lambda_i)\,(\boldsymbol{v}_i)_l\,(\bar{\boldsymbol{v}}_i)_m \ . \tag{3.143}$$

Dies beruht auf der **Spektraldarstellung** für Matrizen, die wir in (3.119) diskutiert haben und die auch Kap. 16 eine wichtige Rolle spielt.

Beispiel

Die Pauli-Matrix σ_1 hat folgende Eigenwerte und Eigenvektoren

$$\sigma_1 = \begin{pmatrix} 0 & 1 \\ 1 & 0 \end{pmatrix} , \quad \lambda_1 = 1 \, , \, \lambda_2 = -1 \, , \, \boldsymbol{v}_1 = \frac{1}{\sqrt{2}} \begin{pmatrix} 1 \\ 1 \end{pmatrix} , \, \boldsymbol{v}_1 = \frac{1}{\sqrt{2}} \begin{pmatrix} 1 \\ -1 \end{pmatrix} ,$$

und daher die Spektraldarstellung:

$$\sigma_1 = \lambda_1 \begin{pmatrix} \frac{1}{2} & \frac{1}{2} \\ \frac{1}{2} & \frac{1}{2} \end{pmatrix} + \lambda_2 \begin{pmatrix} \frac{1}{2} & -\frac{1}{2} \\ -\frac{1}{2} & \frac{1}{2} \end{pmatrix} = \begin{pmatrix} \frac{1}{2} & \frac{1}{2} \\ \frac{1}{2} & \frac{1}{2} \end{pmatrix} - \begin{pmatrix} \frac{1}{2} & -\frac{1}{2} \\ -\frac{1}{2} & \frac{1}{2} \end{pmatrix} .$$

Damit ist entsprechend (3.143)

$$\exp(\sigma_1) = \exp(1) \begin{pmatrix} \frac{1}{2} & \frac{1}{2} \\ \frac{1}{2} & \frac{1}{2} \end{pmatrix} + \exp(-1) \begin{pmatrix} \frac{1}{2} & -\frac{1}{2} \\ -\frac{1}{2} & \frac{1}{2} \end{pmatrix} = \begin{pmatrix} \cosh(1) & \sinh(1) \\ \sinh(1) & \cosh(1) \end{pmatrix} .$$

Vergleichen Sie das Ergebnis mit dem Beispiel darüber! □

Für eine Matrix $\mathbf{A}$ (die auch komplex sein kann), kann man dann noch eine weitere nützliche Beziehung zeigen, nämlich

$$\det(\exp \mathbf{A}) = \exp(\operatorname{tr} \mathbf{A}) \; . \tag{3.144}$$

Dabei ist $\exp(\mathbf{A})$ durch die entsprechende Potenzreihe definiert. Auch diese Beziehung ergibt sich mittels Diagonalisierung,

$$\det(\exp \mathbf{A}) = \det\left(\mathbf{U}^\dagger \exp \mathbf{A}\, \mathbf{U}\right) = \det(\exp \mathbf{\Lambda}) = \prod_i (\exp \lambda_i) = \exp\left(\sum_i \lambda_i\right) . \tag{3.145}$$

Dies gilt auch, wenn $\mathbf{U}$ nicht-unitär ist und die Diagonalisierung mittels $\mathbf{U}^{-1}\,\mathbf{A}\,\mathbf{U}$ erfolgt. Falls also eine Matrix $\mathbf{Q}$ nicht singulär ist und daher im Prinzip in die Form $\exp(\mathbf{A})$ gebracht werden kann (also $\mathbf{A} = \ln \mathbf{Q}$ existiert), dann gilt auch

$$\ln(\det \mathbf{Q}) = \operatorname{tr}(\ln \mathbf{Q}) \; . \tag{3.146}$$

All diese Eigenschaften von Matrizen sind ein Beispiel für die Eigenschaften linearer Operatoren in allgemeinen Vektorräumen. Auch Funktionen können einen Vektorraum aufbauen, und ein Beispiel für lineare Operatoren sind dann Differenzialoperatoren. Mit dieser Thematik beschäftigt sich das Gebiet der Funktionalanalysis in Kap. 12 bis 17.

3.5 Aufgaben und Lösungen

3.5.1 Aufgaben

3.1: Berechnen Sie folgende Determinanten:

$$(a)\quad \begin{vmatrix} 2 & 2 & -5 \\ 5 & 4 & 1 \\ 4 & 14 & 3 \end{vmatrix} \qquad (b)\quad \begin{vmatrix} 1 & 2 & 3 \\ 0 & 4 & 5 \\ 0 & 0 & 6 \end{vmatrix} .$$

3.2: Berechnen Sie die Gleichung einer Ebene durch die Punkte (0,0,1), (1,1,1) und (5,1,0).

3.3: Lösen Sie folgende Gleichungssysteme mit der Cramerschen Regel:

$$\text{(a)}\ \begin{array}{llll} 3x & +3y & +3z & =0 \\ 3x & -10y & +7z & =13 \\ x & +5y & +3z & =-6 \end{array} \qquad \text{(b)}\ \begin{pmatrix} 2 & 2 & 2 & 2 \\ -2 & 1 & 0 & 1 \\ -2 & 1 & 5 & 2 \\ 0 & 9 & 1 & 1 \end{pmatrix} \begin{pmatrix} x \\ y \\ z \\ t \end{pmatrix} = \begin{pmatrix} 14 \\ 6 \\ 12 \\ 47 \end{pmatrix} .$$

3.4: Besprechen Sie die Lösbarkeitsklasse der folgenden Gleichungssysteme und lösen Sie sie, wenn das möglich ist.

$$\text{(a)}\ \begin{array}{ll} 3x+3y & =0 \\ 2x-2y & =4 \end{array} \qquad \text{(b)}\ \begin{array}{ll} 7x-5y & =0 \\ 14x-10y & =1 \end{array}$$

$$\text{(c)}\ \begin{array}{ll} 2x+5y & =0 \\ -4x-10y & =0 \end{array} \qquad \text{(d)}\ \begin{array}{ll} 2x-y & =-2 \\ -3x+\frac{3}{2}y & =3 \end{array}$$

$$\text{(e)}\ \begin{pmatrix} 3 & 0 & 1 \\ 1 & 1 & -1 \\ 8 & 2 & 0 \end{pmatrix} \begin{pmatrix} x \\ y \\ z \end{pmatrix} = \begin{pmatrix} 0 \\ 1 \\ 2 \end{pmatrix} \qquad \text{(f)}\ \begin{pmatrix} 1 & 2 & 5 \\ -1 & 2 & 3 \\ -1 & 6 & 11 \end{pmatrix} \begin{pmatrix} x \\ y \\ z \end{pmatrix} = \begin{pmatrix} 0 \\ 1 \\ 2 \end{pmatrix} .$$

3.5: Zeigen Sie, dass Pauli-Matrizen (vgl. (3.51)) die folgenden Eigenschaften haben:

$$\sigma_1\sigma_2 = \mathrm{i}\,\sigma_3\,, \quad \sigma_2\sigma_3 = \mathrm{i}\,\sigma_1\,, \quad \sigma_3\sigma_1 = \mathrm{i}\,\sigma_2\,, \quad \sigma_i^2 = 1\,.$$

3.6: Sind die folgenden Behauptungen richtig?

(a) Matrizen sind kommutativ bezüglich der Addition.
(b) Matrizen sind kommutativ bezüglich der Multiplikation.

(c) Matrizen sind kommutativ, wenn sie singulär sind.
(d) Matrizen sind nicht invertierbar, wenn sie singulär sind.
(e) Drehmatrizen sind immer invertierbar.

3.7: Sind die folgenden Behauptungen richtig? Determinanten ändern ihren Wert nicht, wenn man:

(a) Die Reihenfolge der Zeilen vertauscht.
(b) Eine Zeile mit einer Konstanten multipliziert.
(c) Alle Zeilen mit den Spalten vertauscht (transponiert).
(d) Zu einer Zeile eine andere Zeile addiert.
(e) Zu einer Spalte eine andere Spalte addiert.
(f) Eine Zeile mit einer anderen Zeile elementweise multipliziert.
(g) Zwei Zeilen gleichzeitig mit -1 multipliziert.

3.8: Finden Sie die inverse Matrix zu

$$\text{(a)} \quad \begin{pmatrix} 8 & -\frac{3}{2} \\ -4 & \frac{1}{2} \end{pmatrix}, \quad \text{(b)} \quad \begin{pmatrix} 1 & 0 & 0 \\ 0 & \cos\alpha & -\sin\alpha \\ 0 & \sin\alpha & \cos\alpha \end{pmatrix}, \quad \text{(c)} \quad \begin{pmatrix} \cos^2\alpha & \sin\alpha & 0 \\ \sin\alpha & -1 & 0 \\ 0 & 0 & 2 \end{pmatrix}.$$

3.9: Sind folgende Funktionen voneinander linear abhängig?

$$\begin{array}{ll} \text{(a)} & f_1 = 2x + y + z\,, \quad f_2 = 2x + 4y + 2z\,, \quad f_3 = 3x + z \\ \text{(b)} & f_1 = \sin 2x\,, \quad f_2 = \sin 4x\,, \quad f_3 = \sin 8x \\ \text{(c)} & f_1 = \mathrm{e}^{\mathrm{i}x}\,, \quad f_2 = \cos x\,, \quad f_3 = 3\,\sin x \\ \text{(d)} & P_0 = 1\,, \quad P_1 = x\,, \quad P_2 = \frac{3}{2}x^2 - \frac{1}{2}\,, \quad P_3 = \frac{5}{2}x^3 - \frac{3}{2}x\,. \end{array}$$

3.10: Die Elemente einer Basis im $\mathbb{R}^3$, ausgedrückt in kartesischen Koordinaten, seien

$$(1,1,0)/\sqrt{2}\,, \quad (1,-1,0)/\sqrt{2}\,, \quad \text{und } (0,0,1)\,.$$

Berechnen Sie in dem neuen Basissystem die Komponenten der kartesischen Vektoren (a) $(1,0,1)$, (b) $(2,2,2)$ und (c) $(-1,1,1)$. Geben Sie eine Transformationsregel für den allgemeinen Fall an.

3.11: Schreiben Sie die Gleichung der Geraden, die durch A geht und senkrecht auf die von A, B und C gebildete Ebene steht: $A = (1,2,2)$, $B = (-1,0,2)$, $C = (1,5,-1)$.

3.12: Um zu überprüfen, ob bei Drehmatrizen in der Ebene wirklich $\mathbf{R}(-\varphi) = [\mathbf{R}(\varphi)]^{-1}$ gilt, berechnen Sie die inverse Matrix nach unserer Vorschrift!

3.13: Bestimmen Sie den Rang der Matrix

$$\mathbf{A} = \begin{pmatrix} 1 & 1 & 2 \\ 1 & 1 & 2 \\ 2 & 2 & 4 \end{pmatrix} .$$

3.14: Berechnen Sie den Winkel zwischen den Vektoren $\boldsymbol{A} = (3, 6, 9)$ und $\boldsymbol{B} = (-2, 3, 1)$!

3.15: Schreiben Sie die Gleichung $21\,x^2 + 31\,y^2 + 10\sqrt{3}\,x\,y + 9\,z^2 = 144$ in Matrixform; bestimmen Sie die Eigenwerte der Matrix und damit die Hauptachsenabschnitte des entsprechenden Drehellipsoids.

3.16: Wenn $\mathbf{A}$ die Eigenwerte $\{\lambda_i\}$ und Eigenvektoren $\boldsymbol{X}_i$ hat, welche Eigenwerte und Eigenvektoren hat dann $\exp(\mathbf{A})$?

3.17: Sind diese Matrizen hermitisch oder wenigstens normal?

$$\mathbf{A} = \begin{pmatrix} 0 & 1 \\ 1 & 0 \end{pmatrix} , \quad \mathbf{B} = \begin{pmatrix} \mathrm{i} & -\mathrm{i} \\ -\mathrm{i} & \mathrm{i} \end{pmatrix} , \quad \mathbf{C} = \begin{pmatrix} 0 & 1 \\ 0 & 1 \end{pmatrix} , \quad \mathbf{D} = \begin{pmatrix} 0 & 1 \\ -a^2 & 2\,a \end{pmatrix} .$$

Untersuchen Sie Eigenwerte, Eigenvektoren, Diagonalisierung und Spektralzerlegung.

3.5.2 Lösungen

Vollständige Lösungen unter http://physik.uni-graz.at/~cbl/mm/.

3.1: (a) -296; (b) 24.

3.2: $4 - x + y - 4\,z = 0$.

3.3: (a) Punktlösung $(x, y, z) = (^{38}/_{21}, -^{25}/_{21}, -^{13}/_{21})$; (b) Punktlösung $(x, y, z, t) = (0, 5, 1, 1)$.

3.4: (a) Punktlösung (1,-1); (b) keine Lösung; (c) Lösung ist die Gerade $2\,x + 5\,y = 0$; (d) Lösung ist die Gerade $2\,x - y = -2$; (e) 1-parametrige Lösungsschar $(x, y, z) = (-^{t}/_{3}, 1 + {}^{4t}/_{3}, t)$; (f) 1-parametrige Lösungsschar $(x, y, z) = (-^{1}/_{2} - t, {}^{1}/_{4} - 2\,t, t)$.

3.6: (a) ja; (b) nein; (c) nein; (d) ja; (e) ja.

3.7: (a) nein; (b) nein; (c) ja; (d) ja; (e) ja; (f) nein; (g) ja.

3.8: (a) zeilenweise: $(-1/4, -3/4)$, $(-2, -4)$; (b) inverse Matrix = transponierte Matrix; (c) zeilenweise: $(1, \sin\alpha, 0)$, $(\sin\alpha, -\cos^2\alpha, 0)$, $(0, 0, 1/2)$.

3.9: (a) ja; (b) nein; (c) ja; (d) nein, es handelt sich dabei übrigens um die ersten Legendrepolynome!

3.10: (a) $(1/\sqrt{2}, 1/\sqrt{2}, 1)$; (b) $(2\sqrt{2}, 0, 2)$; (c) $(0, -\sqrt{2}, 1)$; die Komponenten der neuen Vektoren sind die Skalarprodukte der Vektoren mit den neuen Basisvektoren.

3.11: Die drei Punkte bilden die Ebene $x - y - z = -3$, die Normalenrichtung ist daher $(1, -1, -1)$; Geradengleichung $\boldsymbol{X}(t) = (1, 2, 2) + (1, -1, -1)\, t$.

3.13: $\det \mathbf{A} = 0$, aber auch jede 2×2-Unterdeterminante verschwindet; daher $\operatorname{Rang} \mathbf{A} = 1$.

3.14: $\vartheta = \pi/3 = 60°$.

3.15: $\lambda_1 = 1/3$, $\lambda_2 = 1/4$, $\lambda_3 = 1/6$.

3.16: Wegen $\mathbf{A}^n \boldsymbol{X}_i = \lambda_i^n \boldsymbol{X}_i$ folgt mit Hilfe der Reihendarstellung, dass $\exp(\mathbf{A})$ dieselben Eigenvektoren wie $\mathbf{A}$ hat, mit den Eigenwerten $\exp(\lambda_i)$.

3.17: **A**: hermitisch, unitär diagonalisierbar; **B**: normal, unitär diagonalisierbar; **C**: nicht normal, diagonalisierbar, es gibt keine Spektralzerlegung; **D**: nicht normal und nicht diagonalisierbar.

Literaturempfehlungen

Der Vektorraum wird in den Kap. 12 und 16 weiter besprochen. Dort finden Sie auch mehr über das Eigenwertproblem; ein sehr vollständiger Text über das Eigenwertproblem ist [3]. Abstraktere Formulierungen gibt es in [4]. Mehr über die Wronski-Determinante findet man bei [5]. Weitere Informationen zu Vektoren und Matrizen findet man zum Beispiel in [6–10], mehr zu Methoden der analytischen Geometrie in [11]. Eine ausführliche Behandlung vom Computeralgorithmen zur Matrixrechnung findet man in [12].

Literatur

1. W. H. Press, B. P. Flannery, S. A. Teukolsky, und W. T. Vetterling, *Numerical Recipes: The Art of Scientific Computing*, 3. Aufl. (Cambridge University Press, Cambridge, 2007).
2. W. Törnig und P. Spellucci, *Numerische Mathematik für Ingenieure und Physiker, Band 1 und 2* (Springer-Verlag, Berlin, 1988).

3. J. H. Wilkinson, *The Algebraic Eigenvalue Problem* (Clarendon Press, Oxford, 1988).
4. S. Lang, *Analysis* (Inter European Editions, Amsterdam, 1977).
5. K. Jänich, *Mathematik 1*, 2. Aufl. (Springer-Verlag, Berlin-Heidelberg-New York, 2005).
6. M. L. Boas, *Mathematical Methods in the Physical Sciences*, 3. Aufl. (John Wiley &Sons, Inc., New York, 2005).
7. P. Bamberg und S. Sternberg, *A Course in Mathematics for Students in Physics: 1* (Cambridge University Press, Cambridge, 1988).
8. H. Fischer und H. Kaul, *Mathematik für Physiker*, Bd. 1, 7. Aufl. (Vieweg+Teubner, Wiesbaden, 2010).
9. H. Fischer und H. Kaul, *Mathematik für Physiker*, Bd. 2 (Springer Spektrum, Berlin, Heidelberg, New York, 2014).
10. H. Neunzert, W. G. Eschmann, A. Blickensdörfer-Ehlers, und K. Schelkes, *Analysis* (Springer, Heidelberg, Berlin, 1996).
11. T. Arens, F. Hettlich, C. Karpfinger, U. Kockelkorn, K. Lichtenegger, und H. Stachel, *Mathematik*, 2. Aufl. (Springer - Spektrum Akademischer Verlag, Berlin, Heidelberg, Wiesbaden, 2011).
12. G. H. Golub und Ch. F. Van Loan, *Matrix Computations*, 4. Aufl. (The Johns Hopkins University Press, Baltimore and London, 2013).

Differenzialrechnung

4

4.1 Die lineare Näherung

Funktionelle Zusammenhänge sind nur in den einfachsten Fällen linear. Die Zeit, die ein Bleistift braucht, bis er am Boden aufprallt, hängt von der Höhe ab, aus der man ihn fallen lässt. Die Geschwindigkeit, mit der er ankommt, ist eine lineare Funktion der Zeit, die Zeit aber ist proportional der Quadratwurzel der Höhe. Die Umlaufdauer eines Planeten ist keine lineare Funktion des Abstands von der Sonne, der Winkel eines Pendels zur Vertikalen ist eine periodische und nichtlineare Funktion der Zeit.

Sir Isaac Newton focht einen jahrelangen Streit mit Gottfried Wilhelm Leibniz aus, wer von beiden zuerst auf die Idee kam, solche nichtlinearen Zusammenhänge rechnerisch zugänglicher zu machen. Die Fragestellung ist einfach: Wenn man eine Funktion $y = f(x)$ für einen bestimmten Wert der Variablen x und an einem anderen Punkt $x + \Delta x$ betrachtet, wie kann man die Änderung der Funktion abschätzen? Um den Begriff „abschätzen“ dabei eindeutig zu definieren, wollen wir davon ausgehen, dass der mögliche Fehler eines guten Schätzwerts von zumindest quadratischer Ordnung in Δx ist. Wenn man also Δx um einen Faktor 10 verkleinert, dann soll der Fehler zumindest um einen Faktor 100 kleiner werden!

Gibt es zu $f(x)$ eine solche Partnerfunktion $f'(x)$, sodass gilt

$$f(x + \Delta x) = f(x) + f'(x)\,\Delta x + \mathcal{O}\left((\Delta x)^2\right)\,? \tag{4.1}$$

Die Größe Δx ist dabei frei wählbar, da ja x die unabhängige Variable ist. Wenn uns an einer guten Näherung liegt, werden wir Δx natürlich eher klein wählen. Man kann auch die Änderung der Funktion als separate Größe

$$\Delta f(x) \equiv f(x + \Delta x) - f(x) \tag{4.2}$$

C.B. Lang, N. Pucker, *Mathematische Methoden in der Physik*,
DOI 10.1007/978-3-662-49313-7_4

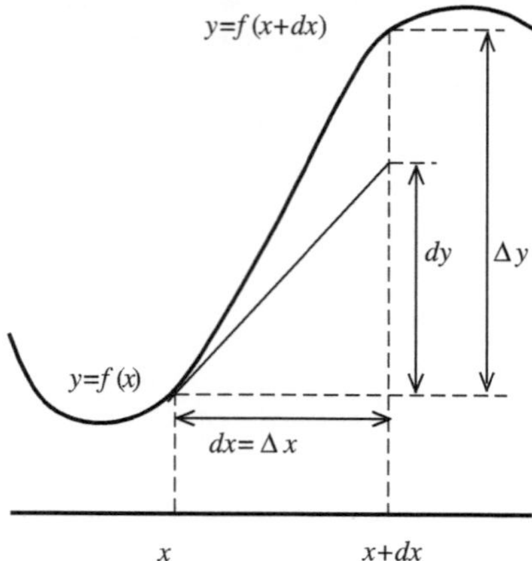

Abb. 4.1 Die Gleichung (4.4) beschreibt eine Gerade in der (x, y)-Ebene, die durch den Punkt $(x,y = f(x))$ geht und dort tangential an die Kurve $y = f(x)$ ist. Die Steigung der Tangente ist $f'(x)$. Während $\Delta f \equiv \Delta y$ die Änderung des Funktionswerts y entlang der Kurve angibt, zeigt $df \equiv dy$ die Änderung des y-Wertes entlang der Tangente. Solange die Tangente nahe bei der Kurve verläuft, ist $df \approx \Delta f$

einführen und die Gleichung in die Form

$$\Delta f(x) = f'(x)\,\Delta x + \mathcal{O}\left((\Delta x)^2\right) \tag{4.3}$$

bringen. Wenn es so eine Funktion $f'(x)$ gibt, so nennt man sie „erste Ableitung von f(x)". Der führende Beitrag ist die lineare Näherung; man nennt ihn **totales Differenzial** und bezeichnet ihn mit

$$df(x) \equiv f'(x)\Delta x \tag{4.4}$$

und damit

$$\Delta f = df + \mathcal{O}\left((\Delta x)^2\right) . \tag{4.5}$$

Es gibt eine einfache geometrische Deutung: Die Gleichung (4.4) beschreibt eine Tangente an den Punkt $(x,y = f(x))$(siehe Abb. 4.1).

Das totale Differenzial spielt eine zentrale Rolle in unseren Überlegungen, wie es auch in anderen Teilgebieten der Analysis von wesentlicher Bedeutung ist. Man kann den Begriff der linearen Näherung und damit die Differenzialrechnung auch auf andere Objekte, wie etwa Funktionale, anwenden (vgl. 15.1).

Im Moment üben wir uns im „Zwiedenken"[1] und tun, als ob wir keinerlei Kenntnisse über Differenziation haben. Wir müssen daher eigentlich auch die im Kapitel über Potenzreihen gewonnenen Erkenntnisse außer acht lassen. Dennoch ist ein Hinweis angebracht. Man kann (4.3) einfach als die ersten Terme einer Reihenentwicklung von $f(x + \Delta x)$ am

[1] vgl. G. Orwell, „1984"

Entwicklungspunkt x identifizieren. Mit der Ersetzung $x \to x_0$ und $\Delta x \to x - x_0$ erkennen wir die ersten Terme der Formel von Taylor (1.39). Wir wollen diesen Exkurs aber gleich wieder vergessen, um unbeeinflusst den Begriff der Ableitung weiter entwickeln zu können.

Die Differenzialrechnung erlaubt es uns, die eben definierte Ableitung einer Funktion zu berechnen und gibt dafür einfache Regeln an. Um die Ableitung zu bilden, formen wir (4.3) um:

$$\frac{\Delta f}{\Delta x} - f'(x) = \frac{\mathcal{O}\left((\Delta x)^2\right)}{\Delta x} = \mathcal{O}(\Delta x) \; . \tag{4.6}$$

Der Bruch $\Delta f / \Delta x$ wird auch **Differenzenquotient** genannt. Im Limes $\Delta x \to 0$ wird die rechte Seite dieser Gleichung verschwinden, da ja $\lim_{\Delta x \to 0} \Delta x = 0$ ist. Wir erhalten daher

$$\lim_{\Delta x \to 0} \frac{f(x + \Delta x) - f(x)}{(x + \Delta x) - x} = \lim_{\Delta x \to 0} \frac{\Delta f(x)}{\Delta x} = f'(x) \; . \tag{4.7}$$

Häufig schreibt man für die Ableitung den Ausdruck

$$f'(x) \equiv \frac{df}{dx} \tag{4.8}$$

und nennt $\frac{df}{dx}$ den **Differenzialquotienten.**

Beispiel

Die Funktion $f(x) = x^2$ etwa hat die Ableitung $f'(x) = 2x$, wie man leicht zeigen kann:

$$\begin{aligned} f(x + \Delta x) &= (x + \Delta x)^2 = x^2 + 2x\,\Delta x + (\Delta x)^2 \; , \\ \frac{f(x + \Delta x) - f(x)}{\Delta x} &= 2x + \Delta x \; , \\ \lim_{\Delta x \to 0} \frac{f(x + \Delta x) - f(x)}{\Delta x} &= \lim_{\Delta x \to 0} 2x + \lim_{\Delta x \to 0} \Delta x = 2x \; . \end{aligned}$$

□

Allgemein kann man für Potenzen zeigen, dass

$$f(x) = a\,x^n \Rightarrow f'(x) = a\,n\,x^{n-1} \; . \tag{4.9}$$

Wir gehen im folgenden davon aus, dass die Ableitungsregeln für die elementaren Funktionen bekannt sind (vgl. Anhang B).

Bei der Bildung des totalen Differenzials einer Funktion kann man das „d“ in df gleichsam als Operator betrachten, der auf $f(x)$wirkt. Im eben gewählten Beispiel ist entsprechend (4.4) das totale Differenzial

$$df \equiv d(f(x)) = d(x^2) = 2x\,\Delta x \; . \tag{4.10}$$

Wir hätten aber auch die Funktion $f(x) = x$ wählen können und bekämen dann

$$df \equiv d(f(x)) = d(x) = \Delta x \,. \tag{4.11}$$

Die Bedeutung dieser Gleichung ist einfach. Bei linearen Funktionen ist die Änderung der Funktion Δf durch die lineare Näherung ohne Korrekturen höherer Ordnung gegeben. Die Tangente an eine Gerade ist die Gerade! Insbesondere ist eben

$$\Delta x = dx \,. \tag{4.12}$$

Man verwendet diese Eigenschaft dazu, allgemein Δx durch dx zu ersetzen.[2] So ist

$$\Delta f = df + \mathcal{O}\left((dx)^2\right) \quad \text{mit} \quad df = f'(x)\,dx \,. \tag{4.13}$$

Dies erklärt im nach hinein die Schreibweise $\frac{df}{dx} = f'(x)$.

Man bezeichnet $\frac{d}{dx}$ als Operator der Ableitung. Man kann also die Ableitung auf verschiedenste Art ausdrücken,

$$f'(x) \equiv \frac{d}{dx} f(x) \equiv \frac{df(x)}{dx} \equiv f^{(1)}(x) \,. \tag{4.14}$$

Wiederholte Ableitung schreibt man

$$f''(x) \equiv \frac{d}{dx}\frac{d}{dx} f(x) \equiv \frac{d^2}{dx^2} f(x) \equiv \frac{d^2 f(x)}{dx^2} \equiv f^{(2)}(x) \,, \quad \frac{d^n f(x)}{dx^n} \equiv f^{(n)}(x) \,. \tag{4.15}$$

Neben der allgemeinen Bedeutung des totalen Differenzials für die Analysis wollen wir noch kurz eine praktische Anwendung besprechen. Wie schon erwähnt, ist das totale Differenzial der lineare Term einer Reihenentwicklung. Man kann, wie bei der Näherung durch Reihen, auch das totale Differenzial zur Abschätzung kleiner Änderungen verwenden. Wie gut ist die lineare Näherung?

Beispiel

Wir betrachten das Volumen einer Kugel $V(r) = \frac{4}{3}r^3\pi$. Wie ändert es sich, wenn man den Kugelradius von 1 m auf 1.001 m erhöht? Die Antwort liefert einen Schätzwert für das Volumen einer Kugelschale der Dicke von 1 mm. Die Differenz der Volumen beträgt

$$\Delta V = \frac{4}{3}(r + dr)^3\pi - \frac{4}{3}r^3\pi \,,$$

[2] Viele Autoren verwenden statt dessen die Bezeichnung $\Delta x \equiv h$ oder ähnlich und würden dann systematisch $\mathcal{O}(h^2)$ oder $\mathcal{O}(h)^2$ schreiben. Wichtig ist, dass Δx, h und dx gleichwertige Bezeichnungen einer nichtverschwindenden Größe sind. Rigorose Texte schreiben auch statt $\mathcal{O}(h)^2$ den präziseren Ausdruck $o(h)$ mit der Definition $\lim_{h\to 0} o(h)/h = 0$.

und die lineare Näherung ist

$$dV = \frac{d\left(\frac{4}{3}r^3\pi\right)}{dr}\,dr = 4r^2\pi\,dr\;.$$

Mit $r = 1$ m und $dr = 0.001$ m erhält man $dV \approx 0.012566$ m^3. Die exakte Volumendifferenz beträgt $\Delta V \approx 0.012579 m^3$. Mit

$$\Delta V = dV + \mathcal{O}\left((dr)^2\right)$$

beträgt der Schätzfehler $\mathcal{O}((dr)^2)$, also 0.1% des richtigen Wertes. Im allgemeinen ist die lineare Näherung umso besser, je kleiner die relative Änderung der Variablen ist und je „flacher“ die Funktion im relevanten Bereich verläuft. Wie gesagt, für lineare Funktionen ist sie exakt. □

Beispiel

Als weiteres Beispiel wollen wir die Funktion $f(x) = \arctan x$ an der Stelle $x = 0.99$ bestimmen. Es gilt

$$\arctan 1 = \frac{\pi}{4}\,, \qquad (\arctan x)' = \frac{1}{1+x^2}\;.$$

Der gewünschte Funktionswert ist

$$\arctan 0.99 = \arctan(1-0.01) = f(1-0.01)\;,$$

und wir verwenden

$$\begin{aligned} f(x+dx) &= f(x) + f'(x)\,dx + \mathcal{O}\left((dx)^2\right), \\ f(1-0.01) &= f(1) - f'(1)\,0.01 + \mathcal{O}\,(0.0001) \approx \frac{\pi}{4} - \frac{0.01}{(1+1)} = 0.780398\ldots\,. \end{aligned}$$

Der Fehler $\mathcal{O}(0.0001)$ ist in diesem Fall 0.000020 ... (bestimmt aus dem Tabellenwert der Funktion). □

M.4.1 Kurz und klar: Totales Differenzial und Differenzialquotient

Zu einer Funktion $y = f(x)$ wird die erste Ableitung mit

$$\frac{dy}{dx} \equiv \frac{df(x)}{dx} \equiv f'(x) \equiv y'(x) \qquad \text{(M.4.1.1)}$$

bezeichnet. Dabei heißt $\frac{df}{dx}$ auch **Differenzialquotient**.

Das **totale Differenzial** bezeichnet denjenigen Anteil an der Änderung der Funktion bei Änderung des Arguments um dx, der linear in dx ist. Wie nennen die Änderung der Funktion Δf und die Änderung des Arguments dx. Dann ist

$$\begin{aligned} \Delta y = &\ f(x+dx) - f(x) = dy + \mathcal{O}\left((dx)^2\right) , \quad \Delta x = dx , \\ dy = &\ \left(\lim_{\Delta x \to 0} \frac{\Delta y}{\Delta x}\right) dx = y'(x)\, dx \equiv \frac{dy}{dx}\, dx \equiv f'(x)\, dx . \end{aligned} \tag{M.4.1.2}$$

Das totale Differenzial df ist also die lineare Näherung zu Δf. Ferner ist $\frac{\Delta y}{\Delta x}$ der **Differenzenquotient**. Die erste Ableitung $f'(x)$ (oder $y'(x)$) ist gleichzeitig die Steigung einer Tangente der Funktion im Punkt x.

Man beachte, dass neben dx auch dy und Δy im $\lim_{\Delta x \to 0}$ gegen 0 streben. Eine Funktion, deren Ableitung am Punkt x durch diesen Grenzprozess (unabhängig vom Vorzeichen von Δx) gegeben ist, heißt **differenzierbar**. Differenzierbare Funktionen sind auch stetig; die Umkehrung dieser Aussage ist nicht immer wahr. Ist die Ableitung als so ein Grenzprozess *nur* von rechts, also für $\Delta x > 0$, durchführbar – etwa, weil die Funktion bei x unstetig ist – so sagt man, die Funktion sei bei x **rechtsseitig differenzierbar**. Gilt Entsprechendes für $\Delta x < 0$, so ist sie bei x **linksseitig differenzierbar**.

Wenn die Ableitung einer am Punkt x differenzierbaren Funktion dort wiederum stetig ist, so nennen wir die Funktion dort **stetig differenzierbar**.

Eine nützliche Aussage liefert der **Mittelwertsatz der Differenzialrechnung**: Die Ableitung einer in einem Intervall $[a, b]$ stetigen und in (a, b) differenzierbaren Funktion nimmt in diesem Intervall mindestens einmal den Wert $(f(b)-f(a))/(b-a)$ an. Diese Größe ist die Steigung einer Geraden durch die Punkte $(a, f(a))$ und $(b, f(b))$. Der Sachverhalt ist anhand einer Skizze unmittelbar einsichtig!

Da $dy = \frac{dy}{dx}\, dx$ gilt, aber auch $dx = \frac{dx}{dy}\, dy$, kann man fragen, ob nicht immer für totale Ableitungen

$$\frac{dx}{dy} = \left(\frac{dy}{dx}\right)^{-1} \tag{4.16}$$

stimmen muss? Die Antwort lautet: Ja, diese Beziehung gilt dann, wenn y differenzierbar ist und $\frac{dy}{dx} \neq 0$ ist. Mit diesem Trick kann man also elegant die Ableitungen von Umkehrfunktionen berechnen.

Beispiel

Wir betrachten

$$y = x^{\frac{1}{3}} , \quad \frac{dy}{dx} = \frac{1}{3} x^{-\frac{2}{3}} .$$

Wenn wir nach $\frac{dx}{dy}$ fragen, leiten wir die Umkehrfunktion $x = y^3$ ab und erhalten

$$\frac{dx}{dy} = 3\,y^2 .$$

Um mit dem vorigen Resultat vergleichen zu können, müssen wir das Ergebnis als Funktion von x schreiben, also

$$\frac{dx}{dy} = 3\left(x^{\frac{1}{3}}\right)^2 = 3\,x^{\frac{2}{3}}.$$

Die Beziehung (4.16) ist also tatsächlich für alle $x \neq 0$ erfüllt. (Für $x = 0$ ist die Ableitung $\frac{dy}{dx}$ nicht definiert.) □

Beispiel

Für

$$y = \arcsin x \;\Rightarrow\; x = \sin y\,, \quad x \in [-1, 1]\,,\; y \in \left[-\frac{\pi}{2}, \frac{\pi}{2}\right]$$

ergibt sich

$$\frac{dx}{dy} = \cos y = \sqrt{1 - (\sin y)^2} = \sqrt{1 - x^2} .$$

Nur die positive Wurzel ist zu berücksichtigen, da für den betrachteten Bereich $\cos y \geq 0$. Damit findet man die gewünschte Ableitung

$$\frac{d}{dx} \arcsin x = \frac{1}{\sqrt{1 - x^2}} \quad \text{für } x \neq \pm 1 .$$ □

M.4.2 Kurz und klar: Differenziation der Umkehrfunktion

Für Funktionen $y = f(x)$ gilt die Beziehung

$$\frac{dy}{dx} = \left[\frac{dx}{dy}\right]^{-1} \tag{M.4.2.1}$$

für alle Intervalle, für die $\frac{dx}{dy}$ existiert und ungleich 0 ist. Man beachte, dass $x(y)$ einfach die Umkehrfunktion $f^{-1}(y)$ ist. Die Definition der Umkehrfunktion wird im Anhang B besprochen. Andersherum interpretiert, erlaubt diese Beziehung also die Berechnung der Ableitung der Umkehrfunktion

$$\frac{d\, f^{-1}(y)}{dy} = \frac{1}{f'(x)} \tag{M.4.2.2}$$

dort, wo $f'(x)$ ungleich null ist.

C.4.1 … und auf dem Computer: Numerische Differenziation

Wir wollen die numerische Ableitung von Funktionen besprechen. Dazu erstellen Sie zuerst (mit Hilfe des Computers) eine Tabelle für den Differenzenquotienten

$$\varphi(\Delta x) \equiv \frac{f(x+\Delta x) - f(x)}{\Delta x} \tag{C.4.1.1}$$

für eine beliebige Funktion (zum Beispiel $f(x) = \sin x$) rund um einen Punkt x. Betrachten Sie verschiedene Werte von $\Delta x = -0.1, -0.01, -0.001, -0.0001, -0.00001, 0.00001, 0.0001, 0.001, 0.01, 0.1$. Zeichnen Sie die erhaltenen Werte als Funktion $\varphi(\Delta x)$.

Wir sind am Differenzialquotienten, also am Wert

$$\lim_{\Delta x \to 0} \varphi\,(\Delta x) \tag{C.4.1.2}$$

interessiert. Der beste Wert sollte also, zumindest im Prinzip (siehe jedoch die Diskussion weiter unten), zwischen den beiden Punkten $\Delta x = -0.00001$ und 0.00001 liegen und gleich dem Zahlenwert von $f'(x)$ sein. Eine lineare Interpolation liefert:

$$\begin{aligned}\text{bester Wert} &= \frac{1}{2}\left(\varphi\,(-0.00001) + \varphi\,(0.00001)\right)\\ &= \frac{1}{2}\left(\frac{f(x-0.00001) - f(x)}{-0.00001} + \frac{f(x+0.00001) - f(x)}{0.00001}\right)\\ &= \frac{1}{0.00002}\left(f(x+0.00001) - f(x-0.00001)\right)\,,\end{aligned} \tag{C.4.1.3}$$

und wir sehen aus dieser Formel, wie wir Funktionen numerisch differenzieren. Man wählt ein Δx, das klein genug ist, und berechnet für die numerische Ableitung

$$f'(x) \approx \frac{f(x+\Delta x) - f(x-\Delta x)}{2\,\Delta x}\,. \tag{C.4.1.4}$$

Dies ist erst der Anfang. Bessere Ableitungsverfahren verwenden Interpolation von mehreren Differenzen, und wir werden diese etwas später besprechen. Im Moment wollen wir aber noch auf ein besonderes Problem hinweisen.

In C.1.1 haben wir auf die Bedeutung der Rundungsfehler und der signifikanten Stellen bei Computerrechnungen hingewiesen. Dieses Phänomen führt bei der numerischen Ableitung zu Schwierigkeiten, wenn man Δx zu klein wählt. Für $f(x) = \sin x$, $x = 1.5$ und $\Delta x = 0.001$ ist (bei 8 signifikanten Dezimalstellen) die Differenz

$$\sin 1.501 - \sin 1.499 = 0.99756523 - 0.99742375 = 0.00014147$$

und daher der Quotient der Differenzen

$$\frac{\sin 1.501 - \sin 1.499}{0.002} = \frac{0.00014147}{0.002} = 0.07073500\,.$$

Mit $\Delta x = 0.00001$ erhalten wir jedoch (auf 8 Stellen genau)

$$\frac{\sin 1.50001 - \sin 1.49999}{0.00002} = \frac{0.99749569 - 0.99749428}{0.00002} = 0.07050000\,.$$

Der richtige Wert der Ableitung wäre $(\sin x)'\,|_{x=1.5} = \cos 1.5 = 0.07073720$ gewesen. Mit $\Delta x = 0.001$ erhielten wir einen Schätzwert, der in den ersten fünf Stellen stimmte, mit $\Delta x = 0.00001$ stimmen nur mehr die ersten drei Stellen. Überprüfen Sie selbst, was für $\Delta x = 0.0000001$ passiert! Untersuchen Sie die mit unserer numerischen Methode gewonnene Ableitung der Funktion $\sin x$ an mehreren Punkten im Intervall $[-\pi, \pi]$, und vergleichen Sie mit dem korrekten Wert der Ableitung!

Der numerisch beste Wert wird mit $\Delta x \approx \sqrt{\epsilon}$ erreicht, wobei ϵ die „Maschinengenauigkeit" ist. Bei 7 signifikanten Stellen ist $\epsilon = 10^{-8}$. Bei den meisten höheren Programmiersprachen, wie zum Beispiel FORTRAN, gibt es die Möglichkeit, durch spezielle Vereinbarungen für bestimmte Variablen mehr signifikante Stellen vorzusehen. Diese benötigen dann aber auch mehr Speicherplatz und mehr Rechenschritte!

Wir können die oben angegebene 2-Punkt Formel noch verbessern. Dazu nehmen wir an, dass die Funktion an einigen Stützstellen gegeben ist und durch ein Polynom interpoliert wird, so wie wir es in C.1.5 besprochen haben. Die Ableitung des Interpolationspolynoms nach x liefert den gesuchten Ausdruck für die numerische Ableitung der Funktion!

Eine quadratische Interpolationsformel ergibt für die Stützstellen $x_{-1} + h = x_0 = x_1 - h$ die Form

$$f'(x_0 + p\,h) = \frac{1}{h}\left[(p - \frac{1}{2})\,f_{-1} - 2\,p\,f_0 + \left(p + \frac{1}{2}\right)\,f_1\right] + \mathcal{O}(h^2)\,, \quad (-1 < p < 1)\,. \tag{C.4.1.5}$$

Mehr darüber finden Sie zum Beispiel in [1] oder [2].

4.2 Funktionen mehrerer Variablen

Funktionen mehrerer Variablen können Flächen in einem Raum beschreiben. Wenn etwa die z-Koordinate eine Funktion der Koordinaten x und y ist,

$$z = f(x, y)\,, \tag{4.17}$$

und die Funktion eindeutig und reellwertig ist, dann liegen die Punkte $P(x, y, z = f(x, y))$ in einer Fläche im $\mathbb{R}^3$. Das muss nicht für alle Funktionen so sein. Die Menge der Punkte, für die $x^2+y^2+z^2 = -1$ gilt, beschreibt keine Fläche im $\mathbb{R}^3$, da für reelle x, y die Variable z komplex werden muss, um die Gleichung zu erfüllen. Wir werden in der folgenden Diskussion oft versuchen, den Sachverhalt geometrisch zu deuten, und werden uns daher im Moment auf Funktionen beschränken, die tatsächlich Flächen beschreiben. Die dabei entwickelten Konzepte und Verfahren sind aber von dieser Einschränkung nicht betroffen.

Wenn wir die Schnittkurve der Fläche (4.17) mit der Fläche $x = x_0$ (eine Ebene parallel zur $y - z$-Ebene) betrachten, dann haben wir das Problem um eine Dimension reduziert, da $f(x, y)$ für festes x nur mehr von einer Variablen abhängt,

$$z = f(x = x_0, y)\,. \tag{4.18}$$

Man kann also nach der Ableitung dieser Funktion von y fragen,

$$\frac{dz}{dy} = \frac{df(x_0, y)}{dy}\,. \tag{4.19}$$

Man leitet dabei $f(x_0, y)$ nach y ab, wobei man die x-Abhängigkeit nicht berücksichtigt, x also als konstant betrachtet. Entsprechendes gilt für die Schnittkurve der Funktion mit der Ebene $y = y_0$, entlang der man die Ableitung

$$\frac{dz}{dx} = \frac{df(x, y_0)}{dx} \tag{4.20}$$

bilden kann. Diese Vorgangsweise definiert die **partielle Ableitung**:

$$\begin{aligned} &\frac{\partial z}{\partial y} \quad \text{oder} \quad \left(\frac{\partial z}{\partial y}\right)_x \ : \ \text{Ableitung nach } y \text{ für } x = \text{const.} \\ &\frac{\partial z}{\partial x} \quad \text{oder} \quad \left(\frac{\partial z}{\partial x}\right)_y \ : \ \text{Ableitung nach } x \text{ für } y = \text{const.} \end{aligned} \tag{4.21}$$

Achtung: Das Ableitungssymbol ∂ sollte nicht mit dem griechischen Buchstaben δ verwechselt werden! Auch hier gibt es verschiedene Notationen, die wir kurz erwähnen wollen:

$$\begin{aligned} \frac{\partial z}{\partial x} &\equiv \frac{\partial f}{\partial x} \equiv \partial_x f \equiv z_x \equiv f_x \equiv f_1 \, , \\ \frac{\partial z}{\partial y} &\equiv \frac{\partial f}{\partial y} \equiv \partial_y f \equiv z_y \equiv f_y \equiv f_2 \, . \end{aligned} \tag{4.22}$$

Wiederholte Ableitungen nach den verschiedenen Variablen führen zu höheren Ableitungen:

$$\begin{aligned} \frac{\partial}{\partial x}\frac{\partial z}{\partial x} &= \frac{\partial^2 z}{\partial x^2} \equiv z_{xx} \equiv f_{xx} \equiv f_{11} \, , \\ \frac{\partial}{\partial x}\left(\frac{\partial z}{\partial y}\right) &= \frac{\partial^2 z}{\partial x \, \partial y} \equiv z_{xy} \equiv f_{xy} \equiv f_{12} \, , \\ \frac{\partial}{\partial x}\frac{\partial^2 z}{\partial x \, \partial y} &= \frac{\partial^3 z}{\partial x^2 \, \partial y} \equiv z_{xxy} \, , \end{aligned} \tag{4.23}$$

und so weiter. Bei den gemischten Ableitungen hält man jeweils alle anderen Variablen fest und betrachtet sie als Konstante. Bei $\frac{\partial^2 z}{\partial x \, \partial y}$ wird zuerst x als Konstante angesehen und nach y abgeleitet, danach y festgehalten und nach x abgeleitet. Bei der Reihenfolge der Indizes werden oft andere, abweichende Regelungen getroffen (etwa von links nach rechts, statt von rechts nach links).

Beispiel

Um die partielle Ableitung zu üben, wollen wir alle partiellen Ableitungen der Funktion

$$z = f(x, y) = x^3 \, y - \mathrm{e}^{xy}$$

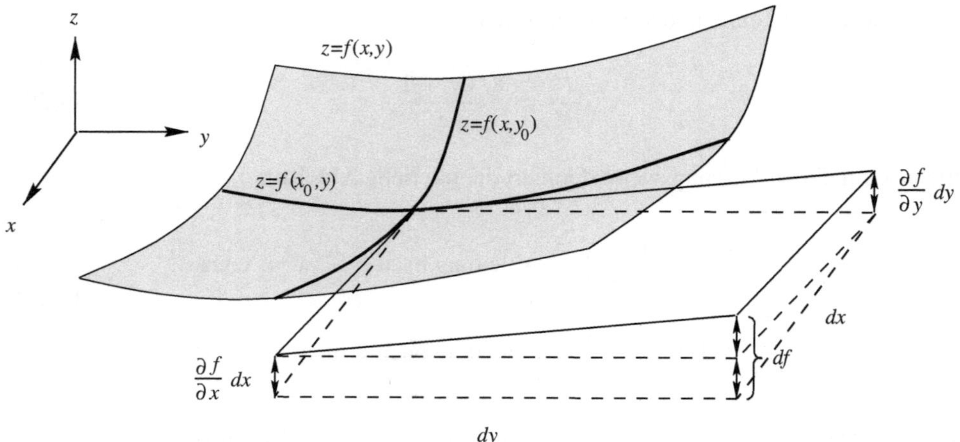

Abb. 4.2 Das totale Differenzial $dz = f_x\,dx + f_y\,dy$ ist die Gleichung der Tangentialebene (4.38) im Punkt $(x, y, z = f(x, y))$

bis zur dritten Ordnung bilden.

$$
\begin{aligned}
z_x &= 3\,x^2\,y - y\,\mathrm{e}^{xy}\,, & z_{xx} &= 6\,x\,y - y^2\,\mathrm{e}^{xy}\,, & z_{xxx} &= 6\,y - y^3\,\mathrm{e}^{xy}\,,\\
z_y &= x^3 - x\,\mathrm{e}^{xy}\,, & z_{yy} &= -x^2\,\mathrm{e}^{xy}\,, & z_{yyy} &= -x^3\,\mathrm{e}^{xy}\,,\\
z_{yx} &= z_{xy} = 3\,x^2 - \mathrm{e}^{xy} - x\,y\,\mathrm{e}^{xy}\,, &&&&\\
z_{yxx} &= z_{xyx} = z_{xxy} = 6\,x - 2\,y\,\mathrm{e}^{xy} - y^2\,x\,\mathrm{e}^{xy}\,, &&&&\\
z_{yyx} &= z_{yxy} = z_{xyy} = -2\,x\,\mathrm{e}^{xy} - x^2\,y\,\mathrm{e}^{xy}\,. &&&&
\end{aligned}
$$

□

In diesem Beispiel ist offenbar $z_{xy} = z_{yx}$, und auch bei den höheren Ableitungen gelten analoge Beziehungen. Das muss nicht immer so sein, und die Gültigkeit dieser Beziehung hängt von der Funktion $f(x, y)$ ab. Man kann zeigen, dass

$$\frac{\partial^2 f}{\partial x\,\partial y} = \frac{\partial^2 f}{\partial y\,\partial x} \tag{4.24}$$

nur an den Punkten (x, y) gilt, an denen diese beiden gemischten zweiten Ableitungen stetig sind.

Bisher haben wir nur Beispiele für *zwei* unabhängige Variablen betrachtet. Die Ausdehnung der partiellen Ableitung auf Probleme mit mehr als zwei Variablen ist aber einfach. Wie bisher werden bei der partiellen Ableitung nach einer bestimmten Variablen alle anderen Variablen festgehalten und sozusagen als Konstante betrachtet. Da es bei solchen Problemen oft verschiedene, voneinander nicht immer unabhängige Variablen gibt, sollte man immer angeben, welche Variablen festgehalten werden. Dies geschieht durch die

Schreibweise

$$\left(\frac{\partial f(x, y, z, t)}{\partial x} \right)_{y,z,t} , \tag{4.25}$$

welche die partielle Ableitung nach x bei festgehaltenem y, z, t bezeichnet.

Beispiel

Im folgenden Beispiel wird eine versteckte Tücke deutlich. Die Funktion

$$z = V(x, y) = x^2 - y^2$$

ist in kartesischen Koordinaten angegeben. Man könnte sie aber auch in ebenen Polarkoordinaten (vgl. Anhang A) angeben, oder als Funktion von verschiedenen Kombinationen von Variablen. Die partielle Ableitung nach r kann dann verschieden sein, je nachdem welche Variablen festgehalten werden.

$$\begin{aligned} z &= r^2 \left(\cos^2 \varphi - \sin^2 \varphi\right) & \Rightarrow \left(\frac{\partial z}{\partial r}\right)_\varphi &= 2r \left(\cos^2 \varphi - \sin^2 \varphi\right) , \\ z &= 2x^2 - r^2 & \Rightarrow \left(\frac{\partial z}{\partial r}\right)_x &= -2r , \\ z &= r^2 - 2y^2 & \Rightarrow \left(\frac{\partial z}{\partial r}\right)_y &= 2r . \end{aligned}$$

□

Wir lernen daraus, dass es wichtig ist anzugeben, welche Variablen bei der partiellen Ableitung festgehalten werden. Die Vorschrift für richtiges Ableiten ist also: Man schreibe z als Funktion allein der beiden Variablen an, von denen nach einer abgeleitet und die andere festgehalten wird. (Später lernen wir noch andere Methoden kennen.)

Für die totale Ableitung galt die Beziehung

$$\frac{dy}{dx} = \left(\frac{dx}{dy}\right)^{-1} \quad \text{für} \quad \frac{dx}{dy} \neq 0 . \tag{4.26}$$

Stimmt so eine Relation auch für partielle Ableitungen? Wie schon oben diskutiert, muss man darauf achten, dass klar ist, nach welchen Variablen abgeleitet wird und welche die festgehaltenen Variablen sind. Dann ist zum Beispiel

$$\left(\frac{\partial \varphi}{\partial x}\right)_r = \left[\left(\frac{\partial x}{\partial \varphi}\right)_r\right]^{-1} \quad \text{für} \quad \left(\frac{\partial x}{\partial \varphi}\right)_r \neq 0 . \tag{4.27}$$

Für Funktionen mit einer oder mehreren unabhängigen Variablen, $f(x, y, \ldots)$, gilt

$$\left(\frac{\partial f}{\partial x}\right)_{y,\ldots} = \left[\left(\frac{\partial x}{\partial f}\right)_{y,\ldots}\right]^{-1} \quad \text{für} \quad \left(\frac{\partial x}{\partial f}\right)_{y,\ldots} \neq 0 , \tag{4.28}$$

wenn man alle anderen Variablen festhält. Entsprechendes gilt auch für die anderen partiellen Ableitungen. Das ist einfach wieder die Aussage aus M.4.2.

Beispiel

Die Beziehung zwischen kartesischen Koordinaten und Polarkoordinaten ist (vgl. Anhang A)

$$\begin{aligned} x &= r\cos\varphi\,, & r &= +\sqrt{x^2+y^2}\,, \\ y &= r\sin\varphi\,, & \varphi &= \arctan\frac{y}{x}\,. \end{aligned}$$

Die partielle Ableitung

$$\left(\frac{\partial\varphi}{\partial x}\right)_y = \left(\frac{\partial\arctan\frac{y}{x}}{\partial x}\right)_y = \frac{\frac{-y}{x^2}}{1+\left(\frac{y}{x}\right)^2} = \frac{-y}{x^2+y^2} = \frac{-y}{r^2}$$

ist umgekehrt proportional zu

$$\left(\frac{\partial x}{\partial\varphi}\right)_y = \left(\frac{\partial\, y\cot\varphi}{\partial\varphi}\right)_y = -\frac{y}{(\sin\varphi)^2} = -\frac{r^2}{y} = \left[\left(\frac{\partial\varphi}{\partial x}\right)_y\right]^{-1}.$$

Wenn man andere Variablen festhält, so sieht man, dass etwa

$$\left(\frac{\partial x}{\partial\varphi}\right)_r = -r\sin\varphi = -y \neq \left[\left(\frac{\partial\varphi}{\partial x}\right)_y\right]^{-1}.$$

□

Mit Hilfe der partiellen Ableitung können wir unsere Formeln (1.39) zur Bestimmung von Potenzreihen nun auf mehrere Variablen verallgemeinern. Da das Prinzip klar ist, wollen wir nur den Fall von zwei Variablen explizit ableiten.

Wir gehen wieder von einem allgemeinen Ansatz aus,

$$\begin{aligned} f(x,y) &= c_{00} + c_{10}\,(x-x_0) + c_{01}\,(y-y_0) + c_{20}\,(x-x_0)^2 \\ &\quad + c_{11}\,(x-x_0)\,(y-y_0) + c_{02}\,(y-y_0)^2 + \cdots\,. \end{aligned} \tag{4.29}$$

Nun ermitteln wir die unbekannten Koeffizienten, indem wir die Werte der Funktion und ihrer Ableitungen mit den Ausdrücken für den Potenzansatz und seine Ableitungen vergleichen:

$$\begin{aligned} f(x_0,y_0) &= c_{00} \\ f_x(x,y) &= c_{10} + 2\,c_{20}\,(x-x_0) + c_{11}\,(y-y_0)\cdots \\ f_x(x_0,y_0) &= c_{10} \\ f_y(x,y) &= c_{01} + 2\,c_{02}\,(y-y_0) + c_{11}\,(x-x_0)\cdots \\ f_y(x_0,y_0) &= c_{01} \end{aligned} \tag{4.30}$$

und so weiter. Wir erhalten so die Taylorformel für Potenzreihen in zwei Variablen,

$$
\begin{aligned}
f(x,y) &= f(x_0,y_0) + f_x(x_0,y_0)\,(x-x_0) + f_y(x_0,y_0)\,(y-y_0) \\
&\quad + \frac{1}{2!}\left[f_{xx}(x_0,y_0)\,(x-x_0)^2 + 2\,f_{xy}\,(x_0,y_0)\,(x-x_0)\,(y-y_0)\right. \\
&\qquad \left. + \; f_{yy}\,(x_0,y_0)\,(y-y_0)^2\right] + \cdots ,
\end{aligned}
\tag{4.31}
$$

die wir in M.4.3 in eine elegantere Form (geeignet gleich für mehrere Variablen) bringen. Mit Hilfe der Binomialkoeffizienten lautet die Formel für zwei Variablen bis zur Ordnung n

$$
f(x,y) = \frac{1}{n!}\sum_{j=0}^{n}\binom{n}{j}(x-x_0)^{n-j}(y-y_0)^j\,\frac{\partial^{n-j}}{\partial x^{n-j}}\frac{\partial^j}{\partial y^j}f(x,y)\Big|_{x=x_0,y=y_0} . \tag{4.32}
$$

M.4.3 Kurz und klar: Potenzreihen in mehreren Variablen

Wir geben hier ein allgemeines Schema an, welche die Entwicklung einer Funktion $f(x_1, x_2, \ldots, x_d)$ in eine Potenzreihe ihrer Variablen leicht möglich macht. Wir entwickeln die Taylorreihe am Punkt $(a_1, a_2 \ldots a_d)$ bis zur Ordnung n:.

$$
\begin{aligned}
f(x_1,x_2,\ldots,x_d) &= \sum_{n_1=0}^{n}\sum_{n_2=0}^{(n-n_1)}\cdots\sum_{n_d=0}^{(n-n_1-\ldots-n_{d-1})} \\
&\quad\times\frac{(x_1-a_1)^{n_1}(x_2-a_2)^{n_2}\ldots(x_d-a_d)^{n_d}}{n_1!n_2!\ldots n_d!} \\
&\quad\times\frac{\partial^{n_1}}{\partial x_1^{n_1}}\frac{\partial^{n_2}}{\partial x_2^{n_2}}\cdots\frac{\partial^{n_d}}{\partial x_d^{n_d}}f(x_1,x_2,\ldots,x_d)\Big|_{(x_1,x_2\ldots x_d)=(a_1,a_2\ldots a_d)} ,
\end{aligned}
\tag{M.4.3.1}
$$

gültig im entsprechenden Konvergenzgebiet. Manchmal kann man die Funktion in Faktoren zerlegen und diese Faktoren getrennt entwickeln, Multipliziert man die so gewonnenen Reihen, so kann das einfacher zum Ziel führen, als (M.4.3.1) für alle Variablen anzuwenden.

Wir wollen als Beispiel die Funktion

$$
f(x,y) = \sin x\ \cos y \tag{4.33}
$$

an der Stelle $x_0 = 0,\ y_0 = 0$ in eine Potenzreihe in x und y entwickeln. Wir finden

$$
\begin{aligned}
f(0,0) &= 0 , \\
f_x(x,y) &= \cos x \cos y , \qquad f_x(0,0) = 1 , \\
f_y(x,y) &= -\sin x\ \sin y , \qquad f_y(0,0) = 0 ,
\end{aligned}
\tag{4.34}
$$

und weiter

$$\begin{aligned} f_{xx}(0,0) &= f_{yy}(0,0) = f_{xy}(0,0) = 0\,, \\ f_{xxy}(0,0) &= f_{yyy}(0,0) = 0\,, \\ f_{xyy}(0,0) &= f_{xxx}(0,0) = -1\,. \end{aligned} \tag{4.35}$$

Damit folgt die Taylorreihe

$$\sin x \cos y = x - \frac{x^3}{3!} - \frac{xy^2}{2} + \cdots\,. \tag{4.36}$$

(Anmerkung: Natürlich wäre es einfacher gewesen, das Produkt der Potenzreihen für $\sin x$ und $\cos y$ zu berechnen!)

Beispiel

Als Beispiel für eine Potenzreihe in drei Variablen betrachten wir

$$f(x,\, y,\, z) = \sqrt{y+z}\,\sin x \quad \text{mit} \quad x_0 = y_0 = z_0 = \pi\,.$$

Anwendung der Vorschrift (M.4.3.1) ergibt bis zur dritten Ordnung die Reihe

$$\begin{aligned} f(x,\, y,\, z) &= -\sqrt{2\pi}\,(x-\pi) - \tfrac{1}{2\sqrt{2\pi}}(x-\pi)(y-\pi) - \tfrac{1}{2\sqrt{2\pi}}(x-\pi)(z-\pi) \\ &\quad + \tfrac{\sqrt{2\pi}}{6}(x-\pi)^3 + \tfrac{1}{8\sqrt{2}\pi^{\frac{3}{2}}}(x-\pi)(y-\pi)(z-\pi) \\ &\quad + \tfrac{1}{16\sqrt{2}\pi^{\frac{3}{2}}}(x-\pi)(y-\pi)^2 + \tfrac{1}{16\sqrt{2}\pi^{\frac{3}{2}}}(x-\pi)(z-\pi)^2 \ldots \end{aligned}$$

□

Das totale Differenzial kann ebenfalls auf den Fall mehrerer unabhängiger Variablen verallgemeinert werden. Im Fall einer Variablen gab es eine geometrische Deutung. Während $\Delta f(x)$ die Änderung der Funktion angibt, zeigt das totale Differenzial die Änderung einer Tangente an die Funktion an, also die lineare Näherung. Es gilt

$$\Delta x \equiv dx\,, \quad \Delta f(x) = df + \mathcal{O}\left((dx)^2\right)\,, \quad df = \frac{df}{dx}dx\,. \tag{4.37}$$

Die Verallgemeinerung auf zwei Variablen ist ebenfalls eine lineare Näherung,

$$\begin{aligned} \Delta f(x,y) &= df + \mathcal{O}\left((dx)^2, dx\,dy, (dy)^2\right)\,, \qquad \Delta x \equiv dx\,, \qquad \Delta y \equiv dy\,, \\ df(x,y) &= \frac{\partial f}{\partial x}\,dx + \frac{\partial f}{\partial y}\,dy\,. \end{aligned} \tag{4.38}$$

In einer geometrischen Deutung ist die Gleichung für df die einer Tangentialebene (Abb. 4.2) an die Funktion. Am Punkt $(x_0, y_0, z_0 = f(x_0, y_0))$ erhält man mit $dx = x - x_0$, $dy = y - y_0$ und $df = z - z_0$ die Ebenengleichung

$$z - z_0 = f_x(x_0, y_0)(x - x_0) + f_y(x_0, y_0)(y - y_0) \, . \qquad (4.39)$$

Das totale Differenzial df gibt also wiederum die lineare Näherung der Änderung der Funktion an, während Δf die Funktionsänderung beschreibt. Wir nennen dabei einen linearen Zusammenhang immer Ebene, selbst wenn er ein geometrisches Objekt in mehr als drei Dimensionen beschreibt.

Beispiel

Die Funktion

$$f(x, y) = x + 2\,y + 3\,x^2 - x\,y + y^2 - 1$$

hat die partiellen Ableitungen $f_x = 1 + 6\,x - y$ und $f_y = 2 - x + 2\,y$ und daher im Punkt $(0, 1, 2)$ die Tangentialebene

$$z - 2 = 4\,(y - 1) \, .$$

□

Die Gültigkeit der impliziten Annahme in Ansatz (4.38) kann mit Hilfe der Taylorreihe für zwei Variablen (vgl. 4.32) gezeigt werden. Mit den Substitutionen

$$\begin{aligned} x,\ x_0,\ h \quad &\rightarrow \quad x + dx,\ x,\ dx \, , \\ y,\ y_0,\ k \quad &\rightarrow \quad y + dy,\ y,\ dy \end{aligned} \qquad (4.40)$$

ist ja

$$\begin{aligned} f(x + dx, y + dy) \quad &= \quad f(x, y) + f_x(x, y)\, dx + f_y(x, y)\, dy \\ &+ \quad \frac{1}{2!}\left(f_{xx}(x, y)\,(dx)^2 + 2\, f_{xy}\, dx\, dy + f_{yy}\,(dy)^2\right) + \cdots \end{aligned} \qquad (4.41)$$

und damit

$$\begin{aligned} \Delta f(x, y) - df \quad &= \quad \frac{1}{2!}\left(f_x x(x, y)\,(dx)^2 + 2\, f_{xy}\, dx\, dy + f_{yy}\,(dy)^2\right) + \cdots \\ &= \quad \mathcal{O}\left((dx)^2, dx\, dy, (dy)^2\right) \, , \end{aligned} \qquad (4.42)$$

wie es gefordert war.

Wir definieren das totale Differenzial schließlich für Funktionen beliebig vieler Variablen,

$$f = f(x_1, x_2, x_3, \ldots) \quad \Rightarrow \quad df = \frac{\partial f}{\partial x_1} dx_1 + \frac{\partial f}{\partial x_2} dx_2 + \frac{\partial f}{\partial x_3} dx_3 + \cdots \, . \qquad (4.43)$$

Beispiel

Es ist also

$$\begin{aligned} f(x,y) &= x+y^2 &\Rightarrow\ df &= dx+2\,y\,dy\,, \\ f(x,y,z) &= x\,y\,z &\Rightarrow\ df &= y\,z\,dx+x\,z\,dy+x\,y\,dz\,, \\ f(\{x_i\}) &= \sum_{i=1}^{N} x_i^2 &\Rightarrow\ df &= \sum_{i=1}^{N} 2\,x_i\,dx_i\,. \end{aligned}$$

□

Beispiel

Hier wieder ein Beispiel dazu, wie man mit Hilfe des totalen Differenzials schnell kleine Änderungen abschätzen kann – diesmal in zwei Variablen. Bei der Herstellung von zylindrischen Dosen gibt es Probleme: Der vorgegebene Radius r =5 cm kann einen Fehler von dr =0.05 cm haben, die Höhe h =12 cm um bis zu dh =0.1 cm falsch sein. Wie groß ist die sich dadurch möglicherweise ergebende Volumenänderung ΔV?

In der exakten Rechnung bestimmt man die Differenz $V(r+dr,h+dh)-V(r,h)$ und erhält $8.58025\pi\,\mathrm{cm}^3$. Eine gute Abschätzung dafür liefert allerdings schon das totale Differenzial. (Wir rechnen in Einheiten von cm.)

$$\begin{aligned} V(r,h) &= r^2\,\pi\,h &\Rightarrow\ dV &= 2\,\pi\,r\,h\,dr+r^2\,\pi\,dh \\ dr=0.05\,,\quad dh &= 0.1 &\Rightarrow\ dV &= 2\,\pi\,60\,0.05+25\,\pi\,0.1=8.5\,\pi\,. \end{aligned}$$

Der relative Fehler $\left|\frac{\Delta V-dV}{dV}\right|$ liegt also unter 1%. □

4.3 Verschiedene Methoden der Differenziation

Es wäre recht mühsam, in jedem einzelnen Fall die Ableitung einer Funktion mittels Grenzübergang aus dem Differenzenquotienten zu bestimmen. Die Ableitungen der wichtigsten elementaren Funktionen sind in einer Tabelle im Anhang B angeführt, und die gebräuchlichsten sollte man wohl mit der Zeit auswendig können.

Funktionen, die aus elementaren Funktionen zusammengesetzt sind, kann man mit Hilfe von weiteren Differenziationsregeln auf Ableitungen der elementaren Funktionen zurückführen. Einige dieser Regeln wollen wir hier besprechen. Bei der Ableitung dieser Regeln helfen uns die behandelten Begriffe des totalen Differenzials und der partiellen Ableitung.

4.3.1 Kettenregel und Produktregel

Wir wollen die Funktion einer anderen Funktion differenzieren, wie etwa

$$y = \ln(\sin 2x) . \tag{4.44}$$

Diese kann formal umgeschrieben werden in

$$y = \ln u , \quad u = \sin v , \quad v = 2x , \tag{4.45}$$

oder allgemein

$$y = y(u) , \quad u = u(v) , \quad v = v(x) . \tag{4.46}$$

Jede der Funktionen hängt unmittelbar nur von einer Variablen ab, daher ist

$$dy = \frac{\partial y}{\partial u} du , \quad du = \frac{\partial u}{\partial v} dv , \quad dv = \frac{\partial v}{\partial x} dx . \tag{4.47}$$

Daraus folgt offenbar

$$dy = \frac{\partial y}{\partial u} \frac{\partial u}{\partial v} \frac{\partial v}{\partial x} dx \equiv \frac{dy}{dx} dx . \tag{4.48}$$

Es folgt die **Kettenregel**

$$\frac{dy(u(v(x)))}{dx} = \frac{\partial y}{\partial u} \frac{\partial u}{\partial v} \frac{dv}{dx} . \tag{4.49}$$

Da v nur von der Variablen x abhängt, haben wir

$$\frac{\partial v}{\partial x} \equiv \frac{dv}{dx} \tag{4.50}$$

verwendet. In unserem Beispiel gibt diese Regel

$$\frac{dy}{dx} = \left(\frac{1}{u}\right) (\cos v)\,(2) = 2\,\frac{\cos 2x}{\sin 2x} = 2\,\cot 2x . \tag{4.51}$$

Wie wir an diesem Beispiel gesehen haben, sind die Differenziationsregeln aus den einfachen Prinzipien des totalen Differenzials ableitbar. Es gibt eigentlich nur zwei Typen von Fällen.

Eine einzige unabhängige Variable: Es ist eine Funktion f gegeben, die selbst von Funktionen abhängt, die wiederum Funktionen sind, und so weiter. Die schließlich einzige unabhängige Variable sei x. Dann drücken wir das totale Differenzial df durch die partiellen Ableitungen nach den Argumenten der ersten Ebene (Funktionen) und durch die entsprechenden totalen Differenziale aus, diese Differenziale wiederum durch die partiellen Ableitungen nach ihren Argumenten, und so weiter. Da alle Abhängigkeiten schließlich auf die einzige unabhängige Variable x zurückführbar sind, ergibt sich die Gleichung

$$df = \frac{\partial f}{\partial \cdots} \cdots \frac{\partial \cdots}{\partial x} dx \,, \tag{4.52}$$

wobei auf der rechten Seite natürlich auch Summen von Termen stehen können. Da aber gleichzeitig

$$df = \frac{df}{dx} dx \tag{4.53}$$

gelten muss, können wir die Ableitung $\frac{df}{dx}$ unmittelbar ablesen.

Neben der Kettenregel ist auch die **Produktregel** (auch **Leibniz-Regel** genannt) ein Anwendungsbeispiel für diesen Fall.

Beispiel

Wir haben zum Beispiel die Funktion

$$z = z(u, v) = u\, v \,, \quad u = 2\, x^2 \,, \quad v = \sin x$$

und suchen $\frac{dz}{dx}$. Dazu bilden wir sukzessive die totalen Differenziale

$$dz = u\, dv + v\, du \,, \quad du = u'\, dx = 4\, x\, dx \,, \quad dv = v'\, dx = (\cos x)\, dx$$

und daraus

$$dz = \big(u\, v' + u'\, v\big)\, dx = \big(2\, x^2 \cos x + 4\, x \sin x\big)\, dx$$

und daher

$$\frac{dz}{dx} = 2\, x^2 \cos x + 4\, x \sin x \,. \qquad \square$$

Die allgemeine Form der Produktregel ist

$$\frac{d\,(u(x)\, v(x))}{dx} = u(x)\, v'(x) + u'(x)\, v(x). \tag{4.54}$$

Mehrere unabhängige Variablen: Die Funktion f hängt von Funktionen ab, die wiederum Funktionen sind, und so weiter. Alle Funktionen sind letztlich Funktionen einiger unabhängiger Variablen x, y, ... Das bedeutet, dass man wie im vorhergehenden Fall Differenziale bilden kann, die alle letztlich Linearkombinationen der Differenziale der unabhängigen Variablen $dx, dy, \ldots$ sind. Man kann daher schließlich die Form

$$df = \frac{\partial f}{\partial \cdots} \cdots \frac{\partial \cdots}{\partial x} dx + \frac{\partial f}{\partial \cdots} \cdots \frac{\partial \cdots}{\partial y} dy + \cdots \tag{4.55}$$

erreichen. Die einzigen nicht weiter umformbaren totalen Differenziale auf der rechten Seite der Gleichung sind genau die der unabhängigen Variablen. Da gleichzeitig gilt

$$df = \frac{\partial f}{\partial x}\,dx + \frac{\partial f}{\partial y}\,dy + \cdots\,, \tag{4.56}$$

sind die gesuchten partiellen Ableitungen einfach die entsprechenden Vorfaktoren der Differenziale.

Beispiel

In dem folgenden Beispiel haben wir drei Variablen und zwei Gleichungen,

$$z - x + y - 1 = 0\,, \quad 2x + z - y = 0\,.$$

Hier könnten wir eine der Gleichungen dazu verwenden, um eine Variable zu eliminieren. Im allgemeinen Fall ist das nicht immer möglich. Daher wollen wir auch hier auf diese Vereinfachung verzichten, um das Verfahren zu demonstrieren. Das Problem ist also eigentlich eines mit nur zwei Variablen, einer unabhängigen und einer abhängigen. Wir wollen z als abhängige und x als unabhängige Variable sehen und $\frac{dz}{dx}$ bestimmen. Die totalen Differenziale der obigen Gleichungen ergeben

$$dz - dx + dy = 0\,, \quad 2\,dx + dz - dy = 0\,.$$

Aus der zweiten Gleichung folgt $dy = 2\,dx + dz$, und – nach dem Einsetzen in die erste Gleichung – wird

$$dz = dx - 2\,dx - dz \quad \Rightarrow \quad dz = -\frac{1}{2}\,dx \quad \Rightarrow \quad \frac{dz}{dx} = -\frac{1}{2}\,. \qquad \square$$

Beispiel

Wenn wir für die Funktion

$$u = x^2 + 2xy - y\ln z\,, \quad x = s + t^2\,, \quad y = s - t^2\,, \quad z = 2t$$

die partiellen Ableitungen $\frac{\partial u}{\partial s}$, $\frac{\partial u}{\partial t}$ suchen, dann bilden wir entsprechend der Vorschrift also

$$\begin{aligned}
du &= 2x\,dx + 2y\,dx + 2x\,dy - \ln z\,dy - \frac{y}{z}\,dz\,,\\
dx &= ds + 2t\,dt\,,\\
dy &= ds - 2t\,dt\,,\\
dz &= 2\,dt
\end{aligned}$$

und daraus

$$\begin{aligned} du &= (2x+2y)\,dx + (2x - \ln z)\,dy - \frac{y}{z}\,dz \\ &= (2x+2y)\,(ds + 2t\,dt) + (2x - \ln z)\,(ds - 2t\,dt) - \frac{y}{z}\,2\,dt \\ &= \underbrace{\left(4x + 2y - \ln z\right)}_{\frac{\partial u}{\partial s}} ds + \underbrace{\left(4yt + 2t\,\ln z - \frac{2y}{z}\right)}_{\frac{\partial u}{\partial t}} dt\,. \end{aligned}$$

Man könnte auch so argumentieren: Bei der partiellen Ableitung nach t muss man s festhalten, kann also $ds = 0$ setzen; damit ist der Vorfaktor zu dt die partielle Ableitung $(\frac{\partial u}{\partial t})_s$. Entsprechendes gilt bei der partiellen Ableitung nach s. □

Wenn man nur an einer bestimmten partiellen Ableitung, zum Beispiel an der nach x interessiert ist, gibt es noch einen effizienten Trick. Man kann die totalen Differenziale der anderen (unabhängigen) Variablen einfach null setzen, da diese ja konstant gehalten werden sollen. Wenn man das schon während der Rechnung macht, vereinfacht sich diese oft erheblich! (Wie vereinfacht sich das soeben gerechnete Beispiel?)

4.3.2 Implizite Differenziation

Bisher haben wir immer explizite Funktionszusammenhänge betrachtet. Wir konnten die unabhängigen immer von den abhängigen Variablen trennen und zum Beispiel in die Form

$$y = f(x) \tag{4.57}$$

bringen. Das ist nicht immer möglich. Ein Beispiel dafür ist der implizite Zusammenhang

$$x + y = \cos(x\,y) + 0.1\,. \tag{4.58}$$

Hier kann y nicht als Funktion nur von x geschrieben werden; auch x kann nicht als Funktion von y geschrieben werden. Trotzdem können wir für jeden Wert von x die entsprechenden Werte von y (und sei es mit dem Computer) finden, und umgekehrt. Diese Art der Abhängigkeit heißt impliziter Funktionszusammenhang.

Selbst in diesem Fall kann man die Ableitungen $\frac{dy}{dx}$ und $\frac{dx}{dy}$ bestimmen. Das Verfahren ist auch für den Fall mit mehreren Variablen verallgemeinerbar. Wir bringen die Funktion in der Form

$$f(x, y) = 0 \tag{4.59}$$

und bilden das totale Differenzial der linken und rechten Seite der Gleichung

$$df \equiv \frac{\partial f}{\partial x}\,dx + \frac{\partial f}{\partial y}\,dy = 0\,. \tag{4.60}$$

Nun separieren wir das Differenzial der Variablen, die wir als abhängige Veränderliche betrachten wollen und finden etwa

$$dy = -\frac{\frac{\partial f}{\partial x}}{\frac{\partial f}{\partial y}}\,dx\,. \tag{4.61}$$

Da wir wissen, dass $dy = \frac{dy}{dx}\,dx$ gelten muss, finden wir

$$\frac{dy}{dx} = -\frac{\frac{\partial f}{\partial x}}{\frac{\partial f}{\partial y}}\,. \tag{4.62}$$

Im Fall von insgesamt nur zwei Variablen, einer unabhängigen und einer abhängigen, kann man sich einfach diese Formel merken. Die Grundlage der besprochenen Methode ist das wichtige mathematische **Theorem über implizite Funktionen**, welches noch viel allgemeinere Aussagen macht; es geht dabei um die wechselseitige Abbildbarkeit entsprechender Gebiete, hier etwa eines Bereichs der x-Achse auf die y-Achse und umgekehrt. Mehr darüber finden Sie zum Beispiel in [3–5].

Beispiel

In unserem Fallbeispiel verläuft die Rechnung also folgend:

$$f(x,y) = x+y-\cos(x\,y)-0.1 = 0 \;\Rightarrow\; dx+dy+y\sin(xy)\,dx+x\,\sin(x\,y)\,dy = 0\,,$$

und daraus

$$dy = \underbrace{-\frac{1+y\,\sin(x\,y)}{1+x\,\sin(x\,y)}}_{\frac{dy}{dx}}\,dx\,.$$

So wie hier ist das Ergebnis oft wiederum ein impliziter Funktionszusammenhang. □

Wie bestimmt man $y''(x)$? Da $y'' = \frac{dy'}{dx}$, ergibt sich

$$\begin{aligned} d(y') &= \frac{\partial y'}{\partial x}\,dx + \frac{\partial y'}{\partial y}\,dy = \frac{\partial y'}{\partial x}\,dx + \frac{\partial y'}{\partial y}\,y'(x,y)\,dx \\ &= \left(\frac{\partial y'}{\partial x} + \frac{\partial y'}{\partial y}\,y'(x,y)\right)dx \equiv \frac{dy'}{dx}\,dx = y''(x,y)\,dx\,. \end{aligned} \tag{4.63}$$

Eine aus diesen Überlegungen abgeleitete Methode besteht darin, die implizite Funktion nach der unabhängigen Variablen abzuleiten und dabei die Ableitung von y nach x einfach als y' zu bezeichnen,

$$f(x,y) = 0 \;\Rightarrow\; f'(x,y) = \frac{\partial f}{\partial x} + \frac{\partial f}{\partial y}\,y' = 0\,. \tag{4.64}$$

Auflösung nach y' ergibt wieder (4.62). Entsprechend kann man diesen Ausdruck weiter ableiten, um Beziehungen für y'' und höhere Ableitungen zu bestimmen.

Der Fall mehrerer unabhängiger Variablen wird gleich behandelt. Man bildet das totale Differenzial des impliziten Funktionszusammenhangs und trennt die Differenziale, sodass das Differenzial der abhängigen Variablen allein auf einer Seite der Gleichung steht. Mit

$$f(x, y, z, \ldots) = 0 \Rightarrow df \equiv \frac{\partial f}{\partial x} dx + \frac{\partial f}{\partial y} dy + \frac{\partial f}{\partial z} dz + \cdots = 0 \tag{4.65}$$

bekommt man

$$dy = -\frac{\frac{\partial f}{\partial x}}{\frac{\partial f}{\partial y}} dx - \frac{\frac{\partial f}{\partial z}}{\frac{\partial f}{\partial y}} dz \tag{4.66}$$

und erkennt in den Vorfaktoren die gewünschten partiellen Ableitungen

$$dy = \left(\frac{\partial y}{\partial x}\right)_z dx + \left(\frac{\partial y}{\partial z}\right)_x dz\,. \tag{4.67}$$

Das Verfahren kann auch angewandt werden, wenn der Funktionszusammenhang durch mehrere Gleichungen ausgedrückt ist. Man bildet einfach die totalen Differenziale der Funktionsgleichungen und erhält ein System von Gleichungen, die alle linear in den totalen Differenzialen sind. Dieses lineare Gleichungssystem kann man lösen und das Differenzial einer (der abhängigen) Variablen als eine Summe von Termen schreiben, die jeder das Differenzial einer unabhängigen Variablen enthalten. Die Vorfaktoren sind die gesuchten partiellen Ableitungen.

Beispiel

Wieder diskutieren wir ein einfaches Beispiel, das eigentlich auch als explizite Funktion geschrieben werden kann. Sei

$$\begin{aligned} z - x + y + t - 1 &= 0\,, \\ 2x + z - y + 3t^2 &= 0\,. \end{aligned}$$

Wir überlegen kurz: vier Variablen, zwei Gleichungen, also (4-2=) 2 unabhängige Variablen. Eine Gleichung könnte der Elimination einer Variablen dienen, reduziert also die Zahl der Variablen auf drei, selbst wenn die Elimination explizit nicht ausführbar sein sollte. Es ist dies daher auf ein Problem von insgesamt 3 Variablen, einer abhängigen und zwei unabhängigen, reduzierbar.

Wir nehmen an, x sei die abhängige Variable und y, z die unabhängigen Variablen. Wir können die partiellen Ableitungen $\frac{\partial x}{\partial y}$ und $\frac{\partial x}{\partial z}$ wieder aus den Differenzialen berechnen:

$$\begin{aligned} dz - dx + dy + dt &= 0\,, \\ 2\,dx + dz - dy + 6t\,dt &= 0\,. \end{aligned}$$

Wir eliminieren dt und erhalten

$$6t\,dz - 6t\,dx + 6t\,dy - 2\,dx - dz + dy = 0 \;\Rightarrow\; dx = \frac{1+6t}{2+6t}dy - \frac{1-6t}{2+6t}dz$$

und daher

$$\left(\frac{\partial x}{\partial y}\right)_z = \frac{1+6t}{2+6t}\,, \qquad \left(\frac{\partial x}{\partial z}\right)_y = -\frac{1-6t}{2+6t}\,.$$

Man sieht, dass t im Ergebnis vorkommt, obwohl wir die Abhängigkeit formal eliminiert haben. Man sollte also streng genommen $t(x, y, z)$ schreiben, oder wenn das möglich ist, t durch die entsprechenden Ausdrücke in x, y, z ersetzen. □

4.4 Extremwertaufgaben

Wir haben im Abschn. 4.1 über totale Differenziale gesehen, dass für $y = f(x)$ die Gleichung $dy = y'(x)dx$ eine Geradengleichung ist und die Tangente an die Funktionskurve im Punkt $(x, y = f(x))$ beschreibt. Wo die Steigung verschwindet, $y' = 0$, wird daraus die Gleichung einer Geraden,

$$dy = 0\,, \tag{4.68}$$

die parallel zur x-Achse verläuft. Man kann daher die Werte von x, bei denen die Funktion einen Extremwert annimmt, also entweder ein lokales Maximum oder ein lokales Minimum hat, durch die Lösung der Gleichung

$$y'(x) = 0 \tag{4.69}$$

bestimmen (vgl. Abb. 4.3). Solche Punkte heißen auch **stationäre Punkte**.

Punkte, an denen die erste Ableitung verschwindet, wo aber weder ein lokales Maximum noch ein Minimum vorliegt, heißen Sattelpunkte. Die Funktion $f(x) = (x-1)^3$ hat an der Stelle $x = 1$ so einen Sattelpunkt, den man gleichsam als Grenzfall des Zusammenrückens eines Maximums und eines Minimums verstehen kann. Punkte, an denen die zweite Ableitung verschwindet, werden Wendepunkte genannt.

Wir wissen aus der (als bekannt vorausgesetzten) Analysis einfacher Funktionen, dass der Wert der zweiten Ableitung $y''(x)$ am Extrempunkt angibt, um welche Art von Extremwert es sich handelt. Es ist

$$\text{für } y'(x) = 0 \quad \text{und} \quad \begin{cases} y''(x) < 0 & \Rightarrow \quad \text{Maximum}\,, \\ y''(x) = 0 & \Rightarrow \quad \text{Sattelpunkt, Max. od. Min.}\,, \\ y''(x) > 0 & \Rightarrow \quad \text{Minimum}\,. \end{cases} \tag{4.70}$$

Im Fall $y''(x) = 0$ müssen noch die höheren Ableitungen untersucht werden, um die Art des Extremums festzustellen (man vergleiche etwa das Verhalten von x^3 und x^4 bei $x = 0$).

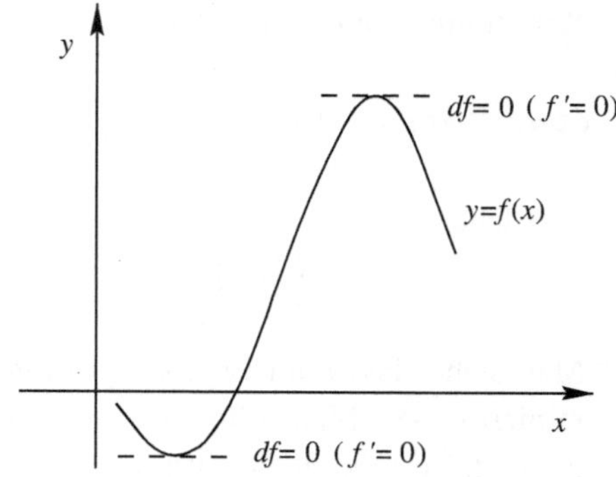

Abb. 4.3 Die Funktion $y = f(x)$ hat im dargestellten Intervall ein Maximum und ein Minimum. Die Tangentengleichung lautet in beiden Fällen $dy = 0$, also $y(x_{\text{extremal}} + dx) = y(x_{\text{extremal}})$

Ähnlich sind Extremwerte auch im mehrdimensionalen Fall durch die Bedingung $df = 0$ charakterisiert. Im Fall einer Funktion $z = f(x, y)$ sind die Extremwerte durch Tangentialebenen parallel zur (x, y)-Ebene ausgezeichnet. Für den dreidimensionalen Fall haben wir die Gleichung der Ebene in (4.38) angeschrieben. Wir haben also die Forderung

$$dz = \frac{\partial z}{\partial x}\,dx + \frac{\partial z}{\partial y}\,dy = 0 \tag{4.71}$$

für beliebige dx und dy zu erfüllen. Daher muss

$$z_x(x, y) = 0\,, \quad z_y(x, y) = 0 \tag{4.72}$$

an jedem Extremalpunkt erfüllt sein.

Geometrisch kann man sich dies auch so vorstellen: Man betrachte für konstante $y = d$ die Funktion

$$z = z(x, y = d)\,, \tag{4.73}$$

also eine Funktion nur von x, und für konstante $x = c$ die Funktion

$$z = z(x = c, y)\,, \tag{4.74}$$

eine Funktion nur von y. Diejenigen Punkte (x, y), an denen beide Kurven zugleich ein Extremum haben, wo also $(\frac{\partial z}{\partial x})_y = 0$ und gleichzeitig $(\frac{\partial z}{\partial y})_x = 0$ sind, müssen Extremwerte der Funktion $z(x, y)$ sein. In Abb. 4.4 (links) ist dieser Fall für ein Maximum dargestellt, in Abb. 4.4 (Mitte) für einen Sattelpunkt.

Extremwerte der Funktion $z = f(x, y)$ sind also durch die Lösungen des Gleichungspaares

$$\left(\frac{\partial z}{\partial x}\right)_y = 0\,, \quad \left(\frac{\partial z}{\partial y}\right)_x = 0 \tag{4.75}$$

bestimmbar. Minima müssen in beiden Variablen Minima sein, Maxima in beiden Variablen Maxima. Sattelpunkte sind in einer Variablen ein Minimum und in der anderen ein

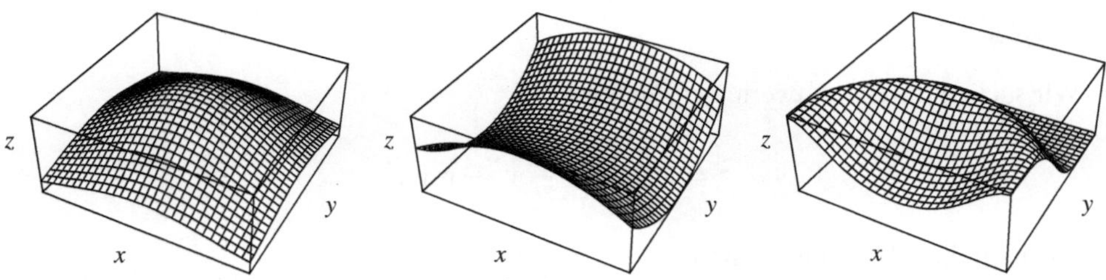

Abb. 4.4 Links; Die Funktion $z = f(x, y)$ hat im dargestellten Gebiet ein Maximum, und es ist an diesem Punkt $df = 0$, das heißt die Tangentialebene ist parallel zur (x, y)-Ebene. Mitte: Die Funktion hat hier einen Sattelpunkt, also ein Minimum der Funktion $z = f(x = \text{const.}, y)$ in y-Richtung und ein Maximum der Funktion $z = f(x, y = \text{const.})$ in x-Richtung. Rechts: Die Funktion hat hier eine Linie von Maxima, die alle die gleiche Tangentialebene haben!

Maximum, wie eben ein Pferdesattel in Querrichtung ein Maximum und Längsrichtung (glücklicherweise!) ein Minimum ist. Auch die Sattelform ist nur ein einfaches Beispiel. Überlegen Sie sich doch einmal die Form der Funktion $f(r, \varphi) = r^2 \cos 6\varphi$ in der Umgebung des Ursprungs!

Die Situation ist in drei Dimensionen also komplizierter als in zwei. So kann es etwa auch Mischformen, wie etwa Kurven von Maxima, Minima, Sattelpunkten oder Wendepunkten geben, wie Abb. 4.4 verdeutlicht. Oft ist aus der Problemstellung klar, worum es sich handelt. Im allgemeinen Fall muss man aber noch die zweiten Ableitungen zur Unterscheidung heranziehen.

Für zwei unabhängige Variablen gilt, dass man ein Maximum hat, wenn

$$f_{xx} f_{yy} - f_{xy}^2 > 0\,, \quad f_{xx} < 0\,, \quad f_{yy} < 0 \tag{4.76}$$

gilt und ein Minimum, wenn

$$f_{xx} f_{yy} - f_{xy}^2 > 0\,, \quad f_{xx} > 0\,, \quad f_{yy} > 0 \tag{4.77}$$

gilt. Bei

$$f_{xx} f_{yy} - f_{xy}^2 < 0 \tag{4.78}$$

handelt es sich um einen Sattelpunkt, und für den Grenzfall

$$f_{xx} f_{yy} - f_{xy}^2 = 0 \tag{4.79}$$

ist die Art des Extremwertes unbestimmt, und die Funktion muss (zum Beispiel mit Hilfe höherer Ableitungen) genauer untersucht werden.

Beispiel

Wir suchen die Extremwerte der Funktion

$$z = x\,y + x^2 + y^2 - 6\,y\ .$$

Die partiellen Ableitungen sind

$$z_x = y + 2\,x\ , \quad z_y = x + 2\,y - 6\ ,$$

und wir erhalten aus der Bedingung $z_x = 0, z_y = 0$ die Gleichungen

$$y + 2\,x = 0\ , \quad x + 2\,y - 6 = 0\ .$$

Die erste Gleichung führt zur Lösung $y = -2x$, und mit Hilfe der zweiten Gleichung erhalten wir $x = -2$, $y = 4$ als Position eines Extremalpunktes. Die zweiten Ableitungen sind

$$z_{xx} = 2\ , \quad z_{xy} = 1\ , \quad z_{yy} = 2\ ,$$

und daher ist $z_{xx}\,z_{yy} - z_{xy}^2 = 3 > 0$; es handelt sich also um ein Minimum. □

Beispiel

Im Fall der Funktion

$$z = (\cos x\ \cos y)^2$$

aus Abb. 4.5 sind die partiellen Ableitungen

$$\begin{aligned} z_x &= -2\ \sin x\ \cos x\,(\cos y)^2 &&= -\sin 2x\,(\cos y)^2\ , \\ z_y &= -(\cos x)^2\,2\ \cos y\ \sin y &&= -(\cos x)^2\ \sin 2y\ , \end{aligned}$$

und die zweiten Ableitungen

$$z_{xx} = -2\ \cos 2x\,(\cos y)^2\ , \quad z_{xy} = \sin 2x\ \sin 2y\ , \quad z_{yy} = -2\,(\cos x)^2\ \cos 2y\ .$$

Aus $z_x = 0$ folgt $x = \frac{n}{2}\,\pi$ oder $y = (n + 1/2)\,\pi$, also die Lösungsmenge

$$A_1 = \{x = \frac{n}{2}\pi, n \in \mathbb{Z}; y \in \mathbb{R}\} \cup \{x \in \mathbb{R}, n \in \mathbb{Z}; y = \left(n + \frac{1}{2}\right)\pi\ , n \in \mathbb{Z}\}\ ,$$

und $z_y = 0$ liefert die Lösungsmenge

$$A_2 = \{x \in \mathbb{R}; y = \frac{n}{2}\pi, n \in \mathbb{Z}\} \cup \{x = (n + \frac{1}{2})\pi\ , n \in \mathbb{Z}; y \in \mathbb{R}, n \in \mathbb{Z}\}\ .$$

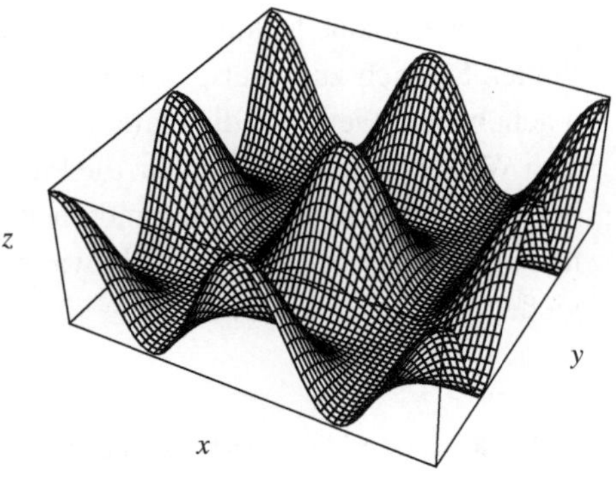

Abb. 4.5 Die Funktion $z = (\cos x \cos y)^2$ hat im dargestellten Gebiet viele lokale Maxima und ein Gitter von Minima-Geraden

Eine Skizze hilft bei der Ermittlung der Durchschnittsmenge $A_1 \cap A_2$, für deren Punkte sowohl z_x als auch z_y verschwinden. Daraus ergeben sich also drei Gruppen von Lösungen:

$$\begin{array}{llll} (1) & x = \text{beliebig}\,, & y = (k + \frac{1}{2})\,\pi\,, & k \in \mathbb{Z}\,, \\ (2) & x = (k + \frac{1}{2})\,\pi\,, & y = \text{beliebig}\,, & k \in \mathbb{Z}\,, \\ (3) & x = k\,\pi\,, & y = n\,\pi\,, & k, n \in \mathbb{Z}\,. \end{array}$$

Lösungen (1) und (2) beschreiben ein Gitter von Geraden, alle parallel zur x- und y-Achse, während die Lösungen (3) isolierte Punkte sind, nämlich jeweils die Mittelpunkte der durch das Gitter gebildeten Quadrate.

Um die Art der Extremwerte festzustellen, untersuchen wir die zweiten Ableitungen für diese Fälle. Wir erhalten

$$\begin{array}{cccc} & (1) & (2) & (3) \\ z_{xx}: & 0 & 2\,(\cos y)^2 & -2 \\ z_{yy}: & 2\,(\cos x)^2 & 0 & -2 \\ z_{xy}: & 0 & 0 & 0\,. \end{array}$$

In den Fällen (1) und (2) ist $D = z_{xx}\,z_{yy} - z_{xy}^2 = 0$ (vgl. M.4.4) und die Art des Extremwertes unbestimmt. Wenn man die Funktion für diese Lösungen betrachtet, so erhält man entlang der Gitterlinien $z = 0$. Im Fall (3) ist $D = 4$, die Extremwerte sind also isolierte Punkte, entweder Maxima oder Minima. Aus dem negativen Vorzeichen von z_{xx} und z_{yy} sieht man, dass es sich ausnahmslos um Maxima handelt. Der Funktionswert an den Maxima-Punkten ist 1. Die Funktion hat also beliebig viele lokale Maxima und ein Gitter von Geraden, entlang denen die Funktion minimal ist (vgl. Abb. 4.5).

Gewohnt daran, nur in zwei Dimensionen zu denken ($y = f(x)$), kommt einem solch eine Funktion auf den ersten Blick eigenartig vor. Warum gibt es keinerlei Sattelpunkte oder lokale Minima? In der Tat ist alles richtig, und es gibt solche Funktionen. Stellen Sie sich zum Beispiel eine Metallplatte vor, in die Sie viele kleine Dellen gemacht haben. Wenn Sie die Platte waagrecht oder auch leicht schräg halten, so sammelt sich Wasser in jeder der Dellen, die Platte hat also so viele lokale Minima, wie sie Dellen hat. Wenn Sie die Platte umdrehen und wieder schräg halten, dann hat die Platte nur lokale Maxima, ebenso viele wie sie Dellen hat. Wenn Sie wieder Wasser darauf gießen, so rinnt alles ab! □

M.4.4 Kurz und klar: Extremalbedingungen

Die lokalen Extremwerte einer zweimal stetig differenzierbaren Funktion einer oder mehrerer Variablen kann man mit Hilfe der Differenzialrechnung bestimmen. So eine Funktion

$$f = f(x, y, \ldots) \tag{M.4.4.1}$$

hat lokale Extremwerte an denjenigen Punkten $(x, y, \ldots)$, an denen die partiellen Ableitungen simultan verschwinden,

$$\frac{\partial f}{\partial x} = 0\,, \quad \frac{\partial f}{\partial y} = 0\,, \qquad \ldots\,. \tag{M.4.4.2}$$

Wenn alle Eigenwerte der Matrix der 2.Ableitungen

$$\begin{pmatrix} f_{xx} & f_{xy} & f_{x\cdot} & \cdots \\ f_{yx} & f_{yy} & f_{y\cdot} & \cdots \\ f_{\cdot x} & f_{\cdot y} & f_{\cdot\cdot} & \cdots \\ \cdots & \cdots & \cdots & \cdots \end{pmatrix} \tag{M.4.4.3}$$

positiv (negativ) sind, so handelt es sich um ein isoliertes Minimum (Maximum), sonst um eine Mischform aus Maximum-, Minimum- und Wendepunkt- Verhalten.

Determinanten sowie Matrizen und deren Eigenwerte werden in Kap. 3 besprochen. Da die Matrix reell symmetrisch ist, sind ihre Eigenwerte sicher reell. Die Matrix definiert eine so genannte **quadratische Form**

$$\sum_{i,j} f_{x_i x_j}\, x_i\, x_j\,, \quad \text{wobei} \quad x_1, x_2, \ldots = x, y, \ldots\,. \tag{M.4.4.4}$$

Im Falle eines Minimums (Maximums) ist diese Form für alle Werte der x_i, x_j mit Ausnahme des Ursprungs streng positiv (negativ). Diese Aussage entspricht jener über die Vorzeichen der Eigenwerte. Quadratische Formen wurden in Abschn. 3.4.1 ausführlich besprochen.

Im Fall von zwei Variablen kann man diese Bedingungen mit Hilfe einer Determinante formulieren. Es gilt für

$$D = \begin{vmatrix} f_{xx} & f_{xy} \\ f_{yx} & f_{yy} \end{vmatrix} \equiv f_{xx}\, f_{yy} - f_{xy}^2 \, , \tag{M.4.4.5}$$

$$\begin{aligned} D > 0\,, &\quad f_{xx} > 0, f_{yy} > 0 &\Rightarrow \quad &\text{Minimum}\,, \\ D > 0\,, &\quad f_{xx} < 0, f_{yy} < 0 &\Rightarrow \quad &\text{Maximum}\,, \\ D < 0\,, &\quad &\Rightarrow \quad &\text{Sattelpunkt}\,, \\ D = 0\,, &\quad &\Rightarrow \quad &\text{unbestimmt}\,. \end{aligned} \tag{M.4.4.6}$$

4.5 Nebenbedingungen

Sie wollen aus einer Metallkugel durch Abschleifen einen Quader erzeugen. Der Abfall soll dabei möglichst gering sein. Welches ist der volumensgrößte Quader, der in eine Kugel mit dem Radius R eingeschrieben werden kann?

Wir wollen die Kugel mit ihrem Mittelpunkt in den Koordinatenursprung legen. Die Kugeloberfläche wird durch die Bedingung

$$x^2 + y^2 + z^2 = R^2 \tag{4.80}$$

charakterisiert. Die Kanten des Quaders mögen parallel zu den drei Hauptachsen liegen, und die Ecken müssen Punkte der Kugeloberfläche sein. Die Kantenlängen sind dann $2x$, $2y$, $2z$, und das Quadervolumen ist

$$V(x, y, z) = 2x\, 2y\, 2z \, . \tag{4.81}$$

Da das Volumen positiv sein muss, können wir statt V natürlich auch die Funktion

$$f(x, y, z) \equiv \frac{V^2}{64} = x^2 y^2 z^2 \, . \tag{4.82}$$

untersuchen. Wir haben hier einen typischen Vertreter einer Extremwertaufgabe mit Nebenbedingung. Die Funktion (4.81) soll maximiert werden, und die Bedingung (4.80) muss dabei gleichzeitig erfüllt sein.

4.5.1 Elimination

Drei Variablen und eine Nebenbedingung – man könnte also im Prinzip das Problem durch Substitution auf eines mit nur zwei Variablen reduzieren. Das geht immer dann, wenn man eine der Variablen der Nebenbedingung explizit durch die anderen ausdrücken kann. In unserem Beispiel (4.80) könnten wir etwa x durch y und z ausdrücken. Mit

$$x^2 = R^2 - y^2 - z^2 \tag{4.83}$$

eliminieren wir die Abhängigkeit von x in V^2 und finden

$$f(y,z) = \left(R^2 - y^2 - z^2\right) y^2 z^2 = y^2 z^2 R^2 - y^4 z^2 - y^2 z^4 \tag{4.84}$$

als neue, zu untersuchende Funktion. Die Nebenbedingung ist so in die Funktion eingebaut worden und hat de facto die Zahl der unabhängigen Variablen erniedrigt.

Wir bestimmen

$$\begin{aligned} f_y &= 2y\, z^2 R^2 - 4\, y^3 z^2 - 2\, y\, z^4\,, \\ f_z &= 2y^2 z\, R^2 - 2\, y^4 z - 4\, y^2 z^3 \end{aligned} \tag{4.85}$$

und suchen die Lösungen der Gleichungen $f_y = 0$, $f_z = 0$. Eine Lösung ergibt sich durch Abspaltung von Faktoren $2\,y\,z^2$, beziehungsweise $2\,y^2\,z$ aus der ersten oder zweiten dieser Gleichungen, daher

$$y = 0 \quad \text{oder} \quad z = 0\,, \tag{4.86}$$

wobei die Restgleichungen

$$\begin{aligned} R^2 - 2\,y^2 - z^2 &= 0\,, \\ R^2 - y^2 - 2\,z^2 &= 0 \end{aligned} \tag{4.87}$$

Ellipsen beschreiben. Im Fall $y = 0$ kollabiert der Quader zu einer Platte, bei der z und x beliebige Werte auf dem Kreis $x^2 + z^2 = R^2$ sein können, das Volumen aber immer 0 ist. Entsprechendes gilt für $z = 0$. Diese Lösungen interessieren uns also nicht.

Nun kann man z^2 aus der ersten der beiden Ellipsengleichungen durch y^2 ausdrücken und in die zweite Gleichung einsetzen. Man erhält

$$3\,y^2 = R^2 \;\Rightarrow\; y = \pm\frac{R}{\sqrt{3}} \;\Rightarrow\; z = \pm\frac{R}{\sqrt{3}}\,, \tag{4.88}$$

wobei alle vier Kombinationen möglich sind. Wegen der Symmetrie des Problems gegen Vertauschungen der Koordinaten x, y, z reicht es, nur die Lösung $y = z = R/\sqrt{3}$ zu betrachten.

Aus der Nebenbedingung folgt schließlich $x = y = z = R/\sqrt{3}$, der größte Quader ist also ein Würfel mit der Kantenlänge $2\,R/\sqrt{3}$ und dem Volumen $8\,R^3/3\sqrt{3}$.

4.5.2 Lagrangesche Multiplikatoren

Nicht immer können die Nebenbedingungen in explizite Form gebracht werden. Wie aber sollen wir dann vorgehen? Auch hier zeigt sich die Stärke des Konzepts der linearen Näherung, des totalen Differenzials. Wieder nehmen wir als Beispiel den in eine Kugel einzuschreibenden Quader mit größtmöglichem Volumen. Davor müssen wir allerdings das Lösungsverfahren erläutern.

Wir besprechen zuerst den Weg zum Verfahren und stellen dann das Verfahren in einer allgemein gültigen Zusammenfassung vor. Dazu betrachten wir eine Funktion, die auf ihre Extremwerte untersucht werden soll,

$$f(x, y) \to \quad \text{extrem}, \tag{4.89}$$

wobei gleichzeitig die Nebenbedingung

$$\phi(x, y) = 0 \tag{4.90}$$

erfüllt sein soll. Auf jeden Fall muss also die Extremalbedingung $df = 0$ gelten. Die Differenziale dx, dy sind aber jetzt nicht voneinander unabhängig, da ja die Nebenbedingung erfüllt sein muss. Man kann also nicht, wie früher, einfach die partiellen Ableitungen f_x, f_y jede für sich gleich null setzen!

Die notwendige Beziehung zwischen dx und dy wird durch die Nebenbedingung hergestellt. Wegen (4.90) gilt $d\phi = 0$. Wir haben also zwei Gleichungen

$$\begin{aligned} df = 0 \quad &\Rightarrow \quad df &= \frac{\partial f}{\partial x}\,dx + \frac{\partial f}{\partial y}\,dy = 0\,, \\ \phi = 0 \quad &\Rightarrow \quad d\phi &= \frac{\partial \phi}{\partial x}\,dx + \frac{\partial \phi}{\partial y}\,dy = 0\,, \end{aligned} \tag{4.91}$$

die gleichzeitig erfüllt sein müssen. Insbesondere liefert die zweite Gleichung die durch die Nebenbedingung geforderte Beziehung zwischen dx und dy.

Man kann mit Hilfe der zweiten Gleichung von (4.91) dy durch dx ausdrücken und dann in die erste Gleichung einsetzen,

$$dy = -\frac{\frac{\partial \phi}{\partial x}}{\frac{\partial \phi}{\partial y}}\,dx \;\Rightarrow\; \frac{\partial f}{\partial x}\,dx - \frac{\frac{\partial \phi}{\partial x}}{\frac{\partial \phi}{\partial y}}\frac{\partial f}{\partial y}\,dx = 0\,. \tag{4.92}$$

Wir haben also nur mehr ein Differenzial dx, entsprechend der einen unabhängigen Variablen. Da dx beliebig sein kann, muss der Vorfaktor verschwinden. Wir erhalten (mit der Nebenbedingung) so zwei Gleichungen für die zwei Unbekannten x, y,

$$\frac{\partial f}{\partial x} - \frac{\frac{\partial f}{\partial y}}{\frac{\partial \phi}{\partial y}}\frac{\partial \phi}{\partial x} = 0\,, \quad \phi(x, y) = 0\,. \tag{4.93}$$

Damit wäre, zumindest formal, das Problem gelöst.

Da wir aber eine einfache Formulierung anstreben, wollen wir diese Gleichungen noch weiter umformen. Der Weg dazu sieht zwar wie ein Umweg aus, doch beurteilen Sie das selbst. Wir führen zuerst eine neue Variable λ ein,

$$\lambda = -\frac{\frac{\partial f}{\partial y}}{\frac{\partial \phi}{\partial y}} . \tag{4.94}$$

Damit wird aus (4.93) mit (4.94) ein Satz von drei Gleichungen,

$$\frac{\partial f}{\partial x} + \lambda \frac{\partial \phi}{\partial x} = 0 , \quad \frac{\partial f}{\partial y} + \lambda \frac{\partial \phi}{\partial y} = 0 , \quad \phi = 0 , \tag{4.95}$$

die eine einfachere Form haben und die gleichzeitig erfüllt sein müssen. Wir haben nun zwar drei Unbekannte x, y, λ, aber in der Praxis interessiert uns der Wert der Variablen λ gar nicht. Meist kann man bei der Lösung des Gleichungssystems vermeiden, den Wert von λ zu bestimmen, und die Bestimmung von x, y wird dann durch diese scheinbare Verkomplizierung tatsächlich einfacher.

Und nun kommt der eigentliche Trick. Dieselben Gleichungen erhält man nämlich viel eleganter und schneller durch das **Verfahren der Lagrangeschen Multiplikatoren**. Ausgehend von der untersuchten Funktion und der Nebenbedingung

$$f(x, y) \to \text{ extrem} , \quad \phi(x, y) = 0 , \tag{4.96}$$

bildet man eine neue Funktion

$$F(x, y, \lambda) \equiv f(x, y) + \lambda\, \phi(x, y). \tag{4.97}$$

Die neue Variable λ heißt **Lagrangescher Multiplikator**. Dann ergeben die drei Gleichungen

$$\frac{\partial F}{\partial x} = 0 , \quad \frac{\partial F}{\partial y} = 0 , \quad \frac{\partial F}{\partial \lambda} = 0 , \tag{4.98}$$

genau (4.95)! Dieses Verfahren ist leicht zu merken und leicht auf mehr Variablen und Nebenbedingungen (auch in impliziter Form) zu verallgemeinern (siehe M.4.5).

Abb. 4.6 gibt eine geometrische Interpretation. Das Extremum einer Funktion $f(x, y)$ unter Berücksichtigung einer Nebenbedingung $\phi(x, y) = 0$ liegt dort, wo die Nebenbedingungskurve tangential zu einer Kurve konstanter Werte von f ist. Nur dort hat f unter Berücksichtigung von ϕ ein lokales Extremum. An dieser Stelle müssen die Tangentennormalen von f und ϕ (symbolisiert durch Pfeile in der Skizze) in dieselbe Richtung zeigen, sind also proportional:

$$\left(\frac{\partial f}{\partial x}, \frac{\partial f}{\partial y}\right) = -\lambda \left(\frac{\partial \phi}{\partial x}, \frac{\partial \phi}{\partial y}\right) . \tag{4.99}$$

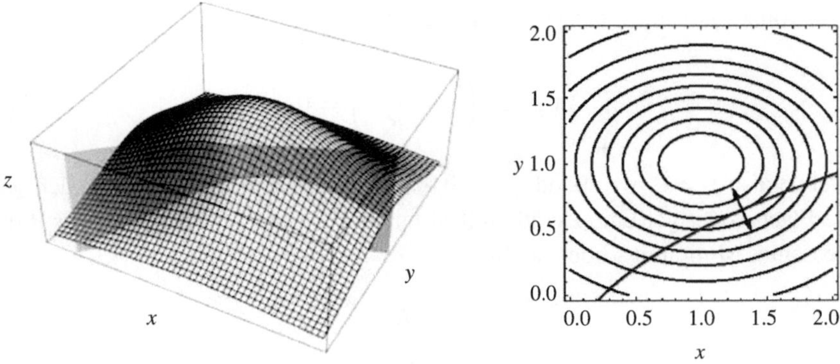

Abb. 4.6 Veranschaulichung der Methode der Lagrangeschen Multiplikatoren. Man sucht das Maximum der Funktion $\exp\left[(x-1)^2 - 2(y-1)^2)\right]$ eingeschränkt auf die nach der Nebenbedingung $x = (y + 1/2)^2$ gegebenen Werte. Rechts sieht man Kurven gleicher Funktionswerte und die Nebenbedingung. Wo die Kurven tangential an die Nebenbedingungskurve sind, finden wir das gesuchte Maximum

(Es handelt sich dabei um sogenannte Richtungsableitungen, die ausführlich in Abschn. 7.4 besprochen werden.) Gemeinsam mit der Nebenbedingung sind das genau die drei Gleichungen (4.95)!

Zurück zu unserem Beispiel des Quaders in der Kugel. Wir haben Funktion und Nebenbedingung

$$f(x,y,z) = x^2\,y^2\,z^2 \;\rightarrow\; \text{extrem}\,, \quad \phi(x,y,z) \equiv x^2 + y^2 + z^2 - R^2 = 0\,. \tag{4.100}$$

Wir bilden daher

$$F(x,y,z,\lambda) = x^2\,y^2\,z^2 + \lambda\,(x^2 + y^2 + z^2 - R^2) \tag{4.101}$$

und die vier partiellen Ableitungen nach den vier Variablen,

$$\begin{aligned} F_x &= 2\,x\,y^2\,z^2 + 2\,\lambda\,x &&= 0\,,\\ F_y &= 2\,y\,x^2\,z^2 + 2\,\lambda\,y &&= 0\,,\\ F_z &= 2\,z\,x^2\,y^2 + 2\,\lambda\,z &&= 0\,,\\ F_\lambda &= x^2 + y^2 + z^2 - R^2 &&= 0\,. \end{aligned} \tag{4.102}$$

Wir multiplizieren die erste Gleichung mit x, die zweite mit y und die dritte mit z, und dann addieren wir sie und erhalten

$$6\,x^2\,y^2\,z^2 + 2\,\lambda\,(x^2 + y^2 + z^2) = 0\,. \tag{4.103}$$

Berücksichtigung der vierten Gleichung liefert

$$6x^2\,y^2\,z^2 + 2\,\lambda\,R^2 = 0 \;\Rightarrow\; \lambda = -3\,\frac{x^2\,y^2\,z^2}{R^2}\,. \tag{4.104}$$

Einsetzen von λ in die erste der vier Gleichungen ergibt

$$2\,x\,y^2\,z^2\left(1-\frac{3\,x^2}{R^2}\right)=0\,. \tag{4.105}$$

Entweder ist also $x=0$, $y=0$, oder $z=0$ – in jedem dieser Fälle schrumpft der Quader auf eine Fläche oder gar eine Gerade mit Volumen 0 zusammen, ein für unser Problem uninteressantes Minimum – oder es gilt

$$x=\pm\frac{R}{\sqrt{3}}\,. \tag{4.106}$$

Mit Hilfe der anderen Gleichungen folgen dann analoge Werte für y und z. Der Quader mit größtem Volumen ist also ein Würfel, und eine seiner Ecken hat die Koordinaten $(R/\sqrt{3}, R/\sqrt{3}, R/\sqrt{3})$. Die Kantenlänge ist $2R/\sqrt{3}$ und das Volumen $8\,R^3/3\,\sqrt{3}$.

Beispiel

Wir wollen noch ein Beispiel mit mehr als einer Nebenbedingung lösen (vgl. Abb. 4.7). Was ist der kürzeste Abstand zwischen der Geraden

$$y=x+4$$

und der Ellipse

$$x^2+4y^2=4?$$

Wie in jedem solcher Beispiele sollte man sich zuerst vergewissern, dass sich die beiden Kurven nicht etwa schneiden; dann wäre die Aufgabe sehr einfach! Hier schneiden sich die Kurven nicht.

Der Abstand zwischen zwei Punkten (a,b) und (c,d) ist $\sqrt{(a-c)^2+(b-d)^2}$, und wir können das Minimum des Quadrats des Abstands bestimmen, das ist einfacher zu rechnen und liefert das gleiche Ergebnis. Wir haben also ein Problem mit vier Unbekannten (Koordinaten der beiden Punkte) und zwei Nebenbedingungen (Gerade und

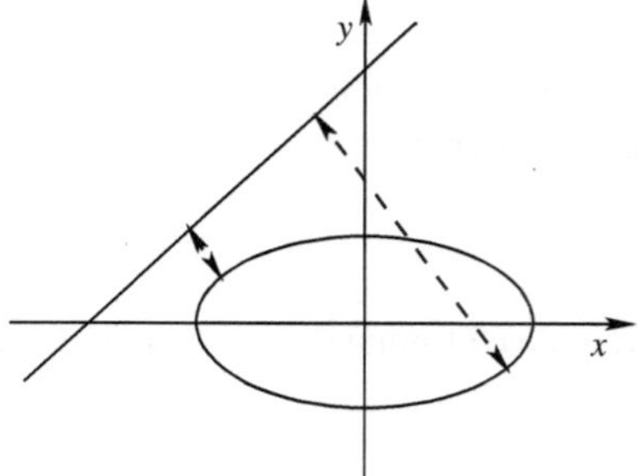

Abb. 4.7 Skizze zu Beispiel: gesucht wird der kürzeste Abstand zwischen einer Geraden und einer Ellipse

Ellipse). Die zu minimierende Funktion ist

$$f(a,b,c,d) = (a-c)^2 + (b-d)^2 ,$$

wobei der Punkt (a,b) auf der Geraden und der Punkt (c,d) auf der Ellipse liegen muss. Die Nebenbedingungen lauten daher

$$\phi_1(a,b) = b - a - 4 = 0 , \quad \phi_2(c,d) = c^2 + 4d^2 - 4 = 0 .$$

Wir lösen das Problem mit Hilfe der zwei Lagrangeschen Multiplikatoren λ_1, λ_2 durch Konstruktion der Funktion

$$F(a,b,c,d,\lambda_1,\lambda_2) = (a-c)^2 + (b-d)^2 + \lambda_1(b-a-4) + \lambda_2\,(c^2 + 4\,d^2 - 4) ,$$

deren sechs partielle Ableitungen folgendes Gleichungssystem geben:

$$\begin{aligned}
F_a &= 2\,(a-c) - \lambda_1 &&= 0 , \\
F_b &= 2\,(b-d) + \lambda_1 &&= 0 , \\
F_c &= -2\,(a-c) + 2\,c\,\lambda_2 &&= 0 , \\
F_d &= -2\,(b-d) + 8\,d\,\lambda_2 &&= 0 , \\
F_{\lambda_1} &= b - a - 4 &&= 0 , \\
F_{\lambda_2} &= c^2 + 4\,d^2 - 4 &&= 0 .
\end{aligned}$$

Nach Elimination von λ_1 und λ_2 folgt:

$$\begin{aligned}
(a-c) + (b-d) &= 0 , \\
4\,d\,(a-c) - c\,(b-d) &= 0 , \\
b - a - 4 &= 0 , \\
c^2 + 4\,d^2 - 4 &= 0 .
\end{aligned}$$

Aus den beiden ersten Gleichungen erhält man

$$(a-c)\,(4d + c) = 0 ,$$

wir finden also $c = a$ oder $c = -4d$. Wenn $c = a$, dann folgt sofort (aus der ersten Gleichung), dass $b = d$. Damit wäre aber $(a,b) = (c,d)$ ein Schnittpunkt der beiden Kurven. Man kann sich leicht davon überzeugen, dass es keine (reellen) Schnittpunkte gibt.

Damit bleibt nur die Möglichkeit $c = -4d$ und damit schließlich, aus der vierten Gleichung, $d = \pm 1/\sqrt{5}$. Mit diesen Werten von c und d können wir aus der ersten und dritten Gleichung a und b gewinnen. Die Lösungen sind:

$$\begin{aligned} (a,b)_1 &= \left(-2-\frac{3}{2\sqrt{5}}, 2-\frac{3}{2\sqrt{5}}\right), & (c,d)_1 &= \left(-\frac{4}{\sqrt{5}}, \frac{1}{\sqrt{5}}\right), \\ (a,b)_2 &= \left(-2+\frac{3}{2\sqrt{5}}, 2+\frac{3}{2\sqrt{5}}\right), & (c,d)_2 &= \left(\frac{4}{\sqrt{5}}, -\frac{1}{\sqrt{5}}\right). \end{aligned}$$

Das erste Punktepaar entspricht dem kleinsten Abstand zwischen der Gerade und der Ellipse. Das zweite Punktepaar beschreibt einen Sattelpunkt: Wenn man den Punkt auf der Geraden festhält und den auf der Ellipse verschiebt, nimmt der Abstand ab, wenn man aber den Ellipsenpunkt festhält und den auf der Geraden verschiebt, nimmt er zu.

Das eben gerechnete Beispiel kann mit etwas Nachdenken noch leichter gelöst werden. Derjenige Punkt auf der Ellipse, der der Geraden am nächsten ist, wird eine Tangente an die Ellipse haben, die parallel zur Geraden ist. Die Ableitung $y'(x)$ eines Punktes auf der Ellipse muss also gleich der Steigung der Geraden, nämlich 1, sein. Die entsprechende quadratische Gleichung liefert beide Lösungen, die für den Sattelpunkt und die für das Minimum! Nachdenken lohnt sich in der Praxis – aber hier ging es uns ja um ein Demonstrationsobjekt. □

C.4.2 ... und auf dem Computer: Extremalproblem

Was ist der kürzeste Abstand zwischen den beiden Parabeln

$$y = 1 - (x-2)^2\,, \quad y = -1 + (x+2)^2 \quad ? \tag{C.4.2.1}$$

Schrecken Sie sich nicht! Diese Aufgabe führt zu einer Gleichung dritter Ordnung und hat keine „schönen“ Zahlen als Ergebnis.

Dieses Beispiel eignet sich gut für eine numerische, grafische Behandlung. Lösen Sie dazu vielleicht zuerst das Problem des kürzesten Abstands eines beliebigen festen Punktes zur ersten der beiden Parabeln auf analytischem Weg. Die sich ergebende Funktion nennen wir $d_1(x, y)$. Dann zeichnen Sie mit Hilfe eines Programms die Werte von $d_1(x, y)$ für eine Reihe von Punkten auf der zweiten Parabel, also die Funktion $d_1(x, y = (x+2)^2 - 1)$. Sie können nun für diese Funktion mit numerischen Verfahren das Minimum suchen. Dies ist nur ein Weg zu einer numerischen Behandlung, aber Ihrer Fantasie sind keine Grenzen gesetzt. Suchen Sie andere Methoden!

Was ist der kürzeste Abstand zwischen den beiden Ellipsen

$$(x+3)^2 + 4\,(y+2)^2 = 4\,, \quad (x-3)^2 + 4\,(y-2)^2 = 4 \quad ? \tag{C.4.2.2}$$

Sie erhalten auch hier bei der analytischen Berechnung eine Gleichung höherer Ordnung und werden ihre Nullstellen mit Hilfe numerischer Verfahren (vgl. C.4.4) bestimmen müssen!

Die Bestimmung von Extremwerten einer Funktion mehrerer Variablen kann numerisch sehr aufwändig sein. Es gibt viele Verfahren oder oft auch nur Rezepte dafür. Die vielleicht bekannteste Methode, bei der auch die partiellen Ableitungen der Funktion benutzt werden, ist das „Conjugate Gradient" Verfahren. Mehr darüber findet man zum Beispiel in [2].

M.4.5 Kurz und klar: Extremwertaufgaben mit Nebenbedingungen

Elimination

Wir betrachten eine Funktion $f(x, y, \ldots)$. Gesucht wird nach den Extremwerten dieser Funktion, wobei gleichzeitig die Nebenbedingung

$$\phi(x, y, \ldots) = 0 \tag{M.4.5.1}$$

erfüllt sein soll!

Bei der Methode der **Elimination** formt man die Nebenbedingung so um, dass eine der Variablen explizit durch die anderen ausgedrückt wird. Man setzt diesen Ausdruck dann in die untersuchte Funktion $f(x, y, \ldots)$ ein und hat so mit Hilfe der Nebenbedingung das Problem um einen Freiheitsgrad reduziert. Dieses Problem löst man wie üblich durch Nullsetzen der ersten partiellen Ableitungen nach den übrigen Variablen.

Methode der Lagrangeschen Multiplikatoren: Die Funktion $f(x, y, z, \ldots)$ soll auf Extrema untersucht werden, wobei gleichzeitig die Nebenbedingungen

$$\begin{aligned} \phi_1(x, y, z, \ldots) &= 0\,, \\ \phi_2(x, y, z, \ldots) &= 0\,, \\ &\ldots \end{aligned} \tag{M.4.5.2}$$

erfüllt sein sollen. Damit die Aufgabe sinnvoll ist, muss die Zahl der Nebenbedingungen natürlich kleiner als die Zahl der Variablen in $f(x, y, \ldots)$ sein. In der **Methode der Lagrangeschen Multiplikatoren** bildet man dann eine neue Funktion,

$$\begin{aligned} F(x, y, z, \lambda_1, \lambda_2, \ldots) = f(x, y, z, \ldots) &+ \lambda_1 \phi_1(x, y, z) + \\ &+ \lambda_2 \phi_2(x, y, z) + \cdots \end{aligned} \tag{M.4.5.3}$$

und behandelt diese, als ob sie ein Extremalproblem ohne weitere Nebenbedingungen im Raum der Variablen $(x, y, z, \ldots, \lambda_1, \lambda_2 \ldots)$ wäre. Man bildet also alle partiellen Ableitungen und sucht die Punkte, die durch das Gleichungssystem

$$\frac{\partial F}{\partial x} = 0\,, \quad \frac{\partial F}{\partial y} = 0\,, \quad \frac{\partial F}{\partial z} = 0\,, \quad \cdots, \frac{\partial F}{\partial \lambda_1} \equiv \phi_1 = 0\,, \quad \frac{\partial F}{\partial \lambda_2} \equiv \phi_2 = 0, \ldots \tag{M.4.5.4}$$

bestimmt werden. Mit n Variablen $(x,\ y,\ z,\ \ldots)$ und m Nebenbedingungen $\phi_1 = 0, \ldots \phi_m = 0 \quad (m < n)$ erhält man also ein Problem mit $n + m$ Unbekannten und ebenso vielen Gleichungen. Dabei interessieren uns natürlich nur die Werte der ersten n Variablen.

4.6 Randpunkte

Der höchste Punkt eines Landes ist meist der Gipfel eines Berges, der tiefste Punkt ist allerdings oft kein isolierter Punkt im Landesinneren wie etwa Death Valley in den USA. Der höchste Punkt Deutschlands ist die Zugspitze, der tiefste Punkt aber ist eine Menge von Punkten: die Küstenlinie. Bei einem Binnenland liegt der tiefste Punkt häufig auch an den Landesgrenzen, dort wo ein Fluss das Land verlässt.

Wie man sehen kann, gibt es viele Fragestellungen, bei denen Maxima oder Minima nicht im Inneren des betrachteten Gebiets liegen, sondern am Rand. Es kann sich dabei sogar um das absolute Maximum oder Minimum handeln, also das Größte aller Maxima oder das Kleinste aller Minima. Die Differenzialrechnung liefert alle lokalen Extremwerte, die im differenzierbaren Inneren des Definitionsbereiches einer Funktion liegen. Extremwerte am Rand entgehen diesem Zugang!

Bei den bisherigen Beispielen hatten wir nie Ränder zu beachten. Der Definitionsbereich umfasste immer alle reellen Zahlen, und Punkte im Unendlichen wurden als unwichtig unter den Tisch gekehrt. Die Funktion

$$f(x) = |x| \tag{4.107}$$

ist außer am Punkt $x = 0$ überall differenzierbar, sie ist also in $x \in \mathbb{R}\backslash 0$ differenzierbar. Ihre Ableitung ist

$$f'(x < 0) = -1\,, \quad f'(x > 0) = 1\,. \tag{4.108}$$

In $\mathbb{R}\backslash 0$ hat die Funktion also kein lokales Maximum oder Minimum! Dennoch wissen wir, dass der Punkt $x = 0$ natürlich das echte Minimum der Funktion ist. Da dies aber ein Punkt war, für den wir keine Ableitung bilden konnten, entging uns diese Tatsache.

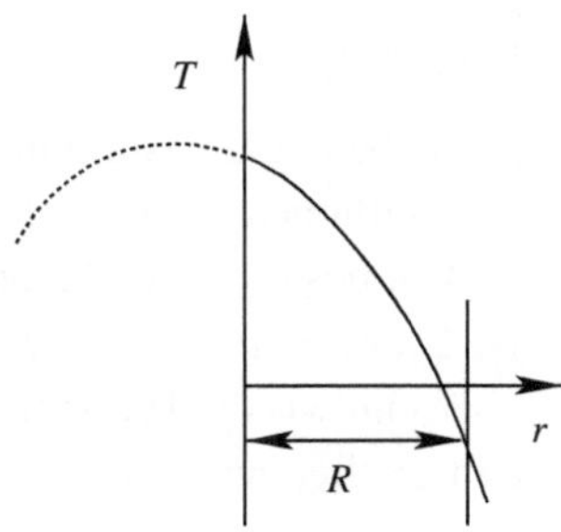

Abb. 4.8 Nur Werte $0 \leq r \leq R$ sind zulässig; die Ableitung der Funktion verschwindet zwar bei $r = -0.5$, die Extremwerte liegen aber am Rand bei 0 und R

Ähnliches passiert, wenn Funktionen einen beschränkten Definitionsbereich haben. Die Temperaturverteilung einer kreisförmigen Metallplatte mit Radius R sei etwa

$$T(r) = 100 - r^2 - r\ , \quad r \leq R\ , \tag{4.109}$$

also nur vom Radius abhängig (siehe Abb. 4.8. Wenn wir die Extremwerte der Temperatur durch $T'(r) = 0$ bestimmen wollen, erhalten wir

$$-2r - 1 = 0 \Rightarrow r = -\frac{1}{2}\ , \tag{4.110}$$

aber dieser Punkt ist unsinnig, da der Radius nur positiv sein kann! Wo liegt das Maximum, wo das Minimum? Offenbar nimmt die Temperatur vom Mittelpunkt zum Rand hin ab. Das Temperaturmaximum liegt also bei $r = 0$, und die kleinste Temperatur finden wir bei $r = R$, also überall am Rand der Scheibe. In diesem Fall findet man durch das Differenzieren überhaupt keinen lokalen Extremwert! Der Grund dafür ist natürlich, dass die Ableitung bei $r = 0$ oder $r = R$ nicht verschwindet, diese aber im betrachteten Bereich dennoch Extrema der Temperaturverteilung sind.

Wir müssen also folgende Punkte oder Bereiche separat auf Extremwerte untersuchen:

Ränder: Randpunkte, Randlinien, Randflächen des Definitionsbereiches oder entsprechend mehrdimensionale Verallgemeinerungen. Der Rand ist durch die Aufgabenstellung festgelegt. Eine Funktion $f(z)$, bei der z Platzhalter für eine trigonometrische Funktion wie $\sin x$ oder $\cos x$ ist, hat ihren Rand an den Stellen $z = \pm 1$, da für jeden reellen Wert von x der Wertebereich auf $-1 \leq z \leq 1$ beschränkt ist. Eine Variable, die einen Abstand (vielleicht zum Ursprung, wie im obigen Beispiel) bezeichnet, hat ebenfalls einen eingeschränkten Wertebereich, nämlich die positiven reellen Zahlen $\mathbb{R}^+$.

Punkte im Inneren, wo die Funktion nicht differenzierbar ist: also zum Beispiel Unstetigkeiten der Funktion oder ihrer Ableitungen. Die Sägezahnfunktion $f(x) = x - [x]$ ist ein Beispiel dafür.

Beispiel

Sie haben eine bestimmte Menge Geld, $A = 8$ (denken Sie sich die Einheiten selbst aus: Zillionen?) und wollen in ein oder zwei Computer investieren. Die Leistungsfähigkeit des einen als Funktion der Investitionskosten ist $L_1(x) = x^2$, die des zweiten ist $L_2(y) = 10\,y$. Wie erzielen Sie maximale Leistung?

Wenn wir die Investition in den ersten Computer mit x bezeichnen, dann bleibt für den zweiten nur $y = 8 - x$ übrig. Die Gesamtleistung der beiden Geräte ist dann

$$L(x) = L_1(x) + L_2(8 - x) = x^2 - 10\,x + 80\,.$$

Einen Extremwert erhalten wir durch Nullsetzen der Ableitung zu

$$L'(x) = 2\,x - 10 = 0 \;\Rightarrow\; x = 5\,, \quad L(5) = 55\,.$$

Für diese Lösung ist aber $L''(5) = 2 > 0$, es handelt sich also um ein Minimum!

Nun war aber $L(x)$ stetig differenzierbar, und wir hätten etwaige Extremwerte im Innern des Definitionsbereichs finden müssen. Das angestrebte Maximum muss also am Rand liegen.

In diesem Problem haben wir zwei Randpunkte: $x = 0$ und $x = 8$. Im ersten Fall investieren wir nichts in den ersten Computer und erhalten die Gesamtleistung $L(x = 0) = 80$, im zweiten Fall investieren wir nur in den ersten Computer und erhalten $L(8) = 64$. Beide Werte liegen über dem Minimum. Das Maximum an Leistung wird also erzielt, wenn wir nur in den zweiten Computer (mit linear wachsender Leistung) investieren. (Anmerkung: Dieses Ergebnis hängt sehr von der Gesamtinvestition ab. Wenn sie steigt, ändert sich die Entscheidung.) □

Beispiel

Eine halbkreisförmige Platte (dünn genug, dass wir die Ausdehnung in diese Richtung vernachlässigen können) habe die Temperaturverteilung

$$T(x, y) = 10 - 40\,\frac{x^2 y^2}{x^2 + y^2} \quad \text{für} \quad 0 \le x\,,\; 0 < y^2 + x^2 \le 1\,, \quad T(0,0) = 10\,.$$

(Der Punkt $(0,0)$ wurde gesondert angegeben, ist aber durch den Limes $x \to 0$ wohldefinierbar.) Der Rand der Platte ist also durch die Funktionen

$$x = 0 \;\text{ für }\; -1 \le y \le 1 \quad \text{und} \quad x^2 + y^2 = 1 \;\text{ für }\; x > 0$$

gegeben.

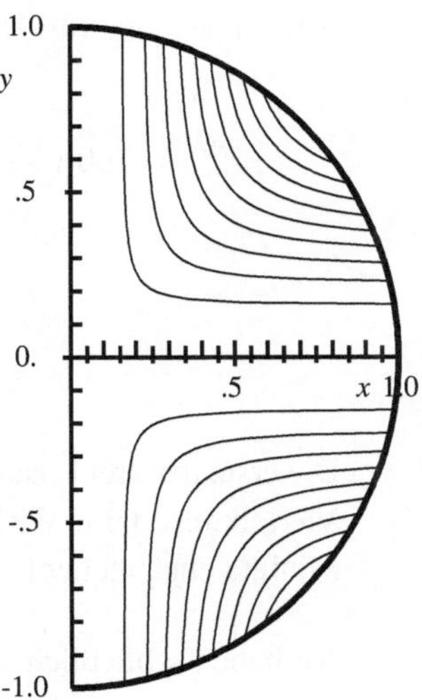

Abb. 4.9 Isothermen der halbkreisförmigen Platte aus dem Beispiel

Wir suchen zuerst nach Extremwerten im Innern. Aus

$$\begin{aligned} T_x &= -40\,\frac{2\,x\,y^2\,(x^2+y^2) - 2\,x^3\,y^2}{(x^2+y^2)^2} = -40\frac{2xy^4}{(x^2+y^2)^2} = 0\,, \\ T_y &= -40\,\frac{2\,x^2\,y(x^2+y^2) - 2\,x^2\,y^3}{(x^2+y^2)^2} = -40\frac{2x^4y}{(x^2+y^2)^2} = 0 \end{aligned}$$

folgen nur die Lösungen

$$x = 0\,, \quad y \text{ beliebig: } T = 10\,, \quad x \text{ beliebig}, \quad y = 0\text{: } T = 10\,.$$

Die erste davon ist die Gleichung des linken Randes, die zweite Lösung ist die Gerade, die den Halbkreis in zwei Viertelkreise teilt. Da für die Temperatur $T \leq 10$ gilt, handelt es sich in beiden Fällen um Maxima.

Nun betrachten wir die Temperatur an den beiden Randkurven:

1. *Linker Rand:* In unserem Beispiel ist die Temperatur am linken Rand $x = 0$, $-1 \leq y \leq 1$ bereits durch $T^{(1)}(y) = 10$ gegeben.
2. *Kreisrand:* Am Rand $x^2 + y^2 = 1$, $x > 0$ können wir eine Variable durch die andere ausdrücken und die Temperaturverteilung als Funktion von y schreiben,

$$T^{(2)}(y) = 10 - 40\frac{y^2(1-y^2)}{1} = 40\,y^4 - 40\,y^2 + 10\,,$$

und suchen jetzt für diese Funktion die Extremwerte. Wir erhalten drei Lösungen:

$$T_y^{(2)} = 160\,y^3 - 80\,y = 0 \Rightarrow \quad y = 0\,, \qquad x = 1\,, \qquad T = 10\,,$$

$$y = \frac{1}{\sqrt{2}}\,, \quad x = \frac{1}{\sqrt{2}}\,, \quad T = 0\,,$$

$$y = -\frac{1}{\sqrt{2}}\,, \quad x = \frac{1}{\sqrt{2}}\,, \quad T = 0\,.$$

Die erste der drei Lösungen liegt wieder auf der Geraden, die den Halbkreis in zwei Viertelkreise teilt. Wirklich neu sind nur die beiden anderen Lösungen, die beide Minima entsprechen!

Wir haben schließlich noch die Randpunkte der Randkurven zu betrachten, also die Punkte $(x = 0, y = 1)$ und $(x = 0, y = -1)$. Die Temperatur hat in beiden Fällen den Wert 10. In Abb. 4.9 sind die Isothermen (Linien konstanter Temperatur) für diese Platte dargestellt.

Damit haben wir die Untersuchung abgeschlossen und können zusammenfassen. Die Temperatur hat die Extremwerte:

Maxima: $T = 10$ auf den Punktemengen $\{x = 0, -1 \le y \le 1\}, \{0 \le x \le 1, y = 0\}$.
Minima: $T = 0$ an den Punkten $(x, y) = (\frac{1}{\sqrt{2}}, \frac{1}{\sqrt{2}}), (\frac{1}{\sqrt{2}}, -\frac{1}{\sqrt{2}})$.

(Wieder ist der Hinweis angebracht, dass etwas Nachdenken das Leben erleichtern kann. Dasselbe Problem, in Polarkoordinaten formuliert, ergibt $T(r, \varphi) = 10 - 40\,r^2\,(\sin 2\varphi)^2$, und man erkennt leicht die möglichen Lösungen!) □

Wir müssen also in jedem Fall neben dem Inneren des Definitionsbereichs auch die Punkte, an denen die Funktion nicht differenzierbar ist, und den *vollständigen* Rand auf Extremwerte untersuchen.

C.4.3 … und auf dem Computer: Isothermen, Äquipotenziallinien, Höhenschichtlinien

Eine Möglichkeit, um sich grafisch ein Verständnis für komplizierte Funktionen zu verschaffen, besteht im Zeichnen von Höhenschichtlinien (die in der Elektrostatik auch Äquipotenziallinien oder bei Temperaturverteilungen Isothermen genannt werden). In Landkarten werden auf diese Art die Bergprofile dargestellt, entsprechend den Kurven

$$z = f(x, y)\,, \quad \text{für } z = z_0 + n\,\Delta z\,, \quad n = 0, 1, 2, 3 \ldots\,. \qquad \text{(C.4.3.1)}$$

Wie zeichnet man in der Praxis diese Punktemengen $\{(x, y)\}$, für die die Funktion einen gegebenen festen Wert (etwa z_0) annimmt?

Manchmal kann man einfach die Gleichung explizit nach x oder y auflösen. Für das Beispiel

$$z = \exp\left(-(x-1)^2 - y^2\right) \tag{C.4.3.2}$$

finden wir (bei festgehaltenem z) die Beziehung

$$(x-1)^2 + y^2 = -\ln z \quad \text{oder} \quad x = 1 \pm \sqrt{-\ln z - y^2}\,. \tag{C.4.3.3}$$

Wenn man Werte $0 < z < 1$ wählt, beschreibt diese Funktion Kreise in der (x, y)-Ebene um den Mittelpunkt $(x = 1,\ y = 0)$ und mit dem Radius $\sqrt{-\ln z}$.

Häufig kann man die Abhängigkeit aber nicht einfach umkehren. Man geht dann wie folgt vor. Zunächst wählt man eine Liste von Werten $\{z_0, z_1, \ldots\}$, für die man Höhenschichtlinien zeichnen will. Dann teilt man die Zeichenfläche (den Bildschirm) in ein Raster ein. Die Feinheit des Rasters hängt von der gewünschten Genauigkeit, der Pixelauflösung des Bildschirms und der persönlichen Geduld (also der Geschwindigkeit des Computers) ab.

Man möchte zum Beispiel den Bereich $x_a \le x \le x_b, y_a \le y \le y_b$ in einem 100×50 Raster darstellen. Dann wähle man die Werte

$$x_0 = x_a,\quad \Delta x = \frac{x_b - x_a}{99},\quad x_i = x_0 + i\Delta x,\quad i = 0, 1, 2, ..99\,,\quad (\text{also } x_{99} \equiv x_b)\,,$$

$$y_0 = y_a,\quad \Delta y = \frac{y_b - y_a}{49},\quad y_j = y_0 + j\Delta y,\quad j = 0, 1, 2, ..49\,,\quad (\text{also } y_{49} \equiv y_b)\,. \tag{C.4.3.4}$$

Nun berechnet man zeilenweise, jeweils für einen festen y-Wert (also festes j), für alle Werte von x (also i) die Funktion $z(x_i, y_j)$. Man vergleicht jeweils den Wert $z(x_i, y_j)$ mit $z(x_{i+1}, y_j)$. Wenn einer der Werte der Liste $\{z_0, z_1, \ldots\}$ zwischen diesen beiden Werten liegt, dann muss die entsprechende Schichtlinie offenbar zwischen den Punkten x_i und x_{i+1} verlaufen und man zeichnet ein entsprechendes Symbol (zum Beispiel einen Punkt) an die Stelle (x_i, y_j).

Will man besonders sorgfältig vorgehen, dann hebt man sich die Liste der Werte $z(x_i, y_j)$ zeilenweise auf, bis man in die nächste Zeile mit der Nummer $j + 1$ kommt. Dann kann man auch noch den Wert $z(x_i, y_{j+1})$ mit $z(x_i, y_j)$ vergleichen, und wenn ein Höhenschichtwert dazwischen liegt, ein entsprechendes Symbol an den Punkt (x_i, y_j) setzen.

Um dieses Verfahren näher kennenzulernen, schreiben Sie ein geeignetes Programm (siehe Anhang C), und untersuchen Sie damit einige Funktionen:

$$z = \exp(-(x-1)^2 + 4y^2)\,,\quad z = xy\,,\quad z = x^3 - yx^2\,,\quad z = x^2 + 1\,.$$

Etwas schwieriger sind dreidimensionale Darstellungen. Dazu muss man die Raumpunkte auf die Sichtfläche projizieren. Um den Sichtwinkel geeignet wählen zu können, braucht man dabei zuerst eine Drehung des Raumpunktes, $\boldsymbol{x}' = \mathbf{R}\boldsymbol{x}$, wie sie in M.3.10 besprochen werden, und danach eine Projektion. Im einfachsten Falle einer Parallelprojektion „vergisst" man einfach auf eine der drei Koordinaten und zeichnet beispielsweise in der Sichtebene einen Punkt an die Position (x', z').

Wenn einem das zu mühselig ist, dann kann man natürlich eines der zahlreichen vorgefertigten Programme (oder Programmpakete) verwenden, wie zum Beispiel MATHEMATICA, MATLAB oder MAPLE. Dort bekommt man dann noch dreidimensionale Darstellungen mit Höhenschichtlinien, Schattierungen, Farben und bei Wunsch auch Musikbegleitung.

Beispiel

Zum Abschluss besprechen wir noch ein Beispiel mit einer Nebenbedingung. Wir suchen das Maximum der Funktion

$$f(x, y) = x + y \ , \quad \text{für} \quad x \geq 0 \ , y \geq 0$$

mit der Nebenbedingung, dass die Punkte auf der Parabel

$$y = 2 - (x - 1)^2$$

liegen sollen. Zuerst suchen wir wie üblich die Extremwerte im Inneren. Wir eliminieren die Variable y und minimieren die Funktion

$$\begin{aligned} f(x, y = 2 - (x-1)^2) &= -x^2 + 3x + 1 \ , \\ f'(x) &= -2x + 3 = 0 \Rightarrow x = \frac{3}{2} \Rightarrow y = \frac{7}{4} \\ &\Rightarrow f(\frac{3}{2}, \frac{7}{4}) = \frac{13}{4} \ . \end{aligned}$$

Da $f''(x) = -2$, handelt es sich um ein Maximum. Es gibt offenbar im Innern kein Minimum. Wir untersuchen noch die Randpunkte

$$\begin{aligned} x = 0 \ , y = 1 \quad &\Rightarrow \quad f(0, 1) = 1 \ , \\ y = 0 \ , x = 1 + \sqrt{2} \quad &\Rightarrow \quad f(1 + \sqrt{2}, 0) = 1 + \sqrt{2} \ . \end{aligned}$$

Das absolute Maximum unseres Problems liegt also im Innern beim Punkt (1.5, 1.75) und hat den Funktionswert 13/4, und das absolute Minimum liegt am Randpunkt (0, 1) und hat den Funktionswert 1. (Auch hier findet man mit etwas Nachdenken schneller die Lösung: $f(x, y)$ ist entlang der Geraden mit Steigung -1 konstant und nimmt mit x zu. Das Maximum wird also an dem Punkt der Parabel erreicht, an dem die Steigung den Wert -1 hat. Aber das hätte uns den Spaß an der „Rechnung mit Nebenbedingung" genommen.) □

C.4.4 … und auf dem Computer: Nullstellensuche

Bei vielen Problemstellungen muss man die Nullstelle einer Funktion $f(x)$ finden. So sucht man zum Beispiel bei der Bestimmung von Extremwerten nach der Nullstelle der Ableitung der betrachteten Funktion, oder man möchte bestimmte Funktionen invertieren und bestimmt daher die Lösung x der Gleichung $f(x)-y = 0$. Wir wollen hier zwei einfache numerische Verfahren zur Nullstellensuche besprechen.

In jedem Verfahren empfiehlt es sich, zuerst ein Intervall $I = \{a < x < b\}$ zu ermitteln, in dem die Funktion ihr Vorzeichen wechselt. Wir betrachten reguläre Funktionen, die in I beschränkt sind und die keine Unstetigkeiten aufweisen. In diesem Fall muss es mindestens eine Nullstelle im Intervall geben. Im Prinzip könnten wir durch sukzessive Halbierung des Intervalls die Position des Nulldurchgangs der Funktion einschachteln. Noch schneller ist meist das **Regula Falsi** Verfahren.

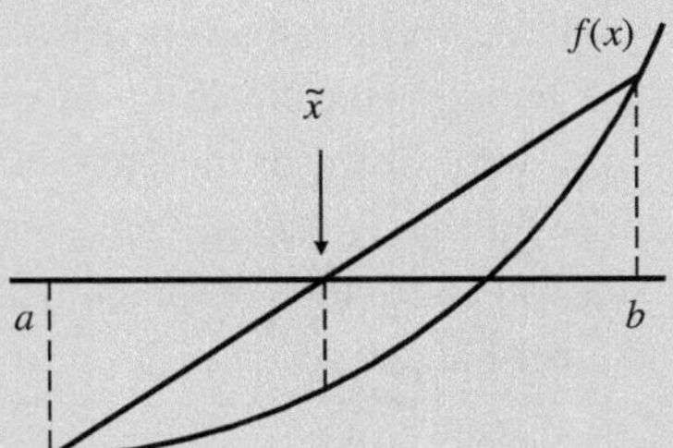

Abb. 4.10 Bei der Regula Falsi wird das Intervall sukzessive verkleinert; $\tilde{x}$ wird das neue a

Da in numerischen Verfahren der Funktionswert meist nicht exakt null werden wird, muss man eine Schranke ϵ_f dafür vorsehen, wie klein $|f(x)|$ mindestens sein soll, um eine Nullstelle zu kennzeichnen. Insbesondere bei Funktionen, deren Steigung bei der Nullstelle sehr groß ist, sollte man auch einen Wert ϵ_x von der Größenordnung der Maschinengenauigkeit vorsehen: Wenn im Zuge der Iteration die Länge des Intervalls kleiner als ϵ_x wird, so bricht man das Verfahren ab.

Man berechnet zuerst die Funktionswerte $f_a \equiv f(a)$ und $f_b \equiv f(b)$, die entsprechend der Voraussetzung verschiedenes Vorzeichen haben. Nun bestimmt man den Schnittpunkt der interpolierenden Geraden (vgl. Abb. 4.10) mit der x-Achse,

$$\tilde{x} = \frac{f_b\, a - f_a\, b}{f_b - f_a}\,. \qquad \text{(C.4.4.1)}$$

Wenn das Vorzeichen von $\tilde{f} = f(\tilde{x})$ mit dem Vorzeichen f_a übereinstimmt, wie in der Abbildung, dann wird $\tilde{x}$ das neue a, sonst wird es das neue b. Auf diese Art wird das Intervall um die Nullstelle immer kleiner. Natürlich muss man jeweils abfragen, ob $\tilde{f}$ oder die Intervalllänge klein genug ist.

Bei manchen Funktionen konvergiert dieses Verfahren nur quälend langsam. Versuchen Sie zum Beispiel, eine nichttriviale Nullstelle von $f(x) = x - \frac{1}{3}\tan x$ (etwa in der Nähe von $x \approx 1.3$) zu bestimmen, und klären Sie anhand einer Skizze, was dabei das Problem verursacht.

Meist konvergiert das **Newtonsche Verfahren** schneller. Allerdings benötigt man dabei die Ableitung $f'(x)$. Ausgehend von einem Startwert x_n wird die Tangente an die Funktion mit der x-Achse geschnitten (vgl. Abb. 4.11) und so ein (hoffentlich) besserer Wert bestimmt,

$$x_{n+1} = x_n - \frac{f(x_n)}{f'(x_n)}\,. \qquad \text{(C.4.4.2)}$$

Im Idealfall konvergiert die Folge der x_n gegen eine Nullstelle der Funktion. Es gibt aber Fälle, in denen das Newtonsche Verfahren divergiert. So könnte etwa x_n an oder nahe bei einem Extremwert der Funktion liegen; da die Ableitung dort verschwindet, liegt x_{n+1} unter Umständen weit weg. Eben aus diesem Grund sollte man immer ein Intervall vorgeben und Alarm schlagen, wenn ein Punkt nicht im Intervall liegt. Es gibt aber auch die Möglichkeit von Oszillationen rund um die Nullstelle. Überlegen Sie sich solche Fälle anhand einer Skizze!

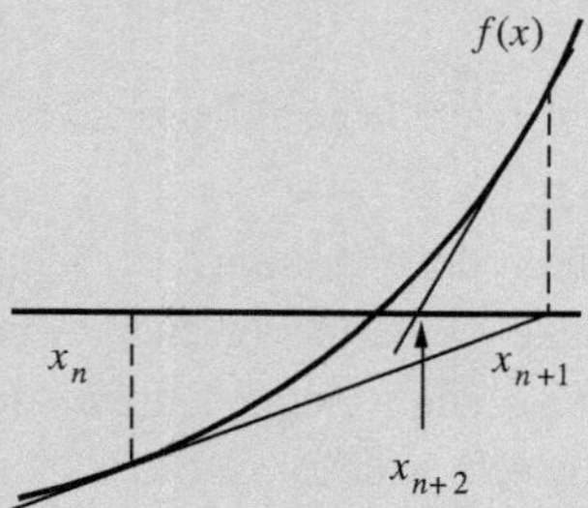

Abb. 4.11 Beim Newtonschen Verfahren wird der neue Schätzwert als Schnittpunkt der Tangente an die Funktion mit der x-Achse ermittelt

4.7 Aufgaben und Lösungen

4.7.1 Aufgaben

4.1: Bilden Sie jeweils die Ableitung von:

(a) $y = 2\,\sin x$ (b) $y = (\sin x)^{\cos x}$ (c) $y = \sin^2 x$

(d) $y = (\ln x)\cdot\ln(\ln x) - \ln x$ (e) $y = \sin 2x$ (f) $y = \sqrt{1+\sqrt{x}}$

(g) $y = \sinh x^2$ (h) $y = \log_a\left(\dfrac{a+x}{a-x}\right)$

4.2: Berechnen Sie unter Verwendung von (4.16) die erste Ableitung der folgenden Funktionen:

$$\text{(a) } y = \ln x\ , \quad \text{(b) } y = \arccos x\ , \quad \text{(c) } y = \operatorname{arsinh} x\ , \quad \text{(d) } y = \ln(1+\sqrt{x})\ .$$

4.3: Berechnen Sie jeweils das totale Differenzial für folgende Funktionen:

(a) $f(x) = 5$ (b) $f(x) = 5\,x$ (c) $f(x) = 5\,x^2$

(d) $f(x) = 5 + x + x^2$ (e) $f(x) = a\,x\,\mathrm{e}^{3x}$ (f) $f(x) = 23\,\sin(\cos x)$

4.4: Finden Sie mit Hilfe der Methoden aus Abschnitt 4.3 die totale Ableitung $\frac{dr}{ds}$, wenn $r = \mathrm{e}^{-p^2-q^2}$, $p = \mathrm{e}^s$ und $q = \mathrm{e}^{-s}$.

4.5: Berechnen Sie für die Kurve $x\,y^2 - y\,x^3 = 2$ den Anstieg und die Gleichung der Tangente am Punkt (1,2).

4.6: Finden Sie für $(y+1)\,\mathrm{e}^{2\,x\,y} = \sin x$ die Ableitungen $\frac{dy}{dx}$ am Punkt (0,0).

4.7: Berechnen Sie:
(a) für $w = \mathrm{e}^{-u^2-v^2}$ mit $u = 2\,r\,t$ und $v = r - 4\,t$ die Ableitungen $\frac{\partial\omega}{\partial r}$ und $\frac{\partial\omega}{\partial t}$;
(b) für $w = x^2 + y^2 + z^2$ die Ableitung $\frac{dw}{dx}$, wenn $y^3 + x\,y = 1$ und $z^3 - x\,z = 2$.

4.8: Für $u = \mathrm{e}^y\,\sin x$ prüfen Sie, dass gilt

$$\frac{\partial^2 u}{\partial x\,\partial y} = \frac{\partial^2 u}{\partial y\,\partial x}\ , \qquad \frac{\partial^2 u}{\partial x^2} + \frac{\partial^2 u}{\partial y^2} = 0\ .$$

4.9: Wenn $z = \exp(\sqrt{u^2+v^2+w^2})$, bestimmen Sie $\frac{\partial z}{\partial u}, \frac{\partial z}{\partial v}, \frac{\partial z}{\partial w}$!

4.10: Berechnen Sie für $x^y = y^x$ die Ableitung $\frac{dy}{dx}$.

4.11: Man bestimme für $x = s + t$ und $y = s^2 + t^2$ die partiellen Ableitungen (a) $\left(\frac{\partial t}{\partial x}\right)_y$ und (b) $\left(\frac{\partial y}{\partial x}\right)_s$.

4.12: Berechnen Sie $\frac{dV}{dp}$, wenn $(p + (a/V^2))\,(V - b) = C$ (Isotherme für reale Gase, a, b konstant) mit konstantem C.

4.13: Man bestimme du am Punkt (1,1), wenn $u = 3\,x^2/\,y + x\,y + 1$.

4.14: Wie lautet ein mit Hilfe des totalen Differenzials bestimmter Näherungsausdruck für (arctan 0.98)/10.1? (Beachten Sie: (arctan 1)/10=$\pi/40$).

4.15: Berechnen Sie dy/dx für

$$\text{(a) } x\,y^3 - 3\,x^2 = x\,y + 5\,, \quad \text{(b) } \mathrm{e}^{xy} + y\,\ln x = \cos 2x\,.$$

4.16: Berechnen Sie $\frac{\partial^2 z}{\partial x\,\partial y}$ im Punkt (1,1) für $z = x^2 \arctan(y/x)$.

4.17: Verifizieren Sie die Gleichung $\frac{\partial^2 f}{\partial x\,\partial y} = \frac{\partial^2 f}{\partial y \partial x}$ für die Funktionen

$$\text{(a) } f(x,y) = \frac{(2x - y)}{(x - y)}\,, \quad \text{(b) } f(x,y) = x\,\tan(x\,y)\,, \quad \text{(c) } f(x,y) = \cosh(y + \cos x)\,,$$

und geben Sie etwaige Ausnahmepunkte an.

4.18: Berechnen Sie dy/dx für

$$\text{(a) } x\,y^2 - 3\,x^2 = x\,y + 5\,, \quad \text{(b) } x = \frac{3y - 4}{y + 2}$$

in der impliziten Form und durch explizites Auflösen nach $y = y(x)$.

4.19: Entwickeln Sie
(a) $f(x,y) = x\,y^2 + 2\,x^2 + 1$ um den Punkt $(1,2)$,
(b) $f(x,y) = y^2/x^3$ um den Punkt $(1,0)$
in eine Potenzreihe bis zu Gliedern zweiter Ordnung.

4.20: Finden Sie die Reihenentwicklung der Funktion

$$f(x,y) = \sqrt[3]{1 + x\,y} \quad \text{um } (x,y) = (0,0)$$

(a) mit Hilfe des binomischen Lehrsatzes, (b) direkt als Taylorreihe.

4.21: Eine Funktion heißt homogen n-ten Grades, wenn $f(t\,x,\,t\,y,\,t\,z) = t^n\,f(x,y,z)$ gilt (zum Beispiel ist $f(x,y) = x^2 + 2\,x\,y + y^2$ homogen 2. Grades).

(a) Verifizieren Sie, dass $z^3(\ln x - \ln y)$ homogen 3. Grades ist.

(b) Beweisen Sie, dass für eine allgemeine homogene Funktion n-ten Grades gilt

$$x\,\frac{\partial f}{\partial x} + y\,\frac{\partial f}{\partial y} + z\,\frac{\partial f}{\partial z} = n\,f$$

(Hinweis: Leiten Sie $f(u,v,w) = t^n\,f(x,y,z)$, $u = t\,x$, $v = t\,y$, $w = t\,z$ nach t ab, und setzen Sie anschließend $t = 1$.)

4.22: Sei $V(r) = a\,r^n, r = (x^2 + y^2 + z^2)^{1/2}$; zeigen Sie, dass $V(r)$ eine homogene Funktion n-ten Grades ist und die Differenzialgleichung der vorhergehenden Aufgabe erfüllt.

4.23: Die Zustandsgleichung eines idealen Gases lautet $p\,V = R\,T$ (p: Druck, V: Volumen (pro Mol), R: Konstante, T: absolute Temperatur in Kelvin). Wenn T von 500 K auf 497 K sinkt und das Volumen sich von 1 m^3 um 50 l verkleinert, berechnen Sie die relative Änderung von p (also dp/p) in der linearen Näherung.

4.24: Zeigen Sie, dass der relative Fehler $\frac{dT}{T}$ im idealen Gasgesetz $R\,T = p\,V$ die Summe der relativen Fehler der Faktoren ist.

4.25: Diskutieren Sie den Verlauf der Funktionen (a) $\exp(\cos x)$ und (b)$|\sin x|/x$ in Hinblick auf Nullstellen, Unstetigkeitsstellen, Extremwerte, Wendepunkte, Asymptoten und singuläre Stellen (so vorhanden), und erstellen Sie eine Skizze des Graphen im Bereich $[-5,5]$.

4.26: Wandeln Sie die Differenzialgleichung

$$x^2\left(\frac{d^2y}{dx^2}\right) + 2\,x\left(\frac{dy}{dx}\right) - 5\,y = 0$$

mit Hilfe der Substitution $x = \mathrm{e}^z$ in eine andere mit konstanten Koeffizienten in $\frac{d^2y}{dz^2}$, $\frac{dy}{dz}$ und z um.

4.27: Berechnen Sie für die Fläche $z(x,y)$, die der impliziten Gleichung $4\,x^2 + y^2 + 9\,z^2 = 37$ genügt, die Tangentialebene im Punkt $(0,1,2)$.

4.28: Finden Sie den kürzesten Abstand des Koordinatenursprungs zur Kurve $x^2 - 2\sqrt{3}\,x\,y - y^2 = 2$.

4.29: Welcher ist der volumensgrößte Quader, den man in das Ellipsoid

$$\frac{x^2}{a^2} + \frac{y^2}{b^2} + \frac{z^2}{c^2} = 1$$

einschreiben kann?

4.30: Untersuchen Sie die Funktion $z = (1+\sin x)\,(1+y^2)$ auf Extremwerte (Abb. 4.12).

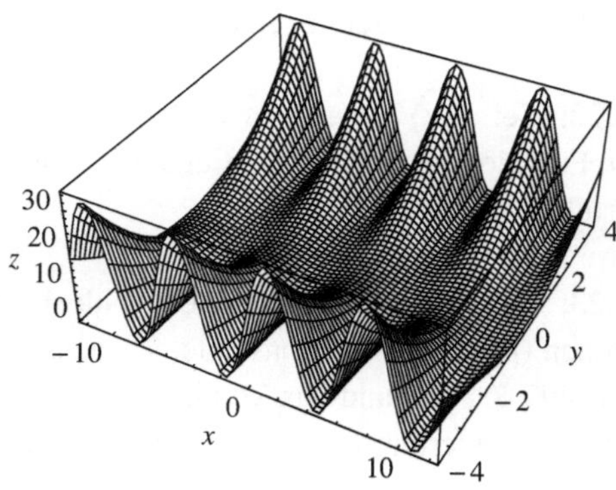

Abb. 4.12 Abb. zur Funktion $z = (1 + \sin x)(1 + y^2)$

4.31: (a) Welches ist der kleinste Abstand zwischen dem Ursprung und der Schnittkurve der beiden Flächen $x\,y = 12$ und $x + 2\,z = 0$?

(b) Was ist der kürzeste Abstand zwischen den zwei Parabeln $y = 1 - x^2$ und $y = -1 + x^2$?

Fertigen Sie eine Skizze an!

4.32: Bestimmen Sie Maxima und Minima der Fläche

$$z(x, y) = (x - a)\,(y - b)\,\mathrm{e}^{-(x-a)^2-(y-b)^2}$$

im Gebiet $(x, y) \in [a-2, a+2] \times [b-2, b+2]$,$a, b \in \mathbb{R}$, und berechnen Sie explizit an diesen Punkten $D = z_{xx}z_{yy} - z_{xy}^2$.

4.33: Die Funktion $1/x + 4/y + 9/z$ soll ein Minimum werden, wenn $x, y, z > 0$ und $x + y + z = 12$.

4.34: Berechnen Sie die kürzeste und längste Strecke vom Ursprung zur Kurve $x^2 + x\,y + y^2 = 16$.

4.35: Die Temperatur einer rechteckigen Platte mit den Rändern $x = \pm 1, y = \pm 2$ ist gegeben durch $T = x^2 - 4\,y^2 + y - 5$. Finden Sie die heißesten und kältesten Punkte.

4.36: Ein Reiter soll möglichst schnell von A nach B gelangen (vgl. Abb. 4.13) und muss dabei durch Sumpf (untere Hälfte) und über eine Steppe (obere Hälfte). Seine Geschwindigkeit im Sumpf beträgt $v = a$, in der Steppe $v = b$ $(b > a)$. Zeigen Sie, dass die optimale Lösung dem Gesetz der Lichtbrechung folgt: $|\sin(\pi/2-\alpha)|/|\sin(\pi/2-\beta)| = a/b$. Berechnen Sie mit numerischen Methoden die Position des Grenzpunktes X für $A = (0,0)$, $B = (1000, 1000)$, $b = 2a = 5\,\text{m/s}$.

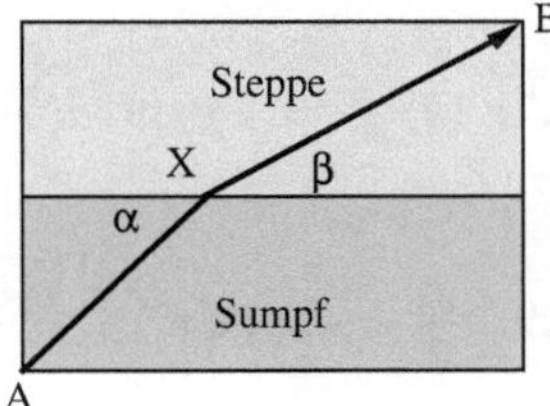

Abb. 4.13 Wer reitet so spät durch Steppe und Sumpf...

4.37: Sei die Ladungsverteilung auf der Kugel $x^2 + y^2 + z^2 = 12$ gegeben durch $q = x\,y\,z$. Finden Sie jene Punkte auf der Kugeloberfläche, für die q am größten ist.

4.38: Die Ergebnisse optischer Messungen der Entfernung eines UFOs von einer Radarstation aus haben zu den Zeitpunkten $t = 0$, 1 s, 2 s eine Distanz von 0.5, 2.0 und 4.0 Erdradien ergeben. Man nimmt an, dass die Entfernung y linear von der Zeit abhängt, das UFO hätte also eine konstante Geschwindigkeit $y = v\,t + b$. Bestimmen Sie v und b, sodass die Summe der Quadrate der Abweichungen von den gemessenen Werten, also $(0.5 - y(t=0))^2 + (2.0 - y(t=1))^2 + (4.0 - y(t=2))^2$ ein Minimum wird.

4.39: Stellen Sie die Temperaturverteilung einer rechteckigen Platte

$$T\,(0 \le x \le 5, 0 \le y \le 6) = x^2\,y/2 - x\,y^2/4 + 200$$

durch Isothermen (Linien gleicher Temperatur) grafisch dar. Wo ist der kälteste Punkt und wo der wärmste? Wie verläuft die analytische Rechnung?

4.7.2 Lösungen

Vollständige Lösungen unter http://physik.uni-graz.at/~cbl/mm/.

4.1: (a) $2\,\cos x$; (b) $(\sin x)^{\cos x}\left((\cos x)^2/\sin x - \sin x\,\ln\sin x\right)$; (c) $2\,\cos x\,\sin x \equiv \sin 2x$; (d) $(\ln(\ln x))/x$; (e) $2\,\cos(2\,x)$; (f) $1/(4\sqrt{x}\sqrt{1+\sqrt{x}})$; (g) $2\,x\cosh x^2$; (h) $2\,a/((a^2 - x^2)\,\ln a)$.

4.2: (a) $1/x$; (b) $-1/\sqrt{1-x^2}$; (c) $1/\sqrt{1+x^2}$; (d) $1/2(x + \sqrt{x})$.

4.3: (a) 0; (b) $df = 5dx$; (e) $df = a(1 + 3\,x)e^{3x}dx$; (f) $df = -23\cos(\cos x)\,\sin x dx$.

4.4: $2(\exp(-2s) - \exp(2s))\exp(-p^2 - q^2)$.

4.5: Punkt: (1,2), $y' = 2/3, 3\,y - 2\,x = 4$.

4.6: $y'(0) = 1$.

4.7: (a) $\frac{\partial w}{\partial r} = 2\,\exp(-u^2 - v^2)\,(r + 4\,t - 4\,r\,t^2)$, $\frac{\partial w}{\partial t} = 2\exp(-u^2 - v^2)\,(4\,r - 16\,t - 4\,r^2\,t)$; (b)$\frac{dw}{dx} = 2\,(x - y^2/(3\,y^2 + x) + z^2/(3\,z^2 - x)$.

4.9: $\frac{\partial z}{\partial u} = \exp(\sqrt{u^2 + v^2 + w^2})\,u/\sqrt{u^2 + v^2 + w^2}$, andere analog.

4.10: Beachten Sie: $y^x = \exp(x\,\ln y)$, $\frac{dy}{dx} = (y/x)\,(y - x\,\ln y)/(x - y\,\ln x)$.

4.11: (a) $\sqrt{t^2 - y}/(t + \sqrt{t^2 - y})$; (b) $2\,(x - s)$.

4.12: $dV/dp = V^3\,(V - b)/(2\,a\,b - a\,V + p\,V^3)$.

4.13: $7\,dx - 2\,dy$.

4.14: $\pi/40 - 0.001 - \pi/4000 \approx 0.076754\ldots$.

4.15: (a) $(6\,x + y - y^3)/(3\,x\,y^2 - x)$; (b) $-(e^{xy}\,x\,y + y + 2\,x\,\sin 2x)/(x^2\,e^{xy} + x\,\ln x)$.

4.16: 1.

4.17: (a) $-(2\,x + y)/(x - y)^3$ außer bei $x = y$; (b) erfüllt, außer bei $x\,y = (n + 1/2)\,\pi$; (c) $-\sin x\,\cosh(y + \cos x)$ überall.

4.18: (a) implizit: $(6x + y - y^2)/(2\,x\,y - x)$, explizit: $\pm(3x^2 - 5)/\sqrt{20\,x^3 + x^4 + 12\,x^5}$; man beachte die Doppellösung! (b) $10/(x - 3)^2$.

4.19: (a) Polynom, daher $f(x, y) = 7 + 8\,(x - 1) + 4\,(y - 2) + 4\,(x - 1)\,(y - 2) + 2\,(x - 1)^2 + (y + 2)^2 + \cdots$; (b) $f(x, y) = y^2\,(1 - 3\,(x - 1) + 6\,(x - 1)^2 + \cdots)$.

4.20: $f(x, y) = 1 + x\,y/3 - x^2\,y^2/9 + \cdots$.

4.23: Ergebnis $dT/T - dV/V = 0.056$.

4.24: Ergibt sich durch Betrachtung der totalen Differenziale.

4.25: (a) stetig, ungleich null, Extrema bei $x = n\pi, (n \in \mathbb{Z})$, Wendepunkte $\pm\arccos((-1+\sqrt{5})/2)$, (b) Unstetig bei $x = 0$, Nullstellen $x = n\pi, (n \in \mathbb{Z})$, Extrema bei den Nullstellen sowie dort, wo $x = \tan x$.

4.26: $y_{zz} + y_z - 5\,y = 0$.

4.27: $18\,z + y = 37$.

4.28: $d = 1$.

4.29: $(x, y, z) = \frac{1}{\sqrt{3}}(\pm a, \pm b, \pm c)$, $V = \frac{8\,a\,b\,c}{3\sqrt{3}}$.

4.30: Sattelpunkte für $(x, y) = ((2n + 1/2)\,\pi, 0)$, Minima-Täler für $x = (2n - 1/2)\,\pi$.

4.31: (a) $\sqrt{12\sqrt{5}}$, (b) trivial: Schnittpunkte!

4.32: Sattelpunkt (a, b), Maxima $(a+1/\sqrt{2}, b+1/\sqrt{2})$, $(a-1/\sqrt{2}, b-1/\sqrt{2})$, Minima $(a+1/\sqrt{2}, b-1/\sqrt{2})$, $(a-1/\sqrt{2}, b+1/\sqrt{2})$.

4.33: Lösung: $(2, 4, 6)$.

4.34: Kürzester Abstand: $4\sqrt{2/3}$, längster: $4\sqrt{2}$.

4.35: Heißester Punkte: $(\pm 1, 1/8)$, kältester Punkt $0, -2)$.

4.36: X=(230,500).

4.37: (2,2,2), (2,-2,-2), (-2,-2,2), (-2,2,-2).

4.38: $v = 7/4, b = 5/12$.

4.39: Wärmster Punkt $T(5, 5) = 231.25$, kältester Punkt $T(3/2, 6) = 193.25$.

Literaturempfehlungen
Mathematisches Basiswissen zur Differenzialrechnung finden Sie in [5]; weitere Texte zu diesem Thema sind [3, 4, 6], Beispiele gibt es in [7].

Literatur

1. W. Törnig und P. Spellucci, *Numerische Mathematik für Ingenieure und Physiker, Band 1 und 2* (Springer-Verlag, Berlin, 1988).
2. W. H. Press, B. P. Flannery, S. A. Teukolsky, und W. T. Vetterling, *Numerical Recipes: The Art of Scientific Computing*, 3. Aufl. (Cambridge University Press, Cambridge, 2007).
3. H. Fischer und H. Kaul, *Mathematik für Physiker*, Bd. 1, 7. Aufl. (Vieweg+Teubner, Wiesbaden, 2010).
4. H. Fischer und H. Kaul, *Mathematik für Physiker*, Bd. 2 (Springer Spektrum, Berlin, Heidelberg, New York, 2014).
5. J. Dieudonné, *Foundations of Modern Analysis* (Academic Press, New York).
6. K. Jänich, *Mathematik 1*, 2. Aufl. (Springer-Verlag, Berlin-Heidelberg-New York, 2005).
7. M. R. Spiegel, *Schaum's Outline of Theory and Problems of Real Variables* (McGraw-Hill, New York, 1969).

Integralrechnung 5

5.1 Das Integral

Integrale sind nicht nur zur Bestimmung von Strecken, Flächen und Volumen oder zur Lösung von Differenzialgleichungen von Bedeutung. Viele Naturgesetze werden am einfachsten durch Integrale und Integralgleichungen ausgedrückt. Integrale dienen zur Definition von statistischen Mittelwerten. Die Probleme bei der mathematisch korrekten Formulierung von Integralen über kompliziertere Räume, als es die reellen Zahlen sind, sind heute das wesentlichste Hindernis auf dem Weg zu einer zufrieden stellenden Formulierung der relativistischen Quantentheorie der Elementarteilchen.

5.1.1 Die Stammfunktion

Die bekannteste und einfachste Definition des Integrals ist die mit Hilfe der so genannten **Stammfunktion** als Umkehrung des Vorgangs der Differenziation.

Ausgehend von einer Stammfunktion, ihrer Ableitung und ihrem totalen Differenzial, definiert man das **unbestimmte Integral** als Umkehrung der Differenziation,

$$\int dF(x) = \int dx\, \frac{dF(x)}{dx} = \int dx\; f(x) = F(x) + \alpha\,, \quad \text{mit} \quad \frac{dF(x)}{dx} = f(x)\,. \tag{5.1}$$

Wir wählen diese Schreibweise (dem Integralzeichen folgt das Differential unmittelbar) um die Operatoreigenschaft des Integrals zu betonen. Die Funktion $f(x)$ unter dem Integralzeichen wird **Integrand** genannt. Die so genannte **Integrationskonstante** α ist eine unbestimmte Konstante, die notwendig wird, da Funktionen, die sich nur um additive Konstanten unterscheiden, die gleiche Ableitung und das gleiche totale Differenzial $d(F(x)+\alpha) = dF(x)$ haben.

C.B. Lang, N. Pucker, *Mathematische Methoden in der Physik*,
DOI 10.1007/978-3-662-49313-7_5

Aus dem unbestimmten Integral wird das **bestimmte Integral**, wenn man die Differenz des Integrals zwischen zwei Werten des Arguments betrachtet. Die unbestimmte Konstante fällt dann weg, da

$$(F(x) + \alpha)\,|_{x=b} - (F(x) + \alpha)\,|_{x=a} = F(b) - F(a) \equiv F(x)|_a^b \qquad (5.2)$$

ist. Man drückt dies durch Angabe der **Integrationsgrenzen** aus,

$$\int_a^b dF(x) = \int_a^b dx\ f(x) = F(x)|_a^b = F(b) - F(a)\,. \qquad (5.3)$$

Diese Beziehung ist als **Hauptsatz der Differenzial- und Integralrechnung** bekannt (Näheres in M.5.1).

M.5.1 Kurz und klar: Hauptsatz der Differential- und Integralrechnung

Die Formulierung des Hauptsatzes ist leicht unterschiedlich für das Riemann-Integral und das Lebesgue-Integral (siehe Abschn. 5.1.2).

Beim Riemann-Integral nimmt man an, dass die Funktion $f(x)$ in einem kompakten (also beschränkten und abgeschlossenen) Intervall $[a, b]$ reell, beschränkt und fast überall stetig ist. Dann ist

$$F(x) = F(a) + \int_a^x dt f(t) \qquad \text{(M.5.1.1)}$$

eine im offenen Intervall (a, b) (gleichmäßig stetige) differenzierbare Stammfunktion von $f(x)$, also $F'(x) = f(x)$. (Die Stammfunktion ist nur bis auf eine additive Konstante festgelegt; wir haben hier unter Vorwegnahme des zweiten Teils schon eine spezielle Wahl dafür getroffen.)

Es gibt einen zweiten Teil (Newton-Leibniz Axiom genannt), der etwas weniger strenge Voraussetzungen hat. Sei $F(x)$ in $[a, b]$ reell und differenzierbar mit $F'(x) = f(x)$. Dann ist

$$F(x) - F(a) = \int_a^x dt f(t) \qquad \text{(M.5.1.2)}$$

wenn $f(x)$ Riemann-integrierbar ist.

Beim Lebesgue-Integral muss $f(x)$ in $[a, b]$ Lebesgue-integrierbar (beschränkt bis auf eine Menge vom Maß null) sein. Dann ist $F(x)$ absolut stetig und fast überall differenzierbar mit $F'(x) = f(x)$.

Beispiel

Es ist das unbestimmte Integral

$$\int dx\, x^3 = \frac{x^4}{4} + \alpha$$

und das bestimmte Integral

$$\int_1^2 dx\, x^3 = \left.\frac{x^4}{4}\right|_1^2 = \frac{2^4}{4} - \frac{1^4}{4} = \frac{15}{4} .$$

□

Die Voraussetzungen, damit eine Funktion integrierbar ist, sind schwächer als die für Differenzierbarkeit. So sind unstetige Funktionen zwar integrierbar aber nicht differenzierbar. Man könnte salopp sagen: Integration glättet eine Funktion, Differenziation macht sie rauher.

Bevor wir aber genauer auf die Verfahren und Regeln der Integration eingehen, wollen wir etwas eingehender die mathematische Bedeutung des Integrals diskutieren. Für das praktische Rechnen ist das zwar nicht unbedingt erforderlich, aber es gibt uns ein besseres Gefühl.

5.1.2 Lebesgue-Integral

Das totale Differenzial $dF(x)$ ist die lineare Näherung für die Änderung der Funktion $\Delta F(x)$; je kleiner dx ist, desto besser ist diese Näherung. Das Integral $\int dF(x)$ kann als Grenzfall einer Summe $\sum \Delta F(x)$ betrachtet werden. Zum besseren Verständnis dieses Konzepts soll diese Summenbildung anhand der Definition des Integralbegriffs nach Lebesgue erläutert werden.

Neben dem **Lebesgue-Integral** (L-$\int$) gibt es noch andere Definitionen, wie etwa die des **Riemann-Integrals** (R-$\int$). Im praktischen Rechnen werden wir für fast keine unserer Anwendungen einen Unterschied zwischen den verschiedenen Definitionen erkennen. In weiterführenden Anwendungen (insbesondere in der Funktionalanalysis) ist das L-$\int$ aber viel allgemeiner gültig und damit mächtiger als das R-$\int$.

Elemente der Maßtheorie

Bier ist messbar: Es gibt (in Bayern) „die Maß Bier“. Intervalle auf der reellen Achse sind ebenfalls messbar, nämlich durch ihre Länge, nur geht es hier um *das* Maß. Da solche Intervalle Punktmengen sind (vgl. Anhang A), entspricht dieses Maß der Einführung einer **Mengenfunktion**, bei der den Teilmengen reelle Zahlen zugeordnet werden.

Das Intervall

$$I = \{x, a < x < b\} \tag{5.4}$$

hat die Länge

$$L(I) = |b - a| \,. \tag{5.5}$$

Offenbar ist diese Mengenfunktion positiv: $L(\text{Punktmenge}) \geq 0$. Auch ändern die Randpunkte nichts am Wert, da die Intervalle

$$a < x \leq b \quad \text{oder} \quad a \leq x \leq b \quad \text{oder} \quad a \leq x < b \tag{5.6}$$

die gleiche Länge haben. Für die leere Menge gilt $L(\{\}) = 0$. Das Intervall $a \leq x \leq a$ besteht nur aus einem Punkt und hat auch die Länge 0.

Vereinigungen von Intervallen führen zu komplizierteren Punktmengen. Wir betrachten für unsere Zwecke nur Mengen von Intervallen, die nicht überlappen, also durchschnittsfrei sind. Die Intervalle $I_1, I_2, I_3, \ldots$ haben also die Eigenschaft

$$I_1 \cap I_2 = \{\} \,, I_1 \cap I_3 = \{\} \,, I_2 \cap I_3 = \{\} \,, \ldots \,. \tag{5.7}$$

Wir wollen den Längenbegriff auf solche Mengen erweitern. Für unsere Mengenfunktion gilt dann

$$L\left(I_1 \cup I_2 \cup I_3 \cup \ldots\right) = L(I_1) + L(I_2) + L(I_3) + \cdots \,. \tag{5.8}$$

Dieser Begriff des Maßes lässt sich auf mehr als eine Dimension verallgemeinern. Rechtecke im $\mathbb{R}^2$

$$a < x < b \,, \quad c < y < d \tag{5.9}$$

kann man gleichsam als zweidimensionales Intervall auffassen, und die Fläche $(b-a)\,(d-c)$ ist dann das entsprechende Maß. Andere Mengen im $\mathbb{R}^2$ kann man sich aus nicht überlappenden Rechtecken zusammengesetzt denken, und so weiter. In drei Dimensionen kommen wir wieder zum Oktoberfest-Maß.

Diese Verallgemeinerungen führen zu dem Begriff **Maß einer Menge** $\mu(E)$. Da so eine Mengenfunktion recht allgemein definierbar ist, fordert man einige einschränkende Eigenschaften, die immer gelten sollen, und die wir in M.5.2 besprechen. **Messbare Mengen** sind einfach Mengen, für die ein solches Maß definiert ist. Die oben diskutierte Länge von Intervallen und ihre Verallgemeinerung auf Mengen von Summen von Intervallen erfüllt all diese Forderungen, ist also ein gutes Beispiel für ein **Lebesgue-Maß** auf den reellen Zahlen. Für Intervalle ist also $\mu(I) = L(I)$. Für Mengen von diskreten Punkten (zum Beispiel die berüchtigten Mengen von Äpfeln oder Birnen aus der Grundschulzeit) ist die Anzahl der Elemente ein Beispiel für ein Maß. Die mathematische Disziplin der **Maßtheorie** beschäftigt sich mit diesem Themenkreis.

M.5.2 Kurz und klar: Maß einer Menge

Ein **Maß auf** $\mathbb{R}$ hat folgende Eigenschaften:

1. $\mu(E)$ muss für jede Menge E im betrachteten Definitionsbereich definiert sein (klar, sonst gibt es Probleme).
2. $\mu(E) \geq 0$ – das Maß darf nicht negativ sein. Beim Intervall hatten wir etwa nur die Länge, eine nichtnegative Zahl, als Maß zugelassen.
3. $\mu(\bigcup_{i=1}^{n} E_i) = \sum_{i=1}^{n} \mu(E_i)$, wenn die Mengen E_i untereinander durchschnittsfrei (disjunkt) sind, wenn also für beliebige Paare $E_i \cap E_j = \{\}$, $(i \neq j)$ gilt. Dies bedeutet: Das Maß ist additiv.
4. Der Punkt (3) soll auch für unendliche Vereinigungen von Mengen $(n \to \infty)$ gelten. Man nennt diese Bedingung σ-Additivität. Im Lichte unserer unendlichen Reihen ist diese Bedingung plausibel, wir können hier aber nicht näher darauf eingehen.
5. Wenn $E_1 \subset E_2$, dann soll auch $\mu(E_1) \leq \mu(E_2)$ gelten.
6. Wenn man alle Punkte in E um den gleichen Abstand auf der reellen Achse verschiebt, so ist das Maß der verschobenen Menge gleich dem von E.
7. Wenn E ein Intervall bezeichnet, dann ist $\mu(E)$ die Intervalllänge.

Das so genannte „Lebesgue-Maß" einer Menge E ist die größte untere Schranke der Summe aller Intervalllängen derjenigen offenen Intervalle, die E enthalten.

Der Begriff der Messbarkeit einer Menge klingt nach der angeblichen Lieblingsbeschäftigung der Gelehrten: der Haarspalterei. Es gibt aber gar nicht so komplizierte Beispiele nicht messbarer Mengen (siehe etwa [1]).

Zurück zur Intervalllänge als Maß. Dazu gibt es einige interessante Feststellungen.

- Die Menge aller (also der rationalen und der irrationalen) Zahlen zwischen 0 und 1 hat das Maß
$$\mu\left(\{x \in \mathbb{R} \cap x \in [0,1]\}\right) = 1.$$
- Die Menge der rationalen Zahlen zwischen 0 und 1 besteht aus abzählbar unendlich vielen Punkten (vgl. Anhang A); da jeder Punkt das Maß 0 hat, ist auch das Maß dieser Menge
$$\mu\left(\{x \in \mathbb{Q} \cap x \in [0,1]\}\right) = 0.$$
- Das Maß der Menge der irrationalen Zahlen zwischen 0 und 1 ist daher
$$\mu\left(\{x \in \mathbb{I} \cap x \in [0,1]\}\right) = 1.$$

- Wenn eine Eigenschaft überall (für alle Punkte einer Menge) bis auf eine Menge vom Maß 0 (abzählbar endlich oder unendlich viele Punkte) gilt, so sagt man, „die Eigenschaft gilt fast überall" (oder „die Eigenschaft gilt für fast alle Punkte der Menge"). **Fast alle** reellen Zahlen sind irrational. Die Funktion $1/x$ ist **fast überall** wohldefiniert und endlich.

Nun fehlt uns nur mehr der Begriff der **Messbarkeit** einer Funktion. Man sagt, eine Funktion $f(x)$ sei messbar auf einer Menge E, wenn die Menge E messbar ist und wenn für beliebige reelle Zahlen a die Menge der Punkte $x \in E$, für die $f(x) > a$ ist (also $\{x \in E : f(x) > a\}$), ebenfalls messbar ist.

Dieses Konzept der Messbarkeit ist sehr mächtig: man kann es auf Funktionen auf viel allgemeineren Räumen, als es etwa die reellen Zahlen sind, anwenden. So kann man damit auch den Integralbegriff wesentlich erweitern und nicht nur über reelle Zahlen, sondern über so abstrakte Objekte wie etwa Funktionenräume oder Gruppen (vgl. Kap. 12 und 20) integrieren. Hier wollen wir aber nur Funktionen auf den reellen Zahlen betrachten. Das Lebesgue-Integral ist ein Beispiel für den allgemeineren mathematischen Begriff des **Funktionals** (vgl. Kap. 12, 15.1). Man kann es formal als eine Funktion von Funktionen betrachten, als eine Abbildung aus dem Raum der erlaubten Funktionen in die reellen Zahlen. Dabei hängt diese Abbildung noch von den Integralgrenzen ab.

Praktisch verlangen wir noch mehr vom Integral: Es soll uns etwas über die zwischen Funktion und Abszisse eingeschlossene Fläche sagen, und es soll in der unbestimmten Form eine Umkehrung der Differenziation sein. Bei der Flächenberechnung muss man darauf achten, dass negative Funktionswerte zu negativen Werten für das Integral führen. Wenn einem wirklich an der (nur positiv gezählten) Fläche liegt, muss man entweder die Funktion $|f(x)|$ integrieren oder das Integrationsintervall entsprechend in Teile zerlegen und geeignete Vorzeichenkorrekturen anbringen.

Wir betrachten auf im Integrationsintervall $a \leq x \leq b$ beschränkte Funktionen. Es soll also eine untere und eine obere Schranke geben (vgl. M.1.2), die an keinem Punkt von der Funktion unter- beziehungsweise überschritten wird,

$$\alpha < f(x) < \beta \ . \tag{5.10}$$

Auch soll die Funktion messbar auf dem Integrationsintervall sein. Das heißt in einer Skizze in der (x, y)-Ebene spielt sich alles im Rechteck $\{x \in [a, b], y \in]\alpha, \beta[\}$ ab (vgl. Abb. 5.1). Um die Diskussion zu vereinfachen, wollen wir, wie schon erwähnt, annehmen, dass $f(x)$ im betrachteten Intervall positiv ist.

Wir zerlegen das Intervall $[\alpha, \beta]$ in n Teilintervalle, wir wählen also willkürliche Werte y_i, für die

$$\alpha = y_0 < y_1 < y_2 < \cdots < y_{n-1} < y_n = \beta \tag{5.11}$$

gilt. Unsere Funktion $f(x)$ definiert dann eine entsprechende Zerlegung des Bereichs auf der Abszisse $[a, b]$ in Teilmengen $E_k (k = 1, 2, \ldots n)$, nämlich

$$E_k \equiv \{x : y_{k-1} \leq f(x) < y_k\} \ . \tag{5.12}$$

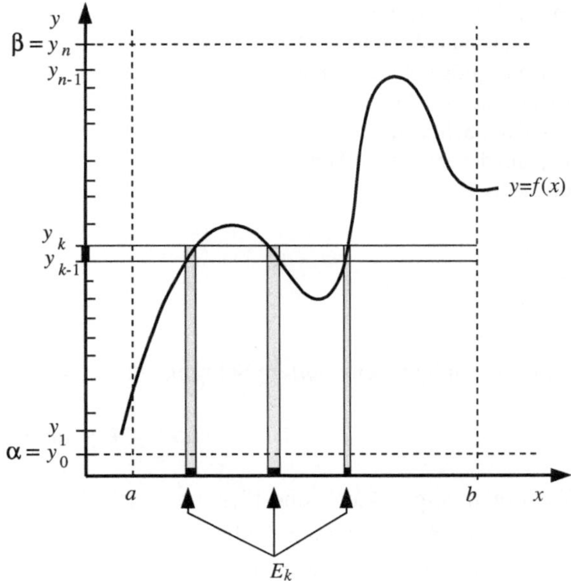

Abb. 5.1 Skizze zur Diskussion des Lebesgue-Integrals; der Bereich der erlaubten Funktionswerte wird in Intervalle unterteilt

Je nach Funktionsverlauf können diese Teilmengen auch aus nicht zusammenhängenden Intervallen bestehen. Da die Funktion messbar sein soll, sind natürlich auch alle diese Mengen messbar.

Wir bilden nun eine untere und eine obere Schranke für den Wert des Integrals, indem wir für jede Intervallmenge E_k entweder die Untergrenze der Funktionswerte in dieser Menge, also y_{k-1}, oder die Obergrenze y_k als Grundlage der Summenbildung wählen. So erhalten wir eine **Untersumme** s und eine **Obersumme** S, die den tatsächlichen Integralwert I nach unten und nach oben beschränken,

$$s = \sum_{k=1}^{n} y_{k-1}\, \mu(E_k) \qquad \leq \quad I \quad \leq \qquad S = \sum_{k=1}^{n} y_k\, \mu(E_k)\,. \tag{5.13}$$

In unserer Skizze entspricht die Untersumme der Summe der Flächen der jeweils kürzeren Rechtecke, die Obersumme die der längeren.

Man kann nach Belieben die Art der Zerlegung variieren: mehr oder weniger Intervalle, gleichmäßige oder ungleichmäßige Abstände der y_k, und so weiter. (Eine hinreichende Definition des Lebesgue-Integrals geht von einer so genannten ausgezeichneten Zerlegungsfolge aus, bei der die Zahl der Unterteilungen gegen ∞ strebt, sodass der größte Wert aller $|y_k - y_{k-1}|$ gegen den Grenzwert 0 strebt.) Die jeweiligen Werte von S und s werden vielleicht mit der Art der Zerlegung variieren, aber immer eine obere und untere Schranke für den echten Integralwert sein.

Selbst die größte untere Schranke aller Obersummen ($\inf S$) ist noch immer eine *obere* Schranke für I (Definition siehe M.1.2), und auch die kleinste obere Schranke der Unter-

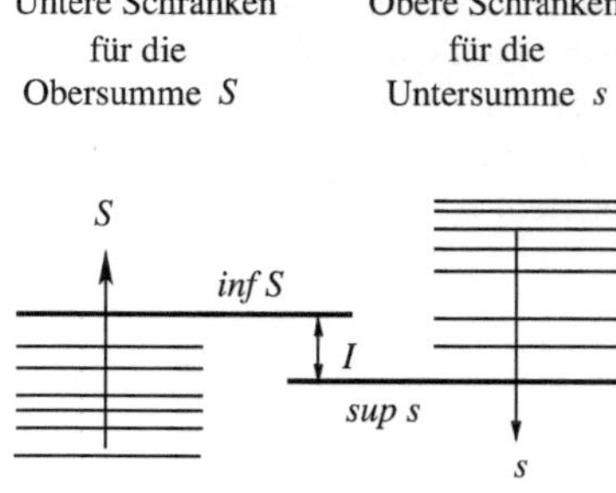

Abb. 5.2 Hier ist $\sup s \neq \inf S$ und damit das Integral I nicht eindeutig definiert. Man beachte, dass es sich in der Skizze um Schranken handelt, nicht um die erreichten Werte von s oder S!

summen ($\sup s$) ist eine *untere* Schranke dafür, M.1.2),

$$\sup s \leq I \leq \inf S \ .$$

Wenn man zeigen kann, und hier muss sich das praktische Können des Mathematikers beweisen, dass diese beiden Zahlen übereinstimmen und damit $\sup s = \inf S$ gilt, dann ist diese Zahl gleich dem Lebesgue-Integral I. Man sagt „$f(x)$ ist Lebesgue-integrierbar", und das **bestimmte Lebesgue-Integral** wird mit

$$\int_a^b dx\ f(x) \tag{5.14}$$

bezeichnet und ist endlich. In unserer Skizze 5.1 ist, wie schon gesagt, das Lebesgue-Integral gleich der Fläche, die von der x-Achse, der Kurve $y = f(x)$ und den beiden Geraden $x = a$ und $x = b$ eingeschlossen wird.

Man kann nicht immer beweisen, dass $\sup s = \inf S$ gilt und daher das Lebesgue-Integral existiert. Abweichende Fälle sind aber ungewöhnlich und fallen aus dem hier von uns betrachteten Rahmen. Alle beschränkten, Lebesgue-messbaren Funktionen haben ein Lebesgue-Integral.

Beispiel

Wir wollen als einfaches Beispiel das Integral

$$\int_0^b dx\ \sqrt{x}$$

bestimmen. Dazu gehen wir nach den oben besprochenen Regeln vor. Später ersparen wir uns das und verwenden die bekannten, von anderen für uns bewiesenen Integrationsformeln, wie wir das auch bei der Differenziation gehalten haben.

Der Funktionswert des Integranden liegt zwischen 0 und $\sqrt{b}$. Wir wählen daher $\alpha = -\epsilon, \beta = \sqrt{b} + \epsilon$, wobei $\epsilon > 0$ eine beliebige positive Zahl ist. So gewährleisten wir $\alpha < 0 \leq f(x) \leq \sqrt{b} < \beta$! Eine Zerlegung dieses Intervalls in n Teile könnte folgendermaßen aussehen:

$$
\begin{array}{llcccccccc}
f(x) & : & -\epsilon & < & \frac{1}{n}\sqrt{b} & < & \frac{2}{n}\sqrt{b} & < \cdots < & \frac{(n-1)}{n}\sqrt{b} < & \sqrt{b}+\epsilon \\
x_k & : & a=0 & & \frac{b}{n^2} & & \frac{4\,b}{n^2} & \cdots & \frac{(n-1)^2\,b}{n^2} & b \\
k & : & 0 & & 1 & & 2 & \cdots & n-1 & n\,.
\end{array}
$$

In der zweiten Zeile geben wir die entsprechende Aufteilung der Abszisse in Intervalle $E_k = \{x_{k-1} \leq x < x_k\}$ an. Aus der Definition der Mengen E_k bei der Diskussion des L-$\int$ erkennen wir, dass der genaue Wert von ϵ belanglos ist, da zum Beispiel für E_1 nur diejenigen Werte $x \in [0, b]$ beitragen, für die $y_0 \leq f(x) < y_1 = \sqrt{b}/n$ gilt; ähnliches gilt auch für E_n. Daher haben die E_k das Maß

$$
\mu(E_k) \equiv \mu_k = \frac{b}{n^2}\left(k^2 - (k-1)^2\right) = \frac{b}{n^2}\,(2k-1)\,.
$$

Damit werden Obersumme und Untersumme

$$
\begin{aligned}
S &= \sum y_k\,\mu_k = \sum_{k=1}^{n} \frac{k\sqrt{b}}{n}\,\frac{(2k-1)\,b}{n^2} \\
&= \frac{\sqrt{b^3}}{n^3}\underbrace{\sum_{k=1}^{n} k\,(2k-1)}_{\frac{n\left(4n^2+3n-1\right)}{6}} = \frac{\sqrt{b^3}\left(4n^2+3n-1\right)}{6n^2}\,,
\end{aligned}
$$

$$
\begin{aligned}
s &= \sum y_{k-1}\mu_k = \sum_{k=1}^{n} \frac{(k-1)\sqrt{b}}{n}\,\frac{(2k-1)b}{n^2} \\
&= \frac{\sqrt{b^3}}{n^3}\underbrace{\sum_{k=1}^{n}(k-1)\,(2k-1)}_{\frac{n\left(4n^2-3n-1\right)}{6}} = \frac{\sqrt{b^3}\left(4\,n^2-3\,n-1\right)}{6\,n^2}\,.
\end{aligned}
$$

Wir haben dabei die Beziehungen

$$
\sum_{k=1}^{n} k = \frac{1}{2}\,n\,(n+1)\,, \qquad \sum_{k=1}^{n} k^2 = \frac{1}{6}\,n\,(n+1)\,(2n+1)\,,
$$

verwendet, die man in Formelsammlungen finden [2] oder auch selbst ableiten kann. Wenn wir n bei analoger Zerlegung gegen unendlich wachsen lassen, dann handelt es sich offenbar um eine „ausgezeichnete Zerlegungsfolge“, da $(y_k - y_{k-1}) = \sqrt{b}/n \to 0$. Ober- und Untersumme konvergieren gegen denselben Grenzwert,

$$\lim_{n\to\infty} S = \lim_{n\to\infty} s = \frac{2}{3} b^{\frac{3}{2}} \to \int\limits_0^b dx\, x^{\frac{1}{2}} = \frac{2}{3} b^{\frac{3}{2}}$$

Damit haben wir gezeigt, dass unsere Integraldefinition dasselbe Ergebnis liefert wie die bekannte Integrationsregel. Entsprechende Integrationsformeln können (durch Umkehrung) der Differenziationstabelle in Anhang B entnommen werden. □

Beim **Riemann-Integral** wird nicht die y-Achse, sondern die x-Achse in Teile zerlegt. Eine auf einem endlichen Intervall Riemann-integrierbare (also beschränkte) reelle Funktion ist immer auch Lebesgue-integrierbar mit gleichem Ergebnis. Das Lebesgue-Integral hat gegenüber dem Riemann-Integral den Vorteil, dass es auf allgemeinere Funktionen angewandt werden kann. Wenn zum Beispiel die Funktionswerte an einigen Punkten „verrückt“ spielen, ändert das nichts am Lebesgue-Integral, solange diese Punkte vom Maß null sind. Wir sprechen daher künftig nur mehr vom **Integral** und meinen – wenn nicht ausdrücklich anders erwähnt – das Lebesgue-Integral.

M.5.3 Kurz und klar: Dirichlet-Funktion

Hier bringen wir ein Beispiel für eine „pathologische“ Funktion, die nicht Riemann-integrabel aber dennoch Lebesgue-integrierbar ist! Die so genannte **Dirichlet-Funktion** ist für das Intervall $[0, 1]$ definiert und hat Funktionswert 0 oder 1, je nachdem ob das Argument eine irrationale oder eine rationale Zahl ist,

$$f(x) = \begin{cases} 0 & x \in \mathbb{I}\,, \\ 1 & x \in \mathbb{Q} \end{cases} \quad \text{für} \quad x \in [0, 1]\,. \tag{M.5.3.1}$$

Sie hat also beliebig viele Unstetigkeitsstellen, hat aber „fast überall“ den Wert 0. Wir wollen das Integral

$$\int\limits_0^1 dx\, f(x) \tag{M.5.3.2}$$

bestimmen.

Wir zerlegen den relevanten Funktionswertebereich mit der ausgezeichneten Zerlegungsfolge

$$y_0 = -\frac{1}{n}\,,\quad y_1 = \frac{1}{n}\,,\quad y_2 = \frac{2}{n} \cdots y_{n-2} = \frac{n-2}{n}\,,\quad y_{n-1} = \frac{n-1}{n}\,,\quad y_n = \frac{n+1}{n} \tag{M.5.3.3}$$

in n Intervalle. Wie man leicht sieht, sind von den entsprechenden $E_k = \{x, y_{k-1} \leq f(x) \leq y_k\}$ nur E_1 und E_n ungleich der leeren Menge, da sich ja keine Funktionswerte zwischen 0 und 1 befinden. Insbesondere gilt

$$E_1 = \mathbb{I} \Rightarrow \mu_1 = 1\,, \quad E_{2\ldots n-1} = \{\} \Rightarrow \mu_{2\ldots n-1} = 0\,, \quad E_n = \mathbb{Q} \Rightarrow \mu_n = 0\,. \tag{M.5.3.4}$$

Damit sind die Werte der Ober- und Untersumme

$$\begin{aligned} S &= \sum_{k=1}^{n} y_k\,\mu_k &&= \frac{1}{n} + 0 + 0 + \cdots &&= \frac{1}{n}\,, \\ s &= \sum_{k=1}^{n} y_{k-1}\,\mu_k &&= -\frac{1}{n} + 0 + 0 + \cdots &&= -\frac{1}{n}\,. \end{aligned} \tag{M.5.3.5}$$

Die beiden Grenzwerte für $n \to \infty$ existieren und stimmen miteinander überein, daher ist das Lebesgue-Integral

$$\lim_{n\to\infty} S = \lim_{n\to\infty} s = \int_0^1 dx\; f(x) = 0\,. \tag{M.5.3.6}$$

5.2 Integrationstechnik

Unser Ziel ist, Integrale über Flächen, Volumen und mehrdimensionale Räume zu besprechen. Dazu müssen wir uns aber erst die notwendigen Techniken erwerben, also sozusagen die Kletterhaken und das Seil für unsere Integrationstour. Dabei werden wir immer eindimensionale Integrale als Ausgangspunkt nehmen.

Praktisch können eindimensionale Integrale Verschiedenes bedeuten.

- Früher haben wir gesehen, dass $\int_a^b dx\; f(x)$ auch die Fläche bezeichnen kann, die von der Funktion, der x-Achse, sowie den beiden Grenzlinien $x = a$ und $x = b$ begrenzt wird.
- Es kann sich aber auch eine Integration entlang einer Kurve (zum Beispiel entlang eines Drahtes) handeln. Dann ist $\int_a^b ds = b - a$ die Länge, und im Integral $\int_a^b ds\; \rho(s)$ könnte der Integrand $\rho(s)$ eine Gewichtsfunktion (zum Beispiel die entlang des Drahtes veränderliche Materialdichte) bedeuten, und das Integral wäre dann die Masse des Drahtes.
- Wenn $f(t)$ den „Energieverbrauch" pro Zeiteinheit (die Leistung, gemessen in Watt oder Joule pro Sekunde) bezeichnet, so ist das Integral $\int_0^{86400} dt\; f(t)$ die in 24 Stunden

verbrauchte Energie (gemessen in Ws oder J); die Variable t wird dabei in Einheiten von Sekunden gezählt.

- Der in einer Stunde zurückgelegte Weg ist $\int_0^1 dt\ v(t)$, wenn $v(t)$ die jeweilige Geschwindigkeit zum Zeitpunkt t (hier in Stunden gezählt) bedeutet.
- Wenn wir einen drehsymmetrischen Körper betrachten und wenn $r(z)$ der jeweilige Radius bei der Höhe z ist, dann ist $\int_0^h dz\ r^2(z)\,\pi$ das Volumen des Körpers.

All dies sind Beispiele für eindimensionale Integrale.

5.2.1 Einfache Regeln

Man kann leicht die folgenden Integrationsregeln zeigen:

(a) $\int\limits_a^a dx\ f(x) = 0$

Einzelne Punkte, also auch die Randpunkte, sind für den Wert des Integrals nicht relevant!

(b) $\int\limits_a^b dx\ f(x) = -\int\limits_b^a dx\ f(x)$

Klar, es gilt ja $F(b) - F(a) = -(F(a) - F(b))$.

(c) $\int\limits_a^b dx\ f(x) + \int\limits_b^c dx\ f(x) = \int\limits_a^c dx\ f(x)$

Das Integrationsintervall kann also in geeignete Teilintervalle zerlegt werden. Das ist vor allem dann von Bedeutung, wenn der Integrand selbst stückweise gegeben ist.

(d) $\int\limits_a^b dx\ k\ f(x) = k \int\limits_a^b dx\ f(x)$

Multiplikative Konstante können vor das Integral gezogen werden.

(e) $\int\limits_a^b dx\ (f(x) + g(x)) = \int\limits_a^b dx\ f(x) + \int\limits_a^b dx\ g(x)$

Das Integral einer endlichen Summe ist gleich der Summe über die Integrale. Wie im Zusammenhang mit den unendlichen Reihen erwähnt wurde, gilt dies bei unendlichen Summen nicht immer; man muss in so einem Fall zusätzlich die gleichmäßige Konvergenz der Reihe zeigen (siehe M.1.7)!

Beispiel

Als Beispiel betrachten wir die Bahn eines Protons (Kern eines Wasserstoffatoms). Es wird während der Zeitspannen $0 < t < 1$ und $1 \leq t$ durch verschieden starke elektrische Felder beschleunigt, und seine Geschwindigkeit sei

$$\begin{aligned} v\,(t \leq 0) &= 1\,, \\ v(0 < t < 1) &= 1 + 2t\,, \\ v\,(1 \leq t) &= 1 + 2 + 3(t-1) = 3t\,. \end{aligned}$$

Welche Strecke x legt das Teilchen im Zeitraum von $t = 0$ bis $t = T$ zurück? Diese ist durch das Integral

$$x(T) = \int_0^T dt\; v(t)$$

gegeben. Da der Integrand stückweise gegeben ist, teilen wir das Integrationsintervall entsprechend Regel (c) geeignet auf. Anschließend verwenden wir Regeln (e) und (d), führen die Integrale auf Summen über Integralsummanden zurück und ziehen Konstante vor das Integral. Der Lösungsweg ist also

$$\begin{aligned} x(T) &= \int_0^T dt\; v(t) = \int_0^1 dt\; (1+2t) + \int_1^T dt\; 3t \\ &= \int_0^1 dt + 2\int_0^1 dt\; t + 3\int_1^T dt\; t = t\Big|_0^1 + 2\;\frac{t^2}{2}\Big|_0^1 + 3\;\frac{t^2}{2}\Big|_1^T \\ &= 1 + 1 + \frac{3}{2}T^2 - \frac{3}{2} = \frac{1}{2} + \frac{3}{2}T^2\,, \quad (T > 1)\,. \end{aligned}$$

Wir haben uns natürlich absichtlich tolpatschig gestellt und jeden Teilschritt einzeln ausgeführt und besprochen. Mit etwas Übung geht das schneller und eleganter. □

5.2.2 Transformation der Variablen

Salopp gesagt gibt es nur drei Methoden, ein Integral zu zu lösen: Variablentransformation, partielle Integration und nachsehen in einer Tabelle. Die erste Variante wollen wir jetzt besprechen.

Welchen Wert das nachstehende Integral hat, können wir leicht ermitteln.

$$\int_0^{\frac{\pi}{2}} dx\;\sin x = -\cos x\Big|_0^{\frac{\pi}{2}} = 1\,. \tag{5.15}$$

Welchen Wert hat aber das Integral

$$\int_0^{\frac{\pi}{2}} dx \ \sin(2x+1) \ ? \tag{5.16}$$

In so einem Fall bietet es sich an, durch eine Transformation auf eine neue Integrationsvariable überzugehen. Es wäre sicher einfacher, das Integral als Funktion von

$$y = 2x + 1 \tag{5.17}$$

zu berechnen, da dann im Integranden, bis auf etwaige multiplikative Konstante, nur $\sin y$ vorkäme. Natürlich muss man auch dx und die Integrationsgrenzen entsprechend transformieren. Es ergibt sich

$$\begin{aligned} y = 2x+1 \quad &\Rightarrow \quad \sin(2x+1) = \sin y \ , \\ x &= \frac{1}{2}(y-1) \ , \quad dx = \frac{\partial x}{\partial y}\, dy = \frac{1}{2}\, dy \ , \\ x_1 &= 0 \Rightarrow y_1 = 1 \ , \quad x_2 = \frac{\pi}{2} \ \Rightarrow \ y_2 = \pi + 1 \ , \end{aligned} \tag{5.18}$$

und unser Integral erhält die Form

$$\begin{aligned} \int_{x_1=0}^{x_2=\frac{\pi}{2}} dx \ \sin(2x+1) &= \left| \begin{array}{ccc} x & = & \frac{1}{2}(y-1) \\ dx & = & \frac{1}{2}\, dy \end{array} \right| = \frac{1}{2} \int_{y_1=1}^{y_2=\pi+1} dy \ \sin y \\ &= -\frac{1}{2} \cos y \Big|_1^{\pi+1} = -\frac{1}{2} \cos(1+\pi) + \frac{1}{2} \cos 1 = \cos 1 = 0.5403 \ldots \ . \end{aligned} \tag{5.19}$$

In dieser Rechnung haben wir gleich eine gebräuchliche, nicht verbindliche Schreibweise eingeführt: Die Substitution und die notwendigen Nebenrechnungen werden zwischen senkrechten Strichen an der entsprechenden Stelle der Formelentwicklung angegeben.

Die **Variablentransformation** (oft auch **Variablensubstitution** genannt) entspricht also der Regel

$$\int_a^b dx \ f(x) = \left| \begin{array}{ccc} u & = & u(x) \\ du & = & u'(x)\, dx \end{array} \right| = \int_{u(a)}^{u(b)} du \ \frac{f(x(u))}{u'(x(u))} \ . \tag{5.20}$$

Wir haben dabei rechts jeweils x durch u ausgedrückt. Die Transformation muss also zumindest im Inneren des Integrationsbereichs eindeutig sein: Jedem x-Wert muss genau ein Wert der neuen Variablen u entsprechen und umgekehrt. Das ist erfüllt, wenn $u(x)$ monoton in x ist, also im Integrationsbereich $u'(x) \neq 0$ gilt.

Mit solchen **Variablentransformationen** kann man Integrale vereinfachen. Wie aber findet man die beste Transformation? Darauf gibt es leider keine allgemein gültige Antwort – nur die Erfahrung hilft, ein „Fingerspitzengefühl“ zu entwickeln. Anfangs ist es günstig, zunächst plausibel scheinende, einfache Transformationen durchzuführen. Sukzessives Aneinanderreihen von solchen Teilschritten führt oft zum Ziel. Manchmal braucht es allerdings einen Geistesblitz. Integration ist eine Art Kunst.

Beispiel

Häufig können Integranden in geeignete trigonometrische Funktionen transformiert und so integriert werden. Ein klassisches Beispiel dafür ist das folgende Integral:

$$\begin{aligned}\int dx\, \frac{1}{\sqrt{1-x^2}} &= \left|\begin{matrix} x &=& \sin y \\ dx &=& \cos y\, dy \end{matrix}\right| = \int dy\, \frac{\cos y}{\sqrt{1-\sin^2 y}} \\ &= \int dy = y + \alpha = \arcsin x + \alpha\,.\end{aligned}$$

Da es sich um ein unbestimmtes Integral handelt, müssen wir eine additive Konstante vorsehen. Nach der Integration haben wir wieder auf die ursprüngliche Variable rücktransformiert. Die Lösung des Integrals wäre natürlich auch im Anhang B zu finden gewesen! □

Beispiel

Auch umgekehrt kann man sich oft das Leben erleichtern. Aus einem Integranden mit trigonometrischen Funktionen wird im folgenden Beispiel ein einfaches Polynom:

$$\begin{aligned}\int dx\, \cos x \sin^2 x &= \left|\begin{matrix} u &=& \sin x \\ du &=& \cos x\, dx \end{matrix}\right| = \int du\, u^2 \\ &= \frac{u^3}{3} + \alpha = \frac{\sin^3 x}{3} + \alpha\,.\end{aligned}$$

□

Wenn der Integrand eine rationale Funktion von trigonometrischen Funktionen ist, gibt es eine nützliche Substitution. Man kann die vier trigonometrischen Funktionen durch eine ausdrücken:

$$\begin{aligned} t \equiv \tan\tfrac{x}{2} \quad \Rightarrow \quad \sin x &= \frac{2t}{1+t^2}\,, \qquad \cos x = \frac{1-t^2}{1+t^2}\,, \\ \tan x &= \frac{2t}{1-t^2}\,, \qquad \cot x = \frac{1-t^2}{2t}\,, \end{aligned} \tag{5.21}$$

$$dx = dt\frac{2}{1+t^2} ,$$

und so die Integration erleichtern.

Beispiel

Wir berechnen mittels der eben besprochenen Substitution das unbestimmte Integral

$$\int \frac{dx}{\sin x} = \int \frac{dt}{t} = \log|t| + \alpha = \log\left|\tan\frac{x}{2}\right| + \alpha . \qquad \square$$

M.5.4 Kurz und klar: Variablentransformation

Wir formulieren das Verfahren der **Variablentransformation** (oft auch **Variablensubstitution** genannt) allgemein. Bei manchen Integralen,

$$\int_{x_1}^{x_2} dx\ f(x) , \tag{M.5.4.1}$$

kann der Übergang auf neue Variablen zweckmäßig erscheinen. Die beabsichtigte Transformation auf die neue Variable t habe die Form

$$x = g(t) \tag{M.5.4.2}$$

und sei im Inneren des Integrationsbereichs umkehrbar, $t = g^{-1}(x)$. Dazu ist es notwendig, dass dort $g'(t) \neq 0$ gilt. Es folgen die Beziehungen

$$\begin{aligned} dx &= g'(t)dt , \\ x_1 &= g(t_1) \Rightarrow t_1 = g^{-1}(x_1) , \\ x_2 &= g(t_2) \Rightarrow t_2 = g^{-1}(x_2) , \\ f(x) &= f(g(t)) , \\ \int_{x_1}^{x_2} dx\ f(x) &= \int_{t_1}^{t_2} dt\ g'(t)\ f(g(t)). \end{aligned} \tag{M.5.4.3}$$

Wenn die Transformation gut gewählt war, so sollte die neue Form des Integrals einfacher als die alte sein.

Gleichwertig ist folgende Vorgangsweise:

$$\begin{aligned} t &= h(x)\,, \\ dt &= h'(x)\,dx\,, \\ t_1 &= h(x_1)\,, \\ t_2 &= h(x_2)\,, \\ \int_{x_1}^{x_2} dx\ f(x) &= \int_{t_1}^{t_2} dt\ \frac{f(x = h^{-1}(t))}{h'(x = h^{-1}(t))}\,. \end{aligned} \qquad \text{(M.5.4.4)}$$

Ein Vergleich mit (M.5.4.3) zeigt, dass $h(x) \equiv g^{-1}(x)$ ist, sowie wegen (4.16) auch

$$\left(\frac{d}{dx} h(x = h^{-1}(t))\right)^{-1} = g'(t)\,. \qquad \text{(M.5.4.5)}$$

5.2.3 Partielle Integration

Neben der Variablentransformation ist die **partielle Integration** die wichtigste Methode, Integrale zu lösen oder auf einfachere Formen zurückzuführen. Sie geht auf die (Leibniz-) Produktregel der Differenziation zurück. Um das Verfahren zu verstehen, betrachten wir zunächst das Differenzial

$$d(u\,v) = u\,dv + v\,du \;\Rightarrow\; u\,dv = d(u\,v) - v\,du\,. \qquad (5.22)$$

Integration ergibt

$$\int_a^b dv\ u = \int_a^b d(u\,v) - \int_a^b du\ v = u\,v\,\Big|_a^b - \int_a^b du\ v\,. \qquad (5.23)$$

Mit

$$u = f(x)\,, \quad du = f'(x)\,dx\,, \quad v = g(x)\,, \quad dv = g'(x)\,dx \qquad (5.24)$$

wird daraus eine handliche Integrationsregel,

$$\int_a^b dx\ f(x)\,g'(x) = f(x)\,g(x)\,\Big|_a^b - \int_a^b dx\ f'(x)\,g(x)\,. \qquad (5.25)$$

Die „künstlerische" Komponente besteht bei diesem Verfahren in der geschickten Aufteilung des Integranden auf die beiden Komponenten $f(x)$ und $g'(x)$. Natürlich sollte das

Integral auf der rechten Seite einfacher als das Ausgangsintegral sein, damit das Verfahren sinnvoll ist. Man kann das Integral auch weiter mit partieller Integration bearbeiten. Dann sollte man sich allerdings vor einer verbreiteten Sackgasse hüten: Wenn man „$f(x)$" und „$g'(x)$" ungünstig wählt (nämlich als g und f' im obigen Fall), so erhält man wieder das ursprüngliche Integral.

Vor allem Produkte aus einem Polynom und einer für sich allein integrierbaren Funktion kann man durch partielle Integration leicht vereinfachen.

Beispiel

So ergibt sich für das Integral

$$\int_a^b dx\ x \cos x$$

mit der Wahl

$$f(x) = x\ , \quad g'(x) = \cos x \ \Rightarrow \ g(x) = \sin x$$

der Lösungsweg

$$\begin{aligned}\int_a^b dx\ x \cos x &= \int_a^b dx\ x\,(\sin x)' = x\ \sin x|_a^b - \int_a^b dx\ \sin x \\ &= (x\ \sin x + \cos x)|_a^b\ .\end{aligned}$$

□

Beispiel

Ein anderes Beispiel, bei dem man die iterativen Eigenschaften der Methode leicht erkennt, ist

$$\begin{aligned}\int dx\ x^2 e^{-x} &= \int dx\ x^2\,(-e^{-x})' = -x^2\,e^{-x} - \int dx\ (x^2)'\,(-e^{-x}) \\ &= -x^2\,e^{-x} + 2\int dx\ x\,e^{-x} = -x^2\,e^{-x} + 2\int dx\ x\,(-e^{-x})' \\ &= -x^2\,e^{-x} + 2\left(-x\,e^{-x} - \int dx\ (x)'\,(-e^{-x})\right) \\ &= -x^2\,e^{-x} - 2\,x\,e^{-x} + 2\int dx\ e^{-x} \\ &= -x^2\,e^{-x} - 2\,x\,e^{-x} - 2\,e^{-x} = -(x^2 + 2\,x + 2)\,e^{-x} + \alpha\ .\end{aligned}$$

Wir haben dabei zweimal partiell integriert. □

Abb. 5.3 Skizze zur Integration über $\sin^2 x$. Wegen $\sin^2 x + \cos^2 x = 1$ stimmen die grauen und die weißen Flächenstücke überein

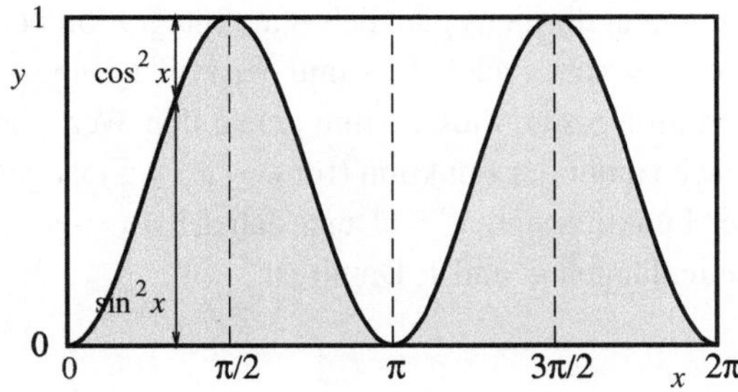

Beispiel

Ebenfalls zum Standardrepertoire gehört das folgende Integral. Mittels partieller Integration formen wir es zuerst um,

$$\begin{aligned}\int_a^b dx\ \sin^2 x &= \int_a^b dx\ \sin x\,(-\cos x)' \\ &= -\sin x\ \cos x\Big|_a^b - \int_a^b dx\ (\sin x)'\,(-\cos x) \\ &= -\sin x\ \cos x\Big|_a^b + \int_a^b dx\ \cos^2 x\ .\end{aligned}$$

Das sieht allerdings nach einem Dilemma aus, da das neue Integral nicht einfacher als das alte ist! Nun kommt der Trick: Man drückt $\cos^2 x$ wieder durch $\sin^2 x$ aus,

$$\int_a^b dx\ \sin^2 x = -\sin x\ \cos x\Big|_a^b + \int_a^b dx - \int_a^b dx\ \sin^2 x\ .$$

Wenn wir das Integral nun auf die linke Seite bringen und durch 2 teilen, erhalten wir das Ergebnis

$$\int_a^b dx\ \sin^2 x = \frac{1}{2}\,(x - \sin x\ \cos x)\Big|_a^b\ .$$

Das sieht wie ein Taschenspielertrick aus: Wir haben immer nur partiell integriert und dennoch das Integral bestimmt! □

Das bestimmte Integral

$$\int_0^{\frac{\pi}{2}} dx\ \sin^2 x \tag{5.26}$$

kann man übrigens gänzlich ohne Integration berechnen. In Abb. 5.3 ist neben der Funktion $y = \sin^2 x$ auch die Linie bei $y = 1$ eingezeichnet. Offenbar hat die Distanz von der Funktion bis zu dieser Linie genau den Wert $\cos^2 x$, da ja $1 - \sin^2 x = \cos^2 x$ gilt. Die Fläche unter der Funktion (für $0 \le x \le \frac{\pi}{2}$) ist genau gleich groß wie die Fläche zwischen der Funktion und $y = 1$ und daher halb so groß wie die Fläche des Rechtecks mit den Seitenlängen $\frac{\pi}{2}$ und 1. Damit ist

$$\int_0^{\frac{\pi}{2}} dx \, \sin^2 x \equiv \int_0^{\frac{\pi}{2}} dx \, \cos^2 x = \frac{\pi}{4} \,. \tag{5.27}$$

Das stimmt natürlich mit dem Ergebnis des bestimmten Integrals im Beispiel überein.

C.5.1 … und auf dem Computer: Numerische Integration

Bei der numerischen Integration (auch numerische Quadratur genannt) soll der Zahlenwert eines bestimmten Integrals ermittelt werden. Wir wollen annehmen, dass man die Funktionswerte an beliebigen Stützstellen berechnen kann. Wie bei der Differenziation kann man sich vorstellen, dass der Integrand zuerst stückweise durch ein Polynom interpoliert wird, welches leicht analytisch integriert werden kann. Das Ergebnis ist immer eine Summe über geeignet gewichtete Funktionswerte,

$$\int_a^b dx \; f(x) \approx \sum_i f(x_i)\, q_i \,. \tag{C.5.1.1}$$

Die Art und Anzahl der Stützstellen x_i und Gewichtsfaktoren q_i hängen von der Art der Polynome und vom Interpolationsverfahren ab. Das Ziel ist, mit möglichst wenigen Stützstellen ein möglichst genaues Ergebnis zu erzielen. Wir betrachten hier zunächst nur Integrationsformeln mit äquidistanten Stützstellen: $x_{i+1} - x_i \equiv h$, $f(x_i) \equiv f_i$.

Die Lagrangesche Interpolationsformel, die wir in Kap. 1 besprochen haben, führt zu den so genannten **Newton-Cotes-Formeln**. Die einfachsten und bekanntesten Regeln ergeben sich aus der linearen Interpolation (**Trapezregel**)

$$\int_{a=x_1}^{b=x_2} dx \; f(x) = \frac{h}{2}(f_1 + f_2) + \mathcal{O}(h^3 f'') \tag{C.5.1.2}$$

und der quadratischen Interpolation (**Keplersche Fassregel** oder **Simpson-Formel**)

$$\int_{a=x_1}^{b=x_3} dx \; f(x) = \frac{h}{3}(f_1 + 4f_2 + f_3) + \mathcal{O}(h^5 f^{(4)}) \,. \tag{C.5.1.3}$$

Der Fehler ist also proportional zu einer Potenz des Stützstellenabstands und einer Ableitung der Funktion im betrachteten Integrationsbereich (vgl. Abb. 5.4).

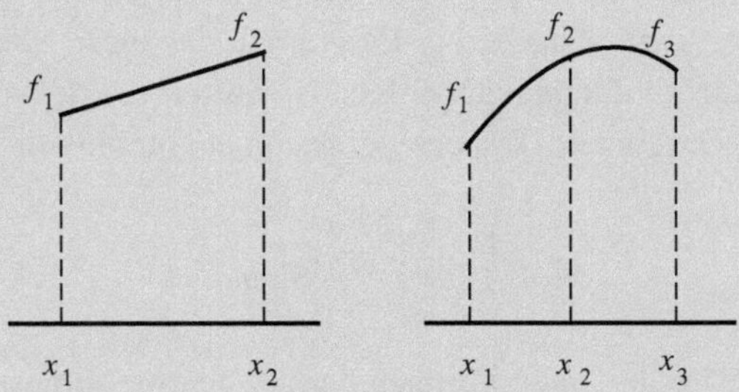

Abb. 5.4 Trapezregel und Simpson-Regel zur numerischen Integration

Die Trapezregel integriert eine lineare Funktion exakt, die Simpson-Regel ein kubisches Polynom. Beide Verfahren sind „schöne Museumsstücke" [3]. Man kann natürlich Integrationsformeln noch höherer Ordnung ableiten – wie bei der Interpolation sind sie aber nicht unbedingt effizienter. Statt dessen zerlegt man den Integrationsbereich in Teilstücke und erhält „erweiterte" (auch „summierte" oder „zusammengesetzte") Regeln. Die „erweiterte" Trapezregel lautet

$$\int_{a=x_1}^{b=x_n} dx\ f(x) = h\,(\frac{1}{2} f_1 + f_2 + \cdots + f_{n-1} + \frac{1}{2} f_n) + \mathcal{O}\left(\frac{1}{n^2}(b-a)^3 f''\right) . \tag{C.5.1.4}$$

Die „erweiterte" Simpson-Regel ist

$$\begin{aligned}\int_{a=x_1}^{b=x_n} dx\ f(x) = \ & \frac{h}{3}(f_1 + 4 f_2 + 2 f_3 + 4 f_4 + \cdots \\ & + 2 f_{n-2} + 4 f_{n-1} + f_n) + \mathcal{O}\left(\frac{1}{n^4}(b-a)^5 f^{(4)}\right) .\end{aligned} \tag{C.5.1.5}$$

Beim Einbau der (sehr einfachen) erweiterten Trapezregel in ein Programm empfiehlt es sich, stufenweise vorzugehen. In Stufe 1 wird das ganze Integrationsintervall als Trapez integriert ($a = x_1$, $b = x_2$), und wir nennen das Ergebnis A_1. In Stufe 2 wird das Intervall geteilt und jedes der beiden Teilstücke mit Hilfe der Trapezregel integriert mit der Summe A_2. In Stufe 3 gibt es 4 Teilstücke und so geht es weiter. Bei jeder Stufe verdoppelt sich die Zahl der Stützstellen (vgl. Abb. 5.5). Man kann das entsprechende Unterprogramm so schreiben, dass die Funktionswerte nur an den jeweils neu dazukommenden Stützstellen berechnet werden müssen (vgl. [3]).

Aus der Konvergenz der Ergebnisse jeder Stufe, A_n, kann man erkennen, wie gut der Integralwert ist. Als Abbruchskriterium könnte man etwa fordern, dass sich das Resultat zweier aufeinander folgender Stufen höchstens um ein ϵ ändern darf, $|A_{n+1}/A_n - 1| < \epsilon$. Schreiben Sie ein Programm, das diese Methode verwendet. Wenn man die Resultate aufeinander folgender Stufen bei der hier besprochenen Implementation der erweiterten Trapezregel geeignet kombiniert,

$$\frac{4}{3}A_n - \frac{1}{3}A_{n-1} = A_{\text{Simpson},n}\,, \qquad \text{(C.5.1.6)}$$

so erhält man den Wert des Integrals nach der erweiterten Simpson-Formel. Diese Folge sollte noch besser gegen das richtige Ergebnis konvergieren. Modifizieren Sie Ihr Programm für die numerische Interpolation entsprechend.

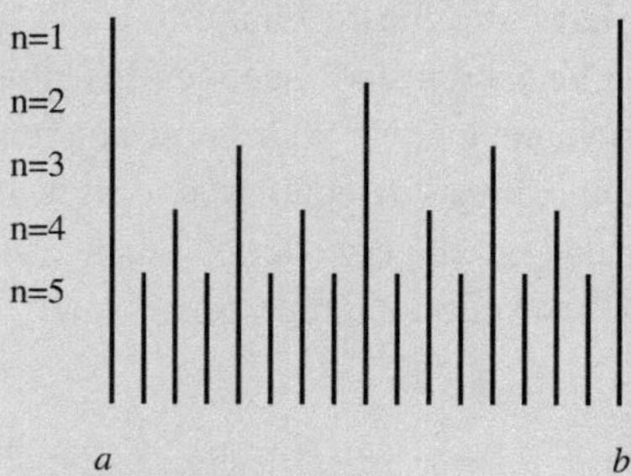

Abb. 5.5 Stützstellen für die erweiterte Trapezregel; die Zahl wird stufenweise (n) verdoppelt

Berechnen Sie mit Hilfe Ihres Programms

1. den Umfang eines Kreises,
2. den Umfang einer Ellipse (Hauptachsen $a = 2$, $b = 1.5$),
3. die Länge der Bahnkurve $y = 1/x$ zwischen $x = 0.1$ und $x = 10$.

Beachten Sie bei der Berechnung der Bogenlänge, dass die verwendete Ableitung im Integrationsbereich nicht singulär werden darf. Durch geeignete Wahl des Integrationsbereichs und Wechsel von der Integration über dx zur Integration über dy kann man diese Probleme umgehen.

Einige Anmerkungen sind angebracht:

- Eine Integration über Bereiche wie (a, ∞) kann durch eine geeignete Variablentransformation auf eine über einen endlichen Bereich umgeformt werden.

- Wenn der Integrand am Randpunkt eine unbestimmte Form ist oder gar eine integrierbare Singularität (wie etwa $1/\sqrt{x}$ bei $a = x = 0$) hat, so empfiehlt sich der Einsatz einer „offenen" Integrationsformel, bei der die Funktionswerte am Rand nicht benötigt werden.

Die **Romberg-Integration** (vgl. [4]) verbessert das hier besprochene Verfahren erheblich durch weitere Kombination der A_n. Bei freier Wahl der Stützstellen und bei Kenntnis bestimmter Eigenschaften des Integranden können Integrationsformeln wie etwa die Gaußsche Quadratur wesentliche Verbesserungen bringen (siehe auch C.17.1). Diese Verfahren beruhen auf dem Einsatz orthogonaler Polynome (vgl. Kap. 12) und angepasster Fehlerkontrolle. Dort, wo der Integrand stark variiert, werden viele Stützstellen berechnet, sonst nur wenige. Mehr über numerische Integration finden Sie zum Beispiel in [3, 4].

5.2.4 Systematische Verfahren

Manche Integrale kann man durch bekannte, einfache Funktionen ausdrücken. Wenn das möglich ist, nennen wir das Integral „analytisch" oder auch „geschlossen" integrierbar. Oft ist das Ergebnis aber eine unendliche Reihe oder eben ein Zahlenwert, und auch das muss für die weiteren Rechnungen ausreichen. Geschlossene Integrationsergebnisse haben einen gewissen ästhetischen Reiz, aber man muss oft auch ohne sie auskommen. Einige Typen von Integralen kann man auf jeden Fall geschlossen integrieren, und um diese geht es nun.

Zunächst ist an dieser Stelle ein allgemeiner Hinweis zur Integration von trigonometrischen Funktionen am Platz. So sehr es einen vielleicht befriedigt, ein Produkt aus Winkelfunktionen und Polynomen durch geschickte Variablentransformation oder partielle Integration gelöst zu haben: Oft gibt es einen groben, aber einfacheren Weg. Wir erinnern uns daran, dass trigonometrische Funktionen durch Exponentialfunktionen ausgedrückt werden können (Kap. 2 und Anhang B). So kann ein Ausdruck wie etwa

$$(x^2 - x + 2)\,(\sin x)^2\,\cosh 3\,x \tag{5.28}$$

sofort als Kombination von Termen der Form $x^n\,\mathrm{e}^{ax}$ geschrieben werden, die alle leicht integrierbar sind!

Ein anderes Verfahren führt ebenfalls auf eine Zerlegung des Integranden in einfachere Funktionen. Wenn die zu integrierende Funktion eine rationale Funktion, also ein Bruch von zwei Polynomen $\frac{P(x)}{Q(x)}$ ist, so hilft einem die **Partialbruchzerlegung**. Wie im Anhang B beschrieben, ist das eine Zerlegung der rationalen Funktion in eine Summe von einfachen Termen der Form

$$\frac{a}{(x-x_0)^n}\,, \quad \frac{b\,x+c}{(x^2+p\,x+q)^n}\,, \quad \left(q>\frac{p^2}{4}\right)\,. \tag{5.29}$$

Der erste Integraltyp lässt sich durch die Variablensubstitution

$$y = x - x_0 \;\Rightarrow\; dx = dy \tag{5.30}$$

vereinfachen und lösen. Beim zweiten Integraltyp lässt sich das Integral für $n = 1$ durch geeignete Variablentransformation, wie etwa $y = x + \frac{p}{2}$, berechnen. Man erhält schließlich

$$\begin{aligned}\int dx\,\frac{a}{(x-x_0)^n} &= \begin{cases}\dfrac{a}{1-n}\,(x-x_0)^{1-n} & \text{für} \quad n \neq 1\,,\\ a\,\ln(x-x_0) & \text{für} \quad n = 1\,,\end{cases}\\ \int dx\,\frac{b\,x+c}{(x^2+p\,x+q)} &= \frac{b}{2}\,\ln(x^2+p\,x+q) + \frac{2\left(c-\frac{b\,p}{2}\right)}{\sqrt{4q-p^2}}\,\arctan\frac{2\left(x+\frac{p}{2}\right)}{\sqrt{4q-p^2}}\,.\end{aligned} \tag{5.31}$$

Das zweite Integral haben wir nur für $n = 1$ angegeben; das Ergebnis für andere Werte von n kann mit der Beziehung

$$\int dx\,\frac{b\,x+c}{(x^2+px+q)^n} = \frac{1}{1-n}\,\frac{\partial}{\partial q}\int dx\,\frac{b\,x+c}{(x^2+p\,x+q)^{n-1}}\,, \quad (n>1) \tag{5.32}$$

bestimmt werden, die sich durch partielle Ableitung nach dem Parameter q ergibt. (Die Regeln zur partiellen Ableitung von Integralen werden in Abschn. 5.3 noch genauer besprochen.)

Beispiel

Wir wollen kurz ein Beispiel zu diesem Verfahren diskutieren. Der Integrand

$$\frac{1+3\,x+3\,x^2}{1+2\,x+2\,x^2+x^3}$$

kann mittels Partialbruchzerlegung wie folgt geschrieben werden:

$$\frac{1}{1+x} + \frac{2\,x}{1+x+x^2}\,.$$

Daher ist

$$\int dx\,\frac{1+3\,x+3\,x^3}{1+2\,x+2\,x^2+x^3} = \ln(1+x) + \ln\left(1+x+x^2\right) - \frac{2}{\sqrt{3}}\,\arctan\left(\frac{1+2\,x}{\sqrt{3}}\right)\,.$$

□

Es gibt ein Verfahren, um analytisch integrierbare Ausdrücke systematisch solange zu zerlegen und umzuformen, bis sie eben vollständig integriert sind. Dieses von **Risch** vorgeschlagene Verfahren wird von so genannten „algebraischen" Computerprogrammen verwendet. In der Praxis werden Sie „einfache" Integrale mit Kopf und Hand lösen, schwierigere in Tabellen suchen oder mit Hilfe von Computerprogrammen wie MAPLE oder MATHEMATICA [5] bestimmen. Mit der Verfügbarkeit von Computern wird dieser Zugang ständig attraktiver. Tatsächlich wurden die bisher hauptsächlich verwendeten Tabellenwerke in den letzten Jahren mit Hilfe solcher Computerprogramme überprüft, und es wurden zahlreiche Fehler entdeckt.

Neben den unbestimmten Integralen, bei denen analytische Resultate gesucht sind, kommen natürlich in der Anwendung häufig bestimmte Integrale vor. Wenn man nur am Zahlenwert solch eines Integrals interessiert ist, dann kann man das Integral auch mit numerischen Verfahren berechnen. Zu beachten ist dabei allerdings, dass numerische Ergebnisse eben auch nur eine Genauigkeit von endlich vielen Dezimalstellen haben. Zwei Integrale können also numerisch gleich sein, sich aber in Wirklichkeit unterscheiden, solange nur der Unterschied kleiner als die Rechengenauigkeit ist.

5.2.5 Integration entlang einer Kurve

Bisher war der Integrationsweg einfach: entlang der reellen Achse. Häufig stellt sich aber die Frage nach der Bogenlänge einer Kurve, zum Beispiel nach dem Umfang eines Kreises. In der Vektoranalysis (Kap. 7) und Funktionentheorie (Kap. 19) werden die so genannten Linienintegrale behandelt, bei denen man Funktionen entlang bestimmter Kurven in der Ebene oder gar im Raum integriert. Mit unseren Kenntnissen können wir solche Problemstellungen schon behandeln.

Wir wollen die Länge eines bestimmten Bogens zwischen $x = 0$ und $x = 2$ berechnen. Die Form des Bogens sei durch

$$y = \sqrt{4 - x^2} \tag{5.33}$$

gegeben, es handelt sich also um einen Viertelkreis mit Radius 2. Das Differenzial des Tangentenabschnitts ds ist die lineare Näherung für die Differenz der Bogenlänge (die Abweichung ist von höherer Ordnung). Dank Pythagoras (Abb. 5.6) kennen wir die Beziehung zu den Differenzialen dx und dy. Es gilt

$$(ds)^2 = (dx)^2 + (dy)^2 \tag{5.34}$$

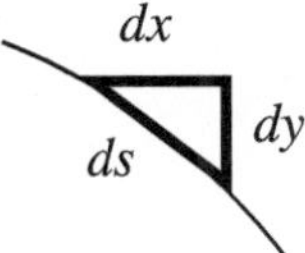

Abb. 5.6 Das Differenzial ds der Bogenlänge

und daher

$$ds = \sqrt{(dx)^2 + (dy)^2} = \sqrt{1 + \left(\frac{dy}{dx}\right)^2}\, dx = \sqrt{1 + \left(\frac{dx}{dy}\right)^2}\, dy\,. \qquad (5.35)$$

Wir können die Integration über ds also auf eine Integration über dx oder dy zurückführen, je nachdem welche der beiden Variablen uns geeigneter erscheint. Punkte, an denen $\frac{dy}{dx}$ unbeschränkt ist, sollten bei Wahl von x als Integrationsvariable nicht vorkommen, und Entsprechendes gilt für y. In manchen Fällen kann es daher günstig sein, die Integration in entsprechende Teilstücke zu zerlegen, für die jeweils andere Integrationsvariablen gewählt werden.

Doch zurück zu unserem Problem. Wir wählen x als Integrationsvariable und finden

$$\frac{dy}{dx} = \frac{1}{2}\frac{-2x}{\sqrt{4-x^2}}\,, \qquad ds = \sqrt{1 + \frac{x^2}{4-x^2}}\, dx = \sqrt{\frac{4}{4-x^2}}\, dx\,. \qquad (5.36)$$

Wir bezeichnen den Integrationsverlauf entlang des Bogens mit C und erhalten

$$\begin{aligned} S &= \int_C ds = \int_{x=0}^{x=2} dx\, \sqrt{\frac{4}{4-x^2}} = \left| \begin{array}{c} x = 2\sin t \\ dx = 2\cos t\, dt \end{array} \right| \\ &= \int_{t=0}^{t=\frac{\pi}{2}} dt\, \sqrt{\frac{4}{4-4\sin^2 t}}\, 2\cos t = 2\int_0^{\frac{\pi}{2}} dt = \pi\,, \end{aligned} \qquad (5.37)$$

also genau ein Viertel des Umfangs eines Kreises mit $r = 2$. Wir haben dabei berücksichtigt, dass im Integrationsbereich $\sqrt{1-\sin^2 t} = \cos t$ gilt. Analog berechnet man Integrale von Funktionen entlang des Bogens.

Beispiel

Wir bestimmen die Masse eines Drahtes der oben gegebenen Form, aber mit variierender Massendichte

$$\rho\left(x, y = \sqrt{4-x^2}\right) = 1 + x\,.$$

Die Gesamtmasse des Bogens ist

$$\begin{aligned} M &= \int_C ds\, \rho(x, y(x)) = \int_{x=0}^{x=2} dx\, (1+x)\sqrt{\frac{4}{4-x^2}} \\ &= \pi + 4\int_{t=0}^{t=\frac{\pi}{2}} dt\, \sin t = \pi - 4\cos t \Big|_{t=0}^{t=\frac{\pi}{2}} = \pi + 4\,, \end{aligned}$$

wobei wir dieselbe Variablensubstitution wie in (5.37) verwendet haben. □

Wenn die Kurve in Parameterdarstellung $(x(t), y(t))$ gegeben ist, dann vereinfacht sich die Rechnung häufig erheblich.

$$ds = \sqrt{(dx)^2 + (dy)^2} = \sqrt{\left(\frac{dx}{dt}\right)^2 + \left(\frac{dy}{dt}\right)^2}\, dt\ . \tag{5.38}$$

Das Differenzial der Bogenlänge ist dem des Parameters proportional.

Beispiel

Das Beispiel der Bestimmung der Viertelkreislänge von vorhin könnte man auch folgendermaßen formulieren. Es ist die Kurve in Parameterdarstellung durch

$$x(t) = 2\sin t\ , \quad y(t) = 2\cos t\ , \quad 0 \le t \le \frac{\pi}{2}$$

gegeben. Das Differenzial der Bogenlänge ist

$$ds = \sqrt{\left(\frac{dx}{dt}\right)^2 + \left(\frac{dy}{dt}\right)^2}\, dt = \sqrt{4\,(\cos t)^2 + 4\,(\sin t)^2}\, dt = 2\, dt\ .$$

Damit wird das Integral der Bogenlänge

$$S = \int\limits_C ds = 2 \int\limits_{t=0}^{t=\frac{\pi}{2}} dt = \pi\ .$$

□

5.2.6 Uneigentliche Integrale

Was unternimmt man, wenn eine oder beide Integrationsgrenzen unendlich sind? Solche Integrale nennt man **uneigentliche Integrale**. Wann immer eine geschlossene Form (also die Stammfunktion) bekannt ist, ist die Situation einfach. Man muss dann einfach diese Funktion an den Grenzen ermitteln, und sofern sie endlich ist, erhält man das Ergebnis der Integration. Das folgende Integral hat ein endliches Ergebnis:

$$\int\limits_1^\infty dx\, \frac{1}{x^2} = -\frac{1}{x}\bigg|_1^\infty = 0 - (-1) = 1\ . \tag{5.39}$$

Oft hilft auch eine geeignete Variablentransformation, mit der man den Integrationsbereich auf ein endliches Intervall abbilden kann. Die Substitution

$$y = \frac{x}{x+a} \quad \Leftrightarrow \quad x = \frac{a\,y}{1-y}\ , \quad a > 0 \tag{5.40}$$

bildet $0 \le x < \infty$ auf das Intervall $0 \le y < 1$ ab.

Beispiel

Das nachstehende, uneigentliche Integral wird durch Substitution zu einem eigentlichen Integral:

$$\int_1^\infty dx\, \frac{e^{-\frac{x}{1+x}}}{(1+x)^2} = \left| \begin{array}{rcl} y & = & \dfrac{x}{1+x} \\ dy & = & \dfrac{1}{(1+x)^2}\, dx \end{array} \right| = \int_{\frac{1}{2}}^{1} dy\; e^{-y} = e^{-\frac{1}{2}} - e^{-1} . \qquad \square$$

Eine geeignete Transformation des Integrationsbereichs erlaubt meist auch die numerische Integration, sofern ein endliches Integral überhaupt existiert.

Uneigentliche Integrale sind ein Schwachpunkt der Definition des Lebesgue-Integrals. Es gibt reelle Funktionen, deren uneigentliches Riemann-Integral existiert, nicht aber das Lebesgue-Integral. Nichtnegative und uneigentlich Riemann-integrierbare Funktionen sind allerdings immer Lebesgue-integrierbar (vgl. [6]).

Um uneigentliche Integrale zu berechnen, sind oft auch Techniken der Funktionentheorie nützlich, wie wir sie in Kap. 19 besprechen. Viele oszillierende Funktionen, wie zum Beispiel $\exp(i\,x^2)$, haben ein endliches uneigentliches Integral. Um das zu zeigen, braucht man den Cauchyschen Integralsatz der Funktionentheorie. (Auch die Integration über Stellen, an denen eine Funktion unbeschränkt ist, kann in manchen Fällen mit Hilfe des in der Funktionentheorie besprochenen Hauptwertintegrals ausgeführt werden.)

Über uneigentliche Integrale sind auch Integraltransformationen wie etwa die Laplace-Transformation und die Fouriertransformation definiert. Diese stellen einen Zusammenhang zur so genannten Deltafunktion - besser: Delta-Distribution - dar. Dieser Themenkreis wird in Kap. 15 diskutiert.

5.3 Differenziation von Integralen

Wir haben am Beginn dieses Kapitels das Integral als Umkehrung der Differenziation kennen gelernt. Wir wollen noch einmal zu diesem Thema zurückkehren, um so schließlich auch das Integral differenzieren zu können.

Es ist

$$F(x) = \int_a^x dt\; f(t) + F(a) . \tag{5.41}$$

Wir wollen $F(x)$ nach der bekannten Definition (4.7) nach x ableiten:

$$\frac{d}{dx} F(x) = \lim_{\Delta x \to 0} \frac{F(x + \Delta x) - F(x)}{\Delta x}$$

$$= \lim_{\Delta x \to 0} \frac{1}{\Delta x} \left[\int\limits_a^{x+\Delta x} dt \ f(t) - \int\limits_a^x dt \ f(t) \right] \tag{5.42}$$

$$= \lim_{\Delta x \to 0} \frac{1}{\Delta x} \int\limits_x^{x+\Delta x} dt \ f(t) \ .$$

Da der Integrand nur im Integrationsintervall beiträgt, kann man das Ergebnis des Integrals (nach dem Mittelwertsatz der Integralrechnung, vgl. M.5.5) als Produkt $f(x + h\,\Delta x)\,\Delta x$ schreiben, wobei der Wert von h zwischen 0 und 1 liegen kann. Der Integrand muss dazu stetig sein; das ist gleichzeitig die Bedingung für die Bildung der Ableitung des Integrals!

Damit wird

$$\frac{d}{dx} F(x) = \lim_{\Delta x \to 0} \frac{f(x + h\,\Delta x)\,\Delta x}{\Delta x} = \lim_{\Delta x \to 0} f(x + h\,\Delta x) = f(x) \ , \tag{5.43}$$

wie erwartet. Man sieht sofort, dass

$$\frac{d}{dx} \int\limits_x^a dt \ f(t) = -f(x) \tag{5.44}$$

gilt. Ableitungen von Integralen nach ihren Grenzen sind also einfach; man erhält den Wert des Integranden an der entsprechenden Grenze mit zugehörigem Vorzeichen.

Beispiel

Damit wird

$$\frac{d}{dx} \int\limits_{\frac{\pi}{4}}^x dt \ \sin t = \sin x \ .$$

Wir überprüfen dieses Ergebnis durch die explizite Rechnung:

$$\int\limits_{\frac{\pi}{4}}^x dt \ \sin t = -\cos t \Big|_{\frac{\pi}{4}}^x = -\cos x + \cos \frac{\pi}{4} \ ,$$

$$\frac{d}{dx} \left(-\cos x + \cos \frac{\pi}{4} \right) = \sin x \ .$$

Unsere Differenziationsregel hat also das richtige Ergebnis geliefert. □

Wenn die Grenzen des Integrals Funktionen der Variablen sind, nach denen man ableiten will, so leitet man zuerst nach der Integrationsgrenze ab, dann diese Funktion nach der

Variablen. Das entspricht der Aufteilung der Ableitung in zwei Stufen,

$$\frac{d}{dx}\int\limits_a^{v(x)} dt\ f(t) = \frac{d}{dx}F(v(x)) = \frac{\partial F}{\partial v}\frac{dv(x)}{dx} = f(v(x))\,\frac{dv(x)}{dx}\,. \tag{5.45}$$

Beispiel

Mit dieser Vorschrift ergibt sich

$$\frac{d}{dx}\int\limits_0^{\sqrt[3]{x}} dt\ t^2 = \left(\sqrt[3]{x}\right)^2\,\frac{1}{3}\,x^{-\frac{2}{3}} = \frac{1}{3}\,,$$

wie man leicht durch explizite Integration und anschließende Ableitung überprüfen kann. □

Es kann vorkommen, dass der Integrand neben der Integrationsvariablen noch andere Variablen hat. Das Integral ist in so einem Fall eine Funktion dieser Variablen und kann nach ihnen abgeleitet werden. Es gilt

$$\frac{d}{dx}\int\limits_a^b dt\ f(x,t) = \int\limits_a^b dt\ \frac{\partial f(x,t)}{\partial x}\,, \tag{5.46}$$

sofern bestimmte Bedingungen (f in x und t stetig differenzierbar) erfüllt sind. Man kann also „in das Integral hinein differenzieren".

Das führt zu einem eleganten Verfahren, um ganze Klassen von Integralen aus der Kenntnis eines Integrals zu bestimmen. Nehmen wir als Beispiel das Integral

$$A_n(x) \equiv \int\limits_0^\infty dt\ t^n \mathrm{e}^{-x t^2}\,, \quad x > 0,\ n \text{ ungerade.} \tag{5.47}$$

Es kann durch Ableitung nach x aus dem Integral

$$\begin{aligned} A_1(x) &= \int\limits_0^\infty dt\ t\,\mathrm{e}^{-x t^2} = \left| \begin{array}{c} u = t^2 \\ du = 2t\,dt \end{array} \right| = \frac{1}{2}\int\limits_0^\infty du\ \mathrm{e}^{-x u} \\ &= -\frac{1}{2x}\mathrm{e}^{-x u}\Big|_0^\infty = \frac{1}{2x} \end{aligned} \tag{5.48}$$

gewonnen werden. Wenn man $A_1(x)$ nach x ableitet, erhält man

$$\frac{d}{dx}A_1(x) = \int\limits_0^\infty dt\ \frac{d}{dx}\left(t\,\mathrm{e}^{-x t^2}\right) = -\int\limits_0^\infty dt\ t^3\,\mathrm{e}^{-x t^2} = -A_3(x)\,. \tag{5.49}$$

Iteration der Ableitung ergibt die Beziehung

$$A_{2n+1}(x) = (-1)^n \frac{d^n}{dx^n} A_1(x) = (-1)^n \frac{d^n}{dx^n} \frac{1}{2x} = \frac{1}{2} \frac{n!}{x^{n+1}}, \quad (x > 0). \tag{5.50}$$

A_n für gerade n können durch partielle Ableitung aus

$$\int_0^\infty dt\, \mathrm{e}^{-x t^2} = \frac{1}{2}\sqrt{\frac{\pi}{x}} \tag{5.51}$$

bestimmt werden; dieses Integral wird in (5.76) berechnet.

All diese Differenziationsregeln für Integrale werden in folgender Regel (oft ebenfalls – wie die Produktregel der Differenziation – **Leibniz-Regel** genannt) zusammengefasst:

$$\frac{d}{dx} \int_{u(x)}^{v(x)} dt\; f(x,t) = f(x, v(x)) \frac{dv}{dx} - f(x, u(x)) \frac{du}{dx} + \int_{u(x)}^{v(x)} dt\; \frac{\partial f(x,t)}{\partial x}\,. \tag{5.52}$$

Beispiel

Hier noch ein Beispiel, in dem der Anwendungsbereich dieser Regel voll ausgelotet wird:

$$\frac{d}{dx} \int_x^{2x} dt\; \frac{\mathrm{e}^{x t}}{t} = 2\frac{\mathrm{e}^{2x^2}}{2x} - \frac{\mathrm{e}^{x^2}}{x} + \int_x^{2x} dt\; \frac{t\,\mathrm{e}^{x t}}{t} = \frac{2}{x}\left(\mathrm{e}^{2x^2} - \mathrm{e}^{x^2}\right). \qquad \square$$

M.5.5 Kurz und klar: Mittelwertsatz der Integralrechnung

Der **Mittelwertsatz der Integralrechnung** lautet: Wenn der Integrand $f(t)$ im Integrationsintervall $t \in (x, x + \Delta x)$ stetig (und integrierbar) ist, dann kann das Integral immer durch ein Produkt aus Intervalllänge und einem Wert des Integranden im Intervall ausgedrückt werden, also

$$\int_x^{x+\Delta x} dt\; f(t) = f(x + h\,\Delta x)\,\Delta x \tag{M.5.5.1}$$

für zumindest einen Wert von h im Intervall $0 \le h \le 1$. Diese Aussage ist anhand einer Skizze (siehe Abb. 5.7) unmittelbar einsichtig.

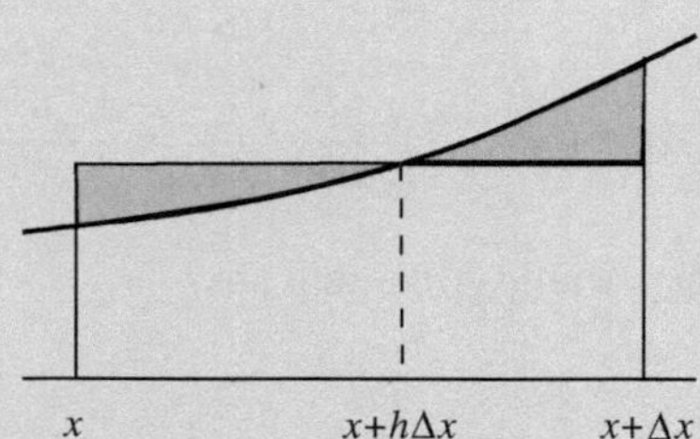

Abb. 5.7 Die Fläche unter der Kurve entspricht der Fläche des Rechtecks, dessen Oberkante zumindest an einer Stelle die Funktionskurve schneidet!

5.4 Mehrdimensionale Integrale

Beim eindimensionalen Integral

$$\int_a^b dx = b - a \tag{5.53}$$

wird über alle Werte von x im Intervall von a bis b summiert. Eine alternative Schreibweise ist

$$\int_{\mathcal{A}} dx = b - a\ , \quad \text{mit} \quad \mathcal{A} = \{a \le x \le b\ ;\ x \in \mathbb{R}\}\ . \tag{5.54}$$

Eine weitere Art, das Integral anzuschreiben, nutzt die so genannte **charakteristische Funktion** $\chi(x)$. Diese Funktion enthält die Information über den Integrationsbereich. Es ist

$$\chi_{\mathcal{A}}(x) = \begin{cases} 1 & x \text{ im Integrationsbereich } \mathcal{A}\ , \\ 0 & x \text{ nicht im Integrationsbereich } \mathcal{A} \end{cases} \tag{5.55}$$

und damit können wir das Integral umschreiben in

$$\int_a^b dx = \int_{\mathcal{A}} dx = \int_{\mathbb{R}} dx\ \chi_{\mathcal{A}}(x) = b - a\ . \tag{5.56}$$

Auch Integrale über Funktionen auf $\mathcal{A}$ werden so dargestellt:

$$\int_a^b dx\ f(x) = \int_{\mathcal{A}} dx\ f(x) = \int_{\mathbb{R}} dx\ \chi_{\mathcal{A}}(x)\, f(x)\ . \tag{5.57}$$

Die Integration über alle Elemente x aus der Menge $\mathcal{A}$ kann nun von Intervallen $\mathcal{A}$ einfach auf Mengen $\mathcal{A} \subset \mathbb{R}^n$ verallgemeinert werden. So ist das Integral über ein zweidimensionales Objekt $\mathcal{A}$ mit dem Flächenelement dA in der Form

$$\int_{\mathbb{R}^2} dA\, \chi_{\mathcal{A}}(A) = \int_{(x,y)\in\mathcal{A}} dx\, dy \tag{5.58}$$

darstellbar.

Wir haben bei der Diskussion des Lebesgue-Integrals Maße von Intervall-Mengen auf der reellen Achse betrachtet, die dann mit den Funktionswerten multipliziert und summiert wurden. Nun haben wir diesen Maßbegriff auf $\mathbb{R}^n$ erweitert und die Ableitung des Lebesgue-Integrals gilt formal unverändert. Wieder zerlegt man den Funktionswertebereich in Teilintervalle, sucht die entsprechenden Punktmengen (nun im $\mathbb{R}^n$) und deren Maße (also Flächen, Volumen, etc.) und untersucht, ob Ober- und Untersummen einen gemeinsamen Grenzwert haben.

Im Falle des Riemann-Integrals zerlegt man statt dessen den $\mathbb{R}^n$ und bildet mit den Funktionswerten ebenfalls Ober- und Untersummen, die auf den selben Wert konvergieren müssen, damit das Integral wohldefiniert ist. Dies ist vielleicht anschaulicher, schränkt die Menge der integrierbaren Funtionen – im Vergleich zum Lebesgue-Integral – aber ein.

Wir sind auf der rechten Seite der Gleichung (5.58) auf eine spezielle Darstellung der $\mathbb{R}^2$, nämlich kartesische Koordinaten, übergegangen, und haben das Differenzial der Fläche dA als Produkt der Differenziale in x- und in y-Richtung geschrieben. Der Integrationsbereich muss dann in den Variablen x und y ausgedrückt werden. Manchmal ist eine andere Wahl des Koordinatensystems günstiger. Später werden wir zum Beispiel das Differenzial der Fläche in Polarkoordinaten besprechen.

Betrachten wir eine Funktion in $\mathbb{R}^2$, wie etwa die Massendichte $\rho(x, y)$ einer Platte; die Platte sei so dünn, dass wir die Ausdehnung in die dritte Raumrichtung vernachlässigen können. Das Differenzial der Masse ist dann

$$dM = \rho(x, y)\, dA = \rho(x, y)\, dx\, dy\ , \tag{5.59}$$

und die Gesamtmasse der Platte, deren Form durch $\mathcal{A}$ gegeben ist, wird durch das Integral

$$M = \int_{\mathcal{A}} dM = \int_{\mathcal{A}} dx\, dy\, \rho(x, y) \tag{5.60}$$

bestimmt. Man kann die Zahl der zu integrierenden Variablen, also die Dimensionalität des Integrals durch entsprechend viele Integralzeichen ausdrücken und etwa

$$M = \iint_{(x,y)\in\mathcal{A}} dx\, dy\, \rho(x, y) \tag{5.61}$$

schreiben. Das wird vor allem später nützlich sein, wenn wir den Integrationsbereich durch Angabe der Integrationsgrenzen in den beteiligten Variablen festlegen.

Formal kann man mehrdimensionale Integrale einfach als wiederholte Integrationen über jeweils andere Integrationsvariablen, so genannte iterierte eindimensionale Integrale, betrachten. Das Konzept ist dem der partiellen Differenziation verwandt; nur die aktuelle Integrationsvariable ist relevant, und die anderen Variablen werden einstweilen als Konstante behandelt, bis sie die Rolle der Integrationsvariablen übernehmen. So ist das unbestimmte Integral

$$\begin{aligned} \int dy \int dx\, \cos(x+y) &= \int dy \left(\int dx\, \cos(x+y) \right) \\ &= \int dy\, \left(\beta'(y) + \sin(x+y) \right) \\ &= \alpha(x) + \beta(y) - \cos(x+y)\,. \end{aligned} \tag{5.62}$$

Man muss hier bei der inneren Integration eine Integrationskonstante einführen, die aber nur in Bezug auf die aktuelle Integrationsvariable x konstant zu sein braucht, also durchaus eine Funktion der anderen Variablen y sein kann. Da die Funktion unbestimmt ist, haben wir sie als Ableitung einer Funktion $\beta(y)$ gewählt. Das unbestimmte Integral beinhaltet also zwei unbekannte Funktionen der Integrationsvariablen!

Anders als beim eindimensionalen Integral können wir nicht einfach die Grenzen des Integrationsbereichs einsetzen, um aus dem unbestimmten ein bestimmtes Integral zu machen. Die Integrationsgrenzen einer Menge in $\mathbb{R}^2$, also einer Fläche, sind selbst (eindimensionale) Kurven in $\mathbb{R}^2$ und nicht nur eine obere und eine untere Grenze. In einer eindimensionalen Integration ist der Integrationsbereich durch die Intervallgrenzen charakterisiert. In einer zweidimensionalen Integration ist das schon weniger einfach. Man muss sich zuerst überlegen, in welcher Reihenfolge man über die Variablen integrieren möchte, und wie man daher die Integrationsgrenzen in den Integrationsgang einbaut.

Wir wollen uns der Problematik zuerst mit einem einfachen Beispiel annähern (siehe Abb. 5.8). Es geht um die Integration einer Fläche, die durch die Grenzen $x = 0$, $x = 2$, $y = 0$ und $y = x^2$ gegeben ist. Wir wählen als innere Integration diejenige über y und drücken das durch entsprechende Klammersetzung aus. Die Fläche ist

$$A = \int_{x=0}^{x=2} dx \left[\int_{y=0}^{y=x^2} dy \right] = \int_{x=0}^{x=2} dx\, x^2 = \left. \frac{x^3}{3} \right|_{x=0}^{x=2} = \frac{8}{3}\,. \tag{5.63}$$

Da wir zuerst über y integrierten, mussten wir die andere („äußere“) Variable x als Konstante festhalten. Die möglichen Werte von x liegen zwischen 0 und 2; für einen beliebigen dieser Werte kann y Werte zwischen 0 und $f(x) = x^2$ annehmen. Wir integrierten zuerst über y und erhielten als Ergebnis dieses bestimmten Integrals die Funktion x^2, deren Integration schließlich das gewünschte Ergebnis lieferte.

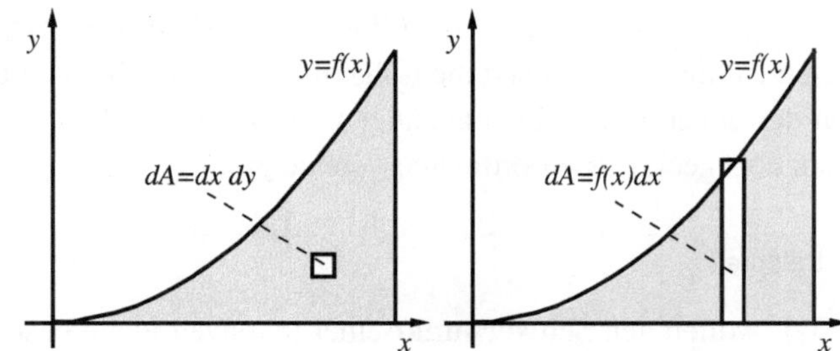

Abb. 5.8 Die 2-dimensionale Integration entsprechend (5.63) (links) und (5.64) (rechts)

Man kann auch durch eine andere Argumentation zur Form

$$A = \int_{x=0}^{x=2} dx\, x^2 \tag{5.64}$$

kommen. Man betrachtet als Differenzial der Fläche die Rechtecke der Breite dx und der Länge $f(x) = x^2$ (rechte Skizze in Abb. 5.8). Dies ergibt ebenfalls den Integralausdruck für die Fläche.

Wenn es allerdings um die Masse einer solchen Fläche mit einer vorgegebenen Massendichte $\rho(x, y)$ geht, so führt nur unser erster, wirklich zweidimensionaler Ansatz zum Ziel.

Beispiel

So erhalten wir für $\rho(x, y) = 1 + x + y$ die Masse

$$\begin{aligned} M &= \int_{x=0}^{x=2} dx \left[\int_{y=0}^{y=x^2} dy\ (1 + x + y) \right] = \int_{x=0}^{x=2} dx \left(x^2 + x^3 + \frac{x^4}{2} \right) \\ &= \left(\frac{x^3}{3} + \frac{x^4}{4} + \frac{x^5}{10} \right) \Bigg|_{x=0}^{x=2} = \frac{8}{3} + \frac{16}{4} + \frac{32}{10} = \frac{148}{15}. \end{aligned}$$

□

Wir können die Behandlung der Integrationsgrenzen bei Flächen nun etwas allgemeiner formulieren. Man wählt zuerst die Variable, über die man als äußerste (letzte) integrieren möchte. Dann gibt man für diese Variable den kleinstmöglichen und den größtmöglichen Wert als untere und obere Integrationsgrenze an. Bei der Integration über die inneren Variablen werden die unteren und die oberen Integrationsgrenzen dann meist Funktionen der äußeren Integrationsvariablen sein. Man darf die Reihenfolge der Integration nicht einfach verändern, wenn man sich einmal auf eine bestimmte Abfolge und die entsprechenden Integrationsgrenzen festgelegt hat.

Ein Ausnahme bilden nur Flächen, die in den gewählten Integrationsvariablen eine einfache Form haben, also etwa ein Rechteck in kartesischen Koordinaten ($a \leq x \leq$

$b; \alpha \leq y \leq \beta$) oder ein Kreis in Polarkoordinaten ($0 \leq r \leq R; 0 \leq \varphi < 2\pi$); in diesen Fällen ist die Integrationsreihenfolge irrelevant, da die inneren Integrationsgrenzen nicht von der äußeren Variablen abhängen. Dies deutet schon an, dass es für viele Probleme besonders geeignete Koordinatensysteme gibt.

Beispiel

Wir wollen den **Schwerpunkt** einer massiven Platte bestimmen. Die Koordinaten des Massenschwerpunkts oder Massenmittelpunkts ($\overline{x}$, $\overline{y}$, $\overline{z}$) ergeben sich aus der Integration über das Volumen des Körpers

$$\overline{x}\,M = \int\limits_{\text{Körper}} dM\ x \Rightarrow \overline{x} = \frac{1}{M} \int\limits_{\text{Körper}} dM\ x\,,$$

und Entsprechendes gilt für die anderen Komponenten.

Wenn die Massendichte nicht vom Ort abhängt, so ergibt sich

$$\overline{x}M = \int\limits_{\text{Körper}} dV\ x\,\rho \Rightarrow \overline{x} = \frac{1}{\rho\,V} \int\limits_{\text{Körper}} dV\ x\,\rho = \frac{1}{V} \int\limits_{\text{Körper}} dV\ x\,.$$

Wir vernachlässigen der Einfachheit zuliebe die Dicke der Platte und nehmen $\overline{z} = 0$ an. Wir brauchen daher nur in der Ebene zu integrieren und ersetzen V durch A und dV durch $dx\,dy$:

$$\overline{x} = \frac{1}{A} \int\limits_{\text{Platte}} dx\,dy\ x\,, \quad \overline{y} = \frac{1}{A} \int\limits_{\text{Platte}} dx\,dy\ y\,.$$

Die Platte sei durch $x = 0$, $x = 1$, $y = 0$ und $y = x^3$ begrenzt. Daher ist

$$A = \int\limits_{x=0}^{1} dx \int\limits_{y=0}^{x^3} dy = \int\limits_{x=0}^{1} dx\ x^3 = \frac{1}{4}\,,$$

und

$$\begin{aligned} \overline{x} &= \frac{1}{A} \int\limits_{x=0}^{1} dx \int\limits_{y=0}^{x^3} dy\ x = 4 \int\limits_{x=0}^{1} dx\ x^4 = \frac{4}{5}\,, \\ \overline{y} &= \frac{1}{A} \int\limits_{x=0}^{1} dx \int\limits_{y=0}^{x^3} dy\ y = 4 \int\limits_{x=0}^{1} dx\ \frac{x^6}{2} = \frac{2}{7}\,. \end{aligned}$$

Der Schwerpunkt der Platte ist also $(\overline{x}, \overline{y}) = (4/5\,,\ 2/7)$. □

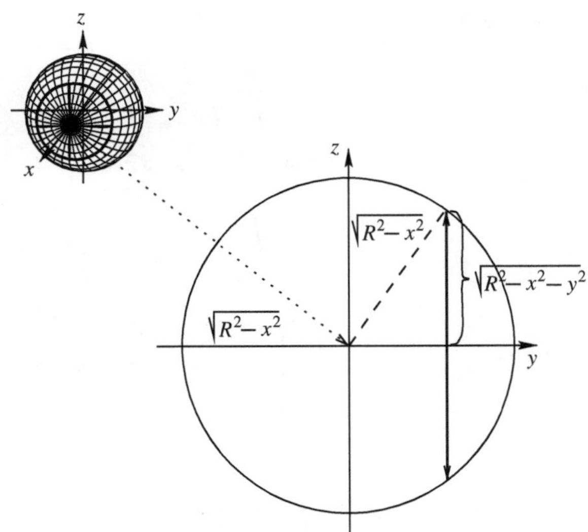

Abb. 5.9 Links oben die Kugel in perspektivischer Darstellung; für festes x (äußerste Integrationsvariable) ist der Kugelquerschnitt ein Kreis mit Radius $\sqrt{R^2 - x^2}$, der vergrößert dargestellt ist

Der Schritt von zweidimensionalen zu drei- und mehrdimensionalen Integralen ist einfach. Alles, was wir über die Integrationsreihenfolge und die Behandlung der Integrationsgrenzen gesagt haben, gilt weiterhin.

Beispiel

Wir demonstrieren das am Beispiel der Integration über eine Kugel mit Radius R in kartesischen Koordinaten. Das Volumen ist

$$V = \int_{\text{Kugel}} dx\, dy\, dz\ .$$

Das Zentrum der Kugel legen wir in den Koordinatenursprung. Wir integrieren von innen nach außen, also zuerst über z, dann y und schließlich x. Die Integrationsgrenze besprechen wir daher von außen nach innen.

Äußerste Variable x: Sie kann Werte zwischen $-R$ und R annehmen.

Nächste Variable y: Für festes x ist der Querschnitt durch die Kugel ein Kreis mit Radius $\sqrt{R^2 - x^2}$ (siehe Abb. 5.9). Daher kann y zwischen $-\sqrt{R^2 - x^2}$ und $\sqrt{R^2 - x^2}$ liegen.

Innerste Variable z: Für festes x und y kann z Werte zwischen $-\sqrt{R^2 - x^2 - y^2}$ und $\sqrt{R^2 - x^2 - y^2}$ annehmen.

Die Integrationsgrenzen lauten also

$$\begin{aligned} -R &\le x \le R\ , \\ -\sqrt{R^2 - x^2} &\le y \le \sqrt{R^2 - x^2}\ , \\ -\sqrt{R^2 - x^2 - y^2} &\le z \le \sqrt{R^2 - x^2 - y^2}\ . \end{aligned}$$

und das Kugelvolumen ergibt sich zu

$$\begin{aligned}
V &= \int_{x=-R}^{R} dx \int_{y=-\sqrt{R^2-x^2}}^{\sqrt{R^2-x^2}} dy \int_{z=-\sqrt{R^2-x^2-y^2}}^{\sqrt{R^2-x^2-y^2}} dz \\
&= \int_{x=-R}^{R} dx \int_{y=-\sqrt{R^2-x^2}}^{\sqrt{R^2-x^2}} dy\; 2\sqrt{R^2-x^2-y^2} \qquad (5.65)\\
&= \left| \begin{array}{lcl} y &=& \sqrt{R^2-x^2}\sin t \\ dy &=& \sqrt{R^2-x^2}\cos t\, dt \\ \text{Grenzen:} & & -\frac{\pi}{2} \le t \le \frac{\pi}{2} \end{array} \right| \\
&= 2\int_{x=-R}^{R} dx\; \left(R^2-x^2\right) \int_{t=-\frac{\pi}{2}}^{\frac{\pi}{2}} dt\; \underbrace{\cos t\sqrt{1-\sin^2 t}}_{\cos^2 t} \\
&= 2\int_{x=-R}^{R} dx\; \left(R^2-x^2\right) \frac{\pi}{2} = \pi \int_{x=-R}^{R} dx\; \left(R^2-x^2\right) \qquad (5.66)\\
&= \pi\left(2R^3 - \frac{2}{3}R^3\right) = \frac{4}{3}R^3\pi\,.
\end{aligned}$$

Wir haben dabei das schon in (5.27) besprochene Integral über $\cos^2 t$ verwendet. Das Ergebnis überrascht uns nicht. (Wer kennt das Kugelvolumen nicht?) Allerdings haben wir nun die notwendigen Kenntnisse, um auch Kugelmassen mit inhomogenen Massendichten zu berechnen! □

Wie schon früher erwähnt, kann man zumindest das *Volumen* von drehsymmetrischen Körpern auch mit einem kürzeren Verfahren bestimmen. Wir nehmen an, die Drehachse sei die x-Achse. Dann entspricht jeder Schnitt durch den Körper senkrecht zu dieser Achse einem Kreis mit dem Radius

$$r\left(=\sqrt{y^2+z^2}\right) = f(x)\,. \tag{5.67}$$

Man denkt sich das Volumen durch ein Integral über scheibenförmige Differenziale ausgedrückt, also

$$V = \int_{x=a}^{b} dx\; f^2(x)\,\pi\,. \tag{5.68}$$

Diese Situation ist in Abb. 5.10 dargestellt.

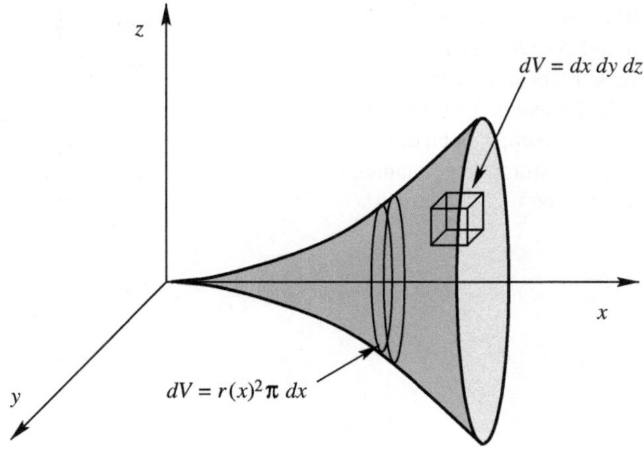

Abb. 5.10 Die Integration über einen Drehkörper kann oft auch durch Integration über scheibenförmige Differenziale ersetzt werden

Beispiel

Wir betrachten als Beispiel den Drehkörper, der durch die Grenzkurve

$$r = f(x) = \sqrt{1 + x^2}$$

bestimmt wird. Der Körper wird durch die beiden Ebenen $x = 0$ und $x = 2$ begrenzt. Das Volumen ergibt sich zu

$$V = \int_0^2 dx\ (1 + x^2)\,\pi = \pi \left(x + \frac{x^3}{3} \right)\Bigg|_0^2 = \frac{14\,\pi}{3}\,. \qquad \square$$

Wenn man auch über Funktionen – also etwa Massendichten– integrieren möchte, dann lässt sich diese einfache Methode immer dann anwenden, wenn die Funktionen nur x-abhängig sind.

Beispiel

Wenn unser Drehkörper etwa die Massendichte $\rho(x, y, z) = 1 + x$ hat, so ergibt sich die Masse zu

$$M = \int_0^2 dx\ (1 + x)\,(1 + x^2)\pi = \pi \int_0^2 dx\ (1 + x + x^2 + x^3) = \frac{32\,\pi}{3}.$$

Die mittlere Dichte des Drehkörpers ist also $M/V = {}^{16}/_{7}$. $\square$

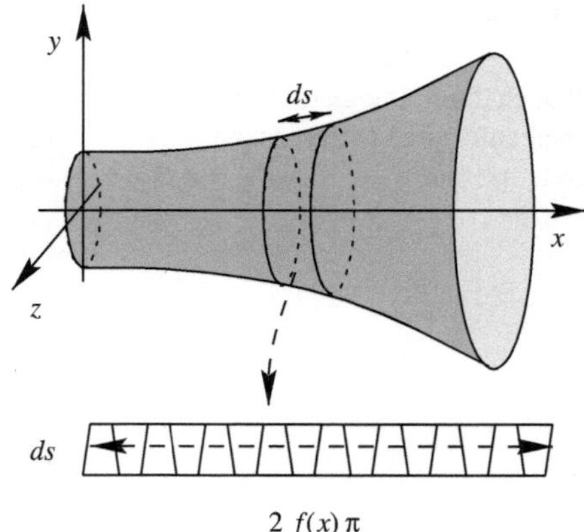

Abb. 5.11 Den gekrümmten Teil der Oberfläche eines Drehkörpers kann man sich aus Differenzialen zusammengesetzt denken, welche die Form von Stumpfkegelmantelflächen haben

Die Bestimmung der Oberfläche eines allgemeinen Körpers erfordert Kenntnisse der **Vektoranalysis**, die wir erst später (in Kap. 7) erwerben werden. Bei Drehkörpern allerdings gibt es wieder ein abgekürztes Verfahren, das wir hier kurz besprechen.

Denken Sie sich (Abb. 5.11) den Drehkörper in Scheiben zerlegt. Die entsprechenden Flächenstücke des gekrümmten Teils der Oberfläche haben die Form der Mantelfläche eines Kegelstumpfes mit der Seitenlänge ds. Diese Oberflächendifferenziale haben daher die Form $dA = 2\pi\, f(x)ds$, und das Differenzial der Bogenlänge kann natürlich aus $f(x)$ bestimmt werden (vgl. (5.35). Der gekrümmte Teil der Oberfläche des Drehkörpers ergibt sich durch das Integral

$$A = \int\limits_{x=a}^{b} ds\, 2\pi\, f(x) = 2\pi \int\limits_{x=a}^{b} dx\; f(x)\sqrt{1 + [f'(x)]^2}\,. \tag{5.69}$$

Auch die Kugel ist ein Drehkörper mit

$$f(x) = \sqrt{R^2 - x^2} \tag{5.70}$$

und die Oberfläche daher

$$A = 2\pi \int\limits_{x=-R}^{R} dx\; \sqrt{R^2 - x^2}\sqrt{\frac{R^2}{R^2 - x^2}} = 2\,R\,\pi \int\limits_{x=-R}^{R} dx = 4\,R^2\,\pi\,, \tag{5.71}$$

wie erwartet.

M.5.6 Kurz und klar: Mehrdimensionale Integrale

Mehrdimensionale Integrale über bestimmte Integrationsbereiche („bestimmte Integrale“) kann man als wiederholte eindimensionale Integrationen über jeweils andere Integrationsvariablen betrachten. Die Integrationsgrenzen hängen vom Integrationsbereich $\mathcal{A}$ und von der Wahl des Koordinatensystems und der Integrationsvariablen ab.

Bei der Festlegung der Integrationsgrenzen geht man wie folgt vor:

- Man wähle zuerst die Variable, über die man als äußerste (letzte) integrieren möchte. Dann muss man für diese Variable den kleinstmöglichen und den größtmöglichen Wert als untere und obere Integrationsgrenze angeben.
- Bei der Integration über die inneren Variablen werden die unteren und die oberen Integrationsgrenzen dann meist Funktionen der äußeren Integrationsvariablen sein.
- Man darf also die Reihenfolge der Integration nicht einfach verändern, wenn man sich einmal auf eine bestimmte Abfolge und die entsprechenden Integrationsgrenzen festgelegt hat.

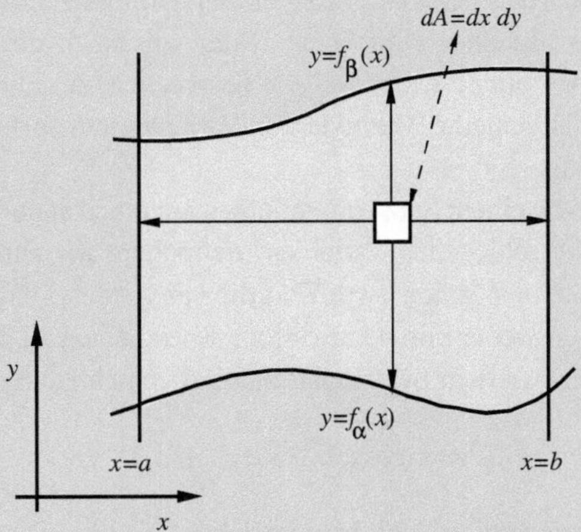

Abb. 5.12 Integration über ein 2-dimensionales Gebiet: $a \leq x \leq b$, $f_\alpha(x) \leq y \leq f_\beta(x)$

Betrachten wir eine Integration über ein 2-dimensionales Gebiet wie in Abb. 5.12. Wir nehmen an, die äußere Variable sei x. Der Integrationsbereich ist also wie folgt gegeben:

$$\mathcal{A} : a \leq x \leq b \,, \quad f_\alpha(x) \leq y \leq f_\beta(x) \,. \tag{M.5.6.1}$$

Die Integration über die Fläche lautet dann:

$$A = \int_{\mathcal{A}} dA = \int_{x=a}^{x=b} dx \int_{y=f_\alpha(x)}^{y=f_\beta(x)} dy = \int_{x=a}^{x=b} dx \, \big(f_\beta(x) - f_\alpha(x)\big) = \ldots . \quad \text{(M.5.6.2)}$$

Eine Integration über eine auf dieser Fläche gegebene Funktion kann in der Form geschrieben werden:

$$A = \int_{\mathcal{A}} dA \, \rho(x,y) = \int_{x=a}^{x=b} dx \int_{y=f_\alpha(x)}^{y=f_\beta(x)} dy \, \rho(x,y) = \ldots . \quad \text{(M.5.6.3)}$$

5.4.1 Variablentransformation

Bei den einfachen, eindimensionalen Integralen haben wir festgestellt, dass der Übergang zu neuen Variablen die Integration wesentlich vereinfachen kann. Das entsprechende Differenzial haben wir nach den bekannten Regeln der Differenzialrechnung transformiert (siehe M.5.4). In mehr als einer Dimension fehlen uns noch die entsprechenden Regeln. Zunächst wollen wir einige wichtige Fälle besprechen; am Ende dieses Abschnittes werden wir dann eine allgemeine Methode zur Variablentransformationen in mehreren Dimensionen diskutieren.

Die Transformation von einem Satz von Variablen auf einen anderen Satz bedingt meist eine Verknüpfung der verschiedenen Variablen. Betrachten wir zum Beispiel die Ebene (2 Dimensionen). Wir kennen schon zwei Koordinatensysteme: das kartesische und das polare. Punkte können entweder durch kartesische Koordinaten x, y oder durch Polarkoordinaten r, φ spezifiziert werden. Bei Transformation von einem System auf das andere,

$$x = r \cos\varphi , \quad y = r \sin\varphi , \tag{5.72}$$

sind die Variablen x und y beide Funktionen der beiden Polarkoordinaten r und φ. Das Differenzial der Fläche dA im kartesischen System wird durch $dx\,dy$ dargestellt. Ausgedrückt durch Polarkoordinaten sollte dA zumindest proportional zu $dr\,d\varphi$ sein; es kann aber sicher nicht gleich diesem Produkt sein, da dA die Dimension einer Fläche (Länge^2) hat, $dr\,d\varphi$ aber nur die Dimension einer Länge.

Um den Ausdruck für dA in Polarkoordinaten zu erhalten, müssen wir uns überlegen, wie ein Flächenelement aussieht, das durch Kurven konstanter Variablenwerte (so genannte Koordinatenlinien oder -flächen) begrenzt ist. Solche Kurven sind eine Art Koordinatennetz. In Abb. 5.13 wird dies für die beiden Koordinatensysteme skizziert.

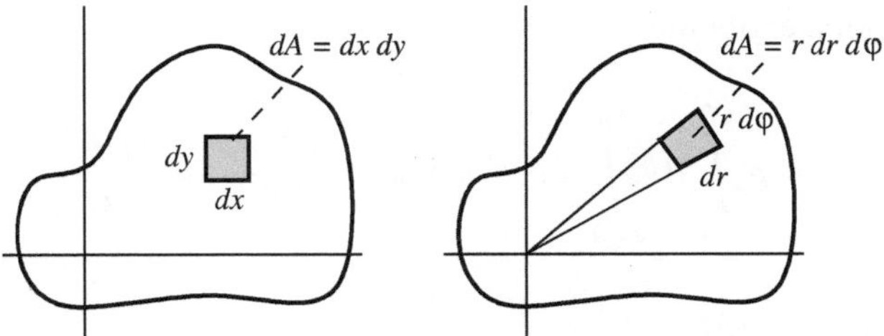

Abb. 5.13 Das differenzielle Flächenelement dA in kartesischen und Polarkoordinaten

Bei Polarkoordinaten ist das Flächenelement beim Punkt (r, φ) näherungsweise ein Rechteck mit zwei Seiten der Länge dr (entlang konstanter Werte des Winkels φ und $\varphi + d\varphi$); die beiden anderen Seiten (entlang konstanter Werte des Radius r und $r + dr$) haben die Länge $r\,d\varphi$. Streng genommen hat eine der letztgenannten Seiten die Länge $(r + dr)d\varphi$, aber der Anteil $dr\,d\varphi$ ist höherer Ordnung in den Differenzialen und bei der Länge daher irrelevant. Das Differenzial der Fläche an der Stelle (r, φ) ergibt sich aus dem Produkt der beiden Seiten zu $dA = r\,dr\,d\varphi$. Es gilt also für Flächen

$$A = \int_{\mathcal{A}} dA = \int_{(x,y)\in\mathcal{A}} dy\,dx = \int_{(r,\varphi)\in\mathcal{A}} dr\,d\varphi\,r\;. \tag{5.73}$$

Funktionen von Polarkoordinaten können so auch in diesen Variablen integriert werden.

Wir sehen, dass vor allem für Probleme mit kreisförmiger Symmetrie die Rechnung in Polarkoordinaten zu bevorzugen ist. Die Fläche des Halbkreises

$$0 \le r \le R\,, \quad 0 \le \varphi \le \pi \tag{5.74}$$

ergibt sich zu

$$A = \int_{r=0}^{R} \int_{\varphi=0}^{\pi} dr\,d\varphi\,r = \frac{1}{2}\,R^2\,\pi\;. \tag{5.75}$$

Die entsprechende Integration, durchgeführt in kartesischen Koordinaten, wäre bedeutend umständlicher.

Beispiel

Wir betrachten eine halbkreisförmige, homogene (Massendichte ρ) Platte vernachlässigbarer Dicke, die sich um die x-Achse dreht (vgl. Abb. 5.14), und suchen ihr Trägheitsmoment. Das Differenzial des Trägheitsmoments ist das Produkt aus dem Massendifferenzial $dM = \rho\,dA$ mit dem Quadrat des Abstands von der Drehachse,

$$dI_x = y^2\,\rho\,dA = \rho\,r^2\,\sin^2\varphi\,r\,dr\,d\varphi = \rho\,r^3\,\sin^2\varphi\,dr\,d\varphi\;,$$

und die Integration ergibt mit

$$I_x = \rho \int_{r=0}^{R} dr \int_{\varphi=0}^{\pi} d\varphi\, r^3 \sin^2\varphi = \frac{R^4 \pi \rho}{8} = \frac{M R^2}{4}$$

das gesuchte Ergebnis ($M = R^2 \pi \rho / 2$).

Abb. 5.14 Die halbkreisförmige Platte dreht sich um die x-Achse

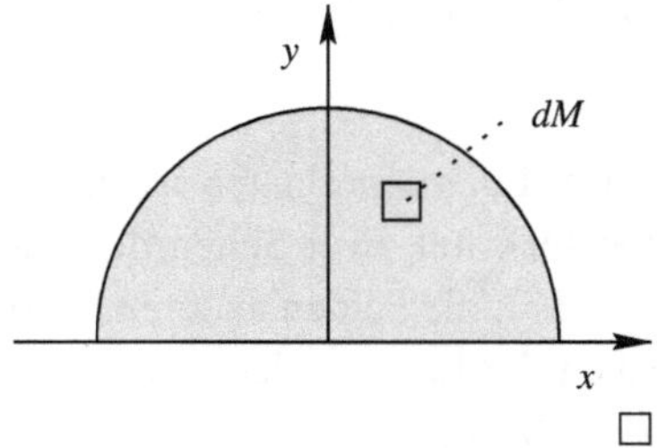

□

Beispiel

An dieser Stelle können wir auch eines der wichtigsten bestimmten Integrale berechnen, das so genannte **Gaußsche Integral**, ein Integral über die Gaußsche Glockenkurve:

$$A(a) = \int_{-\infty}^{\infty} dx\, \mathrm{e}^{-a x^2}, \quad a > 0 .$$

Dieses Integral taucht in vielen Anwendungen auf, zum Beispiel in der mathematischen Statistik (Kap. 21), als Boltzmann-Verteilung der statistischen Thermodynamik oder als Wellenpaket der Quantenmechanik. Zur Bestimmung verwenden wir einen Trick. Wir berechnen das Quadrat $A(a)^2$ des gesuchten Ausdrucks und schreiben

$$A(a)^2 = \int_{-\infty}^{\infty} dx\, \mathrm{e}^{-a x^2} \int_{-\infty}^{\infty} dy\, \mathrm{e}^{-a y^2} .$$

Beide Faktoren sind offenbar gleich $A(a)$. Man kann die Integrationen zusammenfassen und die sich ergebende Integration als eine 2-dimensionale über $\mathbb{R}^2$ ansehen. Diese transformiert man auf Polarkoordinaten:

$$\begin{aligned}\int_{\mathbb{R}^2} dy\, dx\, \mathrm{e}^{-a(x^2+y^2)} &= \int_{r=0}^{\infty} dr \int_{\varphi=0}^{2\pi} d\varphi\, \mathrm{e}^{-a r^2} r \\ &= \left| \begin{array}{ccc} z & = & r^2 \\ dz & = & 2 r\, dr \end{array} \right| = \pi \int_0^{\infty} dz\, \mathrm{e}^{-a z} = -\frac{\pi}{a} \mathrm{e}^{-a z} \Big|_0^{\infty} = \frac{\pi}{a} .\end{aligned}$$

Damit haben wir das Ergebnis

$$\int_{-\infty}^{\infty} dx\, \mathrm{e}^{-a\,x^2} = \sqrt{\frac{\pi}{a}} \qquad \text{für} \quad \mathrm{Re}\,(a) > 0\,. \tag{5.76}$$

Dieses Integral gilt auch für komplexe a, sofern der Realteil von a positiv ist. Wir haben dies daher ausdrücklich angemerkt, obwohl wir nur reelle a besprochen haben.

Damit kann man sofort auch Integrale der Form

$$\int_{-\infty}^{\infty} dx\, \mathrm{e}^{-a\,x^2+b\,x}$$

berechnen. Wir ergänzen den Exponenten zu einem quadratischen Ausdruck,

$$-a\,x^2 + b\,x = -a\left(x - \frac{b}{2\,a}\right)^2 + \frac{b^2}{4\,a}$$

und beachten, dass eine Variablensubstitution der Form $y = x - \frac{b}{2a}$, $dx = dy$ wieder ein Gaußsches Integral ergibt und daher gilt:

$$\int_{-\infty}^{\infty} dx\, \mathrm{e}^{-a\,x^2+b\,x} = \mathrm{e}^{\frac{b^2}{4a}} \sqrt{\frac{\pi}{a}} \qquad \text{für} \quad \mathrm{Re}\,(a) > 0\,. \tag{5.77}$$

□

Etwas länger muss man über Abb. 5.15 meditieren, in der die Konstruktion des Volumendifferenzials in kartesischen und Kugelkoordinaten skizziert ist. Kugelkoordinaten sind für räumlich drehsymmetrische Probleme besonders günstig. Eine Beschreibung dieses Koordinatensystems findet man in Anhang A. Die Beziehung zu den kartesischen Koordinaten ergibt sich zu

$$\begin{aligned} x &= r\,\sin\vartheta\,\cos\varphi\,, \\ y &= r\,\sin\vartheta\,\sin\varphi\,, \\ z &= r\,\cos\vartheta\,, \\ r \in [0,\infty)\,, &\quad \vartheta \in [0,\pi]\,, \quad \varphi \in [0,2\pi)\,, \\ dV &= dx\,dy\,dz = r^2\,\sin\vartheta\,dr\,d\vartheta\,d\varphi\,. \end{aligned} \tag{5.78}$$

Es ist auch gebräuchlich, das Volumendifferenzial in einen Raumwinkelanteil $d\Omega$ und einen Radialanteil aufzuteilen:

$$dV = r^2\,dr\,d\Omega\,, \quad \text{mit } d\Omega = \sin\vartheta\,d\vartheta\,d\varphi\,. \tag{5.79}$$

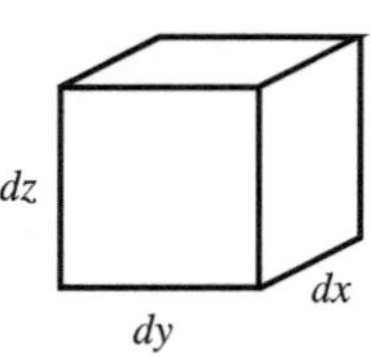

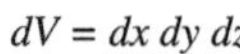

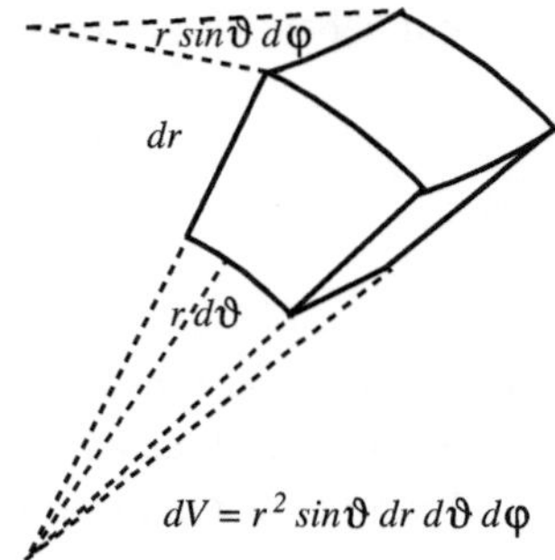

Abb. 5.15 Das differenzielle Volumenelement dV in kartesischen und Kugelkoordinaten

Die Berechnung des Kugelvolumens, früher in kartesischen Koordinaten ein etwas mühseliges Unterfangen, ist nun sehr einfach:

$$\begin{aligned} V &= \int_{\varphi=0}^{2\pi} d\varphi \int_{\vartheta=0}^{\pi} d\vartheta \int_{r=0}^{R} dr\, r^2 \sin\vartheta \\ &= \frac{R^3}{3} \int_{\varphi=0}^{2\pi} d\varphi \int_{\vartheta=0}^{\pi} d\vartheta\, \sin\vartheta = \frac{2\,R^3}{3} \int_{\varphi=0}^{2\pi} d\varphi = \frac{4}{3} R^3 \pi\,. \end{aligned} \tag{5.80}$$

Man erkennt leicht, dass die Integration über den Raumwinkel $\int d\Omega = 4\pi$ ergibt.

M.5.7 Kurz und klar: Flächen- und Volumendifferenziale

Flächen (d=2)

Kartesische Koordinaten	$dA = dx\,dy$
Polarkoordinaten	$dA = r\,dr\,d\varphi$

Volumen (d=3)

Kartesische Koordinaten	$dV = dx\,dy\,dz$
Zylinderkoordinaten	$dV = \rho\,d\rho\,d\varphi\,dz$
Kugelkoordinaten	$dV = r^2 \sin\vartheta\,dr\,d\vartheta\,d\varphi \equiv r^2\,dr\,d\Omega$

Beispiel

Ein klassisches Problem der Mechanik ist die Bestimmung des Trägheitsmoments einer homogenen Kugel ($M = {}^4\!/_3\, R^3 \rho\, \pi$) in Bezug auf eine Drehachse durch ihr Zentrum. Diese sei die z-Achse; dann ist

$$dI_z = (x^2 + y^2)\,dM = \rho\,\underbrace{(x^2 + y^2)}_{r^2 \sin^2\vartheta}\,r^2 \sin\vartheta\,dr\,d\vartheta\,d\varphi = \rho\,r^4 \sin^3\vartheta\,dr\,d\vartheta\,d\varphi\,.$$

Das Trägheitsmoment ergibt sich zu

$$I_z = \rho \int_{\varphi=0}^{2\pi} d\varphi \int_{\vartheta=0}^{\pi} d\vartheta \underbrace{\int_{r=0}^{R} dr\, r^4 \sin^3\vartheta}_{\frac{R^5 \sin^3\vartheta}{5}} ,$$

und mit $\sin\vartheta\, d\vartheta = -d\cos\vartheta$ folgt weiter

$$\begin{aligned} I_z &= \frac{R^5\rho}{5} \int_{\varphi=0}^{2\pi} d\varphi \underbrace{\int_{\cos\vartheta=1}^{\cos\vartheta=-1} d\cos\vartheta\, (-1+\cos^2\vartheta)}_{\left(-\cos\vartheta + \frac{\cos^3\vartheta}{3}\right)\Big|_{\cos\vartheta=1}^{-1} = \frac{4}{3}} \\ &= \frac{4R^5\rho}{15} \int_0^{2\pi} d\varphi = \frac{8}{15} R^5 \rho\pi = \frac{2}{5} M R^2 . \end{aligned}$$

□

Beispiel

Wir berechnen den Schwerpunkt eines Kegels (Höhe h, Radius der Grundfläche $R = h$) mit Hilfe von Zylinderkoordinaten (vgl. M.5.7). Die Integrationsgrenzen sind (von außen nach innen):

$$\begin{aligned} 0 \le\ & z \le h , \\ 0 \le\ & \rho \le h - z , \\ 0 \le\ & \varphi \le 2\pi . \end{aligned}$$

Das Volumen des Kegels ist daher

$$V = \int_{z=0}^{h} dz \int_{\rho=0}^{h-z} d\rho \underbrace{\int_{\varphi=0}^{2\pi} d\varphi\, \rho}_{2\rho\pi} = \frac{1}{3} h^3 \pi ,$$

und die Schwerpunktskoordinate ist

$$\overline{z} = \frac{1}{V} \int dV\, z = \frac{3}{\pi h^3} \int_{z=0}^{h} dz \int_{\rho=0}^{h-z} d\rho \underbrace{\int_{\varphi=0}^{2\pi} d\varphi\, \rho z}_{2\pi\rho z} = \frac{h}{4} ,$$

und $\overline{\rho} = 0$ wegen der Drehsymmetrie. Der Wert von $\overline{\varphi}$ ist beliebig und, da $\overline{\rho} = 0$, irrelevant. □

Wie sieht aber eine allgemein anwendbare, algebraische Methode zur Transformation von mehrdimensionalen Differenzialen eines Koordinatensystems in ein anderes aus, wenn die Anschauung versagt und man sich nicht durch eine Skizze behelfen kann? Differenzialformen in mehreren Dimensionen werden mit Hilfe der so genannten **Jacobi-Determinante** transformiert. Eine genauere Begründung dafür wird in Kap. 8 (siehe auch Kap. 11) besprochen.

Bei der Transformation eines Flächenelements von einem zweidimensionalen Koordinatensystem (r, s) zu einem anderen (u, v) mit der Beziehung

$$u = u(r, s) \ , \quad v = v(r, s) \tag{5.81}$$

gilt

$$dA = du\,dv = \left\| \begin{matrix} \frac{\partial u}{\partial r} & \frac{\partial u}{\partial s} \\ \frac{\partial v}{\partial r} & \frac{\partial v}{\partial s} \end{matrix} \right\| dr\,ds \ . \tag{5.82}$$

Dabei bezeichnen die äußeren Striche den Betrag, die inneren eben die Determinante. Es ist üblich, eine Abkürzung zu verwenden, nämlich

$$du\,dv = \left| \frac{\partial\,(u,\,v)}{\partial(r,\,s)} \right| dr\,ds \ . \tag{5.83}$$

Die hier definierte Determinante heißt **Funktionaldeterminante** oder auch **Jacobi-Determinante**.

Bei Transformationen zwischen dreidimensionalen Systemen

$$u = u(r, s, t) \ , \quad v = v(r, s, t) \ , \quad w = w(r, s, t) \tag{5.84}$$

gilt für das Volumenelement

$$dV = du\,dv\,dw = \left| \frac{\partial\,(u,\,v,\,w)}{\partial(r,\,s,\,t)} \right| dr\,ds\,dt = \left\| \begin{matrix} \frac{\partial u}{\partial r} & \frac{\partial u}{\partial s} & \frac{\partial u}{\partial t} \\ \frac{\partial v}{\partial r} & \frac{\partial v}{\partial s} & \frac{\partial v}{\partial t} \\ \frac{\partial w}{\partial r} & \frac{\partial w}{\partial s} & \frac{\partial w}{\partial t} \end{matrix} \right\| dr\,ds\,dt \ . \tag{5.85}$$

Beispiel

Wir hatten mit Hilfe einer Skizze das Flächenelement in Polarkoordinaten bestimmt. Mit dem neuen Verfahren erhalten wir mit

$$x = r\cos\varphi \ , \quad y = r\sin\varphi$$

die Beziehung

$$\begin{aligned} dx\,dy &= \left|\frac{\partial(x,y)}{\partial(r,\varphi)}\right| dr\,d\varphi = \left\|\begin{matrix} \frac{\partial x}{\partial r} & \frac{\partial x}{\partial \varphi} \\ \frac{\partial y}{\partial r} & \frac{\partial y}{\partial \varphi} \end{matrix}\right\| dr\,d\varphi = \left\|\begin{matrix} \cos\varphi & -r\,\sin\varphi \\ \sin\varphi & r\cos\varphi \end{matrix}\right\| dr\,d\varphi \\ &= r\left(\cos^2\varphi + \sin^2\varphi\right) dr\,d\varphi = r\,dr\,d\varphi\,. \end{aligned}$$

Dieses Ergebnis stimmt mit dem geometrisch begründeten, früheren Resultat (5.73) überein. □

M.5.8 Kurz und klar: Mehrdimensionale Differenziale

Gegeben seien zwei Koordinatensysteme, das System X mit Koordinaten $(x_1, x_2, \ldots x_n)$ und U mit Koordinaten $(u_1, u_2, \ldots u_n)$. Dann transformiert sich das n-dimensionale Differenzial (bei $n = 2$: das Flächendifferenzial) wie folgt:

$$du_1\,du_2\ldots du_n = \left|\frac{\partial\,(u_1,u_2,\ldots,u_n)}{\partial\,(x_1,x_2,\ldots,x_n)}\right| dx_1\,dx_2\ldots dx_n\,, \qquad \text{(M.5.8.1)}$$

wobei die **Funktionaldeterminante** oder **Jacobi-Determinante** durch

$$\frac{\partial\,(u_1,u_2,\ldots,u_n)}{\partial\,(x_1,x_2,\ldots,x_n)} \equiv \begin{vmatrix} \frac{\partial u_1}{\partial x_1} & \frac{\partial u_1}{\partial x_2} & \cdots & \frac{\partial u_1}{\partial x_n} \\ \frac{\partial u_2}{\partial x_1} & \frac{\partial u_2}{\partial x_2} & \cdots & \frac{\partial u_2}{\partial x_n} \\ \vdots & \cdot & \cdots & \vdots \\ \frac{\partial u_n}{\partial x_1} & \frac{\partial u_n}{\partial x_2} & \cdots & \frac{\partial u_n}{\partial x_n} \end{vmatrix} \qquad \text{(M.5.8.2)}$$

gegeben ist. Man beachte, dass der *Betrag der Jacobi-Determinante* aufscheint, um ein orientierungsabhängiges Vorzeichen zu vermeiden.

Die Jacobi-Determinante ist eng mit der Umkehrbarkeit von Variablentransformationen verknüpft (**Theorem über implizite Funktionen**, vgl. Abschn. 4.3.2 und [7–9]). Ihr Verschwinden würde bedeuten, dass ein von null verschiedener Bereich durch die Transformation zu null schrumpft, wodurch eine umkehrbar eindeutige Zuordnung nicht mehr möglich ist. In Kap. 8 beschäftigen wir uns noch einmal mit dieser Problematik.

5.5 Aufgaben und Lösungen

5.5.1 Aufgaben

5.1: Finden Sie für die Kurve $y = x^2$ im Bereich $0 \leq x \leq 2$ (a) die Bogenlänge; (b) das Volumen des Drehkörpers um die x-Achse; (c) die gekrümmte Oberfläche dieses Körpers; (d) die Schwerpunkte des Bogens und der Fläche unter der Kurve. Bestimmen Sie die Trägheitsmomente (Massendichte 1) in Bezug auf eine Drehung um die x-Achse (e) der Fläche unter der Kurve, (f) eines Drahtes mit der Form des Bogens, (g) einer Schale mit der Form der Oberfläche (c), (h) des Drehkörpers (b).

5.2: Berechnen Sie die von der Ellipse $(x/a)^2 + (y/b)^2 = 1$ eingeschlossene Fläche.

5.3: Stellen Sie für das unbestimmte Integral I_n $(n > 1)$ eine Rekursionsformel auf:

$$I_n = \int dx \ \cos^n x \ .$$

5.4: Berechnen Sie die folgenden unbestimmten Integrale mittels Substitution:

$$\text{(a)} \int dx \ (4+5x)^{-3} \quad \text{(b)} \int dt \ \frac{(t-1)}{(3-2t+t^2)^2} \quad \text{(c)} \int dr \ r\sqrt[3]{9-r^2}$$
$$\text{(d)} \int d\varphi \ \cos^n \varphi \sin\varphi \quad \text{(e)} \int dx \ \frac{f'(x)}{f(x)} \quad \text{(f)} \int dx \ \sin(\sqrt{x})$$
$$\text{(g)} \int dt \ \frac{\sinh t}{\cosh t} \quad \text{(h)} \int \frac{dx}{\sqrt{r^2-x^2}} \ .$$

5.5: Berechnen Sie die folgenden unbestimmten Integrale mittels Partialbruchzerlegung:

$$\text{(a)} \int \frac{\left(2x^2+3\right) dx}{(x^2+1)^2} \quad \text{(b)} \int \frac{x \, dx}{x^4-1} \ .$$

5.6: Berechnen Sie folgende unbestimmte Integrale:

$$(a) \int dx \ \frac{x}{\sqrt{a^2+x^2}} \quad (b) \int \frac{dx}{\cos x} \quad (c) \int dx \ x^m \ln x$$
$$(d) \int \frac{dx}{x^2-a^2} \quad (e) \int dx \ \sin x \cosh x \quad (f) \int dx \ \frac{\tan x - 1}{\cos^2 x} \ .$$

5.7: Bestimmen Sie Masse und Trägheitsmoment in Bezug auf eine Drehung um die Symmetrieachse für (a) einen Kegel (Radius der Bodenfläche a, Höhe h); (b) eine Pyramide mit quadratischer Grundfläche (Seitenlänge a und Höhe h). Die Dichte wird als konstant angenommen.

5.8: Berechnen Sie die Bogenlänge der Kardioide $\rho = \cos^2(\varphi/2)$ im ersten Quadranten.

5.9: Von der Spitze eines Turmes (Höhe h) wird ein Ball in horizontaler Richtung (Geschwindigkeit v) geworfen (der Luftwiderstand wird nicht berücksichtigt). Die Bahnkurve als Funktion der Zeit ist dann durch $x = v\,t,\ y = h - g\,t^2/2$ gegeben (g bezeichnet die Erdbeschleunigung). Berechnen Sie die Länge der Flugbahn, bis der Ball am Boden aufprallt.

5.10: Betrachten Sie eine dünne Platte, deren Form durch die Grenzen $x = 0$, $x = 1$, $y = 0$ und $y = x^3$ gegeben ist; die Massendichte ist $\rho(x, y) = x\,y^2$.

(a) Berechnen Sie die Koordinaten des Massenschwerpunkts der Platte.

(b) Das Trägheitsmoment eines Massenpunkts der Masse dM im Abstand r von der Drehachse ist $dI = r^2\,dM$. Wie groß ist das Trägheitsmoment der Platte, wenn die Drehachse die x Achse (I_x), die y-Achse (I_y) oder die z-Achse (I_z) ist. Geben Sie das Trägheitsmoment in Vielfachen der Masse an!

5.11: Berechnen Sie mit der Methode von (5.65) die aktuelle Füllmenge eines kugelförmigen Tanks, dessen Anzeige nur die Füllhöhe h ($0 \le h \le 2R$) angibt!

5.12: Berechnen Sie den Inhalt eines zylinderförmigen, liegenden Öltanks (Länge l, Radius R) in Abhängigkeit von der Füllhöhe h.

5.13: Ein Drehkörper hat die x-Achse als Drehachse, und die Funktion $f(x) = \frac{1}{x}$ definiert die Oberfläche Die Werte von x liegen zwischen 1 und ∞. Zeigen Sie, dass das Volumen endlich und die Oberfläche unbeschränkt ist!

5.14: Bestimmen Sie die Fläche, die durch die Parabeln $y = 6x - x^2$ und $y = x^2 - 2x$ begrenzt wird.

5.15: Bestimmen Sie das Volumen des Rotationskörpers, der entsteht, wenn man die Fläche, die durch die Parabel $y^2 = 12x$ und die Senkrechte durch ihren Brennpunkt ($x = 3$) begrenzt ist, um diese Senkrechte dreht.

5.16: Bestimmen Sie den Schwerpunkt des Schnittvolumens einer Kugel mit Radius a und eines Kegels mit der Spitze am Mittelpunkt der Kugel und Öffnungswinkel 120°.

5.17: Zeigen Sie durch partielle Integration, dass die Funktion

$$A(t) = \int_0^\infty dx\; x^t \mathrm{e}^{-x}\,, \quad t > -1, \quad \text{der Gleichung} \quad A(t) = t\,A(t-1)\,, \quad t > 0$$

genügt. Berechnen Sie $A(n)$ für $n \in \{0, 1, 2\}$ explizit als

$$\lim_{b\to\infty} \int_0^b dx\ x^n\, \mathrm{e}^{-x}.$$

5.18: Berechnen Sie für das Gebiet A: $x^2 + y^2 \leq 16$ das Integral

$$\iint_A dx\, dy\ \sqrt{x^2 + y^2}\ .$$

5.19: Berechnen Sie

$$(a)\ \frac{d}{d\alpha} \int_{\sin\alpha}^{\cos\alpha} dx\ \left(x^2 \sin\alpha - x^3\right)\ , \quad (b)\ \frac{d}{dx} \int_0^{\pi} dt\ \sin xt\ , \quad (c) \frac{d}{dx} \int dt\ \frac{(\mathrm{e}^{xt} - 1)}{t}$$

mit Hilfe der Regel (5.52), als auch durch Integration vor der Differenziation.

5.20: Benützen Sie die Kenntnis von $\int_0^\infty dx\ \frac{1}{x^2+y^2} = \frac{\pi}{2y}$, um $\int_0^\infty dx\ \frac{1}{(x^2+y^2)^2}$ zu berechnen.

5.21: Zeigen Sie, dass die Funktion

$$y = \int_0^x dt\ f(t)\mathrm{e}^{x-t}$$

die Differenzialgleichung $y' - y = f(x)$ erfüllt.

5.22: Gegeben ist die Funktion

$$F(\alpha) = \int_0^\infty \mathrm{e}^{-\alpha x} \frac{\sin x}{x}\, dx.$$

Berechnen Sie $dF/d\alpha$, und führen Sie die restliche Integration aus. Verwenden Sie dieses Ergebnis, um $F(\alpha) = \int F'(\alpha)\, d\alpha + C$ explizit zu berechnen. Daraus können Sie zeigen, dass

$$\int_0^\infty dx\ \frac{\sin x}{x} = \frac{\pi}{2}\ .$$

(Man beachte, dass $\lim_{\alpha\to\infty} F(\alpha) = 0$ ist!)

5.23: Eine Schraube ist durch $x = r\cos t$, $y = r\sin t$ und $z = \frac{h}{2\pi}t$ definiert. Berechnen Sie die Länge s eines Ganges der Schraubenlinie.

5.24: Berechnen Sie die Jacobi-Determinante folgender Variablentransformationen:

(a) $x = 1/2\,(u^2 - v^2)$, $y = u\,v$;
(b) $x = a\cosh u\,\cos v$, $y = a\sinh u\,\sin v$.

5.25: Im $\mathbb{R}^n$ schreibt man für das kartesische Volumenelement kurz $d^n x \equiv dx_1\,dx_2 \cdots dx_n$. Zeigen Sie für eine lineare, nichtsinguläre Variablentransformation im $\mathbb{R}^n$ in Matrixschreibweise $\boldsymbol{x}' = \mathbf{A}\,\boldsymbol{x}$, dass das Volumenelement sich wie $d^n x' = |\det \mathbf{A}|\,d^n x$ transformiert. Was passiert, wenn die Transformation eine Drehung darstellt?

5.5.2 Lösungen

Vollständige Lösungen unter http://physik.uni-graz.at/~cbl/mm/.

5.1: (a) $\sqrt{17} + 1/4$ arsinh 4; (b) $32\,\pi/5$; (c) $(132\sqrt{17} - \text{arsinh}\,4)\,\pi/32$; (d) Bogen: $(1.24, 1.82)$, Fläche: $(1.5, 1.2)$; (e) $128/21$; (f) 22.31; (g) 418.5; (h) $256\,\pi/9$.

5.2: $A = a\,b\,\pi$.

5.3: Partielle Integration und Umformung liefern $I_n = (\sin x\,\cos^{n-1} x)/n + I_{n-2}(n-1)/n$.

5.4: (a) $-1/(10\,(4{+}5\,x)^2)$; (b) Substitution $u = 3{-}2t{+}t^2$, Ergebnis $-1/(2\,(3{-}2\,t{+}t^2))$; (c) Substitution $v = 9 - r^2$, Ergebnis $-3/8\,(9 - r^2)^{4/3}$; (d) Substitution $\psi = \cos\varphi$ ergibt $-(\cos x)^{1+n}/(1+n)$; (e) mit $w = \ln(f(x))$ erhält man $\ln(f(x))$; (f) mit $w = \sqrt{x}$ und partieller Integration erhält man $2(\sin\sqrt{x} - \sqrt{x}\cos\sqrt{x}) + c$.

5.5: (a) $x/(2\,(1+x^2)) + 5/2\,\arctan(x)$; (b) $1/4\,\ln((x^2-1)/(x^2+1))$.

5.6: (e) $1/2\,(-\cos x\,\cosh x + \sin x\,\sinh x) + c$; (f) $1/2\tan^2 x - \tan x$; je nach Rechengang könnte auch ein anderer Ausdruck wie etwa $1/(2\cos^2 x) - \tan x$ herauskommen, warum?

5.7: (a) $m = \rho\,r^2\,h\,\pi/3$, $I = 3\,r^2\,m/10$; (b) $m = \rho\,a^2\,h/3$, $I = m\,a^2/10$.

5.8: $\sqrt{2}$.

5.9: Weglänge: $s = v^2\,(2u + \sinh(2\,u))/(4g)$ mit $u = \text{arsinh}(\sqrt{2\,g\,h}/v)$.

5.10: (a) $\overline{x} = \frac{11}{12}, \overline{y} = \frac{33}{56}$; (b) $I_x = \frac{33}{85}\,M, I_y = \frac{11}{13}\,M, I_z = \frac{1364}{1105}\,M$.

5.11: $(R\,h^2 - h^3/3)\pi$.

5.12: $V(h) = l R^2 \left[\frac{\pi}{2} - \arcsin\,(1 - \frac{h}{R}) - (1 - \frac{h}{R})\sqrt{1 - (1 - \frac{h}{R})^2} \right]$.

5.13: $V = \pi;\ A \to \infty$.

5.14: $A = 64/3$.

5.15: $288\,\pi/5$.

5.17: $A(t) = \Gamma(t + 1)$, vgl. Tabellenwerke, z.B. [2].

5.18: Polarkoordinaten:$2\,\pi \int d\,r\ r^2 = 128\,\pi/3$.

5.19: (a) $\frac{1}{3}\,(\cos a)^4 + (\cos a)^3\,\sin a - (\cos a)^2\,(\sin a)^2 - \frac{1}{3}\,\cos a\,(\sin a)^3$; (b) $(\cos(\pi x) - 1)/x^2 + (\pi/x)\,\sin(\pi x)$; (c) e^{tx}/x.

5.20: $\pi/(4\,y^3)$.

5.21: Hinweis: Verwenden Sie (5.52).

5.23: $s = \sqrt{4\pi^2 r^2 + h^2}$. Denken Sie sich die Spirale als Draht auf einem Zylinder und rollen sie den Draht ab. Er ist dann die Diagonale eines Rechtecks mit Länge $2\,r\,\pi$ und Breite h. Auch so kann man das Ergebnis erhalten.

5.24: (a) $u^2 + v^2$; (b) $-a^2(\cos(2\,v) - \cosh(2\,u))/2$.

5.25: Die Jacobi-Determinante ergibt sich zu $|\det \mathbf{A}|$; für orthogonale Matrizen ist sie gleich eins.

Literaturempfehlungen

Elemente der Maßtheorie und der Lebesgue-Integration werden in [1, 6, 10] besprochen. Beispiele zur Riemann-Integration findet man in [1]; Integrationstechniken werden in [11] oder [7, 8] behandelt. Integraltabellen findet man zum Beispiel im Anhang B, im Klassiker [12] oder mittels MATHEMATICA.

Literatur

1. M. R. Spiegel, *Schaum's Outline of Theory and Problems of Real Variables* (McGraw-Hill, New York, 1969).
2. M. Abramowitz und I. A. Stegun, *Handbook of Mathematical Functions* (Martino Fine Books, Eastford, CT, 2014).
3. W. H. Press, B. P. Flannery, S. A. Teukolsky, und W. T. Vetterling, *Numerical Recipes: The Art of Scientific Computing*, 3. Aufl. (Cambridge University Press, Cambridge, 2007).
4. W. Törnig und P. Spellucci, *Numerische Mathematik für Ingenieure und Physiker, Band 1 und 2* (Springer-Verlag, Berlin, 1988).
5. S. Wolfram, *The Mathematica Book* (Wolfram Media, Champaign, IL, 2003).
6. E. Behrends, *Maß- und Integrationstheorie* (Springer-Verlag, Berlin Heidelberg, 1987).
7. H. Fischer und H. Kaul, *Mathematik für Physiker*, Bd. 1, 7. Aufl. (Vieweg+Teubner, Wiesbaden, 2010).
8. H. Fischer und H. Kaul, *Mathematik für Physiker*, Bd. 2 (Springer Spektrum, Berlin, Heidelberg, New York, 2014).
9. J. Dieudonné, *Foundations of Modern Analysis* (Academic Press, New York).
10. Y. Choquet-Bruhat und C. DeWitt-Morette, *Analysis, Manifolds and Physics, I and II* (North-Holland, Amsterdam, 2000).
11. M. L. Boas, *Mathematical Methods in the Physical Sciences*, 3. Aufl. (John Wiley &Sons, Inc., New York, 2005).
12. I. S. Gradshteyn und I. M. Ryzhik, *Table of Integrals, Series, and Products*, 7. Aufl. (Elsevier/Academic Press, Amsterdam, 2007).

Gewöhnliche Differenzialgleichungen 6

6.1 Allgemeines

6.1.1 Einleitung

Oft sucht man eine Funktion, deren Ableitung $f(x)$ ergibt. Man kann diesen Sachverhalt durch die Gleichung

$$\frac{dy}{dx} = f(x) \tag{6.1}$$

ausdrücken. Solche Gleichungen, in denen die gesuchte Funktion $y(x)$ als Ableitung vorkommt, heißen Differenzialgleichungen. Eine **gewöhnliche Differenzialgleichung** enthält dabei nur eine abhängige und eine unabhängige Variable sowie deren Ableitungen. Die allgemeinste Schreibweise ist die implizite Form,

$$f(y^{(n)}(x),\, y^{(n-1)}(x), \ldots,\, y'(x),\, y(x),\, x) = 0\,. \tag{6.2}$$

Wir werden uns hier nur mit Differenzialgleichungen beschäftigen, bei denen es möglich ist, die höchste Ableitung explizit als Funktion der anderen Ableitungen und der Variablen x auszudrücken. Um uns Schreibarbeit zu ersparen, verwenden wir für das Wort „Differenzialgleichung" künftig die Abkürzung DG.

DGen kommen in der mathematischen Formulierung von Vorgängen der Natur häufig vor. Oft beschreibt die Gleichung die zeitliche Entwicklung eines Vorgangs, erlaubt also gewissermaßen einen Blick in die Zukunft. In der Mechanik sind das die so genannten Bewegungsgleichungen. Die bekannte Newtonsche Beziehung zwischen der Kraft, die auf eine Masse ausgeübt wird, und der dadurch bewirkten Beschleunigung,

$$m\,a = f(x,\,t) \tag{6.3}$$

C.B. Lang, N. Pucker, *Mathematische Methoden in der Physik*,
DOI 10.1007/978-3-662-49313-7_6

ist nichts anderes als eine DG. Wir erinnern uns an die Beziehung zwischen Beschleunigung und Ortskoordinate, $a = d^2x(t)/dt^2$, und finden die Differenzialgleichung

$$m \frac{d^2x(t)}{dt^2} = f(x, t) . \tag{6.4}$$

Zwei Beispiele sind besonders populär: die rücktreibende Federkraft mit $f(x, t) = -k\,x$ und die Schwerkraft mit $f(x, t) = m\,g$.[1]

Für die Ableitung einer DG aus der Beobachtung eines Vorgangs ist es oft günstig, mit Differenzialen zu argumentieren. Beim radioaktiven Zerfall einer Substanzmenge $m(t)$ ist etwa die Änderung der Menge $dm(t)$ proportional der gerade vorhandenen Menge und dem betrachteten Zeitintervall dt, also

$$dm(t) = -\lambda\, m(t)\, dt . \tag{6.5}$$

Damit ist die DG festgelegt:

$$\frac{dm(t)}{dt} = -\lambda\, m(t) . \tag{6.6}$$

Die Maxwellschen Gleichungen der Elektrodynamik und die Schrödingergleichung der Quantenmechanik sind ebenfalls Differenzialgleichungen, allerdings in den meisten Fällen solche mit mehreren unabhängigen Variablen und partiellen Ableitungen, so genannte **partielle Differenzialgleichungen**. Mit diesem Typ werden wir uns im späteren Kap. 18 beschäftigen. Hier wollen wir uns auf gewöhnliche DGen konzentrieren.

Eine einfache DG könnte etwa die Form

$$y'(x) = 1 \tag{6.7}$$

haben. Wir betrachten die (x, y)-Ebene: An jedem Punkt können wir mit Hilfe dieser Gleichung eine Richtung angeben, die wir durch einen kleinen Pfeil mit genau der dort vorgegebenen Steigung $y'(x)$ charakterisieren. In Abb. 6.1 sieht man das entsprechende Richtungsfeld. Eine DG beschreibt also eine Kurvenschar, da zu jedem Punkt (x, y) eine Richtung vorgegeben ist.

Wenn wir Lösungen $y(x)$ für diese DG suchen, so müssen sie offenbar dem Richtungsfeld folgen. Um eine spezielle Lösung ermitteln zu können, braucht man allerdings noch eine zusätzliche Angabe, etwa einen Punkt in der Ebene, durch den die Lösung laufen soll: $(x_0, y_0 = y(x_0))$. In Abb. 6.1 haben wir eine Lösung eingezeichnet, die durch den Punkt (-1,-2) geht.

In Abb. 6.2 haben wir die Richtungsfelder zweier weiterer einfacher DGen gezeichnet und auch jeweils verschiedene Lösungen angegeben. Grafisch kann man sich leicht

[1] Genau genommen ist die Anziehungskraft zwischen zwei massiven Körpern im Abstand r gleich $\gamma\, m\, M/r^2$. Sie können aber leicht überprüfen, dass auf der Erdoberfläche (Radius R) für $r = R + x$, $x \ll R$ dieser Ausdruck näherungsweise in den zuerst genannten übergeht.

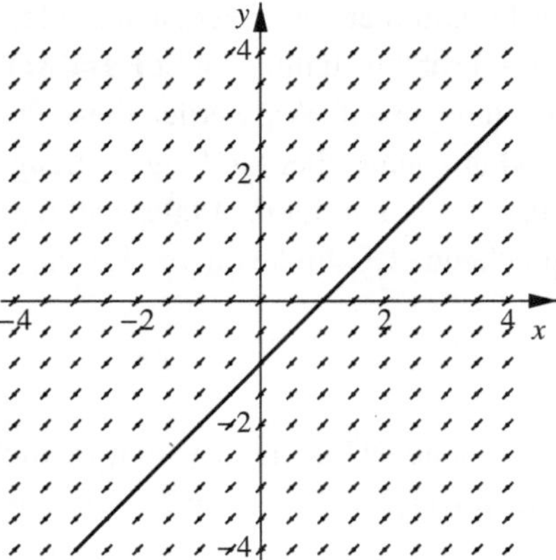

Abb. 6.1 Das Richtungsfeld für die DG $y' = 1$; die ausgezogene Gerade ist die Lösung, die durch den Punkt (-1,-2) verläuft

eine Vorstellung von der Lösung machen. Man beginnt am angegebenen Punkt (x_0, y_0) und berechnet aus der DG die Richtung $y'(x_0)$ an diesem Punkt. Dann zeichnet man ein kleines Stück der Lösungskurve in diese Richtung (die lineare Näherung) und kommt zu einem benachbarten Punkt (x_1, y_1). Dort wiederholt man diese Vorgangsweise. So erhält man einen Polygonzug, der umso genauer die richtige Lösung wiedergibt, je kleiner die einzelnen Teilschritte sind. Dieses Verfahren zur einfachen numerischen Integration von Differenzialgleichungen ist nach **Euler** benannt. Eine eingehendere Besprechung verschiedener numerischer Lösungsverfahren für DGen folgt in Abschnitt 6.2.4.

Durch eine zusätzliche Angabe, die **Anfangsbedingung**, wird also aus der allgemeinen Lösung eine spezielle Lösung ausgewählt. Bei Differenzialgleichungen höherer Ordnung braucht man mehrere Zusatzangaben; wenn es sich dabei um die Werte der Funktion an einer Stelle x_0 und die Werte ihrer Ableitungen an dieser Stelle handelt, spricht man weiter von einem Anfangswertproblem. Man hat dann aber auch die Möglichkeit, Werte

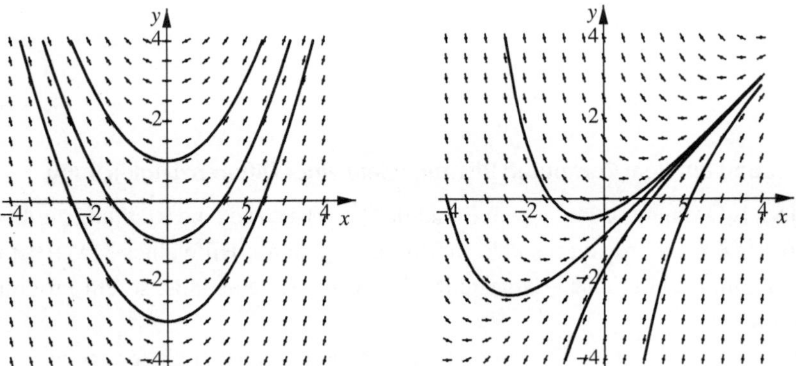

Abb. 6.2 Das Richtungsfeld für die DGen $y' = x$ (links) und $y' = x - y$ (rechts); die ausgezogenen Kurven entsprechen Lösungen zu verschiedenen Anfangsbedingungen

der Funktion an verschiedenen Stellen (oft am Rand des Definitionsbereichs) anzugeben. Diese Problemstellung heißt **Randwertproblem** und tritt auch bei partiellen Differenzialgleichungen auf. Wir werden diese Problematik auf Kap. 18 verschieben.

Man könnte aber die Fragestellung auch umkehren. Wie kann man zu einer Schar von Kurven, die durch einen oder mehrere Parameter parametrisiert werden können, die entsprechende DG finden, deren Lösung die Schar ist? Wenn man also die Kurvenschar

$$y(x) = \alpha\, x \tag{6.8}$$

hat, welche DG ist dafür verantwortlich? Um die DG zu finden, muss man einfach Ableitungen von y so kombinieren, dass die Parameter entfernt werden.

Beispiel

In unserem Beispiel etwa finden wir

$$y(x) = \alpha\, x\,, \quad y' = \alpha \quad \Rightarrow \quad y' = \frac{y}{x}\,. \qquad \square$$

Beispiel

Sie haben in einem Experiment beobachtet, dass die Wegkurve je nach Anfangsgegebenheiten immer die Form

$$y(x) = \alpha + \beta\, x + \frac{g}{2}\, x^2$$

hat, wobei α und β variieren. Nach zweimaligem Differenzieren finden Sie die Newtonsche Bewegungsgleichung (für den Weg y und die Zeit x)

$$y'' = g\,. \qquad \square$$

C.6.1 … und auf dem Computer: Richtungsfeld einer Differenzialgleichung

Eine DG 1. Ordnung ordnet jedem Punkt der (x, y)-Ebene eine Richtung zu. In den Abb. 6.1 und 6.2 wurde dieses Feld für drei Beispiele mit Hilfe eines MATHEMATICA-Programms [1] grafisch dargestellt. Versuchen Sie ebenfalls, so ein Programm zu schreiben.

Versuchen Sie weiter, ein Programm zu entwerfen, das zu einer gegebenen DG der Form $y' = f(x, y)$ zu jedem willkürlich gewählten Anfangswert eine Näherungslösung (Polygonzug bestehend aus kleinen Teilstücken, die jeweils durch die im Text besprochene lineare Näherung bestimmt werden) zeichnet. Wenn Sie in Ihrem Programm die Möglichkeit haben, die Position des Cursors (der Maus) interaktiv abzufragen, so könnten Sie die Anfangsbedingung durch Anklicken eines Punktes in der Ebene festlegen. So entsteht ebenfalls ein Kurvenfeld.

Wie erkennt man Problempunkte, wo die DG keine (oder keine eindeutige) Lösung hat? Was passiert in Ihrem Programm an diesen Punkten?

6.1.2 Klassifikation

Wir wollen etwas Systematik in die Landschaft der DGen allgemeiner Form (6.2) bringen.

Ordnung der DG: ist durch die höchste vorkommende Ableitung definiert.

Linear nennt man eine DG, die linear in der unbekannten Funktion $y(x)$ und in ihren Ableitungen $y', \ldots$ ist; Beispiele dafür sind etwa

$$\begin{aligned} y' + x^2 + \sin x - 1 &= 0\,, \\ y' + y\,\cos x - x^3 &= 0\,, \\ y'' + y' + y - \cos x &= 0\,. \end{aligned}$$

Die allgemeine Form einer linearen DG kann auch

$$L^{(n)}(x)\,y(x) = f(x) \tag{6.9}$$

geschrieben werden. Dabei ist $L^{(n)}(x)$ ein linearer Differenzialoperator der Form

$$L^{(n)}(x) \equiv \sum_{k=0}^{n} f_k(x)\,\frac{d^k}{dx^k}\,. \tag{6.10}$$

Nichtlinear sind DGen, die eben nicht linear in y und seinen Ableitungen sind, wie etwa

$$y\,y' + x\,\sin y - x = 0\,.$$

Explizit sind DGen, bei denen man $y^{(n)}$ explizit als Funktion von $y^{(n-1)}, \ldots, y$ und x hinschreiben kann.

Implizit sind hingegen DGen, in denen man $y^{(n)}$ nicht explizit als Funktion von $y^{(n-1)}$, …, y und x hinschreiben kann.

Gewöhnlich nennt man eine DG mit nur einer unabhängigen Variablen und daher auch nur Ableitungen nach dieser.

Partiell sind DGen mit mehr als einer unabhängigen Variablen; in ihnen kommen also auch partielle Ableitungen vor. Ein Beispiel dafür ist die Gleichung

$$\frac{\partial^2 f(x,y)}{\partial x^2} + \frac{\partial^2 f(x,y)}{\partial y^2} = x\,y\,. \tag{6.11}$$

Wie werden uns in diesem Abschnitt nur mit gewöhnlichen Differenzialgleichungen beschäftigen. Partielle Differenzialgleichungen werden im Zusammenhang mit Eigenwertproblemen und speziellen Orthogonalsystemen in der Funktionalanalysis diskutiert (Kap. 16 bis 18).

Eine Funktion $y(x)$, welche auf einem Intervall $I \subset \mathbb{R}$ die DG und die Anfangs- oder Randbedingungen erfüllt, und welche entsprechend oft stetig differenzierbar ist, heißt **Lösung der Differenzialgleichung**. Eine allgemeine Lösung enthält noch unbestimmte Konstanten, die durch die Anfangs- oder Randbedingungen festgelegt werden. In der speziellen Lösung (oft auch **partikuläre Lösung** genannt) sind diese Konstanten bereits festgelegt.

6.2 Gewöhnliche Differenzialgleichungen 1. Ordnung

6.2.1 Existenz und Eindeutigkeit

Wir betrachten in diesem Abschnitt gewöhnliche Differenzialgleichungen, bei denen die höchste Ableitung y' und explizit darstellbar ist, und die daher in die Form

$$y'(x) = f(x,y) \tag{6.12}$$

gebracht werden können. Wie im vorhergehenden Abschnitt gezeigt, entspricht die Menge der Funktionen $y(x)$, die diese Gleichung erfüllen, meist einer Kurvenschar in einem Bereich $D \subset \mathbb{R}^2$. Durch eine zusätzliche Angabe, die **Anfangsbedingung**, wird daraus eine spezielle Lösung ausgewählt. Die vollständige Fragestellung erfordert also drei Angaben:

Anfangswertproblem

$$\begin{array}{ll} \text{Differenzialgleichung:} & y'(x) = f(x,y)\,, \\ \text{Anfangsbedingung:} & y(x_0) = y_0, \quad (x_0,y_0) \in D\,, \\ \text{Definitionsbereich:} & \text{Menge der Punkte } (x,y) \in D \subset \mathbb{R}^2\,. \end{array} \tag{6.13}$$

Kann man eine Differenzialgleichung immer lösen? Diese Frage wird durch den **Satz von Peano** geklärt: Das Anfangswertproblem (6.13) hat für in D stetige $f(x,y)$ zumindest eine Lösung.

Beispiel

Die Lösung des einfachen Anfangswertproblems kann manchmal aber schwieriger sein, als man es auf den ersten Blick erwartet. Betrachtet man etwa

$$y' = x\sqrt{y}\,, \quad y(0) = 0\,, \quad D = \{x \in \mathbb{R}, y \geq 0\}\,, \tag{6.14}$$

so gibt es dafür, wie man leicht durch Einsetzen nachprüfen kann, zwei Lösungen, nämlich $y = 0$ und $y = x^4/16$. Nicht jedes Anfangswertproblem ist also eindeutig lösbar. Wenn Sie sich also etwa einfach auf Ihr Computerprogramm verlassen, so wird dieses hier zwar eine Lösung liefern, aber Sie können nicht sicher sein, ob es die richtige ist.

□

Der **Satz von Picard** zeigt, wie man diese Falle vermeiden kann. Er besagt, dass das Anfangswertproblem (6.13) eine *eindeutige* Lösung hat, wenn $f(x, y)$ und die partielle Ableitung $\partial f(x, y)/\partial y$ in D stetig sind.

Das war in unserem Beispiel offenbar nicht der Fall, da ja $\partial(x\sqrt{y})/\partial y = x/(2\sqrt{y})$ bei $y = 0$ divergiert und daher sicher nicht stetig ist. Wenn wir den Definitionsbereich allerdings auf $D = \{x \in \mathbb{R}, y > 0\}$ einschränken, dann ist dieses Anfangswertproblem für jede Anfangsbedingung in diesem Bereich eindeutig lösbar.

Neben der Eindeutigkeit der Lösung gibt es noch weitere Aspekte. Einer ist die Stabilität der Lösung in Hinblick auf kleine Änderungen der Anfangsbedingungen. Wir wissen, dass es Systeme von Differenzialgleichungen gibt, bei denen solche kleine Änderungen exponentiell anwachsende Abweichungen der Lösungen bewirken. Diese Wege zum Chaos werden in der Theorie der dynamischen Systeme untersucht, und wir werden sie im Moment nicht weiter verfolgen. Gerade bei numerischen Lösungsverfahren ist diese Frage nach der Stabilität von erheblicher Relevanz.

M.6.1 Kurz und klar: Lipschitz-Bedingung

Der **Satz von Picard** gibt eine hinreichende Bedingung für die Existenz und Eindeutigkeit einer Lösung an. Man kann ihn auch unter noch schwächeren Voraussetzungen formulieren. Dazu brauchen wir allerdings einen neuen Begriff.

Gegeben sei eine Funktion $f(x, y)$ in einem Bereich $D \subset \mathbb{R}^2$. Wenn man zeigen kann, dass für alle Punktepaare $(x, y_1), (x, y_2) \in D$ die Ungleichung

$$|f(x, y_1) - f(x, y_2)| \leq L\,|y_1 - y_2| \tag{M.6.1.1}$$

(für irgendeinen Wert $L > 0$) gilt, so erfüllt $f(x, y)$ auf D eine **Lipschitz-Bedingung** in y. Die Zahl L nennt man **Lipschitz-Konstante**. Eine andere Fassung des Satzes von Picard sagt nun, dass das Anfangswertproblem (6.13) eindeutig lösbar ist, wenn $f(x, y)$ auf D einer Lipschitz-Bedingung in y genügt.

Beispiel: Die Funktion $f(x, y) = x^2 |y|$ erfüllt eine Lipschitz-Bedingung in y auf $D = 0 \leq x \leq 4$ mit der Lipschitz-Konstante $L = 16$. Beweis:

$$\left|x^2 |y_1| - x^2 |y_2|\right| \leq |x^2| \, ||y_1| - |y_2|| \leq 16 |y_1 - y_2| \, .$$

Wir haben dabei verwendet, dass in D die Ungleichung $x^2 \leq 16$ gilt.

Für konvexe Definitionsbereiche D folgt aus der Existenz einer Lipschitz-Bedingung auch die Stetigkeit von $f(x, y)$ und $\partial f(x, y)/\partial y$. Ein Gebiet $D \in \mathbb{R}^2$ ist **konvex**, wenn alle Punkte auf der geraden Verbindungsstrecke zwischen zwei beliebigen Punkten $(x_1, y_1), (x_2, y_2) \in D$ ebenfalls in D liegen.

6.2.2 Lineare Differenzialgleichungen 1. Ordnung

Das sind Gleichungen des Typs

$$y'(x) = a(x)\, y(x) + b(x) \, , \tag{6.15}$$

also linear in y. Diese Gleichungen haben einen unschätzbaren Vorteil: Es gibt dafür Standardverfahren zur Lösung. Wir wollen uns durch die Untersuchung verschiedener einfacher Fälle an die allgemeine Lösung herantasten.

Einfaches Integral

Wenn $a(x) = 0$ ist, dann handelt es sich um ein einfaches Integral, und wir lösen das Problem wie im Kap. 5 durch Integration über die unabhängige Variable x.

$$y'(x) = b(x) \;\Rightarrow\; \frac{dy}{dx} = b(x) \;\Rightarrow\; \int dx\, \frac{dy}{dx} = \int dx\, b(x) \, . \tag{6.16}$$

Wegen $\int dx\, \frac{dy}{dx} = \int dy = y$ ergibt sich

$$y = \int dx\, b(x) + \alpha \, . \tag{6.17}$$

Dabei haben wir eine Integrationskonstante α eingeführt, da es sich um ein unbestimmtes Integral handelt.

Wir wollen für einen Moment das Ergebnis der Integration $B(x) = \int dx\; b(x)$ nennen. Die Integrationskonstante kann aus (6.17) durch Einsetzen der Anfangsbedingung $y(x_0) = y_0$ ermittelt werden,

$$y_0 = B(x_0) + \alpha \;\Rightarrow\; \alpha = y_0 - B(x_0), \;\Rightarrow\; y(x) = y_0 + B(x) - B(x_0) \tag{6.18}$$

oder, durch das entsprechende bestimmte Integral ausgedrückt,

$$y(x) = y_0 + \int_{x_0}^{x} dx\, b(x)\ . \tag{6.19}$$

Damit erkennen wir, dass wir auch gleich zu Beginn der Integration die Anfangsbedingung als Integrationsgrenzen hätten einsetzen können.

$$\frac{dy}{dx} = b(x) \Rightarrow \int_{x_0}^{x} dx\, \frac{dy}{dx} = \int_{x_0}^{x} dx\, b(x) \Rightarrow \int_{y(x_0)}^{y(x)} dy = \int_{x_0}^{x} dx\, b(x). \tag{6.20}$$

Integration ergibt wiederum die uns schon bekannte Lösung

$$y(x) - y_0 = \int_{x_0}^{x} dx\, b(x)\ . \tag{6.21}$$

Wir sollten der Vollständigkeit halber erwähnen, dass wir ein wenig salopp vorgegangen sind, und die Variable x sowohl als Integrationsvariable verwendet haben, als auch als eine in der Integrationsgrenze vorkommende Variable. Streng genommen sollten wir die Variable der Integralgrenzen anders benennen, etwa z, und erhielten dann die Lösung $y(z) = y_0 + \int_{z_0}^{z} dx\, b(x)$. Nach Erhalt der geschlossenen Lösung $y(z)$ können wir natürlich wieder z auf x umtaufen.

Wir haben also zwei Möglichkeiten:

- Die Anfangsbedingung dient zur Bestimmung der Integrationskonstante.
- Die Anfangsbedingung wird gleich in den Grenzen der Integration berücksichtigt.

Beispiel

Ein klassisches Beispiel ist die Bewegung eines massiven Gegenstandes unter Einwirkung einer konstanten Kraft, also etwa der freie Fall eines Apfels. Nach dem Newtonschen Gesetz gilt

$$\dot{v} = -g\ ,$$

wobei die Erdbeschleunigung g entgegengesetzt zur Geschwindigkeitsrichtung v wirkt. Die Notation ist die in der Physik übliche: Die Ableitung nach der Zeitvariablen t wird nicht durch v' sondern durch einen Punkt auf der Variablen, also $\dot{v}$, ausgedrückt. Dementsprechend bedeutet $\ddot{v}$ die 2. Ableitung nach der Zeit. Die Integration ergibt

$$v(t) = v(t_0) - (t - t_0)\, g\ .$$

Da aber $v(t)$ die Änderung des Weges $s(t)$ angibt, gilt auch

$$\dot{s}(t) = v(t) = v_0 + g\,t_0 - g\,t\ .$$

Durch Integration ergibt sich daraus

$$s(t) = s_0 + (v_0 + g\,t_0)\,(t - t_0) - \frac{1}{2}\,g\,(t^2 - t_0^2)\ .$$

Wenn der Apfel am Anfang, $t_0 = 0$, an der Stelle $s(0) = s_0$ in Ruhe war, $v_0 = 0$, dann folgt mit Hilfe dieser Anfangsbedingungen das klassische Fallgesetz

$$s(t) = s_0 - \frac{1}{2}\,g\,t^2\ .$$

Betrachtet man ein Paar von Differenzialgleichungen für die Komponenten der Geschwindigkeit in x und y-Richtung, so kann man mit geeigneten Anfangsbedingungen die Wurfparabel berechnen. □

Homogene lineare Differenzialgleichung 1. Ordnung

Das Anfangswertproblem der Form

$$y'(x) = a(x)\,y(x)\ ,\quad y(x_0) = y_0\ ,\quad y, y_0 \in I_y \subset \mathbb{R}, x, x_0 \in I_x \subset \mathbb{R}\ , \tag{6.22}$$

wobei $a : I_x \mapsto \mathbb{R}$ stetig ist, hat eine eindeutige Lösung auf $y : I_y \mapsto \mathbb{R}$. Sie ist stetig differenzierbar und lautet

$$y(x) = y_0 \exp\left(\int_{x_0}^{x} dt\ a(t)\right). \tag{6.23}$$

Zum Beweis wollen wir diese Lösung aus der DG konstruieren. Ausgehend von (6.22) benennen wir die unabhängige Variable von x auf t um und können, zunächst unter der Annahme $y(t) \neq 0$, umformen,

$$\frac{y'(t)}{y(t)} = a(t) \quad \Rightarrow \quad \int_{x_0}^{x} dt\ \frac{y'(t)}{y(t)} = \int_{x_0}^{x} dt\ a(t)\ . \tag{6.24}$$

Das Integral auf der linken Seite ergibt

$$\int_{x_0}^{x} dt\ \frac{y'(t)}{y(t)} = \int_{y_0}^{y(x)} dy\ \frac{1}{y} = \ln y(x) - \ln y_0 = \ln \frac{y(x)}{y_0} \tag{6.25}$$

und damit, nach Exponentiation, die Lösung (6.23). Wir haben zuerst den Gültigkeitsbereich auf $y \neq 0$ einschränken müssen. Aus der Form der Lösung sehen wir aber, dass für kein x ein Vorzeichenwechsel stattfindet, je nach dem Wert von y_0 ist die Lösung also nur positiv oder nur negativ. Wenn wir nun auch $y_0 = 0$ erlauben, so reduziert sich die entsprechende Lösung auf die triviale, $y(x) = 0$, ein Spezialfall der allgemeinen Lösung (6.23). Damit ist die Form (6.23) ohne Einschränkung die Lösung der DG (6.22).

Diese Lösung ist die einzige, wie man aus dem Satz von Picard leicht erkennt. Man kann das aber auch an folgender Betrachtung sehen. Wenn es neben $y(x)$ aus (6.23) noch eine weitere Lösung $f(x)$ gäbe, dann könnten wir leicht zeigen, dass die daraus konstruierte Funktion

$$g(x) \equiv f(x) \exp\left(- \int_{x_0}^{x} dt\, a(t) \right) \tag{6.26}$$

eine Konstante sein muss. Dazu bildet man einfach den Ausdruck

$$g'(x) = \big(f'(x) - f(x)\,a(x)\big) \exp\left(- \int_{x_0}^{x} dt\, a(t) \right), \tag{6.27}$$

der verschwindet, da ja laut Annahme f die DG erfüllt. Daher muss g konstant sein, und f ist dann proportional zu y, liefert also keine neue Lösung.

Beispiel

Wir haben schon die DG des radioaktiven Zerfalls erwähnt, die ebenfalls eine homogene lineare DG 1. Ordnung ist,

$$\frac{dm(t)}{dt} = -\lambda\, m(t), \quad m(t_0) = m_0 .$$

Die Lösung ist hier offenbar

$$m(t) = m_0\, \mathrm{e}^{-\lambda\,(t-t_0)} ,$$

also ein exponentieller Abfall der Menge $m(t)$. Eine analoge Gleichung beschreibt das exponentielle Wachstum der Weltbevölkerung. Ein weiteres Anwendungsbeispiel (vgl. Übungsaufgaben) für eine lineare DG vom homogenen Typ betrifft die Höhenabhängigkeit des Luftdrucks für eine ebenfalls höhenabhängige Temperaturverteilung. □

Man kann die DG (6.22) auch auf folgendem Weg integrieren. Man führt einen so genannten **integrierenden Faktor**

$$\exp\left(- \int_{x_0}^{x} dt\, a(t) \right) \equiv \mathrm{e}^{-A(x)} , \quad \text{also} \quad a(x) = A'(x) \tag{6.28}$$

ein, multipliziert die DG damit und erhält so

$$y' \,\mathrm{e}^{-A} = a\, y\, \mathrm{e}^{-A} \;\Rightarrow\; \underbrace{y' \,\mathrm{e}^{-A} - A'\, y\, \mathrm{e}^{-A}}_{(y\,\mathrm{e}^{-A})'} = 0 \;\Rightarrow\; y\, \mathrm{e}^{-A} = \alpha \tag{6.29}$$

und legt die Integrationskonstante α durch die Anfangsbedingung fest: $\alpha = y_0$. Daraus erhält man wieder die Lösung $y(x) = y_0 \exp(A(x))$.

Auch hier haben wir natürlich die Möglichkeit, zuerst die allgemeine Lösung mit unbestimmtem Integral und einer Integrationskonstanten zu ermitteln und erst danach durch die Anfangsbedingung die Integrationskonstante zu festzulegen.

Inhomogener Fall

Auch das inhomogene Anfangswertproblem

$$y'(x) = a(x)\, y(x) + b(x)\,, \quad y(x_0) = y_0\,, \quad x, x_0 \in I \subset \mathbb{R} \tag{6.30}$$

wobei $a : I \mapsto \mathbb{R}$ und $b : I \mapsto \mathbb{R}$ stetig sind, hat eine eindeutige Lösung auf I. Die Lösung $y : I \mapsto \mathbb{R}$ ist stetig differenzierbar und wird durch **Variation der Konstanten** bestimmt.

Auch hier kann man eine allgemein gültige Form für die Lösung ableiten. Dazu wählt man einen Lösungsansatz, der sich aus der Lösung für die homogene DG ergibt, allerdings statt mit einem konstanten Faktor mit einer Funktion als Multiplikator,

$$y(x) = \alpha(x) \exp\left(\int_{x_0}^{x} dt\; a(t)\right), \quad \text{mit } \alpha(x_0) = y_0\,. \tag{6.31}$$

Dabei wollen wir annehmen, dass $\alpha(x)$ stetig differenzierbar auf I ist. Wieder nennen wir das Ergebnis der Integration im Exponenten abgekürzt $A(x)$ und finden durch Ableitung von (6.31)

$$y' = \alpha' \,\mathrm{e}^{A} + \alpha\, A' \,\mathrm{e}^{A} = \alpha' \,\mathrm{e}^{A} + \alpha\, a\, \mathrm{e}^{A}\,. \tag{6.32}$$

Einsetzen in die originale DG ergibt eine Gleichung für $\alpha'(x)$, nämlich

$$\alpha' \,\mathrm{e}^{A} + \alpha\, a\, \mathrm{e}^{A} = a\, \alpha\, \mathrm{e}^{A} + b \;\Rightarrow\; \alpha'(x) = b(x)\, \mathrm{e}^{-A(x)} \tag{6.33}$$

mit der Lösung

$$\alpha(x) = y_0 + \int_{x_0}^{x} ds\; b(s)\, \mathrm{e}^{-A(s)}\,. \tag{6.34}$$

Damit lautet die Lösung von (6.30):

$$y(x) = y_0\, \mathrm{e}^{A(x)} + \int_{x_0}^{x} ds\; b(s)\, \mathrm{e}^{A(x)-A(s)} \quad \text{mit } A(x) = \int_{x_0}^{x} dt\; a(t)\,. \tag{6.35}$$

Auch die beim homogenen Fall besprochene alternative Methode mittels integrierendem Faktor hätte zur selben Lösung geführt.

Beispiel

Wir betrachten die Gleichung

$$x\,y' - 4\,y = x^6\,\mathrm{e}^x\,.$$

Für $x \neq 0$ bilden wir

$$y' = \frac{4}{x}\,y + x^5\mathrm{e}^x$$

und lösen zuerst die homogene Gleichung mit dem Ergebnis

$$y(x) = y_0\left(\frac{x}{x_0}\right)^4\,.$$

Das ist der Ausgangspunkt zur Lösung der vollständigen Gleichung. Als Ansatz dient uns

$$y(x) = c(x)\,\left(\frac{x}{x_0}\right)^4\,.$$

Man berechnet die Ableitung $y'(x)$, setzt in die ursprüngliche DG ein und erhält

$$c'(x) = x_0^4\,x\,\mathrm{e}^x \;\Rightarrow\; c(x) = y_0 + \int\limits_{x_0}^{x} ds\;x_0^4\,s\,\mathrm{e}^s \;=\; y_0 + x_0^4\,(s-1)\,\mathrm{e}^s\Big|_{x_0}^{x}\,.$$

Einsetzen in den Ansatz ergibt daher die Lösung

$$y(x) = -x^4\,\mathrm{e}^x + x^5\,\mathrm{e}^x + x^4\,\left(\frac{y_0}{x_0^4} + \mathrm{e}^{x_0}\,(1-x_0)\right)\,.$$

□

M.6.2 Kurz und klar: Lösung einer linearen DG 1. Ordnung

Das inhomogene Anfangswertproblem

$$y'(x) = a(x)\,y(x) + b(x)\,,\quad y(x_0) = y_0\,,\quad x, x_0 \in I \subset \mathbb{R} \qquad \text{(M.6.2.1)}$$

wobei $a : I \mapsto \mathbb{R}$ und $b : I \mapsto \mathbb{R}$ stetig sind, hat eine eindeutige Lösung auf I.

Die Lösung $y : I \mapsto \mathbb{R}$ ist stetig differenzierbar und hat die allgemeine Form

$$y(x) = y_0\,\mathrm{e}^{A(x)} + \int\limits_{x_0}^{x} ds\;b(s)\,\mathrm{e}^{A(x)-A(s)} \quad \text{mit } A(x) = \int\limits_{x_0}^{x} dt\;a(t)\,. \qquad \text{(M.6.2.2)}$$

Wenn $b(x) = 0$, dann nennt man die DG homogen, und die Lösung reduziert sich auf den ersten Term.

6.2.3 Nichtlineare Differenzialgleichungen 1. Ordnung

Schon für diesen Fall ist keine allgemein gültige Lösungsmethode mehr verfügbar. Man kennt aber unzählige Spezialfälle, die einfach lösbar sind. Einige davon wollen wir hier betrachten.

Separierter Fall

Wenn in der DG $y' = f(x, y)$ die rechte Seite in ein Produkt von zwei Funktionen faktorisiert, die jeweils nur von x und von y abhängen, so kann man die Gleichung meist auch analytisch lösen. Oft gilt es dabei allerdings, Einschränkungen an das Lösungsgebiet zu beachten. Man nennt solche DGen auch **separabel** oder **separierbar**.

Allgemein gilt, dass das Anfangswertproblem

$$\begin{aligned} y'(x) = \quad & a(x)\,b(y)\,, \quad y(x_0) = y_0\,, \\ & a(x) \text{ stetig für } x \in I \subset \mathbb{R}\,, \\ & b(y) \text{ stetig differenzierbar für } y \in J \subset \mathbb{R} \end{aligned} \tag{6.36}$$

eine **maximal definierte** Lösung auf einem offenen Teilintervall $I_0 \in I$ (wobei $x_0 \in I_0$) hat. Wenn y_0 eine isolierte Nullstelle von $b(y)$ ist, dann lautet die Lösung

$$b(y_0) = 0 \quad \Rightarrow \quad y(x) = y_0\,, \quad I_0 = I\,. \tag{6.37}$$

Sonst wird das maximale Intervall I_0 aus dem zulässigen Wertebereich der formalen Lösung $y(x)$ unter Bedachtnahme der Bedingung $b(y) \neq 0$ bestimmt.

Zu dieser Aussage sollten wir einiges erklären. Wir diskutieren dazu zuerst die DG

$$y' = 2\,x\,y^2\,, \quad y(0) = y_0 > 0\,. \tag{6.38}$$

Es ist dies ein Beispiel für die weiter unten bei (6.45) kurz besprochene so genannte **Riccati-Gleichung**. Zunächst wollen wir das Lösungsintervall noch offen lassen und nehmen also gleichsam $I = \mathbb{R}$ an. Erst die Lösung selbst zusammen mit der Anfangsbedingung und der Forderung nach stetiger Differenzierbarkeit der Lösung legen schließlich I_0 und J fest.

Die rechte Seite ist offenbar faktorisierbar ($a(x) = 2x, b(y) = y^2$); da laut Angabe $y(0) > 0$ (und daher auch $b(y_0) > 0$) ist, gibt es sicher eine Umgebung von $x = 0$ in der

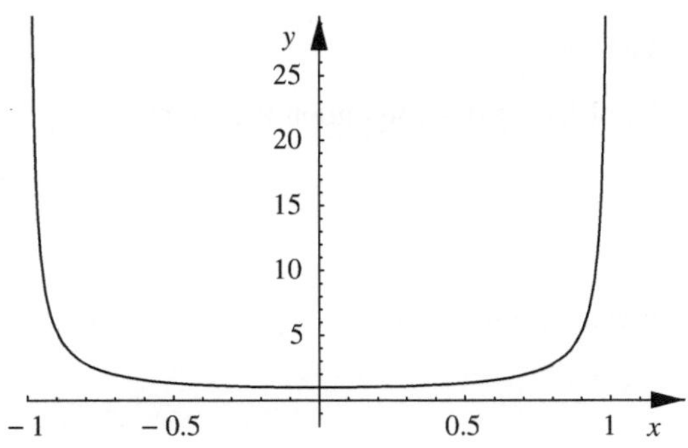

Abb. 6.3 Die Lösung der Riccatischen DG (für die Anfangsbedingung $y(0) = 1$) im maximalen Definitionsbereich $(-1, 1)$

weiterhin $y(x) \neq 0$ gilt. In dieser (noch nicht genauer festlegbaren) Umgebung kann man die DG durch $b(y)$ dividieren und erhält im allgemeinen Fall

$$\int_{x_0}^{x} dt\, \frac{y'}{b(y)} = \int_{x_0}^{x} dt\, a(t) \Rightarrow \int_{y_0}^{y} ds\, \frac{1}{b(s)} = \int_{x_0}^{x} dt\, a(t)\,. \tag{6.39}$$

Wir sind dabei kurz zur Integrationsvariablen t übergegangen und haben danach auf die Variable s transformiert. Nach der Integration erhalten wir einen impliziten Zusammenhang zwischen $y(x)$ und x, den wir gegebenenfalls nach y auflösen können. Der Gültigkeitsbereich der Lösung muss noch bestimmt werden.

Beispiel

Zurück zum Riccati-Beispiel. Die beschriebene Vorgangsweise führt zu

$$\int_{y_0}^{y} dy\, \frac{1}{y^2} = \int_{0}^{x} dx\, 2x \Rightarrow -\frac{1}{y} + \frac{1}{y_0} = x^2 \quad \Rightarrow \quad y(x) = \frac{y_0}{1 - y_0\, x^2}\,.$$

Die Anfangsbedingung ist, wie man leicht sieht, erfüllt. Auch kann y für endliche x nie verschwinden.

Die Beschränkung des Lösungsintervalls ergibt sich hier durch die Forderung der Differenzierbarkeit. Da die Lösung an den Stellen $x = \pm 1/\sqrt{y_0}$ divergiert (singulär ist), ist das gesuchte Intervall $I_0 = (-1/\sqrt{y_0}, 1/\sqrt{y_0})$ (vgl. Abb. 6.3).

Die mit der Anfangsbedingung verträgliche Lösung existiert also manchmal nur in einem eingeschränkten Intervall. Es gibt allerdings Fälle, wo man sie darüber hinaus auf einen größeren Bereich fortsetzen kann. □

Beispiel

Die Lösung des folgenden Problems

$$y' = -\frac{x}{y} \,, \quad x \in \mathbb{R} \,, \quad y \in \mathbb{R}\backslash\{0\}$$

lautet, wie man durch Separation und Integration leicht sieht:

$$x^2 + y^2 = c \,.$$

Die Konstante c wird durch die Anfangsbedingung fixiert und kann in unserem Fall nur positiv sein. Es handelt sich also um Kreise. Da jedoch der Wert $y = 0$ verboten ist, besteht – je nach Anfangsbedingung – die eigentlich zulässige Lösung nur aus dem Halbkreis über- oder unterhalb der x-Achse. Durch explizite Hinzunahme der beiden Punkte auf der x-Achse können wir den Gültigkeitsbereich in diesem Fall auf den vollen Kreis erweitern. □

Eine Lösung nennen wir **maximal definiert**, wenn sie nicht mehr (als Lösung der DG) auf ein größeres Intervall fortgesetzt werden kann. Die Lösungen der linearen, homogenen DG 1. Ordnung waren immer auf ganz I definiert, also maximal definiert.

Wir hatten die Lösungen oben auf den Fall $b(y) \neq 0$ eingeschränkt. Wenn allerdings $b(y_0) = 0$ eine isolierte Nullstelle ist, also $b(y) \neq 0$ für $0 < |y - y_0| < \epsilon$ gilt und $b(y)$ stetig differenzierbar auf $J \in \mathbb{R}$ ist, dann ist $y(x) = y_0$ die (einzige) Lösung des Anfangswertproblems (6.36). Für die bisher von uns untersuchten Funktionen, also im wesentlichen die rationalen und die trigonometrischen Funktionen, ist das immer der Fall. Die Einschränkung an $b(y)$ schließt Problemfälle, wie in (6.14), aus.

Damit haben wir die Diskussion zu (6.36) abgeschlossen und wollen weitere Beispiele diskutieren.

Beispiel

Das Anfangswertproblem

$$y' = x\,(1 + y^2) \,, \quad y(-\sqrt{2\pi}) = 1 \,, \quad I, J = \mathbb{R} \tag{6.40}$$

ist separierbar, und $b(y) = 1 + y^2 > 0$. Damit ergibt sich:

$$\int ds\, \frac{1}{1 + s^2} = \int dt\; t \quad \Rightarrow \quad \arctan y = \frac{x^2}{2} + c \,.$$

Die Konstante c wird durch die Anfangsbedingung festgelegt,

$$\arctan 1 = \pi + c \quad \Rightarrow \quad c = -\frac{3\,\pi}{4} \,.$$

Damit lautet die Lösung zunächst:

$$y = \tan\left(\frac{x^2}{2} - \frac{3\pi}{4}\right) .$$

Wir müssen aber noch das maximal definierte Lösungsintervall bestimmen. Die tan-Funktion hat bei Argumentwerten $(n + 1/2)\,\pi$ Singularitäten. Am Punkt der Anfangsbedingung hat das Argument den Wert $\pi/4$, damit befinden wir uns im tan-Zweig $-\pi/2 < x^2/2 - 3\pi/4 < \pi/2$. Das Lösungsintervall ist also durch $x \in (-\sqrt{5\pi/2}, -\sqrt{\pi/2})$ gegeben. Abb. 6.4 zeigt die Lösung und auch alternative Lösungen zu möglichen anderen Anfangsbedingungen. Versuchen Sie, sich einige andere Anfangsbedingungen zu überlegen, die anderen Lösungszweigen entsprechen.

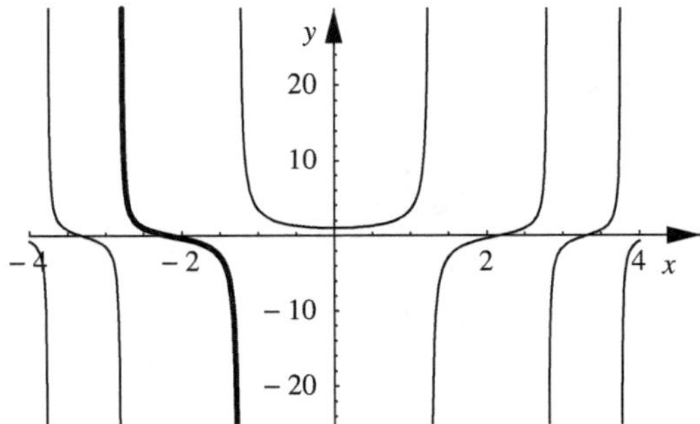

Abb. 6.4 Die Lösung der DG (6.40) zum dort gegebenen Anfangswert ist die stark ausgezogene Kurve. Andere Lösungszweige sind ebenfalls dargestellt □

Irre Typen und geniale Substitutionen

Bisher haben wir Formen von DGen kennen gelernt, die praktisch immer, mit geeignetem Aufwand, analytisch lösbar waren. Nun wird es komplizierter. Es gibt unzählige spezielle Arten von DGen, die von Generationen von fleißigen Forschern untersucht wurden. Wir profitieren nun davon: Viele DGen können durch geschickt gewählte Variablentransformation auf eine der besprochenen Standardtypen umgeformt und so gelöst werden. Einige dieser „irren“ Typen werden wir in diesem Abschnitt kurz vorstellen (vgl. auch die Zusammenstellung in M.6.3).

Bernoulli-Gleichung: Die DG

$$y' = a(x)\,y + b(x)\,y^{\alpha}\,, \quad \alpha \in \mathbb{R}, \neq 0, 1\,, \tag{6.41}$$

(für $\alpha = 0$ oder 1 wäre dies einfach eine inhomogene oder homogene lineare DG) lässt sich durch Umschreiben auf eine neue Variable auf die Form einer linearen DG bringen. Man multipliziert zunächst beide Seiten der DG mit $y^{-\alpha}$ (und schränkt daher gleichzeitig die Lösungen auf $y \neq 0$ ein).

$$y'\, y^{-\alpha} = a(x)\, y^{1-\alpha} + b(x)\ . \tag{6.42}$$

Nun setzen wir

$$z = y^{1-\alpha} \ \Rightarrow\ z' = (1-\alpha)\, y^{-\alpha} y'\ , \tag{6.43}$$

und erhalten nach Einsetzen in die DG eine inhomogene lineare DG für z,

$$z' = (1-\alpha)\, a(x)\, z + (1-\alpha)\, b(x)\ , \tag{6.44}$$

die man mit den besprochenen Standardverfahren lösen kann.

Beispiel

Ein Beispiel dazu ist die DG

$$y' = \frac{1}{x}\, y + x\, y^2\ .$$

Da hier $\alpha = 2$, lautet die Transformation $z = 1/y$, $z' = -y'/y^2$. Die neue DG ist daher

$$z' = -\frac{1}{x}\, z - x\ .$$

Die Lösung der homogenen Gleichung lautet $z = 1/x$, der Ansatz für die Lösung der inhomogenen ist also $z = c(x)/x$ und deren Lösung $z = -x^2/3 + \gamma/x$. Nach Rücktransformation erhalten wir daher die allgemeine Lösung der ursprünglichen DG zu

$$y = \frac{-3\, x}{x^3 - 3\, \gamma}\ .$$

Es muss beachtet werden, dass $y \neq 0$ erfüllt sein muss. Je nach Anfangsbedingung kann man daraus das maximale Definitionsgebiet bestimmen. □

Auch die *allgemeine* Form der **Riccati-Gleichung**

$$y' = a(x) + b(x)\, y + c(x) y^2 \tag{6.45}$$

kann bei Kenntnis einer speziellen (partikulären) Lösung $y_0(x)$ auf Bernoulli-Form gebracht werden. Es handelt sich dabei um eine DG mit einem inhomogenen Beitrag $a(x)$, wie wir sie später in Abschn. 6.3.3 besprechen. Mit dem Ansatz $y(x) = y_0(x) + u(x)$ erhält man eine Bernoulli-Gleichung für $u(x)$.

Homogener Typ: Eine Funktion $f(x, y)$ nennt man **homogen** vom Grad n, wenn

$$f(t\,x, t\,y) = t^n\, f(x, y)\ . \tag{6.46}$$

So ist etwa $x^3 - x\,y^2$ homogen vom Grad 3, und $x/y - y/x$ ist homogen vom Grad 0.

Eine DG $y' = f(x, y)$ ist vom homogenen Typ, wenn $f(x, y)$ homogen vom Grad 0 ist. In diesem Fall kann man die DG durch die Transformation

$$u = \frac{y}{x} \;\Rightarrow\; y = u\,x \;\Rightarrow\; y' = u'\,x + u \tag{6.47}$$

vereinfachen. Wegen der Homogenität ist $f(x, ux) = f(1, u)$ und damit

$$u'\,x + u = f(1, u) \Rightarrow u' = \frac{1}{x}\,(f(1, u) - u)\ , \tag{6.48}$$

wir erhalten also eine separierbare DG, die wir mit bekannten Methoden lösen können (Man beachte allerdings die Einschränkung auf $x \neq 0$!).

Es zahlt sich aus, eine DG auf Homogenität hin zu untersuchen. Typische Vertreter dieser Klasse sind folgende Fälle:

(a) $y' = f(y/x)$,
(b) $y' = P(x, y)/Q(x, y)$, wobei P, Q homogen vom gleichen Grad sind.

In beiden Fällen ist $f(x, y)$ offenbar homogen vom Grad 0.

Beispiel

Ein Vertreter der Gruppe (a) ist die DG

$$y' = \frac{y}{x}\ \ln\frac{y}{x}\ .$$

Mit der erwähnten Substitution $y = u\,x$ bekommen wir die separierbare DG

$$u' = \frac{u}{x}\,(\ln u - 1)\ , \qquad \int du\ \frac{1}{u\,(\ln u - 1)} = \int dx\ \frac{1}{x}\ .$$

Mit der Variablentransformation $v = \ln u$ können wir die Integration leicht durchführen und erhalten

$$\ln(v - 1) = \ln x + c \;\Rightarrow\; y = x\,\mathrm{e}^{1+b\,x}\ .$$

Wir haben dabei der Einfachheit wegen eine Konstante $b = \mathrm{e}^c$ zur Parametrisierung der allgemeinen Lösung eingeführt. □

Beispiel

Die DG

$$\left(2\sqrt{x\,y} - y\right)\,dx - x\,dy = 0\,, \qquad (x\,y > 0)$$

ist ein Beispiel für den Fall (b). Die Funktionen $P(x, y) = 2\sqrt{x\,y} - y$ und $Q(x, y) = x$ sind beide homogen vom Grad 1 und erfüllen damit die Voraussetzung. Mit der Transformation

$$y = u\,x\,, \qquad dy = x\,du + u\,dx$$

ergibt sich die DG

$$x\,du = 2\left(\sqrt{u} - u\right)dx\,.$$

Diese separierbare DG hat $b(u) = 2(\sqrt{u} - u)$ und kann mit der Einschränkung $b(u) \neq 0$ separiert werden, also für $u \neq 0, 1$, $u > 0$. Mit der Substitution $\sqrt{u} = z$ kann das Integral auf die Form

$$\int dz\,\frac{1}{1-z} = \int dx\,\frac{1}{x}$$

gebracht und gelöst werden. Die allgemeine Lösung ist schließlich

$$y = x\left(1 + \frac{c}{x}\right)^2\,, \qquad x \neq 0\,,$$

und die Integrationskonstante c muss durch Anfangsbedingungen bestimmt werden. □

Die DGen der Form

(c) $y' = f(a\,x + b\,y + c)$,

(d) $y' = f(\dfrac{a\,x + b\,y + c}{\alpha\,x + \beta\,y + \gamma})$

sind zwar zunächst nicht vom homogenen Typ, können aber in diese Form (oder direkt auf separierte Form) gebracht werden (siehe [2]).

Exakte Differenziale: Die Differenzialgleichung der Kurvenschar $f(x, y) = c$ ist leicht durch Bildung des totalen Differenzials zu erhalten. Es ist $df = 0$ und damit

$$f_x\,dx + f_y\,dy = 0\,. \tag{6.49}$$

In diesem speziellen Fall muss natürlich auch gelten, dass

$$(f_x)_y = (f_y)_x\,, \tag{6.50}$$

da ja f_x, f_y stetig differenzierbar sein sollten.

Eine DG in der Form

$$P(x, y)\,dx + Q(x, y)\,dy = 0\,, \quad \text{mit } P_y = Q_x \quad \Leftrightarrow \quad df(x, y) = 0 \tag{6.51}$$

ist also ein exaktes Differenzial. Zur Lösung geht man nach einem Flip-Flop Verfahren vor. Zuerst integriert man

$$f(x, y)_x = P(x, y) \quad \Rightarrow \quad f(x, y) = \int dx\; P(x, y) + g(y)\,. \tag{6.52}$$

Da es sich um eine Integration in der Variablen x handelt, kann die Konstante hier auch eine Funktion der anderen Variablen y sein, daher also die „Integrationskonstante" $g(y)$. Um sie zu bestimmen, leiten wir nun diesen Ausdruck nach y ab,

$$f(x, y)_y = \frac{\partial}{\partial y}\int dx\; P(x, y) + \frac{\partial g(y)}{\partial y}\,. \tag{6.53}$$

Das Ergebnis muss identisch zu $Q(x, y)$ sein, und so erhalten wir

$$\frac{\partial g(y)}{\partial y} = Q(x, y) - \frac{\partial}{\partial y}\int dx\; P(x, y)\,. \tag{6.54}$$

Man kann sich durch partielle Ableitung des Ausdrucks auf der rechten Seite leicht überzeugen, dass er nur mehr von y explizit abhängen kann.

Dies ist ein wichtiger Kontrollpunkt: Wenn sich die x-Abhängigkeit hier nicht weghebt, hat man sich irgendwo verrechnet. Schließlich kann man durch Integration über y die Funktion g und damit $f(x, y)$ bestimmen. In der Praxis zahlt es sich nicht aus, sich diese allgemeinen Ausdrücke zu merken, man merkt sich einfach die „Flip-Flop" Struktur des Verfahrens:

- P integrieren in $x \Rightarrow f$
- f differenzieren in $y \Rightarrow$ DG für g
- g_y integrieren in $y \Rightarrow f$

Das Ergebnis ist $f(x, y)$, die Lösung der DG lautet daher:

$$df = 0 \quad \Rightarrow \quad f(x, y) = c\,. \tag{6.55}$$

Beispiel

Wir betrachten in diesem Licht die DG

$$(4\,y - x)\,y' = \frac{3}{2}\,x^2 + y \;\Rightarrow\; (3\,x^2 + 2\,y)\,dx + 2\,(x - 4\,y)\,dy = 0\,.$$

Es handelt sich um ein exaktes Differenzial, da

$$P = 3\,x^2 + 2\,y\,, \quad P_y = 2\,, \quad Q = 2\,(x - 4\,y)\,, \quad Q_x = 2\,.$$

Daher verläuft der Lösungsweg nach dem besprochenen Schema:

$$\begin{aligned} f(x,\,y)_x = 3\,x^2 + 2\,y \quad \Rightarrow \quad f(x,\,y) &= \int dx\,(3\,x^2 + 2\,y) + g(y) \\ &= x^3 + 2\,x\,y + g(y) \\ \Rightarrow \quad f(x,\,y)_y &= 2\,x + g_y \quad (= Q(x,\,y)) \\ \Rightarrow \quad g_y &= 2\,(x - 4\,y) - 2\,x = \Rightarrow\; g_y = -8\,y\;. \end{aligned}$$

Wie erwartet, ist g_y also unabhängig von x. Damit liefert die Integration über y das Ergebnis $g = -4\,y^2 + c$. Die Funktion, deren totales Differenzial die DG war, ist daher

$$f(x,\,y) = x^3 + 2\,x\,y - 4\,y^2 + c$$

mit einer Integrationskonstante c. Da die Kurvenschar durch konstante Werte von $f(x,\,y) = \beta$ gegeben ist, kann man die beiden Konstanten in eine zusammenziehen, und wir erhalten als Lösung für dieses Beispiel

$$x^3 + 2\,x\,y - 4\,y^2 = \alpha\;.$$

□

Beispiel

Oft stellt sich das Problem, zu einem Kurvenfeld A die orthogonale Kurvenschar $A_\perp$ zu finden, also die Menge der Kurven, deren Richtung in jedem Punkt senkrecht zur Richtung der Schar A ist (vgl. Abb. 6.5). In der Physik entspricht dies der Frage nach den Kraftlinien in einem gegebenen Potenzialfeld. Wir suchen zum Beispiel die zur Kurvenschar

$$A:\; y = \frac{c\,x}{1+x}\,, \qquad x \neq -1 \tag{6.56}$$

orthogonale Schar. Dazu ermitteln wir zuerst die zur Lösungsmenge A gehörende DG. Wir berechnen die Ableitung von $y(x)$, eliminieren den Scharparameter c und erhalten

$$y' = \frac{y}{x\,(1+x)}\,, \qquad x \neq -1.$$

Die DG einer in jedem Punkt dazu orthogonalen Kurvenschar ist dann

$$y' = -\frac{x\,(1+x)}{y}\,, \qquad x \neq -1,\; y \neq 0\,,$$

da ja $y'_\perp = -1/y'$ gilt. Auch diese DG ist separierbar, und die entsprechende Rechnung ergibt die Lösungsschar

$$3\,y^2 + 3\,x^2 + 2\,x^3 = d\;, \qquad x \neq -1,\; y \neq 0\;.$$

□

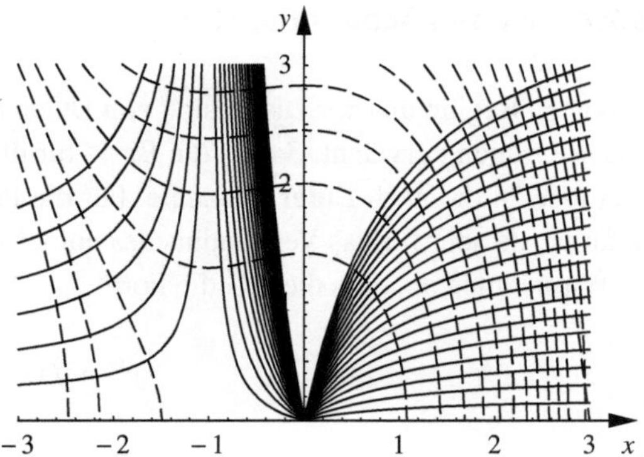

Abb. 6.5 Die Kurvenschar A (ausgezogene Kurven), entsprechend (6.56), und die dazu orthogonale Schar $A_\perp$ (gestrichelte Kurven)

Anhand des letzten Beispiels erkennen wir einen Zusammenhang mit dem schon besprochenen Differenzialgleichungstyp des exakten Differenzials. Für ein Potenzialfeld $\phi(x, y)$ lautet die Gleichung der Äquipotenzialkurven $d\phi = 0$, also

$$\frac{\partial \phi}{\partial x}\, dx + \frac{\partial \phi}{\partial y}\, dy = 0\,. \tag{6.57}$$

Diese Gleichung kann auch als Skalarprodukt interpretiert werden,

$$\boldsymbol{F} \cdot d\boldsymbol{r} = 0\,, \tag{6.58}$$

und damit ist $\boldsymbol{F} = (\phi_x, \phi_y)$, also das Richtungsfeld der Kraftlinien für das gegebene Potenzialfeld!

M.6.3 Kurz und klar: Einige lösbare Typen von DGen 1. Ordnung

y'	$= a(x)\, y + b(x)$	(linear)	→	(M.6.2.1)
	$= a(x)\, b(y)$	(separierbar)	→	(6.36)
	$= a(x)\, y + b(x)\, y^\alpha$	(Bernoulli)	→	(6.41)
	$= f(x, y)\,, \quad f(x, y)$ hom. vom Grad 0	(homogen)	→	(6.47)
	$= -\dfrac{f_x}{f_y}$ oder $P(x, y)\, dx + Q(x, y)\, dy$			
	mit $P_x = Q_y$	(exaktes Diff.)	→	(6.51)

6.2.4 Numerische Integration

Schon zu Beginn unserer Diskussion von DGen haben wir die grafische Interpretation der DG 1. Ordnung erwähnt. Sie ist die Basis für die numerische Integration. Die einfachste Methode ist die nach **Euler** benannte. Für die Praxis ist sie leider nicht empfehlenswert, dafür ist sie aber für das Verständnis des numerischen Zugangs nützlich.

Wir nehmen an, dass die DG die Form

$$y' = f(x,\, y) \tag{6.59}$$

hat. Ausgehend von einem Punkt (x_n, y_n), der zur Lösungsmenge gehört (das kann etwa der Anfangswert sein), findet man einen benachbarten Punkt durch lineare Näherung,

$$(x_n, y_n) \;\Rightarrow\; x_{n+1} = x_n + h,\; y_{n+1} = y_n + h\, f(x_n, y_n)\;. \tag{6.60}$$

Man ersetzt also die tatsächliche Änderung dy durch Δy, wobei man die Steigung $y_n'(x_n, y_n)$ eben aus der DG berechnen kann. Die Schrittweite h ist frei wählbar und wird dem Problem entsprechend angepasst (siehe Abb. 6.6). Natürlich wird man h klein wählen, wenn $y(x)$ stark variiert, also vergleichbar große höhere Ableitungen hat. Für lineare Lösungsfunktionen ist dieses Verfahren keine Näherung sondern exakt. Für alle anderen Funktionen ist der Fehler von der Ordnung $\mathcal{O}(h^2)$.

Diese Vorgangsweise wird iteriert, man nimmt also den neu erhaltenen Punkt wieder als Ausgangspunkt und erhält so als Lösung einen Polygonzug. Dieser Gedanke der Iteration ist übrigens typisch für numerische Verfahren.

Das Eulersche Verfahren ist also einfach, aber ungenau. Es ist auch klar, in welche Richtung man gehen kann, um die Integration zu verbessern. Man kann einfach versuchen, durch Probeschritte mehr über die Funktion und ihre höheren Ableitungen zu erfahren.

Ein Weg zu einer Verbesserung könnte folgendermaßen aussehen. Wir bezeichnen den im Eulerschen Verfahren erhaltenen Wert (x_{n+1}, y_{n+1}^*) als Probeschritt und rechnen an

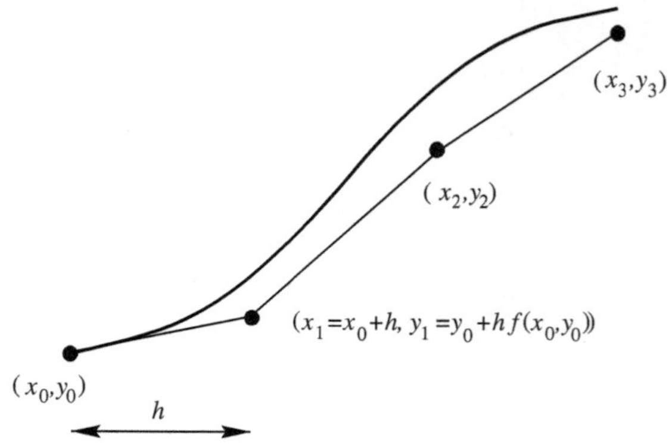

Abb. 6.6 Die Eulersche Methode nähert die Lösung durch einen Polygonzug und hat einen Fehler der $\mathcal{O}(h^2)$

diesem Punkt ebenfalls die Steigung aus: $f(x_{n+1}, y^*_{n+1})$. Den tatsächlichen Integrationsschritt führt man dann in die sich als Mittelwert der beiden Steigungen ergebende Richtung durch,

$$(x_n, y_n) \Rightarrow x_{n+1} = x_n + h \;, \quad y_{n+1} = y_n + \frac{h}{2} \left(f(x_n, y_n) + f(x_{n+1}, y^*_{n+1}) \right) \;. \tag{6.61}$$

Man nennt diese Methode auch Trapez-Verfahren. Der Fehler ist von der Ordnung $\mathcal{O}(h^3)$, wie man aus folgender Überlegung sehen kann. Wir betrachten die Taylorreihe der Funktion $y(x)$ am Punkt x_n,

$$y(x_n + h) = y_n + h\, y'_n + \frac{h^2}{2}\, y''_n + \mathcal{O}(h^3) \;. \tag{6.62}$$

Der Wert von y''_n wird durch Vergleich von $f(x_n, y_n) = y'_n$ mit $f(x_{n+1}, y_{n+1}) = y'_n + h\, y''_n$ (aus der Taylorreihe für $f(x_n, y_n)$) bestimmt und in (6.62) eingesetzt. Damit erhält man genau die Trapezregel.

Wie bei der Interpolation könnte man versucht sein, mehrere Probeschritte zu unternehmen, um dann die Funktion lokal durch ein entsprechend hochgradiges Polynom zu nähern. Genau wie bei der Interpolation ist das im allgemeinen eine instabile und nicht zu empfehlende Vorgangsweise. Kleine Fehler (unter Umständen sogar Rundungsfehler) können große Abweichungen des Ergebnisses verursachen und damit die Glaubwürdigkeit der Lösung in Frage stellen. Nur wenn die Lösung unabhängig von solchen Instabilitäten ist, können wir ihr vertrauen.

Man darf die Schrittweite also nicht zu groß machen, da sonst höhere Ableitungen der Funktion ungenügend beachtet werden. Man darf sie nicht zu klein machen, da man in den Bereich der Rundungsfehler kommt und dann mit der Maschinengenauigkeit Probleme hat. Man darf aber auch die Ordnung des Verfahrens nicht beliebig hoch wählen, da dies zu Instabilitäten führt.

Ein Standardverfahren, das fast immer all diesen Beschränkungen Rechnung trägt, ist das **Runge-Kutta-Verfahren**. Wir besprechen zuerst das Verfahren 2. Ordnung, also mit einem Fehler $\mathcal{O}(h^3)$ und geben dann ohne weitere Erläuterung das am besten zu wählende Allround-Verfahren 4. Ordnung (Fehler $\mathcal{O}(h^5)$) an.

Im RK2 Verfahren (vgl. Abb. 6.7) führt man nur einen halben Probeschritt aus und verwendet die dort bestimmte Steigung zur Durchführung des echten Integrationsschrittes.

$$\begin{aligned} k_1 &= h\, f(x_n, y_n) \;, \quad k_2 = h\, f\left(x_n + \frac{h}{2}, y_n + \frac{k_1}{2} \right) \;, \\ y_{n+1} &= y_n + k_2 + \mathcal{O}(h^3) \;. \end{aligned} \tag{6.63}$$

In Abb. 6.8 wird eine einfache DG mit dem Eulerschen und dem RK2 Verfahren integriert. Das Standard-Verfahren ist, wie gesagt, das Runge-Kutta-Verfahren 4. Ordnung. Jeder

Abb. 6.7 Das Runge-Kutta-Verfahren 2. Ordnung berechnet seinen Schritt aus dem Ergebnis eines Probe-Halbschritts und hat einen Fehler der $\mathcal{O}(h^3)$

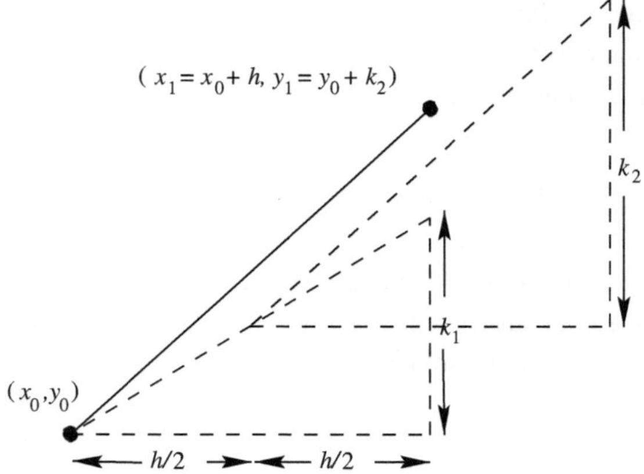

Integrationsschritt lautet:

$$
\begin{aligned}
k_1 &= h\,f(x_n, y_n)\,, & k_2 &= h\,f\left(x_n + \frac{h}{2}, y_n + \frac{k_1}{2}\right)\,,\\
k_3 &= h\,f\left(x_n + \frac{h}{2}, y_n + \frac{k_2}{2}\right)\,, & k_4 &= h\,f(x_n + h, y_n + k_3)\,,\\
x_{n+1} &= x_n + h\,,\\
y_{n+1} &= y_n + \frac{1}{6}(k_1 + 2\,k_2 + 2\,k_3 + k_4) + \mathcal{O}(h^5)\,.
\end{aligned}
\tag{6.64}
$$

In der Praxis wird diese Integration noch mit einer Schrittweitenkontrolle und Anpassung versehen. Hier haben wir uns nur auf eine kurze Diskussion eingelassen (siehe auch C.6.2). Es gibt viele hervorragende Texte zu numerischen Verfahren, die man bei Bedarf zu Rate ziehen sollte [3–6].

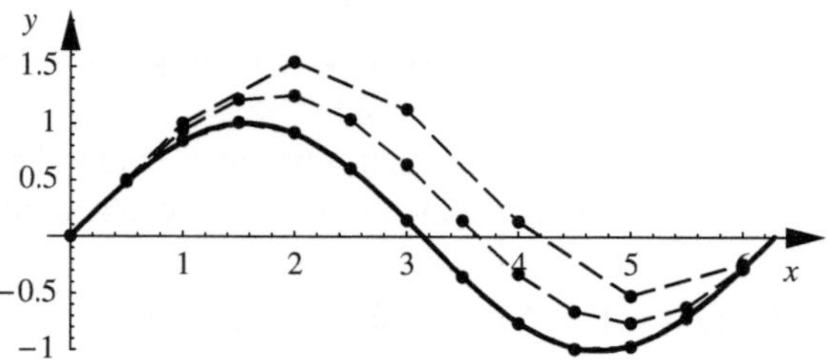

Abb. 6.8 Schrittweise numerische Integration der DG $y' = \cos x$, $y(0) = 0$ mit (a) dem Eulerschen Verfahren ($h = 1$ und $h = 0.5$, die beiden oberen Polygonzüge) und (b) dem Runge-Kutta-Verfahren 2. Ordnung (mit $h = 1$). Die einzelnen Punkte der numerischen Lösungen sind gezeichnet. Auch die exakte Lösungskurve ist dargestellt. Das Ergebnis (b) ist im Rahmen der Zeichengenauigkeit von der exakten Lösung kaum unterscheidbar

C.6.2 ... und auf dem Computer: Eulersche Methode und Runge-Kutta Verfahren

Das Eulersche Verfahren kann man leicht in einem Differenzenschema ausführen. Wir betrachten die DG $y' = x$ mit $y(0.5) = 0$ und wollen den Wert $y(1)$ durch Eulersche Integration bestimmen. Wir nehmen als Schrittweite $h = 0.1$ und können dann die folgende Tabelle zeilenweise von links nach rechts verlaufend anfertigen.

n	x_n	y_n	$y'(x_n, y_n)$	$y_{n+1} = y_n + hy'_n$
0	0.5	0	0.5	0.05
1	0.6	0.05	0.6	0.11
2	0.7	0.11	0.7	0.18
3	0.8	0.18	0.8	0.26
4	0.9	0.26	0.9	0.35
5	1.0	0.35		

Dabei wird y_n in der ersten Zeile durch den Anfangswert bestimmt und in den folgenden Zeilen jeweils aus dem Wert y_{n+1} aus der vorhergehenden Zeile. Der exakte Wert wäre 0.375, man hat also einen Fehler von 7%. Auf diese Art hat man in der Steinzeit der numerischen Rechnungen Differenzialgleichungen integriert. Das Schema kann leicht auch in einem Spreadsheet (Tabellenkalkulationsprogramm) implementiert werden.

In der Praxis sollte man aber möglichst schnell auf ein numerisch aufwändigeres, aber besseres Verfahren (wie etwa das Runge-Kutta-Verfahren 4. Ordnung) übergehen. Mit MATHEMATICA kann man DGen oder Systeme von DGen sowohl numerisch (`NDSolve`) als auch (falls möglich) analytisch (`DSolve`) lösen. Das numerische Verfahren verwendet Runge-Kutta-Methoden (4. Ordnung). Im folgenden Beispiel wird die DG (6.95) auf beide Arten gelöst und das Ergebnis grafisch dargestellt (Abb. 6.9).

Numerische Lösung:

```
In[1]:= NDSolve[{y''[x] + 5 y'[x] + 4 y[x] == Cos[2 x],
          y[0]== 0, y'[0]==4/5}, y, {x,0,5}]

Out[1]= {{y -> InterpolatingFunction[{0., 5.}, <>]}}

In[2]:= Plot[Evaluate[ y[x] /. % ], {x,0,5}]
```

Wir vergleichen mit der analytischen Lösung:

```
In[3]:= DSolve[{y''[x] + 5 y'[x] + 4 y[x] == Cos[2 x],
         y[0]== 0, y'[0]==4/5},y[x],x]//InputForm
Out[3]//InputForm= {{y[x] -> (-2 + 2*E^(3*x) +
                          E^(4*x)*Sin[2*x])/(10*E^(4*x))}}
In[4]:= Plot[Evaluate[ y[x] /. % ], {x,0,5}]
```

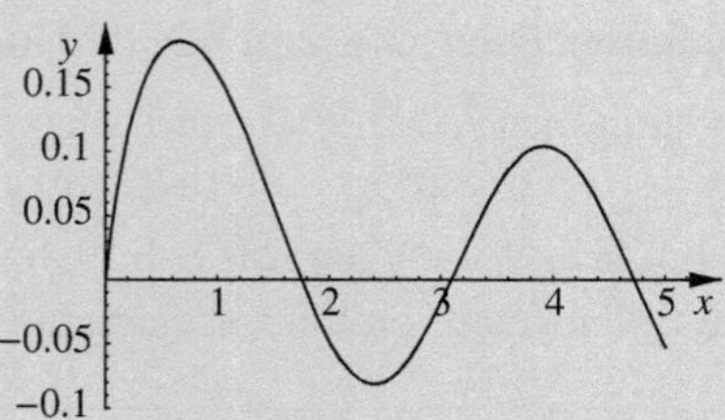

Abb. 6.9 Ergebnis: Die beiden von MATHEMATICA erzeugten Grafiken sind ununterscheidbar

6.3 Gewöhnliche Differenzialgleichungen höherer Ordnung

Eine Differentialgleichung höherer Ordnung kann oft in ein System von gekoppelten DGen 1. Ordnung umgeschrieben werden. Das gilt im Speziellen für lineare DGen. Wir behandeln diesen Zugang in Abschn. 6.4, wollen aber zuerst die klassischen Methoden, insbesondere für die Schwingungsgleichung, besprechen.

6.3.1 Allgemeines

Wir wollen in diesem Abschnitt einige einfache Typen von DGen besprechen, die man analytisch lösen kann. Wir beschränken uns dabei auf lineare DGen. Die allgemeine Form einer gewöhnlichen, linearen DG höherer Ordnung ist

$$\sum_{i=0}^{n} a_i(x)\, y^{(i)}(x) = b(x) \ . \tag{6.65}$$

Meist wählt man dabei $a_n(x) = 1$. Wenn der inhomogene Term auf der rechten Seite verschwindet, handelt es sich um eine homogene DG.

Gleichungen dieser Art sind in vielen Bereichen der Naturwissenschaften verbreitet. Das bekannteste Beispiel ist wohl die Schwingungsgleichung. Ein elektrischer RCL-Schwingungskreis (vgl. auch Abschn. 2.5) folgt der Gleichung

$$L\,\frac{d^2 I}{dt^2} + R\,\frac{dI}{dt} + \frac{1}{C}\,I = \frac{dV}{dt} \ , \tag{6.66}$$

wobei $I(t)$ und $V(t)$ Stromstärke und Spannung bezeichnen, und L, R und C Konstante (Induktivität, elektrischer Widerstand und Kondensatorkapazität) sind. Wir werden diesen Typ einer linearen DG 2. Ordnung mit konstanten Koeffizienten wegen seiner eminenten Bedeutung im folgenden Abschnitt genauer diskutieren.

Zur Festlegung der Lösung benötigt man n Angaben. Diese können im Prinzip Werte der Funktion oder ihrer Ableitungen an verschiedenen Punkten sein. Die Lösbarkeit kann allerdings nur im nachfolgenden Fall garantiert werden.

Das **Anfangswertproblem**

$$\begin{aligned} \textstyle\sum_{i=0}^{n} a_i(x)\, y^{(i)}(x) &= b(x), \quad a_n(x) \neq 0\,, a_i(x),\ b(x) \text{ stetig in } I\,, \\ y^{(i)}(x_0) &= y_0^{(i)} \quad (i = 0, \ldots, n-1) \end{aligned} \tag{6.67}$$

hat eine eindeutige Lösung. Beispiele dafür werden wir später diskutieren.

Wenn man statt dessen Werte der Funktion oder ihrer Ableitungen an mehreren Punkten angibt, so spricht man von einem **Randwertproblem**. Meist tritt diese Fragestellung im Zusammenhang mit partiellen DGen auf (vgl. Kap. 16-18). Diese Art hat oft keine Lösung: die Differenzialgleichung schränkt die Menge der erlaubten Lösungen erheblich ein.

Beispiel

Die DG

$$y'' + 9\,y = 0$$

hat offenbar die Lösungsschar

$$y(x) = a\ \sin 3\,x + b\ \cos 3\,x\ .$$

Als Anfangswertproblem mit den Anfangsbedingungen $y(0) = 3$, $y'(0) = 1$ können wir durch entsprechenden Vergleich die Koeffizienten zu $a = 1/3$, $b = 3$ festlegen.

Die gleiche DG als Randwertproblem definiert könnte etwa die Angabe $y(0) = 3$, $y(\pi) = 1$ haben. Die erste Angabe legt $b = 0$ fest, die zweite würde aber $b = -1$ erfordern. Es gibt also keine Lösung, die diese Randwertangaben respektiert. Für andere Angaben, also zum Beispiel $y(0) = 0$, $y(\pi) = 0$, gibt es keine eindeutige Lösung, da beide Randwerte jeweils $b = 0$ festlegen, aber den Wert von a frei lassen. Ein Randwertproblem kann, muss aber nicht eine Lösung liefern. □

6.3.2 Konstante Koeffizienten

Homogene lineare Differenzialgleichung

Wir betrachten in diesem Abschnitt meist nur DGen 2. Ordnung, also von der Form

$$y'' + \alpha\, y' + \beta\, y = 0, \quad \text{oder auch } L^{(2)}\, y = 0, \tag{6.68}$$

wobei wir mit $L^{(2)}$ eine Abkürzung für den entsprechenden Differenzialoperator bezeichnen (vgl. (6.10)). In unserem Fall ist also

$$L^{(2)} \equiv \frac{d^2}{dx^2} + \alpha \frac{d}{dx} + \beta\ . \tag{6.69}$$

So eine DG hat genau zwei (nichttriviale) linear unabhängige Lösungen, $y_1(x)$ und $y_2(x)$. Die entsprechende Wronski-Determinante (3.63) ist ungleich null.

Für jede der Lösungen gilt natürlich $L^{(2)} y_i(x) = 0$. Somit ist offenbar auch jede beliebige Kombination der beiden Lösungen eine allgemeine Lösung der DG,

$$L^{(2)} y_1(x) \,, \quad L^{(2)} y_2(x) \quad \Rightarrow \quad L^{(2)} \left(c_1\, y_1(x) + c_2\, y_2(x)\right) = 0 \,. \tag{6.70}$$

Die beiden Konstanten sind die durch die Anfangsbedingung festzulegenden Integrationskonstanten! Man sagt dazu, die beiden linear unabhängigen Lösungen bilden ein **Fundamentalsystem**.

Beispiel

Die Lösung dieses homogenen Falles zu den Anfangsbedingungen $y(x_0) = y'(x_0) = 0$ muss trivial sein, also $y(x) = 0$. Man sieht das leicht aus den Gleichungen

$$\begin{aligned} c_1\, y_1(x_0) + c_2\, y_2(x_0) &= 0 \,, \\ c_1\, y_1'(x_0) + c_2\, y_2'(x_0) &= 0 \,. \end{aligned}$$

Dieses Gleichungssystem hat nur dann eine nichttriviale Lösung für die unbekannten Koeffizienten c_1, c_2, wenn die Wronski-Determinante der Lösungen y_1, y_2 verschwindet (vgl. Kap. 3). Laut Voraussetzung ist das aber nicht der Fall. Damit muss $c_1 = c_2 = 0$ sein. □

Die Lösung ist eindeutig: Sobald man die Integrationskonstanten festgelegt hat, gibt es keine weitere Lösung. Um dies zu sehen, nehmen wir das Gegenteil an: Es seien $f(x)$ und $g(x)$ beides Lösungen der DG zu gleichen Anfangsbedingungen. Damit ist

$$L^{(2)} f = 0 \,, \quad L^{(2)} g = 0 \,, \quad h(x) \equiv f(x) - g(x) \quad \Rightarrow \quad L^{(2)} h = 0 \,, \tag{6.71}$$

und so löst auch $h(x)$ die DG. Für die Anfangsbedingungen gilt $h(0) = f(0) - g(0) = 0$ und $h'(0) = f'(0) - g'(0) = 0$. Nach dem vorhergehenden Beispiel muss daher $h(x) = 0$ sein und damit $f(x) \equiv g(x)$. Es gibt also genau *eine* Lösung des Anfangswertproblems.

Beispiel

Bevor wir den Lösungsweg im allgemeinen besprechen, wollen wir mit einem Beispiel beginnen. Wir versuchen, die DG

$$y'' + y' - 6\, y = 0 \,, \quad y(0) = 0, \; y'(0) = 3 \tag{6.72}$$

mit dem Ansatz $y = a\, \mathrm{e}^{b\, x}$ zu lösen. Wir setzen in die DG ein und finden

$$(b^2 + b - 6)\, a\, \mathrm{e}^{b\, x} = 0 \,.$$

Da die Exponentialfunktion immer ungleich null ist, setzen wir den Vorfaktor gleich null und erhalten; $b = 2, -3$. Damit erfüllen die beiden (linear unabhängigen) Funktionen

$$y_1(x) = \mathrm{e}^{2x}\,, \quad y_2(x) = \mathrm{e}^{-3x}$$

die DG und bilden das gesuchte Fundamentalsystem. Die Wronski-Determinante lautet:

$$W = \begin{vmatrix} \mathrm{e}^{2x} & \mathrm{e}^{-3x} \\ 2\,\mathrm{e}^{2x} & -3\,\mathrm{e}^{-3x} \end{vmatrix} = -5\,\mathrm{e}^{-x} \neq 0\,.$$

Die spezielle, die Anfangsbedingung erfüllende Lösung erhalten wir durch Koeffizientenvergleich.

$$\begin{aligned} y(x) = c_1\,\mathrm{e}^{2x} + c_2\,\mathrm{e}^{-3x} \quad &\Rightarrow \quad 0 = c_1 + c_2\,, \\ y'(x) = 2\,c_1\,\mathrm{e}^{2x} - 3\,c_2\,\mathrm{e}^{-3x} \quad &\Rightarrow \quad 3 = 2\,c_1 - 3\,c_2\,, \\ &\Rightarrow \quad c_1 = \frac{3}{5}\,, \quad c_2 = -\frac{3}{5}\,. \end{aligned}$$

□

Den in diesem Beispiel beschriebenen Lösungsweg kann man verallgemeinern. Offenbar ist es möglich, die lineare DG umzuformen. Wir wollen als Abkürzung $D \equiv \frac{d}{dx}$ verwenden.

$$\begin{aligned} \frac{d^2}{dx^2} + \alpha\,\frac{d}{dx} + \beta \quad &\Rightarrow \quad \left(D^2 + \alpha\,D + \beta\right)\,, \\ L^{(2)}y = 0 \quad &\Rightarrow \quad (D-a)\,(D-b)y = 0\,. \end{aligned} \tag{6.73}$$

Man nennt diese Gleichung auch die „charakteristische Gleichung"; wir haben sie (nach dem Satz von Vieta, vgl. Anhang B) mit Hilfe ihrer Wurzeln als Produkt faktorisiert. Da die beiden Faktoren des Differenzialoperators beliebig vertauschbar sind, muss sowohl $(D-a)\,(D-b)\,y = 0$, als auch $(D-b)\,(D-a)\,y = 0$ gelten. Die Lösungen der DGen 1. Ordnung

$$\begin{aligned} (D-a)\,y(x) \quad &= \quad 0 \quad \Rightarrow \quad y_1(x) = \mathrm{e}^{a\,x}\,, \\ (D-b)\,y(x) \quad &= \quad 0 \quad \Rightarrow \quad y_2(x) = \mathrm{e}^{b\,x} \end{aligned} \tag{6.74}$$

lösen also auch die ursprüngliche DG. Wir können dabei zwei Fälle unterscheiden:

$a \neq b$: Die beiden Lösungen $(\mathrm{e}^{a\,x},\ \mathrm{e}^{b\,x})$ sind linear unabhängig und bilden das gesuchte Fundamentalsystem.

$a = b$: Die beiden Lösungen des Fundamentalsystems lauten $(\mathrm{e}^{a\,x},\ x\,\mathrm{e}^{a\,x})$.

Der zweite Fall ($a = b$) muss noch diskutiert werden. Zunächst gibt es ja nur eine Doppellösung $y_2 \equiv y_1$, und es fehlt uns also noch eine linear unabhängige Lösung. Man erhält sie aus folgender Überlegung. Da die DG

$$(D-a)\underbrace{(D-a)\,y}_{y_1}=0 \tag{6.75}$$

lautete, muss neben $(D-a)\,y_1=0$ auch die Lösung der Gleichung

$$(D-a)\,y=y_1 \tag{6.76}$$

die ursprüngliche DG erfüllen. Man muss also die inhomogene DG

$$(D-a)\,y=\mathrm{e}^{a\,x} \quad\Rightarrow\quad y'=a\,y+\mathrm{e}^{a\,x} \tag{6.77}$$

lösen. Die Lösung der homogenen Gleichung ist wieder $\mathrm{e}^{a\,x}$, der Ansatz für die inhomogene DG daher $c(x)\,\mathrm{e}^{a\,x}$. Damit erhält man die DG $c'=1$ und so schließlich $y=(x+d)\,\mathrm{e}^{a\,x}$ (mit einer Integrationskonstante d).

Diese Lösung ist von der ursprünglichen Funktion y_1 zwar linear unabhängig, enthält aber y_1 als Beitrag. Natürlich steht es uns frei, einfach

$$y_2(x)=x\,\mathrm{e}^{a\,x} \tag{6.78}$$

als zweite Funktion unseres Fundamentalsystems zu identifizieren.

Die Lösungen a,b der charakteristischen Gleichung (6.73) entscheiden also über das Fundamentalsystem. Sie können auch ein komplex konjugiertes Paar sein,

$$a=p+\mathrm{i}q\,,\quad b=p-\mathrm{i}q\,. \tag{6.79}$$

In diesem Fall bilden die Exponentialfunktionen $\mathrm{e}^{(p+\mathrm{i}q)\,x}$ und $\mathrm{e}^{(p-\mathrm{i}q)\,x}$ das Fundamentalsystem. In diesem Fall ist es anschaulicher (insbesondere, wenn wir an reellen Lösungen interessiert sind), die beiden voneinander unabhängigen Linearkombinationen

$$\begin{aligned}\tfrac{1}{2\mathrm{i}}\left(\mathrm{e}^{(p+\mathrm{i}\,q)\,x}-\mathrm{e}^{(p-\mathrm{i}\,q)\,x}\right) &= \mathrm{e}^{p\,x}\sin(q\,x)\,,\\ \tfrac{1}{2}\left(\mathrm{e}^{(p+\mathrm{i}\,q)\,x}+\mathrm{e}^{(p-\mathrm{i}\,q)\,x}\right) &= \mathrm{e}^{p\,x}\cos(q\,x)\end{aligned} \tag{6.80}$$

als Fundamentalsystem zu verwenden. Dieser Lösungstyp ist typisch für Schwingungen.

M.6.4 Kurz und klar: Fundamentalsystem

Die homogene, lineare DG

$$(D^2 + \alpha D + \beta)\, y(x) = 0 \quad \text{mit} \quad D = \frac{d}{dx} \tag{M.6.4.1}$$

wird durch Faktorisierung des Differenzialoperators in $(D-a)\,(D-b)$ gelöst. Das Fundamentalsystem F lautet, je nach den Werten von a und b:

$$a,\ b \in \mathbb{R};\ a \neq b:\ F = \{e^{a\,x},\ e^{b\,x}\};$$
$$a,\ b \in \mathbb{R};\ a = b:\ F = \{e^{a\,x},\ x\,e^{a\,x}\};$$
$$a = \overline{b} \in \mathbb{C};\ a = p + \mathrm{i}q, b = p - \mathrm{i}q:\ F = \{e^{p\,x}\sin(q\,x),\ e^{p\,x}\cos(q\,x)\}.$$

Die allgemeine Lösung der DG ist eindeutig und lautet:

$$y(x) = c_1\, y_1(x) + c_2\, y_2(x)\ , \tag{M.6.4.2}$$

und sie ist reell für reelle Anfangswerte $y(0) = y_0$, $y'(0) = y'_0$.

Das Lösungsverfahren (6.73) für lineare, homogene DGen 2. Ordnung lässt sich leicht verallgemeinern. Man faktorisiert den Differenzialoperator der DG n-ter Ordnung unserer Notation folgendermaßen als

$$L^{(n)} = \prod_{i=1}^{m} (D - \lambda_i)^{n_i}\ , \tag{M.6.4.3}$$

wobei $n = \sum_i n_i$ gilt und n_i die Ordnung der Nullstelle λ_i bezeichnet. Dann lautet das Fundamentalsystem:

$$F = \{e^{\lambda_1 x}, \dots, x^{n_1-1}\, e^{\lambda_1 x}, e^{\lambda_2 x}, \dots, x^{n_2-1}\, e^{\lambda_2 x}, \dots, \dots, e^{\lambda_m x}, \dots, x^{n_m-1}\, e^{\lambda_m x}\}. \tag{M.6.4.4}$$

Die DG $y''' - 4y'' + 5y' - 2y = 0$ lässt sich in dieser Schreibweise in die Form

$$L^{(3)} = (D-1)^2\,(D-2) \tag{M.6.4.5}$$

bringen und hat das Fundamentalsystem

$$F = \{e^x,\ x\,e^x,\ e^{2x}\}\ . \tag{M.6.4.6}$$

Beispiel

Die eingangs diskutierte DG (6.72) kann mit unserer Notation als

$$(D-2)\,(D+3)\,y=0 \quad \text{oder} \quad (D+3)\,(D-2)\,y=0$$

geschrieben werden. Das Fundamentalsystem lautet daher $\{e^{2x}, e^{-3x}\}$, und die allgemeine Lösung ist $y(x) = \alpha\, e^{2x} + \beta\, e^{-3x}$. □

Schwingungsgleichung: Der Fall $a = \overline{b} \in \mathbb{C}$ ist besonders wichtig. Die entsprechende DG beschreibt Schwingungen. Wenn dabei y' in der DG nicht vorkommt, handelt es sich um freie, ungedämpfte Schwingungen, sonst entweder um gedämpfte oder sich verstärkende Schwingungen.

Keine Diskussion von gewöhnlichen DGen kommt darum herum, die **Schwingungsgleichung** zu besprechen. Hier folgt nun dieser Klassiker – aber ziemlich gestrafft. Die Gleichung eines Massenpunkts, der einer rücktreibenden Federkraft $-k\,x$ ausgesetzt ist, lautet:

$$m\,\ddot{x} = -k\,x \;\Rightarrow\; \ddot{x} = -\omega^2\,x\;, \qquad \left(\omega^2 \equiv \frac{k}{m}\right)\;. \tag{6.81}$$

Damit kann die DG als

$$(D - \mathrm{i}\,\omega)\,(D + \mathrm{i}\,\omega)\,x = 0 \tag{6.82}$$

geschrieben werden. Wir haben die bei Zeitableitungen übliche Notation $\dot{x} \equiv \frac{dx}{dt} \equiv D\,x$ verwendet. Das Fundamentalsystem (geeignet für reelle Anfangswerte) ist $\{\sin\omega\,t, \cos\omega\,t\}$. Wenn wir als Anfangsbedingung fordern, dass $x(0) = A$ und $\dot{x}(0) = 0$ ist, so lassen sich die Integrationskonstanten bestimmen, und die Lösung ist

$$x(t) = A\cos(\omega t)\;. \tag{6.83}$$

Reibungsterme sind proportional der Geschwindigkeit des sich bewegenden Punktes. Die DG lautet dann:

$$\ddot{x} = -\omega^2\,x - 2\,b\,\dot{x}\;, \tag{6.84}$$

und das Fundamentalsystem hat die Form

$$(D-\lambda_1)\,(D-\lambda_2)\,x = 0 \;\Rightarrow\; \lambda_{1,2} = -b \pm \sqrt{b^2-\omega^2}\;. \tag{6.85}$$

Je nach Vorzeichen der Diskriminante handelt es sich dabei um

$b^2 > \omega^2$: keine eigentliche Schwingung, da $\lambda_{1,2} \in \mathbb{R}$; man nennt diesen Fall oft auch „aperiodische" oder „komplett gedämpfte" Schwingung. Die allgemeine Lösung hat die Form $c_1\, e^{\lambda_1 t} + c_2\, e^{\lambda_2 t}$.

$b^2 = \omega^2$: eine „kritisch gedämpfte" Schwingung; die allgemeine Lösung hat die Form $(c_1 + c_2\,t)\, e^{-b\,t}$, vom Aussehen her ähnlich wie im ersten Fall.

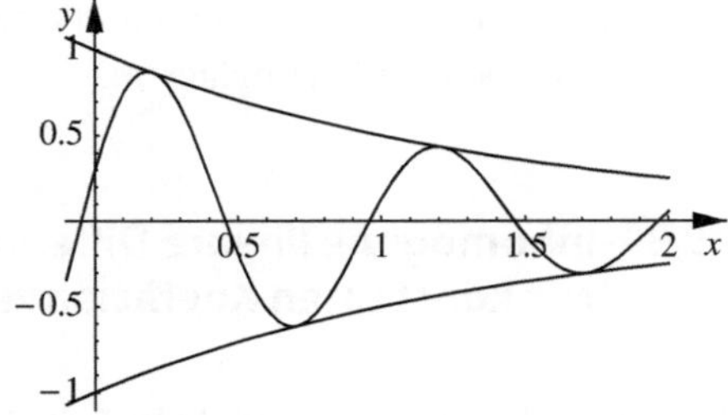

Abb. 6.10 Skizze einer gedämpften Schwingung, also der Lösung der DG (6.85); die beiden Einhüllenden sind ebenfalls eingezeichnet

$b^2 < \omega^2$**:** eine „gedämpfte" Schwingung der Form

$$x(t) = \mathrm{e}^{-b\,t}\,(c_1\,\cos\beta\,t + c_2\,\sin\beta\,t)\;, \quad \text{mit} \quad \beta = \sqrt{\omega^2 - b^2}. \tag{6.86}$$

Die Lösung für die gedämpfte Schwingung wird oft in die Form

$$x(t) = c\,\mathrm{e}^{-b\,t}\,\sin(d + \beta\,t) \tag{6.87}$$

gebracht. Das ist offenbar mit Hilfe der Winkeladditionstheoreme immer möglich. Damit ist die Integrationskonstante c die Amplitude und d die Schwingungsphase der Schwingung zur Zeit $t = 0$. Dies erlaubt meist eine einfachere Diskussion der Eigenschaften der Schwingung.

Einhüllende: Anhand von Abb. 6.10 sieht man, dass die Funktionen $\pm c\,\mathrm{e}^{-b\,t}$ die Einhüllenden der Schwingung sind.

Periode und Frequenz: Die Schwingungsperiode T kann durch die Zeitabstände der Nulldurchgänge bestimmt werden:

$$\sin(d + \beta\,t) = \sin(d + \beta\,(t + T)) \quad \Rightarrow \quad \beta\,T = 2\,\pi \Rightarrow T = \frac{2\,\pi}{\beta}\,. \tag{6.88}$$

Die Frequenz $\nu = 1/T$ ist kleiner als die der ungedämpften Schwingung:

$$\nu_{\text{ged}} = \frac{\beta}{2\,\pi} = \frac{1}{2\,\pi}\,\sqrt{\omega^2 - b^2} < \nu_{\text{unged}} = \frac{\omega}{2\,\pi}\,. \tag{6.89}$$

Umkehrpunkte: sind die Zeitpunkte t_n, zu denen $\dot{x}(t_n) = 0$ gilt. Aus der allgemeinen Lösung kann man diese Werte zu

$$t_n = \frac{1}{\beta}\left(\arctan\frac{\beta}{b} + n\,\pi\right) \tag{6.90}$$

bestimmen.

Maximalgeschwindigkeit: wird dort erreicht, wo $\ddot{x}(t) = 0$ gilt. Diese Punkte sind nicht identisch mit den Nulldurchgängen!

6.3.3 Inhomogene lineare Differenzialgleichungen mit konstanten Koeffizienten

Wir haben im letzten Abschnitt einen, an einer Feder befestigten Massenpunkt untersucht und die entsprechende Schwingungsgleichung gelöst. Was aber passiert, wenn der Massenpunkt selbst einer zusätzlichen äußeren Kraft unterliegt? Ein Beispiel dafür wäre, wenn der Befestigungspunkt der Feder sich selbst auch nicht gleichförmig bewegt. In der DG entspricht das einem inhomogenen Term,

$$y'' + \alpha\, y' + \beta\, y = g(x)\,, \quad \text{oder auch} \quad L^{(2)} y = g(x)\,. \tag{6.91}$$

Wenn diese DG *wenigstens eine* (zweimal stetig differenzierbare) Lösung $y_0(x)$ besitzt und das Fundamentalsystem der homogenen DG $\{y_1(x),\, y_2(x)\}$ ist, dann hat die allgemeine Lösung der inhomogenen DG die Form

$$y(x) = y_0(x) + c_1\, y_1(x) + c_2\, y_2(x)\,. \tag{6.92}$$

Man nennt y_0 häufig auch die **partikuläre Lösung** y_P und die Lösung der homogenen DG **komplementäre Lösung** y_C, also

$$y(x) = y_P(x) + y_C(x)\,. \tag{6.93}$$

Die Situation ist klar: Offenbar gilt:

$$L^{(2)}\, y_0 = g\,, \quad L^{(2)}\, y_{1,2} = 0 \quad \Rightarrow \quad L^{(2)}\,(y_0 + c_1\, y_1 + c_2\, y_2) = g\,. \tag{6.94}$$

Das ist gleichzeitig auch die *einzige* Lösung. Wenn es neben $y(x)$ eine zweite Lösung – nennen wir sie $z(x)$ – gäbe, dann wäre $L^{(2)}\,(y - z) = 0$, und daher würde sich $z(x)$ von $y(x)$ nur um eine Lösung der homogenen DG unterscheiden. Sobald wir aber die Integrationskonstanten c_1 und c_2 durch die Anfangsbedingungen festlegen, gibt es diesen Unterschied nicht mehr.

Beispiel

Dementsprechend verläuft der Lösungsweg des folgenden Problems:

$$y'' + y' - 6\,y = 26\,\sin 3\,x\,, \quad y(0) = 0\,, \quad y'(0) = 2\,. \tag{6.95}$$

Das Fundamentalsystem der homogenen Gleichung ist

$$y_1 = \mathrm{e}^{2\,x}\,, \quad y_2 = \mathrm{e}^{-3\,x}.$$

Für die partikuläre Lösung raten wir und versuchen als Ansatz die Linearkombination $y_0 = a \sin 3x + b \cos 3x$. Einsetzen in die vollständige DG ergibt

$$-9a \sin 3x - 9b \cos 3x + 3a \cos 3x - 3b \sin 3x - 6a \sin 3x - 6b \cos 3x = 26 \sin 3x \,.$$

Da die beiden Funktionen $\sin 3x$ und $\cos 3x$ linear unabhängig sind, müssen sich die entsprechenden Koeffizienten aufheben. Daraus folgt $a = -5/3$ und $b = -1/3$. Damit lautet die allgemeine Lösung

$$y(x) = -\frac{5}{3} \sin 3x - \frac{1}{3} \cos 3x + c_1 \, e^{2x} + c_2 \, e^{-3x} \,,$$

und die Anfangsbedingungen fixieren die Integrationskonstanten: $c_1 = 8/5$, $c_2 = -19/15$. □

Der Lösungsweg des inhomogenen Problems ist also offensichtlich.

1. Lösung des homogenen Problems und Bestimmung des Fundamentalsystems $\{y_1, y_2\}$.
2. Bestimmung irgendeiner – beliebigen – speziellen („partikulären") Lösung y_0 der inhomogenen DG.
3. Bestimmung der Integrationskonstanten für die allgemeine Lösung $y = y_0 + c_1 \, y_1 + c_2 \, y_2$.

Der sensible Punkt ist natürlich der zweite, wie man eine partikuläre Lösung denn nun findet. Wir werden einige Rezepte dafür diskutieren.

(a) Raten: Das haben wir im obigen Beispiel (6.95) getan. Nur Erfahrung hilft in diesem Fall. Folgende Rateversuche sind in den folgenden Beispielen erfolgreich:

$$\begin{aligned} y'' + 4y &= x & \Rightarrow \quad & y_0 = a\,x \,, \\ y'' - 2y' + 3y &= 5 & \Rightarrow \quad & y_0 = a \,, \\ y'' + y' + y &= \cos x & \Rightarrow \quad & y_0 = a \sin x \,. \end{aligned} \tag{6.96}$$

Die unbekannten Konstanten bestimmt man jeweils durch Einsetzen und Koeffizientenvergleich. Diese Art von Intuition hilft zwar nur in einfachen Fällen, sollte aber nie gering geachtet werden!

(b) Superposition von Teillösungen: Wenn man die jeweilige partikuläre Lösung der DG für zwei bestimmte inhomogene Terme $g(x)$ und $h(x)$ kennt, so kennt man damit auch die partikuläre Lösung für den inhomogenen Term $a\,g(x) + b\,h(x)$.

$$L^{(2)} \, y_g = g \,, \quad L^{(2)} \, y_h = h \Rightarrow L^{(2)} \, (a\,y_g + b\,y_h) = a\,g + b\,h \,. \tag{6.97}$$

Beispiel

Die inhomogene DG

$$y'' + 6\,y = 6 + 7\,\mathrm{e}^x$$

hat zum Beispiel die partikuläre Lösung $y_0(t) = 1 + \mathrm{e}^x$, da die entsprechenden Lösungen der Teilprobleme lauteten:

$$\begin{aligned} y'' + 6\,y = 7\,\mathrm{e}^x &\quad\Rightarrow\quad y_0 = \mathrm{e}^x \\ y'' + 6\,y = 6 &\quad\Rightarrow\quad y_0 = 1\,. \end{aligned}$$

□

(c) Sukzessive Integration: Diese Methode knüpft an die Lösung der homogenen DG an. Man schreibt die DG in der Form

$$(D-a)\underbrace{(D-b)\,y}_{u} = g(x) \tag{6.98}$$

und löst sukzessive die inhomogenen Gleichungen 1. Ordnung

$$\begin{aligned} &\text{1. Schritt:} \quad (D-a)\,u(x) &= \quad g(x)\,, \\ &\text{2. Schritt:} \quad (D-b)\,y(x) &= \quad u(x)\,. \end{aligned} \tag{6.99}$$

Beispiel

Nach dieser Vorschrift behandeln wir folgende Aufgabe:

$$y'' - 4\,y' + 4\,y = 8\,\mathrm{e}^x \;\Rightarrow\; (D-2)\,(D-2)\,y = 8\,\mathrm{e}^x\,.$$

$$\text{1. Schritt:} \quad (D-2)\,u = 8\,\mathrm{e}^x \;\Rightarrow\; u' = 2\,u + 8\,\mathrm{e}^x\,.$$

Der integrierende Faktor (vgl. Abschn. 6.2.2) ist $\mathrm{e}^{-2\,x}$, damit multipliziert ergibt sich

$$\underbrace{u'\,\mathrm{e}^{-2\,x} - 2\,u\,\mathrm{e}^{-2\,x}}_{\left(u\,\mathrm{e}^{-2\,x}\right)'} = 8\,\mathrm{e}^{-x} \Rightarrow u = -8\,\mathrm{e}^x + c_1\,\mathrm{e}^{2\,x}\,.$$

Nach obiger Vorschrift müssen wir nun

$$\text{2. Schritt:} \quad (D-2)\,y = -8\,\mathrm{e}^x + c_1\,\mathrm{e}^{2x}$$

lösen. Auch diesmal ist der integrierende Faktor $\mathrm{e}^{-2\,x}$, und die endgültige Lösung der inhomogenen DG ist schließlich

$$y(x) = 8\,\mathrm{e}^x + c_1\,x\,\mathrm{e}^{2\,x} + c_2\,\mathrm{e}^{2\,x}\,.$$

Die partikuläre Lösung wäre also $8\,\mathrm{e}^x$ gewesen und hätte sich – in diesem Fall – auch erraten lassen.

□

(d) Spezielle Form des inhomogenen Terms: Wenn der inhomogene Term eine Exponentialfunktion ist, kann die DG durch sukzessive Integration gelöst werden. Man findet in diesem Fall eine partikuläre Lösung, die proportional zum Exponentialterm ist. Den unbekannten Faktor erhält man durch Einsetzen in die DG. Ganz ähnlich wie bei der Lösung der homogenen DG muss man eine Fallunterscheidung durchführen.

Die DG

$$(D-a)\,(D-b)\,y(x) = k\,\mathrm{e}^{c\,x}\,, \quad c \in \mathbb{C} \tag{6.100}$$

hat folgende partikuläre Lösung:

$$\begin{aligned} c \neq a\,,\quad c \neq b \quad &\Rightarrow \quad y_0 = C\,\mathrm{e}^{c\,x}\,,\\ c = a \quad \text{oder} \quad c = b \quad \text{aber} \quad a \neq b \quad &\Rightarrow \quad y_0 = C\,x\,\mathrm{e}^{c\,x}\,,\\ a = b = c \quad &\Rightarrow \quad y_0 = C\,x^2\,\mathrm{e}^{c\,x}, \end{aligned} \tag{6.101}$$

wobei C durch Einsetzen in die DG bestimmt wird.

Da auch trigonometrische Funktionen wie $\sin x$ und $\cos x$ und Summen und Produkte dieser durch Exponentialfunktionen ausgedrückt werden können, kann man so auch daraus gebildete inhomogene Terme behandeln.

Wenn der inhomogene Term ein Polynom der Ordnung (höchste Potenz) n ist, dann kann man die partikuläre Lösung ebenfalls als Polynom dieser Ordnung (daher mit $(n+1)$ unbekannten Koeffizienten) ansetzen. Einsetzen in die DG und Koeffizientenvergleich der einzelnen Polynomterme liefert die unbekannten Koeffizienten.

Beispiel

Die DG

$$y'' + y' - 6\,y = \mathrm{e}^{2\,x} \Rightarrow (D-2)\,(D+3)\,y = \mathrm{e}^{2\,x}$$

hat das Fundamentalsystem $\{\mathrm{e}^{2\,x},\ \mathrm{e}^{-3\,x}\}$, da $a = 2$, $b = -3$. Da aber auch $c = 2$, ist die partikuläre Lösung entsprechend obiger Vorschrift proportional $x\,\mathrm{e}^{2\,x}$. Wir setzen in die DG ein,

$$(D-2)\,(D+3)\,C\,x\,\mathrm{e}^{2\,x} = \mathrm{e}^{2\,x} \;\Rightarrow\; C\,(D-2)\left(\mathrm{e}^{2\,x} + 5\,x\,\mathrm{e}^{2\,x}\right) = \mathrm{e}^{2\,x} \;\Rightarrow\; 5\,C\,\mathrm{e}^{2\,x} = \mathrm{e}^{2\,x}\,,$$

und daher $C = 1/5$. Damit lautet die Lösung:

$$y(x) = \frac{1}{5}\,x\,\mathrm{e}^{2\,x} + c_1\,\mathrm{e}^{2\,x} + c_2\,\mathrm{e}^{-3\,x}\,.$$

□

Beispiel

Dieselbe DG mit einem anderen inhomogenen Term

$$y'' + y' - 6\,y = -6\,x^2$$

hat als inhomogenen Term ein Polynom 2. Ordnung. Das legt den Ansatz

$$y_P = a + b\,x + c\,x^2$$

nahe. Einsetzen in die DG ergibt

$$2c + b + 2c\,x - 6a - 6b\,x - 6c\,x^2 = -6\,x^2\,.$$

Der Koeffizientenvergleich führt zur Lösung

$$c = 1\,, \quad b = \frac{1}{3}\,, \quad a = \frac{7}{18} \quad \Rightarrow \quad y_P = \frac{7}{18} + \frac{x}{3}x + x^2\,. \qquad \square$$

Bei periodischen (trigonometrischen) inhomogenen Termen könnte man diese, wie schon besprochen, einfach in eine Summe von Exponentialtermen umformen und dann die entsprechenden Teillösungen bestimmen und addieren. Eine elegantere Methode ist oft folgende. Die Lösung der DG

$$(D - a)\,(D - b)\,y = k\,\sin(c\,x) \tag{6.102}$$

kann aus der Lösung der DG

$$(D - a)\,(D - b)\,y = k\,\mathrm{e}^{\mathrm{i}\,c\,x} \tag{6.103}$$

gewonnen werden, da ja $\sin(c\,x) = \mathrm{Im}(\mathrm{e}^{\mathrm{i}\,c\,x})$ ist. Entsprechendes gilt natürlich auch für einen inhomogenen Term $\cos(c\,x)$.

Beispiel

Die DG

$$y'' + y' - 6\,y = 13\,\sin 2\,x$$

hat einen periodischen inhomogenen Term. Wir betrachten daher zunächst

$$(D - 2)\,(D + 3)\,\tilde{y} = 13\,\mathrm{e}^{2\,\mathrm{i}\,x} \Rightarrow a = 2\,, \quad b = -3\,, \quad c = 2\,\mathrm{i}$$

und erhalten als Ansatz für die partikuläre Lösung $C\,\mathrm{e}^{2\,\mathrm{i}\,x}$. Einsetzen in die DG ergibt

$$C\,(-10 + 2\,\mathrm{i})\,\mathrm{e}^{2\,\mathrm{i}\,x} = 13\,\mathrm{e}^{2\,\mathrm{i}\,x} \Rightarrow C = -\frac{5}{4} - \frac{\mathrm{i}}{4}\,.$$

Damit ist die partikuläre Lösung dieses Problems $\tilde{y}_0 = (-\frac{5}{4} - \frac{\mathrm{i}}{4})\,\mathrm{e}^{2\,\mathrm{i}\,x}$. Da wir aber nur am Imaginärteil des inhomogenen Terms und daher nur am Imaginärteil der partikulären Lösung interessiert sind, findet wir

$$\begin{aligned} y_0 = \mathrm{Im}(\tilde{y}_0) &= -\frac{5}{4}\,\sin(2\,x) - \frac{1}{4}\,\cos(\,2x) \\ \Rightarrow\; y(x) &= -\frac{5}{4}\,\sin(2\,x) - \frac{1}{4}\,\cos(2\,x) + c_1\,\mathrm{e}^{2\,x} + c_2\,\mathrm{e}^{-3\,x}\,. \end{aligned} \qquad \square$$

(e) Methode der unbestimmten Koeffizienten: In gewisser Weise ist dies eine Zusammenfassung all der Erkenntnisse der letzten Vorgangsweisen (a)-(d). Die DG der Form

$$P(D)\,y = g(x)\,, \tag{6.104}$$

wobei $P(D)$ ein Polynom in D ist, kann immer gelöst werden, wenn $g(x)$

(a) ein Polynom in x ist,
(b) eine Exponentialfunktion (inklusive der besprochenen Kombination von trigonometrischen Funktionen) ist, oder
(c) eine Summe oder ein Produkt dieser Formen (a) und (b) ist.

Die Vorgangsweise dabei ist: Man suche zunächst ein Polynom $P_1(D)$, sodass

$$P_1(D)\,g(x) = 0\,, \tag{6.105}$$

also diejenige homogene DG, für die $g(x)$ eine Lösung wäre. Damit gilt aber

$$P(D)\,y_0 = g \;\Rightarrow\; P_1(D)\,P(D)\,y_0 = P_1(D)\,g \;\Rightarrow\; P_1(D)\,P(D)\,y_0 = 0\,. \tag{6.106}$$

Die letzte Gleichung der Reihe ist aber eine homogene DG für die von uns gesuchte partikuläre Lösung y_0 und sollte also (unter den getroffenen Annahmen) auf jeden Fall gelöst werden können.

Beispiel

Nehmen wir als Beispiel

$$y'' + y' - 6\,y = 6\,x^2 \;\Rightarrow\; (D-2)\,(D+3)\,y = 6\,x^2\,.$$

Das Fundamentalsystem ist (was glauben Sie?) $\{e^{2x}, e^{-3x}\}$. Die Funktion x^2 ist Lösung der homogenen DG

$$D^3\,x^2 = 0\,.$$

Damit erhalten wir eine partikuläre Lösung als Lösung der DG

$$D^3\,(D-2)\,(D+3)\,y_0 = 0\,.$$

Das entsprechende Fundamentalsystem ist offenbar $\{e^{2x},\ e^{-3x},\ 1,\ x,\ x^2\}$. Daher ist unser Ansatz für eine partikuläre Lösung eine Linearkombination dieser Funktionen, die wir in die originale DG einsetzen. Dabei brauchen wir nur die drei letzten Funktionen zu berücksichtigen, da die beiden ersten das Fundamentalsystem der homogenen

DG bilden, sie also lösen und keinen Beitrag zum inhomogenen Term liefern. Wir erhalten damit

$$(D^2 + D - 6)\,(c_3 + c_4\,x + c_5\,x^2) = 6\,x^2\ .$$

Differenziation und Koeffizientenvergleich ergibt die partikuläre Lösung

$$y_0(x) = -\frac{7}{18} - \frac{x}{3} - x^2$$

und schließlich die allgemeine Lösung

$$y(x) = y_0(x) + c_1\,\mathrm{e}^{2\,x} + c_2\,\mathrm{e}^{-3\,x}\ .$$ □

(f) Variation der Konstanten: Es ist dies eine Verallgemeinerung der im Abschnitt über lineare DGen 1. Ordnung besprochenen Methode. Die beiden linear unabhängigen Lösungen des homogenen Teils der DG (6.91) seien bekannt: y_1, y_2. Ein Ansatz für eine partikuläre Lösung des inhomogenen Problems lautet dann:

$$y_0 = u_1(x)\,y_1(x) + u_2(x)\,y_2(x)\ . \tag{6.107}$$

Wir setzen dies in die DG ein und finden, dass ein Teil der Terme wegfällt, da y_1 und y_2 die homogene DG erfüllen. Wir erhalten die Gleichung

$$\begin{aligned} &\alpha\,(u_1'\,y_1 + u_2'\,y_2) + u_1''\,y_1 + 2u_1'\,y_1' + u_2''\,y_2 + 2u_2'\,y_2' &=&\ g \\ \Rightarrow\quad &\alpha\,(u_1'\,y_1 + u_2'\,y_2) + (u_1'\,y_1 + u_2'\,y_2)' + u_1'\,y_1' + u_2'\,y_2' &=&\ g\ . \end{aligned} \tag{6.108}$$

Wenn wir also erreichen können, dass der erste Klammerausdruck verschwindet, dann verschwindet auch der zweite, da er eine Ableitung des ersten ist. Der Rest ergibt gemeinsam mit dieser Forderung die beiden Bestimmungsgleichungen

$$\begin{aligned} y_1\,u_1' + y_2\,u_2' &= 0\ , \\ y_1'\,u_1' + y_2'\,u_2' &= g\ . \end{aligned} \tag{6.109}$$

Dieses lineare Gleichungssystem für die beiden Unbekannten u_1' und u_2' ist eindeutig lösbar, wenn die linken Seiten linear unabhängig sind, also die Determinante

$$W = \begin{vmatrix} y_1 & y_2 \\ y_1' & y_2' \end{vmatrix} \tag{6.110}$$

nicht verschwindet. Da dies aber die Wronski-Determinante (vgl. Kap. 3) des Fundamentalsystems ist, ist der Ausdruck sicher ungleich null. Es gibt daher eine eindeutige Lösung. Aus dieser Lösung für

$$u_1' = -y_2\,\frac{g}{W}\ , \qquad u_2' = y_1\,\frac{g}{W} \tag{6.111}$$

kann man durch Integration $u_1(x)$ und $u_2(x)$ gewinnen. Damit haben wird auch die partikuläre Lösung bestimmt.

Das klingt beim ersten Durchlesen etwas undurchsichtig. Im praktischen Rechnen ergeben sich die Schritte aber fast von selbst.

Beispiel

Die Methode der Variation der Konstanten kann für lineare DGen sowohl mit konstanten als auch mit nichtkonstanten Koeffizienten angewandt werden. Das nachfolgende Anwendungsbeispiel ist eine DG mit konstanten Koeffizienten:

$$y'' - 6\,y' + 9\,y = (3 + x)\,\mathrm{e}^{3\,x} \Rightarrow (D - 3)^2\,y = (3 + x)\,\mathrm{e}^{3\,x}\ ,$$

deren homogener Teil das Fundamentalsystem $\{\mathrm{e}^{3\,x},\ x\,\mathrm{e}^{3\,x}\}$ hat. Unser Ansatz für eine partikuläre Lösung lautet daher:

$$y_0(x) = u_1(x)\,\mathrm{e}^{3\,x} + u_2(x)\,x\,\mathrm{e}^{3\,x}\ .$$

Durch Einsetzen erhalten wir entsprechend (6.109) das Gleichungssystem

$$\begin{aligned} \mathrm{e}^{3\,x}\,u_1' + x\,\mathrm{e}^{3\,x}\,u_2' &= 0\ , \\ 3\,\mathrm{e}^{3\,x}\,u_1' + (1 + 3\,x)\,\mathrm{e}^{3\,x}\,u_2' &= (3 + x)\,\mathrm{e}^{3\,x} \end{aligned}$$

mit $W = \mathrm{e}^{6\,x}$ und den Lösungen

$$\begin{aligned} u_1' = -3\,x - x^2 \quad &\Rightarrow \quad u_1 = -\frac{3\,x^2}{2} - \frac{x^3}{3}\ , \\ u_2' = 3 + x \quad &\Rightarrow \quad u_2 = 3\,x + \frac{x^2}{2}\ , \\ &\Rightarrow \quad y_0(x) = \left(\frac{x^3}{6} + \frac{3\,x^2}{2}\right)\mathrm{e}^{3\,x}\ . \end{aligned}$$

Damit haben wir die allgemeine Lösung der inhomogenen DG

$$y(x) = \left(c_1 + c_2\,x + \frac{3\,x^2}{2} + \frac{x^3}{6}\right)\mathrm{e}^{3\,x}\ .$$

□

6.3.4 Nichtkonstante Koeffizienten

Wenn wir unsere Systematik fortsetzen und die DGen mit Koeffizienten betrachten, welche Funktionen von x sind,

$$y''(x) + \alpha(x)\,y'(x) + \beta(x)\,y(x) = g(x)\ , \tag{6.112}$$

so gibt es dafür leider kein allgemein gültiges Lösungsverfahren mehr. Oft ist die Lösung gar nicht mehr durch elementare analytische Funktionen ausdrückbar.

Falls allerdings die homogene Gleichung lösbar sein sollte, also ein Fundamentalsystem $\{y_1, y_2\}$ dafür bekannt ist, dann ist die inhomogene Gleichung durch die oben besprochene Methode der **Variation der Konstanten** lösbar.

Für die Lösung der homogenen Gleichung jedoch gibt es kein Universalrezept. Wenn es sich nicht um einen speziellen Typ handelt, dessen Lösung bekannt ist, dann führt oft ein Potenzreihenansatz zum Ziel.

Lösung der homogenen Differenzialgleichung

Spezieller Typ: Die **Cauchy-Euler Gleichung** ist eine DG der Form

$$a\,x^2\,y'' + b\,x\,y' + c\,y = 0\,, \quad \text{für} \quad 0 < x < \infty\,, \tag{6.113}$$

die man leicht auch auf beliebige höhere Ordnungen verallgemeinern kann. Mit dem Ansatz

$$y(x) = x^{\alpha} \tag{6.114}$$

findet man nach dem Einsetzen die Bestimmungsgleichung

$$a\,\alpha^2 + (b-a)\,\alpha + c = 0\,. \tag{6.115}$$

Je nach Lösungstyp unterscheidet man drei Fälle:

$$\begin{aligned} r\alpha_1 \neq \alpha_2,\, \alpha_1, \alpha_2 \in \mathbb{R} \quad &\Rightarrow \quad y(x) = c_1\,x^{\alpha_1} + c_2\,x^{\alpha_2}\,, \\ \alpha_1 = \alpha_2 \equiv \alpha,\, \alpha \in \mathbb{R} \quad &\Rightarrow \quad y(x) = c_1\,x^{\alpha} + c_2\,x^{\alpha}\,\ln x\,, \\ \alpha_1 = \overline{\alpha}_2 = p + \mathrm{i}\,q,\, \alpha_1, \alpha_2 \in \mathbb{C} \quad &\Rightarrow \quad y(x) = [c_1\,\cos(q\,\ln x) + c_2\,\sin(q\,\ln x)]\,x^p\,. \end{aligned} \tag{6.116}$$

Potenzreihenansatz: Wenn in der DG

$$y'' + \alpha(x)\,y' + \beta(x)\,y = 0 \tag{6.117}$$

die beiden Funktionen $\alpha(x)$, $\beta(x)$ am Punkt x_0 in eine konvergente Potenzreihe mit nichtverschwindendem Konvergenzgebiet entwickelt werden können (die Funktionen dort also „analytisch" sind, vgl. Funktionentheorie in Kap. 19), dann gibt es immer zwei verschiedene Lösungen, die ebenfalls in Potenzreihen entwickelbar sind. Das Konvergenzgebiet der Lösungen ist nichtverschwindend.

Dieses Theorem erlaubt also in bestimmten Fällen einen Potenzreihenansatz. Man beachte, dass die Potenzreihe natürlich auch y' und y'' festlegt,

$$\begin{aligned} y(x) &= \sum_{n=0}^{\infty} a_n (x - x_0)^n , \\ y'(x) &= \sum_{n=1}^{\infty} a_n n (x - x_0)^{n-1} , \\ y''(x) &= \sum_{n=2}^{\infty} a_n n (n-1) (x - x_0)^{n-2} . \end{aligned} \tag{6.118}$$

Die Funktionen $\alpha(x)$ und $\beta(x)$ sind entweder schon Polynome in $(x - x_0)$ oder müssen in entsprechende Potenzreihen entwickelt werden. Die Summen setzt man in die DG ein und fasst dann termweise gleiche Potenzen von $(x - x_0)$ zusammen. Die Koeffizienten müssen verschwinden, da ja die rechte Seite der DG null ist, wenn die homogene DG erfüllt sein soll.

Beispiel

Wir betrachten die DG

$$y'' - 2xy = 0 .$$

Die Koeffizientenfunktionen $\alpha(x) = 0$ und $\beta(x) = -2x$ sind offensichtlich um $x = 0$ analytisch. Wenn wir (6.118) für $x_0 = 0$ einsetzen, so erhalten wir die Gleichung

$$\sum_{n=2}^{\infty} a_n n (n-1) x^{n-2} - 2 \sum_{n=0}^{\infty} a_n x^{n+1} = 0 .$$

Die erste Reihe beginnt mit einem Term der $\mathcal{O}(1)$, die zweite mit der $\mathcal{O}(x)$. Wir schreiben die Summen so um, dass wir die Reihen zu einer zusammenfassen können. Dazu sollen die Potenzen formal gleich lauten. Das wird in der ersten Reihe durch die Umbenennung des Index $k \equiv n - 2$ und in der zweiten durch $k = n + 1$ erreicht. Wir bekommen also

$$\begin{aligned} \sum_{k=0}^{\infty} a_{k+2} (k+2)(k+1) x^k - 2 \sum_{k=1}^{\infty} a_{k-1} x^k &= 0 \\ \Rightarrow 2a_2 + \sum_{k=1}^{\infty} [a_{k+2} (k+2)(k+1) - 2a_{k-1}] x^k &= 0 . \end{aligned}$$

Es ergeben sich die Bestimmungsgleichungen

$$a_2 = 0 , \quad a_{k+2} = \frac{2a_{k-1}}{(k+2)(k+1)} , \quad k \geq 1 .$$

Es sind also fast alle Koeffizienten festgelegt, bis auf die beiden ersten: a_0 und a_1. Wir sehen, dass alle Koeffizienten der Art a_{3n} sich auf a_0 zurückführen lassen, alle der Art a_{3n+1} auf a_1 und alle anderen verschwinden. Man findet damit die zwei (linear unabhängigen) Lösungen

$$\begin{aligned} y_1(x) &= a_0 \left[1 + x^3 \frac{2}{3 \times 2} + x^6 \frac{2 \times 2}{6 \times 5 \times 3 \times 2} + \cdots \right] , \\ y_2(x) &= a_1 \left[x + x^4 \frac{2}{4 \times 3} + x^7 \frac{2 \times 2}{7 \times 6 \times 4 \times 3} + \cdots \right] . \end{aligned}$$

Die Koeffizienten a_0 und a_1 sind gleichzeitig die Integrationskonstanten. Die Lösungen dieser Differenzialgleichung definieren die so genannte **Airy-Funktion**, welche zum Beispiel zur Lösung der Schrödingergleichung der Quantenmechanik für Dreieckspotenzialformen führt. □

Der bisher besprochene Potenzreihenansatz ist nur an Punkten im Analytizitätsbereich der Koeffizientenfunktionen $\alpha(x)$, $\beta(x)$ erlaubt. Was passiert aber an singulären Punkten? Dazu müssen wir weiter unterscheiden:

(a) Eine „reguläre" Singularität an der Stelle x_0 ist eine Singularität, bei der jedoch

$$(x - x_0)\,\alpha(x) \quad \text{und} \quad (x - x_0)^2\,\beta(x) \tag{6.119}$$

bei x_0 nichtsingulär und in eine Potenzreihe entwickelbar sind. Ein Beispiel für eine in dieser Notation „regulär" singuläre Funktion ist $\beta(x) = 1/x^2$.

(b) Alle anderen Singularitäten sind irregulär.

Das **Theorem von Fuchs** besagt, dass es für lineare DGen der Form (6.117) an regulär singulären Punkten *zumindest eine* Lösung zum Potenzreihenansatz

$$y(x) = (x - x_0)^s \sum_{n=0}^{\infty} a_n\,(x - x_0)^n \tag{6.120}$$

mit einem nichtverschwindenden Konvergenzgebiet um x_0 gibt. Einsetzen in die DG und Koeffizientenvergleich für die niedrigste Potenz ($a_0 \neq 0$) liefert eine quadratische Bestimmungsgleichung für s, die so genannte **Indizialgleichung**.

Wenn sich s_1 und s_2 um eine nichtganzzahlige Differenz unterscheiden ($|s_1 - s_2| \notin \mathbb{N}$), dann resultieren zwei linear unabhängige Lösungen. Die Lösungen bestimmen sich jeweils aus den Rekursionsformeln für die Koeffizienten. Wenn $|s_1 - s_2| \in \mathbb{N}$ oder $s_1 = s_2$ ist, dann liefert der Potenzreihenansatz nur eine Lösung y_1, und die zweite Lösung ergibt sich mit dem Ansatz

$$y_2(x) = (x - x_0)^{s_2} \sum_{n=0}^{\infty} b_n\,(x - x_0)^n + c\,y_1(x)\,\ln(x - x_0)\,. \tag{6.121}$$

Für $s_1 = s_2$ ist immer $c = 1$. Die Koeffizienten b_n und (für $s_1 \neq s_2$) der Wert c werden durch Einsetzen in die DG bestimmt. In Einzelfällen kann sich auch $c = 0$ ergeben.

Ein Spezialfall ist eine DG, deren Lösung eine homogene Funktion ist, also $y(t\,x) = t^\gamma\,y(x)$. In diesem Fall erhält man keine Rekursionsformel für die Koeffizienten der Reihe, sondern nur die beiden Lösungen $(x - x_0)^{s_1}$, $(x - x_0)^{s_2}$.

Beispiel

Die DG

$$y'' - \frac{6}{x^2}\,y = 0$$

hat eine im besprochenen Sinn reguläre Singularität bei $x = 0$. Sie hat gleichzeitig auch homogene Lösungen, da die Transformation $x \to tx$ die Gleichung in

$$y''\,\frac{1}{t^2} - \frac{6}{x^2}\,\frac{1}{t^2}\,y = 0\,,$$

also in sich selbst (für $t \neq 0$) überführt. Der Potenzreihenansatz

$$y(x) = x^s \sum_{n=0}^{\infty} a_n\,x^n = \sum_{n=0}^{\infty} a_n\,x^{n+s}$$

führt zur Beziehung

$$\sum_{n=0}^{\infty} a_n\,(n+s)\,(n+s-1)\,x^{n+s-2} - \sum_{n=0}^{\infty} 6\,a_n\,x^{n+s-2} = 0\,. \tag{6.122}$$

Die niedrigste Ordnung ergibt die Gleichung

$$a_0\,(s\,(s-1) - 6) = 0\,,$$

und – mit der Forderung $a_0 \neq 0$ – daher $s_1 = 3$ und $s_2 = -2$. Da die Lösung homogen ist, erhält man keine Rekursionsformel für die anderen Koeffizienten. Man erkennt dies auch direkt aus der obigen Gleichung (6.122). Die beiden (linear unabhängigen Lösungen) lauten

$$y_1 = x^3\,, \quad y_2 = x^{-2}\,,$$

und die allgemeine Lösung ist eine entsprechende Linearkombination. □

Diese Methode wird auch **Frobeniusmethode** genannt, und wir brauchen sie vor allem bei speziellen DGen wie etwa der **Besselschen Differenzialgleichung** (vgl. Kap. 17). Diese Differenzialgleichung kommt in der Physik oft zur Beschreibung des radialen Teils eines kugelsymmetrischen Problems vor.

6.4 Systeme von Differenzialgleichungen

6.4.1 Formulierung und linearer Fall

Eine explizit gegebene DG n-ter Ordnung mit n Anfangsbedingungen

$$\begin{aligned} y^{(n)} &= f\left(t,\, y, y', \dots, y^{(n-1)}\right) , \\ y^{(i)}(x_0) &= y_0^{(i)} \quad \text{für } i = 0 \dots n-1 , \end{aligned} \tag{6.123}$$

kann in ein System von insgesamt n miteinander gekoppelten DGen 1. Ordnung umgewandelt werden. Um das zu erreichen, definiert man neue Variablen

$$y_1 \equiv y \,, \quad y_{i>1} \equiv y^{(i-1)} \quad \text{für } i = 2 \dots n \,. \tag{6.124}$$

Damit erhält man das System von n Gleichungen,

$$\begin{aligned} y_1' &= y_2 \\ y_2' &= y_3 \\ &\vdots \\ y_{n-1}' &= y_n \\ y_n' &= f(t,\, y_1, \dots, y_n) \end{aligned} \tag{6.125}$$

mit den entsprechenden Anfangsbedingungen. In praktisch allen numerischen Programmen wird das Integrationsverfahren statt für eine DG höherer Ordnung gleich für solche Systeme von DGen 1. Ordnung formuliert (vgl. C.6.3).

Beispiel

Die homogene DG 3. Ordnung

$$y'''(t) - 3\,y''(t) - 9\,y'(t) - 5\,y(t) = 0$$

wird durch die Ersetzungen

$$y_1(t) = y(t)\,, \quad y_2(t) = y'(t)\,, \quad y_3(t) = y''(t)$$

übergeführt in

$$\begin{pmatrix} y_1'(t) \\ y_2'(t) \\ y_3'(t) \end{pmatrix} = \begin{pmatrix} 0 & 1 & 0 \\ 0 & 0 & 1 \\ 5 & 9 & 3 \end{pmatrix} \begin{pmatrix} y_1(t) \\ y_2(t) \\ y_3(t) \end{pmatrix} \qquad \square$$

Man kann dieses System einfach als Vektordifferenzialgleichung schreiben,

$$\boldsymbol{y}' = \boldsymbol{f}(t, \boldsymbol{y}) , \quad \boldsymbol{y}(t_0) = \boldsymbol{y}_0 . \tag{6.126}$$

Wenn $\boldsymbol{f}$ nicht explizit von t abhängt, so spricht man von einem **autonomen System**. Die Lösung von (6.126) beschreibt eine Kurve in diesem n-dimensionalen Raum, der auch **Phasenraum** genannt wird.

Wie bei den einfachen linearen DGen gibt es eine Eindeutigkeitsbedingung: die Lipschitzbedingung (siehe M.6.1). Die Lösung ist in einem Bereich $(t, \boldsymbol{y}) \in T \otimes D$ mit $T \subset \mathbb{R}$ und $D \subset \mathbb{R}^n$ eindeutig, wenn es ein positives L gibt, für welches

$$||\boldsymbol{f}(t, \boldsymbol{y}_1) - \boldsymbol{f}(t, \boldsymbol{y}_2)|| \leq L\,|\boldsymbol{y}_1 - \boldsymbol{y}_2| \tag{6.127}$$

für alle $\boldsymbol{y}_1$, $\boldsymbol{y}_2$, t in diesem Gebiet gilt. Die verdoppelten Striche bezeichnen die Norm (Länge) verallgemeinert auf komplexe Zahlen.

Im Fall einer linearen DG wird (6.126) eine einfache Vektorgleichung der Form

$$\boldsymbol{y}' = \mathbf{A}\,\boldsymbol{y} + \boldsymbol{B} , \tag{6.128}$$

wobei $\mathbf{A}$ eine Matrix und $\boldsymbol{B}$ einen Vektor mit konstanten oder $x-$abhängigen Koeffizienten bezeichnen. Man kann solche Systeme lösen, ähnlich wie es im Abschn. 6.2.2 für lineare, inhomogene DGen diskutiert wurde (vgl. [7, 8]).

Wir wollen hier nur den homogenen Fall ($\boldsymbol{B} = 0$) für eine $n \times n$-Matrix $\mathbf{A}$ mit konstanten Koeffizienten besprechen,

$$\boldsymbol{y}' = \mathbf{A}\,\boldsymbol{y} . \tag{6.129}$$

Da dieses System von n Gleichungen einer DG von n-ter Ordnung äquivalent ist, wird es die Eigenschaften der entsprechenden Lösung widerspiegeln. Wir suchen daher ein Fundamentalsystem von n linear unabhängigen Lösungsvektoren $\boldsymbol{y}_i(t)$. Wir setzen dazu einen geeignete Ansatz in die DG ein:

$$\boldsymbol{y}_i(t) = \mathrm{e}^{\lambda_i t}\,\boldsymbol{u}_i \quad \Rightarrow \quad \lambda_i\,\mathrm{e}^{\lambda_i t}\,\boldsymbol{u}_i = \mathbf{A}\,\mathrm{e}^{\lambda_i t}\,\boldsymbol{u}_i . \tag{6.130}$$

Da die Exponentialfunktion immer ungleich null ist, können wir umformen und erhalten eine Eigenwertgleichung

$$\mathbf{A}\,\boldsymbol{u}_i = \lambda_i\,\boldsymbol{u}_i . \tag{6.131}$$

Der unbekannte Vektor $\boldsymbol{u}_i$ ist daher ein Eigenvektor von $\mathbf{A}$ zum Eigenwert λ_i.

Die Vorgangsweise bei der Lösung des Eigenwertproblems für Matrizen wird in Abschn. 3.4 besprochen. Wenn wir n unterschiedliche Eigenwerte und linear unabhängige Eigenvektoren finden, dann ist die Menge der sich daraus ergebenden $\boldsymbol{y}_i(t)$ das Fundamentalsystem unseres DG-Systems und die allgemeine Lösung der DG kann als Linearkombination in der Form

$$\boldsymbol{y}(t) = \sum_{i=1}^{n} c_i\,\boldsymbol{y}_i(t) \tag{6.132}$$

angeschrieben werden. Die unbekannten Koeffizienten c_i werden mit Hilfe von n Anfangsbedingungen bestimmt.

Beispiel

Die Schwingungsgleichung wird meist als DG 2. Ordnung hingeschrieben,

$$\ddot{x}(t) = -\omega^2 x(t) .$$

Wir bringen sie in die Form eines Systems von zwei DGen 1. Ordnung. Dazu folgen wir der Vorschrift und nennen $x = y_1$ und $\dot{x} = y_2$. Wir erhalten

$$\dot{y}_1 = y_2 , \quad \dot{y}_2 = -\omega^2 y_1 .$$

In Matrixform ist dies die Gleichung

$$\dot{\boldsymbol{y}} = \mathbf{A}\,\boldsymbol{y} \quad \text{mit} \quad \boldsymbol{y} = \begin{pmatrix} y_1 \\ y_2 \end{pmatrix} , \; \mathbf{A} = \begin{pmatrix} 0 & 1 \\ -\omega^2 & 0 \end{pmatrix} . \tag{6.133}$$

Die Eigenwerte von $\mathbf{A}$ sind $\lambda_{1,2} = \pm \mathrm{i}\,\omega$ mit den Eigenvektoren $u_i = (1, \pm \mathrm{i}\,\omega)$. (Wir haben die Eigenvektoren nicht auf Einheitslänge normiert; die Basisfunktionen sind nur bis auf eine multiplikative Konstante definiert.) Das Basissystem für die Lösungen der DG ist daher

$$\boldsymbol{y}_1 = \mathrm{e}^{\mathrm{i}\,\omega\,t} \begin{pmatrix} 1 \\ \mathrm{i}\,\omega \end{pmatrix} , \quad \boldsymbol{y}_2 = \mathrm{e}^{-\mathrm{i}\,\omega\,t} \begin{pmatrix} 1 \\ -\mathrm{i}\,\omega \end{pmatrix} ,$$

und die allgemeine Lösung lautet:

$$\boldsymbol{y}(t) = c_1 \begin{pmatrix} 1 \\ \mathrm{i}\,\omega \end{pmatrix} \mathrm{e}^{\mathrm{i}\,\omega\,t} + c_2 \begin{pmatrix} 1 \\ -\mathrm{i}\,\omega \end{pmatrix} \mathrm{e}^{-\mathrm{i}\,\omega\,t} .$$

Diese Lösung kann man natürlich als Summe von trigonometrischen Funktionen mit entsprechenden Integrationskonstanten umschreiben. □

Was passiert, wenn zwei Eigenwerte $\lambda_i = \lambda_j$ übereinstimmen („entartet" sind), wir aber nur einen Eigenvektor bestimmen können? Auch diese Situation ist aus der Diskussion der DGen höherer Ordnung bekannt. Wir können dann neben (6.130) eine weitere linear unabhängige Lösung in der Form

$$\boldsymbol{y}_j(t) = t\,\boldsymbol{y}_i(t) + \mathrm{e}^{\lambda_i\,t}\,\boldsymbol{v} = \mathrm{e}^{\lambda_i\,t}\,(t\,\boldsymbol{u}_i + \boldsymbol{v}) \tag{6.134}$$

ansetzen und wieder in die DG einsetzen. Dies ergibt

$$\left(e^{\lambda_i t} + t\,\lambda_i\,e^{\lambda_i t}\right) \boldsymbol{u}_i + \lambda_i\,e^{\lambda_i t}\,\boldsymbol{v} = \mathbf{A}\,t\,e^{\lambda_i t}\,\boldsymbol{u}_i + \mathbf{A}\,e^{\lambda_i t}\,\boldsymbol{v} \tag{6.135}$$

und unter Berücksichtigung von (6.131) die Bestimmungsgleichung

$$(\mathbf{A} - \lambda_i\,\mathbf{1})\;\boldsymbol{v} = \boldsymbol{u}_i\;. \tag{6.136}$$

Das ist *keine* Eigenwertgleichung, aber da $\det(\mathbf{A} - \lambda_i\,\mathbf{1}) = 0$, gibt es eine nicht-triviale Lösung für $\boldsymbol{v}$ und damit für $\boldsymbol{y}_j(t)$. Wie üblich, ist $\boldsymbol{v}$ nur bis auf eine multiplikative Konstante festgelegt.

Wenn man mehrfach entartete Eigenwerte hat, so wird entsprechend fortgesetzt, also zum Beispiel

$$\boldsymbol{y}_k(t) = e^{\lambda_i t}\left(t^2\,\boldsymbol{u}_i + t\,\boldsymbol{v} + \boldsymbol{w}\right) \tag{6.137}$$

und daraus $\boldsymbol{w}$ bestimmt, und so weiter.

Die so erhaltenen Lösungen sind linear unabhängig. Zusammengefasst als Spalten zu einer $n \times n$ Matrix erhält man die **Fundamentalmatrix F**. Da die Lösungsvektoren linear unabhängig sind, muss ihre Determinante (die so wie in (3.63) Wronski-Determinante genannt wird) ungleich null sein. Die allgemeine Lösung des DG-Systems ist durch die Fundamentalmatrix und den Koeffizientenvektor $\boldsymbol{c}$ ausgedrückt

$$\boldsymbol{y}(t) = \sum_{i=1}^{n} c_i\,\boldsymbol{y}_i(t) = \mathbf{F}(t)\,\boldsymbol{c} \tag{6.138}$$

und aus einer Anfangsbedingung der Form $\boldsymbol{y}(0) = \boldsymbol{y}_0$ kann man den Koeffizientenvektor durch

$$\boldsymbol{c} = \mathbf{F}(0)^{-1}\,\boldsymbol{y}_0 \tag{6.139}$$

bestimmen.

Beispiel

Für das System der drei miteinander gekoppelten DGen

$$\boldsymbol{y}(t)' = \begin{pmatrix} 0 & 1 & 0 \\ 0 & 0 & 1 \\ 5 & 9 & 3 \end{pmatrix} \boldsymbol{y}(t)$$

hat die Matrix die Eigenwerte $\lambda_1 = 5$, $\lambda_2 = \lambda_3 = -1$. Der erste Eigenvektor ist $(1, 5, 25)$, der zweite $(1, -1, 1)$ und daher sind zwei linear unabhängige Lösungen

$$\boldsymbol{y}_1(t) = e^{5t}\begin{pmatrix} 1 \\ 5 \\ 25 \end{pmatrix}, \quad \boldsymbol{y}_2(t) = e^{-t}\begin{pmatrix} 1 \\ -1 \\ 1 \end{pmatrix}.$$

Der dritte Lösungsvektor ergibt sich mit Hilfe von $\boldsymbol{y}_2(t)$ über den Ansatz

$$\boldsymbol{y}_3(t) = \mathrm{e}^{-t} \left(t \begin{pmatrix} 1 \\ -1 \\ 1 \end{pmatrix} + \boldsymbol{v} \right)$$

zu (6.136), hier daher

$$\begin{pmatrix} 1 & 1 & 0 \\ 0 & 1 & 1 \\ 5 & 9 & 4 \end{pmatrix} \boldsymbol{v} = \begin{pmatrix} 1 \\ -1 \\ 1 \end{pmatrix} .$$

Beachten Sie, dass dieses System zwar linear abhängig aber nicht widersprüchlich ist (vgl. Kap. 3) und es eine nicht-triviale (ein-parametrige) Lösungsschar gibt. Ein Lösungsvektor ist also nur bis auf eine beliebige multiplikative Konstante bestimmt. Hier ist ein solcher zum Beispiel $(1, 0, -1)$ und damit die gesuchte linear unabhängige Lösung des DG-Systems

$$\boldsymbol{y}_3(t) = \mathrm{e}^{-t} \left(t \begin{pmatrix} 1 \\ -1 \\ 1 \end{pmatrix} + \begin{pmatrix} 1 \\ 0 \\ -1 \end{pmatrix} \right) .$$

Die Fundamentalmatrix ist hier

$$\begin{pmatrix} \mathrm{e}^{5t} & \mathrm{e}^{-t} & t\,\mathrm{e}^{-t} + \mathrm{e}^{-t} \\ 5\,\mathrm{e}^{5t} & -\mathrm{e}^{-t} & -t\,\mathrm{e}^{-t} \\ 25\,\mathrm{e}^{5t} & \mathrm{e}^{-t} & t\,\mathrm{e}^{-t} - \mathrm{e}^{-t} \end{pmatrix} \quad \Rightarrow \quad \det \mathbf{F} = 36\,\mathrm{e}^{3t} ,$$

und ihre Determinante ist ungleich null für alle t, wie erwartet.

Wir wollen annehmen, dass die Anfangsbedingungen für unser Problem die Form $\boldsymbol{y}(0) = (4, 4, 24)$ haben, fordern also

$$c_1\,\boldsymbol{y}_1(0) + c_2\,\boldsymbol{y}_3(0) + c_3\,\boldsymbol{y}_3(0) = \boldsymbol{y}(0) .$$

Die Fundamentalmatrix für $t = 0$ führt entsprechend (6.139) zum Koeffizientenvektor

$$\mathbf{F}(0) = \begin{pmatrix} 1 & 1 & 1 \\ 5 & -1 & 0 \\ 25 & 1 & -1 \end{pmatrix} \quad \Rightarrow \quad \boldsymbol{c} = \mathbf{F}^{-1}(0) \begin{pmatrix} 4 \\ 4 \\ 24 \end{pmatrix} \quad \Rightarrow \quad \boldsymbol{c} = \begin{pmatrix} 1 \\ 1 \\ 2 \end{pmatrix} . \qquad \square$$

Wenn wir ein inhomogenes DG-System zu lösen haben, $\mathbf{B} \neq 0$, dann müssen wir auch eine partikuläre Lösung suchen, zum Beispiel durch Raten oder mit der Methode der Variation der Konstanten, und mit der allgemeinen Lösung des homogenen Systems zur Gesamtlösung kombinieren.

C.6.3 … und auf dem Computer: Schwingungen und Planetenbahnen

Das System von Differenzialgleichungen

$$\left.\begin{aligned} m\,\dot{x}(t) &= p(t) \\ \dot{p}(t) &= -\frac{dV(x)}{dx} \end{aligned}\right\} \Rightarrow \quad \begin{aligned} \dot{y}_1 &= \frac{y_2}{m} \\ \dot{y}_2 &= -\frac{dV(y_1)}{dy_1} \end{aligned} \tag{C.6.3.1}$$

beschreibt die Bewegung eines Massenpunkts (mit Masse 1) im Potenzial V in einer Dimension. Dabei entsprechen die Variablen y_1 der Ortskoordinate $x(t)$ und y_2 dem Impuls p des Teilchens. Mit $V(x) = {}^1\!/_2\,\omega^2 x^2$ erhalten wir das System (6.133), welches die Schwingung eines Massenpunkts beschreibt, der mit einer Spannfeder an die Ruheposition $y_1 = 0$ gebunden ist. Die Anfangsbedingung $y_1(0) = A$, $y_2(0) = 0$ entspricht also dem Vorgang einer Auslenkung um A mit anschließendem Loslassen.

Man kann die beiden gekoppelten DGen numerisch lösen, indem man in kleinen Zeitschritten h vorgeht und jeweils die neuen Werte y_1 und y_2 zum Zeitpunkt $(n+1)\,h$ aus denen zum Zeitpunkt $n\,h$ berechnet. Schreiben Sie ein entsprechendes Programm, wobei Sie die Eulersche Integrationsmethode verwenden. Zeichnen Sie die Lösung $y_1(t)$: Sie sollten eine periodische Lösung erhalten. Wie lautet die Periode in Vielfachen von ω? Wird die Periode exakt beibehalten?

Die Eulersche Methode ist ungenau. Versuchen Sie statt dessen, die gleiche Aufgabe mit Hilfe der Runge-Kutta-Methode 4. Ordnung – wie in Abschn. 6.2.4 besprochen – zu lösen. Ersetzen Sie dazu in (6.64) die Variable y durch $\boldsymbol{y} \equiv (y_1, y_2)$. Variieren Sie die rücktreibende Kraft. Im Falle eines physikalischen Pendels etwa müsste man in der DG $-\omega^2 y_1$ durch einen Term proportional zu $\sin y_1$ ersetzen. Experimentieren Sie mit verschiedenen Schrittweiten!

Die Bewegung der Erde um die Sonne wird näherungsweise durch das Gravitationspotenzial $-c\,m/r$ beschrieben, wobei die Konstante c ein Produkt von Sonnenmasse und Gravitationskonstante ist, m die Erdmasse bezeichnet und r der Abstand zwischen Erde und Sonne ist. Wir setzen die Sonne in den Ursprung unseres Koordinatensystems, es ist also $|\boldsymbol{x}| = r$. Die Bewegung der Erde kann durch die Newtonsche Bewegungsgleichung $\dot{\boldsymbol{p}} = -m\,c\,\boldsymbol{x}/|\boldsymbol{x}|^3$ beschrieben werden, die man als System von zwei Vektorgleichungen 1. Ordnung umschreiben kann,

$$\begin{aligned} \dot{\boldsymbol{x}}(t) &= \frac{\boldsymbol{p}(t)}{m} & \Rightarrow \quad & \begin{aligned} \dot{x}_1 &= p_1/m\,, \\ \dot{x}_2 &= p_2/m\,, \end{aligned} \\ \dot{\boldsymbol{p}}(t) &= -m\,c\,\frac{\boldsymbol{x}(t)}{|\boldsymbol{x}|^3} & \Rightarrow \quad & \begin{aligned} \dot{p}_1 &= -m\,c\,x_1/\left(x_1^2+x_2^2\right)^{3/2}\,, \\ \dot{p}_2 &= -m\,c\,x_2/\left(x_1^2+x_2^2\right)^{3/2}\,. \end{aligned} \end{aligned} \tag{C.6.3.2}$$

Wir haben die Erdbahn also in die (x_1, x_2)-Ebene gelegt.

Fassen Sie die Komponenten (x_1, x_2, p_1, p_2) zu einem Vektor zusammen wie in (6.126) und verwenden Sie ein Runge-Kutta-Programm zur Bestimmung der Lösung für beliebige Anfangsbedingungen, und stellen Sie die sich ergebenden Bahnkurven grafisch dar. Was beobachtet man? Berechnen Sie für die periodischen Lösungen die Werte der Gesamtenergie $\frac{\boldsymbol{p}^2}{2m} + V(|\boldsymbol{x}|)$ und kontrollieren Sie, ob diese über mehrere Perioden hinweg konstant bleibt!

6.4.2 Stabilitätsanalyse und dynamische Systeme

Wir verwenden wieder die Vektorschreibweise für ein System von Differenzialgleichungen erster Ordnung:

$$\dot{\boldsymbol{y}}(t) = \boldsymbol{f}(t, \boldsymbol{y}) . \tag{6.140}$$

Die Abhängigkeit von $\boldsymbol{y}$ soll nun nicht mehr auf den linearen Fall beschränkt sein, ja, die folgende Analyse wird erst im nicht-linearen Fall interessant.

DG Systeme mit zumindest drei dynamischen Variablen und wenigstens einem (nichtlinearen) Kopplungsterm zwischen diesen Variablen können chaotisches Verhalten zeigen. Kleinste Änderung der Anfangsbedingungen führen dann zu exponentiell wachsenden Unterschieden der Lösungen. Dieser so genannte Schmetterlingseffekt wird verkürzt so beschrieben: „Der Flügelschlag eines Schmetterlings in der Taiga kann für das Auftreten eines Wirbelsturms in der Karibik verantwortlich sein". (Welcher Schmetterling das ist, ist unbekannt.)

Das vielleicht berühmteste Beispiel für chaotische Verhalten ist eine Modellrechnung aus dem Bereich der Meteorologie. E. N. Lorenz studierte als Näherungsmodell eines Strömungsproblems das DG System

$$\dot{\boldsymbol{x}} = \begin{pmatrix} -\sigma\, x + \sigma\, y \\ -x\, z + r\, x - y \\ x\, y - b\, z \end{pmatrix} , \quad \sigma > b + 1,\ \sigma,\ r\,, b > 0 . \tag{6.141}$$

und entdeckte eine starke Abhängigkeit von den Anfangswerten durch einen Zufall:. Er unterbrach die numerische Rechnung und notierte sich die letzten Werte, dann ging er zum Mittagessen. Zurück im Büro startete er wieder und bekam Ergebnisse, die sich von einer durchlaufenden Kontrollrechnung unterschieden. Ursache war einerseits, dass er die Zahlen nur auf vier Dezimalen genau notiert hatte, andererseits eben die chaotische Abhängigkeit von den Startwerten.

Solche DGen heißen **dynamische Systeme**; ihre Lösungen haben unerwartete asymptotische Eigenschaften, wie etwa fraktale Strukturen als Fixpunktmengen (vgl. auch C.2.1 und C.1.2). Wir wollen diese hier nicht näher besprechen, wohl aber die Stabilität von Fixpunkten von Lösungen im Allgemeinen diskutieren.

In dem autonomen System ($\boldsymbol{f}$ hängt nicht explizit von t ab) gibt

$$\dot{\boldsymbol{y}}(t) = \boldsymbol{f}(\boldsymbol{y}) \tag{6.142}$$

an, wie sich $\boldsymbol{y}$ mit t entwickelt. Was passiert, wenn es Punkte $\boldsymbol{y}_0$ gibt, wo $\boldsymbol{f}(\boldsymbol{y}_0) = 0$ gilt? Wenn sich das System an so einem Punkt befindet, ändert sich anscheinend $\boldsymbol{y}(t)$ nicht mehr. In Wirklichkeit werden solche Punkte entweder durch Setzen der Anfangsbedingung erreicht oder erst im Grenzfall $t \to \infty$. Man nennt solche Punkte **Fixpunkte**. Was passiert, wenn man Anfangsbedingungen ein wenig entfernt vom Fixpunkt wählt? Sind solche Punkte stabil, also anziehende Punkte (attraktiv) oder abstoßend (repulsiv), welche Eigenschaften haben sie?

Um die Stabilität von Fixpunkten zu studieren, verwenden wir eine Taylorentwicklung um den Fixpunkt $\boldsymbol{y}_0$

$$\boldsymbol{f}(\boldsymbol{y}_0) = 0\,, \quad \boldsymbol{f}(\boldsymbol{y}) = \mathbf{A}(\boldsymbol{y} - \boldsymbol{y}_0) + \mathcal{O}(d\boldsymbol{y})^2 \quad \text{mit} \quad \mathbf{A} = \left.\left(\frac{\partial f_i}{\partial y_j}\right)\right|_{\boldsymbol{y}=\boldsymbol{y}_0} . \tag{6.143}$$

Wir setzen $\boldsymbol{z}(t) \equiv \boldsymbol{y}(t) - \boldsymbol{y}_0$ und schreiben die Gleichung mit Hilfe dieser linearen Näherung als lineares System

$$\dot{\boldsymbol{z}}(t) = \mathbf{A}\,\boldsymbol{z}(t) \tag{6.144}$$

und lösen dieses wie weiter oben besprochen. Die Matrix $\mathbf{A}$ heißt Stabilitätsmatrix und ihre Eigenwerte charakterisieren das Verhalten nahe dem Fixpunkt.

Die Klassifikation von Fixpunkten unterscheidet unter mehreren Varianten (asymptotisch stabil, stabil, instabil, elliptisch, hyperbolisch), die auch von der Dimensionalität abhängt [9]. Da die einzelnen Komponenten ein Verhalten der Form $\exp(\lambda\, t)$ haben, sind Fixpunkte stabil attraktiv, wenn für alle Eigenwerte $\mathrm{Re}(\lambda) < 0$ gilt.

Beispiel

Die **Logistische DG**

$$\dot{y} = \alpha\, y\,(1-y)$$

ist ein einfaches Beispiel für eine Dimension. Es gibt zwei Fixpunkte und die Stabilitätsanalyse ergibt

$$y = 0 \;\Rightarrow\; A = \alpha\,(1-2\,y)|_{y=0} = \alpha \;\Rightarrow\; \dot{z} = \alpha\, z \;\Rightarrow\; z = y_{\text{lin}} \propto \mathrm{e}^{\alpha\, t}$$

$$y = 1 \;\Rightarrow\; A = \alpha\,(1-2\,y)|_{y=1} = -\alpha \;\Rightarrow\; \dot{z} = -\alpha\, z \;\Rightarrow\; z = y_{\text{lin}} - 1 \propto \mathrm{e}^{-\alpha\, t}$$

Wenn $\alpha > 0$ dann ist der erste Fixpunkt abstoßend und daher instabil. und der zweite Fixpunkt ist anziehend und daher stabil. □

Beispiel

Die übliche Schwingungsgleichung ist eine Näherung zur DG des exakten **mathematischen Pendels**, welches wirklich in einer Kreisbahn schwingt:

$$\ddot{x} + a\,\dot{x} + b\,\sin x = k\,\cos \omega t\ .$$

Der inhomogene Term rechts entspricht einer periodischen äußeren Kraft. Die DG ist analytisch nur für verschwindenden Dämpfungsterm ($a = 0$) und verschwindende Kraft ($k = 0$) lösbar. Wenn $k \neq 0$, dann zeigt das System chaotisches Verhalten. Wir betrachten hier nur einen Fall ohne diesen Term und untersuchen die Stabilität.

$$\dot{\boldsymbol{x}} = \boldsymbol{f}(\boldsymbol{x}) \quad \Rightarrow \quad \begin{pmatrix} \dot{x}_1 \\ \dot{x}_2 \end{pmatrix} = \begin{pmatrix} x_2 \\ -0.01\,x_2 - \sin x_1 \end{pmatrix}\ . \tag{6.145}$$

Fixpunkte sind offenbar $\boldsymbol{x} = (n\,\pi, 0)$ für ganzzahlige n da dort $\boldsymbol{f} = 0$. Die linearisierte Form am Fixpunkt ergibt die Matrix

$$\mathsf{A} = \begin{pmatrix} 0 & 1 \\ -\cos n\,\pi & -0.01 \end{pmatrix}\ .$$

Für gerade n sind beide Eigenwerte negative Realteile und die Fixpunkte sind attraktiv, für ungerade n sind sie abstoßend. □

Mengen von attraktiven Fixpunkten können fraktale Struktur haben und spielen in der Untersuchung der dynamischen Systeme eine wichtige Rolle. Die unterschiedlichen Fixpunktverhalten solcher DGen werden oft unter dem Sammelbegriff „Wege ins Chaos" diskutiert. Die in diesen Fällen sensible Abhängigkeit vom Anfangswert führt zum Begriff des Lyapunov-Exponenten. Er charakterisiert, wie schnell sich Lösungen zu nur wenig unterschiedlichen Anfangsbedingungen voneinander weg entwickeln.

C.6.4 … und auf dem Computer: Gedämpftes Pendel

Man kann das System der gedämpften Schwingung (6.145) mit Hilfe von numerischen Verfahren studieren. Mit MATHEMATICA sieht das wie folgt aus:

```
Pendelkurve =
  NDSolve[{x1'[t] == x2[t], x2'[t] == -.01 x2[t] - Sin[x1[t]],
     x1[0] == Pi - 0.001, x2[0] == 0}, {x1, x2}, {t, 0, 30}];
  ParametricPlot[Evaluate[{x1[t], x2[t]} /. Pendelkurve],
     {t, 0, 30}, PlotPoints -> 1000, PlotRange -> All];
```

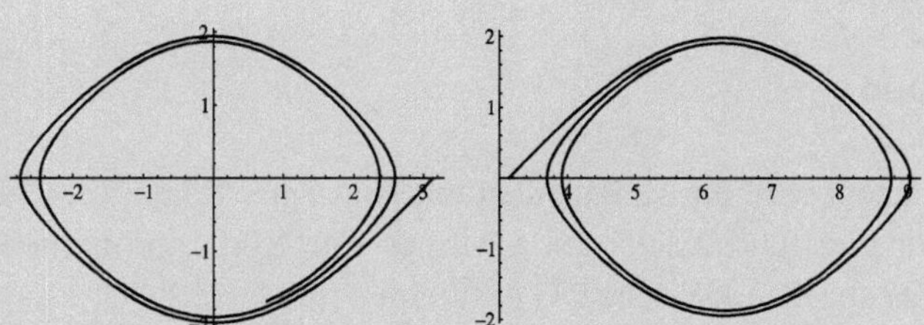

Abb. 6.11 Die Lösungen für diese Startwerte ($x_1 = \pi - 0.001$, $x_2 = 0$) (links) und die leicht unterschiedlichen Startwerte ($x_1 = \pi + 0.001$, $x_2 = 0$) (rechts) nähern sich unterschiedlichen Fixpunkten $x_1 = 0$ und $x_2 = 2\,\pi$. Die physikalische Interpretation ist klar: Die Anfangswerte sind jeweils nahe dem Maximum $x_1 = \pi$ des Pendels und das Pendel schwingt dann eben nach links oder nach rechts

6.5 Zum Abschluss

Was haben wir in diesem Kapitel über gewöhnliche DGen nicht besprochen, und wo kann man mehr darüber finden?

- Spezielle DGen und Randwertprobleme (vom Sturm-Liouville-Typ) führen zum Begriff der **orthogonalen Polynome**. Ein Beispiel dafür ist die Fourierreihe (siehe Kap. 13).
- Partielle Differenzialgleichungen und damit zusammenhängende Randwertprobleme: siehe Kap. 18.
- Laplace- und Fouriertransformationen können bei der Lösung einer DG hilfreich sein (siehe Kap. 14).
- Wenn man zu einer inhomogenen DG $L\,y(x) = g(x)$ eine so genannte **Greensche Funktion** $G(x,t)$ finden kann, welche die DG

$$L\,G(x,t) = \delta(x-t) \tag{6.146}$$

  erfüllt, so kann man daraus eine allgemeine Lösung bestimmen. Dies wird in Kap. 18 weiter besprochen.
- Dynamische Systeme, Wege ins Chaos, fraktale Attraktoren und der Lyapunov-Exponent werden in zahlreichen Texten besprochen; ein Klassiker ist [10].

6.6 Aufgaben und Lösungen

6.6.1 Aufgaben

6.1: Ein Medikament wird einem Patienten mit konstanter Rate r (in Gramm/Sekunde) über eine Infusion zugeführt. Gleichzeitig wird es vom Körper proportional der vorhandenen Menge $x(t)$ abgebaut. Welche DG bestimmt $x(t)$?

6.2: Wie lauten die DGen der zweiparametrigen Kurvenschar (a) $y = \alpha\,\mathrm{e}^x + \beta$, (b) $y = \alpha\,\mathrm{e}^{2x} + \beta\,\mathrm{e}^{-2x}$?

6.3: Welche DG bestimmt die Geschwindigkeit eines Körpers, der in einer Flüssigkeit vertikal fällt, wobei der Widerstand proportional dem Quadrat der jeweiligen Geschwindigkeit ist?

6.4: Welche der folgenden DGen haben in welchem Gebiet $D \subset \mathbb{R}^2$ eindeutige Lösungen?

$$\begin{array}{llllll} \text{(a)} & y' = x + y\,, & \text{(b)} & y' = x\,y^{\frac{1}{3}}\,, & \text{(c)} & y' = \dfrac{y}{x}\,, \\ \text{(d)} & (x^2 + y^2)\,y' = y^2\,, & \text{(e)} & y' = \sqrt[3]{y^2}\,, & \text{(f)} & y' = (x-1)\,\mathrm{e}^{y/(x-1)}\,. \end{array}$$

6.5: Lösen Sie die DGen

$$\begin{array}{llllll} \text{(a)} & y' = 1 + \mathrm{e}^{2x}\,, & \text{(b)} & x^2\,y' - 2\,x\,y = 1/x\,, & \text{(c)} & y' = \mathrm{e}^{3x+2y}\,, \\ \text{(d)} & x^2\,y^2\,dy = (y+1)\,dx\,, & \text{(e)} & \dot{x}(t) + x(t) = \sin t\,, & \text{(f)} & y' + 2\,x\,y = 4\,x\,. \end{array}$$

6.6: Lösen Sie das Anfangswertproblem

$$y'(x) = \frac{\cos x}{1 + \cos y}\,, \qquad y(0) = 0\,.$$

Gibt es eine eindeutige Lösung? Ist sie explizit als $y(x)$ darstellbar?

6.7: Der Luftdruck nimmt mit der Höhe ab. Näherungsweise folgt er der DG $dp(h) = -\rho(h)\,dh$. Für die Dichte ρ eines idealen Gases gilt $\rho = \alpha p/T$ (Temperatur T, α ist proportional der Gaskonstante), und daher

$$\frac{dp(h)}{dh} = -\alpha\,\frac{p(h)}{T(h)}\,,$$

also eine homogene DG 1.Ordnung. Wie hängt der Luftdruck von der Höhe h ab, wenn man annimmt, dass (a) die Temperatur T konstant ist, oder (b) die Temperatur folgendermaßen von der Höhe abhängt: $T(h) = T_0 - \beta\,(h - h_0)$? Zeigen Sie, dass die beiden Lösungen für kleine $(h - h_0)$ gleichwertig sind.

6.8: Geben Sie Lösungen für die folgenden DGen zu den jeweils angegebenen Anfangsbedingungen an.

(a) $y' - y^2 = -9$; (1) $y(0) = 0$, (2) $y(0) = 3$, (3) $y(1/3) = 1$.
(b) $x\,y' = y^2 - y$ $(x \neq 0)$; (1) $y(1) = 1$, (2) $y(1) = 0$, (3) $y(1/2) = 1/2$.

6.9: Lösen Sie die DG $(x^2 + y^2)\,dx + (x^2 - x\,y)\,dy = 0$.

6.10: Zeigen Sie, dass die DG

$$(2\,x\,\mathrm{e}^y + y\,\cos(x\,y))\,dx + (x^2\,\mathrm{e}^y + x\,\cos(x\,y))\,dy = 0$$

ein exaktes Differenzial ist, und finden Sie die Lösungsschar.

6.11: Die effektive Kopplungsstärke g in der Theorie der Quarks und Gluonen, gemessen bei einer typischen Energieskala μ, erfüllt (näherungsweise) die DG

$$\mu\,\frac{dg}{d\mu} = -\beta_0\,g^3 - \beta_1\,g^5\;.$$

Bestimmen Sie $g(\mu)$ und $\mu(g)$. Was bedeutet das für das physikalische Problem?

6.12: Finden Sie die Lösung und ihren maximalen Gültigkeitsbereich für die separierbaren Anfangswertprobleme

$$\text{(a)}\quad y' = \frac{x^2}{\sin y} \quad \text{mit} \quad y(0) = \frac{\pi}{3}\,, \qquad \text{(b)}\quad y' = \cos x\,\sin y \quad \text{mit} \quad y(0) = \frac{\pi}{6}\,.$$

6.13: Lösen Sie die (homogenen) DGen

$$\text{(a)}\quad y' = \frac{y}{x} + \frac{x^2}{y^2} + 1\,, \quad \text{(b)}\quad y' = \frac{y - x}{y + x}\,, \quad \text{(c)}\quad y' = 3\,\frac{x}{y} - \frac{y}{x}\,.$$

6.14: Lösen Sie das Anfangswertproblem $x\,y^2 y' = y^3 - x^3$ mit $y(1) = 2$.

6.15: Lösen Sie die DG

$$\frac{dy}{dx} = \frac{x - y - 3}{x + y - 1}\,.$$

6.16: Lösen Sie die DG $y' = (x+y)^2$, indem Sie sie auf homogene Form transformieren.

6.17: Lösen Sie die DGen

(a) $x\,y' + y = 1/y^2$, (b) $y' - y = y^2\,\mathrm{e}^x$, (c) $2y' = y/x - x/y^2$, $y(1) = 1$.

6.18: Finden Sie die orthogonalen Trajektorien zu den Kurvenfamilien

(a) $y = c\,x$, (b) $y = c\,x^2$, (c) $c\,x^2 + y^2 = 1$, ($c > 0$ oder $c < 0$) ,
(d) $y = c\,\mathrm{e}^{-x}$, (e) $y = c\,\sin x$.

6.19: Lösen Sie die DGen

(a) $y'' + y' - 2\,y = 0$, (b) $y'' + 2\,y' + 2\,y = 0$,
(c) $y''' - 3\,y'' - 9\,y' - 5\,y = 0$.

6.20: Lösen Sie die inhomogenen DGen

(a) $y'' - 4\,y = 10$, (b) $y'' + y' - 6\,y = \mathrm{e}^{2x}$,
(c) $y'' + y = x\mathrm{e}^{3x}$, (d) $\ddot{x} + 6\,\dot{x} + 10\,x = 25\,\cos t$,
(e) $y'' + 4\,y = 2\,\cos x\,\cos 3\,x$.

6.21: Alice im Wunderland fällt bekanntlich in ein Loch, das diagonal durch den Erdmittelpunkt bis zu den Antipoden verläuft. Wir wollen die Coriolis- und Reibungskräfte vernachlässigen und nur die Schwerkraft im Inneren der Erde berücksichtigen: $F(r) = -m\,g\,r/R$ (r ist der Abstand zum Mittelpunkt, R der Erdradius). Wie fällt Alice? Kommt Sie wieder zurück und wenn ja, wann? Was passiert, wenn man den Luftwiderstand $-\kappa\,\dot{r}$ berücksichtigt?

6.22: Lösen Sie die Anfangswertprobleme

(a) $\ddot{x}(t) + 2\,x(t) = 0$, $x(0) = -1$, $\dot{x}(0) = -2\sqrt{2}$,
(b) $y'' + y = 0$, $y(0) = -4$, $y'(0) = 3$.

6.23: Die DG eines Massenpunkts am Ort $x(t)$ in einem Potenzial $V(x)$ lautet

$$m\,\ddot{x} = -\frac{\partial V(x)}{\partial x} .$$

Diskutieren Sie die Lösungen für $V(x) = a\,x^2$ für die beiden Fälle $a < 0$ und $a > 0$.

6.24: Finden Sie die Lösung der inhomogenen DG $y'' - y = x + \cos x$ für $y(0) = 1/2$, $y'(0) = 0$.

6.25: Finden Sie eine partikuläre Lösung der inhomogenen DG $y'' + y' - 6\,y = 13\,\cos(2\,x)$.

6.26: Lösen Sie die DG $y'' - 3\,y' = 8\,\mathrm{e}^{3x} + 4\,\sin x$ auf möglichst kurzem Weg durch Kombination der besprochenen Methoden.

6.27: Finden Sie die allgemeine Lösung der DG vom Euler-Cauchyschen Typ $4\,x^2\,y'' + 8\,x\,y' + y = 0$.

6.28: Zeigen Sie mit Hilfe eines Potenzreihenansatzes, dass die allgemeine Lösung der DG $y' - 2\,x\,y = 0$ eine einfache Exponentialfunktion ist.

6.29: Die Bewegung eines geladenen Teilchens (Ladung q, Masse m) in einem homogenen Magnetfeld $\boldsymbol{B} = (b,\,0,\,0)$ wird durch $m\,\ddot{\boldsymbol{x}} = q\,\dot{\boldsymbol{x}} \times \boldsymbol{B}$ beschrieben (Lorentzkraft). Lösen Sie das gekoppelte System von DGen für die Anfangsbedingungen für Ort $\boldsymbol{x}(0) = (0,\,0,\,0)$ und Geschwindigkeit $\dot{\boldsymbol{x}}(0) = (0,\,v,\,0)$.

6.30: Lösen Sie numerisch die DG für den erzwungenen Duffing-Oszillator $\ddot{x} + 0.04\,\dot{x} - 0.2\,x + 0.54\,x^3 = 0.4\,\cos 0.1\,t$ für $x(0) = \dot{x}(0) = 0$. Untersuchen Sie die Abhängigkeit der Lösung von den Koeffizienten der Gleichung.

6.31: Die Zahl der Fische in einem Aquarium sei $x(t)$, ihre Änderungsrate sei proportional der Anzahl und auch proportional $(x_M - x(t))$ (wobei x_M ein ökologisches Maximum ist, also etwa abhängig von der maximalen Futtermenge). Schreiben Sie die entsprechende DG an (es ist dies die so genannte **Logistische DG**), und diskutieren Sie die Lösung in Abhängigkeit von verschiedenen Anfangsbedingungen.

6.32: Untersuchen Sie das Lorenz-System (6.141) auf Stabilität des Fixpunkts $(0,\,0,\,0)$; für welche Werte der Parameter ist der Fixpunkt stabil?

6.33: Formulieren Sie die DGen aus Aufgabe 19 (a,b) als System von DGen und lösen sie diese.

6.34: Lösen Sie die Systeme von DGen

$$\text{(a)}\ \boldsymbol{y}' = \begin{pmatrix} -4 & 1 & 1 \\ 1 & 5 & -1 \\ 0 & 1 & -3 \end{pmatrix} \boldsymbol{y} \qquad \text{(b)}\ \boldsymbol{y}' = \begin{pmatrix} 0 & 1 & 0 \\ 0 & 0 & 1 \\ 1 & -1 & 1 \end{pmatrix} \boldsymbol{y} \quad \text{für} \quad \boldsymbol{y}(0) = (2,\,1,\,0)\,.$$

6.6.2 Lösungen

Vollständige Lösungen unter http://physik.uni-graz.at/~cbl/mm/.

6.1: $dx(t)/dt = r - \alpha\,x(t)$.

6.2: (a) $y'' = y'$; (b) $y'' = 4\,y$.

6.3: $dv(t)/dt = g - \alpha\, v^2$.

6.4: (a) $\mathbb{R}^2$; (b) $\{x \in \mathbb{R}; y > 0\ , \in \mathbb{R}\}$ oder $\{x \in \mathbb{R}; y < 0\ , \in \mathbb{R}\}$; (c) $x \neq 0, y \in \mathbb{R}$; (d) $\mathbb{R}^2\backslash\{0\}$; (e) $y \neq 0$; (f) $\{x > 1, \in \mathbb{R}; y \in \mathbb{R}\}$ oder $\{x < 1, \in \mathbb{R}; y \in \mathbb{R}\}$.

6.5: (a) $y(x) = c+x+{}^1\!/_2\,\mathrm{e}^{2\,x}$; (b) $y(x) = c\,x^2 - 1/(4\,x^2)$; (c) $y(x) = -{}^1\!/_2 \ln(c-\frac{2}{3}\,\mathrm{e}^{3\,x})$; (d) ${}^1\!/_2\,y^2 - y + \ln(1+y) = c - \frac{1}{x}$; (e) $x(t) = {}^1\!/_2\,(\sin t - \cos t + c\,\mathrm{e}^{-t})$; (f) $y(x) = 2+\alpha \mathrm{e}^{-x^2}$.

6.6: $y + \sin y = \sin x,\ x \in (-{}^{\pi}\!/_2, {}^{\pi}\!/_2),\ y \in (-0.511, 0.511)$.

6.7: (a) $p_0 \exp\left(-\alpha\,(h-h_0)/T\right)$; (b) $p_0\,[1 - \beta\,(h-h_0)/T_0]^{\alpha/\beta}$.

6.8: (a) $y = 3(1 + c\,\mathrm{e}^{6\,x})/(1 - c\ \mathrm{e}^{6x})$; (a1) $c = -1$; (a2) Isolierte Nullstelle: $y = 3$; (a3) $c = -1/2\,\mathrm{e}^2$; (b1), (b2) isolierte Nullstelle, $y = 0$; (b3) $y = 1/(1 + 2\,x)$.

6.9: $y/x - \ln[(1 + y/x)^2] = \ln|c\,x|$, mit den Einschränkungen $x \neq 0$, $y/x \neq -1$, $c\,x > 0$.

6.10: $x^2\,\mathrm{e}^y + \sin(x\,y) = c$.

6.11: $\mu(g) = \Lambda\,(1/g^2 + \beta_1/\beta_0)^{-\beta_1/2\beta_0^2}\,\mathrm{e}^{1/2\,\beta_0\,g^2}$, also $\mu \to \infty$ für $g \to 0$.

6.12: (a) $y = \arccos(1/2 - x^3/3)$ $x \in (-(3/2)^{1/3}, (9/2)^{1/3})$, $y \in (0, \pi)$; (b) $2 \arctan((12 - \sqrt{3}) \exp(\sin x))$, maximaler Bereich: $x \in \mathbb{R}$.

6.13: (a) $y/x - \arctan(y/x) = \ln|c\,x|$ für $x \neq 0$; (b) $\arctan(y/x) + {}^1\!/_2 \ln(1 + y^2/x^2) = c - \ln|x|$; (c) $y^2 = {}^3\!/_2\,x^2 + c/x^2$.

6.14: Die DG ist homogen und auch vom Bernoulli-Typ, die Lösung ist $y = x\,(8-3\ln|x|)^{1/3}$ für $x \neq 0$, $x < \mathrm{e}^{8/3}$.

6.15: Die DG ist ein exaktes Differenzial, kann aber auch nach anderen Methoden (welchen?) gelöst werden, die Lösung ist $-x^2/2 + y^2/2 + x\,y + 3\,x - y = c$.

6.16: $y = \tan(x + c) - x$.

6.17: (a) $y^3 = 1 + c/x^3, x \neq 0$; (b) Bernoulli-Typ, $y = -1/({}^1\!/_2\mathrm{e}^x + c\,\mathrm{e}^{-x})$; (c) Bernoulli-Typ, $(4\,x^{3/2} - 3\,x^2)^{1/3}$.

6.18: (a) DG: $y' = -x/y$, Lösung: Kreise, $x^2 + y^2 = c$; (b) DG: $y' = -x/2y$, Lösung: Ellipsen, $y^2 + {}^1\!/\!_2 x^2 = c$; (c) DG: $y' = xy/(1 - y^2)$, Lösung: $\ln y^2 - y^2 + a = x^2$; (d) DG: $y' = 1/y$, Lösung: Parabeln, $y^2 = 2x + c$; (e) DG: $y' = -(1/y)\tan x$, Lösung: $y^2 = -2\int dx\ \tan x + c$.

6.19: (a) $y = c_1\,\mathrm{e}^x + c_2\,\mathrm{e}^{-2x}$; (b) $y = \mathrm{e}^{-x}(c_1\cos x + c_2\sin x)$; (c) $y = c_1\,x\,\mathrm{e}^{-x} + c_2\,\mathrm{e}^{-x} + c_3\,\mathrm{e}^{5x}$.

6.20: (a) $-5/2 + c_1\,\mathrm{e}^{2x} + c_2\,\mathrm{e}^{-2x}$; (b) $(1/5)\,x\,\mathrm{e}^{2x} + c_1\,\mathrm{e}^{2x} + c_2\,\mathrm{e}^{-3x}$;
(c) $(x/10 - 3/50)\,\mathrm{e}^{3x} + c_1\sin x + c_2\cos x$; (d) $(25/13 + c_1\,\mathrm{e}^{-3t})\cos t + (50/39 + c_2\,\mathrm{e}^{-3t})\sin t$; (e) $(x/4)\sin 2x - (1/12)\cos 4x + c_1\cos 2x + c_2\sin 2x$.

6.21: Als Periode sollten Sie ungefähr 84 Minuten erhalten $\left(2\pi\sqrt{R/g}\right)$.

6.22: (a) $x(t) = -2\sin(\sqrt{2}t) - \cos(\sqrt{2}t)$; (b) $y(x) = 3\sin x - 4\cos x$.

6.24: $y = -x - {}^1\!/\!_2\cos x + \mathrm{e}^x$.

6.25: $y_P(x) = -\frac{5}{4}\cos(2x) + \frac{1}{4}\sin(2x)$.

6.26: $y(x) = (8x/3)\mathrm{e}^{3x} + (6\cos x)/5 - (2\sin x)/5 + c_1 + c_2\,\mathrm{e}^{3x}$.

6.27: $y(x) = (c_1 + c_2\ln x)/\sqrt{x}$.

6.29: Mit $\omega = q\,b/m$ ist die Lösung eine Kreisbahn: $\boldsymbol{x}(t) = (v/\omega)(0, \sin(\omega t), \cos(\omega t) - 1)$.

6.30: Je nach Wert der Koeffizienten kann es sich um ein chaotisches System handeln. Eine ausführliche Diskussion findet man zum Beispiel in [11, 12].

6.31: DG: $\dot{y} = \alpha\,y\,(1 - y)$ für $y \equiv x/x_M$, Lösung $y(t) = 1/(1 + c\,\mathrm{e}^{-t})$, $c > 0$. Vergleichen Sie das Ergebnis mit der diskreten Feigenbaum-Iteration der Form $y_{n+1} = \gamma y_n(1 - y_n)$.

6.32: $0 < r < 1,\ b > 0$

6.33: Lösung wie in Aufgabe 19 (a,b).

6.34: (a) $y_1(t) = c_1\,E^{5t} + 10\,c_2\,\mathrm{e}^{-4t} + c_3\,\mathrm{e}^{-3t}$, $y_2(t) = 8\,c_1\,E^{5t} - c_2\,\mathrm{e}^{-4t}$, $y_3(t) = c_1\,E^{5t} + c_2\,\mathrm{e}^{-4t} + c_3\,\mathrm{e}^{-3t}$. Beachten Sie: unterschiedliche Ergebnisse könnten durch unterschiedliche Linearkombinationen der Koeffiziententerme erklärt werden. (b) $y_1(t) = \mathrm{e}^t + \cos t$, $y_2(t) = y_1(t)'$, $y_3(t) = y_1(t)''$.

Literaturempfehlungen

In [2] findet man den „klassischen" Überblick über die meisten analytisch lösbaren, gewöhnlichen DGen. Moderne und recht umfassende Lehrbücher sind [7, 8, 13], Systeme von DGen werden auch in [14] behandelt. Umfangreiche Aufgabensammlungen mit Lösungsvorschlägen findet man in [15]. Numerische Lösungsverfahren werden in [3–6, 12, 16] besprochen, in geraffter, tabellarischer Form in [17, 18]. Als Beispiel für ein Programmsystem, in dem man DGen analytisch und numerisch behandeln kann, verweisen wir auf [1] und [19]. Partielle DGen werden in Kap. 18 besprochen, Stabilität in [9].

Literatur

1. S. Wolfram, *The Mathematica Book* (Wolfram Media, Champaign, IL, 2003).
2. E. Kamke, *Differentialgleichungen, Lösungsmethoden und Lösungen, I. Gewöhnliche Differentialgleichungen*, 10. Aufl. (Vieweg+Teubner, Wiesbaden, 1983).
3. R. L. Burden und J. D. Faires, *Numerical Analysis* (Cengage Learning, Inc, Boston, 2010).
4. A. Iserles, *A First Course in the Numerical Analysis of Differential Equations*, 2. Aufl. (Cambridge University Press, Cambridge, 2009).
5. W. H. Press, B. P. Flannery, S. A. Teukolsky, und W. T. Vetterling, *Numerical Recipes: The Art of Scientific Computing*, 3. Aufl. (Cambridge University Press, Cambridge, 2007).
6. W. Törnig und P. Spellucci, *Numerische Mathematik für Ingenieure und Physiker, Band 1 und 2* (Springer-Verlag, Berlin, 1988).
7. S. J. Farlow, *An Introduction to Differential Equations and their Applications* (Dover Publications, New York, 2012).
8. D. G. Zill, *A First Course in Differential Equations with Applications* (Prindle, Weber &Schmidt, Boston, 1986).
9. M.Tabor, *Chaos and Integrability in Nonlinear Dynamics: An Introduction* (Wiley, New York, 1989).
10. H.G. Schuster und W. Just, *Deterministic Chaos*, 4. Aufl. (Wiley-VCH, Weinheim, 2005).
11. R. L. Zimmermann und F. L. Olness, *Mathematica for Physics* (Addison-Wesley Publ. Co., New York, 1995).
12. Paul L. DeVries, *Computerphysik* (Spektrum Akademischer Verlag, Heidelberg, 1995).
13. B. Aulbach, *Gewöhnliche Differenzialgleichungen*, 2. Aufl. (Spektrum Akademischer Verlag, Heidelberg, 2010).
14. T. Arens, F. Hettlich, C. Karpfinger, U. Kockelkorn, K. Lichtenegger, und H. Stachel, *Mathematik*, 2. Aufl. (Springer - Spektrum Akademischer Verlag, Berlin, Heidelberg, Wiesbaden, 2011).
15. R. Bronson, *Schaum's Outline of Modern Introductory Differential Equations* (McGraw-Hill, New York, 1994).
16. J. Stoer und R. Bulirsch, *Numerische Mathematik 2*, Bd. 2, 2. Aufl. (Springer-Verlag, Berlin, Heidelberg, 2005).

17. M. Abramowitz und I. A. Stegun, *Handbook of Mathematical Functions* (Martino Fine Books, Eastford, CT, 2014).

18. I. N. Bronstein, K. A. Semendjajew, G. Musiol, und H. Mühlig, *Taschenbuch der Mathematik*, 9. Aufl. (Europa-Lehrmittel, Haan-Gruiten, 2013).

19. M. L. Abell und J. P. Braselton, *Differential Equations with Mathematica* (Academic Press Inc., Cambridge, MA, 1997).

Grundlagen der Vektoranalysis 7

7.1 Differenziation von Vektoren

In den ersten Kapiteln haben wir Funktionen immer als Abbildungen von $\mathbb{R}^n$ in die reellen Zahlen betrachtet. Das ist aber nur eine Variante von vielen Möglichkeiten.

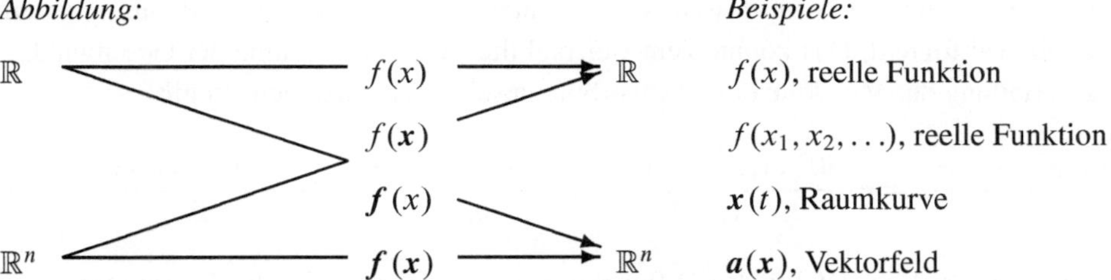

Hier und in einigen folgenden Abschnitten wird uns vor allem die Abbildung in den $\mathbb{R}^n$, speziell in den dreidimensionalen Vektorraum interessieren. Wir betrachten Vektoren und ihre Anwendungen in diesem Kapitel ausschließlich im $\mathbb{R}^3$. Vektoren in Räumen höherer Dimension werden uns später im Rahmen der Tensorrechnung (zum Beispiel „Vierer-Vektoren" in Kap. 10) aber auch bei allgemeinen Vektorräumen in der Funktionalanalysis (Kap. 12) beschäftigen. Wir stellen einen Vektor zunächst im kartesischen Basissystem (3.80) der Einheitsvektoren $\boldsymbol{e}_1, \boldsymbol{e}_2, \boldsymbol{e}_3$ beziehungsweise $\boldsymbol{i}, \boldsymbol{j}, \boldsymbol{k}$ dar:

$$
\begin{aligned}
\boldsymbol{e}_1 &= (1,0,0) = \boldsymbol{i} \ , \\
\boldsymbol{e}_2 &= (0,1,0) = \boldsymbol{j} \ , \\
\boldsymbol{e}_3 &= (0,0,1) = \boldsymbol{k} \ .
\end{aligned} \tag{7.1}
$$

Die zweite Bezeichnung wird inzwischen eher selten verwendet, ist aber in älteren Texten noch verbreitet.

C.B. Lang, N. Pucker, *Mathematische Methoden in der Physik*,
DOI 10.1007/978-3-662-49313-7_7

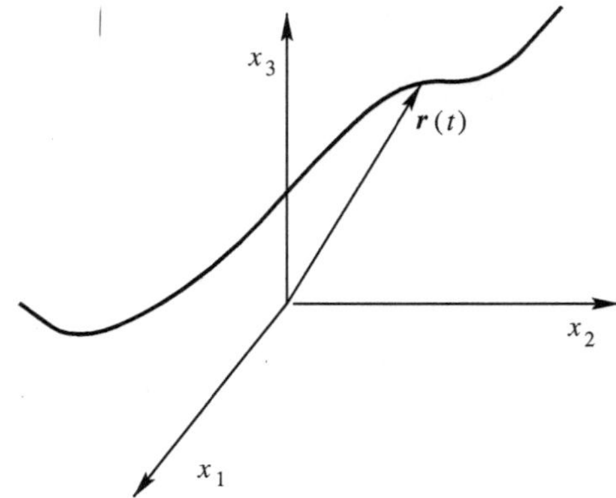

Abb. 7.1 Beschreibung einer Raumkurve durch den zugehörigen Ortsvektor $\boldsymbol{r}(t)$

Sind Komponenten eines Vektors von einer oder mehreren Variablen abhängig, so sind sie einfach Funktionen dieser Variablen und unter den gleichen Bedingungen wie diese differenzierbar (Kap. 4),

$$\frac{d}{dt}\boldsymbol{A}(t) = \boldsymbol{e}_1 \frac{dA_1(t)}{dt} + \boldsymbol{e}_2 \frac{dA_2(t)}{dt} + \boldsymbol{e}_3 \frac{dA_3(t)}{dt} . \tag{7.2}$$

Man nennt so einen Vektor, dessen Komponenten von der Position im Raum abhängig sind, ein **Vektorfeld**. Das könnte zum Beispiel die Momentaufnahme der Geschwindigkeitsverteilung der Moleküle einer Luftströmung sein. Dementsprechend gilt

$$\frac{\partial \boldsymbol{F}(x_1, x_2, x_3)}{\partial x_1} = \boldsymbol{e}_1 \frac{\partial F_1(x_1, x_2, x_3)}{\partial x_1} + \boldsymbol{e}_2 \frac{\partial F_2(x_1, x_2, x_3)}{\partial x_1} + \boldsymbol{e}_3 \frac{\partial F_3(x_1, x_2, x_3)}{\partial x_1} . \tag{7.3}$$

Ein klassisches Beispiel für das Differenzieren von Vektoren ist die Bestimmung von Geschwindigkeit und Beschleunigung eines Teilchens. Die Teilchenbahn ist durch den Ortsvektor (3.99)

$$\boldsymbol{r}(t) = \boldsymbol{e}_1 x_1(t) + \boldsymbol{e}_2 x_2(t) + \boldsymbol{e}_3 x_3(t) = (x_1(t), x_2(t), x_3(t)) \tag{7.4}$$

gegeben. Die $x_i(t)$ sind die Koordinaten des Teilchenortes zum Zeitpunkt t. Wie schon in Kap. 3 besprochen, ist der Ortsvektor ein gebundener Vektor, der sich von einem normalen Vektor darin unterscheidet, dass sein Fußpunkt immer der Ursprung ist.

Die Geschwindigkeit und die Beschleunigung des Teilchens sind

$$\begin{aligned} \boldsymbol{v}(t) &= \frac{d\boldsymbol{r}(t)}{dt} = \boldsymbol{e}_1 \frac{dx_1(t)}{dt} + \boldsymbol{e}_2 \frac{dx_2(t)}{dt} + \boldsymbol{e}_3 \frac{dx_3(t)}{dt} , \\ \boldsymbol{a}(t) &= \frac{d\boldsymbol{v}(t)}{dt} = \left(\frac{d^2x_1(t)}{dt^2}, \frac{d^2x_2(t)}{dt^2}, \frac{d^2x_3(t)}{dt^2} \right) . \end{aligned} \tag{7.5}$$

Beispiel

Die Bewegung eines Punktes längs einer Bahn werde durch den Ortsvektor

$$\boldsymbol{r}(t) = \boldsymbol{e}_1 2t + \boldsymbol{e}_2 \cos 5t + \boldsymbol{e}_3 \sin 5t$$

beschrieben. Dann sind $\boldsymbol{v}(t)$ und $\boldsymbol{a}(t)$ gegeben durch

$$\begin{aligned} \boldsymbol{v}(t) &= \boldsymbol{e}_1 2 - \boldsymbol{e}_2 5 \sin 5t + \boldsymbol{e}_3 5 \cos 5t \, , \\ \boldsymbol{a}(t) &= -\boldsymbol{e}_2 25 \cos 5t - \boldsymbol{e}_3 25 \sin 5t \, . \end{aligned}$$

Zum Zeitpunkt $t = 3$ folgen daraus:

$$\begin{aligned} \boldsymbol{r}(3) &= (6, -0.76, 0.65) \, , \\ \boldsymbol{v}(3) &= (2, -3.25, -3.80) \, , \\ \boldsymbol{a}(3) &= (0, 18.99, -16.26) \, . \end{aligned}$$

Man beachte, dass $\boldsymbol{r}(3)$, $\boldsymbol{v}(3)$ und $\boldsymbol{a}(3)$ verschiedene Richtungen haben! □

Aus der Sicht der Differenzialrechnung treten keine neuen Probleme auf. Es sind lediglich die Regeln von Kap. 4 sinngemäß anzuwenden. Dabei folgt unter anderem:

$$\begin{aligned} \frac{d}{dt}(c(t)\,\boldsymbol{A}(t)) \quad \Rightarrow \quad \frac{d}{dt}(c(t)\,A_i(t)) &= \frac{dc(t)}{dt}\,A_i(t) + c(t)\,\frac{dA_i(t)}{dt} \, , \\ \frac{d}{dt}(c(t)\,\boldsymbol{A}(t)) &= \frac{dc(t)}{dt}\,\boldsymbol{A}(t) + c(t)\,\frac{d\boldsymbol{A}(t)}{dt} \, , \\ \frac{d}{dt}(\boldsymbol{A}(t)\cdot\boldsymbol{B}(t)) &= \frac{d\boldsymbol{A}(t)}{dt}\cdot\boldsymbol{B}(t) + \boldsymbol{A}(t)\cdot\frac{d\boldsymbol{B}(t)}{dt} \, . \end{aligned} \tag{7.6}$$

Beispiel

Durch die Kombination von Vektorrechnung und Analysis können Zusammenhänge einfacher dargestellt werden. Als klassisches Beispiel dafür betrachten wir die Bewegung eines Punktes mit konstanter Geschwindigkeit $v = |\boldsymbol{v}|$ auf einer Kreisbahn (Mittelpunkt im Ursprung). Es gilt

$$\boldsymbol{r}\cdot\boldsymbol{r} = r^2 = \text{konstant} \Rightarrow \frac{d}{dt}(\boldsymbol{r}\cdot\boldsymbol{r}) = 2\boldsymbol{r}\cdot\boldsymbol{v} = 0 \quad \text{und daher} \quad \boldsymbol{r} \perp \boldsymbol{v} \, . \tag{7.7}$$

Ebenso ergibt sich

$$\frac{d}{dt}(v^2) = \frac{d}{dt}(\boldsymbol{v}\cdot\boldsymbol{v}) = 2\boldsymbol{v}\cdot\boldsymbol{a} = 0 \, ,$$

und wegen $\boldsymbol{r} \cdot \boldsymbol{v} = 0$

$$\frac{d}{dt}(\boldsymbol{r} \cdot \boldsymbol{v}) = \boldsymbol{v} \cdot \boldsymbol{v} + \boldsymbol{r} \cdot \boldsymbol{a} = 0 \quad \text{oder} \quad \boldsymbol{r} \cdot \boldsymbol{a} = -v^2 \,.$$

Da $\boldsymbol{r} \perp \boldsymbol{v}$ und $\boldsymbol{v} \perp \boldsymbol{a}$ gilt und alle beteiligten Vektoren in einer Ebene liegen, muss $\boldsymbol{r}$ parallel oder anti-parallel zu $\boldsymbol{a}$ sein. Nun ist aber das Skalarprodukt $\boldsymbol{r} \cdot \boldsymbol{a} = |\boldsymbol{r}| \cdot |\boldsymbol{a}| \cos\alpha = -v^2$ negativ, es muss also $\alpha = \pi$ und damit $\cos\alpha = -1$ sein. Daraus gewinnt man die bekannte Beziehung

$$|\boldsymbol{r}| \cdot |\boldsymbol{a}| = v^2 \quad \Rightarrow \quad a = \frac{v^2}{r}$$

als Betrag der Zentralbeschleunigung bei einer Kreisbewegung mit konstantem Betrag der Umlaufgeschwindigkeit. □

Die Vektoren $\boldsymbol{r}$, $\boldsymbol{v}$ und $\boldsymbol{a}$ sind bei einer Bewegung in der Ebene koplanar. Die Beziehung (7.7) ist immer wieder nützlich: ein in seiner Richtung veränderlicher, aber dem Betrag nach konstanter Vektor liefert bei der Ableitung einen zum ursprünglichen Vektor senkrechten Vektor,

$$|\boldsymbol{A}(t)| = \text{konstant} \Rightarrow \frac{d\boldsymbol{A}(t)}{dt} \cdot \boldsymbol{A}(t) = 0 \,. \tag{7.8}$$

Oft sind die Raumkurven die Schnittkurven von zwei Flächen.

Beispiel

Die zwei Ebenen

$$\begin{aligned} x + 2y + 3z &= 4\,, \\ x + y - z &= 1 \end{aligned} \tag{7.9}$$

haben (da sie nicht parallel sind) eine Gerade als Schnittkurve. Als Kurvenparameter wählen wir x; $y(x)$ und $z(x)$ berechnen wir aus den beiden Ebenengleichungen durch Elimination:

$$\left.\begin{aligned} x + 2y + 3z &= 4 \\ 3x + 3y - 3z &= 3 \end{aligned}\right\} + \quad \longrightarrow y = \frac{7}{5} - \frac{4x}{5} \;\rightarrow\; z = \frac{2}{5} + \frac{x}{5} \,. \tag{7.10}$$

Die Schnittkurve ist daher (mit der Umbenennung $x \equiv t$)

$$\boldsymbol{r}(t) = \left(t, \frac{7}{5} - \frac{4t}{5}, \frac{2}{5} + \frac{t}{5}\right) \,. \tag{7.11}$$

□

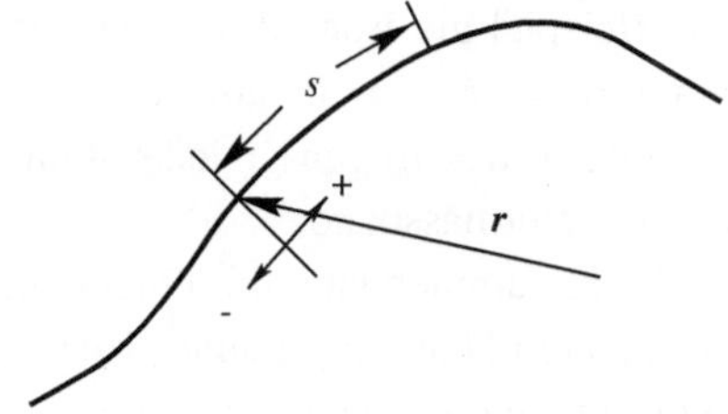

Abb. 7.2 Durch Länge und Vorzeichen des Bogens s kann jeder Punkt der Kurve markiert werden

In manchen Fällen verläuft die Schnittkurve in einer Ebene, wie etwa $x = c$; dann muss man natürlich statt x einen anderen Kurvenparameter (etwa y oder z) wählen. Auch kann es bei nicht-ebenen Flächen mehrere Schnittkurven geben und man muss die entsprechenden Zweige getrennt parametrisieren.

Beispiel

Wie verläuft die Schnittkurve der beiden Paraboloide

$$\begin{aligned} x^2 + y^2 - z &= -1 \,, \\ x^2 - 4x + y^2 - z &= -5 \,. \end{aligned} \tag{7.12}$$

Als Kurvenparameter wählen wir diesmal y=t; wieder berechnen wir $x(t)$ und $z(t)$ durch Elimination aus den beiden Flächengleichungen:

$$\left.\begin{aligned} x^2 + t^2 - z &= -1 \\ x^2 - 4x + t^2 - z &= -5 \end{aligned}\right\} - \quad \longrightarrow x = 1 \rightarrow z = 2 + t^2 \,. \tag{7.13}$$

Damit ist die Schnittkurve die Parabel

$$\boldsymbol{r}(t) = \left(1,\, t,\, 2 + t^2\right) \,, \tag{7.14}$$

die in der $x = 1$ Ebene liegt. Eine Parametrisierung mit x als Parameter wäre hier also unmöglich. □

7.2 Bogenlänge, Krümmung und Torsion

Die Diskussion der Krümmungs- und Torsionseigenschaften von **Raumkurven** bietet sich als erste Anwendung der Vektordifferenziation an. Die Bezeichnung „Raumkurve" soll anzeigen, dass es sich dabei um echte räumliche Gebilde handelt, wie etwa der Verlauf einer Spiralfeder. Die dabei erhaltenen Resultate können bei der Diskussion des räumlichen Verhaltens von Vektorfeldern und ihrer Feldlinien sehr nützlich sein.

In (7.4) und (7.5) betrachteten wir eine Raumkurve in Abhängigkeit von der Zeit t. Man kann natürlich auch andere Kurvenparameter wählen. Ein weiterer solcher Parameter ist zum Beispiel die **Bogenlänge** s (Abb. 7.2). Man wählt dabei willkürlich einen Anfangspunkt $\boldsymbol{r}_0 = \boldsymbol{r}(s = 0)$ auf der Kurve. Von dort ausgehend markieren dann Länge und Vorzeichen des Bogens s jeden Punkt auf der Raumkurve $\boldsymbol{r}(s)$, gleichsam wie ein flexibles Metermassband.

Der Zusammenhang mit einem anderen Parameter wie etwa der Zeit t ergibt sich aus der linearen Näherung kleiner Kurvenstücke. Wenn ds ein sehr kleines Kurvenstück ist, so gilt in einer solchen Näherung

$$(ds)^2 = (dx_1)^2 + (dx_2)^2 + (dx_3)^2 \,, \tag{7.15}$$

wobei die dx_i die zugehörigen Differenziale sind (siehe Abschnitt 5.2.5).

Für diese Größen bekommt man aber

$$dx_i = \left(\frac{dx_i}{dt}\right) dt \tag{7.16}$$

und damit

$$(ds)^2 = \left[\left(\frac{dx_1}{dt}\right)^2 + \left(\frac{dx_2}{dt}\right)^2 + \left(\frac{dx_3}{dt}\right)^2\right] (dt)^2 \,, \tag{7.17}$$

wodurch die Bogenlänge s für die entsprechende Kurve in Abhängigkeit von t definiert ist,

$$s(t) = \int\limits_{t'=0}^{t'=t} ds(t') = \int\limits_0^t dt' \sqrt{\left(\frac{dx_1}{dt'}\right)^2 + \left(\frac{dx_2}{dt'}\right)^2 + \left(\frac{dx_3}{dt'}\right)^2} \,. \tag{7.18}$$

Dabei markiert $t = 0$ den Anfangspunkt für die Zählung.

Die Ableitung der Bogenlänge nach der Zeit ergibt den Betrag der Geschwindigkeit, wie man aus (7.17) schnell sieht,

$$\left(\frac{ds}{dt}\right)^2 = \frac{d\boldsymbol{r}}{dt} \cdot \frac{d\boldsymbol{r}}{dt} = v^2 \;\Rightarrow\; v = \frac{ds}{dt} \,. \tag{7.19}$$

Beispiel

Wie schon in Kap. 6 besprochen, sind in der Physik Ableitungen nach der Zeit sehr häufig, und man hat daher die Konvention

$$\frac{dA(t)}{dt} = \dot{A}(t) \,, \quad \frac{d^2A(t)}{dt^2} = \ddot{A}(t) \,, \quad \ldots$$

eingeführt. Wir betrachten den Vektor $\boldsymbol{r}(t) = (\cos 2t, \sin 2t, \sqrt{5}\,t)$, der eine Schraubenlinie beschreibt, die sich um einen Kreiszylinder vom Radius $R = 1$ windet. Für die Bogenlänge findet man

$$s(t) = \int\limits_0^t dt' \sqrt{4\sin^2 2t' + 4\cos^2 2t' + 5} = \int\limits_0^t dt' \sqrt{9} = 3t$$

oder $t = s/3$. Damit bekommt der Ortsvektor die Form $\boldsymbol{r}(s) = (\cos(2s/3), \sin(2s/3), s\sqrt{5}/3)$. Der Zusammenhang zwischen s und t ist hier allerdings besonders einfach. □

Beispiel

Als weiteres Beispiel betrachten wir die Ellipse

$$\boldsymbol{r}(t) = \left(\frac{1}{2}\cos t, \sin t, 0\right) \quad \text{oder} \quad 4\,x_1^2 + x_2^2 = 1\,.$$

Die gesamte Ellipse wird in einer Zeitspanne $T = 2\pi$ einmal durchlaufen. Als Zusammenhang zwischen Zeit und Bogenlänge erhält man

$$ds = dt\,\sqrt{\frac{1}{4}\,\sin^2 t + \cos^2 t} = dt\,\sqrt{1 - \frac{3}{4}\,\sin^2 t}\,.$$

Der Ellipsenbogen kann nicht elementar berechnet werden. Man nennt

$$E(\varphi, k) = \int_0^{\varphi} dt\,\sqrt{1 - k^2\,\sin^2 t}$$

ein elliptisches Integral zweiter Gattung, dessen Wert in Abhängigkeit vom Parameter k und der oberen Grenze φ numerisch berechenbar und in Tabellen zu finden ist. Für $k = \sqrt{3}/2$ und $\varphi = \pi/2$ bekommt man

$$E\left(\frac{\pi}{2}, \frac{\sqrt{3}}{2}\right) = 1.211$$

oder als gesamter Ellipsenumfang $U = 4.844$. □

Es kommt immer wieder vor, dass wir Summen der Form $\sum_{i=1}^{3} a_i\,b_i$ bilden müssen. Wir werden daher eine Kurzschreibweise verwenden, die als **Einsteinsche Summenkonvention** bekannt ist. Man „vergisst" einfach das Summensymbol und schreibt

$$a_i\,b_i \equiv \sum_{i=1}^{3} a_i\,b_i \quad \text{oder auch} \quad \dot{x}_j\,\dot{x}_j = \sum_{j=1}^{3} \dot{x}_j^2\,. \tag{7.20}$$

Über doppelt vorkommende Indizes wird also (laut dieser Konvention immer) summiert. Wenn man sich an diese Vorschrift gewöhnt hat, ist sie sehr praktisch. Man muss allerdings darauf achten, die Indizes richtig zu verwenden: In $\dot{x}_i/\sqrt{\dot{x}_j\,\dot{x}_j}$ markiert i die Komponente und über j ist zu summieren. Wenn man in einem Ausdruck einen Index einmal als Summationsindex verwendet hat, sollte man den gleichen Index in diesem Ausdruck nicht mehr verwenden, da sonst die Möglichkeit eines Irrtums groß ist.

Der **Tangentenvektor** einer Kurve ist ein Einheitsvektor, der bei der Bewegung längs der Kurve die Richtung von $\boldsymbol{v}$ hat,

$$\boldsymbol{T}(t) = (T_1(t), T_2(t), T_3(t)) = \frac{\boldsymbol{v}(t)}{v(t)} \qquad (\text{mit } v(t) = |\boldsymbol{v}(t)|) \tag{7.21}$$

oder

$$T_i(t) = \frac{1}{v}\frac{dx_i}{dt} = \frac{\dot{x}_i}{v} = \frac{\dot{x}_i}{\sqrt{\dot{x}_j\,\dot{x}_j}} . \tag{7.22}$$

Beispiel

Als Anwendungsbeispiel für die Einsteinsche Summenkonvention überprüfen wir, ob der Tangentenvektor wohl wirklich ein Einheitsvektor ist.

$$|\boldsymbol{T}|^2 = \sum_{i=1}^{3} T_i^2 = T_i\,T_i = \frac{\dot{x}_i\,\dot{x}_i}{\sqrt{\dot{x}_j\,\dot{x}_j}\sqrt{\dot{x}_l\ \ \dot{x}_l}} = \frac{\dot{x}_i\,\dot{x}_i}{\left(\sqrt{\dot{x}_j\,\dot{x}_j}\right)^2} = 1 ,$$

da ja $\sum_{i=1}^{3} \dot{x}_i^2 = \sum_{j=1}^{3} \dot{x}_j^2$ gilt. □

Die Zeit t ist ein ziemlich willkürlich gewählter Parameter. Verwendet man statt dessen die Bogenlänge s, so gilt folgender Zusammenhang:

$$\frac{df(s(t))}{dt} = \frac{df}{ds}\frac{ds}{dt} = v\,\frac{df}{ds} \quad \Rightarrow \quad \frac{d}{ds} = \frac{1}{v}\frac{d}{dt} , \quad \text{sofern } v \neq 0 . \tag{7.23}$$

Die Bedingung ist immer erfüllt, wenn $s(t)$ eine streng monotone Funktion ist, also (nach unserer Konvention) s mit t monoton wächst. Anders ausgedrückt: Die Bahnkurve wird nur in eine Richtung durchlaufen, und die Geschwindigkeit ist daher immer positiv. Damit bekommt man den Tangentenvektor in der Form

$$T_i = \frac{1}{v}\frac{dx_i}{dt} = \frac{dx_i}{ds} \quad \Rightarrow \quad \boldsymbol{T} = \frac{d\boldsymbol{r}}{ds} . \tag{7.24}$$

Wenn man bei der Parametrisierung der Kurve statt t einen anderen Parameter φ gewählt hat, so muss man natürlich v durch die entsprechende Ableitung $|ds/d\varphi|$ ersetzen.

Da der Tangentenvektor ein Einheitsvektor ist, also konstante Länge hat, muss seine Ableitung nach einem Parameter auf den ursprünglichen Vektor senkrecht stehen. Als Ableitung nach der Bogenlänge bekommt man damit einen Vektor, dessen Betrag im jeweiligen Kurvenpunkt ein Maß für die Krümmung der Kurve in diesem Punkt ist,

$$\kappa\,\boldsymbol{H} \equiv \frac{d\boldsymbol{T}}{ds} \quad \text{oder} \quad \kappa\,H_i = \frac{dT_i}{ds} . \tag{7.25}$$

$\boldsymbol{H}$ ist ein Einheitsvektor und heißt **Hauptnormalenvektor** oder auch Krümmungsvektor. Die Größe

$$\kappa = \left|\frac{d\boldsymbol{T}}{ds}\right| = \left|\frac{d^2\boldsymbol{r}}{ds^2}\right| \tag{7.26}$$

wird **Krümmung** genannt. Die Bogenlänge spielt im vorliegenden Zusammenhang als Parameter offenbar eine besondere Rolle. Nützlich ist ein weiterer Ausdruck für die Krümmung,

$$\kappa = \frac{|\dot{\boldsymbol{r}} \times \ddot{\boldsymbol{r}}|}{|\dot{\boldsymbol{r}}|^3}\,, \tag{7.27}$$

den man leicht selbst beweisen kann (siehe Aufgaben am Ende dieses Kapitels). Die Bedeutung der Krümmung κ versteht man leicht anhand der folgenden einfachen Beispiele.

Beispiel

Die Bahnkurve

$$\boldsymbol{r}(s) = \boldsymbol{r}_0 + s\,\frac{\boldsymbol{v}_0}{v_0}$$

für konstanten Richtungsvektor $\boldsymbol{v}_0$ beschreibt eine Gerade durch $\boldsymbol{r}_0$. Es gilt

$$\frac{d\boldsymbol{r}}{ds} = \frac{\boldsymbol{v}_0}{v_0} = \boldsymbol{T} = \text{konstant}\,, \qquad \frac{d\boldsymbol{T}}{ds} = \frac{d^2\boldsymbol{r}}{ds^2} = 0\,.$$

Der Tangentenvektor ist der Einheitsvektor in die Richtung der Geraden, und die Krümmung für eine Gerade ist $\kappa = 0$. □

Beispiel

Die Bahnkurve

$$\boldsymbol{r}(s) = \left(R\,\cos\frac{s}{R}, R\,\sin\frac{s}{R}, 0\right)$$

ist ein Kreis in der (x_1, x_2)-Ebene, der für $0 \le s < 2\pi\,R$ einmal durchlaufen wird. Es gilt

$$\frac{d\boldsymbol{r}}{ds} = \left(-\sin\frac{s}{R}, \cos\frac{s}{R}, 0\right)\,, \qquad \frac{d^2\boldsymbol{r}}{ds^2} = \left(-\frac{1}{R}\,\cos\frac{s}{R}, -\frac{1}{R}\,\sin\frac{s}{R}, 0\right)\,,$$

woraus folgt, dass

$$\kappa = \left|\frac{d^2\boldsymbol{r}}{ds^2}\right| = \frac{1}{R} = \text{konstant}\,.$$

Eine Kreisbahn hat also konstante Krümmung. □

Inspiriert durch das Ergebnis für den Kreis, eine Bahnkurve mit konstanter, nichtverschwindender Krümmung, definiert man durch

$$\rho = \frac{1}{\kappa} \tag{7.28}$$

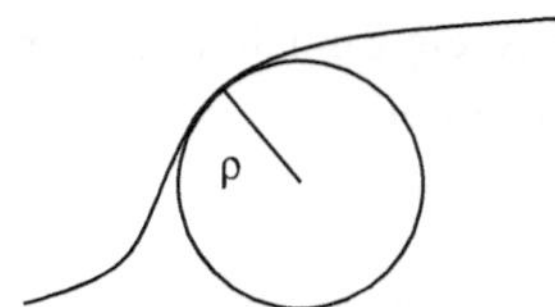

Abb. 7.3 Der Krümmungskreis ist jener Kreis, der im betrachteten Punkt mit der Kurve die Tangente und die Krümmung gemeinsam hat

den Radius des **Krümmungskreises** der jeweiligen Kurve, siehe Abb. 7.3.

Aller guten Dinge sind drei. Daher wundert es uns nicht, dass man mit dem Tangentenvektor und dem Hauptnormalenvektor einen weiteren Einheitsvektor definieren kann, der mit den beiden anderen an jedem Kurvenpunkt ein rechtwinkliges (orthogonales) Dreibein bildet

$$\boldsymbol{B} \equiv \boldsymbol{T} \times \boldsymbol{H} \ . \tag{7.29}$$

Der **Binormalenvektor** $\boldsymbol{B}$ sowie $\boldsymbol{T}$ und $\boldsymbol{H}$ bilden ein rechtshändiges Dreibein, wie man in Abb. 7.4 sieht.

Beispiel

Zur Verdeutlichung der Rolle des Binormalenvektors betrachten wir nochmals den Kreis

$$\begin{aligned} \boldsymbol{r}(s) &= \left(R\cos\frac{s}{R}, R\sin\frac{s}{R}, 0\right) , \\ \boldsymbol{T}(s) &= \left(-\sin\frac{s}{R}, \cos\frac{s}{R}, 0\right) , \\ \boldsymbol{H}(s) &= \left(-\cos\frac{s}{R}, -\sin\frac{s}{R}, 0\right) , \quad \kappa = \frac{1}{R} . \end{aligned}$$

Daraus folgt

$$\boldsymbol{B} = \boldsymbol{T} \times \boldsymbol{H} = (0, 0, 1) \ .$$

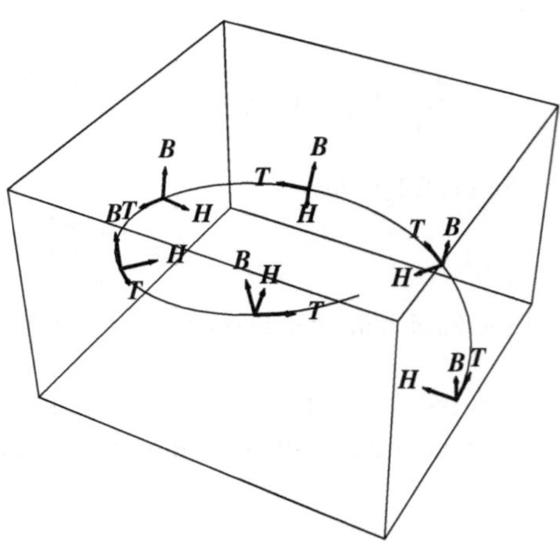

Abb. 7.4 Schematische Darstellung von $\boldsymbol{T}$, $\boldsymbol{H}$ und $\boldsymbol{B}$ entlang einer Kurve

Das heißt aber, dass in diesem Fall $\boldsymbol{T}$ und $\boldsymbol{H}$ eine im Raum konstante Ebene bilden, in der die Kurve verläuft, was beim Kreis als ebene Kurve auch nicht verwunderlich ist. □

Beispiel

Betrachten wir dagegen eine Schraubenlinie (vgl. Abb. 7.4), so erhalten wir

$$\begin{aligned}\boldsymbol{r}(t) &= (3\cos t, 3\sin t, 4t)\ ,\\ \boldsymbol{T}(t) &= \frac{1}{5}(-3\sin t, 3\cos t, 4)\ ,\\ \boldsymbol{H}(t) &= (-\cos t, -\sin t, 0)\ , \quad \kappa = \frac{3}{25}\ ,\\ \boldsymbol{B}(t) &= \frac{1}{5}(4\sin t, -4\cos t, 3)\ .\end{aligned}$$

Da $\boldsymbol{B}$ seine Orientierung mit der Zeit ändert, ändert auch die von $\boldsymbol{T}$ und $\boldsymbol{H}$ aufgespannte Ebene in jedem Kurvenpunkt ihre Lage. □

Im Gegensatz zum Kreis ist die Schraubenlinie ein „echtes" dreidimensionales Gebilde, was offenbar durch die Veränderlichkeit von $\boldsymbol{B}$ ausgedrückt wird.

Die drei Einheitsvektoren $\boldsymbol{T}$, $\boldsymbol{H}$ und $\boldsymbol{B}$ sind noch durch weitere Beziehungen miteinander verknüpft. Betrachten wir die Ableitung von $\boldsymbol{B}$ nach dem Bogenparameter,

$$\begin{aligned}\frac{d\boldsymbol{B}}{ds} &= \frac{d}{ds}(\boldsymbol{T}\times\boldsymbol{H}) = \frac{d\boldsymbol{T}}{ds}\times\boldsymbol{H} + \boldsymbol{T}\times\frac{d\boldsymbol{H}}{ds}\\ &= \kappa\,\boldsymbol{H}\times\boldsymbol{H} + \boldsymbol{T}\times\frac{d\boldsymbol{H}}{ds} = \boldsymbol{T}\times\frac{d\boldsymbol{H}}{ds}\ .\end{aligned} \tag{7.30}$$

Da $\boldsymbol{B}$ ein Einheitsvektor ist, steht $d\boldsymbol{B}/ds \perp \boldsymbol{B}$, muss also in der Ebene von $\boldsymbol{T}$ und $\boldsymbol{H}$ liegen. Da aber nach (7.30) auch $d\boldsymbol{B}/ds \perp \boldsymbol{T}$ gilt, folgt eine Proportionalität zwischen den Vektoren

$$\frac{d\boldsymbol{B}}{ds} = -\tau\boldsymbol{H}\ . \tag{7.31}$$

Dadurch wird die Größe τ, die so genannte **Torsion**, definiert. Für konstantes $\boldsymbol{B}$, also für eine ebene Kurve, ist τ offensichtlich null, so dass die Torsion ein Maß für die räumliche Struktur der Kurve ist.

Einen weiteren Zusammenhang erhält man ebenfalls ganz einfach:

$$\begin{aligned}\frac{d\boldsymbol{H}}{ds} &= \frac{d}{ds}(\boldsymbol{B}\times\boldsymbol{T}) = \frac{d\boldsymbol{B}}{ds}\times\boldsymbol{T} + \boldsymbol{B}\times\frac{d\boldsymbol{T}}{ds}\\ &= -\tau\boldsymbol{H}\times\boldsymbol{T} + \kappa\,\boldsymbol{B}\times\boldsymbol{H} = \tau\,\boldsymbol{B} - \kappa\,\boldsymbol{T}\ .\end{aligned} \tag{7.32}$$

Diese Gleichungen sind als **Frenetsche Formeln** bekannt:

$$\frac{d\boldsymbol{T}}{ds} = \kappa \boldsymbol{H} \;, \quad \frac{d\boldsymbol{B}}{ds} = -\tau \boldsymbol{H} \;, \quad \frac{d\boldsymbol{H}}{ds} = \tau \boldsymbol{B} - \kappa \boldsymbol{T} \;. \tag{7.33}$$

Die beiden ersten Relationen definieren Krümmung und Torsion, die dritte ist eine Konsistenzbeziehung.

M.7.1 Kurz und klar: Vektoren und Kurven

$$\begin{aligned}
\text{Kurve in } \mathbb{R}^3 \;&:\; \boldsymbol{r}(s) &=& \;(x_1(s), x_2(s), x_3(s)) \\
\text{Tangentenvektor} \;&:\; \frac{d\boldsymbol{r}}{ds} &=& \;\boldsymbol{T} \;, \quad |\boldsymbol{T}| = 1 \\
\text{Hauptnormalenvektor} \;&:\; \frac{d^2\boldsymbol{r}}{ds^2} &=& \;\kappa \boldsymbol{H} \;, \quad |\boldsymbol{H}| = 1 \\
\text{Binormalenvektor} \;&:\; \boldsymbol{B} &=& \;\boldsymbol{T} \times \boldsymbol{H}
\end{aligned}$$

Frenetsche Formeln:

$$\frac{d\boldsymbol{T}}{ds} = \kappa \boldsymbol{H} \;, \quad \frac{d\boldsymbol{B}}{ds} = -\tau \boldsymbol{H} \;, \quad \frac{d\boldsymbol{H}}{ds} = \tau \boldsymbol{B} - \kappa \boldsymbol{T} \;. \tag{M.7.1.1}$$

Für Gerade verschwinden sowohl Krümmung als auch Torsion, für ebene Kurven ist die Torsion $\tau = 0$.

7.3 Linien- und Oberflächenintegrale

Bei den in Kap. 5 besprochenen eindimensionalen Integralen haben wir meist entlang einer Koordinatenachse integriert. Das im Integral angegebene Differenzial (dort oft dx) gibt an, um welche Integrationsvariable es sich handelt. Bei einem Linienintegral wird der Integrationsweg entlang einer Kurve (Linie) durchlaufen. Tatsächlich ist auch die Berechnung der Länge eines Kurvenstückes C ein Linienintegral,

$$\int\limits_C ds = \int\limits_C dt \,\sqrt{\dot{x}_1^2 + \dot{x}_2^2 + \dot{x}_3^2} \tag{7.34}$$

mit $\boldsymbol{r}(t) = (x_1(t), x_2(t), x_3(t))$.

Das bekannteste physikalische Beispiel für ein Linienintegral ist das Arbeitsintegral entlang eines vorgegebenen Weges,

$$W = \int\limits_C d\boldsymbol{r} \cdot \boldsymbol{F}(x_1, x_2, x_3) = \int\limits_C dx_i \; F_i(x_1(t), x_2(t), x_3(t)) \;. \tag{7.35}$$

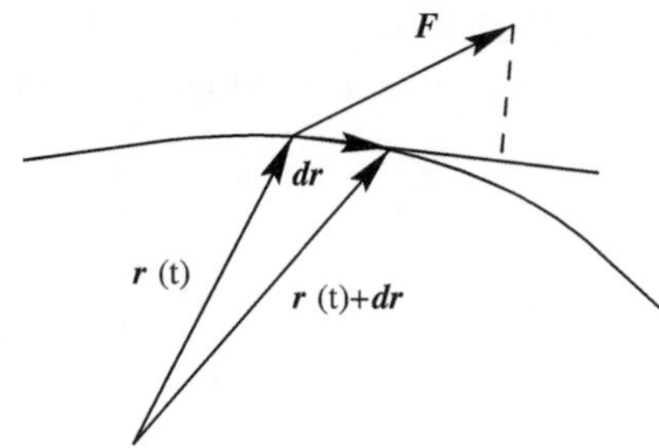

Abb. 7.5 Nur die Komponente von $\boldsymbol{F}$ in Richtung der Tangente der Kurve ($d\boldsymbol{r}$) trägt zur Arbeit dW bei

Der Vektor $\boldsymbol{F}(x_1, x_2, x_3)$ bezeichnet dabei die Kraft, $d\boldsymbol{r}$ ist ein Vektor, dessen Komponenten die totalen Differenziale der Komponenten des Ortsvektors $\boldsymbol{r}(t)$ der betrachteten Kurve sind,

$$\begin{aligned} \boldsymbol{r}(t) &= (x_1(t), x_2(t), x_3(t)) \ , \\ d\boldsymbol{r}(t) &= (dx_1, dx_2, dx_3) = (\dot{x}_1(t)\,dt, \dot{x}_2(t)\,dt, \dot{x}_3(t)\,dt) = \dot{\boldsymbol{r}}(t)\,dt \ . \end{aligned} \tag{7.36}$$

Anstelle der Zeit kann jede andere passende Größe stehen, zum Beispiel der Winkel φ, die Bogenlänge s und so weiter. Dann gilt eben entsprechend

$$dx_i = \frac{dx_i}{d\varphi}\,d\varphi \tag{7.37}$$

oder ähnlich. Die Größe

$$dW = \boldsymbol{F} \cdot d\boldsymbol{r} = F_i(x_1, x_2, x_3)\,dx_i \tag{7.38}$$

ist der Arbeitsbetrag, der von der Kraft $\boldsymbol{F}$ entlang des Weges $d\boldsymbol{r}$ auf der Kurve C geleistet wird (Abb. 7.5).

Beispiel

Wir betrachten die Arbeit bei der Wirkung der Kraft

$$\boldsymbol{F}(x_1, x_2, x_3) = (x_1^2\,x_2, x_2^2, 0)$$

entlang der Parabel $x_2 = x_1^2$, $0 \le x_1 \le 1$:

$$\begin{aligned} dW &= x_1^2\,x_2\,dx_1 + x_2^2\,dx_2 = x_1^4\,dx_1 + x_2^2\,dx_2 \ , \\ W &= \int_0^1 dx_1\,x_1^4 + \int_0^1 dx_2\,x_2^2 = \frac{8}{15} \ . \end{aligned}$$

Bei $W > 0$ leistet die Kraft Arbeit, und es gibt einen Energiezuwachs. Bei $W < 0$ muss Arbeit, also Energie, gegen die wirkende Kraft aufgewandt werden. □

Die Beziehungen (7.34) und (7.35) sind nicht die einzigen möglichen Formen von Linienintegralen. Weitere Möglichkeiten sind

$$\int_C ds\ \Phi(x_1, x_2, x_3) \ \in \mathbb{R}\ , \tag{7.39}$$

$$\int_C d\boldsymbol{r}\ \Phi(x_1, x_2, x_3) \ \in \mathbb{R}^3\ , \tag{7.40}$$

$$\int_C ds\ \boldsymbol{F}(x_1, x_2, x_3) \ \in \mathbb{R}^3\ . \tag{7.41}$$

Dabei sind (7.40) und (7.41) offensichtlich Vektoren. Die Formel (7.40) lautet ausführlich geschrieben

$$\int_C d\boldsymbol{r}\ \Phi(x_1, x_2, x_3) = \begin{cases} \boldsymbol{e}_1 \int_C dx_1\ \Phi(x_1, x_2, x_3) + \\ \boldsymbol{e}_2 \int_C dx_2\ \Phi(x_1, x_2, x_3) + \\ \boldsymbol{e}_3 \int_C dx_3\ \Phi(x_1, x_2, x_3)\ . \end{cases} \tag{7.42}$$

Bisher haben wir Raumkurven als Abbildung $\mathbb{R} \mapsto \mathbb{R}^3$ kennen gelernt. Als logische Fortsetzung bei der Beschreibung geometrischer Gebilde im $\mathbb{R}^3$ ergibt sich die Darstellung von Flächen.

Beispiel

Eine Ebene

$$5\,x_1 + x_2 - 3\,x_3 = 1$$

kann durch einen Ortsvektor der folgenden Form dargestellt werden:

$$\boldsymbol{r}(x_1, x_2) = \begin{pmatrix} x_1 \\ x_2 \\ x_3 = \frac{1}{3}\,(5\,x_1 + x_2 - 1) \end{pmatrix}\ . \tag{7.43}$$

Für eine Kugel

$$x_1^2 + x_2^2 + x_3^2 = 4$$

als Beispiel für eine gekrümmte Fläche ist

$$\boldsymbol{r}(x_1, x_2) = \begin{pmatrix} x_1 \\ x_2 \\ \pm\sqrt{4 - x_1^2 - x_2^2} \end{pmatrix} \tag{7.44}$$

eine mögliche Ortsvektordarstellung. □

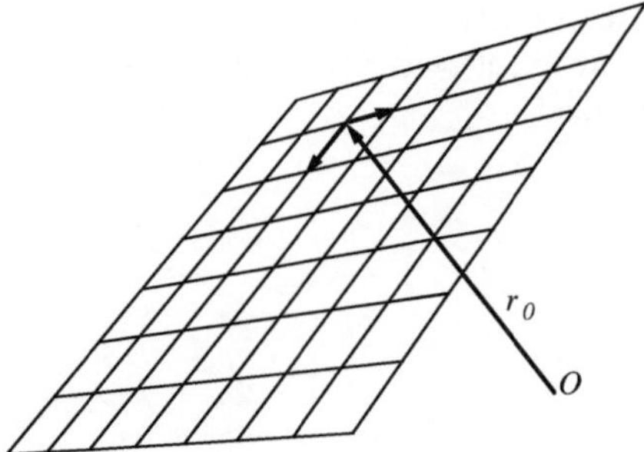

Abb. 7.6 Schematische Darstellung der Koordinatenlinien einer Ebene

Das ist aber nicht die einzige Möglichkeit der Darstellung. Allgemein kann man eine Fläche im $\mathbb{R}^3$ mit Hilfe von zwei Parametern in der Form

$$\boldsymbol{r}(u_1, u_2) = \begin{pmatrix} x_1(u_1, u_2) \\ x_2(u_1, u_2) \\ x_3(u_1, u_2) \end{pmatrix} \tag{7.45}$$

angeben. Wir merken uns: Eindimensionale Objekte (Raumkurven) haben eine einparametrige Darstellung $\boldsymbol{r}(u)$ und zweidimensionale Objekte (Flächen) eine zweiparametrige Darstellung $\boldsymbol{r}(u_1, u_2)$. Für die Ebene ist eine zu (7.43) alternative, sehr gebräuchliche Form die Parameterdarstellung aus (3.107), hier in der Form

$$\boldsymbol{r}(u_1, u_2) = \boldsymbol{r}_0 + u_1 \boldsymbol{a} + u_2 \boldsymbol{b} \ . \tag{7.46}$$

Dabei bezeichnet $\boldsymbol{r}_0$ einen festen Punkt, durch den die Ebene geht, und $\boldsymbol{a}, \boldsymbol{b}$ sind voneinander unabhängige Vektoren in der Ebene. Die Kurven $u_1 = u_{1i}$ = konstant sind Gerade ebenso wie die Kurven $u_2 = u_{2j}$ = konstant. Diese zwei Kurvenscharen überziehen die Ebene wie ein Koordinatennetz. Die Kurven selbst nennt man **Koordinatenlinien** (vgl. Abb. 7.6): Durch jeden Punkt der Ebene gehen zwei Koordinatenlinien. Man kann natürlich in einem Punkt der Ebene beliebig viele Vektorpaare $\boldsymbol{a}, \boldsymbol{b}$ mit $\boldsymbol{a} \times \boldsymbol{b} \neq 0$ bilden und kann damit die Ebene auch mit beliebig vielen Koordinatennetzen überziehen. Auch die Kurven $\boldsymbol{r}(x_{1i}, x_2)$, beziehungsweise $\boldsymbol{r}(x_1, x_{2i})$ zu (7.43) sind Koordinatenlinien der Ebene.

Die Übertragung dieser Orientierungsmöglichkeit auf krumme Flächen ist evident. So sind in (7.44) die Kurven

$$\boldsymbol{r}\left(x_1, x_{2i}\right) = \begin{pmatrix} x_1 \\ x_{2i} \\ \pm\sqrt{4 - x_1^2 - x_{2i}^2} \end{pmatrix} \quad \text{und} \quad \boldsymbol{r}\left(x_{1j}, x_2\right) = \begin{pmatrix} x_{1j} \\ x_2 \\ \pm\sqrt{4 - x_{1j}^2 - x_2^2} \end{pmatrix} \tag{7.47}$$

Abb. 7.7 Längen- und Breitenkreise entsprechen φ- und ϑ-Linien

Kreise auf der Kugel parallel zur (x_1, x_3)- und (x_2, x_3)-Ebene. Auch sie bilden ein Koordinatensystem auf der Kugel,

$$\begin{aligned} x_2 = x_{20} \quad &: \quad x_1^2 + x_3^2 = \left(R^2 - x_{20}^2\right) = R_1^2 \; , \\ x_1 = x_{10} \quad &: \quad x_2^2 + x_3^2 = \left(R^2 - x_{10}^2\right) = R_2^2 \; . \end{aligned} \tag{7.48}$$

Allerdings ist die Darstellung einer Kugel in kartesischen Koordinaten nicht so bequem wie in den Kugelkoordinaten r, ϑ, φ (siehe Anhang A) mit

$$\boldsymbol{r}(\vartheta, \varphi) = \begin{pmatrix} R \cos\varphi \sin\vartheta \\ R \sin\varphi \sin\vartheta \\ R \cos\vartheta \end{pmatrix} . \tag{7.49}$$

Die Oberfläche einer Kugel mit dem Radius R hat hier ϑ und φ als Parameter. Für feste Werte φ_0 bekommt man Längenkreise, für feste Werte ϑ_0 Breitenkreise als Koordinatenlinien (vgl. Abb. 7.7). Bei der Benennung der Koordinatenlinien orientiert man sich am variablen Parameter. Dementsprechend sind die Breitenkreise auf (7.49) φ-Linien, die Längenkreise ϑ-Linien.

Mit Hilfe der Koordinatenlinien kann man ein allgemeines Verfahren zur Berechnung von Flächeninhalten herleiten. Man betrachtet in der allgemeinen Fläche $\boldsymbol{r}(u, v)$ ein Flächendifferenzial dA der Tangentialebene in einem bestimmten Punkt (Abb. 7.8). Es ist dA das Parallelogramm, das durch die Vektoren

$$\frac{\partial \boldsymbol{r}(u, v)}{\partial u} du \; , \quad \frac{\partial \boldsymbol{r}(u, v)}{\partial v} dv \tag{7.50}$$

gebildet wird. Diese bilden Tangenten an die u- beziehungsweise v-Linie und spannen die Tangentialebene auf.

Die Fläche des Parallelogramms dA ergibt sich mit Hilfe des Vektorprodukts (vgl. Abschn. 3.3.2)

$$dA = \left| \frac{\partial \boldsymbol{r}(u, v)}{\partial u} \times \frac{\partial \boldsymbol{r}(u, v)}{\partial v} \right| du\, dv \; . \tag{7.51}$$

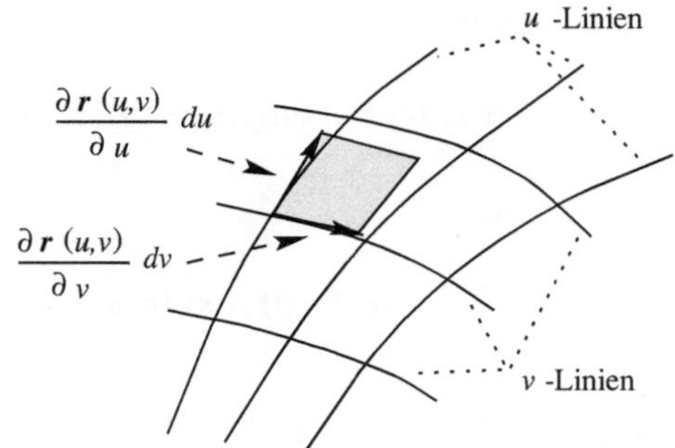

Abb. 7.8 Das Flächenstück dA ist eine lineare Näherung eines entsprechenden Flächenstücks der tatsächlichen gekrümmten Fläche

Der Flächeninhalt eines endlichen Bereiches B auf der Fläche ergibt sich aus der Integration

$$F_B = \iint\limits_B du\, dv \left| \frac{\partial \boldsymbol{r}}{\partial u} \times \frac{\partial \boldsymbol{r}}{\partial v} \right| . \tag{7.52}$$

Voraussetzung dafür ist, dass $\left| \frac{\partial \boldsymbol{r}}{\partial u} \times \frac{\partial \boldsymbol{r}}{\partial v} \right| \neq 0$ in allen Punkten des betrachteten Bereiches ist. Verschwindendes Vektorprodukt würde ja bedeuten, dass die beiden Tangentialrichtungen parallel sind.

Die allgemeine Formel (7.51) führt selbstverständlich auch zu den Differenzialen der Fläche von M.5.7 und bestätigt die in M.5.8 mit der Jacobi-Determinante erhaltenen Ergebnisse. Für eine Koordinatentransformation in der (x_1, x_2)-Ebene ist einfach $x_3 = 0$, und das äußere Produkt stimmt mit der Jacobi-Determinante aus M.5.8 überein.

Beispiel

Die (x_1, x_2)-Ebene ist in kartesischen Koordinaten durch den Vektor

$$\boldsymbol{r}(x_1, x_2) = \begin{pmatrix} 0 \\ 0 \end{pmatrix} x_1 + \begin{pmatrix} 1 \\ 0 \end{pmatrix} x_2$$

0 1

dargestellt. Daraus folgt

$$\boldsymbol{r}_{x_1}(x_1, x_2) = \boldsymbol{e}_1\,, \quad \boldsymbol{r}_{x_2}(x_1, x_2) = \boldsymbol{e}_2 \quad \Rightarrow \quad dA = |\boldsymbol{e}_1 \times \boldsymbol{e}_2|\, dx_1\, dx_2 = dx_1\, dx_2\,.$$

In ebenen Polarkoordinaten r und φ kann man den Ortsvektor als

$$\boldsymbol{r}(r, \varphi) = \begin{pmatrix} r\, \cos\varphi \\ r\, \sin\varphi \\ 0 \end{pmatrix}$$

schreiben und bekommt

$$\boldsymbol{r}_r(r,\varphi) = (\cos\varphi, \sin\varphi, 0) = \boldsymbol{e}_r \ , \quad \boldsymbol{r}_\varphi(r,\varphi) = (-r\ \sin\varphi, r\ \cos\varphi, 0) = r\,\boldsymbol{e}_\varphi$$

und daraus

$$|\boldsymbol{r}_r(r,\varphi) \times \boldsymbol{r}_\varphi(r,\varphi)| = r \quad \Rightarrow \quad dA = r\,dr\,d\varphi \ . \qquad \square$$

Beispiel

Wir verwenden die allgemeine Form (7.52), um die Fläche des Dreiecks in Abb. 7.9 zu berechnen, das die Eckpunkte (5,0,0), (0,5,0) und (0,0,5) hat.

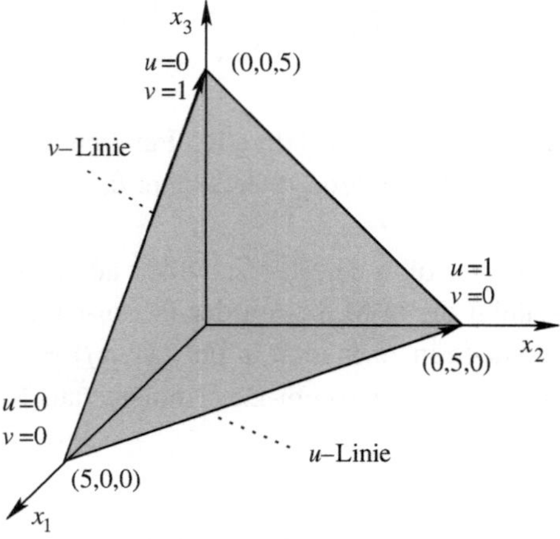

Abb. 7.9 Die Koordinatenlinien verlaufen parallel zu den Vektoren $(-5, 5, 0)$ (u-Linien) und $(-5, 0, 5)$ (v-Linien); sie entsprechen der Darstellung (7.53) der Ebene. Die Kante in der (x_1, x_3)-Ebene entspricht der v-Linie mit $u = 0$, die Kante in der (x_1, x_2)-Ebene der u-Linie mit $v = 0$. Der Dreiecksbereich wird durch diese beiden Kanten und die dritte Kante mit $u + v = 1$ begrenzt

Lösungsweg 1: Eine mögliche Darstellung der Ebene, in der das Dreieck liegt, ist:

$$\boldsymbol{r}(u,v) = \begin{pmatrix}5\\0\\0\end{pmatrix} + u\begin{pmatrix}-5\\5\\0\end{pmatrix} + v\begin{pmatrix}-5\\0\\5\end{pmatrix} \Rightarrow \frac{\partial\boldsymbol{r}}{\partial u} = \begin{pmatrix}-5\\5\\0\end{pmatrix}, \ \frac{\partial\boldsymbol{r}}{\partial v} = \begin{pmatrix}-5\\0\\5\end{pmatrix}. \tag{7.53}$$

Aus (7.51) folgt:

$$dA = \left|\begin{pmatrix}-5\\5\\0\end{pmatrix} \times \begin{pmatrix}-5\\0\\5\end{pmatrix}\right| du\,dv = 25\,\sqrt{3}\,du\,dv \ .$$

Der Dreiecksbereich wird begrenzt durch

$$0 \le v \le 1 \,, \quad 0 \le u \le 1 - v \,,$$

woraus man

$$F_\Delta = \int_0^1 dv \int_0^{1-v} du \, 25\sqrt{3} = \int_0^1 dv \, 25\sqrt{3}\,(1-v) = \frac{25}{2}\sqrt{3}$$

bekommt.

Lösungsweg 2: Ausgedrückt durch die Koordinaten x_1, x_2 wird die Ebenengleichung

$$\boldsymbol{r}(x_1, x_2) = \begin{pmatrix} x_1 \\ x_2 \\ 5 - x_1 - x_2 \end{pmatrix} .$$

Man kann (7.52) auch auf diese Form anwenden und erhält

$$dA = |\boldsymbol{r}_{x_1} \times \boldsymbol{r}_{x_2}| \, dx_1 \, dx_2 = dx_1 \, dx_2 \sqrt{3}$$

$$F_\Delta = \int_{x_1=0}^{5} dx_1 \int_{x_2=0}^{5-x_1} dx_2 \sqrt{3} = \int_{x_1=0}^{5} dx_1 \sqrt{3}\,(5 - x_1) = \frac{25}{2}\sqrt{3} \,.$$

In der Regel ist das Flächendifferenzial dA eine Funktion der Variablen u und v. Besonders einfach werden die Integrale dann, wenn man die Bereiche durch Koordinatenlinien begrenzen kann. □

Beispiel

Wir betrachten den Anteil A_α der Kugeloberfläche einer aus einer Kugel herausgeschnittenen Spalte mit dem Öffnungswinkel α. Die Kugelfläche ist gegeben durch

$$\boldsymbol{r}(\varphi, \vartheta) = \begin{pmatrix} R \cos\varphi \, \sin\vartheta \\ R \sin\varphi \, \sin\vartheta \\ R \cos\vartheta \end{pmatrix} .$$

Man bekommt daraus

$$\boldsymbol{r}_\varphi(\varphi, \vartheta) = \begin{pmatrix} -R \sin\varphi \, \sin\vartheta \\ R \cos\varphi \, \sin\vartheta \\ 0 \end{pmatrix} , \quad \boldsymbol{r}_\vartheta(\varphi, \vartheta) = \begin{pmatrix} R \cos\varphi \, \cos\vartheta \\ R \sin\varphi \, \cos\vartheta \\ -R \sin\vartheta \end{pmatrix}$$

und

$$|\boldsymbol{r}_\varphi(\varphi,\vartheta) \times \boldsymbol{r}_\vartheta(\varphi,\vartheta)| = R^2 \sin\vartheta \;\Rightarrow\; A_\alpha = \int\limits_{\varphi=0}^{\alpha} d\varphi \int\limits_{\vartheta=0}^{\pi} d\vartheta \; R^2 \sin\vartheta = 2\,R^2\,\alpha\,.$$

Mit $\alpha = 2\,\pi$ ist das natürlich die Kugeloberfläche. □

Man kann analog zum Begriff des Linien- oder Kurvenintegrals ein Oberflächenintegral definieren, bei dem jeder Punkt auf der Oberfläche durch eine entsprechende Funktion gewichtet wird. Für die Fläche $\boldsymbol{r}\,(u,v)$ und eine skalare Funktion $\Phi(x_1, x_2, x_3)$ führt dies zu

$$\iint\limits_B dA\;\Phi(x_1(u,v), x_2(u,v), x_3(u,v)) = \iint\limits_B du\,dv\;\Phi(u,v)\,|\boldsymbol{r}_u(u,v) \times \boldsymbol{r}_v(u,v)|\;. \tag{7.54}$$

Beispiel

Als Beispiel betrachten wir wieder die Kugeloberfläche und integrieren darauf die Funktion

$$\Phi(x_1, x_2, x_3) = x_1^2 + x_2^2 = R^2\,\sin^2\vartheta\;.$$

Damit hat man entsprechend (7.54)

$$\begin{aligned}\iint\limits_{\text{Kugelfläche}} dA\;\Phi(\varphi,\vartheta) &= \int\limits_{\varphi=0}^{2\pi} d\varphi \int\limits_{\vartheta=0}^{\pi} d\vartheta\; R^2\,\sin\vartheta\; R^2\,\sin^2\vartheta \\ &= \int\limits_{\varphi=0}^{2\pi} d\varphi \int\limits_{\cos\vartheta=-1}^{1} d(\cos\vartheta)\; R^4\,(1-\cos^2\vartheta) \\ &= 2\pi\,R^4 \int\limits_{z=-1}^{1} dz\;(1-z^2) = \frac{8\,\pi\,R^4}{3}\,.\end{aligned}$$

□

Neben einfachen skalaren Funktionen kann man ebenso auch andere, vektorielle Funktionen über Flächen integrieren. Es ist dabei häufig notwendig, an jedem Punkt der Fläche die Richtung des Vektors in Bezug auf die Fläche zu berücksichtigen. Das kann zum Beispiel dann wichtig sein, wenn der Vektor eine Strömung beschreibt. Das Integral

$$\iint\limits_B \boldsymbol{n}\,dA \cdot \boldsymbol{F}\,(\boldsymbol{r}\,(u,v)) \tag{7.55}$$

beschreibt so einen Fall. Dabei ist $\boldsymbol{n}$ der Einheitsnormalenvektor auf das Flächenelement dA. Er ergibt sich über das Vektorprodukt zweier Tangentenvektoren der jeweiligen Fläche, also zu

$$\frac{\boldsymbol{r}_u(u,v) \times \boldsymbol{r}_v(u,v)}{|\boldsymbol{r}_u(u,v) \times \boldsymbol{r}_v(u,v)|} = \boldsymbol{n} . \tag{7.56}$$

Die Größe $\boldsymbol{n}\,dA \equiv d\boldsymbol{A}$, die man **vektorielles Flächenelement** nennt und die dem $d\boldsymbol{r}$ beim Linienintegral entspricht, wird daher

$$d\boldsymbol{A} = \boldsymbol{n}\,dA = du\,dv\,(\boldsymbol{r}_u(u,v) \times \boldsymbol{r}_v(u,v)) . \tag{7.57}$$

In dieser allgemeinen Form ist die Richtung des Vektors $\boldsymbol{n}$ in Bezug auf die Fläche nicht festgelegt. Das Vorzeichen von $\boldsymbol{n}$ hängt ja von der Reihenfolge von $\boldsymbol{r}_u(u,v)$ und $\boldsymbol{r}_v(u,v)$ im Vektorprodukt ab. In der Regel bezeichnet man den Vektor, der von einem konvexen Flächenteil (die Erdoberfläche ist konvex) weg zeigt, als nach „außen" gerichtet. Ob das im konkreten Fall zutrifft, muss jeweils überprüft werden. Bei der Kugel mit dem Mittelpunkt im Ursprung entspricht diese Konvention der Richtung des Ortsvektors. Ist aber ein anderer Punkt Kugelmittelpunkt, so sind Ortsvektor- und Normalenrichtung verschieden,

$$\begin{pmatrix} x_1 \\ x_2 \\ x_3 \end{pmatrix} = \begin{pmatrix} m_1 \\ m_2 \\ m_3 \end{pmatrix} + \begin{pmatrix} R\cos\varphi\sin\vartheta \\ R\sin\varphi\sin\vartheta \\ R\cos\vartheta \end{pmatrix} . \tag{7.58}$$

Der Mittelpunkt des Systems der Koordinaten φ und ϑ wurde hier vom Ursprung weg in den Kugelmittelpunkt verlegt. Nur in Richtung von $\boldsymbol{m}$ ist der Normalenvektor parallel zu $\boldsymbol{r}$.

Wir finden folgende weitere Formen von Flächenintegralen:

$$\iint_B d\boldsymbol{A} \cdot \boldsymbol{F}(x_1(u,v), x_2(u,v), x_3(u,v)) , \tag{7.59}$$

$$\iint_B d\boldsymbol{A} \times \boldsymbol{F}(x_1(u,v), x_2(u,v), x_3(u,v)) , \tag{7.60}$$

$$\iint_B d\boldsymbol{A}\; \Phi(x_1(u,v), x_2(u,v), x_3(u,v)) . \tag{7.61}$$

Die Integrale (7.54) und (7.59) liefern als Resultat jeweils eine skalare Größe, während (7.60) und (7.61) Vektoren zum Ergebnis haben.

Beispiel

Man beachte: Die Beträge von (7.54) und (7.61) können verschieden sein, da ja $\boldsymbol{n}$ nur auf ebenen Flächen konstant ist. Das folgende Beispiel illustriert (7.61); wir integrieren über den Zylindermantelteil (konstantes R)

$$\boldsymbol{r}(\varphi, x_3) = (R\cos\varphi, R\sin\varphi, x_3)\,, \quad 0 \le \varphi \le \pi\,, \quad 0 \le x_3 \le 5\,.$$

Wir erhalten daraus

$$\boldsymbol{r}_\varphi(\varphi, x_3) = (-R\sin\varphi, R\cos\varphi, 0)\,, \quad \boldsymbol{r}_{x_3}(\varphi, x_3) = (0,0,1)\,,$$

$$d\boldsymbol{A} = d\varphi\, dx_3\, \left(\boldsymbol{r}_\varphi \times \boldsymbol{r}_{x_3}\right) = d\varphi\, dx_3\, (R\cos\varphi, R\sin\varphi, 0)\,.$$

Die Gewichtsfunktion ist $\Phi(x_1, x_2, x_3) = x_1^2 + x_2^2 = R^2$. Das Integral dieser Funktion über den Zylindermantel ergibt schließlich

$$\int_0^\pi \int_{x_3=0}^5 d\varphi\, dx_3\, R^2 \begin{pmatrix} R\cos\varphi \\ R\sin\varphi \\ 0 \end{pmatrix} = 10\, R^3 \begin{pmatrix} 0 \\ 1 \\ 0 \end{pmatrix}.$$ □

Oft möchte man dA durch die Differenziale der Koordinaten ausdrücken, also (7.51) in die Form

$$dA = \frac{dx_1\, dx_2}{|\boldsymbol{e}_3 \cdot \boldsymbol{n}|} \quad \text{oder} \quad \frac{dx_1\, dx_3}{|\boldsymbol{e}_2 \cdot \boldsymbol{n}|} \quad \text{oder} \quad \frac{dx_2\, dx_3}{|\boldsymbol{e}_1 \cdot \boldsymbol{n}|} \tag{7.62}$$

bringen. Die Parametrisierung der Fläche erfolgt in diesen Fällen nach den x_i, also zum Beispiel

$$\boldsymbol{r}(x_1, x_2) = (x_1, x_2, x_3 = f(x_1, x_2))\,, \tag{7.63}$$

woraus man sofort nach (7.51)

$$dA = |\boldsymbol{r}_{x_1} \times \boldsymbol{r}_{x_2}|\, dx_1\, dx_2 = \sqrt{1 + f_{x_1}^2 + f_{x_2}^2}\, dx_1\, dx_2 \tag{7.64}$$

bekommt. Der Normalenvektor $\boldsymbol{n}$ hat, je nach Konventionswahl, die Form

$$\boldsymbol{n} = \frac{\pm\left(-f_{x_1}, -f_{x_2}, 1\right)}{\sqrt{1 + f_{x_1}^2 + f_{x_2}^2}} \quad \Rightarrow \quad |\boldsymbol{e}_3 \cdot \boldsymbol{n}| = \frac{1}{\sqrt{1 + f_{x_1}^2 + f_{x_2}^2}}\,. \tag{7.65}$$

Damit erhält man das erste der Flächendifferenziale (7.62) und analog die beiden anderen.

Beispiel

Zum Abschluss dieses Abschnittes wenden wir uns nochmals der Bestimmung der Oberfläche von Drehkörpern zu (vgl. 5.4). Wir betrachten eine Kurve $x_3 = f(x_1)$ in

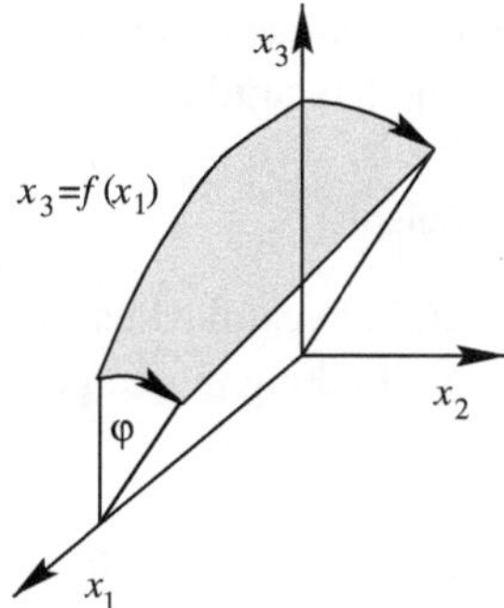

Abb. 7.10 Drehung der Kurve $x_3 = f(x_1)$ mit der x_1-Achse als Drehachse (vgl. auch Abb. 5.11)

der (x_1, x_3)-Ebene. Die Fläche, die bei Rotation dieser Kurve um die x_1-Achse entsteht (vgl. Abb. 7.10), kann man wie folgt parametrisieren:

$$\boldsymbol{r}(x_1, \varphi) = \begin{pmatrix} x_1 \\ f(x_1)\,\sin\varphi \\ f(x_1)\,\cos\varphi \end{pmatrix} .$$

Bildet man damit nach (7.51)

$$dA = |\boldsymbol{r}_{x_1} \times \boldsymbol{r}_{\varphi}|\, d\varphi\, dx_1 = f(x_1)\,\sqrt{1 + [f'(x_1)]^2}\, d\varphi\, dx_1 ,$$

so folgt sofort, wie früher (5.69) in Kap. 5,

$$dA_1 = 2\pi\, f(x_1)\,\sqrt{1 + [f'(x_1)]^2}\, dx_1 . \qquad \square$$

7.4 Skalare Felder: Niveauflächen und Gradient

Eine skalare Funktion $\Phi(x_1, x_2, x_3)$ ordnet jedem Punkt im $\mathbb{R}^3$ einen Zahlenwert zu. Man nennt eine solche Werteverteilung ein **skalares Feld**. Beispiele dafür sind eine Temperatur- oder Massendichteverteilung oder das elektrostatische Potenzial einer Ladungsverteilung. Die Gleichung

$$\Phi(x_1, x_2, x_3) = \lambda \tag{7.66}$$

(für beliebiges aber festgehaltenes λ) beschreibt eine Fläche, auf der Φ den Wert λ hat,

$$\boldsymbol{r}(x_1, x_2) = \begin{pmatrix} x_1 \\ x_2 \\ x_3 = x_3(x_1, x_2, \lambda) \end{pmatrix} . \tag{7.67}$$

Wir haben dabei angenommen, dass (7.66) nach x_3 auflösbar ist. Man nennt eine solche Fläche **Niveaufläche** des skalaren Feldes.

Beispiel

Die Niveauflächen des elektrostatischen Potenzials einer Punktladung (a bezeichnet die Ladung in geeigneten Einheiten) sind Kugelflächen, da

$$\begin{aligned} \Phi(x_1, x_2, x_3) &= \frac{a}{\sqrt{x_1^2 + x_2^2 + x_3^2}} , \\ \Phi(x_1, x_2, x_3) &= \lambda \Rightarrow x_1^2 + x_2^2 + x_3^2 = \frac{a^2}{\lambda^2} , \end{aligned}$$

wobei a/λ der Kugelradius ist. Die Niveauflächen heißen in diesem Zusammenhang auch **Äquipotenzialflächen**. □

Im Zusammenhang mit Skalarfeldern taucht immer wieder die Frage auf, wie man Veränderungen der Feldgröße $\Phi(x_1, x_2, x_3)$ geeignet beschreiben kann. Ein Mittel dazu ist die so genannte **Richtungsableitung**: Wir betrachten einen Punkt $P(x_{01}, x_{02}, x_{03})$ und untersuchen die Änderung von Φ, wenn man sich in einer bestimmten Richtung von P weg bewegt. Die Gerade

$$g: \quad \boldsymbol{x}(s) = \boldsymbol{x}_0 + s\,\boldsymbol{a} \tag{7.68}$$

verläuft durch P in die Richtung $\boldsymbol{a}$. Die Feldwerte entlang dieser Geraden sind

$$\Phi(x_{01} + s\,a_1, x_{02} + s\,a_2, x_{03} + s\,a_3) , \tag{7.69}$$

wobei die Variable nun der Geradenparameter s ist. Für eine Änderung entlang g findet man

$$\begin{aligned} \frac{d\Phi(s)}{ds} &= \frac{\partial \Phi}{\partial x_1}\frac{dx_1}{ds} + \frac{\partial \Phi}{\partial x_2}\frac{dx_2}{ds} + \frac{\partial \Phi}{\partial x_3}\frac{dx_3}{ds} \\ &= \frac{\partial \Phi}{\partial x_1} a_1 + \frac{\partial \Phi}{\partial x_2} a_2 + \frac{\partial \Phi}{\partial x_3} a_3 = a_i \frac{\partial \Phi}{\partial x_i} . \end{aligned} \tag{7.70}$$

Dieser Ausdruck kann als Skalarprodukt zweier Vektoren geschrieben werden:

$$\frac{d\Phi(s)}{ds} = \boldsymbol{a} \cdot \nabla\Phi . \tag{7.71}$$

Man hat dabei die Größen $\partial\Phi/\partial x_i$ als Vektor der Form

$$\nabla\,\Phi(x_1, x_2, x_3) = \boldsymbol{e}_1 \frac{\partial \Phi}{\partial x_1} + \boldsymbol{e}_2 \frac{\partial \Phi}{\partial x_2} + \boldsymbol{e}_3 \frac{\partial \Phi}{\partial x_3} \tag{7.72}$$

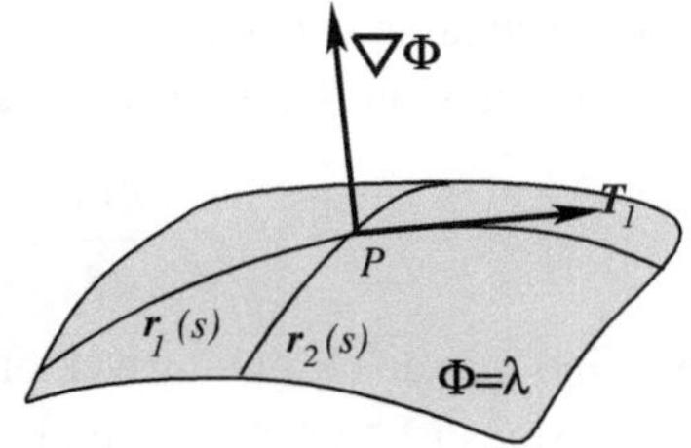

Abb. 7.11 Der Vektor $\nabla \Phi$ steht normal zu allen Tangentenvektoren zu Kurven durch den Punkt P!

geschrieben und nennt sie **Gradient** des Skalarfeldes Φ. Dieser ist eine Abbildung der auf $\mathbb{R}^3$ stetig differenzierbaren Funktionen auf Vektorfelder auf $\mathbb{R}^3$. Es ist ein Ableitungsvektor

$$\boldsymbol{\nabla} = \boldsymbol{e}_1 \frac{\partial}{\partial x_1} + \boldsymbol{e}_2 \frac{\partial}{\partial x_2} + \boldsymbol{e}_3 \frac{\partial}{\partial x_3} = \boldsymbol{e}_1 \partial_{x_1} + \boldsymbol{e}_2 \partial_{x_2} + \boldsymbol{e}_3 \partial_{x_3} \,, \tag{7.73}$$

der **Nabla**-Operator genannt wird oder auch (entsprechend der abgekürzten Notation aus (4.22)) mit $\boldsymbol{\partial}$ bezeichnet wird. Oft schreibt man statt dessen auch

$$\boldsymbol{\partial}\, \Phi \equiv \boldsymbol{\nabla}\, \Phi \equiv \text{grad}\, \Phi \,. \tag{7.74}$$

Mit Hilfe des Gradienten kann man eine kleine Änderung des Skalarfeldes Φ in eine beliebige Richtung $\boldsymbol{a}$ immer in der Form (7.71) angeben. Bildet man den Gradienten in einem bestimmten Punkt des Skalarfeldes, so steht er immer senkrecht auf die Niveaufläche durch diesen Punkt. Wir betrachten die Niveaufläche

$$\Phi(x_1, x_2, x_3) = \lambda \,. \tag{7.75}$$

Eine Kurve auf der Niveaufläche habe die Form $\boldsymbol{r}_1(s) = (x_1(s), x_2(s), x_3(s))$, wobei s die Bogenlänge ist. Dann folgt die Beziehung

$$\frac{d\Phi}{ds} = \frac{\partial \Phi}{\partial x_1}\frac{dx_1}{ds} + \frac{\partial \Phi}{\partial x_2}\frac{dx_2}{ds} + \frac{\partial \Phi}{\partial x_3}\frac{dx_3}{ds} = \boldsymbol{\nabla}\Phi \cdot \boldsymbol{T}_1 = 0 \,. \tag{7.76}$$

Hier ist

$$\boldsymbol{T}_1 = \frac{d\boldsymbol{r}_1}{ds} \tag{7.77}$$

der Tangentenvektor an die Kurve $\boldsymbol{r}_1(s)$ und gleichzeitig an die Niveaufläche. Man kann durch einen Punkt P auf der Niveaufläche beliebig viele Kurven $\boldsymbol{r}_i(s)$ legen. Für alle diese Kurven gilt

$$\boldsymbol{\nabla}\Phi \cdot \boldsymbol{T}_i = 0 \,. \tag{7.78}$$

Alle Vektoren $\boldsymbol{T}_i$ liegen in der Tangentialebene in P, man kann sagen, dass sie die Tangentialebene aufspannen (siehe Abb. 7.11). Daher steht $\boldsymbol{\nabla}\Phi\big|_P$ senkrecht auf die Niveaufläche durch den Punkt P!

Die Richtung von $\nabla\Phi$ ist gleichzeitig auch die Richtung der größten Änderung von Φ. Die Ableitung in Richtung $\boldsymbol{a}$ ist nach (7.71)

$$\frac{d\Phi}{ds} = \nabla\Phi \cdot \boldsymbol{a} = |\nabla\Phi| \cdot |\boldsymbol{a}| \cos\alpha \,. \tag{7.79}$$

Wir sind frei, den Richtungsvektor $\boldsymbol{a}$ als Einheitsvektor mit $|\boldsymbol{a}| = 1$ zu wählen. Der Betrag des Kosinus ist höchstens 1, und daher sehen wir

$$\left|\frac{d\Phi}{ds}\right| \leq |\nabla\Phi| \,. \tag{7.80}$$

Der größte Wert wird erreicht, wenn $\boldsymbol{a}$ parallel zu $\nabla\Phi$ (also $\alpha = 0$) ist.

Beispiel

Als Beispiel betrachten wir die Potenzialfunktion

$$\Phi(x_1, x_2, x_3) = -x_1^2 - x_2^2 - x_3^2 \,.$$

Es ergibt sich

$$\nabla\Phi(x_1, x_2, x_3) = (-2x_1, -2x_2, -2x_3) = -2\,\boldsymbol{r}$$

mit den reellen Niveauflächen

$$\Phi(x_1, x_2, x_3) = \lambda \leq 0 \,.$$

Beispielsweise liegt der Punkt $P = (2, 2, 2\sqrt{2})$ auf der entsprechenden Niveaufläche für $\lambda = -16$. Die Richtung senkrecht zur Niveaufläche ist durch

$$\nabla\Phi\big|_P = \left(-4, -4, -4\,\sqrt{2}\right)$$

gegeben. Eine Gerade durch P mit dieser Richtung hat die Form

$$\boldsymbol{r}(s) = \begin{pmatrix} x_1 \\ x_2 \\ x_3 \end{pmatrix} = \begin{pmatrix} 2 \\ 2 \\ 2\sqrt{2} \end{pmatrix} - s \begin{pmatrix} -4 \\ -4 \\ -4\,\sqrt{2} \end{pmatrix}$$

und geht natürlich (bei $s = -1/2$) durch den Ursprung als Kugelmittelpunkt. □

Beispiel

Wir haben hier ein Beispiel für eine allgemeine Eigenschaft von Ableitungen von Funktionen, die nur vom Betrag des Ortsvektors abhängen. Es ist

$$\nabla f(r) = \frac{df}{dr}\,\nabla r = \frac{df}{dr}\,\frac{\boldsymbol{r}}{r} \,.$$

Der Gradient so einer Funktion zeigt immer weg vom Ursprung. □

Auch das totale Differenzial einer differenzierbaren Funktion $\Phi(x_1, x_2, x_3)$ kann man mit Hilfe des Gradienten schreiben,

$$d\Phi = \frac{\partial \Phi}{\partial x_i} dx_i = \nabla \Phi \cdot d\boldsymbol{r} \ . \tag{7.81}$$

Wenn eine Kraft proportional zum Gradienten eines skalaren Feldes ist,

$$\boldsymbol{F}(x_1, x_2, x_3) = -\nabla \Phi(x_1, x_2, x_3) \ , \tag{7.82}$$

wie das zum Beispiel in der Physik der Zusammenhang zwischen der elektrischen Feldstärke und dem elektrischen Potenzial ist, dann nennt man diese eine **konservative Kraft**. Die entlang eines Weges geleistete Arbeit berechnet sich nach (7.35) mit dem Differenzial der Arbeit

$$dW = \boldsymbol{F} \cdot d\boldsymbol{r} = -\nabla \Phi(x_1, x_2, x_3) \cdot d\boldsymbol{r} = -\frac{\partial \Phi}{\partial x_i} dx_i = -d\Phi \tag{7.83}$$

und dem Wegintegral

$$\int_1^2 dW = \int_1^2 d\boldsymbol{r} \cdot \boldsymbol{F} = -\int_1^2 d\Phi = -\Phi(2) + \Phi(1) \ . \tag{7.84}$$

Das Ergebnis hängt nur vom Anfangs- und Endpunkt des Weges ab, nicht aber von seiner speziellen Form. Für einen geschlossenen Weg folgt daraus, dass das Arbeitsintegral verschwindet,

$$\oint dW = 0 \ . \tag{7.85}$$

Wir bezeichnen Integrale über geschlossene Wege mit dem hier verwendeten Integralsymbol. Solche Integrale sind vor allem in der Funktionentheorie (Kap. 19) sehr wichtig. Wir werden weiter unten bei der Besprechung des Rotors in Abschn. 7.5.2 noch weitere Eigenschaften konservativer Kräfte diskutieren.

Beispiel

Die Kraft $\boldsymbol{F} = (2\,x_1 + x_2, x_1 - x_2^2, 0)$ ist eine konservative Kraft. Sie wirke entlang der geschlossenen Kurve C gegen den Uhrzeigersinn. C bezeichnet das Quadrat in der (x_1, x_2)-Ebene mit den Eckpunkten (0,0), (1,0), (1,1) und (0,1):

$$\oint_C d\boldsymbol{r} \cdot \boldsymbol{F} = \int_0^1 dx_1\, 2\,x_1 + \int_0^1 dx_2\,(1 - x_2^2) + \int_1^0 dx_1\,(2\,x_1 + 1) - \int_1^0 dx_2\, x_2^2 = 0 \ .$$

Man beachte, dass für die Teilstrecken, auf denen x_1 oder x_2 konstant sind, auch $dx_1 = 0$ beziehungsweise $dx_2 = 0$ sein müssen. □

C.7.1 … und auf dem Computer: Visualisierung von Raumfeldern

Visualisierung von höherdimensionalen Feldern (also etwa Potenziale oder Vektorfelder in drei Dimensionen) sind leider aufwändig. Die Sache wird ja auch dadurch kompliziert, dass selbst die dreidimensionale Darstellung auf zwei Dimensionen, also auf das Blatt Papier oder auf die Bildschirmoberfläche projiziert wird.

Es gibt zahlreiche Programmpakete, die solche Aufgaben für uns erledigen. Einige davon, die vor allem im wissenschaftlichen Bereich verwendet werden, sind AVL oder IDL. Aber auch die meisten Computeralgebra-Systeme haben die Möglichkeit, zum Beispiel Vektorfelder darzustellen. Die Abbildung stellt das aus einem Oszillator-Potenzial berechnete Kraftfeld

$$V(\boldsymbol{r}) = |\boldsymbol{r}|^2 \quad \Rightarrow \quad \boldsymbol{F}(\boldsymbol{r}) = -\nabla V(\boldsymbol{r}) = 2\,\boldsymbol{r} \tag{C.7.1.1}$$

durch Vektoren an Punkten in dem Gebiet um den Ursprung dar.

Dieses Vektorfeld wurde mit Hilfe des Programmsystems MATHEMATICA gezeichnet

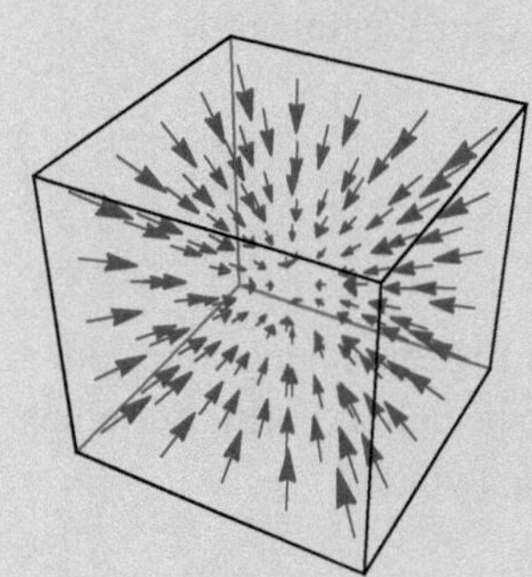

Befehlsfolge:

```
VectorPlot3D[
Grad[-(x^2 + y^2 + z^2), {x, y, z}],
 {x, -1, 1}, {y, -1, 1}, {z, -1, 1},
 Ticks -> None,VectorPoints -> {5, 5, 5},
 VectorScale -> 0.15]
```

Schwieriger ist es, das Potenzialfeld selbst räumlich darzustellen. Abb. 7.12 zeigt eine Darstellung von Äquipotenzialflächen des Potenzials eines Ladungspaares der Form

$$V(\boldsymbol{r}) = \frac{1}{|\boldsymbol{r} - \boldsymbol{a}|} + \frac{1}{|\boldsymbol{r} + \boldsymbol{a}|} \quad \text{mit} \quad \boldsymbol{a} = (1, 0, 0)\,. \tag{C.7.1.2}$$

Eine andere verbreitete Möglichkeit ist, Querschnitte mit Äquipotenziallinien und Dichteplots wie in C.4.3 besprochen darzustellen.

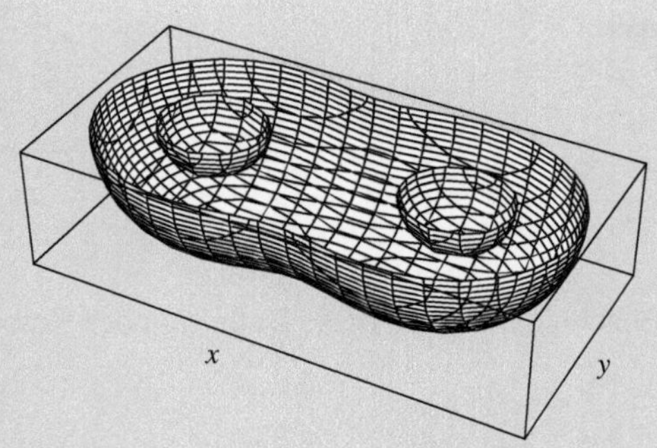

Abb. 7.12 Diese Äquipotenzialflächen wurden mit Hilfe des Programmsystems MATHEMATICA mit der Anweisung `ContourPlot3D` im Gebiet $-2 < x < 2$, $-1 < y < 1$, $-1 < z < 0$ gezeichnet

Viele Beispiele zu räumlichen Visualisierung für Probleme der Quantenmechanik werden in [1, 2] oder in [3] besprochen.

7.5 Divergenz und Rotation von Vektorfeldern

Man kann mit Hilfe des Ableitungsvektors ∇ noch weitere Operationen durchführen, nämlich

$$\begin{aligned} \nabla \cdot \boldsymbol{A} &\equiv \operatorname{div} \boldsymbol{A} = \textbf{Divergenz} \text{ von } \boldsymbol{A}\,, \\ \nabla \times \boldsymbol{A} &\equiv \operatorname{rot} \boldsymbol{A} = \textbf{Rotation} \text{ von } \boldsymbol{A}\,. \end{aligned} \tag{7.86}$$

Beide Größen sind nach den Regeln der Vektoralgebra definiert. Die Divergenz ist ein Skalarprodukt und die Rotation ist ein äußeres (oder Kreuz-) Produkt von Nabla mit dem Vektor $\boldsymbol{A}$. Dementsprechend ist

$$\nabla \cdot \boldsymbol{A} = \operatorname{div} \boldsymbol{A} = \frac{\partial A_1}{\partial x_1} + \frac{\partial A_2}{\partial x_2} + \frac{\partial A_3}{\partial x_3} \tag{7.87}$$

eine skalare Größe. Die Rotation, oft auch als **Rotor** (in englischsprachigen Texten:**Curl**) bezeichnet,

$$\begin{aligned} \nabla \times \boldsymbol{A} = \operatorname{rot} \boldsymbol{A} &= \begin{vmatrix} \boldsymbol{e}_1 & \boldsymbol{e}_2 & \boldsymbol{e}_3 \\ \frac{\partial}{\partial x_1} & \frac{\partial}{\partial x_2} & \frac{\partial}{\partial x_3} \\ A_1 & A_2 & A_3 \end{vmatrix} \\ &= \boldsymbol{e}_1 \left(\frac{\partial A_3}{\partial x_2} - \frac{\partial A_2}{\partial x_3} \right) + \boldsymbol{e}_2 \left(\frac{\partial A_1}{\partial x_3} - \frac{\partial A_3}{\partial x_1} \right) + \boldsymbol{e}_3 \left(\frac{\partial A_2}{\partial x_1} - \frac{\partial A_1}{\partial x_2} \right) \end{aligned} \tag{7.88}$$

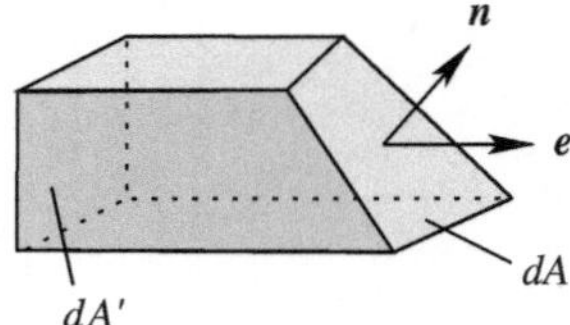

Abb. 7.13 „Durchfluss“ durch ein Flächenelement dA; dabei zeigt $\boldsymbol{e}$ die Richtung von $\boldsymbol{F}$ an

ist dagegen ein Vektor. Beachten Sie, dass diese Definition des Rotors nur in drei Dimensionen sinnvoll ist!

7.5.1 Bedeutung der Divergenz

Die Strömung einer Flüssigkeit oder eines Gases kann durch das Vektorfeld

$$\boldsymbol{F}(\boldsymbol{r}) = \rho(x_1, x_2, x_3)\, \boldsymbol{v}(x_1, x_2, x_3) = \rho\, v\, \boldsymbol{e} \tag{7.89}$$

beschrieben werden. Dabei bezeichnet $\boldsymbol{v}$ die Geschwindigkeit am Ort $\boldsymbol{r}$, $\boldsymbol{e}$ den Einheitsvektor in Richtung von $\boldsymbol{v}$ und $\rho(\boldsymbol{r})$ die Massendichte. Wie groß ist der Massendurchfluss von $\boldsymbol{F}$ durch ein orientiertes Flächenelement $\boldsymbol{n}\, dA$?

In Abb. 7.13 ist die Situation skizziert. Ein senkrecht zum Normalenvektor $\boldsymbol{n}$ orientiertes Flächenelement wird entsprechend (7.57) genau auf die Fläche $dA' = dA\, |\boldsymbol{n} \cdot \boldsymbol{e}|$ senkrecht zur Richtung $\boldsymbol{e}$ projiziert. Ist dA' vertikal zu $\boldsymbol{F}$, so fließt pro Zeiteinheit gerade die Menge

$$\rho\, v\, dA' = \rho\, v\, dA\, (\boldsymbol{n} \cdot \boldsymbol{e}) = \boldsymbol{F} \cdot \boldsymbol{n}\, dA \tag{7.90}$$

durch das Flächenelement dA', beziehungsweise eben auch durch dA.

Damit kann man nun den Nettodurchfluss durch ein vorgegebenes Volumen bestimmen. Wir wählen dazu einen kleinen Quader mit den Seitenlängen dx_1, dx_2 und dx_3 und betrachten der Reihe nach den Durchfluss in allen drei Raumrichtungen (vgl. Abb. 7.14).

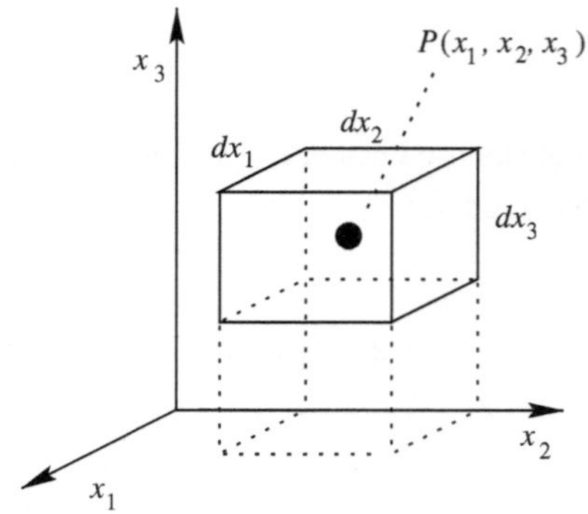

Abb. 7.14 Prinzipskizze zur Divergenz: kleiner Quader um den Punkt $P(x_1, x_2, x_3)$

In der x_1-Richtung liegt die „Eintrittsfläche“ $dx_2\,dx_3$ bei $x_1 - dx_1/2$, die Austrittsfläche bei $x_1 + dx_1/2$. Man berechnet $\boldsymbol{F}$ an diesen Flächen und bekommt damit den Nettoabfluss (Abfluss minus Zufluss) als

$$\begin{aligned} & dx_2\,dx_3 \left[\boldsymbol{F}\left(x_1 + \frac{dx_1}{2}, x_2, x_3\right) \cdot \boldsymbol{e}_1 - \boldsymbol{F}\left(x_1 - \frac{dx_1}{2}, x_2, x_3\right) \cdot \boldsymbol{e}_1 \right] \\ &= dx_2\,dx_3 \left[F_1\left(x_1 + \frac{dx_1}{2}, x_2, x_3\right) - F_1\left(x_1 - \frac{dx_1}{2}, x_2, x_3\right) \right] \\ &= dx_2\,dx_3\,dx_1\,\frac{\partial F_1(x_1, x_2, x_3)}{\partial x_1} \; . \end{aligned} \tag{7.91}$$

Dabei wurde $F_1(x_1 \pm dx_1/2, x_2, x_3)$ durch seine Taylorreihe linear approximiert, es gibt also im Prinzip noch Beiträge höherer Ordnung in dx_1, die wir aber bei Betrachtung des Volumendifferenzials vernachlässigen können.

Berücksichtigt man nun noch den Durchfluss durch die vier anderen Flächen des Quaders, so erhält man

$$\text{Nettoabfluss von } \boldsymbol{F}(x_1, x_2, x_3) = dx_1\,dx_2\,dx_3\;\nabla \cdot \boldsymbol{F}(x_1, x_2, x_3) \; . \tag{7.92}$$

Der Nettoabfluss ist null, wenn innerhalb $dx_1\,dx_2\,dx_3$ keine Quelle oder Senke liegt: dann fließt ebenso viel zu wie ab. Daher ist die Divergenz eines Vektorfeldes ein Maß für die Existenz von Quellen oder Senken. Ein Vektorfeld mit verschwindender Divergenz heißt **quellenfrei**. (Brunnenbau wird also – für Mathematiker – ganz einfach; das einzige Problem dabei ist die Berechnung der Divergenz!?) Wir verstehen jetzt, warum die Divergenz in der Physik meist im Zusammenhang mit einer Kontinuitätsgleichung auftritt (siehe auch (9.5)).

Beispiel

Wir berechnen die Divergenz des Geschwindigkeitsfeldes $\boldsymbol{v} = \boldsymbol{\omega} \times \boldsymbol{r}$, wobei $\boldsymbol{\omega}$ irgendein konstanter Vektor ist. Dieses Vektorfeld beschreibt eine Drehung mit der Drehachse $\boldsymbol{\omega}$ und Winkelgeschwindigkeit $|\boldsymbol{\omega}|$, vgl. (7.95). Es ist

$$\nabla \cdot (\boldsymbol{\omega} \times \boldsymbol{r}) = \nabla \cdot \begin{vmatrix} \boldsymbol{e}_1 & \boldsymbol{e}_2 & \boldsymbol{e}_3 \\ \omega_1 & \omega_2 & \omega_3 \\ x_1 & x_2 & x_3 \end{vmatrix} = \begin{vmatrix} \frac{\partial}{\partial x_1} & \frac{\partial}{\partial x_2} & \frac{\partial}{\partial x_3} \\ \omega_1 & \omega_2 & \omega_3 \\ x_1 & x_2 & x_3 \end{vmatrix} = 0 \; .$$

Die letzte Umformung ist zwar nützlich, allerdings darf man dann nur nach der ersten Zeile entwickeln. Dieses Vektorfeld ist also quellenfrei. □

Eine besondere Bedeutung hat die Divergenz eines Gradienten. Es gilt

$$\operatorname{div}\operatorname{grad}\Phi = \nabla \cdot \nabla\Phi \equiv \Delta\Phi \; . \tag{7.93}$$

Man nennt Δ den **Laplace-Operator**. Im dreidimensionalen kartesischen Koordinatensystem hat er die Form

$$\begin{aligned}\Delta\,\Phi(x_1,x_2,x_3) &= \nabla\cdot\left(e_1\frac{\partial\Phi}{\partial x_1}+e_2\frac{\partial\Phi}{\partial x_2}+e_3\frac{\partial\Phi}{\partial x_3}\right)=\frac{\partial^2\Phi}{\partial x_1^2}+\frac{\partial^2\Phi}{\partial x_2^2}+\frac{\partial^2\Phi}{\partial x_3^2}\,,\\ \Rightarrow\ \Delta &= \frac{\partial^2}{\partial x_1^2}+\frac{\partial^2}{\partial x_2^2}+\frac{\partial^2}{\partial x_3^2}\,. \end{aligned}\tag{7.94}$$

Der Laplace-Operator kommt oft in der Physik vor; Beispiele sind Wellengleichungen, Diffusionsgleichungen und viele mehr (siehe auch Kap. 18). Sowohl Gradient (also Nabla-Operator) als auch Laplace-Operator ändern ihr Aussehen in anderen Koordinatensystemen. Wir besprechen diese Fragen in Kap. 8.

7.5.2 Bedeutung der Rotation

Zur Veranschaulichung der Rotation eines Vektorfeldes betrachten wir verschiedene Fälle.

(a) $\boldsymbol{v}(x_1,x_2,x_3)=(0,x_1,0)$

Physikalisch interpretiert, wird von diesem Feld (vgl. Abb. 7.15) ein Drehmoment erzeugt. Der Impuls der strömenden Flüssigkeit wächst mit zunehmenden Werten von x_1. Setzt man in dieses Strömungsfeld einen kleinen Korken, so wird sich dieser drehen. Die Rotation ist überall konstant und zeigt in die x_3-Richtung: $\nabla\times\boldsymbol{v}=\boldsymbol{e}_3$.

(b) $\boldsymbol{v}(x_1,x_2,x_3)=(0,f(x_2),0)$

Hier ändert sich die x_2-Komponente mit dem Wert von x_2 (vgl. zum Beispiel Abb. 7.16), und damit ändert sich der Betrag der Geschwindigkeit. Dennoch entsteht keine Drehbewegung, denn es gilt $\nabla\times\boldsymbol{v}(x_2)=0$.

(c) $\boldsymbol{F}(x_1,x_2,x_3)=\boldsymbol{\omega}\times\boldsymbol{r}(x_1,x_2,x_3)$

Dabei ist $\boldsymbol{r}$ der Ortsvektor und $\boldsymbol{F}$ die Geschwindigkeit einer Rotationsbewegung (vgl. Abb. 7.17); ω ist die Winkelgeschwindigkeit und wird hier in einer einfachen Form als

$$\boldsymbol{\omega}=\omega_0\begin{pmatrix}0\\0\\1\end{pmatrix}\quad\Rightarrow\quad \boldsymbol{F}(x_1,x_2,x_3)=\omega_0\begin{pmatrix}-x_2\\x_1\\0\end{pmatrix}\tag{7.95}$$

angenommen.

Für dieses Feld wurde am Ende des vorhergehenden Abschnittes die Divergenz zu null berechnet. Die Rotation ergibt sich zu

$$\nabla\times\boldsymbol{F}=\nabla\times(\boldsymbol{\omega}\times\boldsymbol{r})=\begin{pmatrix}0\\0\\2\,\omega_0\end{pmatrix}=2\,\boldsymbol{\omega}\,,\tag{7.96}$$

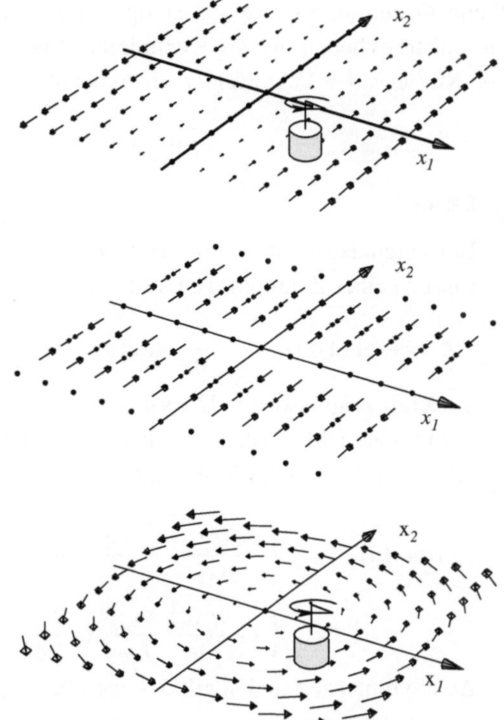

Abb. 7.15 (**a**) Das Vektorfeld $\boldsymbol{v}(x_1, x_2, x_3) = (0, x_1, 0)$ hat konstante Rotation in die x_3-Richtung

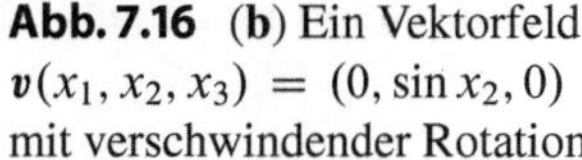

Abb. 7.16 (**b**) Ein Vektorfeld $\boldsymbol{v}(x_1, x_2, x_3) = (0, \sin x_2, 0)$ mit verschwindender Rotation

Abb. 7.17 (**c**) Vektorfeld mit konstanter Rotation in die x_3-Richtung

ist also ungleich null.

Man kann (a) bis (c) in der Beobachtung zusammenfassen, dass immer dann, wenn die Rotation des Feldes ungleich null ist, ein „Korken" zur Drehung kommt. In der Hydromechanik entspricht das einer Wirbelbildung. Man nennt daher Vektorfelder mit nichtverschwindender Rotation

$$\nabla \times \boldsymbol{A}(x_1, x_2, x_3) \neq 0 \tag{7.97}$$

auch **Wirbelfelder**.

Im Abschn. 7.4 über den Gradienten haben wir konservative Kräfte diskutiert. Solche konservative Vektorfelder kann man als Gradienten einer skalaren (Potenzial-) Funktion schreiben,

$$\boldsymbol{A}(x_1, x_2, x_3) = -\nabla \Phi(x_1, x_2, x_3) \,. \tag{7.98}$$

Daraus ergibt sich die Rotation

$$\nabla \times \boldsymbol{A}(x_1, x_2, x_3) = -\nabla \times \nabla \Phi(x_1, x_2, x_3) =$$
$$\boldsymbol{e}_1 \left(\frac{\partial^2 \Phi}{\partial x_2 \partial x_3} - \frac{\partial^2 \Phi}{\partial x_3 \partial x_2} \right) + \boldsymbol{e}_2 \left(\frac{\partial^2 \Phi}{\partial x_3 \partial x_1} - \frac{\partial^2 \Phi}{\partial x_1 \partial x_3} \right) + \boldsymbol{e}_3 \left(\frac{\partial^2 \Phi}{\partial x_1 \partial x_2} - \frac{\partial^2 \Phi}{\partial x_2 \partial x_1} \right) . \tag{7.99}$$

Wenn Φ zumindest zweimal stetig differenzierbar ist, dann sind die Ableitungen vertauschbar; es heben sich die Klammerausdrücke weg, und dieser Vektor $\nabla \times \boldsymbol{A}$ verschwindet. Konservative Vektorfelder sind dann also wirbelfrei:

$$\operatorname{rot}\operatorname{grad}\Phi = \nabla \times \nabla\,\Phi = 0\,. \tag{7.100}$$

Beispiel

Ein Potenzialfeld der Form $\Phi(r)$, das also nur vom Abstand zum Ursprung abhängt, führt zu einer Zentralkraft. Es ist (für $r \neq 0$)

$$\boldsymbol{A} = -\operatorname{grad}\Phi(r) = -\frac{\partial \Phi}{\partial r}\operatorname{grad} r \quad \text{und} \quad \operatorname{grad} r = \operatorname{grad}\sqrt{x_1^2 + x_2^2 + x_3^2} = \frac{\boldsymbol{r}}{r}\,,$$

die Kraft zeigt also zum Ursprung hin oder vom Ursprung weg, kann daher in die Form $g(r)\,\boldsymbol{r}$ gebracht werden. Wir berechnen die Rotation so eines Zentralkraftfeldes und erhalten für die erste Komponente

$$\begin{aligned}
(\operatorname{rot}\boldsymbol{A})_1 &= \left(\frac{\partial g(r)\,x_3}{\partial x_2} - \frac{\partial g(r)\,x_2}{\partial x_3}\right) = \left(x_3\,\frac{\partial g(r)}{\partial r}\,\frac{\partial r}{\partial x_2} - x_2\,\frac{\partial g(r)}{\partial r}\,\frac{\partial r}{\partial x_3}\right) \\
&= \left(x_3\,\frac{\partial g(r)}{\partial r}\,\frac{x_2}{r} - x_2\,\frac{\partial g(r)}{\partial r}\,\frac{x_3}{r}\right) = 0\,.
\end{aligned}$$

Aus Symmetriegründen gilt das auch für die beiden anderen Komponenten.

Ein alternativer Rechengang verwendet die Eigenschaft (M.7.2.1):

$$\begin{aligned}
\operatorname{rot}(\Phi\boldsymbol{F}) &= \operatorname{grad}\Phi \times \boldsymbol{F} + \Phi\operatorname{rot}\boldsymbol{F} \\
\Rightarrow \quad \operatorname{rot}(g(r)\,\boldsymbol{r}) &= (\operatorname{grad} g(r)) \times \boldsymbol{r} + g(r)\operatorname{rot}\boldsymbol{r}\,.
\end{aligned}$$

Beide Ausdrücke auf der rechten Seite verschwinden, da $\operatorname{grad} g(r) \parallel \boldsymbol{r}$ und $\operatorname{rot}\boldsymbol{r} = 0$ gilt. □

M.7.2 Kurz und klar: Differenzialrelationen

Wir haben folgende Differenzialoperatoren eingeführt:

Nabla-Operator: $\nabla \equiv \partial \equiv \left(\frac{\partial}{\partial x_1}, \frac{\partial}{\partial x_2}, \frac{\partial}{\partial x_3}\right)$

Gradient:	$\operatorname{grad}\Phi$	$\equiv \nabla\Phi$		
Divergenz:	$\operatorname{div}\boldsymbol{A}$	$\equiv \nabla\cdot\boldsymbol{A}$		
Rotation:	$\operatorname{rot}\boldsymbol{A}$	$\equiv \nabla\times\boldsymbol{A}$		
Laplace-Op.:	$\operatorname{div}\operatorname{grad}\Phi$	$= \nabla\cdot\nabla\,\Phi$	$\equiv \Delta\,\Phi$	
	$\operatorname{div}\operatorname{rot}\boldsymbol{A}$	$= \nabla\cdot(\nabla\times\boldsymbol{A})$	$= 0$	falls $\boldsymbol{A}$ zweimal stetig db.
	$\operatorname{rot}\operatorname{grad}\Phi$	$= \nabla\times\nabla\,\Phi$	$= 0$	falls Φ zweimal stetig db.
	$\operatorname{div}\boldsymbol{A}$	$= \nabla\cdot\boldsymbol{A}$	$= 0 \Leftrightarrow$	$\boldsymbol{A}$ ist quellenfrei
	$\operatorname{rot}\boldsymbol{A}$	$= \nabla\times\boldsymbol{A}$	$= 0 \Leftrightarrow$	$\boldsymbol{A}$ ist wirbelfrei

Weitere nützliche Beziehungen sind:

$$\begin{aligned}
\nabla \cdot (\Phi \boldsymbol{F}) &= \nabla \Phi \cdot \boldsymbol{F} + \Phi \nabla \cdot \boldsymbol{F} , \\
\nabla \times (\Phi \boldsymbol{F}) &= \nabla \Phi \times \boldsymbol{F} + \Phi \nabla \times \boldsymbol{F} , \\
\nabla \cdot (\boldsymbol{F} \times \boldsymbol{G}) &= \boldsymbol{G} \cdot (\nabla \times \boldsymbol{F}) - \boldsymbol{F} \cdot (\nabla \times \boldsymbol{G}) , \\
\nabla \times (\boldsymbol{F} \times \boldsymbol{G}) &= \boldsymbol{F} (\nabla \cdot \boldsymbol{G}) - \boldsymbol{G} (\nabla \cdot \boldsymbol{F}) + (\boldsymbol{G} \cdot \nabla) \boldsymbol{F} - (\boldsymbol{F} \cdot \nabla) \boldsymbol{G} , \\
\nabla \times (\nabla \times \boldsymbol{G}) &= \nabla (\nabla \cdot \boldsymbol{G}) - \Delta \boldsymbol{G} .
\end{aligned} \tag{M.7.2.1}$$

Dabei ist

$$(\boldsymbol{F} \cdot \nabla) = F_1 \frac{\partial}{\partial x_1} + F_2 \frac{\partial}{\partial x_2} + F_3 \frac{\partial}{\partial x_3} . \tag{M.7.2.2}$$

Durch eine ähnlich verlaufende Rechnung kann man übrigens noch eine Eigenschaft zeigen:

$$\operatorname{div} \operatorname{rot} \boldsymbol{A} = \nabla \cdot (\nabla \times \boldsymbol{A}) = 0 . \tag{7.101}$$

falls $\boldsymbol{A}$ zweimal stetig differenzierbar ist. Diese beiden Eigenschaften (7.100) und (7.101) werden auch **Satz von Poincaré** oder **Poincaré-Lemma** genannt. In Kap. 11 wird dieser Sachverhalt dimensionsübergreifend besprochen.

Wir haben in (7.85) gesehen, dass für eine konservative Kraft die Arbeit nur vom Wert des Potenzials an den Endpunkten abhängt, entlang eines geschlossenen Weges also verschwindet. (Wenn Sie einmal rund um die Erde laufen, haben Sie keine Arbeit geleistet – zumindest nicht gegen die Schwerkraft!) Dieser Zusammenhang zwischen verschwindender Rotation und verschwindendem Wegintegral wird uns in Kap. 9.3 weiter beschäftigen.

Beispiel

Wir betrachten das Vektorfeld

$$\boldsymbol{F}(x_1, x_2, x_3) = \boldsymbol{e}_1 (2 x_1 + x_2) + \boldsymbol{e}_2 (x_1 - x_2^2) .$$

Wenn man dafür das Wegintegral rund um das Quadrat $(0,0) \to (1,0) \to (1,1) \to (0,1) \to (0,0)$ berechnet, so erhält man den Wert null. Der Rotor dieses Vektorfeldes

$$\nabla \times \boldsymbol{F} = \begin{vmatrix} \boldsymbol{e}_1 & \boldsymbol{e}_2 & \boldsymbol{e}_3 \\ \frac{\partial}{\partial x_1} & \frac{\partial}{\partial x_2} & \frac{\partial}{\partial x_3} \\ (2 x_1 + x_2) & (x_1 - x_2^2) & 0 \end{vmatrix} = \boldsymbol{e}_3 (1 - 1) = 0$$

verschwindet überall. Es handelt sich also um eine konservative Kraft. Wir wollen für diesen Fall das Potenzial rekonstruieren, das zu dieser Kraft führt. Es gilt offenbar

$$\begin{aligned} F_1 = -\frac{\partial \Phi}{\partial x_1} &= 2\,x_1 + x_2 \Rightarrow \Phi(x_1, x_2, x_3) = -\int dx_1\; F_1(x_1, x_2, x_3) \\ &= -\int dx_1\; (2\,x_1 + x_2) = -x_1^2 - x_1\,x_2 + f(x_2, x_3)\;. \end{aligned}$$

Man kann dieses Ergebnis nach x_2 ableiten und mit F_2 vergleichen,

$$-\frac{\partial \Phi}{\partial x_2} = x_1 - f_{x_2} = F_2 = x_1 - x_2^2 \Rightarrow f(x_2, x_3) = \int dx_2\; x_2^2 = \frac{x_2^3}{3} + g(x_3)\;.$$

Die „Integrationskonstante" g kann nur mehr von x_3 abhängen, da ja f nur von x_2 und x_3 abhängen kann. Damit wird

$$\Phi(x_1, x_2, x_3) = -x_1^2 - x_1\,x_2 + \frac{x_2^3}{3} + g(x_3)\;,$$

und wir vergleichen nun im dritten Schritt die Ableitung des Potenzials nach x_3 mit F_3,

$$\Phi_{x_3} = -g_{x_3} = F_3 = 0 \Rightarrow \Phi(x_1, x_2, x_3) = -x_1^2 - x_1\,x_2 + \frac{x_2^3}{3} + c\;.$$

Dabei ist c eine mit den Angaben nicht festlegbare Integrationskonstante. Diese Rechnung verlief übrigens ganz ähnlich wie in Abschn. 6.2.3 über Differenzialgleichungen vom Typ des so genannten „exakten" Differenzials. □

Die Rekonstruktion des Potenzials aus den Komponenten des Kraftfeldes kann auch in geschlossenen Form dargestellt werden. Es ist

$$\begin{aligned} \Phi(x_1, x_2, x_3) &= \Phi(a, b, c) \\ &- \int_a^{x_1} d\alpha\; F_1(\alpha, x_2, x_3) - \int_b^{x_2} d\beta\; F_2(a, \beta, x_3) - \int_c^{x_3} d\gamma\; F_3(a, b, \gamma)\;. \end{aligned} \tag{7.102}$$

Man erhält diesen Ausdruck, wenn man schrittweise das Kraftfeld integriert und die Abhängigkeiten der jeweiligen Integrationskonstanten geeignet berücksichtigt:

$$\begin{aligned} \Phi(x_1, x_2, x_3) &= -\int_a^{x_1} d\alpha\; F_1(\alpha, x_2, x_3) + \Phi(a, x_2, x_3)\;, \\ \Phi(a, x_2, x_3) &= -\int_b^{x_2} d\beta\; F_2(a, \beta, x_3) + \Phi(a, b, x_3)\;, \\ \Phi(a, b, x_3) &= -\int_c^{x_3} d\gamma\; F_3(a, b, \gamma) + \Phi(a, b, c)\;. \end{aligned} \tag{7.103}$$

Einsetzen ergibt die geschlossene Form.

Beispiel

Wir berechnen noch einmal aus $\boldsymbol{F} = (2x_1 + x_2, x_1 - x_2^2, 0)$ das Potenzialfeld, diesmal mit Hilfe der geschlossenen Form. Wir nehmen an, dass $\Phi(0,0,0) = p$. Es ist

$$\Phi(x_1, x_2, x_3) = p - \int_0^{x_1} d\alpha\ (2\alpha + x_2) - \int_0^{x_2} d\beta\ (0 - \beta^2) = p - x_1^2 - x_1 x_2 + \frac{x_2^3}{3}\,,$$

wie im vorhergehenden Beispiel. □

7.6 Aufgaben und Lösungen

7.6.1 Aufgaben

7.1: Zeigen Sie, dass $\frac{d|\boldsymbol{v}|}{dt} \neq |\boldsymbol{a}|$.

7.2: Der Vektor $\boldsymbol{u} = \boldsymbol{a}\ \cos t + \boldsymbol{b}\ \sin t$ wird mit Hilfe konstanter Vektoren $\boldsymbol{a}$ und $\boldsymbol{b}$ gebildet. Man zeige $\boldsymbol{u} \cdot \left[\frac{d\boldsymbol{u}}{dt} \times \frac{d^2\boldsymbol{u}}{dt^2}\right] = 0$.

7.3: Ein Teilchen bewegt sich entlang der Kurve $\boldsymbol{r}(t) = (2t, t^2 + 1, t - 1)$. Was sind die Komponenten von Geschwindigkeit $\boldsymbol{v}(t)$ und Beschleunigung $\boldsymbol{a}(t)$ in Richtung des Vektors $(1, -2, -2)$?

7.4: Berechnen Sie in Parameterdarstellung und erläutern Sie die Schnittkurven des Kegels $x^2 + y^2 = z^2$ mit den Flächen (a) $z = a > 0$, (b) $z = \alpha\, y$, (c) $x = \alpha$, (d) $z + x = \alpha$.

7.5: $G(x_1, x_2, x_3, t)$ ist differenzierbar in allen vier Variablen; $x_1(t)$, $x_2(t)$ und $x_3(t)$ sind in t differenzierbar. Beweisen Sie die Beziehung (Kontinuitätsgleichung!)

$$\frac{dG}{dt} = \frac{\partial G}{\partial t} + \nabla G \cdot \frac{d\boldsymbol{r}}{dt}\,.$$

7.6: Zeigen Sie zuerst (a) $\kappa = |\dot{\boldsymbol{r}} \times \ddot{\boldsymbol{r}}|/|\dot{\boldsymbol{r}}|^3 = |\boldsymbol{v} \times \boldsymbol{a}|/|\boldsymbol{v}|^3$, und (b) berechnen Sie dann κ für die Kurve $\boldsymbol{r}(\phi) = (3\ \cos\phi, 5\ \sin\phi, 0)$.

7.7: (a) Berechnen Sie $\iint_B dA\,(x_1^2 + x_2^2)$; dabei ist B die Oberfläche des Paraboloids $x_3 = 2 - (x_1^2 + x_2^2)$ über der (x_1, x_2)-Ebene.

(b) Berechnen Sie $\iint_B dA\, \boldsymbol{n} \cdot \boldsymbol{E}$ für $\boldsymbol{E} = (x_1, x_2, x_3)$; die Fläche B sei die Halbkugel $x_1^2 + x_2^2 + x_3^2 = 1$, $x_3 \geq 0$ und die Basisfläche $x_1^2 + x_2^2 \leq 1$, $x_3 = 0$. Verwenden Sie sowohl kartesische als auch Kugelkoordinaten.

7.8: Bestimmen Sie die geleistete Arbeit, wenn die Kraft $\boldsymbol{F} = (2x_1 + x_2, x_1 - x_2^2, 0)$ längs der folgenden Wege wirkt:

$$\begin{aligned} &\text{(a)} \quad x_1 = 0,\ 0 \le x_2 \le 1;\ 0 \le x_1 \le 1,\ x_2 = 1 \\ &\text{(b)} \quad x_1 = x_2,\ 0 \le x_1 \le 1 \\ &\text{(c)} \quad x_1 = 1 - \cos\varphi,\ x_2 = \sin\varphi,\ 0 \le \varphi \le \pi/2 \end{aligned}$$

7.9: Berechnen Sie $\nabla \cdot \nabla\phi(x_1,, x_2, x_3)$ für $\phi(x_1, x_2, x_3) = \sin x_1 + x_1^2\, x_2\, x_3$ (vgl. M.7.2).

7.10: Man berechne für $|\boldsymbol{r}| \neq 0$ (vgl. M.7.2): (a) $\Delta(1/|\boldsymbol{r}|)$, (b) $\Delta \ln |\boldsymbol{r}|$.

7.11: Bestimmen Sie für das Vektorfeld $\boldsymbol{a}(\boldsymbol{r}) = \boldsymbol{e}_1\,(x_1^2\, x_2 - x_3) + \boldsymbol{e}_2\,(x_1\, x_2^3 + x_2) - \boldsymbol{e}_3\, x_1\, x_2\, x_3^2$ den Vektor $\nabla(\nabla \cdot \boldsymbol{a})$ im Punkt $(2, -2, 1)$.

7.12: Berechnen Sie $\nabla(\nabla \cdot \boldsymbol{u})$ für den Einheitsvektor $\boldsymbol{u} = \boldsymbol{r}/|\boldsymbol{r}|$.

7.13: Für das Vektorfeld $\boldsymbol{a}(x_1, x_2, x_3) = \boldsymbol{e}_1\, x_2^2\, x_3^2 + \boldsymbol{e}_2\, x_1^2\, x_3^2 + \boldsymbol{e}_3\, x_1^2\, x_2^2$ bestimme man $\nabla \times (\nabla \times (\nabla \times \boldsymbol{a}))$.

7.14: Ein Vektorfeld habe die Form $\boldsymbol{a}(x_1, x_2, x_3) = (x_1 + \alpha\, x_2, x_2 + \beta\, x_1, x_3)$. Bestimmen Sie α und β so, dass $\operatorname{rot} \boldsymbol{a} = 0$ gilt, und berechnen Sie das entsprechende Potenzialfeld.

7.15: Man zeige die folgenden Beziehungen ($\boldsymbol{r} = (x_1, x_2, x_3)$):

$$\begin{aligned} &\text{(a)} \quad \nabla \cdot (\phi(\boldsymbol{r})\, \boldsymbol{a}(\boldsymbol{r})) = \phi(\boldsymbol{r})\, \nabla \cdot \boldsymbol{a}(r) + \boldsymbol{a}(\boldsymbol{r}) \cdot \nabla\phi(\boldsymbol{r}) \\ &\text{(b)} \quad \nabla \times (\phi(\boldsymbol{r}) \cdot \boldsymbol{a}(\boldsymbol{r})) = \phi(\boldsymbol{r})\, (\nabla \times \boldsymbol{a}(\boldsymbol{r})) + \nabla\phi(\boldsymbol{r}) \times \boldsymbol{a}(\boldsymbol{r}) \\ &\text{(c)} \quad \nabla \times \boldsymbol{r} = 0 \end{aligned}$$

7.16: Zeigen Sie, dass die Kraft $\boldsymbol{F}(x_1, x_2, x_3) = (x_2^3,\ 3\, x_1\, x_2^2 + 2\, x_2\, \cos x_3,\ -x_2^2\, \sin x_3)$ eine konservative Kraft ist, und bestimmen Sie das entsprechende Potenzial.

7.17: Zeigen Sie für den Ortsvektor $\boldsymbol{r} = (x_1, x_2, x_3)$ die Relation $\nabla \times \frac{\boldsymbol{r}}{|\boldsymbol{r}|^2} = 0$.

7.18: Die Gravitationskraft hat die Form $\boldsymbol{F}(\boldsymbol{r}) = -G\, M\, m\, \boldsymbol{r}/|\boldsymbol{r}|^3$. Zeigen Sie, dass es sich hierbei um eine konservative Kraft handelt.

7.19: Zeigen Sie für das Vektorfeld der Form $\boldsymbol{a}(x_1, x_2, x_3) = (x_1^2 + 1, x_2^2 + 2, x_3^2 + 3)$ zunächst die Beziehung $\nabla \cdot (\boldsymbol{a} \times \boldsymbol{r}) = \boldsymbol{r} \cdot (\nabla \times \boldsymbol{a})$ (dabei ist $\boldsymbol{r}$ der Ortsvektor), und berechnen Sie dann $\nabla \cdot (\boldsymbol{a} \times \boldsymbol{r})$.

7.20: Bilden Sie Rotor und Divergenz des Vektorfeldes

$$\boldsymbol{F}(x_1, x_2, x_3) = \mathrm{e}^{x_1+x_2+x_3}\,(x_2\,x_3\,(1+x_1),\ x_1\,x_3\,(1+x_2),\ x_1\,x_2\,(1+x_3))\ .$$

7.21: Sei $f(r)$ eine differenzierbare Funktion ($r = |\boldsymbol{r}|$). Berechnen Sie $\nabla \times (\boldsymbol{r}\,f(r))$.

7.22: Man zeige, dass $2\,x_1\,x_2^3\,dx_1 + 3\,x_1^2\,x_2^2\,dx_2 - (x_3\,\cos x_3 + \sin x_3)\,dx_3$ das exakte Differenzial eines Potenzials $\Phi(x_1, x_2, x_3)$ ist. Wie lautet $\Phi(x_1, x_2, x_3)$?

7.23: Berechnen Sie für die Kraft $\boldsymbol{F}$ das Wegintegral

$$g(x_0, y_0, a) = \int d\boldsymbol{r} \cdot \boldsymbol{F}$$

entlang des geschlossenen Weges $(x_0, y_0) \to (x_0{+}a, y_0) \to (x_0{+}a, y_0{+}a) \to (x_0, y_0{+}a) \to (x_0, y_0)$. Vergleichen Sie dann $\lim_{a\to 0}(g(x_0, y_0, a)/a^2)$ mit rot $\boldsymbol{F}$; nutzen Sie dazu die Taylorreihe für die Komponenten von $\boldsymbol{F}$. Was fällt Ihnen auf?

7.6.2 Lösungen

Vollständige Lösungen unter http://physik.uni-graz.at/~cbl/mm/.

7.3: $-4\,t/3; -4/3$.

7.4: (a) Kreise; (b) für $\alpha > 1$: Gerade; (c) Hyperbeln; (d) Parabeln.

7.6: (b) $\kappa = 15/(9\,\sin^2\phi + 25\,\cos^2\phi)^{3/2}$.

7.7: (a) $149\pi/30$; (b) 2π.

7.8: (a-c) 5/3.

7.9: $\Delta\phi = -\sin x_1 + 2\,x_2\,x_3$.

7.10: (a) 0; (b) $1/r^2$.

7.11: (12,-24,8).

7.12: $-2\,\boldsymbol{r}/r^3$.

7.13: $4\,(x_3 - x_2, x_1 - x_3, x_2 - x_1)$.

7.14: Konservativ für $\alpha = \beta$; $\Phi = -r^2/2 - \alpha\, x_1\, x_2 + c$.

7.16: $\Phi(x_1, x_2, x_3) = -x_1\, x_2^3 - x_2^2 \cos x_3 + c$.

7.18: Es ist $\boldsymbol{F} = -\nabla\Phi$ für $\Phi = -G\, M\, m/|\boldsymbol{r}|$.

7.20: $\mathrm{rot}\,\boldsymbol{F} = (0,0,0)$; $\mathrm{div}\,\boldsymbol{F} = 2\exp(x_1 + x_2 + x_3)\,(x_1\, x_2 + x_1\, x_3 + x_2\, x_3 + 3\, x_1\, x_2\, x_3/2)$.

7.22: $\Phi = x_1^2\, x_2^3 - x_3 \sin x_3 + c$.

7.23: Die Ergebnisse stimmen überein.

Literaturempfehlungen

Bewährte Aufgabensammlungen mit Lösungsangaben findet man in [4, 5]. Mathematisch detailliertere Texte sind [6, 7], physikalisch motiviert und anwendungsorientiert das Lehrbuch [8].

Literatur

1. B. Thaller, *Visual Quantum Mechanics* (Springer, TELOS, New York, 2000).
2. B. Thaller, *Advanced Visual Quantum Mechanics* (Springer, TELOS, New York, 2004).
3. R. L. Zimmermann und F. L. Olness, *Mathematica for Physics* (Addison-Wesley Publ. Co., New York, 1995).
4. M. R. Spiegel, Dennis Spellman, und Seymour Lipschutz, *Schaum's Outline of Vektoranalysis* (McGraw-Hill, New York, 2009).
5. *The Vector Analysis Problem Solver, Staff of Research and Education Association*, edited by E.G. Milewski (Res. and Ed. Association, New York, 1987).
6. J. E. Marsden und A. J. Tromba, *Vektoranalysis: Einführung, Aufgaben, Lösungen* (Spektrum Akademischer Verlag, Heidelberg, 1995).
7. K. Jänich, *Vektoranalysis*, 5. Aufl. (Springer-Verlag, Berlin-Heidelberg-New York, 2005).
8. S. Großmann, *Mathematischer Einführungskurs für die Physik* (Teubner, Stuttgart, 2000).

Basissysteme krummliniger Koordinaten

8

8.1 Gebräuchliche Koordinatensysteme

Wir haben bereits verschiedene Koordinatensysteme im $\mathbb{R}^3$ verwendet:

$$\begin{aligned} &x_1, x_2, x_3 && \ldots \text{kartesische Koordinaten}\,, \\ &\rho\,, \varphi\,, x_3 && \ldots \text{Zylinderkoordinaten}\,, \\ &r\,, \varphi\,, \vartheta && \ldots \text{Kugelkoordinaten}\,. \end{aligned} \tag{8.1}$$

Man kann sich im Prinzip beliebig viele Koordinatensysteme ausdenken. Es sind nur nicht alle gleich brauchbar. Besonders angenehme Eigenschaften haben die so genannten orthogonalen Koordinatensysteme. Um deren wesentliche Aspekte zu erläutern, schreiben wir die kartesischen Koordinaten x_i als Funktionen anderer Koordinaten u_i,

$$x_1 = x_1(u_1, u_2, u_3)\,, \quad x_2 = x_2(u_1, u_2, u_3)\,, \quad x_3 = x_3(u_1, u_2, u_3)\,. \tag{8.2}$$

Dieses Gleichungssystem ist nach den u_i auflösbar, wenn die Funktional- oder **Jacobi-Determinante** (siehe auch Abschn. 5.4.1 und Mathematik-Box M.5.8) ungleich null ist,

$$\begin{vmatrix} \frac{\partial x_1}{\partial u_1} & \frac{\partial x_2}{\partial u_1} & \frac{\partial x_3}{\partial u_1} \\ \frac{\partial x_1}{\partial u_2} & \frac{\partial x_2}{\partial u_2} & \frac{\partial x_3}{\partial u_2} \\ \frac{\partial x_1}{\partial u_3} & \frac{\partial x_2}{\partial u_3} & \frac{\partial x_3}{\partial u_3} \end{vmatrix} = \frac{\partial(x_1, x_2, x_3)}{\partial(u_1, u_2, u_3)} \neq 0\,. \tag{8.3}$$

Mit (8.2) kann man Kurvenscharen bilden, indem man jeweils zwei der Koordinaten festhält und die dritte als variablen Kurvenparameter betrachtet, der den Kurvenverlauf beschreibt,

$$\boldsymbol{r} = \boldsymbol{r}_1(u_1, u_{20}, u_{30})\,, \quad \boldsymbol{r} = \boldsymbol{r}_2(u_{10}, u_2, u_{30})\,, \quad \boldsymbol{r} = \boldsymbol{r}_3(u_{10}, u_{20}, u_3)\,. \tag{8.4}$$

C.B. Lang, N. Pucker, *Mathematische Methoden in der Physik*,
DOI 10.1007/978-3-662-49313-7_8

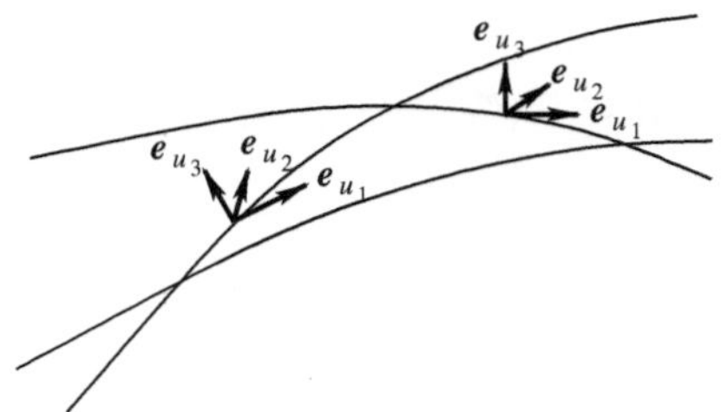

Abb. 8.1 Die Kurven in der Skizze sind keine Koordinatenlinien, sondern einfach nur Raumkurven. An unterschiedlichen Punkten der Kurven können die Basis-Dreibeine unterschiedliche Orientierungen haben

Dadurch entstehen Koordinatenlinien (vgl. Abschn. 7.3), die in diesem Fall durch den Raumpunkt $\boldsymbol{r}_0 = \boldsymbol{r}(u_{10}, u_{20}, u_{30})$ laufen. Wenn sich diese paarweise unter einem rechten Winkel schneiden, spricht man von **rechtwinkligen** oder **orthogonalen Koordinaten**. Wenn zwei davon parallel (in dem Punkt tangential) zueinander sind, so sind zwei Zeilen der Jacobi-Determinante gleich und diese verschwindet. Dann ist die Koordinatentransformation in diesem Punkt nicht umkehrbar! Die Tangentenvektoren an die Koordinatenlinien im betrachteten Punkt ergeben sich als

$$\boldsymbol{T}_i = \boldsymbol{e}_{u_i} = \frac{1}{h_{u_i}} \frac{\partial \boldsymbol{r}}{\partial u_i}\bigg|_{\boldsymbol{r}=\boldsymbol{r}_0} \quad \text{mit} \quad h_{u_i} = \left|\frac{\partial \boldsymbol{r}}{\partial u_i}\right| . \tag{8.5}$$

Hier ist i festgehalten, unterliegt also nicht der Summationskonvention. Im Gegensatz zu (7.22) wird hier die partielle Ableitung verwendet, da der Ortsvektor nicht nur von einem Parameter, sondern von drei Koordinaten abhängt.

Für orthogonale Koordinaten mit auf Länge 1 normierten Basisvektoren gilt

$$\boldsymbol{e}_{u_i} \cdot \boldsymbol{e}_{u_j} = \delta_{ij} , \quad i, j = 1, 2, 3 , \tag{8.6}$$

das heißt, die Einheitsvektoren $\boldsymbol{e}_{u_i}$ bilden eine orthogonale Basis im $\mathbb{R}^3$ (vgl. M.3.9). Eine normierte orthogonale Basis nennt man auch **orthonormal**. Weiter gilt für eine rechtshändige Basis

$$\boldsymbol{e}_{u_1} \times \boldsymbol{e}_{u_2} = \boldsymbol{e}_{u_3} , \quad \boldsymbol{e}_{u_2} \times \boldsymbol{e}_{u_3} = \boldsymbol{e}_{u_1} , \quad \boldsymbol{e}_{u_3} \times \boldsymbol{e}_{u_1} = \boldsymbol{e}_{u_2} . \tag{8.7}$$

Im Fall allgemeiner orthogonaler Koordinaten haben diese Vektoren aber eine vom Ort abhängige Richtung. Der Fall der kartesischen Koordinaten, in dem das Basis-Dreibein in jedem Raumpunkt die gleiche Orientierung hat, ist ein Sonderfall. Die Besonderheiten, die sich aus der ortsabhängigen Orientierung des Basissystems ergeben, werden in diesem Kapitel besprochen.

Die klassischen Beispiele für krummlinige orthogonale Koordinaten sind:

(a) Zylinderkoordinaten (vgl. Skizze im Anhang A und Abb. 8.2):

$$\boldsymbol{r} = \begin{pmatrix} x_1(\rho,\varphi) \\ x_2(\rho,\varphi) \\ x_3 \end{pmatrix} = \begin{pmatrix} \rho\cos\varphi \\ \rho\sin\varphi \\ x_3 \end{pmatrix} \quad \text{mit} \quad \begin{aligned} \rho &= \sqrt{x_1^2 + x_2^2} , \\ \varphi &= \arctan\left(\frac{x_2}{x_1}\right) , \end{aligned} \tag{8.8}$$

$$0 \le \rho < \infty , \quad 0 \le \varphi < 2\pi , \quad -\infty < x_3 < +\infty .$$

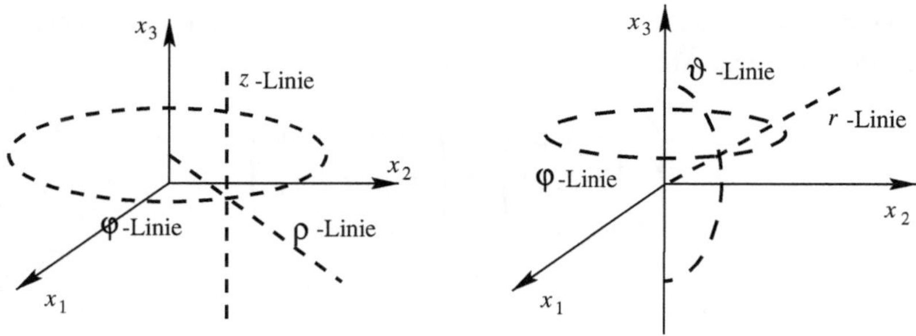

Abb. 8.2 Linien konstanter Koordinaten; links: Zylinderkoordinaten, rechts: Kugelkoordinaten

Da der arctan (auf Rechnern) meist im Intervall $(-\pi/2, \pi/2]$ definiert wird, muss man den Wert von φ in den entsprechenden Quadranten verschieben! Durch die Einführung der Zylinderkoordinaten nach (8.8) werden die kartesischen Komponenten des Ortsvektors durch andere Koordinaten ausgedrückt. Die entsprechenden Koordinatenlinien (Abb. 8.2) ergeben sich als

$$\boldsymbol{r}_1(\rho) = \begin{pmatrix} \rho \cos \varphi_0 \\ \rho \sin \varphi_0 \\ x_{30} \end{pmatrix}, \quad \boldsymbol{r}_2(\varphi) = \begin{pmatrix} \rho_0 \cos \varphi \\ \rho_0 \sin \varphi \\ x_{30} \end{pmatrix}, \quad \boldsymbol{r}_3(x_3) = \begin{pmatrix} \rho_0 \cos \varphi_0 \\ \rho_0 \sin \varphi_0 \\ x_3 \end{pmatrix}. \tag{8.9}$$

Es handelt sich dabei der Reihe nach (vgl. Abb. 8.2) um

- eine von der x_3-Achse in der Höhe x_{30} im Winkel φ_0 ausgehende Halbgerade,
- einen Kreis mit dem Radius ρ_0 in der Höhe x_{30},
- eine Gerade von $x_3 = -\infty$ bis $+\infty$ bei ρ_0, φ_0.

Aus den jeweiligen Tangentenvektoren bestimmt man die normierten Basisvektoren

$$\begin{aligned}
\frac{1}{h_\rho}\frac{\partial \boldsymbol{r}}{\partial \rho} &= \begin{pmatrix} \cos\varphi \\ \sin\varphi \\ 0 \end{pmatrix} = \boldsymbol{e}_\rho\,, \qquad (h_\rho = 1)\,, \\
\frac{1}{h_\varphi}\frac{\partial \boldsymbol{r}}{\partial \varphi} &= \begin{pmatrix} -\sin\varphi \\ \cos\varphi \\ 0 \end{pmatrix} = \boldsymbol{e}_\varphi\,, \qquad (h_\varphi = \rho)\,, \\
\frac{1}{h_{x_3}}\frac{\partial \boldsymbol{r}}{\partial x_3} &= \begin{pmatrix} 0 \\ 0 \\ 1 \end{pmatrix} = \boldsymbol{e}_{x_3}\,, \qquad (h_{x_3} = 1)\,.
\end{aligned} \tag{8.10}$$

Die Reihenfolge entsprechend einem rechtshändigen Dreibein ist durch das Vektorprodukt festgelegt,

$$\boldsymbol{e}_\rho \times \boldsymbol{e}_\varphi = \boldsymbol{e}_{x_3} \iff \boldsymbol{e}_\rho \to \boldsymbol{e}_\varphi \to \boldsymbol{e}_{x_3}\,. \tag{8.11}$$

Diese Einheitsvektoren bilden die neue Basis.

(b) Kugelkoordinaten (auch räumliche oder sphärische Polarkoordinaten genannt; vgl. Skizze im Anhang A und Abb. 8.2). Der Ortsvektor ist

$$\boldsymbol{r} = \begin{pmatrix} x_1(r,\vartheta,\varphi) \\ x_2(r,\vartheta,\varphi) \\ x_3(r,\vartheta,\varphi) \end{pmatrix} = \begin{pmatrix} r\,\sin\vartheta\,\cos\varphi \\ r\,\sin\vartheta\,\sin\varphi \\ r\,\cos\vartheta \end{pmatrix} \tag{8.12}$$

$$\begin{aligned} r &= \sqrt{x_1^2+x_2^2+x_3^2}\,, & 0 \le r < \infty\,, \\ \text{mit} \quad \vartheta &= \arctan\sqrt{\frac{x_1^2+x_2^2}{x_3^2}} & 0 \le \vartheta \le \pi\,, \\ \varphi &= \arctan\left(\frac{x_2}{x_1}\right), & 0 \le \varphi < 2\pi\,. \end{aligned}$$

Die drei Scharen von Koordinatenlinien haben die Form (vgl. Abb. 8.2)

- Halbgerade vom Ursprung in Richtung ϑ_0 , φ_0:

$$\boldsymbol{r}_1(r) = \boldsymbol{r}(r,\vartheta_0,\varphi_0)\;; \tag{8.13}$$

- Längenkreise mit Radius r_0 in der Ebene durch die x_3-Achse im Winkel φ_0 zur (x_1,x_3)-Ebene:

$$\boldsymbol{r}_2(\vartheta) = \boldsymbol{r}(r_0,\vartheta,\varphi_0)\;; \tag{8.14}$$

- Breitenkreise mit Radius $r_0\,\sin\vartheta_0$ parallel zur (x_1,x_2)-Ebene:

$$\boldsymbol{r}_3(\varphi) = \boldsymbol{r}(r_0,\vartheta_0,\varphi)\;. \tag{8.15}$$

Die Tangentenvektoren ergeben die Basisvektoren

$$\begin{aligned} \frac{1}{h_r}\frac{\partial \boldsymbol{r}}{\partial r} &= \begin{pmatrix} \sin\vartheta\cos\varphi \\ \sin\vartheta\sin\varphi \\ \cos\vartheta \end{pmatrix} = \boldsymbol{e}_r\,, \qquad (h_r = 1)\,, \\ \frac{1}{h_\vartheta}\frac{\partial \boldsymbol{r}}{\partial \vartheta} &= \begin{pmatrix} \cos\vartheta\cos\varphi \\ \cos\vartheta\sin\varphi \\ -\sin\vartheta \end{pmatrix} = \boldsymbol{e}_\vartheta\,, \qquad (h_\vartheta = r)\,, \\ \frac{1}{h_\varphi}\frac{\partial \boldsymbol{r}}{\partial \varphi} &= \begin{pmatrix} -\sin\varphi \\ \cos\varphi \\ 0 \end{pmatrix} = \boldsymbol{e}_\varphi\,, \qquad (h_\varphi = r\,\sin\vartheta)\,. \end{aligned} \tag{8.16}$$

Die Reihenfolge für das Rechtssystem ist

$$\boldsymbol{e}_r \times \boldsymbol{e}_\vartheta = \boldsymbol{e}_\varphi \iff \boldsymbol{e}_r \to \boldsymbol{e}_\vartheta \to \boldsymbol{e}_\varphi\,. \tag{8.17}$$

8.2 Bestimmung von Vektorkomponenten

Sobald wir die Basisvektoren eines neuen Systems definiert haben, können wir Vektoren darin darstellen. Wir wollen daher nun die Vektorkomponenten bezüglich allgemeinerer Basissysteme ermitteln. Für jede Basis ist der Vektor als Summe von Basisvektoren mit Komponentenfaktoren darstellbar,

$$\boldsymbol{F} = \boldsymbol{e}_{u_i}\, F_{u_i} \;. \tag{8.18}$$

Für eine orthonormale Basis kann man den Wert der jeweiligen Komponenten leicht heraus projizieren. Im $\mathbb{R}^3$ gilt dann insbesondere

$$\boldsymbol{F} = \boldsymbol{e}_{u_1}\, F_{u_1} + \boldsymbol{e}_{u_2}\, F_{u_2} + \boldsymbol{e}_{u_3}\, F_{u_3} \;, \qquad F_{u_i} = \boldsymbol{F} \cdot \boldsymbol{e}_{u_i} \,, \tag{8.19}$$

wobei F_{u_i} die Komponente des Vektors bezüglich der u_i-Koordinatenlinie ist, das ist im jeweiligen Raumpunkt die Normalprojektion des Vektors auf die Richtung $\boldsymbol{e}_{u_i}$. Das einfachste Beispiel dafür ist das kartesische Koordinatensystem mit der Basis $\boldsymbol{e}_1, \boldsymbol{e}_2, \boldsymbol{e}_3$. Meist sind Vektoren (aus Konvention) durch ihre kartesischen Komponenten und mit kartesischen Koordinaten gegeben,

$$\boldsymbol{F}(x_1,x_2,x_3) = \boldsymbol{e}_1\, F_1(x_1,x_2,x_3) + \boldsymbol{e}_2\, F_2(x_1,x_2,x_3) + \boldsymbol{e}_3\, F_3(x_1,x_2,x_3) \;. \tag{8.20}$$

Wir wollen uns die Umrechnung auf eine andere Basis etwas genauer ansehen. Man bestimmt dazu die kartesischen Komponenten von $\boldsymbol{e}_{u_i}$ und berechnet die Komponente von $\boldsymbol{F}$ in Richtung eines der $\boldsymbol{e}_{u_i}$ aus (8.5) folgendermaßen:

$$F_{u_i} = \boldsymbol{F} \cdot \boldsymbol{e}_{u_i} = \frac{1}{h_{u_i}}\, \boldsymbol{F} \cdot \frac{\partial \boldsymbol{r}}{\partial u_i} \;. \tag{8.21}$$

Wir haben dabei mit i einen vorgegebenen, festen Index bezeichnet, über den hier nicht summiert wird.

Beispiel

In der Basis der Zylinderkoordinaten hat der Ortsvektor $\boldsymbol{r}$ die folgenden Komponenten:

$$\begin{aligned} r_\rho &= \boldsymbol{e}_\rho \cdot \boldsymbol{r} = \rho \cos\varphi\, \cos\varphi + \rho \sin\varphi \sin\varphi = \rho\left(\cos^2\varphi + \sin^2\varphi\right) = \rho \,, \\ r_\varphi &= \boldsymbol{e}_\varphi \cdot \boldsymbol{r} = \rho\,(-\sin\varphi)\, \cos\varphi + \rho\,(\cos\varphi)\, \sin\varphi = 0 \,, \\ r_{x_3} &= \boldsymbol{e}_{x_3} \cdot \boldsymbol{r} = x_3 \,. \end{aligned}$$

□

Beispiel

Besonders einfach wird die Darstellung des Ortsvektors $\boldsymbol{r} = (x_1, x_2, x_3)$ in sphärischen Polarkoordinaten und ihrer Basis,

$$\boldsymbol{r} = \boldsymbol{e}_1\, x_1 + \boldsymbol{e}_2\, x_2 + \boldsymbol{e}_3\, x_3 \;\Rightarrow\; \boldsymbol{r} = \boldsymbol{e}_r\, |\boldsymbol{r}| = \boldsymbol{e}_r\, r \;.$$

□

Beispiel

Wir wollen den Vektor $\boldsymbol{F} = \boldsymbol{e}_1 x_3 = (x_3, 0, 0)$ in Kugelkoordinaten und im zugehörigen Basissystem $(\boldsymbol{e}_r, \boldsymbol{e}_\vartheta, \boldsymbol{e}_\varphi)$ laut (8.16) darstellen. Aus $x_3 = r \cos\vartheta$ folgt

$$\begin{aligned} F_r = \boldsymbol{F}\cdot\boldsymbol{e}_r &= (r\cos\vartheta, 0, 0)\cdot\begin{pmatrix}\sin\vartheta\cos\varphi\\ \sin\vartheta\sin\varphi\\ \cos\vartheta\end{pmatrix} = r\,\sin\vartheta\,\cos\vartheta\,\cos\varphi\,,\\ F_\vartheta = \boldsymbol{F}\cdot\boldsymbol{e}_\vartheta &= r\,\cos^2\vartheta\,\cos\varphi\,,\\ F_\varphi = \boldsymbol{F}\cdot\boldsymbol{e}_\varphi &= -r\,\cos\vartheta\,\sin\varphi\,. \end{aligned}$$

Man sieht, dass der Übergang zu anderen Koordinaten und deren Basis die Darstellung eines Vektors sowohl komplizierter als auch einfacher gestalten kann. □

Beim Differenzieren von Vektoren ist nun aber zu beachten, dass im allgemeinen Fall die Koordinatenlinien keine festen Geraden sind und die Basisvektoren also ihre Richtung ändern und daher ebenfalls differenziert werden müssen.

$$\frac{\partial \boldsymbol{F}}{\partial u_j} = \frac{\partial F_{u_i}}{\partial u_j}\boldsymbol{e}_{u_i} + F_{u_i}\frac{\partial \boldsymbol{e}_{u_i}}{\partial u_j}\,. \tag{8.22}$$

Das gilt natürlich auch für die Differenziation nach anderen Parametern.

Beispiel

Wir wollen aus dem Ortsvektor $\boldsymbol{r}(t)$ durch Ableitung nach der Zeit den Geschwindigkeitsvektor $\boldsymbol{v}(t)$ bestimmen. Bei kartesischen Koordinaten ist das einfach, da die Basisvektoren konstant sind und ihre Ableitung immer verschwindet. Man braucht also nur die einzelnen Komponenten nach t zu differenzieren. Wenn man aber zum Beispiel in der Basis der Zylinderkoordinaten arbeitet, muss man etwas vorsichtiger vorgehen. Es ist

$$\boldsymbol{v}(t) = \dot{\boldsymbol{r}}(t) = \frac{d}{dt}\left(\rho\,\boldsymbol{e}_\rho + x_3\,\boldsymbol{e}_{x_3}\right) = \dot{\rho}\,\boldsymbol{e}_\rho + \rho\,\dot{\boldsymbol{e}}_\rho + \dot{x}_3\,\boldsymbol{e}_{x_3} + x_3\,\dot{\boldsymbol{e}}_{x_3}\,.$$

Aus (8.10) berechnen wir die Ableitungen der Einheitsvektoren. Wie wir aus Kap. 7 wissen, stehen sie jeweils senkrecht zum abgeleiteten Einheitsvektor, sind also Kombinationen der beiden anderen Einheitsvektoren. Insbesondere gilt im Fall der Zylinderkoordinaten

$$\dot{\boldsymbol{e}}_\rho = \dot{\varphi}\,\boldsymbol{e}_\varphi\,,\quad \dot{\boldsymbol{e}}_{x_3} = 0\,,\quad \text{und so erhalten wir}\quad \boldsymbol{v}(t) = \dot{\rho}\,\boldsymbol{e}_\rho + \rho\,\dot{\varphi}\,\boldsymbol{e}_\varphi + \dot{x}_3\,\boldsymbol{e}_{x_3}\,.$$

Daraus kann man die entsprechenden gesuchten Komponenten von $\boldsymbol{v}$ in Zylinderkoordinaten ablesen.

Eine alternative Vorgangsweise ist, zunächst $\boldsymbol{r}$ im kartesischen System durch Zylinderkoordinaten auszudrücken, wie wir es in (8.8) getan haben, und diese Komponenten nach t zu differenzieren. Den sich ergebenden Vektor

$$(\dot{\rho}\,\cos\varphi - \rho\,\dot{\varphi}\,\sin\varphi, \dot{\rho}\,\sin\varphi + \rho\,\dot{\varphi}\,\cos\varphi, \dot{x}_3)$$

kann man dann ins Basissystem der Zylinderkoordinaten projizieren und erhält das gleiche Ergebnis wie oben. □

Beispiel

Wird die Bewegung eines Punktes durch einen zeitabhängigen Ortsvektor in Kugelkoordinaten beschrieben, so muss man bei der Berechnung der Geschwindigkeit oder der Beschleunigung auf die Ableitung von $\boldsymbol{e}_r$ achten,

$$\boldsymbol{r}(t) = \boldsymbol{e}_r\, r(t) \;\Rightarrow\; \boldsymbol{v}(t) = \dot{\boldsymbol{r}}(t) = \frac{d\boldsymbol{e}_r}{dt}\, r(t) + \boldsymbol{e}_r\, \frac{dr(t)}{dt}\,.$$

Da $\boldsymbol{e}_r$ ein Einheitsvektor ist, gilt

$$\frac{d\boldsymbol{e}_r}{dt} \perp \boldsymbol{e}_r\,,$$

und da jeder Vektor durch die orthogonale Basis darstellbar ist, muss also $d\boldsymbol{e}_r/dt$ durch $\boldsymbol{e}_\vartheta$ und $\boldsymbol{e}_\varphi$ darstellbar sein. In der Tat ist

$$\frac{d\boldsymbol{e}_r}{dt} = \dot{\vartheta}\,\boldsymbol{e}_\vartheta + \sin\vartheta\,\dot{\varphi}\,\boldsymbol{e}_\varphi\,.$$

Ebenso gilt übrigens auch

$$\begin{aligned}\dot{\boldsymbol{e}}_\vartheta &= -\dot{\vartheta}\,\boldsymbol{e}_r + \dot{\varphi}\cos\vartheta\,\boldsymbol{e}_\varphi\,,\\ \dot{\boldsymbol{e}}_\varphi &= -\dot{\varphi}\,\sin\vartheta\,\boldsymbol{e}_r - \dot{\varphi}\,\cos\vartheta\,\boldsymbol{e}_\vartheta\,.\end{aligned}$$ □

Beispiel

Eine Planetenbahn entspricht einer Keplerbewegung, liegt also in einer Ebene. Der Ortsvektor in Zylinderkoordinaten ist daher

$$\boldsymbol{r}(t) = \rho(t)\,\boldsymbol{e}_\rho\,, \quad \boldsymbol{v} = \frac{d\boldsymbol{r}}{dt} = \dot{\rho}(t)\,\boldsymbol{e}_\rho + \rho(t)\,\dot{\boldsymbol{e}}_\rho = \dot{\rho}(t)\,\boldsymbol{e}_\rho + \rho(t)\,\dot{\varphi}(t)\,\boldsymbol{e}_\varphi\,,$$

wie wir aus den früheren Beispielen wissen. Für den Drehimpuls des Planeten folgt daraus:

$$\boldsymbol{L} = m\,\boldsymbol{r}\times\boldsymbol{v} = m\,\rho^2(t)\,\dot{\varphi}(t)\,\boldsymbol{e}_\rho\times\boldsymbol{e}_\varphi = m\,\rho^2(t)\,\dot{\varphi}(t)\,\boldsymbol{e}_{x_3}\,,$$

er ist also senkrecht zur Bahnebene. Die Beschleunigung ergibt sich nach kurzer Rechnung zu

$$\frac{d^2\boldsymbol{r}}{dt^2} = \frac{d\boldsymbol{v}}{dt} = (\ddot{\rho} - \rho\,\dot{\varphi}^2)\,\boldsymbol{e}_\rho + (\rho\,\ddot{\varphi} + 2\,\dot{\rho}\,\dot{\varphi})\,\boldsymbol{e}_\varphi\,.$$

Wir wissen aber, dass eine Zentralkraft nur eine Komponente in Richtung $\boldsymbol{e}_\rho$ hat. Also muss gelten, dass

$$\rho\,\ddot{\varphi} + 2\,\dot{\rho}\,\dot{\varphi} = 0\,, \quad \text{und daher} \quad \rho(\rho\,\ddot{\varphi} + 2\,\dot{\rho}\,\dot{\varphi}) = \frac{d(\rho^2\,\dot{\varphi})}{dt} = \frac{1}{m}\,\frac{d|\boldsymbol{L}|}{dt} = 0$$

erfüllt ist. Bei Bewegungen in einem Zentralpotenzial ist der Drehimpuls zeitlich konstant! □

Bitte beachten Sie den Unterschied zwischen der bloßen Verwendung krummliniger Koordinaten und der Darstellung eines Vektors in einem solchen Basissystem. Wenn wir einen Vektor durch seine Komponenten angeben, dann hat das nur in einem definierten Basissystem eine Bedeutung. Die drei Komponenten im kartesischen Basissystem können ganz anders aussehen, als – zum Beispiel – die im Basissystem der Kugelkoordinaten. Die Wahl der verwendeten Variablen ist davon unabhängig (obwohl man meist die Variablen des entsprechenden Basissystems bevorzugt).

Der Vektor $\boldsymbol{a}$ habe zum Beispiel in der kartesischen Basis $\{\boldsymbol{e}_1, \boldsymbol{e}_2, \boldsymbol{e}_3\}$ die Form

$$\boldsymbol{a} = 5\,x_1\,\boldsymbol{e}_1 + 5\,x_2\,\boldsymbol{e}_2 + 5\,x_3\,\boldsymbol{e}_3\,, \quad \text{Komponenten:} \quad (5\,x_1,\, 5\,x_2,\, 5\,x_3) \tag{8.23}$$

oder, durch Kugelkoordinaten (Variablen) ausgedrückt, die Komponenten

$$\boldsymbol{a} = (5\,r\ \sin\vartheta\ \cos\varphi,\, 5\,r\ \sin\vartheta\ \sin\varphi,\, 5\,r\ \cos\vartheta)\,. \tag{8.24}$$

In der Basis der Kugelkoordinaten $\{\boldsymbol{e}_r, \boldsymbol{e}_\vartheta, \boldsymbol{e}_\varphi\}$ (und durch entsprechende Variablen ausgedrückt) hat derselbe Vektor die Form

$$\boldsymbol{a} = 5\,r\,\boldsymbol{e}_r\,, \quad \text{Komponenten:} \quad (5\,r,\, 0,\, 0) \tag{8.25}$$

oder, durch kartesische Koordinaten (Variablen) ausgedrückt, die Komponenten

$$(5\,\sqrt{x_1^2 + x_2^2 + x_3^2},\, 0,\, 0)\,. \tag{8.26}$$

Wenn wir in diesem Text Vektoren durch Komponenten schreiben, dann werden wir bis auf wenige Ausnahmen (auf die dann immer ausdrücklich hingewiesen wird) immer die kartesische Basis meinen, egal, welche Variablen verwendet werden.

Damit ist klar, wie etwa der Basisvektor $\boldsymbol{e}_r$ in der kartesischen Basis aussieht: Er ist in (8.16) in Variablen der Kugelkoordinaten angegeben. In kartesischen Variablen hat er die Komponenten

$$\boldsymbol{e}_r = (x_1,\, x_2,\, x_3)/\sqrt{x_1^2 + x_2^2 + x_3^2}\,. \tag{8.27}$$

Wie transformieren sich die bekannten Differenzialoperatoren, wenn wir das Basissystem wechseln? Wir wollen die allgemeinen Ausdrücke für die Größen $\nabla\Phi$, $\nabla\cdot\boldsymbol{A}$ und $\nabla\times\boldsymbol{A}$, also Gradient, Divergenz und Rotation für orthogonale Basisysteme ableiten.

Gradient $\nabla\boldsymbol{\Phi}(x_1, x_2, x_3)$: Die Komponente von $\nabla\Phi$ in $\boldsymbol{e}_{u_i}$-Richtung ist

$$\begin{aligned}(\nabla\Phi)_{u_i} &= \nabla\Phi(x_1(u_1,u_2,u_3),\ldots)\cdot\boldsymbol{e}_{u_i} \\ &= \nabla\Phi(u_1,u_2,u_3)\cdot\left(\frac{1}{h_{u_i}}\frac{\partial\boldsymbol{r}}{\partial u_i}\right) = \frac{1}{h_{u_i}}\left(\frac{\partial\Phi}{\partial x_j}\frac{\partial x_j}{\partial u_i}\right) = \frac{1}{h_{u_i}}\frac{\partial\Phi}{\partial u_i}\ .\end{aligned} \tag{8.28}$$

(Auch hier bezeichnet i einen festgehaltenen Index, wohingegen über j entsprechend der Summenkonvention summiert wird.) Offenbar hat der Differenzialoperator im neuen Basissystem die Form

$$\nabla = \sum_i \boldsymbol{e}_{u_i}\frac{1}{h_{u_i}}\frac{\partial}{\partial u_i}\ . \tag{8.29}$$

(Wir haben das Summensymbol statt der üblichen Summationskonvention verwendet, da der Index hier dreimal vorkommt!)

Divergenz $\nabla\cdot\boldsymbol{A}(u_1, u_2, u_3)$: Im folgenden benützt man vorteilhaft die Identität (k festgehalten)

$$h_{u_k}\nabla u_k = h_{u_k}\left(\sum_i \boldsymbol{e}_{u_i}\frac{1}{h_{u_i}}\frac{\partial u_k}{\partial u_i}\right) = \boldsymbol{e}_{u_k} \tag{8.30}$$

aus der allgemeinen Formel für den Gradienten. Um die Rechnung zu vereinfachen, betrachten wir nur den Teil $\boldsymbol{e}_{u_1}A_{u_1}(u_1,u_2,u_3)$ von $\boldsymbol{A}$ und berechnen dafür die Divergenz

$$\begin{aligned}\nabla\cdot\left(\boldsymbol{e}_{u_1}A_{u_1}(u_1,u_2,u_3)\right) &= \nabla\cdot\left((\boldsymbol{e}_{u_2}\times\boldsymbol{e}_{u_3})\,A_{u_1}\right) \\ &= \nabla\cdot\left(h_{u_2}h_{u_3}A_{u_1}\,(\nabla u_2\times\nabla u_3)\right) \\ &= \nabla\left(h_{u_2}h_{u_3}A_{u_1}\right)\cdot(\nabla u_2\times\nabla u_3) + h_{u_2}h_{u_3}A_{u_1}\,\nabla\cdot(\nabla u_2\times\nabla u_3)\ .\end{aligned} \tag{8.31}$$

Dabei wurde ein Rechtssystem angenommen und $\boldsymbol{e}_{u_1}$ als Vektorprodukt der beiden anderen Basisvektoren dargestellt sowie (8.30) und die Produktregel aus M.7.2 verwendet. Mit Hilfe einer weiteren Relation aus M.7.2, erkennt man, dass der zweite Term verschwindet, da

$$\nabla\cdot(\nabla u_2\times\nabla u_3) = \nabla u_3\cdot(\nabla\times\nabla u_2) - \nabla u_2\cdot(\nabla\times\nabla u_3)\ , \tag{8.32}$$

und $\nabla\times\nabla u_i = 0$ gilt (u_i sollte zweimal stetig differenzierbar sein, vgl. (M.7.2)). Nach diesem scheinbaren Umweg setzen wir wieder

$$(\nabla u_2\times\nabla u_3) = \frac{1}{h_{u_2}h_{u_3}}\boldsymbol{e}_{u_1} \tag{8.33}$$

und erhalten schließlich

$$\begin{aligned}\nabla\cdot\left(\boldsymbol{e}_{u_1}\,A_{u_1}(u_1,u_2,u_3)\right) &= \frac{1}{h_{u_2}\,h_{u_3}}\,\boldsymbol{e}_{u_1}\cdot\nabla\left(h_{u_2}\,h_{u_3}\,A_{u_1}\right)\\ &= \frac{1}{h_{u_1}\,h_{u_2}\,h_{u_3}}\,\frac{\partial\left(h_{u_2}\,h_{u_3}\,A_{u_1}\right)}{\partial u_1}\,,\end{aligned} \tag{8.34}$$

wobei wir beim Herausprojizieren der $\boldsymbol{e}_{u_1}$-Komponente (8.29) zu Hilfe genommen haben. Die beiden anderen zur Divergenz beitragenden Terme können analog behandelt werden. Daraus folgt schließlich unser Endergebnis

$$\begin{aligned}&\nabla\cdot\boldsymbol{A}(u_1,u_2,u_3) =\\ &\frac{1}{h_{u_1}\,h_{u_2}\,h_{u_3}}\left[\frac{\partial}{\partial u_1}\left(h_{u_2}\,h_{u_3}\,A_{u_1}\right)+\frac{\partial}{\partial u_2}\left(h_{u_1}\,h_{u_3}\,A_{u_2}\right)+\frac{\partial}{\partial u_3}\left(h_{u_1}\,h_{u_2}\,A_{u_3}\right)\right].\end{aligned} \tag{8.35}$$

Beispiel

Wie lautet (für $r \neq 0$) die Divergenz von $\boldsymbol{F} = \boldsymbol{e}_r/r^2$ in Kugelkoordinaten? Im Kugelkoordinatensystem hat das Vektorfeld die Komponenten $\boldsymbol{F} = (1/r^2, 0, 0)$. Mit den h_{u_i} aus (8.16) und nach (8.35) ist

$$\nabla\cdot\boldsymbol{F} = \frac{1}{r^2\,\sin\vartheta}\,\frac{\partial}{\partial r}\left(r^2\,\sin\vartheta\,\frac{1}{r^2}\right) = \frac{1}{r^2\,\sin\vartheta}\,\frac{\partial\sin\vartheta}{\partial r} = 0\,.$$ □

Rotation $\nabla\times\boldsymbol{A}(u_1,u_2,u_3)$: Man kann zur Bestimmung der Rotation ähnlich wie bei der Divergenz vorgehen. Auch hier wird die ausführliche Rechnung nur für den Vektoranteil $\boldsymbol{e}_{u_1}A_{u_1}$ gezeigt. Ebenso macht man wieder vom Zusammenhang (8.30) Gebrauch. Man schreibt zunächst

$$\nabla\times\left(\boldsymbol{e}_{u_1}\,A_{u_1}\right) = \nabla\times\left(h_{u_1}\,A_{u_1}\,\nabla u_1\right)\,. \tag{8.36}$$

Damit kann man (vgl. M.7.2)

$$\nabla\times(\Phi\,\boldsymbol{A}) = \Phi\,(\nabla\times\boldsymbol{A}) + (\nabla\Phi)\times\boldsymbol{A} \tag{8.37}$$

anwenden und bekommt

$$\begin{aligned}&h_{u_1}\,A_{u_1}\,(\nabla\times\nabla u_1)+\nabla\left(h_{u_1}\,A_{u_1}\right)\times\nabla u_1 = -\nabla u_1\times\nabla\left(h_{u_1}\,A_{u_1}\right)\\ &= -\frac{1}{h_{u_1}}\,\boldsymbol{e}_{u_1}\times\left(\frac{1}{h_{u_1}}\,\boldsymbol{e}_{u_1}\,\frac{\partial\,h_{u_1}\,A_{u_1}}{\partial u_1}+\frac{1}{h_{u_2}}\,\boldsymbol{e}_{u_2}\,\frac{\partial\,h_{u_1}\,A_{u_1}}{\partial u_2}+\frac{1}{h_{u_3}}\,\boldsymbol{e}_{u_3}\,\frac{\partial\,h_{u_1}\,A_{u_1}}{\partial u_3}\right)\\ &= \frac{1}{h_{u_1}\,h_{u_3}}\,\boldsymbol{e}_{u_2}\,\frac{\partial\,h_{u_1}\,A_{u_1}}{\partial u_3}-\frac{1}{h_{u_1}\,h_{u_2}}\,\boldsymbol{e}_{u_3}\,\frac{\partial\,h_{u_1}\,A_{u_1}}{\partial u_2}\,.\end{aligned} \tag{8.38}$$

Wieder hat man dabei $\nabla \times \nabla u_i = 0$ berücksichtigt. (Man beachte $\boldsymbol{e}_{u_3} = \boldsymbol{e}_{u_1} \times \boldsymbol{e}_{u_2}$ und so weiter).

Die Berücksichtigung aller drei Komponenten führt schließlich zum Ergebnis

$$\nabla \times \boldsymbol{A}(u_1, u_2, u_3) = \frac{1}{h_{u_1} h_{u_2} h_{u_3}} \begin{vmatrix} h_{u_1} \boldsymbol{e}_{u_1} & h_{u_2} \boldsymbol{e}_{u_2} & h_{u_3} \boldsymbol{e}_{u_3} \\ \frac{\partial}{\partial u_1} & \frac{\partial}{\partial u_2} & \frac{\partial}{\partial u_3} \\ h_{u_1} A_{u_1} & h_{u_2} A_{u_2} & h_{u_3} A_{u_3} \end{vmatrix} . \tag{8.39}$$

Beispiel

Wir können uns davon überzeugen, dass auch in krummlinigen Koordinatensystemen der Rotor eines Gradienten verschwindet. Es ist für $\boldsymbol{A} = \operatorname{grad} f(u_1, u_2, u_3)$ entsprechend (8.39) und (8.29)

$$\operatorname{rot} \operatorname{grad} f(u_1, u_2, u_3) = \nabla \times (\nabla f) = \frac{1}{h_{u_1} h_{u_2} h_{u_3}} \begin{vmatrix} h_{u_1} \boldsymbol{e}_{u_1} & h_{u_2} \boldsymbol{e}_{u_2} & h_{u_3} \boldsymbol{e}_{u_3} \\ \frac{\partial}{\partial u_1} & \frac{\partial}{\partial u_2} & \frac{\partial}{\partial u_3} \\ \frac{\partial f}{\partial u_1} & \frac{\partial f}{\partial u_2} & \frac{\partial f}{\partial u_3} \end{vmatrix} = 0 ,$$

sofern die Funktion f zweimal stetig differenzierbar und daher die gemischten zweiten Ableitungen vertauschbar sind! Die Determinante verschwindet, wie man leicht erkennt. □

Mit den nun abgeleiteten Beziehungen kann man den Laplace-Operator in allgemeinen orthogonalen Koordinaten angeben:

$$\Delta \Phi(u_1, u_2, u_3) = \operatorname{div} \operatorname{grad} \Phi(u_1, u_2, u_3) = \nabla \cdot \nabla \Phi(u_1, u_2, u_3) . \tag{8.40}$$

Mit (8.28) und (8.35) bekommt man das gewünschte Ergebnis:

$$\begin{aligned} \Delta \Phi(u_1, u_2, u_3) = {} & \frac{1}{h_{u_1} h_{u_2} h_{u_3}} \left\{ \frac{\partial}{\partial u_1} \left(\frac{h_{u_2} h_{u_3}}{h_{u_1}} \frac{\partial \Phi}{\partial u_1} \right) \right. \\ & \left. + \frac{\partial}{\partial u_2} \left(\frac{h_{u_1} h_{u_3}}{h_{u_2}} \frac{\partial \Phi}{\partial u_2} \right) + \frac{\partial}{\partial u_3} \left(\frac{h_{u_1} h_{u_2}}{h_{u_3}} \frac{\partial \Phi}{\partial u_3} \right) \right\} . \end{aligned} \tag{8.41}$$

In M.8.1 ist der Laplace-Operator in den bekannten Basissystemen dargestellt.

Beispiel

Natürlich ist in diesen allgemeinen Formeln jeweils auch der vertraute kartesische Ausdruck enthalten. So bekommt man zum Beispiel mit

$$h_{x_1} = h_{x_2} = h_{x_3} = 1$$

sofort

$$\Delta\Phi\,(x_1, x_2, x_3) = \frac{\partial^2\Phi}{\partial x_1^2} + \frac{\partial^2\Phi}{\partial x_2^2} + \frac{\partial^2\Phi}{\partial x_3^2}\,. \qquad \square$$

Beispiel

Bei vielen Problemen der Physik wird der Laplace-Operator (vgl. M.8.1) auf ein Zentralpotenzial angewandt und daher entfallen die Ableitungen nach den Winkelkoordinaten. Er hat dann die Form

$$\Delta\,\Phi(r) = \left[\frac{\partial^2}{\partial r^2} + \frac{2}{r}\frac{\partial}{\partial r}\right]\Phi(r)\,. \qquad \square$$

8.3 Bogen-, Flächen- und Volumenelement

Aus (8.5) können wir die Differenziale in Richtung der u_i-Koordinatenlinie ablesen,

$$d\boldsymbol{r}_{u_i} = h_{u_i}\,du_i\,\boldsymbol{e}_{u_i}\,. \tag{8.42}$$

Die Größe $h_{u_i}\,du_i$ ist daher die lineare Näherung eines kleinen Bogenabschnitts entlang einer u_i-Linie. Das totale Differenzial der Bogenlänge ds, (vgl. Abschn. 7.2), erhält man daraus (für orthogonale Koordinaten) als

$$ds = \sqrt{(h_{u_1}du_1)^2 + \left(h_{u_2}du_2\right)^2 + \left(h_{u_3}du_3\right)^2}. \tag{8.43}$$

Damit kann man Integrationen entlang Kurven auch in den krummlinigen Koordinaten ausführen.

Beispiel

Man will die Länge eines spiralförmigen Drahtes berechnen (Zylinderradius a, Ganghöhe des Drahtes $2\,\pi\,b$. Die Kurvenform ist

$$\rho = a\,,\ \varphi = 0\ldots 4\pi\,,\ z = b\,\varphi$$

Wir berechnen das Wegdifferenzial

$$(ds)^2 = (d\rho)^2 + (\rho)^2(d\varphi)^2 + (dz)^2 = 0 + a^2\,(d\varphi)^2 + b^2\,(d\varphi)^2\,.$$

Damit wird

$$ds = \sqrt{a^2 + b^2}\, d\varphi \quad \Rightarrow \quad S = \int_0^{4\pi} d\varphi\, \sqrt{a^2 + b^2} = 4\sqrt{a^2 + b^2}\,\pi\ .$$

Dieses Ergebnis ist leicht verständlich, wenn man sich die Zylinderoberfläche mit Draht aufgerollt denkt. Der Draht folgt dann der Diagonale eines Rechtecks mit Länge $4\,a\,\pi$ und Höhe $4\,b\,\pi$. □

Das Flächenelement einer **Koordinatenfläche** $\boldsymbol{r}(u_1, u_2, u_{30})$ kann so mit (7.51) bestimmt werden,

$$dA(u_1, u_2) = |(h_{u_1}\boldsymbol{e}_{u_1}) \times (h_{u_2}\boldsymbol{e}_{u_2})|\, du_1\, du_2 = |h_{u_1}\, h_{u_2}|\, du_1\, du_2\ . \tag{8.44}$$

Für einen Zylindermantel (Koordinatenfläche bei Zylinderkoordinaten) gilt also zum Beispiel für das Flächenelement

$$dA(\varphi, x_3) = \rho_0\, d\varphi\, dx_3\ . \tag{8.45}$$

Beispiel

Wir berechnen das Oberflächenintegral

$$\iint_B dA\, \boldsymbol{n} \cdot \boldsymbol{r}\ ,$$

wobei der Bereich B durch die Halbkugeloberfläche $x_1^2 + x_2^2 + x_3^2 = 1,\ x_3 \geq 0$ gegeben ist. Der Normalvektor $\boldsymbol{n}$ fällt auf der Kugeloberfläche mit $\boldsymbol{e}_r$ zusammen: $\boldsymbol{n} \cdot \boldsymbol{r} = \boldsymbol{e}_r \cdot \boldsymbol{r} = r$. Das Flächenelement dA ist das Flächenelement einer Koordinatenfläche der sphärischen Polarkoordinaten (8.12) mit $r = 1$. Daraus folgt mit (8.16)und (8.44):

$$dA = \sin\vartheta\, d\vartheta\, d\varphi\ , \qquad A = \int_{\varphi=0}^{2\pi} \int_{\vartheta=0}^{\frac{\pi}{2}} d\varphi\, d\vartheta\ \sin\vartheta = 2\pi\ .$$

In kartesischen Koordinaten x_1, x_2 ist die Lösung des Problems viel aufwändiger, da diese Koordinaten der Geometrie des Problems nicht so gut angepasst sind. Ideal ist, wenn Bereichsgrenzen mit Koordinatenlinien oder Koordinatenoberflächen zusammenfallen. □

Das Volumenelement wird in linearer Näherung als kleiner Quader

$$\begin{aligned} dV &= \left|(du_1\, h_{u_1}\, \boldsymbol{e}_{u_1}) \cdot \left[(du_2\, h_{u_2}\, \boldsymbol{e}_{u_2}) \times (du_3\, h_{u_3}\, \boldsymbol{e}_{u_3})\right]\right| = \\ &= \left|h_{u_1}\, h_{u_2}\, h_{u_3} \left[\boldsymbol{e}_{u_1} \cdot (\boldsymbol{e}_{u_2} \times \boldsymbol{e}_{u_3})\right]\right|\, du_1\, du_2\, du_3 = \\ &= |h_{u_1}\, h_{u_2}\, h_{u_3}|\, du_1\, du_2\, du_3 \end{aligned} \tag{8.46}$$

gebildet. Die Vereinfachung in der letzten Zeile gilt natürlich nur für orthogonale Koordinatensysteme. Ein Vergleich mit der Definition des Spatproduktes in (3.97) macht klar, dass es sich bei dem Faktor um eine Determinante handelt, die wir in M.5.8 schon besprochen haben: die Jacobi-Determinante. Man erhält die schon aus M.5.7 bekannten Ausdrücke der Volumenelemente für

- Zylinderkoordinaten: $dV = \rho\, d\rho\, d\varphi\, dx_3$,
- Sphärische Polarkoordinaten: $dV = r^2 \sin\vartheta\, dr\, d\vartheta\, d\varphi$.

M.8.1 Kurz und klar: Differenzialoperatoren

Wir wollen hier den Differenzialoperator ∇ und den Laplace-Operator Δ in den bekanntesten Koordinatensystemen anführen.

Kartesische Koordinaten:

$$\begin{aligned} \nabla\, \Phi(x_1, x_2, x_3) &\equiv \left[\boldsymbol{e}_{x_1} \frac{\partial}{\partial x_1} + \boldsymbol{e}_{x_2} \frac{\partial}{\partial x_2} + \boldsymbol{e}_{x_3} \frac{\partial}{\partial x_3}\right] \Phi(x_1, x_2, x_3)\ , \\ \Delta\, \Phi(x_1, x_2, x_3) &\equiv \left[\frac{\partial^2}{\partial x_1^2} + \frac{\partial^2}{\partial x_2^2} + \frac{\partial^2}{\partial x_3^2}\right] \Phi(x_1, x_2, x_3)\ . \end{aligned} \tag{M.8.1.1}$$

Oft werden die kartesischen Koordinaten statt x_1, x_2, x_3 auch x, y, z genannt und die entsprechenden Basisvektoren $\boldsymbol{i}$, $\boldsymbol{j}$, $\boldsymbol{k}$.

Zylinderkoordinaten:

$$\begin{aligned} \nabla\, \Phi(\rho, \varphi, x_3) &\equiv \left[\boldsymbol{e}_\rho \frac{\partial}{\partial \rho} + \frac{1}{\rho} \boldsymbol{e}_\varphi \frac{\partial}{\partial \varphi} + \boldsymbol{e}_{x_3} \frac{\partial}{\partial x_3}\right] \Phi(\rho, \varphi, x_3)\ , \\ \Delta\, \Phi(\rho, \varphi, x_3) &\equiv \left[\frac{1}{\rho} \frac{\partial}{\partial \rho} \rho \frac{\partial}{\partial \rho} + \frac{1}{\rho^2} \frac{\partial^2}{\partial \varphi^2} + \frac{\partial^2}{\partial x_3^2}\right] \Phi(\rho, \varphi, x_3) \\ &= \left[\frac{\partial^2}{\partial \rho^2} + \frac{1}{\rho} \frac{\partial}{\partial \rho} + \frac{1}{\rho^2} \frac{\partial^2}{\partial \varphi^2} + \frac{\partial^2}{\partial x_3^2}\right] \Phi(\rho, \varphi, x_3)\ . \end{aligned} \tag{M.8.1.2}$$

Der Laplace-Operator im $\mathbb{R}^2$ in Polarkoordinaten ergibt sich daraus, indem man die Ableitung nach x_3 weglässt.

Kugelkoordinaten:

$$\nabla\,\Phi(r,\vartheta,\varphi) \equiv \left[\boldsymbol{e}_r\,\frac{\partial}{\partial r}+\frac{1}{r}\,\boldsymbol{e}_\vartheta\,\frac{\partial}{\partial\vartheta}+\frac{1}{r\,\sin\vartheta}\boldsymbol{e}_\varphi\,\frac{\partial}{\partial\varphi}\right]\Phi(r,\vartheta,\varphi)\,,$$

$$\begin{aligned}\Delta\,\Phi(r,\vartheta,\varphi)&\\ &\equiv\left[\frac{1}{r^2}\frac{\partial}{\partial r}\left(r^2\frac{\partial}{\partial r}\right)+\frac{1}{r^2\,\sin\vartheta}\frac{\partial}{\partial\vartheta}\left(\sin\vartheta\,\frac{\partial}{\partial\vartheta}\right)+\frac{1}{r^2\,\sin^2\vartheta}\frac{\partial^2}{\partial\varphi^2}\right]\Phi(r,\vartheta,\varphi)\\ &=\left[\frac{\partial^2}{\partial r^2}+\frac{2}{r}\,\frac{\partial}{\partial r}+\frac{1}{r^2}\,\frac{\partial^2}{\partial\vartheta^2}+\frac{\cos\vartheta}{r^2\,\sin\vartheta}\,\frac{\partial}{\partial\vartheta}+\frac{1}{r^2\,\sin^2\vartheta}\,\frac{\partial^2}{\partial\varphi^2}\right]\Phi(r,\vartheta,\varphi)\,.\end{aligned}\tag{M.8.1.3}$$

8.4 Aufgaben und Lösungen

8.4.1 Aufgaben

8.1: Man berechne $(ds)^2$ für folgende Koordinatensysteme:
(a) $x_1=\frac{1}{2}\,(u^2-v^2)\,,x_2=u\,v\,,x_3=x_3$ (parabolische Zylinderkoordinaten);
(b) $x_1=a\,\cosh u\,\cos v\,,x_2=a\,\sinh u\,\sin v\,,x_3=x_3$ (elliptische Zylinderkoordinaten);
(c) $x_1=r\,\sin\vartheta\,\cos\varphi\,,x_2=r\,\sin\vartheta\,\sin\varphi\,,x_3=r\,\cos\vartheta$ (sphärische Polarkoordinaten).

8.2: Berechnen Sie div $\boldsymbol{v}$ für folgende Fälle in der kartesischen Basis und in der Basis der Zylinderkoordinaten (Angegebene Einheitsvektoren aus der Zylinderkoordinatenbasis):

$$\text{(a)}\quad \boldsymbol{v}=\boldsymbol{e}_\rho\,,\quad \text{(b)}\quad \boldsymbol{v}=\boldsymbol{e}_\varphi\,,\quad \text{(c)}\quad \boldsymbol{v}=\rho\,\boldsymbol{e}_\rho+x_3\,\boldsymbol{e}_3\,,\quad \text{(d)}\quad \boldsymbol{v}=\rho\,\boldsymbol{e}_\varphi\,.$$

8.3: Man zeige, dass für $\rho\neq 0$ die Laplace-Gleichung $\Delta\Phi=0$ erfüllt ist für
(a) $\Phi(\rho,\varphi,x_3)=\rho^n\,\sin n\varphi$ $\quad(n=\text{ganzzahlig})$,
(b) $\Phi(\rho,\varphi,x_3)=\rho^n\,\cos n\varphi$ $\quad(n=\text{ganzzahlig})$.

8.4: Bestimmen Sie $\nabla\Phi$ und $\Delta\Phi$ für (a) $\Phi(\rho,\varphi,x_3)=\sin\varphi$ und (b) $\Phi(r,\vartheta,\varphi)=r^2\,\sin\vartheta$.

8.5: Man zeige für sphärische Polarkoordinaten die Relationen

$$\dot{\boldsymbol{e}}_r=\dot\vartheta\,\boldsymbol{e}_\vartheta+\dot\varphi\,\sin\vartheta\,\boldsymbol{e}_\varphi\,,\quad \dot{\boldsymbol{e}}_\vartheta=-\dot\vartheta\,\boldsymbol{e}_r+\dot\varphi\,\cos\vartheta\,\boldsymbol{e}_\varphi\,,\quad \dot{\boldsymbol{e}}_\varphi=-\sin\vartheta\,\dot\varphi\,\boldsymbol{e}_r-\dot\varphi\,\cos\vartheta\,\boldsymbol{e}_\vartheta\,.$$

8.6: Zeigen Sie für die Koordinaten (elliptische Zylinderkoordinaten)

$$\begin{aligned} x_1 &= a \cosh u_1 \cos u_2 \,, & u_1 &\geq 0 \\ x_2 &= a \sinh u_1 \sin u_2 \,, & 0 &\leq u_2 < 2\pi \\ x_3 &= x_3 \,, & -\infty &< x_3 < +\infty \end{aligned}$$

(a) ihre Orthogonalität und (b) berechnen Sie ihr Volumenelement dV.

8.7: Ermitteln Sie für $\boldsymbol{r}(t)$ die Komponenten der Geschwindigkeit $\boldsymbol{v}$ im Basissystem der Kugelkoordinaten.

8.8: Welchen Wert hat das Volumenintegral

$$\iiint\limits_V dV \, \sqrt{x_1^2 + x_2^2}$$

über den von den beiden Flächen $x_3 = x_1^2 + x_2^2$ und $x_3 = 9 - (x_1^2 + x_2^2)$ eingeschlossenen Bereich?

8.9: Berechnen Sie $\iint_B dA \; \boldsymbol{n} \cdot \boldsymbol{F}$ für das Vektorfeld $\boldsymbol{F} = (x_3,\, 2\,x_1,\, -4\,x_1^2\,x_3)$. B ist die Oberfläche eines Zylindermantels: $x_1^2 + x_2^2 = 25$, $0 \leq x_3 \leq 3$ im ersten Oktanten. Verwenden Sie sowohl kartesische als auch Zylinderkoordinaten.

8.10: Bestimmen Sie (a) $\nabla \cdot \boldsymbol{F}$ und (b) $\nabla \times \boldsymbol{F}$ in kartesischen und in Zylinderkoordinaten und vergleichen Sie die Resultate. Für den Fall der Zylinderkoordinaten transformieren Sie zuerst $\boldsymbol{F}(x_1, x_2, x_3)$ in $\boldsymbol{F}(\rho, \varphi, x_3)$, und stellen Sie $\boldsymbol{F}$ im Basissystem $\boldsymbol{e}_\rho, \boldsymbol{e}_\varphi, \boldsymbol{e}_3$ dar: $\boldsymbol{F} = \left(x_1^2\, x_2, 2\, x_2\, x_3, x_1 + x_3\right)$.

8.11: Die Fläche $3\,x_1^2 + 3\,x_2^2 + 5\,x_3^2 = 15$ begrenzt ein Rotationsellipsoid mit der Massendichte $\rho = 1$. Wie groß ist das Trägheitsmoment des Körpers bei Rotation um die x_1-Achse?

8.4.2 Lösungen

Vollständige Lösungen unter http://physik.uni-graz.at/~cbl/mm/.

8.1: (a) $(u^2 + v^2)\,((du)^2 + (dv)^2) + (dx_3)^2$; (b) $a^2\,(\sinh^2 u + \sin^2 v)\,((du)^2 + (dv)^2) + (dx_3)^2$; (c) $(dr)^2 + r^2\,(d\vartheta)^2 + r^2\,\sin^2\vartheta\,(d\varphi)^2$.

8.2: (a) $1/\sqrt{x_1^2 + x_2^2} = 1/\rho$; (b) 0; (c) 3; (d) 0.

8.4: (a) $(0, (\cos\varphi)/\rho, 0)$, $-(\sin\varphi)/\rho^2$; (b) $(2\,r\;\sin\vartheta, r\cos\vartheta, 0)$, $\cos^2\vartheta/\sin\vartheta + 5\;\sin\vartheta$.

8.6: (b) $dV = a^2\left(\sinh^2 u_1 + \sin^2 u_2\right) du_1\, du_2\, dx_3$.

8.7: $(\dot r, r\,\dot\vartheta, r\;\sin\vartheta\,\dot\varphi)$.

8.8: $162\,\pi/\sqrt{50}$.

8.9: 195/2.

8.10: (a) kart.: $1 + 2\,x_1\,x_2 + 2\,x_3$, zyl.: $1 + \rho^2\;\sin 2\varphi + 2\,x_3$; (b) kart.: $(-2\,x_2, -1, -x_1^2)$, zyl.: $(-\sin\varphi - \rho\;\sin 2\varphi, -\cos\varphi + 2\,\rho\;\sin^2\varphi, -\rho^2\;\cos^2\varphi)$.

8.11: $32\,\pi/\sqrt{3}$.

Literaturempfehlungen
Aufgaben und Lösungen dazu findet man in [1, 2], weitere Informationen in [3]. Der Formalismus der Differenzialgeometrie und der differenzierbaren Mannigfaltigkeiten erlaubt einen sehr allgemeinen Zugang zu gekrümmten Räumen und Koordinatensystemen. Einführende Texte dazu sind [4] oder auch [5]. In Kap. 11 besprechen wir eine allgemeine Formulierung von Differenzialoperatoren und Integralsätzen.

Literatur

1. M. R. Spiegel, Dennis Spellman, und Seymour Lipschutz, *Schaum's Outline of Vektoranalysis* (McGraw-Hill, New York, 2009).
2. *The Vector Analysis Problem Solver, Staff of Research and Education Association*, edited by E.G. Milewski (Res. and Ed. Association, New York, 1987).
3. J. E. Marsden und A. J. Tromba, *Vektoranalysis: Einführung, Aufgaben, Lösungen* (Spektrum Akademischer Verlag, Heidelberg, 1995).
4. K. Jänich, *Vektoranalysis*, 5. Aufl. (Springer-Verlag, Berlin-Heidelberg-New York, 2005).
5. H. Flanders, *Differential Forms with Applications to the Physical Sciences* (Dover Publ. Inc., New York, 2003).

Integralsätze

9

9.1 Der Gaußsche Integralsatz

Wir haben schon in Kap. 7 Oberflächenintegrale der Form

$$\iint_S dA\, \boldsymbol{n} \cdot \boldsymbol{F} \tag{9.1}$$

behandelt. Der Integrand $\boldsymbol{n} \cdot \boldsymbol{F}$ beschreibt den senkrechten Durchsatz des Vektorfeldes durch das Flächenelement dA. Insgesamt liefert das Integral über eine geschlossene Fläche S den Nettodurchsatz von $\boldsymbol{F}$ durch das von der Fläche umschlossene Volumen V (vgl. Abschn. 7.5.1).

In den zu (7.92) führenden Überlegungen haben wir einen Quader mit den Seitenflächen (entsprechend Flächendifferenzialen $dA_i (i = 1 \ldots 6)$) betrachtet und gesehen, dass

$$dV\, \nabla \cdot \boldsymbol{F} = \sum_{i=1}^{6} dA_i\, \boldsymbol{n}_i \cdot \boldsymbol{F} \tag{9.2}$$

den Nettodurchfluss von $\boldsymbol{F}$ darstellt. Das von den Seitenflächen umschlossene Volumendifferenzial ist dV. Vergrößert man das Volumen, indem man einen zweiten Quader an einer Seitenfläche hinzufügt, trägt der Fluss *durch* die Berührungsfläche zum Nettodurchfluss nichts bei, da er ja bei einem Quader positiv und beim anderen negativ gezählt wird und sich daher aufhebt (Abb. 9.1) Wichtig sind nur die Außenflächen. Man kann sich jedes endliche Volumen V aus – vielleicht unendlich – vielen kleinen Quadern aufgebaut denken und bekommt auf diese Weise die folgende wichtige Aussage.

Der **Gaußsche Integralsatz** hat die Form

$$\int_V dV\, \nabla \cdot \boldsymbol{F} = \int_{S \equiv \partial V} dA\, \boldsymbol{n} \cdot \boldsymbol{F} \;, \tag{9.3}$$

C.B. Lang, N. Pucker, *Mathematische Methoden in der Physik*,
DOI 10.1007/978-3-662-49313-7_9

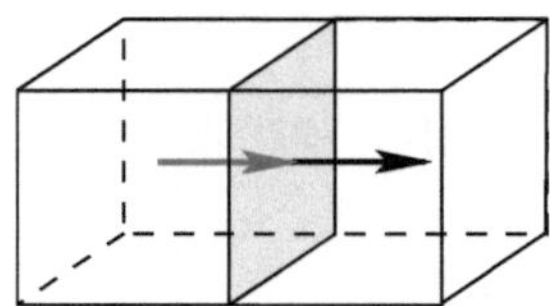

Abb. 9.1 Der Fluss durch gedachte Trennflächen im Inneren eines Volumens trägt zur Gesamtbilanz nicht bei, nur die Außenflächen sind relevant

wobei $\boldsymbol{F}$ ein Vektorfeld und $\partial V \equiv S(V)$ den Rand von V bezeichnen. Da V ein Volumen darstellt, bilden seine Randpunkte eine Fläche $S(V)$, welche das Volumen V einschließt. Für die genauere Beweisführung dieses Satzes sind die folgenden Voraussetzungen wichtig:

(a) Die Fläche S sei stückweise glatt, also aus endlich vielen Flächenstücken zusammensetzbar, deren Parameterdarstellung in den Koordinaten stetig partiell differenzierbar ist. Das hat zur Folge, dass auf diesen Flächenstücken ein Normalvektor $\boldsymbol{n}$ existiert. Vereinbarungsgemäß zeigt $\boldsymbol{n}$ vom umschlossenen Bereich weg, also nach „außen".
(b) Das Vektorfeld $\boldsymbol{F}(x_1, x_2, x_3)$ sei in V und auf der ganzen Fläche $S(V)$ definiert und stetig differenzierbar. Punkte in V, wo das nicht gilt, müssen durch geeignete „Loch-Definition" ausgeschlossen werden.
(c) Falls es im umschlossenen Gebiet „Löcher" gibt, so müssen sie bei der Bestimmung des Randes berücksichtigt werden. (Man kann den Gaußschen Satz also auch auf einen Emmentaler Käse anwenden, wenn man es richtig macht!)

Weitere Beweisführungen findet man zum Beispiel bei [1].

Die zentrale Aussage des Gaußschen Satzes ist die eines ehrlichen Buchhalters: Was hinein geht, kommt auch wieder heraus. Auch in einem Teich gilt die Bilanzgleichung. Der Inhalt zuzüglich Zufluss und abzüglich Abfluss (Versickerung, Verdampfung) muss konstant bleiben. Aus nichts wird nichts. Der Gaußsche Integralsatz und seine Verallgemeinerungen gehören zur Gruppe der nützlichsten Beziehungen der Naturwissenschaften. Mit seiner Hilfe können viele Probleme sehr elegant gelöst werden.

Beispiel

Wir betrachten das durch den Ortsvektor $\boldsymbol{r} = (x_1, x_2, x_3)$ gegebene Feld $\boldsymbol{F}(\boldsymbol{r}) = \boldsymbol{r}$. Es ist

$$\nabla \cdot \boldsymbol{r} = \frac{\partial x_1}{\partial x_1} + \frac{\partial x_2}{\partial x_2} + \frac{\partial x_3}{\partial x_3} = 3 \, ,$$

und daher

$$\int\limits_{S(V)} dA \, \boldsymbol{n} \cdot \boldsymbol{r} = \int\limits_{V} dV \;\; (\nabla \cdot \boldsymbol{r}) = 3 \int\limits_{V} dV = 3\,V \;\rightarrow\; V = \frac{1}{3} \int\limits_{S(V)} d\boldsymbol{A} \cdot \boldsymbol{r} \, .$$

Hier ist also das Oberflächenintegral proportional dem von S umschlossenen Volumen. Für eine Kugelfläche ist $\boldsymbol{r} \cdot \boldsymbol{n}$ konstant mit dem Wert R, und es ist $dA =$

$R^2 \sin\vartheta\, d\vartheta\, d\varphi$. Damit erhält man nach Integration des Oberflächenintegrals $4\, R^3\, \pi$, also genau $3\, V$. □

Beispiel

Eine scheinbar schwierige Situation ist zunächst in folgendem Fall gegeben: Das Feld einer elektrischen Punktladung im Ursprung (wir wählen die Ladungsstärke q in geeigneten Einheiten) hat die Form

$$\boldsymbol{E}\,(\boldsymbol{r}) = \frac{q\, \boldsymbol{e}_r}{r^2}\,, \quad r \neq 0\,. \tag{9.4}$$

Die Divergenz dieser Feldstärke ist fast überall null (vgl. das Beispiel nach (8.35)):

$$\nabla \cdot \boldsymbol{E} = \frac{1}{r^2 \sin\vartheta}\, \frac{\partial}{\partial r} \left(r^2 \sin\vartheta\, \frac{q}{r^2} \right) = 0\,, \quad \text{für } r \neq 0\,.$$

Berechnet man aber das Oberflächenintegral über eine beliebig große Kugelfläche $S(V)$, die den Ursprung enthält, so bekommt man einen Wert ungleich null, nämlich

$$\int\limits_{S(V)} dA\, \boldsymbol{n} \cdot \boldsymbol{E} = \int\limits_{S} d\vartheta\, d\varphi\, r^2 \sin\vartheta\, \frac{q}{r^2} = 4\, \pi\, q\,.$$

Dieser scheinbare Widerspruch zum Gaußschen Satz ist durch die Annahme einer punktförmigen Ladung und die dadurch verursachte Singularität begründet und wird durch die richtige Berücksichtigung der Punktladung im Ursprung beseitigt. Man kann sich die Punktladung zum Beispiel durch eine kleine, homogen geladene Kugel (mit Radius R) ersetzt denken, deren Gesamtladung ebenfalls q ist. Im Außenraum dieses Kügelchens herrscht weiterhin das Feld (9.4). Im Inneren der Kugel hat das elektrische Feld dagegen die Form

$$\boldsymbol{E}\,(\boldsymbol{r}) = \frac{q\, r\, \boldsymbol{e}_r}{R^3}\,.$$

Daraus folgt dort

$$\nabla \cdot \boldsymbol{E} = \frac{1}{r^2 \sin\vartheta}\, \frac{\partial}{\partial r} \left(r^2 \sin\vartheta\, \frac{q\, r}{R^3} \right) = \frac{3\, q}{R^3}\,.$$

Das Integral über das Kugelvolumen ist daher

$$\int\limits_{V_{\text{geladene Kugel}}} dV\, \nabla \cdot \boldsymbol{E} = \frac{3\, q}{R^3} \int\limits_{V} dV = 4\, \pi\, q\,.$$

Außerhalb der geladenen Kugel liefert das Volumenintegral keinen Beitrag, damit ist also das Integral $\int_V$ über ein beliebiges, die geladene Kugel enthaltendes Volumen immer gleich $4\, \pi\, q$. Das aber ist genau der Wert des Oberflächenintegrals, der Gaußsche

Satz ist also gültig. Man sollte der physikalischen Argumentation zuliebe noch erwähnen, dass sich bei einer geladenen Metallkugel die Ladung nur am Rand aufhält, die Annahme der homogenen Verteilung also nicht gerechtfertigt ist. Für die mathematische Behandlung ist sie aber ideal. Behandelt man dagegen das Gravitationsfeld einer homogenen Massenverteilung, so ist der gezeigte Weg auch physikalisch korrekt.

Eine elegante Möglichkeit, Punktladungen zu behandeln, ist durch die Verwendung der so genannten Diracschen Deltafunktion (die eigentlich keine Funktion sondern eine Distribution ist) möglich. Diese wird in der Funktionalanalysis im Abschn. 15.3 besprochen. □

Beispiel

Eine in der Physik wichtige Beziehung ist die so genannte **Kontinuitätsgleichung**. Zu ihrer Ableitung betrachten wir ein Massefeld der Dichte $\rho(x_1, x_2, x_3, t)$, wobei die Masseteilchen sich mit der Geschwindigkeit $\boldsymbol{v}(x_1, x_2, x_3, t)$ bewegen. Für die im Volumen V befindliche Masse gilt:

$$\frac{\partial M_V}{\partial t} = \frac{\partial}{\partial t} \int_V dV \; \rho(x_1, x_2, x_3, t) = \int_V dV \; \frac{\partial \rho}{\partial t} \; .$$

Die Nettoänderung innerhalb des Volumens kann aber auch durch Betrachtung des Flusses durch den Rand bestimmt werden, also

$$\frac{\partial M_V}{\partial t} = -\int_{S(V)} dA \; \boldsymbol{n} \cdot (\rho \, \boldsymbol{v}) = -\int_V dV \; \nabla \cdot (\rho \, \boldsymbol{v}) \; .$$

Hier haben wir den Gaußschen Satz verwendet. Gleichsetzen der beiden Ausdrücke für die Ableitung $\partial M / \partial t$ ergibt (unter dem Integral) die Kontinuitätsgleichung

$$\frac{\partial}{\partial t} \rho(\boldsymbol{x}, t) + \nabla \cdot (\rho(\boldsymbol{x}, t) \, \boldsymbol{v}(\boldsymbol{x}, t)) = 0 \; . \tag{9.5}$$

□

Zum Gaußschen Integralsatz gibt es zwei interessante Modifikationen, nämlich

$$\int_V dV \; \nabla \Phi(x_1, x_2, x_3) = \int_{S(V)} dA \; \boldsymbol{n} \, \Phi(x_1, x_2, x_3) \tag{9.6}$$

und

$$\int_V dV \; \nabla \times \boldsymbol{F}(x_1, x_2, x_3) = \int_{S(V)} dA \; \boldsymbol{n} \times \boldsymbol{F}(x_1, x_2, x_3) \; . \tag{9.7}$$

Um diese aus dem Gaußschen Satz abzuleiten, bedient man sich in beiden Fällen eines beliebigen, aber konstanten Vektors $\boldsymbol{a} \neq 0$. Man sieht sofort, dass

$$\nabla \cdot (\boldsymbol{a}\, \Phi) = \boldsymbol{a} \cdot \nabla \Phi \tag{9.8}$$

und daher

$$\boldsymbol{a} \cdot \int_V dV\, \nabla \Phi = \int_V dV\, \nabla \cdot (\boldsymbol{a}\, \Phi) = \int_{S(V)} dA\, \boldsymbol{n} \cdot (\boldsymbol{a}\, \Phi) = \boldsymbol{a} \cdot \int_{S(V)} dA\, \boldsymbol{n}\, \Phi \tag{9.9}$$

ist. Da $\boldsymbol{a}$ beliebig ist, kann man jeweils jede Komponente getrennt betrachten und daher ergibt sich

$$\boldsymbol{a} \cdot \left[\int_V dV\, \nabla \Phi - \int_{S(V)} dA\, \boldsymbol{n}\, \Phi \right] = 0\,. \tag{9.10}$$

Diese Relation muss für jede beliebige Richtung von $\boldsymbol{a}$ gelten, daher folgt (9.6).

Zur Ableitung von (9.7) kann man analog vorgehen. Für den Vektor $(\boldsymbol{F} \times \boldsymbol{a})$ gilt

$$\nabla \cdot (\boldsymbol{F} \times \boldsymbol{a}) = \boldsymbol{a} \cdot (\nabla \times \boldsymbol{F})$$

und daher

$$\boldsymbol{a} \cdot \int_V dV\, (\nabla \times \boldsymbol{F}) = \int_V dV\, \nabla \cdot (\boldsymbol{F} \times \boldsymbol{a}) = \int_{S(V)} dA\, \boldsymbol{n} \cdot (\boldsymbol{F} \times \boldsymbol{a}) = \boldsymbol{a} \cdot \int_{S(V)} dA\, (\boldsymbol{n} \times \boldsymbol{F})\,. \tag{9.11}$$

Wir haben dabei die Vektorbeziehung $\boldsymbol{n} \cdot (\boldsymbol{F} \times \boldsymbol{a}) = \boldsymbol{a} \cdot (\boldsymbol{n} \times \boldsymbol{F})$ aus (3.97) verwendet. Auch hier gilt

$$\boldsymbol{a} \cdot \left[\int_V dV\, (\nabla \times \boldsymbol{F}) - \int_{S(V)} dA\, (\boldsymbol{n} \times \boldsymbol{F}) \right] = 0 \tag{9.12}$$

und als Folge davon (9.7).

Beispiel

Wir betrachten die Funktion $\Phi(x_1, x_2, x_3) = x_1\, x_2\, x_3$ in dem Volumen, das durch die fünf Begrenzungsflächen

$$\boldsymbol{r}(x_1, x_3) = \begin{pmatrix} x_1 \\ \sqrt{16 - x_1^2} \\ x_3 \end{pmatrix}, \quad x_3 = 0\,, \quad x_3 = 5\,, \quad x_1 = 0\,, \quad x_2 = 0\,,$$

gebildet wird. Es handelt sich also um ein Viertel eines Zylinders. Es ist $\nabla\Phi(x_1, x_2, x_3) = (x_2\, x_3, x_1\, x_3, x_1\, x_2)$, und mit Zylinderkoordinaten erhalten wir

$$\int_V dV\, \nabla\Phi = \int_0^5 dx_3 \int_0^{\frac{\pi}{2}} d\varphi \int_{\rho=0}^4 d\rho\, \rho \begin{pmatrix} x_3\, \rho\, \sin\varphi \\ x_3\, \rho\, \cos\varphi \\ \rho^2\, \sin\varphi\, \cos\varphi \end{pmatrix} = \begin{pmatrix} 800/3 \\ 800/3 \\ 160 \end{pmatrix} .$$

Andererseits lässt sich das Oberflächenintegral $\int_S dA\, \boldsymbol{n}\, \Phi$ ebenfalls berechnen. Entlang der drei Flächen $x_1 = 0$, $x_2 = 0$ und $x_3 = 0$ verschwindet Φ und daher das Integral. Bei der Viertelkreisfläche $x_3 = 5$ ist $\boldsymbol{n} = (0, 0, 1)$; man verwendet zur Integration Zylinderkoordinaten und erhält den Beitrag zur dritten Komponente,

$$\begin{aligned} \int_S dA\, 5\, x_1\, x_2 &= \int_0^4 d\rho \int_0^{\pi/2} d\varphi\, 5\, \rho^3 \sin\varphi\, \cos\varphi \\ &= \frac{5}{2} \int_0^4 d\rho \int_0^{\pi/2} d\varphi\, \rho^3 \sin(2\varphi) = \left. \frac{5\, \rho^4}{8} \right|_0^4 = 160\,. \end{aligned}$$

Auf der gekrümmten Fläche $x_1^2 + x_2^2 = 16$ zeigt $\boldsymbol{n}$ immer in Radialrichtung, es ist also $\boldsymbol{n} = (\cos\varphi, \sin\varphi, 0)$. Ferner ist $dA = 4\, d\varphi\, dx_3$ und $\Phi = 16\, x_3\, \sin\varphi\, \cos\varphi$. Damit ergibt sich das Integral zu

$$\int_0^5 dx_3 \int_0^{\pi/2} d\varphi\, 64\, x_3 \begin{pmatrix} \sin\varphi\, \cos^2\varphi \\ \sin^2\varphi\, \cos\varphi \\ 0 \end{pmatrix} = 800 \int_0^{\pi/2} d\varphi \begin{pmatrix} \sin\varphi\, \cos^2\varphi \\ \sin^2\varphi\, \cos\varphi \\ 0 \end{pmatrix} = \begin{pmatrix} 800/3 \\ 800/3 \\ 0 \end{pmatrix} .$$

Dabei haben wir die Integrale von der Form $\int d\varphi\; \sin^2\varphi\, \cos\varphi$ durch Variablensubstitution $\sin\varphi = u$ gelöst. Die Summe der Beiträge zur Oberflächenintegration ergibt also genau das Ergebnis der Volumenintegration, und wir haben (9.6) verifiziert. Welche Rechnung war einfacher? □

Ein weiterer Integralsatz kann aus dem Gaußschen Satz abgeleitet werden. Dazu betrachten wir zwei zumindest zweimal differenzierbare Funktionen u, v und die Identitäten (vgl. M.7.2)

$$\begin{aligned} \nabla \cdot (u\, \nabla v) &= \nabla u \cdot \nabla v + u\, \Delta v \\ \nabla \cdot (v\, \nabla u) &= \nabla v \cdot \nabla u + v\, \Delta u \end{aligned} \tag{9.13}$$

und bilden die Differenzen dieser Ausdrücke,

$$u\, \Delta v - v\, \Delta u = \nabla \cdot (u\, \nabla v - v\, \nabla u)\,. \tag{9.14}$$

Das Volumenintegral darüber kann für die rechte Seite mit Hilfe des Gaußschen Satzes umgeformt werden. Dabei spielt $(u\, \nabla v - v\, \nabla u)$ die Rolle des $\boldsymbol{F}$ in (9.3).Man erhält den

Integralsatz von Green:

$$\int_V dV\ (u\,\Delta v - v\,\Delta u) = \int_{S(V)} dA\,\boldsymbol{n}\cdot(u\,\nabla v - v\,\nabla u)\ . \tag{9.15}$$

Vor allem in der Elektrodynamik und der Hydrodynamik ist dieser Satz von Bedeutung.

Beispiel

Wir betrachten den Integralsatz von Green für die Funktionen $u = 1$ und $v = q/r$ (Abkürzung $|\boldsymbol{r}| = r$). Es ergibt sich

$$\int_V dV\ \Delta\frac{q}{r} = \int_{S(V)} dA\,\boldsymbol{n}\cdot\nabla\frac{q}{r}\ .$$

Wir verwenden Kugelkoordinaten und integrieren über eine Kugel mit festem Radius R. Wir berechnen dazu

$$\nabla\frac{q}{r} = -q\,\frac{\boldsymbol{r}}{r^3}\ ,\qquad \boldsymbol{n} = \frac{\boldsymbol{r}}{r}\ ,\qquad dA = R^2\,\sin\vartheta\,d\vartheta\,d\varphi$$

und erhalten aus dem Integral über die Kugeloberfläche

$$\int_S dA\,\boldsymbol{n}\cdot\nabla\frac{q}{r} = -q\int_S \sin\vartheta\,d\vartheta\,d\varphi\ R^2\,\frac{\boldsymbol{r}\cdot\boldsymbol{r}}{r^4}\Bigg|_{r=R} = -q\int_S \sin\vartheta\,d\vartheta\,d\varphi = -4\,\pi\,q$$

unabhängig von der Größe des Kugelradius $R \neq 0$.

Diese Situation ist analog zu Beispiel (9.4), wenn man weiß, dass in der Elektrostatik $\boldsymbol{E} \propto \nabla\frac{q}{r}$ ist. Ein Vergleich mit dem Ergebnis jener Rechnung zeigt, dass unser Ergebnis ebenfalls richtig ist. Später (in Kap. 18) werden wir sehen, dass $\Delta\frac{q}{r} = -4\,\pi\,q\,\delta^{(3)}(\boldsymbol{r})$ gilt und daher die Volumenintegration dasselbe Resultat liefert. □

9.2 Der Greensche Satz in der Ebene

Wir betrachten einen Bereich B, dessen Randkurve $C = \partial B$ stückweise glatt (auf endlich vielen Teilstücken stetig differenzierbar) und geschlossen ist. Zur Vereinfachung der Argumentation wollen wir annehmen, dass die Grenzkurven wie in Abb. 9.2 (linke Skizze) verlaufen, es also für jeden Wert von x_1 genau eine obere und eine untere Grenze gibt,

$$B:\quad a \leq x_1 \leq b\ ,\quad f_1(x_1) \leq x_2 \leq f_2(x_1)\ . \tag{9.16}$$

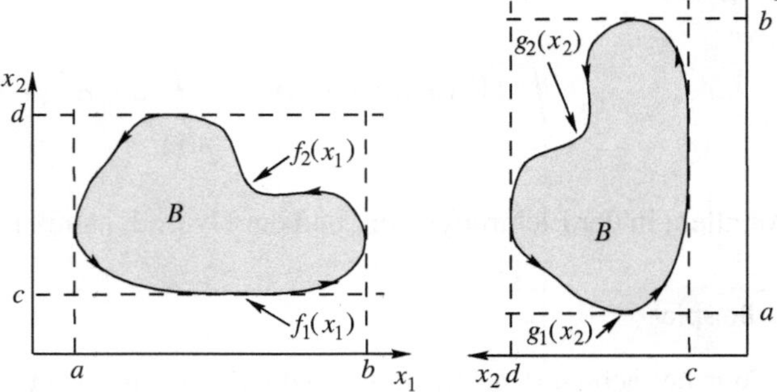

Abb. 9.2 Darstellung des Bereiches B, für den der Satz von Green gezeigt wird. Die Darstellung der Randkurve C erfolgt als Funktion von x_1 (links) oder x_2 (rechts)

Kompliziertere Gebiete kann man sich aus solchen einfachen Gebieten zusammengesetzt denken. Auf C und im Bereich B seien Funktionen $V_1(x_1, x_2)$ und $V_2(x_1, x_2)$ definiert, die dort ebenfalls stetig partiell differenzierbar sind.

Allgemein gilt für eine Funktion $V(x_1, x_2)$, die in B stetig partiell differenzierbar ist,

$$\begin{aligned}\iint\limits_B dx_2\, dx_1 \frac{\partial V(x_1, x_2)}{\partial x_2} &= \int\limits_a^b dx_1\, [V(x_1, f_2(x_1)) - V(x_1, f_1(x_1))] \\ &= -\int\limits_b^a dx_1\, V(x_1, f_2(x_1)) - \int\limits_a^b dx_1\, V(x_1, f_1(x_1)) \\ &= -\oint\limits_C dx_1\, V(x_1, x_2)\,.\end{aligned} \tag{9.17}$$

Man kann das Flächenintegral also in ein Kurvenintegral umschreiben, da der Integrand als partielle Ableitung einer Funktion gegeben ist und daher die Integration nach x_2 trivial ausführbar ist.

Hat man dagegen den Integranden als Ableitung nach x_1, kann man (wieder angenommen die Eindeutigkeit einer oberen und unteren Grenze wie in Abb. 9.2, rechte Skizze) analog vorgehen und erhält

$$\iint\limits_B dx_1\, dx_2 \frac{\partial V(x_1, x_2)}{\partial x_1} = \oint\limits_C dx_2\, V(x_1, x_2)\,. \tag{9.18}$$

Wie vorher erfolgt die Integration von $V(x_1, x_2)$ entlang C, aber nun nach x_2.

Diese Resultate kann man auf das erwähnte, beliebige Funktionenpaar $V_1(x_1, x_2)$ und $V_2(x_1, x_2)$ übertragen,

$$\iint\limits_B dx_1\, dx_2 \left[\frac{\partial V_2(x_1, x_2)}{\partial x_1} - \frac{\partial V_1(x_1, x_2)}{\partial x_2}\right] = \oint\limits_C [V_1(x_1, x_2)\, dx_1 + V_2(x_1, x_2)\, dx_2]\,. \tag{9.19}$$

Man bezeichnet diesen Zusammenhang als den **Satz von Green** in der Ebene.

Es gibt dazu einige interessante Beobachtungen.

- Sind zum Beispiel die $V_i(x_1, x_2)$ partielle Ableitungen einer zweimal stetig differenzierbaren Funktion Φ, also etwa durch

$$V_i(x_1, x_2) = \frac{\partial \Phi(x_1, x_2)}{\partial x_i} \,, \tag{9.20}$$

gegeben, so kann der rechte Teil der Formel (9.19) als Arbeitsintegral einer konservativen Kraft interpretiert werden. Der linke Teil verschwindet wegen der Vertauschbarkeit der Ableitungen, und man reproduziert die bekannte Aussage (7.85) für konservative Kräfte (vgl. auch Abschn. 7.5.2),

$$\oint\limits_C d\Phi = 0 \,. \tag{9.21}$$

- Wenn man sich vorstellt, dass die $V_{1,2}$ Komponenten eines Vektorfeldes $\boldsymbol{V}$ sind, dann ergibt sich der Greensche Satz auch durch Anwendung der Beziehung

$$\oint\limits_{C(B)} d\boldsymbol{r} \cdot \boldsymbol{V} = \int\limits_B dA\, \boldsymbol{n} \cdot (\nabla \times \boldsymbol{V}) = \int\limits_B dA \left[\frac{\partial V_2(x_1, x_2)}{\partial x_1} - \frac{\partial V_1(x_1, x_2)}{\partial x_2} \right] , \tag{9.22}$$

wenn B in der (x_1, x_2)-Ebene liegt und $\boldsymbol{n}$ der darauf senkrecht stehende Richtungsvektor ist. Der Greensche Satz entpuppt sich damit als Spezialfall des weiter unten im Abschn. 9.3 diskutierten Satzes von Stokes (9.24)!

Vielleicht am nützlichsten ist der Greensche Satz bei der Flächenberechnung. Man kann mit seiner Hilfe Flächenintegrale durch Kurvenintegrale über den Flächenrand ersetzen! Dazu setzt man $V_1(x_1, x_2) = -x_2$ und $V_2(x_1, x_2) = x_1$ und erhält

$$\begin{aligned} \oint\limits_C [-x_2\, dx_1 + x_1\, dx_2] &= \iint\limits_B dx_1\, dx_2 \left[\frac{\partial x_1}{\partial x_1} - \left(-\frac{\partial x_2}{\partial x_2} \right) \right] \\ &= 2 \iint\limits_B dx_1\, dx_2 = 2\, A_B \,, \end{aligned} \tag{9.23}$$

also die zweifache Fläche A_B des Bereiches B. Viele Flächenberechnungen können damit auf sehr einfache Weise durchgeführt werden.

Beispiel

Die Ellipse $x_1^2/a^2 + x_2^2/b^2 = 1$ hat die Parameterdarstellung

$$\boldsymbol{r}(t) = (a\, \cos t, b\, \sin t) \,.$$

Daraus folgt

$$dx_1 = -a \sin t \, dt \ , \quad dx_2 = b \cos t \, dt \ ,$$

und mit Hilfe des besprochenen Zusammenhangs

$$\begin{aligned} A_{\text{Ell}} &= \frac{1}{2} \oint_C [-x_2 \, dx_1 + x_1 \, dx_2] \\ &= \frac{1}{2} \int_0^{2\pi} dt \ [(-b \sin t)(-a \sin t) + (a \cos t)(b \cos t)] = \frac{a\,b}{2} \int_0^{2\pi} dt = a\,b\,\pi \ . \end{aligned}$$

□

Beispiel

Umgekehrt kann manchmal die Ausrechnung des Flächenintegrals einfacher sein als die des entsprechenden Linienintegrals. Die Kurve C (in der (x_1, x_2)-Ebene) hat Dreiecksform. Sie erstreckt sich entlang der x_1-Achse von $(0, 0)$ bis $(\pi/2, 0)$, verläuft dann parallel zur x_2-Achse von $(\pi/2, 0)$ bis $(\pi/2, 1)$ und von dort entlang einer Geraden zurück nach $(0, 0)$. Wir wollen das Linienintegral entlang dieser Kurve für

$$V_1(x_1, x_2) = x_2 - \sin x_1 \ , \quad V_2(x_1, x_2) = -x_1$$

bestimmen. Unsere Rechnung für das Linienintegral lautet:

$$\begin{aligned} &\oint_C (V_1 \, dx_1 + V_2 \, dx_2) = \oint_C [dx_1 \ (x_2 - \sin x_1) - dx_2 \ x_1] \\ &= \int_0^{\pi/2} dx_1 \ (-\sin x_1) - \int_0^1 dx_2 \ \frac{\pi}{2} + \int_{\pi/2}^0 dx_1 \ \left(\frac{2\,x_1}{\pi} - \sin x_1\right) - \frac{2}{\pi} \int_{\pi/2}^0 dx_1 \, x_1 \\ &= -1 - \frac{\pi}{2} - \frac{\pi}{4} + 1 + \frac{\pi}{4} = -\frac{\pi}{2} \ . \end{aligned}$$

Dabei haben wir entlang der Kurve von $(\pi/2, 1)$ nach $(0, 0)$ die Parametrisierung $x_2 = 2\,x_1/\pi$ verwendet. Andererseits ergibt die Flächenberechnung hier sofort

$$\iint_B dx_2 \, dx_1 \, (-1 - 1) = -2\,A_B = -\frac{\pi}{2} \ .$$

□

9.3 Der Integralsatz von Stokes

Wie fängt ein Mathematiker Löwen? Er setzt sich einfach in einen Käfig und definiert: „Ich bin draußen." Der Rest der Welt ist damit „im Käfig" – also auch alle Löwen! Außen und innen, oben und unten sind offenbar Konventionssache. Wichtig ist nur, sich während einer Rechnung an die einmal gewählte Konvention zu halten. Aber es heißt aufpassen: Nicht alle berandeten Flächen haben zwei Seiten und sind **orientierbar**. Das Möbius-Band (ein einmal verdrilltes, an den Enden verbundenes Band) etwa ist ein Paradebeispiel für eine Fläche mit nur einer Seite. Man erkennt das leicht, wenn man die Fläche des Bandes, von einem beliebigen Punkt ausgehend, einfärbt.

Wie befassen uns hier nur mit orientierbaren, berandeten Flächen und wollen für diese „oben" und „unten" definieren. Wenn man den Rand einer Fläche entgegen dem Uhrzeiger durchläuft, so ist die Richtung „oben" im Sinne einer Rechtsschraube definiert. Wenn man sich die Fläche als Waldstück vorstellt, das man umkreist, so ist das die Richtung, in welche die Bäume wachsen.

Der Satz von Green galt in der zweidimensionalen Ebene. Der **Integralsatz von Stokes** ist allgemeiner. Er verknüpft ein Oberflächenintegral über Flächen, die durchaus auch gekrümmt sein können, mit einem Kurvenintegral über den Rand der Fläche,

$$\int_S dA\, \boldsymbol{n} \cdot (\nabla \times \boldsymbol{F}) = \int_{C \equiv \partial S} d\boldsymbol{r} \cdot \boldsymbol{F} \,. \tag{9.24}$$

Dabei wird Kurve C – wie oben besprochen – so (gegen den Uhrzeigersinn) durchlaufen, dass die Richtung des Vektors $\boldsymbol{n}$ definitionsgemäß nach oben zeigt (Abb. 9.3). Wenn der Umlaufsinn falsch gewählt wird, ändert sich das Vorzeichen. Wiederum soll $\boldsymbol{F}$ stetig differenzierbar sein.

Zur Berechnung des Oberflächenintegrals nehmen wir (der einfachen Beweisführung zuliebe) an, dass die Fläche S durch

$$x_3 = f(x_1, x_2) \tag{9.25}$$

bestimmt ist; der Satz selbst gilt aber für allgemeinere Flächen. Wir bestimmen zuerst das vektorielle Flächenelement (vgl.(7.57))

$$\boldsymbol{n}\, dA = \left(\boldsymbol{r}_{x_1} \times \boldsymbol{r}_{x_2}\right) dx_1\, dx_2 = \left(-f_{x_1}, -f_{x_2}, 1\right) dx_1\, dx_2 \,. \tag{9.26}$$

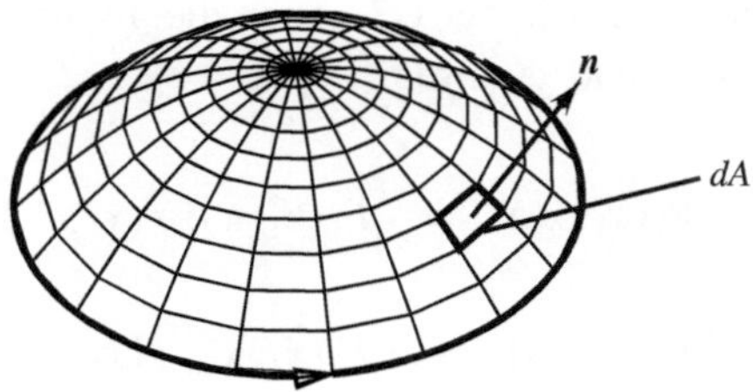

Abb. 9.3 Skizze zum Satz von Stokes

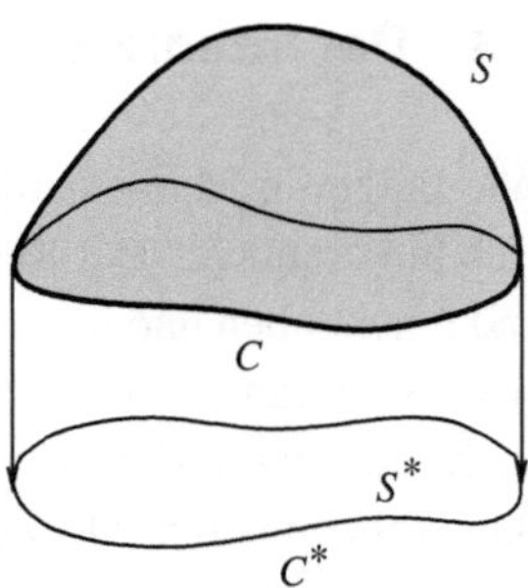

Abb. 9.4 Die Begrenzungskurve C der Fläche wird auf die (x_1, x_2)-Ebene projiziert und ergibt die Kurve C^*

Die weitere Rechnung liefert

$$\begin{aligned}(\nabla \times \boldsymbol{F}(x_1, x_2)) \cdot \boldsymbol{n}\, dA \; = \; & \left[-\frac{\partial f}{\partial x_1}\left(\frac{\partial F_3}{\partial x_2} - \frac{\partial F_2}{\partial x_3}\right) - \frac{\partial f}{\partial x_2}\left(\frac{\partial F_1}{\partial x_3} - \frac{\partial F_3}{\partial x_1}\right)\right. \\ & \left. + \left(\frac{\partial F_2}{\partial x_1} - \frac{\partial F_1}{\partial x_2}\right)\right] dx_1\, dx_2 \,. \end{aligned} \tag{9.27}$$

Entlang der Kurve C ist

$$\int\limits_{C(S)} d\boldsymbol{r} \cdot \boldsymbol{F} = \int\limits_{C(S)} [F_1\, dx_1 + F_2\, dx_2 + F_3\, dx_3] \,. \tag{9.28}$$

Da C auf der Fläche S liegt, gilt

$$dx_3 = \frac{\partial f(x_1, x_2)}{\partial x_1} dx_1 + \frac{\partial f(x_1, x_2)}{\partial x_2} dx_2 \tag{9.29}$$

und damit nach Einsetzen in (9.28)

$$\int\limits_{C(S)} \left[\left(F_1 + F_3 \frac{\partial f}{\partial x_1}\right) dx_1 + \left(F_2 + F_3 \frac{\partial f}{\partial x_2}\right) dx_2\right] . \tag{9.30}$$

Zur weiteren Beweisführung führen wir den Satz von Stokes auf den Greenschen Satz zurück. Wir denken uns die Kurve C auf die (x_1, x_2)-Ebene projiziert; dort ergibt sie eine Kurve C^* (Abb. 9.4). Die von C durchlaufenen Werte von x_1 und x_2 sind natürlich dieselben wie bei C^*. Auch die Terme des Integranden sind Funktionen ausschließlich von x_1 und x_2, also

$$\begin{aligned} V_1(x_1, x_2) &= F_1(x_1, x_2, f(x_1, x_2)) + F_3(x_1, x_2, f(x_1, x_2)) \frac{\partial f(x_1, x_2)}{\partial x_1} \,, \\ V_2(x_1, x_2) &= F_2(x_1, x_2, f(x_1, x_2)) + F_3(x_1, x_2, f(x_1, x_2)) \frac{\partial f(x_1, x_2)}{\partial x_2} \,. \end{aligned} \tag{9.31}$$

Damit haben wir das Integral

$$\int_{C^*} [V_1(x_1, x_2)\, dx_1 + V_2(x_1, x_2)\, dx_2] \tag{9.32}$$

zu berechnen, das einem Linienintegral in der (x_1, x_2)-Ebene entspricht. Wir können daher den Greenschen Satz anwenden und das Integral in ein Flächenintegral umformen,

$$\int_{S^*} \left[\frac{\partial V_2(x_1, x_2)}{\partial x_1} - \frac{\partial V_1(x_1, x_2)}{\partial x_2} \right] dx_1\, dx_2 \,. \tag{9.33}$$

Dabei ist S^* die Projektion der Fläche S auf den Bereich innerhalb C^*.

Der Integrand kann umgeformt werden, und die Beiträge geben

$$\begin{aligned} \frac{\partial V_2(x_1, x_2)}{\partial x_1} &= +\frac{\partial F_2}{\partial x_1} + \frac{\partial F_2}{\partial x_3}\frac{\partial f}{\partial x_1} + \frac{\partial F_3}{\partial x_1}\frac{\partial f}{\partial x_2} + \frac{\partial F_3}{\partial x_3}\frac{\partial f}{\partial x_1}\frac{\partial f}{\partial x_2} + F_3 \frac{\partial^2 f}{\partial x_1\, \partial x_2} \,, \\ -\frac{\partial V_1(x_1, x_2)}{\partial x_2} &= -\frac{\partial F_1}{\partial x_2} - \frac{\partial F_1}{\partial x_3}\frac{\partial f}{\partial x_2} - \frac{\partial F_3}{\partial x_2}\frac{\partial f}{\partial x_1} - \frac{\partial F_3}{\partial x_3}\frac{\partial f}{\partial x_2}\frac{\partial f}{\partial x_1} - F_3 \frac{\partial^2 f}{\partial x_2\, \partial x_1} \,. \end{aligned} \tag{9.34}$$

In der Summe heben sich die jeweils letzten beiden Terme weg, und der Integrand wird

$$-\frac{\partial f}{\partial x_1}\left(\frac{\partial F_3}{\partial x_2} - \frac{\partial F_2}{\partial x_3}\right) - \frac{\partial f}{\partial x_2}\left(\frac{\partial F_1}{\partial x_3} - \frac{\partial F_3}{\partial x_1}\right) + \left(\frac{\partial F_2}{\partial x_1} - \frac{\partial F_1}{\partial x_2}\right) , \tag{9.35}$$

wie in (9.27). Man beachte, dass natürlich durch $x_3 = f(x_1, x_2)$ weiterhin die Werte von $\boldsymbol{F}$ auf der Fläche in die Integration eingehen. Damit ist die Beweisführung abgeschlossen.

Beispiel

Wir betrachten

$$\boldsymbol{F}(x_1, x_2, x_3) = (3\, x_2, -x_1\, x_3, x_2\, x_3^2)$$

und die Fläche

$$x_3 = \frac{1}{2}\left(x_1^2 + x_2^2\right) ,$$

die von der Ebene $x_3 = 2$ begrenzt wird (Abb. 9.5). Wir wollen den Satz von Stokes überprüfen und berechnen zuerst das Linienintegral. Die Randkurve C hat die Form $4 = x_1^2 + x_2^2$ und liegt parallel zur (x_1, x_2)-Ebene. Damit hat man

$$\boldsymbol{r}(x_1) = \left(x_1, \pm\sqrt{4 - x_1^2}, 2\right) , \quad d\boldsymbol{r} = \left(dx_1, \mp\frac{x_1\, dx_1}{\sqrt{4 - x_1^2}}, 0\right) ,$$

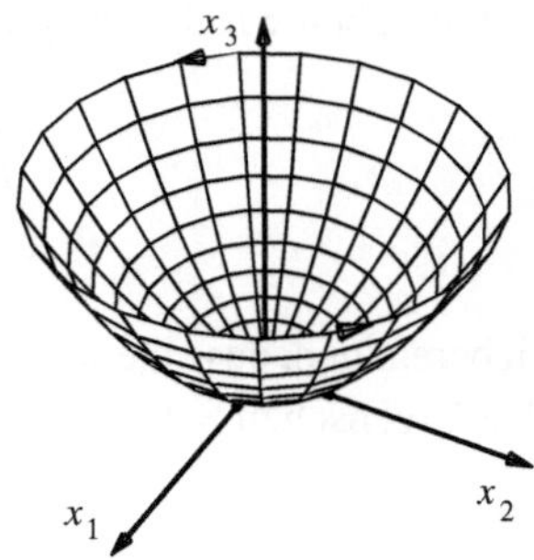

Abb. 9.5 Skizze zum Beispiel: „Oben" ist bei dieser Fläche und dem gewählten Umlaufsinn von C die Innenseite der Schale

wobei wir durch $\pm$ beide Halbkreise berücksichtigen. Wenn wir C durch Polarkoordinaten parametrisieren, haben wir auf der Kurve $x_1 = 2\cos\varphi$ und $x_2 = 2\sin\varphi$ und damit

$$\boldsymbol{r}(\varphi) = (2\cos\varphi, 2\sin\varphi, 2)\ , \quad d\boldsymbol{r} = (-2\sin\varphi\, d\varphi, 2\cos\varphi\, d\varphi, 0)\ ,$$

sowie

$$F_1\, dx_1 + F_2\, dx_2 = (-12\sin^2\varphi - 8\cos^2\varphi)\, d\varphi\ .$$

Das Linienintegral hat daher die Form

$$\int_C d\boldsymbol{r}\cdot\boldsymbol{F} = \int_0^{2\pi} d\varphi\, (-12\sin^2\varphi - 8\cos^2\varphi) = -20\pi\ .$$

Das Flächenintegral müsste denselben Wert haben. Wir finden

$$\begin{aligned} \nabla\times\boldsymbol{F} &= \begin{vmatrix} \boldsymbol{e}_1 & \boldsymbol{e}_2 & \boldsymbol{e}_3 \\ \frac{\partial}{\partial x_1} & \frac{\partial}{\partial x_2} & \frac{\partial}{\partial x_3} \\ 3\,x_2 & -x_1\,x_3 & x_2\,x_3^2 \end{vmatrix} = \boldsymbol{e}_1\,(x_1 + x_3^2) - \boldsymbol{e}_3\,(3 + x_3)\ , \\ dA\,\boldsymbol{n} &= (\boldsymbol{r}_{x_1}\times\boldsymbol{r}_{x_2})\, dx_1\, dx_2 = (-\boldsymbol{e}_1\, x_1 - \boldsymbol{e}_2\, x_2 + \boldsymbol{e}_3)\, dx_1\, dx_2\ . \end{aligned}$$

Zur Kontrolle: „Oben" ist bei unserer Fläche die Innenseite der Schale, und tatsächlich zeigt $\boldsymbol{n}$ in die richtige Richtung (die Komponente in Richtung $\boldsymbol{e}_3$ ist positiv)! Wir berechnen weiter

$$dA\,\boldsymbol{n}\cdot(\nabla\times\boldsymbol{F}) = (-x_1\,x_3^2 - x_1^2 - x_3 - 3)\, dx_1\, dx_2\ .$$

Das daraus folgende Oberflächenintegral ermittelt man am günstigsten in Zylinderkoordinaten,

$$x_1 = \rho\cos\varphi\ , \quad x_2 = \rho\sin\varphi\ , \quad x_3 = x_3\ .$$

Die Fläche hat in diesem Koordinatensystem die Form $x_3 = \rho^2/2$, und damit lautet das Integral

$$\int_{\rho=0}^{2} \int_{\varphi=0}^{2\pi} d\rho \, d\varphi \, \rho \left(-\frac{\rho^4}{4} \rho \cos\varphi - \rho^2 \cos^2\varphi - \frac{\rho^2}{2} - 3 \right) = -20\pi \; ,$$

also der gleiche Wert, wie wir ihn aus dem Linienintegral erhalten haben. □

Beispiel

Beim Gaußschen Satz haben wir gesehen, dass Singularitäten zu scheinbaren Widersprüchen führen können. Ein analoges, für den Satz von Stokes typisches Beispiel ist durch das Feld $\boldsymbol{F} = \boldsymbol{e}_\varphi/\rho$ gegeben.

Man verwendet am besten Zylinderkoordinaten; mit (8.39) zur Berechnung der Rotation erhält man (für $\rho \neq 0$)

$$\nabla \times \boldsymbol{F} = \frac{1}{\rho} \begin{vmatrix} \boldsymbol{e}_\rho & \boldsymbol{e}_\varphi & \boldsymbol{e}_{x_3} \\ \partial_\rho & \partial_\varphi & \partial_{x_3} \\ 0 & \rho \frac{1}{\rho} & 0 \end{vmatrix} = 0 \; .$$

Ein Flächenintegral über eine Fläche S senkrecht zum Draht wird also scheinbar verschwinden. Das Linienintegral hingegen ergibt:

$$\int_{C(S)} d\boldsymbol{r} \cdot \boldsymbol{F} = \int_{C(S)} d\varphi \, \rho \, F_\rho = \int_0^{2\pi} d\varphi = 2\pi \; .$$

Der Widerspruch lässt sich wieder durch geeignete Behandlung der Singularität auflösen. Wie man auch an diesem Beispiel sieht, hängt der Satz von Stokes unmittelbar mit der vektoranalytischen Formulierung der Maxwellschen Gesetze der Elektrodynamik zusammen. □

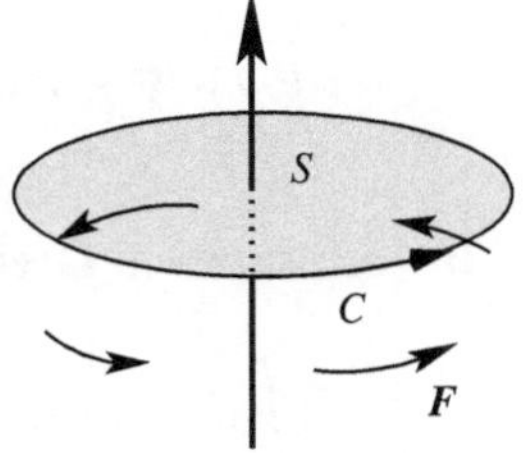

Abb. 9.6 In der Physik entspricht das Feld $\boldsymbol{F}$ dem Magnetfeld eines geraden, stromdurchflossenen Leiters (Abb. 9.6). Das Feld ist nur für $\rho \neq 0$ definiert

Beispiel

Dieser Zusammenhang äußert sich auch beim Faradayschen Induktionsgesetz. Es lautet:

$$\oint_{C(S)} d\boldsymbol{r} \cdot \boldsymbol{E}(\boldsymbol{r},t) = -\frac{d\Phi_m(\boldsymbol{r},t)}{dt} = -\frac{d}{dt}\int_S d\boldsymbol{A} \cdot \boldsymbol{B}(\boldsymbol{r},t) .$$

Dabei ist $\boldsymbol{B}$ die magnetische Induktion und Φ_m der magnetische Fluss. Die Fläche wird von der Kurve C begrenzt, sodass man das Kurvenintegral über die elektrische Feldstärke $\boldsymbol{E}$ nach dem Satz von Stokes umformen kann:

$$\int_S d\boldsymbol{A} \cdot (\nabla \times \boldsymbol{E}(\boldsymbol{r},t)) = -\frac{d}{dt}\int_S d\boldsymbol{A} \cdot \boldsymbol{B}(\boldsymbol{r},t) .$$

Da die Fläche und die sie begrenzende Kurve zeitlich konstant sind, folgt daraus

$$\int_S d\boldsymbol{A} \cdot \left(\nabla \times \boldsymbol{E}(\boldsymbol{r},t) + \frac{d}{dt}\boldsymbol{B}(\boldsymbol{r},t)\right) = 0 ,$$

woraus man direkt eine der Maxwellschen Gleichungen ablesen kann. □

M.9.1 Kurz und klar: Integralsätze

Wir fassen die in diesem Kapitel besprochenen Integralsätze zusammen. In Kap. 11 werden wir sie in einer einheitlichen Formulierung nochmals diskutieren.

Gaußscher Integralsatz:

$$\int_V dV\ \nabla \cdot \boldsymbol{F} = \int_{\partial V \equiv S(V)} dA\, \boldsymbol{n} \cdot \boldsymbol{F} . \tag{M.9.1.1}$$

Aus dem Gaußschen Satz **abgeleitete Integralsätze:**

$$\int_V dV\ \nabla\Phi(x_1,x_2,x_3) = \int_{\partial V \equiv S(V)} dA\, \boldsymbol{n}\, \Phi(x_1,x_2,x_3) , \tag{M.9.1.2}$$

$$\int_V dV\ \nabla \times \boldsymbol{F}(x_1,x_2,x_3) = \int_{\partial V \equiv S(V)} dA\, \boldsymbol{n} \times \boldsymbol{F}(x_1,x_2,x_3) . \tag{M.9.1.3}$$

Integralsatz von Green:

$$\int_V dV\ (u\,\Delta v - v\,\Delta u) = \int_{\partial V \equiv S(V)} dA\, \boldsymbol{n} \cdot (u\,\nabla v - v\,\nabla u) . \tag{M.9.1.4}$$

Greenscher Integralsatz in der Ebene:

$$\iint\limits_B dx_1\, dx_2 \left[\frac{\partial V_2(x_1, x_2)}{\partial x_1} - \frac{\partial V_1(x_1, x_2)}{\partial x_2}\right] = \oint\limits_{C\equiv\partial B} [V_1(x_1, x_2)\, dx_1 + V_2(x_1, x_2)\, dx_2] \,. \tag{M.9.1.5}$$

Aus dem Greenschen Satz abgeleiteter **Flächensatz:**

$$\iint\limits_B dx_1\, dx_2 = \frac{1}{2} \oint\limits_{C\equiv\partial B} (x_1\, dx_2 - x_2\, dx_1) \,. \tag{M.9.1.6}$$

Integralsatz von Stokes:

$$\int\limits_S dA\, \boldsymbol{n} \cdot (\nabla \times \boldsymbol{F}) = \int\limits_{C\equiv\partial S} d\boldsymbol{r} \cdot \boldsymbol{F} \,. \tag{M.9.1.7}$$

9.4 Aufgaben und Lösungen

9.4.1 Aufgaben

9.1: Verifizieren Sie für das Vektorfeld $\boldsymbol{F}(x_1, x_2, x_3) = (x_1^2 + x_1 x_3, 2\, x_2^2, -x_3^2/2)$ den Satz von Gauß für den Quader, der durch die Ebenen $x_1 = 0$, $x_1 = 2$, $x_2 = 0$, $x_2 = 1$, $x_3 = 0$ und $x_3 = 2$ gebildet wird.

9.2: Berechnen Sie

$$\iint\limits_{S(V)} dA\, \boldsymbol{n} \cdot \boldsymbol{F}$$

mit $\boldsymbol{F}(x_1, x_2, x_3) = (x_1^2\, x_2, x_1\, x_2^2, x_2\, x_3^2)$ für S begrenzt durch: $x_1 = 0$, $x_2 = 0$, $x_3 = 0$, $x_2 = 2$ und $x_1 + x_3 = 2$.

9.3: S ist eine geschlossene Fläche. Gilt für $\boldsymbol{F}(x_1, x_2, x_3) = (a\, x_1, b\, x_2, c\, x_3)$ die Relation

$$\iint\limits_S dA\, \boldsymbol{n} \cdot \boldsymbol{F} = (a + b + c)\, V \;?$$

9.4: Verifizieren Sie den Satz von Green für die angegebenen Funktionen und geschlossenen Wege:

$$\begin{array}{llll}
\text{(a)} & V_1(x_1,x_2) = 2\,x_1 - 2\,x_1\,x_2\,, & V_2(x_1,x_2) = x_1^2\,x_2 + 3\,, & \\
C: & (0,-1) \to (\pi/2,0): & x_2 = -\cos x_1\,, & \\
 & (\pi/2,0) \to (0,1): & x_2 = \cos x_1\,, & \\
 & (0,1) \to (0,-1): & x_1 = 0\,. &
\end{array}$$

$$\begin{array}{llll}
\text{(b)} & V_1(x_1,x_2) = 2\,x_1 + 2\,, & V_2(x_1,x_2) = x_1 - x_2\,, & \\
C: & (0,0) \to (1,0): & x_2 = 0\,, & \\
 & (1,0) \to (1,1): & x_1 = 1\,, & \\
 & (1,1) \to (0,0): & x_2 = \sqrt{x_1}\,. &
\end{array}$$

9.5: Wie groß ist der Inhalt der durch die x_1-Achse und die Kurve

$$C: \quad x_1 = a\,(\varphi - \sin\varphi)\,, \quad x_2 = a\,(1 - \cos\varphi)\,, \quad (a > 0\,, 0 \le \varphi \le 2\pi)$$

eingeschlossenen Fläche?

9.6: Verifizieren Sie den Integralsatz von Stokes für
(a) $\boldsymbol{F}(x_1,x_2,x_3) = (4\,x_2, -4\,x_1, 3)$; die Fläche S begrenzt eine beliebig dicke, kreisförmige Scheibe vom Radius R bei $x_3 = 1$ (Randkurve).
(b) $\boldsymbol{F} = (x_1^3 + x_2\,x_3^2/2, x_1\,x_3^2/2 + x_2^2, x_1\,x_2\,x_3)$; die Fläche ist die offene Halbkugel $x_1^2 + x_2^2 + x_3^2 = 1$, $x_3 \ge 0$.
(c) $\boldsymbol{F} = (\mathrm{e}^{x_1}, 2\,x_2, -1)$; die Kurve C ist die Schnittkurve der Kugelfläche $x_1^2 + x_2^2 + x_3^2 = 4$ mit den Koordinatenebenen im ersten Oktanten.

9.7: C sei eine einfach geschlossene, ebene Kurve im Raum. Der Normalvektor auf die Ebene hat die Form $\boldsymbol{n} = a\,\boldsymbol{e}_1 + b\,\boldsymbol{e}_2 + c\,\boldsymbol{e}_3$. Zeigen Sie, dass die von C eingeschlossene Fläche durch

$$\frac{1}{2}\oint_C [(b\,x_3 - c\,x_2)\,dx_1 + (c\,x_1 - a\,x_3)\,dx_2 + (a\,x_2 - b\,x_1)\,dx_3]$$

gegeben ist.

9.8: Berechnen Sie (mit Hilfe des Gaußschen Integralsatzes) $\iint_B \boldsymbol{F} \cdot d\boldsymbol{A}$, wobei $\boldsymbol{F} = (x_1\,x_2, x_2\,x_3 + x_1^2, x_1\,x_2^2)$ und B die Begrenzungsfläche des Bereiches $x_1^2 + x_2^2 \le 2\,x_3$, $0 \le x_3 \le 1$ ist.

9.9: Die Oberfläche eines Ellipsoids ist durch

$$x_1 = a\,\cos v\,\cos w\,, \quad x_2 = b\,\sin v\,\cos w\,, \quad x_3 = c\,\sin w$$

gegeben. Man betrachte die geschlossene Fläche, die durch $x_1 = 0$, $x_2 = 0$, $x_3 = 0$ und den Teil des Ellipsoids mit $x_i \geq 0$ gegeben ist. Berechnen Sie für diese Fläche

(a) $\iint_B d\boldsymbol{A} \cdot \boldsymbol{F}$ mit $\boldsymbol{F} = (x_1^2, x_2^2, x_3^2)$,

(b) $\iiint_V dV\,(x_1 + x_2 + x_3)$, V = das von der Fläche umrandete Volumen .

9.10: Verifizieren Sie den Gaußschen Satz für
(a) $\boldsymbol{F} = (2, -1, 4)$ und den Volumenbereich: $0 \leq x_1 \leq 1, 0 \leq x_2 \leq 3, 0 \leq x_3 \leq 2$.
(b) $\boldsymbol{F} = (x_2, -2, x_1)$ und den Volumenbereich: $|x_1| \leq 2, 0 \leq x_2 \leq 1, 0 \leq x_3 \leq 1$.
(c) $\boldsymbol{F} = (x_3, x_1, -3\,x_2^2\,x_3)$ und den Bereich von $x_1^2 + x_2^2 = 9$, $x_3 = 4$ im 1. Oktanten.

9.11: Man bestimme jene Fläche, die von der Kurve $x_1^3 + x_2^3 = 9\,x_1\,x_2$ im Bereich $x_1, x_2 \geq 0$ umschlossen wird. (Hinweis: Setzen Sie $x_2 = x_1\,t$, und verwenden Sie (9.23)).

9.12: Zeigen Sie, dass für die Kurvendarstellung $\rho = \rho(\varphi)$ (ebene Polarkoordinaten) das Integral $1/2 \oint d\varphi\, \rho^2(\varphi)$ die von der Kurve umschlossene Fläche liefert.

9.13: Gegeben ist die Kurve $(x_1^2 + x_2^2)^2 = a^2\,(x_1^2 - x_2^2)$. Überzeugen Sie sich davon, dass sie in ebenen Polarkoordinaten die Form $\rho^2 = a^2 \cos 2\varphi$ hat. Wie groß ist die Fläche, die von ihr im Bereich $x_1 \geq 0$ umschlossen wird?

9.4.2 Lösungen

Vollständige Lösungen unter http://physik.uni-graz.at/~cbl/mm/.

9.1: 16.

9.2: 16.

9.3: Ja.

9.4: (a) $-4 + 2\,\pi$; (b) $2/3$.

9.5: $3\,\pi\,a^2$.

9.6: (a) $8\,R^2\,\pi$; (b) 0 (konservative Kraft).

9.7: $\boldsymbol{F} = (b\,x_3 - c\,x_2,\ c\,x_1 - a\,x_3,\ a\,x_2 - b\,x_1)$ liefert $\nabla \times \boldsymbol{F} = 2\,\boldsymbol{n}$; da $|\boldsymbol{n}| = 1$, folgt das Integral aus dem Satz von Stokes.

9.8: $2\,\pi/3$.

9.9: (a) $a\,b\,c\,(a+b+c)\,\pi/8$; (b) $a\,b\,c\,(a+b+c)\,\pi/16$, man beachte: $2\,(x_1+x_2+x_3) = \nabla(x_1^2, x_2^2, x_3^2)$.

9.11: 27/2.

9.13: $a^2/2$.

Literaturempfehlungen
In Kap. 11 werden die hier besprochenen Integralsätze in einem einheitlichen Rahmen einem gemeinsamen Prinzip folgend abgeleitet. Viele Beispiele finden Sie in [2, 3]. Alternative und zum Teil ausführlichere Darstellungen sind [1, 4].

Literatur

1. J. E. Marsden und A. J. Tromba, *Vektoranalysis: Einführung, Aufgaben, Lösungen* (Spektrum Akademischer Verlag, Heidelberg, 1995).
2. M. R. Spiegel, Dennis Spellman, und Seymour Lipschutz, *Schaum's Outline of Vektoranalysis* (McGraw-Hill, New York, 2009).
3. *The Vector Analysis Problem Solver, Staff of Research and Education Association*, edited by E.G. Milewski (Res. and Ed. Association, New York, 1987).
4. K. Jänich, *Vektoranalysis*, 5. Aufl. (Springer-Verlag, Berlin-Heidelberg-New York, 2005).

Elemente der Tensorrechnung 10

10.1 Definition eines Tensors

Tensoren sind Größen, mit deren Hilfe man Skalare, Vektoren und weitere Größen analoger Struktur in ein einheitliches Schema zur Beschreibung mathematischer und physikalischer Zusammenhänge einordnen kann. Tensoren sind durch ihre Transformationseigenschaften gegenüber orthogonalen Transformationen (wie etwa Drehungen) definiert. Daher ist das Thema für die Physik sehr wichtig: Was ändert sich und was ändert sich nicht, wenn man das Bezugssystem dreht?

Wir wollen zur Definition eines Tensors eine lineare Vektorfunktion betrachten: Einem vorgegebenen Vektor $\boldsymbol{a}$ mit den Komponenten a_i $(i = 1, 2, 3)$ wird durch eine homogene, lineare Funktion ein weiterer Vektor $\boldsymbol{b}$ zugeordnet,

$$\boldsymbol{b} = T\,\boldsymbol{a} \quad \Rightarrow \quad \begin{aligned} b_1 &= t_{11}\,a_1 + t_{12}\,a_2 + t_{13}\,a_3 \\ b_2 &= t_{21}\,a_1 + t_{22}\,a_2 + t_{23}\,a_3 \\ b_3 &= t_{31}\,a_1 + t_{32}\,a_2 + t_{33}\,a_3 \end{aligned} \tag{10.1}$$

oder mit der **Einsteinschen Summenkonvention** (vgl. (7.20))

$$b_i = t_{ij}\,a_j\ , \quad t_{ij}\,a_j \text{ entspricht dabei } \sum_j t_{ij}\,a_j\ . \tag{10.2}$$

Wenn in einem Produktausdruck ein Index zweimal vorkommt, versteht man darunter die Summe des Ausdrucks über diesen Index. Wir werden in diesem Kapitel immer diese Summenkonvention verwenden, außer wenn ausdrücklich auf eine Abweichung hingewiesen wird. Die lineare Abbildung ist hier identisch mit einer Matrixmultiplikation. Tatsächlich verhalten sich Tensoren mit zwei Indizes ähnlich wie quadratische Matrizen. Wir wollen dennoch die Notation unterschiedlich wählen. Während **R** eine Matrix bezeichnet, stellt zum Beispiel T einen Tensor dar.

C.B. Lang, N. Pucker, *Mathematische Methoden in der Physik*,
DOI 10.1007/978-3-662-49313-7_10

Die beiden Vektoren $\boldsymbol{a}$ und $\boldsymbol{b}$ werden nun einer orthogonalen Transformation (vgl. Kap. 3) – Drehung oder Drehspiegelung – unterworfen. Wir erinnern uns, dass eine solche orthogonale Transformation die Eigenschaft hat:

$$\mathbf{R} = (r_{ij}) \ , \quad \mathbf{R}^T = \mathbf{R}^{-1} \quad \Leftrightarrow \quad \mathbf{R}\,\mathbf{R}^T = \mathbf{1} \ , \quad r_{ij}\, r_{il} = \delta_{jl} \ . \tag{10.3}$$

Dabei ist $\mathbf{R}^T$ die transponierte und $\mathbf{R}^{-1}$ die inverse Transformationsmatrix. Die Transformation der Vektoren liefert

$$a'_l = r_{lj}\, a_j \ , \quad b'_k = r_{ki}\, b_i \ , \tag{10.4}$$

oder in die andere Richtung:

$$a_j = r_{lj}\, a'_l \ , \quad b_i = r_{ki}\, b'_k \ . \tag{10.5}$$

Nun muss auch im transformierten System ein Tensor T' den Zusammenhang zwischen $\boldsymbol{a}'$ und $\boldsymbol{b}'$ herstellen:

$$b'_k = t'_{kl}\, a'_l \ . \tag{10.6}$$

Es ist also (mit Hilfe der obigen Gleichungen)

$$t'_{kl}\, a'_l = b'_k = r_{ki}\, b_i = r_{ki}\, t_{ij}\, a_j = r_{ki}\, t_{ij}\, r_{lj}\, a'_l \ . \tag{10.7}$$

Damit haben wir die Transformationseigenschaften von T gewonnen. Durch Vergleich des ersten mit dem letzten Term erkennen wir

$$t'_{kl} = r_{ki}\, t_{ij}\, r_{lj} = r_{ki}\, r_{lj}\, t_{ij} \tag{10.8}$$

als Transformationsgesetz für die lineare Vektorfunktion (10.1). Da es sich um einzelne Komponenten handelt, ist die Reihenfolge beliebig, daher haben wir alle Elemente der Transformation vorne zusammengezogen.

Man sieht sofort aus (10.4), dass sich das Produkt zweier Vektoren in der gleichen Weise transformiert:

$$b'_k\, a'_l = r_{ki}\, r_{lj}\, b_i\, a_j \ . \tag{10.9}$$

Sowohl t_{ij} als auch $b_i\, a_j$ transformieren sich gleich!

Die Gleichung (10.8) definiert das Transformationsverhalten eines **Tensors 2. Stufe**. Diese Form der Definition ist beliebig verallgemeinerbar. Die Größe S stelle eine Menge von Termen mit drei Indizes dar: s_{ijk}, die das Transformationsverhalten

$$s'_{ijk} = r_{ir}\, r_{js}\, r_{kt}\, s_{rst} \tag{10.10}$$

haben. Dann stellt S einen Tensor 3. Stufe dar. Allgemein entsprechen Tensoren n-ter Stufe (oft auch Tensoren vom **Rang** n oder der **Ordnung** n genannt) einer Menge von Termen mit n Indizes und analogem Transformationsverhalten (ein Faktor r_{ij} pro Index).

Wir können die uns bekannten Größen entsprechend einordnen:

- Tensoren nullter Stufe sind Skalare;
- Tensoren erster Stufe sind Vektoren;
- Tensoren zweiter Stufe sind Matrizen.

Im Gegensatz zu Vektoren und Matrizen können Tensoren also mehr als einen oder zwei Indizes haben. Der Wertebereich der Indizes hängt vom Vektorraum ab, in dem die orthogonalen Transformationen definiert sind. Im $\mathbb{R}^n$ kann jeder Index die Werte $1 \dots n$ annehmen, ein Tensor k-ter Stufe hat also n^k Elemente.

M.10.1 Kurz und klar: Tensoren

Ein Tensor ist ein Element eines Raumes, der ein direktes Produkt von Vektorräumen $V_a \otimes V_b \otimes \dots$ ist. Mehr über das direkte Produkt – eben auch Tensorprodukt genannt – findet man zum Beispiel in einem „Minikurs" bei [1]. Wenn es sich um n Vektorräume handelt, so sprechen wir von einem Tensor der Stufe n. Der Tensor „erbt" alle Transformationseigenschaften der beteiligten Vektoren. In diesem Kapitel sprechen wir fast immer von Vektoren im $\mathbb{R}^3$, und die Transformationen sind orthogonale Transformationen, also

- Drehungen (eigentliche, orthogonale Transformationen $\mathbf{R}$ mit $\det \mathbf{R} = 1$) oder
- Drehspiegelungen (uneigentliche, orthogonale Transformationen mit $\det \mathbf{R} = -1$).

Auch der Tensorraum selbst ist ein Vektorraum, da seine Elemente die Forderungen aus M.3.8 erfüllen.

Wir schreiben Tensoren als indizierte Größen mit so vielen Indizes, wie es der Stufe entspricht. Wenn $\mathbf{R}$ eine orthogonale Transformation mit den Elementen r_{ij} ist, dann sind die Transformationseigenschaften eines Tensors n-ter Stufe folgend definiert:

$$a'_{ijk\dots} = r_{is}\, r_{jt}\, r_{ku} \dots a_{stu\dots} \,. \tag{M.10.1.1}$$

Skalare sind Beispiele für Tensoren 0. Stufe, und Vektoren sind Tensoren 1. Stufe. Tensoren 2. Stufe können als quadratische Matrizen geschrieben werden, aber nicht alle solche Matrizen sind auch Tensoren 2. Stufe!

Das Kalkül der so genannten äußeren Differenzialformen ersetzt in gewisser Weise die Tensorrechnung, zumindest wenn es um allgemeine Aussagen geht. So können etwa Integralsätze und bestimmte Beziehungen der Vektoranalysis sehr elegant behandelt werden. Diesen moderneren Zugang besprechen wir in Kap. 11. In vielen praktischen Rechnungen erweist sich dann aber doch die Arbeit mit Indizes als recht nützlich.

Im von uns vorzugsweise betrachteten $\mathbb{R}^3$ hat ein Tensor 0. Stufe eine Komponente ($3^0 = 1$), ein Tensor 1. Stufe 3 Komponenten ($3^1 = 3$), ein Tensor zweiter Stufe $3^2 = 9$ Komponenten ($3^2 = 9$, vorstellbar in Form einer 3×3-Matrix), ein Tensor n-ter Stufe 3^n Komponenten. So hat der später zu besprechende ϵ-Tensor ϵ_{ijk} im Prinzip 27 Komponenten (von denen aber die meisten null sind).

Tensoren können in Bezug auf paarweise Vertauschungen ihrer Indizes Symmetrieeigenschaften aufweisen. Nehmen wir als Beispiel einen Tensor 2. Stufe. Wenn

$$t_{ik} = t_{ki} \tag{10.11}$$

gilt, so nennt man den Tensor symmetrisch, bei

$$t_{ik} = -t_{ki} \tag{10.12}$$

schiefsymmetrisch oder antisymmetrisch. Diese Eigenschaften sind auch im Fall höherer Stufe definiert. Ein solcher Tensor ist dann bezüglich von zwei (unter mehreren) Indizes symmetrisch beziehungsweise schiefsymmetrisch, nämlich:

symmetrisch in den beiden ersten Indizes ist $t_{ijk\cdots l} = t_{jik\cdots l}$,
schiefsymmetrisch in den beiden ersten Indizes ist $t_{ijk\cdots l} = -t_{jik\cdots l}$.

Man kann Tensoren in einen symmetrischen und einen schiefsymmetrischen Teil zerlegen,

$$t_{ij} = \frac{1}{2}\left(t_{ij} + t_{ji}\right) + \frac{1}{2}\left(t_{ij} - t_{ji}\right) = \text{sym. Anteil + antisym. Anteil}\ . \tag{10.13}$$

Analog geht man im Fall mehrerer Indizes vor.

Beispiel

Die Kronecker-Deltafunktion δ_{ij} definiert einen symmetrischen Tensor 2. Stufe in jedem $\mathbb{R}^n$ (für $n > 0$). Sie hat allerdings besonders einfache Transformationseigenschaften:

$$\delta'_{ij} = r_{is}\, r_{jt}\, \delta_{st} = r_{is}\, r_{js} = \delta_{ij}\ .$$

Im $\mathbb{R}^2$ ist folgender Tensor 2. Stufe schiefsymmetrisch:

$$\sigma_{12} = -\sigma_{21} = 1\ , \quad \sigma_{11} = \sigma_{22} = 0\ , \quad \text{entsprechend der Matrix} \quad \begin{pmatrix} 0 & 1 \\ -1 & 0 \end{pmatrix}.$$

Folgender Tensor 2. Stufe (im $\mathbb{R}^3$) ist schiefsymmetrisch:

$$\begin{aligned} a_{12} &= a_{13} = 1\ ,\ a_{23} = -2 \\ a_{21} &= a_{31} = -1\ ,\ a_{32} = 2 \\ a_{11} &= a_{22} = a_{33} = 0 \end{aligned} \quad \text{entsprechend der Matrix} \quad \begin{pmatrix} 0 & 1 & 1 \\ -1 & 0 & -2 \\ -1 & 2 & 0 \end{pmatrix}. \quad \square$$

10.2 Rechenregel für Tensoren

Addition: Addieren oder subtrahieren kann man nur Tensoren gleicher Stufe:

$$c_{ik} = a_{ik} \pm b_{ik} \ . \tag{10.14}$$

Multiplikation: Diese ist deutlich verschieden von Vektoren oder Matrizen definiert! Das allgemeine oder **direkte Produkt** zweier Tensoren führt (außer bei Tensoren nullter Stufe) immer zu einem Tensor höherer Stufe:

$$r_{iklm} = a_{ik} \otimes b_{lm} = a_{ik}\, b_{lm}. \tag{10.15}$$

Die Stufe des Produkttensors ist durch die Summe aller Indizes gegeben.

Verjüngung: Bei dieser Tensoroperation summiert man in einem Tensor höherer Stufe über zwei der Indizes. Nach der Summationsvereinbarung drückt man das durch das Gleichsetzen zweier Indizes aus. Damit erhält man als Resultat einen neuen Tensor mit einer um zwei niedrigeren Stufe:

$$r_{iklm} \ \Rightarrow \ \text{Verjüngung: } r_{iilm} = \sum_i r_{iilm} = s_{lm} \ . \tag{10.16}$$

Eine lineare Tensorfunktion eines Vektors (Matrixmultiplikation) kann man also auffassen als das Produkt eines Tensors 2. Stufe mit einem Tensor 1. Stufe und nachfolgender Verjüngung:

$$t_{ij} \otimes a_k = t_{ij}\, a_k \ , \quad t_{ij}\, a_j = b_i \ . \tag{10.17}$$

Man nennt diesen Prozess auch **Überschiebung** zweier Tensoren. In dieser Terminologie ist das skalare Produkt zweier Vektoren die Überschiebung zweier Tensoren 1. Stufe,

$$a_i \otimes b_j = a_i\, b_j \ , \quad a_i\, b_i = \boldsymbol{a} \cdot \boldsymbol{b} \ . \tag{10.18}$$

Die Erniedrigung der Stufe um 2 erzeugt in diesem Fall einen Tensor 0. Stufe, also einen Skalar.

Spur: Die Spur eines Tensors 2. Stufe ist wie die Spur einer Matrix (vgl. (3.48)) definiert, nämlich als Verjüngung, und ist ein Skalar:

$$\mathrm{Sp}(t_{ik}) \equiv \mathrm{tr}(t_{ik}) = t_{ii} \ . \tag{10.19}$$

Invarianzeigenschaften: Gewisse Eigenschaften von Tensoren bleiben bei orthogonalen Transformationen erhalten. So ist ein Tensor 0. Stufe – also ein Skalar – natürlich invariant gegen eine solche Transformation. Für Vektoren als Tensoren 1. Stufe sind das skalare Produkt mit sich selbst

$$\boldsymbol{a}^2 = a_i\, a_i \tag{10.20}$$

oder mit einem anderen Tensor 1. Stufe

$$\boldsymbol{a} \cdot \boldsymbol{b} = a_i\, b_i \tag{10.21}$$

invariante Größen, da Skalare. Man kann leicht durch explizite Transformation überprüfen, dass dies direkt mit den Orthogonalitätseigenschaften zusammenhängt. Bei einem Tensor 2. Stufe sind die Spur und die Determinante $\det(t_{ij})$, die wie für Matrizen definiert ist, ebenfalls invariant.

Einen symmetrischen Tensor 2. Stufe kann man – wie eine Matrix – diagonalisieren (vgl. Abschn. 3.4). Dabei bleibt die Spur invariant.

10.3 Beispiele für Tensoren

10.3.1 Der ϵ-Tensor

Der „berühmteste" Tensor ist der **$\boldsymbol{\epsilon}$-Tensor**. Im $\mathbb{R}^n$ ist das ein Tensor n-ter Stufe, der vollständig antisymmetrisch gegen paarweises Vertauschen seiner Indizes ist. Im $\mathbb{R}^3$ hat er die Darstellung

$$\epsilon_{ijk} = \begin{cases} +1 & \text{für } i,\, j,\, k \text{ gerade Permutation von 1,2,3}\,, \\ -1 & \text{für } i,\, j,\, k \text{ ungerade Permutation von 1,2,3}\,, \\ 0 & \text{sonst, also wenn mindestens zwei Indizes übereinstimmen}\,. \end{cases} \tag{10.22}$$

Die Reihenfolge der Indizes (ijk) in der Form (123) wird als die natürliche Reihenfolge angesehen. Vertauschungen von je zwei Indizes ändern den Grad der Permutation. Zyklische Vertauschungen entsprechen zwei Vertauschungen, also einer geraden Permutation, und ändern darum nicht das Vorzeichen. Der Tensor hat also nur sechs nichtverschwindende Elemente,

$$\epsilon_{123} = \epsilon_{231} = \epsilon_{312} = 1\,, \quad \epsilon_{132} = \epsilon_{213} = \epsilon_{321} = -1\,. \tag{10.23}$$

Die anderen 21 Komponenten sind null.

Es ist möglich, den ϵ-Tensor mit Hilfe des Kronecker-Delta als Determinante zu schreiben,

$$\epsilon_{ijk} = \begin{vmatrix} \delta_{1i} & \delta_{1j} & \delta_{1k} \\ \delta_{2i} & \delta_{2j} & \delta_{2k} \\ \delta_{3i} & \delta_{3j} & \delta_{3k} \end{vmatrix}\,. \tag{10.24}$$

Das wird sich später als recht praktisch erweisen. Aber überprüfen wir zuerst, ob diese Darstellung richtig ist. Für $i = j$ sind zwei Spalten gleich, und die Determinante ist daher null (wie auch der ϵ-Tensor). Wenn i, j und k verschieden sind, so entspricht ein paarweises Vertauschen dieser Indizes einem Vertauschen der Spalten. Aus den allgemeinen Eigenschaften von Determinanten (Kap. 3) wissen wir, dass dies das Vorzeichen umkehrt, wie es auch beim ϵ-Tensor der Fall ist. Schließlich schreiben wir die Determinante explizit hin,

$$\begin{aligned} \epsilon_{ijk} \quad = \quad & \delta_{1i}\,\delta_{2j}\,\delta_{3k} + \delta_{1j}\,\delta_{2k}\,\delta_{3i} + \delta_{1k}\,\delta_{2i}\,\delta_{3j} \\ & -\delta_{1i}\,\delta_{2k}\,\delta_{3j} - \delta_{1j}\,\delta_{2i}\,\delta_{3k} - \delta_{1k}\,\delta_{2j}\,\delta_{3i} \end{aligned} \tag{10.25}$$

und überprüfen die möglichen Werte von i, j und k. Zum Beispiel $(ijk) = (123)$ ergibt

$$\epsilon_{123} = \delta_{11}\delta_{22}\delta_{33} + 0 + 0 - 0 - 0 - 0 = 1\ , \tag{10.26}$$

und so weiter. Damit ist die Darstellung (10.24) verifiziert.

Man kann mit Hilfe des ϵ-Tensors sehr praktisch verschiedene Vektoroperationen, wie etwa das Vektorprodukt oder auch die Operation „rot", definieren und ausführen. Das vektorielle Produkt zweier Vektoren $\boldsymbol{c} = \boldsymbol{a} \times \boldsymbol{b}$, durch Komponenten ausgedrückt, schreibt sich

$$c_i = \epsilon_{ijk}\, a_j\, b_k\ . \tag{10.27}$$

Auf der rechten Seite sind nur jene Terme ungleich null, für die alle drei Indizes verschieden sind,

$$\begin{aligned} c_1 &= \epsilon_{123}\,a_2\,b_3 + \epsilon_{132}\,a_3\,b_2 = a_2\,b_3 - a_3\,b_2\ , \\ c_2 &= \epsilon_{213}\,a_1\,b_3 + \epsilon_{231}\,a_3\,b_1 = a_3\,b_1 - a_1\,b_3\ , \\ c_3 &= \epsilon_{312}\,a_1\,b_2 + \epsilon_{321}\,a_2\,b_1 = a_1\,b_2 - a_2\,b_1\ . \end{aligned} \tag{10.28}$$

Diese drei Ausdrücke sind genau die Komponenten des Vektorproduktes. Man sieht, dass diese Größe eigentlich durch die zweifache Verjüngung des Tensors 5. Stufe $\epsilon_{ijk}\, a_n\, b_m$ entsteht.

Den Rotor kann man analog bilden.

$$\boldsymbol{c} = \operatorname{rot}\boldsymbol{a} = \nabla \times \boldsymbol{a} \quad \text{entspricht} \quad c_i = \epsilon_{ijk}\,\partial_j\,a_k = \epsilon_{ijk}\,\frac{\partial a_k}{\partial x_j}\ . \tag{10.29}$$

Wir haben dabei die aus (4.22) bekannte Kurzschreibweise für die partielle Ableitung verwendet.

Der Vorteil der Anwendung des ϵ-Tensors wird besonders deutlich, wenn man mehrere ihn einschließende Operationen hintereinander ausführen will. Durch den ϵ-Tensor ausgedrückt, ergibt sich etwa:

$$\boldsymbol{a} \times (\boldsymbol{b} \times \boldsymbol{c}) \quad \Rightarrow \quad \epsilon_{ijk}\,a_j\,(\boldsymbol{b} \times \boldsymbol{c})_k = \epsilon_{ijk}\,a_j\,(\epsilon_{klm}\,b_l\,c_m) = \epsilon_{ijk}\,\epsilon_{klm}\,a_j\,b_l\,c_m\ . \tag{10.30}$$

Man kann dies nun weiter vereinfachen. Dazu sehen wir uns den Ausdruck

$$\epsilon_{ijk}\,\epsilon_{klm} = \epsilon_{ijk}\,\epsilon_{lmk} \tag{10.31}$$

näher an. Er ist das Ergebnis einer Verjüngung des direkten Produktes zweier ϵ-Tensoren.

Der oben angekündigte Vorteil liegt nun darin, dass man für diesen letzten Ausdruck ein einfaches Resultat angeben kann, das aus zwei Kronecker-Symbolen besteht. Dazu schreiben wir zuerst ein Produkt von zwei ϵ-Tensoren mit Hilfe der Determinanten-Darstellung (10.24) hin,

$$\epsilon_{ijk}\,\epsilon_{lmn} = \begin{vmatrix} \delta_{1i} & \delta_{1j} & \delta_{1k} \\ \delta_{2i} & \delta_{2j} & \delta_{2k} \\ \delta_{3i} & \delta_{3j} & \delta_{3k} \end{vmatrix} \begin{vmatrix} \delta_{1l} & \delta_{1m} & \delta_{1n} \\ \delta_{2l} & \delta_{2m} & \delta_{2n} \\ \delta_{3l} & \delta_{3m} & \delta_{3n} \end{vmatrix} . \tag{10.32}$$

In der ersten Determinante vertauschen wir Zeilen mit Spalten (dadurch ändert sich ihr Wert nicht) und verwenden dann die Beziehung $\det \mathbf{A} \det \mathbf{B} = \det \mathbf{A}\,\mathbf{B}$ (vgl. Kap. 3),

$$\begin{vmatrix} \delta_{1i} & \delta_{2i} & \delta_{3i} \\ \delta_{1j} & \delta_{2j} & \delta_{3j} \\ \delta_{1k} & \delta_{2k} & \delta_{3k} \end{vmatrix} \begin{vmatrix} \delta_{1l} & \delta_{1m} & \delta_{1n} \\ \delta_{2l} & \delta_{2m} & \delta_{2n} \\ \delta_{3l} & \delta_{3m} & \delta_{3n} \end{vmatrix} = \begin{vmatrix} \delta_{il} & \delta_{im} & \delta_{in} \\ \delta_{jl} & \delta_{jm} & \delta_{jn} \\ \delta_{kl} & \delta_{km} & \delta_{kn} \end{vmatrix} . \tag{10.33}$$

Wir haben bei der Multiplikation verwendet, dass

$$\delta_{1i}\,\delta_{1l} + \delta_{2i}\,\delta_{2l} + \delta_{3i}\,\delta_{3l} = \delta_{ki}\,\delta_{kl} = \delta_{il} . \tag{10.34}$$

Um das gewünschte Produkt $\epsilon_{ijk}\,\epsilon_{lmk}$ zu erhalten, müssen wir noch mit $n = k$ verjüngen,

$$\begin{vmatrix} \delta_{il} & \delta_{im} & \delta_{ik} \\ \delta_{jl} & \delta_{jm} & \delta_{jk} \\ \delta_{kl} & \delta_{km} & \delta_{kk} \end{vmatrix} = \begin{vmatrix} \delta_{il} & \delta_{im} \\ \delta_{jl} & \delta_{jm} \end{vmatrix} = \delta_{il}\,\delta_{jm} - \delta_{im}\,\delta_{jl} . \tag{10.35}$$

Wir fassen unser Ergebnis noch einmal zusammen:

$$\epsilon_{ijk}\,\epsilon_{lmk} = \delta_{il}\,\delta_{jm} - \delta_{im}\,\delta_{jl} . \tag{10.36}$$

Wenden wir nun diese Formel auf (10.30) an, so finden wir

$$\begin{aligned} \boldsymbol{a} \times (\boldsymbol{b} \times \boldsymbol{c}) \quad &\Rightarrow \quad \epsilon_{ijk}\,\epsilon_{klm}\,a_j\,b_l\,c_m = (\delta_{il}\,\delta_{jm} - \delta_{im}\,\delta_{jl})\,a_j\,b_l\,c_m \\ &= \delta_{il}\,a_m\,b_l\,c_m - \delta_{im}\,a_j\,b_j\,c_m = b_i\,(a_m\,c_m) - c_i\,(a_j\,b_j) \\ &\Rightarrow \quad \boldsymbol{b}\,(\boldsymbol{a} \cdot \boldsymbol{c}) - \boldsymbol{c}\,(\boldsymbol{a} \cdot \boldsymbol{b}) . \end{aligned} \tag{10.37}$$

Beispiel

Die Darstellung mittels ϵ-Tensor zeigt sofort eine bekannte Eigenschaft des Spatprodukts:

$$\epsilon_{ijk}\,a_i\,b_j\,c_k = \epsilon_{jki}\,b_j\,c_k\,a_i = \epsilon_{kij}\,c_k\,a_i\,b_j \quad \Rightarrow \quad \boldsymbol{a} \cdot (\boldsymbol{b} \times \boldsymbol{c}) = \boldsymbol{b} \cdot (\boldsymbol{c} \times \boldsymbol{a}) = \boldsymbol{c} \cdot (\boldsymbol{a} \times \boldsymbol{b}) .$$

wegen der Invarianz unter zyklischer Vertauschung der Indizes! □

Beispiel

Man muss bei Verwendung der Summenkonvention aufpassen. So ist etwa

$$\delta_{ii} = 3\,, \quad \delta_{ii}\delta_{kk} = 9\,, \quad \delta_{ik}\delta_{ik} = \delta_{ii} = 3\,.$$

Aus der in diesem Abschnitt erwähnten Beziehung (10.36) können wir leicht weitere Relationen ableiten. Eine zweimalige Verjüngung ergibt:

$$\epsilon_{ijk}\,\epsilon_{ljk} = \delta_{il}\,\delta_{jj} - \delta_{ij}\,\delta_{jl} = 3\,\delta_{il} - \delta_{il} = 2\,\delta_{il}\,.$$ □

Wir fassen einige nützliche Beziehungen zusammen:

$$\begin{aligned} \epsilon_{ijk}\,\epsilon_{lmk} &= \delta_{il}\,\delta_{jm} - \delta_{im}\,\delta_{jl}\,, & \epsilon_{ijk}\,\delta_{ik} &= 0\,, \\ \epsilon_{ijk}\,\epsilon_{ljk} &= 2\,\delta_{il}\,, & \delta_{ij}\,\delta_{jk} &= \delta_{ik}\,, \\ \epsilon_{ijk}\,\epsilon_{ijk} &= 6\,, & \delta_{ij}\,\delta_{ij} &= \delta_{ii} = 3\,. \end{aligned} \tag{10.38}$$

Wenn der ϵ-Tensor mit einem symmetrischen Tensor verjüngt wird, so verschwindet das Ergebnis. So ist zum Beispiel

$$\epsilon_{ijk}\,a_j\,a_k = -\epsilon_{ikj}\,a_j\,a_k = -\epsilon_{ikj}\,a_k\,a_j = -\epsilon_{ijk}\,a_j\,a_k \tag{10.39}$$

und daher null. Wir haben dabei der Reihe nach zuerst die Indizes des ϵ-Tensors vertauscht, dann die Reihenfolge der a und schließlich die Indizes umbenannt. Für einen in den Indizes i, j symmetrischen Tensor $t_{ij\ldots}$ gilt

$$\epsilon_{ijk}\,t_{ij\ldots} = 0\,. \tag{10.40}$$

10.3.2 Der Trägheitstensor

Der **Trägheitstensor** tritt in der Physik bei der Beschreibung von Drehbewegungen auf. Er beschreibt die Trägheitseigenschaften eines massiven, ausgedehnten Körpers. Seine Definition folgt aus dem Drehimpuls-Vektor eines mit der Winkelgeschwindigkeit $\boldsymbol{\omega}$ rotierenden Körpers:

$$L_i = I_{ij}\,\omega_j = \int_V dV\,\rho\,(r^2\,\delta_{ij} - x_i\,x_j)\,\omega_j\,. \tag{10.41}$$

Dabei ist $\rho(x_1, x_2, x_3)$ die Massendichte und $r^2 = x_k\,x_k$ das Abstandsquadrat des differenziellen Massenelements von der Drehachse. Das Integral definiert den symmetrischen

Trägheitstensor

$$I = \int_V dV\ \rho(x_1, x_2, x_3) \begin{pmatrix} x_2^2 + x_3^2 & -x_1\,x_2 & -x_1\,x_3 \\ -x_2\,x_1 & x_1^2 + x_3^2 & -x_2\,x_3 \\ -x_3\,x_1 & -x_3\,x_2 & x_1^2 + x_2^2 \end{pmatrix} . \tag{10.42}$$

Die Transformationseigenschaften sind die eines Tensors 2. Stufe, wie man leicht aus den Eigenschaften von $(r^2\,\delta_{ij} - x_i\,x_j)$ zeigen kann. Der Trägheitstensor, beziehungsweise einzelne seiner Komponenten, die so genannten Trägheitsmomente, wurden schon in Kap. 5 in einigen Beispielen und Aufgaben behandelt. Das Trägheitsmoment um eine Drehachse (durch den Ursprung) in Richtung $\boldsymbol{n}$ ist durch $n_i\,I_{ij}\,n_j$ gegeben und ist – da ein Skalar – invariant.

Neben den wenigen hier genannten Fällen gibt es viele weitere wichtige Tensorgrößen in praktisch allen Bereichen der Physik: den Spannungstensor der Elasto- und Hydromechanik, den Energie-Impuls-Tensor und den dielektrischen Tensor der Elektrodynamik, den metrischen Tensor in der Relativitätstheorie und so weiter. Man sieht also, dass der Tensorbegriff ein nützliches Hilfsmittel zur mathematischen Beschreibung physikalischer Zusammenhänge ist.

10.4 Differenzialoperationen und Tensoren

Die Elemente eines Tensors können Funktionen sein, aber auch Differenzialoperatoren. Die Anwendung des Differenzialoperators beeinflusst den Charakter eines Tensors in typischer Weise.

Der Gradient eines Tensors nullter Stufe, also eines Skalars, ist ein Tensor 1. Stufe, also ein Vektor. Der Differenzialoperator erhöht also die Stufe des Tensors um 1. Das kann man auch aus dem Transformationsverhalten erkennen. Die orthogonale Transformation $\mathbf{R} = (r_{ij})$ führt die Koordinaten x in die Koordinaten x' über. Dann gilt (vgl. (10.4)):

$$x_i' = r_{ij}\,x_j\ , \quad x_j = r_{ij}\,x_i'\ . \tag{10.43}$$

Nun betrachten wir den Gradienten einer Funktion $\Phi(x_1(x_1', x_2', x_3'), \ldots)$

$$\begin{aligned} \frac{\partial \Phi}{\partial x_i'} &= \frac{\partial \Phi}{\partial x_j}\,\frac{\partial x_j}{\partial x_i'} = \frac{\partial \Phi}{\partial x_j}\,\frac{\partial r_{lj}\,x_l'}{\partial x_i'} = r_{lj}\,\frac{\partial \Phi}{\partial x_j}\,\frac{\partial x_l'}{\partial x_i'} \\ &= r_{lj}\,\frac{\partial \Phi}{\partial x_j}\,\delta_{li} = r_{ij}\,\frac{\partial \Phi}{\partial x_j}\ . \end{aligned} \tag{10.44}$$

Wir haben dabei $\partial x_l'/\partial x_i' = \delta_{li}$ verwendet. Im direkten Vergleich des ersten und letzten Gliedes dieser Gleichungskette erkennt man sofort das Transformationsverhalten eines Tensors 1. Stufe von (10.4).

Differenziert man einen (ortsabhängigen) Vektor $\boldsymbol{b}(x_1, x_2, x_3)$, so ist das Ergebnis ein Tensor 2. Stufe,

$$\frac{\partial b_i}{\partial x_j} \quad \text{entspricht} \quad \begin{pmatrix} \frac{\partial b_1}{\partial x_1} & \frac{\partial b_2}{\partial x_1} & \frac{\partial b_3}{\partial x_1} \\ \frac{\partial b_1}{\partial x_2} & \frac{\partial b_2}{\partial x_2} & \frac{\partial b_3}{\partial x_2} \\ \frac{\partial b_1}{\partial x_3} & \frac{\partial b_2}{\partial x_3} & \frac{\partial b_3}{\partial x_3} \end{pmatrix} . \tag{10.45}$$

Den Tensorcharakter sieht man wiederum durch die Umformung

$$\begin{aligned} \frac{\partial b'_j}{\partial x'_i} &= \frac{\partial (r_{jk}\, b_k)}{\partial x'_i} = r_{jk}\, \frac{\partial b_k}{\partial x_l}\, \frac{\partial x_l}{\partial x'_i} = r_{jk}\, \frac{\partial b_k}{\partial x_l}\, \frac{\partial (r_{ml}\, x'_m)}{\partial x'_i} \\ &= r_{jk}\, r_{ml}\, \frac{\partial b_k}{\partial x_l}\, \delta_{mi} = r_{jk}\, r_{il}\, \frac{\partial b_k}{\partial x_l} . \end{aligned} \tag{10.46}$$

Die Relation entspricht genau den Transformationseigenschaften eines Tensors 2. Stufe aus (10.8). Man kann nun entsprechend verallgemeinern und findet zum Beispiel

$$\frac{\partial g'_{ij}}{\partial x'_k} = r_{ir}\, r_{js}\, r_{kt}\, \frac{\partial g_{rs}}{\partial x_t} . \tag{10.47}$$

Die in diesem Zusammenhang wichtigsten Differenzialoperationen sind die Bildung der Divergenz und des Rotors. Im Sinne der Tensoranalysis ist die Divergenz eine einmalige Verjüngung eines Tensors zweiter Stufe,

$$\partial_i\, b_j \quad \Rightarrow \quad \partial_i\, b_i . \tag{10.48}$$

Bei der Bildung des Rotors wird ein Tensor fünfter Stufe zweimal verjüngt,

$$\epsilon_{ijk}\, \partial_m\, b_n \quad \Rightarrow \quad \epsilon_{ijk}\, \partial_j\, b_k . \tag{10.49}$$

In Kombination mit der Differenzialoperation rot kann man wieder günstig die Eigenschaften des ϵ-Tensors nutzen.

$$\begin{aligned} \boldsymbol{\nabla} \times (\boldsymbol{a} \times \boldsymbol{b}) \;&\Rightarrow \epsilon_{ijk}\, \partial_j\, \epsilon_{kmn}\, a_m\, b_n = \epsilon_{ijk}\, \epsilon_{mnk}\, \partial_j\, (a_m\, b_n) \\ &= (\delta_{im}\, \delta_{jn} - \delta_{in}\, \delta_{jm})\, (b_n\, (\partial_j\, a_m) + a_m\, (\partial_j\, b_n)) \\ &= \delta_{im}\, b_j\, (\partial_j\, a_m) - \delta_{jm}\, b_i\, (\partial_j\, a_m) + a_i\, \delta_{jn}\, (\partial_j\, b_n) - a_j\, \delta_{in}\, (\partial_j\, b_n) \\ &= (b_j\, \partial_j)\, a_i - b_i\, (\partial_j\, a_j) + a_i\, (\partial_j\, b_j) - (a_j\, \partial_j)\, b_i \\ &\Rightarrow (\boldsymbol{b} \cdot \boldsymbol{\nabla})\, \boldsymbol{a} - \boldsymbol{b}\, (\boldsymbol{\nabla} \cdot \boldsymbol{a}) + \boldsymbol{a}\, (\boldsymbol{\nabla} \cdot \boldsymbol{b}) - (\boldsymbol{a} \cdot \boldsymbol{\nabla})\, \boldsymbol{b} . \end{aligned} \tag{10.50}$$

Die Umformungen (10.37) und (10.50) weisen einen wesentlichen Unterschied auf. In (10.37) ist die Reihenfolge der indizierten Größen belanglos. Es handelt sich dabei um ausschließlich algebraische Operationen. In (10.50) gibt es eine Differenzialoperation, und man muss beachten, auf welche Größen der Differenzialoperator wirkt und darf keine Vertauschungen vornehmen, die diesen Zusammenhang stören (vgl. M.7.1).

Beispiel

Einige konkrete Rechnungen mögen helfen, die Methode noch zu verdeutlichen. Wir berechnen zuerst die Divergenz des Vektorfelds

$$\frac{\boldsymbol{r}}{r^2} \times \boldsymbol{a} \quad \Rightarrow \quad \epsilon_{ijk} \frac{x_j\, a_k}{x_l\, x_l}$$

(dabei soll $\boldsymbol{a}$ ein konstanter Vektor sein) und finden

$$\begin{aligned}
\nabla \cdot \left(\frac{\boldsymbol{r}}{r^2} \times \boldsymbol{a}\right) \quad &\Rightarrow \quad \partial_i \epsilon_{ijk} \frac{x_j\, a_k}{x_l\, x_l} = \epsilon_{ijk}\,(\partial_i\, x_j) \left(\frac{a_k}{x_l\, x_l}\right) + \epsilon_{ijk}\,(x_j\, a_k)\, \partial_i \left(\frac{1}{x_l\, x_l}\right) \\
&= \epsilon_{ijk}\, \delta_{ij} \left(\frac{a_k}{x_l\, x_l}\right) - \epsilon_{ijk} \left(\frac{x_j\, a_k}{(x_l\, x_l)^2}\right) (2\, x_p\, \delta_{ip}) \\
&= -2\, \epsilon_{ijk} \left(\frac{x_i\, x_j\, a_k}{(x_l\, x_l)^2}\right) = 0\,.
\end{aligned}$$

Wir haben dabei $\epsilon_{ijk}\, \delta_{ij} = 0$ (da $\epsilon_{iik} = 0$ ist) und $\epsilon_{ijk}\, x_i\, x_j \Rightarrow \boldsymbol{r} \times \boldsymbol{r} = 0$ verwendet.

Wenn wir für denselben Vektor den Rotor berechnen, erhalten wir

$$\begin{aligned}
\nabla \times \left(\frac{\boldsymbol{r}}{r^2} \times \boldsymbol{a}\right) \quad &\Rightarrow \quad \epsilon_{mni}\, \partial_n\, \epsilon_{ijk} \frac{x_j\, a_k}{x_l\, x_l} = \epsilon_{mni}\, \epsilon_{jki}\, \partial_n \left(\frac{x_j\, a_k}{x_l\, x_l}\right) \\
&= (\delta_{mj}\, \delta_{nk} - \delta_{mk}\, \delta_{nj})\, a_k \left[(\partial_n\, x_j) \left(\frac{1}{x_l\, x_l}\right) + x_j \left(\partial_n \left(\frac{1}{x_l\, x_l}\right)\right)\right] \\
&= (\delta_{mj}\, \delta_{nk} - \delta_{mk}\, \delta_{nj})\, a_k \left[\delta_{nj} \left(\frac{1}{x_l\, x_l}\right) - x_j \left(\frac{2\, x_p\, \delta_{np}}{(x_l\, x_l)^2}\right)\right] \\
&= (\delta_{mj}\, a_n - \delta_{nj}\, a_m) \left[\left(\frac{\delta_{nj}}{x_l\, x_l}\right) - \left(\frac{2\, x_n\, x_j}{(x_l\, x_l)^2}\right)\right] \\
&= -2\, \frac{x_m\, (a_p\, x_p)}{(x_l\, x_l)^2} \quad \Rightarrow \quad -2\, \boldsymbol{r}\, \frac{\boldsymbol{a} \cdot \boldsymbol{r}}{r^4}\,.
\end{aligned}$$

□

10.5 Drehung um eine Achse

Wie zu Beginn dieses Kapitels besprochen, sind Tensoren durch die Transformationseigenschaften bei orthogonalen Transformationen definiert. Die wichtigste orthogonale Transformation ist die Drehung eines Koordinatensystems, beziehungsweise die Drehung von Punkten in einem Koordinatensystem.

Wir wollen so eine Drehung eines Punktes um eine Drehachse, die durch den Ursprung geht, betrachten. Die jeweilige Drehung ist also durch Richtung der Drehachse und durch den Drehwinkel um diese Achse charakterisiert. Da der Richtungsvektor als Einheitsvektor gegeben ist, genügen zu seiner Festlegung zwei Komponenten. Diese zwei Komponenten und der Drehwinkel sind die drei Bestimmungsstücke, welche die Drehung festlegen. Wenn die Drehachse eine der Hauptachsen ist, so wird die entsprechende Drehmatrix besonders einfach. Eine Darstellung einer solchen Drehung ist in M.3.4 gegeben. Eine allgemeinere Parametrisierung der Drehmatrix mit Hilfe der Eulerschen Winkel ist in M.3.10 zu finden; dort wird das Koordinatensystem gedreht.

Beispiel

Die allgemeine Drehung eines Punktes kann durch drei aufeinander folgende Drehungen um die z-, x- und wieder die z-Achse beschrieben werden:

$$\mathbf{R}_P(\alpha,\beta,\gamma) \equiv \mathbf{R}_z(\gamma)\,\mathbf{R}_x(\beta)\,\mathbf{R}_z(\alpha) =$$
$$\begin{pmatrix}\cos\gamma & -\sin\gamma & 0\\ \sin\gamma & \cos\gamma & 0\\ 0 & 0 & 1\end{pmatrix}\begin{pmatrix}1 & 0 & 0\\ 0 & \cos\beta & -\sin\beta\\ 0 & \sin\beta & \cos\beta\end{pmatrix}\begin{pmatrix}\cos\alpha & -\sin\alpha & 0\\ \sin\alpha & \cos\alpha & 0\\ 0 & 0 & 1\end{pmatrix} =$$
$$\begin{pmatrix}\cos\alpha\,\cos\gamma - \sin\alpha\,\cos\beta\,\sin\gamma & -\cos\alpha\,\sin\gamma - \sin\alpha\cos\beta\cos\gamma & \sin\alpha\sin\beta\\ \sin\alpha\,\cos\gamma + \cos\alpha\,\cos\beta\,\sin\gamma & -\sin\alpha\,\sin\gamma + \cos\alpha\,\cos\beta\,\cos\gamma & -\cos\alpha\,\sin\beta\\ \sin\beta\,\sin\gamma & \sin\beta\cos\gamma & \cos\beta\end{pmatrix}.$$

In M.3.10 haben wir die Drehmatrix in der Parametrisierung nach **Euler** besprochen, die es erlaubt, die Koordinaten eines Punktes *in einem gedrehten Koordinatensystem* zu bestimmen.

Wie hängen diese Matrizen zusammen? Der Vergleich ergibt, dass die Punktdrehmatrix $\mathbf{R}_P(\alpha,\beta,\gamma)$ durch $\mathbf{R}_{\text{Euler}}(-\gamma,-\beta,-\alpha)$ geschrieben werden kann. Da aber

$$\mathbf{R}_P(\alpha,\beta,\gamma) = \mathbf{R}_{\text{Euler}}(-\gamma,-\beta,-\alpha) = \mathbf{R}^T_{\text{Euler}}(\alpha,\beta,\gamma)$$

gilt, entspricht die Drehmatrix für den Punkt der transponierten Drehmatrix für das Koordinatensystem. Es gibt auch andere Definitionen in der Literatur. In MATHEMATICA wird zum Beispiel zuerst um die z-Achse, dann um die y-Achse und danach wieder um die z-Achse gedreht. □

Hier wollen wir nun die Denksportaufgabe lösen, wie man bei gegebener Drehachse und bekanntem Drehwinkel die Matrixelemente (r_{ij}) der Drehung

$$x'_i = r_{ij}\,x_j \tag{10.51}$$

berechnet. Dazu wollen wir Schreibweise und Methodik der Tensorrechnung nutzen. In Abb. 10.1 ist die Drehung eines Punktes Q um eine durch den Einheitsvektor $\boldsymbol{e}$ gegebene Drehachse dargestellt.

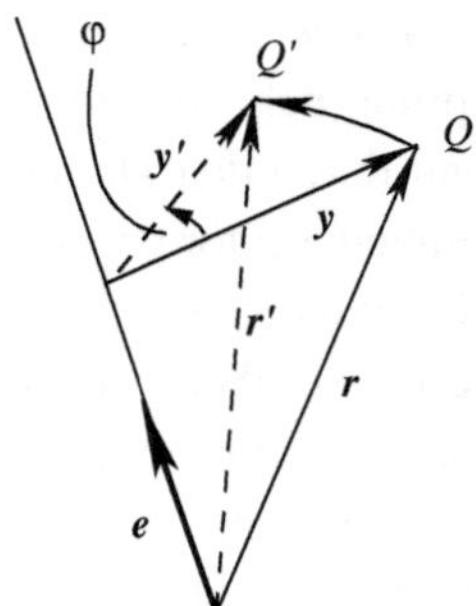

Abb. 10.1 Der Punkt $Q(x_1, x_2, x_3)$ wird um die Drehachse $\boldsymbol{e}$ um den Winkel φ gegen den Uhrzeigersinn in die Position $Q'(x'_1, x'_2, x'_3)$ gedreht

Der Drehwinkel berechnet sich aus dem Skalarprodukt

$$y_i\, y'_i = |\boldsymbol{y}|\,|\boldsymbol{y}'|\,\cos\varphi = |\boldsymbol{y}|^2\,\cos\varphi = (y_i\, y_i)\,\cos\varphi\ , \tag{10.52}$$

wobei wir $|\boldsymbol{y}| = |\boldsymbol{y}'|$ verwendet haben.

Die Vektoren $\boldsymbol{e}$, $\boldsymbol{y}$ und $\boldsymbol{e} \times \boldsymbol{y}$ bilden ein orthogonales Dreibein. Wir setzen für den Vektor $\boldsymbol{r}'$ eine Linearkombination dieser drei Vektoren an,

$$x'_i = a\, y_i + b\, e_i + c\, \epsilon_{ijk}\, e_j\, y_k\ , \tag{10.53}$$

und berechnen die drei unbekannten Koeffizienten a, b und c, die dann die Transformationsmatrix bestimmen.

Parameter *a*: Aus Abb. 10.1 sieht man, dass

$$y_i = x_i - (e_j\, x_j)\, e_i \quad \text{und} \quad y'_i = x'_i - (e_j\, x'_j)\, e_i \tag{10.54}$$

gilt (dabei ist $(x'_j\, e_j)$ die Projektion von $\boldsymbol{r}'$ auf $\boldsymbol{e}$). Daraus und mit (10.53) folgt

$$y'_i + (e_j\, x'_j)\, e_i = x'_i = a\, y_i + b\, e_i + c\, \epsilon_{ijk}\, e_j\, y_k\ . \tag{10.55}$$

Durch Multiplikation der Gleichung mit y_i (und Summation über i) bekommt man

$$(y_i\, y'_i) + (e_j\, x'_j)\,(e_i\, y_i) = a\,(y_i\, y_i) + b\,(e_i\, y_i) + c\, \epsilon_{ijk}\, y_k\, y_i\ . \tag{10.56}$$

Einige der Terme verschwinden ($\boldsymbol{e} \perp \boldsymbol{y}$ und $\boldsymbol{y} \times \boldsymbol{y} = 0$), und mit Hilfe von (10.52) ergibt sich

$$(y'_i\, y_i) = a\,(y_i\, y_i) = (y_i\, y_i)\,\cos\varphi \quad \Rightarrow \quad a = \cos\varphi\ . \tag{10.57}$$

Parameter *b*: Wir projizieren den entsprechenden Term heraus, indem wir (10.53) mit e_i multiplizieren und über i summieren. Es ergibt sich:

$$(e_i\, x'_i) = a\,(e_i\, y'_i) + b\,(e_i\, e_i) + c\, \epsilon_{ijk}\, e_i\, e_j\, y_k \quad \Rightarrow \quad b = (e_i\, x'_i) = (e_i\, x_i)\ . \tag{10.58}$$

Bei der Drehung bleibt die Normalprojektion des Ortsvektors $\boldsymbol{r} = (x_1, x_2, x_3)$ auf die Richtung von $\boldsymbol{e}$ unverändert, daher $x_i\, e_i = x'_i\, e_i$. Damit ist auch b bestimmt.

Parameter c: Wir projizieren diesmal den c-Term aus (10.55) heraus. Dazu multiplizieren wir mit $\epsilon_{ilr}\, e_l\, y_r$ und summieren über i,

$$y_i' \,\epsilon_{ilr}\, e_l\, y_r + (e_j\, x_j')\, e_i\, \epsilon_{ilr}\, e_l\, y_r = a\, y_i\, \epsilon_{ilr}\, e_l\, y_r + b\, e_i\, \epsilon_{ilr}\, e_l\, y_r + c\, \epsilon_{ijk}\, e_j\, y_k\, \epsilon_{ilr}\, e_l\, y_r \;. \tag{10.59}$$

Der zweite, dritte und vierte Term verschwindet wegen der Antisymmetrie des ϵ-Tensors. Das Produkt der beiden ϵ-Tensoren im letzten Term liefert

$$c\,(\delta_{jl}\,\delta_{kr} - \delta_{jr}\,\delta_{kl})\, e_j\, e_l\, y_k\, y_r = c\, e_l\, e_l\, y_k\, y_k = c\, y_k\, y_k \;. \tag{10.60}$$

Der erste Term in (10.59) bildet ein Spat-Produkt der Form $\boldsymbol{y}' \cdot (\boldsymbol{e} \times \boldsymbol{y})$, das sich umformen lässt:

$$y_i'\, \epsilon_{ilr}\, e_l\, y_r \;:\quad \boldsymbol{y}' \cdot (\boldsymbol{e} \times \boldsymbol{y}) = \boldsymbol{e} \cdot (\boldsymbol{y} \times \boldsymbol{y}') = |\boldsymbol{y}|\,|\boldsymbol{y}'|\, \sin\varphi = y_k\, y_k\, \sin\varphi \;. \tag{10.61}$$

Damit finden wir den dritten Koeffizienten: $c = \sin\varphi$.

Wir schreiben nun (10.53) mit den ermittelten Koeffizienten an und ersetzen dann noch y_i mittels (10.54),

$$\begin{aligned} x_i' &= y_i\, \cos\varphi + (x_j\, e_j)\, e_i + \epsilon_{ijk}\, e_j\, y_k\, \sin\varphi \\ &= (\delta_{ij} - e_i\, e_j)\, x_j\, \cos\varphi + e_i\, e_j\, x_j - \epsilon_{ijk}\, e_k\, x_j\, \sin\varphi \\ &= \left[e_i\, e_j + (\delta_{ij} - e_i\, e_j)\, \cos\varphi - \epsilon_{ijk}\, e_k\, \sin\varphi\right] x_j = r_{ij}\, x_j \;. \end{aligned} \tag{10.62}$$

Daraus folgt sofort der gesuchte Ausdruck:

$$r_{ij} = e_i\, e_j + (\delta_{ij} - e_i\, e_j)\, \cos\varphi - \epsilon_{ijk}\, e_k\, \sin\varphi \;. \tag{10.63}$$

Wir haben die Koeffizienten der Drehmatrix damit durch die bekannte Drehachsenrichtung und den Drehwinkel ausgedrückt.

Wenn wir die Drehmatrix $\mathbf{R}$ kennen, wie erhalten wir daraus die Drehachse und den Drehwinkel? Der Drehwinkel ergibt sich aus der Spur der Matrix (Summenkonvention!), berechnet aus (10.63), mittels

$$r_{ii} = e_i\, e_i + (\delta_{ii} - e_i\, e_i)\, \cos\varphi - \epsilon_{iik}\, e_k\, \sin\varphi = 1 + (3 - 1)\, \cos\varphi \;, \tag{10.64}$$

also

$$\cos\varphi = \frac{1}{2}\,(r_{11} + r_{22} + r_{33} - 1) = \frac{1}{2}\,(\operatorname{tr}\mathbf{R} - 1) \;. \tag{10.65}$$

Man sieht, dass hier nur Werte $\varphi \in [0, \pi)$ gefunden werden. Das ist so richtig: Werte aus $[\pi, 2\pi)$ führen einfach zu einer in entgegengesetzte Richtung weisenden Drehachse. Um die Komponenten des Einheitsvektors in Richtung der Drehachse zu finden, verjüngt man den Tensor $r_{ij}\,\epsilon_{lmh}$ zweimal,

$$r_{ij}\,\epsilon_{ijh} = e_i\,e_j\,\epsilon_{ijh} + \epsilon_{ijh}\,(\delta_{ij} - e_i\,e_j)\cos\varphi - \epsilon_{ijh}\,\epsilon_{ijk}\,e_k\,\sin\varphi\;. \tag{10.66}$$

Auf der rechten Seite ist nur der letzte Term ungleich null. Aus (10.38) wissen wir, dass $\epsilon_{ijh}\epsilon_{ijk} = 2\delta_{hk}$ gilt, und daher finden wir

$$e_h = -\frac{1}{2\,\sin\varphi}\,r_{ij}\,\epsilon_{ijh}\;. \tag{10.67}$$

Damit könnte man aus der Eulerschen Drehmatrix die resultierende Drehachsenrichtung und den Drehwinkel berechnen. Man erkennt, dass dieser recht kompliziert mit den Eulerschen Winkeln zusammenhängt!

Beispiel

Wir suchen die Drehachse und den Drehwinkel φ der orthogonalen Transformation

$$\mathbf{R}_{\text{Euler}}(\frac{\pi}{4}, \frac{\pi}{2}, -\frac{\pi}{4}) = \begin{pmatrix} \frac{1}{2} & -\frac{1}{2} & -\frac{1}{\sqrt{2}} \\ -\frac{1}{2} & \frac{1}{2} & -\frac{1}{\sqrt{2}} \\ \frac{1}{\sqrt{2}} & \frac{1}{\sqrt{2}} & 0 \end{pmatrix}\;.$$

Es ist $\operatorname{tr}\mathbf{R} = 1$, und daher $\cos\varphi = 0$ entsprechend (10.65). Der Drehwinkel ist also $\varphi = \pi/2$. Die Komponenten des Einheitsvektors in Achsenrichtung berechnen sich nach (10.67) zu

$$\begin{aligned} e_1 &= -\frac{1}{2\sin\varphi}(r_{23} - r_{32}) = \frac{r_{32}}{\sin\varphi} = \frac{1}{\sqrt{2}}\,, \\ e_2 &= -\frac{1}{2\sin\varphi}(r_{31} - r_{13}) = \frac{r_{13}}{\sin\varphi} = -\frac{1}{\sqrt{2}}\,, \\ e_3 &= -\frac{1}{2\sin\varphi}(r_{12} - r_{21}) = 0\;. \end{aligned}$$

□

10.6 Ko- und kontravariante Darstellung

Die bekannteste Formel in Einsteins spezieller Relativitätstheorie ist die Beziehung zwischen Energie und Masse eines ruhenden Masseteilchens: $E = m\,c^2$. Es ist dies der Spezialfall einer allgemeineren Relation für bewegte Objete:

$$E^2 - (c\,\boldsymbol{p}).(c\,\boldsymbol{p}) = m^2c^4\;. \tag{10.68}$$

Wir fassen Energie und Impuls zu einem 4-komponentigen Vektor („Lorentz-Vektor") zusammen. Dann können wir die Energie-Impuls Beziehung als Skalarprodukt formulieren:

$$(E, c\,p_x, c\,p_y, c\,p_z) \cdot (E, -c\,p_x, -c\,p_y, -c\,p_z) = m^2\,c^4\,. \tag{10.69}$$

Das sieht schon fast so aus wie eine Invarianzbedingung eines Tensors erster Stufe.

Diese Gleichung inspiriert uns, Vierer-Vektoren in zwei Sorten zu definieren, die wir durch die Position der Indices unterscheiden:

$$\begin{aligned} &\text{Kontravarianter Vektor (Komponenten)} \quad & a^\mu &= (a_0, a_1, a_2, a_3) \\ &\text{Kovarianter Vektor (Komponenten)} \quad & a_\mu &= (a_0, -a_1, -a_2, -a_3)\,. \end{aligned} \tag{10.70}$$

Die beiden sind miteinander über einen **metrischen Tensor** $g_{\mu\nu}$ verknüpft,

$$a_\mu = \sum_{\nu=0}^{3} g_{\mu\nu} a^\nu \quad \text{mit} \quad g_{\mu\nu} = \begin{pmatrix} 1 & 0 & 0 & 0 \\ 0 & -1 & 0 & 0 \\ 0 & 0 & -1 & 0 \\ 0 & 0 & 0 & -1 \end{pmatrix}. \tag{10.71}$$

Wie verwenden ab sofort die Einsteinsche Summenkonvention und summieren implizit über Paare von gleichen Indizes (von denen einer tiefgestellt und einer hochgestellt ist), schreiben diese Gleichung daher

$$a_\mu = g_{\mu\nu} a^\nu\,. \tag{10.72}$$

Mit dieser neu eingeführten Notation und der Definition des Vierer-Impulsvektors $p^\mu = (E, c\,p_x, c\,p_y, c\,p_z)$ erhält die Einsteinsche Energie-Impuls-Beziehung die Form einer Invarianzgleichung,

$$p_\mu p^\mu = m^2\,c^4\,. \tag{10.73}$$

Die auf diese Art definierte „Länge" eines Vierer-Vektors ist also invariant, vom Bewegungszustand des Systems unabhängig. Die Schreibweise mit oberen und unteren Indizes hat sich als günstig erwiesen und wird in diesem Abschnitt übernommen. Man muss allerdings Verwechslungen mit Hochzahlen (Potenzen) vermeiden.

Diese Formulierung der Energie-Impuls-Beziehung ist ein einfaches Beispiel eines allgemeinen Formalismus, um Invarianzeigenschaften in Bezug auf unterschiedliche Koordinatensysteme zu finden. Für allgemeine Koordinaten (zum Beispiel krummlinige) gibt es zwei natürliche Basisysteme. Das erste System nennen wie kovariant. Die kovarianten Basisvektoren sind proportional den (normierten oder nicht normierten) Tangentialvektoren. Nach (8.5) werden damit die Tangenten an die Koordinatenlinien der $\boldsymbol{r}(u^k)$ definiert,

$$\boldsymbol{d}_k \equiv \frac{\partial \boldsymbol{r}}{\partial u^k} = \boldsymbol{e}_k\,h_{u^k}\,. \quad \text{(Hier wird nicht über } k \text{ summiert!)}\,. \tag{10.74}$$

Wenn man nicht darauf besteht, dass Basisvektoren normierte Einheitsvektoren sein müssen (was ja nicht sein muss, obwohl es oft praktisch ist), so kann man statt der $\boldsymbol{e}_k$ auch gleich die Vektoren $\boldsymbol{d}_k$ als Basisvektoren verwenden. Diese Basis nennen wir **kovariante Basis**, und sie „spannt den **Tangentialraum** auf". Man kann sich den Tangentialraum an einem Punkt als aufgespannt durch die Menge aller Tangenten zu beliebigen Kurven durch diesen Punkt vorstellen. Die Dimension ist durch die Zahl der unabhängigen Richtungen gegeben. (Dieser Begriff ist bei der Arbeit mit differenzierbaren Mannigfaltigkeiten von zentraler Bedeutung, siehe auch Kap. 11.)

Wir schreiben die Indizes für die kovarianten Basiselemente als untere Indizes. Ein beliebiger Vektors $\boldsymbol{a}$ habe in dieser Basis die kontravarianten Komponenten a^i, es gilt (Summenkonvention!) daher

$$\boldsymbol{a} = a^i \boldsymbol{d}_i \ . \tag{10.75}$$

Die kontravarianten Komponenten haben ihren Index oben.

Es steht uns frei, auch ein anderes Basissystem zu wählen. Im Kap. 8 über Basissysteme krummliniger, orthogonaler Koordinaten haben wir eine weitere Darstellung (8.30) für die Basisvektoren mit Hilfe des Gradienten abgeleitet. Auf die Notation mit hochgestellten Exponenten umgeschrieben lautete diese Relation

$$\boldsymbol{d}^i \equiv \nabla u^i = \boldsymbol{e}^i / h_{u^i} \ . \quad \text{(Hier wird nicht über } i \text{ summiert!)} \tag{10.76}$$

Für allgemeine (nicht notwendig orthogonale) Koordinaten wird die Richtung der Gradientenvektoren meist nicht mit den Richtungen der Tangentenvektoren (den $\partial \boldsymbol{r}/\partial u^i$) übereinstimmen. Man hat dann zwei unterschiedliche Basissysteme. Für das zweite System verwendet man statt der Basis (10.74) eben $\boldsymbol{d}^i$ als Basisvektoren. Wir nennen diese Basis die **kontravariante Basis**. Sie unterscheidet sich im allgemeinen von der kovarianten Basis. Man sagt auch, diese beiden Basissysteme seien **dual** zueinander, sie spannen zueinander duale Räume auf.

Damit haben wir eine alternative Darstellung für den Vektor $\boldsymbol{a}$ mit Hilfe der neuen kontravarianten Basis,

$$\boldsymbol{a} = a_i \boldsymbol{d}^i \ . \tag{10.77}$$

Entsprechend haben die kovarianten Komponenten a_i den Index unten angeschrieben.

In Abb. 10.2. und 10.3 wird die Darstellung eines Vektors in einem zweidimensionalen Beispiel (analog einer Tangentialebene) skizziert. Der Vektor $\boldsymbol{a}$ hat dann zwei Darstellungen:

$$\boldsymbol{a} = a^i \boldsymbol{d}_i = a_i \boldsymbol{d}^i \ . \tag{10.78}$$

Ein Vektor kann also mit kontravarianten Komponenten und kovarianten Basisvektoren oder mit kovarianten Komponenten und kontravarianten Basisvektoren geschrieben werden, da beide Basissysteme schiefwinkelig sind, ist das Längenquadrat des Vektors nicht einfach über die Summe der Komponentenquadrate ausdrückbar. Wohl aber gilt

$$|\boldsymbol{a}|^2 = a^i a_i \ . \tag{10.79}$$

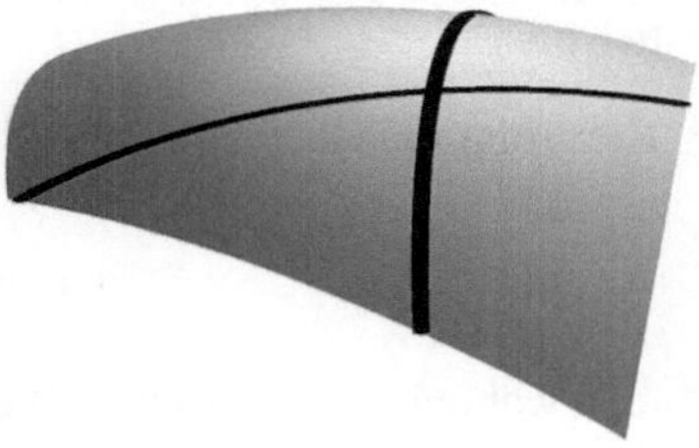

Abb. 10.2 Skizze zu ko- und kontravarianter Darstellung. Wir haben zwei Koordinatenlinien der Fläche eingezeichnet. Weiter unten betrachten wir die Tangenltialebene im Kreuzungspunkt

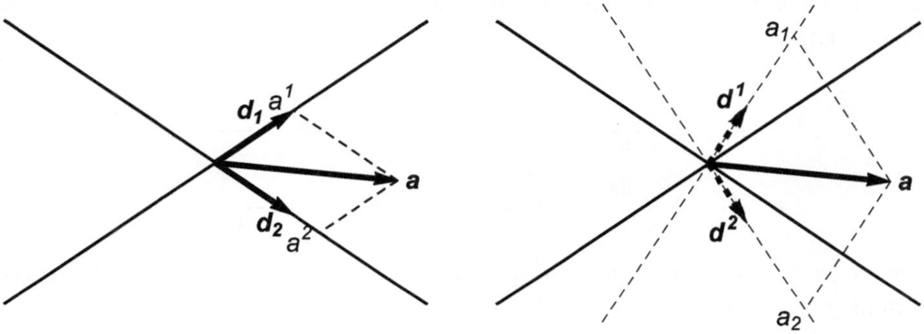

Abb. 10.3 Tangentialebene zu Abb. 10.2. Links ist der Vaktor $\boldsymbol{a}$ im Basissystem der Tangentialvektoren $(\boldsymbol{d}_1, \boldsymbol{d}_2)$ eingezeichnet und seine kontravarianten Komponenten mit (a^1, a^2) angegeben. Rechts wird derselbe Vektor in der kontravarianten Basis dargestellt

Man zeigt das mittels

$$\begin{aligned}(a_j\boldsymbol{d}^j)\cdot(a^i\boldsymbol{d}_i) &= \sum_{i,j} a_j\, a^i\, \boldsymbol{d}^j\cdot\boldsymbol{d}_i = \sum_{i,j} a_j\, a^i\, \nabla u^j\cdot\frac{\partial\boldsymbol{r}}{\partial u^i} \\ &= \textstyle\sum_{i,j} a_j\, a^i\delta_{ij} = \sum_i a_i\, a^i\ ,\end{aligned} \tag{10.80}$$

wobei wir im Zwischenschritt die Summen explizit gemacht haben und verwendet haben, dass kontravarianten Basisvektoren $\boldsymbol{d}^j$ orthogonal zu den kovarianten $\boldsymbol{d}_{i\neq j}$ sind. So kann man die kontravarianten Komponenten eines Vektors durch Multiplikation mit den kontravarianten Basisvektoren bestimmen und die kovarianten Komponenten durch Multiplikation mit den kovarianten Basisvektoren:

$$\begin{aligned}\boldsymbol{d}^j\cdot\boldsymbol{d}_i &= \nabla u^j\cdot\frac{\partial\boldsymbol{r}}{\partial u^i} = \frac{\partial u^j}{\partial x_k}\frac{\partial x_k}{\partial u^i} = \frac{du^j}{du^i} = \delta_{ij}\ , \\ a^i &= \boldsymbol{a}\cdot\boldsymbol{d}^i \quad \text{und} \quad a_i = \boldsymbol{a}\cdot\boldsymbol{d}_i\ .\end{aligned} \tag{10.81}$$

Beispiel

Hier folgt die Rechnung zu Abb. 10.3. Wir schreiben die Ebenengleichung in Parameterform

$$\boldsymbol{r} = u^1(1, \frac{2}{3}) + u^2(1, -\frac{2}{3})$$

und wählen als kovariante Basisvektoren $\boldsymbol{d}_i \equiv \frac{\partial \boldsymbol{r}}{\partial u^i}$ und als kontravariante Basisvektoren $\boldsymbol{d}^i \equiv \nabla u^i$. Diese Basisvektoren sind keine Einheitsvektoren, daher haben wir sie mit $\boldsymbol{d}$ bezeichnet. Zuerst bestimmen wir die beiden Tangentialvektoren (im Punkt (0,0)):

$$\begin{aligned} \boldsymbol{d}_1 &= \frac{\partial \boldsymbol{r}}{\partial u^1} = (1, \frac{2}{3}) &\rightarrow \quad h_{u^1} &= \frac{\sqrt{13}}{3} \\ \boldsymbol{d}_2 &= \frac{\partial \boldsymbol{r}}{\partial u^2} = (1, -\frac{2}{3}) &\rightarrow \quad h_{u^2} &= \frac{\sqrt{13}}{3} . \end{aligned}$$

Für die duale Basis benötigen wir $u^1(\boldsymbol{r})$ und $u^2(\boldsymbol{r})$. Dazu lösen wir das Gleichungssystem $(x, y) = u^1(1, 2/3) + u^2(1, -2/3)$ nach u^1 und u^2 auf,

$$u^1 = (2x + 3y)/4 , \quad u^2 = (2x - 3y)/4$$

und berechnen die kontravarianten Basisvektoren

$$\boldsymbol{d}^1 = \nabla u^1 = \left(\frac{1}{2}, \frac{3}{4}\right) , \quad \boldsymbol{d}^2 = \nabla u^2 = \left(\frac{1}{2}, -\frac{3}{4}\right) .$$

Wir wählen für $\boldsymbol{a}$ wie in der Skizze die Komponenten in der kovarianten Basis $a^1 = 1$ und $a^2 = 4/3$:

$$\boldsymbol{a} = \boldsymbol{d}_1 + \frac{4}{3}\boldsymbol{d}_2 .$$

Die (kovarianten) Komponenten in der kontravarianten Basis erhalten wir durch Lösung der Gleichung

$$\begin{aligned} \boldsymbol{d}_1 + \frac{4}{3}\boldsymbol{d}_2 &= a_1 \boldsymbol{d}^1 + a_2 \boldsymbol{d}^2 \quad \rightarrow \\ \left(\frac{7}{3}, -\frac{2}{9}\right) &= \left(\frac{1}{2}a_1 + \frac{1}{2}a_2, \frac{3}{4}a_1 - \frac{3}{4}a_2\right) \quad \rightarrow a_1 = \frac{59}{27} , \quad a_2 = \frac{67}{27} . \end{aligned}$$

Damit ist $\boldsymbol{a}$ in der kontravarianten Basis

$$\boldsymbol{a} = \frac{59}{27}\boldsymbol{d}^1 + \frac{67}{27}\boldsymbol{d}^2 .$$

Das Längenquadrat von $\boldsymbol{a}$ ergibt sich zu

$$|\boldsymbol{a}|^2 = a^i a_i = \frac{59}{27} + \frac{67}{27} \cdot \frac{4}{3} = \frac{445}{81} .$$

□

Was uns noch fehlt, ist die Vorschrift, wie man aus den kontravarianten die kovarianten Komponenten (und umgekehrt) eines Vektors berechnen kann. Dies ist aber in unserer Definition der entsprechenden Basissysteme enthalten. Die gesuchte Beziehung hat die Form

$$a_i = g_{ij}\, a^j \quad \text{oder} \quad a^i = g^{ij}\, a_j \ , \tag{10.82}$$

wobei g_{ij} der so genannte **metrische Tensor** oder auch **Maßtensor** ist. Dieser Tensor hat zwei kovariante Indizes, einer davon zieht gleichsam den kontravarianten Index von a nach unten. Dieses Verhalten soll für alle Tensoren gelten. Entsprechend muss es den metrischen Tensor auch mit zwei kontravarianten Indizes oder auch einem ko- und einem kontravarianten Index geben. Da der Tensor auch in diesen Formen analog transformiert werden soll, hat er aus Konsistenzgründen die Eigenschaften

$$g_{ik}\, g_{jl}\, g^{kl} = g_{ik}\, g^k_j = g_{ij} \ . \tag{10.83}$$

Auch gilt offenbar

$$g^{ij} = g^{ik}\, g^j_k \quad \Rightarrow \quad g^j_k = \delta^j_k \quad \Rightarrow \quad g_{ij}\, g^{jk} = g^k_i = \delta^k_i \ . \tag{10.84}$$

Als Matrix betrachtet ist der kontravariante metrische Tensor also die inverse Matrix des kovarianten metrischen Tensors.

Ein invarianter Ausdruck kann mit Hilfe des metrischen Tensors auch folgendermaßen geschrieben werden:

$$a^i\, a_i = g^{ij}\, a_j\, a_i \ . \tag{10.85}$$

Man sieht, dass der metrische Tensor symmetrisch ist.

Auch das Quadrat des totalen Differenzials der Bogenlänge ist ein invarianter Skalar und muss daher in jedem System den selben Wert haben. Das erlaubt es uns, die Komponenten des metrischen Tensors abzuleiten. Man fordert

$$(ds)^2 = du^i\, du_i \tag{10.86}$$

und daher

$$(ds)^2 = d\boldsymbol{r} \cdot d\boldsymbol{r} = \left(\frac{\partial \boldsymbol{r}}{\partial u^i}\, du^i\right) \cdot \left(\frac{\partial \boldsymbol{r}}{\partial u^j}\, du^j\right) \stackrel{!}{=} du^i\, du_i = g_{ij}\, du^i\, du^j \ . \tag{10.87}$$

Der metrische Tensor gibt also das Abstandsquadrat im gegebenen Koordinatensystem an. Durch Vergleich der linken mit der rechten Seite werden die Komponenten des metrischen Tensors

$$g_{ij} = \left(\frac{\partial \boldsymbol{r}}{\partial u^i} \cdot \frac{\partial \boldsymbol{r}}{\partial u^j}\right) = (\boldsymbol{e}_i \cdot \boldsymbol{e}_j)\, h_{u^i}\, h_{u^j} = \boldsymbol{d}_i \cdot \boldsymbol{d}_j \ , \tag{10.88}$$

und man kann sich durch direkte Rechnung überzeugen, dass er die geforderten Eigenschaften aufweist. Für orthogonale Systeme ist $\boldsymbol{e}_{u^i} \cdot \boldsymbol{e}_{u^j} = \delta_{ij}$, und der metrische Tensor wird diagonal,

$$g_{ij} = h^2_{u^i}\, \delta_{ij} \ , \quad \text{und daher} \quad (ds)^2 = h^2_{u^i}\, (du^i)^2 \ . \tag{10.89}$$

Für nichtorthogonale Systeme gibt es dementsprechend Mischterme.

Beispiel

Der metrische Tensor zum vorigen Beispiel lautet

$$g_{ij} = \begin{pmatrix} \boldsymbol{d}_1 \cdot \boldsymbol{d}_1 & \boldsymbol{d}_1 \cdot \boldsymbol{d}_2 \\ \boldsymbol{d}_2 \cdot \boldsymbol{d}_1 & \boldsymbol{d}_2 \cdot \boldsymbol{d}_2 \end{pmatrix} = \begin{pmatrix} \frac{13}{9} & \frac{5}{9} \\ \frac{5}{9} & \frac{13}{9} \end{pmatrix}$$

und man kann leicht die Relation $g_{ij}a^j = a_i$ überprüfen. Den metrischen Tensor mit kontravarianten Indizes erhält man durch Inversion von g oder mittels

$$g^{ij} = \begin{pmatrix} \boldsymbol{d}^1 \cdot \boldsymbol{d}^1 & \boldsymbol{d}^1 \cdot \boldsymbol{d}^2 \\ \boldsymbol{d}^2 \cdot \boldsymbol{d}^1 & \boldsymbol{d}^2 \cdot \boldsymbol{d}^2 \end{pmatrix} = \begin{pmatrix} \frac{13}{16} & -\frac{5}{16} \\ -\frac{5}{16} & \frac{13}{16} \end{pmatrix} .$$

□

10.7 Wechsel der Basis

Kontra- und kovariante Basissysteme sind eine Besonderheit, sie sind dual. Nun wollen wir noch besprechen, wie man die Komponenten zu einer Basis allgemein in die einer anderen Basis transformiert. Physikalische Sachverhalte sind vom verwendeten Koordinatensystem unabhängig. Dennoch ist es oft sinnvoll, sie in verschiedenen Koordinatensystemen darzustellen; einige davon (kartesische Koordinaten, Zylinderkoordinaten, sphärische Polarkoordinaten und so weiter) haben wir kennen gelernt. Es stellt sich die Frage nach einer einfachen Beschreibung des Wechsels von Koordinatensystemen.

Der einfachste Fall eines Übergangs von einem Koordinatensystem zu einem anderen ist die Drehung eines kartesischen Systems um eine Achse durch den Ursprung. Dies wird durch eine orthogonale Transformation (10.4) beschrieben. Allgemeinere Transformationen liegen vor, wenn man von einem kartesischen oder auch einem krummlinigen System zu anderen solchen Systemen übergeht.

Dazu betrachten wir zwei Koordinatensysteme, ein u-System und ein v-System. Wir bezeichnen die (kontravarianten) Koordinaten mit Symbolen mit hochgestellten Indizes: $u^1, u^2, u^3, \ldots$ oder $v^1, v^2, v^3, \ldots$. Die nachfolgenden Überlegungen gelten im Prinzip für n-dimensionale Räume, aber wir werden uns hier auf drei Dimensionen beschränken. Wir wollen die Transformationseigenschaften der kontravarianten Komponenten bei Übergang auf das Basissystem der Koordinaten v^i bestimmen. Eine Transformation hat die Form

$$v^i = v^i(u^1, u^2, u^3) , \quad i = 1, 2, 3 , \tag{10.90}$$

mit der Umkehrtransformation

$$u^k = u^k(v^1, v^2, v^3) , \quad k = 1, 2, 3 . \tag{10.91}$$

Wir nehmen Differenzierbarkeit an. Um Eindeutigkeit zu gewährleisten, muss die Jacobi-Determinante der v^i, u^k (für beide Transformationsrichtungen) ungleich null sein (vgl. (8.2)).

Ein allgemeiner Vektor $\boldsymbol{a}$ lässt sich in jedem der beiden kovarianten Basissystemen schreiben:

$$\boldsymbol{a} = a^i \frac{\partial \boldsymbol{r}}{\partial u^i} = a^i \frac{\partial \boldsymbol{r}}{\partial v^k} \frac{\partial v^k}{\partial u^i} = \left(a^i \frac{\partial v^k}{\partial u^i} \right) \frac{\partial \boldsymbol{r}}{\partial v^k} = \hat{a}^k \frac{\partial \boldsymbol{r}}{\partial v^k} \,. \tag{10.92}$$

Wir sehen daraus, dass

$$\hat{a}^k = \alpha_i^k \, a^i \quad \text{mit} \quad \alpha_i^k \equiv \frac{\partial v^k}{\partial u^i} \tag{10.93}$$

die Komponenten des Vektors $\boldsymbol{a}$ im System der v-Koordinaten sind. Wir haben sie zur Unterscheidung mit einem Dach versehen. Also: Der Vektor $\boldsymbol{a}$ hat im u-System die Komponenten a^i und im v-System die Komponenten $\hat{a}^i$. Die Koeffizienten α_i^k sind vergleichbar mit den Komponenten r_{ki} der zu Kapitelbeginn besprochenen orthogonalen Transformationen.

Analog geht man beim Wechsel zwischen zwei kontravarianten Basissystemen vor und erhält die Relation

$$\hat{a}_k = \beta_k^i \, a_i \quad \text{mit} \quad \beta_k^i \equiv \frac{\partial u^i}{\partial v^k} \,. \tag{10.94}$$

Beispiel

Wir betrachten zwei Koordinatensysteme für eine Fläche:

u-System:

$$\boldsymbol{r} = (u^1 + 2\,u^2,\, u^1)$$
$$u^1 = 3\,v^2\,, \quad u^2 = \frac{1}{2}(v^1 - 3\,v^2)$$
$$\frac{\partial \boldsymbol{r}}{\partial u^1} = (1,\, 1)\,, \quad \frac{\partial \boldsymbol{r}}{\partial u^2} = (2,\, 0)$$

v-System:

$$\boldsymbol{r} = (v^1,\, 3\,v^2)$$
$$v^1 = u^1 + 2\,u^2\,, \quad v^2 = \frac{1}{3}\,u^1$$
$$\frac{\partial \boldsymbol{r}}{\partial v^1} = (1,\, 0)\,, \quad \frac{\partial \boldsymbol{r}}{\partial v^2} = (0,\, 3)$$

Ein Vektor $\boldsymbol{A}$ habe im u-System die Komponenten $A^1 = 5$, $A^2 = 1$. Dann sind die Komponenten im v-System:

$$\begin{aligned} \hat{A}^1 &= \frac{\partial v^1}{\partial u^1} A^1 + \frac{\partial v^1}{\partial u^2} A^2 &&= 1 \cdot 5 + 2 \cdot 1 &&= 7\,, \\ \hat{A}^2 &= \frac{\partial v^2}{\partial u^1} A^1 + \frac{\partial v^2}{\partial u^2} A^2 &&= \frac{1}{3} \cdot 5 + 0 \cdot 1 &&= \frac{5}{3}\,. \end{aligned}$$

Man kann das sofort überprüfen. Es gilt:

$$\boldsymbol{A} = A^i \frac{\partial \boldsymbol{r}}{\partial u^i} = (7,\, 5) = \hat{A}^i \frac{\partial \boldsymbol{r}}{\partial v^i} \,.$$

□

Die Größen α_i^k und β_k^i transformieren also Vektoren zwischen den verschiedenen Koordinatensystemen. Da die eine Transformation die Umkehrung der anderen ist, haben sie die nützliche Eigenschaft

$$\beta_k^m \, \alpha_i^k = \frac{\partial u^m}{\partial v^k} \frac{\partial v^k}{\partial u^i} = \frac{\partial u^m}{\partial u^i} = \delta_i^m \; . \tag{10.95}$$

Dabei schreibt man nun auch das Kronecker-δ mit einem hoch- und einem tiefgestellten Index. Damit ist auch die Umkehrung der Beziehungen (10.93) und (10.94) klar. Wir formen um:

$$\hat{A}^j = \alpha_n^j \, A^n \quad \Rightarrow \quad \beta_j^i \, \hat{A}^j = \beta_j^i \, \alpha_n^j \, A^n = \delta_n^i \, A^n = A^i \; . \tag{10.96}$$

Wir fassen die Beziehungen zusammen:

$$A^i = \beta_j^i \, \hat{A}^j \; , \quad \hat{A}^i = \alpha_j^i \, A^j \; , \quad A_i = \alpha_i^j \, \hat{A}_j \; , \quad \hat{A}_i = \beta_i^j \, A_j \; . \tag{10.97}$$

Durch das direkte Produkt zweier Vektoren (Tensoren 1. Stufe) wird ein Tensor 2. Stufe gebildet. Man kann hier wie bei (10.9) vorgehen und ko- und kontravariante Komponenten von Tensoren zweiter und höherer Stufe bilden,

$$T^{ik} = A^i \, B^k \; . \tag{10.98}$$

Das Transformationsverhalten vom u- zum v-System ergibt sich zu

$$\begin{aligned} &\text{kontravarianten Komponenten:} \quad && \hat{T}^{ik} = \hat{A}^i \, \hat{B}^k = \alpha_l^i \, \alpha_m^k \, A^l \, B^m = \alpha_l^i \, \alpha_m^k \, T^{lm} \; , \\ &\text{kovarianten Komponenten:} \quad && \hat{T}_{ik} = \hat{A}_i \, \hat{B}_k = \beta_i^l \, \beta_k^m \, A_l \, B_m = \beta_i^l \, \beta_k^m \, T_{lm} \; . \end{aligned} \tag{10.99}$$

Es sind aber auch gemischte Darstellungen möglich, bei denen sich die Komponenten jeweils entsprechend der Position ihrer Indizes (oben: kontravariant, unten: kovariant) transformieren,

$$\hat{T}_k^i = \hat{A}^i \, \hat{B}_k = \alpha_l^i \, \beta_k^m \, A^l \, B_m = \alpha_l^i \, \beta_k^m \, T_m^l \; . \tag{10.100}$$

Wohlgemerkt: Es handelt sich dabei immer um die Komponenten ein- und derselben physikalischen Größe. Es wird nur der diese Größe beschreibende Tensor unterschiedlich dargestellt, und man spricht etwas verkürzend meist von kontravarianten, kovarianten und gemischten Tensoren.

Die Stufe des Tensors entspricht dabei immer der Gesamtzahl seiner (nicht-verjüngten) Indizes. Nach unserer in diesem Abschnitt gültigen Übereinkunft, die Summationsregel nur jeweils auf ein Paar aus einem kovarianten und einem kontravarianten Index anzuwenden, kann man *nur* gemischte Tensoren verjüngen,

$$T_k^i \quad \Rightarrow \quad T_i^i = S \qquad \text{oder} \qquad T_l^{ik} \quad \Rightarrow \quad T_i^{ik} = A^k \; . \tag{10.101}$$

Beispiel

Der Ausdruck $S = A^i\, B_i$ ist ein Skalar. Dabei sind die A^i kontravariante und die B_i kovariante Komponenten von physikalischen Vektoren $\boldsymbol{A}$ und $\boldsymbol{B}$ im u-System. Wie transformiert sich S beim Koordinatenwechsel in das v-System? Es gilt

$$\hat{S} = \hat{A}^k\, \hat{B}_k = (\alpha_i^k\, A^i)(\beta_k^l\, B_l) = \alpha_i^k\, \beta_k^l\, A^i\, B_l = \delta_i^l\, A^i\, B_l = A^i\, B_i = S\ .$$

Das auf diese Art definierte „Skalarprodukt“ bleibt also invariant! Der Skalar $S = A^i\, A_i$ ist eine Verallgemeinerung des Längenquadrats des Vektors (siehe auch (10.79)). □

Der ϵ-Tensor (auch mit mehr als drei Indizes) wird als kontravarianter Tensor behandelt:

$$\epsilon^{k_1\, k_2 \ldots k_n}\ , \tag{10.102}$$

wobei die Regeln zur Berechnung seiner Komponenten gleich bleiben.

Aus dem Gesagten wird klar, wie man Ausdrücke bekommt, die unter Transformationen invariant sind und also, wie zu Beginn dieses Abschnitts gefordert, vom Koordinatensystem unabhängig sind. Es müssen Tensoren nullter Stufe sein. Sie werden aus Tensoren höherer Stufe zusammengesetzt sein, wobei gleich viele kontravariante und kovariante Indizes miteinander verjüngt werden.

Beispiel

Wir betrachten als Beispiel für das System der u-Koordinaten das kartesische Basissystem, also $u^i = x^i$, und daher bilden die Einheitsvektoren die kovariante Basis: $\partial\boldsymbol{r}/\partial u^i = \boldsymbol{e}_i$. Für das v-System wählen wir die Zylinderkoordinaten ρ, φ und x^3 und erhalten die kovarianten Basisvektoren

$$\frac{\partial\boldsymbol{r}}{\partial v^k} \Rightarrow \left(\frac{\partial\boldsymbol{r}}{\partial\rho}\right) = \begin{pmatrix} \cos\varphi \\ \sin\varphi \\ 0 \end{pmatrix}, \quad \left(\frac{\partial\boldsymbol{r}}{\partial\varphi}\right) = \begin{pmatrix} -\rho\, \sin\varphi \\ \rho\, \cos\varphi \\ 0 \end{pmatrix} \quad \text{und} \quad \left(\frac{\partial\boldsymbol{r}}{\partial x^3}\right) = \begin{pmatrix} 0 \\ 0 \\ 1 \end{pmatrix}.$$

Man erhält damit als Maßtensor für das kartesische System die Einheitsmatrix $g_{ij} = \delta_{ij}$ und für das (ebenfalls orthogonale) System der Zylinderkoordinaten

$$\hat{g}_{ij} = \begin{pmatrix} 1 & 0 & 0 \\ 0 & \rho^2 & 0 \\ 0 & 0 & 1 \end{pmatrix}.$$

Eine Überprüfung der Relation (10.95) für $i = m = 1$ ergibt zum Beispiel

$$\begin{aligned} \alpha_1^k \, \beta_k^1 &= \frac{\partial \rho}{\partial x^1} \frac{\partial x^1}{\partial \rho} + \frac{\partial \varphi}{\partial x_1} \frac{\partial x^1}{\partial \varphi} + \frac{\partial x^3}{\partial x^1} \frac{\partial x^1}{\partial x^3} \\ &= \frac{\rho \cos \varphi}{\rho} \cos \varphi - \frac{\rho \sin \varphi}{\rho^2} (-\rho \sin \varphi) + 0 = 1 \, . \end{aligned}$$

Alle anderen Relationen sind ebenfalls leicht zu prüfen. □

Beispiel

In der speziellen Relativitätstheorie wird die Schreibweise mit kontra- und kovarianten Indizes gerne verwendet. Vektoren haben vier Komponenten, die meist mit griechischen Indizes bezeichnet werden: eine für die Zeit und drei räumliche. Im Falle einer flachen Raum-Zeit kann der metrische Tensor als Diagonalmatrix mit den Komponenten

$$g_{ij} = g^{ij} = \mathrm{diag}(1, -1, -1, -1)$$

gewählt werden. Man nennt diese Metrik auch **Minkowski Metrik**.

Der Viererimpuls in kontravarianter Form p^μ wurde zu Beginn des Abschnitts 10.6 angegeben. Die bekannte Einsteinsche Beziehung hat die Form einer Invarianz der (verallgemeinerten) Länge des Impulsvektors,

$$p_\mu \, p^\mu = m^2 \, c^4 \, .$$

Dabei bezeichnet m die Masse des betrachteten Teilchens. Im Ruhesystem ist $\boldsymbol{p} = 0$, und man erhält die berühmte Beziehung zwischen Energie und Masse: $E = m \, c^2$.

Die Rolle verschiedener Koordinaten wird von den verschiedenen bewegten Bezugssystemen übernommen, und die Transformationstensoren α und β beschreiben Lorentztransformationen. Invariante Ausdrücke wie eben $p_\mu \, p^\mu$ sind also in jedem (gleichförmig) bewegten Bezugssystem gleich. □

C.10.1 … und auf dem Computer: Allgemeine Relativitätstheorie

Einsteins „Allgemeine Relativitätstheorie“ verknüpft die Struktur von Raum und Zeit mit der Verteilung der Materie. Die Feldgleichung sieht sehr einfach aus:

$$G_{\mu\nu} = 8 \, \pi \, T_{\mu\nu} \quad \text{wobei} \quad G_{\mu\nu} = R_{\mu\nu} - \frac{1}{2} \, g_{\mu\nu} \, R \, .$$

Der Tensor $G_{\mu\nu}$ beschreibt die Raum-Zeit Struktur; er berechnet sich aus dem metrischen Tensor $g_{\mu\nu}$. Die rechte Seite der Gleichung ist der aus der Materieverteilung abgeleitete so genannte Energie-Impuls Tensor $T_{\mu\nu}$. Um für einen praktischen Fall, zum Beispiel eine kugelsymmetrische Massenverteilung, den metrischen Tensor zu finden, muss man die Gleichung lösen. Meist beginnt dazu mit einem geeigneten Ansatz für den metrischen Tensor. Der Ricci-Tensor $R_{\mu\nu}$ und der Krümmungsskalar R berechnen sich aus $g_{\mu\nu}$ auf folgende Art:

$$\Gamma_{\mu\alpha\beta} = \frac{1}{2}\left(\frac{\partial g_{\mu\alpha}}{\partial x^\beta} + \frac{\partial g_{\mu\beta}}{\partial x^\alpha} - \frac{\partial g_{\alpha\beta}}{\partial x^\mu}\right), \quad \Gamma^\mu_{\alpha\beta} = g^{\mu\nu}\,\Gamma_{\nu\alpha\beta}\,,$$

und daraus der Riemannsche Krümmungstensor, sowie nach Kontraktion auch $R_{\mu\nu}$ und R:

$$R^\mu_{\nu\alpha\beta} = \frac{\partial \Gamma^\mu_{\nu\beta}}{\partial x^\alpha} - \frac{\partial \Gamma^\mu_{\nu\alpha}}{\partial x^\beta} + \Gamma^\mu_{\rho\alpha}\,\Gamma^\rho_{\nu\beta} - \Gamma^\mu_{\rho\beta}\,\Gamma^\rho_{\nu\alpha}\,, \quad R_{\mu\nu} = R^\alpha_{\mu\alpha\nu}\,, \quad R = g^{\mu\nu}\,R_{\mu\nu}\,.$$

Es ist klar, dass man für Rechnungen dieser Art gern ein Computeralgebra-Programm einsetzt. Versuchen Sie das doch, um die Krümmung für eine Kugeloberfläche zu berechnen. Die Metrik dieser zweidimensionalen Fläche ($x^1 = \vartheta$, $x^2 = \varphi$) ist aus

$$(ds)^2 = a^2\,(d\vartheta)^2 + a^2\,\sin^2\vartheta (d\varphi)^2$$

ablesbar und das Ergebnis sollte $R = 2/a^2$ sein!

10.8 Aufgaben und Lösungen

10.8.1 Aufgaben

10.1: Wie lauten die Komponenten eines Tensors $T = (t_{ij})$, wenn gilt $T\,\boldsymbol{e}_i = \boldsymbol{a}_i$ $(i = 1, 2, 3)$, wobei $\boldsymbol{a}_1 = (3, 4, 1)$, $\boldsymbol{a}_2 = (1, 0, 1)$ und $\boldsymbol{a}_3 = (2, 1, 0)$?

10.2: Ein Tensor $U = (u_{ij})$ ist so zu bestimmen, dass $U\,\boldsymbol{a}_i = \boldsymbol{c}_i$ gilt, mit $\boldsymbol{c}_1 = (3, 0, -6)$, $\boldsymbol{c}_2 = (-9, 0, -6)$, $\boldsymbol{c}_3 = (3, 0, -3)$. Die Vektoren $\boldsymbol{a}_i$ sind dieselben wie im vorhergehenden Beispiel.

10.3: Die beiden Vektoren $\boldsymbol{a} = (1, 3, 4)$ und $\boldsymbol{b} = (2, -1, -2)$ bilden mit Hilfe eines direkten Produktes $a_i\,b_j$ einen Tensor 2. Stufe. Zerlegen Sie den Tensor in den symmetrischen und antisymmetrischen Anteil.

10.4: Transformieren Sie den Tensor 2. Stufe mit den Komponenten $a_{11} = a_{23} = a_{32} = 1$, sonst 0, durch Drehung des Koordinatensystems um den Winkel α mit der x_3-Achse als Drehachse.

10.5: Die kartesischen Einheitsvektoren werden durch eine Drehung des Koordinatensystems in die Vektoren

$$\begin{aligned} \boldsymbol{a}_1 &= (\sin\vartheta\cos\varphi\ , \sin\vartheta\sin\varphi\ , \cos\vartheta) \\ \boldsymbol{a}_2 &= (\cos\vartheta\cos\varphi\ , \cos\vartheta\sin\varphi\ , -\sin\vartheta) \\ \boldsymbol{a}_3 &= (-\sin\varphi\ , \cos\varphi\ , 0) \end{aligned}$$

übergeführt. Wie lautet die Drehmatrix? Transformieren Sie den Tensor

$$\begin{pmatrix} 2 & 1 & 0 \\ 1 & -3 & -1 \\ 0 & -1 & 2 \end{pmatrix}$$

entsprechend dieser Drehung für $\vartheta = \varphi = \pi/4$.

10.6: Durch Rotation eines Kreises vom Durchmesser $2\,a$ um eine seiner Tangenten entsteht eine Rotationsfläche. Der Innenraum dieses Rotationskörpers sei homogen massiv. Bestimmen Sie das Trägheitsmoment dieses Körpers bezogen auf die Drehachse.

10.7: Man bestimme den Trägheitstensor (a) eines Vollzylinders mit der x_3-Achse als Zylinderachse, der Höhe h über der (x_1, x_2)-Ebene, Drehachse durch den Ursprung, dem Radius R und konstanter Massendichte ρ und (b) eines Hohlzylinders mit $R_0 \le r \le R_1$ und sonst gleichen Angaben.

10.8: Zeigen Sie, dass das Trägheitsmoment eines Körpers um eine Drehachse durch den Ursprung als Summe von $M\ (\boldsymbol{R} \times \boldsymbol{n})^2$ (Gesamtmasse M, Abstandsvektor des Schwerpunkts vom Ursprung $\boldsymbol{R}$) und dem Trägheitsmoment des Körpers um eine parallele Drehachse durch seinen Schwerpunkt gegeben ist.

10.9: Leiten Sie die Beziehungen (M.7.2.1) mit Hilfe der Darstellung mittels ϵ-Tensor ab.

10.10: Zeigen Sie, dass $\det A = 0$ wenn $a_{ij} = a_i b_j$.

10.11: Bestimmen Sie (mit Hilfe der Tensorschreibweise) Divergenz und Rotor für die Vektorfelder (a) $f_i = \epsilon_{ijk}\, a_j\, x_k$ und (b) $f_i = a_i\, b_j\, x_j$; dabei sind a_i und b_i $(i = 1, 2, 3)$ konstant.

10.8.2 Lösungen

Vollständige Lösungen unter http://physik.uni-graz.at/~cbl/mm/.

10.1: In Zeilen: (3,1,2), (4,0,1), (1,1,0).

10.2: In Zeilen: (0,3,-9), (0,0,0), (-2,1,-4).

10.3: Angabe jeweils in Zeilen; T_+: (2, 5/2, 3),(5/2, -3, -5), (3, -5, -8); T_-: (0, -7/2, -5), (7/2, 0, -1), (5, 1, 0).

10.4: In Zeilen: $(\cos^2\alpha, -\cos\alpha\ \sin\alpha, \sin\alpha)$, $(-\cos\alpha\ \sin\alpha, \sin^2\alpha, \cos\alpha)$, $(\sin\alpha, \cos\alpha, 0)$.

10.5: In Zeilen: $(\cos\varphi\ \sin\vartheta, \cos\varphi\ \cos\vartheta, -\sin\varphi)$, $(\sin\varphi\ \sin\vartheta, \sin\varphi\ \cos\vartheta, \cos\varphi)$, $(\cos\vartheta, -\sin\vartheta, 0)$.

10.6: $7\,a^5\,\pi^2/2$.

10.7: (a) Mit $M = \rho\, h\, R^2\pi$ ist $I_{11} = I_{22} = M\,(h^2/3 + R^2/4)$, $I_{33} = M\,R^2/2$; (b) $I_{11} = I_{22} = M\,(h^2/3 + (R_0^2 + R_1^2)/4)$, $I_{33} = M\,(R_0^2 + R_1^2)/2$.

10.8: Ersetzen Sie im Integranden $\boldsymbol{x} = \boldsymbol{R} + \boldsymbol{x}'$ und beachten Sie, dass das Integral über $\boldsymbol{x}'$ verschwindet! Der Ausdruck $\boldsymbol{R}^2 - (\boldsymbol{R}\cdot\boldsymbol{n})^2$ ist das Quadrat des Normalabstands vom Massenschwerpunkt zur Drehachse durch den Ursprung.

10.10: Schreiben Sie die Determinante wir in M.3.1 mittels ϵ-Tensor an.

10.11: (a) 0, $2\boldsymbol{a}$; (b) $\boldsymbol{a}\cdot\boldsymbol{b}$, $-\boldsymbol{a}\times\boldsymbol{b}$.

Literaturempfehlungen

Weitere Informationen und Beispiele findet man in [2–5]. Ein Standardtext zur Allgemeinen Relativitätstheorie ist [6]. Tensorrechnung kann mit dem Kalkül der so genannten äußeren Differenzialformen [7, 8] sehr elegant behandelt werden. Viele Aussagen (zum Beispiel die Integralsätze aus Kap. 9) lassen sich in diesem Formalismus einfach und in hoher Allgemeinheit hinschreiben. Basiswissen und weitere Informationen dazu finden Sie in Kap. 11.

Literatur

1. K. Jänich, *Vektoranalysis*, 5. Aufl. (Springer-Verlag, Berlin-Heidelberg-New York, 2005).
2. M. R. Spiegel, Dennis Spellman, und Seymour Lipschutz, *Schaum's Outline of Vektoranalysis* (McGraw-Hill, New York, 2009).
3. David Kay, *Schaum's Outline of Tensor Calculus* (McGraw-Hill, New York, 2000).
4. J. E. Marsden und A. J. Tromba, *Vektoranalysis: Einführung, Aufgaben, Lösungen* (Spektrum Akademischer Verlag, Heidelberg, 1995).
5. T. Arens, F. Hettlich, C. Karpfinger, U. Kockelkorn, K. Lichtenegger, und H. Stachel, *Mathematik*, 2. Aufl. (Springer - Spektrum Akademischer Verlag, Berlin, Heidelberg, Wiesbaden, 2011).
6. Ch. W. Misner, K. S. Thorne und J. A. Wheeler, *Gravitation* (W. H. Freeman and Co., San Francisco, 1973).
7. C. J. Isham, *Modern Differential Geometry For Physicists* (World Scientific, Singapore, 1999).
8. H. Flanders, *Differential Forms with Applications to the Physical Sciences* (Dover Publ. Inc., New York, 2003).

Ein wenig Differenzialformen 11

Wir haben (in den Kap. 7–9) schon mehrmals darauf hingewiesen, dass man mit Hilfe von Differenzialformen vor allem die allgemeinen Aussagen wie zum Beispiel die Integralsätze auf eine sehr fundamentale Art darstellen kann. Hier wollen wir zumindest den Appetit für diese Betrachtungsweise anregen – das wird natürlich eher eine Vorspeise als ein 5-gängiges Mahl. Aber wir werden tolle Vereinfachungen ableiten, zum Beispiel eine gemeinsame Formulierung für die schon betrachteten Differenzialoperatoren grad, div und rot sowie für beide Poincaré-Lemmas und die Integralsätze! Allerdings müssen wir anfangs etwas Formalismus in Kauf nehmen, bevor wir zum „Eingemachten" kommen.

11.1 Äußere Formen

In Kap. 3 haben wir in M.3.8 das abstrakte Konzept eines Vektorraums vorgestellt. Als hauptsächliche Anwendung ist uns bisher der dreidimensionale Raum begegnet, mit Vektoren, die auf einer Basis von drei Elementen (eben den Basisvektoren) dargestellt werden können. Später, in Kap. 12, werden wir Vektorräume mit unendlich vielen Basisvektoren kennen lernen.

Hier arbeiten wir mit einem Vektorraum L mit der Dimension n über dem Körper $\mathbb{R}$. Das bedeutet, dass alle Elemente des Vektorraums mit reellen Zahlen multipliziert werden können, und dadurch wieder Vektoren entstehen. Die Basisvektoren wollen wir mit $\sigma_1, \sigma_2, \ldots, \sigma_n$ bezeichnen und ein allgemeines Element α des Vektorraums kann durch seine Komponenten a_i in dieser Basis mittels

$$\alpha = \sum_{i=1}^{n} a_i \, \sigma_i \in L \tag{11.1}$$

dargestellt werden.

Nun konstruieren wir aus diesem Vektorraum durch Produktbildung mit sich selbst weitere Räume. Als Produkt verwenden wir dabei das so genannte äußere Produkt, eine

C.B. Lang, N. Pucker, *Mathematische Methoden in der Physik*,
DOI 10.1007/978-3-662-49313-7_11

Verallgemeinerung des bekannten Vektorprodukts. Formal schreiben wir ein äußeres Produkt von zwei Vektoren α und β mit Hilfe des Zeichens $\wedge$ (Englisch: „wedge") als $\alpha \wedge \beta$ an. Das Ergebnis ist ein Element des Produktraumes, also

$$\alpha \wedge \beta \in L \wedge L \,. \tag{11.2}$$

Es kommt dabei auf die Beibehaltung der Reihenfolge der Produktterme an, wie wir weiter unten noch genauer besprechen werden. So kann man mehrere Vektoren miteinander verknüpfen und erhält also Elemente von Räumen

$$\alpha_1 \wedge \alpha_2 \ldots \wedge \alpha_p \in \bigwedge^p L \equiv \underbrace{L \wedge L \wedge \ldots \wedge L}_{p\text{–mal}} \,. \tag{11.3}$$

Offenbar ist $\bigwedge^0 L \equiv \mathbb{R}$ und $\bigwedge^1 L \equiv L$.

Das Besondere sind die geforderten Eigenschaften des äußeren Produkts:

1. Linearität:
$$\begin{aligned} \alpha \wedge (b\,\beta + c\,\gamma) &= b\,\alpha \wedge \beta + c\,\alpha \wedge \gamma \,, \\ (a\,\alpha + b\,\beta) \wedge \gamma &= a\,\alpha \wedge \gamma + b\,\beta \wedge \gamma \,. \end{aligned}$$
2. Antivertauschbarkeit: $\alpha \wedge \beta = -\beta \wedge \alpha$
Das ist das Charakteristische: Es kommt auf die Reihenfolge an, wie es auch beim Vektorprodukt der Fall war. Daraus folgt: $\alpha \wedge \alpha = -\alpha \wedge \alpha = 0$.

Diese Eigenschaften gelten natürlich insbesondere auch für die Basisvektoren, also

$$\sigma_i \wedge \sigma_j = -\sigma_j \wedge \sigma_i \,, \quad \text{und daher} = 0 \text{ für } i = j \quad ! \tag{11.4}$$

Beispiel

Nehmen wir für L einen zweidimensionalen Raum und zum Beispiel die beiden Elemente

$$a = \sigma_1 + 3\,\sigma_2 \,, \quad b = -2\sigma_1 + 4\,\sigma_2 \,.$$

Wir bilden das äußere Produkt und erhalten mit Hilfe der eben besprochenen Regeln

$$a \wedge b = (\sigma_1 + 3\,\sigma_2) \wedge (-2\,\sigma_1 + 4\,\sigma_2) = 4\,\sigma_1 \wedge \sigma_2 - 6\,\sigma_2 \wedge \sigma_1 = 10\,\sigma_1 \wedge \sigma_2 \,.$$

Das ist eigentlich vollkommen analog dem schon lange bekannten äußeren Produkt für Vektoren, zum Beispiel für die Vektoren

$$\boldsymbol{a} = a_{11}\,\boldsymbol{e}_1 + a_{12}\,\boldsymbol{e}_2 \,, \quad \boldsymbol{b} = a_{21}\,\boldsymbol{e}_1 + a_{22}\,\boldsymbol{e}_2$$
$$\Rightarrow \boldsymbol{a} \times \boldsymbol{b} = (a_{11}\,a_{22} - a_{21}\,a_{12})\boldsymbol{e}_1 \times \boldsymbol{e}_2 \,.$$

Man beachte: Der Vorfaktor ist die Determinante der Matrix der Vektorkomponenten!

□

Beispiel

Das Verhalten, dass das Quadrat eines Elements verschwindet, ist uns von den Matrizen her bekannt. Es gilt zum Beispiel

$$\boldsymbol{\alpha} = \begin{pmatrix} 0 & 1 \\ 0 & 0 \end{pmatrix}, \quad \boldsymbol{\alpha}^2 = 0 .$$

In der Tat kann man äußere Formen auch mit Hilfe von Matrizen darstellen. □

Die Verallgemeinerung auf äußere Produkte von mehr als zwei Elementen wird einfach auf diese Eigenschaften zurückgeführt. So ist etwa

$$\sigma_1 \wedge \ldots \wedge \sigma_i \wedge \sigma_j \wedge \ldots \sigma_k = -\sigma_1 \wedge \ldots \wedge \sigma_j \wedge \sigma_i \wedge \ldots \sigma_k . \tag{11.5}$$

Die Vorzeichen anderer Reihenfolgen ergeben sich durch schrittweises Vertauschen. Man sieht, dass der Vorzeichenwechsel davon abhängt, ob eine gerade Permutation (kein Vorzeichenwechsel) oder eine ungerade Permutation (Vorzeichenwechsel) der ursprünglichen Reihenfolge der Indizes vorliegt.

Beispiel

Diese Konstruktion erinnert an den ϵ-Tensor. Offenbar ist

$$\begin{aligned} \sigma_1 \wedge \sigma_2 \wedge \sigma_3 &= \sigma_2 \wedge \sigma_3 \wedge \sigma_1 = \sigma_3 \wedge \sigma_1 \wedge \sigma_2 \\ &= -\sigma_1 \wedge \sigma_3 \wedge \sigma_2 = -\sigma_3 \wedge \sigma_2 \wedge \sigma_1 = \ldots \\ \sigma_1 \wedge \sigma_2 \wedge \sigma_2 &= 0 , \quad \text{etc.} , \end{aligned}$$

und daher

$$\sigma_i \wedge \sigma_j \wedge \sigma_k = \epsilon_{ijk}\, \sigma_1 \wedge \sigma_2 \wedge \sigma_3 .$$

□

Alles, was für die Basiselemente gilt, gilt auch für beliebige Elemente. So ist etwa

$$\alpha \wedge \beta \wedge \gamma = \beta \wedge \gamma \wedge \alpha = -\gamma \wedge \beta \wedge \alpha , \tag{11.6}$$

und so weiter.

Die Basiselemente von $\bigwedge^p L$ können aus den Basiselementen von L konstruiert werden. Betrachten wir $\bigwedge^2 L$: Die einzigen nichtverschwindenden Kombinationen von je zwei σ_i sind die Produkte

$$\sigma_i \wedge \sigma_j \quad \text{mit} \quad i \neq j . \tag{11.7}$$

Wegen (11.4) reicht es, nur die Kombinationen mit $i < j$ zu nehmen, da die anderen diesen ja (negativ) proportional sind, also keine neuen unabhängigen Elemente liefern. Damit gibt es insgesamt

$$\binom{n}{2} \text{ Elemente:} \quad \sigma_1 \wedge \sigma_2,\ \sigma_1 \wedge \sigma_3,\ \ldots, \sigma_2 \wedge \sigma_3,\ \ldots . \tag{11.8}$$

Jedes Element aus $\bigwedge^2 L$ kann daher beispielsweise durch die Summe

$$\sum_{\substack{i,j=1 \\ i<j}}^{n} a_{ij}\, \sigma_i \wedge \sigma_j \tag{11.9}$$

dargestellt werden.

Analog geht man für $\bigwedge^p L$ vor. Es gibt $\binom{n}{p}$ Basiselemente der Form $\sigma_{i_1} \wedge \sigma_{i_2} \wedge \ldots \wedge \sigma_{i_p}$ mit $i_1 < i_2 < \ldots < i_p$.

Die Dimension der Räume ist damit

$$\begin{aligned} \bigwedge^0 L = \mathbb{R} \quad &: \quad 1\,, \\ \bigwedge^1 L = L \quad &: \quad n\,, \\ \bigwedge^2 L \quad &: \quad \binom{n}{2} = \frac{n(n-1)}{2}\,, \\ \bigwedge^p L \quad &: \quad \binom{n}{p}\,. \end{aligned} \tag{11.10}$$

Falls $p = n$, dann gibt es nur mehr ein einziges in allen σ_i antisymmetrisches Element, nämlich

$$\sigma_1 \wedge \sigma_2 \wedge \sigma_3 \wedge \ldots \wedge \sigma_n$$

und die Dimension des Raumes ist $\binom{n}{n} = 1$. Der Fall $p > n$ ist nicht möglich, da dann nur die leere Menge übrig bleibt.

Beispiel

Mit dem dreidimensionalen Vektorraum $L \equiv \mathbb{R}^3$ sind mögliche Basisvektoren für die Räume $\bigwedge^p L$ folgende:

$$\begin{aligned} \bigwedge^1 L \ &: \ \sigma_1, \sigma_2, \sigma_3\,, \quad (\text{entsprechend } \boldsymbol{e}_1, \boldsymbol{e}_2, \boldsymbol{e}_3)\,. \\ \bigwedge^2 L \ &: \ \sigma_1 \wedge \sigma_2, \sigma_1 \wedge \sigma_3, \sigma_2 \wedge \sigma_3\,. \\ \bigwedge^3 L \ &: \ \sigma_1 \wedge \sigma_2 \wedge \sigma_3\,. \end{aligned}$$

□

Ein allgemeines Element des Raumes $\bigwedge^p L$ kann in die Form

$$\sum_{i_1,i_2,\ldots,i_p} a_{i_1,i_2,\ldots,i_p}\,\sigma_{i_1} \wedge \sigma_{i_2} \wedge \ldots \wedge \sigma_{i_p} \quad \text{mit} \quad i_1 < i_2 < \ldots < i_p \tag{11.11}$$

gebracht werden. Wenn wir die Index-Kombination $(i_1, i_2, \ldots, i_p)$ mit I bezeichnen („Multi-Index I") und die entsprechenden Basiselemente mit σ_I, können wir es kurz als

$$\sum_I a_I\,\sigma_I \tag{11.12}$$

schreiben. Wenn die Summe über alle möglichen (also nicht nur die geordneten) Kombinationen der Indizes läuft, dann sollten Koeffizienten a_I antisymmetrisch in all ihren Indizes sein, bei paarweisem Vertauschen der Indizes (ungeraden Permutationen) also ihr Vorzeichen ändern. Wenn sie diese Eigenschaft nicht haben, dann heben sich die in den Indizes symmetrischen Beiträge auf und nur antisymmetrische Anteile überleben. Man kann also immer geeignete Kombinationen definieren.

Beispiel

Wir betrachten zu einem Vektorraum L mit $n = 3$ den Produktraum $\bigwedge^2 L$. Jedes Element α kann zunächst in die Form

$$\alpha = b_{12}\,\sigma_1 \wedge \sigma_2 + b_{21}\,\sigma_2 \wedge \sigma_1 + b_{13}\,\sigma_1 \wedge \sigma_3 + b_{31}\,\sigma_3 \wedge \sigma_1 + b_{23}\,\sigma_2 \wedge \sigma_3 + b_{32}\,\sigma_3 \wedge \sigma_2$$

gebracht werden. Nur drei der sechs Vektoren sind voneinander unabhängig, da ja $\sigma_2 \wedge \sigma_1 = -\sigma_1 \wedge \sigma_2$, und so weiter. Wegen der Antisymmetrie des äußeren Produktes kann man umformen:

$$\begin{aligned} \alpha &= (b_{12} - b_{21})\,\sigma_1 \wedge \sigma_2 + (b_{13} - b_{31})\,\sigma_1 \wedge \sigma_3 + (b_{23} - b_{32})\,\sigma_2 \wedge \sigma_3 \\ &\equiv a_{12}\,\sigma_1 \wedge \sigma_2 + a_{13}\,\sigma_1 \wedge \sigma_3 + a_{23}\,\sigma_2 \wedge \sigma_3 \ . \end{aligned}$$

Die Koeffizienten a_{ij} haben daher die oben diskutierte Antisymmetrie in ihren Indizes. □

Wenn man im Vektorraum L eine allgemeine lineare Transformation – zum Beispiel eine Drehung – durchführt, wie ändert sich dann ein Element aus einem Produktraum? Die lineare Abbildung transformiert auch die Basiselemente von L:

$$\begin{aligned} A : L &\to L \\ \sigma_i &\to \sigma_i' = \sum_j a_{ij}\,\sigma_j \ . \end{aligned} \tag{11.13}$$

Insbesondere interessiert uns die Änderung des Basiselements von $\bigwedge^n L$. Da dieser Produktraum nur ein einziges Basiselement hat, muss das transformierte Element proportional dem ursprünglichen sein, es muss also gelten

$$\sigma_1' \wedge \sigma_2' \wedge \ldots \wedge \sigma_n' \equiv |A|\, \sigma_1 \wedge \sigma_2 \wedge \ldots \wedge \sigma_n \,, \tag{11.14}$$

wobei wir den Vorfaktor $|A|$ die „Determinante" der linearen Abbildung A nennen. Im besprochenen Fall ist $|A| = \det(a_{ij})$, wie man schnell sieht:

$$\begin{aligned} \sigma_1' \wedge \sigma_2' \wedge \ldots \wedge \sigma_n' &= \sum_{i_1,i_2,\ldots,i_n} a_{1\,i_1}\, a_{2\,i_2} \ldots a_{n\,i_n} \sigma_{i_1} \wedge \sigma_{i_2} \wedge \ldots \wedge \sigma_{i_n} \\ &= \left[\sum_{i_1,i_2,\ldots,i_n} a_{1\,i_1}\, a_{2\,i_2} \ldots a_{n\,i_n}\, \epsilon_{i_1 i_2 \ldots i_n} \right] \sigma_1 \wedge \sigma_2 \wedge \ldots \wedge \sigma_n \,. \end{aligned} \tag{11.15}$$

Der Vorfaktor ist genau die Entwicklung der Determinante einer $n \times n$-Matrix (a_{ij}) aus M.3.1.

Wenn man eine direkte Summe über alle $\bigwedge^k L$ für $k = 0$ bis n bildet, ergibt sich die **äußere Algebra** (auch **Grassmann Algebra** genannt). Elemente daraus sind Linearkombinationen von Basiselementen der $\bigwedge^k L$ mit im Allgemeinen komplexen Koeffizienten. Die Zahl der Basiselemente der Algebra ergibt sich aus der Summe der schon angeführten Dimensionen der $\bigwedge^k L$ in (11.10): Es gibt 2^n Basiselemente. Diese Algebra ist für die Behandlung von Fermionen in der Quantenfeldtheorie von Bedeutung.

Basiselemente, die einen Vektorraum aufspannen, waren in früheren Kapiteln (zum Beispiel in Kap. 3) Richtungsvektoren im klassischen Sinn. In späteren Kapiteln (wie etwa in Kapitel 12) werden auch Funktionen Basiselemente sein. Die Forderungen an einen Vektorraum aus M.3.8 sind allgemein genug, dies zuzulassen. Auch Differenziale können als Basiselemente für einen Vektorraum dienen.

Beispiel

Ein 2-dimensionaler Vektorraum habe Basiselemente dr und $d\varphi$. Wir wollen aus den 1-Formen

$$\begin{aligned} x &= r\cos\varphi &\Rightarrow\quad dx &= \cos\varphi\, dr - r\sin\varphi\, d\varphi \,, \\ y &= r\sin\varphi &\Rightarrow\quad dy &= \sin\varphi\, dr + r\cos\varphi\, d\varphi \end{aligned}$$

das Produkt $dx \wedge dy$ berechnen:

$$\begin{aligned} dx \wedge dy &= (\cos\varphi\, dr - r\sin\varphi\, d\varphi) \wedge (\sin\varphi\, dr + r\cos\varphi\, d\varphi) \\ &= (r\cos^2\varphi\, dr \wedge d\varphi - r\sin^2\varphi\, d\varphi \wedge dr) = r\, dr \wedge d\varphi \,. \end{aligned}$$

Offenbar entspricht das genau der Beziehung für das Flächenelement in Polar- und kartesischen Koordinaten. Genau so kann man auch 3-Formen (Volumenformen) transformieren. In jedem Fall erhält man als Faktor die Jacobi-Determinante (M.5.8) – wie schon früher in Kap. 8 besprochen. □

Beispiel

Wir wollen die Basiselemente eines dreidimensionalen Vektorraums L als dx_1, dx_2 und dx_3 bezeichnen. Allgemeine Elemente aus den Produkträumen haben dann (in unserer vereinfachten Notation ohne das $\wedge$-Symbol) die Form:

$$\begin{aligned} \bigwedge^0 L = \mathbb{R} &\ni a \,, \\ \bigwedge^1 L = L &\ni a_1\,dx_1 + a_2\,dx_2 + a_3\,dx_3 \,, \\ \bigwedge^2 L &\ni a_{23}\,dx_2 \wedge dx_3 + a_{31}\,dx_3 \wedge dx_1 + a_{12}\,dx_1 \wedge dx_2 \,, \\ \bigwedge^3 L &\ni a_{123}\,dx_1 \wedge dx_2 \wedge dx_3 \,. \end{aligned} \tag{11.16}$$

Wir haben hier bei der Wahl der Basiselemente von $\bigwedge^2 L$ die zyklische Ordnung (also 23, 31 und 12) gewählt. Einen nichttrivialen Raum $\bigwedge^4 L$ gibt es nicht mehr ($4 > n = 3$)!

Wir bilden nun das Produkt aus $\alpha \in \bigwedge^1 L$ und $\beta \in \bigwedge^1 L$. Das Ergebnis ist ein Element von $\bigwedge^2 L$:

$$\begin{aligned} (a_1\,dx_1 + a_2\,dx_2 + a_3\,dx_3) &\wedge (b_1\,dx_1 + b_2\,dx_2 + b_3\,dx_3) \\ = \quad & (a_2\,b_3 - a_3\,b_2)\,dx_2 \wedge dx_3 \\ & + (a_3\,b_1 - a_1\,b_3)\,dx_3 \wedge dx_1 \\ & + (a_1\,b_2 - a_2\,b_1)\,dx_1 \wedge dx_2 \,, \end{aligned}$$

da ja $dx_1 \wedge dx_1 = dx_2 \wedge dx_2 = dx_3 \wedge dx_3 = 0$ gilt. In den Vorfaktoren erkennen wir gute Bekannte wieder: die Komponenten des (äußeren) Vektorproduktes $\boldsymbol{a} \times \boldsymbol{b}$! □

Beispiel

Als weiteres Beispiel bilden wir ein Produkt aus $\alpha \in \bigwedge^1 L$ mit $\beta \in \bigwedge^2 L$ und erhalten ein Element aus $\bigwedge^3 L$:

$$\begin{aligned} (a_1\,dx_1 + a_2\,dx_2 + a_3\,dx_3) &\wedge (b_1\,dx_2 \wedge dx_3 + b_2\,dx_3 \wedge dx_1 + b_3\,dx_1 \wedge dx_2) \\ &= (a_1\,b_1 + a_2\,b_2 + a_3\,b_3)\,dx_1 \wedge dx_2 \wedge dx_3 \,. \end{aligned}$$

Der Vorfaktor ist in diesem Fall $\boldsymbol{a} \cdot \boldsymbol{b}$. Wir können also auf diese Art Vektorprodukt und Skalarprodukt darstellen. Das wird nach der Einführung von Ableitungsformen wichtig sein. □

Beispiel

Ähnlich wie im vorletzten Beispiel kann man auch das Volumenelement in einem anderen Koordinatensystem berechnen. Für Kugelkoordinaten (siehe Anhang A) lauten die Differenziale

$$\begin{aligned} dx &= \cos\varphi\,\sin\vartheta\,dr - r\,\sin\varphi\,\sin\vartheta\,d\varphi + r\,\cos\varphi\,\cos\vartheta\,d\vartheta \\ dy &= \sin\varphi\,\sin\vartheta\,dr + r\,\cos\varphi\,\sin\vartheta\,d\varphi + r\,\sin\varphi\,\cos\vartheta\,d\vartheta \\ dz &= \cos\vartheta\,dr - r\,\sin\vartheta\,d\vartheta\ . \end{aligned}$$

In den Vorfaktoren der einzelnen Differenziale finden wir die Elemente der entsprechenden Jacobi-Determinante aus M.5.8 wieder. Daher wundert es uns nicht, dass das äußere Produkt der Differenziale schließlich

$$dx \wedge dy \wedge dz = r^2\,\sin\vartheta\;dr \wedge d\vartheta \wedge d\varphi$$

ergibt. Genau so wurden die Regeln der äußeren Formen ja gewählt. □

Wir haben in diesem Beispiel bei der Bezeichnung der Basiselemente Hintergedanken gehabt. Die Notation soll an die schon bekannten Differenziale erinnern. Auch haben wir in Kap. 10 bei der Einführung der kovarianten Basis Ableitungen als Basiselemente verwendet. Die neue Wahl der Basiselemente eines Vektorraums führt uns direkt zu den zu Beginn angesprochenen Vereinfachungen.

Wir konzentrieren uns nun daher auf die im oben betrachteten Beispiel beschriebenen äußeren Formen mit der Basis $\sigma_i \equiv dx_i$. Je nach dem Wert von p sprechen wir von p-Formen. So sind also

$$\begin{aligned} &\text{1-Formen:} \qquad \omega = \sum_{i=1}^{n} a_i\,dx_i\ , \\ &p\text{-Formen:} \qquad \omega = \sum_{i_1,i_2,\ldots,i_p=1}^{n} a_{i_1 i_2 \ldots i_p}\,dx_{i_1} \wedge dx_{i_2} \wedge \ldots \wedge dx_{i_p} \end{aligned} \tag{11.17}$$

(wobei die Indizes aufsteigend geordnet sein sollen).

In einem Teilgebiet $U \subset \mathbb{R}^n$ können wir für jeden Punkt $\boldsymbol{x}$ solche p-Formen definieren. Wir führen also eine Ortsabhängigkeit ein und schreiben für eine p-Form mit Hilfe der Multi-Index-Schreibweise

$$\omega(\boldsymbol{x}) = \sum_I a_I(\boldsymbol{x})\,dx_I\ . \tag{11.18}$$

Dabei sollen die Koeffizienten $a_I(\boldsymbol{x})$ glatte, beliebig oft differenzierbare Funktionen auf U sein. Solche äußeren Formen nennen wir **äußere Differenzialformen**.

- Eine 0-Form ist einfach eine Funktion $a(\boldsymbol{x})$ auf U.
- Eine 1-Form könnte man im $\mathbb{R}^3$ mit einem Vektorfeld identifizieren: $\boldsymbol{a}(\boldsymbol{x}) = (a_1(\boldsymbol{x}), a_2(\boldsymbol{x}), a_3(\boldsymbol{x}))$ entspricht

$$\alpha = a_1(\boldsymbol{x})\,dx_1 + a_2(\boldsymbol{x})\,dx_2 + a_3(\boldsymbol{x})\,dx_3\ .$$

- Ein gerichtetes Flächenelement, das wir in Kap. 7 mit $d\boldsymbol{A}$ bezeichnet haben, entspricht der 2-Form

$$\alpha = a_{23}(\boldsymbol{x})\, dx_2 \wedge dx_3 + a_{31}(\boldsymbol{x})\, dx_3 \wedge dx_1 + a_{12}(\boldsymbol{x})\, dx_1 \wedge dx_2$$

mit den Komponenten des Richtungsvektors $(a_{23},\, a_{31},\, a_{12})$.

Ausgedrückt in der Sprache aus Kap. 10: Eine Differenzial-k-Form ist ein in allen Indizes antisymmetrischer Tensor vom Rang k.

Produkte können in die Form

$$\alpha(\boldsymbol{x}) \in \bigwedge\nolimits^p L\,, \quad \beta(\boldsymbol{x}) \in \bigwedge\nolimits^q L \quad \Rightarrow \quad \alpha(\boldsymbol{x}) \wedge \beta(\boldsymbol{x}) = \sum_{I,K} a_I\, b_K\, dx_I \wedge dx_K \tag{11.19}$$

gebracht werden. Wenn $p + q > n$, dann verschwindet das Produkt sicher.

11.2 Äußere Ableitung

Wir wollen alle glatten p-Differenzialformen über ein Gebiet $U \in \mathbb{R}^n$ in einer Menge $F^p(U)$ zusammenfassen. Daher sind in $F^0(U)$ alle differenzierbaren Funktionen auf U beheimatet, in $F^1(U)$ alle 1-Formen und so weiter.

In Kap. 4 haben wir das totale Differenzial einer Funktion $f(x_1, x_2, x_3)$ auf $\mathbb{R}^3$ als

$$df = \frac{\partial f}{\partial x_1}\, dx_1 + \frac{\partial f}{\partial x_2}\, dx_2 + \frac{\partial f}{\partial x_3}\, dx_3 \tag{11.20}$$

angeschrieben. In unserer neuen Sprache der äußeren Formen ist dies ein Übergang von einem Element $f \in F^0$ auf eine 1-Form $df \in F^1$. Das totale Differenzial, welches die lineare Näherung der Änderung einer Funktion f beschreibt, ist also eine 1-Form.

Wir verallgemeinern diese Operation d, sodass sie immer p-Formen in $(p+1)$-Formen verwandelt,

$$d: \quad F^p(U) \quad \rightarrow \quad F^{p+1}(U)\,. \tag{11.21}$$

Dabei gelten folgende Definitionen:

1. $d(\alpha + \beta) = d\alpha + d\beta$.
2. Wenn a eine 0-Form und α eine p-Form ist, dann gilt die Produktregel der Form $d(a\,\alpha) = da \wedge \alpha + a\, d\alpha$.
3. $d(\alpha \wedge \beta) = d\alpha \wedge \beta + (-1)^{p_\alpha}\, \alpha \wedge d\beta$.
   Das Vorzeichen kommt gleichsam vom „Durchschieben" des Operators d durch die p_α-Form α; dabei verhält sich d wie eine 1-Form und das führt bei der Vertauschung zum Vorzeichenfaktor.

4. Funktionen f sind 0-Formen und es gilt $df = \sum_i \frac{\partial f}{\partial x_i} \, dx_i$.
5. Für jede Form α gilt $d(d\alpha) = 0$.

Vor allem die letzte Aussage ist verblüffend, aber durchaus konsistent mit den anderen Forderungen, wie wir nun zeigen wollen.

Forderungen (1)–(3) entsprechen der Linearität und einer auf äußere Formen verallgemeinerten Produktregel für Ableitungen. Der vierte Punkt entspricht genau den Eigenschaften des totalen Differenzials aus (11.20).

Beispiel

Die 0-Form $f = x_1$ wird durch den Operator d in eine 1-Form verwandelt:

$$df = d(x_1) = dx_1 \, .$$

Die 0-Form $f = x_1 + 5\,x_3^2$ wird eine 1-Form:

$$df = \frac{\partial(x_1 + 5\,x_3^2)}{\partial x_1} \, dx_1 + \frac{\partial(x_1 + 5\,x_3^2)}{\partial x_2} \, dx_2 + \frac{\partial(x_1 + 5\,x_3^2)}{\partial x_3} \, dx_3 = dx_1 + 10\,x_3 \, dx_3 \, .$$

Es ist dies die lineare Näherung der Funktionsänderung und wir erkennen darin die linearen Terme einer Taylorentwicklung in den Variablen um den Punkt (x_1, x_2, x_3).

□

Aus (5) folgt $d(dx_1) = 0$ oder allgemein $d(dx_i) = 0$. Dies ist ebenfalls mit (4) konsistent. Wie sieht das für Basiselemente $dx_1 \wedge dx_2$ aus? Mittels (3) ist

$$d(dx_1 \wedge dx_2) = d(dx_1) \wedge dx_2 - (dx_1) \wedge d(dx_2) = 0 \, . \tag{11.22}$$

Dasselbe ergibt sich für Basiselemente aus $\bigwedge^p L$ auch für größere p.

Für ein allgemeines Element aus F^p folgt aus (1)–(5) die Regel:

$$\begin{aligned}
\alpha(\boldsymbol{x}) &= \sum_I a_I(\boldsymbol{x}) \, dx_I \quad \Rightarrow \\
d\alpha(\boldsymbol{x}) &= \sum_I d(a_I(\boldsymbol{x}) \, dx_I) = \sum_I \left(d(a_I(\boldsymbol{x})) \wedge dx_I + a_I(\boldsymbol{x}) \, d(dx_I)\right) \\
&= \sum_I \left(\frac{\partial a_I(\boldsymbol{x})}{\partial x_j} \, dx_j\right) \wedge dx_I \\
&= \sum_I \frac{\partial a_I(\boldsymbol{x})}{\partial x_j} \, dx_j \wedge dx_I \, .
\end{aligned} \tag{11.23}$$

Hier tragen natürlich nur diejenigen Terme bei, für die $j \notin I$ ist. Damit ist die Definition von d vollständig.

Für p-Formen auf $\mathbb{R}^2$ gilt zum Beispiel (mit $\boldsymbol{x} \in \mathbb{R}^2$):

p	Basis	Element $\in F^p(U \subset \mathbb{R}^2)$	äußere Ableitung
0	1	$\alpha = a(\boldsymbol{x})$	
1	$dx_1,\ dx_2$	$\beta = b_1(\boldsymbol{x})dx_1 + b_2(\boldsymbol{x})dx_2$	$d\alpha = (\partial_1 a(\boldsymbol{x}))dx_1 + (\partial_2 a(\boldsymbol{x}))dx_2$
2	$dx_1 \wedge dx_2$	$\gamma = c_{12}(\boldsymbol{x})dx_1 \wedge dx_2$	$d\beta = (\partial_1 b_2(\boldsymbol{x}) - \partial_2 b_1(\boldsymbol{x}))dx_1 \wedge dx_2$

Beispiel

Besonders interessieren uns p-Formen auf $\mathbb{R}^3$ (also n=3). Die Operation d wirkt auf 0-Formen wie ein Gradient. Wir sehen das am Beispiel

$$\alpha = f(\boldsymbol{x}) \quad \Rightarrow \quad d\alpha \equiv df(\boldsymbol{x}) = \frac{\partial f}{\partial x_1}\, dx_1 + \frac{\partial f}{\partial x_2}\, dx_2 + \frac{\partial f}{\partial x_3}\, dx_3\ .$$

Die Koeffizienten sind die Komponenten des Gradienten $\boldsymbol{\nabla} f(\boldsymbol{x})$. □

Beispiel

Angewandt auf 1-Formen ergibt sich

$$\begin{aligned} d\,(a_1\, dx_1 + a_2\, dx_2 + a_3\, dx_3) \quad = \quad & \left(\frac{\partial a_3}{\partial x_2} - \frac{\partial a_2}{\partial x_3}\right) dx_2 \wedge dx_3 \\ & + \left(\frac{\partial a_1}{\partial x_3} - \frac{\partial a_3}{\partial x_1}\right) dx_3 \wedge dx_1 \\ & + \left(\frac{\partial a_2}{\partial x_1} - \frac{\partial a_1}{\partial x_2}\right) dx_1 \wedge dx_2\ . \end{aligned}$$

Die Koeffizienten entsprechen den Komponenten des Rotors eines Vektors $\boldsymbol{a}$. □

Beispiel

Schließlich wenden wir d auf 2-Formen an:

$$\begin{aligned} & d\,(a_{23}\, dx_2 \wedge dx_3 + a_{31}\, dx_3 \wedge dx_1 + a_{12}\, dx_1 \wedge dx_2) \\ & \qquad = \left(\frac{\partial a_{23}}{\partial x_1} + \frac{\partial a_{31}}{\partial x_2} + \frac{\partial a_{12}}{\partial x_3}\right) dx_1 \wedge dx_2 \wedge dx_3\ . \end{aligned}$$

Hier ergibt sich der Vorfaktor also als Divergenz eines Vektors mit den Komponenten (a_{23}, a_{31}, a_{12}). □

In den Beispielen haben wir gesehen, dass d auf 0-, 1- oder 2-Formen wirkt wie ein Gradient, ein Rotor oder eine Divergenz. Das wundert uns nicht: Wir haben schon früher festgestellt, dass zum Beispiel $\alpha \wedge \beta$ (jeweils 1-Formen) der Bildung des Vektorprodukts entspricht. Ähnlich kann man hier argumentieren: $d\alpha$ ist eigentlich wie $d \wedge \alpha$ zu interpretieren. Es wirkt wie ein äußeres Produkt einer 1-Form mit einer p-Form und erzeugt so eine $(p+1)$-Form.

Beispiel

Wir berechnen $d(df(\boldsymbol{x}))$. Ausgehend von (11.20) ergibt sich

$$\begin{aligned} d(df) &= d\left(\frac{\partial f}{\partial x_1}\,dx_1 + \frac{\partial f}{\partial x_2}\,dx_2 + \frac{\partial f}{\partial x_3}\,dx_3\right) \\ &= \left(\frac{\partial^2 f}{\partial x_2\,\partial x_3} - \frac{\partial^2 f}{\partial x_3\,\partial x_2}\right) dx_2 \wedge dx_3 + \left(\frac{\partial^2 f}{\partial x_3\,\partial x_1} - \frac{\partial^2 f}{\partial x_1\,\partial x_3}\right) dx_3 \wedge dx_1 \\ &\quad + \left(\frac{\partial^2 f}{\partial x_1\,\partial x_2} - \frac{\partial^2 f}{\partial x_2\,\partial x_1}\right) dx_1 \wedge dx_2 = 0\,. \end{aligned}$$

Das Ergebnis folgt aus der Vertauschbarkeit der gemischten zweiten Ableitungen und bestätigt die Aussage $d(d\alpha) = 0$. Wenn wir diese Operation für eine 1-Form α anwenden, ergibt sich dasselbe Verhalten. □

Die Eigenschaft $d(d\alpha) = 0$ folgt also auch aus der am Beginn dieses Abschnitts postulierten Differenzierbarkeit der p-Formen und der Vertauschbarkeit der gemischten zweiten Ableitungen. Sie wird auch **Satz von Poincaré** oder **Poincaré-Lemma** genannt. Im uns vertrauten Fall des $\mathbb{R}^3$ erkennen wir, dass dieses Verhalten die in Kap. 7 in (M.7.2.1) beobachteten Zusammenhänge ergibt, nämlich

$$\begin{aligned} &0-\text{Form} \quad \alpha \quad \sim f(\boldsymbol{x}): \\ &\qquad d(d\alpha) = 0 \quad \text{entspricht} \quad \operatorname{rot}\operatorname{grad} f(\boldsymbol{x}) \equiv \nabla \times (\nabla f(\boldsymbol{x})) = 0\,, \\ &1-\text{Form} \quad \alpha \quad \sim \boldsymbol{A}(\boldsymbol{x}): \\ &\qquad d(d\alpha) = 0 \quad \text{entspricht} \quad \operatorname{div}\operatorname{rot} \boldsymbol{A}(\boldsymbol{x}) \equiv \nabla \cdot (\nabla \times \boldsymbol{A}(\boldsymbol{x})) = 0\,. \end{aligned} \tag{11.24}$$

Das Wichtige aber ist, dass diese Formulierung viel allgemeiner gilt, also nicht nur für $\mathbb{R}^3$, wie in Kap. 7 besprochen.

Formen wie $d\alpha$, die äußere Ableitungen sind, heißen **exakte Formen**. Formen ω, für die $d\omega = 0$ gilt, nennt man **geschlossene Formen**. Wie sieht es hier mit der Umkehrung des Poincaré-Lemmas aus? Kann jede geschlossene Form ω auch als exakte Form $\omega = d\alpha$ geschrieben werden? Die Antwort ist ein zögerndes Ja. Zögernd deswegen, da das zwar lokal gilt, aber bei Räumen mit nicht einfacher Topologie nicht immer überall gleichzeitig gültig ist. Die Umkehrung gilt für einfach zusammenhängende Gebiete, vgl. Kap. 19. Man kann zur p-Form ω auf U tatsächlich immer eine entsprechende $(p-1)$-Form α finden.

Diese allerdings ist nicht eindeutig, da sie nur bis auf additive Terme $d\lambda$ mit der beliebigen $(p-2)$-Form λ bestimmt ist.

Wenn $p = 1$, dann ist α eine Funktion und λ eine Konstante. Wir haben diese Problemstellung im Abschnitt 7.5.2 über konservative Kräfte besprochen. Aus dem Verschwinden des Wegintegrals (entsprechend $d\omega \sim d\boldsymbol{r} \cdot \boldsymbol{F}$) folgt, dass es sich um eine konservative Kraft handeln muss ($\boldsymbol{F} = \operatorname{grad} \Phi$ entspricht $\omega = d\alpha$), deren Potenzial aber nur bis auf additive Konstante bestimmbar ist.

Beispiel

Die in der Elektrodynamik gebräuchlichen Größen sind das elektrische Feld $\boldsymbol{E}$, die dielektrische Verschiebung $\boldsymbol{D}$, das magnetische Feld $\boldsymbol{H}$, die magnetische Induktion $\boldsymbol{B}$, die elektrische Stromdichte $\boldsymbol{J}$ und die Ladungsdichte ρ. Die Maxwell-Gleichungen (Faraday's Gesetz und die Quellenlosigkeit des Magnetfeldes) sind grundlegende Gleichungen der Elektrodynamik. Sie lauten

$$\begin{aligned} \operatorname{rot} \boldsymbol{E} &= -\frac{1}{c}\frac{\partial \boldsymbol{B}}{\partial t}, \\ \operatorname{div} \boldsymbol{B} &= 0. \end{aligned}$$

Wir führen den so genannten Feldstärketensor F ein; das ist eine 2-Form $F = F_{\mu\nu}\, dx_\mu \wedge dx_\nu$, wobei

$$\begin{aligned} F = &-E_x c\, dx \wedge dt - E_y c\, dy \wedge dt - E_z c\; dz \wedge dt \\ &+ B_x\, dy \wedge dz + B_y\, dz \wedge dx + B_z\, dx \wedge dy \end{aligned}$$

und c die Lichtgeschwindigkeit bezeichnet. Wir sehen, dass $F_{\mu\nu}$ offensichtlich antisymmetrisch in seinen Indices ist. Ausgedrückt durch den Feldstärketensor lauten die Maxwell-Gleichungen

$$\partial_\mu F_{\nu\sigma} + \partial_\nu F_{\sigma\mu} + \partial_\sigma F_{\mu\nu} = 0 .$$

Mit der 2-Form F kann man diese als eine Gleichung in der Form

$$dF = 0$$

schreiben. F ist also eine geschlossene 2-Form. Nach dem Poincaré-Lemma ist sie in einem einfach zusammenhängenden Gebiet (das keine Singularitäten, also „Löcher" enthält) daher auch exakt, und es gibt eine 1-Form A mit

$$F = dA .$$

Tatsächlich ist uns A als Vektorfeld bekannt. In Komponentenform lautet die Beziehung

$$F_{\mu\nu} = \partial_\mu A_\nu - \partial_\nu A_\mu .$$

Wegen $d(d\Phi) = 0$ ist A nur bis auf eine additive 1-Form $d\Phi$ festgelegt. Das ist die so genannte Freiheit der Eichung (Eichinvarianz der Elektrodynamik).

Es gibt noch zwei weitere Maxwell-Gleichungen (Ampere's Gesetz und die Kontinuitätsgleichung):

$$\begin{aligned} \operatorname{rot} \boldsymbol{H} &= \frac{4\pi}{c} \boldsymbol{J} + \frac{1}{c} \frac{\partial \boldsymbol{D}}{\partial t} , \\ \operatorname{div} \boldsymbol{D} &= 4\pi \rho . \end{aligned}$$

Mit der 2-Form

$$\begin{aligned} G &= -H_x \, c \, dx \wedge dt - H_y \, c \, dy \wedge dt - H_z c \, dz \wedge dt \\ &\quad + D_x \, dy \wedge dz + D_y \, dz \wedge dx + D_z \, dx \wedge dy \end{aligned}$$

und der 3-Form

$$\begin{aligned} C &= J_x \, dy \wedge dz \wedge dt + J_y \, dz \wedge dx \wedge dt \\ &\quad + J_z \, dx \wedge dy \wedge dt + \rho \, dx \wedge dy \wedge dz \end{aligned}$$

kann man die beiden Gleichungen zu

$$dG = -4\pi C$$

zusammenfassen. Wegen $dG = 0$ folgt daraus die Beziehung

$$dC = 0 \quad \Rightarrow \quad \operatorname{div} \boldsymbol{J} + \frac{\partial \rho}{\partial t} = 0 ,$$

welche die Ladungserhaltung zeigt. □

Der $\mathbb{R}^n$ ist ein einfacher, flacher Raum. Wir haben aber auch schon Situationen kennen gelernt, in denen der betrachtete Raum gekrümmt ist. Ein Beispiel dafür ist die (zweidimensionale) Oberfläche einer (dreidimensionalen) Kugel. Differenzialgeometrie ist ein Weg, die Konzepte der Differenziation und Integration auch in solchen Räumen anzuwenden. Allerdings tritt da ein Problem auf. Genauso wenig, wie unsere Vorfahren durch Kenntnis ihrer unmittelbaren Nachbarschaft feststellen konnten, ob sie sich auf der Oberfläche einer Scheibe oder einer Kugel befanden, so wenig kann man aus der unmittelbaren Nachbarschaft eines Punktes in einem (mathematischen) Raum auf die globale Struktur schließen. Man führt daher das Konzept der **Mannigfaltigkeit** ein. Eine n-dimensionale Mannigfaltigkeit ist ein Raum M, der zumindest lokal wie $\mathbb{R}^n$ aussieht: eine Kollektion von lokalen Koordinatensystemen für Nachbarschaften U_1, U_2 und so weiter. Jeder Punkt aus M muss in zumindest einem dieser Nachbarschaftsgebiete U_i liegen.

Nehmen wir an, U wird durch einen Satz von Koordinaten beschrieben und V durch einen anderen Satz. Man kann nun in weiterer Folge (differenzierbare) Abbildungen von

Gebieten $U \to V$ untersuchen. Man stellt fest, dass solche Abbildungen auch geeignet definierten Abbildungen von Differenzialformen $F^p(V) \to F^p(U)$ entsprechen. Dabei können die Dimensionen von U und V durchaus verschieden sein. Man kann auf diese Art zeigen, dass die äußere Ableitung einer Differenzialform unabhängig von einem speziellen Koordinatensystem ist. Die auf Grundlage von Differenzialformen abgeleiteten Aussagen haben damit einen großen Gültigkeitsbereich!

11.3 Integralsätze

Alle Integralsätze aus Kap. 9 verknüpfen Integrale über ein Gebiet und eine Funktion (oder ein Vektorfeld) mit Integralen über den Rand des Gebiets und Ableitungen der Funktion (oder des Vektorfeldes). Auch diese Zusammenhänge können – wie beim Poincaré-Lemma – auf eine einzige Beziehung zurückgeführt werden. Den Beweis wollen wir uns hier ersparen, er kann zum Beispiel in [1] nachgelesen werden. Die Aussage selbst stellen wir voran.

Der **Satz von Stokes** besagt, dass für p-Formen ω und $(p+1)$-dimensionale Gebiete S folgende Integralbeziehung gilt:

$$\int_{\partial S} \omega = \int_S d\omega \,. \tag{11.25}$$

Dabei bezeichnet $d\omega$ das äußere Differenzial von ω, ist also eine $(p+1)$-Form, und ∂S bezeichnet den Rand von S, ist also p-dimensional. Dabei kann S ein durch $(p+1)$ Koordinaten beschreibbares Teilgebiet einer Mannigfaltigkeit M sein, wie unten besprochen aus Polyedern zusammengesetzt, und im einfachen Fall einfach ein Gebiet $\in \mathbb{R}^{p+1}$.

Für $p = 1$ wird hier also ein Integral über eine 1-Form und ein 1-dimensionales Gebiet ∂S durch das Integral über eine 2-Form und ein 2-dimensionales Gebiet S ausgedrückt. Im Kap. 9 wurde im Integralsatz von Stokes analog ein Linienintegral über ein Vektorfeld einem Flächenintegral über den Rotor des Vektorfeldes gleichgesetzt. Wir werden bald sehen, dass diese Aussage die Urmutter aller bisher besprochenen Integralsätze ist. Dazu müssen wir aber erst klarstellen, wie sich diese Integrale in die uns bekannten übersetzen.

Wir haben schon erwähnt, dass die Aussagen mittels Differenzialformen unabhängig vom speziellen Koordinatensystem sind, und daher hat auch der Satz von Stokes im Prinzip auf beliebig gekrümmten Mannigfaltigkeiten seine Richtigkeit. Im Einzelfall wird man allerdings oft auf ein geeignetes lokales Koordinatensystem übergehen müssen, um von diesem Satz zu profitieren. Dies haben wir im Kap. 9 ja auch getan.

Beim allgemeinen Beweis des Satzes zerlegt man zuerst das Integrationsgebiet. Es ist üblich, beliebige Gebiete im $\mathbb{R}^n$ in einfache Teile zu zerlegen, ähnlich wie bei einem Puzzle. Diese Teile sind Verallgemeinerungen von Dreiecken und werden Simplizes (Einzahl: Simplex) genannt. In n Dimensionen wollen wir so ein Teilgebiet einen n-Simplex nennen.

Im $\mathbb{R}^2$ ist ein Simplex einfach ein Dreieck; es hat drei Seiten (1-dimensional) und 3 Eckpunkte (0-dimensional). Im $\mathbb{R}^3$ ist der 3-Simplex ein (unregelmäßiger) Tetraeder (mit 4 Dreiecken als 2-dimensionale Grenzflächen, 6 Kanten und 4 Eckpunkten). In einer Dimension ist das einfachste Element, der 1-Simplex, einfach eine Strecke (mit zwei Endpunkten). Jeder n-Simplex hat also eine n-abhängige Zahl von niedriger-dimensionalen Grenzsimplizes.

Wir überlegen uns kurz die Anzahl von Elementen.

Dimension	0-Simplizes	1-Simplizes	2-Simplizes	3-Simplizes	...
	(Punkte)	(Strecken)	(Dreiecke)	(Tetraeder)	
0	1				
1	2	1			
2	3	3	1		
3	4	6	4	1	
n	n	$\binom{n}{2}$	$\binom{n}{3}$	...	

Allgemein hat ein n-Simplex s_n insgesamt $\binom{n}{p}$ verschiedene p-Simplizes in seinem Rand enthalten. Wenn wir die p-Simplizes durch geordnete Listen ihrer Eckpunkte P_i charakterisieren, so ist

0-Simplex: (P_0),
1-Simplex: (P_0, P_1),
2-Simplex: (P_0, P_1, P_2),
3-Simplex: (P_0, P_1, P_2, P_3).

Der Rand eines p-Simplex s_p besteht aus einer Summe von Simplizes s_{p-1}. Wir definieren:

$$\begin{aligned}
\partial(P_0, P_1) &= (P_1) - (P_0)\,, \\
\partial(P_0, P_1, P_2) &= (P_1, P_2) - (P_0, P_2) + (P_0, P_1) \\
&= (P_1, P_2) + (P_2, P_0) + (P_0, P_1)\,, \\
\partial(P_0, P_1, P_2, P_3) &= (P_1, P_2, P_3) - (P_0, P_2, P_3) + (P_0, P_1, P_3) - (P_0, P_1, P_2) \\
&= (P_1, P_2, P_3) + (P_0, P_3, P_2) + (P_0, P_1, P_3) + (P_0, P_2, P_1)\,.
\end{aligned} \tag{11.26}$$

Das Vorzeichen hängt also davon ab, welchen Punkt man aus dem Simplex jeweils entfernt, um das Randstück zu erhalten.

Wir haben schon im Abschn. 9.3 darauf hingewiesen: Wichtig ist die konsistente Wahl der Orientierung. Das gilt auch hier, bei der Definition des Randes. Betrachten wir das Dreieck, den 2-Simplex in Abb. 11.1. Wenn man sich diesen in einer waagrechte Ebene liegend denkt, so wählt man den Umlaufsinn gegen den Uhrzeiger, und so sind dann auch die drei Ränder orientiert. Das entspricht der üblichen Konvention einer Rechtsschraube, wobei die Schraube sich nach “oben” bewegt. Beim 3-Simplex wählt man bei jeder der Randflächen die nach außen zeigende Richtung als “oben”.

Abb. 11.1 Skizze zur Orientierung der Simplizes und deren Ränder

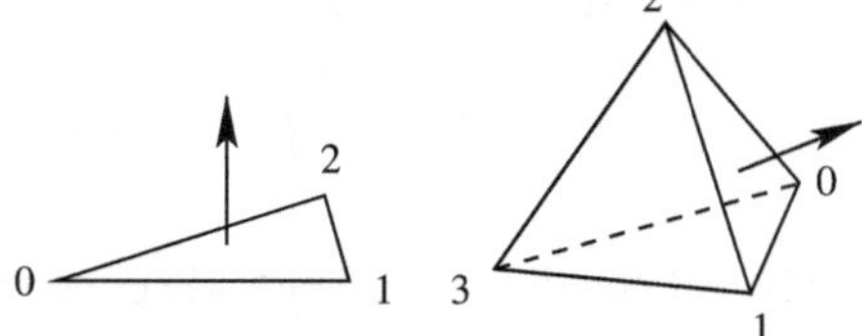

Alle p-dimensionalen Gebiete S kann man so aus p-Simplizes zusammensetzen. Der Rand von S, den wir ∂S genannt haben, besteht aus den $(p-1)$-Simplizes, die den Rand der p-Simplizes ausmachen. Dabei heben sich aneinander grenzende Randstücke, die sich also im Inneren des Gebiets befinden, natürlich gegenseitig auf. Daraus folgt eine wichtige Beobachtung: Ein Rand selbst hat keinen Rand, also $\partial(\partial S) = \{\}$. (Der Rand eines Dreiecks besteht aus den drei Kanten, deren Randpunkte stoßen aneinander und heben sich paarweise auf!)

Beispiel

Ein Viereck mit den Eckpunkten A, B, C und D kann als Summe der beiden Simplizes (A, B, C) und (A, C, D) gedacht werden. Diese beiden Simplizes haben die Ränder:

$$\partial(A, B, C) = (B, C) - (A, C) + (A, B)\,, \quad \partial(A, C, D) = (C, D) - (A, D) + (A, C)\,.$$

Die Summe der Ränder ergibt $(A, B) + (B, C) + (C, D) - (A, D)$ und deren Rand ist

$$\begin{aligned}&\partial(A, B) + \partial(B, C) + \partial(C, D) - \partial(A, D)\\&\qquad = (B) - (A) + (C) - (B) + (D) - (C) - (D) + (A) = 0\,.\end{aligned}$$

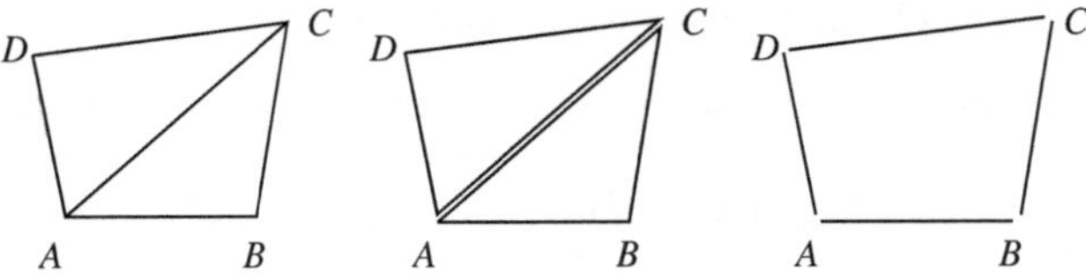

Abb. 11.2 Das Viereck kann aus zwei Dreiecken zusammengesetzt werden. In Summe heben sich die diagonalen Randstrecken weg, und es bleiben vier Randstrecken, deren Randpunkte sich insgesamt wegheben □

Um das Integral einer p-Form über ein p-dimensionales Gebiet S zu bilden, zerlegt man S in p-Simplizes und bildet eine entsprechende Summe von Integralen über je einen der Simplizes. Damit haben wir das Problem auf die Integration über einen Simplex, den wir s_p nennen wollen, reduziert. Man wählt ein lokales Koordinatensystem $(x_1, x_2, \ldots, x_p)$ und bringt die Differenzialform in die Standardform

$$\omega = a(x_1, x_2, \ldots, x_p)\, dx_1 \wedge dx_2 \wedge \ldots \wedge dx_p\,. \tag{11.27}$$

Wir haben also das Integral

$$\int_{s_p} \omega = \int_{s_p} a(x_1, x_2, \ldots, x_p)\, dx_1 \wedge dx_2 \wedge \ldots \wedge dx_p \tag{11.28}$$

und berechnen die rechte Seite wie ein gewöhnliches, p-faches Integral nach den üblichen Regeln.

Eine Integration über einen p-Simplex entspricht also einem p-fachen Integral. Für $p = 0$ ist das Integral einfach der Wert der 0-Form ω (eine Funktion) am 0-Simplex s_0 (einem Punkt). Die Integration über den 0-Simplex $\partial(P_0, P_1)$ ergibt also

$$\int_{\partial(P_0,P_1)} \omega = \int_{(P_1)} \omega - \int_{(P_0)} \omega = \omega(P_1) - \omega(P_0)\,, \tag{11.29}$$

da ja der Rand des 1-Simplex zwei Punkte umfasst, die entsprechend unserer Definition des Randes mit verschiedenen Vorzeichen eingehen.

Wir wollen einige uns bekannte Fälle des Satzes von Stokes kurz besprechen:

$\boldsymbol{p = 0}$**:** Die 1-Form $d\omega$ und den 1-Simplex (P_0, P_1) ergibt sich nach unserer Vorschrift

$$\int_{(P_0,P_1)} d\omega = \int_{P_0}^{P_1} \frac{\partial \omega}{\partial x}\, dx\,. \tag{11.30}$$

Dies stimmt nach Integration mit dem Ergebnis (11.29) überein. Das ist unser erstes und einfachstes Beispiel für den Satz von Stokes (11.25) für $p = 1$. Es entspricht der Gleichheit von Wegintegral über die Kraft mit der Differenz des Potenzials zwischen Ende und Anfang des Weges.

$\boldsymbol{p = 1}$**:** Es ist S eine Fläche und ∂S der Rand der Fläche:

$$\begin{aligned}
\omega &= a_1\, dx_1 + a_2\, dx_2 + a_3\, dx_3 \qquad \text{(1-Form)} \quad \to \quad \boldsymbol{a} \cdot d\boldsymbol{r}\,, \\
d\omega &= (\partial_2 a_3 - \partial_3 a_2)\, dx_2 \wedge dx_3 + (\partial_3 a_1 - \partial_1 a_3)\, dx_3 \wedge dx_1 \\
&\quad + (\partial_1 a_2 - \partial_2 a_1)\, dx_1 \wedge dx_2 \qquad \text{(2-Form)} \quad \to \quad \operatorname{rot} \boldsymbol{a} \cdot d\boldsymbol{S}\,.
\end{aligned}$$

Damit wird (11.25) zu

$$\begin{aligned}
\int_{\partial S} (a_1\, dx_1 + a_2\, dx_2 + a_3\, dx_3) &= \int_S [(\partial_2 a_3 - \partial_3 a_2)\, dx_2 \wedge dx_3 \\
&\quad + (\partial_3 a_1 - \partial_1 a_3)\, dx_3 \wedge dx_1 + (\partial_1 a_2 - \partial_2 a_1)\, dx_1 \wedge dx_2] \\
\int_{\partial S} \boldsymbol{a} \cdot d\boldsymbol{r} &= \int_S \operatorname{rot} \boldsymbol{a} \cdot d\boldsymbol{S}\,,
\end{aligned}$$

eben dem bekannten Integralsatz von Stokes aus (9.24).

$p = 2$: Hier ist V eine Volumen und $\partial V = S$ dessen Oberfläche:

$$\begin{aligned} \omega &= a_1\,dx_2 \wedge dx_3 + a_2\,dx_3 \wedge dx_1 + a_3\,dx_1 \wedge dx_2 \quad \text{(2-Form)} \quad \rightarrow \quad \boldsymbol{a} \cdot d\boldsymbol{S}\,, \\ d\omega &= (\partial_1 a_1 + \partial_2 a_2 + \partial_3 a_3)\,dx_1 \wedge dx_2 \wedge dx_3 \quad \text{(3-Form)} \quad \rightarrow \quad \operatorname{div} \boldsymbol{a}\,dV\,. \end{aligned}$$

Aus (11.25) wird so

$$\begin{aligned} &\int_{\partial V} (a_1\,dx_2 \wedge dx_3 + a_2\,dx_3 \wedge dx_1 + a_3\,dx_1 \wedge dx_2) \\ &\qquad = \int_V (\partial_1 a_1 + \partial_2 a_2 + \partial_3 a_3)\,dx_1 \wedge dx_2 \wedge dx_3 \qquad (11.31) \\ &\int_{S=\partial V} \boldsymbol{a} \cdot d\boldsymbol{S} = \int_V \operatorname{div} \boldsymbol{a}\,dV\,. \end{aligned}$$

Das ist der Gaußsche Integralsatz (9.3). Für die Orientierung der Oberflächen muss man die Definition (11.26) beachten.

Der Fall $p = 3$, beziehungsweise $p + 1 = 4$ hat im $\mathbb{R}^3$ keinen Sinn, da es dort keine 4-Formen gibt. Allerdings gibt es in der Physik natürlich auch Problemstellungen in $\mathbb{R}^4$, $\mathbb{R}^5$ und so weiter, und dort sind daher weitere Integralsätze ableitbar.

Aus unserer Diskussion über den Rand von Gebieten sehen wir auch, dass die linke Seite des Satzes von Stokes für Gebiete S verschwindet, die selbst ein Rand ∂A sind, wie das etwa für Kugeloberflächen oder geschlossene, sich nicht überschneidende Kurven der Fall ist:

$$0 = \int_{\partial S = \partial\partial A = \{\}} \omega = \int_{S=\partial A} d\omega = \int_A d\,d\omega = 0\,. \qquad (11.32)$$

Das Integral $\int d\omega$ verschwindet also sowohl wegen der Umformung nach links (ein Rand hat keinen Rand) also auch wegen der nach rechts ($d\,d\omega = 0$).

Wozu einfach, wenn es kompliziert auch geht, werden sich manche nun fragen. Der Grund für die hier diskutierten Formulierungen liegt in der allgemeinen Anwendbarkeit. Die Ergebnisse sind unabhängig vom gewählten Koordinatensystem. Sofern man die unterschiedlichen Systeme mit differenzierbaren Funktionen aufeinander abbilden kann, ergeben sich so Vereinfachungen der Rechnungen.

Damit wollen wir unseren Ausflug in die Theorie der Differenzialformen und differenzierbaren Mannigfaltigkeiten beenden, obwohl es noch viel Interessantes zu erkunden gäbe. Anwendungen sind Klassifikation und Lösungen von Differenzialgleichungen, Analysis auf gekrümmten Mannigfaltigkeiten, Differenzialtopologie und Gruppentheorie, um nur einige zu erwähnen. Physikalische Sachverhalte der Feldtheorie (allen voran Elektrodynamik und Allgemeine Relativitätstheorie) sind wichtige Anwendungsbereiche für differenzierbare Mannigfaltigkeiten.

11.4 Aufgaben und Lösungen

11.4.1 Aufgaben

11.1: Die Basis einer äußeren Algebra sei $\{a, b\}$. Was ergibt die Reihenentwicklung von $\exp(a + 2b)$?

11.2: Zeigen Sie mit Hilfe äußerer Formen für quadratische Matrizen $|\mathbf{AB}| = |\mathbf{A}|\,|\mathbf{B}|$.

11.3: Zeigen Sie mit Hilfe äußerer Formen, dass im $\mathbb{R}^n$ das Gaußsche Integral

$$\int_{\mathbb{R}^n} d^n x \; \exp\left(-\boldsymbol{x}^T \mathbf{A}^T \mathbf{A} \boldsymbol{x}\right) = \pi^{n/2} / |\mathbf{A}|$$

ergibt (Annahme: $\mathbf{A}$ ist nicht singulär)!

11.4: Betrachten Sie p-Formen im $\mathbb{R}^4$. (a) Wie viele unabhängige Basiselemente gibt es für $p = 0, 1, 2, 3, 4$? (b) Tabellieren Sie die Wirkung des äußeren Differenzialoperators d, wie er in diesem Kapitel definiert ist, auf alle diese p-Formen.

11.5: Zerlegen Sie einen Würfel W in 3-Simplizes. Zeigen Sie, dass $\partial(\partial W) = 0$ gilt.

11.6: Im $\mathbb{R}^2$ sei ein Potenzial $V(\boldsymbol{x}) = x_1^2 + x_2^2$. Berechnen Sie die Komponenten der 1-Form (Kraft) $F = -dV$ und daraus dF. Begründen Sie das Ergebnis.

11.7: Wir schreiben das Vektorpotenzial der Elektrodynamik als 1-Form $A = A_1\,dx_1 + A_2\,dx_2 + A_3\,dx_3$. Berechnen Sie die Komponenten des Magnetfelds (2-Form) mittels $B = dA$, und zeigen Sie durch explizite Rechnung, dass $dB = 0$.

11.8: Berechnen Sie das äußere Produkt $dx \wedge dy \wedge dz \in \bigwedge^3 L$ (Basiselemente dr, $d\vartheta$, $d\varphi$) der drei Vektoren

$$x = r\,\sin\vartheta\,\cos\varphi,\; y = r\,\sin\vartheta\,\sin\varphi,\; z = r\cos\vartheta\;.$$

11.9: Berechnen Sie das Integral $\int F$ über das elektromagnetische Feld $F = B_1\,dy \wedge dz$ durch die Oberfläche einer Kugel (Radius R) im Bereich $0 < \vartheta < \pi/2$, $0 < \varphi < \pi/2$ (also ein Achtel der Oberfläche)).

11.4.2 Lösungen

Vollständige Lösungen unter http://physik.uni-graz.at/~cbl/mm/.

11.1: Man beachte: $a\,b = -b\,a$, $a^2 = b^2 = 0$ und daher $1 + a + 2\,b$.

11.2: Beachten Sie: $d(\mathbf{A}x) = |\mathbf{A}|dx$ und daher ....

11.4: (a) Basis: $(p = 0)$ 1, $(p = 1)$ $\{dx_1, dx_2, dx_3, dx_4\}$, $(p = 2)$ $\{dx_1 dx_2,\ dx_1 dx_3,\ dx_1 dx_4,\ dx_2 dx_3,\ dx_2 dx_4,\ dx_3 dx_4\}$, $(p = 3)$ $\{dx_1 dx_2 dx_3,\ dx_1 dx_2 dx_4,\ dx_1 dx_3 dx_4,\ dx_2 dx_3 dx_4\}$, $(p = 4)$ $\{dx_1 dx_2 dx_3 dx_4\}$.

11.6: $F = -2\,x_1\,dx_1 - 2\,x_2\,dx_2$, immer in Richtung des Ursprungs gerichtet; $dF = 0$ wegen des Poincaré-Lemmas, hier als 2-dimensionale Version der Beziehung rot grad $V = 0$.

11.7: Beachten Sie: $d(dA) = 0$ aufgrund des Poincaré-Lemmas.

11.8: $dx \wedge dy \wedge dz = J\,dr \wedge d\vartheta \wedge d\varphi$, wobei J die Jacobi-Determinante ist $J = r^2 \sin\vartheta$.

11.9: In Kugelkoordinaten ist $dy \wedge dz = R^2 \sin^2\vartheta\ \cos\varphi\, d\vartheta \wedge d\varphi$ und das Integral daher $B_1\, R^2\,\pi/4$.

Literaturempfehlungen
Ein guter, physikalisch motivierter, einführender Text zu äußeren Differenzialformen ist [1], etwas mathematischer und tiefer in die Differenzialgeometrie einführend sind [2–4]. Originell formuliert ist auch [5].

Literatur

1. H. Flanders, *Differential Forms with Applications to the Physical Sciences* (Dover Publ. Inc., New York, 2003).
2. K. Jänich, *Mathematik 1*, 2. Aufl. (Springer-Verlag, Berlin-Heidelberg-New York, 2005).
3. C. J. Isham, *Modern Differential Geometry For Physicists* (World Scientific, Singapore, 1999).
4. S. H. Weintraub, *Differential Forms: Theory and Practice*, 2. Aufl. (Elsevier Science Publishing Co. Inc./ Academic Press, San Diego, CA, 2014).
5. P. Bamberg und S. Sternberg, *A Course in Mathematics for Students in Physics: 1* (Cambridge University Press, Cambridge, 1988).

Funktionenräume 12

12.1 Vektorräume

12.1.1 Rückblick: Vektoren im $\mathbb{R}^3$

In Kap. 3 haben wir Vektoren im dreidimensionalen **euklidischen Raum** ($\mathbb{R}^3$) einfach durch Zahlentripel dargestellt,

$$\boldsymbol{a} = (a_1, a_2, a_3) \quad \text{oder} \quad (a_x, a_y, a_z)\,. \tag{12.1}$$

Diese Darstellung beruhte auf einer Vereinbarung: Wir haben ein spezielles Koordinatensystem, also in diesem Fall das kartesische System, gewählt. Der Vektor wird auf die drei Hauptrichtungen projiziert und durch die entsprechenden Komponenten dargestellt. Das kartesische Koordinatensystem ist noch dazu ein orthogonales Basissystem, jede Hauptachse steht senkrecht auf jede andere. Ein Vektor wird durch eine Summe von drei linear unabhängigen Vektoren dargestellt, die jeweils in Richtung der drei kartesischen Achsen zeigen,

$$\boldsymbol{x} = x_1\,\boldsymbol{e_1} + x_2\,\boldsymbol{e_2} + x_3\,\boldsymbol{e_3}\,. \tag{12.2}$$

Es ist gebräuchlich, die Basisvektoren mit der Länge 1 zu wählen und solch ein Basissystem „orthonormal" zu nennen. Die Länge eines Vektors in einem orthonormalen Basissystem ist

$$|\boldsymbol{x}| \equiv \sqrt{x_1^2 + \cdots + x_n^2}\,. \tag{12.3}$$

Im besprochenen Fall handelt es sich um einen Vektorraum der Dimension $d = 3$, aber man kann einfach verallgemeinern: Das kartesische Produkt

$$\mathbb{R}^n = \mathbb{R} \times \mathbb{R} \times \mathbb{R} \cdots \times \mathbb{R} \quad (n \text{ mal}) \tag{12.4}$$

C.B. Lang, N. Pucker, *Mathematische Methoden in der Physik*,
DOI 10.1007/978-3-662-49313-7_12

wird n-dimensionaler euklidischer Raum genannt; ein Punkt in diesem Raum ist ein geordnetes n-Tupel $x \equiv (x_1, x_2, \ldots x_n)$ von reellen Zahlen. Man kann auch den Abstand zwischen den Punkten x und y verallgemeinert definieren:

$$d(x, y) \equiv \sqrt{(x_1 - y_1)^2 + \ldots + (x_n - y_n)^2}\ . \tag{12.5}$$

Das Skalarprodukt zwischen zwei Vektoren im $\mathbb{R}^n$ ausgedrückt durch Komponenten lautet

$$\boldsymbol{x} \cdot \boldsymbol{y} \equiv (x, y) = \sum_{i=1}^{n} x_i y_i\ , \tag{12.6}$$

wobei wir gleich eine später nützliche *neue Schreibweise für Skalarprodukte* eingeführt haben.

In der Vektoralgebra konnten wir mit Hilfe dieser Prinzipien viele Fragestellungen formalisieren und mit Hilfe der Komponentendarstellung lösen. Nun ist dieses Konzept des in M.3.8 schon besprochenen „Vektorraums" aber noch viel mächtiger. Wir werden im folgenden sehen, dass man auch Funktionen als Vektoren in einem Vektorraum ansehen kann. Die Funktion

$$f(x) = 3 + 5\,x - 2\,\sin x \tag{12.7}$$

kann zum Beispiel durch die die Rolle von „Basisvektoren" übernehmenden Funktionen $\varphi_1(x) = 1$, $\varphi_2(x) = x$ und $\varphi_3(x) = \sin x$ als

$$f(x) = 3\,\varphi_1(x) + 5\,\varphi_2(x) - 2\,\varphi_3(x) \tag{12.8}$$

geschrieben werden, in Komponentendarstellung also $(3, 5, -2)$, analog einem Vektor $\boldsymbol{f}$ im $\mathbb{R}^3$,

$$\boldsymbol{f} = 3\,\boldsymbol{e}_1 + 5\,\boldsymbol{e}_2 - 2\,\boldsymbol{e}_3\ . \tag{12.9}$$

Beispiel

Wie kann man die Funktion $f(x) = 5\,x^2 + 4\,x - 3$ durch die Basiselemente $(\varphi_i) = \{1, x, 3\,x^2/2 - 1/2\}$ ausdrücken? Am einfachsten geht das hier durch Koeffizientenvergleich der Potenzen in

$$5\,x^2 + 4\,x - 3 = c_0 + c_1\,x + c_2\left(\frac{3}{2}\,x^2 - \frac{1}{2}\right)\ .$$

Wir finden daraus

$$f(x) = -\frac{4}{3}\,\varphi_0(x) + 4\,\varphi_1(x) + \frac{10}{3}\,\varphi_2(x)\ . \qquad \square$$

In Kap. 1 haben wir Funktionen durch Potenzreihen dargestellt. Das Konzept des Vektorraums erlaubt es, viele weitere alternative Arten der Darstellung zu finden. Begriffe wie lineare Unabhängigkeit und Orthogonalität kann man auf Funktionen verallgemeinern, ebenso Skalarprodukt und Norm. Wie Matrizen in der Vektoralgebra auf Vektoren wirken, so wirken Differenzialoperatoren auf Funktionen. Auch das Eigenwertproblem hat seine Entsprechung in der Theorie der Differenzialgleichungen. Genau diese Analogie war es, die es schließlich erlaubte, anfangs verschieden erscheinende Zugänge zur Quantenmechanik (der algebraische Zugang nach Heisenberg und der Differenzialgleichungszugang nach Schrödinger) als zwei Facetten desselben Prinzips zu erkennen.

All dies führt zu einem universellen Konzept, in dem mit *einem* Formalismus viele Fragen formuliert und gelöst werden können. In den folgenden Abschnitten werden wir die notwendigen Formulierungen vorbereiten.

12.1.2 Lineare Räume

Schon in M.2.1 haben wir die Begriffe Ring und Körper eingeführt. Zur Erinnerung:

Ring heißt eine Menge, für deren Elemente zwei Operationen „Addition“ und „Multiplikation“ definiert wurden, also einfach Operationen mit geeigneten Regeln.

Körper (Englisch: **Field**) heißt ein Ring, bei dem es auch noch ein Eins-Element bezüglich der Multiplikation gibt, sowie (für alle Elemente außer dem Null-Element) ein inverses Element. Beispiele dafür sind die reellen oder die komplexen Zahlen.

Später haben wir den Raum, in dem die Vektoren leben und arbeiten, eben den Vektorraum, diskutiert. Wir erinnern uns:

Vektorraum ist eine Menge von Elementen $\mathbb{X}$, für die eine (kommutative) Addition definiert ist; daneben kann man die Elemente noch mit „Zahlen“aus einem Körper $\mathbb{A}$ multiplizieren (siehe M.3.8). (Solche Gebilde heißen auch **Modul auf einem Körper**, wohingegen ein **Modul auf einem Ring** mit Einheitselement und „Multiplikation“ eine **Algebra** ist.)

Als Beispiele dienten uns vor allem die üblichen Vektoren im $\mathbb{R}^3$.

Was ist an einem Vektorraum so praktisch, dass man ihn als mathematisches Konzept einführt? Warum nimmt man nicht einfach das Regelwerk für die üblichen Vektoren und verzichtet auf den Begriff? Der Grund ist, dass man die zu Grunde liegenden Mengen und Rechenoperationen viel allgemeiner wählen kann. So hat man die oft sehr praktischen Eigenschaften des Vektorraums weiterhin zur Verfügung. Ein Beispiel dafür ist die Existenz einer Basis, durch die man alle Elemente leicht ausdrücken kann; alle Rechenoperationen können mit Hilfe der Komponenten ausgeführt werden.

Beispiel

Untersuchen wir als Beispiel einen 2-dimensionalen Vektorraum, nämlich die Menge aller Vektoren in der (x, y)-Ebene. Offenbar ist hier $\mathbb{A} = \mathbb{R}$ und $\mathbb{X} = \mathbb{R}^2$. Nun nehmen wir die zwei Elemente $(1, 1)$ und $(1, -1)$ aus $\mathbb{R}^2$, betrachten also die Teilmenge

$$\mathbb{U} = \{(1, 1), (1, -1)\} .$$

Offenbar kann man jedes beliebige Element aus $\mathbb{X}$ durch eine Linearkombination

$$(a, b) = \lambda_1(1, 1) + \lambda_2(1, -1)$$

dieser beiden Elemente ausdrücken! Der Grund dafür ist, dass diese beiden Elemente linear unabhängig sind und die Menge $\mathbb{U}$ daher eine Basis für den Vektorraum bildet. □

Man sagt, $\mathbb{U} \subset \mathbb{X}$ ($\mathbb{X}$ sei ein Vektorraum) ist eine linear unabhängige Teilmenge mit den Elementen x_i, wenn die Kombination

$$\sum_i \lambda_i x_i \tag{12.10}$$

nur dann verschwindet, wenn alle Koeffizienten λ_i identisch null sind! Anders ausgedrückt: Man kann kein Element aus $\mathbb{U}$ durch die anderen Elemente aus $\mathbb{U}$ ausdrücken!

Bei Funktionen kann man, wie in Kap. 3 besprochen, lineare Unabhängigkeit mit Hilfe der Wronski-Determinante überprüfen. Wenn sie an wenigstens einem Punkt ungleich null ist, dann sind die Funktionen linear unabhängig.

Es gibt oft viele solcher linear unabhängigen Teilmengen, und es liegt am Anwender, welche dem jeweiligen Problem angemessen scheint („Beauty is in the eye of the beholder"). Es gibt zumindest *eine* größte linear unabhängige Teilmenge (Zorns Lemma). Eine solche nennt man **algebraische Basis** (genauer: **Hamel-Basis**) des Vektorraums. Die Elemente der Basis sind die **Basisvektoren**. Mit ihrer Hilfe kann man alle Elemente des Vektorraums „aufspannen", also als Linearkombination mit Vorfaktoren (Zahlen) schreiben. (Die Hamel-Basis ist ein elitäres Objekt. Man kann – zumindest formal – jedes Element des Raumes als *endliche* Summe von Elementen dieser Basis ausdrücken. Dies gilt für die weiter unten besprochenen orthogonalen Basissysteme nicht mehr.)

Bisher haben wir nur Vektorräume betrachtet, die endlich-dimensional sind. In diesem Fall ist die Zahl der Basisvektoren genau die **Dimension des Vektorraums**. Die Dimension des $\mathbb{R}^n$ ist also n. Die Dimension kann aber auch (abzählbar oder überabzählbar, vgl. Anhang A) unendlich werden. Das ist auch meist der Fall bei Räumen, deren Elemente Funktionen sind. Die meisten dieser **Funktionenräume** sind (überabzählbar) unendlich dimensional. Wir werden in unserer Terminologie aber nicht zwischen den üblichen Vektoren und den Funktionen als Vektoren eines Funktionen-Vektorraums unterscheiden. Funktionen oder Vektoren sind für uns immer Elemente des jeweiligen Vektorraums. Daher wird auch die Notation modifiziert. Ein Vektor im $\mathbb{R}^3$ wird in der Form $\boldsymbol{a}$ dargestellt, ein Element eines nicht weiter spezifizierten Vektorraums werden wir einfach mit a bezeichnen.

Für einen n-dimensionalen Vektorraum können wir also alle Vektoren a mittels der Basisvektoren x_i $(i = 1, \ldots n)$ hinschreiben:

$$a = \sum_{i=1}^{n} a_i \, x_i \; . \tag{12.11}$$

Die Zahlen a_i sind die Komponenten des Vektors in dieser Basis und ersetzen später in vielen Rechnungen den Vektor. Ausgedrückt durch seine Komponenten schreibt man den Vektor auch $a = (a_i)$.

Wir können die elementaren Operationen im Vektorraum durch Operationen für die Komponenten darstellen. Die Summe von zwei Vektoren oder die Multiplikation eines Vektors mit einem Skalar (einem Element aus dem Körper) hat die Form

$$\begin{aligned} a + b &= \sum_i (a_i + b_i)\, x_i \; , \qquad \text{oder} \quad \lambda\, a = \sum_i (\lambda\, a_i)\, x_i \; , \\ & a, b, x_i \in \mathbb{X} \; , \quad x_i \in \mathbb{U}\ (\text{Basis}) \; , \quad a_i, b_i, \lambda \in \mathbb{A} \; . \end{aligned} \tag{12.12}$$

Beispiel

Zur Gedächtnisauffrischung folgt eine kurze Erinnerung an Methoden aus Kap. 3. Sind die Funktionen $\sin x$, $\cos x$ und $\sin(1+x)$ voneinander linear unabhängig? Die Antwort ist ein klares nein, und wir sehen das auf zumindest zwei Arten. Erstens, indem wir die Wronski-Determinante (3.63) berechnen,

$$\begin{vmatrix} \sin x & \cos x & \sin(1+x) \\ \cos x & -\sin x & \cos(1+x) \\ -\sin x & -\cos x & -\sin(1+x) \end{vmatrix} = 0$$

und sie null wird. Die zweite Art ist schneller: Wegen $\sin(1 + x) = \sin 1 \cos x + \cos 1 \sin x$ ist der dritte Term offenbar eine Linearkombination der beiden ersten! □

M.12.1 Kurz und klar: Nützliche Funktionenräume

Einige häufig verwendete Räume sind in der nachstehenden Liste angeführt. Dabei bedeutet X eine Teilmenge der reellen Zahlen $\mathbb{R}^n$. (Die Definitionen lassen sich auch auf allgemeinere Räume X erweitern.)

$C^m(X)$ m-fach stetig differenzierbare Funktionen auf X

$C^\infty(X)$ beliebig oft stetig differenzierbare Funktionen auf X

$C_0^m(X)$ m-fach stetig differenzierbare Funktionen auf X, die nur auf einer abgeschlossenen Teilmenge von X ungleich 0 sind („einen kompakten Träger“ haben, vgl. M.12.4)

$C_0^\infty(X)$ beliebig oft stetig differenzierbare Funktionen auf X, die nur auf einer abgeschlossenen Teilmenge von X ungleich 0 sind („einen kompakten Träger“ haben)

S Funktionen $\in C^\infty$, die (ebenso wie alle ihre Ableitungen) im Unendlichen schneller als jede Potenz verschwinden; das ist der so genannte „Schwartz-Raum“. Es gilt auch $C_0^\infty \subset S \subset C^\infty$.

12.2 Metrik, Norm, Skalarprodukt

12.2.1 Metrik

Im alltäglichen Raum (dem $\mathbb{R}^3$) ist uns der Abstandsbegriff wohlvertraut: Der Abstand ist einfach die Entfernung zwischen zwei Punkten. Die Entfernung kann in Metern gemessen werden, aber auch in der Zeit, die ein Lichtstrahl benötigt, um von einem Punkt zum anderen zu gelangen. Im zweiten Fall wiederum spielt nicht nur die Entfernung, sondern auch die optische Dichte und die Massenverteilung (Relativitätstheorie!) eine Rolle. So wird der Abstandsbegriff je nach Definition komplizierter. Dennoch kann sich – abhängig von der Problemstellung – ein „Abstand“als wichtig erweisen. Wenn wir ein wenig abstrahieren, können wir uns folgende allgemeine Eigenschaften klarmachen.

Bei einer Menge $\mathbb{E}$ muss ein Abstand $d(x,y)$ zwischen zwei Elementen $x, y \in \mathbb{E}$ die in M.12.2 definierten, allgemeinen Eigenschaften haben. Wenn so ein Abstand zwischen beliebigen Elementen der Menge definiert ist, handelt es sich um einem **metrischen Raum**. Ein metrischer Raum ist ein Beispiel für einen **topologischen Raum**; das ist ein Raum mit einer Struktur, die zumindest die Definition von Nachbarschaft und Stetigkeit erlaubt. Näheres darüber finden Sie in zum Beispiel [1].

Beispiel

Als Beispiel für einen Funktionenraum wählen wir die Menge aller beschränkten Funktionen auf dem offenen Intervall (a,b), also

$$\mathbb{E} = \{f(x),\ x \in (a,b),\ |f| < \infty\}$$

und überprüfen, ob

$$d(f,g) \equiv \sup_{x\in(a,b)} |f(x) - g(x)|\ ,$$

(sup bezeichnet die kleinste obere Schranke, vgl.(M.1.2.2)). Eigenschaft (1) aus M.12.2 ist offenbar erfüllt, d kann nicht negativ werden. Auch die Symmetrie ist gegeben, da unabhängig von x immer $|f(x) - g(x)| = |g(x) - f(x)|$ gilt. Wenn $d(f, g) = 0$ ist, dann muss für alle x im Intervall $f(x) = g(x)$ sein, sonst könnte das Supremum ja nicht verschwinden. Damit gilt auch (3).

Zum Beweis der Eigenschaft (4) stellen wir zuerst fest, dass

$$\sup_x |a(x)| + \sup_x |b(x)| \geq \sup_x (|a(x)| + |b(x)|)$$

gilt. Das Gleichheitszeichen gilt nur, wenn die jeweiligen Schranken an derselben Stelle x angenommen werden. Daraus folgt für unser Beispiel

$$\sup_x |f - g| + \sup_x |g - h| \geq \sup_x (|f - g| + |g - h|) \geq \sup_x |f - h| \; .$$

Die letzte Ungleichung verwendet die bekannte Beziehung $(|a-b|+|b-c|) \geq |a-c|$. Damit ist auch Eigenschaft (4) bewiesen.

Fallbeispiel: Für die beiden Funktionen $f(x) = 2x^2$ und $g(x) = 2x - 1$ auf dem Intervall $(0, 2)$ errechnen wir den metrischen Abstand

$$d(f, g) = \sup_{0<x<2} |2x^2 - 2x + 1| = |2x^2 - 2x + 1|_{x=2} = 5 \; . \qquad \square$$

In Kap. 21 wird die Methode der kleinsten Fehlerquadrate (Least-Squares-Fit) besprochen. Wenn man eine Menge von Messpunkten (x_i, y_i) durch eine Testfunktion $f(x)$ – die meist durch Parameter variabel gestaltet wird – beschreiben will, dann kennzeichnet die Größe

$$S = \sum_{i=1}^{M} (f(x_i) - y_i)^2 \tag{12.13}$$

die Güte der Übereinstimmung an den Messpunkten. Offenbar handelt es sich dabei um ein Abstandsquadrat zwischen den Vektoren (y_i) und $f(x_i)$ im Sinne der diskutierten Metrik.

12.2.2 Norm

Dem Begriff des Abstands zwischen zwei Punkten (oder Vektoren eines Vektorraums) verwandt ist die so genannte **Norm** eines Vektors. Im üblichen $\mathbb{R}^3$ ist es einfach die Länge des Vektors. Aber auch die Norm kann man allgemeiner definieren, sodass die Definition später auch für Funktionenräume nützlich ist.

Eine Norm $\|x\|$ muss nichtnegativ sein und sollte nur für $x = 0$ verschwinden, wenn der Vektor also das Nullelement ist. Sie sollte Maßstabsänderungen wiedergeben, $\|\lambda x\| =$

$|\lambda|\|x\|$ (wobei λ ein Element des Zahlenkörpers ist), und auch eine Dreiecksungleichung erfüllen (die genaue Definition finden Sie in M.12.2).

Wenn man eine Norm mit den geforderten Eigenschaften definiert hat, kann man sie auch zur Definition eines Abstands verwenden,

$$d(x, y) \equiv \|x - y\| \; . \tag{12.14}$$

Diese Definition erfüllt ebenso alle gewünschten Eigenschaften! Der Normbegriff ist also weitergehend als der der Metrik. Die normierten Räume sind Teilmengen der metrischen Räume: ein normierter Raum ist immer auch ein metrischer, aber nicht jeder metrische Raum ist auch ein normierter!

Wichtige Beispiele für normierte Vektorräume sind:

- $\mathbb{R}^n$ (die n-Tupel), wobei die Norm einfach die Verallgemeinerung der üblichen Längendefinition ist: $\|x\| = |x|$; die entsprechende Metrik wird auch **euklidische Metrik** und der Raum **euklidischer Raum** genannt.
- Die komplexen Zahlen $\mathbb{C}$ mit der Norm $\|z\| = |z|$.
- Der Raum $\mathbb{C}^n = \mathbb{C} \times \mathbb{C} \times \cdots \times \mathbb{C}$ mit der Norm $\|z\| = \left(\sum_{i=1}^n |z_i|^2\right)^{1/2}$ und dem Abstand $d(z, u) \equiv \|z - u\|$.
- Der **Hilbertsche Folgenraum** ist die Menge der reellen oder komplexen Folgen (f_i), für die $\sum_i |f_i|^2 < \infty$ gilt. Jede Folge ist ein Element des Raums. Außerdem sind Addition von Folgen sowie die Multiplikation mit reellen oder komplexen Zahlen definiert. Offenbar ist das also ein (unendlich dimensionaler) Vektorraum, bei dem man die Norm als Quadratwurzel der angegebenen Summe definieren kann.
- Der Funktionenraum der auf $X \subset \mathbb{R}$ quadratisch integrablen Funktionen $L^2(X)$ enthält alle Funktionen, deren Norm

$$\|f\|_2 = \left(\int_X dx \; |f(x)|^2\right)^{\frac{1}{2}} < \infty \tag{12.15}$$

  beschränkt ist. Wir werden später sehen, dass dieser Raum der so genannte **Hilbertraum** ist, der gerade in der Physik (vor allem in der Quantenmechanik) eine besondere Bedeutung hat. Der Hilbertraum ist auch ein Banachraum.
- Der Funktionenraum $L^p(X)$ enthält alle Funktionen, deren Norm

$$\|f\|_p = \left(\int_X dx \; |f(x)|^p\right)^{\frac{1}{p}} < \infty \tag{12.16}$$

  beschränkt ist. Ein Spezialfall ist $L^1(X) \equiv L(X)$, der Raum der absolut integrablen Funktionen.

M.12.2 Kurz und klar: Metrische und normierte Räume

Ein **metrischer Raum** ist eine Menge $\mathbb{E}$, auf der ein Abstand $d(x, y)$ zwischen zwei beliebigen Elementen $x, y \in \mathbb{E}$ definiert ist, der folgende Eigenschaften hat:

1. $d(x, y) \geq 0$ (Nichtnegativität)
2. $d(x, y) = d(y, x)$ (Symmetrie)
3. $d(x, y) = 0$ genau dann, wenn $x = y$ (Eindeutigkeit)
4. $d(x, z) \leq d(x, y) + d(y, z)$ (Dreiecksungleichung)

Mit Hilfe des Abstands kann man die Begriffe „Umgebung", „offene" und „abgeschlossene" Teilmenge auf allgemeinen Mengen definieren. Für die reellen Zahlen haben wir das ja in Kap. 1 schon getan, die Verallgemeinerung ist einfach. (Näheres dazu findet man in [1, 2].)

Ein **normierter Raum** ist ein Vektorraum, in dem eine **Norm** $\|x\|$ mit folgenden Eigenschaften definiert ist:

1. $\|x\| \geq 0$ (Nichtnegativität)
2. $\|x\| = 0$ genau dann, wenn $x = 0$ (Eindeutigkeit)
3. $\|\lambda x\| = |\lambda| \, \|x\|$ (wobei λ ein Element des Zahlenkörpers ist; Skalierung)
4. $\|x + y\| \leq \|x\| + \|y\|$ (Dreiecksungleichung)

Die im Kap. 1 besprochenen Folgen lassen sich auch auf allgemeine metrische Räume übertragen. Eine **Cauchy-Folge** etwa ist eine Folge von Elementen (x_n) mit den Eigenschaften: Für beliebige (kleine) ϵ gibt es immer einen Wert N, sodass der Abstand zwischen zwei Elementen der Folge $d(x_m, x_n) < \epsilon$ ist, sofern nur $n, m > N$. Elemente der Folge kommen sich also beliebig nahe.

Eine Cauchy-Folge ist dennoch nicht unbedingt konvergent. Im metrischen Raum der reellen Zahlen $0 < x < 1$ konvergiert die Cauchy-Folge $x_n = 1/(n + 1)$ gegen $x = 0$, welches aber kein Element des Raumes ist! Wenn jede Cauchy-Folge auf ein Element des Raumes hin konvergiert, so nennt man den Raum **vollständig**. Ein vollständiger normierter Raum heißt **Banachraum**.

Ein normierter Vektorraum ist gleichzeitig ein metrischer Raum (mit dem Abstand $d(x, y) \equiv \|x - y\|$), da man ja aus der Definition der Norm eine Metrik ableiten kann. Umgekehrt gilt das nicht unbedingt. Nicht jeder metrische Raum ist auch ein normierter Raum.

12.2.3 Skalarprodukt

Der Abstand $d(x, y)$ gibt an, wie sehr sich x und y voneinander unterscheiden. Bei den Vektoren in $\mathbb{R}^3$ war das die Länge des Differenzvektors. Das **Skalarprodukt** gab dort an, wie sehr x und y übereinstimmen. Es nahm seinen maximalen Wert an, wenn die beiden Vektoren parallel oder antiparallel waren.

Diese Eigenschaft des Skalarprodukts wollen wir nun verallgemeinern. Dazu gehen wir von einem Beispiel aus. Im Falle des $\mathbb{R}^n$ ist das Skalarprodukt zwischen zwei Vektoren (in Komponentendarstellung)

$$(f, g) = \sum_{i=1}^{n} f_i \, g_i \; . \tag{12.17}$$

Für Vektoren mit komplexen Komponenten gilt

$$(f, g) = \sum_{i=1}^{n} \overline{f}_i \, g_i \; . \tag{12.18}$$

In M.12.3 werden die formalen Eigenschaften angegeben, die eine Definition eines Skalarprodukts erfüllen muss. Diese sind den Eigenschaften der Definition (12.18) nachempfunden. Insbesondere Regeln wie $(x, -y) = -(x, y)$ oder $(x, x) \geq 0$ sind offenbar äußerst sinnvoll.

Nun können wir uns den allgemeineren Funktionenräumen zuwenden. Der in (12.15) besprochene Raum der über dem Intervall $X \subset \mathbb{R}$ quadratisch integrablen Funktionen ist $L^2(X)$, und wir können darin ein Skalarprodukt mit der Vorschrift

$$(f, g) = \int_X dx \, \overline{f}(x) \, g(x) \tag{12.19}$$

konstruieren. Es erfüllt alle Forderungen aus M.12.3. Insbesondere kann man daraus eine Norm der Form

$$\|f\| = \sqrt{(f, f)} = \left(\int_X dx \, |f(x)|^2 \right)^{\frac{1}{2}} \tag{12.20}$$

definieren, sowie (vgl. M.12.2) einen Abstand

$$d(f, g) \equiv \|f - g\| = \sqrt{(f - g, f - g)} = \left(\int_X dx \, |f(x) - g(x)|^2 \right)^{\frac{1}{2}} \; . \tag{12.21}$$

Diese Definition entspricht genau der für $L^2(X)$ besprochenen.

Wir werden noch weitere Varianten des Skalarprodukts kennen lernen. Viele Anwendungen führen zu einem Skalarprodukt der Form

$$(f, g) = \int_X dx\; w(x)\, \overline{f}(x)\, g(x) \tag{12.22}$$

mit einer nichtnegativen Gewichtsfunktion $w(x)$. Der Lösungsraum der in Abschn. 17.3 besprochenen Hermiteschen Differenzialgleichung ist zum Beispiel charakterisiert durch

$$X = \mathbb{R}\,, \quad w(x) = \mathrm{e}^{-x^2}\,.$$

Wenn zwei Vektoren (oder Funktionen) übereinstimmen, dann nimmt ihr Skalarprodukt den Wert des Quadrats der Norm an. Das ist analog zu Vektoren im $\mathbb{R}^n$. Wenn das Skalarprodukt dagegen verschwindet, dann nennt man die Vektoren (oder Funktionen) zueinander **orthogonal**

$$(f, g) = 0 \quad \Leftrightarrow \quad f \perp g\,. \tag{12.23}$$

Mehrere Vektoren (Funktionen) $f_1, f_2, \ldots$ bilden eine **orthogonale Menge**, wenn sie alle paarweise orthogonal sind,

$$(f_n, f_m) = 0 \quad \text{für} \quad n \neq m\,. \tag{12.24}$$

Man beachte, dass diese Begriffe von der jeweiligen Definition des Skalarprodukts abhängen. Allerdings ist die Wahl (12.19) in weiten Bereichen der Naturwissenschaften die gebräuchlichste.

Beispiel

Die Funktionen $\{\sin x, \sin 2x, \ldots \sin nx, \ldots\}$ sind eine orthogonale Menge für folgende Wahl des Skalarprodukts:

$$(f, g) = \int_{-\pi}^{\pi} dx\; f(x)\, g(x)\,,$$

wie man leicht durch Integration überprüfen kann. Diese Definition ist die für den $L^2(-\pi, \pi)$. □

Nun kommt eine wichtige Beobachtung, die auch die zentrale Bedeutung des Skalarprodukts erklärt. Funktionen, die zueinander orthogonal sind, sind auch linear unabhängig. Zur Begründung betrachten wir eine Menge von zueinander orthogonalen Funktionen $\{f_i\}$. Wenn diese linear abhängig wären, dann gäbe es eine *nichttriviale* Linearkombination der Form

$$\sum_i c_i\, f_i = 0\,. \tag{12.25}$$

Wenn wir die Norm dieses Ausdrucks bilden, erhalten wir

$$0 = \left\| \sum_i c_i f_i \right\|^2 = \sum_i |c_i|^2 \| f_i \|^2 , \tag{12.26}$$

da ja die gemischten Skalarprodukte laut Orthogonalitätsannahme verschwinden. Diese Summe von explizit positiven Termen kann nur null sein, wenn jeder Koeffizient c_i verschwindet. Das wiederum bedeutet aber lineare Unabhängigkeit.

Damit ist eine orthogonale Menge von Vektoren auch eine Menge von linear unabhängigen Vektoren. Durch geeignete Redefinition der Funktionen einer orthogonalen Menge,

$$f^{\text{neu}} = f / \| f \| , \tag{12.27}$$

kann man erreichen, dass jede Funktion die Norm 1 hat. Man erhält ein **normiertes Orthogonalsystem** oder **Orthonormalsystem** (kurz: **ONS**).

M.12.3 Kurz und klar: Skalarprodukt

In einem Vektorraum $\mathbb{X}$ ist das **Skalarprodukt** eine *positive hermitische Form*: $\mathbb{X} \otimes \mathbb{X} \mapsto \mathbb{C}$ (oder $\mathbb{R}$, je nach Vektorraum). Man schreibt dafür (x, y), und es sollen folgende Eigenschaften gelten:

1. $(x, y) = \overline{(y, x)}$ (damit ist $(x, x) \in \mathbb{R}$)
2. $(\lambda x, y) = \bar{\lambda}(x, y)$
   $(x, \lambda y) = \lambda(x, y)$
   Man sagt auch, das Skalarprodukt sei antilinear in x und linear in y. Diese Konvention ist vor allem in der Physik verbreitet.
3. $(x + y, z) = (x, z) + (y, z)$
   $(x, y + z) = (x, y) + (x, z)$
4. $(x, x) \geq 0$
5. $(x, x) = 0 \Rightarrow x = 0$

Dabei sind x, y und z aus dem Vektorraum und λ ist ein Element des entsprechenden Körpers. Bedingungen (2)-(3) definieren allgemeine **Sesquilinearformen**, mit (1) **hermitische Formen**, und (4)-(5) legen die strenge Positivität fest.

Für positive hermitische Formen gilt die **Cauchy-Schwarz-Ungleichung**

$$|(x, y)|^2 \leq (x, x)(y, y) \tag{M.12.3.1}$$

und auch die **Minkowski-Ungleichung**

$$\sqrt{(x + y, x + y)} \leq \sqrt{(x, x)} + \sqrt{(y, y)} . \tag{M.12.3.2}$$

Man kann zeigen, dass das Skalarprodukt zur Definition einer Norm dienen kann. Insbesondere erfüllt $\sqrt{(x,x)}$ alle Bedingungen für eine Norm $\|x\|$. Sobald in einem Vektorraum also ein Skalarprodukt existiert, kann auch eine Norm konsistent definiert werden.

Einen Vektorraum mit Skalarprodukt nennt man einen **Prähilbertraum**; sobald der Raum auch vollständig ist (siehe M.12.2), hat man einen **Hilbertraum**. Der Hilbertraum spielt eine zentrale Rolle in der mathematischen Beschreibung der Quantenmechanik. Der Raum der Quantenzustände ist ein Hilbertraum. Die Norm gibt die Wahrscheinlichkeit an, diesen Zustand zu messen!

Anmerkung: Wir haben uns hier das Leben etwas erleichtert. Ein strengerer Zugang unterscheidet zwischen dem Funktionenraum $\mathbb{X}$ und seinem so genannten **Dualraum** $\bar{\mathbb{X}}$, der so definiert ist, dass ein Skalarprodukt als Abbildung $\bar{\mathbb{X}} \otimes \mathbb{X} \mapsto \mathbb{C}$ existiert. Damit kann der Dualraum je nachdem umfassender, gleich oder kleiner als der Raum $\mathbb{X}$ sein. Wir wollen uns hier auf den Fall $\bar{\mathbb{X}} = \mathbb{X}$ beschränken.

M.12.4 Kurz und klar: Einige Begriffe zum Hilbertraum

Bei näherer Befassung mit Vektorräumen sind die folgenden Begriffe gebräuchlich. Obwohl wir das Thema hier nicht in voller Rigorosität behandeln, ist die Kenntnis dieser in der Mathematik üblichen Ausdrücke doch nützlich für die weitere Fachlektüre. Mit H bezeichnen wir im folgenden meist einen Prähilbertraum (der gleichzeitig einen normierten Raum definiert, vgl. M.12.3).

dicht ist A (eine Teilmenge von H) bezüglich B (einer anderen Teilmenge von H), wenn B im Abschluss von A enthalten ist: $B \subset \overline{A}$. Der Abschluss einer Menge ist die Menge, vereinigt mit etwaigen Randpunkten; das ist die kleinste abgeschlossene Menge, die A enthält. *Beispiel:* Die rationalen Zahlen sind dicht in den reellen Zahlen.

kompakt ist A (eine Teilmenge von H), wenn jede unendliche Folge von Elementen in A eine Teilfolge enthält, die gegen ein Element von A konvergiert. Kompakte Mengen sind also auch abgeschlossen: $A = \overline{A}$.

vollständig ist ein Vektorraum, wenn jede Cauchyfolge darin gegen ein Element des Raumes konvergiert. Ein vollständiger normierter Raum heißt **Banachraum**, ein vollständiger Prähilbertraum heißt **Hilbertraum**.

separabel heißt eine Teilmenge A eines normierten Raumes H, wenn es eine abzählbare Teilmenge von A gibt, die in A dicht ist. (*Beispiel:* Die abzählbar unendliche Basis – so sie existiert – ist eine dichte Teilmenge des Raums, der daher separabel ist; die Räume $\mathbb{R}^n$ und $\mathbb{C}^n$ sind separabel.)

total ist A (eine Teilmenge von H) bezüglich T (einem Teilraum von H), wenn die lineare Hülle von A (die Menge aller endlichen Linearkombinationen) dicht bezüglich T ist: $A \subset T \subset \overline{L(A)}$.

Ein Orthonormalsystem (ONS) ist eine Menge von Elementen $\{\varphi_i\}$ aus H, für welche die Orthogonalitätsbeziehung in der Form

$$\left(\varphi_i, \varphi_j\right) = \delta_{ij} \quad \text{für alle } i, j \qquad \text{(M.12.4.1)}$$

gilt. Ein ONS A ist maximal, wenn für jedes ONS A' mit $A \subset A'$ folgt, dass $A = A'$ ist, es also „kein größeres“ ONS gibt. Es kann in dem Raum mehrere maximale ONS geben. Ein ONS heißt Orthonormalbasis (ONB) eines Teilraumes von H, wenn es in diesem Teilraum total ist.

Jeder separable Prähilbertraum und jeder Hilbertraum hat eine ONB. In einem Hilbertraum ist jedes maximale ONS eine ONB! Damit sind wir etwaiger Sorgen bezüglich Vollständigkeit enthoben – keine schlaflosen Nächte mehr!

12.3 Basis eines Vektorraums

12.3.1 Orthonormale Basis

Wir haben schon die Hamel-Basis eines Vektorraums als eine *maximale* Menge von linear unabhängigen Elementen definiert. Diese kann überabzählbar unendlich sein. In Hilberträumen gibt es aber auch abzählbar unendliche Basismengen (die so genannte Schauder-Basis). Sie spannen den ganzen Vektorraum auf, sind also vollständig (eine dichte Untermenge, vgl. M.12.4).

Besonders günstig für die praktische Rechnung ist eine **orthogonale Basis**. Die Einführung des Skalarprodukts erlaubt uns, aus einer beliebigen Basis linear unabhängiger Vektoren ein System von zueinander orthogonalen Basisvektoren zu gewinnen. Das **Gram-Schmidt-Verfahren** ist genau so ein Algorithmus. Die Idee lässt sich gut durch Skizze 12.1 beschreiben. Wir werden dabei die jeweils gebildeten Vektoren des Orthogonalsystems unterwegs („on the fly“) normieren, um gleich ein normiertes Orthogonalsystem, also ein ONS, beziehungsweise, wenn es sich um ein Basissystem handelt, eine ONB zu erhalten.

Wir beginnen mit einer Menge von n linear unabhängigen Vektoren $\{\tilde{\varphi}_1, \ldots, \tilde{\varphi}_n\}$. Die beiden ersten Schritte diskutieren wir explizit. Man wählt zunächst den ersten Vektor,

$$\varphi_1 = \tilde{\varphi}_1 / \|\tilde{\varphi}_1\| \; . \qquad (12.28)$$

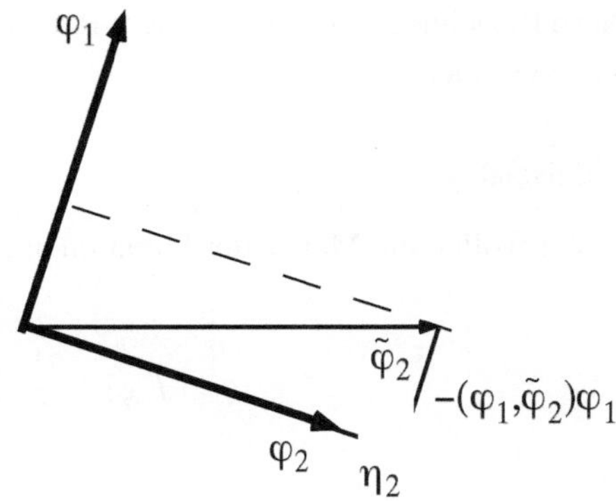

Abb. 12.1 Skizze zum Gram-Schmidt Orthogonalisierungsverfahren: Konstruktion von φ_2 aus $\tilde{\varphi}_2$ laut Beschreibung im Text

Der zweite Vektor soll aus $\tilde{\varphi}_2$ gebildet werden und zu φ_1 orthogonal sein. Man muss daher von $\tilde{\varphi}_2$ den Anteil entfernen, der in die Richtung von φ_1 zeigt (Abb. 12.1). Er ergibt sich aus dem Skalarprodukt $(\varphi_1, \tilde{\varphi}_2)$. Wir erhalten als Zwischenergebnis

$$\eta_2 = \tilde{\varphi}_2 - (\varphi_1, \tilde{\varphi}_2)\,\varphi_1 \;, \tag{12.29}$$

und man kann sich mit diesem Ausdruck durch Skalarproduktbildung mit φ_1 davon überzeugen, dass $(\varphi_1, \eta_2) = 0$. Wir müssen diesen Vektor noch normieren,

$$\varphi_2 = \eta_2 / \|\eta_2\| \;. \tag{12.30}$$

Vom dritten Vektor $\tilde{\varphi}_3$ müssen die Anteile in die beiden Richtungen φ_1 und φ_2 entfernt werden, und so weiter.

Allgemein können wir das Verfahren zusammenfassen:

Schritt 1:

$$\varphi_1 = \tilde{\varphi}_1 / \|\tilde{\varphi}_1\| \;. \tag{12.31}$$

Schritt $n > 1$: Für $k = 2, 3, \ldots n$:

$$\eta_k = \tilde{\varphi}_k - \sum_{i=1}^{k-1} (\varphi_i, \tilde{\varphi}_k)\varphi_i \;, \quad \varphi_k = \eta_k / \|\eta_k\| \;. \tag{12.32}$$

Für eine allgemeine orthogonale Menge gilt

$$(\varphi_i, \varphi_j) = \delta_{ij}\, \|\varphi_i\|\, \|\varphi_j\| \;, \tag{12.33}$$

und falls die Vektoren normiert sind, vereinfacht sich das zu

$$(\varphi_i, \varphi_j) = \delta_{ij} \;. \tag{12.34}$$

Diese Beziehung erleichtert spätere Rechnungen, und man bevorzugt daher orthonormale Basissysteme.

Beispiel

Wir wollen die Menge der Funktionen $\{1, x, x^2\}$ in Bezug auf das Skalarprodukt

$$(f, g) = \frac{1}{2} \int_{-1}^{1} dx\ f(x)\, g(x) \tag{12.35}$$

nach dem Gram-Schmidt-Verfahren orthogonalisieren. Wir wissen, dass die Funktionen linear unabhängig sind (die Wronski-Determinante ist ungleich null). Das Skalarprodukt wurde hier so definiert, dass das erste Basiselement schon normiert ist,

$$(1, 1) = \frac{1}{2} \int_{-1}^{1} dx = 1 ,$$

und damit haben wir $\varphi_1(x) = 1$. Aus

$$\begin{aligned} (1, x) &= \frac{1}{2} \int_{-1}^{1} dx\ x = \left.\frac{x^2}{4}\right|_{-1}^{1} = 0 , \\ (x, x) &= \frac{1}{2} \int_{-1}^{1} dx\ x^2 = \left.\frac{x^3}{6}\right|_{-1}^{1} = \frac{1}{3} , \end{aligned}$$

finden wir $\eta_2(x) = x$ und $\varphi_2(x) = x\,\sqrt{3}$. Damit bleibt nur mehr die dritte Funktion. Mit

$$(1, x^2) = \frac{1}{3} , \quad (x\,\sqrt{3}, x^2) = 0 ,$$

erhalten wir $\eta_3 = x^2 - 1/3$ und nach Berechnung der Norm

$$(\eta_3, \eta_3) = \left(x^2 - \frac{1}{3}, x^2 - \frac{1}{3}\right) = (x^2, x^2) - \frac{2}{3}\,(1, x^2) + \frac{1}{9}\,(1, 1) = \frac{1}{5} - \frac{2}{9} + \frac{1}{9} = \frac{4}{45}$$

folgt $\varphi_3 = (-1/2 + 3/2\,x^2)\,\sqrt{5}$. □

C.12.1 ... und auf dem Computer: Gram-Schmidt Orthogonalisierung

Das Gram-Schmidt Verfahren kann mittels algebraischer Programmsysteme (wie MATHEMATICA oder MAPLE) formalisiert werden. Versuchen Sie, so ein Programm zu schreiben, das für beliebige Mengen von Funktionen zunächst lineare Unabhängigkeit überprüft und dann das System orthogonalisiert.

Beispiel: In MATHEMATICA gibt es die Prozedur `Orthogonalize`. Folgende Zeilen geben einen Ausschnitt aus der Berechnung des in (12.35) betrachteten Beispiels:

```
In[1]:= Orthogonalize[{1, x, x^2},
          Integrate[#1 #2, {x, -1, 1}]/2 &,
          Method -> "GramSchmidt"]//InputForm

Out[1]//InputForm={1, Sqrt[3]*x, (3*Sqrt[5]*(-1/3 + x^2))/2}
```

Überprüfen Sie die Effizienz und die Ergebnisse Ihrer Prozedur mit dieser vorgegebenen! Untersuchen Sie, was passiert, wenn man die Reihenfolge der Funktionen ändert, und begründen Sie Ihre Beobachtungen.

12.3.2 Komponentendarstellung

Wir können damit beginnen, die Ernte einzubringen. Da wir im vorhergehenden Abschnitt eine orthogonale (oder gar orthonormale) Basis „gebaut“ haben, können wir versuchen, beliebige Vektoren unseres Vektorraums durch die Projektionen in die Richtung der Basisvektoren $\{\varphi_1, \varphi_2, \ldots\}$ darzustellen. Wir schreiben zunächst die gewünschte Form an,

$$f = \sum_i c_i \, \varphi_i \ , \tag{12.36}$$

wobei die c_i die (noch) unbekannten Koeffizienten (Komponenten) sind. Wir geben hier der Einfachheit halber keine Grenzen für die Indizes an, da wir auch unendliche Basissysteme zulassen wollen. Wir bestimmen die Koeffizienten, indem wir auf die entsprechenden Basisvektoren projizieren, also in der Gleichung das Skalarprodukt mit φ_j nehmen.

$$(\varphi_j, f) = \sum_i c_i \, (\varphi_j, \varphi_i) = \sum_i c_i \, \delta_{ij} \, \|\varphi_i\|^2 = c_j \, \|\varphi_j\|^2 \ . \tag{12.37}$$

Es ist daher

$$c_n = \frac{(\varphi_n, f)}{\|\varphi_n\|^2} \ . \tag{12.38}$$

Wir können die Darstellung also explizit schreiben:

$$f = \sum_i \varphi_i \, \frac{(\varphi_i, f)}{\|\varphi_i\|^2} \,. \tag{12.39}$$

Für normierte Basisvektoren sind die Beziehungen noch einfacher:

$$c_n = (\varphi_n, f) \quad \Rightarrow \quad f = \sum_i \varphi_i \, (\varphi_i, f) \,. \tag{12.40}$$

Damit haben wir die Möglichkeit, Vektoren eines Vektorraums – also eben auch Funktionen – durch Summen von Basiselementen des Vektorraums darzustellen. Wenn wir einen unendlich dimensionalen Vektorraum betrachten und es sich daher um unendliche Summen handelt, müssen wir uns Gedanken über die Konvergenz machen. Wir werden das etwas weiter unten nachholen.

Was ist hier eigentlich passiert? Früher haben wir festgestellt, dass die algebraische Dimension unserer (Funktionen-) Vektorräume sogar überabzählbar unendlich sein kann. Dennoch haben wir soeben behauptet, dass beliebige Elemente eines separablen Hilbertraums durch eine abzählbar unendliche Summe dargestellt werden können! Wir wissen, dass es viel mehr reelle als rationale Zahlen gibt. Jedoch kann man Folgen in $\mathbb{Q}$ konstruieren, die gegen Punkte in $\mathbb{R}$ konvergieren. Man sagt dazu, die rationalen Zahlen lägen dicht in den reellen Zahlen. Die überabzählbar vielen Zahlen in $\mathbb{R}$ können also durch abzählbar unendliche Folgen in $\mathbb{Q}$ dargestellt werden. Die Situation in (überabzählbar) unendlich-dimensionalen Vektorräumen ist ähnlich. Auch hier konstruieren wir (abzählbar) unendliche Folgen, die gegen Elemente des Vektorraums konvergieren. Diese Folgen sind einfach die Partialsummen von (12.36).

Damit sind wir aber noch nicht fertig. Es kann – je nach Wahl des ONS – durchaus vorkommen, dass die Koeffizienten und die Summe (12.39) nicht die Funktion f wiedergeben. Insbesondere, wenn das ONS nicht vollständig ist, also nicht alle Richtungen des Vektorraums berücksichtigt, wird man Probleme haben. Man muss sich also davon überzeugen, dass die Summe tatsächlich gegen f konvergiert und in welchem Sinne. Für einen endlich-dimensionalen Vektorraum ist das kein Problem. Wenn das ONS die richtige Dimension hat, ist es auch eine ONB, und jede Darstellung ist vollständig. Erst bei Funktionenräumen mit unendlicher Dimension muss man Konvergenzbetrachtungen anstellen. Die Summe (12.39) ist dann ja eine unendliche Summe. Man muss sich also vergewissern, dass das ONS auch eine ONB ist. In M.12.4 sind einige Aussagen dazu zusammengefasst. Es ist allerdings bekannt, dass in einem Hilbertraum jedes maximale ONS eine ONB ist.

Wir werden bei den folgenden Überlegungen speziell Funktionen einer Variablen $f(x)$ betrachten, die Vektoren in einem Vektorraum (zum Beispiel dem $L^2(X \subset \mathbb{R})$) sind. Die Aussagen sind aber allgemein gültig. In den Ableitungen und im Beispiel nehmen wir an, dass das Basissystem eine ONB ist.

Konvergenz wird immer für eine unendliche Folge bewiesen (vgl. Kap. 1), in diesem Fall ist das die Folge der Partialsummen

$$f_n(x) = \sum_i^n c_i \varphi_i(x) . \tag{12.41}$$

Wir unterscheiden verschiedene Arten von Konvergenz.

Punktweise Konvergenz: Für alle x konvergiert die Folge der Partialsummen gegen $f(x)$:

$$\lim_{n\to\infty} f_n(x) = f(x) . \tag{12.42}$$

Diese Konvergenz war bei den Reihen in Kap. 1 gefragt. Aus der dort ebenfalls diskutierten gleichmäßigen Konvergenz folgt übrigens die punktweise Konvergenz! In vielen Fällen ist das zu viel verlangt. Es könnte ja sein, dass diese Konvergenz an einigen wenigen Punkten (die also vom Maß null sind) nicht gegeben ist, dies aber für das betrachtete Problem unerheblich ist (da man zum Beispiel über die Funktion ohnehin integrieren möchte).

Fast-überall-Konvergenz: Dies ist eine Abschwächung. Man fordert Konvergenz für alle Punkte x bis auf eine Menge vom Maß null, also „fast überall".

Starke Konvergenz: Für die von uns hier betrachteten L^p-Räume auch **Konvergenz im Mittel** genannt; diese Form der Konvergenz ist die natürlichste für jene Normen und Skalarprodukte, die auf Integration beruhen. Wenn für die Funktionenfolge gilt, dass

$$\lim_{n\to\infty} \|f_n - f\| = 0 , \tag{12.43}$$

dann nennt man dies Konvergenz im Mittel oder Normkonvergenz (oft schreibt man dann

$$\underset{n\to\infty}{\text{l.i.m.}}\, f_n(x) = f(x) , \tag{12.44}$$

wobei l.i.m. für „Limes im Mittel" steht). In M.12.5 sind einige nützliche Eigenschaften dieser Konvergenz angegeben.

Die Konvergenz im Mittel beschreibt eine Näherung im Sinne der Methode der kleinsten Fehlerquadrate (vgl. Abschn. 21.5.3). Wir betrachten den Raum $L^2(A)$ der auf einem Intervall $A \subset \mathbb{R}$ quadratisch integrablen Funktionen und nähern eine Funktion $f(x)$ durch die Summe $\sum_{i=1}^n c_i \varphi_i(x)$. Dann ist der „mittlere quadratische Fehler" durch

$$\chi_n^2 = \frac{1}{|A|} \int_A dx \left| f(x) - \sum_{i=1}^n c_i \varphi_i(x) \right|^2 \tag{12.45}$$

definiert (dabei ist $|A|$ die Länge des Intervalls). Das ist ein in den Koeffizienten c_i quadratischer Ausdruck. Man kann ihn minimieren (vgl. Kap. 21) und findet, dass er genau für die Wahl

$$c_i = \int_A dx\, f(x)\, \varphi_i(x) \tag{12.46}$$

minimal wird!

M.12.5 Kurz und klar: Konvergenz im Mittel

Wir fassen hier einige nützliche Eigenschaften dieser Art von Konvergenz zusammen.

- Falls $\text{l.i.m.}_{n\to\infty} \|f_n(x) - f(x)\| = 0$, ist der Limes auch eindeutig. Die Folge (f_n) ist dann auch eine Cauchy-Folge.
- Wenn alle Cauchyfolgen „im Mittel" gegen einen Punkt des Raumes konvergieren, also

$$\underset{n\to\infty}{\text{l.i.m.}}\, f_n = f \in L^p\,, \tag{M.12.5.1}$$

  dann ist der Raum vollständig (Theorem von Riesz und Fischer: Jeder L^p-Raum ($p \geq 1$) ist vollständig).

Es gelten folgende Identitäten:

Parseval I: $\|f\|^2 = \sum_i |(\varphi_i, f)|^2 \equiv \sum_i |c_i|^2$
Parseval II: $(f, g) = \sum_i (f, \varphi_i)(\varphi_i, g) \equiv \sum_i \overline{c}_i\, d_i$

Eine orthonormale Menge $\{\varphi_i\}$ ist genau dann vollständig, wenn für alle Vektoren im Vektorraum die Parsevalschen Identitäten gelten. Es gibt in einem vollständigen Raum kein Element (außer dem Nullvektor), das zu allen Elementen orthogonal ist. Näheres findet man etwa in [1].

Wir kehren zum allgemeinen Fall der Darstellung einer Funktion durch eine Summe von Basiselementen zurück. Es gibt einige sehr nützliche Gleichungen und Ungleichungen, die einem sagen, wie gut die Reihe die Funktion „im Mittel" wiedergibt. Eine davon ist, dass das Quadrat der Norm der Funktion durch die Summe der Betragsquadrate der Entwicklungskoeffizienten wiedergegeben wird, wenn Konvergenz im Mittel vorliegt:

$$\|f\|^2 = (f, f) = \left(\sum_i c_i\, \varphi_i\,,\, \sum_j c_j\, \varphi_j\right) = \sum_{i,j} \overline{c}_i\, c_j\, (\varphi_i, \varphi_j) = \sum_i |c_i|^2\,. \tag{12.47}$$

Man nennt dies die **Parsevalsche Identität I**.

Eine zweite Identität, die **Parsevalsche Identität II** ergibt sich aus dem Skalarprodukt zweier Funktionen $f = \sum_i c_i\,\varphi_i$ und $g = \sum_j d_j\,\varphi_j$,

$$\begin{aligned}(f,g) = \left(\sum_i c_i\,\varphi_i\,,\sum_j d_j\,\varphi_j\right) &= \sum_{i,j} \overline{c}_i\,d_j\,(\varphi_i\,,\varphi_j) \\ &= \sum_i \overline{c}_i\,d_i = \sum_i (f,\varphi_i)\,(\varphi_i\,,g)\,.\end{aligned} \tag{12.48}$$

Beide sind in M.12.5 zusammengefasst.

Wenn für alle Vektoren im Vektorraum die Parsevalschen Identitäten gelten, so wissen wir, dass die Basis tatsächlich vollständig ist! Aber selbst, wenn die Folge der Partialsummen nicht im Mittel konvergiert, gilt noch immer zumindest eine Ungleichung,

$$\sum_i |c_i|^2 \leq \|f\|^2\,. \tag{12.49}$$

Man kann diese **Besselsche Ungleichung** leicht beweisen. Wegen der Nichtnegativität der Norm gilt sicher

$$0 \leq \|f - f_n\|^2 = (f - f_n, f - f_n) = (f,f) + (f_n,f_n) - (f,f_n) - (f_n,f)\,. \tag{12.50}$$

Da aber (für Orthonormalsysteme)

$$(f_n,f) = \sum_{i=1}^{n} |c_i|^2 = (f,f_n) = (f_n,f_n) \tag{12.51}$$

ist, folgt sofort die Besselsche Ungleichung. Die Form

$$(f_n,f_n) \leq (f,f) = \|f\|^2 \tag{12.52}$$

ist genügend allgemein formuliert, dass sie so auch für nicht normierte Orthogonalsysteme gilt, also

$$(f_n,f_n) = \sum_{i=1}^{n} |c_i|^2(\varphi_i\,,\varphi_i) \leq (f,f)\,. \tag{12.53}$$

An den Abschluss dieses Abschnittes wollen wir das **Theorem von Riesz und Fischer** stellen, das es uns erlaubt, allein aufgrund der Konvergenzeigenschaften der Koeffizienten eindeutig die Existenz einer Funktion im Vektorraum zu gewährleisten.

Falls für eine Koeffizientenfolge (c_i) die Summe $\sum_i |c_i|^2$ konvergiert, so existiert eine Funktion $f(x) \in L^2$ (Basisvektoren φ_i), deren Entwicklungskoeffizienten die c_i sind, für welche die Parsevalsche Identität gilt und für die

$$\underset{n\to\infty}{\text{l.i.m.}} \sum_{i=1}^{n} c_i\,\varphi_i(x) = f(x) \tag{12.54}$$

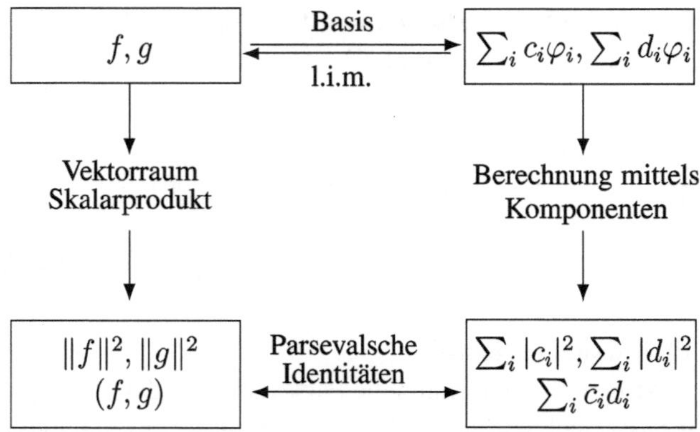

Abb. 12.2 Schematische Darstellung der Beziehungen zwischen Vektoren und Komponenten in einer Basis.

erfüllt ist.

Wenn also die Summe der Koeffizientenquadrate konvergiert, dann existiert auch der Limes im Mittel. Dieses Theorem hängt natürlich unmittelbar mit dem schon in Abschn. 12.2.2 besprochenen Hilbertschen Folgenraum zusammen. Es ist ein sehr beruhigendes Theorem. Oft ist man in der Situation, die Koeffizienten einer Funktionenreihe zu haben. Dieses Theorem erlaubt es uns in diesem Fall festzustellen, ob die Reihe eine Funktion darstellt.

Damit haben wir die uns am Beginn selbst gestellte Aufgabe gelöst. Wir können mit Funktionen wie mit Vektoren arbeiten. Wir können sie – genauso wie Vektoren im $\mathbb{R}^3$ – auf orthonormalen Basissystemen aufspannen. Wir haben damit eine alternative Darstellung mit Hilfe von Koeffizienten. Diese werden mittels Skalarprodukt und Norm berechnet. In Abb. 12.2 werden die besprochenen Beziehungen und Theoreme noch einmal zusammengefasst.

Die Fourieranalyse und die Fouriersynthese (Kap. 13) sind nichts anderes als die Darstellung von periodischen Funktionen mit Hilfe einer orthogonalen Basis aus Winkelfunktionen. Weitere Beispiele, welche die enorme Bedeutung dieser Darstellung von Funktionen durch Basiselemente des Vektorraums klarmachen, findet man auch in den nachfolgenden Kap. 16 und 17 über Differenzialoperatoren und orthogonale Basissysteme.

12.4 Aufgaben und Lösungen

12.4.1 Aufgaben

12.1: Blättern Sie zu Kap. 3 zurück, und beantworten Sie die folgenden Fragen. Was sind die Regeln der Vektoralgebra? Was bedeutet lineare Unabhängigkeit? Was passiert, wenn man ein schiefwinkeliges Basissystem wählt; wie ändern sich die Ausdrücke für Länge, Vektoraddition, inneres Produkt?

12.2: Erfüllt die Wahl (jeweils für $\mathbb{A} = \mathbb{R}$)
(a) $\mathbb{X} = \mathbb{R}^3$,
(b) $\mathbb{X} =$ {alle Polynome in der Variablen x},
(c) $\mathbb{X} =$ {Polynome der Ordnung $m \leq 10$},
die Axiome aus M.3.8 für den Vektorraum? Wie groß ist die jeweilige Dimension?

12.3: Überprüfen Sie, ob in den nachfolgenden Beispielen die aus den Komponentendarstellungen gewonnenen Abstandsdefinitionen tatsächlich die notwendigen Bedingungen aus M.12.2 erfüllen.
(a) $\mathbb{E} = \mathbb{R}$, $d(x, y) = |x - y|$;
(b) $\mathbb{E} = \mathbb{R}^n$, $d(x, y) = \sqrt{\sum_{i=1}^{n}(x_i - y_i)^2}$; diese Metrik wird auch „euklidische" Metrik genannt, der $\mathbb{R}^n$ „euklidischer Raum";
(c) $\mathbb{E} = \mathbb{R}^2$, $d(x, y) = |x_1 - y_1| + |x_2 - y_2|$.
(Hinweis: Der schwierige Teil des Beweises ist der für die Dreiecksungleichung. Bei (a) beweisen Sie die Dreiecksungleichung am besten mit Hilfe einer Skizze. Bei (b) versuchen Sie, den Umweg über die Quadrierung zu nehmen.)

12.4: Welches Objekt beschreibt die Menge $E = \{x | d(x, 0) < 2\}$ im $\mathbb{R}^3$?

12.5: Leiten Sie eine Beziehung zwischen $d(f, g)$ und (f, g) her; verdeutlichen Sie sich diese Beziehung anhand einer Skizze für den $\mathbb{R}^2$.

12.6: Beweisen Sie die Minkowski-Ungleichung (M.12.3.2) rechnerisch und mit Hilfe einer Skizze für den $\mathbb{R}^2$.

12.7: Die Menge $B = \{\boldsymbol{b}_1, \boldsymbol{b}_2, \boldsymbol{b}_3\}$ sei eine Basis. Bilden auch die drei Linearkombinationen $\boldsymbol{a}_1 = 2\boldsymbol{b}_1 + 3\boldsymbol{b}_2 - \boldsymbol{b}_3$, $\boldsymbol{a}_2 = \boldsymbol{b}_1 - 2\boldsymbol{b}_2 + 2\boldsymbol{b}_3$, $\boldsymbol{a}_3 = -2\boldsymbol{b}_1 + \boldsymbol{b}_2 - 2\boldsymbol{b}_3$ linear unabhängige Elemente einer Basis? Der Vektor $\boldsymbol{f}$ hat im System B die Komponenten $(3, -1, 2)$, welche Komponenten hat er im System A?

12.8: Betrachten Sie den Vektorraum $X = \mathbb{R}^2$; ist $U = \{(1, 0), (0, 1), (1, 1)\}$ eine linear unabhängige Teilmenge? Wenn nein, was wäre eine geeignete Teilmenge?

12.9: Zeigen Sie, dass $f(x) = 1/\sqrt{x}$ zu $L(0, 4)$ gehört, aber nicht zu $L^2(0, 4)$.

12.10: Ist E ein metrischer Raum? Fallbeispiel?
(a) $E = \{f(x), x \in I = [-1, 1], |f| < \infty\}$, $d(f, g) = \sup_{x \in I}(f(x) - g(x))^2$.
(b) $E = \{f(x), x \in I = [0, 1], |f| < \infty\}$, $d(f, g) = |f(0) - g(0)| + |f(1) - g(1)|$.

12.11: Wenn $f_1(x), f_2(x), f_3(x), \ldots$ alle aus L^2 sind, zeigen Sie, dass für beliebige Konstanten $c_1, c_2, c_3, \ldots \in \mathbb{R}$ die Summe $c_1 f_1(x) + c_2 f_2(x) + c_3 f_3(x) + \cdots \in L^2$ ist.

12.12: Überprüfen Sie, ob die folgenden Mengen von Funktionen jeweils eine orthogonale Menge bezüglich des jeweiligen Integrationsintervalls (Skalarprodukt wie in (12.19)) bilden.

(a) $\{\sin x, \sin 2x, \sin 3x, \sin 4x\}$ bezüglich $x \in (-\pi, \pi)$.

(b) $\{1, x, x^2, x^3\}$ bezüglich $x \in (0, 1)$.

12.13: Betrachten Sie den Vektorraum: {Polynome in $x \in \mathbb{R}$} und das linear unabhängige System: $\{1, x, x^2, x^3, ...\}$. Bestimmen Sie daraus jeweils die ersten vier orthogonalen Polynome bezüglich der Orthogonalitätsrelationen:

(a) $(f, g) = \int_0^\infty dx \ \exp(-x)\, f(x)\, g(x)$;

(b) $(f, g) = \int_{-\infty}^\infty dx \ \exp(-x^2)\, f(x)\, g(x)$;

(c) $(f, g) = \frac{1}{2} \int_{-1}^1 dx \ f(x)\, g(x)$ (Legendre-Basis).

12.14: Berechnen Sie die ersten drei Koeffizienten der Entwicklung von $f(x) = \cos(\pi x)$ in der Legendre-Basis des vorhergehenden Beispiels. Vergleichen Sie grafisch $f(x)$ mit der Summe der ersten drei Terme der Entwicklung. Wie ist das Ergebnis im Vergleich mit der Taylorreihe von $f(x)$?

12.15: Zeigen Sie, dass die Funktionen $\{\sin nx, \cos nx; n = 0, 1, 2, 3...\}$ mit dem Skalarprodukt

$$(f, g) = \frac{1}{\pi} \int_{-\pi}^{\pi} dx \ f(x)\, g(x)$$

ein Orthogonalsystem bilden.

12.16: Drücken Sie die folgenden Funktionen durch Komponenten in geeigneten Basissystemen aus:

(a) $f(x) = 4x - 3$ in der Basis $\{\sin x, \sin 2x, \sin 3x\}$ bezüglich $x \in (-\pi, \pi)$;

(b) $f(x) = (6 \sin x + 1)^2$ in der Basis $\{1, x, \frac{3}{2}x^2 - \frac{1}{2}\}$ bezüglich $x \in (-1, 1)$ (Legendreihe);

(c) $f(x) = (\mathrm{e}^x + \mathrm{e}^{-x})$ in der Basis $\{1, x, \frac{3}{2}x^2 - \frac{1}{2}\}$ bezüglich $x \in (-1, 1)$ (Legendrereihe).

Wie gut ist die Besselsche Ungleichung erfüllt? Überprüfen Sie grafisch die Qualität der jeweiligen Darstellung!

12.17: Zeigen Sie: (a) die komplexen 2×2-Matrizen bilden einen Vektorraum; (b) die Form $(\mathbf{A}, \mathbf{B}) \equiv \mathrm{tr}(\mathbf{A}^\dagger \mathbf{B})$ erfüllt die Eigenschaften eines Skalarprodukts; (c) sind die Matrizen $\begin{pmatrix} 1 & 0 \\ 0 & 0 \end{pmatrix}, \begin{pmatrix} 0 & 1 \\ 0 & 0 \end{pmatrix}, \begin{pmatrix} 0 & 0 \\ 1 & 0 \end{pmatrix}, \begin{pmatrix} 0 & 0 \\ 0 & 1 \end{pmatrix}$ eine geeignete Basis?

12.4.2 Lösungen

Vollständige Lösungen unter http://physik.uni-graz.at/~cbl/mm/.

12.2: (a) ja, 3; (b) ja, ∞; (c) ja, 11.

12.3: (a)-(c) ja.

12.4: Offene Kugel mit Radius 2.

12.6: Nach dem Quadrieren kann man mit Hilfe der Cauchy-Schwarz-Ungleichung zeigen, dass $(\text{Re }(x, y))^2 \leq (x, x)(y, y)$ erfüllt ist.

12.8: Nein; Teilmenge: $\{(1, 0), (0, 1)\}$.

12.9: Es ist $\int_0^4 dx\, \frac{1}{|x|} = \int_0^4 dx\, \frac{1}{x} = \ln x|_0^4$ unbeschränkt.

12.10: (a) nein, da die Dreiecksungleichung nicht erfüllt ist. Fallbeispiel: $g(x) = 1$, $f(x) = 0, h(x) = -1, d(f, g) = 1, d(f, h) = 1, d(g, h) = 4$, daher $d(g, f) + d(f, h) \not\geq d(g, h)$; (b) ist auch keine Metrik, da Fälle mit $d(f, g) = 0$ für $g \neq f$ konstruiert werden können.

12.12: (a) ja; (b) nein.

12.13: (a) $\varphi_0 = 1$, $\varphi_1(x) = x - 1$, $\varphi_2(x) = 1/2\,(x^2 - 4\,x + 2)$, $\varphi_3(x) = (x^3 - 9\,x^2 + 18\,x - 6)/6$ (also – bis auf die freie Vorzeichenwahl – die Laguerre-Polynome: $L_n = \varphi_n$); (b) Hermite-Polynome; (c) $\{\varphi_0(x) = 1,\ \varphi_1(x) = \sqrt{3}x,\ \varphi_2(x) = \sqrt{5}(3\,x^2 - 1)/2,\ \varphi_3(x) = \sqrt{7}(5\,x^3 - 3\,x)/2\}$, allgemein ergibt sich $\varphi_k = \sqrt{2\,k + 1}\, P_k(x)$, wobei die P_k die so genannten Legendre-Polynome sind.

12.14: Legendre-Basis: $c_0 = c_1 = 0$, $c_2 = -3\sqrt{5}/\pi^2$.

12.15: Es handelt sich um die Fourierentwicklung, vgl. Kap. 13.

12.16: (a) $8\sin x - 4\sin 2x + (8/3)\sin 3x$, $\|f\|^2 = 18 + 32\pi^2/3 = 123.276\ldots$, $\sum_{n=1}^{3} |c^n|^2 = 87.111\ldots$; (b) $(19 - 9\sin 2)\, P_0 + 36(\sin 1 - \cos 1)\, P_1 - 5/4(54\cos 2 + 9\sin 2)\, P_2$, $\|f\|^2 = 441.27 > 439.95$; (c) $(\text{e}-1/\text{e})\, P_0 + 5(\text{e}-7/\text{e})\, P_2$, $\|f\|^2 = 5.62686 \geq 5.62682$.

12.17: Dreimal: ja!

Literaturempfehlungen

Weiterführende Texte zur Funktionalanalysis sind [3, 4]. Ein Klassiker für mathematisch Interessierte ist [1]; eine konzise Fassung für Fortgeschrittene findet sich in [5].

Literatur

1. J. Dieudonné, *Foundations of Modern Analysis* (Academic Press, New York).
2. K. Jänich, *Mathematik 1*, 2. Aufl. (Springer-Verlag, Berlin-Heidelberg-New York, 2005).
3. S. Lang, *Real and Functional Analysis* (Springer-Verlag, New York, 1996).
4. D. Werner, *Funktionalanalysis*, 7. Aufl. (Springer-Verlag, Heidelberg, 2011).
5. Y. Choquet-Bruhat und C. DeWitt-Morette, *Analysis, Manifolds and Physics, I and II* (North-Holland, Amsterdam, 2000).

Fourierreihe 13

13.1 Motivation und Definition

Periodische Funktionen treten in der Natur häufig auf. Von der Erdrotation über Ihren Herzschlag bis hin zu Licht und Ton, all diese sind im allgemeinsten Sinn Schwingungen, obwohl nicht immer auf den ersten Blick erkennbar. In diesen Beispielen ist die Periode jeweils eine bestimmte Zeitdauer. Wenn man aber etwa eine Temperaturverteilung auf einem Metallring beschreiben will, so ist die Periode ein Winkel oder eine Länge. Die **Fourierreihe** bietet eine Möglichkeit, diese periodischen Funktionen nach ihren Teilfrequenzen systematisch zu zerlegen. Die zu Grunde liegende Mathematik ist genau die im vorhergehenden Kapitel 12 beschriebene, und so kann man das hier diskutierte Verfahren auch als ausführliches Anwendungsbeispiel ansehen.

Die Zerlegung nach Frequenzen entspricht dem, was ein Prisma mit dem einfallenden Licht macht (Abb. 13.1). Der Lichtstrahl – zum Beispiel ein Sonnenstrahl – ist meist eine Überlagerung von Beiträgen verschiedenster Frequenzen. Da die Lichtbrechung beim Prisma frequenzabhängig ist, wird der Strahl „zerlegt", der Ausfallwinkel hängt von der Frequenz des entsprechenden Anteils ab. Diese Zerlegung ist nichts anderes, als die Projektion auf die Basisvektoren des Vektorraums periodischer Funktionen in L^2; die Methode heißt Fourierzerlegung oder **Fourieranalyse**, die Zusammensetzung der Funktion als Summe ihrer Komponenten ist die **Fouriersynthese**.

Wir betrachten Funktionen, die

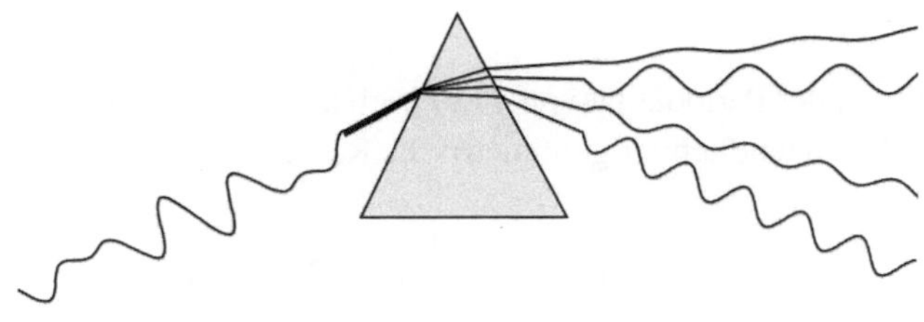

Abb. 13.1 Auch ein Prisma zerlegt den Lichtstrahl nach Frequenzen

C.B. Lang, N. Pucker, *Mathematische Methoden in der Physik*,
DOI 10.1007/978-3-662-49313-7_13

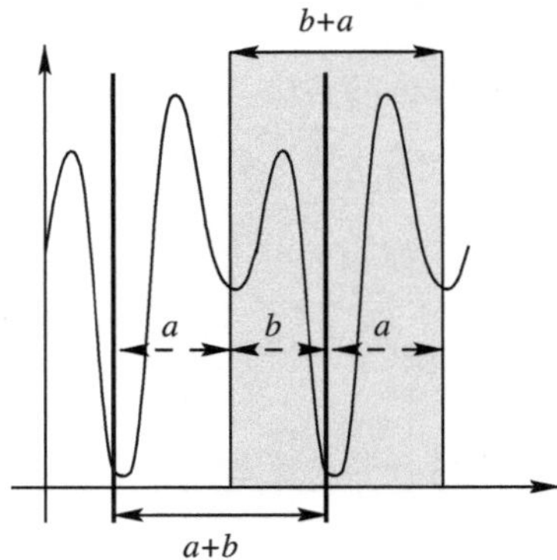

Abb. 13.2 Das Integral über die beiden Perioden (zwischen den stark ausgezogenen Linien oder im schattierten Bereich zwischen dünnen Linien) ist in beiden Fällen gleich, nämlich die Summe der Beiträge (a) und (b)

- Lebesgue-integrierbar sind,
- periodisch mit einer (beliebigen) Periode $2L$ sind, also $f(x) = f(x + 2L) = f(x + 2nL)$.

Meist wird die Periode $2L = 2\pi$ angenommen, wie es bei den trigonometrischen Funktionen der Fall ist. Man beachte, dass bei periodischen Funktionen die Integration über eine volle Periode invariant gegen Verschiebungen des Integrationsintervalls ist,

$$\int_{-\pi}^{\pi} dx\ f(x) = \int_{a-\pi}^{a+\pi} dx\ f(x)\,. \tag{13.1}$$

Man erkennt das aus einer Aufteilung der Integration,

$$\int_{a-\pi}^{a+\pi} = \int_{a-\pi}^{-\pi} + \int_{-\pi}^{\pi} + \int_{\pi}^{a+\pi} = \int_{-\pi}^{\pi}\,, \tag{13.2}$$

da ja

$$\begin{aligned}\int_{a-\pi}^{-\pi} dx\ f(x) &= -\int_{-\pi}^{a-\pi} dx\ f(x) = -\int_{\pi}^{a+\pi} d(x+2\pi)\ f(x+2\pi) \\ &= -\int_{\pi}^{a+\pi} dx\ f(x)\end{aligned} \tag{13.3}$$

wegen der Periodizität von $f(x)$ (vgl. auch die Zerlegung in Abb. 13.2).

Die unendliche trigonometrische Reihe

$$FR[f](x) \equiv \frac{1}{2}\,a_0 + \sum_{n=1}^{\infty} (a_n\ \cos(n\,x) + b_n\ \sin(n\,x)) \tag{13.4}$$

mit den **Fourierkoeffizienten**

$$\begin{aligned} a_n &= \frac{1}{\pi}\int_{-\pi}^{\pi} dx\ f(x)\cos(nx) \quad (n \geq 0)\ , \\ b_n &= \frac{1}{\pi}\int_{-\pi}^{\pi} dx\ f(x)\sin(nx) \quad (n > 0) \end{aligned} \tag{13.5}$$

heißt **Fourierreihe** von $f(x)$ – kurz $FR[f](x)$ – und ist (wie auch alle Partialsummen) periodisch mit der Periode 2π. Wir haben die Notation $FR[f]$ eingeführt, um die Fourierreihe deutlich von der ihr zu Grunde liegenden Funktion f zu unterscheiden. Nur im Konvergenzgebiet der Reihe (besprochen im Abschn. 13.2) stimmen ihre Funktionswerte überein. Partialsummen bezeichnen wir mit $FR_n[f]$.

Wenn man diese Summen und Integrale im Lichte des Kap. 12 betrachtet, erkennt man, dass es sich offenbar um die Projektion auf ein orthogonales Basissystem handelt. Tatsächlich ist die Menge

$$\left\{\sqrt{\frac{1}{2}},\ \sin n\,x,\ \cos n\,x;\ n = 1, 2, \ldots\right\} \tag{13.6}$$

ein Orthonormalsystem für periodische Funktionen in $L^2(-\pi, \pi)$ mit dem Skalarprodukt

$$(f, g) = \frac{1}{\pi}\int_{-\pi}^{\pi} dx\ f(x)\,g(x)\ . \tag{13.7}$$

Allerdings hat man, um eine einheitliche Definition für alle a_n verwenden zu können, in der Definition (13.4) die erste Basisfunktion abweichend normiert. Man erkennt das an der dadurch modifiziert erscheinenden Berechnung der Norm aus den Fourierkoeffizienten. Man sieht durch Einsetzen, dass

$$\|FR[f]\|^2 = (FR[f], FR[f]) = \frac{1}{2}\,a_0^2 + \sum_{n=1}^{\infty}(a_n^2 + b_n^2) \tag{13.8}$$

ist, der erste Term also mit dem Vorfaktor $1/2$ auftritt. Das ist vor allem bei der Verwendung der Parsevalschen Identität und der Besselschen Ungleichung zur Abschätzung der Konvergenz der Reihendarstellung wichtig.

Das **Riemann-Lebesgue-Lemma** besagt, dass für alle integrablen Funktionen – und nur solche betrachten wir – gilt, dass

$$\lim_{c\to\infty}\int_a^b dx\ f(x)\cos(c\,x) = \lim_{c\to\infty}\int_a^b dx\ f(x)\sin(c\,x) = 0 \tag{13.9}$$

und daher die Fourierkoeffizienten für hohe Indizes verschwinden müssen,

$$\lim_{n\to\infty} a_n = \lim_{n\to\infty} b_n = 0\,. \tag{13.10}$$

Damit ist zumindest eine notwendige Bedingung für die Konvergenz der Fouriersumme erfüllt.

Hinreichende Bedingungen werden weiter unten besprochen. Wenn die trigonometrische Reihe gleichmäßig konvergiert, dann ist ihre Summe tatsächlich die Funktion, deren Fourierkoeffizienten die Reihe definieren. Der Limes ist also eindeutig. Man kann auch Fourierreihen für unstetige Funktionen bestimmen. An den Unstetigkeitsstellen konvergieren sie dann auf einen Wert, der zwischen den Sprungwerten liegt. Das ist eine nützliche Eigenschaft. Andererseits hat nicht unbedingt jede stetige Funktion auch eine konvergente Fourierreihe!

13.2 Konvergenzkriterien

Wann konvergiert die Fourierreihe? Welcher Art ist die Konvergenz, ist sie punktweise oder im Mittel, ist sie gleichmäßig? Es gibt viele, alternativ verwendbare, hinreichende Bedingungen für die Konvergenz von Fourierreihen. Einige davon wollen wir hier kurz anführen. Welche davon man für eine Untersuchung verwendet, hängt vom Einzelfall ab. Die verwendeten Begriffe wurden in Kap. 12 besprochen.

FK-1: Für jede Funktion $f(x) \in L^2$ konvergiert die Fourierreihe *im Mittel* gegen $f(x)$.

FK-2: Dieses Kriterium sattelt das Pferd vom Schwanz auf. Wenn für gegebene Koeffizientenfolgen $\{a_n\}$, $\{b_n\}$ die unendliche Reihe

$$\frac{1}{2}\,a_0^2 + \sum_{n=1}^{\infty} (a_n^2 + b_n^2) \tag{13.11}$$

konvergiert, dann konvergiert auch die entsprechende Fourierreihe *im Mittel* gegen eine Funktion $f(x) \in L^2$; die Parsevalsche Identität gilt. Es ist also

$$\|FR[f] - f\| = 0\,. \tag{13.12}$$

Dies ist einfach das Theorem von Riesz und Fischer, welches schon im Kap. 12 besprochen wurde.

FK-3: Die Partialsummen $FR_n[f]$ einer Fourierreihe konvergieren punktweise zu einer Summe $S(x)$ genau dann, wenn

$$\lim_{n\to\infty} \frac{1}{2\pi} \int_0^{\pi} dt\ [f(x+t) + f(x-t) - 2\,S(x)]\ \frac{\sin\left[(n+\frac{1}{2})t\right]}{\sin\frac{t}{2}} = 0\,. \tag{13.13}$$

FK-4 (Dini): Wenn für beliebiges festes $\delta \in (0, \pi]$ das Integral

$$\int_0^{\delta} dt\ \frac{1}{t}\ [f(x+t) + f(x-t) - 2\,S(x)] \tag{13.14}$$

existiert, dann konvergiert die Fourierreihe gegen $S(x)$.

FK-5 (Jordan): Wenn $f(t)$ in der Umgebung von $t = x$ von **beschränkter Variation** ist, so konvergiert die Fourierreihe gegen

$$S(x) = \frac{1}{2}\ [f(x+0) + f(x-0)]\ . \tag{13.15}$$

Wenn $f(x)$ dort stetig ist, dann ist natürlich $S(x) = f(x)$.

Der Begriff „beschränkte Variation“ ist folgendermaßen definiert. Wir teilen ein gegebenes Intervall $[a, b]$ auf: $a = x_0 < x_1 < x_2 < \ldots < x_n = b$. Wenn für beliebige Aufteilungen die Summe

$$\sum_{k=1}^{n} |f(x_k) - f(x_{k-1})| \tag{13.16}$$

immer beschränkt ist, dann ist $f(x)$ von beschränkter Variation. Wenn zum Beispiel die Ableitung einer Funktion in einem Intervall beschränkt ist, dann ist die Funktion dort sicher von beschränkter Variation.

FK-6: Es seien $f(x)$ und $f'(x)$ in $[-\pi, \pi]$ beschränkt und stückweise stetig. Dann konvergiert die Fourierreihe in jedem Intervall, das keine Sprungstelle enthält, gegen $f(x)$ und an Sprungstellen gegen $1/2\,[f(x-0) + f(x+0)]$.

FK-7 (Dirichlet): Es sei $f(x) \in L^1[-\pi, \pi]$ (das Integral des Absolutbetrags ist endlich), stückweise stetig in $[-\pi, \pi]$ und habe eine endliche Anzahl von Maxima und Minima; dann konvergiert die Fourierreihe gegen $f(x)$ und an Sprungstellen gegen $1/2\,[f(x-0) + f(x+0)]$. Die Funktion $\sin(1/x)$ hat zum Beispiel beliebig viele Maxima und Minima in jedem Intervall, das den Nullpunkt enthält, genügt also *nicht* der Dirichlet-Bedingung.

13.3 Tipps und Beispiele

Bei der praktischen Berechnung von Fourierkoeffizienten gibt es einige Tricks, die sich aber alle einfach auf Integrationsregeln zurückführen lassen. Zur Erinnerung folgt hier eine kurze Zusammenstellung.

- Die Fourierreihe kann natürlich auch für ein allgemeines Periodizitätsintervall formuliert werden. Durch eine lineare Transformation kann das Intervall $(-\pi,\pi)$ auf das Intervall (a,b) abgebildet werden. Daher kann man die Fourierreihe auch auf folgende Art definieren:

$$\begin{aligned} FR[f](x) &= \frac{1}{2}a_0 + \sum_{n=1}^{\infty}\left(a_n \cos\frac{2n\pi\, x}{b-a} + b_n \sin\frac{2n\pi\, x}{b-a}\right), \\ a_n &= \frac{2}{b-a}\int_a^b dx\; f(x)\cos\frac{2n\pi\, x}{b-a}, \quad n \geq 0, \\ b_n &= \frac{2}{b-a}\int_a^b dx\; f(x)\sin\frac{2n\pi\, x}{b-a}, \quad n > 0. \end{aligned} \tag{13.17}$$

- Integrale über symmetrische Integrationsintervalle – wie zum Beispiel das Standardintervall $(-\pi,\pi)$ – verschwinden für antisymmetrische Integranden. Damit sind für *antisymmetrische* Funktionen die *geraden* Fourierkoeffizienten a_n gleich null, für *symmetrische* Funktionen hingegen verschwinden die *ungeraden* Fourierkoeffizienten b_n.
- Integrale über die trigonometrischen Funktionen $\sin(n\,x)$ und $\cos(n\,x)$ (für $n \neq 0$) verschwinden, wenn sie über ganzzahlige Vielfache des Periodizitätsintervalls gehen,

$$\int_a^{a+2k\,\pi} dx\; \sin(n\,x) = \int_a^{a+2k\,\pi} dx\; \cos(n\,x) = 0, \quad (n \neq 0). \tag{13.18}$$

Dabei kommt es nicht auf die Lage des Integrationsintervalls an; man kann es also beliebig verschieben, wie in der Gleichung angedeutet.

- Die Fourierreihe einer Summe von Funktionen ist die Summe der Fourierreihen der Funktionen; Multiplikation der Funktion mit Konstanten entspricht einer Multiplikation der Fourierreihe (respektive deren Koeffizienten) mit dieser Konstanten.

$$\begin{aligned} FR[f+g] &= FR[f] + FR[g], \\ FR[a\,f] &= a\,FR[f]. \end{aligned} \tag{13.19}$$

Es ist also zum Beispiel $FR[1+\pi\,x] = 1 + \pi\,FR[x]$.

Wir wollen nun anhand einiger Beispiele die Vorteile und Problempunkte der Fourieranalyse und Fouriersynthese besprechen.

Beispiel

Wir betrachten die Funktion

$$f(x) = x \quad \text{für } x \in (-\pi, \pi)\,, \quad \text{mit der Periode } 2\pi\,, \tag{13.20}$$

also periodisch fortgesetzt. An den Sprungstellen selbst ist die Funktion hier nicht definiert, und wir werden auf diese Besonderheit weiter unten zurückkommen.

Die Fourierkoeffizienten sind

$$\begin{aligned} a_{n\geq 0} &= \frac{1}{\pi}\int_{-\pi}^{\pi} dx\; x\, \cos(n\,x) = 0 \quad \text{(antisymmetrischer Integrand!)} \\ b_{n>0} &= \frac{1}{\pi}\int_{-\pi}^{\pi} dx\; x\, \sin(n\,x) = -\frac{1}{n\,\pi}\, x\, \cos(n\,x)\Big|_{-\pi}^{\pi} + \frac{1}{n\,\pi}\int_{-\pi}^{\pi} dx\; \cos(n\,x) \\ &= -\frac{2}{n}\cos(n\,\pi) = \frac{2}{n}(-1)^{n+1}\,. \end{aligned}$$

Wir haben dabei partiell integriert und unterwegs die wichtige Eigenschaft (13.18) verwendet. Man erhält die Fourierreihe

$$FR[f] = 2\sum_{n=1}^{\infty} \frac{(-1)^{n+1}}{n}\, \sin(n\,x)\,. \tag{13.21}$$

Wir bilden die Summe

$$\sum_{n=1}^{\infty} b_n^2 = 4\sum_{n=1}^{\infty} \frac{1}{n^2} = \frac{2\pi^2}{3}\,,$$

die (vgl. Kap. 1) konvergiert, und wir sehen daraus, dass – nach dem Riesz-Fischer Kriterium – die Fourierreihe *im Mittel* konvergiert, also $\|FR[f] - f\| = 0$. In Abb. 13.3 (links) wird die Konvergenz anhand der Partialsummen $f_5(x)$, $f_{10}(x)$ und $f_{50}(x)$ demonstriert. □

Die Fourierreihe konvergiert auch an den Sprungstellen, wo die Funktion selbst nicht definiert ist. Ihr Limes von links oder rechts ist π und $-\pi$. Der Wert der Fourierreihe ist dort jeweils null, also der Mittelwert der beiden Limiten, genau wie in den Konvergenzkriterien angegeben.

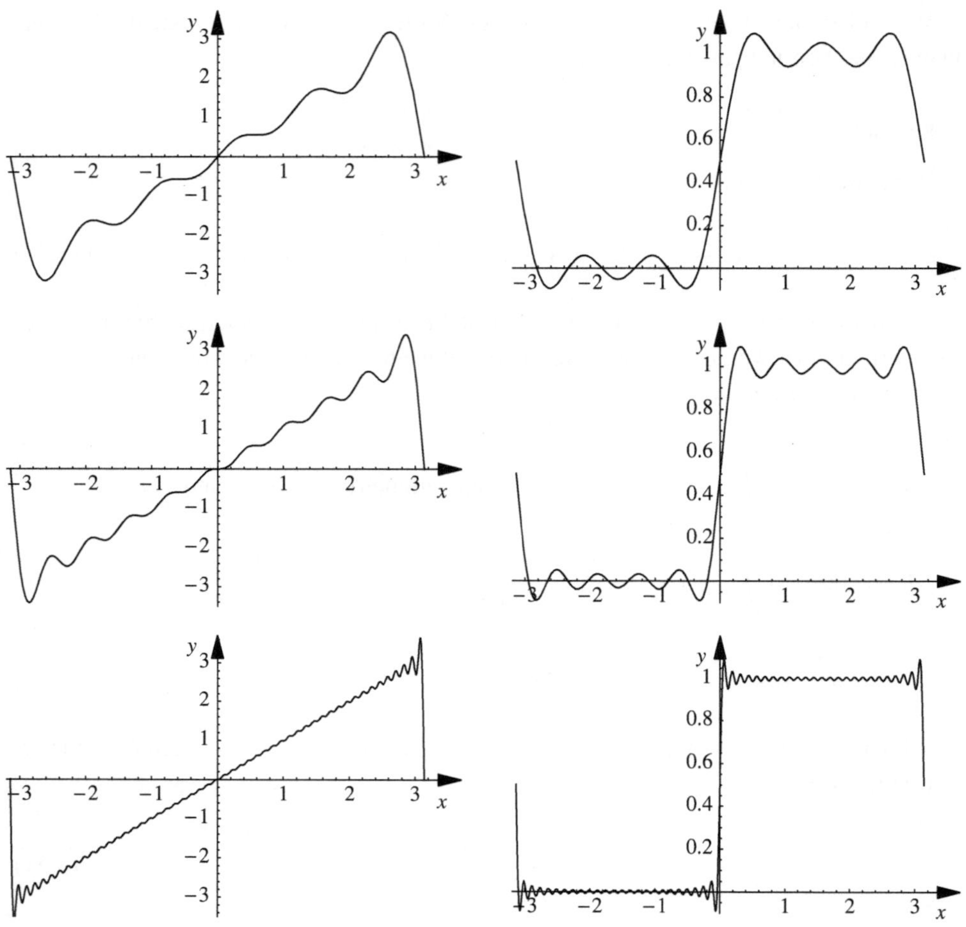

Abb. 13.3 Links: Die Partialsummen $f_5(x)$, $f_{10}(x)$ und $f_{50}(x)$ der Fourierreihe zur Funktion (13.20). Rechts: Wie links, aber zur Funktion (13.22)

Die Spitzen unmittelbar neben der Sprungstelle sind typisch für Fourierreihen. Dieser Effekt hat sogar einen Namen bekommen: das **Gibbssche Phänomen**. Obwohl diese Spitzen mit zunehmendem n (für die Partialsummen $FR_n[x]$) immer markanter werden, konvergiert die Fourierreihe doch an allen Punkten. Sie konvergiert also nicht überall gleichmäßig – sie müsste sonst als Summe stetiger Funktionen gegen eine stetige Funktion konvergieren, also nicht die gewünschte, unstetige Funktion darstellen. Allerdings konvergiert die Reihe in jedem abgeschlossenen Teilintervall von $(-\pi, \pi)$ (vgl. die Bemerkungen über gleichmäßige Konvergenz in M.1.7).

Eine zweite Beobachtung gilt der Ableitung der Fourierreihe. Da sich der Faktor $1/n$ bei der Ableitung (13.21) weghebt, ist die sich ergebende Reihe

$$2 \sum_{n=1}^{\infty} (-1)^{n+1} \cos(n\,x)$$

keine konvergente Reihe mehr, wie man (zum Beispiel bei $x = 0$) leicht erkennt! Wir werden diese Eigenschaft später nochmals eingehender diskutieren.

Beispiel

Die Rechtecksfunktion hat die Form

$$f(x) = \begin{cases} 0 & -\pi < x < 0\,, \\ 1 & 0 < x < \pi\,, \end{cases} \quad \text{Periode } 2\pi\,. \tag{13.22}$$

Man beachte: Die Funktionswerte an den Sprungstellen müssen nicht angegeben werden! Wir berechnen die Fourierkoeffizienten.

$$\begin{aligned} a_n &= \frac{1}{\pi} \int_{-\pi}^{\pi} dx\; f(x)\, \cos(n\,x) = \frac{1}{\pi} \int_{0}^{\pi} dx\; \cos(n\,x) = \delta_{n0}\,, \\ b_n &= \frac{1}{\pi} \int_{-\pi}^{\pi} dx\; f(x)\, \sin(n\,x) = \frac{1}{\pi} \int_{0}^{\pi} dx\; \sin(n\,x) \\ &= -\frac{1}{n\,\pi} \cos(n\,x)\Big|_0^{\pi} = \begin{cases} 0 & \text{gerade } n\,, \\ \frac{2}{n\,\pi} & \text{ungerade } n\,. \end{cases} \end{aligned}$$

Damit ist die Fourierreihe für die Rechteckswelle (mit der Ersetzung $n = 2k + 1$)

$$FR[f] = \frac{1}{2} + \frac{2}{\pi} \sum_{k=0}^{\infty} \frac{1}{2k+1} \sin[(2k+1)x]\,.$$

Auch diese Fourierreihe konvergiert (nach FK-1) im Mittel gegen $f(x)$.

In Abb. 13.3 (rechts) wird die Konvergenz anhand der Partialsummen $f_5(x)$, $f_{10}(x)$ und $f_{50}(x)$ demonstriert. Wieder wird an den Sprungstellen (jeweils am Rand des Periodizitätsintervalls, in diesem Beispiel aber auch in der Mitte) der Mittelwert der linksseitigen und rechtsseitigen Grenzwerte angenommen. Man beachte wieder die schon im vorigen Beispiel diskutierten Gibbsschen Spitzen nahe den jeweiligen Sprungstellen. □

Beispiel

Wie schon erwähnt, können wir durch geeignete Variablentransformationen auch andere Funktionen analysieren. Die Funktion

$$f(x) = \frac{x}{b} \quad \text{für } x \in (0,b) \, , \quad \text{mit der Periode } b$$

ist durch die Fourierreihe der Funktion (13.20) ausdrückbar. Wir müssen dazu die Funktion und das Intervall geeignet transformieren,

$$\begin{aligned} x \in (0,b) \quad &\longleftrightarrow \quad y \in (-\pi,\pi) \quad : \quad y = \frac{2\pi}{b}x - \pi \, , \\ f \in (0,1) \quad &\longleftrightarrow \quad g \in (-\pi,\pi) \quad : \quad g = 2\pi f - \pi \, , f = \frac{1}{2\pi} g + \frac{1}{2} \, . \end{aligned}$$

Damit ist

$$\begin{aligned} FR[f](x) &= \frac{1}{2} + \frac{1}{2\pi} FR[g](y(x)) = \frac{1}{2} + \frac{1}{2\pi} 2 \sum_{n=1}^{\infty} \frac{1}{n} (-1)^{n+1} \sin(n\, y(x)) \\ &= \frac{1}{2} + \frac{1}{\pi} \sum_{n=1}^{\infty} \frac{1}{n} (-1)^{n+1} \sin\left(n \left(\frac{2\pi}{b} x - \pi\right)\right) \\ &= \frac{1}{2} - \frac{1}{\pi} \sum_{n=1}^{\infty} \frac{1}{n} \sin\left(\frac{2n\pi}{b} x\right) \, . \end{aligned}$$

Bei der letzten Zeile haben wir die Eigenschaft der Sinusfunktion $\sin(a + n\,\pi) = (-1)^n \sin a$ berücksichtigt. □

Offenbar bieten sich die Fourierreihen zur termweisen Integration oder Differenziation an, da man dadurch wieder eine trigonometrische Reihe erhält. Allerdings muss man dabei Folgendes beachten.

Integration: Die Fourierreihe einer integrablen Funktion (ohne den konstanten Term a_0) kann termweise integriert werden, und die entstandene Reihe ist eine Fourierreihe, die (bis auf eine Integrationskonstante α) gegen das Integral der Funktion konvergiert:

$$\int dx \; FR[f](x) = FR\left[\int dx \; f(x)\right] + \alpha \, . \tag{13.23}$$

Differenziation: Die Ableitung einer Fourierreihe konvergiert nicht immer! *Wenn* sie jedoch (gleichmäßig) konvergiert, so handelt es sich wieder um eine Fourierreihe, und sie konvergiert auch gegen die Ableitung der ursprünglich dargestellten Funktion.

Wie wir später (im Kap. 16 über Eigenwertproblem und Differenzialgleichungen) sehen werden, sind Fourierreihen Lösungen von Differenzialgleichungen mit speziellen Eigenschaften. Optimal geeignet sind sie als Lösungssysteme für die Schwingungsgleichung, obwohl ihr Anwendungsbereich nicht auf diese beschränkt ist.

13.4 Komplexe Form der Fourierreihe

Die Winkelfunktionen kann man auch durch Exponentialfunktionen mit imaginären Argumenten ausdrücken (vgl. Kap. 2),

$$\sin(n\,x) = \frac{1}{2\mathrm{i}}\left(\mathrm{e}^{\mathrm{i}nx} - \mathrm{e}^{-\mathrm{i}nx}\right) , \quad \cos(n\,x) = \frac{1}{2}\left(\mathrm{e}^{\mathrm{i}nx} + \mathrm{e}^{-\mathrm{i}nx}\right) . \tag{13.24}$$

Mit Hilfe dieser Ausdrücke ergibt sich für eine allgemeine Fourierreihe

$$\frac{1}{2}a_0 + \sum_{n=1}^{\infty}(a_n\,\cos(n\,x) + b_n\,\sin(n\,x)) = c_0 + c_1\,\mathrm{e}^{\mathrm{i}x} + c_{-1}\,\mathrm{e}^{-\mathrm{i}x} + c_2\,\mathrm{e}^{2\mathrm{i}x} + c_{-2}\mathrm{e}^{-2\mathrm{i}x} + \ldots , \tag{13.25}$$

wobei sich die Koeffizienten aus den a_n und b_n bestimmen lassen. Es gilt

$$\begin{aligned} c_0 = \frac{1}{2}a_0 &= \frac{1}{2\pi}\int_{-\pi}^{\pi} dx\; f(x) , \\ c_1 = \frac{1}{2}(a_1 - \mathrm{i}\,b_1) &= \frac{1}{2\pi}\int_{-\pi}^{\pi} dx\; f(x)\,(\cos x - \mathrm{i}\,\sin x) \\ &= \frac{1}{2\pi}\int_{-\pi}^{\pi} dx\; f(x)\,\mathrm{e}^{-\mathrm{i}x} , \ldots \end{aligned} \tag{13.26}$$

Daraus ergibt sich die komplexe Form der Fourierreihe

$$FR[f](x) = \sum_{n=-\infty}^{\infty} c_n\,\mathrm{e}^{\mathrm{i}nx} , \quad c_n = \frac{1}{2\pi}\int_{-\pi}^{\pi} dx\; f(x)\,\mathrm{e}^{-\mathrm{i}nx} . \tag{13.27}$$

Für allgemeine Perioden (a, b) lauten diese Ausdrücke

$$FR[f](x) = \sum_{n=-\infty}^{\infty} c_n\,\mathrm{e}^{\mathrm{i}2n\pi x/(b-a)} , \quad c_n = \frac{1}{b-a}\int_{a}^{b} dx\; f(x)\,\mathrm{e}^{-\mathrm{i}2n\pi x/(b-a)} . \tag{13.28}$$

Die Koeffizienten c_n sind nun auch für negative Indizes definiert. Man beachte, dass nun der konstante Term c_0 nicht mehr mit einem Zusatzfaktor versehen ist. Die Berechnung ist nun einheitlicher formuliert, als es die der a_n und b_n war.

Die Koeffizienten können nun allerdings auch komplex sein. Dennoch ist die Fourierreihe einer reellen Funktion im Endeffekt reell. Dies bewirkt bestimmte Einschränkungen für die Koeffizienten. Diese und andere Eigenschaften fassen wir hier zusammen.

Reelle Funktionen:

$$f(x) = \overline{f}(x) \quad \Leftrightarrow \quad c_n = \overline{c}_{-n}\,, \quad a_n = c_n + c_{-n} = 2\,\mathrm{Re}(c_n)\,, \quad b_n = \mathrm{i}\,(c_n - c_{-n}) = -2\,\mathrm{Im}(c_n)\,.$$

Imaginäre Funktionen:

$$f(x) = -\overline{f}(x) \quad \Leftrightarrow \quad c_n = -\overline{c}_{-n}\,, \quad a_n = c_n + c_{-n} = 2\mathrm{i}\,\mathrm{Im}(c_n)\,, \quad b_n = \mathrm{i}\,(c_n - c_{-n}) = 2\mathrm{i}\,\mathrm{Re}(c_n)\,.$$

Symmetrische Funktionen:

$$f(x) = f(-x) \quad \Leftrightarrow \quad c_n = c_{-n}\,, \quad a_n = 2\,c_n\,, \quad b_n = 0\,.$$

Antisymmetrische Funktionen:

$$f(x) = -f(-x) \quad \Leftrightarrow \quad c_n = -c_{-n}\,, \quad a_n = 0\,, \quad b_n = 2\mathrm{i}\,c_n\,.$$

Beispiel

Für das Beispiel der Rechteckswelle (13.22) lautet die Berechnung der Koeffizienten in Exponentialdarstellung

$$c_n = \frac{1}{2\pi}\int_{-\pi}^{\pi} dx\; f(x)\,\mathrm{e}^{-\mathrm{i}nx} = \frac{1}{2\pi}\int_{0}^{\pi} dx\;\mathrm{e}^{-\mathrm{i}nx} = \begin{cases} \frac{1}{2} & (n=0)\,, \\ 0 & (n \text{ gerade})\,, \\ \frac{1}{\mathrm{i}n\pi} & (n \text{ ungerade})\,. \end{cases}$$

Man kann sich leicht selbst davon überzeugen, dass die so erhaltene Exponential-Fourierreihe

$$FR[f](x) = \frac{1}{2} + \frac{1}{\mathrm{i}\pi}\sum_{k=0}^{\infty}\frac{1}{2k+1}\left(\mathrm{e}^{\mathrm{i}(2k+1)x} - \mathrm{e}^{-\mathrm{i}(2k+1)x}\right)$$

tatsächlich mit der früheren übereinstimmt. □

Die Fourierreihe kann auf die so genannte Fouriertransformation (Kap. 14) verallgemeinert werden, bei der das Integrations- (und formal gesehen auch das Periodizitäts-) Intervall die ganze reelle Achse ist.

C.13.1 … und auf dem Computer: Fast Fourier Transformation

Meist erhält man (zum Beispiel aus dem Experiment) die Funktionswerte an diskreten, äquidistanten Messpunkten und nicht als kontinuierliche Funktion. Daher muss man die Fourierintegrale entsprechend modifizieren. Die Fouriersumme in exponentieller Form und die Berechnung der Koeffizienten in (13.27) müssen also auf die diskrete Form mit endlich vielen Punkten gebracht werden.

In numerischen Anwendungen werden die Integrale über Funktionen durch geeignet gewichtete Summen über die Funktionswerte an so genannten Stützstellen genähert. Damit kann man auch die Fourierkoeffizienten c_n aus den Funktionswerten $y(x_k)$ an über das Intervall $(0, 2\pi)$ verteilten Punkten x_k bestimmen. Die Wahl von N äquidistanten Stützstellen $x_k = 2\pi k/N$ ermöglicht die Berechnung von N Fourierkoeffizienten,

$$\begin{aligned} c_n &= \frac{1}{N}\sum_{k=0}^{N-1} y_k\, \mathrm{e}^{-\mathrm{i}nx_k} = \frac{1}{N}\sum_{k=0}^{N-1} y_k\, \mathrm{e}^{-2\mathrm{i}\pi kn/N} \\ &= \frac{1}{N}\sum_{k=0}^{N-1} y_k\, z^{kn}\,, \qquad \left(z \equiv \mathrm{e}^{-2\mathrm{i}\pi/N}\right)\,. \end{aligned} \tag{C.13.1.1}$$

Wir betrachten nur positive Werte des Index, da negative Indizes einer Verschiebung $c_{-n} = c_{N-n}$ entsprechen. Man kann die Beziehung (C.13.1.1) auch umkehren, es gilt nämlich

$$y_j = \sum_{n=0}^{N-1} c_n\, \mathrm{e}^{2\mathrm{i}\pi nj/N}\,. \tag{C.13.1.2}$$

Man sieht dies, wenn man c_n einsetzt,

$$y_j = \frac{1}{N}\sum_{n,k=0}^{N-1} y_k\, \mathrm{e}^{2\mathrm{i}\pi(j-k)n/N} = \frac{1}{N}\sum_{k=0}^{N-1} y_k \sum_{n=0}^{N-1} \mathrm{e}^{2\mathrm{i}\pi(j-k)n/N} = \sum_{k=0}^{N-1} y_k\, \delta_{kj} = y_j\,. \tag{C.13.1.3}$$

Wir haben dabei die Beziehung

$$\sum_{n=0}^{N-1} \mathrm{e}^{2\mathrm{i}\pi mn/N} = \sum_{n=0}^{N-1} (z^m)^n = N\,\delta_{m0} \tag{C.13.1.4}$$

verwendet. Für $m = 0$ ist sie offenbar trivial erfüllt. Für $m \neq 0$ ist $Z \equiv z^m$ (laut Definition oben) wieder eine Einheitswurzel $\neq 1$. Man hat daher

$$\sum_{n=0}^{N-1} Z^n = 1 + Z + Z^2 + \ldots + Z^{N-1} = \frac{Z^N - 1}{Z - 1} = 0\,, \qquad \text{(C.13.1.5)}$$

da ja die N-te Potenz jeder der N Einheitswurzeln gleich 1 ist.

Man kann die Beziehung zwischen den Werten (y_k) und (c_n) noch symmetrischer gestalten, wenn man sie etwas anders definiert,

$$c_n = \frac{1}{\sqrt{N}} \sum_{k=0}^{N-1} y_k z^{kn}\,, \quad y_j = \frac{1}{\sqrt{N}} \sum_{n=0}^{N-1} c_n z^{-nj}\,, \quad \left(z \equiv \mathrm{e}^{-2\mathrm{i}\pi/N}\right). \qquad \text{(C.13.1.6)}$$

Dies ist die diskrete Variante der in Kap. 14 besprochenen Fouriertransformation.

Für jeden der N Koeffizienten sind N Beiträge zu berechnen, und so wächst der Aufwand wie $\mathcal{O}(N^2)$. Wir werden hier ein Verfahren diskutieren, das es erlaubt, diese Rechnung viel schneller – in $\mathcal{O}(N \log_2 N)$ Schritten – auszuführen. Aufgrund der Ähnlichkeit mit der in Kap. 14 diskutierten Fouriertransformation nennt man dieses Verfahren **Fast Fourier Transformation**.

Formal müsste man also für jeden der N Koeffizienten c_n jeweils N-mal den Kosinus und Sinus (also e^{-inx_k}) berechnen – ein erheblicher Rechenaufwand. Da es sich bei den Stützstellen jedoch um komplexe Einheitswurzeln handelt, wird klar, dass e^{-inx_k} höchsten N verschiedene Werte annimmt, da ja

$$\mathrm{e}^{2\mathrm{i}\pi kn/N} = \mathrm{e}^{2\mathrm{i}\pi(kn \bmod N)/N} = z^{(kn \bmod N)} \qquad \text{(C.13.1.7)}$$

gilt. Selbst die Berechnung dieser N Werte kann durch einfache Multiplikation von z vereinfacht werden.

Technisch geht es also um Berechnung der Werte eines Polynoms der Form

$$P(x) = \sum_{k=0}^{N-1} y_k\, x^k\,, \qquad \text{(C.13.1.8)}$$

(wobei $c_n = P(x = z^n)$ ist). Wir wollen N so wählen, dass es eine Potenz von 2 ist, also zum Beispiel 16, 32, 64 oder höher. Man kann die Rechnung für gerades N auf die Bestimmung der Werte von zwei Teilpolynomen zurückführen,

$$\begin{aligned} P(x) &= \left[y_0 + y_2\,x^2 + y_4\,x^4 + \ldots + y_{N-2}\,x^{N-2}\right] \\ &\quad +x\left[y_1 + y_3\,x^2 + y_5\,x^4 + \ldots + y_{N-1}\,x^{N-2}\right] \\ &= P_0(x^2) + x\,P_1(x^2)\,. \end{aligned} \qquad \text{(C.13.1.9)}$$

Die beiden Polynome beschreiben sozusagen den geraden und den ungeraden Anteil von P und bestehen jeweils aus $N/2$ Termen. Während man das ursprüngliche Polynom noch an N Werten von x bestimmen musste, muss man die beiden neuen Polynome nur mehr an den verschiedenen Werten von x^2 berechnen. Da x eine Einheitswurzel ist, gibt es nur $N/2$ verschiedene Werte von x^2.

Für jedes der beiden Polynome P_0 und P_1 kann man nun diese Vereinfachung wiederum durchführen, um P_{00}, P_{01}, P_{10} und P_{11} zu erhalten, und so weiter. Durch diese Rekursion wird die Zahl der Rechenschritte von $\mathcal{O}(N^2)$ auf $\mathcal{O}(N \log_2 N)$ reduziert. Wenn beispielsweise $N = 65536 = 2^{16}$ ist, so bedeutet das eine Reduktion des Aufwands um einen Faktor $N^2/(N \log_2 N) = N/\log_2 N = 4096$!

Der Algorithmus ist eingehend in vielen Texten über numerische Mathematik beschrieben, unter anderem in [1] und [2]. Er bildet den Kern zahlreicher Anwendungen der Numerik. Wir wollen seine Implementation hier nicht weiter besprechen, da es zahlreiche Standardprogramme dazu gibt.

13.5 Fourier-Kosinus- und Fourier-Sinus-Reihe

Wir konzentrieren uns nun auf Funktionen der speziellen Eigenschaft

$$\begin{array}{lrcl} \text{gerade (symmetrisch):} & f(x) & = & f(-x)\,, \\ \text{ungerade (antisymmetrisch):} & f(x) & = & -f(-x)\,. \end{array}$$

Man kann jede Funktion in einen geraden und einen ungeraden Anteil zerlegen (vgl. Anhang B),

$$f(x) = \frac{1}{2}\left(f(x) + f(-x)\right) + \frac{1}{2}\left(f(x) - f(-x)\right) \equiv f_+(x) + f_-(x)\,. \tag{13.29}$$

Aus der Definition der Fourierreihe sieht man, dass der gerade Anteil einer Funktion zur Kosinus-Reihe und der ungerade Anteil nur zur Sinus-Reihe beitragen. So ist zum Beispiel für gerade Funktionen

$$\begin{aligned} a_n &= \frac{1}{\pi}\int_{-\pi}^{\pi} dx\; f_+(x)\,\cos(n\,x) = \frac{2}{\pi}\int_{0}^{\pi} dx\; f_+(x)\,\cos(n\,x)\,, \\ b_n &= \frac{1}{\pi}\int_{-\pi}^{\pi} dx\; f_+(x)\,\sin(n\,x) = 0\,. \end{aligned} \tag{13.30}$$

Man führt daher spezielle Fourierreihen für gerade und ungerade Funktionen ein.

Funktionen, die im Periodizitätsintervall $(-L, L)$ gerade sind, stellt man durch die so genannte **Fourier-Kosinus-Reihe** dar:

$$\begin{aligned} a_n &= \frac{2}{L}\int_0^L dx\ f(x)\cos\left(\frac{n\pi x}{L}\right), \\ FKR[f](x) &= \frac{1}{2}a_0 + \sum_n a_n \cos\left(\frac{n\pi x}{L}\right). \end{aligned} \tag{13.31}$$

Im Periodizitätsintervall $(-L, L)$ ungerade Funktionen stellt man durch die so genannte **Fourier-Sinus-Reihe** dar:

$$\begin{aligned} b_n &= \frac{2}{L}\int_0^L dx\ f(x)\sin\left(\frac{n\pi x}{L}\right), \\ FSR[f](x) &= \sum_n b_n \sin\left(\frac{n\pi x}{L}\right). \end{aligned} \tag{13.32}$$

Man beachte, dass in beiden Fällen die Integration jeweils nur über das halbe Intervall $(0, L)$ geht, da ja der Beitrag der anderen Hälfte aufgrund der Symmetrie gleich groß ist und einfach den Vorfaktor korrigiert. Man könnte also auch sagen: Die Fourier-Kosinus-Reihe (Fourier-Sinus-Reihe) ist die Fourierreihe der symmetrischen (antisymmetrischen) Erweiterung der im Intervall $(0, L)$ gegebenen Funktion auf das Intervall $(-L, L)$. Abb. 13.4 zeigt, welche periodische Funktionen durch die *FKR* oder *FSR* der im Intervall $(0, L)$ gegebenen Funktion $f(x) = x$ dargestellt wird.

Es liegt daher nahe, Funktionen, die in einem Intervall gegeben sind, entweder nur durch Sinus-Funktionen oder nur durch Kosinus-Funktionen als Reihe darzustellen, eben

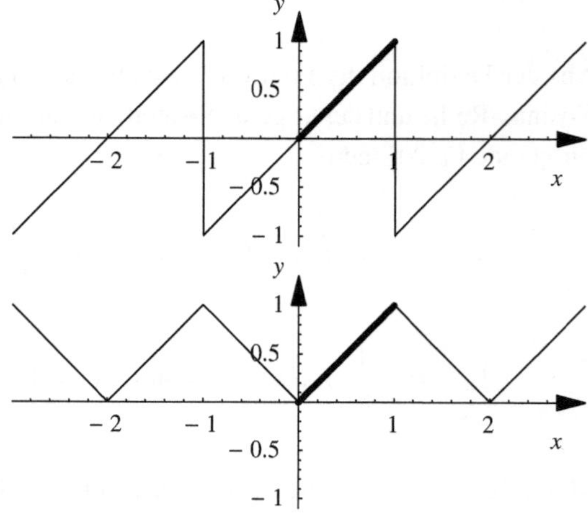

Abb. 13.4 Im Intervall $(0, 1)$ ist die Funktion $f(x) = x$ hervorgehoben dargestellt. Die durch die Fourier-Sinus-Reihe und die Fourier-Kosinus-Reihe dargestellten Funktionen sind im oberen und unteren Teil der Skizze wiedergegeben. Es handelt sich dabei also um antisymmetrische und symmetrische Fortsetzungen dieser Funktion, welche die Periode $(-1, 1)$ haben

als *FSR* oder *FKR*. Wir haben für eine in einem Intervall $(0, L)$ gegebene Funktion also mehrere Möglichkeiten der Darstellung mittels Fourierreihe:

1. mit Hilfe der üblichen *FR* mit $\sin(nx)$ *und* $\cos(nx)$ oder in Exponentialform (Periode L);
2. als gerade Erweiterung auf die Periode $(-L, L)$ mittels *FKR*;
3. als ungerade Erweiterung auf die Periode $(-L, L)$ mittels *FSR*.

Im Einzelfall wird für die Wahl die praktische Problemstellung entscheidend sein. Die Ergebnisse sind je nach Symmetrieeigenschaft der Funktion zwar manchmal identisch, oft aber unterschiedlich. Auch die Konvergenzeigenschaften können durchaus verschieden sein.

Beispiel

Wir wollen die in Abb. 13.4 gezeigte Funktion

$$f(x) = x \quad \text{für} \quad 0 \leq x < 1 ,$$

als Fourierreihe auf drei verschiedene Arten darstellen.
Die ***FR* für die Periode (0, 1)** ergibt sich zu

$$\begin{aligned}
n = 0: \quad a_0 &= 2 \int_0^1 dx\; x = 1 , \\
n > 0: \quad a_n &= 2 \int_0^1 dx\; x \cos(2n\pi x) \\
&= \frac{2x}{2n\pi} \sin(2n\pi x)\bigg|_0^1 - \frac{1}{n\pi} \int_0^1 dx\; \sin(2n\pi x) = 0 , \\
b_n &= 2 \int_0^1 dx\; x \sin(2n\pi x) \\
&= -\frac{2x}{2n\pi} \cos(2n\pi x)\bigg|_0^1 + \frac{1}{n\pi} \int_0^1 dx\; \cos(2n\pi x) = -\frac{1}{n\pi} , \\
FR[f](x) &= \frac{1}{2} - \frac{1}{\pi} \sum_n^{\infty} \frac{1}{n} \sin(2n\pi x) .
\end{aligned}$$

Die ***FKR* für die Periode (−1, 1)** ergibt sich zu

$$\begin{aligned} n=0: \quad a_0 &= 2\int_0^1 dx\, x = 1\,, \\ n>0: \quad a_n &= 2\int_0^1 dx\, x\, \cos(n\pi x) \\ &= \frac{2x}{n\pi}\sin(n\pi x)\Big|_0^1 - \frac{2}{n\pi}\int_0^1 dx\ \sin(n\pi x) \\ &= \frac{2}{n^2\pi^2}\cos(n\pi x)\Big|_0^1 = \begin{cases} -\frac{4}{n^2\pi^2} & \text{ungerade } n\,, \\ 0 & \text{gerade } n\,, \end{cases} \\ FKR[f](x) &= \frac{1}{2} - \frac{4}{\pi^2}\sum_{k=0}^{\infty}\frac{1}{(2k+1)^2}\cos((2k+1)\pi x)\,. \end{aligned}$$

Die ***FSR* für die Periode (−1, 1)** ergibt sich zu

$$\begin{aligned} b_n &= 2\int_0^1 dx\ x\ \sin(n\,\pi\,x) \\ &= -\frac{2\,x}{n\,\pi}\cos(n\,\pi\,x)\Big|_0^1 + \frac{2}{n\,\pi}\int_0^1 dx\ \cos(n\,\pi\,x) \\ &= -\frac{2}{n\,\pi}(-1)^n + \frac{2}{n^2\,\pi^2}\sin(n\,\pi\,x)\Big|_0^1 = -\frac{2}{n\,\pi}(-1)^n\,, \\ FSR[f](x) &= -\frac{2}{\pi}\sum_{n=1}^{\infty}\frac{(-1)^n}{n}\sin(n\,\pi\,x)\,. \end{aligned}$$

In Abb. 13.5 wird das Ergebnis dieser drei Reihen für die Partialsummen der jeweils ersten 5 (nichtkonstanten) Terme miteinander verglichen. Man sieht, dass die *FKR* die Funktion im Intervall (0, 1) wohl am schnellsten „gut“ wiedergibt. Das kann man auch leicht am Verhalten der Koeffizienten der Reihen erkennen. Während die Fourierkoeffizienten *FR* und *FSR* mit $\mathcal{O}(1/n)$ verschwinden, konvergiert die *FKR* mit $\mathcal{O}(1/n^2)$, also deutlich schneller. □

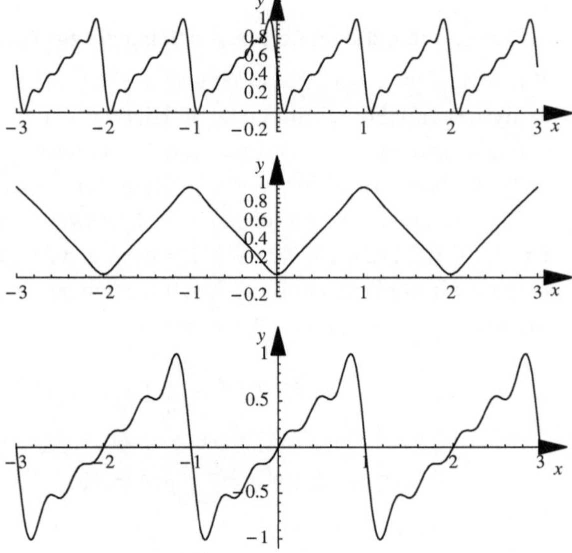

Abb. 13.5 Zur selben im Intervall $(0, 1)$ gegebenen Funktion liefern die FR, FKR und FSR unterschiedliche Ergebnisse. Hier wird jeweils die Partialsumme der ersten 5 nichtkonstanten Terme der Reihen wiedergegeben

Beispiel

Aufgrund der Additivitätseigenschaft der Fourierreihen können wir aus den eben erhaltenen Ergebnissen sofort die Fourierreihe für die Funktion

$$g(x) = \begin{cases} 0 & \text{für } x \in (-1, 0) , \\ x & \text{für } x \in (0, 1) \end{cases} \tag{13.33}$$

berechnen, nämlich einfach durch Addition der $FKR[f]$ und der $FSR[f]$,

$$FR[g] = \frac{1}{2} (FKR[f] + FSR[f]) .$$

Die sich ergebende Reihe führt zu Partialsummen wie in Abb. 13.6 dargestellt.

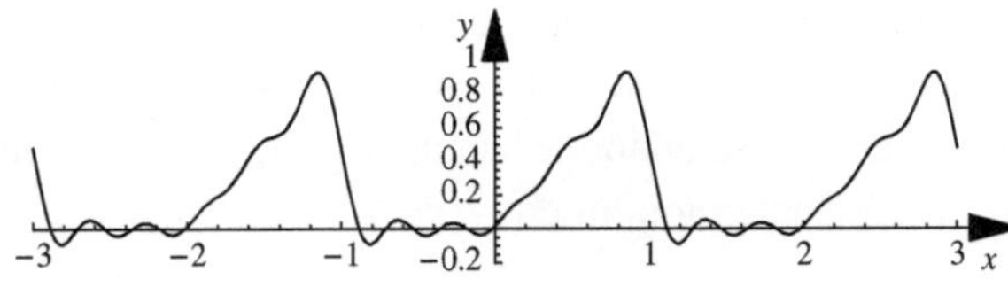

Abb. 13.6 Die Partialsumme $FR_5[g]$ der Fourierreihe zu (13.33), berechnet aus der Summe der Reihen $FKR[f]$ und $FSR[f]$; die x-Werte umfassen drei Perioden □

C.13.2 … und auf dem Computer: Beispiele zur Fourieranalyse

Wir haben in (C.13.1) besprochen, wie man für numerische Angaben die Fourieranalyse optimal durchführen kann. Hier wollen wir zunächst ein einfaches Beispiel explizit (also ohne Fast Fourier Transformation) untersuchen und dann eine Anwendung der Fouriertransformation als Rauschfilter besprechen.

Wir nehmen an, wir haben vier Messwerte, jeweils als (x, y)-Paare: $(0, 1)$, $(\pi/2, 0)$, $(\pi, 1/2)$, $(3\pi/2, -1)$. Da wir nur vier (äquidistante) Stützstellen haben, können wir nur höchstens vier Koeffizienten der Fourierreihe berechnen. Man erhält die Koeffizienten laut (C.13.1.1) durch

$$
\begin{aligned}
c_n &= \frac{1}{4}\sum_{k=0}^{3} y_k\,\mathrm{e}^{-\mathrm{i}nk\pi/2} = \frac{1}{4}\left(y_0 + y_1\,\mathrm{e}^{-\mathrm{i}n\pi/2} + y_2\,\mathrm{e}^{-\mathrm{i}n\pi} + y_3\,\mathrm{e}^{-3\mathrm{i}n\pi/2}\right)\\
&= 0.25\left(1 + 0.5\,\mathrm{e}^{-\mathrm{i}n\pi} - \mathrm{e}^{-3\mathrm{i}n\pi/2}\right)
\end{aligned}
\qquad \text{(C.13.2.1)}
$$

und damit $c_0 = 0.125$, $c_1 = 0.125 - 0.25\,\mathrm{i}$, $c_2 = c_{-2} = 0.625$, $c_3 = c_{-1} = 0.125 + 0.25\,\mathrm{i}$. Wir haben hier die in (C.13.1) besprochene Eigenschaft $c_{-n} = c_{N-n}$ (hier ist $N = 4$) beachtet.

Für eine gerade Stützstellenzahl N berücksichtigen wir die Beiträge zu $n = \pm N/2$ in der endgültigen Summe jeweils nur zur Hälfte,

$$
FR_N(x) = \sum_{n=-N/2+1}^{N/2-1} c_n \mathrm{e}^{\mathrm{i}nx} + c_{N/2}\cos\frac{Nx}{2}\,. \qquad \text{(C.13.2.2)}
$$

In unserem Beispiel ergibt sich

$$
\begin{aligned}
FR_4(x) &= 0.125 + (0.125 - 0.25\,\mathrm{i})\,\mathrm{e}^{\mathrm{i}x} + (0.125 + 0.25\,\mathrm{i})\,\mathrm{e}^{-\mathrm{i}x}\\
&\quad + 0.625\,\cos(2\,x) \qquad \text{(C.13.2.3)}\\
&= 0.125 + 0.25\cos x + 0.5\sin x + 0.625\cos(2\,x)\,.
\end{aligned}
$$

In Abb. 13.7 werden die Werte an den Stützstellen mit dieser Funktion verglichen. Erwartungsgemäß stimmen sie dort überein. Man beachte, dass man noch beliebige trigonometrische Funktionen, die an den Stützstellen verschwinden, zur Funktion addieren könnte. Diese unnötige Vieldeutigkeit haben wir mit unserer Entscheidung für vier Koeffizienten minimiert.

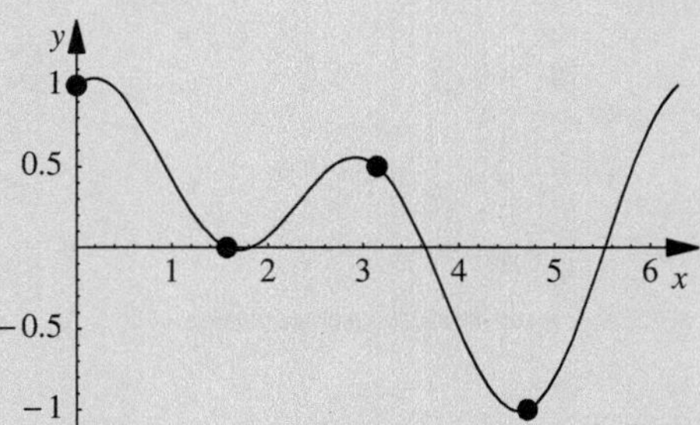

Abb. 13.7 Die Fouriersumme interpoliert die gegebenen Stützstellen in periodischer Form

Im Programmsystem MATHEMATICA wird die diskrete Fourier Transformation in der in (C.13.1) besprochenen Form mit Hilfe der Funktionen `Fourier` und `InverseFourier` berechnet. Das Ergebnis ist jeweils wieder eine Liste von Werten: das diskrete Fourierspektrum der Daten. Man kann dieses auch zur (periodischen) Interpolation der Daten verwenden. Man kann aber auch aus Daten bestimmte störende Beiträge, wie etwa hochfrequentes Rauschen, entfernen.

Als Beispiel erzeugen wir uns in MATHEMATICA 128 künstliche Datenpunkte, die aus einer Schwingung mit einem überlagerten Zufallsrauschen bestehen (Abb. 13.8, links).

```
Daten = Table[N[Sin[n Pi /64 ] - 0.5 Cos[0.5 + n Pi/16]
                + Random[Real,{-0.1,0.1}] ],{n,128}];
ListPlot[Daten,Joined->True];
```

Die Fouriertransformation liefert eine Liste von komplexen Koeffizienten. Wir wollen uns die Größenordnung ansehen (Abb. 13.8, Mitte).

```
FTDaten = Fourier[Daten];
ListPlot[Abs[FTDaten],
         PlotRange->All,Prolog->AbsolutePointSize[4]];
```

Wir erkennen, dass nur wenige Frequenzen wichtig sind, und vernachlässigen zur Glättung alle Beiträge mit Werten unter 0.25. Die Rücktransformation dieser so behandelten Daten liefert die unverfälschte Schwingung (Abb. 13.8, rechts).

```
TrunkFTDaten = Chop[FTDaten, 0.25];
Ergebnis     = Chop[InverseFourier[TrunkFTDaten]];
ListPlot[Ergebnis,Joined->True]
```

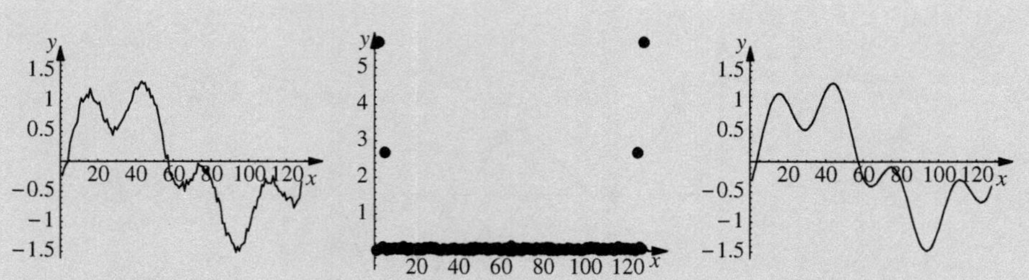

Abb. 13.8 Links: Eine Schwingung überlagert mit einem Zufallsrauschen. Mitte: Absolutbeträge der Fourierkoeffizienten. Rechts: Rücktransformierte Schwingung nach Ausblenden der numerisch kleinen Beiträge

Je nach Art der Behandlung der Fourierkoeffizienten kann man verschiedene Filtereffekte erzielen. Auch mehrdimensionale Problemstellungen lassen sich so untersuchen. Viele Verfahren zur Bilderkennung und Bildverbesserung beruhen auf diesen Prinzipien. So kann man zum Beispiel Kontrastveränderungen oder Verzerrungen (Aufnahmen aus dem fahrenden Zug) von Fotografien mit Hilfe der zweidimensionalen Fouriertransformation (vgl. Kap. 14) korrigieren.

13.6 Aufgaben und Lösungen

13.6.1 Aufgaben

13.1: Berechnen Sie die Fourierreihe für $x \in (-\pi, \pi)$ für folgende in diesem Bereich gegebene, periodische Funktionen:

$$\text{(a)} \quad f(x) = (\cos x)^2 \,, \quad \text{(b)} \quad f(x) = \sin\left(\pi/2 + x\right) \,, \quad \text{(c)} \quad f(x) = \mathrm{e}^x \,.$$

13.2: Bestimmen Sie die Fourierreihe der Funktion $f(x) = x^2$ (a) im Bereich $x \in (-1, 1)$, sowie (b) im Bereich $x \in (0, 2\pi)$ für dieses Periodizitätsintervall, und demonstrieren Sie die Konvergenz. Wie gut gilt die Besselsche Ungleichung?

13.3: Die Funktion $f(x) = x$ ist im Bereich $x \in (0, 2\pi)$ gegeben und sei periodisch mit dieser Periode. Wie lautet die entsprechende Fourierreihe?

13.4: Die Funktion $f(x) = |x|$ ist im Bereich $x \in (-1, 1)$ gegeben und ist periodisch mit der Periode 2. Bestimmen Sie die entsprechende Fourierreihe, und skizzieren Sie den Verlauf der Partialsummen $f_n(x)$ für 1, 2 und 3 Terme.

13.5: Wie lautet die Fourierreihe für die Funktion $f(x) = \cos(p\,x)$ (p nicht ganzzahlig) im Bereich $x \in (-\pi, \pi)$. Skizzieren Sie die durch die ersten Terme erzielte Näherung.

13.6: Man bestimme die Fourierreihe für die Funktion $f(x) = \sin(k + 1/2)x$ im Bereich $x \in (-\pi, \pi)$ (k ganzzahlig).

13.7: Berechnen Sie die Fourierreihe in Exponentialform für die Funktionen
(a) $f(x) = x\,\mathrm{e}^x$ im Bereich $x \in (-\pi, \pi)$;
(b) $f(x) = |1 - x|$ im Bereich $x \in (-10, 10)$.
Skizzieren Sie die durch die ersten Terme erzielte Näherung.

13.8: Berechnen Sie die Fourier-Sinus-Reihe und die Fourier-Kosinus-Reihe für die Funktion $f(x) = 1 - x$, gegeben im Bereich $x \in (0, 1)$.

13.9: Berechnen Sie die Fourier-Sinus-Reihe für die Funktionen
(a) $f(x) = \cos x$ im Bereich $x \in (0, \pi)$;
(b) $f(x) = \mathrm{e}^x$ im Bereich $x \in (0, 1)$;
(c) die „gezupfte Saite":

$$f(x) = \begin{cases} h\,x/L & \text{für } x \in [0, L]\,, \\ 2h - h\,x/L & \text{für } x \in [L, 2L] \end{cases}$$

und skizzieren Sie die durch die ersten Terme erzielte Näherung.

13.10: Der berühmte Experimentator McKilroy („McKilroy was here!") hat nach dem Abschalten der wichtigsten Komponenten seines Experiments dennoch auf der Messapparatur Signale abgelesen:

t[ms]	1.	3.	5.	7.	9.	11.	13.	15.	17.	19.
$x(t)$	1.415	1.535	0.	−1.535	−1.415	−2.271	−1.006	0.	1.006	2.271

Er hat den Verdacht, dass dies irgendwie mit Schwankungen des Stromnetzes (Periode 20 msec) zusammenhängt. Beiträge von welchen Frequenzen könnten das Ergebnis erklären? Stimmt sein Verdacht, dass es sich nur um drei Terme handelt?

13.6.2 Lösungen

Vollständige Lösungen unter http://physik.uni-graz.at/~cbl/mm/.

13.1: (a) $^1/_2 + {}^1/_2 \cos(2x)$; (b) $\cos x$; (a) und (b) lassen sich ohne Integration durch Umformung lösen; (c) $a_n = {}^{\pi}/_2\,(\sinh\pi)\,(-1)^n/(1+n^2)$, $b_n = {}^{\pi}/_2\,(\sinh\pi)\,(-1)^n\,(-n)/(1+n^2)$.

13.2: (a) $FR = 1/3 + 4/\pi^2 \sum_n [(-1)^n/n^2] \cos(n\pi x)$, der Beitrag der ersten Terme (bis $n = 5$) ergibt 0.399676, das Normquadrat ist 0.4, wird also schnell approximiert. (b) $FR = 4\pi^2/3 + \sum_n[(4/n^2)\cos(nx) - (4\pi/n)\sin(nx)]$. Die Beiträge der ersten Terme (bis $n = 5$) zum Normquadrat liefern den Zahlenwert 594.753, die bis zu $n = 200$ den Wert 622.631, es handelt sich also um eine sehr langsame Konvergenz zum Wert $32\pi^5/4 \approx 623.418$.

13.3: $FR(x) = \pi - 2\sum_{n>1} \frac{1}{n} \sin(nx)$, kann durch geeignete Transformation aus dem ähnlichen Beispiel (13.20) im Text bestimmt werden.

13.4: $FR = 1/2 - 4/\pi^2 \sum_{k=0}^{\infty} [1/(2k+1)] \cos[(2k+1)x\pi]$.

13.5: $a_n = (2/\pi)(-1)^n\, p \sin(p\pi)/(p^2 - n^2)$.

13.6: $b_n = (2/\pi)(-1)^{k+n}\, n/((1/2 + k)^2 - n^2)$.

13.7: (a) $c_n = [(-1)^n/(2\pi(1 - \mathrm{i}n))]\,(\mathrm{e}^{\pi}(\pi - 1/(1 - \mathrm{i}n)) + \mathrm{e}^{-\pi}(\pi + 1/(1 - \mathrm{i}n)))$.

13.9: (a) $FR = \sum_{k>0} \frac{8k}{-\pi + 4k^2\pi} \sin(2kx)$; (b) $FR = \sum_{n>0} \left(\frac{2(1 - (-1)^n \mathrm{e})\, n\pi}{1 + n^2\pi^2} \right) \sin(n\pi x)$;

13.10: Verwenden Sie die in (C.13.2) besprochene Methode.

Literaturempfehlungen

Viele Rechenbeispiele zur Fourierreihe finden sich in [3, 4]; eine Gesamtdarstellung findet man in [5] und numerische Methoden dazu werden in [1] und [2] diskutiert.

Literatur

1. W. H. Press, B. P. Flannery, S. A. Teukolsky, und W. T. Vetterling, *Numerical Recipes: The Art of Scientific Computing*, 3. Aufl. (Cambridge University Press, Cambridge, 2007).
2. R. Sedgewick, *Algorithmen* (Pearson Studium, München, 2002).
3. M. R. Spiegel, *Schaum's Outline of Theory and Problems of Fourieranalysis* (McGraw-Hill, New York, 1974).
4. W. E. Williams, *Fourierreihen und Randwertaufgaben* (VCH Verlag, Weinheim, 1974).
5. R. J. Beerends, H. G. ter Morsche, J. C. van den Berg, und E. M. van de Vrie, *Fourier and Laplace Transforms* (Canbridge University Press, Cambridge, 2010).

Integraltransformationen 14

14.1 Vorwort

Wir haben in Kap. 12 Basissysteme in Vektorräumen besprochen. Funktionen können als Elemente so eines Raumes betrachtet werden und durch Komponenten dargestellt werden. Wie man zu verschiedenen Basissystemen kommt, wird in Kap. 16 behandelt. Wenn man eine andere Basis wählt, ändern sich natürlich auch die Komponenten. Man nennt das einen **Darstellungswechsel**. Eine Funktion $f(x)$ kann statt durch die Variable x auch mittels der Fourierkoeffizienten c_n dargestellt werden, also durch den Wechsel zwischen einer kontinuierlichen und einer diskreten Darstellung.

Integraltransformationen der Form

$$F(p) = T[f](p) \quad \text{definiert durch} \quad F(p) = \int dt\ f(t)\, K(p,t) \tag{14.1}$$

bewirken Darstellungswechsel zwischen kontinuierlichen Darstellungen. Hier ist der Operator T Platzhalter für die später betrachteten Transformationen. Man nennt $F(p)$ eine Integraltransformierte von $f(t)$. Die Notation ist analog der für Fouriereihen in Kaptiel 13 um hervorzuheben, dass die Variable t der Funktion $f(t)$ durch die Operation in eine Variable p der Transformierten $T[f]$ übergegangen ist.

Die Art der Transformation hängt dabei vom Integrationsintervall und vom **Kern der Transformation** $K(p,t)$ ab. Dazu hier einige Beispiele:

Laplace-Transformation: $F(p) = L[f](p) \equiv \int_0^\infty dt\ f(t)\, \mathrm{e}^{-pt}$,

Fouriertransformation: $F(p) = FT[f](p) \equiv \frac{1}{\sqrt{2\pi}} \int_{-\infty}^\infty dt\ f(t)\, \mathrm{e}^{-\mathrm{i}pt}$,

Mellin-Transformation: $F(p) = M[f](p) \equiv \int_0^\infty dt\ f(t)\, t^{p-1}$.

C.B. Lang, N. Pucker, *Mathematische Methoden in der Physik*,
DOI 10.1007/978-3-662-49313-7_14

Dabei gibt es jeweils einschränkende Bedingungen an die Funktionen $f(t)$, die festlegen, ob die Transformation möglich ist.

All diese Transformationen sind linear. Falls $T[g]$ und $T[f]$ endlich sind, gilt also

$$T[\alpha\, g + \beta\, f] = \alpha\, T[g] + \beta\, T[f]\ . \tag{14.2}$$

Die Transformationen können – zumindest im Prinzip, obwohl technisch manchmal schwierig – umgekehrt werden,

$$g = T^{-1}[G] \equiv T^{-1}[T[g]]\ . \tag{14.3}$$

Die Transformation und ihre Umkehrtransformation wird oft mit Hilfe von Tabellen durchgeführt.

In Kap. 16 werden lineare Operatoren in Vektorräumen, speziell Funktionenräumen, besprochen. Beispiele dafür sind Differenzialoperatoren. Vor allem die Lösungen von Differenzialgleichungen mit Randbedingungen sind dabei von besonderem Interesse in der Physik. Integraltransformationen entsprechen einem Darstellungswechsel. Beim Übergang zwischen verschiedenen Darstellungen nehmen auch Operatoren im Raum der neuen Variablen andere Formen an. So kann etwa bei bestimmten Integraltransformationen die Ableitung durch eine einfache Multiplikation im Raum der neuen Variablen ersetzt werden,

$$\frac{\partial}{\partial t} \Leftrightarrow p\ . \tag{14.4}$$

Ein idealer Anwendungsbereich von Integraltransformationen sind daher Differenzialgleichungen, die sich damit oft wesentlich einfacher lösen lassen. Auch das Problem der Rekonstruktion von Dichteverteilungen, also etwa Berechnung der Struktur von Kristallgittern aus dem Beugungsbild beim Durchgang von Röntgenstrahlen, kann damit effizient behandelt werden.

14.2 Die Laplace-Transformation

Die **Laplace-Transformation** ist definiert durch

$$F(p) = L[f](p) \equiv \int_0^\infty dt\ f(t)\, \mathrm{e}^{-pt}\ , \quad \mathrm{Re}\, p > 0\ , \tag{14.5}$$

wobei natürlich die Funktion für positive t definiert und lokal integrabel sein soll. In diese Transformation gehen nur Werte der ursprünglichen Funktion auf der positiven reellen Achse ein. Üblicherweise definiert man daher

$$f(t < 0) = 0\ . \tag{14.6}$$

Beispiel

Beispiele für die Laplace-Transformierten einfacher Funktionen sind

$$L[1](p) = \int_0^\infty dt\; \mathrm{e}^{-pt} = \frac{1}{p} \quad (\mathrm{Re}\; p > 0)\;.$$

Durch partielle Ableitung dieser Gleichung nach p erhält man

$$L[t^n](p) = \int_0^\infty dt\; t^n\, \mathrm{e}^{-pt} = \frac{\Gamma(n+1)}{p^{n+1}} \quad (\mathrm{Re}\; p > 0, n > -1)\;.$$

□

Für viele bekannte Funktionen sind die Laplace-Transformierten tabelliert. Oft unterscheiden sich allerdings in den verschiedenen Tabellenwerken die Definitionen in Vorfaktoren, man sollte also die jeweilige Notation beachten. Einige Laplace-Transformationen sind in Tab. 14.1 angegeben. Versuchen Sie doch, ein paar dieser Tabelleneinträge zu verifizieren. Nützlich sind dabei Identitäten wie die folgende,

$$L\left[\mathrm{e}^{\mathrm{i}at}\right](p) = \frac{1}{p - \mathrm{i}a} = \frac{p + \mathrm{i}a}{p^2 + a^2} = L\left[\cos(a\,t)\right] + \mathrm{i}\,L\left[(\sin(a\,t)\right]\;, \quad (\mathrm{Re}(p - \mathrm{i}a) > 0)\;. \tag{14.7}$$

Aus Real- und Imaginärteil kann man die jeweiligen Laplace-Transformierten ablesen.

Die Umkehrtransformation bezeichnen wir mit L^{-1}. Die bekannteste Form ist durch das so genannte **Bromwich Integral** gegeben,

$$f(t) \quad = \quad L^{-1}[F] \equiv \frac{1}{2\pi\mathrm{i}} \int_{c-\mathrm{i}\infty}^{c+\mathrm{i}\infty} dz\; F(z)\,\mathrm{e}^{zt}\;, \tag{14.8}$$

$$\text{mit } t > 0,\; c > k,\; \text{wobei in } F = L[f](p) \text{ gilt: } \mathrm{Re}\, p > k\;.$$

Der Integrationsweg verläuft hier im Komplexen, und das Integral muss daher mit Methoden der Funktionentheorie (vgl. Kap. 19) berechnet werden. Es gibt auch andere Varianten, bei denen man F nur für reelle Argumente benötigt [1]. Fast immer wird man in der Praxis die Umkehrung

- mit Hilfe der Tabellen,
- mit Hilfe von Linearkombinationen bekannter Umkehrtransformationen, oder
- mit Hilfe von Faltungsintegralen (siehe Abschn. 14.4)

vornehmen.

Tab. 14.1 Vollständigere Tabellen findet man in Formelsammlungen, wie etwa [2, 3]. Die Umkehrtransformationen ergeben sich durch das Lesen der Tabelle von rechts nach links

Tabelle einiger Laplace-Transformationen

$y = \begin{cases} f(t) & t \geq 0\,, \\ 0 & t < 0\,. \end{cases}$	$Y = L[y](p) = F(p)$ $= \int_0^\infty dt\ f(t)\,\mathrm{e}^{-pt}$	Bemerkungen
1	$\frac{1}{p}$	$\mathrm{Re}\,p > 0$
$t^k,\ k > -1$	$\frac{\Gamma(k+1)}{p^{k+1}}$	$\mathrm{Re}\,p > 0$
$\frac{1}{\sqrt{\pi t}}$	$\frac{1}{\sqrt{p}}$	$\mathrm{Re}\,p > 0$
e^{-at}	$\frac{1}{p+a}$	$\mathrm{Re}(p+a) > 0$
$t^k\,\mathrm{e}^{-at},\ k > -1$	$\frac{\Gamma(k+1)}{(p+a)^{k+1}}$	$\mathrm{Re}(p+a) > 0$
$\mathrm{e}^{-at}\,(1 - a\,t)$	$\frac{p}{(p+a)^2}$	$\mathrm{Re}(p+a) > 0$
$\frac{1}{b-a}\,(\mathrm{e}^{-at} - \mathrm{e}^{-bt})$	$\frac{1}{(p+a)(p+b)}$	$\mathrm{Re}(p+a) > 0$, $\mathrm{Re}(p+b) > 0$
$\frac{-1}{b-a}\,(a\,\mathrm{e}^{-at} - b\,\mathrm{e}^{-bt})$	$\frac{p}{(p+a)(p+b)}$	$\mathrm{Re}(p+a) > 0$, $\mathrm{Re}(p+b) > 0$
$\frac{1}{t}\,(\mathrm{e}^{-at} - \mathrm{e}^{-bt})$	$\ln\frac{p+b}{p+a}$	$\mathrm{Re}(p+a) > 0$, $\mathrm{Re}(p+b) > 0$
$\sin(a\,t)$	$\frac{a}{p^2+a^2}$	$\mathrm{Re}\ p > \lvert\,\mathrm{Im}\,a\,\rvert$
$\cos(a\,t)$	$\frac{p}{p^2+a^2}$	$\mathrm{Re}\ p > \lvert\,\mathrm{Im}\,a\,\rvert$
$t\ \sin(a\,t)$	$\frac{2\,a\,p}{(p^2+a^2)^2}$	$\mathrm{Re}\,p > \lvert\,\mathrm{Im}\,a\,\rvert$
$t\ \cos(a\,t)$	$\frac{p^2-a^2}{(p^2+a^2)^2}$	$\mathrm{Re}\,p > \lvert\,\mathrm{Im}\,a\,\rvert$
$\mathrm{e}^{-at}\ \sin(b\,t)$	$\frac{b}{(p+a)^2+b^2}$	$\mathrm{Re}(p+a) > \lvert\,\mathrm{Im}\,b\,\rvert$
$\mathrm{e}^{-at}\ \cos(b\,t)$	$\frac{p+a}{(p+a)^2+b^2}$	$\mathrm{Re}(p+a) > \lvert\,\mathrm{Im}\,b\,\rvert$

Tabelle einiger Laplace-Transformationen (Fortsetzung)		
$\sinh(a\,t)$	$\frac{a}{p^2-a^2}$	$\mathrm{Re}\,p > \lvert\mathrm{Re}\,a\rvert$
$\cosh(a\,t)$	$\frac{p}{p^2-a^2}$	$\mathrm{Re}\,p > \lvert\mathrm{Re}\,a\rvert$
$\sin(a\,t) - a\,t\,\cos(a\,t)$	$\frac{2\,a^3}{(p^2+a^2)^2}$	$\mathrm{Re}\,p > \lvert\mathrm{Im}\,a\rvert$
$\frac{1}{t}\,\sin(a\,t)$	$\arctan\frac{a}{p}$	$\mathrm{Re}\,p > \lvert\mathrm{Im}\,a\rvert$
$\frac{1}{t}\,\sin(a\,t)\,\cos(b\,t)$, $a>0,\ b>0$	$\frac{1}{2}\left(\arctan\frac{a+b}{p} + \arctan\frac{a-b}{p}\right)$	$\mathrm{Re}\,p > 0$
$J_0(at)$ (Besselfunktion)	$(p^2+a^2)^{-\frac{1}{2}}$	$\mathrm{Re}\,p > \lvert\mathrm{Im}\,a\rvert$
$\theta(t-a) = \begin{cases}1, & t>a>0\,,\\ 0, & t<a\,,\end{cases}$ (Stufenfunktion)	$\frac{1}{p}\,\mathrm{e}^{-p\,a}$	$\mathrm{Re}\,p > 0$
$\delta(t-a),\ a\geq 0$ (Dirac „Deltafunktion“, siehe Kap. 15)	e^{-pa}	
$f(t) = g(t-a)\,\theta(t-a)$	$\mathrm{e}^{-p\,a}\,G(p)$	$G(p) \equiv L[g](p)$
$\mathrm{e}^{-a\,t}\,g(t)$	$G(p+a)$	
$g(a\,t),\ a>0$	$\frac{1}{a}\,G\left(\frac{p}{a}\right)$	
$\frac{1}{t}\,g(t)$ (falls integrabel)	$\int_p^\infty du\,G(u)$	
$t^n\,g(t)$	$(-1)^n\,\frac{d^nG(p)}{dp^n}$	
$\int_0^t d\tau\,g(\tau)$	$\frac{1}{p}\,G(p)$	
$L[y']$	$p\,L[y] - y(0)$	
$L[y'']$	$p^2\,L[y] - p\,y(0) - y'(0)$	
$L[y''']$	$p^3\,L[y] - p^2\,y(0) - p\,y'(0) - y''(0)$	
$L[y^{(n)}]$	$p^n\,L[y] - p^{n-1}\,y(0) - \ldots - y^{(n-1)}(0)$	
Konvolution $g*h$: $\int_0^t d\tau\,g(t-\tau)\,h(\tau) = \int_0^t d\tau\,g(\tau)\,h(t-\tau)$	$G(p)\,H(p)$	

Wie transformiert sich der Ableitungsoperator, was bewirkt er im Raum der Laplace-Transformierten?

$$\begin{aligned} L\left[\frac{d}{dt} f(t)\right] &= \int_0^\infty dt\, \mathrm{e}^{-pt} \frac{d}{dt} f(t) = \mathrm{e}^{-pt} f(t)\Big|_0^\infty - \int_0^\infty dt \left(\frac{d}{dt}\mathrm{e}^{-pt}\right) f(t) \\ &= -f(0) + p \int_0^\infty dt\, \mathrm{e}^{-pt} f(t) = -f(0) + p\, L[f](t)\,. \end{aligned} \tag{14.9}$$

Wir haben dabei die Methode der partiellen Integration angewandt. Auch haben wir angenommen, dass $f(t)$ für $t \to \infty$ nicht zu stark wächst, also

$$\lim_{t\to\infty} \mathrm{e}^{-pt} f(t) = 0\,. \tag{14.10}$$

Das muss immer gelten, wenn $f(t)$ laplacetransformierbar ist, sonst wäre die Laplace-Transformation unbeschränkt.

Wir können diesen Vorgang iterieren und erhalten so

$$\begin{aligned} L[f'](t) &= p\, L[f](p) - f(0)\,, \\ L[f''](t) &= p\, L[f'](t) - f'(0) = p^2\, L[f](p) - p\, f(0) - f'(0) \ldots \end{aligned} \tag{14.11}$$

Der Ableitungsoperator im t-Raum entspricht im p-Raum also einer Multiplikation mit p (und Subtraktion des Funktionswerts $f(0)$). Höhere Ableitungen werden Multiplikationen mit entsprechend höheren Potenzen und Subtraktion von Werten der Ableitungen von $f(t)$ im Ursprung.

Diese Beobachtung führt zu einem eleganten Lösungsverfahren für Differenzialgleichungen:

1. Man laplacetransformiert die Differenzialgleichung und erhält eine rein algebraische Gleichung für $F(p)(\equiv L[f](p))$ in der Variablen p.
2. Man löst die algebraische Gleichung nach $F(p)$ auf.
3. Man sucht die inverse Laplace-Transformierte der Lösung, also $f(t) = L^{-1}[L[f]](t)$ zum Beispiel mit Hilfe von Tabellen.

Das klingt fast zu einfach, und man fragt sich, warum man nicht alle Differenzialgleichungen so löst. Der Pferdefuß liegt darin, dass nicht für jede beliebige Funktion die Laplace-Transformierte bekannt und tabelliert ist. Auch benötigt die Methode spezielle Integrationskonstanten, nämlich die Werte der Funktion (und ihrer Ableitungen) im Ursprung. Es handelt sich also immer um ein Anfangswertproblem. Für die Anwendung der Laplace-Transformation muss man unter Umständen die Variable t geeignet redefinieren, damit $t = 0$ dem Startpunkt entspricht. Nicht alle Probleme sind in dieser Form gegeben.

Beispiel

Wir betrachten

$$y''(x) - 2\,y'(x) + y(x) = x^3\,\mathrm{e}^x\,, \quad \text{mit } y(0) = y'(0) = 0\,.$$

Die Laplace-Transformation der Differenzialgleichung (wir verwenden hierfür unsere Tabelle mit den gegebenen Anfangsbedingungen und bezeichnen $L[y] = Y$) ergibt

$$\begin{aligned} p^2\,Y(p) - 2\,p\,Y(p) + Y(p) &= \frac{6}{(p-1)^4} \\ \Rightarrow \quad Y(p) &= \frac{6}{(p-1)^4\,(p^2 - 2\,p + 1)} \equiv \frac{6}{(p-1)^6}\,. \end{aligned}$$

Die Umkehrtransformierte von Y findet man wieder aus der Tabelle zu

$$y(x) = L^{-1}[Y](x) = \frac{6}{5!}\,x^5\,\mathrm{e}^x = \frac{x^5}{20}\,\mathrm{e}^x\,.$$

Wenn wir dieses Ergebnis mit den Erfahrungen aus dem Kap. 6 über gewöhnliche Differenzialgleichungen 2. Ordnung mit inhomogenen Termen vergleichen, sehen wir, dass die den Anfangsbedingungen genügende, spezielle Lösung oft einfacher ist als die allgemeine Lösung. Auch das erklärt den Erfolg des oft viel einfacheren Lösungsweges mittels Laplace-Transformation. □

Beispiel

Bei der Rücktransformation müssen wir manchmal kompliziertere Brüche behandeln, wie etwa in folgendem Beispiel:

$$\begin{aligned} y''(x) + y'(x) - 6\,y(x) &= 26\,\sin(3\,x)\,, \quad \text{mit } y(0) = 0,\ y'(0) = 2\,, \\ \Rightarrow \quad (p-2)(p+3)\,Y(p) - 2 &= \frac{78}{9 + p^2} \quad \Rightarrow \quad Y(p) = \frac{96 + 2\,p^2}{(p-2)(p+3)(9+p^2)}\,. \end{aligned}$$

Dazu verwendet man die Methode der Partialbruchzerlegung (siehe Anhang B). Im vorliegenden Beispiel ergibt sich

$$Y(p) = \frac{8}{5}\,\frac{1}{p-2} - \frac{19}{15}\,\frac{1}{p+3} - \frac{1}{3}\,\frac{p+15}{p^2+9}\,.$$

Da die Laplace-Transformation ein linearer Operator ist, ist auch die Umkehrtransformation der Summe die Summe der Umkehrtransformierten der Summanden, hier also

$$y = \frac{8}{5}\,\mathrm{e}^{2x} - \frac{19}{15}\,\mathrm{e}^{-3x} - \frac{1}{3}\,(\cos(3x) + 5\,\sin(3x))\,.$$ □

14.3 Die Fouriertransformation

Wir haben die Fourierreihe in Kap. 13 als Transformation aus dem x-Raum in einen Raum diskreter Indizes n kennen gelernt. Funktionen, die auf einem Intervall (periodisch fortgesetzt) gegeben sind, wurden dabei durch Beträge zu diskreten Frequenzen ausgedrückt. Diese Vorschrift wollen wir nun verallgemeinern. Man betrachtet die gesamte reelle Achse als Definitionsintervall und erhält dann eine Transformation zu einem kontinuierlichen Frequenzspektrum:

$$\begin{aligned} &f(x) \text{ periodisch}\,, \quad x \in (-L, L) \quad \Leftrightarrow \quad c(k),\ k \in \mathbb{Z}\ (\Delta k = 1)\,, \\ &f(x) = \sum_{-\infty}^{\infty} c(k)\,\mathrm{e}^{\mathrm{i}x\pi k/L}\,\Delta k \quad \Leftrightarrow \quad c(k) = \frac{1}{2L}\int_{-L}^{L} dx\ f(x)\,\mathrm{e}^{-\mathrm{i}x\pi k/L}\,. \end{aligned} \tag{14.12}$$

Wir ersetzen nun den diskreten Index k durch die Variable p_k und die Fourierkoeffizienten $c(k)$ durch eine Funktion von p_k,

$$p_k \equiv k\,\frac{\pi}{L} \quad \text{und} \quad c(k) \equiv g(p_k)\,\frac{\pi}{L}\,. \tag{14.13}$$

Diese Umformulierung ergibt

$$f(x) = \sum_{-\infty}^{\infty} g(p_k)\,\mathrm{e}^{\mathrm{i}xp_k}\,\Delta p_k \quad \Leftrightarrow \quad g(p_k) = \frac{1}{2\pi}\int_{-L}^{L} dx\ f(x)\,\mathrm{e}^{-\mathrm{i}xp_k}\,. \tag{14.14}$$

Im Grenzfall $L \to \infty$ kann man p_k als kontinuierliche Variable $p \in \mathbb{R}$ betrachten, und die diskrete Summe wird zu einem Integral. Wir erhalten

$$f(x) = \int_{-\infty}^{\infty} dp\ g(p)\,\mathrm{e}^{\mathrm{i}xp} \quad \Leftrightarrow \quad g(p) = \frac{1}{2\pi}\int_{-\infty}^{\infty} dx\ f(x)\,\mathrm{e}^{-\mathrm{i}xp}\,. \tag{14.15}$$

Genau das ist die **Fouriertransformation**. Unsere Ableitung gilt natürlich nur unter bestimmten Voraussetzungen. Die entsprechenden Integrale müssen also wohldefiniert und endlich sein.

Die Funktionen f und g werden auch als **Paar von Fouriertransformierten** bezeichnet. Die Transformation entspricht einem Darstellungswechsel zwischen x- und p-Raum. In der Quantenmechanik identifiziert man damit die Orts- und Impulsvariablen und spricht vom Ortsraum und Impulsraum. Die Funktionen $f(x)$ oder $g(p)$ sind dann zum Beispiel Wellenpakete im Orts- oder Impulsraum.

Die Definitionen der Fouriertransformation und ihrer Umkehrtransformation sind nahezu gleich und unterscheiden sich nur im Vorzeichen des Arguments der Exponentialfunktion. Der Unterschied im Vorfaktor $(1/2\pi)$ ist definitionsabhängig und Konventionssache.

Man kann den Faktor auch als je einen Faktor $1/\sqrt{2\pi}$ auf die Definitionen von FT und FT^{-1} verteilen und erhält dann eine symmetrischere Notation, die wir künftig verwenden werden:

$$\begin{aligned} g(p) = FT[f] &\equiv \frac{1}{\sqrt{2\pi}} \int_{-\infty}^{\infty} dx\; f(x)\, \mathrm{e}^{-\mathrm{i}xp} \,, \\ f(x) = FT^{-1}[g] &\equiv \frac{1}{\sqrt{2\pi}} \int_{-\infty}^{\infty} dp\; g(p)\, \mathrm{e}^{\mathrm{i}xp} \,. \end{aligned} \tag{14.16}$$

Nicht jede Funktion ist fouriertransformierbar! Die Fouriertransformation ist immer dann wohldefiniert, wenn die Funktion absolut (Lebesgue-)integrabel ist, also $f \in L^1$. In diesem Fall ist $FT[f]$ stetig und verschwindet für $p \to \pm\infty$. Die Fouriertransformierte ist also stetig – aber nicht jede stetige Funktion ist fouriertransformierbar. Ideal ist es, wenn man sich auf Funktionen im Schwartz-Raum S (glatte und im Unendlichen schnell abfallende Funktionen, siehe M.12.1) beschränkt. Ihre Fouriertransformierten sind wiederum in S!

Wenn f nur Riemann-integrabel ist, dann muss f in jedem endlichen Intervall die Dirichlet-Bedingung erfüllen, dort also nur endlich viele Extremalwerte und Sprungstellen haben (vgl. den Abschnitt über Fourierreihen), damit die Fouriertransformierte wohldefiniert ist.

Beispiel

Wir betrachten die Funktion

$$f(x) = \begin{cases} 1 & -1 < x < 1 \,, \\ 0 & \text{sonst} \,. \end{cases}$$

Es handelt sich also um eine rechteckige Stufe. Wir berechnen dafür die Fouriertransformierte

$$g(p) = \frac{1}{\sqrt{2\pi}} \int_{-\infty}^{\infty} dx\; f(x)\, \mathrm{e}^{-\mathrm{i}xp} = \frac{1}{\sqrt{2\pi}} \int_{-1}^{1} dx\, \mathrm{e}^{-\mathrm{i}xp} = \sqrt{\frac{2}{\pi}}\, \frac{\sin p}{p} \,.$$

Damit wissen wir aber gleichzeitig, dass $f(x)$ die inverse Fouriertransformierte von $g(p)$ ist, also

$$f(x) = \frac{1}{\sqrt{2\pi}} \int_{-\infty}^{\infty} dp\, \sqrt{\frac{2}{\pi}}\, \frac{\sin p}{p}\, \mathrm{e}^{\mathrm{i}xp} = \frac{2}{\pi} \int_{0}^{\infty} dp\, \frac{1}{p}\, \sin(p)\, \cos(px)$$

gilt, da der antisymmetrische Anteil bei der Integration wegfällt.

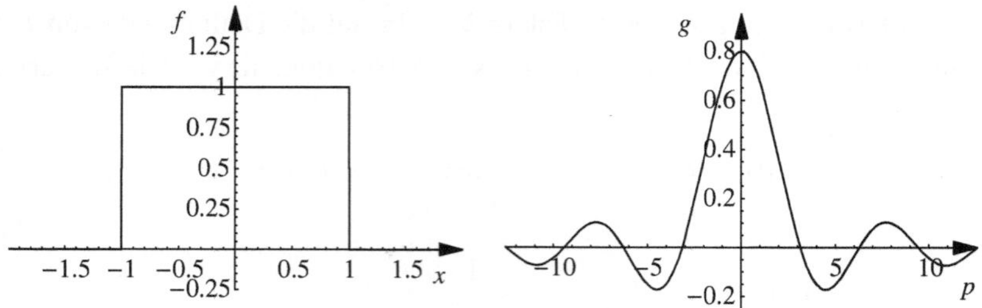

Abb. 14.1 Die Rechtecksfunktion $f(x)$ (links) hat die Fouriertransformierte $g(p)$ (rechts)

Dies liefert für $x = 0$ die wichtige Integrationsformel

$$\int_0^\infty dp\,\frac{\sin p}{p} = \frac{\pi}{2}\,. \tag{14.17}$$

Wir bestimmen noch den Wert der rücktransformierten Funktion f an den Sprungstellen am Rand,

$$\begin{aligned} f(1) &= \frac{2}{\pi}\int_0^\infty dp\,\frac{1}{p}\,\sin(p)\,\cos(p) = \frac{1}{\pi}\int_0^\infty dp\,\frac{\sin 2p}{p} \\ &= \frac{1}{\pi}\int_0^\infty d(2p)\,\frac{\sin 2p}{2p} = \frac{1}{\pi}\int_0^\infty dy\,\frac{\sin y}{y} = \frac{1}{2}\,. \end{aligned}$$

Die Fouriertransformation liefert also – wie auch die Fourierreihe – an Sprungstellen den Mittelwert. □

Wie bei den Fourierreihen kann man auch hier wieder als Spezialfälle für ungerade und gerade Funktionen (vgl. Abschn. 13.5) die Fourier-Sinus-Transformation und die Fourier-Kosinus-Transformation einführen.

Fourier-Sinus-Transformation: Es seien $f_-(x)$ und $g_-(p)$ ungerade Funktionen; dann ist

$$\begin{aligned} g_-(p) &= FT_s[f] \equiv \sqrt{\frac{2}{\pi}}\int_0^\infty dx\; f_-(x)\,\sin(xp)\,, \\ f_-(x) &= FT_s^{-1}[g] \equiv \sqrt{\frac{2}{\pi}}\int_0^\infty dp\; g_-(p)\,\sin(xp)\,. \end{aligned} \tag{14.18}$$

Wir haben auch hier die Vorfaktoren in symmetrischer Form gewählt, um die Symmetrie zwischen FT und FT^{-1} besonders zu betonen.

Fourier-Kosinus-Transformation: Es seien $f_+(x)$ und $g_+(p)$ gerade Funktionen; dann ist

$$\begin{aligned} g_+(p) &= FT_c[f] &\equiv \sqrt{\frac{2}{\pi}} \int_0^\infty dx\; f_+(x) \cos(xp) , \\ f_+(x) &= FT_c^{-1}[g] &\equiv \sqrt{\frac{2}{\pi}} \int_0^\infty dp\; g_+(p) \cos(xp) . \end{aligned} \tag{14.19}$$

Wie bei der Laplace-Transformation helfen Tabellen (vgl. [2, 3]) dabei, die Fouriertransformierten zu bestimmen. Auch Methoden aus der Funktionentheorie (Kap. 19) sind dafür sehr gut geeignet.

Wenn man eine andere Konvention des Vorfaktors wählt, können sich die Fouriertransformierten um entsprechende Multiplikatoren unterscheiden.

Beispiel

In gewissem Sinn auch als Vorbereitung auf den Abschnitt 15.3 in Kap. 15 betrachten wir die Funktion

$$f(x) = \begin{cases} \sin(\omega\, x) & |x| < N\,\dfrac{\pi}{\omega} , \\ 0 & \text{sonst} . \end{cases} \tag{14.20}$$

Das ist einfach ein Wellenzug mit N Perioden. Da es sich um eine ungerade Funktion handelt, ist die Fouriertransformierte proportional der Fourier-Sinus-Transformierten,

$$\begin{aligned} g_-(p) &= \sqrt{\frac{2}{\pi}} \int_0^{N\pi/\omega} dx\; \sin(\omega\, x)\, \sin(p\, x) \\ &= \frac{1}{\sqrt{2\pi}} \left[\frac{1}{(\omega - p)} \sin\left(\frac{N\,\pi}{\omega} (\omega - p) \right) - \frac{1}{(\omega + p)} \sin\left(\frac{N\,\pi}{\omega} (\omega + p) \right) \right] \\ &= (-1)^N \sqrt{\frac{2}{\pi}} \frac{\omega}{p^2 - \omega^2} \sin\left(\frac{N\,\pi\, p}{\omega} \right) . \end{aligned}$$

Das ist natürlich wieder eine ungerade Funktion. Sie zeigt bei $p = \omega$ und bei $p = -\omega$ jeweils eine charakteristische Spitze (vgl. Abb. 14.2). Je größer N und je länger also der Wellenzug ist, desto ausgeprägter wird diese Spitze.

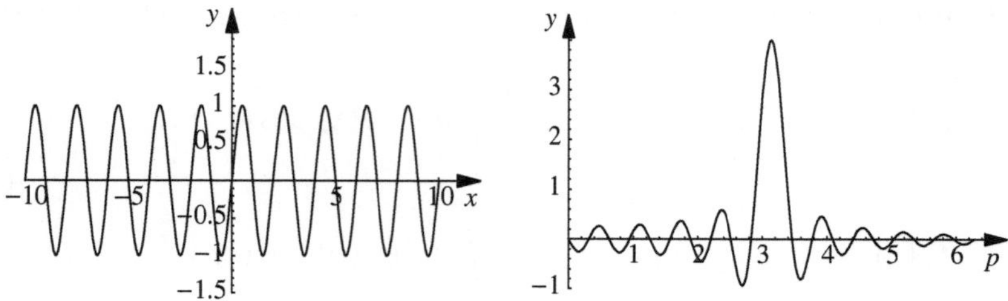

Abb. 14.2 Die Funktion $f(x)$ aus (14.20) und ihre Fourier-Sinus-Transformierte in der Nähe von $p = \omega$. Für die Darstellung wurde $\omega = \pi$ und $N = 10$ gewählt □

Schließlich bestimmen wir noch die Fouriertransformation des Ableitungsoperators. Wir gehen dazu wie bei der Laplace-Transformation vor, und wir erhalten ein ähnliches Ergebnis.

$$\begin{aligned} FT\left[\frac{d}{dx}f(x)\right](p) &= \frac{1}{\sqrt{2\pi}}\int_{-\infty}^{\infty} dx \left(\frac{d}{dx}f(x)\right) \mathrm{e}^{-\mathrm{i}px} \\ &= \frac{1}{\sqrt{2\pi}} f(x)\,\mathrm{e}^{-\mathrm{i}px}\Big|_{-\infty}^{\infty} - \frac{1}{\sqrt{2\pi}}\int_{-\infty}^{\infty} dx\ f(x)\frac{d}{dx}\mathrm{e}^{-\mathrm{i}px} \\ &= \frac{ip}{\sqrt{2\pi}}\int_{-\infty}^{\infty} dx\ f(x)\,\mathrm{e}^{-\mathrm{i}px} = \mathrm{i}\,p\,FT[f](p)\,. \end{aligned} \tag{14.21}$$

Der erste Term bei der partiellen Integration verschwindet wieder wegen der Integrabilität von $f(x)$ (Existenz der Fouriertransformation $FT[f]$), da dazu f im Unendlichen gegen null gehen muss. Auch die Fouriertransformation kann daher, wie die Laplace-Transformation, zur Lösung von Differenzialgleichungen nützlich sein.

Bei Funktionen von mehreren Variablen können eine oder auch mehrere Variablen der Fouriertransformation unterworfen werden. So ist zum Beispiel

$$g(p_1, p_2, p_3) = \frac{1}{(2\pi)^{3/2}}\int_{-\infty}^{\infty} dx_1 \int_{-\infty}^{\infty} dx_2 \int_{-\infty}^{\infty} dx_3\ f(x_1, x_2, x_3)\,\mathrm{e}^{-\mathrm{i}(x_1 p_1 + x_2 p_2 + x_3 p_3)}\,. \tag{14.22}$$

In Vektorschreibweise lautet die Transformation vom dreidimensionalen x-Raum in den dreidimensionalen p-Raum daher

$$g(\boldsymbol{p}) = \frac{1}{(2\pi)^{3/2}}\int_{\mathbb{R}^3} d^3x\ f(\boldsymbol{x})\,\mathrm{e}^{-\mathrm{i}\boldsymbol{x}\cdot\boldsymbol{p}}\,, \tag{14.23}$$

und die Umkehrtransformation unterscheidet sich nur durch das Vorzeichen im Exponenten der Exponentialfunktion.

Beispiel

Zum Abschluss betrachten wir noch einmal einen Wellenzug der Länge $2\,N\,\pi/\omega$, diesmal in komplexer Form,

$$f(x) = \begin{cases} e^{i\omega x} & |x| < N\dfrac{\pi}{\omega}\,, \\ 0 & \text{sonst}\,, \end{cases} \tag{14.24}$$

und berechnen dafür die Fouriertransformierte:

$$\begin{aligned} g(p) &= \frac{1}{\sqrt{2\pi}} \int\limits_{-N\pi/\omega}^{N\pi/\omega} dx\; e^{i\omega x}\, e^{-ipx} = \frac{1}{\sqrt{2\pi}} \int\limits_{-N\pi/\omega}^{N\pi/\omega} dx\; e^{-i(p-\omega)x} \\ &= \sqrt{\frac{2}{\pi}}\, \frac{\sin\left((p-\omega)\,N\,\pi/\omega\right)}{p-\omega}\,. \end{aligned}$$

Im Vergleich mit dem Beispiel (14.20) erkennen wir, dass die Fouriertransformierte nun nur mehr eine Spitze hat. □

14.4 Faltung

Folgende interessante Fragestellung führt zu einer neuen Methode, Laplace- und Fouriertransformierte zu bestimmen. Wir kennen mit $G = L[g]$ und $H = L[h]$ die Laplace-Transformierten der Funktionen g und h, welche Funktion f löst dann die Gleichung

$$L[g]\,L[h] = L[f]\;? \tag{14.25}$$

Also, anders gefragt, könnte man auch die inverse Laplace-Transformierte von $G\,H$ ermitteln?

Dazu schreiben wir

$$\begin{aligned} L[g]\,L[h] = G(p)\,H(p) &= \left(\int\limits_0^\infty d\sigma\; g(\sigma)\, e^{-\sigma p}\right)\left(\int\limits_0^\infty d\tau\; h(\tau)\, e^{-\tau p}\right) \\ &= \int\limits_0^\infty \int\limits_0^\infty d\tau\, d\sigma\; g(\sigma)\, h(\tau)\, e^{-p(\sigma+\tau)}\,. \end{aligned} \tag{14.26}$$

Wir können nun die Integration über den 1. Quadranten in der (σ,τ)-Ebene umformen. Dazu ersetzen wir im inneren Integral (also für festes τ) σ durch eine neue Variable,

$$t \equiv \sigma + \tau\,, \quad d\sigma = dt\,, \quad 0 < \sigma < \infty \quad \text{entspricht} \quad \tau < t < \infty\,. \tag{14.27}$$

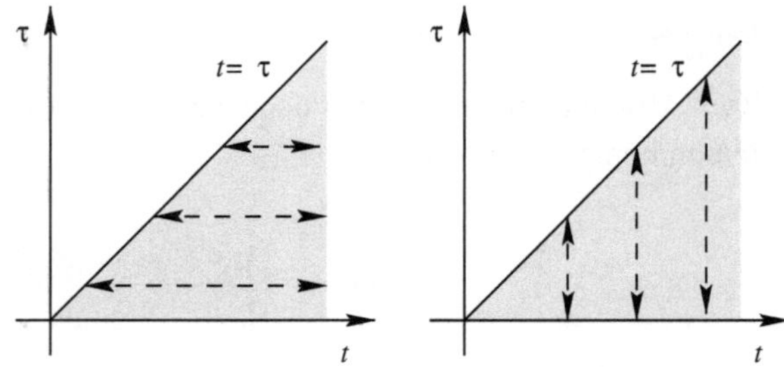

Abb. 14.3 Die Reihenfolge der Integration über $\tau : 0 \dots \infty$ und $t : \tau \dots \infty$ kann vertauscht werden: $t : 0 \dots \infty$ und $\tau : 0 \dots t$

Man erhält das Integral

$$G(p)\,H(p) = \int_{\tau=0}^{\infty} \int_{t=\tau}^{\infty} d\tau\, dt\; g(t-\tau)\, h(\tau)\, \mathrm{e}^{-pt} \,. \tag{14.28}$$

Das ist in der (t, τ)-Ebene der schattierte Sektor in Abb. 14.3. Statt die Integration für feste $\tau \in (0, \infty)$ von $t = \tau$ bis ∞ laufen zu lassen, kann man (vgl. Abb. 14.3) auch für feste $t \in (0, \infty)$ die τ-Integration von $\tau = 0$ bis t laufen lassen. Damit erhalten wir

$$G(p)\,H(p) = \int_{t=0}^{\infty} dt \left[\int_{\tau=0}^{t} d\tau\; g(t-\tau)\, h(\tau) \right] \mathrm{e}^{-pt} = L\left[\int_{\tau=0}^{t} d\tau\; g(t-\tau)\, h(\tau) \right] . \tag{14.29}$$

Das Integral im Klammerausdruck nennt man **Konvolutionsintegral** oder **Faltungsintegral** und schreibt es $g * h$. Es ist kommutativ,

$$g * h = h * g \,. \tag{14.30}$$

Damit haben wir unser Problem gelöst. Es gilt

$$L[g]\, L[h] \equiv L[g * h] \quad \text{mit} \quad g * h \equiv \int_{\tau=0}^{t} d\tau\; g\,(t-\tau)\, h(\tau) \,. \tag{14.31}$$

Ein typisches Anwendungsbeispiel betrifft Daten, die bei der Messung durch ein ungenaues Messgerät verfälscht wurden. In C.14.1 wird die numerische Behandlung dieser Situation besprochen. In der Anwendung stellt sich die Frage oft auch umgekehrt. Man hat ein Faltungsintegral $g * h$ gegeben und kennt eine der beiden beteiligten Funktionen: Wie bestimmt man die andere? Die Antwort (auch **Dekonvolution** genannt) ergibt sich durch Umformung der Gleichung (14.31),

$$L[g] = L[g * h]/L[h] \quad g = L^{-1}[L[g * h]/L[h]] \,. \tag{14.32}$$

Das ist allerdings nur dann möglich, wenn $L[h]$ ungleich null ist oder zumindest der Quotient einen Grenzwert hat.

Beispiel

Wir haben schon im Zusammenhang mit der Laplace-Transformation erwähnt, dass die Konvolution nützlich für die Bestimmung von Umkehrtransformierten sein kann. Zur Demonstration betrachten wir die Differenzialgleichung

$$y''(x) + y'(x) - 2\,y(x) = 3\,\mathrm{e}^x\ , \quad y(0) = y'(0) = 0\ .$$

Die Laplace-Transformation führt zu

$$L[y] \equiv Y(p) = \frac{3}{p^2 + p - 2}\,L[\mathrm{e}^x] = \left(\frac{1}{p-1} - \frac{1}{p+2}\right)\,L[\mathrm{e}^x]\ .$$

Wir erkennen, dass der linksstehende Faktor selbst eine Laplace-Transformierte ist und daher

$$Y(p) = L\left[\mathrm{e}^x - \mathrm{e}^{-2x}\right]L[\mathrm{e}^x] \equiv L[g]\,L[h] = L[g * h]$$

ein Produkt von Laplace-Transformierten ist. Damit ist $y(x)$ durch das Faltungsintegral

$$y(x) = g * h$$

ausdrückbar. Wir finden

$$\begin{aligned} y(x) &= \int_0^x d\tau\ g(\tau)\,h(x-\tau) = \int_0^x d\tau\ \left(\mathrm{e}^\tau - \mathrm{e}^{-2\tau}\right)\,\mathrm{e}^{(x-\tau)} \\ &= \mathrm{e}^x \int_0^x d\tau\ \left(1 - \mathrm{e}^{-3\tau}\right) = \left(x - \frac{1}{3}\right)\,\mathrm{e}^x + \frac{1}{3}\,\mathrm{e}^{-2x}\ . \end{aligned}$$

□

Auch für die Fouriertransformation gibt es diese spezielle Eigenschaft der Konvolution

$$FT[g]FT[h] = FT[g * h] \quad \text{mit} \quad g * h \equiv \frac{1}{\sqrt{2\pi}} \int_{-\infty}^{\infty} d\tau\ g\,(t-\tau)\,h(\tau)\ . \tag{14.33}$$

Wegen der Symmetrie der Fouriertransformation gilt daneben sogar

$$FT[g] * FT[h] = FT[g\,h]\ . \tag{14.34}$$

Die Eigenschaften der Konvolution erlauben also die Lösung von Differenzialgleichungen mit recht allgemeinen inhomogenen Termen, sofern ihre Laplace- oder Fouriertransformierten bekannt sind.

C.14.1 ... und auf dem Computer: Konvolution und Dekonvolution

In der Vorbereitung eines Experiments spielt „das Verständnis" der Messgeräte eine wichtige Rolle. Oft arbeitet man mit Apparaten, die in ihrer Genauigkeit eine Bandbreite haben, also die exakte Messung gewissermaßen „verschmieren". Dieser Vorgang wird durch das Konvolutionsintegral beschrieben. Dabei wird die (theoretisch) exakte Funktionskurve $f_{\text{th}}(x)$ mit einer Apparatefunktion $r(x)$ gefaltet. Diese Messfunktion soll natürlich möglichst schmal sein, entsprechend einem sehr präzisen Messapparat. Das Ergebnis ist die Messkurve $f_{\text{exp}}(x)$, also

$$f_{\text{exp}} = f_{\text{th}} * r \quad \Leftrightarrow \quad f_{\text{exp}}(x) = \int_{-\infty}^{\infty} dy\ f_{\text{th}}(y)\, r(x-y)\ . \tag{C.14.1.1}$$

Eine exakte Messapparatur entspricht dem Fall $r(x-y) = \delta(x-y)$ (die Diracsche Deltafunktion wird in Kap. 15 besprochen) und $f_{\text{exp}} = f_{\text{th}}$ – aber das wäre zu schön, um wahr zu sein.

In Abb. 14.4 ist die Situation skizziert. Dabei haben wir das Konvolutionsintegral mit Hilfe der Fouriertransformation bestimmt. Wegen (14.31) gilt

$$f_{\text{exp}}(x) = FT^{-1}[FT[f_{\text{th}}]\, FT[r]]\ , \tag{C.14.1.2}$$

wir benötigen also nur die Fouriertransformierten von f_{th} und r. Dazu setzen wir die in C.13.1 besprochene Fast Fourier Transformation ein. Wir müssen dabei die Funktionen formal als periodische Funktionen betrachten, nehmen also die Periode groß genug, dass der interessierende Bereich enthalten ist. Um Randeffekte zu vermeiden, wird das Intervall so gewählt, dass am Rand der Funktionswert null in einer der Apparatefunktion entsprechenden Breite gesetzt werden kann. Die Anzahl N der Stützstellen x_i wird ausreichend groß gewählt, um die gewünschte Rechengenauigkeit zu erhalten.

Wir haben also jeweils N Werte $f_{\text{th},i}$ und r_i und berechnen dafür die Fouriertransformierten (als Beispiel geben wir entsprechende Befehle des Programms MATHEMATICA an),

```
FTfth  = Fourier[fth]; FTr  = Fourier[r];
```

und bilden für alle Komponenten das Produkt $FT[f_{\text{exp}}]_i = FT[f_{\text{th}}]_i\, FT[r]_i$, also

```
FTfexp = FTfth*FTr;
```

und haben so die Fouriertransformierte der Konvolutionsfunktion f_{exp} bestimmt. Zum Abschluss transformieren wir zurück,

```
fexp   = InverseFourier[FTfexp];
```

und haben die gesuchte Funktion, die der Messkurve f_{exp} entspricht.

Bei der Planung des Experiments ist diese Rechnung wichtig, bei der Analyse kehrt sich die Problemstellung allerdings um. Aus der Messkurve f_{exp} will man die unverfälschte Funktion f_{th} rekonstruieren. Auch dies kann man bei Kenntnis der Apparatefunktion r mit Hilfe der Fouriertransformation durchführen, man bestimmt einfach

```
FTfth  = FTfexp / FTr;
```

Allerdings ist diese Vorgangsweise sehr sensitiv auf kleine Messfehler und Ungenauigkeiten der Apparatefunktion. Es gibt zahlreiche Methoden, um diese Probleme zu bewältigen. Genauere Diskussionen dieser Verfahren finden Sie in [4].

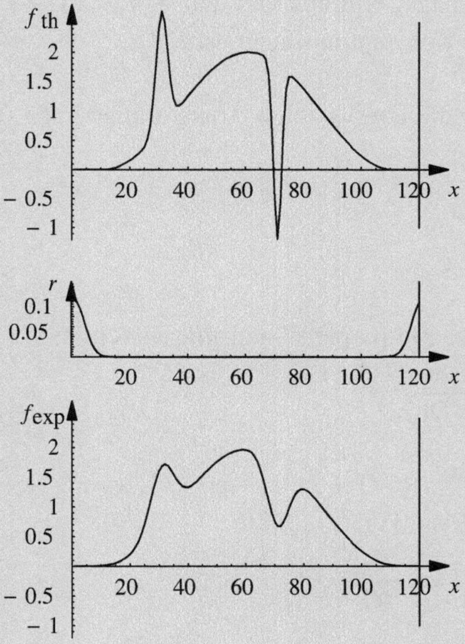

Abb. 14.4 Die theoretisch erwartete Funktion f_{th} wird mit der Unschärfefunktion der Messapparatur r gefaltet. Man erhält die Messkurve f_{exp}. Die Periode von 120 Messpunkten ist durch eine senkrechte Linie angedeutet

14.5 Aufgaben und Lösungen

14.5.1 Aufgaben

14.1: Lösen Sie die Schwingungsgleichung $m\,\ddot{y} + k\,y = 0$ mit den Anfangsbedingungen $y(0) = a$, $\dot{y}(0) = 0$ mit Hilfe der Laplace-Transformation.

14.2: Lösen Sie mit Hilfe der Laplace-Transformation die Differenzialgleichungen:

$$\begin{array}{lllll}
\text{(a)} & y'' + 3\,y' + 2\,y = \mathrm{e}^{-x}\,, & y(0) = 0\,, & y'(0) = 0\,, \\
\text{(b)} & y'' - y = \mathrm{e}^{x}\,, & y(0) = 0\,, & y'(0) = 1\,, \\
\text{(c)} & y'' + 2\,y' + 5\,y = 20\,\mathrm{e}^{3x}\,, & y(0) = 0\,, & y'(0) = 20\,, \\
\text{(d)} & y'' + 2\,y' + 10\,y = 5\,, & y(0) = 1\,, & y'(0) = 0\,, \\
\text{(e)} & y'' + 5\,y' + 4\,y = -4\,\mathrm{e}^{-2x}\,, & y(0) = 0\,, & y'(0) = 4\,.
\end{array}$$

14.3: Was ist die Fouriertransformierte von $f(x) = \{(1 - |x|/a)$ für $|x| < a, 0$ sonst$\}$?

14.4: Lösen Sie das Anfangswertproblem $y''(x) + 4\,y'(x) + 3\,y(x) = \sin x$, $y(0) = y'(0) = 0$ mit Hilfe eines Konvolutionsintegrals.

14.5: Bestimmen Sie (a) die Fourier-Sinus-Transformierte und (b) die Fourier-Kosinus-Transformierte von e^{-at}.

14.5.2 Lösungen

Vollständige Lösungen unter http://physik.uni-graz.at/~cbl/mm/.

14.1: $y(t) = a\,\cos(t\,\sqrt{k/m})$.

14.2: (a) $(x-1)\mathrm{e}^{-x} + \mathrm{e}^{-2x}$; (b) $(1+2x)\mathrm{e}^{x} - \mathrm{e}^{-x})/4$; (c) $\mathrm{e}^{3x} + \mathrm{e}^{-x}(8\sin(2x) - \cos(2x))$; (d) $(1 + \mathrm{e}^{-x}(\cos(3x) + \frac{1}{3}\sin(3x))/2$; (e) $2(\mathrm{e}^{-2x} - \mathrm{e}^{-4x})$.

14.3: $2(1 - \cos(ap))/(ap^2\sqrt{2\pi})$.

14.4: $y(x) = (-\mathrm{e}^{-3x} + 5\,\mathrm{e}^{-x} - 4\,\cos x + 2\,\sin x)/20$.

14.5: (a) $\sqrt{2/\pi}\;p/(a^2 + p^2)$; (b) $\sqrt{2/\pi}\;a/(a^2 + p^2)$.

Literaturempfehlungen

Beispiele zu Integraltransformationen findet man in [5, 6], und theoretische Aspekte werden in [7] besprochen. Für numerische Methoden zur Behandlung von Konvolutionsproblemen ist [4] ein guter Ausgangspunkt.

Literatur

1. D. V. Widder, *The Laplace Transform* (Princeton University Press, Princeton, 1946).
2. M. Abramowitz und I. A. Stegun, *Handbook of Mathematical Functions* (Martino Fine Books, Eastford, CT, 2014).
3. I. N. Bronstein, K. A. Semendjajew, G. Musiol, und H. Mühlig, *Taschenbuch der Mathematik*, 9. Aufl. (Europa-Lehrmittel, Haan-Gruiten, 2013).
4. W. H. Press, B. P. Flannery, S. A. Teukolsky, und W. T. Vetterling, *Numerical Recipes: The Art of Scientific Computing*, 3. Aufl. (Cambridge University Press, Cambridge, 2007).
5. M. L. Boas, *Mathematical Methods in the Physical Sciences*, 3. Aufl. (John Wiley &Sons, Inc., New York, 2005).
6. M. R. Spiegel, *Schaum's Outline of Theory and Problems of Fourieranalysis* (McGraw-Hill, New York, 1974).
7. J. Weidmann, *Lineare Operatoren in Hilberträumen* (Teubner, Stuttgart, 2003).

15 Funktionale und Variationsrechnung

15.1 Funktionale

Das Integral über eine Funktion, mit dem man vielleicht eine Fläche oder Masse berechnet, aber auch die Norm einer Funktion oder das Skalarprodukt mit einer Funktion sind Beispiele für ein **Funktional**. Allgemein betrachtet ist ein Funktional eine Abbildung aus einem Funktionenraum in die reellen oder komplexen Zahlen,

$$\Phi : f \in \mathbb{X} \mapsto \Phi[f] \in \mathbb{C} , \tag{15.1}$$

also gleichsam eine Funktion auf dem Funktionenraum, wie es eben auch Funktionen auf den reellen Zahlen gibt, eine **verallgemeinerte Funktion**. Ein Beispiel für ein Funktional auf dem $L^2(\mathbb{R})$ ist – wie schon erwähnt – ein Skalarprodukt wie etwa

$$\Phi[f] = \int_{\mathbb{R}} dx\, u(x)\, f(x) , \tag{15.2}$$

wobei u eine feste Funktion aus L^2 ist.

Man muss dabei betonen, dass nicht ein Funktionswert, sondern die gesamte Funktion f das Argument des Funktionals ist. Um diesen Unterschied klarzumachen, verwendet man die eckigen Klammern. Wenn

$$\Phi[\alpha\, f + \beta\, g] = \alpha\, \Phi[f] + \beta\, \Phi[g] \tag{15.3}$$

gilt, ist Φ ein **lineares Funktional**. Spezielle Funktionale sind die so genannten Distributionen wie etwa die Delta-Distribution, die im Abschn. 15.3 besprochen wird.

C.B. Lang, N. Pucker, *Mathematische Methoden in der Physik*,
DOI 10.1007/978-3-662-49313-7_15

Beispiel

Auch das Integral

$$\Phi[f] = \int_a^b dx\ f(x) \tag{15.4}$$

ist ein lineares Funktional. Man kann leicht nachrechnen, dass zum Beispiel

$$\Phi[1] = (b - a)\ , \quad \Phi[x] = (b^2 - a^2)/2\ , \quad \Phi[\alpha\, x^n] = \alpha\, (b^{n+1} - a^{n+1})/(n+1)$$

gelten. Das Funktional

$$\Phi[f] = \int_a^b dx\ f^2(x) \tag{15.5}$$

hingegen ist nicht linear. Es gilt hier

$$\Phi[\alpha\, f] = \alpha^2\, \Phi[f]\ .$$

□

Wie bei Funktionen kann man auch für Funktionale die Begriffe Ableitung und Integral einführen. Die **Funktionalableitung** kann in Analogie zur Ableitung aus Abschn. 4.1 über die lineare Näherung eingeführt werden. Die lineare Näherung ergab sich aus der Forderung, dass es zu einer Funktion $\varphi(x)$ eine weitere Funktion, genannt $d\varphi(x)/dx$, gibt, für welche

$$\left| \varphi(x+h) - \varphi(x) - \frac{d\varphi(x)}{dx}\, h \right| = o(h) \tag{15.6}$$

gilt. Nun wird die Funktion φ durch ein Funktional Φ ersetzt, und das Argument ist statt einer Variable x eine Funktion f.

Wir müssen uns auf Funktionenräume beschränken, für welche die jeweils betrachteten Funktionale wohldefiniert sind. In Hinblick auf die Anwendung in der Variationsrechnung sollen das Banachräume $\mathbb{X}$ (siehe Kap. 12) von zumindest zweimal stetig differenzierbaren Funktionen $f \in \mathbb{X}$ sein, die geeignete Integrabilitätseigenschaften haben.

Wir denken uns eine Änderung des Arguments f eines Funktionals um einen additiven Beitrag: $f \to f + h$, wir ändern also die Funktion f. Wenn die dadurch bedingte Änderung des Funktionals „linear“ genähert werden kann, wenn es also eine Funktion $\delta\Phi/\delta f \in \mathbb{X}$ gibt, für die

$$\left| \Phi[f+h] - \Phi[f] - \int dx\ \frac{\delta\Phi}{\delta f}(x)\ h(x) \right| = o(\|h\|) \tag{15.7}$$

gilt, dann nennt man $\delta\Phi/\delta f$ die Funktionalableitung (auch: Fréchet-Ableitung) von Φ. Dabei symbolisiert $o(\|h\|)$ einen Ausdruck, der schneller als linear in der Norm $\|h\|$ verschwindet. Das Integral geht über den gewünschten Definitionsbereich der Funktionen.

Das Argument von $\delta\Phi/\delta f$ ist dabei durch das Argument der Funktion, nach der man ableitet, bestimmt, genau genommen sollte man zum Beispiel schreiben

$$\frac{\delta\Phi}{\delta f(x)} = \dots \; . \tag{15.8}$$

Für unser Beispiel (15.2) gilt

$$\begin{aligned} \Phi[f+h] &= \int_{\mathbb{R}} dx\, u(x)\,(f(x)+h(x)) = \Phi[f] + \Phi[h] \\ \Rightarrow &\quad \Phi[f+h] - \Phi[f] - \Phi[h] = 0\,, \end{aligned} \tag{15.9}$$

und daher ist durch Vergleich mit (15.7) die Funktionalableitung

$$\left(\frac{\delta\Phi}{\delta f}, h\right) = \Phi[h] = \int_{\mathbb{R}} dx\, u(x)\, h(x) \quad \Rightarrow \quad \frac{\delta\Phi[f]}{\delta f(t)} = u(t)\,. \tag{15.10}$$

Beispiel

Wir wollen das lineare Funktional (15.4) nach $f(t)$ ableiten:

$$\Phi[f+h] = \int_a^b dx\, (f(x)+h(x)) = \Phi[f] + \Phi[h] \Rightarrow \frac{\delta\Phi[f]}{\delta f(t)} = 1 \text{ für } a < t < b\,.$$

Das nichtlineare Funktional (15.5) hat die Ableitung

$$\begin{aligned} \Phi[f+h] - \Phi[f] &= \int_a^b dx\, (f^2 + 2\,f\,h + h^2) - \int_a^b dx\, f^2 \\ &= \int_a^b dx\, 2\,f\,h + \int_a^b dx\, h^2 = (2\,f,\,h) + o(\|h\|) \\ \Rightarrow &\quad \frac{\delta\Phi[f]}{\delta f(t)} = 2\,f(t) \quad \text{für} \quad a < t < b\,. \end{aligned}$$

□

Wie bei der gewohnten Differenziation leitet man weitere Regeln ab, zum Beispiel die Produktregel oder auch

$$\frac{\delta\,(\Phi[f])^n}{\delta f} = n\,(\Phi[f])^{n-1}\,\frac{\delta\Phi[f]}{\delta f}\,. \tag{15.11}$$

Auch eine Integration über einen Funktionenraum $\mathbb{X}$ kann man definieren: das **Funktionalintegral**. Man schreibt dieses formal

$$\int_{\mathbb{X}} \{df\}\ \Phi[f] \tag{15.12}$$

und definiert es als Grenzfall $n \to \infty$ einer Integration über endlich dimensionale Unterräume $\mathbb{X}_n \subset \mathbb{X}$. Diese Integration kann durch geeignete Integration über die Komponenten in einer Basis ausgedrückt werden und ist dann durch jeweils n-dimensionale Integrale gegeben; der Grenzfall, so er wohldefiniert ist, beschreibt ein unendlich dimensionales Integral. Damit das sauber formuliert werden kann, muss man tiefer in die Mathematik eintauchen, als wir das hier wollen. Die Funktionalintegration ist vor allem in der modernen Formulierung der Quantentheorie von großer Bedeutung.

15.2 Variationsrechnung

Wie bestimmt man zum Beispiel den kürzesten Weg zwischen zwei Punkten auf einer gekrümmten Fläche? Der Weg ist durch ein Integral ausdrückbar, also durch ein Funktional. Die **Variationsrechnung** befasst sich mit der Bestimmung von Extremwerten von Funktionalen und benötigt daher die Funktionalableitung – ganz ähnlich, wie das für einfache Funktionen in Kap. 4 notwendig war. Anwendungen der Variationsrechnung findet man in vielen Bereichen der Physik. Am bekanntesten ist wohl die Ableitung der Bewegungsgleichungen über ein Variationsprinzip in der Mechanik.

Ein in der Physik sehr wichtiges Funktional ist das Wirkungsfunktional (Wirkung heißt im Englischen „action", daher „Physics is where the action is"!). Es ist dies das Integral über die so genannte Lagrange-Funktion, die sich aus der Differenz von kinetischer Energie T und potenzieller Energie V eines Systems bestimmt:

$$L(y, \dot{y}) = T(y, \dot{y}) - V(y, \dot{y})\ . \tag{15.13}$$

Die Variable ist dabei eigentlich eine Funktion: $y(t)$. Sie hat die Rolle einer Ortskoordinate. In einfachen Fällen hängt die kinetische Energie T nur von $\dot{y}$, also der Geschwindigkeit, ab und V nur von der Ortskoordinate y. Das Wirkungsfunktional ist ein (nichtlineares) Funktional

$$S[y] = \int_{\mathbb{R}} dt\ L(y(t), \dot{y}(t))\ . \tag{15.14}$$

Die physikalische „Dimension" von S ist die einer Wirkung (Energie mal Zeit).

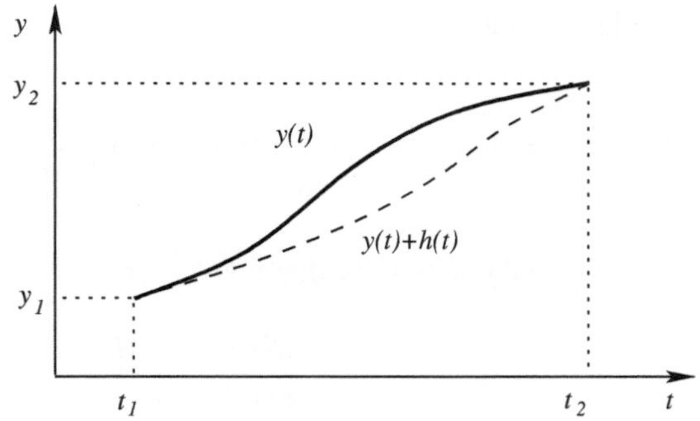

Abb. 15.1 Die Funktion $y(t)$ wird „variiert", indem man sich eine Funktion $h(t)$ addiert denkt, welche am Rand aber den Wert null haben soll; man sucht diejenige Funktion $y(t)$, für die die Funktionalableitung $\delta S[y]/\delta y$ verschwindet

Euler-Lagrange-Gleichungen

Für ein durch ein Wirkungsfunktional (15.14) gegebenes System kann man die Bewegungsgleichungen durch Variationsableitung der Wirkung S bestimmen. Die Vorschrift – das **Hamiltonsche Prinzip der kleinsten Wirkung** – lautet, dass man einen Extremwert von S im Raum der Funktionen $y(t)$ suchen muss, wobei die Randwerte festgehalten werden, also y am Rand unverändert bleiben soll.

Die Problemstellung erinnert uns an die Extremwertsuche in der Differenzialrechnung im Kap. 4. Dort haben wir die Extremwerte einer differenzierbaren Funktion $f(x)$ gefunden, indem wir den Wert von x ermittelt haben, an dem $f(x+\epsilon)-f(x) = \mathcal{O}(\epsilon^2)$ war. Das war der Punkt, an dem die Ableitung nach x verschwand, es also keinen linearen Term in einer Taylorreihenentwicklung gab. So ein Punkt heißt auch ein **stationärer Punkt**.

Hier gehen wir analog vor. Statt um eine Funktion handelt es sich um ein Funktional. Das Argument ist nicht eine Variable $x \in \mathbb{R}$, sondern eine Funktion y in einem Funktionenraum. Dies soll der schon besprochene Banachraum für zumindest zweifach stetig differenzierbare Funktionen sein. Wir suchen einen stationären Punkt des Funktionals über diesem Raum. Dazu bilden wir die Funktionalableitung und setzen sie null.

Wir ermitteln

$$\begin{aligned} S[y+h] &= \int_{t_1}^{t_2} dt\; L\left(y(t)+h(t), \dot{y}(t)+\dot{h}(t)\right) \\ &= \int_{t_1}^{t_2} dt\; \left(L(y(t),\dot{y}(t)) + h(t)\,\frac{\partial L}{\partial y(t)} + \dot{h}(t)\,\frac{\partial L}{\partial \dot{y}(t)} + \mathcal{O}(h^2)\right)\,, \end{aligned} \tag{15.15}$$

wobei wir für L eine Taylorentwicklung in den beiden Argumenten angesetzt haben. Da wir die Werte von y am Rand des Integrationsintervalls festhalten wollen, schränken wir die Funktionen h so ein, dass h am Rand verschwindet.

Damit wir die für die Definition der Funktionalableitung notwendige Form (linear in h) erhalten, müssen wir den dritten Term partiell integrieren. Wir sehen, dass die Beträge von $h(t)\,\partial L(y,\dot{y})/\partial\dot{y}$ am Rand verschwinden, da ja h am Rand verschwindet. Dann ergibt die partielle Integration

$$S[y+h] = \int_{t_1}^{t_2} dt \, \left(L(y(t), \dot{y}(t)) + h(t) \frac{\partial L}{\partial y(t)} - h(t) \frac{d}{dt} \frac{\partial L}{\partial \dot{y}(t)} + \mathcal{O}(h^2) \right) . \quad (15.16)$$

Die Funktionalableitung ist damit ablesbar:

$$\frac{\delta S[y]}{\delta y(t)} = \frac{\partial L}{\partial y(t)} - \frac{d}{dt} \frac{\partial L}{\partial \dot{y}(t)} . \quad (15.17)$$

Wir setzen diese null und erhalten die **Euler-Lagrange-Gleichung**

$$\frac{\partial L}{\partial y(t)} - \frac{d}{dt} \frac{\partial L}{\partial \dot{y}(t)} = 0 . \quad (15.18)$$

In Systemen von klassischen Punktteilchen ist das nichts anderes als die Newtonsche Bewegungsgleichung.

Für die Bewegung eines Teilchen mit der kinetischen Energie $T(x) = m\,\dot{x}(t)^2/2$ und dem Potenzial $V(x)$ ergibt sich – für eine zeitunabhängige Masse m – die bekannte Bewegungsgleichung

$$m\,\ddot{x}(t) = -\frac{\partial V(x)}{\partial x} . \quad (15.19)$$

Jede Lösung der Euler-Lagrange-Gleichung (oder Gleichungen im Fall mehrerer Variablen) entspricht einem stationären Punkt des Wirkungsfunktionals!

Beispiel

Das einfachste nichttriviale klassische Beispiel ist die schwingende Bewegung eines Massenpunktes an einer Feder. Die Ortsvariable ist die Auslenkung aus der Ruhelage $x(t)$, die kinetische und die potenzielle Energie sind

$$T = \frac{1}{2} m\,\dot{x}(t)^2 , \quad V = \frac{1}{2} k\,x(t)^2 .$$

Mit der Lagrange-Funktion und ihren partiellen Ableitungen sind

$$L = \frac{1}{2} m\,\dot{x}(t)^2 - \frac{1}{2} k\,x(t)^2 , \quad \frac{\partial L}{\partial x(t)} = -k\,x(t) , \quad \frac{\partial L}{\partial \dot{x}(t)} = m\,\dot{x}(t) .$$

Die Euler-Lagrange-Gleichung ergibt sich (für nicht-zeitabhängige m) zu

$$-k\,x(t) - m\,\ddot{x}(t) = 0 \quad \Rightarrow \quad m\,\ddot{x}(t) = -k\,x(t) .$$

Das ist die bekannte Gleichung, bei der die Kraft als rücktreibende Kraft laut Hookeschem Gesetz gegeben ist. Um die Lösung dieser Differenzialgleichung zu bestimmen, benötigt man zusätzlich entweder Anfangsbedingungen (die Werte von x und $\dot{x}$ zu einem gegebenen Zeitpunkt) oder Randbedingungen (die Werte von x zu zwei Zeitpunkten). □

Viele Probleme der klassischen Mechanik sind dieser Art und unterscheiden sich durch die Form des Potenzials und die Rand- oder Anfangsbedingungen. Typischere Anwendungen betreffen die Suche nach maximalen oder minimalen Wegen, Flächen oder Volumen.

Beispiel

Die Kurve $y(x)$ soll die Punkte $(x, y) = (0, 1)$ und $(4, -3)$ miteinander verbinden; was ist die kürzeste Verbindung? Der Abstand ist die Bogenlänge, ein Funktional der Form

$$S[y] = \int_0^4 dx\, \sqrt{1 + y'^2}\ .$$

Die minimierende Funktion ergibt sich aus der entsprechenden Euler-Lagrange-Gleichung

$$\begin{aligned} \frac{\partial}{\partial y}\sqrt{1+y'^2} - \frac{d}{dx}\left(\frac{\partial}{\partial y'}\sqrt{1+y'^2}\right) &= 0 \quad \Rightarrow \quad \frac{d}{dx}\frac{y'}{\sqrt{1+y'^2}} = 0\ , \\ \text{und daher} \quad \frac{y'}{\sqrt{1+y'^2}} &= c \quad \Rightarrow \quad y'^2 = c^2\,(1 + y'^2)\ . \end{aligned}$$

Wir haben dabei über x integriert und die Integrationskonstante c eingeführt. Auflösung nach y' ergibt:

$$y'^2 = \frac{c^2}{1-c^2} \quad \Rightarrow \quad y' = b \quad \Rightarrow \quad y = a + b\,x\ .$$

Die Konstante haben wir umbenannt: $b^2 = c^2/(1-c^2)$; das ist erlaubt, wenn die Randbedingungen nicht einen singulären Wert von b fordern. Die Lösung ist wie erwartet eine Gerade, die Parameter $a = 1$ und $b = -1$ werden aus den Randbedingungen bestimmt. Ganz schön viel Aufwand für eine Geradengleichung! □

Beispiel

Nun suchen wir den kürzesten Weg zwischen zwei Punkten auf einer gekrümmten Fläche, die so genannte **geodätische Linie**. Wir wählen uns als Beispiel eine Zylinderoberfläche (Radius R), die wir in Zylinderkoordinaten parametrisieren:

$$x(\varphi) = R\,\cos\varphi\ , \quad y(\varphi) = R\,\sin\varphi\ , \quad z(\varphi) = z\ .$$

Beginn und Ende des Weges sind durch ($z_1 = 0, \varphi_1 = 0$) und ($z_2 = h, \varphi_2 = \pi$) (mit $z_1 \leq z_2$) gegeben. Das Wegdifferenzial einer Kurve auf der Fläche führt zum Wegfunktional

$$ds = \sqrt{R^2(d\varphi)^2 + (dz)^2} = d\varphi \sqrt{R^2 + \left(\frac{dz}{d\varphi}\right)^2} \quad \Rightarrow \quad S[z] = \int_{\varphi_1}^{\varphi_2} d\varphi \, \sqrt{R^2 + z'^2}.$$

Da S nicht von z, sondern nur von z' abhängt, vereinfacht sich die Euler-Lagrange-Gleichung und kann sofort integriert werden:

$$\frac{d}{d\varphi} \frac{z'}{\sqrt{R^2 + z'^2}} = 0 \quad \Rightarrow \quad \frac{z'}{\sqrt{R^2 + z'^2}} = c\ .$$

Die Integrationskonstante ist $0 \leq c < 1$ für $R > 0$. Wir berechnen weiter:

$$z' = \frac{c\,R}{\sqrt{1 - c^2}} \quad \text{oder} \quad z' = k \quad \text{mit} \quad k \equiv \frac{c\,R}{\sqrt{1 - c^2}}\ .$$

Das ist eine Konstante, und daher ist

$$z(\varphi) = a + k\,\varphi\ .$$

Die Randbedingungen bestimmen die Integrationskonstanten zu $a = 0$ und $k = h/\pi$ und damit die Bahnkurve zu $z(\varphi) = h\,\varphi/\pi$. Die Geodäte ist daher eine simple Schraubenlinie. □

Beispiel

Johann Bernoulli hat die folgende Aufgabe der Mathematiker-Gemeinschaft gestellt und „Brachistochronenproblem" genannt (wer kann altgriechisch?). Denken Sie sich eine Perle, die sich reibungsfrei auf einem Draht bewegen kann, der durch die Punkte A und B verläuft. Wie muss man den Draht formen, damit die Perle unter dem Einfluss der Schwerkraft am schnellsten von A nach B gelangt?

Die gesuchte Bahnkurve in der (x, y)-Ebene sei $y(x)$. Zu Beginn ruht die Perle. Wir können die Gesamtenergie null setzen und aus der Erhaltung der Gesamtenergie einen Ausdruck für die Geschwindigkeit $v(y, x)$ ableiten:

$$\begin{aligned} E_{\text{kin}} + E_{\text{pot}} &= \frac{1}{2} m\, v^2(y, x) + m\, g\, y(x) = 0 \\ &\Rightarrow \frac{1}{2} m\, v^2(y, x) = -m\, g\, y(x) \quad \Rightarrow \quad v(y, x) = \sqrt{-2\, g\, y(x)}\ . \end{aligned}$$

Dabei ist g die Erdbeschleunigung. Die Perle wird sich nach negativen Werten von y bewegen und dabei schneller werden. Die Masse der Perle m wird für die Lösung irrelevant. Die Geschwindigkeit ist aber auch als Ableitung der Weglänge gegeben, und daher

$$v = \frac{ds}{dt} \quad \Rightarrow \quad dt = \frac{d\,s}{v} \quad \text{mit dem Wegdifferenzial} \quad d\,s = \sqrt{1 + y'(x)^2}\,dx\,.$$

Die Gesamtzeit der Bewegung ist das Funktional:

$$T[y] = \int_A^B dt = \frac{1}{\sqrt{2g}} \int_A^B dx\, \frac{\sqrt{1 + y'(x)^2}}{\sqrt{-y(x)}}\,.$$

Der multiplikative Vorfaktor ist für die Lösung unerheblich. Daraus kann man die Euler-Lagrange-Gleichung ableiten. Etwas schneller geht es allerdings mit der vereinfachten Beltrami-Gleichung aus (M.15.1.3), die wir anwenden können, da es keine explizite Abhängigkeit von x gibt:

$$c = \frac{\sqrt{1 + y'^2}}{\sqrt{-y}} - y' \frac{y'}{\sqrt{-y}\sqrt{(1 + y'^2)}}\,.$$

Dabei ist c eine noch unbekannte Integrationskonstante. Wir erweitern (unter der Annahme $-y > 0$) mit $\sqrt{-y}\sqrt{(1 + y'^2)}$ und erhalten

$$c\,\sqrt{-y}\sqrt{(1 + y'^2)} = 1 + y'^2 - y'^2 \quad \Rightarrow \quad -y\,(1 + y'^2) = \frac{1}{c^2} \equiv a\,.$$

Wir haben der einfachen Notation zuliebe eine andere positive Konstante a eingeführt. Daraus folgt:

$$y' = -\sqrt{\frac{a + y}{-y}} \quad \Rightarrow \quad -\sqrt{\frac{-y}{a + y}}\,dy = dx\,.$$

Da y mit x abnimmt, wählten wir dabei den negativen Zweig der beiden möglichen Lösungen. Die Integration ist mit Hilfe einer Variablensubstitution $y = -a \sin^2 \varphi$, $(0 \le \varphi \le \pi/2)$ lösbar:

$$\begin{aligned} \int dx &= \int d\varphi\, 2a\, \sin\varphi \cos\varphi\, \frac{\sin\varphi}{\cos\varphi} = 2a \int d\varphi\, \sin^2\varphi \\ x + b &= 2a\left(\frac{\varphi}{2} - \frac{1}{4}\sin(2\varphi)\right). \end{aligned}$$

Hier ist b eine weitere Integrationskonstante. Wenn wir den Ausgangspunkt $A = (0, 0)$ wählen und daher $y(0) = 0$ annehmen, dann ist $\varphi = 0$ bei $x = 0$ und somit $b = 0$. Es folgt (nach einer leichten Umformung von y)

$$x(\varphi) = \frac{a}{2}(2\varphi - \sin 2\varphi) ,$$

$$y(\varphi) = \frac{a}{2}(\cos 2\varphi - 1) \quad \text{mit} \quad 0 \leq \varphi \leq \pi/2,\ a \geq 0 .$$

Die multiplikative Konstante a und der maximale Wert von φ hängen von der Position des Endpunktes B, nicht aber von der Erdbeschleunigung g oder der Masse m ab! Die beschriebene Kurve ist eine Zykloide.

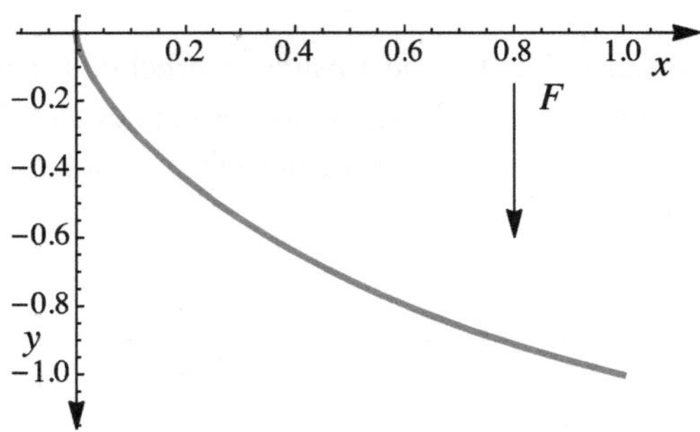

Abb. 15.2 Eine Lösungskurve des Brachistochronenproblems: Die Bestimmung der beiden Parameter a und $\varphi_{\max}$ erfordert die Lösung des Paares von transzendenten Gleichungen. Mit $B = (1, -1)$ ergibt sich etwa $a \approx 1.14583$ und $\varphi_{\max} \approx 1.20601$. Die Zykloide verläuft hier von $(0, 0)$ nach $(1, -1)$ □

Nebenbedingungen

Wie bei den Extremwertproblemen in Kap. 4 gibt es auch viele Variationsprobleme mit Nebenbedingungen. Das klassische Beispiel ist das so genannte Problem der Dido: Die phönizische Prinzessin erwarb soviel Land, wie sie mit einem Kuhfell bedecken konnte – dazu schnitt sie es in Streifen, die sie zu einem langen Band verknüpfte. Wie optimiert man die Flächengröße bei vorgegebenem Umfang?

Eine einfachere Version des Problems ist die folgende. Wir wollen eine zwischen x_1 und x_2 nicht-negative Funktion $y(x)$ betrachten, für die $y(x_1) = 0$ und $y(x_2) = 0$. Die Fläche zwischen der Funktion und der x-Achse ist

$$A[y] = \int_{x_1}^{x_2} dx\ y(x) , \tag{15.20}$$

und die Länge der Kurve ist

$$L[y] = \int_{x_1}^{x_2} dx\ \sqrt{1 + y'^2} . \tag{15.21}$$

Wir verwenden in so einem Fall in Analogie zur Differenzialrechnung Lagrangesche Multiplikatoren, um die Nebenbedingung in die Gesamtfunktion einzubauen und definieren

$$S[y] \equiv A[y] + \lambda\, L[y] = \int_{x_1}^{x_2} dx\, \left(y(x) + \lambda\sqrt{1+y'^2}\right) \equiv \int_{x_1}^{x_2} dx\; f(y, y', x)\,. \quad (15.22)$$

Nun wird das Problem wie üblich durch Variationsrechnung gelöst und der Parameter λ schließlich so gewählt, dass die Nebenbedingung (15.21) erfüllt wird.

Wir suchen zuerst die Euler-Lagrange-Gleichung:

$$\frac{\partial f}{\partial y} - \frac{d}{dx}\frac{\partial f}{\partial y'} = 0 \quad \Rightarrow \quad 1 - \lambda\,\frac{d}{dx}\frac{y'}{\sqrt{1+y'^2}} = 0\,. \quad (15.23)$$

Wir integrieren über x (Integrationskonstante $-a$) und erhalten

$$\begin{aligned} x - a = \frac{\lambda\, y'(x)}{\sqrt{1+y'(x)^2}} \quad &\Rightarrow \quad y' = -\frac{x-a}{\sqrt{\lambda^2-(x-a)^2}} \\ &\int dy = -\int dx\, \frac{x-a}{\sqrt{\lambda^2-(x-a)^2}}\,. \end{aligned} \quad (15.24)$$

Wir haben dabei die Lösung für $y'(x < a) > 0$ gewählt. Wir führen eine neue Variable φ ein und substituieren $x - a = \lambda\, \sin\varphi, \;\; dx = \lambda\, \cos\varphi\, d\varphi$. So ergibt das Integral die Lösung:

$$y - b = \lambda\cos\varphi \quad \Rightarrow \quad (x-a)^2 + (y-b)^2 = \lambda^2\,. \quad (15.25)$$

Dabei ist b eine zweite Integrationskonstante. Die Lösungskurve ist der Bogen eines Kreises durch $(x_1, 0)$ und $(x_2, 0)$ mit dem Mittelpunkt (a, b) und der Bogenlänge L. Der Lagrangesche Parameter λ muss so gewählt werden, dass die gewünschte Bogenlänge resultiert.

Dido fand die Lösung übrigens ohne Variationsrechnung und so begründete sie Karthago – heißt es.

Beispiel

Wir bestimmen nun die Parameterwerte für das Dido-Problem. Dazu arbeitet man am besten mit der Winkelvariablen. Um die Symmetrie des Problems leichter zu berücksichtigen wählen wir $-\varphi_0 \le \varphi \le \varphi_0$; der Kreismittelpunkt liegt auf der Geraden mit $\varphi = 0$, die parallel zur y-Achse verläuft.

$$\begin{aligned} &x(\varphi) = a + \lambda\, \sin\varphi\,, \quad y(\varphi) = b + \lambda\, \cos\varphi\,, \\ &x(-\varphi_0) = x_1\,, \quad x(\varphi_0) = x_2 \quad \Rightarrow a = \frac{1}{2}(x_1 + x_2)\,, \quad \frac{1}{2}(x_2 - x_1) = \lambda\, \sin\varphi_0\,, \end{aligned}$$

$$y(\varphi_0) = y(-\varphi_0) = 0 \qquad \Rightarrow \; b = -\lambda \, \cos\varphi_0 \, ,$$

$$ds^2 = dx^2 + dy^2 = \lambda^2 \, d\varphi^2 \qquad \Rightarrow \; L = \lambda \int\limits_{-\varphi_0}^{\varphi_0} d\varphi = 2\,\lambda\,\varphi_0 \, .$$

Aus den Gleichungen der 2. und der 4. Zeile ergibt sich eine transzendente Gleichung für φ_0:

$$\varphi_0 \, (x_2 - x_1) = L \, \sin\varphi_0 \, .$$

Diese muss man meist numerisch lösen. Für den einfachen Fall $x_1 = 0$, $x_2 = 4$ und Länge $L = 2\,\pi$ erhält man auch ohne Numerik den Wert $\varphi_0 = {}^{\pi}\!/_2$ und als Kurve den Halbkreis mit Mittelpunkt $(2, 0)$, Radius $\lambda = 2$ und der Fläche $A = 2\,\pi$.

Wenn man hingegen $x_1 = 0, x_2 = 4$ und Länge $L = 5$ wählt, so gibt die numerische Lösung (gerundet) $\varphi_0 = 1.131, \lambda = 2.210, a = 2, b = -0.941$. Die Fläche bestimmen wir durch Integration mit Hilfe der Variablen φ und erhalten

$$A = \frac{1}{4}\,(L + 2b)(x_2 - x_1) \qquad \Rightarrow \qquad A = 3.118 \ldots \, .$$

Für $L < |x_2 - x_1|$ gibt es natürlich keine Lösung. Für Werte $|x_2 - x_1| \leq L \leq \pi\,|x_2 - x_1|/2$ ist der Mittelpunktes des Kreises bei $b \leq 0$. Wenn dagegen $L > \pi\,|x_2 - x_1|/2$ wird, dann bricht die obige Ableitung zusammen, da es Punkte mit singulärem y' gibt. Man kann sich durch eine Skizze leicht klarmachen, dass dann Werte von $x < x_1$ und $x_2 < x$ möglich sind, bei denen $y(x)$ zwei Werte annehmen kann. Man muss in diesem Fall die Herleitung geeignet modifizieren, das Ergebnis bleibt aber dasselbe: ein Kreis. Im Grenzfall $x_1 = x_2$ erhält man einen geschlossenen Kreis mit Umfang L. □

Es gibt noch viele Anwendungsbeispiele zu diesem Thema. Bekannt ist die Frage nach der Form einer Kette im Gravitationsfeld oder der Form eines dünnen Films (zum Beispiel einer Seifenblase) zwischen zwei Randkurven, nach geodätischen Linien auf gekrümmten Oberflächen und mehr. Einige der Fragestellungen finden Sie in den Aufgaben am Kapitelende.

M.15.1 Kurz und klar: Variationsrechnung

In der **Variationsrechnung** ermittelt man Extremwerte von Funktionalen durch Variation der Funktionen, welche die Argumente der Funktionale sind. Dabei müssen Randbedingungen und oft auch Nebenbedingungen geeignet berücksichtigt werden.

Wir betrachten ein Funktional der Form

$$S[y] = \int\limits_a^b dt \;\, f(y(t), \; \dot{y}(t), \; t) \, , \qquad \text{(M.15.1.1)}$$

welches also von $y(t)$ und vielleicht auch von der Ableitung $\dot{y}(t)$ und t abhängt. Auch soll die Funktion y am Rand des Integrationsintervalls vorgegebene, feste Werte haben. Wenn man fordert, dass die Variation $\delta S[y]/\delta y(t) = 0$, so führt das zu den **Euler-Lagrange-Gleichungen**:

$$\frac{\partial f}{\partial y} - \frac{d}{dt}\frac{\partial f}{\partial \dot{y}} = 0\,, \tag{M.15.1.2}$$

deren Lösung $y(t)$ ein Extremum des Funktionals ergibt.

Falls f nicht explizit von t abhängt, kann man daraus noch eine nützliche Differenzialgleichung ableiten. Wegen

$$\frac{df}{dt} = \left(\frac{\partial f}{\partial y}\right)\dot{y} + \left(\frac{\partial f}{\partial \dot{y}}\right)\ddot{y} + \frac{\partial f}{\partial t} \quad \text{mit} \quad \frac{\partial f}{\partial t} = 0 \quad \text{und} \quad \frac{\partial f}{\partial y} = \frac{d}{dt}\frac{\partial f}{\partial \dot{y}}$$

folgt

$$\frac{df}{dt} = \left(\frac{d}{dt}\frac{\partial f}{\partial \dot{y}}\right)\dot{y} + \left(\frac{\partial f}{\partial \dot{y}}\right)\ddot{y} \quad \Rightarrow \quad \frac{df}{dt} = \frac{d}{dt}\left(\dot{y}\,\frac{\partial f}{\partial \dot{y}}\right)$$

und nach Integration über t schließlich

$$f - \dot{y}\,\frac{\partial f}{\partial \dot{y}} = c\,, \tag{M.15.1.3}$$

wobei c eine Integrationskonstante ist. Diese Gleichung ist auch als **Beltrami-Identität** bekannt.

Wenn man neben der Suche nach einem Extremwert von $S[y]$ noch eine Nebenbedingung $A[y] = C$ zu erfüllen hat, so wendet man das oben beschriebene Verfahren auf das neu gebildete Funktional

$$S[y] + \lambda\, A[y] \tag{M.15.1.4}$$

an. Dabei wird der Lagrangesche Multiplikator λ als freier Parameter behandelt, der als solcher dann auch in der Lösung auftaucht. Erst dann legt man seinen Wert so fest, dass die Nebenbedingung erfüllt wird.

Wenn das Funktional von mehreren Funktionen y_i abhängt, so ergibt sich ein Satz von (meist gekoppelten) Euler-Lagrange-Gleichungen:

$$S[y_1, y_2, \ldots] = \int_a^b dt\; f(y_1, y_2, \ldots, \dot{y}_1, \dot{y}_2, \ldots, t) \quad \Rightarrow \quad \frac{\partial f}{\partial y_i} - \frac{d}{dt}\frac{\partial f}{\partial \dot{y}_i} = 0\,. \tag{M.15.1.5}$$

15.3 Distributionen und die Diracsche Deltafunktion

Funktionen sind oft nicht differenzierbar, sei es aufgrund von Unstetigkeiten und Singularitäten, sei es, dass linksseitige und rechtsseitige Ableitung nicht übereinstimmen, oder aus anderen Gründen. Distributionen machen uns glücklich: Sie wurden genauso definiert, dass sie (als Funktional) immer differenzierbar sind!

Wir beginnen mit einem geeigneten Funktionenraum, nennen wir ihn den Raum der Testfunktionen und bezeichnen ihn mit $\mathcal{D}$. Dies sollen beliebig oft differenzierbare Funktionen auf $\mathbb{R}^n$ sein, die einen kompakten Träger haben, also außerhalb eines beschränkten Gebietes (je nach der Definition der Testfunktion) verschwinden: $C_0^\infty(\mathbb{R}^n)$ (siehe Kap. 12, M.12.1). Dazu muss man noch einen Abstandsbegriff einführen (also eine Topologie); wir wollen darauf hier nicht näher eingehen und nehmen einfach an, dass das gegeben ist (siehe zum Beispiel [1]). Distributionen sind *stetige*, *lineare* Funktionale über dem Raum dieser Testfunktionen.

Ein Beispiel für so eine Distribution ist unser altbekanntes Skalarprodukt, also

$$T[f] \equiv (T, f) = \int dx\, T(x)\, f(x)\,, \tag{15.26}$$

wobei eben $f \in \mathcal{D}$. Die Funktion T ist im Raum $\mathcal{D}'$, ein zu $\mathcal{D}$ dualer Raum (siehe M.12.3), geeignet gewählt, dass das Skalarprodukt wohldefiniert ist. Wenn $T(x)$ eine lokal integrable Funktion ist, nennt man T eine *reguläre* Distribution, sonst eine *singuläre*. Es ist üblich sowohl das Funktional $T[.]$ zu nennen, als auch die Funktion $T(x)$. Der Gebrauch zeigt, was jeweils gemeint ist. $T(x)$ definiert sozusagen das Funktional, es ist diesem äquivalent.

Stetigkeit bedeutet, dass für eine Funktionenfolge gilt:

$$\lim_{n\to\infty} f_n = f \quad \Rightarrow \quad \lim_{n\to\infty} T[f_n] = T[f]\,. \tag{15.27}$$

Da die Funktionen, für welche die Distribution definiert ist, differenzierbar sind, ist auch die Distribution immer differenzierbar. Man kann die Ableitung unter dem Integral über partielle Integration auf die Testfunktionen umwälzen. Es gilt ja:

$$(\partial_x T, f) = -(T, \partial_x f) \tag{15.28}$$

wegen

$$\int_{-\infty}^{\infty} dx\, (\partial_x T(x))\, f(x) = T(x)\, f(x)\Big|_{-\infty}^{\infty} - \int_{-\infty}^{\infty} dx\, T(x)\, (\partial_x f(x))\,, \tag{15.29}$$

wobei der Randbeitrag verschwindet, da $f \in C_0^\infty(\mathbb{R}^n)$.

Beispiel

Die **Stufenfunktion** (siehe 14.1), auch **Heaviside-Funktion** genannt,

$$\theta_0(x) = \begin{cases} 1, & x > 0\,, \\ 0, & x < 0\,, \end{cases}$$

definiert ebenfalls eine Distribution der Form

$$\theta_0[f] \equiv (\theta_0, f) = \int\limits_{-\infty}^{\infty} dx\ \theta_0(x)\, f(x) = \int\limits_{0}^{\infty} dx\ f(x)\,.$$

Ihre Ableitung kann man zumindest formal mit $\theta_0'[f]$ bezeichnen; sie ist definiert durch

$$\theta_0'[f] \equiv (\theta_0', f) = -(\theta_0, f') = -\int\limits_{0}^{\infty} dx\ f'(x) = f(0)\,,$$

liefert also den Wert der Funktion an einer bestimmten Stelle (hier bei $x = 0$)! □

Das soeben besprochene Beispiel ist eine sehr bekannte Distribution, nämlich das so genannte Diracsche Deltafunktional:

$$\delta_{x_0}[f] = \int dx\ \delta(x - x_0)\, f(x) = f(x_0)\,. \tag{15.30}$$

Die Delta-Distribution ist singulär, da man sie nicht mit Hilfe einer lokal integrablen Funktion definieren kann: $\delta(x)$ ist eben keine Funktion im üblichen Sinn. Dieses Funktional ist nach Dirac, dem „Erfinder" der relativistischen Wellengleichung für Fermionen, benannt und wird häufig verkürzt als **Diracsche Deltafunktion** $\delta(x)$ bezeichnet. Wir wollen hier die wesentlichsten Eigenschaften und Regeln beim Umgang mit dieser in der Physik sehr wichtigen „Funktion" plausibel machen.

Man kann sich die Deltafunktion auch als Grenzfall einer Funktionenfolge vorstellen. Am Ende des Abschnitts über die Fouriertransformation haben wir in einem Beispiel festgestellt, dass die Fouriertransformierte eines Wellenzuges eine ausgeprägte Spitze bei der Frequenz des Wellenzuges entwickelt, die immer höher wird, je länger der Wellenzug wird (vgl. Abb. 14.2). Das ist eines der Beispiele von Funktionenfolgen ähnlicher Form (siehe Abb. 15.3), deren Integral konstant bleibt, obwohl die Spitze immer markanter wird:

$$\begin{aligned}
&\text{(a)} \quad \frac{1}{\pi}\,\frac{\sin(N\,t)}{t} && \text{für } N \to \infty \text{ oder } \epsilon \equiv 1/N \to 0\,, \\
&\text{(b)} \quad \frac{1}{\pi}\,\frac{\epsilon}{\epsilon^2 + t^2} && \text{für } \epsilon \to 0\,, \\
&\text{(c)} \quad \frac{1}{\sqrt{\epsilon\pi}}\,\exp\left(-\frac{t^2}{\epsilon}\right) && \text{für } \epsilon \to 0\,.
\end{aligned} \tag{15.31}$$

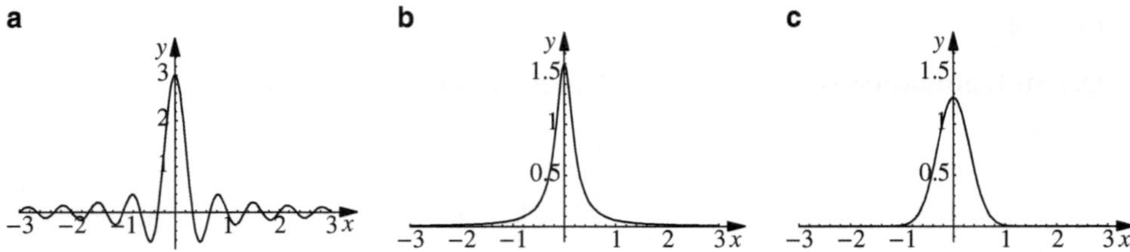

Abb. 15.3 Beispiele für die Funktionen (15.31) für $N = 3\pi$ und $\epsilon = 0.2$. In allen drei Fällen ist das Integral über die Funktion konstant gleich 1

In jedem dieser Fälle wird die Spitze der Funktion mit kleiner werdendem ϵ höher und schmäler, sodass das Integral konstant bleibt,

$$\int_{-\infty}^{\infty} dt\ f(t) = 1\ , \tag{15.32}$$

unabhängig vom Wert von N oder ϵ.

Wir betrachten eine beliebige dieser Funktionen (15.31) und spalten den Integrationsbereich auf:

$$\int_{-\infty}^{-a(\epsilon)} dt\ f(t) + \int_{-a(\epsilon)}^{a(\epsilon)} dt\ f(t) + \int_{a(\epsilon)}^{\infty} dt\ f(t) \quad \text{mit} \quad a(\epsilon) = \epsilon^{\frac{1}{3}}\ . \tag{15.33}$$

Man stellt fest, dass im Grenzfall $\epsilon \to 0$ der erste und der dritte Term verschwinden und nur der mittlere Term den Wert des Integrals liefert. Dieser Grenzfall ist eine Möglichkeit, die Diracsche Deltafunktion $\delta(x)$ einzuführen. Sie wird folgendermaßen durch ihre Integrationseigenschaften definiert:

$$\int_a^b dx\ \delta(x - x_0) \equiv \begin{cases} 1 & a < x_0 < b\ , \\ 0 & \text{sonst}\ . \end{cases} \tag{15.34}$$

Der Wert des Integrals ändert sich also sprunghaft, sobald x_0 in den Integrationsbereich zu liegen kommt, egal, wie klein dieses Intervall (a, b) vielleicht ist.

Da nur der Punkt $x = x_0$ für die Integration von Interesse ist, gilt insbesondere

$$\int_a^b dx\ f(x)\,\delta(x - x_0) \equiv \begin{cases} f(x_0) & a < x_0 < b\ , \\ 0 & \text{sonst}\ . \end{cases} \tag{15.35}$$

Wohlgemerkt: Das steht im Widerspruch zu dem, was wir in Kapitel 5 über die Lebesgue-Integration gesagt haben, dass nämlich einzelne Punkte nicht beitragen. Aus genau diesem Grund handelt es sich bei der Diracschen Deltafunktion nicht um eine eigentliche Funktion. Sie ist ein „Kunstprodukt“, das nur unter dem Integralzeichen eine formale – nämlich genau die soeben definierte – Bedeutung hat und daher eine Distribution.

Die Deltafunktion hebt gewissermaßen die Integration auf und ersetzt das Integral durch den Wert des Integranden an einer bestimmten Stelle, sofern diese im Integrationsbereich liegt. So ist

$$\int_{-\infty}^{x} dt\ \delta(t - x_0) = \theta(x - x_0) = \begin{cases} 1 & x_0 < x\,, \\ 0 & \text{sonst} \end{cases} \tag{15.36}$$

eine mögliche Definition der so genannten Stufenfunktion.

Beispiel

Einige Beispiele sind

$$\int_{-\infty}^{\infty} dx\ \delta(x)\ \cos x = \int_{-1}^{1} dx\ \delta(x)\ \cos x = \int_{-0.0001}^{0.0001} dx\ \delta(x)\ \cos x = \cos 0 = 1\,,$$

$$\int_{-\infty}^{0} dt\ \delta(t+1)\,\mathrm{e}^{-\frac{1}{2}t^2+t} = \mathrm{e}^{-\frac{3}{2}}\,, \quad \int_{0}^{\infty} dt\ \delta(t+1)\,\mathrm{e}^{-\frac{1}{2}t^2+t} = 0\,. \qquad \square$$

Weitere Regeln sind in M.15.2 zusammengefasst, und wir besprechen hier nur einige Aspekte. Besondere Beachtung verdient der Fall $\delta(g(x))$. Diese Deltafunktion kann (unter dem Integralzeichen) als Summe von einzelnen Deltafunktionen an den Nullstellen der Funktion $g(x)$ geschrieben werden. So gilt etwa

$$\delta(a\,x) = \frac{1}{|a|}\,\delta(x) \tag{15.37}$$

oder

$$\delta(x^2 - a^2) = \frac{1}{2\,|a|}\,(\delta(x-a) + \delta(x+a))\ , \tag{15.38}$$

da hier das Argument der Deltafunktion zwei Nullstellen $x = \pm a$ hat.

Beispiel

Wir untersuchen $\delta(1 - x^2)$; das Argument hat zwei Nullstellen,

$$g(x) = 1 - x^2 \quad \Rightarrow \quad x = \pm 1\,, \quad |g'(\pm 1)| = |\mp 2| = 2\,,$$

und daher können wir die Deltafunktion unter dem Integral durch eine Summe von zwei Deltafunktionen ersetzen. Es ist zum Beispiel

$$\int_{-2}^{0} dx\, \delta(1-x^2) \sin x = \int_{-2}^{0} dx\, \frac{1}{2} \left(\delta(x-1) + \delta(x+1)\right) \sin x = \frac{1}{2} \sin(-1)\,. \quad \square$$

Ableitungen der Deltafunktion lassen sich mit Hilfe der partiellen Integration ebenfalls (im Sinne von Distributionen, wie oben diskutiert) konsistent definieren.

$$\int_{-\epsilon}^{\epsilon} dx\, f(x) \frac{d}{dx} \delta(x) = f(x)\,\delta(x)|_{-\epsilon}^{\epsilon} - \int_{-\epsilon}^{\epsilon} dx \left(\frac{d}{dx} f(x)\right) \delta(x) = -f'(0)\,. \quad (15.39)$$

Die allgemeine Regel ist ebenfalls in M.15.2 angegeben.

M.15.2 Kurz und klar: Diracsche Deltafunktion

Die Diracsche Deltafunktion (besser: Delta-Distribution) ist formal wie folgt definiert:

$$\begin{aligned} \int_a^b dx\, f(x)\,\delta(x-x_0) &\equiv \begin{cases} f(x_0) & a < x_0 < b\,, \\ 0 & \text{sonst}\,, \end{cases} \\ \int_a^b dx\, f(x)\,\delta^{(n)}(x-x_0) &\equiv \begin{cases} (-1)^n f^{(n)}(x_0) & a < x_0 < b\,, \\ 0 & \text{sonst}\,. \end{cases} \end{aligned} \quad (\text{M.15.2.1})$$

Die folgenden Ersetzungsregeln gelten nur unter einem Integralzeichen $\int dx\, \ldots$.

$$\begin{aligned} f(x)\,\delta(x-x_0) &= f(x_0)\,\delta(x-x_0) \quad (\text{speziell: } x\,\delta(x) = 0)\,, \\ f(x)\,\delta^{(n)}(g(x)) &= (-1)^n f^{(n)}(x)\,\delta(g(x))\,, \\ \delta(g(x)) &= \sum_{x_i : g(x_i)=0} \frac{\delta(x-x_i)}{|g'(x_i)|}\,, \quad (\text{daher auch: } \delta(-x) = \delta(x))\,. \end{aligned} \quad (\text{M.15.2.2})$$

Dabei muss über alle Nullstellen des Arguments der Deltafunktion summiert und durch den Betrag der Ableitung von g an diesen Nullstellen dividiert werden. Die Beziehung gilt nur für einfache Nullstellen.

Wir kehren noch einmal zu unserem Beispiel (14.24) zurück. Je größer die Zahl der Perioden wird, desto ähnlicher werden sich Fouriertransformierte und Deltafunktion. Formal kann man schreiben:

$$FT[\mathrm{e}^{\mathrm{i}p_0x}] = \frac{1}{\sqrt{2\pi}} \int\limits_{-\infty}^{\infty} dx\, \mathrm{e}^{-\mathrm{i}(p-p_0)x} = \sqrt{2\pi}\,\delta(p-p_0)\,. \tag{15.40}$$

Zumindest formal – also eigentlich nur unter einem Integralzeichen gültig – finden wir daher, dass die Fouriertransformierte einer Konstanten eine Deltafunktion ist. Wenn wir $p_0 = 0$ setzen, erhalten wir nämlich

$$FT[1] = \sqrt{2\pi}\,\delta(p)\,. \tag{15.41}$$

Umgekehrt liefert die Fouriertransformation der Deltafunktion

$$FT\,[\delta(x-x_0)] = \frac{1}{\sqrt{2\pi}} \int\limits_{-\infty}^{\infty} dx\, \delta(x-x_0)\, \mathrm{e}^{-\mathrm{i}px} = \frac{1}{\sqrt{2\pi}}\,\mathrm{e}^{-\mathrm{i}px_0} \tag{15.42}$$

eine ebene Welle. Insbesondere ist für $x_0 = 0$

$$FT]\delta(x)] = \frac{1}{\sqrt{2\pi}}\,. \tag{15.43}$$

Analoges gilt auch für die inverse Fouriertransformation:

$$FT^{-1}\left[\frac{1}{\sqrt{2\pi}}\right] = \delta(x) \quad \text{oder} \quad FT^{-1}[1] = FT[1] = \sqrt{2\pi}\,\delta(x)\,. \tag{15.44}$$

Die Deltafunktion erlaubt es uns auch zu zeigen, dass

$$FT^{-1}[FT[f]] = f \tag{15.45}$$

gilt, sofern die Funktion im Schwartz-Raum S liegt. Dazu schreiben wir

$$\begin{aligned} FT^{-1}[FT[f]] &= FT^{-1}\left[\frac{1}{\sqrt{2\pi}} \int\limits_{-\infty}^{\infty} dx\ f(x)\,\mathrm{e}^{-\mathrm{i}px}\right] \\ &= \frac{1}{2\pi} \int\limits_{-\infty}^{\infty} dp \left(\int\limits_{-\infty}^{\infty} dx\ f(x)\,\mathrm{e}^{-\mathrm{i}px}\right) \mathrm{e}^{\mathrm{i}py} \\ &= \int\limits_{-\infty}^{\infty} dx\ f(x) \left(\frac{1}{2\pi} \int\limits_{-\infty}^{\infty} dp\ \mathrm{e}^{-\mathrm{i}p(x-y)}\right) \\ &= \int\limits_{-\infty}^{\infty} dx\ f(x)\,\delta(x-y) = f(y)\,. \end{aligned} \tag{15.46}$$

Wir haben dabei die Eigenschaft (15.40) verwendet.

Auch die Laplace-Transformierte der Deltafunktion ist leicht zu finden,

$$L\left[\delta(x-x_0)\right] = \int_0^\infty dx\, \delta(x-x_0)\, \mathrm{e}^{-px} = \begin{cases} \mathrm{e}^{-px_0} & x_0 > 0\,, \\ 0 & \text{sonst}\,. \end{cases} \tag{15.47}$$

Beispiel

Mit Hilfe der Laplace-Transformation können wir die Lösung der Schwingungsgleichung bei einem plötzlichen Stoß zum Zeitpunkt $t = 0$ berechnen. Der Stoß wird dabei durch eine Deltafunktion als inhomogener Term ausgedrückt,

$$\ddot{y}(t) + \omega^2\, y(t) = \delta(t)\,, \quad y(0) = \dot{y}(0) = 0\,. \tag{15.48}$$

Genau genommen wollen wir den Fall eines Stoßes zum Zeitpunkt $t = \epsilon > 0$ im Grenzfall $\lim_{\epsilon\to 0}$, also unmittelbar nach $t = 0$ betrachten; dazu ersetzen wir zunächst $\delta(t)$ durch $\delta(t-\epsilon)$. Die Laplace-Transformation der Gleichung ergibt

$$\begin{aligned}(p^2+\omega^2)\, L[y] = L[\delta(t-\epsilon)] \quad \Rightarrow \quad L(y) \equiv Y(p) &= \frac{\mathrm{e}^{-\epsilon\, p}}{p^2+\omega^2} \\ &= L\left[\theta(t-\epsilon)\, \frac{\sin(\omega\,(t-\epsilon))}{\omega}\right],\end{aligned}$$

und damit ist die Lösung (für $\epsilon \to 0$)

$$y(t) = \theta(t)\, \frac{\sin(\omega\, t)}{\omega}\,,$$

also 0 für $t \le 0$ und eine Schwingung für $t > 0$, wie erwartet. Wenn man diese Lösung zur Kontrolle der Differenzialgleichung differenziert, muss man den Zusammenhang zwischen Ableitung der Stufenfunktion und Deltafunktion beachten! □

Auch die Deltafunktion kann auf mehrere Dimensionen verallgemeinert werden. Man schreibt zum Beispiel

$$\delta^{(3)}(\boldsymbol{x}-\boldsymbol{a}) \equiv \delta(x_1-a_1)\, \delta(x_2-a_2)\, \delta(x_3-a_3)\,, \tag{15.49}$$

(hier bezeichnet (3) die Dimension und nicht eine Ableitung!) und entsprechend ist die Wirkung unter einem dreidimensionalen Integral wie das Produkt der einzelnen Faktoren, also

$$\int_{\mathbb{R}^3} d^3x\, \delta^{(3)}(\boldsymbol{x}-\boldsymbol{a})\, f(\boldsymbol{x}) = f(\boldsymbol{a})\,. \tag{15.50}$$

15.4 Aufgaben und Lösungen

15.4.1 Aufgaben

15.1: Berechnen Sie die geodätische Linie eines Weges auf der Fläche $z(x,y) = \sqrt{8(x^2+y^2)}$ von A nach B; verwenden Sie Zylinderkoordinaten. Wie lautet die allgemeine Lösung, wie die spezielle Lösung für den Fall $A = (1, 0, \sqrt{8})$ und $B = (2, 2, 8)$? (Dazu müssen sie allerdings eine transzendente Gleichung numerisch lösen!)

15.2: Berechnen Sie die geodätische Linie auf der Fläche (a) $z(x,y) = \cosh y$ von A nach B und (b) $z(x,y) = y^2$ von A' nach B'. Wie lautet die allgemeine Lösung $x(y)$, wie die spezielle Lösung für den Fall $A = (1, -1, \cosh(1))$ und $B = (-1, 1, \cosh(1))$, sowie $A' = (1, -1, 1)$ und $B' = (-1, 1, 1)$?

15.3: Wir betrachten den Weg eines Lichtstrahls durch ein Material mit ortsabhängigem Brechungsindex $n(x,y) = 1 + x$. Nach dem Fermatschen Prinzip muss dabei das Integral $\int_A^B ds\, n(x,y)$ minimal sein. Wie verläuft so ein Lichtstrahl in der (x,y)-Ebene von $A = (0,0)$ nach $B = (1,1)$?

15.4: (a) Bestimmen Sie die Euler-Lagrange-Gleichung und die Beltrami-Gleichung für folgendes Problem. Gesucht ist eine Rotationsfläche kleinster Fläche (Rotation um die z-Achse), die durch Kreise $x^2 + y^2 = a^2$ bei z_1 und $x^2 + y^2 = b^2$ bei z_2 begrenzt wird. (b) Lösen Sie das Problem.

15.5: Berechnen Sie die Form einer Kette fester Länge L, aufgehängt zwischen zwei Punkten A und B unter Einfluss der Schwerkraft.

15.6: Lösen Sie mittels Laplace-Transformation die Newtonsche Bewegungsgleichung $m\,\ddot{y} = f(t)$ für den Fall eines Kraftstoßes $f(t) = c\,\delta(t-\epsilon)$ im Grenzfall $\epsilon \to 0$; die Anfangsbedingungen lauten $y(0) = \dot{y}(0) = 0$.

15.7: Welchen Wert haben die Integrale

$$\text{(a)} \quad \int_0^{10} dx\, x^2\, \delta(\cos x)\,, \quad \text{(b)} \quad \int_{-\infty}^{\infty} dx\, \mathrm{e}^{-x^2}\, \delta(4x^2-1)\,, \quad \text{(c)} \quad \int_{-\infty}^{\infty} dx\, \mathrm{e}^{-ax}\, \delta^{(n)}(x)\,.$$

15.4.2 Lösungen

Vollständige Lösungen unter http://physik.uni-graz.at/~cbl/mm/.

15.1: Verwenden Sie die Parametrisierung $\rho(\varphi)$; die allgemeine Lösung in impliziter Form ist $\rho = b/\cos((\varphi + a)/3)$. Die Randbedingungen ergeben $a = 3.5128$ und $b = 0.3893$.

15.2: (a) $x = -0.8509 \sinh y$; (b) $x(y) = -0.0845\,(2 \operatorname{arsinh}(2\,y) + \sinh(2 \operatorname{arsinh}(2\,y)))$

15.3: Zur Bestimmung der Konstanten muss eine transzendente Gleichung numerisch gelöst werden; das Endergebnis ist $y(x) = -0.3069 + 0.95 \operatorname{arcosh}(1.0526\,(1 + x))$

15.4: $r(z) = c \cosh((z + a)/c)$.

15.5: Die Kurve ist eine Kettenlinie („Katenarie").

15.6: $y(t) = ct/m$.

15.7: (a) $35\pi^2/4$; (b) $e^{-1/4}/2$; (c) a^n.

Literaturempfehlungen
Eingehendere Literatur zu Funktionalen und zur Funktionalableitung findet man in [2–5]. Ein Klassiker für mathematisch Interessierte ist [6]; eine sehr konzise Fassung für Fortgeschrittene findet sich in [1]. Variationsrechnung wird genauer besprochen in [7, 8], weitere Beispiele und Anwendungen findet man in [9].

Literatur

1. Y. Choquet-Bruhat und C. DeWitt-Morette, *Analysis, Manifolds and Physics, I and II* (North-Holland, Amsterdam, 2000).
2. J. Weidmann, *Lineare Operatoren in Hilberträumen* (Teubner, Stuttgart, 2003).
3. T. Kato, *A Short Introduction to Perturbation Theory for Linear Operators* (Springer-Verlag, Berlin, Heidelberg, New York, 1982).
4. S. Lang, *Real and Functional Analysis* (Springer-Verlag, New York, 1996).
5. D. Werner, *Funktionalanalysis*, 7. Aufl. (Springer-Verlag, Heidelberg, 2011).
6. J. Dieudonné, *Foundations of Modern Analysis* (Academic Press, New York).
7. R. T. Rockafellar, *Variational analysis* (Springer-Verlag, Berlin, Heidelberg, 2004).
8. K. Jänich, *Mathematik 1*, 2. Aufl. (Springer-Verlag, Berlin-Heidelberg-New York, 2005).
9. H. J. Weber und G. Arfken, *Essential Mathematical Methods for Physicists*, 5. Aufl. (Academic Press, San Diego, 2003).

Operatoren und Eigenwerte 16

16.1 Einleitung

In den alten Landkarten von Nordafrika war südlich der bekannten Gebiete im unerforschten Bereich nur „Hic sunt leones“ vermerkt. Das könnte gut als Hinweis für den folgenden Unterabschnitt dienen. Viele der Bemerkungen können und müssen bei der Übertragung auf unendlich dimensionale Räume hinterfragt werden. Das würde Inhalt und Ziel dieses Textes sprengen. Wir beschränken uns daher meist auf die bloße Feststellung der Sachverhalte für endlich dimensionale Räume.

Matrizen sind Operatoren, die in einem endlich dimensionalen Vektorraum wirken. Wir haben in Kap. 3 über die Eigenwerte und Eigenvektoren gesprochen, die solche Matrizen haben können. Hier wollen wir uns nun davon überzeugen, dass auch Differenzialgleichungen mit Randbedingungen Operatoren in einem Vektorraum sind und dass das entsprechende Eigenwertproblem zur Lösung der Differenzialgleichung führt.

Betrachten wir ein typisches Beispiel. In unserer Diskussion der Schwingungsgleichung,

$$y''(x) + \lambda^2 \, y(x) = 0 \, , \tag{16.1}$$

(im Kap. 6 über gewöhnliche Differenzialgleichungen) haben wir nur den Fall behandelt, dass Anfangsbedingungen, also Werte von y und y' an einem Punkt, gegeben sind. Was passiert, wenn man statt dessen **Randbedingungen** vorgibt, also etwa fordert, dass an den Rändern eines vorgegebenen Intervalls $(0, b)$

$$y(0) = 0 \, , \quad y(b) = 0 \tag{16.2}$$

gelten soll? Im Kap. 6 wurden zwei Methoden beschrieben, diese Gleichung zu lösen, nämlich durch Ansatz von Exponentialfunktionen oder durch Potenzreihenansatz mit anschließendem Koeffizientenvergleich. In beiden Fällen erhält man zunächst eine allgemei-

C.B. Lang, N. Pucker, *Mathematische Methoden in der Physik*,
DOI 10.1007/978-3-662-49313-7_16

ne Lösung, die man in die Form

$$y(x) = c_0 \cos(\lambda\, x) + c_1 \sin(\lambda\, x) \tag{16.3}$$

bringen kann. Aus der ersten Randbedingung folgt

$$y(0) = c_0 = 0 \quad \Rightarrow \quad y(x) = c_1 \sin(\lambda x)\ . \tag{16.4}$$

Aus der zweiten Randbedingung folgt (wenn man die triviale Lösung $c_1 = 0$ ausschließt)

$$y(b) = c_1 \sin(\lambda b) = 0 \quad \Rightarrow \quad \lambda\, b = n\,\pi\ , \quad n \in \mathbb{Z}\ . \tag{16.5}$$

Damit gibt es also beliebig viele Lösungen, für jede ganze Zahl eine, aber eben nur für bestimmte Werte des Parameters λ, nämlich

$$\lambda_n = \frac{n\,\pi}{b}\ . \tag{16.6}$$

Man nennt diese Werte die **Eigenwerte der Differenzialgleichung** zu den so genannten **Eigenlösungen**

$$y_n(x) = a_n \sin\left(\frac{n\,\pi\,x}{b}\right)\ . \tag{16.7}$$

Jede Eigenlösung erfüllt die Gleichung mit den geforderten Randbedingungen. Die Koeffizienten a_n sind dabei noch frei wählbar, und man braucht im Einzelfall weitere Angaben, um auch sie festzulegen.

Dies ist ein Beispiel für das Eigenwertproblem von Differenzialoperatoren (das so genannte **Sturm-Liouville-Problem**). Eigenwertprobleme begegnen uns in verschiedenen Zusammenhängen:

- Lineare Algebra (Eigenwerte und Eigenvektoren von Matrizen)
- Differenzialoperatoren (Sturm-Liouville-Problem)
- Integraloperatoren (Hilbert-Schmidt-Problem)

In diesem Kapitel werden wir uns zuerst nochmals mit der linearen Algebra und danach mit Differenzialoperatoren befassen. Das Studium der Eigenschaften der Eigenwerte und Eigenvektoren wird uns erlauben, allgemeine Aussagen über den Vektorraum und Orthogonalsysteme zu treffen.

16.2 Das Eigenwertproblem in der linearen Algebra

Hier geht es zunächst um endlich dimensionale Vektorräume. Entsprechend werden auch die Matrizen – die Operatoren in diesen Vektorräumen – nur endlich viele Eigenwerte und Eigenvektoren haben. Die in diesem Abschnitt getroffenen Aussagen können aber unter bestimmten Voraussetzungen auf unendlich dimensionale Vektorräume ausgedehnt werden. Davon handelt der sich daran anschließende Abschnitt.

Da wir uns hier allgemein auf Operatoren in Vektorräumen beziehen, wollen wir die Notation anpassen. Matrizen und Vektoren im $\mathbb{R}^n$ haben wir mit den Symbolen $\mathbf{A}$ und $\boldsymbol{x}$ bezeichnet, Operatoren und Elemente des Vektorraums werden wir hier statt dessen als A und x schreiben. Auch werden wir die für Vektorräume gebräuchliche Terminologie – zum Beispiel für das Skalarprodukt (siehe Kap. 12.2.3) – verwenden. Im Vergleich mit Kap. 3 gelten also die (gleichwertigen) Ersetzungen:

$$\begin{aligned} \overline{\boldsymbol{x}} \cdot \boldsymbol{y} \quad &\longleftrightarrow \quad (x, y) \\ \overline{\boldsymbol{x}} \cdot \mathbf{A}\, \boldsymbol{y} \quad &\longleftrightarrow \quad (x, A\, y) \\ \overline{[\overline{\boldsymbol{x}} \cdot \boldsymbol{y}]} = \overline{\boldsymbol{y}} \cdot \boldsymbol{x} \quad &\longleftrightarrow \quad \overline{(x, y)} = (y, x) \\ \overline{[\overline{\boldsymbol{x}} \cdot \mathbf{A}\, \boldsymbol{y}]} = \overline{(\mathbf{A}\, \boldsymbol{y})} \cdot \boldsymbol{x} = \overline{\boldsymbol{y}} \cdot \mathbf{A}^\dagger \boldsymbol{x} \quad &\longleftrightarrow \quad \overline{(x, A\, y)} = (A\, y, x) = \left(y, A^\dagger x\right) . \end{aligned} \tag{16.8}$$

Dabei bezeichnet $\mathbf{A}$ eine Matrix und $\mathbf{A}^\dagger$ die dazu hermitisch konjugierte (= komplex konjugierte und transponierte) oder auch adjungierte Matrix. $(x, A\, x)$ ist – wie in Kap. 3 besprochen – eine quadratische Form. Nur wenn es explizit um Matrizen geht – wie in diesem Unterabschnitt – verwenden wir noch die Matrix-Vektor Notation.

Operatoren A bilden Elemente aus einem Vektorraum V auf Elemente aus dem Raum W ab, man schreibt auch:

$$A : V \to W . \tag{16.9}$$

In unseren Diskussionen ist im Normalfall $W = V$. Das **Bild** des Operators ist die Menge all derjenigen Elemente aus W, auf die der Operator abbildet. Das muss nicht immer ganz W sein. In M.16.1 wird dieser Sachverhalt genauer dargestellt.

In Kap. 3 haben wir das Eigenwertproblem für Matrizen diskutiert. Matrizen wirken als lineare Operatoren im Vektorraum und bilden den Vektorraum auf sich selbst ab. Die Gleichung

$$\mathbf{A}\, \boldsymbol{v} = \lambda\, \boldsymbol{v} \tag{16.10}$$

fragt nach denjenigen Vektoren, welche durch $\mathbf{A}$ auf sich selbst abgebildet werden. Für reelle λ ist das die Frage, ob die auf einer Geraden durch den Ursprung liegenden Vektoren unter der Abbildung auf dieser Geraden bleiben.

Die Lösungen sind die n Eigenwerte λ_i und die ihnen entsprechenden Eigenvektoren $\boldsymbol{v}_i$. Da sie nur bis auf einen multiplikativen Faktor festgelegt sind, kann man sie geeignet normieren, zum Beispiel auf Länge 1, damit sie Einheitsvektoren werden.

Nullvektoren sind trivialerweise Eigenvektoren zu jedem Eigenwertproblem. Wir wollen sie aus unseren Überlegungen ausschließen. Wenn $\boldsymbol{v}_i \neq 0$, dann ist der entsprechende Eigenwert eindeutig bestimmt. Jedem nichttrivialen Eigenvektor lässt sich also eindeutig ein Eigenwert zuordnen. Zu einem Eigenwert kann es aber mehrere Eigenvektoren geben.

Ein Beispiel dafür ist die $n \times n$ Einheitsmatrix $\mathbf{1}$, die nur einen Eigenwert $\lambda = 1$ hat, der aber n-fach „entartet“ ist. Jeder Vektor des $\mathbb{R}^n$ ist in diesem Fall ein Eigenvektor, und es gibt also n linear unabhängige Eigenvektoren.

Beispiel

Die Matrix

$$\mathbf{A} = \begin{pmatrix} 1 & 0 & 0 \\ 0 & 1 & 0 \\ 0 & 0 & -1 \end{pmatrix}$$

hat die Eigenwerte $\lambda_1 = 1$ (zweifach entartet, zwei linear unabhängige, normierte Eigenvektoren sind $(1, 0, 0)$ und $(0, 1, 0)$) und $\lambda_2 = -1$ (Eigenvektor $(0, 0, 1)$). □

Die Eigenvektoren zu unterschiedlichen Eigenwerten sind linear unabhängig. Diese Unabhängigkeit kann man einfach zeigen. Für den ersten Eigenvektor ist sie trivial erfüllt. Wir wollen beweisen, dass die lineare Unabhängigkeit auch für $n + 1$ Eigenvektoren gilt, wenn sie schon für die ersten n erfüllt ist.

Die ersten n Eigenvektoren seien also linear unabhängig. Wir stellen uns dumm und nehmen an, der $(n + 1)$-te Eigenvektor sei eine nichttriviale Linearkombination der ersten n, also

$$\sum_{i=1}^{n} c_i \, \boldsymbol{v}_i = \boldsymbol{v}_{n+1} \; . \tag{16.11}$$

Wir wollen zeigen, dass diese Annahme falsch sein muss, da sie zu einem Widerspruch führt. Dazu lassen wir $(\mathbf{A} - \lambda_{n+1} \mathbf{1})$ auf diese Gleichung wirken. Es ergibt sich

$$\begin{aligned} \sum_{i=1}^{n} c_i \, (\mathbf{A} - \lambda_{n+1} \mathbf{1}) \, \boldsymbol{v}_i &= (\mathbf{A} - \lambda_{n+1} \mathbf{1}) \, \boldsymbol{v}_{n+1} \; , \\ \sum_{i=1}^{n} c_i \, (\lambda_i - \lambda_{n+1}) \, \boldsymbol{v}_i &= (\lambda_{n+1} - \lambda_{n+1}) \, \boldsymbol{v}_{n+1} = 0 \; , \end{aligned} \tag{16.12}$$

wegen der Eigenwerteigenschaften der Matrix $\mathbf{A} \, \boldsymbol{v}_i = \lambda_i \, \boldsymbol{v}_i$. Laut Annahme ist der Eigenwert λ_{n+1} ungleich allen anderen n Eigenwerten, und die Koeffizienten c_i sollen nicht alle gleichzeitig verschwinden Es handelt es sich also hier um eine *nichttriviale* Linearkombination der ersten n Eigenvektoren, die verschwindet. Da die ersten n Eigenvektoren linear unabhängig sind, ist die einzige Möglichkeit, dass alle c_i null sind. Das aber ist ein Widerspruch zur Ausgangsannahme! Daher kann man $\boldsymbol{v}_{n+1}$ nicht als Linearkombination der ersten n Eigenvektoren darstellen, es ist also linear unabhängig.

Wir haben anfangs festgehalten, dass der Operator auf den Raum V wirkt. Wir wollen den von den Eigenvektoren zu einem bestimmten Eigenwert λ_i aufgespannten Teilraum von V mit V_i bezeichnen. Wenn es zu einem Eigenwert mehrere linear unabhängige Eigenvektoren gibt, so hat der durch sie aufgespannte Raum eine Dimension größer als 1. Es gilt also (in endlich-dimensionalen Räumen) zumindest

$$\bigoplus_{i} V_i \subset V \; . \tag{16.13}$$

Dabei bezeichnet $\bigoplus$ die direkte Summe, welche die Teilräume zusammenfügt (siehe [1]). Wenn V die Dimension n hat und $\mathbf{A}$ insgesamt n unterschiedliche (nichtverschwindende) Eigenwerte und damit n linear unabhängige Eigenvektoren besitzt, so ist offenbar

$$\bigoplus_i V_i = V \,. \tag{16.14}$$

Die Eigenvektoren $\{\boldsymbol{v}_1, \boldsymbol{v}_2, \ldots, \boldsymbol{v}_n\}$ bilden in diesem Fall eine Basis für V, die man (zum Beispiel mit dem Gram-Schmidt Verfahren aus Kap. 12) orthogonalisieren kann.

M.16.1 Kurz und klar: Kern und Bild von Operatoren

Lineare Operatoren X, wie die hier gerade betrachteten Matrizen, bilden Elemente aus einem Raum V auf Elemente aus dem Raum W ab, man schreibt auch:

$$X : V \to W \,. \tag{M.16.1.1}$$

Dabei ist das so genannte **Bild** von X die Menge der Elemente in W, auf die der Operator X abbildet,

$$\text{Bild}(X) = \{w = X\,v,\ v \in V\} \subset W \,. \tag{M.16.1.2}$$

Einige Elemente von V werden unter Umständen in den Nullvektor von W abgebildet, sie definieren den so genannten **Kern** (oder: **Nullraum**) von X,

$$\text{Kern}(X) = \{v \in V,\ X\,v = 0\} \subset V \,. \tag{M.16.1.3}$$

Die Dimension von Bild(X) entspricht der Dimension des Teilraumes von V, der nicht im Kern(X) liegt. Diese Dimension wird analog zur Matrixalgebra auch der Rang von X genannt (vgl. M.3.7). Man kann daher die Dimension des Vektorraums V aus der Summe der Dimensionen von Bild(X) und Kern(X) bestimmen (vgl. Abb. 16.1),

$$\dim(V) = \dim(\text{Bild}(X)) + \dim(\text{Kern}(X)) \,. \tag{M.16.1.4}$$

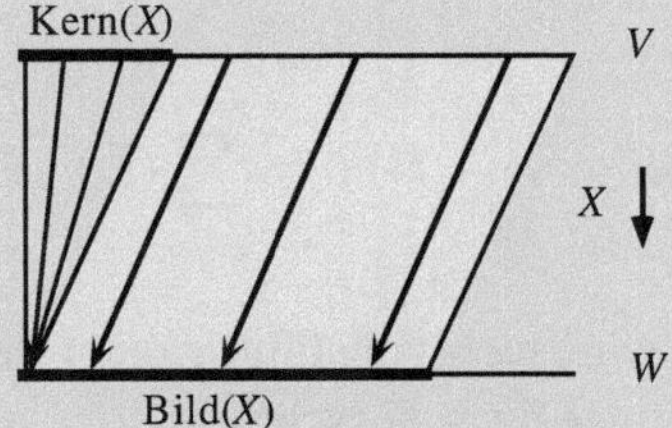

Abb. 16.1 Kern und Bild eines Operators

Falls der Kern nur das Nullelement enthält, so ist der Operator offenbar injektiv, eindeutig (aus $X\,v_1 = X\,v_2$ folgt $v_1 = v_2$), da dann ja $X(v_1 - v_2) = 0$ nur für $v_1 - v_2 = 0$ und damit $v_1 = v_2$ gilt. Es kann aber Teile von W geben, auf die X nicht abbildet.

Zum Eigenwertproblem: Der Kern$(\mathbf{A} - \lambda\mathbf{1})$ enthält neben dem Nullvektor auch die Eigenvektoren (den Eigenraum) zum Eigenwert λ. Die Matrix

$$\begin{pmatrix} a & 1 \\ 0 & a \end{pmatrix} \tag{M.16.1.5}$$

hat zum Beispiel den Eigenwert $\lambda = a$, der eine Doppellösung der Säkulargleichung – man sagt dazu auch „zweifach entartet“ – ist. Der Eigenraum zu diesem Eigenwert ist

$$\text{Kern}\,(\mathbf{A} - a\mathbf{1}) = \text{Kern}\begin{pmatrix} 0 & 1 \\ 0 & 0 \end{pmatrix} = \{\boldsymbol{e}_1\}\,, \tag{M.16.1.6}$$

offenbar ein Raum, der nur von einem Einheitsvektor aufgespannt wird. Alle Vektoren, die ein Vielfaches von $\boldsymbol{e}_1 = (1, 0)$ sind, werden auf den Nullvektor abgebildet. Die Dimension von Kern$(\mathbf{A} - a\,\mathbf{1})$ und damit des Eigenraums zum Eigenwert a ist daher 1. Die Dimension des Raumes Bild$(\mathbf{A} - a\mathbf{1})$ ist ebenfalls 1; dieser Raum W wird durch das Bild des Vektors $\boldsymbol{e}_2 = (0, 1)$ aufgespannt.

Wir betrachten eine vollständige, orthonormierte Basis $\{\boldsymbol{v}_1, \boldsymbol{v}_2, \ldots, \boldsymbol{v}_n\}$ für V, bei der jedes Basiselement auch ein Eigenvektor der Matrix $\mathbf{A}$ ist, also die Eigenwertgleichung $\mathbf{A}\boldsymbol{v}_i = \lambda_i \boldsymbol{v}_i$ erfüllt. Dann „diagonalisiert“ diese Basis den Matrixoperator $\mathbf{A}$ wie in Abschn. 3.4 besprochen: Man bildet aus den Basiselementen als Spalten eine unitäre Matrix $\mathbf{U}$ entsprechend (3.115). Für nicht-normale Matrizen ist $\mathbf{U}$ nicht unitär und man diagonalisiert wie in (3.120).

Durch Umkehrung der Beziehung (3.118) erhält man (3.119), die so genannte **Spektraldarstellung**. Die Einheitsmatrix ist schon diagonal: alle Eigenwerte sind 1. In einem beliebigen, vollständigen Basissystem können wir sie daher ebenfalls durch die Spektraldarstellung ausdrücken,

$$\mathbf{1} = \mathbf{U}\,\mathbf{U}^\dagger \quad \Leftrightarrow \quad (\mathbf{1})_{lm} = \sum_i (\boldsymbol{v}_i)_l\,(\overline{\boldsymbol{v}}_i)_m\,. \tag{16.15}$$

Diese **Zerlegung der Einheit** wird auch **Vollständigkeitsrelation** genannt. Sie ist in vielen Beweisführungen ein wichtiger Zwischenschritt.

Beispiel

Die normierten, orthogonalen Eigenvektoren aus Beispiel (3.123) waren

$$\boldsymbol{v}_1 = \frac{1}{\sqrt{2}}\begin{pmatrix}1\\1\end{pmatrix} \quad , \quad \boldsymbol{v}_2 = \frac{1}{\sqrt{2}}\begin{pmatrix}1\\-1\end{pmatrix} \, .$$

Die Zerlegung der Einheitsmatrix in dieser Basis lautet:

$$(\boldsymbol{v}_1)_l\,(\overline{\boldsymbol{v}}_1)_m + (\boldsymbol{v}_2)_l\,(\overline{\boldsymbol{v}}_2)_m = \begin{pmatrix}\frac{1}{2} & \frac{1}{2}\\ \frac{1}{2} & \frac{1}{2}\end{pmatrix} + \begin{pmatrix}\frac{1}{2} & -\frac{1}{2}\\ -\frac{1}{2} & \frac{1}{2}\end{pmatrix} = \begin{pmatrix}1 & 0\\ 0 & 1\end{pmatrix} \, . \qquad \square$$

Wir kommen nun zu einem zentralen Punkt: Hermitische Matrizen ($\mathbf{A}^\dagger = \mathbf{A}$) haben reelle Eigenwerte, und die Eigenvektoren zu unterschiedlichen Eigenwerten sind zueinander orthogonal.

Um diese beiden Aussagen zu beweisen, schreiben wir die Eigenwertbeziehungen für zwei Eigenvektoren an,

$$\begin{aligned} \mathbf{A}\,\boldsymbol{v}_i &= \lambda_i\,\boldsymbol{v}_i \, , \\ \mathbf{A}\,\boldsymbol{v}_k &= \lambda_k\,\boldsymbol{v}_k \, , \end{aligned} \tag{16.16}$$

und bilden (von links) das Skalarprodukt mit dem jeweils anderen Eigenvektor $\boldsymbol{v}_k$ und $\boldsymbol{v}_i$.

$$\begin{aligned} (\boldsymbol{v}_k, \mathbf{A}\,\boldsymbol{v}_i) &= \lambda_i\,(\boldsymbol{v}_k, \boldsymbol{v}_i) \, , \\ (\boldsymbol{v}_i, \mathbf{A}\,\boldsymbol{v}_k) &= \lambda_k\,(\boldsymbol{v}_i, \boldsymbol{v}_k) \, . \end{aligned} \tag{16.17}$$

Die zweite Gleichung komplex-konjugieren wir (siehe auch (16.8)),

$$\left(\boldsymbol{v}_k, \mathbf{A}^\dagger\,\boldsymbol{v}_i\right) = \overline{\lambda}_k\,(\boldsymbol{v}_k, \boldsymbol{v}_i) \, , \tag{16.18}$$

und ziehen sie von der ersten ab,

$$\left(\boldsymbol{v}_k, \left(\mathbf{A} - \mathbf{A}^\dagger\right)\boldsymbol{v}_i\right) = \lambda_i\,(\boldsymbol{v}_k, \boldsymbol{v}_i) - \overline{\lambda}_k\,(\boldsymbol{v}_k, \boldsymbol{v}_i) \, . \tag{16.19}$$

Da für hermitische Matrizen $\mathbf{A} = \mathbf{A}^\dagger$ gilt, erhalten wir die Beziehung

$$0 = (\lambda_i - \overline{\lambda}_k)\,(\boldsymbol{v}_k, \boldsymbol{v}_i) \, . \tag{16.20}$$

Falls $k = i$ ist, so folgt wegen $(\boldsymbol{v}_i, \boldsymbol{v}_i) \neq 0$ sofort, dass $\lambda_i = \overline{\lambda}_i$ und daher der Eigenwert reell sein muss; daher sind alle Eigenwerte reell. Wenn $i \neq k$ ist, gibt es nur zwei Möglichkeiten:

$\boldsymbol{\lambda_i \neq \lambda_k}$**:** Es muss das Skalarprodukt $(\boldsymbol{v}_k, \boldsymbol{v}_i) = 0$ sein, die Eigenvektoren sind also orthogonal zueinander.

$\lambda_i = \lambda_k$: Die Eigenwerte sind gleich („entartet"). Die Eigenvektoren sind dann nicht automatisch orthogonal; sie spannen noch immer eine linear unabhängige Teilmenge auf und können mit Hilfe des Gram-Schmidt Verfahrens orthogonalisiert werden.

Die Eigenvektoren von hermitischen Matrizen bilden also eine orthogonale Basis. Dieser auch später für allgemeinere lineare Operatoren sehr wichtige Satz heißt **Spektraltheorem**.

Beispiel

Wir bestimmen für die hermitische Matrix

$$A = \begin{pmatrix} 5 & -2 \\ -2 & 2 \end{pmatrix}$$

Eigenwerte und Eigenvektoren zu

$$\lambda_1 = 1,\ \boldsymbol{v}_1 = \frac{1}{\sqrt{5}}\begin{pmatrix} 1 \\ 2 \end{pmatrix}\ ; \quad \lambda_2 = 6,\ \boldsymbol{v}_2 = \frac{1}{\sqrt{5}}\begin{pmatrix} 2 \\ -1 \end{pmatrix} .$$

Die Eigenvektoren sind wie erwartet zueinander orthogonal. Die diagonalisierende Matrix $\mathbf{U}$ ergibt sich aus den Eigenvektoren

$$\mathbf{U} = \frac{1}{\sqrt{5}}\begin{pmatrix} 1 & 2 \\ 2 & -1 \end{pmatrix} .$$

Zufällig ist hier $\mathbf{U} = \mathbf{U}^\dagger$. Schließlich überprüfen wir, dass $\mathbf{U}$ tatsächlich $\mathbf{A}$ diagonalisiert,

$$\mathbf{U}^\dagger \mathbf{A}\,\mathbf{U} = \frac{1}{5}\begin{pmatrix} 1 & 2 \\ 2 & -1 \end{pmatrix}\begin{pmatrix} 5 & -2 \\ -2 & 2 \end{pmatrix}\begin{pmatrix} 1 & 2 \\ 2 & -1 \end{pmatrix} = \begin{pmatrix} 1 & 0 \\ 0 & 6 \end{pmatrix} .$$ □

Zwei Matrizen $\mathbf{A}$ und $\mathbf{B}$ kommutieren, wenn ihr Kommutator verschwindet. Ihre Reihenfolge ist dann vertauschbar, da $\mathbf{A}\,\mathbf{B} = \mathbf{B}\,\mathbf{A}$ gilt. Man kann zeigen, dass miteinander kommutierende, hermitische Matrizen das gleiche Eigenvektorsystem haben. Wir wollen dies hier nur für den Fall nicht entarteter Eigenwerte demonstrieren, obwohl der Satz auch allgemein gültig ist. Dazu betrachten wir den Ausdruck

$$(\boldsymbol{v}_i, (\mathbf{A}\,\mathbf{B} - \mathbf{B}\,\mathbf{A})\,\boldsymbol{v}_k) = 0 , \tag{16.21}$$

der wegen des verschwindenden Kommutators identisch null ist. Wir wollen annehmen, dass die Vektoren $\boldsymbol{v}_i$ und $\boldsymbol{v}_k$ zwei Eigenvektoren der Matrix $\mathbf{A}$ mit den (unterschiedlichen)

Eigenwerten λ_i und λ_k sind. Dann folgt

$$\begin{aligned} 0 = (\boldsymbol{v}_i, (\mathbf{A}\,\mathbf{B} - \mathbf{B}\,\mathbf{A})\,\boldsymbol{v}_k) &= (\boldsymbol{v}_i, \mathbf{A}\,\mathbf{B}\,\boldsymbol{v}_k) - (\boldsymbol{v}_i, \mathbf{B}\,\mathbf{A}\boldsymbol{v}_k) \\ &= \overline{(\mathbf{A}\,\mathbf{B}\,\boldsymbol{v}_k, \boldsymbol{v}_i)} - (\boldsymbol{v}_i, \mathbf{B}\,\mathbf{A}\,\boldsymbol{v}_k) \\ &= \overline{(\boldsymbol{v}_k, \mathbf{B}^\dagger\,\mathbf{A}^\dagger\,\boldsymbol{v}_i)} - (\boldsymbol{v}_i, \mathbf{B}\,\mathbf{A}\,\boldsymbol{v}_k) \\ &= \overline{\left(\boldsymbol{v}_k, \mathbf{B}^\dagger\,\overline{\lambda}_i\,\boldsymbol{v}_i\right)} - (\boldsymbol{v}_i, \mathbf{B}\,\lambda_k\,\boldsymbol{v}_k) \ . \end{aligned} \tag{16.22}$$

Da **A** laut Annahme hermitisch ist, und daher die Eigenwerte reell sind, kann man diesen Ausdruck weiter umformen und erhält schließlich

$$0 = \lambda_i\,\overline{(\boldsymbol{v}_k, \mathbf{B}^\dagger\,\boldsymbol{v}_i)} - \lambda_k\,(\boldsymbol{v}_i, \mathbf{B}\boldsymbol{v}_k) = (\lambda_i - \lambda_k)\,(\boldsymbol{v}_i, \mathbf{B}\,\boldsymbol{v}_k) \ . \tag{16.23}$$

Da laut Annahme die Eigenwerte unterschiedlich sind, folgt $(\boldsymbol{v}_i, \mathbf{B}\,\boldsymbol{v}_k) = 0$. Der Vektor $\mathbf{B}\,\boldsymbol{v}_k$ ist also orthogonal zu jedem $\boldsymbol{v}_{i \neq k}$; damit muss $\mathbf{B}\,\boldsymbol{v}_k$ proportional zu $\boldsymbol{v}_k$ sein und daher $\boldsymbol{v}_k$ ein Eigenvektor von **B**.

Nicht nur die Eigenschaft der Hermitizität gewährleistet die Existenz eines orthogonalen Eigensystems. Die Voraussetzungen können noch weiter vereinfacht werden. So genannte **normale Matrizen** erfüllen die Bedingung

$$\mathbf{A}^\dagger\,\mathbf{A} = \mathbf{A}\,\mathbf{A}^\dagger \quad \Leftrightarrow \quad \left[\mathbf{A}, \mathbf{A}^\dagger\right] = 0 \ . \tag{16.24}$$

Man kann zeigen, dass auch die Eigenvektoren von (in diesem Sinne) normalen Matrizen eine orthogonale Basis aufspannen. Sowohl hermitische ($\mathbf{A} = \mathbf{A}^\dagger$) also auch unitäre ($\mathbf{A}\mathbf{A}^\dagger = \mathbf{1}$) Matrizen sind normal. Es gibt aber auch Matrizen, die zwar normal, aber weder hermitisch noch unitär sind.

Beispiel

Wir wollen ein nicht „normales“ Beispiel untersuchen. Die Matrix

$$\mathbf{A} = \begin{pmatrix} 1 & -1 \\ 2 & -1 \end{pmatrix}$$

ist nicht normal, da

$$\begin{aligned} \mathbf{A}\,\mathbf{A}^\dagger &= \begin{pmatrix} 1 & -1 \\ 2 & -1 \end{pmatrix} \begin{pmatrix} 1 & 2 \\ -1 & -1 \end{pmatrix} = \begin{pmatrix} 2 & 3 \\ 3 & 5 \end{pmatrix} , \\ \mathbf{A}^\dagger\,\mathbf{A} &= \begin{pmatrix} 1 & 2 \\ -1 & -1 \end{pmatrix} \begin{pmatrix} 1 & -1 \\ 2 & -1 \end{pmatrix} = \begin{pmatrix} 5 & -3 \\ -3 & 2 \end{pmatrix} . \end{aligned}$$

Die entsprechende Säkulargleichung

$$(1-\lambda)(-1-\lambda)+2=0\,,$$

hat die Lösungen $\lambda_{(1,2)} = \pm \mathrm{i}$, die nicht reell sind. Die beiden (nicht normierten) Eigenvektoren sind

$$\boldsymbol{v}_1 = (1, 1-\mathrm{i})\,, \quad \boldsymbol{v}_2 = (1, 1+\mathrm{i})$$

und ihr Skalarprodukt ist ungleich null. Die Eigenvektoren sind also nicht orthogonal, allerdings in diesem Beispiel zumindest linear unabhängig. Die Matrix der Eigenvektoren ist nicht unitär, kann aber zur Diagonalisierung von **A** verwendet werden. Es gibt aber keine Spektralzerlegung. □

M.16.2 Kurz und klar: Theoreme zum Eigenwertproblem

- Die Eigenvektoren zu unterschiedlichen Eigenwerten sind linear unabhängig, können also – zum Beispiel mit dem Gram-Schmidt Verfahren – orthogonalisiert werden.
- Hermitische Matrizen ($\mathbf{A}^\dagger = \mathbf{A}$) haben reelle Eigenwerte, und die Eigenvektoren spannen eine Orthogonalbasis auf; sie sind mit Hilfe der unitären Matrix der Eigenvektoren diagonalisierbar und haben eine Spektraldarstellung.
- Kommutierende, hermitische Matrizen haben ein gemeinsames Eigenvektorsystem.
- Matrizen heißen normal, wenn $[\mathbf{A}, \mathbf{A}^\dagger] = 0$ gilt. Die Eigenvektoren von normalen Matrizen spannen eine Orthogonalbasis auf; sie sind daher wie hermitische Matrizen unitär diagonalisierbar und haben eine Spektraldarstellung.
- Alle normalen Matrizen sind diagonalisierbar, aber nicht alle diagonalisierbaren Matrizen sind normal. Nicht alle diagonalisierbaren Matrizen haben eine Spektraldarstellung (3.119).

16.3 Lineare Operatoren in Vektorräumen

16.3.1 Eigenschaften

Eine Funktion *auf* einem Vektorraum ist eine Abbildung (vgl. Anhang B) von einem Vektor eines Raums H_1 auf einen Vektor des (anderen oder gleichen) Raumes H_2,

$$A(f) = f'\,, \quad A: f \mapsto f'\,, \quad f \in H_1,\ f' \in H_2\,. \tag{16.25}$$

Wir nennen A einen **Operator**. In mathematischer Allgemeinheit sollte man H_1 und H_2 als unterschiedliche Räume ansehen. Wir werden jedoch der Einfachheit halber im Folgenden nicht zwischen H_1 und H_2 unterscheiden.

Ein **linearer Operator** erfüllt die Linearitätseigenschaft

$$\begin{aligned} A(f+g) &= A(f)+A(g)\,, \\ A(\alpha f) &= \alpha\, A(f)\,, \end{aligned} \tag{16.26}$$

wobei α ein Element aus dem entsprechenden Körper ist. Den Operator mit der Eigenschaft

$$A(\alpha f) = \overline{\alpha}\, A(f) \tag{16.27}$$

nennt man **antilinear**.

Alle bisher diskutierten Beweise und auch die später folgenden Aussagen gelten zunächst nur für endlich dimensionale Räume. Allerdings lassen sich die Feststellungen auch auf die unendlich dimensionalen Räume erweitern, wenn bestimmte zusätzliche Einschränkungen (zum Beispiel Beschränktheit des Spektrums, Separabilität, Kompaktheit, vgl. M.12.4) erfüllt sind. Wir gehen auf diese Feinheiten hier nicht näher ein, verweisen aber auf die weiterführende Literatur wie etwa [2–4]. Wir wollen also annehmen, dass all unsere Aussagen auch auf die betrachteten Funktionen-Vektorräume anwendbar sind, obwohl wir hier nur *lineare, kompakte Operatoren* betrachten. (Ein kompakter Operator A hat die Eigenschaft, dass jede beschränkte Folge $(\varphi_k) \in H_1$ eine Teilfolge $(\hat{\varphi}_k)$ enthält, für die $A\,\hat{\varphi}_k$ konvergiert.)

Beispiel

Ein typisches Beispiel für einen linearen Operator ist das Skalarprodukt mit einem vorgegebenen Vektor φ_0, also

$$B(f) \equiv (\varphi_0, f)\,.$$

Nach den Regeln des Skalarprodukts gilt ja

$$(\varphi_0, f+g) = (\varphi_0, f) + (\varphi_0, g)\,, \quad (\varphi_0, \alpha f) = \alpha\,(\varphi_0, f)\,.$$

Das sind genau die geforderten Eigenschaften (16.26). Der Operator $C(f) \equiv (f, \varphi_0)$ ist ein Beispiel für einen antilinearen Operator. □

Die genannten Eigenschaften machen deutlich, dass man daher lineare Operatoren am einfachsten ohne Klammern in der Form

$$A\,f = f' \tag{16.28}$$

anschreibt. Wir erlauben auch die Multiplikation mit skalaren Zahlen, sowie die Addition und die Multiplikation von linearen Operatoren,

$$\begin{aligned} (\alpha\,A + \beta\,B)\,f &\equiv \alpha\,A\,f + \beta\,B\,f\,, \\ (A\,B)\,f &\equiv A\,(B\,f)\,. \end{aligned} \tag{16.29}$$

Die Summe von zwei linearen Operatoren ist also ebenfalls ein linearer Operator, ebenso das Produkt, wenn es entsprechend dieser Regel definiert wird, da ja $B\,f$ wiederum ein Vektor des Raumes ist, auf den man A anwenden kann. Wir nehmen dabei an, dass Definitions- und Wertebereiche der Operatoren geeignet zusammenpassen.

Der Identitätsoperator (I, in Matrixdarstellung $\mathbf{1}$)

$$I\,f = f \tag{16.30}$$

ist ein linearer Operator. Auch der **Projektionsoperator**

$$P_{\varphi_0}\,f \equiv \varphi_0\,(\varphi_0, f) \tag{16.31}$$

ist linear. Er projiziert aus beliebigen Vektoren den Anteil parallel zu φ_0 heraus. (Wir haben $\|\varphi_0\| = 1$ angenommen.) Projektionsoperatoren sind **idempotent**, da (für $n \geq 1$) immer $P^n = P$ gilt. Wir können das wie folgt zeigen:

$$P_{\varphi_0}\left[P_{\varphi_0}\,f\right] = P_{\varphi_0}\left[\varphi_0\,(\varphi_0, f)\right] = \varphi_0\,(\varphi_0, \varphi_0)\,(\varphi_0, f) = \varphi_0\,(\varphi_0, f) = P_{\varphi_0}\,f\ . \tag{16.32}$$

Beispiel

Im Vektorraum $\mathbb{R}^2$ ist

$$\begin{pmatrix} 0 & 0 \\ 0 & 1 \end{pmatrix}$$

ein Projektionsoperator, der offenbar immer die untere Komponente eines Vektors herausblendet. Aber auch

$$\mathbf{P} = \begin{pmatrix} \frac{1}{2} & \frac{1}{2} \\ \frac{1}{2} & \frac{1}{2} \end{pmatrix}$$

ist ein Projektor. Man sieht sofort, dass $\mathbf{P}^2 = \mathbf{P}$ gilt. Angewandt auf einen beliebigen Vektor (x, y) projiziert er auf einen Vektor in Diagonalrichtung (1,1). □

Alle Eigenschaften von Operatoren müssen im Zusammenhang mit dem Vektorraum V gesehen werden, auf und in dem sie wirken. Zwei Operatoren sind daher dann gleich, wenn sie auf alle Elemente des Raums die gleiche Wirkung haben. A und B sind gleich, wenn für alle $f \in V$ gilt, dass $A\,f = B\,f$.

Beispiel

Wir wollen den Vektorraum $\mathbb{R}^2$ durch eine Menge von *dreikomponentigen* Vektoren der Form $(a, b, 0)$ mit $a, b \in \mathbb{R}$ darstellen. Zugegeben, das ist keine besonders sparsame Wahl, ergibt aber ein schönes Beispiel. In diesem Fall kann man sich nämlich leicht davon überzeugen, dass die linearen Operatoren

$$A = \begin{pmatrix} 1 & 2 & 1 \\ 4 & 3 & 1 \\ 0 & 0 & 1 \end{pmatrix} \quad \text{und} \quad B = \begin{pmatrix} 1 & 2 & 2 \\ 4 & 3 & 3 \\ 0 & 0 & 1 \end{pmatrix}$$

vollkommen gleich auf diese Vektoren wirken. In diesem Beispiel und in diesem Sinne sind sie also tatsächlich gleich! □

16.3.2 Darstellungen

Wenn im Vektorraum eine Basis gegeben ist, so kann man den linearen Operator auch durch seine Wirkung auf die Basiselemente ausdrücken oder, wie man auch sagt, „darstellen". Wiederum nehmen wir an, dass die Räume, in denen Definitionsbereich und Wertebereich des Operators liegen, dieselbe orthonormale Basis haben. Wir ersetzen in der Operatorgleichung (16.28) die Vektoren durch ihre Darstellung in einer orthonormalen Basis $\{\varphi_k\}$,

$$A\,f = f' \quad \Rightarrow \quad A \sum_k c_k\,\varphi_k = \sum_k c'_k\,\varphi_k\,. \tag{16.33}$$

Nun projizieren wir durch Skalarproduktbildung mit φ_i die Komponenten c'_i heraus,

$$\sum_k c_k\,(\varphi_i, A\,\varphi_k) = \sum_k c'_k\,(\varphi_i, \varphi_k)\,. \tag{16.34}$$

Aufgrund der Orthogonalität $(\varphi_i, \varphi_k) = \delta_{ik}$ erhalten wir

$$\sum_k c_k\,(\varphi_i, A\,\varphi_k) = c'_i\,. \tag{16.35}$$

Wir erhalten daher eine Matrixgleichung

$$\sum_k A_{ik}\,c_k = c'_i \quad \text{mit} \quad A_{ik} \equiv (\varphi_i, A\varphi_k)\,. \tag{16.36}$$

Wenn wir A als Matrix und c und c' als Vektoren auffassen, so ist das einfach

$$\mathbf{A}\,\boldsymbol{c} = \boldsymbol{c}'\,, \tag{16.37}$$

also eine der ursprünglichen Operatorgleichung (16.33) äquivalente Form, nun allerdings in einer speziellen Basis angeschrieben. Das ist offenbar eine Matrixgleichung. Ein linearer Operator in einem Funktionenraum entspricht in der Komponentendarstellung also einer Matrix.

Der Identitätsoperator etwa hat die Matrixelemente

$$I_{ik} = (\varphi_i, I\,\varphi_k) = (\varphi_i, \varphi_k) = \delta_{ik}\;. \tag{16.38}$$

Der oben besprochene Projektionsoperator P_{φ_0} hat die Matrixdarstellung

$$P_{ik} = (\varphi_i, \varphi_0\,(\varphi_0, \varphi_k)) = (\varphi_i, \varphi_0)\,(\varphi_0, \varphi_k)\;. \tag{16.39}$$

Wenn φ_0 eines der Basiselemente ist, so ist P eine Matrix, bei der alle Elemente außer dem Diagonalelement in der entsprechenden Zeile und Spalte den Wert null annehmen. Wenn φ_0 eine Kombination aus Basiselementen ist, so gibt es entsprechend viele nichtverschwindende Einträge.

Beispiel

Wir betrachten den endlich dimensionalen Vektorraum, der durch die Orthonormalbasis $\{\sin x, \sin 2x, \sin 3x, \ldots, \sin mx\}$ aufgespannt wird ($m < \infty$).[1] Offenbar ist das ein Teilraum des Raums der ungeraden, periodischen Funktionen auf $L^2(-\pi, \pi)$, die am Rand verschwinden (vgl. die Fouriersinustransformationen).

Nun wollen wir für einen Differenzialoperator auf diesem Vektorraum die entsprechende Matrixdarstellung in der Orthonormalbasis suchen.

$$\begin{aligned} A f &\equiv \frac{d^2}{dx^2} f\;, \\ A_{ik} &= \left(\varphi_i, \frac{d^2}{dx^2}\varphi_k\right) = \frac{1}{\pi}\int\limits_{-\pi}^{\pi} dx\;\sin(i\,x)\,\frac{d^2}{dx^2}\,\sin(k\,x) = \\ &= -\frac{k^2}{\pi}\int\limits_{-\pi}^{\pi} dx\;\sin(i\,x)\,\sin(k\,x) = -k^2\,\delta_{ik}\;. \end{aligned} \tag{16.40}$$

Damit hat der Operator A die Matrixdarstellung

$$\mathbf{A} = \begin{pmatrix} -1 & 0 & 0 & \cdots \\ 0 & -4 & 0 & \cdots \\ 0 & 0 & -9 & \cdots \\ \cdots & \cdots & \cdots & \cdots \end{pmatrix}\;.$$

□

Wie sieht das Skalarprodukt $(g, A\,f)$ in Matrixdarstellung aus? Mit

$$g = \sum_i \alpha_i\,\varphi_i\;, \quad f = \sum_i \beta_i\,\varphi_i \tag{16.41}$$

[1] Diese Einschränkung ist notwendig, damit der Operator beschränkt ist.

ist offenbar

$$
\begin{aligned}
(g, A\, f) &= \left(\sum_i \alpha_i\, \varphi_i, A \sum_k \beta_k\, \varphi_k\right) = \sum_{i,k} \overline{\alpha}_i\, \beta_k\, (\varphi_i, A\, \varphi_k) \\
&= \sum_{i,k} \overline{\alpha}_i\, A_{ik}\, \beta_k\ .
\end{aligned}
\tag{16.42}
$$

Wiederum ist das einfach ein Produkt von Vektoren und Matrizen analog zu $\boldsymbol{\alpha} \cdot \mathbf{A}\, \boldsymbol{\beta}$.

Eine allgemeine (bi)lineare, beschränkte, komplexe Funktion von zwei Argumenten kann in diesen nur linear oder antilinear sein. Sie hat also die Linearitätseigenschaften

$$
\begin{aligned}
F(g_1 + g_2, f) &= F(g_1, f) + F(g_2, f)\ , \\
F(g, f_1 + f_2) &= F(g, f_1) + F(g, f_2)\ , \\
F(g, \lambda\, f) &= \lambda\, F(g, f)\ , \\
F(\lambda\, g, f) &= \overline{\lambda}\, F(g, f)\ .
\end{aligned}
\tag{16.43}
$$

Diese Funktion ist antilinear im ersten Argument und linear im zweiten. Man kann zu einer jeden solchen Funktion immer eindeutig einen linearen, beschränkten Operator A finden, der für *alle* Elemente des Vektorraums den gleichen Wert hat. Die Funktion definiert also A,

$$
F(g, f) \equiv (g, A\, f)\ . \tag{16.44}
$$

Das ergibt sich durch die Konstruktionsvorschrift. Wir schreiben einfach

$$
\begin{aligned}
F(g, f) &= F\left(\sum_i \alpha_i\, \varphi_i, \sum_k \beta_k\, \varphi_k\right) = \sum_{i,k} \overline{\alpha}_i\, \beta_k\, F(\varphi_i, \varphi_k) \\
&\equiv \sum_{i,k} \overline{\alpha}_i\, A_{ik}\, \beta_k = (g, A\, f)\ ,
\end{aligned}
\tag{16.45}
$$

wobei wir den Operator A in Matrixdarstellung durch seine Matrixelemente $A_{ik} \equiv F(\varphi_i, \varphi_k)$ definieren.

Auch alle anderen Eigenschaften und Vorschriften für Operatoren übertragen sich auf die Matrixdarstellung. So ist etwa

$$
\begin{aligned}
(A + B)_{ik} &= A_{ik} + B_{ik}\ , \\
(A\, B)_{ik} &= \textstyle\sum_j A_{ij}\, B_{jk}\ .
\end{aligned}
\tag{16.46}
$$

Zu einem Operator A kann man oft auch einen **adjungierten Operator** $A^\dagger$ (auch **hermitisch konjugierter Operator** genannt) definieren,

$$
(g, A\, f) = (A^\dagger\, g, f)\ . \tag{16.47}
$$

Der Definitionsbereich von A und $A^\dagger$ ist nicht automatisch der gleiche und nur im Idealfall der gesamte Vektorraum.

M.16.3 Kurz und klar: Operatoren

Linearität: Eine allgemeine (bi)lineare, skalare, komplexe und beschränkte Funktion auf einem Vektorraum kann in ihren Argumenten linear oder antilinear sein. Die folgende Funktion ist antilinear im ersten und linear im zweiten Argument und hat die Eigenschaften

$$\begin{aligned} F(g_1+g_2,f) &= F(g_1,f)+F(g_2,f)\,,\\ F(g,f_1+f_2) &= F(g,f_1)+F(g,f_2)\,,\\ F(g,\lambda f) &= \lambda F(g,f)\,,\\ F(\lambda g,f) &= \overline{\lambda} F(g,f)\,. \end{aligned} \tag{M.16.3.1}$$

Man kann zu jeder solchen Funktion eindeutig einen linearen, beschränkten Operator A finden, sodass für alle f, g gilt: $F(g,f)=(g,A\,f)$.

Linearer Operator: Der Operator

$$A\,(\alpha\, f+\beta\, g)=\alpha\, A(f)+\beta\, A(g) \tag{M.16.3.2}$$

($\alpha,\beta\ \in$ Körper) ist ein linearer Operator in einem Vektorraum. Der Operator $A(\alpha\, f)=\overline{\alpha}\, A(f)$ ist antilinear.

Adjungierter Operator: Der zu A adjungierte Operator ist durch $(g,A\,f)=(A^\dagger\, g,f)$ definiert. Wenn der Definitionsbereich von A dem von $A^\dagger$ gleicht und für alle g,f gilt, dass $(g,Af)=(g,A^\dagger\, f)$ ist, so nennen wir A hermitisch oder auch selbstadjungiert. Für beschränkte Operatoren, die den Vektorraum auf sich selbst abbilden, ist hermitisch und selbstadjungiert dasselbe; sonst muss ein hermitischer Operator auch noch dicht (vgl. M.12.4) sein, um selbstadjungiert zu sein.

Darstellung und Darstellungswechsel: Im Basissystem $\{\varphi_i\}$ hat der lineare Operator A die Komponentendarstellung

$$A_{ik}\equiv(\varphi_i,A\varphi_k)\ . \tag{M.16.3.3}$$

Wenn f und g in dieser Basis die Komponenten (α_i) und (γ_i) haben, so ist das Skalarprodukt in dieser Basis $(f,Ag)=\sum_{i,k}\overline{\alpha}_i A_{ik}\gamma_k$.

Wenn man unterschiedliche Basissysteme $\{\varphi_i\}$ und $\{\psi_i\}$ hat, so vermittelt zwischen diesen ein unitärer Operator U,

$$\psi_i=U\,\varphi_i\ , \tag{M.16.3.4}$$

mit der Matrixdarstellung

$$U_{ij} = (\varphi_i, U\,\varphi_j) = (\varphi_i, \psi_j)\,, \quad U^\dagger U = U\,U^\dagger = I\,. \tag{M.16.3.5}$$

Der Übergang von einem Basissystem zum anderen heißt **Basiswechsel** oder **Darstellungswechsel**. In Komponenten ausgedrückt ergibt sich

$$(\psi_k, f) = \beta_k = \sum_i \alpha_i\,(\psi_k, \varphi_i) = \sum_i (U^\dagger)_{ki}\,\alpha_i = \sum_i (U^\dagger)_{ki}\,(\varphi_i, f)\,. \tag{M.16.3.6}$$

Ein linearer Operator A transformiert sich bei einem Basiswechsel wie

$$(\psi_i, A\,\psi_j) = (U^\dagger A\,U)_{ij} = \sum_{kl} (U^\dagger)_{ik}\,(\varphi_k, A\,\varphi_l)\,U_{lj}\,. \tag{M.16.3.7}$$

Beispiel

Als Beispiel betrachten wir den Ableitungsoperator $A = \frac{d}{dx}$ im Vektorraum der mit einer Periode $[a, b]$ periodischen Funktionen, die differenzierbar und quadrat-integrabel über die Periode sein sollen.

Dazu verwenden wir die Methode der partiellen Integration:

$$\begin{aligned}
(g, A\,f) &= \left(g, \frac{d}{dx}\,f\right) = \int_a^b dx\,\overline{g}(x)\left(\frac{d}{dx}\,f(x)\right) \\
&= \overline{g}(x)\,f(x)|_a^b - \int_a^b dx\,\left(\frac{d}{dx}\,\overline{g}(x)\right) f(x) \\
&= \int_a^b dx\,\overline{\left(-\frac{d}{dx}\,g(x)\right)}\,f(x) = \left(-\frac{d}{dx}\,g(x), f\right) \equiv (A^\dagger g, f)\,.
\end{aligned} \tag{16.48}$$

Wegen der Periodizität verschwindet der Randterm. In diesem Vektorraum ist daher $A^\dagger = -\frac{d}{dx}$.

Man wäre versucht, dieses Beispiel auf die über $\mathbb{R}$ quadratisch integrablen Funktionen auszuweiten, muss dabei aber aufpassen. Nicht alle diese Funktionen sind differenzierbar und auch im Unendlichen („am Rand") kann das Verschwinden nicht gewährleistet werden, es könnte ja zum Beispiel immer weiter auseinander liegende, gleichzeitig aber dünner werdende Zacken geben. Für strenge Untersuchungen muss man die beteiligten Funktionenräume genau überprüfen □

Die Matrixdarstellung des adjungierten Operators führt zur gewohnten Definition der hermitisch konjugierten (oder adjungierten) Matrix,

$$\begin{aligned} A_{ik} &= (\varphi_i, A\,\varphi_k) = \left(A^\dagger\,\varphi_i, \varphi_k\right) = \overline{\left(\varphi_k, A^\dagger\,\varphi_i\right)} = \overline{(A^\dagger)}_{ki} \\ &\Rightarrow \left(A^\dagger\right)_{ki} = \overline{A}_{ik}\;. \end{aligned} \tag{16.49}$$

Die adjungierte Matrix ist also die ursprüngliche Matrix, transponiert und komplex konjugiert. Auch andere Eigenschaften sind analog, so ist etwa

$$(A\,B)^\dagger = B^\dagger\,A^\dagger \tag{16.50}$$

für Operatoren unabhängig von der gewählten Darstellung. Auch gilt

$$(\alpha\,A + \beta B\,)^\dagger = \overline{\alpha}\,A^\dagger + \overline{\beta}\,B^\dagger \tag{16.51}$$

und

$$\left(A^\dagger\right)^\dagger = A\;. \tag{16.52}$$

Für endlich dimensionale Operatoren ist das immer richtig. Im allgemeinen Fall allerdings gilt das nur, wenn A ein abgeschlossener Operator ist.

Die Definition des adjungierten Operators ist, wenn man sie mathematisch genauer betrachtet, nicht ganz so einfach, wie es hier vielleicht aussieht. Man erkennt, dass der adjungierte Operator eigentlich nicht in dem Vektorraum wirkt, in dem A definiert ist, sondern im so genannten dualen Raum. Wir wollen hier auf diese Feinheiten nicht eingehen und verweisen den interessierten Leser auf Texte wie etwa [2, 5].

Wenn für alle g, f eines Vektorraums die Wirkung von A und $A^\dagger$ gleich ist, also der Definitionsbereich von A dem von $A^\dagger$ gleicht und damit

$$A = A^\dagger \tag{16.53}$$

gilt, so nennen wir A **hermitisch** oder auch **selbstadjungiert** (siehe auch die Bemerkung in M.16.3). Auch in Matrixdarstellung gilt dann $\mathbf{A} = \mathbf{A}^\dagger$.

Der **Erwartungswert** eines Operators in Bezug auf einen Vektor f ist das Matrixelement $(f, A\,f)$. Ausgedrückt in der Matrixdarstellung ist

$$(f, A\,f) = \sum_{i,k} \overline{\alpha}_i\,A_{ik}\,\alpha_k\;. \tag{16.54}$$

Wenn der Vektor einer der Basisvektoren ist, $f = \varphi_i$, dann ist der Erwartungswert einfach das Matrixelement A_{ii}. Selbstadjungierte Operatoren haben die wichtige Eigenschaft, dass ihr Erwartungswert immer reell ist. Man erkennt das aus

$$(f, A\,f) = \left(A^\dagger\,f, f\right) = \overline{\left(f, A^\dagger\,f\right)} = \overline{(f, A\,f)} \in \mathbb{R}\;. \tag{16.55}$$

In der Quantenmechanik ist das der erwartete Messwert der dem Operator entsprechenden physikalischen Observablen im quantenmechanischen Zustand f.

Der Differenzialoperator aus dem Beispiel (16.48) ist offenbar nicht selbstadjungiert, da ja $A^\dagger = -A$ galt. Der Operator

$$A = \mathrm{i}\,\frac{d}{dx} \tag{16.56}$$

hingegen ist selbstadjungiert, wie man sich leicht überlegen kann. Dies ist übrigens in der Quantenmechanik der Impulsoperator (in der Ortsraumdarstellung).

Ein **unitärer Operator** hat die Eigenschaft, dass sein adjungierter gleichzeitig sein inverser Operator ist,

$$U\,U^\dagger = U^\dagger\,U = I \quad \text{oder} \quad U^\dagger = U^{-1}\,. \tag{16.57}$$

Da

$$(g, f) = (g, I\,f) = (g, U^\dagger\,U\,f) = (U\,g, U\,f) \tag{16.58}$$

gilt, lässt ein unitärer Operator, wenn er auf alle beteiligten Vektoren gleichermaßen angewandt wird, das Skalarprodukt zwischen den Vektoren und ebenso ihre Norm unverändert. Er entspricht also einer Drehung im Vektorraum, einer Änderung des Basissystems, ohne dass dies etwas an den Orthogonalitätseigenschaften ändert. Wenn man unterschiedliche ONS $\{\varphi_i\}$ und $\{\psi_i\}$ hat, so vermittelt ein unitärer Operator U zwischen diesen,

$$\psi_i = U\,\varphi_i\,. \tag{16.59}$$

Die Matrixdarstellung des unitären Operators ergibt sich zu

$$U_{ij} = (\varphi_i, U\,\varphi_j) = (\varphi_i, \psi_j)\,. \tag{16.60}$$

Ein allgemeiner Vektor f wird in unterschiedlichen Basissystemen unterschiedliche Komponenten haben,

$$f = \sum_i \alpha_i\,\varphi_i \quad \text{und} \quad f = \sum_i \beta_i\,\psi_i\,. \tag{16.61}$$

Er wird also unterschiedlich dargestellt. Der Übergang von einem System zum anderen heißt **Darstellungswechsel**. Er erfolgt mit Hilfe der unitären Transformation. In Komponenten ausgedrückt ergibt sich

$$\beta_k = (\psi_k, f) = \sum_i \alpha_i\,(\psi_k, \varphi_i) = \sum_i (U^\dagger)_{ki}\,\alpha_i\,. \tag{16.62}$$

Der Komponentenvektor im $\{\psi_i\}$-System wird also durch Anwendung der Matrix $\mathbf{U}^\dagger$ auf den Komponentenvektor im $\{\varphi_i\}$-System berechnet. Ebenso wird auch die Matrixdarstellung eines Operators A sich bei einem Basiswechsel ändern. Wir betrachten ein allgemeines Matrixelement in der $\{\psi_i\}$-Basis,

$$(\psi_i, A\,\psi_j) = (U\,\varphi_i, A\,U\,\varphi_j) = (\varphi_i, U^\dagger\,A\,U\,\varphi_j)\,, \tag{16.63}$$

oder, in Komponenten von U und A (im $\{\varphi_i\}$-System) ausgedrückt,

$$(\psi_i, A\,\psi_j) = (U^\dagger A\,U)_{ij} = \sum_{k,l} (U^\dagger)_{ik}\, A_{kl}\, U_{lj} \;. \tag{16.64}$$

Operatoren transformieren sich also analog zu Matrizen.

Diese Beobachtung klärt auch die scheinbaren Unterschiede zwischen der Formulierung der Quantenmechanik durch Schrödinger (als Differenzialgleichung) und Heisenberg (als Matrixgleichung). Beide Formulierungen sind einfach nur verschiedene, aber äquivalente Darstellungen desselben Eigenwertproblems!

Beispiel

Wir betrachten den Vektorraum $\mathbb{R}^2$ mit den beiden unterschiedlichen orthonormalen Basissystemen

$$\varphi_1 = \begin{pmatrix}1\\0\end{pmatrix}, \quad \varphi_2 = \begin{pmatrix}0\\1\end{pmatrix} \qquad \text{und} \qquad \psi_1 = \begin{pmatrix}\frac{1}{\sqrt{2}}\\ \frac{1}{\sqrt{2}}\end{pmatrix}, \quad \psi_2 = \begin{pmatrix}-\frac{1}{\sqrt{2}}\\ \frac{1}{\sqrt{2}}\end{pmatrix}.$$

Wir berechnen die Transformationsmatrix **U** für den Wechsel zwischen diesen Systemen:

$$U_{ij} = (\varphi_i, \psi_j) \quad \Rightarrow \quad \mathbf{U} = \begin{pmatrix}\varphi_1\cdot\psi_1 & \varphi_1\cdot\psi_2\\ \varphi_2\cdot\psi_1 & \varphi_2\cdot\psi_2\end{pmatrix} = \begin{pmatrix}\frac{1}{\sqrt{2}} & -\frac{1}{\sqrt{2}}\\ \frac{1}{\sqrt{2}} & \frac{1}{\sqrt{2}}\end{pmatrix}.$$

Man kann leicht nachprüfen, dass **U** unitär ist.

Wir wollen den Vektor $(1,-1)$ im $\{\varphi_i\}$-System in das andere System transformieren. Dazu müssen wir ihn mit $\mathbf{U}^\dagger$ multiplizieren,

$$\begin{pmatrix}\frac{1}{\sqrt{2}} & \frac{1}{\sqrt{2}}\\ -\frac{1}{\sqrt{2}} & \frac{1}{\sqrt{2}}\end{pmatrix}\begin{pmatrix}1\\-1\end{pmatrix} = \begin{pmatrix}0\\-\sqrt{2}\end{pmatrix}.$$

Da der Vektor in die Richtung von $-\psi_2$ zeigte, ist das Ergebnis offenbar richtig. In der $\{\psi_i\}$-Basis hat er nur eine Komponente in diese Richtung. Seine Länge hat sich nicht verändert. □

Bisher haben wir in diesem Kapitel die Operatoren entweder einfach symbolisch oder als diskrete Matrixdarstellungen geschrieben. Wie sehen sie aber zum Beispiel für kontinuierliche Darstellungen aus? Eine Darstellung eines Vektors aus $L^2(\mathbb{R})$ mit einem kontinuierlichen Index ist einfach eine Funktion $f(x)$. Ein Beispiel für einen linearen Operator ist die Ableitung, die dann in der Form

$$A\,f = g \quad \Rightarrow \quad \frac{d}{dx} f(x) = g(x) \tag{16.65}$$

geschrieben werden kann. Wenn wir mittels einer Fouriertransformation (Kap. 14) auf den p-Raum, eine andere kontinuierliche Darstellung, übergehen, dann hat derselbe Operator die Form

$$A\,f = g \quad \Rightarrow \quad \mathrm{i}\,p\,FT[f] = FT[g]\,. \tag{16.66}$$

Der Einheitsoperator bildet einen Vektor auf sich selbst ab. Er kann daher mittels der Integraldarstellung

$$I\,f = f \quad \Rightarrow \quad \int_{\mathbb{R}} dx\,\delta(x-y)\,f(x) = f(y) \tag{16.67}$$

geschrieben werden. Wenn wir einen Vektor auf einer Basis aufspannen, dann ist (für das im $L^2(\mathbb{R})$ gebräuchliche Skalarprodukt):

$$\begin{aligned} f(y) &= \sum_i (\varphi_i, f)\,\varphi_i(y) = \sum_i \int_{\mathbb{R}} dx\,\overline{\varphi}_i(x)\,f(x)\,\varphi_i(y) \\ &= \int_{\mathbb{R}} dx \left(\sum_i \overline{\varphi}_i(x)\,\varphi_i(y)\right) f(x)\,. \end{aligned} \tag{16.68}$$

Dabei haben wir die Vertauschbarkeit von Summe und Integral vorausgesetzt, also gleichmäßige Konvergenz der Summe. Vergleich mit (16.67) führt zum formalen Zusammenhang

$$\delta(x-y) = \sum_i \overline{\varphi}_i(x)\,\varphi_i(y)\,. \tag{16.69}$$

Diese Relation ist analog zu (16.15) und wird **Vollständigkeitsrelation** genannt. Sie ist gewissermaßen der Zwillingspartner der Orthogonalitätsrelation,

$$\int dx\,\varphi_i(x)\,\varphi_j(x) = \delta_{ij} \quad \Leftrightarrow \quad \sum_i \varphi_i(x)\,\varphi_i(y) = \delta(x-y)\,. \tag{16.70}$$

Wir wir schon im Kap. 14 bei der Diskussion der Deltafunktion betont haben, hat ihre Schreibweise formalen Charakter, und auch die hier angeschriebene Form der „Zerlegung der Einheit“ ist nur unter einem Integral vollkommen korrekt. Wir werden dieser Relation im Zusammenhang mit speziellen orthogonalen Basissystemen im Kap. 17 wieder begegnen.

Beispiel

Die in Kap. 14 diskutierte Fouriertransformation vermittelt zwischen zwei kontinuierlichen Darstellungen, dem x- und dem p-Raum. Sie ist also ein unitärer Operator!

$$U\,f = g \quad \Rightarrow \quad \frac{1}{\sqrt{2\pi}} \int_{\mathbb{R}} dx\,\mathrm{e}^{-\mathrm{i}px}\,f(x) = g(p) \quad (= FT[f])\,.$$

Insbesondere muss daher $U^\dagger U = I$ gelten. Wir überprüfen dies für unser Beispiel und finden

$$\begin{aligned} U^\dagger U f &= \frac{1}{\sqrt{2\pi}} \int_{\mathbb{R}} dp\, e^{ipy} \frac{1}{\sqrt{2\pi}} \int_{\mathbb{R}} dx\, e^{-ipx} f(x) \\ &= \int_{\mathbb{R}} dx \left[\frac{1}{2\pi} \int_{\mathbb{R}} dp\, e^{-ip(x-y)} \right] f(x) = \int_{\mathbb{R}} dx\, \delta(x-y)\, f(x) = f(y) \,. \end{aligned}$$

□

M.16.4 Kurz und klar: Diracs spitze Klammern

Von vielen Physikern geliebt und von vielen Mathematikern mit Skepsis beäugt ist P.A.M. Diracs Notation zur Quantenmechanik. Dabei wird ein quantenmechanischer Zustand als ein abstrakter Vektor in einem Hilbertraum (vgl. Kap. 12) als $|a\rangle$ geschrieben, ein Zustand aus dem dualen Raum als $\langle b|$ und das Skalarprodukt als

$$\langle b|a\rangle \,.$$

Wenn es sich um einen Eigenzustand eines Operators A handelt, dann bezeichnet a den entsprechenden Eigenwert, daher

$$A\,|a\rangle = a\,|a\rangle \,.$$

Der Erwartungswert eines Operators X im Zustand $|a\rangle$ wird als

$$\langle a|X|a\rangle$$

geschrieben. Dabei wird $\langle a|$ auch **Bra** und $|a\rangle$ dann als **Ket** bezeichnet, zusammen eben „Bracket", die englische Bezeichnung für spitze Klammern. (Der Bra ist ein kovarianter Vektor, der Ket der entsprechend dazu duale kontravariante Vektor.)

Auf den ersten Blick sieht das ähnlich wie die bisher verwendete Schreibweise mit runden Klammen aus. Der wichtige Punkt ist, dass die Zustände hier aber noch abstrakt sind, also nicht bestimmten Funktionen entsprechen. Erst wenn man ein Basissystem im Hilbertraum einführt, sind die Entwicklungskoeffizienten das, was man Wellenfunktionen nennt.

Eine Basis ist das Eigenvektorsystem eines selbstadjungierten Operators. Für eine diskrete Basis gilt etwa

$$A\,|a_n\rangle = a_n\,|a_n\rangle \quad \text{und} \quad \langle a_n|f\rangle \equiv f_n \,.$$

Die Koeffizienten f_n sind die Darstellung des Zustands f in diesem Basissystem und es ist

$$|f\rangle = \sum_n f_n |a_n\rangle \ .$$

Es gibt auch eine Spektraldarstellung von Operatoren mit Hilfe der Eigenwerte und Eigenvektoren:

$$A = \sum_n a_n \, |a_n\rangle\langle a_n| \ .$$

Ein Vergleich mit (3.118) und (3.119) zeigt, dass $\langle a_n|$ einfach die transponierten und komplex konjugierten Eigenvektoren sind und der Ausdruck einfach $\mathbf{U}\boldsymbol{\Lambda}\mathbf{U}^\dagger$ in der sonst von uns verwendeten Schreibweise entspricht.

Mit Hilfe der Spektraldarstellung des Einheitsoperators

$$\mathbf{1} = \sum_n \, |a_n\rangle\langle a_n|$$

kann man nun Operatoren analog zu unseren anderen Rechnungen in diesem Kapitel in verschiedenen Darstellungen ausdrücken:

$$\langle c|X|d\rangle = \sum_{n,m} \langle c|a_n\rangle\langle a_n|X|a_m\rangle\langle a_m|d\rangle \ .$$

Das ist ziemlich ähnlich wie bisher in diesem Kapitel. Nun verwendet Dirac aber auch Eigenzustände des so genannten Ortsoperators

$$X\,|x\rangle = x\,|x\rangle \ ,$$

wobei x eine kontinuierliche Variable (der Ort) ist. Dann ist

$$\langle x|f\rangle \equiv f(x) \quad \text{mit} \quad |f\rangle = \sum_x f(x)|x\rangle \ .$$

Auch hier gibt es eine Vollständigkeitsrelation

$$1 = \sum_x |x\rangle\langle x| \ .$$

Ein Skalarprodukt kann dann in der Ortsraumbasis berechnet werden:

$$\langle b|a\rangle = \langle b|1|a\rangle = \sum_x \langle b|x\rangle\langle x|a\rangle = \sum_x \bar{b}(x)a(x)$$

und damit – bei Ersetzung der Summe durch ein Integral – sind wir wieder bei der Darstellung mit Funktionen angelangt.

Das ist recht elegant und auch praktisch in der Anwendung (Ludwig Boltzmann hat allerdings festgestellt: „Eleganz ist was für Schneider!"). Der Schönheitsfehler dabei ist der laxe Umgang mit Operatoren mit kontinuierlichem Spektrum. So benötigt man für die Orthogonalitätsrelation die Dirasche Delta-Distribution

$$\langle x|y\rangle = \delta(x-y) \quad \Rightarrow \quad \langle x|x\rangle = \delta(0) ,$$

und damit sind diese Zustände nicht normierbar. In der Quantenmechanik entspricht das der Aussage, dass ebene Wellen über $\mathbb{R}$ nicht normierbar sind und daher durch Wellenpakete (Testfunktionen) ersetzt werden müssen. Man muss sich dieser Einschränkungen bewusst sein und sie geeignet berücksichtigen.

16.3.3 Das Eigenwertproblem für Operatoren

Wir haben viele Analogien zwischen Matrizen und Operatoren festgestellt. Es überrascht uns daher nicht, dass es auch für lineare Operatoren ein Eigenwertproblem gibt,

$$A\,f = \lambda\,f \; . \tag{16.71}$$

Alle Aussagen der Abschnittes 16.2 gelten auch hier. Eigenvektoren zu unterschiedlichen Eigenwerten sind linear unabhängig. Man kann aus der Menge der Eigenvektoren ein Orthogonalsystem konstruieren. Oder umgekehrt, ein Orthogonalsystem kann als Eigensystem eines entsprechenden Operators betrachtet werden. Wir bezeichnen die Eigenvektoren daher ebenfalls mit φ_i.

Wenn es sich bei dem Vektorraum um einen Funktionenraum handelt, dann werden die Operatoren meist Differenzialoperatoren sein und die Eigenwertgleichung eine Differenzialgleichung.

Beispiel

Im Beispiel (16.40) haben wir gesehen, dass für ungerade, periodische Funktionen die Basis der Sinusfunktionen den Differenzialoperator $\frac{d^2}{dx^2}$ diagonalisiert. Diese Funktionen sind also die Eigenfunktionen des Operators, $\varphi_k = \sin(k\,x)$ für die Eigenwerte $\lambda_k = -k^2$:

$$\frac{d^2}{dx^2}\,\varphi_k = \lambda_k\,\varphi_k \quad \Rightarrow \quad \frac{d^2}{dx^2}\,\sin(k\,x) = -k^2\,\sin(k\,x) \; . \qquad \square$$

Ein selbstadjungierter Operator hat reelle Eigenwerte, wie wir schon bei den Matrizen festgestellt haben. Falls φ_0 ein Eigenvektor eines selbstadjungierten Operators A zum

Eigenwert λ_0 ist, gilt ja

$$\begin{aligned}(\varphi_0, A\,\varphi_0) = \overline{(\varphi_0, A\,\varphi_0)} \quad &\Rightarrow \quad (\varphi_0, \lambda_0\,\varphi_0) = \overline{(\varphi_0, \lambda_0\,\varphi_0)} \\ &\Rightarrow \quad \lambda_0\,(\varphi_0, \varphi_0) = \overline{\lambda}_0\,(\varphi_0, \varphi_0) \quad \Rightarrow \lambda_0 = \overline{\lambda}_0 \in \mathbb{R}\ , \end{aligned} \tag{16.72}$$

da ja $(\varphi_0, \varphi_0) = \|\varphi_0\|^2 \neq 0$ ist.

Unitäre Operatoren beschreiben Darstellungswechsel. Ein Wechsel in das Eigenvektorsystem eines Operators ist eine Diagonalisierung, da dadurch die Matrixdarstellung diagonal wird,

$$(\varphi_i, A\,\varphi_j) = \lambda_j\,(\varphi_i, \varphi_j) = \lambda_j \delta_{ij}\ . \tag{16.73}$$

Die entsprechende Transformation des Operators lautet:

$$A\,f = \lambda\,f \quad \Rightarrow \quad \left(U^\dagger A\,U\right)(U^\dagger f) = \lambda\left(U^\dagger f\right) \quad \Rightarrow \quad \Lambda\,(U^\dagger f) = \lambda\,(U^\dagger f) \tag{16.74}$$

und kann als Wechsel des Basissystems mit Hilfe eines unitären Operators verstanden werden.

Hermitische, miteinander kommutierende Operatoren haben das gleiche Eigenvektorsystem. In der Quantenmechanik entspricht dies der Aussage, dass gleichzeitig messbare Observable durch Operatoren dargestellt werden, die miteinander kommutieren. Da sich der Vektor in der Basis des Eigensystems als Summe von Eigenvektoren schreiben lässt, kann der Erwartungswert eines Operators als Summe von Beiträgen für jeden Eigenwert dargestellt werden. Für ein orthonormales Basissystem gilt

$$(f, A\,f) = \sum_{i,k} \overline{c}_i\,c_k\,(\varphi_i, A\,\varphi_k) = \sum_{i,k} \overline{c}_i\,c_k\,\lambda_k\,(\varphi_i, \varphi_k) = \sum_i \lambda_i\,|c_i|^2\ . \tag{16.75}$$

Der Erwartungswert setzt sich also aus Beiträgen zusammen, die durch die individuellen Wahrscheinlichkeiten der beitragenden Eigenvektoren gewichtet werden.

Wir haben hier nur einige Aussagen für lineare Operatoren diskutiert. Wie schon gesagt: Die meisten Eigenschaften, die für Matrixoperatoren im $\mathbb{R}^n$ gelten, sind auf lineare Operatoren in normierten, metrischen Vektorräumen erweiterbar. Man kann für solche Operatoren Begriffe wie Norm und Beschränktheit definieren und zeigen, dass auch der Raum der linearen, beschränkten Operatoren auf einem Banachraum selbst wieder ein Banachraum ist. Näheres findet man in Texten zur Funktionalanalysis (etwa [2, 4, 6]).

16.4 Die Differenzialgleichung als Eigenwertproblem

Auch Differenzialgleichungen sind Operatorgleichungen. Wenn D einen Operator darstellt, der Ableitungsoperatoren enthält, so ist die Gleichung

$$D\,y(x) = \lambda\,y(x) \tag{16.76}$$

mit geeigneten Randbedingungen eine Eigenwertgleichung. Zum Beispiel ergibt sich mit

$$D \equiv \frac{d^2}{dx^2} \tag{16.77}$$

die bekannte Schwingungsgleichung. Operatoren dieser Form sind erst dann vollständig definiert, wenn festgelegt wird, in welchem Vektorraum sie wirken, wenn also auch Aussagen über die „erlaubten" Funktionen $y(x)$ getroffen werden. Für die Schwingungsgleichung können das die Randbedingungen (vgl. die Diskussion am Kapitelanfang) sein, die festlegen, um welche Lösungen es sich handeln kann.

Wie wollen anhand von zwei Beispielen demonstrieren, dass auch Differenzialoperatoren unter bestimmten Bedingungen als Eigensystem ein Orthogonalsystem haben. Im Anschluss daran werden wir den allgemeinen Fall, nämlich das Sturm-Liouville-Problem, besprechen.

16.4.1 Schwingungsgleichung

Wir betrachten die Schwingungsgleichung zunächst mit den Randbedingungen, dass die Lösung an den Stellen $x = -\pi$ und π verschwinden soll. Wir werden in der Diskussion noch andere Randbedingungen besprechen. Am Anfang dieses Kapitels haben wir gesehen, dass in diesem Fall die Eigenwerte proportional Quadraten ganzer Zahlen sind und die Eigenfunktionen sich nach ganzen Zahlen klassifizieren lassen,

$$f_n'' + n^2 f_n = 0\,, \quad f_n(-\pi) = 0\,, \quad f_n(\pi) = 0\,. \tag{16.78}$$

Wir wollen diese Gleichung noch für eine weitere Eigenlösung hinschreiben und dann die beiden Gleichungen geeignet kombinieren.

$$\begin{aligned} f_n'' + n^2 f_n &= 0\,, \\ f_m'' + m^2 f_m &= 0\,. \end{aligned} \tag{16.79}$$

Wir multiplizieren die Gleichungen mit f_m beziehungsweise f_n und subtrahieren sie voneinander. Als Ergebnis erhalten wir

$$f_n'' f_m - f_n f_m'' + (n^2 - m^2) f_n f_m = 0\,. \tag{16.80}$$

Man kann diese Gleichung in die Form

$$\left(f_n' f_m - f_n f_m'\right)' = \left(m^2 - n^2\right) f_n f_m \tag{16.81}$$

bringen und über das Definitionsintervall integrieren.

$$\begin{aligned}\int_{-\pi}^{\pi} dx\ (f_n' f_m - f_n f_m')' &= (m^2 - n^2) \int_{-\pi}^{\pi} dx\ f_n f_m\ ,\\ (f_n' f_m - f_n f_m')|_{-\pi}^{\pi} &= (m^2 - n^2) \int_{-\pi}^{\pi} dx\ f_n f_m\ .\end{aligned} \tag{16.82}$$

Wegen der Randbedingungen verschwindet die linke Seite der Gleichung, und wir erhalten für $m \neq n$ eine Orthogonalitätsrelation,

$$\int_{-\pi}^{\pi} dx\ f_n(x)\, f_m(x) = 0 \quad (\text{für } n \neq m)\ . \tag{16.83}$$

Hier war die Periodizität ausschlaggebend. Dieses Ergebnis bekommt man auch für geeignet gewählte andere Randbedingungen, zum Beispiel, wenn die Funktionen im Definitionsintervall periodisch sind, oder wenn statt der Funktionen die Ableitungen der Funktionen am Rand verschwinden, also $f'(-\pi \text{ oder } \pi) = 0$, oder geeignete Kombinationen von Funktionswerten und Ableitungen. In jedem Fall ist das Eigenvektorsystem also ein Orthogonalsystem bezüglich des Skalarprodukts, das durch (16.83) definiert wird.

16.4.2 Legendresche Differenzialgleichung

Die **Legendresche Differenzialgleichung** wird uns auch in den kommenden Kapiteln noch beschäftigen. Sie tritt bei Problemen mit sphärischer Symmetrie auf, wie das etwa die Laplace-Gleichung (Differenzialgleichung für das elektrische Feld in der Elektrodynamik) in Kugelkoordinaten ist. Die Variable x ist in diesem Fall der Kosinus eines Winkels ($\cos\vartheta$). Die Legendre-Gleichung lautet:

$$(1 - x^2)\, y''(x) - 2\, x\, y'(x) + \lambda\, y(x) = 0 \tag{16.84}$$

und ist ebenfalls eine Eigenwertgleichung. Die Randbedingungen werden wir weiter unten näher besprechen, im Moment wollen wir nur annehmen, dass die Lösungen im Intervall $[-1, 1]$ definiert und endlich sein sollen.

Wie in Kap. 17 genauer besprochen wird, kann der Eigenwert λ in die Form $l(l + 1)$ gebracht werden, ist also ein Produkt zweier aufeinander folgender ganzer (positiver) Zahlen. Die dazugehörenden Eigenlösungen werden $P_l(x)$ genannt; das sind die schon in mehreren Beispielen verwendeten Legendre-Polynome. Wir schreiben die Gleichung zunächst in etwas anderer Form für zwei unterschiedliche Eigenwerte an und gehen dann analog zum Beispiel der Schwingungsgleichung vor.

$$\left.\begin{array}{lll}\left((1-x^2)\;P_n'\right)' &=& -n(n+1)P_n \qquad \mid P_m \\ \left((1-x^2)\;P_m'\right)' &=& -m\,(m+1)\,P_m \qquad \mid P_n\end{array}\right\}- \tag{16.85}$$

Nach Multiplikation mit der jeweils anderen Eigenfunktion und Subtraktion der beiden Gleichungen erhält man die Gleichung

$$P_m\left((1-x^2)\,P_n'\right)' - P_n\left((1-x^2)\,P_m'\right)' = (m\,(m+1) - n\,(n+1))\;P_n\,P_m\;, \tag{16.86}$$

die man in folgende Form bringen kann:

$$\left((1-x^2)\;\left(P_m\,P_n' - P_m'\,P_n\right)\right)' = (m\,(m+1) - n\,(n+1))\;P_n\,P_m\;. \tag{16.87}$$

Integration über das Definitionsintervall $[-1, 1]$ gibt

$$\left((1-x^2)\;\left(P_m\,P_n' - P_m'\,P_n\right)\right)\Big|_{-1}^{1} = (m\,(m+1) - n\,(n+1))\int\limits_{-1}^{1} dx\;P_n(x)\,P_m(x)\;. \tag{16.88}$$

Wenn die Eigenlösungen und ihre Ableitungen an den beiden Grenzen regulär sind, so verschwindet die linke Seite wegen des Faktors $(1-x^2)$, und wir erhalten wiederum eine Orthogonalitätsrelation

$$\int\limits_{-1}^{1} dx\;P_n(x)\,P_m(x) = 0 \qquad (\text{für } n \neq m)\;. \tag{16.89}$$

16.4.3 Sturm-Liouville-Problem

Wenn wir die Ableitungen der Orthogonalität für die Legendre-Gleichung und die Schwingungsgleichung vergleichen, erkennen wir, dass sich in beiden Fällen die Vorgangsweise eng an den entsprechenden Beweis für Matrizen nach (16.16) anlehnt. Die Randbedingungen dienen dazu, die Definition des Operators zu vervollständigen. Diese Gemeinsamkeiten lassen sich noch verallgemeinern.

Wir formulieren nun die allgemeine Fassung für eine ganze Gruppe von Differenzialgleichungen: das so genannte **Sturm-Liouville-Problem**. Wir betrachten die Differenzialgleichung

$$S\;y(x) + \lambda\,r(x)\,y(x) = 0 \tag{16.90}$$

mit dem **Sturm-Liouville-Differenzialoperator** S der Form

$$\begin{aligned} S\,y(x) &\equiv \frac{d}{dx}\left(p(x)\,y'(x)\right) + q(x)\,y(x)\;, \\ & q(x) \text{ stetig und reell in } (a,b)\;, \\ & p(x) > 0 \text{ und zweimal stetig differenzierbar in } (a,b)\;, \\ & r(x) > 0 \text{ und stetig in } (a,b) \end{aligned} \tag{16.91}$$

und den Randbedingungen, dass für zwei beliebige, unterschiedliche Lösungen $u(x)$ und $v(x)$

$$p(x)\,\left(u(x)\,v'(x) - u'(x)\,v(x)\right)\Big|_a^b = 0 \tag{16.92}$$

gelten soll. Diese Differenzialgleichung mit diesen Randbedingungen hat reelle Eigenwerte λ und Eigenlösungen $y_\lambda(x)$. Die Eigenlösungen genügen einer Orthogonalitätsrelation der Form

$$\int_a^b dx\; r(x)\,y_{\lambda_n}(x)\,y_{\lambda_m}(x) = 0 \quad (\text{für } n \neq m)\;. \tag{16.93}$$

Achtung: Die Randbedingungen sind Teil der Definition des Sturm-Liouville-Problems, also des Sturm-Liouville-Differenzialoperators!

Auch hier verläuft der Beweis genau wie in den beiden schon behandelten Fällen. Die Sturm-Liouville-Gleichung für einen Eigenwert λ_n und die Eigenlösung y_n kann in die Form

$$\left(p(x)\,y_n'(x)\right)' = -\left(q(x) + \lambda_n\,r(x)\right)\,y_n(x) \tag{16.94}$$

gebracht werden, wird wieder geeignet kombiniert, und man erhält schließlich die Beziehung

$$p(x)\,\left(y_m(x)\,y_n'(x) - y_m(x)'\,y_n(x)\right)\Big|_a^b = (\lambda_m - \lambda_n)\int_a^b dx\; r(x)\,y_{\lambda_n}(x)\,y_{\lambda_m}(x)\;. \tag{16.95}$$

Die Randbedingungen (16.92) sind genau so, dass die linke Seite verschwindet und wir die versprochene Orthogonalitätsrelation erhalten. Man beachte, dass diese gleichzeitig ein Skalarprodukt der Form

$$(f,g) \equiv \int_a^b dx\; r(x)\,f(x)\,g(x) \tag{16.96}$$

definiert (für komplexe Funktionen muss man f durch $\overline{f}$ ersetzen) und damit auch eine Norm, also den Vektorraum der Lösungen der Sturm-Liouville-Gleichung bestimmt.

Dieser Typ eines Differenzialoperators wird durch eine Differenzialgleichung mit Randbedingungen der angegebenen Form definiert und steht daher für eine ganze Klasse von Differenzialgleichungen zweiter Ordnung. Der wichtige Punkt: Er ist selbstadjungiert. Den Beweis wollen wir hier nicht explizit führen. Wir erkennen aber einige der wichtigsten Eigenschaften: Existenz eines vollständigen Orthogonalsystems (gebildet aus den Eigenlösungen) und reelle Eigenwerte!

Eine hinreichende Bedingung, damit (16.92) gewährleistet wird, ist übrigens

$$\left.\begin{aligned} A\,y(a) + B\,y'(a) &= 0 \\ C\,y(b) + D\,y'(b) &= 0 \end{aligned}\right\} \quad A,\, B,\, C,\, D \in \mathbb{R}\,, \tag{16.97}$$

wobei weder A und B noch C und D gleichzeitig verschwinden dürfen.

Beispiel

Die Schwingungsgleichung entspricht dem Sturm-Liouville-Operator für den Fall

$$p(x) = 1,\ q(x) = 0,\ r(x) = 1\,.$$

Periodische Randbedingungen erfüllen (16.92). Die Legendre-Gleichung erhält man für die Wahl

$$p(x) = 1 - x^2,\ q(x) = 0,\ r(x) = 1\,.$$

Hier sorgt der bei $x = \pm 1$ verschwindende Faktor $p(x)$ für die Erfüllung der Eigenschaft (16.92). □

Was zeichnet das Eigensystem einer bestimmten Differenzialgleichung aus? Gibt es einen guten Grund, die Lösungen der Schwingungsgleichung durch die Fourierreihe (also eben die Eigenfunktionen) darzustellen, wenn doch auch die Legendrepolynome ein Orthogonalsystem für Funktionen auf einem Intervall sind? Die Antwort liegt in der Art der Konvergenz. Wenn eine Funktion $f(x)$ die Randbedingungen der Differenzialgleichung erfüllt und sie auf dem Definitionsbereich $[a, b]$ stetig und zumindest stückweise stetig differenzierbar ist, dann ist die Summe

$$f(x) = \sum_i c_i\,\varphi_i(x) \quad \text{mit} \quad c_i = \int_a^b dx\; r(x)\,\varphi_i(x)\,f(x) \tag{16.98}$$

gleichmäßig und punktweise konvergent! Erfüllt dagegen $f(x)$ die Randbedingungen nicht, so konvergiert sie (nach dem Fischer-Riesz Kriterium) zumindest im quadratischen Mittel, und an Unstetigkeitsstellen gegen $\frac{1}{2}(f(x-0) + f(x+0))$.

Die Qualität der Konvergenz ist also höher, wenn das dem Operator entsprechende Basissystem gewählt wird.

Beispiel

Auch die grundlegende Gleichung der Quantenmechanik, die Schrödingergleichung, definiert ein Eigenwertproblem. In ihrer zeitunabhängigen Form,

$$H\,\psi_n = E_n\,\psi_n\ ,$$

ist der so genannte Hamiltonoperator H ein Differenzialoperator der Form

$$H = -\frac{\hbar^2}{2m}\frac{\partial^2}{\partial x^2} + V(x)\ ,$$

wobei $V(x)$ das klassische Potenzial des Problems ist ($\hbar = h/2\pi$ ist die reduzierte Plancksche Konstante, h das Plancksche Wirkungsquantum). Dazu gehören dann noch Randbedingungen wie beim Sturm-Liouville-Problem diskutiert, die sich aus den geometrischen Gegebenheiten der Fragestellung ergeben. Die Eigenwerte sind die Quantenniveaus der Energie. Die Quantisierung ist also durch das Eigenwertproblem begründet.

Auch andere Aussagen dieses Kapitels finden in der Quantenmechanik ihre Entsprechung. Miteinander kommutierende hermitische Operatoren entsprechen physikalischen Observablen, die gleichzeitig messbar sind, die „sich gegenseitig nicht stören" und daher „simultan messbar" sind. Wir werden diese und andere Beispiele in Kap. 17 noch genauer besprechen. □

Und hier nun eine Kurzfassung der Quintessenz dieses Kapitels:

- Bestimmte Differenzialgleichungen mit Randbedingungen sind Operatorgleichungen in Vektorräumen.
- Eigenwertgleichungen für selbstadjungierte Operatoren oder hermitische Matrizen führen zu reellen Eigenwerten und einem orthogonalen Eigensystem.
- Diese Eigensysteme dienen als Basissysteme für die Darstellung der Lösungen der Gleichungen.

16.5 Aufgaben und Lösungen

16.5.1 Aufgaben

16.1: Zeigen Sie, dass die Eigenvektoren der Matrix

$$\begin{pmatrix} 2 & 0 \\ 0 & 2 \end{pmatrix}$$

einen 2-dimensionalen Raum aufspannen, und geben Sie Eigenwerte und eine Basis dafür an.

16.2: Bestimmen Sie Eigenwerte und Eigenvektoren der Matrizen

$$(a)\begin{pmatrix}1 & 3 & 0\\ 3 & -2 & -1\\ 0 & -1 & 1\end{pmatrix} \quad (b)\begin{pmatrix}0 & 1 & 0\\ 1 & 0 & 0\\ 0 & 0 & 0\end{pmatrix} \quad (c)\begin{pmatrix}1 & 0 & 0\\ 0 & 0 & 1\\ 0 & 1 & 0\end{pmatrix} \quad (d)\begin{pmatrix}1 & 1 & 1\\ 1 & 1 & 1\\ 1 & 1 & 1\end{pmatrix}.$$

16.3: Zeigen Sie, dass die Matrix für alle $\alpha \in \mathbb{R}$ zumindest einen Eigenvektor in $\mathbb{R}^2$ hat:

$$\begin{pmatrix}\cos\alpha & \sin\alpha\\ \sin\alpha & -\cos\alpha\end{pmatrix}.$$

16.4: Zeigen Sie, dass $(A\,B)^\dagger = B^\dagger\,A^\dagger$ für (a) Operatoren als auch (b) in Matrixdarstellung.

16.5: Bestimmen Sie Eigenwerte und Eigenvektoren der Matrizen (vgl. M.16.1)

$$(a)\begin{pmatrix}2 & 1 & 0\\ 0 & 1 & -1\\ 0 & 2 & 4\end{pmatrix} \quad (b)\begin{pmatrix}1 & a\\ 0 & 1\end{pmatrix} \quad (a \neq 0)\ .$$

16.6: Das Skalarprodukt in einem Vektorraum sei

$$(f, g) = \int_{-\infty}^{\infty} dx\ \mathrm{e}^{-x^2}\ f(x)\, g(x),$$

und der Raum umfasse alle integrablen, differenzierbaren Funktionen, für die (f, f) beschränkt ist. Konstruieren Sie den zu $A = (x - \frac{d}{dx})$ adjungierten Operator $A^\dagger$.

16.5.2 Lösungen

Vollständige Lösungen unter http://physik.uni-graz.at/~cbl/mm/.

16.1: Zweifach entarteter Eigenwert $\lambda = 2$, die Eigenvektoren bilden eine Basis des $\mathbb{R}^2$ und können beliebig gewählt werden (zum Beispiel die beiden Einheitsvektoren).

16.2: Alle Matrizen sind reell symmetrisch (hermitisch) und haben daher reelle Eigenwerte mit (zu unterschiedlichen Eigenwerten) orthogonalen Eigenvektoren. (a) Eigenwerte -4, 1, 3; Eigenvektoren (unnormiert) $(-3, 5, 1)$, $(1, 0, 3)$, $(-3, -2, 1)$. (b) Eigenwerte -1, 0, 1; Eigenvektoren (unnormiert) $(-1, 1, 0)$, $(0, 0, 1)$, $(1, 1, 0)$. (c) Eigenwerte 1 (zweifach), -1; Eigenvektoren (unnormiert) $(1, 0, 0)$, $(0, 1, 1)$, $(0, 1, -1)$. (d) Eigenwerte 0 (zweifach), 3; Eigenvektoren (unnormiert) $(-1, 0, 1)$, $(-1, 1, 0)$, $(1, 1, 1)$.

16.3: Zu zeigen mit Fallunterscheidung: $\alpha = 2k\pi, \neq 2k\pi$ etc.

16.5: (a) Eigenwerte 2 (zweifach), 3; Eigenvektoren (unnormiert) $(1, 0, 0)$, $(1, 1, -2)$; die Eigenvektoren spannen nur einen $\mathbb{R}^2$ auf! (b) Eigenwert 1, Eigenraum ist nur eindimensional, Eigenvektor $(1, 0)$; die Matrix ist nicht „normal".

16.6: $A^\dagger = -A$.

Literaturempfehlungen
Eine mathematisch anspruchsvollere, aber dennoch relativ kurze Darstellung der linearen Algebra findet man in [7], für Operatoren in [2–4, 6]. Ein sehr vollständiger Text zum algebraischen Eigenwertproblem ist [8]. Numerische Verfahren zur Diagonalisierung von Matrizen werden in [9, 10] besprochen.

Literatur

1. K. Jänich, *Mathematik 1*, 2. Aufl. (Springer-Verlag, Berlin-Heidelberg-New York, 2005).
2. T. Kato, *A Short Introduction to Perturbation Theory for Linear Operators* (Springer-Verlag, Berlin, Heidelberg, New York, 1982).
3. J. Dieudonné, *Foundations of Modern Analysis* (Academic Press, New York).
4. J. Weidmann, *Lineare Operatoren in Hilberträumen* (Teubner, Stuttgart, 2003).
5. S. Lang, *Real and Functional Analysis* (Springer-Verlag, New York, 1996).
6. D. Werner, *Funktionalanalysis*, 7. Aufl. (Springer-Verlag, Heidelberg, 2011).
7. S. Lang, *Linear Algebra* (Springer-Verlag, New York, 1993).
8. J. H. Wilkinson, *The Algebraic Eigenvalue Problem* (Clarendon Press, Oxford, 1988).
9. W. H. Press, B. P. Flannery, S. A. Teukolsky, und W. T. Vetterling, *Numerical Recipes: The Art of Scientific Computing*, 3. Aufl. (Cambridge University Press, Cambridge, 2007).
10. R. L. Burden und J. D. Faires, *Numerical Analysis* (Cengage Learning, Inc, Boston, 2010).

Spezielle Differenzialgleichungen 17

In diesem Kapitel stellen wir spezielle Differenzialgleichungen vor, wie sie in vielen Bereichen der Physik vorkommen. Sie sind alle vom Sturm-Liouville-Typ, entsprechen mit ihren Randbedingungen also einem selbstadjungierten Operator. Daher haben sie reelle Eigenwerte, und die Eigenvektoren bilden eine orthogonale Basis. All diese Differenzialgleichungen ergeben sich als Teilprobleme bei der Lösung von partiellen Differenzialgleichungen, wie sie im Kap. 18 diskutiert werden.

Jedes der zu besprechenden Sturm-Liouville-Probleme hat seine spezielle Orthogonalitätsrelation und ein dementsprechend definiertes Skalarprodukt; es ist jedes ein Beispiel für eine Basis im L^2. Die entsprechenden Polynome haben viele Gemeinsamkeiten, wie zum Beispiel die Existenz von erzeugenden Funktionen und Rekursionsbeziehungen.

17.1 Die Legendresche Differenzialgleichung

Die so genannte **verallgemeinerte Legendresche Differenzialgleichung** (kurz VLDG),

$$\frac{d}{dx}\left(\left(1-x^2\right) y'(x)\right) + \left(l\,(l+1) - \frac{m^2}{1-x^2}\right) y(x) = 0\,, \quad m^2 \leq l^2\,, \tag{17.1}$$

ergibt sich bei Differenzialgleichungen für Probleme mit sphärischer Symmetrie, wie etwa die Laplace-Gleichung in Kugelkoordinaten. Wir werden zuerst den Spezialfall $m = 0$ behandeln und dann den allgemeineren Fall.

VLDG für $m = 0$

Für den Spezialfall $m = 0$ ergibt sich einfach die schon im Kap. 14 besprochene Legendresche Differenzialgleichung (kurz LDG),

$$(1-x^2)\, y''(x) - 2\,x\, y'(x) + l\,(l+1)\, y(x) = 0\,. \tag{17.2}$$

C.B. Lang, N. Pucker, *Mathematische Methoden in der Physik*,
DOI 10.1007/978-3-662-49313-7_17

Die im abgeschlossenen Intervall $[-1, 1]$ regulären Lösungen sind die Legendre-Polynome $P_l(x)$ zu den Eigenwerten $l\,(l+1)$.

Eine Möglichkeit, dies zu zeigen, ergibt sich aus der Diskussion im vorherigen Kapitel. Man erhält eine Orthogonalitätsrelation und kann mit ihrer Hilfe und mittels Gram-Schmidt Verfahren ein Orthogonalsystem aufbauen, dessen Basisvektoren eben die $P_l(x)$ sind.

Man kann aber auch die Gleichung (17.2) explizit mit Hilfe eines Potenzreihenansatzes lösen. Wie in Kap. 6 besprochen, kann für Differenzialgleichungen des Frobenius-Typs (6.117)

$$y'' + \alpha(x)\,y' + \beta(x)\,y = 0 \tag{17.3}$$

die Lösung formal als Potenzreihe der Form

$$y(x) = \sum_{n=0}^{\infty} a_n\,x^n \tag{17.4}$$

angeschrieben werden. Die Bedingungen dafür sind erfüllt, da

$$\alpha(x) = \frac{2\,x}{1-x^2} \quad \text{und} \quad \beta(x) = \frac{l\,(l+1)}{1-x^2} \tag{17.5}$$

bei $x = 0$ nichtsingulär sind. Aus dem Potenzreihenansatz kann man y' und y'' – vgl. (6.118) – bestimmen und in (17.2) einsetzen.

Aus dem Koeffizientenvergleich zu den einzelnen Potenzen ergibt sich die Rekursionsbeziehung

$$a_{n+2} = -\frac{(l-n)\,(l+n+1)}{(n+1)\,(n+2)}\,a_n\,, \quad n \geq 0\,. \tag{17.6}$$

Nur a_0 und a_1 sind frei wählbar, alle anderen Koeffizienten lassen sich auf diese beiden zurückführen. Wie bei der Schwingungsgleichung erhalten wir also zwei linear unabhängige Lösungen,

$$y(x) = a_0\,y_+(x) + a_1\,y_-(x)\,, \tag{17.7}$$

also eine gerade und eine ungerade Lösung. Sie haben die Form

$$\begin{aligned} y_+(x) &= 1 - \frac{l\,(l+1)}{2!}\,x^2 + \frac{l\,(l+1)(l-2)(l+3)}{4!}\,x^4 \\ &\quad - \frac{l\,(l+1)(l-2)(l+3)(l-4)(l+5)}{6!}\,x^6 + \cdots\,, \\ y_-(x) &= x - \frac{(l-1)(l+2)}{3!}\,x^3 + \frac{(l-1)(l+2)(l-3)(l+4)}{5!}\,x^5 \\ &\quad - \frac{(l-1)(l+2)(l-3)(l+4)(l-5)(l+6)}{7!}\,x^7 + \cdots\,. \end{aligned} \tag{17.8}$$

Der Konvergenzradius der Reihen ergibt sich aus dem Quotientenkriterium zu

$$\lim_{n\to\infty}\left|\frac{a_{n+2}x^{n+2}}{a_n x^n}\right| = x^2 \lim_{n\to\infty}\left|\frac{(l-n)(l+n+1)}{(n+1)(n+2)}\right| = x^2 < 1 \,. \tag{17.9}$$

Am Rand des Gebiets, also bei $x = \pm 1$, divergiert jeweils entweder y_+ oder y_- – außer für ganzzahlige Werte von l. Für gerade l ist $y_+(x)$ eine abbrechende Reihe, also ein endliches Polynom, und für ungerade l ist $y_-(x)$ ein endliches Polynom.

Je nach dem Eigenwert von l gibt es daher jeweils eine gerade oder eine ungerade Lösung, die im gesamten Bereich $[-1, 1]$ regulär ist. Es ist

$$\begin{aligned} l &= 0 \quad \text{gerade Lösung} \quad && a_0\,, \\ l &= 1 \quad \text{ungerade Lösung} \quad && a_1\,x\,, \\ l &= 2 \quad \text{gerade Lösung} \quad && a_0\left(1-3\,x^2\right)\,, \\ l &= 3 \quad \text{ungerade Lösung} \quad && a_1\left(x-\frac{5}{3}\,x^3\right)\,,\ldots\,. \end{aligned} \tag{17.10}$$

Diese Polynome sind die schon aus den Beispielen zu Kap. 12 bekannten **Legendre-Polynome**. Man normiert sie so, dass $P_l(1) = 1$ gilt. Damit ergibt sich

$$\begin{aligned} P_0(x) &= 1\,, \\ P_1(x) &= x\,, \\ P_2(x) &= \frac{3}{2}x^2 - \frac{1}{2}\,, \\ P_3(x) &= \frac{5}{2}x^3 - \frac{3}{2}x\,,\ldots\,. \end{aligned} \tag{17.11}$$

Sie werden auch **Legendre-Funktionen 1. Art** genannt. Die Lösungen für negative, ganzzahlige Werte von l reproduzieren einfach Lösungen für positive l, und zwar ist $P_{-l-1} = P_l$, wie man aus (17.8) sieht.

Daneben gibt es auch die so genannten **Legendre-Funktionen 2. Art** , also die *geraden* Lösungen für *ungerade* Werte von l und die *ungeraden* Lösungen für die *geraden* Werte von l. Diese unendlichen Potenzreihen werden mit $Q_l(x)$ bezeichnet und konvergieren nur für $|x| < 1$. Am Rand haben sie logarithmische Singularitäten. Man kann die Legendre-Funktionen auch für nichtganzzahlige l definieren, in diesem Fall sind sowohl die P_l als auch die Q_l durch unendliche Reihen darstellbar.

Wie wir schon im Kap. 14 diskutiert haben, ist die LDG ein Sturm-Liouville-Problem für die Wahl $p(x) = 1 - x^2$, $q(x) = 0$, $r(x) = 1$, $\lambda = l(l+1)$ und der Bedingung, dass die Lösungen auch am Rand $|x| = 1$ regulär sein sollen.

VLDG mit $m \neq 0$

Mit Hilfe des Ansatzes

$$y(x) = (1 - x^2)^{m/2}\, u(x) \tag{17.12}$$

lässt sich die VLDG (17.1) auf eine Differenzialgleichung für $u(x)$ der Form

$$(1 - x^2)\, u''(x) - 2\,(m + 1)\, x\, u'(x) + [l\,(l + 1) - m\,(m + 1)]\; u(x) = 0 \tag{17.13}$$

transformieren. Für $m = 0$ ist das genau die einfache LDG. Wenn wir (17.13) nach x ableiten, erhalten wir eine Gleichung der Form

$$(1 - x^2)\,[u'(x)]'' - 2\,(m + 2)\, x\,[u'(x)]' + (l\,(l + 1) - (m + 1)(m + 2))\;[u'(x)] = 0\,. \tag{17.14}$$

Dies ist wieder die Gleichung (17.13) mit den Ersetzungen $m \to m+1$ und $u(x) \to u'(x)$.

M.17.1 Kurz und klar: Legendre-Polynome

Formel von Rodrigues

$$\begin{aligned} P_l(x) &= \frac{1}{2^l\, l!}\,\frac{d^l}{dx^l}\,(x^2 - 1)^l \quad (l \geq 0,\ l \in \mathbb{Z})\ , \\ P_l^m(x) &= \frac{(-1)^m\,(1 - x^2)^{m/2}}{2^l\, l!}\,\frac{d^{l+m}}{dx^{l+m}}\,(x^2 - 1)^l \quad (l \geq 0,\ |m| \leq l,\ l, m \in \mathbb{Z})\ . \end{aligned} \tag{M.17.1.1}$$

Orthogonalitätsbeziehung

$$\begin{aligned} \frac{1}{2}\int_{-1}^{1} dx\; P_l(x)\, P_n(x) &= \frac{1}{2l + 1}\,\delta_{ln}\ , \\ \frac{1}{2}\int_{-1}^{1} dx\; P_l^m(x)\, P_n^m(x) &= \frac{1}{2l + 1}\,\frac{(l + m)!}{(l - m)!}\,\delta_{ln}\ . \end{aligned} \tag{M.17.1.2}$$

Reihenentwicklung

$$f(x) = \sum_{l=0}^{\infty} (2\,l + 1)\, c_l\, P_l(x) \quad \Leftrightarrow \quad c_l = \frac{1}{2}\int_{-1}^{1} dx\; P_l(x)\, f(x)\ . \tag{M.17.1.3}$$

Rekursionsformel

$$(n - m + 1)\, P_{n+1}^m(x) = (2n + 1)\, x\, P_n^m(x) - (n - m)\, P_{n-1}^m(x)\ . \tag{M.17.1.4}$$

Erzeugende Funktion

$$\Phi(x,h) \equiv \sum_{l=0}^{\infty} h^l\, P_l(x) = (1 - 2\,x\,h + h^2)^{-\frac{1}{2}}\,, \quad |h| < 1\,. \tag{M.17.1.5}$$

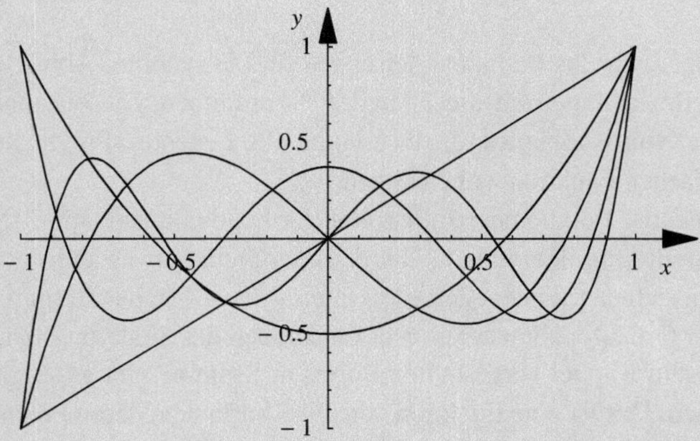

Abb. 17.1 Die Legendre-Polynome P_1 bis P_5 im Bereich $[-1, 1]$.Am Rand des Intervalls haben die Legendre-Polynome die Werte $P_l(1) = 1$ und $P_l(-1) = (-1)^l$

Damit haben wir die Möglichkeit, alle Lösungen $u(x)$ der VLDG (17.13) aus der Lösung für $m = 0$ zu gewinnen. Offenbar ist

$$\begin{array}{rcc} P_l(x) & \text{Lösung für } m = 0 & \text{(LDG)}\,, \\ P_l'(x) & \text{Lösung für } m = 1 & \text{(VLDG)}\,, \\ P_l''(x) & \text{Lösung für } m = 2 & \text{(VLDG)}\,, \\ P_l^{(m)}(x) & \text{Lösung für } m & \text{(VLDG)}\,. \end{array} \tag{17.15}$$

Wenn wir noch die Transformation (17.12) berücksichtigen, ergibt sich die allgemeine Lösung der VLDG zu

$$P_l^m(x) = (-1)^m\,(1 - x^2)^{\frac{m}{2}}\,\frac{d^m}{dx^m}\,P_l(x)\,, \quad (0 \leq m \leq l)\,. \tag{17.16}$$

Dabei haben wir eine gebräuchliche Vorzeichenkonvention gewählt, es sind allerdings auch andere üblich. Dies sind die so genannten **zugeordneten Legendre-Polynome** (auch „associated Legendre functions" genannt). Sie können auch für negative m definiert werden, es ist

$$P_l^{-m}(x) = (-1)^m\,\frac{(l-m)!}{(l+m)!}\,P_l^m(x)\,. \tag{17.17}$$

Da in physikalischen Anwendungen, die zur Legendre-Gleichung führen, die Variable x meist der Kosinus eines Winkels ist, betrachten wir die Polynome für $x = \cos\vartheta$ und finden die Darstellungen

$$\begin{aligned} P_1^1 &= -\sqrt{1-x^2} = -\sin\vartheta \,, \\ P_2^1 &= -3\,x\,\sqrt{1-x^2} = -3\,\cos\vartheta\,\sin\vartheta \,. \end{aligned} \tag{17.18}$$

In M.17.1 zeigen wir das Verhalten der ersten fünf Polynome (Abb. 17.1) und fassen einige nützliche Beziehungen für die P_l und P_l^m zusammen. Die bekannteste davon ist sicher die **Formel von Rodrigues**, die es erlaubt, alle Legendre-Polynome durch Ableitungen einer einfachen Funktion zu berechnen.

Auch die Legendre-Polynome erfüllen eine Orthogonalitätsrelation (M.17.1.2), wie beim Sturm-Liouville-Problem üblich. Die Normierung ist etwas anders als sonst; allerdings erspart man sich damit unbequeme Faktoren $\sqrt{2l+1}$ in der Definition der Polynome. Die Form der Orthogonalitätsrelation definiert auch das Skalarprodukt.

Für die in diesem Kapitel vorgestellten Polynom-Systeme gibt es so genannte **erzeugende Funktionen**. Das ist eine Funktion von zwei Variablen, deren Potenzreihe in einer der Variablen als Koeffizienten die Polynome der anderen Variablen hat. Für die Legendre-Polynome ist das

$$\Phi(x,h) \equiv \sum_{l=0}^{\infty} h^l\,P_l(x)\,, \quad |h| < 1\,. \tag{17.19}$$

Diese Funktion „erzeugt" die Polynome durch die entsprechenden Ableitungen,

$$P_n(x) = \frac{1}{n!}\,\frac{\partial^n}{\partial h^n}\,\Phi(x,h)\bigg|_{h=0}\,, \tag{17.20}$$

wie die Koeffizienten einer Taylorreihe. Das bringt bisher nichts Neues. Das Praktische dabei ist jedoch, dass man diese erzeugende Funktion explizit angeben kann. Für die Legendre-Polynome ist sie

$$\Phi(x,h) = (1 - 2\,x\,h + h^2)^{-\frac{1}{2}}\,, \quad |h| < 1\,. \tag{17.21}$$

Diese Kenntnis der erzeugenden Funktion erlaubt die Ableitung verschiedenster Rekursionsbeziehungen zwischen Legendre-Polynomen und ihren Ableitungen.

Zunächst kann man durch Einsetzen zeigen, dass die Gleichung

$$(1-x^2)\,\frac{\partial^2}{\partial x^2}\,\Phi(x,h) - 2\,x\,\frac{\partial}{\partial x}\,\Phi(x,h) + h\,\frac{\partial^2}{\partial h^2}\,(h\,\Phi(x,h)) = 0 \tag{17.22}$$

erfüllt ist. Mit Hilfe von (17.19) erhält man ein Polynom in h, dessen Koeffizienten die LDG für die verschiedenen Werte von l sind.

Auch erfüllt Φ offenbar die Gleichung

$$(1 - 2xh + h^2)\,\frac{\partial}{\partial h}\,\Phi(x,h) = (x-h)\,\Phi(x,h)\;. \tag{17.23}$$

Wenn man diese für die Reihendarstellung anschreibt und die Koeffizienten der Potenzen von h vergleicht, erhält man die Rekursionsbeziehung

$$(n+1)\,P_{n+1}(x) = (2n+1)\,x\,P_n(x) - n\,P_{n-1}(x)\;. \tag{17.24}$$

Das ist die in M.17.1 angegebene Rekursionsformel für den Fall $m = 0$. Aus der Identität

$$(x-h)\,\frac{\partial}{\partial x}\,\Phi(x,h) = h\,\frac{\partial}{\partial h}\,\Phi(x,h) \tag{17.25}$$

ergibt sich wiederum

$$x\,P_n'(x) - P_{n-1}'(x) = n\,P_n(x)\;, \tag{17.26}$$

eine Beziehung zwischen Polynomen und ihren Ableitungen. Mehr solcher manchmal ganz nützlicher Formeln findet man in Formelsammlungen wie etwa [1].

Beispiel

Die erzeugende Funktion ist auch zur Berechnung der Normierungskonstante der Orthogonalitätsrelation nützlich. Es ist

$$\Phi^2(x,h) = \left[\sum_{l=0}^{\infty} h^l\,P_l(x)\right]^2 = \sum_{l,m} h^{l+m}\,P_l(x)\,P_m(x)\;.$$

Das Integral ergibt daher

$$\int_{-1}^{1} dx\;\Phi^2(x,h) = \sum_{l,m} h^{l+m} \int_{-1}^{1} dx\;P_l(x)\,P_m(x) = \sum_{l=0}^{\infty} h^{2l} \int_{-1}^{1} dx\;[P_l(x)]^2\;,$$

wobei wir Vertauschbarkeit von Summe und Integral (gleichmäßige Konvergenz) und Orthogonalität verwendet haben. Andererseits ist

$$\begin{aligned}\int_{-1}^{1} dx\;\Phi^2(x,h) &= \int_{-1}^{1} dx\,\frac{1}{1-2xh+h^2} = -\frac{1}{2h}\ln\frac{1-2h+h^2}{1+2h+h^2}\\ &= \frac{1}{h}\ln\frac{|1+h|}{|1-h|} = 2\sum_{l=0}^{\infty}\frac{h^{2l}}{2l+1}\;.\end{aligned}$$

Wir haben hier $|h| < 1$ angenommen und in eine Potenzreihe entwickelt, wie in (1.40).

Wenn wir nun die beiden Ausdrücke für das Integral über Φ^2 vergleichen, finden wir das gesuchte Ergebnis

$$\int_{-1}^{1} dx \; [P_l(x)]^2 = \frac{2}{2l+1} \, . \qquad \Box$$

C.17.1 … und auf dem Computer: Gauß-Integration

Man kann orthogonale Polynome dazu verwenden, sehr effiziente Integrationsformeln abzuleiten. Wie wir schon in C.5.1 gesehen haben, geht man bei numerischer Integration meist von einer stückweisen Interpolation aus. Statt dessen kann man – stückweise oder über das gesamte Intervall – auch eine Zerlegung des Integranden nach orthogonalen Polynomen vornehmen. Deren Integrale kennt man ja explizit. Das Ergebnis der Integration ist dann eine Summe von Koeffizienten, multipliziert mit den entsprechenden, vorgefertigten Faktoren.

Der Vorteil dieser Methode ist, dass man mit wenigen, dafür aber speziell ausgewählten Stützstellen eine Genauigkeit erreicht, die einem vergleichbar hohen Interpolationspolynom entspricht. Man braucht also – zumindest im Prinzip – weniger Stützstellen. Das bringt vor allem in folgenden Situationen Vorteile:

- Die Bestimmung der Funktionswerte ist sehr aufwändig, man kann die Stützstellen jedoch frei wählen.
- Man möchte ein mehrdimensionales Integral bestimmen und muss in jeder Dimension mit möglichst wenigen Stützstellen auskommen.
- Der Integrand ist glatt und gut durch Polynome näherbar.

Zur Ableitung der Integrationsformel geht man vom üblichen Ansatz

$$\int_{-1}^{1} dx \; f(x) = \sum_{i=1}^{N} f(x_i)\, w_i \qquad \text{(C.17.1.1)}$$

aus und wählt die Werte der Stützstellen $\{x_1, \ldots, x_N\}$ so, dass die Formel Polynome bis zur Ordnung x^{2N+1} exakt integriert, also

$$\int_{-1}^{1} dx \; x^k = \sum_i x_i^k \, w_i = \begin{cases} \frac{2}{k+1} & \text{für gerade } k \, , \\ 0 & \text{für ungerade } k \, . \end{cases} \qquad \text{(C.17.1.2)}$$

Man kann zeigen, dass mit der Wahl

$$x_i : \text{Nullstellen von } P_N\,, \quad P_N(x_i) = 0\,, \quad w_i = \frac{2}{\left(1 - x_i^2\right)\left(P_N'(x_i)\right)^2} \tag{C.17.1.3}$$

diese Eigenschaft gewährleistet ist. P_N bezeichnet Legendre-Polynome.

Die Stützstellen und Gewichte sind tabelliert [1] oder in die entsprechenden Computerprogramme eingebaut. Für die 8-Punkt Formel sind diese Zahlen (mit $x_{9-i} = -x_i$, $w_{9-i} = w_i$):

i	1	2	3	4
x_i	0.96028	0.79666	0.52553	0.18343
w_i	0.10122	0.22238	0.31370	0.36268

Zur praktischen Fehlerkontrolle gibt es folgenden Vorschlag: Man zerlegt das Integrationsintervall in zwei Teile und berechnet für jeden Teil das numerische Integral mittels einer N-Punkt Formel. Dann vergleicht man das Ergebnis mit dem Resultat einer N-Punkt Formel für das ganze Intervall. Wenn die Abweichung zu groß ist, geht man für jeden der beiden Intervallteile weiter so vor.

Die Gauß-Integration hat an Bedeutung verloren, da man meist die Qualität der Integration durch Wahl sehr vieler Stützstellen leichter erhöhen kann. Dennoch gibt es Fälle, in denen sie sehr nützlich ist. So kann man damit zum Beispiel bei symmetrischer Wahl des Integrationsintervalls gut Hauptwertintegrale (vgl. Funktionentheorie, Kap. 19, C.19.2) bestimmen.

Neben der Gauß-Integration gibt es noch viele weitere Integrationsverfahren, in denen orthogonale Polynome verwendet werden. Meist berücksichtigt man dabei besondere Eigenschaften des Integranden, wie etwa integrable Singularitäten am Rand des Integrationsintervalls. Mehr über numerische Integration finden Sie in [2, 3].

17.1.1 Kugelflächenfunktionen

Viele Problemstellungen der Physik führen zu Gleichungen, die den Laplace-Operator enthalten. Beispiele dafür sind die elektrostatische Ladungsverteilung

$$\Delta f = -\frac{1}{\epsilon_0}\rho\,, \tag{17.27}$$

oder die Wellengleichung (in Akustik, Elektrodynamik und Elastizitätslehre)

$$\Delta f = \frac{1}{v^2}\frac{\partial^2 f}{\partial t^2}\,. \tag{17.28}$$

Je nach Symmetrieeigenschaften des physikalischen Problems wird man die Gleichung in einem geeigneten System von Variablen schreiben und zu lösen versuchen. Der Laplace-Operator in verschiedenen gebräuchlichen Koordinatensystemen wurde in Kap. 8 diskutiert und in M.8.1 angegeben.

Die Laplace-Gleichung für ein in Kugelkoordinaten formuliertes Problem,

$$\Delta f(r, \vartheta, \varphi) = 0 , \tag{17.29}$$

kann durch den Ansatz $f(r, \vartheta, \varphi) = R(r)\, S(\vartheta)\, T(\varphi)$ in drei Gleichungen zerlegt werden (siehe M.17.2 und Kap. 18). Die Gleichungen für die Winkelvariablen sind die bekannten Eigenwertgleichungen, nämlich die Schwingungsgleichung

$$\frac{d^2}{d\varphi^2}\, T(\varphi) = -\beta\, T(\varphi) , \tag{17.30}$$

sowie für $S(\vartheta)$ die VLDG für $\cos\vartheta = x$ und Eigenwerte $\alpha = l\,(l+1)$. Die Lösungen für die Schwingungsgleichung müssen periodisch in $\varphi \in [0, 2\pi)$ sein und haben die Eigenwerte $\beta = m^2$. Die Eigenfunktionen können als $\mathrm{e}^{\mathrm{i}m\varphi}$ und $\mathrm{e}^{-\mathrm{i}m\varphi}$ geschrieben werden. Der Winkelanteil der Gesamtlösung ist damit das Produkt

$$T(\varphi)\, S(\vartheta) = \mathrm{e}^{\pm\mathrm{i}m\varphi}\, P_l^m(\cos\vartheta) . \tag{17.31}$$

Dies führt zur Definition eines orthogonalen Systems für Funktionen in zwei Variablen, der so genannten **Kugelflächenfunktionen** oder „spherical harmonics“ ,

$$Y_{lm}(\vartheta, \varphi) = \sqrt{\frac{(2l+1)}{4\pi}\,\frac{(l-m)!}{(l+m)!}}\; P_l^m(\cos\vartheta)\, \mathrm{e}^{\mathrm{i}m\varphi} . \tag{17.32}$$

Leider sind in verschiedenen Texten oft unterschiedliche Normierungsfaktoren und andere Vorzeichenwahlen zu finden. Wir wollen als Beispiel ein paar dieser Funktionen angeben:

$$Y_{00} = \sqrt{\frac{1}{4\pi}} , \quad Y_{11} = -\sqrt{\frac{3}{8\pi}}\, \sin\vartheta\, \mathrm{e}^{\mathrm{i}\varphi} , \quad Y_{10} = \sqrt{\frac{3}{4\pi}}\, \cos\vartheta . \tag{17.33}$$

Der zweite Index kann negativ sein, und es gilt

$$Y_{l\,-m} = (-1)^m\, \overline{Y}_{lm} . \tag{17.34}$$

Auch die Kugelflächenfunktionen erfüllen eine Orthogonalitätsrelation, die eine Integration über den ganzen Raumwinkel enthält. Mit dem aus (5.79) bekannten Raumwinkeldifferenzial $d\Omega = \sin\vartheta\; d\vartheta\; d\varphi$ gilt

$$\int_0^{2\pi} d\varphi \int_0^{\pi} \sin\vartheta\, d\vartheta\; \overline{Y}_{l'm'}(\vartheta, \varphi)\, Y_{lm}(\vartheta, \varphi) = \delta_{l'l}\, \delta_{m'm} . \tag{17.35}$$

Entsprechend kann man eine Funktion dieser Winkelvariablen auf den $Y_{lm}(\vartheta, \varphi)$ als Basis aufspannen,

$$f(\vartheta, \varphi) = \sum_{l=0}^{\infty} \sum_{m=-l}^{l} f_{lm} \, Y_{lm}(\vartheta, \varphi) \, , \quad \text{mit } f_{lm} = \int_0^{2\pi} d\varphi \int_0^{\pi} \sin\vartheta \, d\vartheta \, \overline{Y}_{lm} \, f(\vartheta, \varphi) \, . \tag{17.36}$$

Wenn man diese Beziehung auf $f(\vartheta, \varphi) = \delta(\cos\vartheta - \cos\vartheta') \, \delta(\varphi - \varphi')$ anwendet, erhält man als Umkehrung der Orthogonalitätsrelation eine Vollständigkeitsrelation der Form

$$\sum_{l=0}^{\infty} \sum_{m=-l}^{l} \overline{Y}_{lm}(\vartheta', \varphi') \, Y_{lm}(\vartheta, \varphi) = \delta(\cos\vartheta - \cos\vartheta') \, \delta(\varphi - \varphi') \, , \tag{17.37}$$

die, wie bei der Deltafunktion besprochen, in distributivem Sinn – unter dem Integralsymbol – gilt. Es ist dies ein Beispiel für die allgemeine Form der Vollständigkeitsrelation in (16.69).

M.17.2 Kurz und klar: Separierung der Laplace-Gleichung in Kugelkoordinaten

Die Laplace-Gleichung $\Delta\Phi(r, \vartheta, \varphi) = 0$ in den sphärischen Variablen r, ϑ, und φ lautet (siehe M.8.1)

$$\left[\frac{1}{r^2} \frac{\partial}{\partial r} \left(r^2 \frac{\partial}{\partial r} \right) + \frac{1}{r^2 \sin\vartheta} \frac{\partial}{\partial\vartheta} \left(\sin\vartheta \frac{\partial}{\partial\vartheta} \right) + \frac{1}{r^2 \sin^2\vartheta} \frac{\partial^2}{\partial\varphi^2} \right] \Phi(r, \vartheta, \varphi) = 0 \, . \tag{M.17.2.1}$$

In diesem Fall ist ein Separationsansatz der Form

$$\Phi(r, \vartheta, \varphi) = R(r) \, S(\vartheta) \, T(\varphi) \tag{M.17.2.2}$$

möglich, und man kann die Gleichung damit in die Form

$$\frac{R\,S\,T}{r^2} \left[\frac{1}{R} \frac{d}{dr} \left(r^2 \frac{dR}{dr} \right) + \frac{1}{\sin^2\vartheta} \left(\frac{\sin\vartheta}{S} \frac{d}{d\vartheta} \left(\sin\vartheta \frac{dS}{d\vartheta} \right) + \frac{1}{T} \frac{d^2T}{d\varphi^2} \right) \right] = 0 \tag{M.17.2.3}$$

bringen. Der Vorfaktor ist proportional Φ; wenn daher $\Phi \neq 0$ gilt, dann müssen die Funktionen R, S und T die Differenzialgleichung in eckigen Klammern erfüllen.

Diese Gleichung trennt die Abhängigkeit von r von der von ϑ und φ. Sie kann nur dann gelten, wenn beide Teile einander aufhebende Konstanten sind. Daher muss für den radialen Teil gelten:

$$(r): \quad \frac{1}{R} \frac{d}{dr} \left(r^2 \frac{dR}{dr} \right) = \alpha \, . \tag{M.17.2.4}$$

Man kann diese Gleichung in eine noch einfachere Form bringen,

$$R(r) \equiv \frac{U(r)}{r} \quad \Rightarrow \quad r^2\, U''(r) = \alpha\, U \tag{M.17.2.5}$$

und durch Potenzansatz lösen. Uns interessiert hier aber der Winkelanteil der Differenzialgleichung. Er muss den Wert $-\alpha$ annehmen, und daraus folgt

$$\frac{\sin\vartheta}{S}\,\frac{d}{d\vartheta}\left(\sin\vartheta\,\frac{dS}{d\vartheta}\right) + \alpha\,\sin^2\vartheta + \frac{1}{T}\,\frac{d^2T}{d\varphi^2} = 0\,. \tag{M.17.2.6}$$

Wiederum tritt hier eine vollständige Separation der Abhängigkeiten von ϑ und φ auf, und die beiden Teile müssen einander aufheben. Damit erhalten wir für den Winkelanteil der Laplace-Gleichung die beiden Gleichungen

$$\begin{aligned} (\varphi): &\quad \frac{1}{T}\,\frac{d^2T}{d\varphi^2} = -\beta\,, \\ (\vartheta): &\quad \frac{\sin\vartheta}{S}\,\frac{d}{d\vartheta}\left(\sin\vartheta\,\frac{dS}{d\vartheta}\right) + \alpha\,\sin^2\vartheta = \beta\,. \end{aligned} \tag{M.17.2.7}$$

Die erste Gleichung hat die Form einer Schwingungsgleichung und muss Lösungen haben, die periodisch in φ sind, da es sich ja um eine Winkelvariable handelt. Die zweite Gleichung kann man mittels der Variablentransformation

$$\cos\vartheta = x \quad \Rightarrow \quad \sin\vartheta\,\frac{dS}{d\vartheta} = \sin\vartheta\,\frac{dS}{dx}\,\frac{dx}{d\vartheta} = -\sin^2\vartheta\,\frac{dS}{dx} = -(1-x^2)\,\frac{dS}{dx} \tag{M.17.2.8}$$

in die Form einer VLDG bringen,

$$\frac{d}{dx}\left((1-x^2)\,\frac{dS(x)}{dx}\right) + \left(\alpha - \frac{\beta}{1-x^2}\right)S(x) = 0\,. \tag{M.17.2.9}$$

Im Kap. 18 über partielle Differenzialgleichungen wird der Separationsansatz eingehender diskutiert.

17.2 Die Besselsche Differenzialgleichung

Viele Problemstellungen der Physik haben Zylindergeometrie. Die Laplace-Gleichung in Zylinderkoordinaten führt mit dem Separationsansatz $f(\rho, z, \varphi) = R(\rho)\,Z(z)\,\Phi(\varphi)$ für den ρ-abhängigen Teil zu der **Besselschen Differenzialgleichung**,

$$x \frac{d}{dx}\left(x \frac{d}{dx} y(x)\right) + (x^2 - p^2)\, y(x) = 0 \tag{17.38}$$

oder

$$x^2\, y''(x) + x\, y'(x) + (x^2 - p^2)\, y(x) = 0\,. \tag{17.39}$$

Die Lösungen sind so genannte Besselfunktionen, der Parameter p wird die Ordnung der Besselfunktion genannt. Auch dies ist ein spezielles Sturm-Liouville-Problem.

Ein einfacher Potenzreihenansatz führt hier nicht ohne weiteres zur Lösung. Im Abschn. 6.3.4 haben wir diskutiert, unter welchen Bedingungen wir die Potenzreihe bestimmen können. Wenn man die Besselsche Gleichung in die Standardform (6.117) bringt, findet man singuläre Vorfaktoren. Es sind das allerdings so genannte „reguläre" Singularitäten, und nach dem Theorem von Fuchs gibt es zumindest eine Lösung zum Potenzreihenansatz

$$y(x) = \sum_{n=0}^{\infty} a_n\, x^{s+n} \tag{17.40}$$

mit einem nichtverschwindenden Konvergenzgebiet um $x = 0$.

Einsetzen des Ansatzes (17.40) in (17.39) ergibt

$$\sum_{n=0}^{\infty} a_n \left((n+s)^2 - p^2\right) x^{n+s} + \sum_{n=2}^{\infty} a_{n-2}\, x^{n+s} = 0\,. \tag{17.41}$$

Die sich ergebende Indizialgleichung lautet

$$a_0\, (s^2 - p^2) = 0 \quad \Rightarrow \quad s = \pm p\,. \tag{17.42}$$

Damit folgt aus (17.41)

$$a_n = -\frac{a_{n-2}}{(n+s)^2 - p^2}\,, \qquad a_1 = 0\,, \quad a_{2n+1} = 0\,. \tag{17.43}$$

Die Wahl $s = p$ ergibt die Reihe

$$y(x) \equiv J_p(x) = \sum_{n=0}^{\infty} \frac{(-1)^n}{\Gamma(n+1)\, \Gamma(n+p+1)} \left(\frac{x}{2}\right)^{2n+p}\,. \tag{17.44}$$

Diese Funktion hat den Namen **Besselfunktion 1. Art der Ordnung p**. Man beachte, dass die Γ-Funktion auch für nicht-ganzzahlige Argumente definiert ist (siehe Anhang A). J_p und J_{-p} sind die beiden gesuchten linear unabhängigen Lösungen, wenn p nicht ganzzahlig ist.

Für ganzzahlige $s \equiv k$ ist die Besselfunktion eine so genannte „ganze" Funktion ohne Singularitäten im Endlichen (vgl. Funktionentheorie, Kap. 19). Die Wahl $s = -k$ führt in diesem Fall zu keiner linear unabhängigen Lösung, da

$$y(x) = J_{-k}(x) = (-1)^k \, J_k(x) \, . \tag{17.45}$$

Die zweite, zur vollständigen Lösung der Besselschen Differenzialgleichung notwendige linear unabhängige Lösung kann für ganzzahlige oder *beliebige* Werte von p und $x \neq 0$ als

$$Y_p(x) = \lim_{\nu \to p} \frac{\cos(\pi \nu) \, J_\nu(x) - J_{-\nu}(x)}{\sin(\pi \nu)} \tag{17.46}$$

geschrieben werden. Falls nämlich p ganzzahlig ist, ist dies eine unbestimmte Form, und die Grenzwertbildung definiert eine Art Ableitung nach der Ordnung. Falls p nicht ganzzahlig ist, erübrigt sich die Grenzwertbildung, und diese Linearkombination ist, da sie ja J_{-p} enthält, eine von J_p linear unabhängige Lösung. Die so definierte Funktion wird **Besselfunktion 2. Art** oder auch „Neumann"- oder „Weber"-Funktion genannt. Für ganzzahlige p hat diese Funktion eine *logarithmische Singularität* bei $x = 0$, kann aber sonst überall als zweite, linear unabhängige Lösung genommen werden (vgl. [1]).

Da Y_p eine Linearkombination von J_p und J_{-p} ist, können wir in jedem Fall die allgemeine Lösung der Besselschen Differenzialgleichung als

$$y(x) = a \, J_p(x) + b \, Y_p(x) \tag{17.47}$$

schreiben. Die Besselfunktionen liegen in Tabellen vor, können aber bei Bedarf auch numerisch – zum Beispiel über die Reihendefinition oder geeignete asymptotische Entwicklungen oder Integraldarstellungen [1] – berechnet werden.

In M.17.3 werden einige gebräuchliche Rekursions- und Ableitungsbeziehungen zwischen Besselfunktionen verschiedener Ordnung, sowie einige Spezialfälle (siehe auch Abb. 17.2) angeführt. Besselfunktionen werden in der Praxis meist für positive, reelle Argumente gebraucht. Das Verhalten der Besselfunktionen 1. Art ähnelt dem von trigonometrischen, oszillierenden Funktionen, die mit einem gegen unendlich langsam abfallenden Amplitudenfaktor versehen sind. Das Verhalten der Funktionen 2. Art ist ähnlich, nur dass sie bei $x = 0$ logarithmisch divergieren.

Auch für die Besselfunktionen gibt es eine Orthogonalitätsrelation. Sie ist im Vergleich zu den bisher betrachteten allerdings etwas ungewöhnlich. Unter der Voraussetzung, dass a, b Nullstellen der Besselfunktion $J_p(a) = J_p(b) = 0$ sind (davon gibt es unendlich viele), gilt

$$\int_0^1 dx \, x \, J_p(a\,x) \, J_p(b\,x) = \begin{cases} 0 & \text{für } a \neq b \, , \\ \frac{1}{2}\left[J_p'(a)\right]^2 = \frac{1}{2}\left[J_{p+1}(a)\right]^2 & \\ \qquad\quad = \frac{1}{2}\left[J_{p-1}(a)\right]^2 & \text{für } a = b \, . \end{cases} \tag{17.48}$$

Die Identität der verschiedenen Ausdrücke für den Fall $a = b$ ergibt sich aus der Rekursionsbeziehung (M.17.3.2) für die Besselfunktionen für diesen Spezialfall, dass nämlich a eine Nullstelle ist.

Man kann also sagen, dass für jedes p die Funktionenmenge $\{\sqrt{x}\, J_p(a_n\, x),\ n = 1, 2, \ldots\}$, wobei die a_n die Nullstellen von J_p bezeichnen, ein Orthogonalsystem auf $(0, 1)$ bildet. Oder, alternativ dazu, dass die Funktionenmenge $\{J_p(a_n x)\}$ auf $(0, 1)$ ein Orthogonalsystem zur Gewichtsfunktion $w(x) = x$ ist.

Am ehesten vergleichbar ist diese Orthogonalitätsrelation mit jener für Winkelfunktionen. Dort lautete die Beziehung

$$2 \int_0^1 dx\ \sin(2n\pi\, x)\ \sin(2m\pi\, x) = \delta_{nm}\ . \tag{17.49}$$

Beispiel

Wir betrachten als Beispiel die Temperaturverteilung $u(\rho, z, \varphi)$ in einem bei $z = 0$ beginnenden, unendlich langen Zylinder mit Radius a und $z \geq 0$. Die Bodentemperatur sei $T(z = 0) = 100$, an der Mantelfläche gelte $T(\rho = a) = 0$. Gegen $z \to \infty$ wird die Temperatur abfallen.

Die Verteilung ist eine Lösung der Laplace-Gleichung, die in Zylinderkoordinaten formuliert und separiert wird. Die genaue Vorgangsweise zur Lösung wird in Kap. 18 besprochen und soll uns im Moment nicht interessieren. Insbesondere folgt aus der Form des Laplace-Operators und den Randbedingungen, dass die Lösung rotationssymmetrisch um die z-Achse sein muss. Damit können wir für dieses Beispiel auf die φ-Abhängigkeit einfach vergessen. Der Separationsansatz

$$u(r, z) = R(r)\, Z(z)$$

führt zu einer Gleichung für Z mit der Lösung $Z(z) = \mathrm{e}^{-kz}$. Die Differenzialgleichung für den radialen Anteil hat dann die Form einer Besselschen Differenzialgleichung für die Ordnung $p = 0$:

$$(k\, r)\, \frac{d}{d(kr)} \left(k\, r\, \frac{dR}{d(kr)}\right) + (k\, r)^2\, R = 0$$

mit den Lösungen

$$R(r) \in \{J_0(k\, r), Y_0(k\, r)\}\ .$$

Die bei $r = 0$ singulären Lösungen Y_0 entfallen, da wir natürlich nur an einer regulären Temperaturverteilung interessiert sind.

Damit können wir daran gehen, die Gesamtlösung anzuschreiben, die sich aus Funktionen der Form

$$J_0(k\, r)\, \mathrm{e}^{-kz}$$

zusammensetzt. Einen Teil der Randbedingungen (Unabhängigkeit von φ und Regularität bei $r = 0$ und $z \to \infty$) haben wir schon berücksichtigt. Die weiteren Randbedingungen betreffen die Werte der Temperatur bei $z = 0$ und $r = a$. Sie werden die Eigenwerte k festlegen.

$\boldsymbol{u(r = a, z) = 0}$: Daraus folgt insbesondere $R(k\,a) = J_0(k\,a) = 0$. Damit muss $k\,a$ eine Nullstelle der Besselfunktion J_0 sein. Da es beliebig viele solche gibt, bezeichnen wir mit c_{0m} die m-te Nullstelle von $J_0(x)$. Wir haben damit eine Einschränkung (Eigenwert) der möglichen Werte von k gefunden:

$$k_{0m} = \frac{c_{0m}}{a} \quad \text{mit } J_0(c_{0m}) = 0 \;,\; m = 1, 2, \ldots \;.$$

Das erlaubt insgesamt also nur mehr eine Lösung der Form

$$u(r, z) = \sum_m d_m\, J_0\left(c_{0m}\,\frac{r}{a}\right)\, \mathrm{e}^{-k_{0m} z} \;.$$

$\boldsymbol{u(r < a, z = 0) = 100}$: Die Lösung hat die zusätzliche Bedingung

$$u(r < a, 0) = \sum_m d_m\, J_0\left(c_{0m}\,\frac{r}{a}\right) = 100 \;. \tag{17.50}$$

Dies erinnert wiederum sehr an die Problemstellungen der Fourieranalyse. Auch dort mussten wir oft einfache Potenzfunktionen in eine Reihe von Winkelfunktionen zerlegen. Hier muss die Konstante als Reihe von Besselfunktionen dargestellt werden.

Wir wenden auf (17.50) die Orthogonalitätsbeziehung (17.48) (mit $x \equiv r/a$) an,

$$\sum_m d_m \int_0^1 dx\; x\, J_0(x\, c_{0j})\, J_0(x\, c_{0m}) = \int_0^1 dx\; 100\, x\, J_0(x\, c_{0j}) \;,$$

und erhalten daraus auf der linken Seite

$$\sum_m d_m\, \delta_{mj}\, \frac{1}{2}\, [J_1(c_{0m})]^2 \quad \Rightarrow \quad d_j\, \frac{1}{2}\, \left[J_1(c_{0j})\right]^2 \;.$$

Das Integral auf der rechten Seite kann mit Hilfe der Beziehung $y\, J_0(y) = (y\, J_1(y))'$ aus M.17.3 gelöst werden,

$$c\,x\, J_0(c\,x) = \frac{d}{d(c\,x)}\, (c\,x\, J_1(c\,x)) \quad \Rightarrow \quad x\, J_0(c\,x) = \frac{1}{c}\,\frac{d}{dx}\, (x\, J_1(c\,x)) \;,$$

und ergibt

$$100 \int_0^1 dx\; x\, J_0(x\, c_{0j}) = \frac{100}{c_{0j}} \int_0^1 dx\; \left(x\, J_1(x\, c_{0j})\right)' = \frac{100}{c_{0j}}\, J_1(c_{0j}) \;.$$

Damit folgt

$$d_j \, \frac{1}{2} \, \left[J_1(c_{0j})\right]^2 = \frac{100}{c_{0j}} \, J_1(c_{0j}) \quad \Rightarrow \quad d_j = \frac{200}{c_{0j} \, J_1\left(c_{0j}\right)} \; .$$

Die endgültige Lösung für die Temperaturverteilung lautet daher

$$u(r,z,\varphi) = 200 \sum_m \frac{1}{c_{0m}} \, \frac{J_0\left(c_{0m} \, \frac{r}{a}\right)}{J_1(c_{0m})} \, \mathrm{e}^{-k_{0m} z} \; .$$

□

Neben den besprochenen Besselfunktionen gibt es noch weitere Lösungen der Besselschen Differenzialgleichung. Sie verhalten sich zu den Besselfunktionen 1. Art etwa wie die komplexe Exponentialfunktion und die hyperbolischen Funktionen zu den einfachen trigonometrischen Funktionen. Darunter befinden sich die so genannten „Hankel"- oder auch „Zylinder"-Funktionen

$$H_p^{(1)} = J_p + \mathrm{i}\, Y_p \, , \quad H_p^{(2)} = J_p - \mathrm{i}\, Y_p \, , \tag{17.51}$$

oder die so genannten „modifizierten" oder „hyperbolischen" Besselfunktionen

$$I_p = \mathrm{i}^{-p} \, J_p(\mathrm{i}\, x) \, , \quad K_p = \frac{\pi}{2} \, \mathrm{i}^{p+1} \, H_p^{(1)}(\mathrm{i}\, x) \, . \tag{17.52}$$

Die letztgenannten lösen die hyperbolische Form der Besselschen Differenzialgleichung

$$x^2 \, y'' + x \, y' - (x^2 + p^2) \, y = 0 \, . \tag{17.53}$$

Die **sphärischen Besselfunktionen** sind Spezialfälle für halbzahlige Ordnungen

$$\begin{aligned} j_n(x) &= \sqrt{\frac{\pi}{2x}} \, J_{n+\frac{1}{2}}(x) \, , & y_n(x) &= \sqrt{\frac{\pi}{2x}} \, Y_{n+\frac{1}{2}}(x) \, , \\ h_n^{(1)}(x) &= j_n(x) + \mathrm{i}\, y_n(x) \, , & h_n^{(2)}(x) &= j_n(x) - \mathrm{i}\, y_n(x) \, . \end{aligned} \tag{17.54}$$

Näheres findet man in Tabellenwerken wie etwa [1].

M.17.3 Kurz und klar: Relationen für Besselfunktionen

Orthogonalitätsbeziehung

Es seien a, b Nullstellen der Besselfunktion J_p; dann gilt

$$\int_0^1 dx \; x \, J_p(a\,x) \, J_p(b\,x) = \begin{cases} 0 & \text{für } a \neq b \, , \\ \frac{1}{2}\left[J_p'(a)\right]^2 = \frac{1}{2}\left[J_{p+1}(a)\right]^2 & \\ \qquad\qquad\;\; = \frac{1}{2}\left[J_{p-1}(a)\right]^2 & \text{für } a = b \, . \end{cases} \tag{M.17.3.1}$$

Ableitungsrelation

$$\frac{d}{dx}\left(x^p\, J_p(x)\right) = x^p\, J_{p-1}(x) \tag{M.17.3.2}$$

Rekursionsformel

$$J_{p-1}(x) + J_{p+1}(x) = \frac{2p}{x}\, J_p(x) \tag{M.17.3.3}$$

Integraldarstellung

$$J_n(x) = \frac{1}{\pi}\int_0^{\pi} d\vartheta\, \cos\left(x\,\cos\vartheta - n\,\vartheta\right) \quad (n \in \mathbb{Z}) \tag{M.17.3.4}$$

Asymptotische Entwicklungen

$$\begin{aligned} \text{kleine } x: \quad J_p(x) &\simeq \frac{1}{\Gamma(p+1)}\left(\frac{x}{2}\right)^p \quad (p \neq -1,-2,-3,\ldots) \\ \text{große } x: \quad J_p(x) &\simeq \sqrt{\frac{2}{\pi x}}\,\cos\left(x-(2\,p+1)\,\frac{\pi}{4}\right) \end{aligned} \tag{M.17.3.5}$$

Spezialfälle

$$J_{\frac{1}{2}}(x) = \sqrt{\frac{2}{\pi x}}\,\sin x\,, \quad J_{-\frac{1}{2}}(x) = \sqrt{\frac{2}{\pi x}}\,\cos x \tag{M.17.3.6}$$

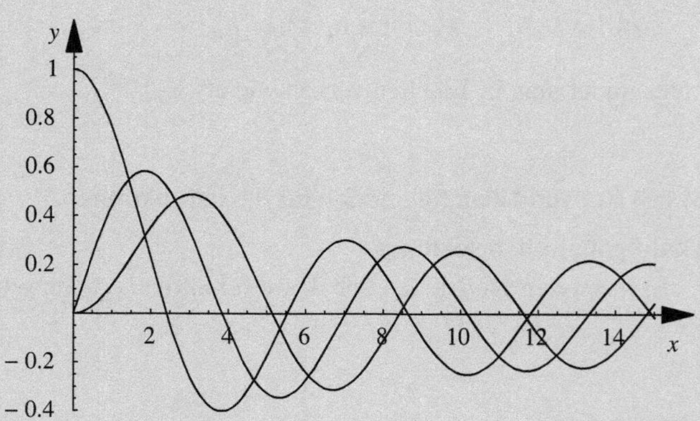

Abb. 17.2 Die Besselfunktionen J_0 bis J_2 im Bereich $(0, 15)$

17.3 Die Hermitesche Differenzialgleichung

Die **Hermite-Polynome** sind durch die Orthogonalitätsrelation

$$\int_{-\infty}^{\infty} dx\, \mathrm{e}^{-x^2}\, H_n(x)\, H_m(x) = \delta_{nm}\, \sqrt{\pi}\, 2^n\, n! \tag{17.55}$$

bestimmt. Das entspricht dem Skalarprodukt

$$(f, g) = \int_{-\infty}^{\infty} dx\, \mathrm{e}^{-x^2}\, \overline{f}(x)\, g(x)\,. \tag{17.56}$$

Die Hermite-Polynome sind Lösungen der **Hermiteschen Differenzialgleichung**

$$\frac{d}{dx}\left(\mathrm{e}^{-x^2}\, \frac{d}{dx}\, y(x)\right) + 2n\, \mathrm{e}^{-x^2}\, y(x) = 0\,, \tag{17.57}$$

die auch als

$$y''(x) - 2x\, y'(x) + 2n\, y(x) = 0 \tag{17.58}$$

geschrieben werden kann. Die ersten Hermite-Polynome haben die Form

$$\begin{aligned} H_0(x) &= 1\,, \\ H_1(x) &= 2x\,, \\ H_2(x) &= 4x^2 - 2\,, \\ H_3(x) &= 8x^3 - 12x\, \ldots\,, \end{aligned} \tag{17.59}$$

sind also je nach Index gerade oder ungerade. Dies folgt aus der Symmetrie der Orthogonalitätsrelation.

Beispiel

Diese Polynome ergeben sich bei der Lösung der quantenmechanischen Gleichung für einen (eindimensionalen) Oszillator,

$$-\frac{\hbar^2}{2m}\, \frac{d^2}{dx^2}\, \psi(x) + \frac{1}{2}\, m\, \omega^2\, x^2\, \psi(x) = E\, \psi(x)\,,$$

welche mit Hilfe der Substitution $z = \sqrt{\frac{m\,\omega}{\hbar}}\, x$ in die Form

$$\frac{d^2}{dz^2}\, \psi(z) + \left(\frac{2\,E}{\hbar\,\omega} - z^2\right)\, \psi(z) = 0$$

gebracht werden kann. Der Ansatz

$$\psi(z) = \mathrm{e}^{-\frac{1}{2}z^2}\, v(z)$$

ergibt die Hermitesche Differenzialgleichung

$$v'' - 2\,z\,v' + \left(\frac{2\,E}{\hbar\,\omega} - 1\right)\,v = 0\,.$$

Die Lösungen sind eben die Hermite-Polynome mit der wohlbekannten Eigenwertbedingung für die Energie:

$$2\,n = \frac{2\,E}{\hbar\,\omega} - 1 \quad\Rightarrow\quad E_n = \hbar\,\omega\,(n + \frac{1}{2})\,.$$

Die Energieniveaus sind also äquidistant, und es gibt eine nichtverschwindende kleinste Energie (die so genannte Nullpunktsenergie). □

Auch für die Hermite-Polynome kennt man eine erzeugende Funktion:

$$\Phi(x,h) = \sum_{n=0}^{\infty} H_n(x)\,\frac{h^n}{n!} = \mathrm{e}^{-h^2+2hx}\,. \tag{17.60}$$

Daraus folgen verschiedene Rekursionsbeziehungen, wie zum Beispiel

$$\begin{aligned}
\frac{\partial\Phi}{\partial x} &= 2\,h\,\Phi & \Rightarrow\quad H_n'(x) &= 2\,n\,H_{n-1}(x)\,,\\
\frac{\partial\Phi}{\partial h} &= 2\,(x-h)\,\Phi & \Rightarrow\quad H_{n+1}(x) &= 2\,x\,H_n(x) - H_n'(x)\,.
\end{aligned} \tag{17.61}$$

17.4 Die Laguerresche Differenzialgleichung

Mit der Orthogonalitätsrelation

$$\int_0^\infty dx\;\mathrm{e}^{-x}\,L_n(x)\,L_m(x) = \delta_{nm} \tag{17.62}$$

erhält man die **Laguerre-Polynome**. Sie sind Lösungen der **Laguerreschen Differenzialgleichung** (die bei der Berechnung der Wellenfunktion des Wasserstoff-Atoms in der Quantenmechanik auftritt)

$$\frac{d}{dx}\left(x\,\mathrm{e}^{-x}\,\frac{d}{dx}\,y(x)\right) + n\,\mathrm{e}^{-x}\,y(x) = 0\,, \tag{17.63}$$

die auch

$$x\, y''(x) + (1 - x)\, y'(x) + n\, y(x) = 0 \tag{17.64}$$

geschrieben werden kann. Die ersten Laguerre-Polynome haben die Form

$$\begin{aligned} L_0(x) &= 1\,, \\ L_1(x) &= 1 - x\,, \\ L_2(x) &= 1 - 2x + \frac{1}{2}x^2\,, \\ L_3(x) &= 1 - 3x + \frac{3}{2}x^2 - \frac{1}{6}x^3\ \ldots\,, \end{aligned} \tag{17.65}$$

sind also gemischter Ordnung und haben keine einfache Symmetrie in x. Die erzeugende Funktion lautet:

$$\Phi(x,h) = \sum_{n=0}^{\infty} L_n(x)\, h^n = \frac{1}{1-h}\, \mathrm{e}^{-\frac{x\,h}{1-h}}\,, \quad |h| < 1\,, \tag{17.66}$$

und daraus folgen Beziehungen wie etwa

$$(n+1)\, L_{n+1}(x) = (2n + 1 - x)\, L_n(x) - n\, L_{n-1}(x)\,. \tag{17.67}$$

Es gibt auch ein Analogon zur Rodrigues-Formel,

$$L_n(x) = \frac{1}{n!}\, \mathrm{e}^x \frac{d^n}{dx^n} (x^n\, \mathrm{e}^{-x})\,, \tag{17.68}$$

und, wie bei den Legendre-Polynomen, „zugeordnete" Laguerre-Funktionen

$$L^p_{n-p}(x) = (-1)^p \frac{d^p}{dx^p} L_n(x)\,, \tag{17.69}$$

welche die Differenzialgleichung

$$x\, y''(x) + (p + 1 - x)\, y'(x) + (n - p)\, y(x) = 0 \tag{17.70}$$

erfüllen. Beachten Sie, dass auch abweichende Vorfaktoren in der Literatur vorkommen und die Normierung beeinflussen.

17.5 Aufgaben und Lösungen

17.5.1 Aufgaben

17.1: Berechnen Sie die ersten fünf Legendre-Polynome aus der Formel von Rodrigues, und bestimmen Sie deren Nullstellen (gegebenenfalls mit einer numerischen Methode).

17.2: Zeigen Sie mit Hilfe der erzeugenden Funktion, dass $P_l(1) = 1$ und $P_l(-1) = (-1)^l$ gilt.

17.3: Für Legendre-Polynome gilt die Rekursionsformel (M.17.1.4). Berechnen Sie aus der Kenntnis von $P_0(x) = 1$ und $P_1(x) = x$ die Polynome P_2, P_3, P_4, P_5 und P_6.

17.4: Zeigen Sie mit Hilfe der Formel von Rodrigues, dass gilt:

$$\int_{-1}^{1} dx\; x^m\; P_n(x) = 0 \quad \text{für } m < n\,.$$

17.5: Man beweise mit Hilfe der Formel von Rodrigues die Orthogonalität der Legendre-Polynome,

$$\int_{-1}^{1} dx\; P_m(x)\, P_n(x) = 0 \quad \text{für } m < n\,.$$

17.6: Zeigen Sie für die erzeugende Funktion für Legendre-Polynome die nachstehende Beziehung und daraus die Gültigkeit der Rekursionsformel:

$$(x-h)\,\frac{\partial\Phi(x,h)}{\partial x} = h\,\frac{\partial\Phi(x,h)}{\partial h} \quad\Rightarrow\quad x\,P_l'(x) - P_{l-1}'(x) = l\,P_l(x)\,.$$

17.7: Entwickeln Sie die Funktionen in eine Legendre Reihe:
(a) $f(x) = \{-1 \text{ für } -1 < x < 0,\ 1 \text{ für } 0 < x < 1\}$;
(b) $f(x) = \{0 \text{ für } -1 < x < 0,\ x \text{ für } 0 < x < 1\}$.

17.8: Überprüfen Sie die Qualität der Gauß-Legendre Integrationsformel aus C.17.1 für zumindest drei Fälle (zum Beispiel Polynom, trigonometrische Funktion, Exponentialfunktion, rationale Funktion, Funktion mit $1/\sqrt{1-x^2}$).

17.9: Zeigen Sie, dass der Ansatz (17.12) die verallgemeinerte Legendresche Differenzialgleichung auf die Differenzialgleichung (17.13) führt.

17.10: Bestimmen Sie die Legendre-Reihe für das Potenzial eines Paares von zwei entgegengesetzten Punktladungen (-q und q, bei $x = -a$ und a), und diskutieren Sie den führenden Term. Was ist das Dipolmoment?

17.11: Zeigen Sie, dass $J_{1/2}(x) = \sqrt{\frac{2}{\pi x}}\sin x$ und $J_{-1/2}(x) = \sqrt{\frac{2}{\pi x}}\cos x$ ist. Man beachte dabei, dass $\Gamma(1/2) = \sqrt{\pi}$.

17.12: Beweisen Sie die Differenziationsformel (M.17.3.2) für Besselfunktionen aus der Reihendarstellung.

17.13: Finden Sie Ausdrücke für die Besselfunktionen $J_{\frac{3}{2}}$ und $J_{-\frac{3}{2}}$.

17.14: Die Hermite-Polynome $H_n(x)$ sind die Lösungen von (17.58). Zeigen Sie anhand dieser Differenzialgleichung, dass die Funktionen $\{\exp(-x^2/2)\, H_n(x)\}$ orthogonal in $\mathbb{R}$ sind.

17.15: Finden Sie mit Hilfe der erzeugenden Funktion für die Hermite-Polynome mindestens zwei Rekursionsformeln für H und/oder H'.

17.16: Entwickeln Sie die Diracsche Deltafunktion in eine Reihe von Legendre-Polynomen $\delta(x - z) = \sum_n a_n(z)\, P_n(x)$, gültig für $-1 < x,\, z < 1$ (vgl. die Bemerkung zur Vollständigkeitsrelation bei (17.37)).

17.5.2 Lösungen

Vollständige Lösungen unter http://physik.uni-graz.at/~cbl/mm/.

17.1: Nullstellen $P_1 :\ 0,\ P_2 :\ \pm\sqrt{1/3},\ P_3 :\ 0, \pm\sqrt{3/5},\ P_4 :\ \pm 0.33998, \pm 0.86114$.

17.2: Vergleich: Taylorreihe von $\Phi(1, h)$ mit Definition der erzeugenden Funktion.

17.4: Hinweis: Verwenden Sie wiederholte partielle Integration.

17.5: Hinweis: Verwenden Sie wiederholte partielle Integration.

17.7: (a) $c_{2k} = 0, c_{2k+1} = (-1)^k\,(2k)!/[2^{2k+1}\,k!\,(k+1)!]$; (b) $c_0 = 1/4, c_1 = 1/6, c_2 = 1/16, k > 0 : c_{2k+1} = 0, c_{2k+2} = (-1)^k\,(2k)!/[2^{2k+3}\,k!\,(k+2)!]$.

17.10: Notation: $\boldsymbol{a} = (a, 0, 0)$, $r = |\boldsymbol{r}|$, $\boldsymbol{a} \cdot \boldsymbol{r} = a\,r\,\cos\vartheta$; mit Hilfe der erzeugenden Funktion für Legendre-Polynome kann das Potenzial $V(\boldsymbol{r})$ als $(q/r)\,[\Phi(\cos\vartheta, a/r)$ $-\Phi(-\cos\vartheta, a/r)]$ geschrieben werden. Die Darstellung durch die Legendre-Reihe für Φ liefert als ersten Term das Dipolmoment $(2\,q\,a\,\cos\vartheta)/r^2$.

17.14: Hinweis: Siehe Abschn. 16.4.3.

17.16: $a_n(z) = (2\,n + 1)\,P_n(z)/2$:

Literaturempfehlungen
In [1] findet man im Kapitel über orthogonale Polynome Übersichtsdarstellungen und tabellarische Zusammenfassungen der wichtigen Relationen. Spezielle Funktionen und ihre Anwendungen werden in [4, 5] besprochen. Schöne Visualisierungen von Kugelflächenfunktionen im Zusammenhang mit der Elektronenhülle des Wasserstoffatoms findet man in [6, 7], auch in [8] werden Probleme der Quantenmechanik mit Hilfe von MATHEMATICA diskutiert.

Literatur

1. M. Abramowitz und I. A. Stegun, *Handbook of Mathematical Functions* (Martino Fine Books, Eastford, CT, 2014).
2. W. H. Press, B. P. Flannery, S. A. Teukolsky, und W. T. Vetterling, *Numerical Recipes: The Art of Scientific Computing*, 3. Aufl. (Cambridge University Press, Cambridge, 2007).
3. W. Törnig und P. Spellucci, *Numerische Mathematik für Ingenieure und Physiker, Band 1 und 2* (Springer-Verlag, Berlin, 1988).
4. A. F. Nikiforov und V. B. Uvarov, *Special Functions of Mathematical Physics* (Birkhäuser Verlag, Basel, 1988).
5. G. E. Andrews, R. Askey, und R. Roy, *Special Functions*, Bd. 71 of *Encyclopedia of Mathematics and its Applications* (Cambridge University Press, Cambridge, 2010).
6. B. Thaller, *Visual Quantum Mechanics* (Springer, TELOS, New York, 2000).
7. B. Thaller, *Advanced Visual Quantum Mechanics* (Springer, TELOS, New York, 2004).
8. James M. Feagin, *Methoden der Quantenmechanik mit Mathematica* (Springer, Berlin, Heidelberg, New York, 2014).

Partielle Differenzialgleichungen 18

18.1 Übersicht

Unsere Welt ist nicht eindimensional, und es reicht nicht aus, ausschließlich einfache Bewegungsgleichungen zu betrachten, die nur Ableitungen nach einer Variablen – meist der Zeit – enthalten. **Partielle Differenzialgleichungen** (kurz: PDGen) sind Differenzialgleichungen, in denen Ableitungen nach mehreren Variablen vorkommen. Die Ordnung der PDG ist durch die Ordnung der höchsten Ableitung bestimmt. Die Dirac-Gleichung der relativistischen Quantenmechanik ist ein Beispiel für eine PDG erster Ordnung. Die Cauchy-Riemann-Relationen für Real- und Imaginärteil komplexer analytischer Funktionen sind ein Beispiel für ein System von PDGen erster Ordnung.

Während es für PDGen erster Ordnung Standardverfahren gibt, muss man bei PDGen höherer Ordnung individuell vorgehen. Die in der Physik verbreitetsten PDGen enthalten Ableitungsterme bis zur Ordnung 2 und sind in drei Kategorien einteilbar:

- elliptisch,
- parabolisch,
- hyperbolisch.

Ihre Namen erhalten sie aufgrund der relativen Vorzeichen der Ableitungen, die an die impliziten Gleichungen der entsprechenden Kegelschnittkurven erinnern. Im Zweifelsfall kann man die Gleichung in eine Normalform bringen [1].

18.1.1 Elliptischer Typ

Der Prototyp dafür ist wohl die **Laplace-Gleichung**

$$\Delta u = 0 \,, \tag{18.1}$$

C.B. Lang, N. Pucker, *Mathematische Methoden in der Physik*,
DOI 10.1007/978-3-662-49313-7_18

die zum Beispiel in zwei Dimensionen und kartesischen Koordinaten die Form

$$\left(\frac{\partial^2}{\partial x^2} + \frac{\partial^2}{\partial y^2}\right) u(x, y) = 0 \tag{18.2}$$

hat. In der Elektrostatik beschreibt diese Gleichung das elektrische Potenzial in einem Gebiet ohne Ladungen. Die Ladungsverteilung ist durch die Angabe der Potenzialwerte am Rand des Gebiets – also durch so genannte Randwertangaben – charakterisiert. In der Wärmelehre liefert die Lösung dieser Gleichung die Temperaturverteilung im Gleichgewicht, ebenfalls in einem Gebiet ohne Wärmequellen oder -senken, also die statische Lösung der später noch zu besprechenden Diffusionsgleichung (Wärmeleitungsgleichung).

Wenn man explizite Ladungen einführen möchte, so erhält man die **Poisson-Gleichung**, welche in drei Dimensionen die Form

$$\Delta\, u(\boldsymbol{x}) = \rho(\boldsymbol{x}) \tag{18.3}$$

hat, wobei $\rho(\boldsymbol{x})$ die Ladungsdichte angibt. Punktladungen werden dabei durch Deltafunktionen wiedergegeben.

Auch die Cauchy-Riemann-Relationen der Funktionentheorie können aus einem System von PDGen erster Ordnung in eine PDG zweiter Ordnung vom elliptischen Typ umgeformt werden.

Dieser PDG-Typ beschreibt ein **Randwertproblem**, das heißt die Lösungsfunktion u hat am Rand des Definitionsgebietes A bestimmte Bedingungen zu erfüllen. Die Art der Bedingungen wird durch die Differenzialgleichung eingeschränkt und ist im Einzelfall von der physikalischen oder mathematischen Problemstellung abhängig. Man unterscheidet insbesondere zwei Hauptformen von Randbedingungen:

Dirichlet-Randbedingungen: Es werden die Werte der Funktion am Rand ∂A vorgegeben:

$$u(\partial A) = \ldots\,.$$

Neumann-Randbedingungen: Es werden die Werte der Ableitung der Funktion am Rand in die Richtung normal zur Randkurve oder Randfläche (vgl. Kap. 7) vorgegeben:

$$\nabla\, u \cdot \boldsymbol{n}\,|_{\partial A} = \ldots\,.$$

Daneben gibt es natürlich, ähnlich wie beim Sturm-Liouville-Problem, auch Mischformen. Eine gewichtete Kombination von Dirichlet- und Neumann-Randbedingungen nennt man auch **Cauchy-Randbedingungen**.

Man kann zeigen, dass die Lösung einer elliptischen PDG durch die Angabe von entweder Dirichlet- oder Neumann-Randwerten am gesamten Rand des Gebiets eindeutig festgelegt ist. (Etwas genauer: Bei Neumann-Randbedingungen muss auch der Funktionswert an einem Punkt angegeben werden und das Integral über die Normalableitungen am

Rand verschwinden.) Man darf also wohl an einem Teil des Randes Neumann- und einem anderen Teil Dirichlet-Bedingungen vorgeben, aber nie beide gleichzeitig am gleichen Punkt. Auch ist es notwendig, dass das Gebiet durch seinen Rand abgeschlossen wird. In drei Dimensionen etwa muss also die Oberfläche des Gebiets dieses tatsächlich umfassen und einschließen. Allerdings kann ein Teil der Fläche auch im Unendlichen liegen.

18.1.2 Parabolischer Typ

Hier gibt es neben dem Laplace-Operator noch eine Ableitung erster Ordnung; in den bekanntesten physikalischen Anwendungen ist das die Ableitung nach der Zeit, also

$$\Delta u = \frac{1}{\kappa}\frac{\partial u}{\partial t}\,, \tag{18.4}$$

wobei Δ der Laplace-Operator in d Raumvariablen ist und u von d Raumvariablen und der Zeitvariablen t abhängt. Diese Gleichung hat die Form einer Diffusions- oder Wärmeleitungsgleichung. Die Lösung kann zum Beispiel eine zeitabhängige Temperaturverteilung sein. Im Grenzfall $t \to \infty$ wird sich ein statischer Zustand einstellen und daher $\lim_{t\to\infty} \partial u/\partial t = 0$ gelten. Damit muss u für diesen Grenzfall die normale Laplace-Gleichung erfüllen!

Die Bestimmung der für eine eindeutige Lösung notwendigen Anfangs- und Randbedingungen nennt man **Cauchy-Problem**. Wenn keine Randwerte gefordert sind, wenn zum Beispiel die Funktion in einem unbeschränkten Raumgebiet, also in ganz $\mathbb{R}^n$ gesucht wird, handelt es sich um ein reines **Anfangswertproblem**.

Offenbar ist die physikalische Situation meist die, dass man Angaben über den Funktionswert im gesamten Raumgebiet A zu einer Anfangszeit t_0 machen muss:

$$u(x, y, \ldots, t_0) = \ldots\,. \tag{18.5}$$

Darüber hinaus wird man aber häufig auch eine weitere Einschränkung am (zum Beispiel geometrischen) Rand des betrachteten Gebietes treffen, also Randbedingungen zu den anderen Zeitpunkten stellen: Angaben über die Werte (Dirichlet- oder Neumann-Typ) am Rand des betrachteten Gebiets ∂A für $t > t_0$ (vgl. Abb. 18.1). Die Werte von u in A zum Endzeitpunkt t_1 des betrachteten Zeitabschnitts sind ein Ergebnis der Lösung, müssen also nicht angegeben werden.

Wenn man das gesamte $(d + 1)$–dimensionale Gebiet betrachtet, so benötigt man also Randangaben nur auf einem offenen Teil der Oberfläche ($u(A, t = t_0)$, $u(\partial A, t_0 < t < t_1)$ – nicht aber $u(t_1)$) um die Lösung eindeutig festzulegen. Wir werden später solche gemischten Probleme diskutieren.

Eines der Lösungsverfahren, das eine explizite („analytische") Lösung erlaubt, beruht auf einer Separation der Variablen. Dieses Lösungsverfahren führt bei parabolischen

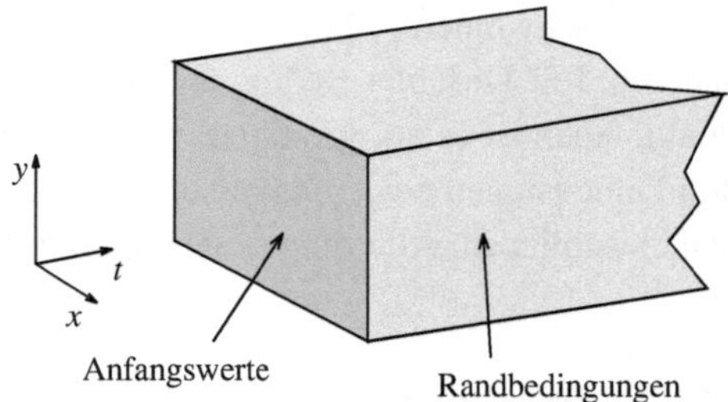

Abb. 18.1 Anfangswerte und Randbedingungen bestimmen die Lösung einer parabolischen PDG

PDGen meist zu einem weiteren Typ von PDGen, der so genannten **Helmholtz-Gleichung**

$$\Delta w + k^2 w = 0 \,, \tag{18.6}$$

die wir im Einzelfall diskutieren werden.

18.1.3 Hyperbolischer Typ

Diese Gleichung hat neben dem Laplace-Operator noch eine zweite Ableitung nach der Zeit, die im Vergleich zu den räumlichen Ableitungen aber entgegengesetztes Vorzeichen hat. Die Gleichung der Form

$$\Delta u = \frac{1}{v^2} \frac{\partial^2 u}{\partial t^2} \tag{18.7}$$

ist eine Wellengleichung. Sie beschreibt in der Physik die Bewegung von Wellen in Raum und Zeit. Der Parameter v ist dabei die Fortpflanzungsgeschwindigkeit.

Die Funktion $u(x,t)$ kann zum Beispiel die Auslenkung eines Punktes einer schwingenden Saite aus dem Ruhezustand sein ($d = 1$). In drei Raum-Dimensionen könnte $u(x,y,z,t)$ Dichteschwankungen – Schallwellen – beschreiben oder auch die Komponenten des elektromagnetischen Feldes.

Man kann leicht einsehen, warum solche PDGen Schwingungen beschreiben. Ein Modell einer schwingenden Saite sind viele einzelne, miteinander mit Federn verbundene Massenpunkte (Abb. 18.2). Die Auslenkung an der Stelle x ist $u(x,t)$; zu einem gegebenen Zeitpunkt ist die rücktreibende Kraft proportional zur Auslenkung relativ zu den Nachbarn,

$$\begin{aligned} F &\propto -[(u(x,t) - u(x-\epsilon,t)) + (u(x,t) - u(x+\epsilon,t))] \\ &= \epsilon^2 \frac{\partial^2 u(x,t)}{\partial x^2} + \mathcal{O}(\epsilon^3) \,. \end{aligned} \tag{18.8}$$

Wir haben dabei für $u(x \pm \epsilon, t)$ die Taylor-Entwicklung in ϵ verwendet.

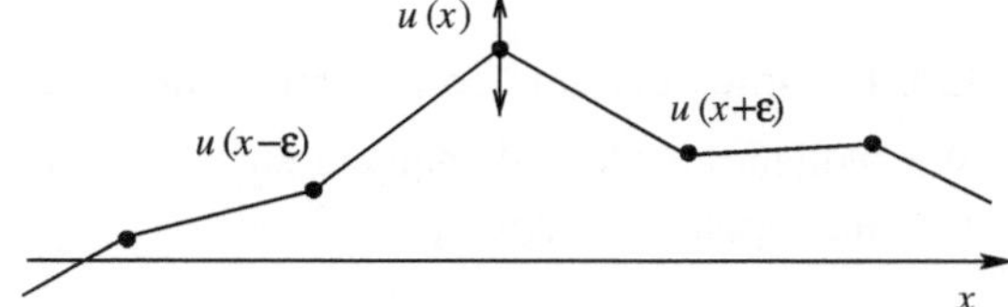

Abb. 18.2 Auslenkungen einzelner, miteinander gekoppelter Massenpunkte; die rücktreibende Kraft hängt von der relativen Auslenkung ab

Nach dem Newtonschen Gesetz ist die Kraft gleichzeitig proportional zur zweiten Ableitung nach der Zeit. Damit ergibt sich

$$F \propto \frac{\partial^2 u(x,t)}{\partial t^2} \propto \frac{\partial^2 u(x,t)}{\partial x^2}, \tag{18.9}$$

wobei die Proportionalitätskonstante in diesem Beispiel von der Federkonstante abhängt und in der hyperbolischen PDG die jeweilige Fortpflanzungsgeschwindigkeit (also zum Beispiel die Schallgeschwindigkeit) angibt,

$$\Delta u = \frac{1}{v^2} \frac{\partial^2 u}{\partial t^2}. \tag{18.10}$$

Bei einer hyperbolischen PDG handelt es sich um ein Cauchy-Problem. Man muss Angaben sowohl über Werte von u als auch über die Werte der Ableitungen von u zum Anfangszeitpunkt machen und – wenn die Lösung in einem beschränkten Gebiet gesucht wird – Angaben über die Werte am Rand des betrachteten Gebiets.

18.2 Lösungsmethoden: Numerische Verfahren

Bei den numerischen Verfahren zur Lösung von PDGen wird das betrachtete Gebiet zunächst diskretisiert. Die PDG wird damit durch eine Differenzengleichung approximiert. Vor allem zwei Verfahren sind verbreitet:

Relaxationsverfahren: Dieses geht von im Prinzip beliebigen Anfangswerten für die Funktion aus und führt in einem Iterationsverfahren zur Lösungsfunktion, die dann die PDG erfüllt. In C.18.1 wird das Verfahren vorgestellt.

Fast Fourier Transformation (FFT): Sie ist eine effiziente numerische Anwendung der analytischen Integraltransformation. Dadurch kann die PDG im Idealfall in algebraische Form gebracht und in dieser Darstellung gelöst werden. Die Rücktransformation liefert dann die gewünschte Lösung. Das Verfahren an sich wurde schon im Zusammenhang mit den Fourierreihen in C.13.1 behandelt. In [2] wird die Anwendung auf die Lösung von Randwertproblemen besprochen.

Weitere Informationen über numerische Verfahren findet man in [3–5].

C.18.1 … und auf dem Computer: Lösung der Laplace-Gleichung durch Relaxation

Wir wollen die Methode anhand eines zweidimensionalen Problems erläutern. Es soll die Laplace-Gleichung

$$\Delta u(x, y) = 0 \tag{C.18.1.1}$$

in einem Gebiet mit gegebenen Randbedingungen gelöst werden. Damit bestimmt man in der Elektrodynamik das Potenzial in einem Bereich ohne Ladungen, also etwa zwischen Kondensatorplatten oder rund um Ladungen herum. Die Randwerte sind vorgegebene Potenzialwerte an bestimmten Grenzkurven und -Punkten. Der „Rand“ kann auch im Innern des Gebietes liegen. Wir wollen das Potenzial rund um ein Paar entgegengesetzt geladener Punktladungen – ein so genannter Dipol – innerhalb einer geerdeten Box berechnen. (Die Bestimmung der Temperaturverteilung bei bestimmten, vorgegebenen Randtemperaturen wäre ein äquivalentes Beispiel.)

Für das numerische Verfahren diskretisieren wir das betrachtete Gebiet. In unserem Fall wählen wir dazu ein 2-dimensionales Feld mit 50×50 Unterteilungen. Die Randbedingungen für einen Dipol sind dann zum Beispiel

$$u(15, 25) = 1 \ , \quad u(35, 25) = -1 \ , \quad u(\text{Rand der Box}) = 0 \ . \tag{C.18.1.2}$$

Wie lautet die diskretisierte Form des Laplace-Operators? Die zweite Ableitung in x-Richtung kann aus einer 3-Punkt-Formel berechnet werden,

$$\frac{\partial^2 f(x)}{\partial x^2} = \lim_{\epsilon \to 0} \frac{1}{\epsilon^2} \left(f(x + \epsilon) + f(x - \epsilon) - 2 f(x) \right) \ . \tag{C.18.1.3}$$

Damit ist

$$\epsilon^2 \Delta u(x, y) = u(x+\epsilon, y) + u(x-\epsilon, y) + u(x, y+\epsilon) + u(x, y-\epsilon) - 4 u(x, y) + \mathcal{O}(\epsilon^3) \ . \tag{C.18.1.4}$$

Im Fall, dass u die Laplace-Gleichung erfüllt, muss also (bis auf höhere Ordnungen in ϵ, die wir nun vernachlässigen wollen) gelten:

$$u(x, y) = \frac{1}{4} \left(u(x + \epsilon, y) + u(x - \epsilon, y) + u(x, y + \epsilon) + u(x, y - \epsilon) \right) \ . \tag{C.18.1.5}$$

Ausgehend von einer beliebigen Anfangswerteverteilung des Potenzials, nähert man sich einer Verteilung, die diese diskrete Laplace-Gleichung erfüllt, durch Iteration. Man berechnet jeweils aus der n-ten „Generation“ von u (durch $u^{(n)}$ bezeichnet) die $(n + 1)$-te Generation,

$$\begin{aligned} u^{(n+1)}(x, y) = \frac{1}{4} \big(& u^{(n)}(x + \epsilon, y) + u^{(n)}(x - \epsilon, y) + u^{(n)}(x, y + \epsilon) \\ & + u^{(n)}(x, y - \epsilon) \big) \ . \end{aligned} \tag{C.18.1.6}$$

Die Funktionswerte auf den Randpunkten werden natürlich nicht verändert.

Bei Konvergenz, wenn sich also die Funktionswerte von einer Generation zu nächsten im Rahmen der gewünschten numerischen Genauigkeit nicht mehr ändern, löst die Funktion in eben diesem Genauigkeitsrahmen die diskrete Laplace-Gleichung. Als Beispiel findet man in Anhang C ein einfaches MATHEMATICA Programm, das dieses Relaxationsverfahren implementiert. Versuchen Sie doch, mit so einem oder einem ähnlichen Programm die im Text analytisch gelösten Beispiele zu verifizieren (Abb. 18.3).

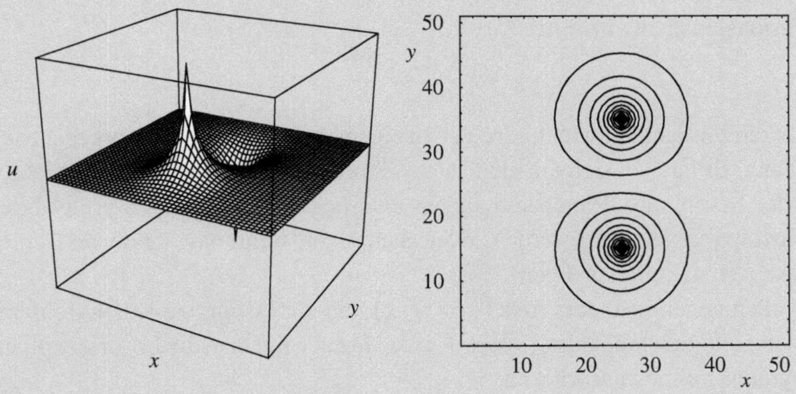

Abb. 18.3 Ergebnis eines MATHEMATICA Programms: 3D-Plot und Konturplot für das Potenzial eines Dipols in einer quadratischen Box

Man sieht schnell, dass die Zahl der Iterationen mit der Zahl der Gitterpunkte wachsen muss: Bei jeder Iteration kann die Information nur um eine Gittereinheit weiterfließen. Auch haben wir hier nichts über die *numerische Effizienz* und *Stabilität* des Verfahrens gesagt. In der Tat handelt es sich um ein recht langsam konvergierendes Verfahren. Mehr darüber und über Verbesserungen findet man in [2].

18.3 Analytische „exakte" Verfahren

Die analytischen Verfahren zur Lösung von PDGen sind oft den speziellen Gleichungen und Gegebenheiten angepasst und daher kaum, und sicher nicht in diesem Rahmen, allgemein klassifizierbar. Wir werden uns hier in erster Linie auf die Diskussion von vier Verfahren konzentrieren,

- Integraldarstellung,
- Integraltransformation,
- Greensche Funktion,
- Separation der Variablen,

und hier wieder vor allem auf das vierte.

18.3.1 Integraldarstellung

Die Diffusionsgleichung in d=1

$$\frac{\partial^2 u}{\partial x^2} = \frac{\partial u}{\partial t} \tag{18.11}$$

beschreibt die zeitliche Entwicklung einer zu einem Anfangszeitpunkt vorgegebenen Wärmeverteilung. Es handelt sich um ein Cauchy-Problem. Dabei kann das räumliche Gebiet A entweder bestimmten Randbedingungen unterliegen (wenn zum Beispiel bestimmte Randtemperaturen gefordert werden) oder auch nicht, wenn das räumliche Gebiet nicht beschränkt, also zum Beispiel ganz $\mathbb{R}$ ist.

Wir wollen annehmen, dass $u(x,0) = f(x)$ und die Lösung zu jedem Zeitpunkt und überall stetig und beschränkt ist: $|u(x,t)| < M$. Dann kann man die Lösung explizit durch eine Integraldarstellung ausdrücken:

$$u(x,t) = \frac{1}{2\sqrt{\pi\, t}} \int_{-\infty}^{\infty} dy\, \mathrm{e}^{-\frac{(x-y)^2}{4t}}\, f(y)\,. \tag{18.12}$$

Den Exponentialausdruck unter dem Integral nennt man auch den **Heat Kernel** (auch: Hitzekern). Er lässt sich mit Hilfe der weiter unten besprochenen Fouriertransformation ableiten. Man transformiert dazu zuerst aus dem x-Raum in den p-Raum und löst dort die Differenzialgleichung in t. Anschließend wird wieder in den x-Raum rücktransformiert. Man kann durch Einsetzen in die PDG zeigen, dass dies tatsächlich die Lösung ist. Falls $t > 0$ ist, sieht man das leicht durch explizite Differenziation unter dem Integral. Für $t = 0$ ist es etwas komplizierter (siehe [1]). Die Integraldarstellung kann auch auf zwei oder drei Raumdimensionen erweitert werden und hat analoge Form.

18.3.2 Integraltransformation

Die Poisson-Gleichung

$$\Delta\, u(\boldsymbol{x}) = -4\pi\, q\, \delta^{(3)}(\boldsymbol{x}) \tag{18.13}$$

beschreibt das Potenzial einer Ladung im Ursprung; die Lösung für eine andere Position ergibt sich einfach durch entsprechende Variablentransformation. Die Funktion rechts bezeichnet die Diracsche Deltafunktion (die eigentlich eine Distribution ist, siehe Kap. 15) in drei Dimensionen (Kap. 17).

Um die Gleichung zu lösen, führen wir für alle drei Variablen $\boldsymbol{x} = (x_1, x_2, x_3)$ eine Fouriertransformation durch und erhalten die algebraische Gleichung

$$-\,\boldsymbol{p}^2\, U(\boldsymbol{p}) = -4\pi\, q\, \frac{1}{\sqrt{(2\pi)^3}}\,. \tag{18.14}$$

Dabei bezeichnet U die fouriertransformierte Lösung,

$$U(\boldsymbol{p}) = \frac{1}{\sqrt{(2\pi)^3}} \iiint d^3x\; u(\boldsymbol{x})\, \mathrm{e}^{-\mathrm{i}\boldsymbol{p}\cdot\boldsymbol{x}}\,. \tag{18.15}$$

Mit $\boldsymbol{p}^2 \equiv p^2$ ist die Lösung

$$U(\boldsymbol{p}) = \sqrt{\frac{2}{\pi}}\,\frac{q}{p^2}\,. \tag{18.16}$$

Damit können wir durch Rücktransformation von U die Poisson-Gleichung lösen.

$$\begin{aligned} u(\boldsymbol{x}) &= \frac{1}{\sqrt{(2\pi)^3}} \iiint d^3p\; U(\boldsymbol{p})\, \mathrm{e}^{\mathrm{i}\boldsymbol{p}\cdot\boldsymbol{x}} \\ &= \frac{q}{2\pi^2} \int\limits_{p=0}^{\infty} \int\limits_{\vartheta=\pi}^{0} \int\limits_{\varphi=0}^{2\pi} p^2 dp\, d(\cos\vartheta)\, d\varphi\; \frac{1}{p^2}\, \mathrm{e}^{\mathrm{i}px\cos\vartheta}\,. \end{aligned} \tag{18.17}$$

Wir führen die Integration im p-Raum in Kugelkoordinaten durch, die wir so wählen, dass die p_3-Achse in Richtung von $\boldsymbol{x}$ zeigt, also ϑ der Winkel zwischen $\boldsymbol{x}$ und $\boldsymbol{p}$ ist. Die Winkelintegration kann man dann zuerst ausführen,

$$\begin{aligned} u(\boldsymbol{x}) &= \frac{q}{2\pi^2} \int\limits_{p=0}^{\infty} \int\limits_{\vartheta=\pi}^{0} \int\limits_{\varphi=0}^{2\pi} dp\, d(\cos\vartheta)\, d\varphi\; \mathrm{e}^{\mathrm{i}px\cos\vartheta} \\ &= \frac{q}{\pi} \int\limits_{p=0}^{\infty} \int\limits_{\vartheta=\pi}^{0} dp\, d(\cos\vartheta)\, \mathrm{e}^{\mathrm{i}px\cos\vartheta} = \frac{q}{\pi} \int\limits_{p=0}^{\infty} dp\, \frac{1}{\mathrm{i}px}\left(\mathrm{e}^{\mathrm{i}px} - \mathrm{e}^{-\mathrm{i}px}\right) \\ &= \frac{q}{x}\frac{2}{\pi} \int\limits_{p=0}^{\infty} d(p\,x)\, \frac{\sin(p\,x)}{p\,x} = \frac{q}{x}\frac{2}{\pi} \int\limits_{y=0}^{\infty} dy\, \frac{\sin y}{y} = \frac{q}{x} \qquad (x \neq 0)\,. \end{aligned} \tag{18.18}$$

Dabei ist natürlich $x \equiv |\boldsymbol{x}|$. Wir haben (14.17) verwendet. Das Ergebnis ist das bekannte Potenzial einer punktförmigen Ladung.

18.3.3 Greensche Funktion

Dieser Zugang erlaubt es, eine allgemeine inhomogene Differenzialgleichung mit gegebenen Randbedingungen zu lösen. Der Vorteil dabei ist, dass die Greensche Funktion nicht vom speziellen inhomogenen Term abhängt.. Man kann das Verfahren auf mehrdimensionale, partielle Differenzialgleichungen anwenden. Zur Diskussion wollen wir uns aber zunächst auf den einfachen, eindimensionalen Fall beschränken und da insbesondere auf Differenzialoperatoren vom Sturm-Liouville-Typ.

Wir betrachten eine inhomogene Differenzialgleichung der Form

$$\mathcal{D}\, y(x) = f(x)\,, \quad y(a) = y(b) = 0\,, \tag{18.19}$$

wobei $\mathcal{D}$ einen Sturm-Liouville-Differenzialoperator wie in (16.90) und (16.91) bedeutet. Die speziellen Werte am Rand sind keine Einschränkung der Problemstellung. Man kann zunächst die Lösung der homogenen Gleichung mit anderen Randbedingungen suchen, also

$$\mathcal{D}\, y_h(x) = 0\,, \quad y_h(a) = y_a,\, y_h(b) = y_b\,. \tag{18.20}$$

Die Summe der Lösungen von (18.19) und $y_h(x)$ ergibt die Lösung des Problems

$$g(x) = y(x) + y_h(x) \quad \Rightarrow \quad \mathcal{D}\, g(x) = f(x)\,, \quad g(a) = y_a,\, g(b) = y_b\,. \tag{18.21}$$

Es ist also ausreichend, die Differenzialgleichung (18.19) zu betrachten.

Die so genannte Greensche Funktion ist eine Lösung $G(x, z)$ der Gleichung

$$\mathcal{D}\, G(x, z) = \delta(x - z) \quad \text{mit} \quad a < x, z < b\,, \quad G(a,z) = G(b,z) = 0\,. \tag{18.22}$$

Weiter unten zeigen wir, wie man diese Lösung erhält. Im Moment wollen wir annehmen, wir hätten sie bereits. In diesem Fall kann man auch die inhomogene Gleichung (18.19) lösen!

Wie und warum funktioniert das? Die Greensche Funktion erfüllt laut Annahme die Differenzialgleichung vom Sturm-Liouville-Typ (die Ableitungsstriche bezeichnen Ableitungen nach x)

$$\frac{d}{dx}\big(p(x)\, G'(x, z)\big) + a(x)\, G(x, z) = \delta(x - z)\,. \tag{18.23}$$

Wir multiplizieren diese Gleichung mit $y(x)$ und Gleichung (18.19) mit $G(x, z)$ und erhalten

$$\begin{aligned} y(x)\,(p(x)\, G'(x, z))' + a(x)\, y(x)\, G(x, z) &= y(x)\, \delta(x - z)\,, \\ G(x, z)\,(p(x)\, y'(x))' + a(x)\, y(x)\, G(x, z) &= G(x, z)\, f(x)\,. \end{aligned} \tag{18.24}$$

Diese Gleichungen ziehen wir voneinander ab. Das Ergebnis kann man in die Form

$$\big(p(x)\,(y(x)\, G'(x,z) - y'(x)\, G(x, z))\big)' = y(x)\, \delta(x - z) - G(x, z)\, f(x) \tag{18.25}$$

bringen. Integration über x führt zu

$$p(x)\,\big(y(x)\,G'(x,z)-y'(x)\,G(x,\,z)\big)\Big|_a^b=\int_a^b dx\;y(x)\,\delta(x-z)-\int_a^b dx\;G(x,\,z)\,f(x)\,. \tag{18.26}$$

Wegen der Randbedingungen verschwindet die linke Seite und es folgt

$$y(z)=\int_a^b dx\;G(x,\,z)\,f(x)\quad\text{für Werte}\quad a<z<b\,. \tag{18.27}$$

Wir sehen, dass zumindest für Sturm-Liouville Operatoren nicht nur Dirichlet- sondern auch Neumann- oder ganz allgemein Sturm-Liouville-Randbedingungen (16.92) die Greensche Funktion festlegen. Damit können wir also für alle Funktionen $f(x)$, die in dieser Form integrierbar sind, die Lösung der Differenzialgleichung berechnen. Alle Lösungen erfüllen automatisch die gewünschten Randbedingungen. Obwohl wir hier nur das Sturm-Liouville-Problem besprochen haben, kann das Verfahren doch auch auf andere Differenzialgleichungen angewandt werden (Näheres dazu findet man zum Beispiel in [6]).

Es gibt unterschiedliche Verfahren zur Konstruktion der Greenschen Funktion. Wir geben hier ohne Beweis einen Weg zur Bestimmung einer geschlossenen Lösung an. Dazu müssen wir annehmen, dass wir das homogene Problem $\mathcal{D}\,y=0$ schon gelöst und das Fundamentalsystem der zwei linear unabhängigen Lösungen $y_1(x)$ und $y_2(x)$ gefunden haben. Dann ist

$$G(x,z)=c_1\,y_1(x)+c_2\,y_2(x)+\begin{cases}\dfrac{y_1(x)\,y_2(z)}{p(z)\,W(z)} & \text{für}\quad a<x<z\,,\\[2ex] \dfrac{y_1(z)\,y_2(x)}{p(z)\,W(z)} & \text{für}\quad z<x<b\,,\\[2ex] \text{mit}\;\;W(z)=y_1(z)\,y_2'(z)-y_1(z)'\,y_2(z)\,. \end{cases} \tag{18.28}$$

Der Nenner ist proportional zur uns aus (3.63) bekannten Wronski-Determinante. Da y_1 und y_2 linear unabhängig sind, ist sie im ganzen Intervall ungleich null. Die unbekannten Konstanten c_1 und c_2 bestimmt man aus den geforderten Randwerten $G(a,z)=0$ und $G(b,z)=0$. In der Praxis ist es oft günstig, die Funktionen y_1 und y_2 so zu wählen, dass $y_1(a)$ und $y_2(b)$ die entsprechenden Randbedingungen erfüllen. Offenbar ist die Greensche Funktion bei $x=z$ zwar stetig aber nicht differenzierbar. Das wundert uns nicht, da wir ja wissen, dass die zweite Ableitung eine Deltafunktion beinhalten muss, deren Integral eine Sprungstelle hat. Dies aber ist wiederum die Ableitung einer Funktion mit einem „Knick" bei $x=z$.

Fassen wir zusammen. Eine inhomogene Differenzialgleichung mit gegebenen Randwerten wird zuerst durch Berechnung der homogenen Lösung $y_h(x)$ entsprechend (18.20) so umformuliert, dass man ein Problem der Form (18.19), also mit Randwerten $y(a) = y(b) = 0$ erhält. Für dieses bestimmt man die Greensche Funktion. Die Lösung des ursprünglichen Problems erhält man in der Form

$$y_{\text{gesamt}}(z) = y_h(z) + \int_a^b dx\, G(x, z)\, f(x)\,. \tag{18.29}$$

Man kann beweisen, dass diese Lösung immer dann eindeutig gegeben ist, wenn das homogene Problem $\mathcal{D} y_h = 0$ mit den Randbedingungen $y_h(a) = y_h(b) = 0$ nur die triviale Lösung $y_h = 0$ hat.

Beispiel

Die Differenzialgleichung

$$y''(x) = x\,, \quad y(0) = 1,\ y(1) = 2$$

ist am einfachsten durch Integration zu lösen. Man erhält die Lösung

$$y(x) = \frac{x^3}{6} + \frac{5\,x}{6} + 1\,.$$

Um uns mit der Methode der Greenschen Funktion vertraut zu machen, lösen wir das Problem auf diesem Weg.

1. Schritt: Reduktion der Randbedingungen. Das Fundamentalsystem der homogenen Gleichung besteht aus den Funktionen $y_1(x) = 1$ und $y_2(x) = x$. Die Lösung des homogenen Systems zu den Randbedingungen $y_h(0) = 1$ und $y_h(1) = 2$ lautet daher $y_h(x) = 1 + x$.

2. Schritt: Wir bestimmen die Greensche Funktion. Die Wronski-Determinante hat den Wert 1 und so ist

$$G(x,z) = c_1 + c_2\,x + \begin{cases} z & \text{für} \quad 0 < x < z\,, \\ x & \text{für} \quad z < x < 1\,. \end{cases}$$

Aus den Randbedingungen bestimmen wir die Koeffizienten

$$\begin{aligned} G(0,z) = 0 \quad &\Rightarrow \quad c_1 + z = 0 \quad &&\Rightarrow \quad c_1 = -z\,, \\ G(1,z) = 0 \quad &\Rightarrow \quad c_1 + c_2 + 1 = 0 \quad &&\Rightarrow \quad c_2 = z - 1\,, \\ &\Rightarrow \quad G(x,z) = \begin{cases} x\,(z-1) & \text{für} \quad 0 < x < z\,, \\ z\,(x-1) & \text{für} \quad z < x < 1\,. \end{cases} \end{aligned}$$

3. Schritt: Die Integration lautet

$$y(z) = \int_0^z dx\; x^2\,(z-1) + \int_z^1 dx\; x\,z\,(x-1) = \frac{z^3}{6} - \frac{z}{6}\,.$$

Die Lösung des Problems ergibt sich zu

$$y_{\text{gesamt}}(x) = y_h(x) + y(x) = 1 + x + \frac{x^3}{6} - \frac{x}{6} = \frac{x^3}{6} + \frac{5\,x}{6} + 1$$

wie erwartet. Die Ableitung ist für dieses Beispiel sicher umständlicher als die direkte Integration. Man beachte jedoch, dass der 3. Schritt die Lösung für beliebige inhomogene Funktionen liefert (sofern das Integral berechenbar ist). □

Ein anderer Zugang nutzt das Orthogonalsystem des entsprechenden Sturm-Liouville-Problems. Betrachten wir die Gleichung

$$y''(x) + y(x) = f(x) \quad \text{mit den Randbedingungen} \quad y(0) = y(\pi/2) = 0\,. \tag{18.30}$$

Die homogene Gleichung erinnert an die Schwingungsgleichung

$$u''(x) + n^2\,u(x) = 0\,, \tag{18.31}$$

deren Lösungen die Winkelfunktionen sind. Die Randbedingungen führen zu den Eigenwerten $n = 2k$ mit $k = 1, 2, 3, \ldots$, das sind die positiven geraden Zahlen. Das Eigenfunktionensystem ist daher

$$\{\sin 2\,x,\ \sin 4\,x,\ \sin 6\,x,\ \ldots\}\,. \tag{18.32}$$

Die allgemeine Lösung des Problems kann im Eigenfunktionensystem der homogenen Differenzialgleichung entwickelt werden,

$$y(x) = \sum_k a_k\,\sin(2\,k\,x) \quad \text{mit} \quad a_k = \frac{4}{\pi}\int_0^{\pi/2} dx\ y(x)\,\sin(2\,k\,x)\,. \tag{18.33}$$

Die Greensche Funktion für die Gleichung (18.30) muss die Gleichung

$$G''(x, z) + G(x, z) = \delta(x - z) \tag{18.34}$$

erfüllen. Um sie zu finden nutzen wir die Entwicklung in das Eigenfunktionensystem sowohl für die Greensche Funktion als auch für die Deltafunktion. Es ist ja

$$\delta(x - z) = \sum_k b_k(z)\,\sin(2\,k\,x) \quad \Rightarrow \quad b_k(z) = \frac{4}{\pi}\int_0^{\pi/2} dx\ \delta(x - z)\,\sin(2\,k\,x) \tag{18.35}$$

und daher in unserem Fall

$$\delta(x - z) = \frac{4}{\pi}\sum_k \sin(2\,k\,z)\,\sin(2\,k\,x)\,. \tag{18.36}$$

Das ist wiederum ein Beispiel für die Vollständigkeitsrelation analog zu (16.70). Auch die Greensche Funktion wird als Reihe angeschrieben

$$G(x, z) = \sum_k c_k(z) \sin(2k\,x) . \tag{18.37}$$

Nun setzen wir in Gleichung (18.34) ein. Wir finden

$$\sum_k \left(-4k^2 + 1\right) c_k(z) \sin(2k\,x) = \frac{4}{\pi} \sum_k \sin(2k\,z) \sin(2k\,x) . \tag{18.38}$$

und der Koeffizientenvergleich ergibt

$$c_k(z) = \frac{4 \sin(2k\,z)}{\pi\,(1 - 4k^2)} \quad \Rightarrow \quad G(x, z) = \frac{4}{\pi} \sum_k \frac{1}{1 - 4k^2} \sin(2k\,z) \sin(2k\,x) . \tag{18.39}$$

Mit Hilfe dieser Funktion kann man nun die Lösung der inhomogenen Differenzialgleichung zu gegebenem $f(x)$ finden:

$$\begin{aligned} \int_0^{\pi/2} dx\ G(x, z)\, f(x) &= \frac{4}{\pi} \sum_k \frac{1}{1 - 4k^2} \sin(2k\,z) \int_0^{\pi/2} dx\ \sin(2k\,x)\, f(x) \\ &= \sum_k \frac{d_k}{1 - 4k^2} \sin(2k\,z) = y(z) . \end{aligned} \tag{18.40}$$

Dabei bezeichnet d_k den entsprechenden Entwicklungskoeffizienten von $f(x)$.

Beispiel

Wir wollen dieses Beispiel für eine gegebene inhomogene Funktion

$$y''(x) + y(x) = x \quad \text{mit den Randbedingungen} \quad y(0) = y(\pi/2) = 0$$

auch nach dem vorher beschriebenen Verfahren geschlossen lösen. Die homogene Gleichung

$$y_h''(x) + y_h(x) = 0$$

hat das Fundamentalsystem $\{\sin x,\ \cos x\}$. Die Wronski-Determinante dazu ist

$$y_1(x)\, y_2'(x) - y_2(x)\, y_1'(x) = -\sin^2 x - \cos^2 x = -1 .$$

Die Greensche Funktion entsprechend (18.28) unter Berücksichtigung der Randbedingungen ist

$$\begin{aligned} G(x,z) &= c_1 \sin x + c_2 \cos x + \begin{cases} -\sin x \cos z & \text{für} \quad a < x < z\,, \\ -\sin z \cos x & \text{für} \quad z < x < b\,, \end{cases} \\ \Rightarrow \quad G(x,z) &= \begin{cases} -\sin x \cos z & \text{für} \quad a < x < z\,, \\ -\sin z \cos x & \text{für} \quad z < x < b\,. \end{cases} \end{aligned}$$

Die Lösung ist daraus zu berechnen:

$$y(z) = -\int\limits_0^z dx\; x \sin x \cos z - \int\limits_z^{\pi/2} dx\; x \sin z \cos x = z - \frac{\pi}{2} \sin z\,. \qquad \square$$

Auch für Anfangswertprobleme ist die Methode der Greenschen Funktion geeignet. In Beispiel (15.48) hatten wir eine durch einen Stoß angeregte Schwingung betrachtet:

$$\ddot{y}(t) + \omega^2 y(t) = \delta(t)\,, \quad y(0) = \dot{y}(0) = 0\,. \tag{18.41}$$

Dies führt direkt zu einer Lösung mittels Greenscher Funktion für Anfangswertprobleme der Form

$$\ddot{y}(t) + \omega^2 y(t) = f(t)\,, \quad y(0) = \dot{y}(0) = 0 \tag{18.42}$$

für $t > 0$. Wir schreiben

$$\ddot{G}(t,t') + \omega^2 G(t,t') = \delta(t-t')\,, \quad G(0,t') = \dot{G}(0,t') = 0\,. \tag{18.43}$$

Nun multiplizieren wir mit $f(t')$ und integrieren über t':

$$\begin{aligned} \int\limits_0^\infty dt' \left(\frac{\partial^2}{\partial t^2} + \omega^2\right) G(t,t')\, f(t') &= \int\limits_0^\infty dt'\, \delta(t-t') f(t') \\ \Rightarrow \quad \left(\frac{\partial^2}{\partial t^2} + \omega^2\right) \left(\int\limits_0^\infty dt'\, G(t,t')\, f(t')\right) &= f(t)\,. \end{aligned} \tag{18.44}$$

Offenbar ist das die Differenzialgleichung (18.42) mit der Lösung

$$y(t) = \int\limits_0^\infty dt'\, G(t,t')\, f(t')\,. \tag{18.45}$$

Wie aber berechnet man $G(t,t')$? Hier bietet sich die Laplace-Transformation an. Wir transformieren (18.43) in der Variablen t (siehe Kap. 14) und erhalten

$$G(p,t') = \frac{\mathrm{e}^{-p\,t'}}{p^2+\omega^2} \quad \text{für} \quad p > 0\,. \tag{18.46}$$

Die Rücktransformation ergibt

$$G(t,t') = \frac{\sin(\omega(t-t'))}{\omega}\,\theta_0(t-t')\,, \tag{18.47}$$

mit der bekannten Stufenfunktion (Abschn. 15.3).

Für eine durch eine äußere periodische Kraft $f(t) = \sin(a\,t)$ erzwungene Schwingung zu den oben angegebenen Anfangsbedingungen finden wir daraus

$$\begin{aligned} y(t) &= \frac{1}{\omega}\int_0^\infty dt'\; \sin(\omega(t-t'))\,\theta_0(t-t')\,\sin(a\,t') \\ &= \frac{1}{\omega}\int_0^t dt'\; \sin(\omega(t-t'))\,\sin(a\,t') \\ &= \frac{\omega\,\sin(a\,t) - a\,\sin(\omega\,t)}{\omega\,(\omega^2-a^2)} \quad \text{für} \quad t > 0\,. \end{aligned} \tag{18.48}$$

Wenn die Anfangsbedingungen nicht die einfache Form $y(0) = y'(0) = 0$ haben, so geht man wie zu Beginn dieses Abschnittes bei (18.21) besprochen vor und addiert zu (18.45) eine Lösung y_h der *homogenen* Differenzialgleichung, welche die geforderten, abweichenden Anfangsbedingungen erfüllt:

$$y(t) = y_h(t) + \int_0^\infty dt'\; G(t,t')\,f(t')\,. \tag{18.49}$$

Die Technik der Greenschen Funktion kann auch auf mehrdimensionale Probleme angewandt werden.

Beispiel

Da die Lösung der Poisson-Gleichung für eine Punktladung (18.13) gleichzeitig die Greensche Funktion der PDG ist, kann die Gleichung auch für eine allgemeine Ladungsdichte

$$\Delta\,u(\boldsymbol{x}) = -4\pi\,\rho(\boldsymbol{x})$$

gelöst werden. Entsprechend der Vorschrift ist die allgemeine Lösung

$$u(\boldsymbol{x}) = \int_{\mathbb{R}^3} d^3y\;\frac{\rho(\boldsymbol{y})}{|\boldsymbol{y}-\boldsymbol{x}|}\,. \qquad \square$$

Die Methode der Greenschen Funktion hat vielfältige Anwendungen in verschiedensten Bereichen der Physik. Zahlreiche Bücher sind zu speziellen Fragestellungen erschienen. Obwohl hier nicht besprochen, ist sie auch für gemischte Randbedingungen anwendbar. Wir verweisen auf die Literaturangaben am Ende dieses Kapitels.

18.3.4 Separation der Variablen

Voraussetzung einer erfolgreichen Separation ist, dass die Geometrie des Problems, also insbesondere der Randbedingungen, so beschaffen ist, dass durch die Einführung angepasster Variablen eine Vereinfachung eintritt. Das ist immer dann möglich, wenn die Randflächen als Koordinatenflächen darstellbar sind. Die Idee ist dann, die Lösungsfunktion als Produkt von Funktionen anzusetzen, die jeweils nur von einer Untermenge der Variablen abhängen. Zum Beispiel kann der Ansatz

$$u(x, y, t) = X(x)\, Y(y)\, T(t) \tag{18.50}$$

dazu führen, dass die Differenzialgleichung in drei Differenzialgleichungen, eine für jede Variable, zerfällt. Für entsprechende Randbedingungen führt dies zu einer Lösung des Problems. Wir werden dieses Verfahren für alle drei Typen von PDGen an Beispielen erläutern.

Elliptischer Typ

Wir wollen die Temperaturverteilung einer rechteckigen Metallplatte ($0 \le x \le a, 0 \le y \le b$) bestimmen, an deren Rand wir die Temperatur kennen:

(RB1) $u(0, 0 \le y \le b) = 0$
(RB2) $u(a, 0 \le y \le b) = 0$
(RB3) $u(0 \le x \le a, b) = 0$
(RB4) $u(0 < x < a, 0) = 100$

Am unteren Rand hat die Platte 100 Grad, an den anderen Rändern und an allen Eckpunkten 0 Grad. Die Temperaturverteilung im Innern soll bestimmt werden. Die Dicke der Platte, also eine mögliche z-Abhängigkeit, wollen wir vernachlässigen.

Diese Randbedingungen sind offenbar in kartesischen Koordinaten besonders einfach, und daher versuchen wir den Separationsansatz

$$u(x, y) = X(x)\, Y(y)\,. \tag{18.51}$$

Die Temperaturverteilung muss eine Lösung der Laplace-Gleichung (18.2) sein, die mit diesem Ansatz die Form

$$\begin{aligned} Y(y)\,\frac{\partial^2 X(x)}{\partial x^2} + X(x)\,\frac{\partial^2 Y(y)}{\partial y^2} &= 0 \\ \Rightarrow \quad \frac{1}{X(x)}\,\frac{\partial^2 X(x)}{\partial x^2} + \frac{1}{Y(y)}\,\frac{\partial^2 Y(y)}{\partial y^2} &= 0 \end{aligned} \tag{18.52}$$

annimmt. Dabei haben wir durch $X(x)\,Y(y)$ dividiert. Wir nehmen also an, dass im Innern der Fläche $u(x, y) \neq 0$ gilt. Dies muss nach der Lösung natürlich noch überprüft werden.

Wie man erkennt, hängt der erste Teil der Gleichung nur von der Variablen x ab, der zweite Teil nur von y. Die beiden Teile können sich nur dann für alle x und y wegheben, wenn sie konstant sind,

$$\frac{1}{X(x)}\,\frac{\partial^2 X(x)}{\partial x^2} = \text{const} = -\frac{1}{Y(y)}\,\frac{\partial^2 Y(y)}{\partial y^2}\;. \tag{18.53}$$

Die Erfahrung lehrt, dass man diese Konstante am besten mit $-k^2$ ansetzt. Da k im Prinzip auch komplex sein kann, ist das sicher keine Beschränkung. Die allgemeinste Lösung $u(x, y)$ ist eine Linearkombination von Produkten der Lösungsfunktionen X und Y, wobei über den Wert der Vorfaktoren und auch den von k noch nichts ausgesagt wurde. Dies kann erst mit Hilfe der Randbedingungen erfolgen.

Einer besonderen Diskussion wert ist der Fall $k = 0$. Hier ergeben sich sofort die Lösungen:

$$\begin{aligned} X'' &= 0 \Rightarrow X \in \{1, x\}\,, \\ Y'' &= 0 \Rightarrow Y \in \{1, y\}\,. \end{aligned} \tag{18.54}$$

Wir sehen, dass wir die allgemeine Lösung dann als

$$u_0(x, y) = c_0 + c_1\,x + c_2\,y + c_3\,x\,y \tag{18.55}$$

schreiben können. In unserem Beispiel fordern die Randbedingung, dass alle Koeffizienten verschwinden, da ja die Lösung an allen Eckpunkten verschwinden muss:

$$u(0,0) = u(a,0) = u(0,b) = u(a,b) = 0 \quad \Rightarrow \quad c_0 = c_1 = c_2 = c_3 = 0\,. \tag{18.56}$$

Wenn jedoch diese Werte ungleich null sind, dann kann man damit die Koeffizienten festlegen und das Problem $\Delta u = 0$ auf eines für $\Delta u_{\text{neu}} = 0$ reduzieren, für das die Eckwerte verschwinden:

$$u(x, y) = u_0(x, y) + u_{\text{neu}}(x, y)\;. \tag{18.57}$$

Damit können wir auch jede Änderung der Randbedingungen, die (am Rand) durch so eine Funktion u_0 beschrieben werden kann, leicht durch Addition eben dieser Funktion zur Lösung berücksichtigen. Das ist in unserem Beispiel aber nicht notwendig.

Für $k \neq 0$ müssen wir die folgenden beiden Gleichungen lösen

$$\begin{aligned} X'' &= -k^2 X \quad \Rightarrow \quad X \in \{\sin(k\,x), \cos(k\,x)\} , \\ Y'' &= k^2 Y \quad \Rightarrow \quad Y \in \{\exp(k\,y), \exp(-k\,y)\} . \end{aligned} \tag{18.58}$$

(RB1) $u(0, y) = 0$; da die Kosinusfunktion bei 0 nicht verschwindet, gibt es keine Beiträge von $\cos(k\,x)$.

(RB2) $u(a, y) = 0$; dies ergibt eine Eigenwertbedingung für die Funktionen

$$\sin(ka) = 0 \quad \Rightarrow \quad k\,a = n\,\pi \quad \Rightarrow \quad k_n = \frac{n\,\pi}{a} , \quad n \in \mathbb{Z} . \tag{18.59}$$

Damit muss die bisher unbekannte Konstante ein Vielfaches von π/a sein, damit die beiden Randbedingungen (RB1) und (RB2) erfüllt sind. Wir haben einstweilen die Abkürzung k_n dafür eingeführt.

Die allgemeinste Form der Lösung, die mit diesen beiden Randbedingungen verträglich ist, lautet nun also

$$u(x, y) = \sum_{n=1}^{\infty} \left(a_n\, \mathrm{e}^{k_n y} + b_n\, \mathrm{e}^{-k_n y}\right) \sin(k_n x) . \tag{18.60}$$

(RB3) $u(x, b) = 0$; daher

$$a_n\, \mathrm{e}^{k_n b} = -b_n\, \mathrm{e}^{-k_n b} \quad \Rightarrow \quad b_n = -a_n\, \mathrm{e}^{2k_n b} , \tag{18.61}$$

und der Klammerausdruck kann in die Form

$$a_n \left(\mathrm{e}^{k_n y} - \mathrm{e}^{k_n (2b-y)}\right) = 2\, a_n\, \mathrm{e}^{k_n b} \sinh(k_n\,(y-b)) . \tag{18.62}$$

gebracht werden. Dabei haben wir einen Faktor $\exp(k_n b)$ herausgehoben, um eine übersichtlichere Form zu bekommen. Durch die Umbenennung $c_n = 2\,a_n \exp(k_n b)$ erhalten wir die allgemeine Form

$$u(x, y) = \sum_{n=1}^{\infty} c_n \sinh(k_n\,(y-b)) \sin(k_n x) , \tag{18.63}$$

die nun also drei der vier Randbedingungen erfüllt.

(RB4) $u(x, 0) = 100$; diese vierte Randbedingung legt uns schließlich die im Moment noch nicht bekannten Koeffizienten c_n fest,

$$u\,(0 < x < a, 0) = \sum_{n=1}^{\infty} c_n \sinh(-k_n b) \sin(k_n x) = 100 . \tag{18.64}$$

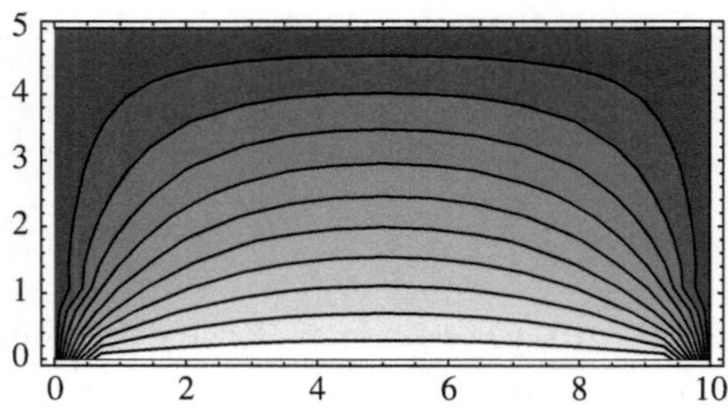

Abb. 18.4 Die Temperaturverteilung einer rechteckigen Platte, wie in (18.67) angegeben, für $a = 10$ und $b = 5$. Die Konturlinien sind Isothermen

Dieser Ausdruck hat offenbar die Form eine Fourier-Sinus-Reihe,

$$\sum_{n=1}^{\infty} d_n \sin\left(\frac{n\pi x}{a}\right) = 100\,, \qquad (0 < x < a)\,, \tag{18.65}$$

wie wir sie in Kap. 13 ausführlich diskutiert haben. Die Koeffizienten wurden dort berechnet und sind

$$d_n = \frac{2}{a}\int_0^a dx\, 100 \sin\left(\frac{n\pi x}{a}\right) = \begin{cases} \dfrac{400}{n\pi} & \text{ungerade } n\,, \\ 0 & \text{gerade } n\,. \end{cases} \tag{18.66}$$

Damit haben wir die Temperaturverteilung der Platte vollständig bestimmt. Sie lautet:

$$\begin{aligned} u\,(0 < x < a, 0 < y < b) &= \frac{400}{\pi} \sum_{\text{ungerade } n}^{\infty} \frac{\sinh(k_n\,(y-b))}{n\,\sinh(-k_n b)} \sin(k_n x) \\ &= \frac{400}{\pi} \sum_{m=0}^{\infty} \frac{\sinh\left((2m+1)\,\frac{\pi(b-y)}{a}\right)}{(2m+1)\,\sinh\left((2m+1)\,\frac{\pi b}{a}\right)} \sin\left((2m+1)\,\frac{\pi x}{a}\right)\,. \end{aligned} \tag{18.67}$$

In Abb. 18.4 sind die Isothermen für dieses Beispiel dargestellt. Dieses Beispiel war zwar einfach, zeigt aber doch alle wesentlichen Merkmale der Lösungsmethode.

Wir können uns aber auch noch einige weitere Fragen zum gerade besprochenen Beispiel beantworten. Wir lernen dabei allgemein nützliche Verfahren.

Andere Temperatur am unteren Rand: Was passiert, wenn die Temperatur am unteren Rand nicht 100 sondern zum Beispiel 250 Grad wäre? Aus der obigen Rechnung wird klar, dass man dann einfach die Lösung mit 2.5 multiplizieren müsste. Der Wert 100 geht nur als gemeinsamer Faktor ein.

Angenommen, die Temperatur am unteren Rand der Platte wäre nicht konstant, sondern durch eine Funktion gegeben,

$$u(0 < x < a, 0) = f(x)\,. \tag{18.68}$$

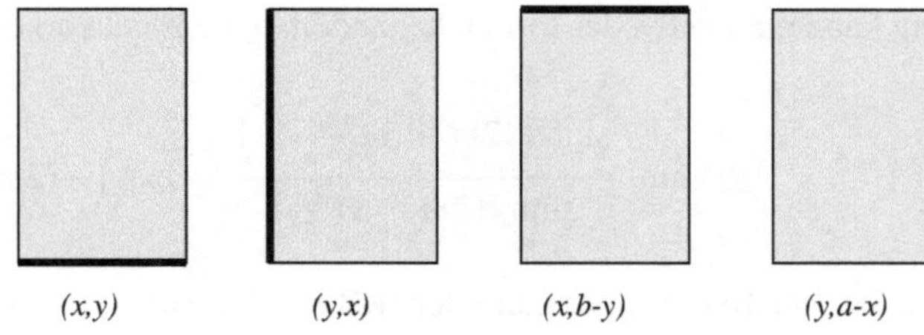

Abb. 18.5 Die Temperaturverteilung einer rechteckigen Platte zu verschiedenen Randbedingungen kann durch geeignete Vertauschung der Variablen bestimmt werden

Nun, dann würde sich nur der allerletzte Teil der Rechnung ändern. Man müsste die Koeffizienten eben aus der Fourier-Sinus-Reihe für $f(x)$ bestimmen.

Unterschiedliche Randwerte: Wie ändert sich die Temperaturverteilung, wenn alle Ränder um 15 Grad wärmer wären, also $u(x, y)$ an drei Seiten den Wert 15 und an der unteren Kante den Wert 115 hätte? Wie schon zu Beginn des Beispiels besprochen, können wir zu unserer Lösung eine Funktion der Form (18.56) addieren, die diese Änderung der Randbedingungen berücksichtigt. In unserem Fall wäre also die neue Lösung $15 + u(x, y)$.

Überlagerung von Lösungen: Angenommen, einer der *anderen* drei Ränder der Platte hätte auch eine Temperatur ungleich 0 gehabt? Auch in diesem Fall ist die Lösung aus der schon bekannten Lösung ableitbar.

Wir wollen die Lösung (18.67), die die besprochenen Randbedingungen erfüllt, etwas ausführlicher mit $u_P(x, y; a, b)$ bezeichnen, also die Plattenausdehnung in $x-$ und y-Richtung als Parameter angeben (vergleiche Abb. 18.5).

- Offenbar beschreibt dann die Funktion $u_P(y, x; b, a)$ die Temperaturverteilung derselben Platte, allerdings mit anderen Randbedingungen: Da die Rolle der Variablen x und y vertauscht sind, hat nun nicht der untere, sondern der linke Rand konstante Temperatur von 100 Grad.
- Die Funktion $u_P(x, b - y; a, b)$ beschreibt die Situation einer Platte, bei der oben mit unten vertauscht wurde, also der obere Rand den Wert 100 hat.
- Es gibt $u_P(y, a - x; b, a)$ die Temperaturverteilung einer Platte, bei der die Temperatur am rechten Rand den Wert 100 hat.

Geeignete Summen dieser einzelnen Funktionen erfüllen sowohl die Laplace-Gleichung als auch die modifizierten Randbedingungen, bei denen eine, zwei, drei oder alle vier Kanten verschiedene konstante Temperaturen haben. Der Grund liegt in der Linearität der PDG.

Unendlich lange Platte: Was passiert, wenn die Länge der Platte wächst, und wie bestimmt man schließlich die Temperaturverteilung im Grenzfall $y \to \infty$? Diese Fragestellung kann man entweder formal behandeln, indem man erkennt, dass

$$\lim_{b\to\infty} \frac{\sinh\left((2m+1)\frac{\pi\,(b-y)}{a}\right)}{\sinh\left((2m+1)\frac{\pi\,b}{a}\right)} = \exp\left(-(2m+1)\frac{\pi\,y}{a}\right), \qquad (18.69)$$

oder bei der Berücksichtigung der (RB3). Man sieht ja schon zu diesem Zeitpunkt, dass von den beiden Funktionen $\exp(k_n\,y)$ und $\exp(-k_n\,y)$ nur die gegen $y \to \infty$ abfallende, zweite Funktion eine erlaubte Lösung sein kann.

Je nach Symmetrie des Problems kann die Wahl von anderen Koordinaten, deren Koordinatenflächen mit den Rändern zusammenfallen, angebracht sein. Ein entsprechender Separationsansatz für den Laplace-Operator in Kugelkoordinaten ist schon in M.17.2 ausführlich besprochen worden. Die sich ergebende Differenzialgleichung für den Winkelanteil ist die verallgemeinerte Legendresche Differenzialgleichung mit den Kugelflächenfunktionen als Lösungssystem.

Beispiel

Wir suchen die Temperaturverteilung in einer Kugel (Radius 1), deren Oberflächentemperatur als Funktion von ϑ in der Form $f(\vartheta) = 1 + \cos\vartheta$ gegeben ist. Der Separationsansatz

$$\Phi(r,\vartheta,\varphi) = \frac{1}{r}\,U(r)\,S(\vartheta)\,T(\varphi)$$

wurde schon in M.17.2 besprochen. Er zerlegt die Lösung in eine Differenzialgleichung für den Winkelanteil und eine für den radialen Teil,

$$r^2\,U''(r) = l\,(l+1)\,U(r)\,.$$

Der Winkelanteil hat als Lösungen die Kugelflächenfunktionen $Y_{lm}(\vartheta,\varphi)$. Für den radialen Anteil führt der Potenzansatz $U(r) = r^a$ zu den beiden Lösungen

$$a\,(a-1) = l(l+1) \quad\Rightarrow\quad U(r) \in \{r^{-l}, r^{l+1}\} \quad\Rightarrow\quad \frac{U(r)}{r} \in \{r^{-l-1}, r^l\}\,.$$

Die erste davon ist im Ursprung singulär und daher in unserem Beispiel nicht zulässig. Es ist also $U(r)/r = r^l$.

Da die Randbedingungen rotationssymmetrisch sind, muss die φ-Abhängigkeit verschwinden, und nur $m = 0$ ist möglich. Damit kann die allgemeine Lösung als Summe von Termen in der Form

$$\Phi(r,\vartheta,\varphi) = \sum_{l=0}^{\infty} (2l+1)\,c_l\,r^l\,P_l(\cos\vartheta)$$

hingeschrieben werden.

Die Koeffizienten ergeben sich aus der Randbedingung,

$$\Phi(1, \vartheta, \varphi) = \sum_{l=0}^{\infty} (2l + 1)\, c_l \; P_l(\cos\vartheta) = 1 + \cos\vartheta \; .$$

Die entsprechende Projektion ergibt $c_0 = 1$, $c_1 = 1/3$, $c_{l>1} = 0$ und damit ist die Lösung vollständig,

$$\Phi(r, \vartheta, \varphi) = 1 + r \, \cos\vartheta \; . \qquad \square$$

M.18.1 Kurz und klar: Separationsansatz

Wir fassen die Vorgangsweise zusammen:

- Der Separationsansatz bietet sich an, wenn der Rand durch Koordinatenlinien oder -flächen darstellbar ist.
- Die PDG wird durch den Separationsansatz in mehrere gewöhnliche Differenzialgleichungen „zerlegt". Diese haben oft die Form einer Eigenwertgleichung. Die verschiedenen Gleichungen sind durch gemeinsame Konstanten miteinander verbunden.
- Die allgemeine Lösung kann dann zunächst durch Linearkombinationen von Produkten aller Teillösungen hingeschrieben werden. Die Teillösungen sind Eigenlösungen der entsprechenden Eigenwertgleichungen, die durch die Randbedingungen festgelegt sind. Die allgemeine Lösung ist dann eine unendliche Summe von solchen Eigenfunktionen mit zunächst unbestimmten Koeffizienten.
- Die Randbedingungen schränken die Lösungsvielfalt ein:
  - einige Randbedingungen legen die erlaubten Eigenwerte fest;
  - einige Rand- oder Anfangsbedingungen bestimmen die unbekannten Koeffizienten der Linearkombination;
  - manchmal gibt es nur für bestimmte Werte der Parameter der ursprünglichen Differenzialgleichung zulässige Lösungen.

Parabolischer Typ

Ein Beispiel dafür ist die Wärmeleitungsgleichung, welche die zeitliche Temperaturabhängigkeit ausgehend von einer gegebenen Anfangsverteilung beschreibt. Im Fall eines eindimensionalen Problems ist die Diffusionsgleichung

$$\frac{\partial^2 u(x,t)}{\partial x^2} = \frac{1}{\kappa} \, \frac{\partial u(x,t)}{\partial t} \; . \tag{18.70}$$

Beispiel

Wir betrachten einen Metallring, der an einer Stelle unterbrochen ist; die Winkelvariable sei $-\pi < x < \pi$, die Unterbrechung bei $x = \pi$. Zu Beginn sei die Temperaturverteilung linear zwischen den Werten $-A$ und A,

(AB) $u(x,0) = \dfrac{A\,x}{\pi}$.

Der Separationsansatz ergibt

$$u(x,t) = F(x)\,T(t) \quad \Rightarrow \quad \frac{1}{F(x)}\frac{d^2F(x)}{dx^2} = \frac{1}{\kappa}\frac{1}{T(t)}\frac{dT(t)}{dt} = \text{const}\,.$$

Aus Erfahrung klug, wählen wir als Konstante $-k^2$ und erhalten also zwei Differenzialgleichungen,

$$\frac{d^2F(x)}{dx^2} + k^2\,F(x) = 0\,, \qquad \frac{dT(t)}{dt} = -\kappa\,k^2\,T(t)\,.$$

Die erste ist vom Typ einer so genannten Helmholtz-Gleichung, die zweite eine einfache Differenzialgleichung erster Ordnung. Die Lösungen sind

$$F(x) \in \{\sin(k\,x)\,,\cos(k\,x)\}\,, \qquad T(t) \propto \mathrm{e}^{-\kappa\,k^2\,t}\,.$$

Man beachte, dass es sich hier um ein Problem handelt, das in x periodisch mit der Periode 2π ist. Daher kann k nur ganzzahlige Werte annehmen: $k \in \mathbb{Z}$. Da die Anfangsbedingung in x antisymmetrisch (und periodisch) ist, wird das auch die allgemeine Lösung sein, und wir brauchen nur die Sinusfunktion zu berücksichtigen.

Damit ist die allgemeine Lösung

$$u(x,t) = \sum_{k=1}^{\infty} b_k\,\mathrm{e}^{-\kappa\,k^2\,t}\,\sin(k\,x)\,.$$

Die Anfangsbedingung (AB) ergibt

$$u(x,0) = \sum_{k=1}^{\infty} b_k\,\sin(k\,x) = \frac{A\,x}{\pi}$$

und ist wiederum eine Fourierreihe mit den Koeffizienten

$$b_k = -2\,A\,\frac{(-1)^k}{k\,\pi}\,.$$

Die hohen „Frequenzen“ fallen vergleichbar schnell ab. Die Zeitabhängigkeit ist in Abb. 18.6 dargestellt.

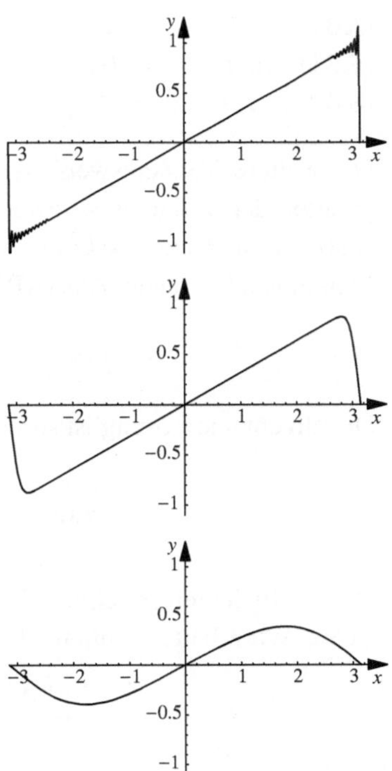

Abb. 18.6 Die Zeitabhängigkeit der Temperaturverteilung eines an einer Stelle unterbrochenen Metallrings ($\kappa = A = 1$; von oben nach unten: $t = 0, 0.01, 0.5$). Wie schon bei den Fourierreihen besprochen, konvergieren diese oft quälend langsam, und das bestätigt sich wieder bei der praktischen Rechnung zu diesem Beispiel. Man muss sehr viele Terme der Reihe berücksichtigen, um die Anfangstemperaturverteilung einigermaßen zufrieden stellend wiederzugeben! In dieser Abbildung wurden die Partialsumme der ersten 100 Terme dargestellt. Sobald $t > 0$ ist, werden die hohen Frequenzen schnell unwesentlich, und die Struktur wird glatter

Wir haben in diesem Beispiel ausnahmsweise keine Randwerte für $t > 0$ angegeben, da aufgrund der Periodizität und der in der Winkelvariablen x ungeraden Anfangsbedingung offenbar $u(x = \pm\pi, t) = 0$ galt, damit die Randbedingung implizit festgelegt war. □

Beispiel

Ähnlich, aber doch subtil verschieden, ist folgende Fragestellung. Wir betrachten eine Wand der Dicke d, bei der zum Anfangszeitpunkt $t = 0$ eine Gleichgewichtstemperaturverteilung herrscht, mit $u(x = 0, t = 0) = 0$ und $u(x = d, t = 0) = A$ (also zum Beispiel die Wand eines Kochtopfes mit heißem Wasser im Innern und einem Eiswürfelbad außen). Danach ($t > 0$) werden beide Randwerte auf 0 gesetzt. Wie ist der Verlauf der Temperatur im Innern in Abhängigkeit von der vergangenen Zeit?

Hier müssen wir zuerst die Anfangsbedingung näher festlegen. Die Gleichgewichtsverteilung ist eine Lösung der Laplace-Gleichung in einer Dimension,

$$\frac{\partial^2 u(x,0)}{\partial x^2} = 0 \quad \Rightarrow \quad u(x,0) = c_0 + c_1\, x \; ,$$

und mit den obigen Angaben gilt daher

(AB) $u(x,0) = A\,x/d$,
(RB1) $u(0,t>0) = 0$,
(RB2) $u(d,t>0) = 0$.

Die weitere Vorgangsweise ist wie beim vorherigen Beispiel. Wieder führt die Separation der Variablen zu zwei Differenzialgleichungen mit den Lösungen $\{\sin(k\,x), \cos(k\,x)\}$ und $\exp(-\kappa\,k^2\,t)$. Aus Randbedingung (RB1) folgt, dass nur die Sinus-Funktionen beitragen. Aus (RB2) folgen die Eigenwerte,

$$\sin(k\,d) = 0 \quad \Rightarrow \quad k\,d = n\,\pi \quad \Rightarrow \quad k_n = n\,\frac{\pi}{d} \,.$$

Die allgemeine Lösung ist somit

$$u(x,t) = \sum_{n=1}^{\infty} c_n\,\mathrm{e}^{-\kappa\,k_n^2\,t}\,\sin(k_n\,x) \,.$$

Die Koeffizienten errechnen sich wieder aus Anfangsbedingung und der Fourier-Sinus-Reihe. Wir erhalten schließlich

$$u(x,t) = -\frac{2\,A}{\pi}\sum_{n=1}^{\infty}\frac{(-1)^n}{n}\,\mathrm{e}^{-\kappa\,(n\,\pi/d)^2\,t}\,\sin\left(\frac{n\,\pi\,x}{d}\right) \,.$$

Diese Lösung sieht gleich wie die Temperaturverteilung des Metallrings aus. Der subtile Unterschied besteht im Wertebereich von x, der in diesem Beispiel nur die *halbe Periode* des Sinus ausmacht. Im Ring-Beispiel haben wir daher auch den Sinusanteil einer vollständigen Fourierreihe untersucht, im Wandbeispiel eine Fourier-Sinus-Reihe.

□

Wir hätten statt der Dirichlet-Bedingungen aber auch Neumann-Bedingungen fordern können, dass nämlich der Wärmefluss nach außen verschwinden soll:

$$\left.\frac{\partial u}{\partial x}\right|_{x=0} = \left.\frac{\partial u}{\partial x}\right|_{x=d} = 0 \,. \tag{18.71}$$

In diesem Fall wären dann nur die Kosinus-Funktionen erlaubt und entsprechend eine Fourier-Kosinus-Entwicklung notwendig gewesen.

Sowohl beim eben besprochenen parabolischen als auch beim hyperbolischen Typ legen die Randbedingungen immer die Eigenfunktionen fest. Die Anfangsbedingungen erlauben dann die Berechnung der unbekannten Entwicklungskoeffizienten.

Hyperbolischer Typ

Im Unterschied zum parabolischen Typ liefert der Separationsansatz für (18.7) hier sowohl für den Orts- als auch für den Zeit-Anteil eine Schwingungsgleichung.

$$u(x,\ldots,t) = F(x,\ldots)\,T(t) \quad \Rightarrow \quad \frac{1}{F}\,\Delta\,F = \frac{1}{T\,v^2}\,\frac{\partial^2 T}{\partial t^2} \,. \tag{18.72}$$

Wie üblich, können die Ausdrücke links und rechts nur dann übereinstimmen, wenn sie von t und den Ortskoordinaten unabhängig, also konstant sind. Das führt zu den Differenzialgleichungen

$$\begin{aligned} \Delta F + k^2 F &= 0 \Rightarrow \text{weitere Separation} \\ \frac{\partial^2 T}{\partial t^2} + k^2 v^2 T &= 0 \Rightarrow T \in \{\sin(k\, v\, t), \cos(k\, v\, t)\}\,. \end{aligned} \tag{18.73}$$

Um die Eigenwerte, die unbekannten Faktoren und die Koeffizienten der allgemeinen Lösung zu bestimmen, benötigt man wieder Anfangsbedingungen und Randbedingungen. Da die Zeitableitung in zweiter Ordnung vorkommt, braucht man nun allerdings sowohl die Werte der Funktion als auch die ihrer Zeitableitung (also zum Beispiel die Form und Art des „Anschlags" einer schwingenden Saite).

- Anfangsbedingungen (Cauchy-Typ): $u(x,0)$ und $\left.\frac{\partial u(x,t)}{\partial t}\right|_{t=0}$,
- Randbedingungen: zum Beispiel $u(0,t)$ und $u(L,t)$.

C.18.2 … und auf dem Computer: Animation der schwingenden Saite

Man kann die Bewegung der schwingenden Saite oder der Trommelmembran auch visualisieren. MATHEMATICA (Notebook Version) stellt dafür die Funktion `Animate` zur Vefügung. Es werden Teilbilder der Animation erzeugt und dann wird die Animation gestartet. Folgende Befehlsfolge erlaubt, die zum Beginn in der Mitte „gezupfte" Saite in ihrer Schwingung zu beobachten.

```
Animate[Plot[Sum[((-1)^k/(2 k + 1)^2)
    Sin[(2 k + 1) x] Cos[(2 k + 1) t], {k, 0,10}], {x, 0, Pi},
    PlotRange -> {{0, Pi}, {-1.5, 1.5}}], {t, 0, 2 Pi, Pi/20}]
```

In dem zum Programmpaket zum Buch gehörenden Beispiel-Notebook `drum` kann man auch die Schwingung einer kreisrunden Membran visualisieren (Anhang C).

Beispiel

Im Fall einer schwingenden Saite nehmen wir folgende Anfangs- und Randbedingungen an:

(AB1) $u(0 \le x \le L/2, 0) = \frac{2hx}{L}$, $u(L/2 \le x \le L, 0) = 2h - \frac{2hx}{L}$;

(AB2) $\frac{\partial u(x,0)}{\partial t} = 0$; die Saite wird also in der Mitte „gezupft".

(RB) $u(0,t) = u(L,t) = 0$; die Saite ist an den Enden fest eingespannt.

Aufgrund von (RB) sind für die x-Abhängigkeit nur die Sinus-Funktionen zulässig und Eigenwerte $k_n = n\,\pi/L$ erlaubt. Die allgemeine Lösung lautet also

$$u(x,t) = \sum_{n=1}^{\infty} \sin\left(\frac{n\,\pi\,x}{L}\right)\left(a_n \sin\left(\frac{n\,\pi\,v\,t}{L}\right) + b_n \cos\left(\frac{n\,\pi\,v\,t}{L}\right)\right) .$$

Bei $t = 0$ ergibt sich

$$u(x,0) = \sum_{n=1}^{\infty} b_n \sin\left(\frac{n\,\pi\,x}{L}\right) ,$$

und aus der vorgegebenen Form von $u(x,0)$ aus (AB1) können wir mittels Fourier-Sinus-Reihe die Koeffizienten b_n bestimmen. Aus (AB2) folgt

$$\frac{\partial u(x,0)}{\partial t} = \sum_{n=1}^{\infty} \frac{n\,\pi\,v\,a_n}{L} \sin\left(\frac{n\,\pi\,x}{L}\right) = 0 ,$$

und daher $a_n = 0$. Das Endergebnis ist (mit $n = 2k + 1$)

$$u(x,t) = \frac{8\,h}{\pi^2} \sum_{k=0}^{\infty} \frac{(-1)^k}{(2k+1)^2} \sin\left(\frac{(2k+1)\,\pi\,x}{L}\right) \cos\left(\frac{(2k+1)\,\pi\,v\,t}{L}\right) .$$

Eine Variation der Anfangsbedingungen wäre ein „Zupfen“ in der Form $u(x,0) = 0$ und $\partial u(x,0)/\partial t \neq 0$.

Die verschiedenen Einzelbeiträge entsprechen den Eigenschwingungen (auch: Normalmoden oder charakteristische Frequenzen) der Saite. Alle Punkte der Saite schwingen bei einer Eigenschwingung mit der gleichen Frequenz. □

Beispiel

Sie haben vielleicht schon das Experiment gesehen, bei dem auf einer Membran (einer Metallplatte, einer Paukenmembran oder ähnliches) Pulver liegt, das sich dann, wenn die Membran in Schwingung versetzt wird, in verschiedenen Figuren anordnet. Diese so genannten „Chladnischen Klangfiguren“ ergeben sich aus den Eigenschwingungen und deren Knotenlinien, entlang derer sich das Pulver sammelt, also aus den Lösungen einer in diesem Fall zweidimensionalen hyperbolischen PDG.

Wir betrachten in mathematischer Idealisierung eine kreisförmige Membran ($r = 1$), die am Rand fest eingespannt ist (zum Beispiel eine Trommel), und suchen die Eigenschwingungen. Welches sind die Eigenfrequenzen, wie sehen die Knotenlinien aus?

Der Separationsansatz $u(x, y, t) = F(x, y)\, T(t)$ zerlegt die hyperbolische PDG wieder in die Differenzialgleichungen (18.73), deren erste wir mit der Separation $F(x, y) = R(r)\, \Phi(\varphi)$ noch weiter zerlegen,

$$\Delta F + k^2 F = 0 \quad \Rightarrow \quad \frac{1}{r\,R} \frac{\partial}{\partial r} r \frac{\partial R}{\partial r} + \frac{1}{r^2\,\Phi} \frac{\partial^2 \Phi}{\partial \varphi^2} + k^2 = 0 \,.$$

Wir haben dabei die Gleichung wieder durch F dividiert und nehmen also wie üblich $F \neq 0$ an. Das bekannte Separationsargument ergibt die beiden Gleichungen

$$\frac{\partial^2 \Phi}{\partial \varphi^2} = -n^2\, \Phi \quad \Rightarrow \quad \Phi \in \{\sin(n\,\varphi), \cos(n\,\varphi)\}$$

$$r \frac{d}{dr} r \frac{dR}{dr} + (k^2\, r^2 - n^2) R = 0 \quad \Rightarrow \quad \text{(Besselsche DG)}\,,$$

$$\Rightarrow \quad R \in \{J_n(k\,r), Y_n(k\,r)\} \,.$$

Diese Differenzialgleichungen und die dazugehörigen Lösungssysteme wurden in Kap. 17 ausführlich diskutiert. Da die Neumann-Funktionen Y_n im Ursprung singulär sind, brauchen wir sie hier nicht weiter zu berücksichtigen.

Damit setzt sich die allgemeine Lösung aus Termen folgender (symbolischer) Form zusammen:

$$u(r, \varphi, t) \in J_n(k\,r)\,.\,\{\sin(n\,\varphi), \cos(n\,\varphi)\}\,.\,\{\sin(k\,v\,t), \cos(k\,v\,t)\} \,.$$

Die Randbedingung für die radiale Abhängigkeit war die feste Einspannung,

$$u(r = 1, \varphi, t) = 0 \quad \Rightarrow \quad J_n(k) = 0 \quad \Rightarrow \quad k = k_{nm} \,.$$

Die Konstante k kann nur Werte annehmen, die den Positionen der Nullstellen der jeweiligen Besselfunktion J_n entsprechen. Wir bezeichnen diese Werte mit k_{nm}, wobei $m = 1, 2, \ldots$ die m-te Nullstelle von J_n angibt. Man kann die numerischen Werte in Tabellen nachschlagen.

Damit haben wir alle Informationen über die Eigenmoden. Wir benötigen für diese Fragestellung nach Eigenmoden keine Anfangsbedingungen, also keine Information über den Anschlag der Trommel. Diese würden nur angeben, mit welcher Stärke die einzelnen Moden zur Klangbildung beitragen. Die Eigenmoden sind durch die Werte (n, m) klassifizierbar, wobei $n = 0, 1, \ldots$ und $m = 1, 2, \ldots$ sein kann. Die „einfachste" Mode ist die, bei der die ganze Membran jeweils in gleiche Richtung schwingt,

$$u_{01}(r, \varphi, t) = J_0(k_{01}\, r)\, \cos(k_{01}\, v\, t) \,.$$

Die Knotenlinien hängen sowohl von n (jeweils entlang von n Durchmessern) und m (jeweils entlang von $m - 1$ Kreisen) ab. In Abb. 18.7 sind die Knotenlinien (und

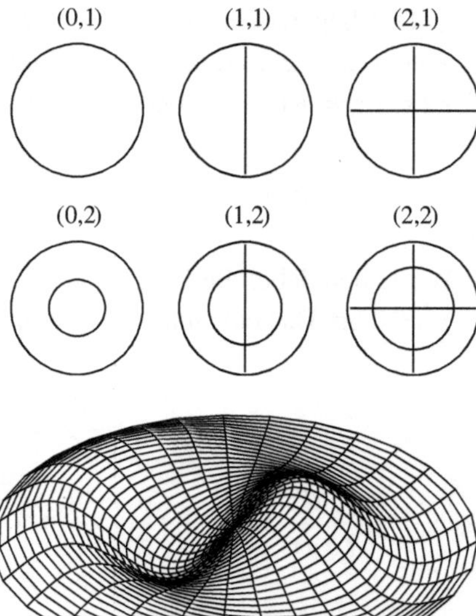

Abb. 18.7 Die Knotenlinien der Eigenmoden einer kreisförmigen, schwingenden Membran

Abb. 18.8 Schwingende Membran: Lösung $u_{12}(r, \varphi, t = 0)$

der Rand) der entsprechenden Lösungen skizziert und in Abb. 18.8 ist die Lösung $u_{12}(r, \varphi, t = 0)$ dargestellt.

Die **Eigenfrequenzen** ergeben sich aus der t-Abhängigkeit. Die Frequenz ist durch

$$\nu = \frac{k\, v}{2\pi} \quad \Rightarrow \quad \nu_{nm} = \frac{k_{nm}\, v}{2\pi}$$

gegeben. Die Eigenfrequenzen von Membranen stehen – im Gegensatz zum Beispiel der schwingenden Saite – nicht in ganzzahligen Verhältnissen!

Man könnte sich die Frage stellen, ob man aus der Kenntnis aller Eigenfrequenzen im Prinzip auf die Form der Membran schließen kann? Es wurde jedoch gezeigt, dass das sicher nicht eindeutig möglich ist. Verschiedene Membranformen können das gleiche Eigenspektrum haben. Diese und andere interessante Fragen dazu werden zum Beispiel von [7] besprochen. □

18.4 Aufgaben und Lösungen

18.4.1 Aufgaben

18.1: Finden Sie die Lösungen der Gleichung $r\,\frac{d}{dr}\left(r\,\frac{d}{dr}\,R\right) = n^2\,R$.

18.2: Die Greensche Funktion erfülle die Differenzialgleichung $G''(x,z) + G(x,z) = \delta(x - z)$ mit den Neumann-Randbedingungen $G'(0,z) = G'(\pi/2, z) = 0$. (a) Man entwickle $G(x, z)$ nach einem passenden Eigenfunktionensystem. (b) Man bestimme eine geschlossene Lösung und entwickle diese zur Kontrolle nach (a).

18.3: Finden Sie die Lösung von

$$\frac{\partial^2 \Phi(x,t)}{\partial x^2} = \frac{\partial \Phi(x,t)}{\partial t}\,, \qquad \Phi(0,t) = \Phi(1,t) = 0\,, \qquad \Phi(x,0) = \sin(\pi\, x)$$

(a) durch einen Separationsansatz und (b) durch Laplace-Transformation (bezüglich t) und Bestimmung der Greenschen Funktion für die transformierte Differenzialgleichung.

18.4: Wie ist die Gleichgewichtstemperaturverteilung einer quadratischen Platte mit Kantenlänge 1, wenn der obere und der untere Rand eine Temperatur von 50 Grad, der linke und rechte Rand eine Temperatur von 10 Grad haben?

18.5: Wie ist die Gleichgewichtstemperaturverteilung eines unendlich langen Stabes mit quadratischem Querschnitt ($0 \le x \le a$, $0 \le y \le a$,$0 \le z$), dessen Temperatur am Rand den Wert 0 und am Boden ($z = 0$) den Wert 25 hat?

18.6: Lösen Sie die Laplace-Gleichung für das Innere eines Quaders der Ausdehnung $a \times b \times c$. Bis auf die Bodenfläche haben alle Grenzflächen den Wert 0; die Bodenfläche habe den Wert 100.

18.7: Finden Sie die Zeitabhängigkeit der Temperaturverteilung eines unendlich langen Zylinders (Radius a, Temperatur des Randes $T(\rho = a) = 0$). Die Anfangstemperaturverteilung sei durch $T(\rho, \varphi, z) = f(\rho)$, also eine nur vom Radius abhängige Funktion gegeben.

18.8: Was ist die Gleichgewichtstemperaturverteilung einer kreisförmigen flachen (keine Ausdehnung in z-Richtung) Scheibe mit Radius a für die Randbedingungen:

(a) $T(r = a, -\pi < \varphi < 0) = 0,\ T(r = a, 0 < \varphi < \pi) = 100;$

(b) $T(r = a, 0 < \varphi < {}^{\pi}\!/_{2}) = 100,\ T(r = a, {}^{\pi}\!/_{2} < \varphi < 2\pi]) = 0.$

18.9: Bestimmen Sie die Eigenfrequenzen einer quadratischen (Kantenlänge a), schwingenden Membran mit fester Einspannung (Trommel). Skizzieren Sie anhand Ihrer Ergebnisse die Knotenlinien der vier niedrigsten (nichttrivialen) Eigenschwingungen.

18.10: Bestimmen Sie die Temperaturverteilung einer rechteckigen 1×2-Platte mit der Randtemperatur $T(x, 0) = x^2$, $T(x, 2) = x$, $T(0, y) = 0$ und $T(1, y) = 1$. (Beachten Sie (18.57)!)

18.4.2 Lösungen

Vollständige Lösungen unter http://physik.uni-graz.at/~cbl/mm/.

18.1: Lösungen mittels Frobeniusansatz: $r^{\pm n}$.

18.3: (a) $\Phi(x,t) = \sin(\pi\, x)\, \exp\left(-\pi^2\, t\right)$.

18.4:

$$u(x,y) = 10 + \frac{160}{\pi} \sum_{m=0}^{\infty} \frac{\sinh((2m+1)\pi(1-y)) + \sinh((2m+1)\pi y}{(2m+1)\sinh((2m+1)\pi)} \sin((2m+1)\pi x)\;.$$

Hinweis: Sie erhalten die Lösung durch geeignete Kombination von im Text abgeleiteten Lösungen!

18.5:

$$u(x,y,t) = \frac{400}{\pi^2} \sum_{\substack{\text{ungerade}\\ n,m}} \frac{1}{n\,m} \sin\left(\frac{n\,\pi\,x}{a}\right) \sin\left(\frac{m\,\pi\,y}{a}\right) \mathrm{e}^{-\pi\sqrt{n^2+m^2}\frac{z}{a}}\;.$$

18.6:

$$u(x,y,t) = \frac{1600}{\pi^2} \sum_{\substack{\text{ungerade}\\ n,m}} \frac{1}{n\,m} \sin\left(\frac{n\pi x}{a}\right) \sin\left(\frac{m\pi y}{b}\right) \frac{\sinh\left(-\pi\sqrt{\frac{n^2}{a^2}+\frac{m^2}{b^2}}(c-z)\right)}{\sinh\left(-\pi\sqrt{\frac{n^2}{a^2}+\frac{m^2}{b^2}}c\right)}\;.$$

18.7: Allgemeine Lösung: $T(\rho,t) = \sum_{nu=1}^{\infty} c_\nu\, J_0(k_\nu\,\rho)\, \exp(-k_\nu^2\,\kappa\, t)$; dabei sind die Werte k_ν durch die Nullstellen der Besselfunktion $J_0(a\,k_\nu) = 0$ bestimmt. Die c_ν werden durch Projektion aus der Anfangswertangabe $f(\rho) = \sum_\nu c_\nu\, J_0(k_\nu\,\rho)$ festgelegt.

18.8: (a) $T(r,\varphi) = 50 + \dfrac{200}{\pi} \displaystyle\sum_{\text{ungerade } k} \frac{1}{k}\left(\frac{r}{a}\right)^k \sin(k\,\varphi)$;

(b) $T(r,\varphi) = 25 + \dfrac{100}{\pi} \displaystyle\sum_{\text{ungerade } k} \frac{1}{k}\left((-1)^{(k-1)/2}\cos(k\,x) + \sin(k\,x) + \sin(2\,k\,x)\right)$.

18.9: Eigenfrequenzen: $\nu_{nm} = (v/2a)\,\sqrt{n^2+m^2}$ für $n,m \in \mathbb{N} > 0$.

Literaturempfehlungen
Klassiker sind natürlich [1, 8]. Vorwiegend analytische Methoden, darunter natürlich auch der Separationsansatz, werden in [9, 10] behandelt. Numerische Methoden sind zum Beispiel in [2, 3, 5, 11] diskutiert. Untersuchungen von PDGen mit Hilfe von MATHEMATICA findet man in [4, 12]. Greensche Funktionen werden unter anderem in [1, 6, 13] behandelt.

Bei Randwertproblemen sind die allgemeinen Lösungen von Differenzialgleichungen den jeweiligen Randbedingungen anzupassen. Sehr oft kann ein äquivalentes Integralgleichungsproblem formuliert werden, in dem dann die Randbedingungen direkt enthalten sind. Näherungslösungen können oft leichter aus einer Integralgleichung gewonnen werden. Basisliteratur dazu ist [1, 14], ein moderner Text ist [15], und eine einführende Behandlung findet man in [16].

Literatur

1. R. Courant und D. Hilbert, *Methods in Mathematical Physics, Vol. II: Partial Differential Equations* (Interscience Publishers, John Wiley &Sons, New York, 1989).
2. W. H. Press, B. P. Flannery, S. A. Teukolsky, und W. T. Vetterling, *Numerical Recipes: The Art of Scientific Computing*, 3. Aufl. (Cambridge University Press, Cambridge, 2007).
3. Paul L. DeVries, *Computerphysik* (Spektrum Akademischer Verlag, Heidelberg, 1995).
4. D. Vvedensky, *Partial Differential Equations with Mathematica* (Addison-Wesley Publ. Co., New York, 1994).
5. A. Iserles, *A First Course in the Numerical Analysis of Differential Equations*, 2. Aufl. (Cambridge University Press, Cambridge, 2009).
6. I. Stakgold, *Green's Functions and Boundary Value Problems*, 3. Aufl. (John Wiley & Sons, New York, 2011).
7. T. D. Rossing, Physics Today **March**, 40 (1992).
8. P. M. Morse und H. Feshbach, *Methods of Theoretical Physics* (McGraw-Hill, New York, 1953).
9. S. J. Farlow, *Partial Differential Equations for Scientists and Engineers*, Bd. 221 of *Dover Books on Advanced Mathematics* (Dover Publ. Inc., New York, 1993).
10. V. I. Arnold, *Vorlesungen über partielle Differentialgleichungen* (Springer-Verlag, Berlin-Heidelberg-New York, 2004).
11. H. Gould und J. Tobochnik, *An Introduction to Computer Simulation Methods*, 3. Aufl. (Addison-Wesley Publ. Co., Reading, MA, 2006).
12. Daniel Dubin, *Numerical and Analytical Methods for Scientists and Engineers, Using Mathematica* (Wiley-Interscience, Hoboken, NJ, 2003).
13. D. G. Duffy, *Green's functions with applications*, 2. Aufl. (CRC Press, Boca Raton FL, 2015).
14. N. I. Muskhelishvili, *Singular Integral Equations* (Dover Publ. Inc., New York, 2008).
15. D. Porter und D. S. G. Stirling, *Integral equations* (Cambridge University Press, New York, 1990).
16. H. J. Weber und G. Arfken, *Essential Mathematical Methods for Physicists*, 5. Aufl. (Academic Press, San Diego, 2003).

Funktionentheorie 19

19.1 Analytische Funktionen

Man könnte diesen Abschnitt auch „Auf der Suche nach der perfekten Funktion" nennen. Wir werden zeigen, dass analytische Funktionen stetig, ja sogar differenzierbar sind und dass diese Eigenschaft ungeahnte Zusammenhänge zwischen den Funktionswerten bewirkt. Man kann **analytische Funktionen** nicht an irgendeiner Stelle einfach nur „lokal" verändern, ohne dass es überall Auswirkungen gibt. Ja, mehr noch, aus der genauen Kenntnis einer analytischen Funktion in einem beliebig kleinen Gebiet kann man sie überall in ihrem Analytizitätsgebiet berechnen! Genug des Enthusiasmus, hier kommen die Fakten.

19.1.1 Stetigkeit

Komplexe Zahlen haben wir ja schon im Kap. 2 besprochen. Auch die in der Analysis bekanntesten Funktionen (Potenzen, Exponentialfunktionen und trigonometrische Funktionen) und deren Verhalten bei komplexen Argumenten wurden dort diskutiert.

Nun gibt es aber noch viel stärkere Aussagen über Funktionen mit komplexen Argumenten, die in vielen Bereichen der Naturwissenschaften sehr nützliche Anwendungen haben. Insbesondere die Forderung nach der Eindeutigkeit einer Ableitung nach der komplexen Variablen führt zu der sehr mächtigen Definition der **Analytizität von Funktionen** mit vielen praktischen Folgen.

Erinnern wir uns zunächst an einige Begriffe, die für die Definition einer Ableitung wichtig sind, und passen wir sie der Situation komplexer Zahlen an. Der **Grenzwert**

$$\lim_{z \to z_0} f(z) = A \tag{19.1}$$

existiert, wenn es für beliebig kleine Werte von ϵ einen Wert δ gibt, dass für $|z - z_0| < \delta$ auch $|f(z) - A| < \epsilon$ gilt. Die Funktion kommt also dem Wert A beliebig nahe, wenn auch

C.B. Lang, N. Pucker, *Mathematische Methoden in der Physik*,
DOI 10.1007/978-3-662-49313-7_19

z sich z_0 genügend nähert. Bei komplexen Zahlen kommt es dabei nicht auf die Richtung in $\mathbb{C}$ an, aus der man sich nähert, sondern nur auf den Abstand, also den Absolutbetrag.

Alle Regeln für das Rechnen mit Grenzwerten, wie wir sie in Kap. 1 besprochen haben, gelten weiterhin. Man muss nur den Betragsbegriff so verwenden, wie er für komplexe Zahlen definiert ist.

Beispiel

Wir untersuchen der Grenzwert $z \to \mathrm{i}$ für die Funktion $f(z) = 1 - z^2$. Betrachten wir einen benachbarten Wert $z = \mathrm{i} + \Delta/2$, also $|z - \mathrm{i}| = |\Delta|/2$. Dann ist dort $f(\mathrm{i} + \Delta/2) = 2 - \mathrm{i}\Delta - \Delta^2/4$. Es liegt nahe zu vermuten, dass $\lim_{z\to\mathrm{i}} f(z) = A = 2$. Da Δ klein sein soll, wollen wir gleich annehmen, dass $|\Delta| < 1$. Offenbar ist dann

$$\left| f\left(\mathrm{i} + \frac{\Delta}{2}\right) - 2\right| = \left|\mathrm{i}\Delta + \frac{\Delta^2}{4}\right| = |\Delta| \left|\mathrm{i} + \frac{\Delta}{4}\right| < 2|\Delta| \equiv \epsilon \,.$$

Wir haben einen Wert für ϵ definiert und die obere Schranke großzügig gewählt, wir können uns das leisten. Mit der Definition eines ϵ haben wir alle Teile des Grenzwertbeweises. Für beliebige ϵ gibt es immer ein δ (in unserem Fall kann dies zum Beispiel $\delta = |\Delta| = \epsilon/2$ sein), damit... (siehe Definition)! Wir haben also bewiesen, dass der Grenzwert $A = 2$ ist. Das war natürlich kein Durchbruch, da ja in diesem Beispiel auch direktes Einsetzen zeigt, dass $f(\mathrm{i}) = 2$ gilt. Allerdings haben wir damit gleichzeitig die Stetigkeit bei $z = \mathrm{i}$ bewiesen.

Man beachte, dass in unserem Beispiel Δ komplex, also auch richtungsabhängig sein kann. □

Wenn man den Grenzwert $z \to \infty$ benötigt, kann dieser einfach umgeschrieben werden,

$$\lim_{z\to\infty} f(z) = \lim_{w\to 0} f\left(\frac{1}{w}\right) \,. \tag{19.2}$$

Die Definition der Stetigkeit folgt der im Reellen. Eine komplexe Funktion ist **stetig** bei z_0, wenn dort Grenzwert und Funktionswert übereinstimmen, also $\lim_{z\to z_0} f(z) = f(z_0)$ und dieser Wert endlich ist. Die im Beispiel oben betrachtete Funktion ist stetig, ebenso sind Funktionen wie z^n, e^z und $\sin z$ in $\mathbb{C}$ (also für alle endlichen komplexen Zahlen) stetig.

Beispiel

Die Funktion

$$f(z) = \begin{cases} 1 - z^2 & z \neq \mathrm{i} \\ 0 & z = \mathrm{i} \end{cases}$$

ist offenbar bei $z = \mathrm{i}$ *nicht* stetig. Wir haben ja oben gezeigt, dass $\lim_{z\to\mathrm{i}} f(z) = 2 \neq 0$ ist! □

M.19.1 Kurz und klar: Stetigkeit komplexer Funktionen

Eine komplexe Funktion ist stetig bei z_0, wenn richtungsunabhängig $\lim_{z\to z_0} f(z) = f(z_0)$, und dieser Wert endlich ist. Die folgenden Aussagen sind eigentlich Trivialitäten:

- Wenn $f(z)$ und $g(z)$ bei z_0 stetig sind, so sind das auch $af(z)$ ($a \in \mathbb{C}$), $f(z) \pm g(z)$, $f(z)\,g(z)$ und $f(z)/g(z)$ (falls $g(z_0) \neq 0$ ist).
- $f(g(z))$ ist bei z_0 stetig, wenn g bei z_0 stetig ist mit $g(z_0) = g_0$ und auch $f(g)$ bei g_0 stetig ist.
- Wenn die Funktion $f(z)$ in einem Gebiet A um z_0 stetig ist, dann ist sie bei z_0 auch beschränkt.
- Wenn $f(z)$ in A stetig ist, dann gilt das sowohl für $\operatorname{Im} f(z)$ als auch für $\operatorname{Re} f(z)$.
- Analog zu den Aussagen im Kap. 1 (M.1.7) gibt es auch hier den Begriff **gleichmäßige Stetigkeit**. Damit eine in A stetige Funktion dort auch **gleichmäßig stetig** ist, darf δ nur von ϵ, nicht aber von $z_0 \in A$ abhängen.

Beispiel

Die Funktion

$$f(z) = \begin{cases} \frac{\bar{z}}{z} & z \neq 0 \\ 1 & z = 0 \end{cases}$$

ist bei $z = 0$ ebenfalls nicht stetig, ja, sie hat nicht einmal einen definierten Grenzwert. Wenn wir zum Beispiel $z = \delta\,\mathrm{e}^{\mathrm{i}\varphi}$ wählen und $\delta \in \mathbb{R}$ beliebig klein werden lassen, so wird

$$|f(z) - f(0)| = \left|\frac{\bar{z}}{z} - 1\right| = |\mathrm{e}^{-2\mathrm{i}\varphi} - 1|$$

sicher nicht für jedes φ beliebig klein. Die Richtungsabhängigkeit verhindert also die Existenz eines Grenzwertes bei $z \to 0$. □

In Kap. 2 haben wir besprochen, wie man Funktionen mit auf den ersten Blick vieldeutigen Funktionswerten auf der Riemannschen Fläche **eindeutig** definieren kann. Die Funktion $\sqrt{z}$ ist zum Beispiel in der gesamten, aus zwei Blättern bestehenden Riemannschen Fläche eindeutig definiert. Man muss nur immer die Anzahl der Blätter und deren Verbindung miteinander beachten.

19.1.2 Differenzierbarkeit

Nun haben wir den Boden bereitet und können ernten. Wir definieren die Ableitung einer komplexen Funktion analog zum reellen Fall. Die Funktion $f(z)$ hat bei z eine Ableitung, wenn der Grenzwert

$$\lim_{dz \to 0} \frac{f(z+dz) - f(z)}{dz} \equiv \frac{df(z)}{dz} = f'(z) \tag{19.3}$$

existiert. Sie ist dann also am Punkt z **differenzierbar**. Eine Funktion heißt **analytisch** (oder auch **regulär** oder **holomorph**) in einem Gebiet $A \subset \mathbb{C}$, wenn sie für alle $z \in A$ eindeutig und differenzierbar ist. Das **Gebiet** ist eine zusammenhängende offene Teilmenge von $\mathbb{C}$, und man nennt es auch das **Analytizitätsgebiet** der Funktion.

Der Grenzwert in (19.3) muss also eindeutig und unabhängig von der Richtung (in der komplexen Ebene) sein, in der man sich dem Punkt z nähert – sonst wäre es kein Grenzwert. Das ist bei komplexen Funktionen eine neue Bedingung, welche die Menge der Funktionen beträchtlich einschränkt, eben auf die Klasse der analytischen Funktionen. Wir werden bald sehen, dass diese Eigenschaft der Differenzierbarkeit (oder Analytizität) allerdings auch äußerst nützlich ist.

Beispiel

Gibt es überhaupt analytische Funktionen? Die meisten uns bekannten Funktionen sind analytisch, zumindest in einem großen Teil der komplexen Ebene. Wir betrachten $f(z) = z^n$ und finden

$$\begin{aligned} \lim_{dz \to 0} \frac{(z+dz)^n - z^n}{dz} &= \lim_{dz \to 0} \frac{z^n + n\, z^{n-1} dz + \mathcal{O}\left((dz)^2\right) - z^n}{dz} \\ &= \lim_{dz \to 0} \left(n\, z^{n-1} + \mathcal{O}(dz)\right) = n\, z^{n-1}\,, \end{aligned}$$

da ja $\lim_{dz \to 0} \mathcal{O}(dz) = 0$. □

Beispiel

Ist die Funktion $f(z) = z\,\overline{z}$ (also $|z|^2$) in $\mathbb{C}$ analytisch? Wenn wir zum Beispiel $dz = \epsilon\, \mathrm{e}^{i\varphi}$ wählen, so erhalten wir

$$\begin{aligned} \lim_{dz \to 0} \frac{(z+dz)(\overline{z} + d\overline{z}) - z\,\overline{z}}{dz} &= \lim_{dz \to 0} \frac{z\, d\overline{z} + \overline{z}\, dz + dz\, d\overline{z}}{dz} \\ &= \overline{z} + z \lim_{dz \to 0} \frac{d\overline{z}}{dz} + \lim_{dz \to 0} d\overline{z}\,. \end{aligned}$$

Der dritte Term verschwindet, wenn $\epsilon \to 0$ geht, der zweite allerdings nimmt den Wert $z\, \mathrm{e}^{2i\varphi}$ an und hängt damit vom Winkel ab, mit dem $dz \to 0$ geht. Der Grenzwert existiert also nirgends in $\mathbb{C}$, und die Funktion ist nicht differenzierbar, also nicht analytisch.

□

Differenzierbar und analytisch sind also bei komplexen Funktionen synonym verwendbar. Für Potenzen und andere uns bekannte Funktionen gelten dieselben Differenziationsregeln wie im Reellen. Dennoch muss man sich vergewissern, dass die Funktion im untersuchten Gebiet tatsächlich analytisch ist. Wie wir im Beispiel gesehen haben, ist Vorsicht dann geboten, wenn eine Funktion nur mit Hilfe von $\bar{z}$ definiert werden kann. Wir werden diese Beobachtung später noch genauer begründen.

Nun sind viele Funktionen in weiten Teilgebieten von $\mathbb{C}$ analytisch, nur in einigen Punkten nicht. Diese Punkte heißen **singuläre Punkte** oder **Singularitäten**. Wenn es sich um isolierte Stellen handelt, die Funktion also in beliebig kleinen Gebieten rund um den Punkt analytisch ist, nur am Punkt selbst nicht, dann sind es **isolierte Singularitäten**. Ein Prototyp für eine (isolierte) Singularität ist der **Pol**. Die Funktion

$$f(z) = \frac{1}{z - z_0} \tag{19.4}$$

hat einen Pol bei $z = z_0$; sie ist für alle $z \in \mathbb{C}\backslash\{z = z_0\}$ differenzierbar, also überall bis auf den Punkt $z = z_0$, wo die Funktion divergiert. Sie ist daher bei $z = z_0$ singulär, sonst aber überall analytisch.

Auch die **Verzweigungspunkte** von Schnitten, wie wir sie in Kapitel 2 besprochen haben, sind solche Singularitäten. Da an so einem Punkt verschiedene Riemannsche Blätter zusammenstoßen, gibt es bei der Differenziation Schwierigkeiten. Die Schnitte selbst führen zu keinem Problem, da ja dort die Funktion (wie auch in der restlichen Riemann-Ebene) stetig definiert sein kann – wenn es nicht weitere singuläre Stellen dort gibt. Pole und Verzweigungspunkte sind die wichtigsten Typen von Singularitäten.

Die **Cauchy-Riemann-Bedingungen** (auch Cauchy-Riemann-Relationen genannt) bieten eine alternative Möglichkeit, den Analytizitätsbereich einer Funktion auszuloten. Wenn wir analog zu $z = x + \mathrm{i}\, y$ ($x, y \in \mathbb{R}$) auch die Funktion $f(z) = u(x, y) + \mathrm{i}\, v(x, y)$ in einen reellen und einen imaginären Teil aufspalten, so müssen im Analytizitätsbereich der Funktion u und v differenzierbar sein, und es gilt

$$\frac{\partial u}{\partial x} = \frac{\partial v}{\partial y}\,, \quad \frac{\partial v}{\partial x} = -\frac{\partial u}{\partial y}\,. \tag{19.5}$$

Warum gelten die Cauchy-Riemann-Bedingungen? Wir finden

$$\begin{aligned}
\frac{\partial u}{\partial x} + \mathrm{i}\frac{\partial v}{\partial x} &= \frac{\partial f}{\partial x} = \frac{df}{dz}\frac{\partial z}{\partial x} = \frac{df}{dz}\frac{\partial\,(x + \mathrm{i}\,y)}{\partial x} = \frac{df}{dz} \\
\frac{\partial u}{\partial y} + \mathrm{i}\frac{\partial v}{\partial y} &= \frac{\partial f}{\partial y} = \frac{df}{dz}\frac{\partial z}{\partial y} = \frac{df}{dz}\frac{\partial\,(x + \mathrm{i}\,y)}{\partial y} = \mathrm{i}\frac{df}{dz} \\
\Rightarrow \quad & \mathrm{i}\left(\frac{\partial u}{\partial x} + \mathrm{i}\frac{\partial v}{\partial x}\right) = \frac{\partial u}{\partial y} + \mathrm{i}\frac{\partial v}{\partial y}\,.
\end{aligned} \tag{19.6}$$

Da u und v reelle Funktionen sind, ergeben der reelle und der imaginäre Teil der Gleichung die beiden gesuchten Relationen. Man kann allgemein beweisen, dass zwei stetige reelle Funktionen u und v, die auch stetige erste partielle Ableitungen haben und die Cauchy-Riemann-Bedingungen erfüllen, eine analytische Funktion definieren [1].

Damit können wir nun auch unsere Beobachtung, dass immer dann Vorsicht geboten ist, wenn $\overline{z}$ in einer Funktion vorkommt, begründen. Da $x = 1/2\,(z+\overline{z})$ und $y = \frac{1}{2\mathrm{i}}(z-\overline{z})$ ist, erhält man

$$\begin{aligned} \frac{\partial f}{\partial \overline{z}} &= \frac{\partial u}{\partial x}\frac{\partial x}{\partial \overline{z}} + \frac{\partial u}{\partial y}\frac{\partial y}{\partial \overline{z}} + \mathrm{i}\left(\frac{\partial v}{\partial x}\frac{\partial x}{\partial \overline{z}} + \frac{\partial v}{\partial y}\frac{\partial y}{\partial \overline{z}}\right) = \\ & \frac{1}{2}\left(\frac{\partial u}{\partial x} - \frac{\partial v}{\partial y}\right) + \frac{\mathrm{i}}{2}\left(\frac{\partial u}{\partial y} + \frac{\partial v}{\partial x}\right) . \end{aligned} \tag{19.7}$$

Der Ausdruck muss überall dort verschwinden, wo die Cauchy-Riemann Bedingungen gelten. Wenn $f(z)$ explizit von $\overline{z}$ abhängt, verschwindet er nicht, und es gibt Probleme mit der Analytizität.

Wenn andererseits reelle Funktionen $u(x, y)$ und $v(x, y)$ und ihre partiellen Ableitungen existieren, stetig sind und die Cauchy-Riemann-Bedingungen erfüllen, so ist $f(z) = u(x, y) + \mathrm{i}\, v(x, y)$ im entsprechenden Gebiet analytisch. Auch erfüllen die Funktionen u und v im Analytizitätsgebiet die **Laplace-Gleichung**

$$\Delta u(x, y) = 0\,, \quad \Delta v(x, y) = 0\,. \tag{19.8}$$

Es ist ja

$$0 = \frac{\partial}{\partial x}\left(\frac{\partial u}{\partial x} - \frac{\partial v}{\partial y}\right) = \frac{\partial^2 u}{\partial x^2} - \frac{\partial}{\partial y}\frac{\partial v}{\partial x} = \frac{\partial^2 u}{\partial x^2} + \frac{\partial^2 u}{\partial y^2} = \Delta u\,. \tag{19.9}$$

Entsprechendes gilt für v. Wir haben dabei die Vertauschbarkeit der gemischten zweiten Ableitungen, die im Fall der Stetigkeit laut (4.24) gewährleistet ist, verwendet.

Funktionen, welche die Laplace-Gleichung erfüllen, nennt man auch **harmonische Funktionen**. Realteil und Imaginärteil einer analytischen Funktion sind also harmonische Funktionen.

Beispiel

Wir untersuchen, ob der Realteil von $f(z) = \sin z$ eine harmonische Funktion ist. Wir schreiben

$$\sin(x + \mathrm{i}\, y) = \sin x\, \cos \mathrm{i}\, y + \cos x\, \sin \mathrm{i}\, y = \sin x\, \cosh y + \mathrm{i}\, \cos x\, \sinh y$$

und daher $u(x, y) = \sin x\, \cosh y$ und weiter nach entsprechendem Differenzieren

$$u_{xx} = -\sin x\, \cosh y\,, \quad u_{yy} = \sin x\, \cosh y \Rightarrow u_{xx} + u_{yy} = 0\,.$$

Ja, $u(x, y)$ erfüllt die Laplace-Gleichung und ebenso $v(x, y)$. □

M.19.2 Kurz und klar: Analytizität

Eine analytische Funktion $f(z) = u(x, y) + \mathrm{i}\, v(x, y)$ hat in ihrem Analytizitätsbereich A folgende Eigenschaften:

- Sie ist eindeutig und differenzierbar.
- Real- und Imaginärteil sind stetig und haben stetige partielle Ableitungen, welche die **Cauchy-Riemann-Bedingungen** erfüllen,

$$\frac{\partial u}{\partial x} = \frac{\partial v}{\partial y}, \quad \frac{\partial v}{\partial x} = -\frac{\partial u}{\partial y} \tag{M.19.2.1}$$

  und auch die Laplace-Gleichungen.
- Sie ist überall in A beliebig oft differenzierbar und daher durch eine Potenzreihe darstellbar.

Jede dieser Eigenschaften definiert auch die Analytizität, sie sind also gleichwertig.

Die Cauchy-Riemann-Bedingungen deuten auf die wechselseitige Abhängigkeit von Realteil und Imaginärteil einer analytischen Funktion hin. Tatsächlich kann man aus der einen Funktion die andere (bis auf konstante additive Beiträge) berechnen. Man nennt u und v daher auch **harmonisch konjugierte** Partnerfunktionen. Jede Funktion, die die Laplace-Gleichung (in zwei Dimensionen) erfüllt, ist der Real- oder Imaginärteil einer analytischen Funktion.

Beispiel

Die reelle Funktion $u(x, y) = x^2 - y^2$ ist offenbar harmonisch, da sie die Laplace-Gleichung erfüllt.

$$\frac{\partial^2 \left(x^2 - y^2\right)}{\partial x^2} + \frac{\partial^2 \left(x^2 - y^2\right)}{\partial y^2} = 2 - 2 = 0\,.$$

Wie sieht ihr Partner aus? Eine der Cauchy-Riemann-Bedingungen ergibt

$$v_y(x, y) = u_x = 2x \Rightarrow v(x, y) = 2xy + c(x)\,.$$

Dabei haben wir berücksichtigt, dass die aus der y-Integration resultierende Integrationskonstante von x abhängen kann. Ableitung nach x und die Cauchy-Riemann-Relation $v_x = -u_y$ ergeben

$$v_x(x, y) = 2y + c_x(x) = -u_y = 2y\,.$$

Daraus folgt, dass $c_x(x) = 0$, also $c(x)$ eine Konstante ist. Daher ist $v(x,y) = 2\,x\,y + c$ und daraus

$$f(z) = u(x,y) + \mathrm{i}\,v(x\,y) = x^2 - y^2 + 2\mathrm{i}\,xy + c = z^2 + c\;.$$

Bis auf eine additive, komplexe Konstante konnten wir also $f(z)$ aus der Kenntnis des Realteils bestimmen! Auch der andere Weg, die Bestimmung aus $v(x,y) = 2\,x\,y$, führt zum gleichen Ergebnis. Die zyklische Kette

$$u \leftrightarrow u_x = v_y \leftrightarrow v \leftrightarrow v_x = -u_y \leftrightarrow u$$

kann in beide Richtungen „abgearbeitet“ werden. □

Das elektrostatische Potenzial V muss im ladungsfreien Raum die Laplace-Gleichung $\Delta V = 0$ erfüllen. Das Gebiet wird durch die Ladungen – Punktladungen oder Randwerte (wie etwa auf Kondensatorplatten) – begrenzt. In einem zweidimensionalen Gebiet finden wir eine Analogie zu Real- oder Imaginärteil von komplexen Funktionen. Im Analytizitätsbereich (entsprechend dem ladungsfreien Gebiet) gilt die Laplace-Gleichung, der Rand wird durch die Singularitäten (Ladungen) bestimmt.

Die Analogie geht aber noch weiter. Wenn man die Trajektorien konstanter Werte für $u(x,y)$ und $v(x,y)$ betrachtet, so sieht man, dass sie einander mit einem Winkel von 90° schneiden, also zueinander orthogonal sind. Diese Beziehung entspricht der Orthogonalität von elektrischer Feldstärke und Potenzial in der Elektrostatik.

Beispiel

Am leichtesten sieht man die Orthogonalität am Beispiel der Funktion $f(z) = z$. Die Trajektorien sind

$$u(x,y) = x = \alpha\;, \quad v(x,y) = y = \beta\;,$$

also Parallele zur reellen und zur imaginären Achse. □

Um dies im allgemeinen Fall zu zeigen, betrachten wir (vgl. die implizite Ableitung, 4.3.2)

$$\begin{aligned} u(x,y) = \alpha\;, \quad du = 0 \quad &\Rightarrow \quad \left.\frac{dy}{dx}\right|_{u=\alpha} = -\frac{u_x}{u_y}\;, \\ v(x,y) = \beta\;, \quad dv = 0 \quad &\Rightarrow \quad \left.\frac{dy}{dx}\right|_{v=\beta} = -\frac{v_x}{v_y}\;, \end{aligned} \tag{19.10}$$

und, wenn man in einem der beiden Ausdrücke die Cauchy-Riemann Relationen verwendet, erhält man daraus die Beziehung

$$\left.\frac{dy}{dx}\right|_{u=\alpha} = -\left(\left.\frac{dy}{dx}\right|_{v=\beta}\right)^{-1} . \qquad (19.11)$$

Das ist genau die Beziehung zwischen den Steigungen zweier sich in rechtem Winkel schneidenden Geraden. Damit ist die Orthogonalität bewiesen. Leider gilt die Umkehrung nicht. Nicht alle zueinander orthogonalen Kurvenscharen sind harmonisch konjugierte Partner.

Es folgen einige Beispiele, die Hinweise auf die Vorgangsweise zur einfachen Identifikation von Singularitäten liefern.

Beispiel

Die Funktion

$$f(z) = z + \frac{1}{z-a}$$

hat einen Pol bei $z = a$ und einen bei $z = \infty$. □

Beispiel

Bei der folgenden Funktion ist die Situation nicht so offensichtlich,

$$f(z) = \frac{z}{z-a} .$$

Zur Klärung schreibt man die Funktion am besten so um, dass man Summen von einfachen Termen erhält, also

$$f(z) = \frac{z}{z-a} = \frac{z-a+a}{z-a} = 1 + \frac{a}{z-a} .$$

Man sieht, dass hier nur eine Pol-Singularität bei $z = a$ vorliegt. □

Beispiel

Die Funktion

$$f(z) = \frac{z^2 - z}{z-1}$$

hat auf den ersten Blick einen Pol bei $z = 1$. Diese Singularität ist aber „hebbar“, da man ja überall (außer bei $z = 1$) Zähler und Nenner durch den gemeinsamen Faktor kürzen kann. An der Stelle $z = 1$ kann man den Funktionswert mit $z \equiv 1$ definieren; die Funktion ist dort offenbar stetig, und daher kann sie überall als das Ergebnis der Division, also als $f(z) = z$, definiert werden. □

Beispiel

Hier folgt eine Übersicht von Funktionen und deren Analytizitätseigenschaften:

Funktion(en)	Analytisch? Begründung?
z, z^n	ja, außer bei $z = \infty$
$\|z\|,\ \|z\|^n$	nein, da $= (z\overline{z})^{n/2}$
$\dfrac{1}{z-a}$	ja, außer bei $z = a$ (Pol)
$z + \overline{z}$	nein (wegen $\overline{z}$)
$\dfrac{1}{z^2+a^2}$	ja, außer bei $z = \pm ai$ (Pole)
$\sqrt{z-a}$	ja, außer bei $z = a$ und $z = \infty$ (Verzweigungspunkte)

□

Beispiel

Eine rationale Funktion ist der Quotient von zwei endlichen Polynomen. Nach dem Satz von Vieta (vgl. Anhang B) sind Polynome als Produkte ihrer Nullstellen-Faktoren darstellbar, wir erhalten also

$$\frac{P_n(z)}{Q_m(z)} = \frac{\sum_{i=0}^{n} a_i\, z^i}{\sum_{k=0}^{m} b_k\, z^k} = \frac{a_n \prod_{i=1}^{n}(z - z_i)}{b_m \prod_{k=1}^{m}(z - z_k)}\,.$$

Wir nehmen an, dass die Menge der z_i und die der z_k disjunkt und daher die Polynome teilerfremd sind. Dann hat die Funktion m Pole im Endlichen (an den Positionen z_k der Nullstellen des Nennerpolynoms) und – sofern $n > m$ ist – auch einen Pol der Ordnung $n - m$ im Unendlichen. □

M.19.3 Kurz und klar: Begriffe zur Analytizität

Analytisch wird auch **regulär** oder (im englischen Sprachbereich) **holomorph** genannt, und alle drei Begriffe werden synonym verwendet.

Singularitäten sind Punkte, an denen die Funktion nicht analytisch ist.

Ein **Pol** ist ein spezieller Typ einer (isolierten) Singularität, Nullstelle der reziproken Funktion $1/f$. Die Funktion $1/z$ hat einen Pol bei $z = 0$, und die Funktion z hat einen Pol im Unendlichen.

Ein **Pol n-ter Ordnung** ist ein Funktionsbeitrag der Form $1/(z-a)^n$, singulär bei $z = a$; die Funktion $(z-b)^n$ hat einen Pol n-ter Ordnung bei $z = \infty$!

Ein **Verzweigungspunkt** ist der Endpunkt eines Schnittes und eine Singularität.

Eine **wesentliche Singularität** bezeichnet einen „Pol der Ordnung ∞“; zum Beispiel hat $\exp(-\frac{1}{z})$ eine wesentliche Singularität bei $z = 0$ und $\exp(z)$ eine wesentliche Singularität bei $z = \infty$. Eine wesentliche Singularität bei z_0 hat eine verblüffende Eigenschaft: in einer beliebigen Umgebung von z_0 kommt der Funktionswert jeder beliebigen komplexen Zahl beliebig nahe (**Satz von Casorati-Weierstrass**)!

Eine Singularität bei z_0 nennt man **isoliert**, wenn die Funktion rund um z_0 analytisch ist, nur bei z_0 nicht.

Meromorph nennt man eine Funktion in einem Gebiet, in dem sie bis auf endlich viele Pole analytisch ist.

Ganz ist eine Funktion, die in der offenen komplexen Ebene $\mathbb{C}$ analytisch ist. Beispiele für ganze Funktionen sind natürlich die Polynome, aber auch $\exp z$ oder $\sin z$ sind ganze Funktionen.

Hebbare Singularitäten sind nur scheinbare Singularitäten, bei denen man die Funktion geeignet umformen kann, dass keine wirkliche Singularität vorliegt (vgl. die Diskussion im Zusammenhang mit den unbestimmten Formen in Kap. 1).

C.19.1 … und auf dem Computer: Orthogonale Kurven

Wir untersuchen die Kurven konstanter Werte von $u(x, y) = x^2 - y^2$ und $v(x, y) = 2\,x\,y$ (entsprechend der analytischen Funktion $f(z) = z^2$); wir erhalten die Hyperbeln und Parabeln in Abb. 19.1. Die eine Klasse von Kurven beschreibt die möglichen Grenzflächen eines Quadrupol-Kondensators, der harmonisch konjugierte Partner die Feldlinien.

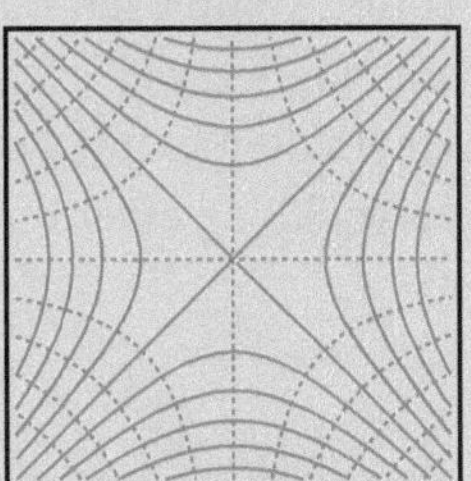

Abb. 19.1 Hyperbeln $x^2 - y^2 = \alpha$ (stark ausgezogene Kurven) und Parabeln $2\,x\,y = \beta$ (gestrichelte Kurven) entsprechen zueinander orthogonalen Trajektorien

Diese Kurven wurden mit Hilfe folgender MATHEMATICA-Befehle erzeugt:

```
P1 = ContourPlot[ x^2 - y^2, {x, -2, 2}, {y, -2, 2},
      {Contours -> 10,FrameTicks -> None,
        ContourShading -> False, ContourStyle -> {Thick}}];
P2 = ContourPlot[2 x y, {x, -2, 2}, {y, -2, 2}, {Contours -> 10,
        FrameTicks -> None, ContourShading -> False,
        ContourStyle -> Directive[Dashed, Thickness[0.005]]}];
Show[P1, P2]
```

Skizzieren Sie doch mit dieser Vorschrift die Kurven konstanter Werte von Realteil und Imaginärteil von $f(z) = 1/z$.

19.1.3 Potenzreihen

Dieser Abschnitt ergänzt unsere Diskussionen in den Kapiteln 1 und 2. Wir haben dort die absolute Konvergenz von Potenzreihen besprochen und dafür verschiedene Kriterien abgeleitet, die auch für komplexe Reihen gelten. Eine unendliche komplexe Reihe

$$\sum_{n=0}^{\infty} a_n (z - z_0)^n \tag{19.12}$$

konvergiert absolut, wenn die reelle Reihe

$$\sum_{n=0}^{\infty} |a_n||z - z_0|^n \tag{19.13}$$

konvergiert.

Man kann nun zeigen [1], dass, falls die Reihe (19.12) in einem Gebiet $|z - z_0| < R$ absolut konvergent ist und dort eine Funktion $f(z)$ darstellt, die Ableitung der Reihe im selben Gebiet ebenfalls absolut konvergiert und die Ableitung der Funktion $f'(z)$ darstellt. Da diese Vorgangsweise in weiterer Folge auch die höheren Ableitungen liefert, können wir so die komplexen Funktionen mit denselben Formeln bearbeiten, wie das für reelle Reihen möglich war.

Wir erhalten so mit den gleichen Argumenten auch die **Taylor-MacLaurin-Formel** für die Entwicklung einer Funktion in eine Potenzreihe,

$$f(z) = \sum_{n=0}^{\infty} \frac{(z - z_0)^n}{n!} f^{(n)}(z_0) \quad \text{im Konvergenzbereich} . \tag{19.14}$$

Der Konvergenzbereich (auch Konvergenzgebiet genannt) ist immer ein Kreisgebiet mit dem Zentrum z_0. Am Rand können die Konvergenzeigenschaften verschieden sein, und man muss diese Punkte getrennt untersuchen. Meist aber reicht uns die Konvergenz im offenen Kreisgebiet.

Nun folgt eine sehr wichtige Feststellung, die zu einer weiteren Definition des Begriffs „analytisch" führt: Wenn eine Funktion $f(z)$ im Gebiet A analytisch ist, dann existieren dort beliebig hohe Ableitungen $f^{(n)}(z)$ und man kann daher die Funktion um jeden Punkt in A in eine Potenzreihe der Form (19.14) entwickeln! Die Konvergenz der Potenzreihe ist nun aber höchstens im Inneren von A garantiert, am Rand des Analytizitätsgebiets wird

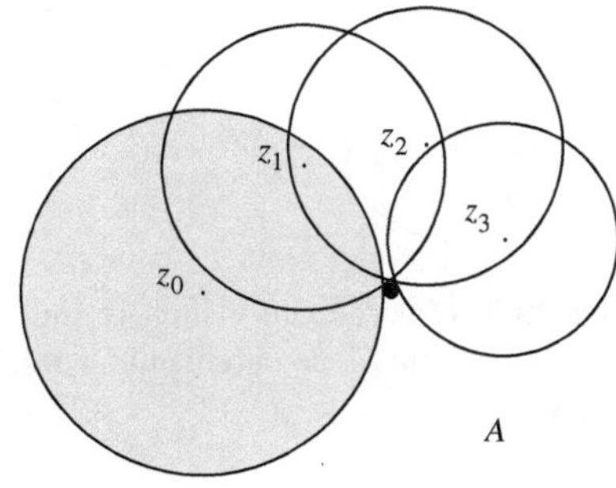

Abb. 19.2 Skizze zum Kreiskettenverfahren; der schwarze Punkt markiert die Position einer Singularität, die nicht zum Analytizitätsgebiet A gehört. Die Kreise um die Mittelpunkte z_0, z_1,z_2 und z_3 zeigen die schrittweise Erweiterung des Gebietes an, in dem die Funktion mit Hilfe einer Potenzreihe dargestellt wird

man Probleme haben. In der Tat ist der jeweilige Konvergenzkreis durch die nächstliegende Singularität bestimmt. Sehen wir uns dazu ein Beispiel an.

Beispiel

Die Funktion $1/(1+z^2)$ hat die Potenzreihe

$$1 - z^2 + z^4 - z^6 + z^8 \cdots ,$$

(wie man leicht aus der Reihe für $1/(1-z) = 1 + z + z^2 \cdots$ durch Substitution sieht). Die Reihe konvergiert nur für $|z| < 1$, obwohl zum Beispiel die Funktionswerte $f(z=1) = 1/2 = f(z=-1)$ wohldefiniert sind. Der Grund für diesen Konvergenzradius liegt an den Singularitäten bei $z = \pm\mathrm{i}$. Die Funktion hat dort Pole, die den Konvergenzbereich einschränken und daher zu einem Konvergenzradius von 1 führen. □

Man kann den Herren Taylor und MacLaurin allerdings ein Schnippchen schlagen und den Konvergenzbereich erweitern. Man verwendet die Potenzreihe dazu, die Werte der Funktion und ihrer Ableitungen an einem Punkt z_1 im Konvergenzbereich zu bestimmen, um so eine Potenzreihenentwicklung um diesen Punkt durchzuführen. Wenn der Punkt in Bezug auf die Lage der Singularität(en) geschickt gewählt wird, dann enthält der Konvergenzbereich der neuen Reihe Teile von A, die im alten Konvergenzkreis noch nicht enthalten waren. Damit hat man die Funktion aus einem Teil von A in einen anderen Teil **analytisch fortgesetzt**. Mit einer Kette von sich solcherart überlappenden Kreisen kann man schließlich das gesamte Gebiet A ausfüllen. Diese Methode zur **analytischen Fortsetzung** heißt **Kreiskettenverfahren** und ist in Abb. 19.2 skizziert.

Der Begriff „Fortsetzung“ drückt den Sachverhalt eigentlich nicht ganz richtig aus. Es geht ja eher um eine Bestimmung der Werte einer analytischen Funktion, die von vornherein definiert ist, die man aber zuerst vielleicht nur in einem Teilgebiet von A kennt. Das ist genau die zentrale Bedeutung der Analytizität. Die Kenntnis der Funktion in einem beliebig kleinen Teilgebiet ihres Analytizitätsgebiets legt die Funktion überall in A fest.

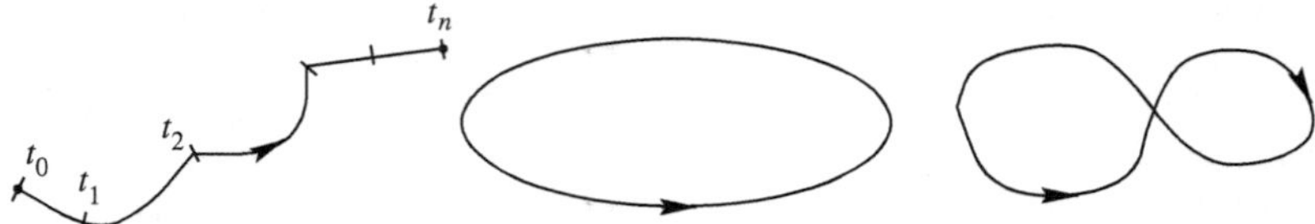

Abb. 19.3 Links ein aus glatten Teilstücken bestehender Weg; in der Mitte eine einfache Schlinge, die in positivem Sinne durchlaufen wird. Die Schlinge rechts hat eine Überkreuzung, ist also nicht einfach

Damit haben wir bereits die dritte äquivalente Definition der Analytizität kennen gelernt: Eine analytische Funktion ist überall in ihrem Analytizitätsgebiet durch eine Potenzreihe darstellbar. Umgekehrt definiert eine Potenzreihe eine zumindest in ihrem Konvergenzgebiet analytische Funktion, die mit Hilfe des Kreiskettenverfahrens dann überall in A bestimmt werden kann.

19.2 Komplexe Integration

19.2.1 Linienintegral

Wege in der komplexen Ebene stellt man in Parameterform dar,

$$z(t) = x(t) + \mathrm{i}\, y(t)\ , \quad a \leq t \leq b\ , \tag{19.15}$$

ganz wie schon früher in Kap. 7 in der Vektoranalysis. Die hier betrachteten Wege sollen zumindest stückweise glatt (also nach t differenzierbar) sein. Sie können aber aus solchen glatten Teilstücken für die Abschnitte $a \equiv t_0 \leq t_1 \leq t_2 \leq \cdots \leq t_{n-1} \leq t_n \equiv b$ zusammengesetzt sein.

Ein geschlossener Weg hat die Eigenschaft $z(a) = z(b)$, man nennt ihn eine **Schlinge**. Wenn es dabei keine Überkreuzungen gibt nennt man ihn eine **einfache Schlinge**. Die Richtung gegen den Uhrzeigersinn (Abb. 19.3) wird dabei als **positive Richtung** bezeichnet. Der Weg

$$z(t) = a \cos(\omega\, t) + \mathrm{i}\, b\, \sin(\omega\, t) \tag{19.16}$$

parametrisiert eine für $0 \leq t \leq 2\pi/\omega$ einmal in positiver Richtung durchlaufene Schlinge in Ellipsenform.

Wir werden Funktionen entlang solcher Wege untersuchen und auch integrieren. Dabei ist es oft wichtig, die Wege zu verformen. Zwei Wege, die umkehrbar eindeutig ineinander deformiert werden können, heißen **homotop** (oder **äquivalent**). Jedem Parameterwert auf dem einen Weg muss dabei genau ein Parameterwert auf dem zweiten Weg entsprechen, obwohl die Wege geometrisch ganz verschieden aussehen dürfen. Es soll möglich sein, den einen Weg in einem stetigen Prozess in den anderen Weg zu verformen. Wie man das rechnerisch beschreibt, braucht uns eigentlich nicht zu interessieren. Es kommt uns im Moment nur auf die Verformungsmöglichkeit selbst an.

Wir können auf diese Art etwas über die **topologische Struktur** von Gebieten in $\mathbb{C}$ aussagen. Ein **einfach zusammenhängendes Gebiet** zum Beispiel ist dadurch charakterisiert, dass beliebige einfache Schlingen in diesem Gebiet immer zueinander homotop sind, ja, dass sie sogar zu einem beliebigen Punkt des Gebietes zusammengezogen werden können, also zu diesem homotop sind.

In Abb. 19.4 sind ein zusammenhängendes und ein nicht-zusammenhängendes Gebiet dargestellt. Die Schlinge C_2 in Gebiet B kann nicht zu einem Punkt zusammengezogen werden. Dazu müsste man das Gebiet B verlassen, sie müsste durch Punkte im nicht zu B gehörenden Loch laufen.

Analytizitätsgebiete für Funktionen mit Singularitäten werden solche „Löcher" dort haben, wo es Pole und Verzweigungspunkte von Schnitten gibt. Wir werden sehen, dass Schnitte unter bestimmten Fragestellungen auch zu Rändern des Analytizitätsgebiets Anlass geben. Der „Rand" eines Analytizitätsgebiets kann also auch ein Loch im Inneren sein. Erinnern Sie sich an die Riemannsche Zahlenkugel zur Darstellung der komplexen Ebene. Eine einfache Schlinge umschließt je nach Betrachtungsweise zwei Gebiete, ein Gebiet umläuft sie gegen den Uhrzeigersinn in positiver Richtung, das andere (den Rest der komplexen Ebene mit dem Punkt im Unendlichen) in negativem Sinn.

Eine verblüffende Eigenschaft von Funktionen, die in einem Gebiet U analytisch sind, erwähnen wir hier ohne Beweisführung: das **Maximum Modulus Prinzip**. Es besagt, dass der maximale Wert von $|f(z)|$ immer am Rand des *abgeschlossenen* Analytizitätsgebiets $\overline{U}$ angenommen wird – sofern das Gebiet beschränkt ist! Und, wenn die Funktion nirgends in $\overline{U}$ verschwindet, dann liegt auch das Minimum von $|f(z)|$ immer am Rand! Dies ist das **Minimum Modulus Prinzip**.

Die Länge von Wegen in der Ebene haben wir schon in den Kapiteln 5 und 8 berechnet. Das soll uns hier auch nicht mehr interessieren. Wir wollen uns mit der Integration von komplexen Funktionen entlang von Wegen $C : z(t) = x(t) + \mathrm{i}\, y(t), a \leq t \leq b$ befassen.

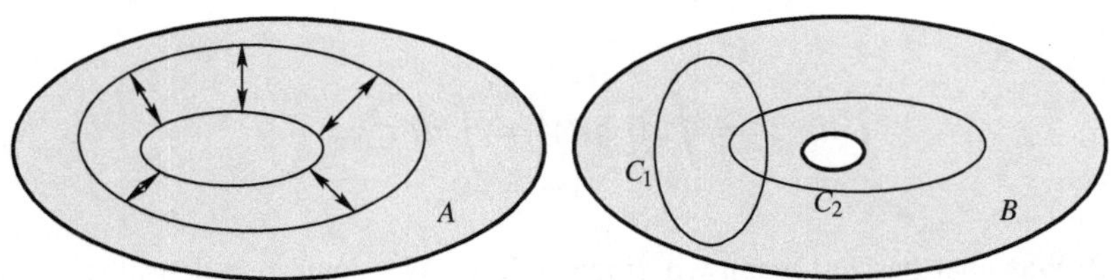

Abb. 19.4 Das Gebiet A ist einfach zusammenhängend, das Gebiet B nicht, da es ein Loch hat, und zum Beispiel die Schlinge C_1 zu einem Punkt homotop ist, C_2 aber nicht

Ein solches **Linienintegral** (oder auch **Wegintegral**) hat die Form

$$\begin{aligned} f(z) &= u(x,y) + \mathrm{i}v(x,y)\,, \quad dz = \left(\frac{dx}{dt} + \mathrm{i}\frac{dy}{dt}\right) dt\,, \\ \int\limits_C dz\ f(z) &= \int\limits_a^b dt\ (u + \mathrm{i}\,v)\left(x' + \mathrm{i}\,y'\right) \\ &= \int\limits_a^b dt\ \left(u\,x' - v\,y'\right) + \mathrm{i}\int\limits_a^b dt\ \left(u\,y' + v\,x'\right) \\ &= \int\limits_C (u\,dx - v\,dy) + \mathrm{i}\int\limits_C (u\,dy + v\,dx)\ . \end{aligned} \tag{19.17}$$

Wir bezeichnen den in Gegenrichtung durchlaufenen Weg C mit einem Querstrich $\overline{C}$. In diesem Fall ändert sich das Vorzeichen des Integrals,

$$\int\limits_C dz\ f(z) = -\int\limits_{\overline{C}} dz\ f(z)\,. \tag{19.18}$$

Für Wegintegrale über geschlossene Wege (Schlingen) wird das Symbol $\oint$ verwendet.

Beispiel

Weg 1: Wir berechnen als Beispiel das Wegintegral

$$\int\limits_C dz\ z^2 \quad \text{entlang des Weges} \quad C\,:\ z(t) = t,\ -1 \le t \le 1\,, \tag{19.19}$$

also auf der reellen Achse (und damit $t = x$) von $z = -1$ bis $z = 1$. Das Ergebnis ist

$$\int\limits_C dz\ z^2 = \int\limits_{-1}^{1} dt\ z(t)^2 = \int\limits_{-1}^{1} dt\ t^2 = \frac{2}{3}\,.$$

Weg 2: Was aber passiert,wenn wir einen anderen Weg zwischen denselben Anfangs- und Endpunkten wählen, also zum Beispiel $C\,:\ z(t) = \cos t + \mathrm{i}\sin t,\ t : \pi \ldots 0$. Hier wird ein Halbkreis von $z(t = \pi) = -1$ bis zu $z(t = 0) = 1$ durchlaufen. Es ist

$$\begin{aligned} dz(t) &= -\sin t\ dt + \mathrm{i}\ \cos t\ dt\ , \\ \int\limits_C dz\ z^2 &= \int\limits_{\pi}^{0} dt\ (-\sin t + \mathrm{i}\ \cos t)\,(\cos t + \mathrm{i}\sin t)^2\ . \end{aligned}$$

Wir könnten jetzt die Winkelfunktionen ausmultiplizieren und integrieren; viel schneller geht es aber mit $\cos t + \mathrm{i}\,\sin t = \mathrm{e}^{\mathrm{i}t}$ und $dz = \mathrm{i}\,\mathrm{e}^{\mathrm{i}t}\,dt$,

$$\int_C dz\; z^2 = \mathrm{i}\int_\pi^0 dt\; \mathrm{e}^{\mathrm{i}t}\,\mathrm{e}^{2\mathrm{i}t} = \mathrm{i}\int_\pi^0 dt\; \mathrm{e}^{3\mathrm{i}t} = \frac{1}{3}\,\mathrm{e}^{3\mathrm{i}t}\Big|_\pi^0 = \frac{2}{3}\,.$$

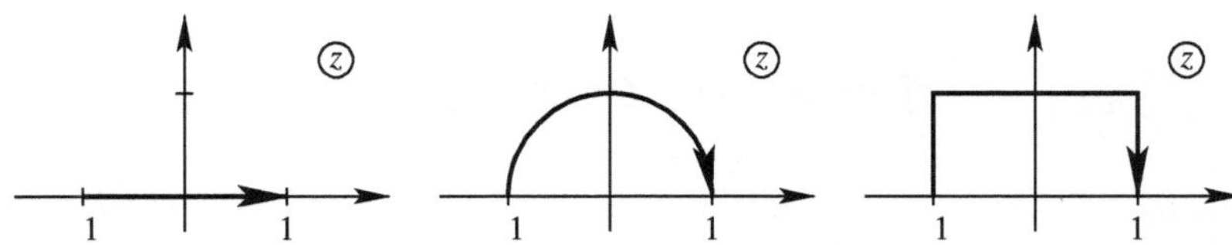

Abb. 19.5 Drei Wege von $z = -1$ nach $z = 1$

Weg 3: Wir versuchen es noch auf einem dritten Weg, der diesmal Rechtecksform hat.

$$C\,:\; z(t) = \begin{cases} -1 + \mathrm{i}\,t & 0 \le t \le 1 \\ t - 2 + \mathrm{i} & 1 \le t \le 3 \\ 1 - \mathrm{i}\,(t-4) & 3 \le t \le 4 \end{cases}\,.$$

Wiederum verläuft der Weg von $z(t = 0) = -1$ bis $z(t = 4) = 1$, er hat allerdings zwei Ecken, ist also aus drei glatten Teilstücken zusammengesetzt. Es ist

$$\begin{aligned}
\int_C dz\; z^2 &= \mathrm{i}\int_0^1 dt\; (-1+\mathrm{i}\,t)^2 + \int_1^3 dt\; (t-2+\mathrm{i})^2 - \mathrm{i}\int_3^4 dt\; (1-t\,\mathrm{i}+4\mathrm{i})^2 \\
&= \mathrm{i}\int_0^1 dt\; \left(1-t^2-2\mathrm{i}\,t\right) + \int_1^3 dt\; \left(t^2-4\,t+3+2\,t\,\mathrm{i}-4\mathrm{i}\right) \\
&\quad -\mathrm{i}\int_3^4 dt\; \left(-t^2+8\,t-15-2\,t\,\mathrm{i}+8\,\mathrm{i}\right) \\
&= \mathrm{i}\left(1-\frac{1}{3}-\mathrm{i}\right) + \left(\frac{26}{3}-16+6+8\,\mathrm{i}-8\,\mathrm{i}\right) \\
&\quad -\mathrm{i}\left(-\frac{37}{3}+28-15-7\,\mathrm{i}+8\,\mathrm{i}\right) = \frac{2}{3}\,.
\end{aligned}$$

Das Ergebnis ist schon wieder dasselbe! □

In diesem Beispiel liefert das Wegintegral unabhängig von der Form des Weges immer das gleiche Ergebnis. Wie wir weiter unten feststellen werden, ist das kein Zufall. Es gibt allgemein gültige Theoreme, die uns sagen, unter welchen Bedingungen das Integral vom Verlauf des Wegs unabhängig ist. Zuvor wollen wir aber noch ein Integral über eine einfache Schlinge untersuchen.

Beispiel

Welches Ergebnis erhalten wir für ein Integral über eine Schlinge? Wir untersuchen das Wegintegral für $f(z) = 1$ über einen kreisförmigen Weg,

$$\oint_C dz = ? \quad \text{für} \quad C : z(t) = r\,\mathrm{e}^{\mathrm{i}t}\,. \tag{19.20}$$

Dabei halten wir den Kreisradius fest, haben also $dz = \mathrm{i}\,r\,\mathrm{e}^{\mathrm{i}t}\,dt$ und daher

$$\oint_C dz = r\,\mathrm{i}\int_0^{2\pi} dt\;\mathrm{e}^{\mathrm{i}t} = r\,\mathrm{e}^{\mathrm{i}t}\Big|_0^{2\pi} = 0\,.$$

Das Ergebnis hängt also nicht vom Kreisradius ab. Auch für $f(z) = z^n$ erhält man dasselbe Ergebnis, wie man leicht sehen kann:

$$\oint_C dz\; z^n = r^{n+1}\,\mathrm{i}\int_0^{2\pi} dt\;\mathrm{e}^{\mathrm{i}(n+1)t} = \frac{r^{n+1}}{n+1}\,\mathrm{e}^{\mathrm{i}(n+1)t}\Big|_0^{2\pi} = 0\,.$$ □

Für Polynome ist das Wegintegral über geschlossene Wege um den Ursprung also null, wie wir gerade anhand eines Beispiels gesehen haben. Ist das eine allgemeine Eigenschaft für alle Funktionen? Gibt es Ausnahmen? Der nächste Abschnitt liefert die Antwort.

19.2.2 Integralsatz von Cauchy

Das Herz der Funktionentheorie ist der nun folgende **Integralsatz von Cauchy**. Wenn $f(z)$ auf einer einfachen Schlinge C und im darin eingeschlossenen (einfach zusammenhängenden) Gebiet A analytisch ist, so gilt

$$\oint_C dz\; f(z) = 0\,. \tag{19.21}$$

Aus dieser Aussage folgen viele weitere Eigenschaften von analytischen Funktionen und ihren Wegintegralen. Die vielleicht wichtigsten darunter sind die Integralformel von

Abb. 19.6 Eine einfache Schleife; der Weg ist in einen unteren und einen oberen Teil aufgeteilt

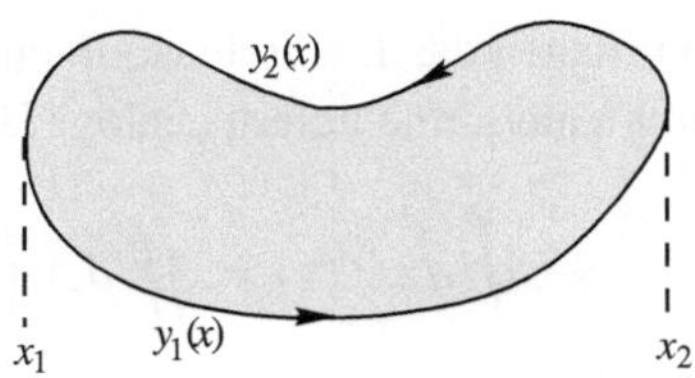

Cauchy, mit deren Hilfe man die Funktionswerte im Inneren eines Analytizitätsgebiets A durch die Werte am Rand bestimmen kann, sowie der Residuensatz, der es erlaubt, das Wegintegral rund um Pole einfach zu berechnen.

Der Satz von Cauchy hängt eng mit den in Kap. 9 besprochenen Theoremen von Green und von Stokes zusammen. In (19.17) haben wir gesehen, dass

$$\oint_C dz\ f(z) = \int_C (u\,dx - v\,dy) + \mathrm{i} \int_C (u\,dy + v\,dx)\ . \tag{19.22}$$

Oft schreibt man den Rand C eines Gebiets A auch als ∂A.

Andererseits gilt nach dem Theorem von Green (9.19) für Funktionen p und q, die ebenso wie ihre partiellen Ableitungen in einem einfach zusammenhängenden Gebiet A stetig sind, dass

$$\oint_{\partial A} (p\,dx + q\,dy) = \iint_A dx\,dy \left(\frac{\partial q}{\partial x} - \frac{\partial p}{\partial y}\right)\ . \tag{19.23}$$

Wenn wir diese Beziehung auf (19.22) anwenden, ergibt sich für den ersten Integralterm

$$\int_C (u\,dx - v\,dy) = \iint_A dx\,dy \left(-\frac{\partial v}{\partial x} - \frac{\partial u}{\partial y}\right) = 0 \tag{19.24}$$

wegen der in A gültigen Cauchy-Riemann-Relationen. Die Funktion ist ja laut Annahme in ganz A analytisch. Ebenso verschwindet auch der zweite Integralterm, und damit ist der Satz von Cauchy bewiesen.

Ohne das Greensche Theorem zu Hilfe zu nehmen, verläuft folgender Beweisweg. Wir nehmen der Einfachheit halber an, dass der Weg C als kleinsten x-Wert x_1 und als größten x-Wert den Wert x_2 hat und an jedem Wert x ist $y_1(x) \le y \le y_2(x)$ (vgl. Abb. 19.6). Offenbar wird für einen im positiven Sinn durchlaufenen Weg der untere Kurventeil $z = x + \mathrm{i}y_1(x)$ von links nach rechts und der obere Wegteil $z = x + \mathrm{i}y_2(x)$ von rechts nach links durchlaufen. Dann hat der erste Unterterm in (19.22) den Beitrag

$$\int_{x_1}^{x_2} dx\ \left(u\left(y_1(x)\right) - u\left(y_2(x)\right)\right) = \int_{x_1}^{x_2} dx \int_{y_1(x)}^{y_2(x)} dy \left(-\frac{\partial u}{\partial y}\right) = \iint_A dA \left(-\frac{\partial u}{\partial y}\right)\ . \tag{19.25}$$

Wir haben das Integral also in ein Integral über die Fläche A umgewandelt. Die anderen drei Unterterme liefern analoge Beiträge, sodass man schließlich die Form

$$\oint_C dz\ f(z) = \iint_A dA \left(\left(-\frac{\partial u}{\partial y} - \frac{\partial v}{\partial x} \right) + \mathrm{i} \left(\frac{\partial u}{\partial x} - \frac{\partial v}{\partial y} \right) \right) = 0 \tag{19.26}$$

erhält, wobei wir die Cauchy-Riemann-Relationen verwendet haben. Damit haben wir zusätzlich zum Satz von Cauchy eigentlich auch wiederum das Theorem von Green bewiesen.

Beispiel

Eine analytische Funktion kann, wie wir früher festgestellt haben, in ihrem Analytizitätsgebiet durch eine Potenzreihe dargestellt werden. Wir haben weiter oben in (19.20) erwähnt, dass für ein Polynom das Wegintegral über einen geschlossenen Weg verschwindet. Da ein Polynom analytisch ist, folgt das natürlich auch aus dem Satz von Cauchy. Es ist also im Konvergenzbereich der Potenzreihe

$$\begin{aligned} f(z) = \sum_n a_n (z - z_0)^n \Rightarrow \oint dz\ f(z) &= \oint dz\ \sum_n a_n (z - z_0)^n \\ &= \sum_n a_n \oint dz\ (z - z_0)^n = 0\ . \end{aligned}$$

Dabei haben wir die Vertauschbarkeit von Summe und Integral angenommen (also gleichmäßige Konvergenz der Summe; das ist bei Potenzreihen immer gewährleistet).

□

Allgemein kann man komplizierter aufgebaute Wege und Gebiete bei Bedarf in geeignete Teile zerlegen. Man muss dabei allerdings auf die Richtung achten, in der der jeweilige Weg oder sein Teilstück durchlaufen wird.

Mit Hilfe des Satzes von Cauchy kann man Integrale umschreiben, also ein Integral über ein Teilstück C_1 eines geschlossenen Weges $C = C_1 \cup C_2$ durch das Integral über das andere Teilstück C_2 ausdrücken, sofern die Funktion im Inneren von C analytisch ist.

$$\begin{aligned} 0 &= \oint_C dz\ f(z) = \int_{C_1} dz\ f(z) + \int_{C_2} dz\ f(z) \\ \Rightarrow & \int_{C_1} dz\ f(z) = -\int_{C_2} dz\ f(z)\ . \end{aligned} \tag{19.27}$$

Was geschieht mit dem Integral

$$\int_C dz\ f(z)\ , \tag{19.28}$$

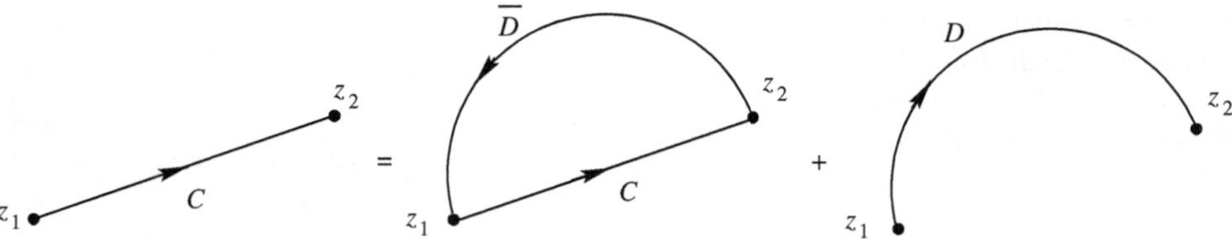

Abb. 19.7 Der Weg von z_1 nach z_2 wird einmal entlang C, dann entlang D durchlaufen

wenn C einen nicht geschlossenen Weg von z_1 nach z_2 bezeichnet und dieser Weg verformt wird? In Abb. 19.7 ist die Verformung zu einer halbkreisähnlichen Kurve skizziert, der neue Weg habe den Verlauf D. Wir wollen annehmen, dass die Funktion im von $C\overline{D}$ eingeschlossenen Gebiet analytisch ist. ($\overline{D}$ bezeichnet wie üblich den in entgegengesetzte Richtung durchlaufenen Weg D.) Daher ist

$$\oint\limits_{C\overline{D}} dz\ f(z) = 0 \tag{19.29}$$

und, wenn wir das Integral in zwei Teile zerlegen,

$$\begin{aligned} \oint_{C\overline{D}} dz\ f(z) &= \int\limits_{C} dz\ f(z) + \int\limits_{\overline{D}} dz\ f(z) \\ &= \int\limits_{C} dz\ f(z) - \int\limits_{D} dz\ f(z) \\ \Rightarrow \quad & \int\limits_{C} dz\ f(z) = \int\limits_{D} dz\ f(z)\,. \end{aligned} \tag{19.30}$$

Wir schließen daraus, dass Integrationswege im Analytizitätsgebiet des Integranden homotop verformt werden können. Nur Anfangs- und Endpunkt müssen festgehalten werden, sofern es sich beim Weg nicht um eine Schlinge handelt. Wir haben schon ein Beispiel zu diesem Phänomen besprochen (19.19). Die Verformung darf allerdings nicht die komplexe Ebene verlassen, also nicht über den Punkt im Unendlichen gezogen werden.

Schlingen können im Analytizitätsgebiet ebenfalls homotop verformt werden, ohne dass sich am Wert des Integrals etwas ändert. Die Beziehung

$$\oint\limits_{C_1} dz\ f(z) = \oint\limits_{C_2} dz\ f(z) \tag{19.31}$$

für die Wege, wie sie in Abb. 19.8 dargestellt sind, gilt, wenn das Gebiet zwischen den beiden Schlingen analytisch ist. Man sieht das daraus, dass wiederum das Integral entlang des in Abb. 19.8 rechts dargestellten Weges verschwinden muss.

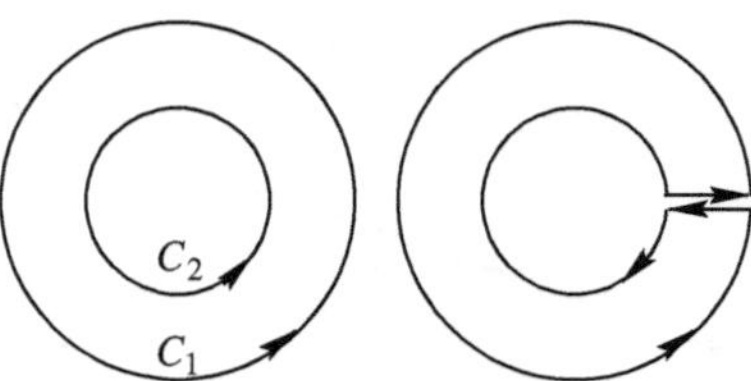

Abb. 19.8 Homotope Schlingen und (rechts) die Darstellung des Integrationsweges zur Ableitung der Invarianz des Wegintegrals

Beispiel

Wir berechnen folgendes Integral:

$$\oint_C dz\, \frac{b}{(z-a)^n}\,, \; (n \in \mathbb{Z})\ .$$

Dabei soll der geschlossene Weg um den Punkt $z = a$ herumführen. Da die Funktion überall, außer am Punkt $z = a$ analytisch ist, kann der Weg beliebig verformt werden, ohne dass sich am Integralwert etwas ändern kann. Am Punkt $z = a$ hat die Funktion einen Pol n-ter Ordnung. Wir wählen als Weg daher einen Kreis mit Radius $r = 1$ um den Mittelpunkt $z = a$, also

$$z(t) = a + \mathrm{e}^{\mathrm{i}t}\ , \quad dz = \mathrm{i}\,\mathrm{e}^{\mathrm{i}t}\,dt\ , \quad (z-a)^n = \mathrm{e}^{\mathrm{i}nt}\ ,$$

und erhalten bei der Integration

$$\oint_C dz\, \frac{b}{(z-a)^n} = \mathrm{i}\,b \int_0^{2\pi} dt\, \mathrm{e}^{\mathrm{i}\,(1-n)\,t} = \begin{cases} 2\,b\,\pi\,\mathrm{i} & \text{für} \quad n = 1 \\ 0 & \text{für} \quad n \neq 1 \end{cases}\ .$$

Es ist also

$$\oint_C dz\, \frac{b}{(z-a)^n} = 2b\pi\,\mathrm{i}\,\delta_{n1}\ . \tag{19.32}$$

Dieses Ergebnis ist ein Beispiel für die Integralformel von Cauchy, die im nächsten Abschnitt besprochen wird. □

Beispiel

Wir betrachten ein Integral über die Funktion $\sqrt{z}$ über den in Abb. 19.9 gezeigten Weg. Da der Weg den Verzweigungspunkt und den von 0 nach ∞ gelegten Schnitt ausschließt, verschwindet das Wegintegral

$$\oint_C dz\, \sqrt{z} = 0\ .$$

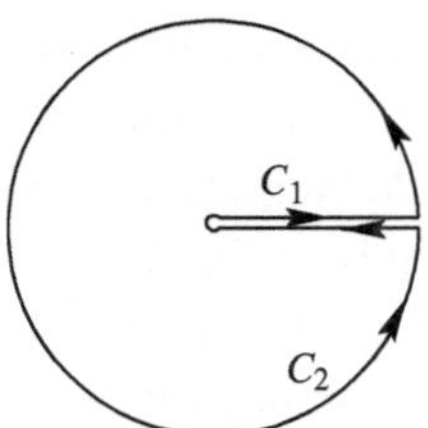

Abb. 19.9 Der geschlossene Weg C besteht aus zwei Teilstücken: C_1 ist der Weg entlang dem Schnitt (darunter und darüber), C_2 der kreisförmige Teil (Radius a)

Wir überzeugen uns durch explizite Berechnung, dass sich die Integrale über die beiden Teilstücke aufheben (beziehungsweise durcheinander ausdrücken lassen).

C_1: Der Beitrag der Integration entlang dem Schnitt (wir bezeichnen mit $f_-(z)$ und $f_+(z)$ die Funktionswerte unterhalb und oberhalb des Schnittes) ist

$$\begin{aligned}\int_{C_1} dz\, \sqrt{z} &= \int_a^0 dx\, f_-(x) + \int_0^a dx\, f_+(x) = \int_0^a dx\, \left(f_+(x) - f_-(x)\right) \\ &= \int_0^a dx\, \left(\sqrt{x} - (-\sqrt{x})\right) = 2\int_0^a dx\, \sqrt{x} = \frac{4}{3} a\sqrt{a}\,.\end{aligned} \tag{19.33}$$

Wir haben dabei berücksichtigt, dass die betrachtete Funktion $\sqrt{z}$ oberhalb und unterhalb des auf die reelle Achse gelegten Schnittes verschiedene Werte hat (vgl. Kap. 2).

C_2: Der Beitrag der Integration über den kreisförmigen Teil des Weges wird folgendermaßen berechnet. Wir parametrisieren den Weg mit $z(t) = a\,\mathrm{e}^{\mathrm{i}t}$ (mit $0 < t < 2\pi$ handelt es sich also um einen Kreis um den Ursprung mit Radius a) und erhalten

$$\begin{aligned}\int_{C_2} dz\, \sqrt{z} &= a\,\mathrm{i}\int_0^{2\pi} dt\, \mathrm{e}^{\mathrm{i}t}\sqrt{a}\,\mathrm{e}^{\mathrm{i}t/2} = a\sqrt{a}\,\mathrm{i}\int_0^{2\pi} dt\, \mathrm{e}^{3\mathrm{i}t/2} \\ &= \frac{2}{3}a\sqrt{a}\,\mathrm{e}^{3\mathrm{i}t/2}\Big|_0^{2\pi} = -\frac{4}{3}a\sqrt{a}\,.\end{aligned}$$

Der Wert ist also, wie erwartet, dem Ergebnis (19.33) genau entgegengesetzt gleich. □

19.2.3 Integralformel von Cauchy

Eine analytische Funktion können wir an Punkten z_0 in ihrem Analytizitätsgebiet immer in die Form

$$f(z) = f(z_0) + g(z)(z - z_0) \tag{19.34}$$

umschreiben, wobei $g(z)$ wieder analytisch ist. Daher ist bei der neu gebildeten Funktion

$$\frac{f(z)}{z - z_0} = \frac{f(z_0)}{z - z_0} + g(z) \tag{19.35}$$

nur der erste Term singulär. Diese Funktion hat also einen Pol bei $z = z_0$, ist sonst aber analytisch im Analytizitätsgebiet der Funktion $f(z)$. Das über eine Schlinge um z_0 verlaufende Wegintegral über einen Pol haben wir im Beispiel (19.32) weiter oben zu $2\pi\mathrm{i}\, f(z_0)$ berechnet. Der Beitrag des Integrals über $g(z)$ verschwindet, da g analytisch ist.

Damit können wir die **Integralformel von Cauchy** formulieren. Man betrachtet eine in einem einfach zusammenhängenden Gebiet A und am Rand $C \equiv \partial A$ analytische Funktion $f(z)$. Es gilt dann für jeden Punkt z_0 im Inneren von A

$$\oint\limits_C dz\, \frac{f(z)}{z - z_0} = 2\pi\mathrm{i}\, f(z_0)\,. \tag{19.36}$$

(Man beachte: C ist eine einfache Schlinge.)

Diese Aussage ist so fantastisch, dass wir sie noch einmal wiederholen wollen: Aus der Kenntnis der Funktionswerte am Randes eines Analytizitätsgebiets kann man *alle Funktionswerte im Innern bestimmen*!

Beispiel

Die Funktion $f(z)$ ist analytisch für $|z| \leq 1$ und hat am Kreisrand die Werte $f(\mathrm{e}^{\mathrm{i}\varphi}) = \mathrm{e}^{2\mathrm{i}\varphi} - 1$. Wie sind ihre Werte im Inneren? Die Integralformel von Cauchy liefert

$$\begin{aligned} 2\pi\mathrm{i}\, f(z) &= \oint dz'\, \frac{f(z')}{z' - z} = \int\limits_0^{2\pi} d\varphi\, \mathrm{i}\,\mathrm{e}^{\mathrm{i}\varphi}\, \frac{f\left(\mathrm{e}^{\mathrm{i}\varphi}\right)}{\mathrm{e}^{\mathrm{i}\varphi} - z} \\ &= \mathrm{i}\int\limits_0^{2\pi} d\varphi\, \frac{\mathrm{e}^{2\mathrm{i}\varphi} - 1}{1 - z\,\mathrm{e}^{-\mathrm{i}\varphi}}\,. \end{aligned}$$

Im Inneren des Einheitskreises ist $|z\,\mathrm{e}^{-\mathrm{i}\varphi}| = |z| < 1$, und daher können wir den Bruch in eine konvergente Potenzreihe entwickeln. Nur die in φ konstanten Terme tragen schließlich zum Integral bei, da ja das Integral über $\mathrm{e}^{\mathrm{i}n\varphi}$ verschwindet. Wir bekommen also

$$\begin{aligned} 2\pi\mathrm{i}\, f(z) &= \mathrm{i}\int\limits_0^{2\pi} d\varphi\, \left(\mathrm{e}^{2\mathrm{i}\varphi} - 1\right)\left(1 + z\,\mathrm{e}^{-\mathrm{i}\varphi} + z^2\,\mathrm{e}^{-2\mathrm{i}\varphi} + z^3\,\mathrm{e}^{-3\mathrm{i}\varphi} + \cdots\right) \\ &= \mathrm{i}\int\limits_0^{2\pi} d\varphi\, \left(-1 + z^2 + z\,\mathrm{e}^{\mathrm{i}\varphi} + \cdots\right) = 2\,\pi\,\mathrm{i}\,(z^2 - 1)\,, \end{aligned}$$

und damit $f(z) = z^2 - 1$ für $|z| \leq 1$.

Man kann die Ergebnisse dieses Beispiels verallgemeinern und sieht leicht, dass im Einheitskreis analytische Funktionen, deren Randwert durch die Summe $f(\mathrm{e}^{\mathrm{i}\varphi}) = \sum_n c_n \mathrm{e}^{\mathrm{i}n\varphi}$ gegeben ist, im Innern den Wert $f(z) = \sum_n c_n z^n$ annehmen. □

Man kann Satz und Integralformel von Cauchy auch dazu verwenden, bestimmte „normale" Integrale zu berechnen, zum Beispiel uneigentliche Integrale entlang der reellen Achse. Dies wird weiter unten (19.2.5) im Zusammenhang mit dem Residuensatz näher besprochen.

Beispiel

Welchen Wert hat das Integral

$$\oint_C dz\, \frac{\sin z}{2z - \pi}\,,$$

wenn die Kurve ein Kreis um den Ursprung mit (a) Radius 1 oder (b) Radius 2 ist?

Für $r = 1$ sieht man sofort, dass der Integrand analytisch ist (der Pol liegt bei $z = \frac{\pi}{2}$), und nach dem Satz von Cauchy ist der Integralwert 0.

Für $r = 2$ liegt der Pol im Innern des Kreises. Das Integral hat die Form der Integralformel von Cauchy mit $z_0 = \frac{\pi}{2}$ und $f(z) = {}^1\!/_2 \sin z$, und das Ergebnis ist daher $2\pi\,\mathrm{i}\; {}^1\!/_2 \sin({}^{\pi}\!/_2) = \mathrm{i}\,\pi$. □

Wenn man die Cauchysche Integraldarstellung (19.36) nach z_0 differenziert, so erhält man Ausdrücke für die Ableitungen der Funktion

$$\frac{d^n f(z_0)}{dz_0^n} = \frac{n!}{2\pi \mathrm{i}} \oint dz\, \frac{f(z)}{(z - z_0)^{n+1}}\,. \tag{19.37}$$

Man sieht dies auch aus der Potenzreihe für die Funktion

$$\begin{aligned} f(w) &= \sum_{k=0}^{\infty} \frac{(w-z)^k}{k!} f^{(k)}(z) \\ \frac{f(w)}{(w-z)^{n+1}} &= \sum_{k=0}^{\infty} \frac{(w-z)^{k-n-1}}{k!} f^{(k)}(z) \\ &= \cdots + \frac{1}{(w-z)} \frac{f^{(n)}(z)}{n!} + \cdots\,. \end{aligned} \tag{19.38}$$

Nur der Term mit dem einfachen Pol (erster Ordnung) liefert bei einer Integration auf einem geschlossenen Weg rund um $w = z$ einen Beitrag (19.32) der Form $2\pi\,\mathrm{i}\,\frac{1}{n!} f^{(n)}(z)$ und damit die Integralformel (19.37).

Beispiel

Wir berechnen den Wert des Integrals entsprechend der Cauchyschen Integralformel für die Ableitungen (19.37):

$$\oint_{C:|z|=2} dz\, \frac{\mathrm{e}^{2z}}{(z+1)^4} = \frac{2\pi\,\mathrm{i}}{3!} \left.\frac{d^3 \mathrm{e}^{2z}}{dz^3}\right|_{z=-1} = \frac{2\pi\,\mathrm{i}}{3!}\, 8\mathrm{e}^{-2} = \frac{8\pi\,\mathrm{i}}{3\,\mathrm{e}^2}\,.$$ □

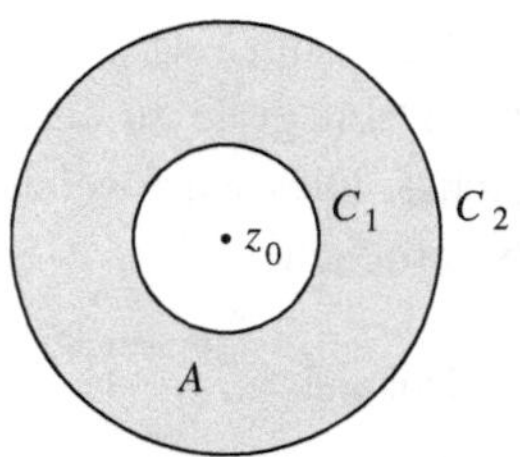

Abb. 19.10 Die Laurentreihe konvergiert in einem kreisringförmigen Analytizitätsgebiet um z_0

19.2.4 Laurentreihe

Im Analytizitätsgebiet A einer Funktion kann man diese durch ihre Potenzreihe darstellen. Dabei muss der Entwicklungspunkt in A liegen. Das Konvergenzgebiet hat Kreisform. Es gibt aber noch eine andere praktische Form einer Reihe, die als Konvergenzbereich einen Kreisring hat (Abb. 19.10). Man kann damit die Funktion auch rund um eine Singularität (unter Ausschluss eines inneren Kreises rund um die Singularität) darstellen.

Eine Funktion $f(z)$, die analytisch in einem kreisringförmigen Gebiet (und auf den beiden Rändern C_1 und C_2) ist, hat die Laurentreihe

$$f(z) = \sum_{n=0}^{\infty} a_n (z - z_0)^n + \sum_{n=1}^{\infty} \frac{b_n}{(z - z_0)^n} . \tag{19.39}$$

Die Koeffizienten können mittels

$$\begin{aligned} a_n &= \frac{1}{2\pi \mathrm{i}} \oint_{C_2} dz \, \frac{f(z)}{(z - z_0)^{n+1}} , \\ b_n &= \frac{1}{2\pi \mathrm{i}} \oint_{C_1} dz \, f(z)(z - z_0)^{n-1} \end{aligned} \tag{19.40}$$

berechnet werden. Das Konvergenzgebiet der Laurentreihe liegt zwischen zwei konzentrischen Kreisen um den Entwicklungspunkt z_0 (sofern es nicht leer ist). Die Größe der Kreise wird durch die Singularitäten der Funktion beschränkt.

Bei den Integraldarstellungen für die Koeffizienten handelt es sich offenbar um Anwendungen der Integralformel von Cauchy. Die Summe der positiven Potenzen hat die Form einer Taylorreihe. Die negativen Potenzen entsprechen einer Taylorreihe in $1/(z - z_0)$, also in gewisser Weise einer Taylorreihe mit dem Entwicklungspunkt ∞.

Beispiel

Wir suchen das Konvergenzgebiet der Laurentreihe

$$\begin{aligned} f(z) &= 1 + \frac{z}{2} + \frac{z^2}{4} + \frac{z^3}{8} + \cdots + \frac{1}{z} + \frac{1}{z^2} + \frac{1}{z^3} \cdots \\ &= \sum_{n=0}^{\infty} \frac{z^n}{2^n} + \sum_{n=1}^{\infty} \frac{1}{z^n} \,. \end{aligned}$$

Dazu untersuchen wir den Anteil mit positiven Potenzen und den mit negativen Potenzen getrennt, jeweils mit Hilfe der bekannten Konvergenzkriterien (aus Kap. 1).

Positive Potenzen: Das Quotientenkriterium ergibt

$$\lim_{n\to\infty} \left| \left(\frac{z}{2}\right)^{n+1} \left(\frac{2}{z}\right)^{n} \right| = \left|\frac{z}{2}\right| < 1 \Rightarrow |z| < 2 \,,$$

also Konvergenz der Teilreihe für $|z| < 2$.

Negative Potenzen: Wir betrachten wieder das Verhältnis aufeinander folgender Glieder der Reihe und finden

$$\lim_{n\to\infty} \left| \left(\frac{z^n}{z^{n+1}}\right) \right| = \left|\frac{1}{z}\right| < 1 \Rightarrow |z| > 1 \,,$$

also Konvergenz für $|z| > 1$.

Das gemeinsame Konvergenzgebiet der Laurentreihe, in dem beide Teilreihen konvergieren, ist daher der Kreisring $1 < |z| < 2$. □

Betrachten wir zum besseren Verständnis einige Spezialfälle.

Beispiel

Eine Funktion mit nur einem isolierten Pol im Endlichen, wie etwa

$$f(z) = \mathrm{e}^z + \frac{2}{z - \mathrm{i}} \,,$$

hat eine besonders einfache Laurentreihe, wenn der Entwicklungspunkt die Position des Pols ist. Der Reihenanteil mit den negativen Potenzen ist einfach nur der Polterm. Der Anteil mit den positiven Potenzen ist die Taylorreihe des Rests. In diesem Fall wäre die Reihe um $z = \mathrm{i}$ also

$$f(z) = \mathrm{e}^{\mathrm{i}}\mathrm{e}^{z-\mathrm{i}} + \frac{2}{z-\mathrm{i}} \quad \Rightarrow \quad (\cos 1 + \mathrm{i}\sin 1) \sum_{n=0}^{\infty} \frac{(z-\mathrm{i})^n}{n!} + \frac{2}{z-\mathrm{i}} \,.$$

Der Konvergenzbereich ist hier $0 < |z - \mathrm{i}| < \infty$. □

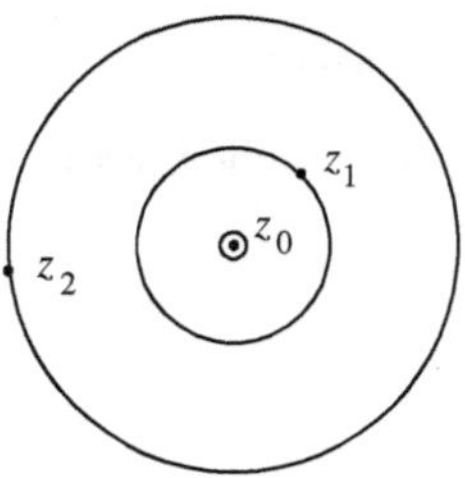

Abb. 19.11 Konvergenzgebiete der Laurentreihen einer Funktion mit Polen bei z_0, z_1 und z_2

Wenn die Funktion nur *eine* isolierte Singularität hat, ist die Laurentreihe eindeutig bestimmt, sobald der Entwicklungspunkt festgelegt ist. Wenn die Funktion mehrere isolierte Singularitäten hat, dann gibt es, wie in Abb. 19.11 angedeutet, verschiedene kreisringförmige Konvergenzgebiete mit jeweils anderen Laurentreihen.

Beispiel

Welche Laurentreihen (Entwicklungspunkt $z = 0$) hat die Funktion

$$f(z) = \frac{1}{(z-2)} \text{ ?}$$

Da die Funktion nur einen Pol bei $z = 2$ hat, gibt es zwei Konvergenzgebiete, A_1 ($|z| < 2$) und A_2 ($2 < |z|$). In A_1 ist die Reihe einfach die Taylorreihe der Funktion,

$$\frac{1}{z-2} = -\frac{1}{2}\frac{1}{1-\frac{z}{2}} = -\frac{1}{2}\sum_{n=0}^{\infty}\left(\frac{z}{2}\right)^n , \quad |z| < 2 .$$

In A_2 handelt es sich um eine richtige Laurentreihe, es gibt also auch negative Potenzen. Die Koeffizienten kann man entweder durch die Definition (19.39) bestimmen oder durch eine einfache Umschreibung der Form

$$\frac{1}{z-2} = \frac{1}{z}\frac{1}{1-\frac{2}{z}} = \frac{1}{z}\sum_{n=0}^{\infty}\left(\frac{2}{z}\right)^n = \sum_{n=1}^{\infty}\frac{2^{n-1}}{z^n} , \quad 2 < |z| .$$

□

Beispiel

Die Funktion

$$f(z) = \frac{z^2-4z+2}{z(z-1)(z-2)} = \frac{1}{z} + \frac{1}{z-1} - \frac{1}{z-2}$$

hat für den Entwicklungspunkt $z = 0$ die Konvergenzgebiete $A_1(0 < |z| < 1)$, $A_2(1 < |z| < 2)$ und $A_3(2 < |z|)$. Die jeweiligen Laurentreihen sind:

$$A_1: \quad f(z) = \frac{1}{z} - \frac{1}{1-z} + \frac{1}{2}\frac{1}{1-\frac{z}{2}} = \frac{1}{z} - \sum_{n=0}^{\infty} z^n + \sum_{n=0}^{\infty} \frac{z^n}{2^{n+1}}$$

$$A_2: \quad f(z) = \frac{1}{z} + \frac{1}{z}\frac{1}{1-\frac{1}{z}} + \frac{1}{2}\frac{1}{1-\frac{z}{2}} = \frac{1}{z} + \sum_{n=1}^{\infty} \frac{1}{z^n} + \sum_{n=0}^{\infty} \frac{z^n}{2^{n+1}}$$

$$A_3: \quad f(z) = \frac{1}{z} + \frac{1}{z}\frac{1}{1-\frac{1}{z}} - \frac{1}{z}\frac{1}{1-\frac{2}{z}} = \frac{1}{z} + \sum_{n=1}^{\infty} \frac{1}{z^n} - \sum_{n=1}^{\infty} \frac{2^{n-1}}{z^n}$$

Wir haben uns dabei erspart, die Terme unter den verschiedenen Summen zusammenzufassen. □

Wir halten fest: Bei der Laurent-Entwicklung tragen die Pole aus dem inneren Kreis des Konvergenzgebiets zu den negativen Potenzen bei, die von außerhalb des äußeren Kreises zu den positiven.

Die Koeffizienten der negativen Potenzen einer Laurentreihe enthalten Informationen über die Singularitätsstruktur am Entwicklungspunkt z_0. Wenn alle b_n verschwinden, dann ist die Funktion am Entwicklungspunkt analytisch. Falls ab b_{n+1} alle höheren Koeffizienten verschwinden, dann hat die Funktion einen Pol n-ter Ordnung bei z_0. Falls nur $b_1 \neq 0$ ist, dann handelt es sich um einem einfachen Pol. Der Koeffizient b_1 heißt **Residuum** der Funktion $f(z)$ bei $z = z_0$.

Die Funktion $\mathrm{e}^{1/z}$ hat die Laurentreihe $\sum_{n=0}^{\infty} \frac{1}{n!\,z^n}$ mit dem Konvergenzgebiet $0 < |z|$. Diese Funktion hat also Pole beliebig hoher Ordnung im Ursprung, sie hat dort eine wesentliche Singularität.

19.2.5 Residuensatz

Das ist der letzte der in diesem Kapitel besprochenen Integralsätze. Eigentlich bringt er nichts Neues, er folgt nämlich unmittelbar aus dem Cauchyschen Integralsatz.

Der **Residuensatz** besagt, dass eine im Gebiet A meromorphe (also analytisch bis auf endlich viele isolierte Singularitäten) und am Rand ∂A analytische Funktion das Integral

$$\oint_{\partial A} dz\ f(z) = 2\pi\mathrm{i} \sum_n R(z_n) \tag{19.41}$$

hat. Dabei geht die Summe über alle Pole in A, und die Werte $R(z_n)$ sind die entsprechenden Residuen der Pole der Funktion an den Stellen z_n. Denken Sie sich die Funktion durch eine Partialbruchzerlegung in eine Summe von Funktionen mit einfachen Polen umgeschrieben: jeder der Pole trägt dann das entsprechende Residuum bei.

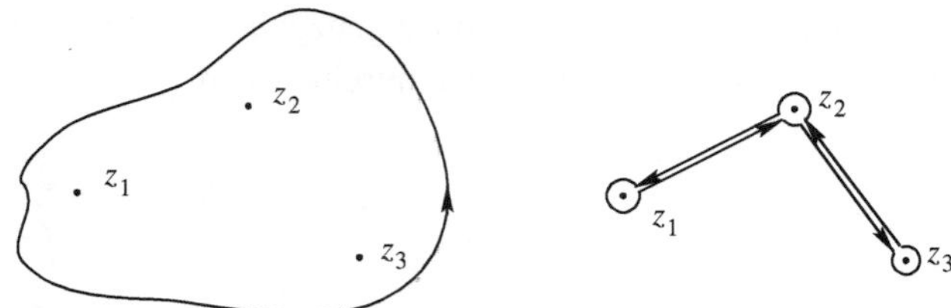

Abb. 19.12 Die Schlinge um das Gebiet A kann im Analytizitätsgebiet beliebig verformt werden, ohne dass sich der Integralwert ändert

Man kann diesen Satz aber auch einfach aus dem Integralsatz ableiten, indem man die Schlinge $C \equiv \partial A$ solange kontrahiert, bis sie nur mehr Beiträge von den Poltermen (Abb. 19.12) enthält. Daher ist

$$\oint_C dz\; f(z) = \left(\oint_{C_1} + \oint_{C_2} + \oint_{C_3} \right) dz\; f(z) = 2\pi \mathrm{i}\; (r_1 + r_2 + r_3) \;, \tag{19.42}$$

wenn die Funktion in der Nähe der Pole jeweils durch einen analytischen Beitrag und den Polterm $r_i/(z - z_i)$ ausgedrückt werden kann. Der Residuensatz ergänzt also gewissermaßen den Anwendungsbereich des Satzes von Cauchy (19.21), der das Integral einer in A analytischen Funktion mit 0 festlegt.

Wir haben den Begriff **Residuum** schon bei der Laurentreihe verwendet. Das ist einfach die Konstante im Zähler des einfachen Pols, wenn man die Funktion dort auf die Form

$$f(z) = \frac{R(z_0)}{z - z_0} + \text{bei } z_0 \text{ analytischer Rest} \tag{19.43}$$

bringen kann.

Wie findet man das Residuum der Funktion an einem Pol? Falls es sich um einen einfachen Pol erster Ordnung handelt, so bestimmt man

$$R(z_0) = \lim_{z \to z_0} (z - z_0) f(z) \;. \tag{19.44}$$

Es handelt sich dabei um eine unbestimmte Form, wie wir sie im Kap. 1 besprochen haben. Meist lässt sich der Grenzwert durch geschicktes Umformen ermitteln.

Beispiel

Wir bestimmen das Residuum von $f(z) = \frac{\cos z}{z}$ bei $z = 0$ durch

$$R(0) = \lim_{z \to 0} z \frac{\cos z}{z} = \lim_{z \to 0} \cos z = 1 \;.$$

Damit ist

$$\oint_C dz\, \frac{\cos z}{z} = 2\pi\,\mathrm{i}\,,$$

sofern die Schlinge C den Punkt $z = 0$ enthält. □

Beispiel

Die Funktion $f(z) = (\cos z)/(1 - z^2)$ hat Pole bei $z = \pm 1$. Wir finden

$$\begin{aligned} R(1) &= \lim_{z\to 1}\,(z-1)\frac{\cos z}{(1-z)(1+z)} = \lim_{z\to 1}\,(-1)\frac{\cos z}{(1+z)} = -\frac{1}{2}\,\cos 1\,, \\ R(-1) &= \lim_{z\to -1}\,(z+1)\frac{\cos z}{(1-z)(1+z)} = \lim_{z\to -1}\,\frac{\cos z}{(1-z)} = \frac{1}{2}\,\cos 1\,. \end{aligned}$$

Damit hat $\oint_C dz\; f(z)$ zum Beispiel dann den Wert 0, wenn die Schlinge beide Pole umläuft. □

Was ist das Residuum einer Funktion der Form

$$f(z) = \frac{g(z)}{(z - z_0)^n} \tag{19.45}$$

unter der Annahme, dass $g(z)$ bei z_0 analytisch ist? Wenn $n = 1$ und $g(z_0) \neq 0$, dann ist das natürlich einfach der Wert von g. In allen anderen Fällen kann man $g(z)$ in eine Taylorreihe um z_0 entwickeln und sieht, dass die Funktion daher folgende Beiträge hat:

$$\begin{aligned} f(z) &= \Big(\text{analytische Terme } \mathcal{O}(z - z_0)\Big) + \frac{1}{(n-1)!}\frac{1}{(z-z_0)}\left.\frac{d^{n-1}g}{dz^{n-1}}\right|_{z=z_0} \\ &\quad + \Big(\text{Pole höherer Ordnung}\Big)\,. \end{aligned} \tag{19.46}$$

Da analytische Beiträge und Pole höherer Ordnung kein Residuum haben, ist offenbar

$$R(z_0) = \frac{1}{(n-1)!}\left.\frac{d^{n-1}g(z)}{dz^{n-1}}\right|_{z=z_0} \quad \text{mit} \quad g(z) = (z - z_0)^n f(z)\,. \tag{19.47}$$

Diese Formel gilt für beliebige (ganzzahlige) n.

Beispiel

Wir suchen das Residuum $R(\pi)$ der Funktion $f(z) = \frac{z \sin z}{(z-\pi)^3}$. Die Funktion hat, wie wir sehen werden, nur scheinbar einen Pol 3.Ordnung bei $z = \pi$. Wir bekommen

$$\begin{aligned} g(z) = z \sin z \Rightarrow R(\pi) &= \frac{1}{2!}\frac{d^2}{dz^2}\,z\,\sin z\Big|_{z=\pi} = \frac{1}{2}\,(z\,\cos z + \sin z)'\Big|_{z=\pi} \\ &= \frac{1}{2}\,(-z\,\sin z + 2\,\cos z)\Big|_{z=\pi} = -1\,. \end{aligned}$$

Man hätte dasselbe Ergebnis auch durch Betrachtung der Laurentreihe für die Funktion bekommen! Wir haben schon weiter oben erwähnt, dass das Residuum an einer Stelle z_0 der Koeffizient des Polterms der Laurentreihe um z_0 ist. □

Beispiel

Die Funktion $\cot z$ hat Pole bei allen ganzzahligen Vielfachen von π. Was sind dort ihre Residuen? Bei $z = 0$ sieht man

$$R(0) = \lim_{z\to 0} z\,\frac{\cos z}{\sin z} = \cos 0 = 1\,,$$

wobei wir den bekannten Wert des Grenzwerts $\lim_{z\to 0} z/\sin z = 1$ zu Hilfe genommen haben. Bei $z = n\pi$ kann man die Periodizität der Funktion einsetzen, $\cot(n\,\pi + z) = \cot z$, und daher gilt für alle Pole $R(n\pi) = 1$.

Man beachte: Die Pole der Funktion $1/\sin z$ haben Residuen mit abwechselndem Vorzeichen, $R(n\pi) = (-1)^n$. □

Warnung für Schlaue: Die Betrachtungsweise der Riemannschen Zahlenkugel verführt dazu, einfache Schlingen als Begrenzungen von zwei Gebieten, eines im Endlichen, eines mit dem Punkt im Unendlichen anzusehen. Die Integralsätze beziehen sich allerdings immer auf das endliche Gebiet. Man darf die Schlingen also auch nicht einfach bei der Verformung über den Punkt im Unendlichen ziehen. Man sieht das leicht am Integral

$$\oint_C dz\,\frac{1}{z} = 2\pi\mathrm{i}\,, \tag{19.48}$$

wobei die Kontur den Ursprung enthalten soll. Der Integrand hat im Unendlichen keinen Pol. Dennoch kann man nicht argumentieren, dass daher das Integral der Kontur um das Gebiet im Unendlichen verschwinden muss, was einen Widerspruch bedeuten würde.

M.19.4 Kurz und klar: Integralsätze

Satz von Cauchy: Wenn $f(z)$ auf einer einfachen Schlinge C und im darin eingeschlossenen (einfach zusammenhängenden) Gebiet A analytisch ist, so gilt

$$\oint_C dz\;f(z) = 0\,. \tag{M.19.4.1}$$

Integralformel von Cauchy: Eine in einem einfach zusammenhängenden Gebiet A und am Rand $C \equiv \partial A$ analytische Funktion $f(z)$ hat für jeden Punkt w im Inneren von A die Integraldarstellung

$$\oint_C dz \, \frac{f(z)}{z-w} = 2\pi \mathrm{i} f(w) \,. \tag{M.19.4.2}$$

Residuensatz: Eine im Gebiet A meromorphe und am Rand ∂A analytische Funktion hat das Integral

$$\oint_{\partial A} dz \; f(z) = 2\pi \mathrm{i} \sum_n R(z_n) \,, \tag{M.19.4.3}$$

wobei die Summe über Residuen der Pole der Funktion in A läuft.

Residuum: Eine Funktion habe einen Pol bei z_0. Wenn der Pol erster Ordnung ist, so ist das Residuum des Pols der Wert

$$R(z_0) = \lim_{z \to z_0} (z - z_0) \, f(z) \,. \tag{M.19.4.4}$$

Bei einem Pol der Ordnung n ist das Residuum

$$R(z_0) = \frac{1}{(n-1)!} \lim_{z \to z_0} \frac{d^{n-1}}{dz^{n-1}} \left((z - z_0)^n \, f(z) \right) \,. \tag{M.19.4.5}$$

Auch der Koeffizient b_1 einer Laurentreihe um z_0 gibt das Residuum eines Pols bei z_0 wieder.

19.2.6 Schnitte

Wir haben Wegintegrale über den Rand von Gebieten betrachtet, in denen die Funktion analytisch ist (Satz von Cauchy) oder Pole enthält (Residuensatz). Was passiert, wenn sie Schnitte enthält? Wir wollen annehmen, dass die Funktion einen Schnitt endlicher Länge hat (wie etwa die Funktion $\ln[(z-1)/z]$), sonst aber analytisch im betrachteten Riemann-Blatt ist; der Einfachheit zuliebe legen wir den Schnitt auf die reelle Achse zwischen $a \le x \le b$. Dann kann man eine zunächst im analytischen Bereich gezogene einfache Schlinge rund um den Schnitt deformieren (Abb. 19.13).

Wir sehen also

$$0 = \oint_C dz \; f(z) = \oint_{C_1} dz \; f(z) + \oint_{C_2} dz \; f(z) \,, \tag{19.49}$$

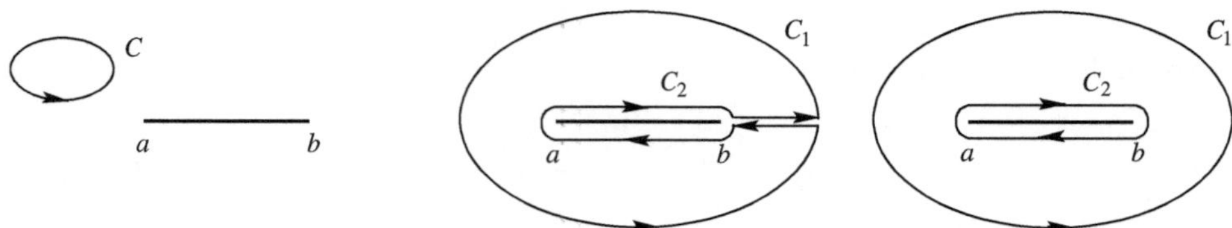

Abb. 19.13 Deformationsschritte einer Schlinge C im analytischen Bereich rund um einen Schnitt endlicher Länge. In der Skizze rechts haben wir die Konturstücke der sich weghebenden Beiträge entfernt, und die Integrationskontur besteht aus den Teilen C_1 und C_2

wobei wir den Beitrag der Integration rund um den Schnitt umformen können:

$$\begin{aligned}\oint_{C_2} dz\ f(z) &= \lim_{\epsilon\to 0}\left(\int_b^a dx\ f(x-\mathrm{i}\epsilon) + \int_a^b dx\ f(x+\mathrm{i}\epsilon)\right)\\ &= \lim_{\epsilon\to 0}\int_a^b dx\ \left(f(x+\mathrm{i}\epsilon) - f(x-\mathrm{i}\epsilon)\right)\ .\end{aligned} \tag{19.50}$$

Wir erhalten also für eine beliebige Integrationskontur (in positivem Umlaufsinn) um den Schnitt das Ergebnis

$$\oint_{C_1} dz\ f(z) = -\lim_{\epsilon\to 0}\int_a^b dx\ \left(f(x+\mathrm{i}\epsilon) - f(x-\mathrm{i}\epsilon)\right)\ . \tag{19.51}$$

Es kommt also nur auf die Differenz der Funktionswerte entlang des Schnittes an; diese wird oft **Diskontinuität** genannt!

Dieses Ergebnis ergänzt gewissermaßen den Residuensatz. Wir sind nun in der Lage, beliebige Integrale über Schlingen zu berechnen, auch wenn sie Pole und Schnitte beinhalten. Wie man sieht (Abb. 19.14), kann man durch geeignete Deformierung letztlich jede Funktion durch ihre Werte am Rand des Analytizitätsgebiets darstellen. Dabei ist der

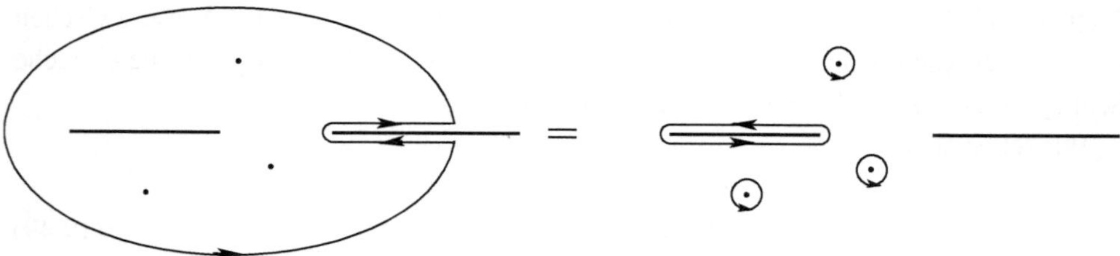

Abb. 19.14 Die Integrationskontur für eine Funktion mit Polen und Schnitten kann man sich aus Teilstücken verschiedener Orientierung zusammengesetzt denken

Rand eben durch einfache Schlingen rund um die Singularitäten dargestellt und zerfällt daher oft in nicht zusammenhängende Teile.

Wenn nun aber eine Funktion überhaupt keine Singularitäten hat? Eine ganze Funktion, die überall in der ganzen komplexen Ebene inklusive dem Punkt im Unendlichen analytisch ist, ist eine Konstante (vgl. [1])!

Beispiel

Wir wollen das Integral

$$\int_a^\infty dx\, \frac{(x-a)^c}{x^2+b^2}\,, \qquad c \in \mathbb{R}\,, \qquad 0 < c < 1$$

berechnen. Dazu betrachten wir das Integral über eine geschlossene Kontur der Art in Abb. 19.14 (links), wobei in unserem Beispiel aber nur der rechte Schnitt von a nach ∞ vorhanden ist. Der Integrand hat im Inneren der Kontur Pole bei $z = \pm \mathrm{i}\, b$ und daher nach dem Residuensatz den Wert

$$I = \oint_C dz\, \frac{(z-a)^c}{z^2+b^2} = 2\pi \mathrm{i} \left(\frac{(\mathrm{i}b-a)^c}{2\mathrm{i}b} + \frac{(-\mathrm{i}b-a)^c}{-2\mathrm{i}b} \right) = \frac{\pi}{b}\left((\mathrm{i}b-a)^c - (-\mathrm{i}b-a)^c\right) .$$

Andererseits kann man die Einzelbeiträge zur Integrationskontur getrennt untersuchen. Der Beitrag vom Bogen im Unendlichen verschwindet, da der Integrand für $c < 1$ schnell genug abfällt (vgl. unsere Diskussion weiter oben). Damit bleibt der Beitrag von der Integration unter und über dem Schnitt. Um die Funktionswerte festzulegen, müssen wir uns auf das Riemann-Blatt einigen, in dem wir arbeiten. Wir legen den Funktionswert auf der Oberseite des Schnittes fest und können so die Werte

$$\begin{aligned} \lim_{\epsilon \to 0} (x + \mathrm{i}\epsilon - a)^c &= |x-a|^c\,, \\ \lim_{\epsilon \to 0} (x - \mathrm{i}\epsilon - a)^c &= |x-a|^c\, \mathrm{e}^{2c\pi \mathrm{i}} \end{aligned}$$

finden. Damit ist der Integralbeitrag entlang des Schnittes

$$I = \int_\infty^a dx\, \frac{|x-a|^c\, \mathrm{e}^{2c\pi\mathrm{i}}}{x^2+b^2} + \int_a^\infty dx\, \frac{|x-a|^c}{x^2+b^2} = \left(1 - \mathrm{e}^{2c\pi\mathrm{i}}\right) \int_a^\infty dx\, \frac{|x-a|^c}{x^2+b^2}\,.$$

Da wir I aus dem Residuensatz ebenfalls kennen, finden wir das Endergebnis (es ist reell - zeigen Sie das!)

$$\int_a^\infty dx\, \frac{|x-a|^c}{x^2+b^2} = \frac{\pi}{b}\, \frac{(\mathrm{i}b-a)^c - (-\mathrm{i}b-a)^c}{1 - \mathrm{e}^{2c\pi\mathrm{i}}}\,.$$

□

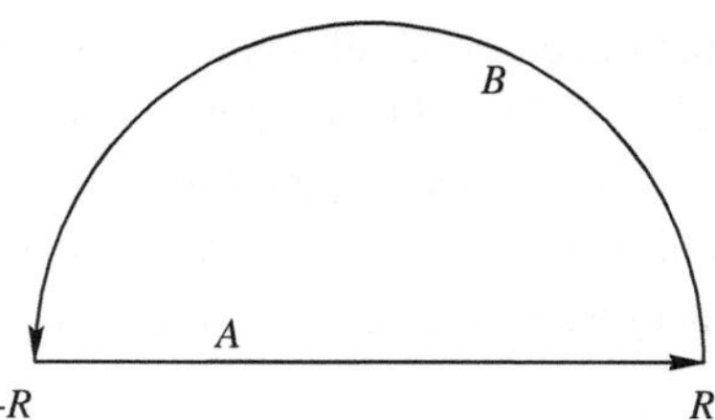

Abb. 19.15 Die geschlossene, einfache Schlinge C ist aus zwei Teilwegen A und B zusammengesetzt

19.3 Anwendungen

19.3.1 Integrale

Uneigentliche Integrale der Form

$$\int_{-\infty}^{\infty} dx\; f(x) \tag{19.52}$$

können oft mit Hilfe der besprochenen Integralsätze berechnet werden. Dazu betrachtet man eine einfache Schlinge $C(R)$ in Form eines Halbkreises (Abb. 19.15). Das Teilstück A verläuft entlang der reellen Achse zwischen $-R$ und R. Damit wird das Integral

$$\oint_{C(R)} dz\; f(z) = \left(\int_A + \int_B\right) dz\; f(z) = \int_{-R}^{R} dx\; f(x) + \int_0^{\pi} d\varphi\; \mathrm{i}\, R\, \mathrm{e}^{\mathrm{i}\varphi} f\left(R\,\mathrm{e}^{\mathrm{i}\varphi}\right)\;. \tag{19.53}$$

Wenn man nun zeigen kann, dass der Grenzwert

$$\lim_{R\to\infty} R\, f\left(R\,\mathrm{e}^{\mathrm{i}\varphi}\right) = 0 \tag{19.54}$$

wird, dann verschwindet das Integral über den Halbkreisbogen, und man erhält

$$\lim_{R\to\infty} \oint_{C(R)} dz\; f(z) = \int_{-\infty}^{\infty} dx\; f(x)\;. \tag{19.55}$$

Das Integral ist nach dem Residuensatz entweder 0 (falls die Funktion im von $C(R)$ eingeschlossenen Gebiet analytisch ist) oder eben aus der Summe der Residuen berechenbar.

Beispiel

Welchen Wert hat das Integral

$$\int_{-\infty}^{\infty} dx\; \frac{1}{1+x^2} \quad ?$$

Wie betrachten wie oben eine halbkreisförmige Kontur und sehen

$$\lim_{R\to\infty} \frac{R}{R^2\,\mathrm{e}^{2\mathrm{i}\varphi}+1} = 0\,.$$

Daher trägt der Bogen nichts zur Integration bei. Andererseits hat die Funktion

$$\frac{1}{1+z^2} = \frac{1}{(z-\mathrm{i})(z+\mathrm{i})}$$

zwei Pole, von denen einer im Inneren der Kontur (bei $z = \mathrm{i}$) liegt und das Residuum $R(\mathrm{i}) = 1/(2\mathrm{i})$ hat. Damit ergibt sich

$$\int\limits_{-\infty}^{\infty} dx\,\frac{1}{1+x^2} = \lim_{R\to\infty}\oint_{C(R)} dz\,\frac{1}{1+z^2} = \frac{2\pi\mathrm{i}}{2\mathrm{i}} = \pi\,.$$

(Das unbestimmte Integral hat als Ergebnis $c+\arctan x$, damit ist dieses Ergebnis leicht überprüfbar.) □

Beispiel

Integrale über die reelle Halbachse kann man, wenn der Integrand in x gerade ist, umformen.

$$\int\limits_{0}^{\infty} dx\,\frac{1}{1+x^4} = \frac{1}{2}\int\limits_{-\infty}^{\infty} dx\,\frac{1}{1+x^4} = \frac{1}{2}\oint dz\,\frac{1}{1+z^4}\,,$$

wobei das Integral wieder über eine halbkreisförmige Kontur in der oberen Halbebene geht. Der Beitrag über den Kreisbogen verschwindet auch hier, da die Funktion für $R\to\infty$ schnell genug abfällt. Die Funktion hat in der oberen Hälfte der komplexen Ebene Pole bei $z_0 = (1+\mathrm{i})/\sqrt{2}$ und $z_1 = (-1+\mathrm{i})/\sqrt{2}$ (zwei der vier Nullstellen von $z^4 = -1$). Berechnung der entsprechenden Residuen ergibt schließlich

$$\int\limits_{0}^{\infty} dx\,\frac{1}{1+x^4} = \frac{\pi}{2\sqrt{2}}\,.$$

□

19.3.2 Fouriertransformation

Fouriertransformationen (Kap. 14) haben die Form

$$\int\limits_{-\infty}^{\infty} dx\, f(x)\,\mathrm{e}^{-\mathrm{i}kx}, \quad k\in\mathbb{R}\,. \tag{19.56}$$

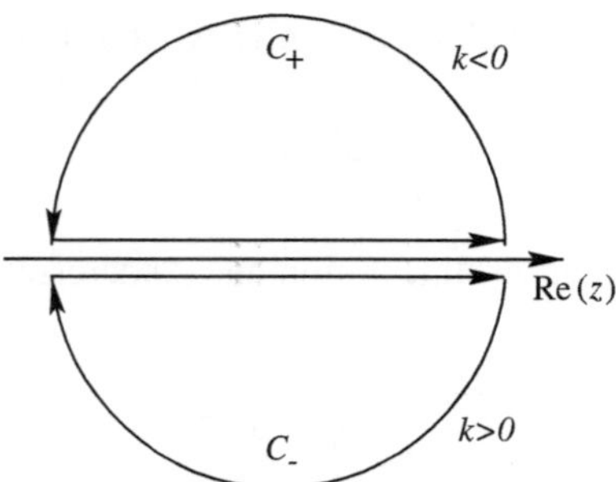

Abb. 19.16 Je nach Vorzeichen von k muss man die obere oder untere Schlinge wählen, um die Fouriertransformation auszuführen. Man muss deshalb verschiedene Halbkreise wählen, da zum Beispiel in Richtung der imaginären Achse ($z = \mathrm{i}\,y$) die Exponentialfunktion die Form e^{ky} hat und damit nur für negative ky gegen das Unendliche abfällt

Wenn $f(z)$ in der oberen oder in der unteren komplexen Ebene meromorph ist, also nur endlich viele isolierte Singularitäten hat, so kann man wie im obigen Abschn. 19.3.1 vorgehen. Je nach Vorzeichen von k wählt man eine halbkreisförmige Kontur C in der oberen ($k < 0$) oder unteren ($k > 0$) Halbebene und berechnet

$$\oint_C dz\; f(z)\mathrm{e}^{-\mathrm{i}kz} \tag{19.57}$$

nach dem Residuensatz (siehe Abb. 19.16). Man muss auch den Umlaufsinn der Schlinge durch Wahl des richtigen Vorzeichens berücksichtigen. Das Ergebnis hängt also meist vom Vorzeichen von k ab.

Die Integration entlang dem Halbkreis liefert dann keinen Beitrag, wenn die Funktion schnell genug gegen 0 strebt, also $f(z) \simeq \mathcal{O}(|z|^{-\epsilon})$, $\epsilon > 0$ ist. Dieses Abfallverhalten ist schwächer als im Abschnitt 19.3.1 gefordert. Der Grund dafür liegt zum einen am Oszillationsverhalten des Integranden entlang der reellen Achse (siehe Riemann-Lebesgue-Lemma, Kap. 13) , zum anderen am exponentiellen Dämpfungsfaktor auf dem jeweiligen Halbkreis. Damit kann man dann die Fourierintegration (19.56) durch den Wert des Konturintegrals (19.57) ersetzen!

Beispiel

Wir suchen die Fouriertransformation der Funktion $f(x) = \frac{1}{x^2+a^2}$ ($a \in \mathbb{R}$). Wir betrachten die Skizze 19.16. Der Integrand

$$\frac{\mathrm{e}^{-ikz}}{z^2 + a^2} = \frac{\mathrm{e}^{-ikz}}{(z + |a|\,\mathrm{i})(z - |a|\,\mathrm{i})}$$

hat je einen Pol in der oberen ($z = |a|\,\mathrm{i}$) und unteren ($z = -|a|\,\mathrm{i}$) Halbebene. Die Residuen sind

$$R(|a|\,\mathrm{i}) = \frac{\mathrm{e}^{|a|k}}{2\,|a|\,\mathrm{i}}\,, \quad R(-|a|\,\mathrm{i}) = \frac{\mathrm{e}^{-|a|k}}{-2|a|\mathrm{i}}\,.$$

Das Integral ist also

$$k < 0\,, \quad \mathrm{Im}\,z > 0 \quad \Rightarrow \quad \oint_{C_+} dz\,\frac{\mathrm{e}^{-\mathrm{i}kz}}{z^2 + a^2} = 2\pi\mathrm{i}\,\frac{\mathrm{e}^{|a|k}}{2|a|\mathrm{i}} = \frac{\pi}{|a|}\,\mathrm{e}^{|a|k}\,,$$

$$k > 0\,, \quad \mathrm{Im}\,z < 0 \quad \Rightarrow \quad -\oint_{C_-} dz\,\frac{\mathrm{e}^{-\mathrm{i}kz}}{z^2 + a^2} = -2\pi\mathrm{i}\,\frac{\mathrm{e}^{-|a|k}}{-2|a|\mathrm{i}} = \frac{\pi}{|a|}\,\mathrm{e}^{-|a|k}\,.$$

Da die Funktion im Unendlichen schnell genug abfällt, ist das Ergebnis gleich dem Wert der Fouriertransformation. Man beachte, dass wir das Integral über die Schlinge C_- mit einem Minus-Vorzeichen versehen haben, da die Schlinge in negativer Richtung durchlaufen wird!

Wir können die beiden Ergebnisse also zusammenfassen:

$$\int_{-\infty}^{\infty} dx\,\frac{\mathrm{e}^{-\mathrm{i}kx}}{x^2 + a^2} = \frac{\pi}{|a|}\,\mathrm{e}^{-|a\,k|}\,.$$ □

19.3.3 Dispersionsrelationen

Viele in physikalischen Problemstellungen vorkommende, komplexe Funktionen sind so genannte **reell analytische** oder **hermitisch analytische** Funktionen. Für diese gilt die Eigenschaft

$$f(z) = \overline{f}\,(\overline{z})\,, \tag{19.58}$$

und $f(z)$ soll zumindest auf einem Teil der reellen Achse reell sein. Nahe der reellen Achse (für $\epsilon \to 0$) ist daher

$$f(x + \mathrm{i}\,\epsilon) = \overline{f}(x - \mathrm{i}\,\epsilon) \Rightarrow f(x + \mathrm{i}\,\epsilon) - f(x - \mathrm{i}\,\epsilon) = 2\,\mathrm{i}\;\mathrm{Im}\,f(x + \mathrm{i}\,\epsilon)\,. \tag{19.59}$$

Die Funktion ist auf der reellen Achse also entweder rein reell, oder sie hat dort einen Schnitt mit der Diskontinuität $2\,\mathrm{i}\;\mathrm{Im}\,f(x + \mathrm{i}\,\epsilon)$. Die Streuamplituden der Elektrodynamik oder der Quantenmechanik sind Funktionen dieser Art.

Beispiel

Polynome sind natürlich hermitisch analytisch,

$$f(z) = z^n \Rightarrow \overline{(f(\overline{z}))} = \overline{((\overline{z})^n)} = z^n = f(z)\,.$$

Die Funktion $f(z) = \sqrt{a-z}$ ist reell analytisch, wenn der Verzweigungspunkt auf der reellen Achse liegt, $a \in \mathbb{R}$. Wir wählen $a = 0$ und legen den Schnitt auf die reelle Achse $0 \leq x \leq \infty$. Wir schreiben $z = |z|e^{i\varphi}$ und somit ist ein iϵ über dem Schnitt $z = |z|\,e^{i\epsilon}$ und unter dem Schnitt $z = |z|\,e^{i(2\pi-\epsilon)}$. Für die Quadratwurzel finden wir (vgl. auch Kap. 2.4)

$$\begin{aligned}
\lim\nolimits_{\epsilon\to 0}\sqrt{-ze^{i\epsilon}} &= \lim_{\epsilon\to 0}\sqrt{|z|e^{i\pi+i\epsilon}} = \sqrt{|z|}\lim_{\epsilon\to 0}e^{i\pi/2+i\epsilon/2} = i\sqrt{|z|}\,,\\
\lim\nolimits_{\epsilon\to 0}\sqrt{-ze^{2i\pi-i\epsilon}} &= \lim_{\epsilon\to 0}\sqrt{|z|e^{3i\pi-i\epsilon}} = \sqrt{|z|}\lim_{\epsilon\to 0}e^{3i\pi/2-i\epsilon/2} = -i\sqrt{|z|}\,.
\end{aligned}$$

Die Größe ϵ diente nur zur Festlegung, ob z über oder unter dem Schnitt liegt. Die Diskontinuität ist also tatsächlich einfach der doppelte Imaginärteil. □

Betrachten wir eine hermitisch analytische Funktion, deren Betrag im Unendlichen zumindest wie $\mathcal{O}(1/|z|^{\epsilon})$ (mit $\epsilon > 0$) verschwindet und die außer einem Schnitt überall analytisch ist. Wir können dann eine Cauchydarstellung der Form

$$f(w) = \frac{1}{2\pi i}\oint_{C_1} dz\,\frac{f(z)}{z-w} + \frac{1}{2\pi i}\oint_{C_2} dz\,\frac{f(z)}{z-w} \tag{19.60}$$

hinschreiben, wobei die Integrationswege wie in Abb. 19.13 verlaufen. Wegen der Abfallbedingung der Funktion verschwindet der erste Beitrag, wenn die Schlinge bis ins Unendliche erweitert wird. Es bleibt nur der Beitrag des Schnitts entlang der reellen Achse zwischen a und b mit

$$f(w) = \frac{1}{2\pi i}\lim_{\epsilon\to 0}\left[\int_a^b dx\,\frac{f(x+i\epsilon)}{x+i\epsilon-w} - \int_a^b dx\,\frac{f(x-i\epsilon)}{x-i\epsilon-w}\right]. \tag{19.61}$$

Im Grenzübergang erhält man

$$f(w) = \frac{1}{\pi}\int_a^b dx\,\frac{\operatorname{Im} f_+(x)}{x-w} \tag{19.62}$$

(wobei wir $f_+(x) \equiv \lim_{\epsilon\to 0} f(x+i\epsilon)$ genannt haben). Überall auf der reellen Achse (außer auf dem Schnitt) ist die Funktion reell, also gilt insbesondere für reelle x'

$$f(x') = \frac{1}{\pi}\int_a^b dx\,\frac{\operatorname{Im} f_+(x)}{x-x'}\,. \tag{19.63}$$

Beziehungen dieser Art, die Realteil und Imaginärteil von reell analytischen Funktionen miteinander in Beziehung setzen, wurden zuerst in der Optik entdeckt, wo sie in Form von

Relationen zwischen der Absorption und Dispersion von lichtbrechenden Materialien auftraten (H.A. Kramers und R. de L. Kronig, 1924). Sie heißen daher Dispersionsrelationen oder Kramers-Kronig-Relationen.

Beispiel

Wir suchen die reell analytische Funktion, die einen Schnitt mit dem Imaginärteil $\mathrm{Im}\, f_+(x) = 1$ für $0 < x < 2$ hat. Entsprechend (19.62) haben wir

$$f(z) = \frac{1}{\pi} \int_0^2 dx\, \frac{1}{x - w} = \frac{1}{\pi} \ln(x - w)\Big|_0^2 = \frac{1}{\pi} \ln \frac{w - 2}{w}\,. \qquad \square$$

Man kann die Relationen auch auf Werte am Schnitt anwenden, hat dann allerdings eine Integrationskontur, die quasi durch einen Pol verläuft (siehe folgender Abschnitt).

19.3.4 Hauptwertintegrale

Das Integral

$$\int_{-a}^{a} dx\, \frac{1}{x} \tag{19.64}$$

ist ein Integral, dessen Integrationsweg durch einen Pol (bei $z = 0$) läuft. Der Wert des Integranden divergiert dort, und – streng betrachtet – dürfte man die Integration nicht ausführen. Andererseits, wenn man den Funktionsverlauf betrachtet, sieht man, dass sich offenbar negative und positive Beiträge aufheben und der Wert des Integrals daher 0 ist (siehe auch C.19.2 und Abb. 19.18). Was geht da vor sich?

Es handelt sich bei dem Integral um ein so genanntes **Hauptwertintegral**, welches folgendermaßen definiert ist:

$$P \int_\Gamma dz\, f(z) \equiv \frac{1}{2} \left(\int_{\Gamma_1} dz\, f(z) + \int_{\Gamma_2} dz\, f(z) \right)\,. \tag{19.65}$$

Es wird durch ein dem Integralzeichen vorangestelltes P symbolisiert (P für „principal value"). Die beiden Wege Γ_1 und Γ_2 unterscheiden sich, wie in Abb. 19.17 angedeutet, nur dadurch, dass sie den Pol auf dem Weg Γ auf verschiedenen Seiten umlaufen. Sonst stimmen sie mit Γ überein.

Das Hauptwertintegral bildet also gleichsam den Mittelwert über die beiden Möglichkeiten, dem Pol auszuweichen. Was ist die Differenz der beiden Teilergebnisse? Da sich

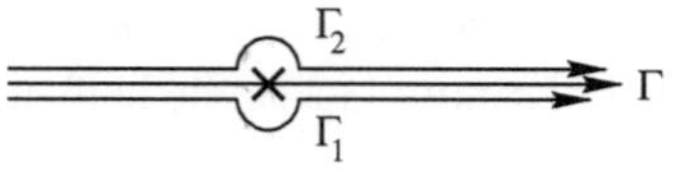

Abb. 19.17 Der Pol auf dem Weg Γ wird durch die Wege Γ_1 und Γ_2 auf verschiedenen Seiten umlaufen

alle anderen Beiträge entlang der übereinstimmenden Wegteile wegheben, bleibt einfach das Integral rund um den Pol und damit

$$\int_{\Gamma_1} dz\ f(z) - \int_{\Gamma_2} dz\ f(z) = 2\pi\,\mathrm{i}\,R(z_0)\,. \tag{19.66}$$

Mit der Definition des Hauptwertintegrals können wir auch formulieren:

$$\begin{aligned} \int_{\Gamma_1} dz\ f(z) &= P\int_{\Gamma} dz\ f(z) + \mathrm{i}\,\pi\ R(z_0)\,, \\ \int_{\Gamma_2} dz\ f(z) &= P\int_{\Gamma} dz\ f(z) - \mathrm{i}\,\pi\ R(z_0)\,. \end{aligned} \tag{19.67}$$

Für horizontal verlaufende Kurven entspricht Γ_1 einfach einer kleinen Verschiebung des Pols nach oben, nach $z_0 + \mathrm{i}\epsilon$, und Γ_2 einer Verschiebung nach unten zu $z_0 - \mathrm{i}\epsilon$.
Man schreibt daher oft auch

$$\frac{1}{z - z_0 \mp \mathrm{i}\epsilon} = P\frac{1}{z - z_0} \pm \mathrm{i}\,\pi\delta(z - z_0) \tag{19.68}$$

und meint damit die Integrale (19.67).

Beispiel

Mit dieser Formulierung können wir nun auch dem Grenzfall $\epsilon \to 0$ in der Dispersionsrelation (19.61) eine Bedeutung zuweisen. Wenn sich $w = x'$ direkt auf dem Schnitt befindet, dann handelt es sich um einen Integrationsweg analog Γ_1, also unmittelbar unter dem Pol verlaufend. Wir können daher schreiben:

$$\begin{aligned} f(x') &= \frac{1}{\pi}\int_a^b dx\ \frac{\mathrm{Im}\, f_+(x)}{x - x'} \\ &= \frac{1}{\pi}P\int_a^b dx\ \frac{\mathrm{Im}\, f_+(x)}{x - x'} + \frac{1}{\pi}\int_a^b dx\ \mathrm{i}\,\pi\delta(x - x')\,\mathrm{Im}\, f_+(x) \\ &= \frac{1}{\pi}P\int_a^b dx\ \frac{\mathrm{Im}\, f_+(x)}{x - x'} + \mathrm{i}\ \mathrm{Im}\, f_+(x')\,. \end{aligned}$$

Der Imaginärteil hebt sich weg, und daher gilt die Dispersionsrelation für den Realteil

$$\operatorname{Re} f(x') = \frac{1}{\pi} P \int_a^b dx\, \frac{\operatorname{Im} f_+(x)}{x - x'} \,. \qquad \square$$

C.19.2 … und auf dem Computer: Hauptwertintegrale

Häufig stellt sich die Frage nach dem numerischen Wert eines Integrals der Form

$$\int_a^b dx\, f(x) \quad \text{mit} \quad f(x) = \frac{g(x)}{x - x_0} \,, \tag{C.19.2.1}$$

wobei $a < x_0 < b$ ist und die Funktion $g(x)$ meist nur numerisch, also mittels Interpolationsfunktionen bekannt ist. Oft sind auch nur $f(x)$ und die Polposition x_0 bekannt. Wenn man auf diesen Ausdruck einen der Standardalgorithmen zur numerischen Integration „loslässt", wird er versagen und komplett unzuverlässige Zufallswerte liefern. Der Grund liegt in der Polsingularität im Integrationsbereich, an der sich zwar im Prinzip die („unendlich") großen negativen und positiven Beiträge links und rechts vom Pol aufheben, in der Praxis aber aufgrund der numerischen Instabilität und Rundungsfehler eben nicht.

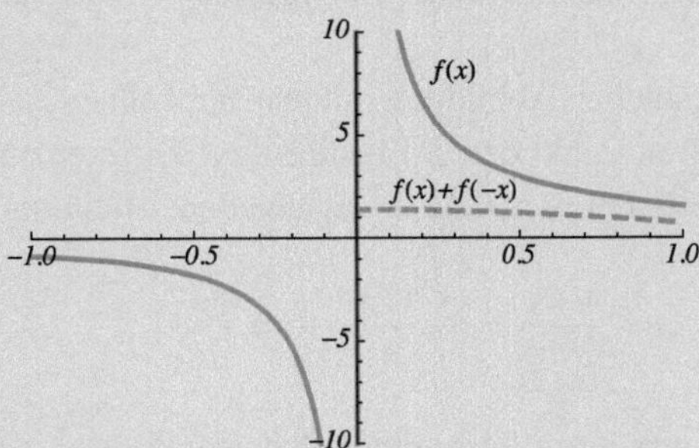

Abb. 19.18 Bei der numerischen Integration über eine Polsingularität hinweg muss man die Stützstellen symmetrisch zur Polposition wählen. Die Skizze zeigt die divergente Funktion $f(x)$ und für $x > 0$ die Differenz $f(x) + f(-x)$, in der sich der divergente Anteil aufhebt

Betrachten wir den Fall $x_0 = 0$ und ein Integrationsintervall symmetrisch zur Polposition. Dann ist

$$\int_{-d}^{+d} dx\, f(x) = \int_0^d dx\, (f(x) + f(-x)) \,, \tag{C.19.2.2}$$

(siehe Abb. 19.18) und man erkennt, dass sich die divergierenden Beiträge aufheben. Man muss in so einem Fall geschickt vorgehen und die Integrationsstützstellen symmetrisch in einem Intervall rund um die Polposition wählen. Eine mögliche Wahl wäre etwa $\{\pm\epsilon, \pm 2\epsilon, \ldots\}$. Die Werte des Integranden an diesen Stützstellen wären dann

$$f(\epsilon)\,, \quad f(-\epsilon) \quad \text{entsprechend} \quad \frac{g(\epsilon)}{\epsilon}\,, \quad -\frac{g(-\epsilon)}{\epsilon}\,. \tag{C.19.2.3}$$

Die Beiträge zum Integranden sind von der Größenordnung von $g(0)'$ und daher nicht divergent. Tatsächlich wählt man die Stützstellen meist nach einem effizienteren Algorithmus (zum Beispiel nach dem Gaußschen Integrationsverfahren) und passt ϵ dynamisch der gewünschten Genauigkeit an.

Schreiben Sie so eine Integrationsroutine, und berechnen Sie einige Hauptwertintegrale, deren analytisches Ergebnis Sie kennen (Beispiel: $\int_0^2 dx\; x/(x-1)$).

19.3.5 Konforme Abbildungen

In Kap. 2 haben wir schon die Riemann-Blätter verschiedener komplexer Funktionen untersucht. In diesem Kontext haben wir die Funktion $w = f(z)$ als Abbildung $\mathbb{C} \to \mathbb{C}$ betrachtet.

Was passiert bei einer solchen Abbildung mit den Winkeln zwischen sich schneidenden Linien? An einem regulären Punkt der w-Ebene ist das Differenzial $dw = f'(z)\,dz$ und daher das Verhältnis zweier Differenziale in verschiedene Richtungen (siehe Abb. 19.19)

$$\frac{dw_1}{dw_2} = \frac{f'(z)\,dz_1}{f'(z)\,dz_2} = \frac{dz_1}{dz_2}\,. \tag{19.69}$$

Da das Verhältnis die Richtung in Form eines Phasenfaktors $e^{i\alpha}$ angibt, sieht man, dass die Abbildung winkeltreu ist, also den Winkel nicht verändert. Man spricht von der Winkelerhaltung **konformer Abbildungen**.

Diese Eigenschaft eröffnet für viele Problemstellungen elegante Zugänge. Wir haben schon früher erwähnt (bei den Cauchy-Riemann Relationen (19.5)), dass in zweidimen-

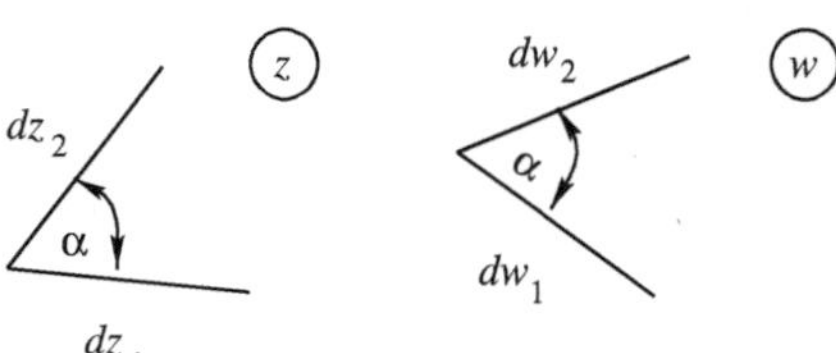

Abb. 19.19 Zwei verschiedene Richtungen in der z-Ebene werden durch die Differenziale dz_1 und dz_2 angezeigt. Die Abbildung in die w-Ebene ist winkeltreu

sionalen Problemen der Elektrostatik die Potenzial- und Feldlinien einander in rechtem Winkel schneiden. Wenn man also ein Potenzialfeld in der Variablen z darstellen kann, so ist auch das Feld in der Variablen w eine mögliche Lösung für eine andere Ladungsverteilung. Bevor wir dazu ein Beispiel besprechen, wollen wir noch die **Transformationsmöglichkeiten** betrachten.

Translation und Skalierung: $w = a\,z + b$

Drehung um Winkel α: $w = z\,e^{i\alpha}$ (für $\alpha \in \mathbb{R}$); die Abbildung $w = i\,z$ dreht die reelle z-Achse in die imaginäre w-Achse.

Inversion: $w = 1/z$; der Ursprung wird mit dem Punkt im Unendlichen vertauscht. Es handelt sich um eine Art Spiegelung am Einheitskreis mit gleichzeitiger Spiegelung an der reellen Achse.

Potenzen: $w = (z-a)^{\alpha}$ (für $\alpha \in \mathbb{R}$); entspricht einer Kompression oder Dehnung des Winkels um den Faktor α. Damit kann man Schnitte „öffnen“ oder „erzeugen“, die Abbildung $w = \sqrt{-z}$ „öffnet“ den Schnitt auf der rechten reellen Halbachse und bildet die (aufgeschnittene) z-Ebene auf die linke Halbebene in w ab.

Möbius-Transformation: $w = (a\,z+b)/(c\,z+d)$, $(a\,d \neq b\,c)$; stellt eine Kombination von Translation und Inversion dar. Gerade und Kreise in z werden immer auch auf Gerade und Kreise in w abgebildet. Der Spezialfall $w = e^{i\varphi}(z-a)/(\overline{a}\,z-1)$ $(|a|<1)$ bildet Rand und Inneres des Einheitskreises wieder auf Rand und Inneres ab und insbesondere den Punkt $z = a$ in den Ursprung.

In [2] findet man viele Beispiele für Abbildungen, die man aus den genannten Grundtypen schrittweise zusammensetzen kann.

So bildet zum Beispiel

$$w = \frac{a+z}{a-z} \tag{19.70}$$

(für reelle Parameter a) die imaginäre Achse auf einen Einheitskreis ab. Man sieht leicht, dass für $z = i\,y$ offenbar

$$w\,\overline{w} = \frac{(a+i\,y)}{(a-i\,y)}\frac{t(a-i\,y)}{(a+i\,y)} = 1 \tag{19.71}$$

ist, also w am Einheitskreis liegt. Der Punkt $z = -a$ wird zu $w = 0$ und der Punkt im Unendlichen zu $w = -1$. Die Abbildung bildet also Punkte der linken komplexen Halbebene in z in einen Einheitskreis in w ab. Man kann die Abbildung leicht umkehren und sieht, dass

$$z = a\,\frac{w-1}{w+1} \tag{19.72}$$

das Innere des Einheitskreises in w eben auf die linke Hälfte der z-Ebene abbildet. Die Wahl von a ist frei. Eine andere Wahl des Vorzeichens von a vertauscht zum Beispiel linke mit rechter Halbebene.

Beispiel

Wir betrachten ein Problem der Elektrostatik in zwei Dimensionen. Gesucht ist die Lage der Potenzial- und Feldlinien für den Fall einer Punktladung bei $w = -1$, wenn die imaginäre w-Achse geerdet (also auf Ladung 0 fixiert) ist. (Ein in der Elektrostatik üblicher Zugang ist, eine entgegengesetzte Punktladung bei $w = 1$ anzunehmen und die Feldverteilung des Dipols zu bestimmen.) Wir wollen das Problem mit Hilfe einer konformen Abbildung auf das drehsymmetrische Problem einer Ladung im Ursprung mit einem kreisförmigen, geerdeten Rand zurückführen.

Abb. 19.20 stellt die Situation dar, in der im drehsymmetrischen Fall die Äquipotenziallinien einfach $|z| = r \in (0, 1)$ und die Feldlinien Strahlen konstanter Winkel sind. Die Abbildung

$$w = \frac{z-1}{z+1} \quad \Rightarrow \quad w = \frac{r\,e^{i\varphi} - 1}{r\,e^{i\varphi} + 1}$$

bildet den Ursprung in w in den Punkt $w = -1$ und den Kreisrand in z in die imaginäre Achse in w ab. Entsprechend transformieren sich die Linien konstanten Potenzials und konstanter Feldstärke. Aufgrund der Winkeltreue der Abbildung sind sowohl in z als auch in w die Potenziallinien orthogonal zu den Feldlinien, wie gefordert.

Potenziallinien: $r \in (0, 1)$ festgehalten, $\varphi \in (0, 2\pi)$.
Feldlinien: $r \in (0, 1)$, $\varphi \in (0, 2\pi)$ festgehalten.

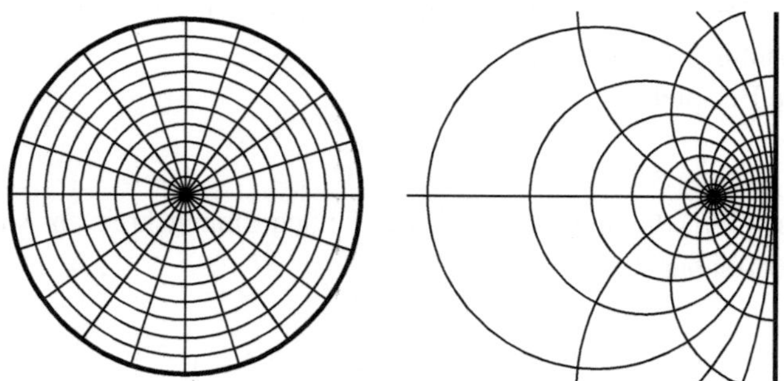

Abb. 19.20 Links die Feld- und Potenziallinien einer Punktladung bei $z = 0$ und einem geerdeten Kreisrand bei $|z| = 1$; rechts die sich aus der konformen Abbildung ergebende Linienstruktur für die Punktladung bei $w = -1$ und geerdeter imaginärer Achse □

C.19.3 … und auf dem Computer: Konvergenzgebiete

Potenzreihen in z konvergieren in einem kreisförmigen Gebiet um den Entwicklungspunkt. Dennoch kann man Reihenentwicklungen finden, die andere Konvergenzgebiete haben. Das geht mit Hilfe konformer Abbildungen. Wir betrachten als

Beispiel die altbekannte Reihe zur Funktion

$$f(z) = \frac{1}{1-z} \quad \Rightarrow \quad \sum_{n=0}^{\infty} z^n\,, \tag{C.19.3.1}$$

die bekanntlich wegen des Pols bei $z = 1$ nur für $|z| < 1$ konvergiert. Dennoch kann man daraus eine Reihe bekommen, die fast überall in der komplexen Ebene konvergiert! Die Idee besteht darin, die Funktion in einer neuen Variablen anzuschreiben und in eine Reihe zu entwickeln, deren kreisförmiges Konvergenzgebiet die gesamte z-Ebene abbildet.

Dazu bilden wir die auf der reellen Achse von $x = 1$ bis unendlich aufgeschnittene z-Ebene ins Innere eines Einheitskreises ab.

- $u = -\sqrt{1-z}$ klappt den Schnitt auf und bildet die obere und untere Kante auf die obere und untere imaginäre Achse von u ab. Die gesamte z-Ebene wird auf die linke u-Halbebene abgebildet.
- $w = \dfrac{1+u}{1-u}$ bildet die linke u-Halbebene in einen Einheitskreis in w ab.

Damit bildet

$$w = \frac{1-\sqrt{1-z}}{1+\sqrt{1-z}} \tag{C.19.3.2}$$

die aufgeschnittene z-Ebene in den Einheitskreis in w ab. Die Beziehung lässt sich nach z auflösen,

$$z = \frac{4\,w}{(1+w)^2} \tag{C.19.3.3}$$

bildet also die Punkte aus dem Einheitskreis in w auf die z-Ebene ab.

Nun kommt der Trick. Der Ursprung in z und in w bilden aufeinander ab; gleichzeitig ist dieser Punkt Entwicklungspunkt der Reihe in z. Wir können also aus der z-Potenzreihe einer Funktion alle Terme der Potenzreihe der Funktion in w berechnen. Dazu entwickeln wir (C.19.3.3) in eine Taylorreihe und schreiben z als (unendliche) Potenzreihe in w an,

$$z = -4\sum_{n=1}^{\infty} n(-w)^n = 4\,w - 8\,w^2 + 12\,w^3 - \cdots\,. \tag{C.19.3.4}$$

Damit kann man eine beliebige Potenzreihe in z in eine in w umschreiben,

$$\sum_n a_n\, z^n = \sum_n a_n\, \left(4\,w - 8\,w^2 + 12\,w^3 - \cdots\right)^n \equiv \sum_n b_n\, w^n\,. \tag{C.19.3.5}$$

Diese Potenzreihe konvergiert in einem kreisförmigen Gebiet in w, das durch die nächste Singularität beschränkt ist. In unserem Fall ist das Konvergenzgebiet also $|w| < 1$, welches aber auf die gesamte z-Ebene abbildet.

Um die neuen Koeffizienten b_n aus den a_n zu berechnen, kann man ein Computeralgebra-Programm wie MATHEMATICA oder MAPLE verwenden. Es geht um folgende Schritte:

1. Berechnung der ersten N (zum Beispiel $N = 50$) Reihenkoeffizienten a_n der z-Reihe.
   Beispiel: $SZ = 1 + z + z^2 + z^3 + \cdots$.
   Es kann sich hier auch um eine Reihe unbekannter Herkunft handeln, sofern Sie nur sicher sind, dass die Singularitäten der Ursprungsfunktion sich auf der reellen Achse bei $|x| \geq 1$ befinden.
2. Berechnung der Reihe $z = \sum c_n z^n$ entsprechend der besprochenen (oder einer anderen) Abbildung.
   Beispiel: $z = 4\,w - 8\,w^2 + 12\,w^3 - \cdots$.
3. Berechnung der Koeffizienten b_n der w-Reihe aus den beiden obigen Reihen durch Substitution von $z(w)$ in die Reihe SZ; die neue Reihe nennen wir $SW(w) = SZ(w(z))$.
   Beispiel: $SW(w) = 1 + 4\sum_{n\geq 1} n\,w^n$. Anmerkung: In unserem Beispiel ist $f(z(w)) = (1 + w)^2/(1 - w)^2$, und wir können daher – ausnahmsweise – die Reihe in w explizit hinschreiben.
4. Berechnen Sie für verschiedene z-Werte jeweils $w(z)$ aus der Abbildungsfunktion und $SW(w)$.
   Beispiel: $z = -0.9$, $w = -0.1591\ldots$, $SW = 1-0.6364+0.2025-0.0483\ldots$, bei 50 Termen ist $SW = 0.526316$, wohingegen $SZ = 0.528758$, der korrekte Wert aber $1/1.9 = 0.526319$.

Die Konvergenzbeschleunigung ist verblüffend; in unserem Beispiel haben Sie den Vorteil, die Ursprungsfunktion explizit zu kennen und daher mit dem Ergebnis vergleichen zu können. In der Praxis (zum Beispiel in der Quantenfeldtheorie) ist die zu untersuchende Reihe oft das Ergebnis von Entwicklungsverfahren (etwa für die Lösung von Differenzialgleichungen), deren korrekte Lösung analytisch nicht bekannt ist.

19.4 Aufgaben und Lösungen

19.4.1 Aufgaben

19.1: Man zeige, dass

$$f(z) = \begin{cases} \dfrac{z^2+1}{z+\mathrm{i}} & , \quad z \neq -\mathrm{i} \\ 1 & , \quad z = -\mathrm{i} \end{cases}$$

bei $z = \mathrm{i}$ stetig, bei $z = -\mathrm{i}$ aber unstetig ist.

19.2: Ist $f(z) = \operatorname{Re} z$ eine analytische Funktion?

19.3: Untersuchen Sie die Analytizität von (a) $\exp \mathrm{i}z$, (b) $\sin z$, (c) $\cos \overline{z}$.

19.4: Man beweise mit Hilfe der Cauchy-Riemann-Relationen, dass $f(z) = 1/(z-2)$ bei $z = 2$ nicht analytisch ist.

19.5: Welche der folgenden Funktionen sind wo differenzierbar? (a) $f(z) = z + \overline{z}$, (b) $f(z) = z(1-z)$, (c) $f(z) = 1/(z-3)$.

19.6: $f(z) = (1+z)/(1-z)$; (a) Man finde df/dz und (b) zeige, wo die Funktion nicht analytisch ist.

19.7: Finden Sie den Realteil $u(x,y)$ und den Imaginärteil $v(x,y)$ folgender Funktionen, und skizzieren Sie den Verlauf der Kurven $u(x,y) = \alpha$, $v(x,y) = \beta$.

(a) z^4, (b) $z^2 + z$, (c) e^z, (d) $\dfrac{2z+3}{z+2}$,
(e) $\dfrac{z+\mathrm{i}}{z-\mathrm{i}}$, (f) $\dfrac{1}{z^2-1}$, (g) $\mathrm{e}^{\mathrm{i}z}$, (h) $\ln z$.

19.8: Bestimmen Sie die Position und Art der Singularitäten der Funktionen

$$\text{(a)} \quad \frac{\ln(z-2)}{(z^2+2z+2)^4}, \qquad \text{(b)} \quad \frac{\sin\sqrt{z}}{\sqrt{z}}.$$

19.9: Sind die Funktionen harmonisch? Wenn ja, was ist die Partnerfunktion $v(x,y)$ sowie $f(z)$?

(a) $u(x,y) = 2x(1-y)$
(b) $u(x,y) = x^2 - y^2 - 2xy - 2x + 3y$
(c) $u(x,y) = \mathrm{e}^{-x}(x \sin y - y \cos y)$.

19.10: Man zeige, dass für Real- und Imaginärteil der Reihe $\sum_{n=0}^{\infty} a_n z^n$ die Laplace-Gleichung gilt.

19.11: Diskutieren Sie die Konvergenzgebiete von Taylorreihen der angegebenen Funktionen um z_0 anhand der Singularitäten.

$$\text{(a)}\quad f(z) = \frac{1}{z(z-1)}\,, \quad z_0 = \frac{1}{2}\,, \qquad \text{(b)}\quad f(z) = \sqrt{z+3\mathrm{i}}\,, \quad z_0 = 0\,,$$

$$\text{(c)}\quad f(z) = \frac{1}{(z-1)}\,, \quad z_0 = 0 \text{ oder } z_0 = 10\,, \qquad \text{(d)}\quad f(z) = \frac{1}{(z^2+1)}\,, \quad z_0 = 0\,.$$

19.12: Zeigen Sie durch Zerlegung des Weges in Teilintegrale, dass das Linienintegral über (a) $f(z) = z^3$ und (b) $f(z) = z^4$ entlang der imaginären Achse von $z = -2\mathrm{i}$ bis $z = 2\mathrm{i}$ das gleiche Ergebnis wie das Linienintegral entlang der Kurve $z = 2\exp(\mathrm{i}\varphi)$ von $\varphi = -\pi/2$ bis $\pi/2$ gibt.

19.13: Berechnen Sie

$$\oint \left(5z^3 - 3z + 1\right) dz$$

entlang (a) einem Kreis mit $|z| = 1$, (b) entlang einem quadratischen Weg mit den Ecken (0,0), (0,1), (1,1), (1,0).

19.14: Wenn C ein Kreis der Form $|z-2| = 5$ ist, was ist dann

$$(a)\quad \oint dz \frac{1}{(z-3)}\,, \quad (b)\quad \oint dz\,\frac{\mathrm{e}^{3\mathrm{i}z}}{(z-3)}\,, \quad (c)\quad \oint dz\,\frac{e^{az}}{(z+1)(z+2)}\,.$$

19.15: Man berechne das Integral

$$\oint \frac{z^8 dz}{(z-3)^5}\,;$$

die Integrationskontur ist ein Kreis um den Ursprung mit Radius 5.

19.16: Finden Sie die Laurentreihen (um $z = 0$) für die folgenden Funktionen, und zwar jeweils in allen möglichen Konvergenzgebieten:

$$(a)\quad f(z) = \frac{1}{z(z-1)}\,, \quad (b)\quad f(z) = \frac{\mathrm{e}^{z^2}}{z^2}\,, \quad (c)\quad f(z) = \frac{1}{z^2(z-2)}\,.$$

19.17: Haben die angeführten Funktionen Singularitäten? Wenn ja, welcher Art? Wenn es Pole sind, welcher Ordnung? Wie ist das Residuum?

$$\begin{array}{llll}
\text{(a)} \quad f(z) = \dfrac{\sin(z^2)}{z^2}\,, & \text{(b)} \quad f(z) = \dfrac{1}{z^2+1}\,, & \text{(c)} \quad f(z) = \dfrac{2z-2}{z^2-1}\,, \\
\text{(d)} \quad f(z) = \dfrac{\sin(z\pi)}{(3z-1)^2}\,, & \text{(e)} \quad f(z) = \dfrac{\sin(z)}{z^2}\,, & \text{(f)} \quad f(z) = \dfrac{z^2-1}{z^2+1}\,, \\
\text{(g)} \quad f(z) = \dfrac{\exp(z)}{z-1}\,, & \text{(h)} \quad f(z) = \dfrac{\sin(z)}{z^2-\pi^2}\,. &
\end{array}$$

19.18: Man berechne mit Hilfe des Residuensatzes die Integrale:

$$\begin{array}{ll}
\text{(a)} \quad P\displaystyle\int_0^\infty dx\, \frac{x^4}{x^6-1}\,, & \text{(b)} \quad \displaystyle\int_0^{2\pi} \frac{d\varphi}{-5+4\cos\varphi}\,, \\
\text{(c)} \quad \displaystyle\int_0^\infty dx\, \frac{\cos(x)}{x^2+4}\,, & \text{(d)} \quad \displaystyle\int_0^\infty dx\, \frac{\ln(x^2+1)}{x^2+1}\,.
\end{array}$$

(Hinweise auf Tretminen: (b) kann in ein Integral über den Einheitskreis $z = \exp i\varphi$ umgeschrieben werden; (c) Vorsicht bei Aufteilen des $\cos z$ in Exponentialfunktionen, obere und untere Ebene beachten; (d) Achtung Schnitt!)

19.19: Berechnen Sie

$$\int_0^\infty dx\, \frac{\sin x}{\sqrt{x}}\,.$$

19.4.2 Lösungen

Vollständige Lösungen unter http://physik.uni-graz.at/~cbl/mm/.

19.1: Wo $z \neq -\mathrm{i}$ ist, kann man „kürzen“ und untersucht $f(z) = z - \mathrm{i}$; der Grenzwert $z \to -\mathrm{i}$ ist $-2\mathrm{i}$, also nicht $f(-\mathrm{i})$.

19.2: Nein; $f(z) = (z + \overline{z})/2$, und die Ableitung von $\overline{z}$ existiert nicht.

19.3: (a), (b) analytisch in $\mathbb{C}$; (c) nicht analytisch.

19.4: Beweis durch Vergleich der Ableitungen; nur bei $z = 2$ darf man nicht „kürzen“.

19.5: (a) nirgends, (b) in $\mathbb{C}$, (c) in $\mathbb{C}\backslash\{z = 3\}$.

19.6: (b) Pol bei $z = 1$.

19.8: (a) Verzweigungspunkt bei $z = 2$, Pole 4-ter Ordnung bei $z = -1 \pm \mathrm{i}$; (b) regulär (vgl. Reihendarstellung).

19.9: Alle drei Funktionen sind harmonisch. (a) $f(z) = z(2 + \mathrm{i}\,z) + \alpha$; (b) $(1 + \mathrm{i})\,z^2 - (2 + 3\mathrm{i})\,z + \alpha$; (c) $f(z) = \mathrm{i}\,z\,\mathrm{e}^{-z} + \alpha$.

19.10: Hinweis: Mit Hilfe der Binomialfunktionen kann man u_{xx} und u_{yy} durch allgemeine Reihen ausdrücken und so $u_{xx} = -u_{yy}$ zeigen.

19.11: (a) $|z - 1/2| < 1/2$; (b) $|z| < 3$; (c) $|z| < 1$ oder $|z - 10| < 9$; (d)$|z| < 1$.

19.13: Das Ergebnis ist in beiden Fällen 0.

19.14: (a) $2\pi\mathrm{i}$; (b) $2\pi\mathrm{i}\,(\cos 9 + \mathrm{i}\,\sin 9)$; (c) $2\pi\mathrm{i}\,(\mathrm{e}^{-a} - \mathrm{e}^{-2a})$.

19.15: Berechnung mittels Cauchyscher Integralformel: $11340\,\pi\,\mathrm{i}$.

19.16: (a) $0 < |z| < 1 : -\frac{1}{z} - \sum_{n\geq 0} z^n$, $1 < |z| : \sum_{n\geq 2} \frac{1}{z^n}$; (b) Pol 2.Ordnung bei $z = 0$, nur ein Konvergenzgebiet $0 < |z| < \infty$, Reihe $\frac{1}{z^2} + \sum_{n=0}^{\infty} \frac{z^{2n}}{(n+1)!}$; (c) $0 < |z| < 2 : -\frac{1}{2z^2} \sum_{n\geq 0} \left(\frac{z}{2}\right)^n$, $2 < |z| : \frac{1}{z^3} \sum_{n\geq 2} \left(\frac{2}{z}\right)^n$.

19.17: (a) regulär; (b) Pole mit $R(\pm\mathrm{i}) = \mp\mathrm{i}/2$; (c) Pol mit $R(-1) = 2$; (d) Pol 2. Ordnung bei $z = 1/3$; (e) Pol mit $R(0) = 1$; (f) Pole mit $R(\pm\mathrm{i}) = \pm\mathrm{i}$; (g) Pole mit $R(1) = \mathrm{e}$; (h) regulär.

19.18: (a) $\sqrt{3}\frac{\pi}{6}$; (b) (Empfehlung: Umschreibung auf ein Integral über den Einheitskreis mit einem Pol bei $z = 1/2$ im Innern) $-\frac{2\pi}{3}$; (c) $\mathrm{e}^{-2}\frac{\pi}{4}$; (d) (Empfehlung: Umschreibung des ln-Terms in eine Summe von zwei Termen und getrennte Integration in oberer und unterer Halbebene) $\pi\,\ln 2$.

19.19: Aufteilung des $\sin z$ gibt zwei Fourierintegrale, Transformation $x \to t^2$ erlaubt nach Wegverformung die Integration: $\sqrt{\frac{\pi}{2}}$.

Literaturempfehlungen

Ausführlichere und gut lesbare Darstellungen findet man bei [3] oder [2]; wenn Sie mehr Beispiele suchen, so ist [4] eine gute Quelle. Konforme Abbildungen sind übersichtlich in [2] besprochen. Grundlagen der Funktionentheorie in mathematischer Rigorosität dargestellt, findet man in [1].

Literatur

1. J. E. Marsden und M. J. Hoffman, *Basic Complex Analysis* (W. H. Freeman and Co., New York, 1987).
2. A. Jeffrey, *Complex Analysis and Applications*, 2. Aufl. (Taylor and Francis, Boca Raton Florida, 2006).
3. K. Jänich, *Funktionentheorie* (Springer-Verlag, Berlin-Heidelberg-New York, 2004).
4. Dennis Spellman, *Schaum's Outline of Complex Variables* (McGraw-Hill, New York, 2009).

Gruppen 20

20.1 Symmetrien und Gruppen

Wir verlassen uns darauf, dass (zumindest) Naturgesetze morgen genauso gültig sind wie heute. Diese Eigenschaft ist eine Symmetrieeigenschaft, eine Invarianz der Naturgesetze unter einer Verschiebung der Zeit. Ähnliches gilt für Verschiebungen des Koordinatenursprungs, sofern nicht eine ausdrückliche Ortsabhängigkeit gegeben ist: Die Stärke der Schwerkraft auf der Erde ist von der am Mond verschieden, das Gravitationsgesetz aber ist dasselbe. Ein Experiment in Graz sollte dasselbe Ergebnis wie eines in Aachen liefern, wenn die ortsabhängigen Parameter vernachlässigbar sind oder geeignet berücksichtigt wurden. All diese Symmetrien kann man durch mathematische Gruppen beschreiben. Die besprochenen Verschiebungen und Drehungen sind dabei die Symmetrieoperationen oder Gruppenelemente.

Einfache Beispiele für Gruppen sind:

- Die Menge der Drehungen einer Kugel um ihren Mittelpunkt.
- Die Menge der Drehungen eines gleichseitigen Dreiecks um seinen Schwerpunkt um Vielfache von $2\pi/3$.
- Die Menge $\{-1,\ 1\}$ mit der Verknüpfung Multiplikation.
- Der Ring der ganzen Zahlen mit der Verknüpfung Addition.

Abstrakt formuliert: Eine **Gruppe** G ist eine (nichtleere) Menge von Elementen, für die eine Verknüpfung mit bestimmten Eigenschaften definiert ist. Gruppen können also Objekte enthalten, deren mathematische Darstellung oft nicht sofort klar ist. Die Drehungen eines Würfels um seine Symmetrieachsen sind Elemente einer Gruppe, ebenso wie die Vertauschung der Reihenfolge einer Menge von unterschiedlichen Objekten.

C.B. Lang, N. Pucker, *Mathematische Methoden in der Physik*,
DOI 10.1007/978-3-662-49313-7_20

Die Verknüpfung ist für jeweils zwei Elemente der Gruppe definiert (ist also eine binäre Operation) und wird – je nach mathematischer Bedeutung – in einer der Arten

$$a \text{ „verknüpft mit“ } b \ : a\,b\ , a.b\ , a+b\ , a \circ b \tag{20.1}$$

angeschrieben. Wir verwenden (außer bei Additionen) die erste Form. Je nach der Art der Verknüpfung wird oft auch von einer additiven oder einer multiplikativen Gruppe gesprochen. Diese Operation wird meist Gruppenmultiplikation genannt (selbst wenn es sich um eine Addition handeln sollte). Sie muss die in M.20.1 dargelegten Eigenschaften haben.

Die Elemente der Gruppenmultiplikation sind im Allgemeinen nicht vertauschbar. Das inverse Element eines Produkts ist

$$(ab)(ab)^{-1} = e \quad \leftrightarrow \quad (ab)^{-1} = b^{-1}a^{-1}\ , \tag{20.2}$$

analog den Matrizen.

Die einfachste Gruppe ist offenbar die Menge $\{1\}$ mit der Gruppenoperation Multiplikation. Die Gruppe ist nichtleer, und alle geforderten Eigenschaften sind gegeben. Das einzige Element ist Einheitselement und sein eigenes inverses Element zugleich.

Die Menge $\{-1,\ 1\}$ mit der Verknüpfung Multiplikation ist eine Gruppe; die Produkte ihrer Elemente geben immer -1 oder 1. Die Multiplikation ist assoziativ. Das Element 1 ist das Einheitselement. Jedes der beiden Gruppenelemente hat ein inverses Element: sich selbst.

Die schon erwähnte Menge der Drehungen, die ein geometrisches Objekt in sich selbst überführen, bilden eine Gruppe. Eine Drehung ist ein Element der Gruppe, die Verknüpfung ist einfach die Ausführung aufeinander folgender Drehungen. Zwei Drehungen ergeben insgesamt wieder eine Drehung und auch die anderen Eigenschaften sind gegeben. Wir werden die mathematische Darstellung von Drehungen noch genauer besprechen (vgl. auch M.3.4 und M.3.10).

Beispiel

Die Menge der komplexen, unimodularen Zahlen mit der Verknüpfung Multiplikation ist eine Gruppe:

1. Abschluss:

$$\mathrm{e}^{\mathrm{i}\,\alpha}\mathrm{e}^{\mathrm{i}\,\beta} = \mathrm{e}^{\mathrm{i}\,(\alpha+\beta)}\ ,$$

   und da für reelle α und β auch $(\alpha+\beta)$ reell sind, ist das Ergebnis wieder eine unimodulare Zahl und daher ein Element der Gruppe.
2. Assoziativität:

$$\mathrm{e}^{\mathrm{i}\,\alpha}\left(\mathrm{e}^{\mathrm{i}\,\beta}\mathrm{e}^{\mathrm{i}\,\gamma}\right) = \left(\mathrm{e}^{\mathrm{i}\,\alpha}\mathrm{e}^{\mathrm{i}\,\beta}\right)\mathrm{e}^{\mathrm{i}\,\gamma} = \mathrm{e}^{\mathrm{i}\,\alpha}\mathrm{e}^{\mathrm{i}\,\beta}\mathrm{e}^{\mathrm{i}\,\gamma} = \mathrm{e}^{\mathrm{i}\,(\alpha+\beta+\gamma)}\ ,$$

   auf die Reihenfolge kommt es hier nicht an.

3. Einheitselement:

$$e^0 = 1 \; .$$

4. Inverses Element:

$$e^{i\alpha} e^{-i\alpha} = 1 \; .$$

Auch die Menge der komplexen Zahlen $\{1, \mathrm{i}, -1, -\mathrm{i}\}$ ist eine Gruppe bezüglich der Multiplikation; im Gegensatz zur erstgenannten Gruppe der unimodularen Zahlen hat sie nur endlich viele (vier) Elemente. □

M.20.1 Kurz und klar: Gruppen

Eine **Gruppe** G ist eine (nichtleere) Menge von Elementen, für die eine Verknüpfung mit bestimmten Eigenschaften definiert ist. Diese Operation wird Gruppenmultiplikation genannt, selbst wenn es sich um eine Addition handeln sollte. Sie muss folgende Eigenschaften haben:

1. Abschluss: $a, b \in G \quad \Rightarrow \quad a\,b \in G \; .$

2. Assoziativität: $a, b, c \in G \quad \Rightarrow \quad (a\,b)\,c = a\,(b\,c) \; .$

3. Einheitselement: Es gibt ein $e \in G$, für das gilt

$$a \in G \quad \Rightarrow \quad e\,a = a \, , \quad a\,e = a \; .$$

4. Inverses Element: $a \in G \quad \Rightarrow \quad \exists b \in G : \quad a\,b = e \, , \quad b\,a = e \, ;$

wir nennen dieses Element a^{-1} und haben daher $a\,a^{-1} = e$ und $a^{-1}\,a = e$.

Wenn nur die Abschluss-Eigenschaft gilt, handelt es sich um einen **Gruppoid**, wenn auch Assoziativität gilt, um eine **Halbgruppe**. Wenn alle vier Eigenschaften erfüllt sind, haben wir eine echte **Gruppe**.

Es gibt genau ein Einheitselement und zu jedem Element eindeutig ein inverses Element (manche Elemente können zugleich ihr inverses Element sein).

Die Anzahl der Elemente einer Gruppe heißt **Ordnung der Gruppe**. Es gibt diskrete (endliche und abzählbar unendliche) Gruppen und kontinuierliche Gruppen.

Bei abelschen (kommutativen) Gruppen ist $a\,b = b\,a$, bei nichtabelschen (nichtkommutativen) Gruppen nicht.

Keine Gruppe bilden die natürlichen Zahlen bezüglich der Addition, da es keine inversen Elemente (das wären die negativen ganzen Zahlen) und kein neutrales Element (das wäre die Null) gibt. Ebenfalls keine Gruppe bilden die reellen Zahlen bezüglich der Multiplikation: die Zahl Null hat kein inverses Element!

Die Anzahl der Elemente einer Gruppe heißt **Ordnung der Gruppe**. In unserem Beispiel $\{-1, 1\}$ handelt es sich um eine **endliche** Gruppe, da die Ordnung endlich ist (hier: 2). Im Beispiel der unimodularen komplexen Zahlen ist die Ordnung unendlich, es ist also

Tab. 20.1 Beispiele für Gruppentafeln für drei endliche Gruppen (Z_2, Z_4, D_3)

Z_2	1	-1
1	1	-1
-1	-1	1

Z_4	1	a	b	c
1	1	a	b	c
a	a	b	c	1
b	b	c	1	a
c	c	1	a	b

D_3	e	a_1	a_2	a_3	a_4	a_5
e	e	a_1	a_2	a_3	a_4	a_5
a_1	a_1	a_2	e	a_5	a_3	a_4
a_2	a_2	e	a_1	a_4	a_5	a_3
a_3	a_3	a_4	a_5	e	a_1	a_2
a_4	a_4	a_5	a_3	a_2	e	a_1
a_5	a_5	a_3	a_4	a_1	a_2	e

eine unendliche Gruppe. Wenn die Ordnung der Gruppe endlich oder zumindest abzählbar unendlich ist, dann spricht man auch von einer **diskreten** Gruppe, wenn sie überabzählbar unendlich (wie bei den reellen Zahlen) ist, so handelt es sich um eine **kontinuierliche** Gruppe.

Die Verknüpfung muss nicht unbedingt einer expliziten, algebraischen Vorschrift folgen. Man kann sie – für endliche Gruppen – im Prinzip auch einfach tabellieren. Eine so genannte **Gruppenmultiplikationstabelle** oder **Gruppentafel** für die schon besprochene Gruppe $\{-1, 1\}$ mit Multiplikation als Verknüpfung ist in Tab. 20.1 wiedergegeben (Gruppe Z_2). Daneben findet man auch Tafeln für eine Gruppe mit vier (Z_4) und eine Gruppe mit sechs Elementen (D_3). Z_n bezeichnet die Gruppe der n ganzen Zahlen $\{0, 1, \ldots, n-1\}$ mit der Gruppenoperation Addition modulo n; diese Gruppe wird auch als **zyklische Gruppe** C_n bezeichnet. All diese Gruppen werden weiter unten noch genauer besprochen.

Dabei gibt der Eintrag in der Tabelle immer das Ergebnis der Gruppenoperation des Elementes der Zeile mit dem der Spalte an; es ist also zum Beispiel $a\,b = c$. Die notwendigen formalen Eigenschaften der Gruppenmultiplikation sind aus der Tafel ablesbar. Eigenschaft (3) bedingt, dass eine Spalte (Zeile) identisch mit der ersten Spalte (Zeile) sein muss; Eigenschaft (4) erfordert, dass in jeder Zeile (Spalte) das Einheitselement zumindest einmal vorkommen muss.

Bei Drehungen in der Ebene kommt es nicht auf die Reihenfolge an, da sich die Drehwinkel ja einfach addieren. Für die Gruppenmultiplikation gilt dann

$$a\,b = b\,a \quad \text{(kommutativ)}\,. \tag{20.3}$$

Gruppen mit dieser Vertauschbarkeitseigenschaft nennt man **kommutative** oder auch **abelsche Gruppen** (nach dem Mathematiker Abel). Bei abelschen Gruppen ist die Multiplikationstafel symmetrisch zur Hauptdiagonale.

Drehungen im Raum sind im allgemeinen nicht vertauschbar. Man kann sich das leicht mit Hilfe eines Bleistifts klar machen. Wenn man den Stift, der anfangs in einem kartesischen Koordinatensystem in die positive z-Achse zeigen soll, zuerst um die x-Achse um $\pi/2$ und dann um die z-Achse ebenfalls um $\pi/2$ dreht, so zeigt er in die positive x-Richtung. Wenn man ihn zuerst um die z-Achse dreht (dabei verändert er seine Richtung ja nicht) und dann um die x-Achse, so zeigt er in die negative y-Richtung. Es gilt dann also

$$a\,b \neq b\,a \quad \text{(nicht kommutativ)} \,. \tag{20.4}$$

Solche Gruppen nennt man **nichtkommutative** oder **nichtabelsche Gruppen**.

Spätestens jetzt fällt uns eine verblüffende Ähnlichkeit mit der Algebra quadratischer Matrizen auf. Alle bisher erwähnten Eigenschaften und Spezialfälle treten auch dort auf. Wir werden weiter unten sehen, dass alle Gruppen durch Mengen von Matrizen mit der Matrizenmultiplikation als Gruppenoperation beschreibbar sind.

Beispiel

Drehungen von Vektoren in der Ebene können durch reelle, orthogonale 2×2-Matrizen mit Determinante 1 der Form

$$\mathbf{R}(\varphi) = \begin{pmatrix} \cos\varphi & \sin\varphi \\ -\sin\varphi & \cos\varphi \end{pmatrix} \quad \Rightarrow \quad \mathbf{R}(\alpha)\,\mathbf{R}(\beta) = \mathbf{R}(\alpha+\beta) = \mathbf{R}(\beta)\,\mathbf{R}(\alpha)$$

dargestellt werden (M.3.4). Dies ist offenbar eine abelsche Gruppe; sie heißt $SO(2)$. Die Drehungen im Raum werden durch 3×3-Matrizen mit gleichen Eigenschaften dargestellt (M.3.10), deren Multiplikation aber nicht mehr kommutativ ist (Gruppe $SO(3)$). □

Beispiel

Ein Beispiel für eine nichtabelsche Gruppe sind die komplexen, unitären 2×2-Matrizen, deren Determinante den Wert 1 hat. Man kann sie in die Form

$$\begin{pmatrix} a_1 + \mathrm{i}a_2 & a_3 + \mathrm{i}a_4 \\ -a_3 + \mathrm{i}a_4 & a_1 - \mathrm{i}a_2 \end{pmatrix} \quad \text{mit} \quad a_1^2 + a_2^2 + a_3^2 + a_4^2 = 1 \,, \quad a_i \in \mathbb{R} \tag{20.5}$$

bringen. Die Bedingung an die Parameter garantiert $|\mathbf{A}| = 1$. Man kann durch formale Multiplikation zweier solcher Matrizen zeigen, dass auch das Produkt eine Matrix mit den geforderten Eigenschaften ist. Die Gruppe ist allerdings nicht abelsch. Um dies zu sehen, betrachten wir jeweils nur das erste Element der Produkte zweier solcher Matrizen **AB** oder **B A**:

$$\begin{aligned} (\mathbf{A\,B})_{11} &= a_1 b_1 - a_2 b_2 - a_3 b_3 - a_4 b_4 + \mathrm{i}\,(a_1 b_2 + b_1 a_2 + a_3 b_4 - a_4 b_3) \,, \\ (\mathbf{B\,A})_{11} &= a_1 b_1 - a_2 b_2 - a_3 b_3 - a_4 b_4 + \mathrm{i}\,(a_1 b_2 + b_1 a_2 - a_3 b_4 + a_4 b_3) \,. \end{aligned}$$

Diese Gruppe hat den Namen $SU(2)$: S steht für speziell (die Determinante muss den Wert 1 haben), U für unitär ($\mathbf{AA}^\dagger = \mathbf{1}$), und die Zahl 2 bezeichnet die Zahl der Zeilen oder Spalten. Sie spielt eine zentrale Rolle in vielen Gebieten der Physik, vor allem in der Quantenmechanik, wo sie den Spin beschreibt. □

Im Beispiel weiter oben haben wir die Gruppe der vier komplexen Zahlen $\{1, \mathrm{i}, -1, -\mathrm{i}\}$ erwähnt. Die Menge $\{-1, 1\}$ ist eine Teilmenge davon und bildet ebenfalls eine Gruppe. Das kommt oft vor. Eine Teilmenge $H \subset G$ einer Gruppe, die selbst eine Gruppe ist, nennt man **Untergruppe**. Um eine Teilmenge als Untergruppe zu identifizieren, reicht es, die Abgeschlossenheit ($a, b \in H \rightarrow a\,b \in H$) und die Existenz des inversen Elementes in H ($a \in H \rightarrow a^{-1} \in H$) zu zeigen.

Für jede Gruppe gibt es immer zwei triviale (oder „uneigentliche“) Untergruppen. Eine ist die Menge, die nur aus e besteht, die andere ist die Gruppe selbst, da ja $G \subset G$.

Beispiel

Der Ring der ganzen Zahlen $\mathbb{Z}$ ist eine Gruppe mit der Gruppenoperation Addition. Die Menge der geraden ganzen Zahlen ist eine Untergruppe, da jede Addition zweier gerader Zahlen wieder eine gerade Zahl gibt. □

20.2 Zweierlei Klassen

Alice besucht denselben Malkurs wie Bert; offenbar besucht dann Bert auch denselben Kurs wie Alice. Wenn auch Carla den Kurs besucht, an dem Bert teilnimmt, dann gehen also Carla und Alice in denselben Kurs.

Dies sind Beispiele für eine Äquivalenzrelation, (siehe Anhang A) die – allgemein definiert – die folgenden Eigenschaften haben soll:

$$\begin{array}{llll} \text{reflexiv:} & a \sim a & & \\ \text{symmetrisch:} & a \sim b & \leftrightarrow & b \sim a \\ \text{transitiv:} & a \sim b,\; b \sim c & \rightarrow & a \sim c. \end{array}$$

Eine Menge von Objekten, die zueinander in diesem Sinne äquivalent sind, bezeichnet man als **Klasse**. In unserem Fall bilden alle Teilnehmer des Kurses eine solche Klasse. Klassen sind nützlich, um Mengen weiter zu unterteilen und Strukturen aufzuzeigen, und dienen eben zur „Klassifikation“. Bei Gruppen gibt es vor allem zwei Arten der Unterteilung in Klassen.

20.2.1 Konjugationsklassen

Wir betrachten zwei Elemente a, b einer Gruppe. Wenn es dann ein Gruppenelement g gibt, mit dessen Hilfe man

$$a = g\,b\,g^{-1} \tag{20.6}$$

zeigen kann, so nennt man a und b zueinander konjugiert und schreibt

$$a \sim b\,. \tag{20.7}$$

Offenbar gelten für die so definierte Äquivalenzrelation alle geforderten Eigenschaften.

- $a = e\,a\,e^{-1} \quad \Rightarrow \quad a \sim a.$
- $a = g\,b\,g^{-1} \quad \Rightarrow \quad b = g^{-1}\,a\,g$ und daher $a \sim b \quad \Rightarrow \quad b \sim a.$
- $a = g\,b\,g^{-1}\,, \quad b = h\,c\,h^{-1} \quad \Rightarrow \quad a = (g\,h)\,c\,(g\,h)^{-1}$
  (Beachten Sie: $h^{-1}g^{-1} = (g\,h)^{-1}$.

Damit bilden zueinander konjugierte Elemente einer Gruppe eine **Konjugationsklasse**. Natürlich kann es mehrere solche Klassen geben.

Unterschiedliche Konjugationsklassen sind durchschnittsfrei: Wenn zwei Klassen ein Element gemeinsam hätten, dann wäre dieses Element konjugiert zu allen Elementen beider Klassen, und damit handelte es sich eben nur um eine gemeinsame Klasse! Eine Gruppe kann auf diese Art in zueinander elementefremde Teilmengen, eben disjunkte Konjugationsklassen zerlegt werden. Einzelne dieser Klassen können auch nur ein einziges Element haben. So bildet das Einheitselement immer eine solche triviale Klasse.

Ein Sonderfall sind die abelschen Gruppen. Bei ihnen bildet jedes Element eine eigene Konjugationsklasse, da ja die Äquivalenzrelation

$$a = g\,b\,g^{-1} = g\,g^{-1}\,b = b \tag{20.8}$$

einfach die Gleichheit bedeutet und damit jedes Element nur zu sich selbst äquivalent sein kann. Jedes Element definiert seine eigene Klasse – ein äußerst unsoziales Verhalten!

Funktionen von Gruppenelementen, also etwa Abbildungen in die komplexen oder reellen Zahlen, für die

$$f(a) = f(g\,a\,g^{-1}) \tag{20.9}$$

gilt, nennt man **Klassenfunktionen**. Sie haben für alle Gruppenelemente einer Klasse denselben Wert! Einen Hinweis auf die Klassengemeinschaft von Elementen liefert die weiter unten noch genauer diskutierte Matrixdarstellung. Für zueinander konjugierte Elemente gilt wegen der Eigenschaften (zyklische Vertauschbarkeit!) der Spur:

$$\mathrm{tr}(a) = \mathrm{tr}(g\,b\,g^{-1}) = \mathrm{tr}(b)\ . \tag{20.10}$$

Alle Elemente einer Konjugationsklasse haben also dieselbe Spur. Man nennt diese Klassenfunktion auch den **Charakter** $\chi(a)$. Die Bestimmung des Charakters aller Elemente erlaubt daher den Schluss auf die Mindestanzahl verschiedener Konjugationsklassen. Gleiche Klasse bedeutet also gleichen Charakter! Umgekehrt kann es allerdings vorkommen, dass verschiedene Konjugationsklassen die gleiche Spur haben. Die Elemente einer Konjugationsklasse haben also eine Gemeinsamkeit, sie sind einander irgendwie ähnlich.

Beispiel

Die Drehungen im $\mathbb{R}^3$ um denselben Drehwinkel bilden eine Konjugationsklasse. Begründung: Zwei Drehungen a und b um denselben Winkel können sich höchstens in der Drehachse unterscheiden. Wenn die Drehung a im ursprünglichen System stattfindet und dort einen Vektor x dreht, so bedeutet das in einem mit g transformierten System

$$a x = x' \quad \Rightarrow \quad \left(g\, a\, g^{-1}\right) g\, x = g\, x' \, .$$

Dieselbe Drehung hat dort also die Form $g\, a\, g^{-1} \equiv b$ und damit $a \sim b$.

Wir untersuchen die Spur einer Drehmatrix $\mathbf{R}$(a), welche eine Matrixdarstellung eines Gruppenelements a ist. Wegen (10.65) finden wir unabhängig von der Drehachse

$$\chi(\mathbf{R}) \equiv \operatorname{tr} \mathbf{R} = 1 + 2 \cos\varphi \, .$$

Drehungen um denselben Winkel haben also dieselbe Spur. Dies unterstützt unser Argument, ist allerdings ohne weitere Beweise nicht hinreichend. □

Beispiel

Die D_3 ist die Symmetriegruppe der Drehungen und Spiegelungen (in der Ebene) eines gleichseitigen Dreiecks (siehe Abb. 20.1). Sie ist die kleinste nichtabelsche Gruppe. Die Gruppe kann aus den drei Elementen e, a (Drehung um $2\pi/3$) und der Spiegelung b aufgebaut werden und hat die sechs Elemente $\left\{e,\, a,\, a^2,\, b,\, b\, a,\, b\, a^2\right\}$. Die Gruppentafel findet man in Tab. 20.1. Die Matrixdarstellung dieser Elemente ist ($c \equiv \cos(2\,\pi/3)$, $s \equiv \sin(2\,\pi/3)$):

$$\begin{pmatrix} 1 & 0 \\ 0 & 1 \end{pmatrix}, \quad \begin{pmatrix} c & s \\ -s & c \end{pmatrix}, \quad \begin{pmatrix} c & -s \\ s & c \end{pmatrix},$$
$$\begin{pmatrix} -1 & 0 \\ 0 & 1 \end{pmatrix}, \quad \begin{pmatrix} -c & -s \\ -s & c \end{pmatrix}, \quad \begin{pmatrix} -c & s \\ s & c \end{pmatrix}.$$

Man erkennt schnell die Relationen $e = a^3 = b^2$, $b = a\, b\, a$, $b\, a = a^2\, b$ und $b\, a^2 = a\, b$.

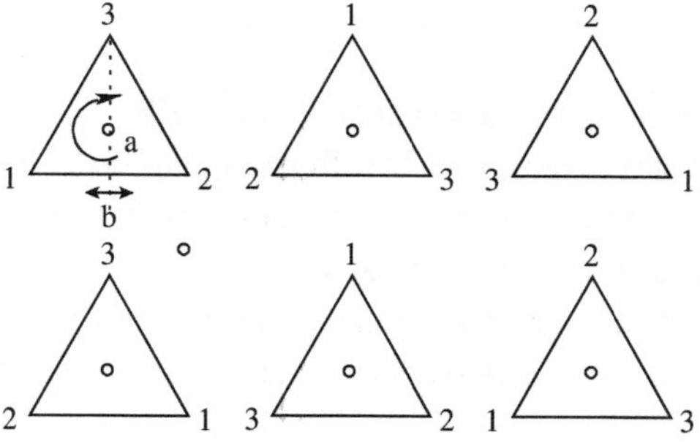

Abb. 20.1 Die Symmetrietransformationen (Drehungen um den Schwerpunkt, Spiegelung um die Symmetrieachsen) der D_3 entsprechen von oben links nach unten rechts: $\{e,\, a,\, a^2,\, b,\, b\, a,\, b\, a^2\}$. Die Gruppe ist isomorph zur S_3

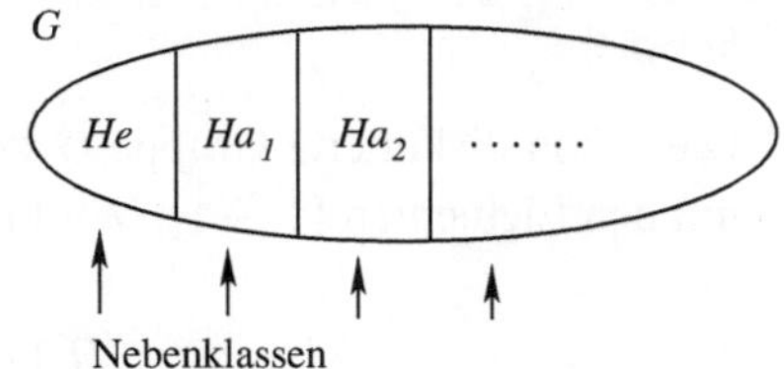

Abb. 20.2 Die Nebenklassen zerlegen die Gruppe in disjunkte Teile (Cosets)

Die Gruppe D_3 hat mehrere nichttriviale Untergruppen: $\{e, b\}$, $\{e, b\,a\}$, $\{e, b\,a^2\}$, $\{e, a, a^2\}$.

Schon die Spuren $(2, 2\,c, 0)$ deuten auf drei Konjugationsklassen hin. Tatsächlich kann man zeigen, dass es genau drei Konjugationsklassen gibt, nämlich

$$\{e\}\ , \quad \{a, a^2\}\ , \quad \{b, b\,a, b\,a^2\}\ .$$

Es ist $a \sim a^2$ wegen $a = b\,b\,a = b\,a^2\,b$. Ebenso ist zum Beispiel $b \sim b\,a$ wegen $b = b\,a^3 = (b\,a)\,a^2 = a^2\,(b\,a)\,a = a^{-1}\,(b\,a)\,a$. □

20.2.2 Nebenklassen

Mit Hilfe einer Untergruppe H kann man die Gruppe ebenfalls in durchschnittsfreie Teilmengen aufteilen, die so genannten **Nebenklassen** (Englisch: Cosets). Dazu bildet man für jedes Element $a \in G$ die Menge der Elemente $h\,a$ für alle $h \in H$. Diese Menge $H\,a = \{h_1\,a, h_2\,a, \ldots\}$ ist die so genannte *rechte* Nebenklasse von a.

$H\,e$ ist die Untergruppe selbst. Viele dieser Mengen werden identisch sein. Wenn zum Beispiel $b \in H\,a$, etwa

$$b = h_1\,a \quad \Rightarrow \quad h_2\,b = h_2\,h_1\,a \in H\,a\ , \quad \text{da ja} \quad h_2\,h_1 \in H\ ,$$

und daher ist auch jedes Element aus $H\,b$ in $H\,a$ enthalten (und umgekehrt). Damit ist in diesem Fall $H\,a = H\,b$. Da die Untergruppe selbst aufgrund ihrer Gruppeneigenschaft auch das Einheitselement enthalten muss, ist natürlich auch $a \in H\,a$.

Die gesamte Gruppe ist die Vereinigungsmenge aller unterschiedlichen Nebenklassen.

$$G = He \cup H\,a_1 \cup H\,a_2 \cup \ldots\ . \tag{20.11}$$

Beispiel

Die schon diskutierte Gruppe G der Elemente $\{1, \mathrm{i}, -1, -\mathrm{i}\}$ hat die Untergruppe H mit den Elementen $\{1, -1\}$. Wir bilden die vier Nebenklassen-Kandidaten:

$$\begin{array}{rclcll} 1 & : & H\,1 & = & \{1, -1\} & = H\,, \\ \mathrm{i} & : & H\,\mathrm{i} & = & \{\mathrm{i}, -\mathrm{i}\}\,, & \\ -1 & : & H\,(-1) & = & \{-1, 1\} & = H\,, \\ -\mathrm{i} & : & H\,(-\mathrm{i}) & = & \{-\mathrm{i}, \mathrm{i}\} & = H\,\mathrm{i}\,. \end{array}$$

Wir finden also genau zwei Nebenklassen: H und $H\,\mathrm{i}$. Gemeinsam bilden sie die Gruppe G. □

Statt wie bei den rechten Nebenklassen von rechts zu multiplizieren, kann man auch von links multiplizieren und so *linke* Nebenklassen definieren. Sie erlauben ebenfalls eine Aufteilung der Gruppe. Bei abelschen Gruppen (wie im Beispiel) gibt es keinen Unterschied zwischen Multiplikation von links oder rechts und daher nur einen Typ von Nebenklassen. Man beachte: Nebenklassen sind nur einfache Mengen und – mit Ausnahme von H selbst – keine Untergruppen.

Alle Nebenklassen haben gleiche Zahl n_H von Elementen. Für endliche Gruppen ist damit die Ordnung einer Untergruppe ein echter Teiler der Ordnung der Gruppe n_G. Damit kann man die Anzahl der Nebenklassen durch n_G/n_H bestimmen (**Satz von Lagrange**.) Eine Gruppe, deren Ordnung eine Primzahl ist, hat daher keine nichttriviale Untergruppe!

20.2.3 Einige Untergruppen

Es gibt einige wichtige Spezialfälle für Untergruppen, die wir nun besprechen wollen.

Konjugierte Untergruppe

Wir konstruieren zu einer Untergruppe H mit den Elementen $\{a, b, \ldots\}$ für ein gegebenes, festes g die Menge der Elemente $\{g\,a\,g^{-1}, g\,b\,g^{-1}, \ldots\}$. Das ist wiederum eine Untergruppe – wir nennen sie F – da ja

$$a\,b \in H,\; g\,a\,g^{-1} \in F,\; g\,b\,g^{-1} \in F \quad \Rightarrow \quad g\,a\,g^{-1}\,g\,b\,g^{-1} = g\,a\,b\,g^{-1} \in F\,. \tag{20.12}$$

Diese neue Untergruppe F (oder auch $g\,H\,g^{-1}$) wird die zu H bezüglich g konjugierte Untergruppe genannt.

Normalteiler

Manche Gruppen haben besondere Untergruppen, die für alle Gruppenelemente selbstkonjugiert sind. Wenn alle zu einer Untergruppe H konjugierten Untergruppen mit H

identisch sind,

$$g\,H\,g^{-1} = H \quad \text{oder auch} \quad g\,H = H\,g\,, \tag{20.13}$$

(alle linken Nebenklassen also identisch zu den rechten Nebenklassen sind) dann nennt man H einen **Normalteiler** oder eine **invariante Untergruppe**. Solche Untergruppen wollen wir mit N bezeichnen.

Ein Normalteiler ist immer eine Mengensumme verschiedener Konjugationsklassen unter Einschluss des Einheitselements (das ja eine Konjugationsklasse für sich bildet). Da die Ordnung des Normalteilers ein echter Teiler der Ordnung der Gruppe sein muss, erlaubt dies, mögliche Normalteiler durch geeignete Kombination zu „erraten".

Offenbar sind G selbst und die triviale Untergruppe $\{e\}$ automatisch Normalteiler von G. Für abelsche Gruppen ist jede Untergruppe auch ein Normalteiler. Gruppen ohne Normalteiler (außer den trivialen) nennt man **einfach**, solche ohne abelsche Normalteiler **halbeinfach**.

Man kann alle endlichen, einfachen Gruppen in einige wenige Klassen einteilen: **zyklische Gruppen C_n** mit n als Primzahl, **alternierende Gruppen** der Ordnung über 5, **endliche Lie-Typ Gruppen** und 26 **sporadische Gruppen**. Unter den sporadischen Gruppen findet sich auch „das Monster" (von manchen allerdings „friendly giant" genannt), die endliche Gruppe der Drehungen im 196 883-dimensionalen Raum. Die Ordnung der Gruppe ist ein 54-stellige Zahl! Diese vier Typen sind gleichsam die Legosteine, mit denen man alle endlichen Gruppen konstruieren kann.

Zentrum

Wenn jedes Element einer Untergruppe H mit allen Elementen der Gruppe vertauscht, also

$$h \in H,\ g \in G: \quad g\,h = h\,g\,, \tag{20.14}$$

dann handelt es sich um eine abelsche Untergruppe (jedes Element aus H vertauscht ja auch mit anderen Elementen aus H, da $H \subset G$). Es ist gleichzeitig offenbar auch ein abelscher Normalteiler der Gruppe. Diese spezielle Untergruppe nennt man das **Zentrum** der Gruppe. Eine abelsche Gruppe ist mit ihrem Zentrum identisch.

Beispiel

Die weiter oben in einem Beispiel schon besprochene Symmetriegruppe D_3 der Drehungen und Spiegelungen (in der Ebene) eines gleichseitigen Dreiecks hat die sechs Elemente $\{e, a, a^2, b, b\,a, b\,a^2\}$. Die größte Untergruppe $H \equiv \{e, a, a^2\} \cong Z_3$ ist ein Normalteiler, da für alle Elemente aus H automatisch die Mengengleichheit $h\,H = H\,h$ gilt, und für die anderen Elemente aus D_3 gilt

$$\begin{aligned} b\,H &= b\,\{e, a, a^2\} = \{b, b\,a, b\,a^2\}\,, \\ H\,b &= \{e, a, a^2\}\,b = \{b, a\,b, a^2\,b\} = \{b, b\,a^2, b\,a\} = b\,H\,, \end{aligned}$$

und analog für $b\,a$ und $b\,a^2$. H ist sogar ein abelscher Normalteiler, seine Elemente vertauschen aber nicht jedes für sich mit allen Elementen von D_3, es ist daher nicht das Zentrum von D_3. (Diese Gruppe hat nur die triviale Untergruppe $\{e\}$ als Zentrum!) □

Beispiel

Die komplexen, unitären 2×2-Matrizen mit Determinante 1 aus (20.5) bilden die Gruppe $SU(2)$. Sie ist nichtabelsch, hat aber eine abelsche Untergruppe. Diese wird durch die beiden Matrizen **1** und −**1** gebildet, die beide Elemente der Gruppe sind. Diese Elemente vertauschen mit allen Elementen der $SU(2)$, und die Untergruppe ist damit das Zentrum der $SU(2)$. Sie wird Z_2 genannt. □

Faktorgruppe

Die Menge aller Nebenklassen (Cosets) eines Normalteilers N ist selbst eine Gruppe; sie wird als **Quotientengruppe** oder auch **Faktorgruppe**, kurz G/N bezeichnet. Die Elemente der Faktorgruppe sind also selbst Mengen, nämlich $\{N\,e, N\,a_1, N\,a_2, \ldots\}$!

Um diese Menge als Gruppe zu identifizieren, müssen wir allerdings die entsprechende „Multiplikation" festlegen. Wir definieren die Multiplikation zweier Elemente (also zweier Nebenklassen) einfach durch Multiplikation aller Elemente der beiden Nebenklassen. Die sich ergebende Menge ist wieder ein Element aus G/N, da ja

$$x \in N\,a,\ y \in N\,b \quad \Rightarrow \quad x\,y = n_1\,a\,n_2\,b = n_1\,n_2\,(a\,b) = n_1\,n_2\,n_3\,c \in Nc\ . \qquad (20.15)$$

Beispiel

Im Beispiel weiter oben haben wir gezeigt, dass die Gruppe $\{1, \mathrm{i}, -1, -\mathrm{i}\}$ den Normalteiler $\{-1, 1\}$ und die Nebenklassen N und $N\mathrm{i}$ hat. Die Faktorgruppe G/N ist daher $\{N, N\mathrm{i}\}$; wir finden die Gruppenmultiplikation

$$N.N = N\ , \quad N.N\mathrm{i} = N\mathrm{i}\ , \quad N\mathrm{i}.N = N.N\mathrm{i} = N\mathrm{i}\ , \quad N\mathrm{i}.N\mathrm{i} = -N \equiv N\ .$$

Wir haben eine offensichtliche, symbolische Notation gewählt. Das Einheitselement der Faktorgruppe ist N. □

Beispiel

Das Beispiel oben ist ein Sonderfall eines viel allgemeineren Sachverhalts. Die ganzen Zahlen Z bilden eine Gruppe bezüglich der Addition. Die Menge der Vielfachen einer positiven ganzen Zahl n wollen wir mit nZ bezeichnen. Diese Menge ist eine Untergruppe der ganzen Zahlen. Da es sich um abelsche Gruppen handelt, ist nZ automatisch ein Normalteiler von Z.

Was ist nun aber die Faktorgruppe Z/nZ? Die Nebenklassen von nZ sind durch die ganzen Zahlen 0, 1, …, $(n-1)$ gegeben, symbolisch ausgedrückt sind das die Mengen

$nZ, (1 + nZ), \dots, (n - 1 + nZ)$, die also die Elemente der Faktorgruppe sind. Diese Mengen enthalten jeweils alle ganzen Zahlen, die, wenn man sie durch n teilt, den Rest $0, 1, \dots, (n - 1)$ haben. Sie sind Äquivalenzklassen von Zahlen, die, durch n geteilt, denselben Rest haben. Man symbolisiert diesen Sachverhalt oft mit Hilfe der Notation $[k]_n \equiv (k + nZ)$.

Die Faktorgruppe $Z_n \equiv Z/nZ$ besteht also aus den Elementen $\{[0]_n, [1]_n, \dots, [n - 1]_n\}$. Anders ausgedrückt kann man die Gruppe als Menge der ganzen Zahlen $\{0, 1, \dots, n - 1\}$ ansehen, deren Gruppenoperation die Addition modulo n ist. □

Direktes Produkt von Gruppen

Aus zwei Gruppen A und B kann man eine neue Gruppe

$$G \equiv A \times B \quad \text{mit} \quad a \subset A,\ b \subset B \quad \Rightarrow \quad (a, b) \equiv g \subset G$$

bauen. Dazu definieren wir die Gruppenmultiplikation als

$$g_1\, g_2 = (a_1, b_1)(a_2, b_2) \equiv (a_1\, a_2, b_1\, b_2)\ .$$

Es werden also die Elemente aus A getrennt von denen aus B multipliziert.

Mit dieser Definition sind sowohl A als auch B Normalteiler von $A \times B$, wobei $G/A = B$ und $G/B = A$. Im Allgemeinen gilt diese Umkehrung für Faktorgruppen nicht, also oft $G \neq N \times (G/N)$. Als Beispiel wird weiter unten die Gruppe Z_6 untersucht.

20.3 Einige wichtige Gruppen

Die vielleicht wichtigsten endlichen Gruppen sind die **Permutationsgruppen**. Man bezeichnet die Menge aller möglichen Permutationen von n Elementen mit S_n; sie hat die Ordnung $(n!)$.

Wie soll man die einzelnen Elemente darstellen? Eine Variante ist, einfach die neue Anordnung der n Elemente anzugeben, also mit der Ausgangsanordnung (1234) zum Beispiel die neue Anordnung als (1342) anzugeben. Besser zu merken ist die (etwas redundantere) Schreibweise

$$\begin{pmatrix} 1 & 2 & 3 & 4 \\ 1 & 3 & 4 & 2 \end{pmatrix} \text{ entsprechend der Permutation } 1 \to 1\ , 2 \to 3\ , 3 \to 4\ , 4 \to 2\ . \tag{20.16}$$

Wenn man diese Permutation zweimal hintereinander ausführt, so wird die Anordnung (1234) nach dem zweiten Schritt die Form (1423) haben, wie man leicht sieht.

Permutationen sind nicht kommutativ:

$$\begin{aligned} a\,b &\equiv \begin{pmatrix}1&2&3\\1&3&2\end{pmatrix}\begin{pmatrix}1&2&3\\2&3&1\end{pmatrix}=\begin{pmatrix}1&2&3\\3&2&1\end{pmatrix} \text{ aber} \\ b\,a &\equiv \begin{pmatrix}1&2&3\\2&3&1\end{pmatrix}\begin{pmatrix}1&2&3\\1&3&2\end{pmatrix}=\begin{pmatrix}1&2&3\\2&1&3\end{pmatrix} \neq a\,b\,. \end{aligned} \tag{20.17}$$

Wir haben dabei die Permutationen sukzessive *von rechts nach links* ausgeführt.

Eine andere Möglichkeit, Permutationen darzustellen, ist über $n \times n$-Matrizen. Sie haben in jeder Zeile und in jeder Spalte genau einen Eintrag mit dem Wert 1 und multiplizieren von links den Vektor der zu permutierenden Elemente. Das Ergebnis ist der permutierte Vektor.

Beispiel

Eine Permutation könnte in dieser Formulierung als Matrix

$$\begin{pmatrix}1&0&0&0\\0&0&1&0\\0&0&0&1\\0&1&0&0\end{pmatrix} \quad \text{mit} \quad \begin{pmatrix}1&0&0&0\\0&0&1&0\\0&0&0&1\\0&1&0&0\end{pmatrix}\begin{pmatrix}a\\b\\c\\d\end{pmatrix}=\begin{pmatrix}a\\c\\d\\b\end{pmatrix}$$

dargestellt werden. Während allerdings in (20.16) die Werte permutiert werden, sind es in dieser Form die Positionen. □

Die einfachste Permutation ist die Vertauschung von nur zwei Elementen. Jede Permutation kann als Produkt solcher Vertauschungen dargestellt werden. Wenn es sich um eine gerade Anzahl handelt, nennt man die Permutation eine gerade. Die Permutationen der S_n können in gleich viele gerade und ungerade Permutationen aufgeteilt werden.

Die geraden Permutationen enthalten das Einheitselement und bilden eine Untergruppe A_n (auch **alternierende Gruppe** genannt). Die alternierende Gruppe A_n ist gleichzeitig auch ein Normalteiler von S_n. Wenn man alle Elemente der alternierenden Gruppe mit einer beliebigen ungeraden Permutation g_u (von links oder von rechts) verknüpft, so erhält man alle ungeraden Permutationen. Es ist damit $g_u\, A_n = A_n\, g_u$, die Bedingung für einen Normalteiler!

Die **zyklischen Permutationen** aus S_n bilden ebenfalls eine Untergruppe; sie ist abelsch, hat n Elemente und wird mit C_n bezeichnet. Wenn wir die vier Ecken eines Quadrats gegen den Uhrzeigersinn mit den Zahlen von 1 bis 4 bezeichnen und dabei mit der Ecke links unten beginnen, so finden wir offenbar vier mögliche Anordnungen: (1234), (4123), (3412), (2341) (siehe Abb. 20.3). Jede Lage entspricht einer Rotation der Ausgangslage um ein Vielfaches von $\pi/2$. Die vier Lagen symbolisieren also diese Rotationen und damit die Gruppenelemente. Gleichzeitig sind es aber auch die zyklischen Permutationen der Zahlen 1, 2, 3 und 4.

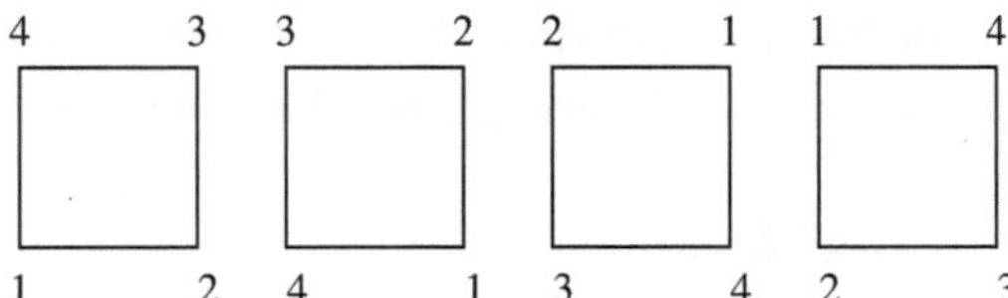

Abb. 20.3 Die vier Lagen eines Quadrats entsprechen den vier Elementen der zyklischen Gruppe C_4 oder Z_4. Die Gruppentafel dieser Gruppen findet man in der Tab. 20.1

Auch die n ganzen Zahlen $\{0, 1, 2, \ldots n-1\}$ mit der Gruppenoperation Addition modulo n sind eine zyklische Gruppe. Man nennt diese Gruppen Z_n, und ihre Gruppentafel ist (bei geeigneter Zuordnung der Elemente) identisch der Tafel für C_n. (Die Gruppentafeln für die Z_2 und Z_4 findet man in Tab. 20.1!)

Wenn es möglich ist, jedem Element einer Gruppe A ein Element einer anderen Gruppe B zuzuordnen, insbesondere auch dem Einheitselement der einen Gruppe das Einheitselement der anderen, sodass die Wirkungsweise der Gruppenoperation auch entsprechend erhalten bleibt, so nennt man A **homomorph** in B. Es gilt also (für $a_i \in A,\ f(a_i) = b_i \in B$)

$$a_1 a_2 = a_3 \quad \text{mit} \quad a_i \in A \quad \Rightarrow \quad b_1 b_2 = b_3 \quad \text{mit} \quad f(a_i) = b_i \in B\ . \tag{20.18}$$

Diese Abbildung $f : A \to B$ ist ein Homomorphismus. Dabei können A und B durchaus Gruppen verschiedener Ordnung sein. So ist etwa Z_4 homomorph in Z_2 über die Zuordnung $0 \to 0,\ 1 \to 1,\ 2 \to 0,\ 3 \to 1$. Auch die unendliche Gruppe der ganzen Zahlen Z ist homomorph in der zyklischen Gruppe Z_n mit der Abbildungsvorschrift $b = a \bmod n$.

Wenn ein Homomorphismus in beide Richtungen funktioniert, also auch B homomorph in A ist, so sind die Gruppen **isomorph**, und wir schreiben kurz $A \cong B$. Ein Isomorphismus ist also eine umkehrbar eindeutige Abbildung zwischen den Gruppen. Ein Gruppenisomorphismus erhält alle algebraischen Eigenschaften der Gruppe, wie Untergruppen, Normalteiler und Nebenklassen.

Die oben besprochenen Drehungen eines Quadrats und die zyklische Untergruppe von S_4 sind isomorph. Ein weiteres Beispiel ist die Abbildung zwischen der Z_2 und der ebenfalls schon diskutierten Gruppe $\{-1, 1\}$ mit Multiplikation als Gruppenoperation. Die Rotationen eines regelmäßigen n-Ecks um Vielfache des Winkels $2\pi/n$ in der Ebene sind isomorph der Z_n. Auch die Raumdrehungen um eine feste Achse sind isomorph zu den Drehungen in der Ebene. Isomorphe Gruppen können im Sinne der Gruppentheorie als gleich angesehen werden, und wir wollen künftig nicht mehr zwischen ihnen unterscheiden.

Beispiel

Die zyklische (und abelsche) Gruppe Z_6 (Addition ganzer Zahlen modulo 6) hat die Elemente $\{0, 1, 2, 3, 4, 5\}$. Sie hat zwei nichttriviale Untergruppen: $N_1 = \{0, 3\}$ und

$N_2 = \{0, 2, 4\}$, die beide Normalteiler sind; sie ist daher nicht einfach. Die Normalteiler sind isomorph zu den Gruppen Z_2 und Z_3, mit der Abbildung

$$\begin{aligned} N_1 \cong Z_2 &\quad : \quad 0 \cong 0,\ 3 \cong 1 \\ N_2 \cong Z_3 &\quad : \quad 0 \cong 0,\ 2 \cong 1,\ 4 \cong 2\,. \end{aligned}$$

Die Nebenklassen zu N_1 sind (in offenkundiger Notation) die drei Mengen $N_1 = \{0, 3\}$, $N_1(+1) = \{1, 4\}$ und $N_1(+2)\,\{2, 5\}$.

Die Faktorgruppe ist damit $\{\{0, 3\}, \{1, 4\}, \{2, 5\}\}$. Wir wollen die Gruppenoperation wieder mit „+" bezeichnen und prüfen zur Kontrolle den Gruppenabschluss:

$$\begin{aligned} \{0,3\} + \{0,3\} &= \{0,3\}\,, & \{1,4\} + \{1,4\} &= \{2,5\}\,, \\ \{0,3\} + \{1,4\} &= \{1,4\}\,, & \{1,4\} + \{2,5\} &= \{0,3\}\,, \\ \{0,3\} + \{2,5\} &= \{2,5\}\,, & \{2,5\} + \{2,5\} &= \{1,4\}\,. \end{aligned}$$

Die Operation ist kommutativ, und die Ergebnisse sind wieder Elemente der Faktorgruppe (also zwei-elementige Mengen). Mit der Identifikation

$$\{0,3\} \cong 0\,, \quad \{1,4\} \cong 1\,, \quad \{2,5\} \cong 2$$

erkennen wir, dass die Faktorgruppe isomorph zur Z_3 ist. Wir finden also $Z_6/Z_2 \cong Z_3$. Ähnlich kann man auch $Z_6/Z_3 \cong Z_2$ zeigen. Daher ist in diesem Fall auch $Z_2 \times Z_3 = Z_6$.

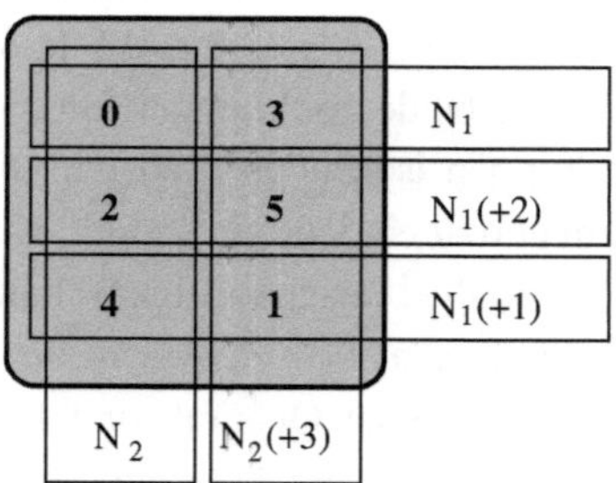

Abb. 20.4 Z_6: Untergruppen (hier auch Normalteiler) Z_2 und Z_3, sowie die Aufteilung in Nebenklassen □

In **Cayleys Theorem** wird gezeigt, dass jede endliche Gruppe der Ordnung n zu einer Untergruppe der Permutationsgruppe S_n isomorph ist. Damit bekommt das Studium der Permutationsgruppen einen besonderen Stellenwert! Die Richtigkeit ist schnell einzusehen: Eine Spalte der Gruppentafel gibt das Ergebnis der Multiplikation aller Elemente der Gruppe mit einem bestimmten Element an. Jede solche Spalte ist aber einfach eine Permutation der Gruppenelemente (dies folgt aus der Eindeutigkeit und Umkehrbarkeit der Gruppenmultiplikation).

Damit ist klar, dass alle endlichen Gruppen durch Mengen von endlichen Matrizen dargestellt werden können. Wir haben auch schon Matrizendarstellungen für kontinuierliche Gruppen kennen gelernt: die Drehungen in der Ebene $SO(2)$, die im Raum $SO(3)$ und die Spingruppe $SU(2)$.

M.20.2 Kurz und klar: Beispiele für endliche Gruppen

Permutationsgruppe S_n: Permutationen von n unterschiedlichen Objekten (zum Beispiel Zahlen) mit der Ordnung $(n!)$. Untergruppen: die (abelsche) Gruppe der zyklischen Permutationen C_n (Ordnung n) und die Gruppe der geraden Permutationen A_n (alternierende Gruppe, Ordnung $n!/2$).
Cayley: Jede endliche Gruppe ist zumindest einer Untergruppe einer Permutationsgruppe isomorph.

Zyklische Gruppe C_n: ist isomorph zu Z_n, der (abelschen) Gruppe der ganzen Zahlen unter Addition modulo n, die Ordnung ist n.

Dihedrale Gruppe D_n : (Nichtabelsche) Symmetriegruppe der Drehungen und Spiegelungen (in der Ebene) eines regelmäßigen Polygons mit n ungerichteten Seiten. Die Drehungen erfolgen um Vielfache von $2\pi/n$; die (abelsche) Untergruppe der Drehungen (Untergruppe der $SO(2)$) ist isomorph der C_n, die (abelsche) Untergruppe der Spiegelungen ist isomorph zur Z_2.

Platonische Gruppen: Symmetriegruppen der räumlichen Drehungen platonischer Körper (Tetraeder, Oktaeder, Würfel, Dodekaeder, Ikosaeder). Diese Untergruppen der kontinuierlichen Gruppe $SO(3)$ können durch reelle 3×3 Matrizen (oder als Untergruppe der $SU(2)$ auch durch komplexe 2×2-Matrizen) dargestellt werden. Die Gruppen sind nichtabelsch. Platonische Gruppen sind:

- *Tetraedergruppe T:* Der Tetraeder hat vier dreieckige Flächen, es gibt daher 12 mögliche Positionen, entsprechend 12 Gruppenelementen. Es gibt eine Z_3 Untergruppe (Drehungen um die Achse durch eine Spitze und den Schwerpunkt der gegenüberliegenden Dreiecksfläche) und eine Z_2-Untergruppe (Drehachse durch die Mittelpunkte zweier gegenüber liegender Kanten).
- *Oktaedergruppe O:* Acht Dreiecksflächen, daher ($8 \times 3=$) 24 Gruppenelemente; Untergruppen Z_4 (Drehungen um eine zentrale Quadratfläche), Z_3 (Drehung um eine Achse durch die Schwerpunkte gegenüber liegender Dreiecksflächen) und zwei Z_2 (Drehung um die Diagonale der zentralen Quadratfläche, Drehung um die Achse durch die Mittelpunkte zweier gegenüber liegender Kanten).
- *Würfelgruppe:* Sechs Quadrate, daher ebenfalls 24 Elemente: Untergruppe Z_4. Diese Ähnlichkeit mit der Oktaedergruppe ist kein Zufall. Man kann in einen Würfel einen Oktaeder (Zentren der Würfelflächen = Eckpunkte des Oktaeders) identifizieren. Die beiden Gruppen sind daher isomorph!

- *Ikosaedergruppe Y:* Der Ikosaeder besteht aus 20 gleichseitigen Dreiecken und dementsprechend hat die Gruppe ($5 \times 12 =$) 60 Elemente. Sie ist isomorph zur Dodekaedergruppe (Identifikation der 20 Dreieckszentren mit den Eckpunkten des Dodekaeders) und zur Gruppe der geraden Permutationen A_5.
- *Dodekaedergruppe:* Der Dodekaeder wird auch „Fünfeckszwölfflächner" genannt; die Symmetriegruppe hat 60 Gruppenelemente; siehe Ikosaedergruppe.

C.20.1 ... und auf dem Computer: Konstruktion einer endlichen Gruppe

Um eine endliche Gruppe zu konstruieren, reichen zwei geeignet gewählte Elemente als Ausgangsmenge. Das Einheitselement wird in weiterer Folge „automatisch" erzeugt. Natürlich muss man auch die Gruppenmultiplikation definieren. Bei Verwendung reeller Zahlen sollte auch vorgegeben werden, wann zwei Elemente als „gleich" angesehen werden.

Wir wollen als Beispiel die 24 Elemente der Würfelgruppe in der Darstellung reeller 3×3-Matrizen bestimmen. Die Startmenge besteht aus den Elementen

$$a = \begin{pmatrix} 0 & 1 & 0 \\ -1 & 0 & 0 \\ 0 & 0 & 1 \end{pmatrix}, \quad b = \begin{pmatrix} 1 & 0 & 0 \\ 0 & 0 & 1 \\ 0 & -1 & 0 \end{pmatrix}. \tag{C.20.1.1}$$

Das sind die Drehmatrizen für eine Vierteldrehung um die z-Achse und eine Vierteldrehung um die x-Achse.

Man multipliziert die gegebenen Elemente solange miteinander, bis die Menge der Elemente nicht weiter wächst. In MATHEMATICA könnte die Befehlsfolge lauten:

```
a = {{0, 1, 0}, {-1, 0, 0}, {0, 0, 1}};
b = {{1, 0, 0}, {0, 0, 1}, {0, -1, 0}};
GroupSet = {a, b};
Mul[a_, b_] := a.b;
Do[GroupSet = Union[GroupSet, Flatten[Table[
       Mul[GroupSet[[i]], GroupSet[[j]]],
       {i, 1, Length[GroupSet]},{j, 1, Length[GroupSet]}], 1]];
       Print[Length[GroupSet]], {k, 1, 4}]
```

Dabei haben wir die Multiplikation jeweils aller Elemente aus der Menge mit allen Elementen insgesamt viermal (Index k) wiederholt. Der Befehl `Union` sorgt dafür, dass nur neue Elemente zur Menge hinzugefügt werden. Als Output erhielten wir die Zahlen: 6, 21, 24, 24. Die Menge war also mit 24 Elementen vollständig und könnte durch einen `Print`-Befehl ausgeschrieben werden. Auch Untergruppen kann man durch geeignete Wahl der erzeugenden Elemente identifizieren. Zugehörigkeit zu verschiedenen Konjugationsklassen könnte man durch die Spur dieser Elemente feststellen.

Zur Berechnung der Gruppentafel ist es günstig, die Elemente durch fortlaufende Nummern (1 bis 24) zu kennzeichnen. Auch ist es üblich, das Einheitselement mit der Nummer 1 zu versehen. Aus diesem Grund sortieren wir die Menge der Elemente geeignet. Das Ergebnis der Multiplikation zweier Gruppenelemente ist wieder eine Matrix, und die entsprechende Kennzahl muss jeweils ermittelt werden. Der Befehl `GetNum` berechnet die jeweilige Zahl. Damit kann man die Gruppentafel bestimmen:

```
GroupSet = Sort[GroupSet, Tr[#1] > Tr[#2] &];
GetNum[Element_]:= (Do[If[GroupSet[[i]] == Element,
      Return[i]], {i, 1, 24}]);
TableForm[Table[GetNum[Mul[GroupSet[[i]],
      GroupSet[[j]]]], {i, 1, 24}, {j, 1, 24}]]
```

20.4 Darstellung

Wenn die Elemente einer Gruppe und ihre Gruppenoperationen in eine konkrete algebraische Struktur abgebildet werden können (ein Isomorphismus mit dieser Struktur vorliegt), wir diese also analytisch explizit beschreiben können, so sprechen wir von einer **Realisierung** der Gruppe. Wenn diese Realisierung durch Matrizen erfolgt, so nennt man diese eine **Darstellung** der Gruppe.

Bei der Drehgruppe entsprechen die Elemente Drehungen im $\mathbb{R}^n$, das sind lineare Operationen in einem Vektorraum (siehe M.3.8). Bei Festlegung einer Basis (zum Beispiel der kartesischen) in diesem Vektorraum, kann man die Vektoren durch n-komponentige Spaltenvektoren darstellen. Die Drehungen entsprechen dann orthogonalen $n \times n$-Matrizen mit Determinante 1.

Dieses Konzept kann man für beliebige Gruppen nutzen. Die Gruppenelemente stellt man als Transformationen in einem mehrdimensionalen Vektorraum dar (mehr über lineare Operatoren in Vektorräumen findet man in Kap. 16). Es handelt sich also um eine Abbildung der Gruppe in die Menge der nichtsingulären $n \times n$ Matrizen mit komplexen Elementen (siehe M.20.3), einen Gruppenhomomorphismus:

$$D : G \mapsto GL(n, \mathbb{C}) \quad \text{mit der Vorschrift} \quad \mathbf{D}(a)\,\mathbf{D}(b) = \mathbf{D}(a\,b) \quad \text{mit} \quad a, b \subset G\,. \tag{20.19}$$

Die Darstellungsmatrizen dürfen nicht singulär sein, damit alle inversen Gruppenelemente existieren. Die Gruppenmultiplikation entspricht der üblichen Matrixmultiplikation. Im

Zusammenhang mit den Permutationsgruppen haben wir schon festgestellt, dass es für alle endlichen Gruppen Matrixdarstellungen gibt. Nun finden wir also, dass das allgemein gilt. Obwohl wir in diesem Kapitel oft Matrixdarstellungen verwenden, wollen wir jedoch in weiterer Folge – ähnlich wie im Kapitel über Operatoren – die optisch nicht so hervorstechende, für das Auge weniger auffällige Notation $D(g)$ auch für Matrixdarstellungen verwenden.

Diese Definition der Darstellung ist nicht eindeutig. So kann man natürlich zu einer gegebenen Darstellung $D(a)$ auch **äquivalente Darstellungen** $D'(a)$ finden, nämlich durch eine Ähnlichkeitstransformation

$$D'(a) \equiv V\, D(a)\, V^{-1} \,. \tag{20.20}$$

Dabei ist V die Darstellungsmatrix eines festen Gruppenelements. Diese Beziehung ist eine Äquivalenzrelation, wie sie früher besprochen worden ist. Die Gruppeneigenschaften sind gleich wie für die D-Darstellung

$$\begin{aligned} D(a)\, D(b) = D(a\, b) \quad \Rightarrow \qquad V\, D(a)\, D(b)\, V^{-1} &= V\, D(a\, b)\, V^{-1} \\ V\, D(a)\, V^{-1}\, V\, D(b)\, V^{-1} &= V\, D(a\, b)\, V^{-1} \\ \Rightarrow \qquad D'(a)\, D'(b) &= D'(a\, b)\,. \end{aligned} \tag{20.21}$$

Für **unitäre Darstellungen** ist D eine unitäre Matrix, und

$$D(g^{-1}) = D(g)^{\dagger} = D(g)^{-1} \,. \tag{20.22}$$

Eine **treue Darstellung** liegt vor, wenn jedem Gruppenelement genau eine Matrix entspricht und umgekehrt; in diesem Fall ist die Darstellung also ein Gruppenisomorphismus. Wie groß die Dimension der Matrizen sein muss, um eine treue Darstellung zu erlauben, hängt von der jeweiligen Gruppe ab. Da jede endliche Gruppe isomorph zu einer Untergruppe einer Permutationsgruppe S_k ist, welche wiederum eine k-dimensionale Matrixdarstellung hat, reicht diese Dimension auf jeden Fall aus.

Die **reguläre Darstellung** einer endlichen Gruppe der Ordnung n ist eine $n \times n$-Matrixdarstellung, deren Matrixelemente aus der Gruppentafel (wie zum Beispiel Tab. 20.1) ablesbar sind. Man bildet für das Gruppenelement g die Matrix

$$D(g)_{ij} = \delta(g_i^{-1}\, g\, g_j) \quad \text{wobei} \quad \begin{cases} 1 & \text{falls} \quad a = e\,, \\ 0 & \text{sonst}\,. \end{cases} \tag{20.23}$$

Ein einfache Möglichkeit der Berechnung ist, eine modifizierte Gruppentafel zu verwenden, in der die Zeilenelemente g_i mit den Spaltenelementen g_j^{-1} multipliziert werden. An den Stellen der Tafel, an denen das Ergebnis g ist, trägt man 1 ein, sonst 0. Das Resultat ist eine $n \times n$-Matrix $D(g)$, die gesuchte reguläre Darstellung von g.

Die reguläre Darstellung ist treu. Für die S_n ist ihre Dimension ($n!$), also noch viel größer als n.

Beispiel

Betrachten wir die Gruppe Z_4 aus Tab. 20.1. Nach der Vorschrift (20.23) erhalten wir vier Matrizen

$$\begin{pmatrix} 1 & 0 & 0 & 0 \\ 0 & 1 & 0 & 0 \\ 0 & 0 & 1 & 0 \\ 0 & 0 & 0 & 1 \end{pmatrix}, \quad \begin{pmatrix} 0 & 0 & 0 & 1 \\ 1 & 0 & 0 & 0 \\ 0 & 1 & 0 & 0 \\ 0 & 0 & 1 & 0 \end{pmatrix}, \quad \begin{pmatrix} 0 & 0 & 1 & 0 \\ 0 & 0 & 0 & 1 \\ 1 & 0 & 0 & 0 \\ 0 & 1 & 0 & 0 \end{pmatrix}, \quad \begin{pmatrix} 0 & 1 & 0 & 0 \\ 0 & 0 & 1 & 0 \\ 0 & 0 & 0 & 1 \\ 1 & 0 & 0 & 0 \end{pmatrix}. \quad \square$$

Die kleinste notwendige Dimension der Darstellungmatrizen ist aber oft erheblich kleiner. So hat zum Beispiel die Ikosaedergruppe zwar 60 Elemente, es gibt aber eine treue Darstellung durch komplexe 2×2 Matrizen. Dieser Sachverhalt hängt mit der so genannten Reduzibilität von Darstellungsmatrizen zusammen. Eine **reduzible Darstellung** ist eine Matrixdarstellung mit Matrixblöcken in der Diagonale, also zum Beispiel

$$D(g) = \begin{pmatrix} A(g) & 0 \\ 0 & B(g) \end{pmatrix} , \tag{20.24}$$

wobei A eine $n \times n$-Matrix und B eine $m \times m$-Matrix ist. Damit zerfällt die reduzible Darstellung in unabhängige Teile, die jeweils für sich die Gruppe darstellen. Eine Darstellung kann auf diese Art reduziert werden, bis man schließlich zu den kleinstmöglichen Matrixdimensionen kommt, der so genannten **irreduziblen Darstellung**.

Das **1. Lemma von Schur** erlaubt es, eine irreduzible Darstellung als solche zu erkennen: Die einzige Matrix, die mit allen Matrizen der irreduziblen Darstellung kommutiert, ist proportional der Einheitsmatrix.

Es gibt verschiedene Methoden, um Zerlegungen bis hinunter zu den irreduziblen Darstellungen zu finden. Dabei sind verschiedene Techniken und Sätze hilfreich. Ein Hilfsmittel ist die Verwendung der schon in (20.9) besprochenen Klassenfunktion *Spur der Matrix* (**Charakter** der Darstellung); ein anderes die reguläre Darstellung, die man weiter reduzieren kann.

Eine Gruppe G habe n Elemente, die man in k Konjugationsklassen einteilen kann. Wir wollen eine irreduzible (Matrix-)Darstellung eines Gruppenelements g mit $D_i(g)$ bezeichnen und die Matrixelemente mit $(D_i(g))_{jk}$. Die Dimension dieser Darstellung sei d_i. Der Charakter eines Gruppenelements in dieser Darstellung ist daher

$$\chi_i(g) \equiv \sum_{k=1}^{d_i} (D_i(g))_{kk} \quad \text{mit} \quad \chi_i(e) = d_i , \tag{20.25}$$

da ja das Einheitselement e in dieser Darstellung einfach eine Einheitsmatrix ist.

Das zentrale Theorem ist die **Gruppenorthogonalitätsrelation**. (In verschiedenen Texten wird es mit Adjektiven wie „gross“ oder gar „wunderbar“ [1] geschmückt.) Für irreduzible und unitäre Darstellungen lautet es:

$$\sum_{g \in G} \overline{(D_i(g))_{km}} \left(D_j(g)\right)_{k'm'} = \frac{n}{d_i}\,\delta_{ij}\,\delta_{kk'}\,\delta_{mm'} \,. \tag{20.26}$$

Die folgenden zwei wichtigen Beziehungen lassen sich daraus ableiten. Durch Spurbildung erhalten wir eine **Orthogonalitätsrelation für die Charaktere**:

$$\sum_{g \in G} \overline{\chi_i(g)}\,\chi_j(g) = n\,\delta_{ij} \,. \tag{20.27}$$

Mit Hilfe dieser Beziehung kann man Klassenfunktionen in eine Summe von Charakteren der irreduziblen Darstellungen entwickeln, ähnlich wie man Funktionen in Summen von orthogonalen Polynomen entwickelt.

Eine zweite Beziehung ist als **Theorem von Burnside** bekannt:

$$\sum_{i=1}^{k} |\chi_i(e)|^2 = \sum_{i=1}^{k} d_i^2 = n \,, \tag{20.28}$$

wobei über alle k irreduzible Darstellungen summiert wird.

Irreduzible Darstellungen sind in vielen physikalischen Problemstellungen mit Quantenzahlen verknüpft. Für endliche Gruppen geben wir hier eine rezeptartige Vorschrift, wie man sie erhält.

Man sucht sich zunächst eine treue Matrixdarstellung der Gruppe. Dazu kann man zum Beispiel die schon besprochene reguläre Darstellung verwenden, die aus der Multiplikationstafel erzeugt wird. Dann ermittelt man die Konjugationsklassen durch Berechnung der Charaktere (der Spuren) der Elemente. Leider können unterschiedliche Konjugationsklassen gleiche Charaktere haben. Man muss also alle Elemente mit gleichem Charakter noch weiter auf Einteilung in Konjugationsklassen untersuchen.

Die Anzahl der Konjugationsklassen ist auch die Anzahl k der irreduziblen Darstellungen. Die uns noch unbekannten Dimensionen dieser Darstellungen seien $d_1, d_2, \ldots, d_k$. Wir wählen als erste die triviale Darstellung, in der alle Elemente den gleichen Wert 1 haben, und daher $d_1 = 1$.

Mit Hilfe des Burnside-Theorems (20.28) ist praktisch immer klar, welche Dimensionen die Darstellungen haben können: n ist bekannt, und d_i^2 kann ja nur die Werte $1, 4, 9 \ldots$ annehmen. Bei der Konstruktion der Darstellungen hilft die Charakter-Orthogonalitätsrelation.

Beispiel

Die zyklische Gruppe C_4 (oder Z_4) hat 4 Elemente, und es ist daher – selbst ohne Bestimmung der Konjugationsklassenzahl – klar, dass $d_1 = d_2 = d_3 = d_4 = 1$;

diese vier irreduziblen Darstellungen sind $G = \{1, 1, 1, 1\}$, $G = \{1, \mathrm{i}, -1, -\mathrm{i}\}$, $G = \{1, -1, 1, -1\}$, $G = \{1, -\mathrm{i}, -1, \mathrm{i}\}$.

Wenn man die Darstellung dieser Gruppe mit Hilfe von reellen 2×2-Matrizen

$$\begin{pmatrix} 1 & 0 \\ 0 & 1 \end{pmatrix}, \quad \begin{pmatrix} 0 & 1 \\ -1 & 0 \end{pmatrix}, \quad \begin{pmatrix} -1 & 0 \\ 0 & -1 \end{pmatrix}, \quad \begin{pmatrix} 0 & -1 \\ 1 & 0 \end{pmatrix}$$

betrachtet, so erkennt man (durch Diagonalisierung des 2. und 4. Elements), dass man alle Matrizen mit Hilfe der unitären Matrix

$$\frac{1}{\sqrt{2}} \begin{pmatrix} 1 & \mathrm{i} \\ \mathrm{i} & 1 \end{pmatrix}$$

simultan diagonalisieren kann. Diese Darstellung ist also reduzibel und zerfällt in die 2. und 4. der eindimensionalen Darstellungen. □

Beispiel

Die Gruppe D_3 hat $n = 6$ und drei Konjugationsklassen mit 1, 2 und 3 Elementen. Die einzige denkbare Kombination ist daher $d_1 = 1$, $d_2 = 1$ und $d_3 = 2$. Die erste Darstellung (A_1 genannt) ist $G = \{1, 1, 1, 1, 1, 1\}$.

Die zweite, eindimensionale, Darstellung A_2 ist zumindest für das Einheitselement ebenfalls 1. Wegen der Orthogonalitätsrelation für die Charaktere müssen drei Elemente den Charakterwert 1 und die anderen drei den Charakterwert -1 haben. Daraus ergibt sich die Darstellung $G = \{1, 1, 1, -1, -1, -1\}$.

Die dritte Darstellung (E genannt) hat Dimension 2; aus der Orthogonalitätsrelation ergeben sich die Charakterwerte 2 (Einheitselement), -1 (zwei Elemente) und 0 (drei Elemente). Diese Darstellung entspricht den schon besprochenen 2×2-Matrizen.

Tab. 20.2 Die Charaktertafel für die Gruppe D_3: A_1, A_2 und E bezeichnen die drei irreduziblen Darstellungen, die Spalten entsprechen den drei Konjugationsklassen. Für zahlreiche Gruppen findet man solche Tafeln zum Beispiel in [2] oder im WWW (Suchbegriffe: „tables for group theory“)

	e	a, a^2	b, ba, ba^2
A_1	1	1	1
A_2	1	1	-1
E	2	-1	0

□

Beispiel

Die Würfelgruppe hat 24 Elemente und 5 Klassen (zu 1, 3, 6, 6 und 8 Elementen) mit $d_1 = 1, d_2 = 1, d_3 = 2, d_4 = 3, d_5 = 3$. □

Wie wir auch an diesen Beispielen sehen, sind offensichtlich nicht alle irreduziblen Darstellungen treu.

Die Orthogonalitätsrelation (20.27) erinnert uns an die Vektorräume in Kap. 12, und wie dort kann man sie auch hier dazu verwenden, eine allgemeine Funktion der Gruppenelemente

$$f(g) : G \mapsto \mathbb{C} \tag{20.29}$$

mit Hilfe der „Basisfunktionen" $\chi_i(g)$ der irreduziblen Darstellungen auszudrücken,

$$f(g) = \sum_{i=1}^{k} c_i\, \chi_i(g) \quad \text{mit} \quad c_i = \frac{1}{n} \sum_{g \in G} f(g)\, \overline{\chi}_i(g) \,. \tag{20.30}$$

Die Koeffizienten haben wir auch hier durch Multiplikation mit den Charakteren und Summation über die Gruppe gewonnen. So kann man leicht feststellen, nach welcher irreduziblen Darstellung sich zum Beispiel eine Wellenfunktion der Quantenmechanik transformiert.

Beispiel

Die Funktion $f(x) = x$ wird durch die Gruppe der Drehungen in der (x, y)-Ebene um 0, $\pi/2$, π und $3\pi/2$ in x, y, $-x$ und $-y$ transformiert. Wie im Beispiel weiter oben besprochen, hat diese Gruppe vier eindimensionale irreduzible Darstellungen, deren Darstellungselemente auch gleich die Charaktere sind, also $\chi_1(g) = 1$, $\chi_2(1) = 1$, $\chi_2(\mathrm{i}) = \mathrm{i}$, $\chi_2(-1) = -1$, und so weiter.

Wir folgen (20.30) und berechnen

$$\begin{array}{lcccccccccl} 4\,c_1 & = & (x) & + & (y) & + & (-x) & + & (-y) & = & 0 \\ 4\,c_2 & = & (x) & + & \mathrm{i}\,(y) & - & (-x) & - & \mathrm{i}\,(-y) & = & 2\,(x + \mathrm{i}y) \\ 4\,c_3 & = & (x) & - & (y) & + & (-x) & - & (-y) & = & 0 \\ 4\,c_4 & = & (x) & - & \mathrm{i}\,(y) & - & (-x) & + & \mathrm{i}\,(-y) & = & 2\,(x - \mathrm{i}y) \end{array} \tag{20.31}$$

und finden daraus, dass diese Funktion Beiträge der irreduziblen Darstellungen Nummer 2 und 4 hat:

$$f(g) = \frac{1}{2}(x + \mathrm{i}\,y)\, \chi_1(g) + \frac{1}{2}(x - \mathrm{i}\,y)\, \chi_3(g) \,. \qquad \square$$

Mehr über Darstellungen und diskrete Gruppen findet man zum Beispiel bei [3, 4]. Für kontinuierliche Gruppen ist die Konstruktion der irreduziblen Darstellungen komplizierter; man arbeitet dazu in der Algebra (siehe weiter unten) und mit so genannten Root-Diagrammen. Dazu verweisen wir auf speziellere Texte wie zum Beispiel [5].

In Kap. 12 betrachten wir allgemeinere Vektorräume, die zum Beispiel Funktionen von $x \in X$ beherbergen. Dabei kann X etwa einfach der normale Raum $\mathbb{R}^3$ sein und die Funktionen etwa die Wellenfunktionen der Quantenmechanik. In anderen Problemen kann X die Symmetrie von Kristallgruppen haben. In jedem Fall werden die Symmetrieeigenschaften von X auch Transformationseigenschaften für die Funktionen bewirken. Die Gruppenelemente der Symmetriegruppe von X werden dann zu Darstellungen im Vektorraum der Funktionen führen, so genannte induzierte Darstellungen. Auch diese sind Darstellungen der Symmetriegruppe mit allen hier besprochenen Eigenschaften.

Beispiel

Wir betrachten Drehungen um Vielfache von $\pi/2$ im $\mathbb{R}^2$. Diese transformieren (x, y) in $(y, -x)$, $(-x, -y)$ und $(-y, x)$.

(a) Der Vektorraum sei der Raum der Funktion $f(x^2 + y^2)$ sowie aller daraus durch die Drehungen gewonnenen Funktionen. Jede Drehung lässt $x^2 + y^2$ und damit f unverändert. Der Raum ist damit 1-dimensional und die Darstellungsmatrix für alle vier Gruppenelemente einfach die Zahl 1.

(b) Der Vektorraum sei der Raum der Funktionen $f(x, y) = c_1\,x + c_2\,y$ für gegebenes $c_1 \neq 0$ und $c_2 \neq 0$ sowie aller daraus durch die Drehungen gewonnenen Funktionen. Das sind $f(x, y)$, $f(y, -x)$, $f(-x, -y) = -f(x, y)$ und $f(-y, x) = -f(y, -x)$, also nur zwei unabhängige Basiselemente. Diese Darstellung ist daher zweidimensional.
Mögliche Basisvektoren sind linear unabhängige Kombinationen von $f(x, y)$ und $f(y, -x)$, wie zum Beispiel die Vektoren $(x, 0)$ und $(0, y)$. In dieser Basis wäre die Funktion also durch den Komponentenvektor (c_1, c_2) gegeben. Damit kann man die vier unterschiedlichen Darstellungsmatrizen als

$$e = \begin{pmatrix} 1 & 0 \\ 0 & 1 \end{pmatrix}, \quad a = \begin{pmatrix} 0 & -1 \\ 1 & 0 \end{pmatrix}, \quad b = \begin{pmatrix} -1 & 0 \\ 0 & -1 \end{pmatrix} = -e\,, \quad c = \begin{pmatrix} 0 & 1 \\ -1 & 0 \end{pmatrix} = -a$$

schreiben. Diese Darstellung ist treu.

(c) Der Vektorraum sei der Raum der Funktionen $f(x^2, x\,y, y^2) = c_1\,x^2 + c_2\,x\,y + c_3\,y^2$ für gegebene Werte von c_1, c_2 und c_3 sowie aller daraus durch die Drehungen gewonnenen Funktionen. Das ergibt hier nur zwei unabhängige Funktionen: $f(x^2, x\,y, y^2)$ und $f(y^2, -x\,y, x^2)$. Die Darstellung ist damit ebenfalls zweidimensional, und man könnte als Basiselemente eben diese zwei Funktionen verwenden, also die Vektoren

$$\begin{pmatrix} 1 \\ 0 \end{pmatrix} \sim c_1\,x^2 + c_2\,x\,y + c_3\,y^2\,, \qquad \begin{pmatrix} 0 \\ 1 \end{pmatrix} \sim c_3\,x^2 - c_2\,x\,y + c_1\,y^2\,.$$

Die Darstellungsmatrizen sind dann

$$e = b = \begin{pmatrix} 1 & 0 \\ 0 & 1 \end{pmatrix}, \qquad a = c = \begin{pmatrix} 0 & 1 \\ 1 & 0 \end{pmatrix}.$$

Aber auch andere Linearkombinationen sind denkbar, wie etwa $(c_1 - c_3)(x^2 - y^2) + 2\,c_2\,x\,y$ und $(c_1 + c_3)(x^2 + y^2)$. Wie lauten dann die Darstellungsmatrizen? □

Die verwendete Dimension einer Darstellung hängt in der Praxis mit dem physikalischen Problem – zum Beispiel den Quantenzahlen – zusammen. Wenn man näherungsweise davon ausgeht, dass Proton und Neutron dieselbe Masse und dieselben Eigenschaften (zumindest die so genannte starke Kraft zwischen den Elementarteilchen betreffend) haben, so kann man sie als zwei Einstellungen $(1, 0)$ und $(0, 1)$ eines zweikomponentigen Vektors betrachten, ein Dublett. Die π-Mesonen π^-, π^0 und π^+ kann man als die drei Basisvektoren eines dreikomponentigen Vektors betrachten, also als Triplett. Dies entspricht jeweils Darstellungen der (in diesem Fall: Isospin) $SU(2)$ mit Dimension 2 oder 3. Manche Kräfte (hier eben die starke Kraft) sind symmetrisch (gleich stark) unter Transformationen, die eine Komponente eines solchen Multipletts in eine andere transformieren. Statt jedes einzelne π-Meson zu betrachten, reicht es dann, das gesamte π-Triplett zu behandeln.

Die Symmetrieeigenschaften eines Multipletts in Bezug auf eine äußere Kraft erklären, warum diese Kraft keine Aufspaltung der Energieniveaus der verschiedenen Einstellungen des Multipletts bewirkt. Andere Kräfte, etwa die elektro-schwache Kraft, können unter den verschiedenen Komponenten (die in unserem Beispiel ja verschiedene elektrische Ladungen haben) unterscheiden und führen zu einer solchen Aufspaltung. So bilden die Elektronen in der Hülle des Wasserstoff-Atoms ein Multiplett (gleicher Energie), das erst durch Einschalten eines Magnetfeldes in den Energiewerten aufgespalten wird; erst dadurch sind die unterschiedlichen Magnetquantenzahlen erkennbar.

20.5 Kontinuierliche Gruppen

20.5.1 Darstellung und Parameter

Im Gegensatz zu diskreten Gruppen können bei kontinuierlichen Gruppen die Gruppenelemente durch stetige Änderungen ineinander übergeführt werden. Das bedeutet für die Matrixdarstellung, dass man durch stetige Änderungen der Matrixelemente neue Gruppenelemente erhalten kann. Ein typisches Beispiel für eine kontinuierliche Gruppe ist die $U(1)$, die Gruppe der unimodularen komplexen Zahlen. Ein Gruppenelement wird durch eine komplexe Zahl $\exp(\mathrm{i}\varphi)$ dargestellt.

Die Gruppenelemente kontinuierlicher Gruppen können durch reelle Parameter charakterisiert werden,

$$g(a)\,g(b) = g(c = h(a, b))\;. \tag{20.32}$$

Dabei hängt die Anzahl der Parameter (die Dimensionalität des Parametervektors a in dieser Definition) von der Gruppe ab. Wir bezeichnen den Vektor der Parameter daher mit $\boldsymbol{a}$.

Je nach Art der Gruppe gibt es verschiedene Einschränkungen an diese Parametrisierung. Der Winkel war ein Beispiel für eine Parametrisierung der Gruppenelemente. Obwohl $\varphi \in [0, 2\pi)$ scheinbar am Rand „springen" muss, ändert sich das Gruppenelement dort dennoch stetig, da ja die Winkelfunktionen periodisch sind. Anders gesagt: Man kann an jedem Wert des Winkels neue Koordinaten einführen, in denen die Gruppenelemente stetig dargestellt werden können. Wenn man die gesamte Gruppe auf diese Art durch zumindest endlich viele „Überdeckungen" im Parameterraum darstellen kann, handelt es sich um eine **kompakte Gruppe**.

Beispiel

Die $U(1)$ kann durch die Elemente $\exp(\mathrm{i}\varphi)$ mit $\varphi \in [0, 2\pi)$ dargestellt werden, wobei der Sprung im Parameter bei 0 liegt. Alternativ kann sie mit $\varphi \in [-\pi, \pi)$ dargestellt werden, hier gibt es bei 0 keinen Sprung, dafür aber bei π. Die $U(1)$ ist daher – genauso wie die schon besprochenen Gruppen $SO(n)$ und $SU(n)$ – eine kompakte Gruppe. □

Beispiel

In der Newtonschen Physik gilt für den Übergang in ein in x-Richtung mit der Geschwindigkeit v bewegtes Bezugssystem

$$t' = t\ , \quad x' = x + v\,t \quad \Rightarrow \quad \begin{pmatrix} t' \\ x' \end{pmatrix} = \begin{pmatrix} 1 & 0 \\ v & 1 \end{pmatrix} \begin{pmatrix} t \\ x \end{pmatrix} .$$

Handelt es sich dabei um eine Gruppe? Man sieht schnell, dass alle Gruppeneigenschaften erfüllt sind. Insbesondere gilt bei zweimaliger Transformation

$$\begin{pmatrix} 1 & 0 \\ v_1 & 1 \end{pmatrix} \begin{pmatrix} 1 & 0 \\ v_2 & 1 \end{pmatrix} = \begin{pmatrix} 1 & 0 \\ v_1 + v_2 & 1 \end{pmatrix}$$

und damit das klassische Additionsgesetz für Geschwindigkeiten. Es ist dies eine Untergruppe der **Galilei-Gruppe**. □

Beispiel

Um in ein Bezugssystem zu wechseln, welches relativ zum ursprünglichen die Geschwindigkeit v hat, ist nach der speziellen Relativitätstheorie

$$\boldsymbol{x}' = \boldsymbol{\Lambda}\,\boldsymbol{x}\ , \quad \boldsymbol{\Lambda}(v) = \begin{pmatrix} \gamma & -\gamma\,\beta & 0 & 0 \\ -\gamma\,\beta & \gamma & 0 & 0 \\ 0 & 0 & 1 & 0 \\ 0 & 0 & 0 & 1 \end{pmatrix} \quad \text{mit} \quad \beta = \frac{v}{c}\ , \quad \gamma = \frac{1}{\sqrt{1-\beta^2}} .$$

Dabei ist $\boldsymbol{x} = (c\,t,\ x,\ y,\ z)$ und c bezeichnet die Lichtgeschwindigkeit.

Auch hier handelt es sich um eine Gruppe (die **Lorentz-Gruppe**, siehe auch Abschn. 20.5.3), daher müssen zwei hintereinander durchgeführte Transformationen ebenfalls einer Transformation entsprechen,

$$\boldsymbol{\Lambda}(v_1)\boldsymbol{\Lambda}(v_2) = \boldsymbol{\Lambda}(v(v_1, v_2)) \ .$$

Durch Multiplikation der Matrixdarstellung kann man daraus schnell zeigen, dass

$$v(v_1, v_2) = \frac{v_1 + v_2}{1 + \frac{v_1 v_2}{c^2}} \ .$$

eine von der Galilei-Transformation abweichende Beziehung. □

Eine **Lie-Gruppe** (benannt nach Marius Sophus Lie) zeichnet sich dadurch aus, dass die Funktion, die im Parameterraum die Gruppenmultiplikation ausdrückt, in (20.32) also $h(a, b)$ in ihren Argumenten analytisch (beliebig oft differenzierbar) ist. Wie wir bei der $U(1)$ gesehen haben, ist dazu wichtig, geeignete Überdeckungen des Parameterraums zuzulassen, um die scheinbaren Unstetigkeiten zu beheben. Eine r-Parameter-Lie-Gruppe ist kompakt, wenn der Definitionsbereich der Parameter beschränkt und abgeschlossen ist. Sie ist lokal kompakt, wenn es an jedem Punkt im Parameterraum zumindest eine abgeschlossene Umgebung gibt.

Matrizen kann man natürlich durch ihre Matrixelemente parametrisieren. Meist ist eine andere Wahl aber sinnvoller, da sich so der Parameterbereich leichter feststellen lässt. Bei der $SO(2)$ gibt es genau einen notwendigen Parameter,

$$g(\varphi) = \begin{pmatrix} \cos\varphi & \sin\varphi \\ -\sin\varphi & \cos\varphi \end{pmatrix} \quad \text{mit} \quad \varphi \in [0,\ 2\pi) \ . \tag{20.33}$$

Jedes Gruppenelement entspricht genau einem Wert von φ. Wir haben schon gesehen, dass diese Gruppe zur $U(1)$ isomorph ist. Die Gruppenmultiplikation entspricht im Parameterraum der Addition

$$h(\alpha, \beta) = \alpha + \beta \ . \tag{20.34}$$

Die Gruppen sind also 1-Parameter-Lie-Gruppen.

Die kleinstmögliche Anzahl der Parameter einer Lie-Gruppe ist zwar wichtig, entspricht aber nicht immer der im Einzelfall gewählten Parameteranzahl.

Beispiel

Die $SU(2)$ hat als Darstellung kleinster Dimension die komplexen, unitären 2×2-Matrizen, deren Determinante den Wert 1 hat. Man kann sie in die Form (20.5)

$$U(a_1, a_2, a_3, a_4) = \begin{pmatrix} a_1 + \mathrm{i}a_2 & a_3 + \mathrm{i}a_4 \\ -a_3 + \mathrm{i}a_4 & a_1 - \mathrm{i}a_2 \end{pmatrix} \quad \text{mit} \quad a_1^2 + a_2^2 + a_3^2 + a_4^2 = 1 \ , \quad a_i \in \mathbb{R}$$

bringen. Obwohl also vier Parameter verwendet werden, sind nur drei Parameter davon wesentlich. Die Parameter können als Komponenten eines 4-dimensionalen Einheitsvektors betrachtet werden, „leben“ also auf der Oberfläche einer Einheitskugel in vier Dimensionen!

Eine andere Parametrisierung macht das noch deutlicher. Die so genannten **Pauli-Matrizen**:

$$\sigma_1 = \begin{pmatrix} 0 & 1 \\ 1 & 0 \end{pmatrix} , \quad \sigma_2 = \begin{pmatrix} 0 & -\mathrm{i} \\ \mathrm{i} & 0 \end{pmatrix} , \quad \sigma_3 = \begin{pmatrix} 1 & 0 \\ 0 & -1 \end{pmatrix} \tag{20.35}$$

(siehe auch Kap. 3) erlauben die Darstellung

$$U(\boldsymbol{a}) = \exp\left(\frac{\mathrm{i}}{2} \sum_{k=1}^{3} a_k \, \sigma_k \right) \quad \text{mit} \quad \boldsymbol{a} \in \mathbb{R}^3 \, , |\boldsymbol{a}| \in [0, 2\pi] \, . \tag{20.36}$$

Die Gruppe ist also eine kompakte Gruppe. Die $\boldsymbol{a}$ liegen innerhalb einer Kugel mit Radius $2\,\pi$. □

M.20.3 Kurz und klar: Einige Beispiele für Lie-Gruppen

Translationen: Die Gruppenelemente T transformieren die Ortskoordinate

$$T(a) : \quad x \to x' = x + a \quad \text{mit} \quad T(a)\,T(b) = T(a+b) \, .$$

Die Gruppe ist abelsch.

Translationen und Skalentransformationen: Die (reellen) Gruppenelemente sind

$$T(a,b) : x \mapsto x' = a\,x + b \quad \text{mit} \quad T(a_2, b_2)\,T(a_1, b_1) = T(a_1\,a_2, a_2\,b_1 + b_2) \, ,$$

und die Gruppe ist also nicht abelsch.

$GL(n, \mathbb{R}), n \geq 1$: Die allgemeinen, nicht singulären, linearen Transformationen (General linear group) im $\mathbb{R}^n$ transformieren

$$\boldsymbol{x} \to \boldsymbol{x}' = \mathbf{A}\,\boldsymbol{x}$$

und können also durch reelle $n \times n$-Matrizen dargestellt werden. Die Gruppe ist für $n > 1$ nichtabelsch und hat n^2 Parameter.

$GL(n, \mathbb{C}), n \geq 1$: Die Gruppe der nicht singulären, komplexen $n \times n$-Matrizen ($2\,n^2$ Parameter).

$SL(n, \mathbb{R})$: „Spezielle lineare“ Gruppe: Die Gruppe der Matrizen aus $GL(n, \mathbb{R})$ mit Determinante 1. Die Gruppe hat $(n^2 - 1)$ Parameter.

$SL(n,\mathbb{C})$: Matrizen aus $GL(n,\mathbb{C})$ mit Determinante 1 ($2(n^2-1)$ Parameter).

$SO(n), n > 1$: Die Gruppe der speziellen, orthogonalen $n \times n$ Matrizen $\mathbf{R}$ mit $\det \mathbf{R} = 1$; diese haben die Eigenschaft $\mathbf{R}\mathbf{R}^T = \mathbf{1}$ und sind die Drehmatrizen im $\mathbb{R}^n$. Die Gruppe hat $n(n-1)/2$ Parameter (und Generatoren). Die Matrizen der $SO(2)$ und $SO(3)$ werden schon im Kapitel 3 besprochen. Die Gruppe $SO(2)$ ist isomorph zur $U(1)$ und ist eine abelsche Gruppe. Die $SO(n > 2)$ sind nichtabelsche Gruppen.

$SU(n), n > 1$: Die (nichtabelsche) Gruppe der speziellen, unitären $n \times n$ Matrizen $\mathbf{U}$ mit $\det \mathbf{U} = 1$; diese haben die Eigenschaft $\mathbf{U}\mathbf{U}^\dagger = \mathbf{1}$. Die Gruppe hat n^2-1 Parameter (und Generatoren).
Diese Gruppe spielt zum Beispiel in der Quantentheorie eine große Rolle. Die Matrizen der $SU(2)$ werden zur Beschreibung halbzahliger Spins benötigt, jene der $SU(3)$ in der Quantenchromodynamik, der Theorie der starken Kraft zwischen Quarks und Gluonen. Reelle unitäre Matrizen sind orthogonale Matrizen.

$U(n), n \geq 1$: Wie $SU(n)$ aber ohne die Determinanten-Bedingung. Die Determinante kann daher eine unimodulare Zahl sein. Die Gruppe hat n^2 Parameter (und Generatoren). Die einfachste ist die $U(1)$, die einfach nur unimodulare Zahlen als Elemente hat, und die isomorph zur Drehgruppe $SO(2)$ ist.

Auch hier gelten für die Charaktere der Darstellungen (die Spuren der Matrizen) die Orthogonalitätsrelationen (20.26) und (20.27). Allerdings müssen die Summen durch geeignete Integrale ersetzt werden, da es sich nun ja um kontinuierliche Gruppen handelt. Die Summe über alle Gruppenelemente wird durch ein Integral über die Parameterwerte $\boldsymbol{a}$ der Gruppenelemente ersetzt, und wir schreiben zum Beispiel

$$\frac{1}{n}\sum_{g\in G} f(g) \quad \Rightarrow \quad \int_G d\mu(g)\, f(g) \equiv \int_G d\boldsymbol{a}\, \rho(\boldsymbol{a})\, f(g)\,. \tag{20.37}$$

Mit $d\mu(g) = \rho(\boldsymbol{a})d\boldsymbol{a}$ bezeichnen wir das Integrationsmaß, auch **Haar-Maß** genannt. Über die Dichtefunktion müssen wir uns noch Gedanken machen. Das Integral soll natürlich unabhängig von der speziellen Wahl der Parametrisierung sein. Man kann dies dadurch erreichen, dass das Maß unabhängig von der Position innerhalb der Gruppe ist, also für beliebiges $h \in G$ muss $d\mu(hg) = d\mu(gh) = d\mu(g)$ gelten. Für kompakte Gruppen ist das möglich. Auch wollen wir das Integral über 1 auf den Wert 1 normieren.

Beispiel

Die Darstellung $\exp(\mathrm{i}\varphi)$ für die Gruppe $U(1)$ hat ein einfaches Gruppenintegral der Form

$$\frac{1}{2\pi}\int_0^{2\pi} d\varphi\ f(g(\varphi))\,.$$

Offensichtlich ist es unter Transformationen der Form $g \to a\,g$ (wobei $a = \exp(\mathrm{i}\alpha)$ ein beliebiges, aber festgehaltenes Gruppenelement bezeichnet) invariant, da ja $d(\varphi+\alpha) = d\varphi$ gilt. □

Ohne Beweis stellen wir fest, dass (für kompakte Gruppen) im Allgemeinen

$$\rho(\boldsymbol{a}) = C\left(\det M_{ij}\big|_{b\to 0}\right)^{-1} \quad \text{mit} \quad M_{ij} = \frac{\partial h_i(\boldsymbol{a},\boldsymbol{b})}{\partial b_j}\,, \tag{20.38}$$

wobei h_j die Gruppenmultiplikation im Parameterraum entsprechend (20.32) definiert und C eine multiplikative Konstante ist, welche die Normierung des Integrals festlegt.

Die Orthogonalitätsbeziehungen für Charaktere lassen sich nun als

$$\int_G d\mu(g)\ \overline{\chi_i(g)}\ \chi_j(g) = \delta_{ij} \tag{20.39}$$

formulieren, und wie für endliche Gruppen kann man Funktionen über der Gruppe analog der Charakter-Entwicklung (20.30) in Beiträge von irreduziblen Darstellungen zerlegen.

Beispiel

Die irreduziblen Darstellungen der Gruppe $U(1)$ sind eindimensional und haben die Form $\exp(\mathrm{i}m\varphi)$ mit $\varphi \in [0, 2\pi)$ und m ganzzahlig (auch negativ!). Die Orthogonalitätsrelation lautet:

$$\chi_k(g) = \mathrm{e}^{\mathrm{i}k\varphi} \quad \Rightarrow \quad \frac{1}{2\pi}\int_0^{2\pi} d\varphi\ \mathrm{e}^{-\mathrm{i}k\varphi}\,\mathrm{e}^{\mathrm{i}m\varphi} = \delta_{km}\,,$$

und diese Beziehung ist uns im Kap. 13 über Fourierreihen schon begegnet.

In der Theorie geladener Elementarteilchen bezeichnet m die Ladung des entsprechenden Teilchens und die Multiplikation aller Wellenfunktionen mit dem Gruppenelement lässt das physikalische System invariant. Wir betrachten die Wellenfunktion $\cos(2\varphi)$; welche irreduziblen Darstellungen enthält sie? Dazu folgen wir (20.30) und berechnen

$$c_m = \frac{1}{2\pi}\int\limits_0^{2\pi} d\varphi\ \cos(2\varphi)\,\chi_m(\varphi) = \frac{1}{2\pi}\int\limits_0^{2\pi} d\varphi\ \cos(2\varphi)\,\mathrm{e}^{\mathrm{i}m\varphi} = 1 \quad \text{für} \quad m = 2, -2\,.$$

□

20.5.2 Generatoren und Lie-Algebra

Bei den verschiedenen Parametrisierungen (die im Prinzip ja auch von einem Teil der Gruppe zu einem anderen Teil der Gruppe wechseln können) kann man das Einheitselement durch die Wahl

$$g(\boldsymbol{a} = 0) = e \tag{20.40}$$

bevorzugen. Man kann um das Einheitselement im Parameterraum (der wesentlichen, reellen Parameter) entwickeln und eine Taylorreihe für die Gruppenelemente schreiben,

$$g(\boldsymbol{a}) = g(0) + \sum_k a_k \left.\frac{\partial g(\boldsymbol{a})}{\partial a_k}\right|_{\boldsymbol{a}=0} + \mathcal{O}(a^2)\,. \tag{20.41}$$

Die ersten Ableitungen beschreiben die Struktur der Gruppe nahe der Einheit. Man definiert mit ihrer Hilfe die **Generatoren** X der Lie-Gruppe,

$$\mathrm{i}X_k \equiv \left.\frac{\partial g(\boldsymbol{a})}{\partial a_k}\right|_{\boldsymbol{a}=0}\,. \tag{20.42}$$

(Zur Beachtung: In verschiedenen Texten werden die Generatoren oft auch mit dem Faktor i oder mit einem zusätzlichen Minuszeichen definiert.) Die Zahl der Generatoren ist gleich der Zahl der wesentlichen, reellen Parameter der Lie-Gruppe. Abelsche Gruppen haben nur einen Parameter und auch nur einen Generator.

Wenn g eine Darstellungsmatrix der Gruppe ist, dann sind die Generatoren natürlich auch Matrizen. Die Generatoren einer unitären oder orthogonalen Gruppe sind hermitisch, da ja (wir verwenden die Matrixdarstellung)

$$\begin{aligned} g(a)\,g(a)^{-1} &= g(a)\,g(a)^{\dagger} \\ &= \Big(\mathbf{1} + \mathrm{i}\sum_k X_k\,a_k + \mathcal{O}(a^2)\Big)\Big(\mathbf{1} - \mathrm{i}\sum_j X_j^{\dagger}\,a_j + \mathcal{O}(a^2)\Big) \\ &= \mathbf{1} + \mathrm{i}\sum_k \Big(X_k - X_k^{\dagger}\Big)\,a_k + \mathcal{O}(a^2) \end{aligned} \tag{20.43}$$

und damit (in der betrachteten Ordnung)

$$X_k = X_k^\dagger \,. \tag{20.44}$$

Tatsächlich ergibt sich für diese (unitären oder orthogonalen) Gruppen noch eine wichtige Eigenschaft: Die Gruppenelemente können mit Hilfe ihrer hermitischen Generatoren in Exponentialform angeschrieben werden,

$$g(\boldsymbol{a}) = \exp\left(\mathrm{i}\sum_k X_k\, a_k\right) . \tag{20.45}$$

Man erkennt leicht die Unitarität (beziehungsweise für reelle Matrizen die Orthogonalität)! Wegen der Unitarität der Gruppe ist auch $\det g = 1$ und daher wegen (3.146)

$$\det g = \exp\left[\mathrm{tr}\,(\ln g)\right] = \exp\left[\mathrm{tr}\left(\mathrm{i}\sum_k X_k a_k\right)\right] = 1 \quad \Rightarrow \quad \mathrm{tr}(X) = 0\,. \tag{20.46}$$

Die Generatormatrizen müssen daher hermitisch und „spurlos" sein.

Beispiel

Die Gruppe $U(1)$ hat die Darstellung

$$g(\varphi) = \mathrm{e}^{\mathrm{i}\varphi} \quad \Rightarrow \quad X = 1\,.$$

Die dazu isomorphe Gruppe $SO(2)$ hat in Matrixdarstellung den Generator

$$\begin{aligned} g(\varphi) &= \begin{pmatrix} \cos\varphi & \sin\varphi \\ -\sin\varphi & \cos\varphi \end{pmatrix} \quad \Rightarrow \\ \mathrm{i}\,X &= \left.\begin{pmatrix} -\sin\varphi & \cos\varphi \\ -\cos\varphi & -\sin\varphi \end{pmatrix}\right|_{\varphi=0} = \begin{pmatrix} 0 & 1 \\ -1 & 0 \end{pmatrix} \quad \Rightarrow \quad X = \begin{pmatrix} 0 & -\mathrm{i} \\ \mathrm{i} & 0 \end{pmatrix} \end{aligned}$$

und daher auch die Exponentialform der Darstellung

$$g(\varphi) = \exp\left(\mathrm{i}\,\varphi\, X\right) = \exp\left[\begin{pmatrix} 0 & \varphi \\ -\varphi & 0 \end{pmatrix}\right] .$$

Durch die Reihendarstellung der Exponentialfunktion kann man die ursprüngliche Form rekonstruieren (man beachte dabei $(\mathrm{i}\,X)^2 = -\mathbf{1}$):

$$\begin{aligned} \exp\left(\mathrm{i}\,\varphi\, X\right) = \sum_{k=0}^{\infty} \frac{\varphi^k}{k!}\left(\mathrm{i}\,X\right)^k &= \mathbf{1} \sum_{n=0}^{\infty} \frac{(-1)^n\, \varphi^{2n}}{(2n)!} + \mathrm{i}\,X \sum_{n=0}^{\infty} \frac{(-1)^n\, \varphi^{2n+1}}{(2n+1)!} \\ &= \mathbf{1}\cos\varphi + \mathrm{i}\,X\,\sin\varphi = \begin{pmatrix} \cos\varphi & \sin\varphi \\ -\sin\varphi & \cos\varphi \end{pmatrix} . \end{aligned}$$

□

Beispiel

Die Gruppe der Translationen

$$T(a) : x \mapsto x' = x + a \quad \text{mit} \quad T(a)\,T(b) = T(a+b)$$

ist abelsch und hat einen Parameter. Die Darstellung der Transformationen für Funktionen von x soll die Form

$$T(a)\,f(x) = f(x+a)$$

haben. Damit berechnet sich der Generator zu

$$\mathrm{i}\,X\,f(x) = \left.\frac{\partial T(a)\,f(x)}{\partial a}\right|_{a=0} = \left.\frac{\partial f(x+a)}{\partial a}\right|_{a=0} = \frac{d}{dx} f(x) \quad \Rightarrow \quad X = -\mathrm{i}\,\frac{d}{dx}\,.$$

In dieser Darstellung ist der Generator der Translation also ein Differenzialoperator (vergleiche Kap. 16)! Der Translationsoperator ergibt sich zu

$$T(a)\,f(x) = \exp\left(a\,\frac{d}{dx}\right) f(x)\,,$$

und wir haben ein Aha-Erlebnis: Wie bei Matrizen sind auch Funktionen von Differenzialoperatoren durch die entsprechende Potenzreihe definiert. Damit wird (im Konvergenzgebiet)

$$T(a)\,f(x) = \sum_k \frac{a^k}{k!} \frac{d^k f(x)}{dx^k} = f(x+a)\,,$$

und wir erkennen darin die Taylorreihe! □

Die Gruppe $SU(2)$ in der 2×2-Matrixdarstellung wurde schon in Exponentialform (20.36) angeschrieben. Man erkennt daraus, dass die drei Generatoren einfach proportional den Pauli-Matrizen (20.35) sind,

$$U(\boldsymbol{a}) = \exp\left(\frac{\mathrm{i}}{2} \sum_{k=1}^{3} a_k\,\sigma_k\right) \quad \Rightarrow \quad X_k = \frac{1}{2}\,\sigma_k\,. \tag{20.47}$$

Dies ist auch die niedrigstdimensionale treue Darstellung der $SU(2)$. Allgemein hat die $SU(2)$ Matrixdarstellungen der Dimension n für alle ganzzahligen $n \geq 2$.

Die Gruppe der Raumdrehungen $SO(3)$ hat – entsprechend den drei Winkeln, die eine Drehung festlegen – auch drei Parameter und drei Generatoren. Man kann jeweils die

Drehung um eine der Koordinatenachsen betrachten. Drehen wir zum Beispiel um die x_3-Achse, so ist die Drehmatrix

$$\mathbf{R}_3(\alpha) = \begin{pmatrix} \cos\alpha & \sin\alpha & 0 \\ -\sin\alpha & \cos\alpha & 0 \\ 0 & 0 & 1 \end{pmatrix} \quad \Rightarrow \quad \mathrm{i}\,X_3 = \left.\frac{\partial \mathbf{R}_3(\alpha)}{\partial\alpha}\right|_{\alpha=0} = \begin{pmatrix} 0 & 1 & 0 \\ -1 & 0 & 0 \\ 0 & 0 & 0 \end{pmatrix} . \tag{20.48}$$

Analog bestimmt man die anderen Generatoren und erhält so

$$X_1 = \begin{pmatrix} 0 & 0 & 0 \\ 0 & 0 & -\mathrm{i} \\ 0 & \mathrm{i} & 0 \end{pmatrix} , \quad X_2 = \begin{pmatrix} 0 & 0 & \mathrm{i} \\ 0 & 0 & 0 \\ -\mathrm{i} & 0 & 0 \end{pmatrix} , \quad X_3 = \begin{pmatrix} 0 & -\mathrm{i} & 0 \\ \mathrm{i} & 0 & 0 \\ 0 & 0 & 0 \end{pmatrix} . \tag{20.49}$$

Man kann die Elemente der Generatoren in einer einfachen Art hinschreiben:

$$(X_k)_{ij} = -\mathrm{i}\,\epsilon_{kij} . \tag{20.50}$$

Dabei ist wiederum der antisymmetrische Tensor ϵ_{ijk} (siehe Kap. 10) nützlich. Die Generatoren der Drehung sind – wie erwartet – hermitische Matrizen. Eine Drehung um eine Drehachse, deren Richtung durch den Einheitsvektor $\boldsymbol{n}$ gegeben sei, hat die Darstellungsmatrix

$$\mathbf{R}(\boldsymbol{n},\varphi) = \exp\left(\mathrm{i}\,\varphi \sum_k n_k\, X_k\right) . \tag{20.51}$$

Raumdrehungen sind nicht kommutativ. Wir betrachten die folgende Reihenfolge von Drehungen (oder allgemein unitären Gruppenelementen)

$$R_1\, R_2\, R_1^{-1}\, R_2^{-1} \tag{20.52}$$

und entwickeln sie in ihren Parametern bis zu quadratischer Ordnung:

$$\begin{aligned} R_1 &= 1 + \mathrm{i}\,a_1\, X_1 - \frac{1}{2} a_1^2\, X_1^2 + \mathcal{O}(a_1^3) \\ R_1^{-1} &= R_1^\dagger = 1 - \mathrm{i}\,a_1\, X_1 - \frac{1}{2} a_1^2\, X_1^2 + \mathcal{O}(a_1^3) \\ R_1\, R_2\, R_1^{-1}\, R_2^{-1} &= 1 - a_1\, a_2\, (X_1\, X_2 - X_2\, X_1) + \mathcal{O}(a^3) . \end{aligned} \tag{20.53}$$

Das Ergebnis muss wieder ein Gruppenelement sein, also

$$X_1\, X_2 - X_2\, X_1 = \mathrm{i} \sum_k c^k{}_{12}\, X_k . \tag{20.54}$$

Es ist dies ein Kommutator wie in (3.22). Im Allgemeinen gilt für die Generatoren einer Lie-Gruppe

$$[X_i, X_j] = \mathrm{i} \sum_k c^k{}_{ij}\, X_k , \tag{20.55}$$

wobei die Koeffizienten **Strukturkonstanten** der Lie-Gruppe heißen und antisymmetrisch in den Indizes i, j sind.

Im Beispiel der $SO(3)$ kann man leicht überprüfen, dass der Kommutator die Form

$$[X_i, X_j] = \mathrm{i} \sum_k \epsilon_{ijk} X_k \tag{20.56}$$

hat, und die Strukturkonstanten daher durch den antisymmetrischen Tensor gegeben sind, $c^k{}_{ij} = \epsilon_{ijk}$.

Man kann diese Kommutatorbeziehung (20.55) als Multiplikationsgesetz für die Generatoren betrachten, die damit die Regeln eines Vektorraums, ja sogar einer Algebra erfüllen (siehe Kapitel 3). Daher nennt man diesen Vektorraum der Generatoren die **Lie-Algebra** der Gruppe. In Analogie zum Gruppennamen bezeichnet man die entsprechende Lie-Algebra mit kleinen Buchstaben, also $u(1)$, $so(2)$, $su(2)$ und so weiter. Die Generatoren sind linear unabhängig und bilden die Basis der Algebra.

Für Kommutatoren gilt allgemein die **Jacobi-Identität**

$$\left[X_i, \left[X_j, X_k\right]\right] + \left[X_j, [X_k, X_i]\right] + \left[X_k, \left[X_i, X_j\right]\right] = 0\,. \tag{20.57}$$

(Man sieht dies leicht durch explizites Aufschreiben.) Wenn wir (20.55) beachten, ergibt sich:

$$\begin{aligned} \textstyle\sum_n \left(\left[X_i, c^n{}_{jk} X_n\right] + \left[X_j, c^n{}_{ki} X_n\right] + \left[X_k, c^n{}_{ij} X_n\right]\right) &= 0 \\ \textstyle\sum_{n,m} X_m \left(c^n{}_{jk}\, c^m{}_{in} + c^n{}_{ki}\, c^m{}_{jn} + c^n{}_{ij}\, c^m{}_{kn}\right) &= 0\,. \end{aligned} \tag{20.58}$$

Da die Generatoren linear unabhängig sind, finden wir für jedes m die Beziehung

$$\sum_n \left(c^n{}_{jk}\, c^m{}_{in} + c^n{}_{ki}\, c^m{}_{jn} + c^n{}_{ij}\, c^m{}_{kn}\right) = 0\,. \tag{20.59}$$

Die Summen gehen dabei über alle erlaubten Werte der Indizes (also die Anzahl der Generatoren).

Die Strukturkonstanten aus (20.55) erlauben es, sofort eine Matrixdarstellung für die Generatoren hinzuschreiben. Diese so genannte **adjungierte Darstellung** hat die Dimension der Zahl der wesentlichen Parameter und lautet:

$$(X_k)_{ij} = \mathrm{i}\, c^i{}_{jk}\,. \tag{20.60}$$

Dass dies tatsächlich die Algebra darstellt, erkennt man, wenn man sie in die Kommutatorbeziehung einsetzt:

$$\begin{aligned} X_i\,X_j - X_j\,X_i &= \mathrm{i}\sum_n c^n{}_{ij}\,X_n \quad \Rightarrow \\ -\sum_n \left(c^m{}_{ni}\,c^n{}_{kj} + c^m{}_{nj}\,c^n{}_{ki}\right) &= \sum_n c^n{}_{ij}\,c^m{}_{kn}\,, \\ \sum_n \left(c^m{}_{ni}\,c^n{}_{kj} + c^m{}_{jn}\,c^n{}_{ki} + c^n{}_{ij}\,c^m{}_{kn}\right) &= 0\,, \\ \sum_n \left(c^n{}_{jk}\,c^m{}_{in} + c^n{}_{ki}\,c^m{}_{jn} + c^n{}_{ij}\,c^m{}_{kn}\right) &= 0\,. \end{aligned} \tag{20.61}$$

Wir haben dabei die Antisymmetrie der Strukturkonstanten verwendet; man erkennt die Jacobi-Identität (20.59) wieder! Die schon früher festgestellte Form (20.50) für die Generatoren der Gruppe $SO(3)$ gilt also laut (20.60) allgemein.

Durch eine geeignete Wahl der Basiselemente in der Algebra der Generatoren, die unter Umständen eine geeignete Linearkombination erforderlich macht, kann man (für kompakte, halbeinfache Lie-Gruppen) die Strukturkonstanten so wählen, dass sie antisymmetrisch in allen drei Indizes sind. Bei abelschen Lie-Gruppen, die nur einen Generator haben, verschwinden die Strukturkonstanten.

Ebenfalls von Interesse ist die maximale Menge von Generatoren einer Lie-Algebra, die miteinander kommutieren. Diese Menge nennt man die **Cartan-Unteralgebra**. Die Anzahl definiert den **Rang der Gruppe**. Für halbeinfache Lie-Gruppen (die keinen abelschen Normalteiler haben) ist der Rang zumindest 1. Es gibt für jeden Rang nur eine endliche Anzahl einfacher Lie-Algebren!

Der Rang r gibt auch an, wie viele nichtlineare, invariante Operatoren, die mit allen Elementen der Algebra kommutieren, konstruiert werden können. Das sind die so genannten **Casimir-Operatoren**, welche Eigenschaften (Quantenzahlen) des Multipletts charakterisieren. Für die unitären Gruppen $SU(N)$ ist der Rang $N-1$. In der Elementarteilchenphysik werden die Quarks auch nach ihrem „Geschmack" klassifiziert, und die Symmetriegruppe ist die $SU(N_f)$. Der Rang ist dort die Zahl der Quantenzahlen zusätzlich zur Baryonenzahl.

Beispiel

Die Drehgruppe im $\mathbb{R}^3$ ist die schon oft besprochene $SO(3)$; sie hat drei Generatoren und jeder Kommutator zwischen zwei verschiedenen Generatoren ist proportional dem dritten Generator. Nur mit sich selbst kommutieren die Generatoren. Eine maximale Menge miteinander kommutierender Generatoren hat also höchstens ein Element. Der Rang der $SO(3)$ ist daher $r = 1$.

Es muss damit einen Casimir-Operator geben. In diesem Fall ist dieser Operator proportional der Einheit:

$$\left(X_1^2 + X_2^2 + X_3^2\right) = 2\,\mathbf{1}\,. \tag{20.62}$$

□

Unterschiedliche Gruppen können dieselben Strukturkonstanten haben. Die Strukturkonstanten der $SO(3)$ sind , wie oben besprochen, ${c^k}_{ij} = \epsilon_{ijk}$. Bei der $SU(2)$ sind die (ebenfalls drei) Generatoren den Pauli-Matrizen proportional,

$$\begin{aligned} X_k = \tfrac{1}{2}\sigma_k \quad \Rightarrow \quad [X_i, X_j] &= \frac{1}{4}[\sigma_i, \sigma_j] = \frac{1}{4}\,2\,\mathrm{i} \sum_k \epsilon_{ijk}\,\sigma_k \\ &= \mathrm{i} \sum_k \epsilon_{ijk}\,X_k \end{aligned} \tag{20.63}$$

und damit ebenfalls ${c^k}_{ij} = \epsilon_{ijk}$. Daher ist die Struktur der beiden Gruppen nahe dem Einheitselement dieselbe! Isomorphe Lie-Algebren führen zu Gruppen, die um die Einheit herum (also lokal) isomorph sind.

Das bedeutet aber keineswegs globalen Isomorphismus. Tatsächlich handelt es sich bei der Beziehung zwischen der $SU(2)$ und der $SO(3)$ um einen Homomorphismus. Der Grund ist, dass die $SU(2)$ einen abelschen Normalteiler, ein Zentrum Z_2 hat. Wir zeigen gleich, dass $SU(2)/Z_2 \cong SO(3)$.

Ein Gruppenelement in der niedrigst-dimensionalen treuen Darstellung der $SU(2)$, der so genannten **fundamentalen Darstellung**, ist eine komplexe, unitäre 2×2-Matrix U mit $\det U = 1$. Die Abbildung zwischen einem Gruppenelement $U \in SU(2)$ und einer 3×3-Drehmatrix $\mathbf{R} \in SO(3)$ ist

$$(\mathbf{R})_{ij} = \frac{1}{2}\,\mathrm{tr}\left(U\,\sigma_i\,U^\dagger\,\sigma_j\right)\,, \tag{20.64}$$

oder mit Hilfe von

$$\begin{aligned} \mathbf{U}(\boldsymbol{n}, a) &= \exp\left(\frac{\mathrm{i}}{2}\boldsymbol{a}\cdot\boldsymbol{\sigma}\right) \\ &= \mathbf{1}\cos\frac{a}{2} + \mathrm{i}\,\boldsymbol{\sigma}\cdot\boldsymbol{n}\,\sin\frac{a}{2} \quad \text{mit} \quad \boldsymbol{a} = a\,\boldsymbol{n} \quad \Rightarrow \\ (\mathbf{R})_{ij} &= n_i\,n_j + (\delta_{ij} - n_i\,n_j)\cos a - \epsilon_{ijk}\,n_k \sin a\,, \end{aligned} \tag{20.65}$$

(für die Ableitung ist eine der Aufgaben am Schluss dieses Kapitels nützlich!) Wir erkennen darin (10.63) wieder. Wegen

$$U(\boldsymbol{n}, a) = U(-\boldsymbol{n}, 4\pi - a) \tag{20.66}$$

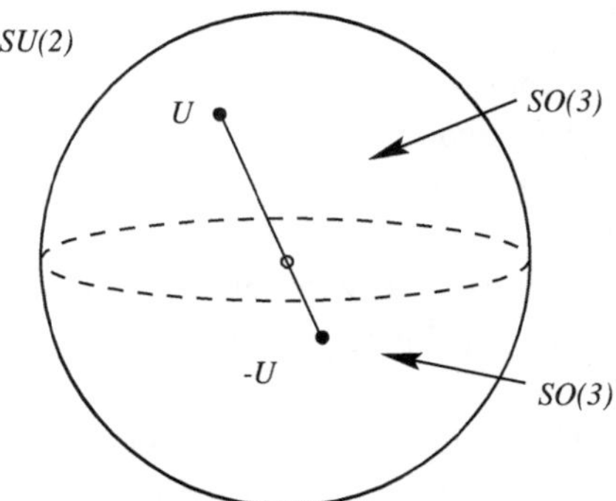

Abb. 20.5 Die Elemente der Gruppe $SU(2)$ überdecken die Gruppe $SO(3)$ zweimal, je zwei $SU(2)$-Elemente (nämlich U und $-U$) bilden auf dasselbe Element der $SO(3)$ ab. In der Abbildung sind die $SU(2)$-Matrizen durch die Punkte $\boldsymbol{a}$ im Innern der Kugel (mit Radius $2\,\pi$) dargestellt. Das Zentrum entspricht dem Element 1, der Wert $a = 2\,\pi$ dem Element -1

sind alle Gruppenelemente durch den Wertebereich $\{\boldsymbol{n} \in \mathbb{R}^3, |\boldsymbol{n}| = 1, a \in [0, 2\pi]\}$ erfasst. Genauer gesagt ist es das Innere der Kugel mit Radius 2π plus dem Rand der oberen Halbkugel. Jedes Element U hat seinen Partner $-U$ in der jeweils entgegengesetzten Halbkugel.

Während die Periodizität des Winkels φ der reellen 3×3-Matrizen also $2\,\pi$ ist, haben die $SU(2)$-Matrizen eine Periodizität in a von $4\,\pi$. Man sieht, dass neben einem U auch das Element $-U$ zur selben $SO(3)$-Matrix führt, da sich die beiden Minus-Vorzeichen in (20.64) wegheben. Die $SU(2)$ überdeckt die $SO(3)$ also zweimal (Abb. 20.5). Die Elemente der oberen Halbkugel entsprechen allen Elementen der $SO(3)$; aber auch die Elemente der unteren Halbkugel entsprechen allen Elementen der $SO(3)$.

Diese Abbildung ist daher ein Homomorphismus. Die Gruppen sind nur lokal – in der Nähe des Einheitselements – isomorph. Die $SO(3)$ ist die Faktorgruppe der $SU(2)$, und es ist $SU(2)/Z_2 \cong SO(3)$.

M.20.4 Kurz und klar: Darstellungen der $SU(2)$

Die Gruppe $SU(2)$ beschreibt die Transformation von Zuständen (Wellenfunktionen) der Quantenmechanik mit bestimmtem Spin unter Drehungen. Die Dimension der Darstellungen ist $(2\,j + 1)$; j kann ganzzahlige Werte (0, 1, 2…) haben, aber auch halbzahlige Werte ($1/2$, $3/2$,…).

Der Spin – auch Eigendrehimpuls genannt – kann relativ zu einer vorgegebenen Richtung die Werte $-j$, $(-j + 1), \ldots, (j - 1)$, j annehmen, also für $j = 0$ den Wert 0, für $j = 1/2$ die Werte $-1/2$ und $1/2$, für $j = 1$ die Werte -1, 0 und 1 und so weiter. Diese Darstellungen sind die irreduziblen Darstellungen der $SU(2)$. Für die ganzzahligen Werte von j sind die Darstellungen identisch denen der $SO(3)$.

Die in der Physik übliche Notation ist J_x, J_y und J_z für die drei Generatoren der Gruppe, welche den Komponenten des quantenmechanisches Drehimpuls-Operators $\boldsymbol{J}$ entsprechen, einer für jede der drei Raumrichtungen. Es gibt genau einen Casimir-Operator $\boldsymbol{J}^2 \equiv J_x^2 + J_y^2 + J_z^2$, sowie einen mit ihm kommutierenden Generator. Es ist üblich, dafür J_z zu wählen. Da die beiden ein gemeinsames Eigensystem haben, kann man die Eigenvektoren nach den beiden Eigenwerten klassifizieren:

$$\begin{aligned} \boldsymbol{J}^2\, \boldsymbol{v}(j,m) &= j(j+1)\, \boldsymbol{v}(j,m) \\ J_z\, \boldsymbol{v}(j,m) &= m\, \boldsymbol{v}(j,m)\,. \end{aligned} \tag{M.20.4.1}$$

In dieser Darstellung ist $\boldsymbol{J}^2$ proportional der Einheitsmatrix (siehe zum Beispiel (20.62) für den Fall $j = 1$ oder $\boldsymbol{\sigma}^2/4$ für $j = 1/2$), und der Generator J_z ist diagonal mit den Elementen $m = -j, (-j+1), \ldots, (j-1), j$, oft auch Magnetquantenzahlen genannt.

Eine besondere Rolle spielen die Kombinationen

$$J_+ = J_x + \mathrm{i}\, J_y\,, \quad J_- = J_x - \mathrm{i}\, J_y\,, \tag{M.20.4.2}$$

die so genannten **Leiteroperatoren**. Mit ihrer Hilfe kann man aus einem Eigenvektor und Eigenwert von J_z alle weiteren Eigenvektoren und Eigenwerte konstruieren. Man sieht aus den Kommutatorbeziehungen (20.56), dass

$$[J_z, J_+] = J_+\,, \quad [J_z, J_-] = -J_-\,. \tag{M.20.4.3}$$

Wenn wir die erste Kommutatorbeziehung auf den Eigenvektor zum kleinsten Eigenwert $\boldsymbol{v}(j, m = -j)$ anwenden und dabei die Eigenwertgleichung berücksichtigen, so finden wir

$$\begin{aligned} J_z\, J_+\, \boldsymbol{v}(j,-j) - J_+\, J_z\, \boldsymbol{v}(j,-j) &= J_+\, \boldsymbol{v}(j,-j) \\ \text{mit} \quad J_z\, \boldsymbol{v}(j,-j)) &= -j\, \boldsymbol{v}(j,-j) \\ \Rightarrow \quad J_z\, [J_+\, \boldsymbol{v}(j,-j)]) &= (-j+1)[J_+\, \boldsymbol{v}(j,-j)]\,. \end{aligned}$$

Offenbar ist

$$J_+\, \boldsymbol{v}(j,-j) \propto \boldsymbol{v}(j,-j+1)\,,$$

also proportional zum Eigenvektor mit Eigenwert $m = (-j+1)$. Man kann mit J_+ also eine Sprosse auf der Leiter der Eigenwerte hoch steigen, daher der Name Leiteroperator. Das kann wiederholt werden, bis der größte Eigenwert erreicht wird. Weitere Anwendung von J_+ liefert dann 0, also keinen weiteren Eigenvektor. Auf diese Art sieht man, dass $m_{\max} = m_{\min} + 2\,j$.

Analoges kann man für J_- zeigen, der jeweils eine Sprosse herab steigt. Wir fassen die Regeln für Leiteroperatoren zusammen:

$$\begin{aligned} J_+ \, \boldsymbol{v}(j,\lambda) &\propto \boldsymbol{v}(j,\lambda+1)\,, \qquad J_+ \, \boldsymbol{v}(j,j) = 0\,, \\ J_- \, \boldsymbol{v}(j,\lambda) &\propto \boldsymbol{v}(j,\lambda-1)\,, \qquad J_- \, \boldsymbol{v}(j,-j) = 0\,, \end{aligned} \qquad \text{(M.20.4.4)}$$

Das Gruppenelement einer Drehung um die z-Achse ist

$$D(g(\alpha, z)) = \mathrm{e}^{\mathrm{i}\,\alpha\, J_z} \qquad \text{(M.20.4.5)}$$

und daher ebenfalls diagonal in diesem Basissystem. Da seine Spur den Charakter der Konjugationsklasse in der entsprechenden Darstellung angibt, finden wir abhängig von j

$$\chi_j(D) = \operatorname{tr}\left(\mathrm{e}^{\mathrm{i}\,\alpha\, J_z}\right) = \frac{\sin \alpha (j + \frac{1}{2})}{\sin \frac{1}{2}\alpha}\,. \qquad \text{(M.20.4.6)}$$

Der Charakter hängt offenbar nur vom Drehwinkel α ab.

Das Gruppenintegral hat für die $SU(2)$ in der Darstellung $\mathsf{A} = a_0 \mathbf{1} + \mathrm{i}\boldsymbol{a} \cdot \boldsymbol{\sigma}$ (vgl.(20.5)) die Form

$$\int d^4 a \; \delta^{(4)}(a^2 - 1) \ldots = \int\limits_{|\boldsymbol{a}| \le 1} \frac{d^3 \boldsymbol{a}}{\sqrt{1 - \boldsymbol{a}^2}} \ldots \quad \text{wobei} \quad a^2 = a_0^2 + \boldsymbol{a}^2\,. \qquad \text{(M.20.4.7)}$$

Ausgedrückt mit Hilfe von (20.65) kann man das umformen (Aufgabe 20.19). Wenn der Integrand nur von α abhängt, wie das für die Charaktere der Fall ist, so erhält man folgende Orthogonalitätsrelation:

$$\int\limits_G d\mu(g)\, \overline{\chi}_i(g)\, \chi_j(g) = \frac{1}{\pi} \int\limits_0^{2\pi} d\alpha \; \sin^2 \frac{\alpha}{2}\, \overline{\chi}_i(\alpha)\, \chi_j(\alpha) = \delta_{ij}\,. \qquad \text{(M.20.4.8)}$$

Man kann sie, wie schon besprochen, zur Entwicklung von Klassenfunktionen nach den Charakteren der irreduziblen Darstellungen verwenden.

20.5.3 Anwendungen in der Physik

Kristallgruppen

Einige dieser endlichen Symmetriegruppen wurden im ersten Teil dieses Kapitels behandelt. Sie erlauben die Klassifizierung der Symmetrieeigenschaften fester Materialien und damit die Ableitung verschiedener Invarianzeigenschaften (Näheres siehe [4]).

SU(2) und *SO(3)*

Die $SO(3)$ ist die Gruppe der Raumdrehungen in 3 Dimensionen. Ihre Generatoren dienen zur Beschreibung des Drehimpulses. Die (reellen) Darstellungen der $SO(3)$ haben ungeradzahlige Dimension. Die Darstellungen der $SU(2)$ sind $n \times n$-Matrizen mit $n \geq 2$. Alle ungeradzahligen Darstellungen der $SU(2)$, also jede zweite, stimmen mit Darstellungen der $SO(3)$ überein.

In der Quantenphysik ist der Drehimpuls (oder Spin) quantisiert und seine möglichen Werte sind halb- und ganzzahlig. Wellenfunktionen mit Spin j werden mit Hilfe von Darstellungen der $SU(2)$ der Dimension $(2j + 1)$ beschrieben. Spin $1/2$ entspricht also der 2×2-Darstellung, Spin 1 der 3×3-Darstellung, die gleichzeitig auch die adjungierte Darstellung der $SU(2)$ und der $SO(3)$ ist. Ganzzahlige Spins kann man also mit den Darstellungen der $SO(3)$ beschreiben, für halbzahlige Spins benötigt man die größere $SU(2)$.

SU(3)

Ebenfalls eine zentrale Rolle in der Quantenphysik, genauer: in der Elementarteilchenphysik, spielt die Symmetriegruppe $SU(3)$. Sie ist die Symmetriegruppe der starken Kraft (Quantenchromodynamik), welche die Quarks zu Hadronen (wie etwa Protonen, Neutronen und Pionen) bindet. Diese Gruppe hat 8 Generatoren, die fundamentale Darstellung hat die Dimension 3. Die Algebra hat eine Unteralgebra von zwei miteinander kommutierenden Generatoren, und daher hat die Gruppe den Rang 2.

Größere Lie-Gruppen

Man hat experimentelle Hinweise auf die Existenz von sechs verschiedenen Quark-Sorten: up, down, strange, charm, top und bottom. Gleichzeitig gibt es aber auch sechs Arten von Leptonen: Elektron, Muon, Tau und die entsprechenden drei Neutrinos. Die Theorie fasst diese Teilchen in einer $SU(6)$-Symmetrie zusammen. Noch weitaus größere Lie-Gruppen werden in den Theorien mit Supersymmetrie (einer Symmetrie zwischen Fermionen und Bosonen) und in den Superstringtheorien verwendet.

Lorentz und Poincaré

Nach unserem heutigen Verständnis sollten die Naturgesetze dieselbe Form in verschiedenen Referenzsystemen haben, unbeeinflusst von den folgenden Transformationen zwischen verschiedenen Systemen:

- Translationen in Raum oder Zeit.
- Drehungen im Raum.
- Lorentz-Boosts (eine Art Drehungen zwischen Raum- und Zeit- Koordinaten).

Diese Transformationen (vergleiche auch Kap. 10)

$$x'_\mu = \Lambda_\mu{}^\nu x_\nu + a_\mu \tag{20.67}$$

nennt man inhomogene Lorentz-Transformationen, die Symmetriegruppe ist die **inhomogene Lorentz-Gruppe** oder auch **Poincaré Gruppe**. Die Drehungen und Boosts allein bilden die homogene Lorentz-Gruppe mit der Bezeichnung $SO(3,1)$. Sie ist der $SO(4)$ verwandt, allerdings wird eine Richtung (eben die Zeit) abweichend von den Raumrichtungen behandelt.

20.6 Aufgaben und Lösungen

20.6.1 Aufgaben

20.1: Zeigen Sie, dass komplexe, unitäre 2×2-Matrizen mit Determinante 1 (vgl. (20.5)) eine Gruppe bezüglich der Matrixmultiplikation bilden!

20.2: Bilden die Elemente der Menge $\{0, 1, 2, 3\}$ eine Gruppe bezüglich der Gruppenoperation

$$(a) \qquad a \circ b \equiv (a\,b) \bmod 4 \quad ?$$
$$(b) \qquad a \circ b \equiv (a + 2b) \bmod 4 \quad ?$$

Konstruieren Sie die Gruppentafel, und überprüfen Sie alle vier geforderten Eigenschaften!

20.3: Wie viele Elemente hat die zyklische Untergruppe der S_3? Finden Sie eine Matrixdarstellung dieser Elemente!

20.4: Diskutieren Sie Untergruppen der Permutationsgruppe S_3 und deren Nebenklassen.

20.5: Zeigen Sie, dass Z_4 nicht der Produktgruppe $Z_2 \times Z_2$ isomorph ist!

20.6: Demonstrieren Sie Cayleys Theorem anhand der Gruppe D_3 der Drehungen und Spiegelungen eines gleichseitigen Dreiecks (6 Elemente).

20.7: Finden Sie eine Matrixdarstellung für die Gruppen S_2 und S_3. Was sind die Dimensionen der irreduziblen Darstellungen?

20.8: Finden Sie die reguläre Matrixdarstellung für die Gruppe Z_3.

20.9: Finden Sie eine 3×3 Matrixdarstellung für die Würfelgruppe; diskutieren Sie Untergruppe, Nebenklassen und Coset.

20.10: Welche Gruppe entspricht den Drehungen um Vielfache von $\pi/2$ und den Spiegelungen $(x \to -x)$ und $(y \to -y)$ in der (x, y)-Ebene? Finden Sie eine Darstellung, Konjugationsklasse und mögliche Untergruppen.

20.11: Zeigen Sie, dass die dihedrale Gruppe D_3 isomorph zur Permutationsgruppe S_3 ist!

20.12: Finden Sie (numerisch) eine 3×3 Matrixdarstellung für die Ikosaedergruppe; diskutieren Sie die Dimensionen der irreduziblen Darstellungen, Untergruppen, Nebenklassen und Cosets. Gibt es eine Darstellung durch komplexe 2×2 Matrizen?

20.13: In (20.36) findet man eine Exponentialform der fundamentalen Matrixdarstellung der $SU(2)$. Zeigen Sie durch Summation, dass diese Darstellung zur Form

$$U(\boldsymbol{a}) = \mathbf{1} \cos(a/2) + \mathrm{i}\, \boldsymbol{\sigma} \cdot (\boldsymbol{a}/a) \sin(a/2) \quad \text{mit} \quad a = |\boldsymbol{a}|$$

führt. Beachten Sie, dass $\sigma_i^2 = \mathbf{1}$.

20.14: Die Pauli-Matrizen (20.35) sind proportional den Generatoren der $SU(2)$. Zeigen Sie, dass

(a) $\sigma_i\, \sigma_j = \delta_{ij} \mathbf{1} + \mathrm{i}\, \epsilon_{ijk}\, \sigma_k$ und berechnen Sie die Spuren
(b) $\mathrm{tr}(\sigma_i\, \sigma_j)$,
(c) $\mathrm{tr}(\sigma_i\, \sigma_j\, \sigma_k)$,
(d) $\mathrm{tr}(\sigma_i\, \sigma_j\, \sigma_k\, \sigma_l)$.

20.15: Die drei Pauli-Matrizen (20.35) kann man als Komponenten eines Vektors $\boldsymbol{\sigma}$ betrachten. Drücken Sie $\boldsymbol{a}$, $\boldsymbol{b}$, $\boldsymbol{a} \cdot \boldsymbol{b}$ und $\boldsymbol{a} \times \boldsymbol{b}$ mit Hilfe der Spurbildung durch die Matrizen $\boldsymbol{a} \cdot \boldsymbol{\sigma}$ und $\boldsymbol{b} \cdot \boldsymbol{\sigma}$ aus.

20.16: Ein Vektor $\boldsymbol{x} \in \mathbb{R}^3$ hat unter $SU(2)$-Transformationen (U seien Matrizen der fundamentalen Darstellung) die Eigenschaft

$$\boldsymbol{x}' \cdot \boldsymbol{\sigma} = U\, (\boldsymbol{x} \cdot \boldsymbol{\sigma})\, U^\dagger \ .$$

Zeigen Sie, dass dies einer $SO(3)$-Drehung $\boldsymbol{x}' = \mathbf{R}\, \boldsymbol{x}$ entspricht.

20.17: Überprüfen Sie für die Gruppe $SU(2)$ die Orthogonalitätsrelation für Charaktere mit Hilfe expliziter Integration.

20.18: Beweisen Sie für die Gruppe $SU(2)$ die Relation zwischen den Charakteren der fundamentalen und der adjungierten Darstellung: $\chi_a = \chi_f^2 - 1$.

20.19: Beweisen Sie mit Hilfe von (20.38) und Darstellung $\mathbf{U} = u_0\mathbf{1} + \mathrm{i}\,\boldsymbol{\sigma} \cdot \boldsymbol{u}$ die Form des Gruppenintegrals für die $SU(2)$ aus (M.20.4.8)!

20.6.2 Lösungen

Vollständige Lösungen unter http://physik.uni-graz.at/~cbl/mm/.

20.2: (a) nein; (b) nein.

20.4: Die Gruppe hat 6 Elemente; eine Untergruppe ist die Menge der geraden Permutationen, das ist hier auch die Menge der zyklischen Permutationen. Es gibt die zwei Nebenklassen H und $H\ (123 \to 213)$.

20.5: Unterschiedliche Gruppentafel!

20.6: $D_3 \cong S_3$.

20.8: Mit Hilfe der Gruppentafel entsprechend (20.23); das ist eine 3×3-Darstellung.

20.11: Neben dem geometrischen Argument (alle Permutationen der drei Ecken des Dreiecks) ist die Konstruktion der Gruppentafel ein eindeutiger Beweis!

20.14: (b) $2\,\delta_{ij}$.

20.16: Mit Summenkonvention:

$$(\mathbf{R})_{ij}\, x_j = {}^1\!/\!_2\,\mathrm{tr}(U\,\sigma_i\,U^\dagger\,\sigma_j\,x_j) = {}^1\!/\!_2\,\mathrm{tr}(\sigma_i\,U^\dagger\,\sigma_j\,x_j\,U) = {}^1\!/\!_2\,\mathrm{tr}(\sigma_i\,\sigma_j\,x'_j) = x'_i.$$

20.18: Verwenden Sie zum Beispiel (M.20.4.6).

Literaturempfehlungen

Wir versuchten in diesem Kapitel die wichtigsten Themen der Gruppentheorie zu besprechen. Nicht behandelt wurden hier weite Bereiche der Darstellungstheorie, Multiplett Strukturen, Kombinationen von Darstellungen (Clebsch-Gordon Koeffizienten, Young Tableaus), Gruppenintegration.

Wir wollen zum Abschluss noch nachdrücklich auf die zentrale Rolle von Eugene Wigner [6] hinweisen, der in den 1930-er Jahren die Gruppentheorie in die Quantenmechanik eingführt hat. Nicht alle Zeitgenossen waren damals von der Bedeutung der „Gruppenpest" überzeugt, aber über die nachfolgenden Jahre hat sich ihre Wichtigkeit bewiesen.

Neben dem Klassiker [7] gibt es natürlich modernere Texte. Ein anspruchsvoller Text über Lie-Gruppen ist [5]. Eine gute Einführung mit Anwendungen in der Physik ist [3] oder - mit vielen Tabellen - [2]. Für die Diskussion der physikalischen Aspekte von Kristallgruppen in der Festkörperphysik gibt es [4] und den neuen Klassiker [1], in der Teilchenphysik [8–10].

Literatur

1. Mildred S. Dresselhaus, Gene Dresselhaus, und Ado Jorio, *Group Theory, Application to the Physics of Condensed Matter* (Springer-Verlag, Berlin Heidelberg, 2008).
2. Marc Wagner, *Gruppentheoretische Methoden in der Physik* (Vieweg, Braunschweig, Wiesbaden, 1998).
3. H. F. Jones, *Groups, Representations and Physics* (Institute of Physics Publishing, Bristol, Bristol, 1998).
4. M. Lax, *Symmetry Principles in Solid State and Molecular Physics* (Dover Publ. Inc., New York, 2001).
5. R. Gilmore, *Lie Groups, Lie Algebras, and Some of Their Applications* (Dover Publ. Inc., New York, 2006).
6. E. Wigner, *Gruppentheorie und ihre Anwendung auf die Quantenmechanik der Atomspektren* (Vieweg, Braunschweig, 1931).
7. M. Hamermesh, *Group Theory and Its Application to Physical Problems* (Addison-Wesley, New York, 1989).
8. D. B. Lichtenberg, *Unitary Symmetry and Elementary Particles* (Academic Press, London, 1978).
9. W. Lucha und F. F. Schöberl, *Gruppentheorie : eine elementare Einführung für Physiker* (Spektrum Akademischer Verlag, Heidelberg, 1993).
10. H. J. Lipkin, *Lie Groups for Pedestrians*, 2. Aufl. (North-Holland, Amsterdam, 1966).

Wahrscheinlichkeitsrechnung und Statistik 21

21.1 Zufall und Wahrscheinlichkeit

21.1.1 Wahrscheinlichkeit

Wenn Begriffe stark durch den Alltag geprägt sind, muss man bei der Mathematisierung besonders vorsichtig sein. Für Zufall und Wahrscheinlichkeit ist das sicher so. (Wie *wahrscheinlich* ist es, dass es morgen regnet? *Sicher* scheint die Sonne!)

Wie groß ist die Chance, mit zwei Würfeln die Gesamtaugenzahl 7 zu werfen? Fragen wie diese sind Musterbeispiele für einfache Experimente. Wahrscheinlichkeit und Zufall sind miteinander eng verbundene Begriffe. Mit Zufall bezeichnen wir im Alltag meist Ereignisse, die wir nicht beeinflussen oder vorhersehen können. Die Definition hängt also implizit von unserem Kenntnisstand und unseren Möglichkeiten ab. Die Diskussion, ob es letztendlich „wirklichen" Zufall gibt, führt einerseits zur Quantenmechanik und andererseits in die Metaphysik. In den Naturwissenschaften beschränkt man sich daher auf axiomatische Annahmen über Zufallsereignisse und deren Wahrscheinlichkeiten, die im Einzelfall natürlich Idealisierungen sind.

Ein **Ereignis** kann eintreffen (wahr sein) oder auch nicht (falsch sein). Ein Experiment stellt fest, ob das Ereignis eintritt („erfolgreich ist") oder nicht. Man ist versucht, den Begriff **Wahrscheinlichkeit** so zu definieren: Wenn man dieses Experiment n-mal wiederholt und die Zahl der erfolgreichen Experimente mit m bezeichnet, so gilt für die Wahrscheinlichkeit, mit der das Ereignis A eintrifft,

$$P(A) = \lim_{n\to\infty} \frac{m}{n} \,. \tag{21.1}$$

Da man aber nie wirklich unendlich viele Versuche durchführen kann, muss man die Wahrscheinlichkeit theoretisch begründen oder einfach postulieren. Man nennt sie daher **a-priori Wahrscheinlichkeit**. Die a-priori Wahrscheinlichkeit, dass bei einem perfekten

C.B. Lang, N. Pucker, *Mathematische Methoden in der Physik*,
DOI 10.1007/978-3-662-49313-7_21

Würfel die Zahl 6 geworfen wird, ist offenbar $^1/_6$. An diverse kombinatorische Regeln wird in M.21.1 erinnert.

Zwei Ereignisse gibt es auf jeden Fall: das unmögliche Ereignis Φ („der Würfel zeigt keine der Augenzahlen 1 bis 6") und das sichere Ereignis E („der Würfel zeigt eine der Augenzahlen zwischen 1 und 6", „der Hund folgt mir, oder er tut es nicht"). Um die Wahrscheinlichkeiten zu normieren, nehmen wir an, dass $P(\Phi) = 0$ und $P(E) = 1$ ist. Alle anderen Ereignisse haben also einen Wert $0 \leq P \leq 1$.

M.21.1 Kurz und klar: Kombinatorik

Hier folgt eine sehr kurze Erinnerung an die wichtigsten Abzählregeln.

Variation: Möglichkeiten, aus einem Alphabet mit n Zeichen (mit Zurücklegen) Worte mit k Zeichen zu bilden; Anzahl $V_k = n^k$. (*Beispiel:* Es gibt 10^5 fünfstellige Dezimalzahlen; dabei zählen auch 00000 und andere fünfstellige Zahlen mit vorlaufenden Nullen.)

Permutation: Alle verschiedenen Anordnungen von n verschiedenen Elementen; Anzahl $P_n = n!$ (*Beispiel:* Es gibt 5!=120 Möglichkeiten, die fünf Buchstaben {a,b,c,d,e} anzuordnen.)

Permutation von Gruppen: Alle unterscheidbaren Anordnungen von insgesamt n Elementen, die in k Untergruppen von jeweils n_i gleichen Elementen eingeteilt sind; Anzahl

$$P_{n,k} = \frac{n!}{\prod_{i=1}^{k} n_i!} .$$

(*Beispiel:* Es gibt $5!/(2!\,2!\,1!) = 30$ unterscheidbare Möglichkeiten, die fünf Buchstaben {a,a,b,b,c} anzuordnen.

Kombination: Auswahlmöglichkeiten von k Elementen aus einer Menge von n Elementen (ohne Zurücklegen), Anzahl $\binom{n}{k}$ (*Beispiel:* Lotterie 6 aus 45: Es gibt $\binom{45}{6} = 8145060$ Möglichkeiten.)

Wir müssen etwas präziser werden. Man kann Ereignisse wie Mengen und deren Elemente behandeln und die Wahrscheinlichkeiten als Mengenmaße (vgl. unseren Ausflug in die Maßtheorie in Kap. 5) definieren. Dazu wollen wir alle möglichen Ergebnisse eines Versuchs als **Elementarereignisse** bezeichnen, die so definiert sind, dass sie *nicht gleichzeitig* zutreffen können. Ein Elementarereignis ist also zum Beispiel, dass ein Würfelwurf den Wert 3 ergibt. Ein **Ereignis** ist eine aus solchen Elementarereignissen bestehende Menge. Die Menge $\{3, 5\}$ beschreibt das Ereignis, dass der Wurf entweder 3 oder 5 ergibt. Die Menge aller möglichen Elementarereignisse ist der Wahrscheinlichkeitsraum E, das **sichere Ereignis**. Im Zusammenhang mit Experimenten und Stichproben nennt man E auch **Grundgesamtheit**. Die leere Menge beschreibt das **unmögliche Ereignis** Φ. Unser

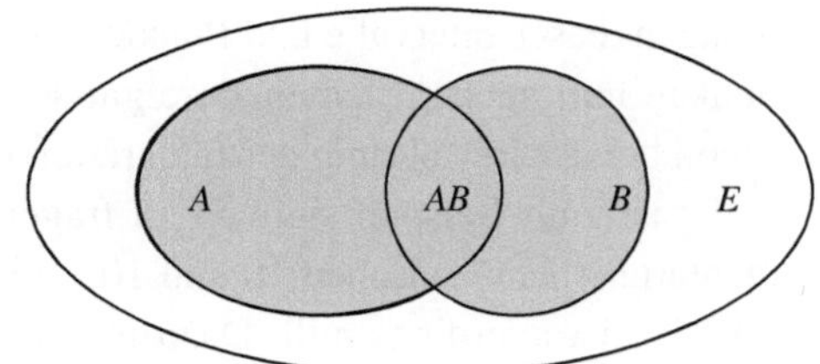

Abb. 21.1 Venn-Diagramm für überlappende Ereignismengen. Vereinigung und Durchschnitt folgen den üblichen Regeln der Mengenlehre

Axiomensystem weist nun jedem Ereignis, also jeder Menge, eine Zahl zu. Diese bezeichnet die Wahrscheinlichkeit, dass der Versuch eines der Ereignisse der Menge ergeben hat. (Mengenfunktionen oder Maße ähnlicher Art haben wir schon in Kap. 5 besprochen.)

Verschiedene Ereignisse kann man mit den Definitionen der Mengenlehre behandeln und zu einem neuen Ereignis auf verschiedene Arten zusammenfassen.

- $C = A + B$: entweder A oder B oder beide treten ein (Vereinigungsmenge).
- $C = A\,B$: sowohl A als auch B treten ein (Durchschnittsmenge).

Diese Notation ist gleichwertig der für Mengen ebenfalls üblichen Notation für Mengensumme $A \cup B$ und Mengendurchschnitt $A \cap B$ (siehe Anhang A). Neben $A\,B$ und $A + B$ sind noch folgende Operationen nützlich:

- $\overline{A}$: Elemente von E, die nicht in A enthalten sind (Komplementärmenge).
- $C = A - B \equiv A\,\overline{B}$: in A aber nicht in B enthalten (Differenzmenge, oft auch mit $A \backslash B$ bezeichnet).

Die Mengen werden oft durch so genannte **Venn-Diagramme** dargestellt (Abb. 21.1). Man kann grafisch leicht bekannte Zusammenhänge, wie etwa den **Satz von De Morgan**, zeigen:

$$\overline{A + B} = \overline{A}\,\overline{B}\,, \quad \overline{A\,B} = \overline{A} + \overline{B}\,. \tag{21.2}$$

Wenn E insgesamt n Elementarereignisse enthält, dann gibt es offenbar 2^n mögliche Untermengen, also 2^n denkbare Ereignisse. Die Menge E aller zufälligen Ereignisse enthält also insbesondere auch E und Φ, zu jedem $A \subset E$ natürlich auch $\overline{A}$ und auch alle Kombinationen $A + B$. Das Mengensystem, das E, Φ und die Teilmengen enthält, ist daher ein Körper (siehe M.2.1). Wenn man beliebig (also abzählbar unendlich) viele Ereignisse zulässt und auch alle Vereinigungsmengen und Durchschnittsmengen, so handelt es sich sogar um einen so genannten **Borelschen Mengenkörper**.

Beispiel

Wenn E die reellen Zahlen $\mathbb{R}$ bezeichnet, so muss man als Ereignisse Intervalle und Punkte auf den reellen Zahlen betrachten, sowie alle Vereinigungs- und Durchschnittsmengen dieser Intervalle und Punkte. Punkte werden allerdings meist die Wahrscheinlichkeit null haben. Elementarereignisse sind dann disjunkte Teilmengen, wie wir sie schon bei der Einführung der Integration in Kap. 5 und M.5.2 besprochen haben.

Es ist zum Beispiel sinnvoll zu fragen, ob die Zerfallsdauer eines instabilen Elementarteilchens zwischen 10 und 10.1 s liegt. Die Wahrscheinlichkeit, dass sie genau 10 s ist, ist allerdings null. Dazu müsste sie ja tatsächlich genau 10.00000... s sein. Man erkennt die Tücke der reellen Zahlen. □

Kolmogorow hat ein Axiomensystem für die Wahrscheinlichkeitsrechnung aufgestellt, in dessen Rahmen wir uns bewegen. Folgende Grundsätze gehören dazu:

- Jedes Ereignis A hat eine Wahrscheinlichkeit $P(A) \geq 0$.
- Das sichere Ereignis E hat die Wahrscheinlichkeit $P(E) = 1$.
- Für disjunkte Ereignisse ($A\,B = \Phi$) gilt $P(A + B) = P(A) + P(B)$, die Wahrscheinlichkeiten addieren sich also.

Man sieht daraus leicht einige bekannte Eigenschaften, wie etwa

$$A \subset B \Rightarrow P(A) \leq P(B) \tag{21.3}$$

oder

$$A\,B \neq \Phi \Rightarrow P(A + B) = P(A) + P(B) - P(A\,B)\,. \tag{21.4}$$

Wie groß ist die Wahrscheinlichkeit, dass es regnet, wenn wir einen Regenschirm mitgenommen haben? (Manche behaupten, sie wäre null!) Diese Frage nach möglichen Abhängigkeiten ist oft sehr wichtig. Sind die Ereignisse voneinander unabhängig oder nicht?

Wir bezeichnen die **bedingte Wahrscheinlichkeit**, dass A eintritt, falls B eingetreten ist, mit $P(A|B)$ (gesprochen: „$P(A$ wenn $B)$"). Wie groß ist $P(A|B)$? A und B gehören beide zum Wahrscheinlichkeitsraum und sind also Teilmengen von E. Offenbar muss $P(A|E) = P(A)$ und $P(B|E) = P(B)$ gelten, da ja E sicher eintritt. Wenn sich A und B ausschließen, dann ist natürlich $P(A|B) = 0$, da ja niemals A und B gleichzeitig wahr sein können. Wenn hingegen $B \subset A$ wäre, dann ist sicher $P(A|B) = 1$. Ein Beispiel dafür wäre die Frage: „Wie wahrscheinlich ist es, eine gerade Zahl zu würfeln, wenn man die Zahl 6 gewürfelt hat?"

Man fragt also nach der Wahrscheinlichkeit der Ereignisse, die in $A\,B$ sind (vgl. Abb. 21.1) $P(A\,B)$, im Vergleich zu denen, die in B sind, also normiert relativ zu B. Die Definition

$$P(A|B) = \frac{P(A\,B)}{P(B)} \quad \text{falls} \quad P(B) \neq 0 \tag{21.5}$$

erfüllt all diese Bedingungen. Daraus folgt

$$P(A\,B) = P(A|B)\,P(B) = P(B|A)\,P(A)\,. \tag{21.6}$$

Diese Definition der bedingten Wahrscheinlichkeit kann man auf die Rechnung mit relativen Häufigkeiten zurückführen, wie man im folgenden Beispiel sehen kann.

Beispiel

Man hat einen Topf mit 10 Kugeln, davon sind 6 aus Silber und 4 aus Gold. Man zieht zufällig zwei Kugeln (ohne zurückzulegen). Wir nennen

- A das Ziehen einer Goldkugel beim ersten Mal,
- B das Ziehen einer Goldkugel beim zweiten Mal,
- $A\,B$ das zweimalige Ziehen einer Goldkugel.

Es ist $P(A) = 2/5$; wenn schon eine Goldkugel gezogen wurde, hat sich das Verhältnis von Silber zu Gold auf 6:3 geändert, daher ist $P(B|A) = 1/3$. Daher ist

$$P(A\,B) = P(B|A)\,P(A) = \frac{2}{15}\,.$$

Man kann das leicht auch durch Abzählen aller Möglichkeiten überprüfen. Etwas schwieriger ist die Frage nach $P(A|B)$: Wenn man weiß, dass die Kandidatin beim zweiten Mal Gold gezogen hat, mit welcher Wahrscheinlichkeit hat sie das auch beim ersten Mal getan? Man beachtet $P(B) = P(B\,A) + P(B\,\overline{A}) = 2/5$ und findet $P(A|B) = 1/3$. □

Wenn wir E in eine Anzahl von einander ausschließenden Ereignissen A_i zerlegen, also $E = \sum_i A_i$, dann ist ein beliebiges Ereignis auf dieser Mengenbasis darstellbar,

$$P(B) = P(B\,E) = P\left(B\sum_i A_i\right) = P\left(\sum_i B\,A_i\right) = \sum_i P(B\,A_i) \qquad (21.7)$$

und daher

$$P(B) = P(A_1)\,P(B|A_1) + P(A_2)\,P(B|A_2) + \cdots = \sum_i P(A_i)\,P(B|A_i)\,. \qquad (21.8)$$

Dies führt zum **Satz von Bayes**, der es erlaubt, die bedingte Wahrscheinlichkeit auf einem Umweg zu bestimmen:

$$P(A_i|B) = \frac{P(B|A_i)\,P(A_i)}{\sum_j P(B|A_j)\,P(A_j)}\,. \qquad (21.9)$$

Beispiel

Angenommen, Sie haben drei Internetprovider (Firmen, die Internetzugänge vermieten) zur Auswahl. Provider X hat 250 Telefoneingänge, von denen durchschnittlich

30% besetzt sind, Y hat 100 mit durchschnittlicher Besetzungsrate von 20% und Z hat 50 mit 30% Belegung. Alle werden über eine gemeinsame Telefonnummer angesteuert, die dann zufällig mit einem der Providereingänge verbunden wird. Wie wahrscheinlich ist es, dass Sie einen freien Eingang finden? Falls der Anschluss besetzt ist, mit welcher Wahrscheinlichkeit sind Sie bei Provider Z gelandet?

Die Ereignismengen sind $E = X + Y + Z$ (für die Provider) und $E = F + B$ (für freien oder besetzten Eingang) mit den Wahrscheinlichkeiten

$$P(X) = \frac{250}{400} = 0.625\,, \quad P(Y) = \frac{100}{400} = 0.25\,, \quad P(Z) = \frac{50}{400} = 0.125\,,$$
$$P(F|X) = 0.7\,, \quad P(F|Y) = 0.8\,, \quad P(F|Z) = 0.7\,.$$

Daher ist

$$P(F) = 0.625\;0.7 + 0.25\;0.8 + 0.125\;0.7 = 0.725\,, \quad P(B) = 1 - P(F) = 0.275\,.$$

Sie bekommen also in 72.5% der Versuche einen freien Eingang. Falls nicht, dann sind Sie mit folgender Wahrscheinlichkeit bei Z gelandet:

$$P(Z|B) = \frac{P(B|Z)\,P(Z)}{P(B)} = \frac{0.3\;0.125}{0.275} = 0.136\,. \qquad \square$$

Wenn Sie ein Weinglas und ein Bierglas gleichzeitig zu Boden fallen lassen, dann ist die Wahrscheinlichkeit dafür, dass das Bierglas zerbricht, sicher unabhängig von der für das Weinglas. Die Wahrscheinlichkeit, dass beide zerbrechen (Scherben bringen Glück?), ist offenbar das Produkt der Einzelwahrscheinlichkeiten. Wir fassen zusammen: Wenn die Ereignisse A und B voneinander **unabhängig** sind, so ist

$$P(A\,B) = P(A)\,P(B)\,. \tag{21.10}$$

Dies passt gut zur Definition der bedingten Wahrscheinlichkeit, da ja $P(A|B) = P(A)$ und $P(B|A) = P(B)$ die gegenseitige Unabhängigkeit festlegt. Mehrere Ereignisse sind voneinander unabhängig, wenn sie paarweise unabhängig sind, und es gilt

$$P\left(\prod_i A_i\right) = \prod_i P(A_i)\,. \tag{21.11}$$

Damit können wir endlich auch die Wahrscheinlichkeit von Mengensummen unabhängiger Ereignisse bestimmen,

$$P(A + B) = P(A) + P(B) - P(A\,B) = P(A) + P(B) - P(A)\,P(B)\,. \tag{21.12}$$

Beispiel

Wir betrachten radioaktive Nuklide. Die Wahrscheinlichkeit, dass ein einzelnes Atom in den folgenden Minute nicht zerfällt, sei a. Nach unserem Kenntnisstand ist diese Wahrscheinlichkeit unabhängig vom Zeitpunkt, also für die darauffolgende Minute (sofern es nicht schon zerfallen ist) ebenfalls a. Die Wahrscheinlichkeit, dass das Atom die zwei Minuten ohne Zerfall überdauert, ist daher a^2, bei t Minuten also a^t. Mit der Umbenennung $a = \mathrm{e}^{-\lambda}$ erhalten wir das bekannte Gesetz für den radioaktiven Zerfall, dass der noch nicht zerfallene Anteil proportional zu $\mathrm{e}^{-\lambda t}$ ist. □

Beispiel

Ein Chip wird zweimal unabhängig voneinander auf Produktionsfehler untersucht. Es werden in den beiden Tests c Fehler beide Male gefunden, darüber hinaus aber noch weitere a Fehler beim Check A und, davon verschieden, b Fehler beim Check B. Wie nehmen an, dass die verschiedenen Fehler mit gleicher Wahrscheinlichkeit gefunden werden. Wie viele Produktionsfehler hat der Chip vermutlich insgesamt?

Wir nennen $P(A)$ und $P(B)$ die Wahrscheinlichkeit, einen Fehler beim Check A oder B zu finden (vgl. Abb. 21.1). Aufgrund der Beobachtung schätzen wir

$$P(A|B) = \frac{P(A\,B)}{P(B)} \approx \frac{c}{b+c}\,, \quad P(B|A) = \frac{P(A\,B)}{P(A)} \approx \frac{c}{a+c}\,.$$

(Die tatsächlichen Wahrscheinlichkeiten werden durch unsere Messwerte nur approximiert, und wir haben daher das entsprechende Zeichen verwendet.) Das sind gleichzeitig die Schätzwerte für $P(A)$ und $P(B)$, da wegen der Unabhängigkeit

$$P(A\,B) = P(A)\,P(B)\,, \quad P(A|B) = P(A)\,, \quad P(B|A) = P(B)\,.$$

Daher finden wir eine Schätzung der Wahrscheinlichkeit, einen Fehler in zumindest einem der beiden Tests zu finden, zu

$$\begin{aligned} P(A+B) &= P(A) + P(B) - P(A\,B) \\ &\approx \frac{c}{b+c} + \frac{c}{a+c} - \frac{c^2}{(a+c)\,(b+c)} = \frac{c\,(a+b+c)}{(a+c)\,(b+c)}\,. \end{aligned}$$

Die vermutete Gesamtzahl N aller vorhandenen Fehler ist in der Schätzung von $P(A)$ versteckt, da ja $P(A) \approx (a+c)/N$, gleichzeitig aber (siehe oben) auch $c/(b+c)$ ein entsprechender Schätzwert ist. Daher erhalten wir

$$N = \frac{1}{c}\,(a+c)\,(b+c)$$

als geschätzte Gesamtanzahl der Fehler im Chip. Die Genauigkeit dieser Schätzwerte wird natürlich mit der Zahl der gefundenen Fehler zunehmen. Wie man sich darüber eine bessere Vorstellung verschafft, wird im Abschn. 21.5.1 über Schätzungen und Statistik erklärt. □

21.1.2 Zufallsvariablen und Verteilungsfunktionen

Die Augenzahl des geworfenen Würfels ist eine **Zufallsvariable**. Ebenso ist die Lebensdauer eines instabilen Atoms eine solche. Allgemein sind Zufallsvariablen X Abbildungen von Ereignissen in Intervalle auf $\mathbb{R}$:

$$X : e \mapsto x \in I \subset \mathbb{R} \,.$$

Die Zufallsvariable X nimmt nur endliche Werte $x \in \mathbb{R}$ an. Die Wahrscheinlichkeit, dass X einen Wert im Intervall I hat, wird also mit der Wahrscheinlichkeit des entsprechenden Ereignisses gleichgesetzt.

- Jedem reellen Zahlenintervall $(-\infty, x)$ entspricht ein Ereignis.
- Die Wahrscheinlichkeit, dass $X = \pm\infty$ ist, muss null sein.

Beispiel

Ein instabiles Teilchen zerfällt in einem Experiment nach t Sekunden. Wir definieren eine Zufallsvariable X, die dann den Wert 1 hat, wenn $5 \leq t < 27$ ist,

$$X(t) = \begin{cases} 0 & t < 5 \,, \\ 1 & 5 \leq t < 27 \,, \\ 0 & 27 \leq t \,. \end{cases}$$

Diese Zufallsvariable hat nur die Werte 0 oder 1. □

Wir unterscheiden genau zwischen der Zufallsvariablen X und dem Wert x, den sie im Experiment jeweils annehmen kann. X steht gewissermaßen als Platzhalter für Werte, die die Variable entsprechend einer gegebenen Wahrscheinlichkeit annehmen kann, ist also eine Art Operator, wohingegen x einfach eine reelle Zahl bezeichnet.

Beispiel

Ein Experiment misst die Orientierung des halbzahligen Spins eines Atoms, die Elementarereignisse seien die – gleich wahrscheinlichen – Werte $+1/2$ und $-1/2$. Diese Zahlen wählen wir auch als die entsprechenden Werte in $\mathbb{R}$, welche die Zufallsvariable annehmen kann. Beliebige Intervalle enthalten also entweder keinen dieser Werte oder einen davon oder sogar beide. So sind zum Beispiel

$$P\,(X < -0.5) = 0 \,, \qquad P\,(X \leq 0) = 0.5 \,,$$
$$P\,(-0.5 < X < 0.5) = 0 \,, \quad P\,(X \leq 0.9) = 1 \,.$$

□

Die Menge der Wahrscheinlichkeiten für alle denkbaren Ereignisse definiert die **Wahrscheinlichkeitsverteilung** oder kurz **Verteilung**. Die **Verteilungsfunktion** gibt die Wahrscheinlichkeit einer Verteilung an. Man definiert sie als Wahrscheinlichkeit dafür, dass die Zufallsvariable X einen Wert $x \leq t$ annimmt,

$$F_X(t) \equiv P(X \leq t) \; . \tag{21.13}$$

Die Funktion ist also monoton wachsend, da ja für $x_1 < x_2$ auch $P(X \leq x_1) \leq P(X \leq x_2)$ ist. Wahrscheinlichkeiten für Teilintervalle werden aus den Werten von F_X zusammengesetzt,

$$P(x_1 < X \leq x_2) = P(X \leq x_2) - P(X \leq x_1) = F_X(x_2) - F_X(x_1) \; . \tag{21.14}$$

Wir werden für den Fall einer einzigen Zufallsvariable F_X künftig einfach nur F nennen, da dann Verwechslungen ausgeschlossen sind.

Beispiel

Im weiter oben erwähnten Beispiel einer Spinmessung wäre die Verteilungsfunktion

$$F(x) = \begin{cases} 0 & x < -\frac{1}{2} \quad \text{(unmögliches Ereignis)} \; , \\ \frac{1}{2} & -\frac{1}{2} \leq x < \frac{1}{2} \quad \left(\text{Ereignis } -\frac{1}{2}\right) \; , \\ 1 & \frac{1}{2} \leq x \quad \left(\text{sicheres Ereignis } +\frac{1}{2} \text{ oder } -\frac{1}{2}\right) \; . \end{cases}$$ □

Wir wollen die Verteilungsfunktion immer so definieren, dass sie stetig von rechts ist, also

$$\lim_{\epsilon \to 0} F(x + \epsilon) = F(x) \; . \tag{21.15}$$

Das eben besprochene Spin-Beispiel entspricht dieser Forderung.

Diskrete Zufallsvariablen nehmen diskrete Werte (also zum Beispiel ganze Zahlen) an. Für diese Zufallsvariablen, die die Werte x_i mit den Wahrscheinlichkeiten P_i annehmen, ist F eine Stufenfunktion (vgl. Abb. 21.5),

$$F(x) = \sum_{x_i \leq x} P_i \quad \text{mit} \quad \sum_i P_i = 1 \; . \tag{21.16}$$

Stetige Zufallsvariablen nehmen beliebige, meist kontinuierliche reelle Werte an. In diesem Fall definiert man eine geeignete nichtnegative **Dichtefunktion** $f(x) \geq 0$, so dass (vgl. Abb. 21.2 und 21.7)

$$F(x) = \int_{-\infty}^{x} dt \; f(t) \quad \text{mit} \quad F(\infty) = \int_{-\infty}^{\infty} dt \; f(t) = 1 \; . \tag{21.17}$$

Überall, wo $F(x)$ differenzierbar ist, gilt

$$f(x) = \frac{d}{dx} F(x) , \tag{21.18}$$

und wenn $F(x)$ an abzählbar vielen Punkten nur stetig, aber nicht differenzierbar ist, dann kann man dort $f(x)$ beliebige endliche Werte zuweisen.

Beispiel

Wir betrachten noch einmal das Experiment zur Messung der Lebensdauer eines instabilen Teilchens. Die Zufallsvariable sei nun die Lebensdauer T eines Teilchens, ihr Wert in einer Messung sei t. Ein Ereignis E_t soll einer Messung der Lebensdauer eines Teilchen zwischen 0 und t Sekunden entsprechen. Das sichere Ereignis ist also $E \equiv E_\infty$.

Um nach Kolmogorows System den Messwerten Wahrscheinlichkeiten zuzuordnen, brauchen wir eine auf $\mathbb{R}^+$ positive und integrable Funktion $p(t)$ mit der Normierung

$$P(E) = 1 = \int_0^\infty dt'\ p(t') .$$

Damit ist (vgl. Abb. 21.2)

$$P(E_t) \equiv \int_0^t dt'\ p(t') .$$

Die Wahrscheinlichkeit, genau einen bestimmten Wert zu messen, ist natürlich 0.

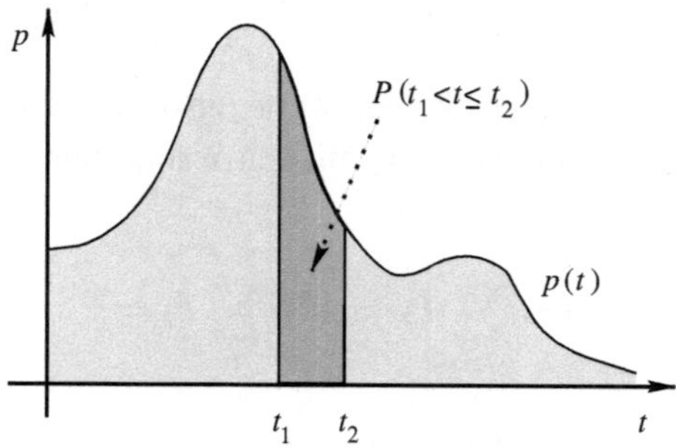

Abb. 21.2 Beispiel für eine Wahrscheinlichkeitsdichtefunktion $p(t)$ für eine Zufallsvariable T. Die Wahrscheinlichkeit, eine Lebenszeit $t_1 < t \leq t_2$ zu beobachten, entspricht der dunkelgrau markierten Fläche. Sie ist $P(t_1 < t \leq t_2) = \int_{t_1}^{t_2} dt'\ p(t')$ □

Für diskrete Zufallsvariablen kann man formal auch eine Dichtefunktion definieren, die dann eine Summe von Deltafunktionen (Definition der Diracschen Deltafunktion - eigentlich eine Distribution - siehe Kap. 15) ist und $F(x)$ eine Stufenfunktion. Die Dichtefunktion, auch **Wahrscheinlichkeitsdichte** oder **Verteilungsdichte** genannt, hat Eigenschaften analog einer Massendichte oder einer Ladungsdichte, die von einer Variablen x (etwa dem Abstand vom Ursprung) abhängt. Eine Summe von Deltafunktionen entspricht dann zum Beispiel einer Anordnung von Punktladungen.

Beispiel

Man lässt eine Nadel zufällig auf den Boden fallen. Die Zufallsvariable sei die Richtung der Nadel; sie ist durch einen Winkel $0 \leq \alpha < 2\pi$ gegeben. Die Wahrscheinlichkeitsdichte ist laut Annahme konstant und bevorzugt keine Richtung (wir vernachlässigen Magnetisierung, Nordpol und andere unfreundliche Bemerkungen zu diesem Beispiel), daher

$$f(x) = \begin{cases} 0 & x < 0\,, \\ \frac{1}{2\pi} & 0 \leq x < 2\pi\,, \\ 0 & 2\pi \leq x \end{cases}$$

und die Verteilungsfunktion lautet daher

$$F(x) = \begin{cases} 0 & x < 0\,, \\ \frac{x}{2\pi} & 0 \leq x < 2\pi\,, \\ 1 & 2\pi \leq x\,. \end{cases}$$

Wir haben die Dichtefunktion bereits richtig normiert. □

21.1.3 Erwartungswerte und Momente

Es gibt sehr verschiedene Verteilungsfunktionen und Verteilungsdichten. Einige davon besprechen wir im nächsten Abschn. 21.2. Sie unterscheiden sich durch ihre Form, und man hat verschiedene typische Parameter zur Charakterisierung eingeführt. Eine Hauptforderung an die Definition der Parameter ist, dass es auch möglich sein soll, sie zumindest näherungsweise zu bestimmen, wenn die Wahrscheinlichkeitsdichte nicht explizit bekannt ist, sondern nur durch Messung von Zufallsvariablen definiert ist. Genau das ist ja im tatsächlichen Experiment meistens der Fall!

Die Parameter einer Verteilung werden daher jeweils als **Erwartungswert** (auch **Mittelwert** genannt) einer Funktion $g(X)$ der Zufallsvariablen definiert,

$$\langle g(X) \rangle \equiv \int_{-\infty}^{\infty} dx\; f(x)\, g(x)\,, \tag{21.19}$$

beziehungsweise für diskrete Zufallsvariable

$$\langle g(X)\rangle \equiv \sum_i P_i\, g(x_i)\ , \tag{21.20}$$

wobei natürlich sowohl die P_i als auch die Dichtefunktion $f(x)$ normiert sein müssen. Offenbar ist dann der Erwartungswert von $g(x) = 1$ auf jeden Fall

$$\langle 1\rangle \equiv \int_{-\infty}^{\infty} dx\ f(x) = 1\ , \tag{21.21}$$

also trivial.

Der wichtigste nichttriviale Parameter ist der **Mittelwert der Verteilung** (Englisch: mean value),

$$\mu \equiv \langle X\rangle = \int_{-\infty}^{\infty} dx\ f(x)\, x\ . \tag{21.22}$$

Man sieht sofort, dass

$$\langle a\, X + b\rangle = a\, \mu + b\ . \tag{21.23}$$

Bei einer Massendichteverteilung ist $\langle X\rangle$ die Position des Massenschwerpunkts.

Daneben sind die einfachsten Parameter die **Momente der Verteilung**, definiert durch $\langle X^n\rangle$. Neben dem Mittelwert (1. Moment) am bekanntesten ist die aus dem 2. Moment berechenbare **Varianz**

$$\mathrm{Var}(x) \equiv \sigma^2 \equiv \langle (X-\mu)^2\rangle = \int_{-\infty}^{\infty} dx\ f(x)\,(x-\mu)^2\ , \tag{21.24}$$

die man umformen kann:

$$\langle (X-\mu)^2\rangle = \langle X^2\rangle - 2\langle X\, \mu\rangle + \langle \mu^2\rangle = \langle X^2\rangle - \mu^2\ . \tag{21.25}$$

Wir haben dabei $\langle \mu\, X\rangle = \mu\langle X\rangle = \mu^2$ verwendet. Man kann ja μ als konstanten Faktor herausziehen.

Die Varianz σ^2 (oft auch Streuung oder mittlere quadratische Abweichung genannt) ist ein Maß für die Breite der Verteilung. Sie ist nichtnegativ und kann nur dann null werden, wenn X nur den Wert μ annehmen kann. Ihre Quadratwurzel $\sigma = +\sqrt{\sigma^2}$ heißt **Standardabweichung**.

Vertrauensgrenzen ergeben sich durch Integration der jeweils relevanten Verteilungsdichte. Allgemein ist ja

$$P(a < x < b) = \int_a^b dx\ f_X(x)\ . \tag{21.26}$$

Bei einer Normalverteilung (im Abschn. 21.2 genauer besprochen) für Messdaten liegen rund $2/3$ der erwarteten Werte von X in einem Intervall $\mu - \sigma < x < \mu + \sigma$. Man nennt diesen Bereich daher auch das **Vertrauensintervall** (auch **Konfidenzintervall**), die Grenzen sind die **Vertrauensgrenzen**. Diese Größe wird bei Messdaten in Form eines Fehlerbalkens angegeben. Numerische Angaben werden in der Form 1.234 ± 0.072 oder auch $1.234(72)$ gemacht, wobei in Klammern der „Fehler" der letzten Stellen angegeben wird. Mehr über die Wahrscheinlichkeitsinterpretation des Fehlerbalkens folgt in Abschn. 21.5.1.

Neben den Momenten kann man noch analog zur Varianz die so genannten **zentralen Momente** bestimmen, die durch

$$\mu_k \equiv \left\langle (X - \mu)^k \right\rangle \tag{21.27}$$

definiert sind. Offenbar ist $\mu_1 = 0$ und $\mu_2 = \sigma^2$.

Später besprechen wir einige in der Praxis häufig vorkommende Verteilungen. Dort finden sich auch weitere Beispiele für Mittelwert, Varianz und Momente.

Beispiel

Die diskrete Verteilung $P(X = -1) = 1/2$, $P(X = 1) = 1/2$ hat die Parameter

$$\begin{aligned} \mu &= \langle X^{2n+1} \rangle &&= \frac{1}{2}(1-1) = 0\,, \\ \langle X^2 \rangle &= \langle X^{2n} \rangle &&= \frac{1}{2}(1+1) = 1 \quad \Rightarrow \sigma^2 = 1 - 0 = 1\,. \end{aligned}$$

□

Beispiel

Die stetige Verteilung mit $f(x < 0) = f(x > 1) = 0$, $f(0 \leq x \leq 1) = 1$ hat die Parameter

$$\begin{aligned} \mu &= \int_0^1 dx\, x = \frac{1}{2}\,, \\ \langle X^2 \rangle &= \int_0^1 dx\, x^2 = \frac{1}{3} \quad \Rightarrow \sigma^2 = \frac{1}{3} - \left(\frac{1}{2}\right)^2 = \frac{1}{12}\,, \quad \sigma = \frac{\sqrt{3}}{6}\,. \end{aligned}$$

Die allgemeine Form dieser Verteilung wird als **Gleichverteilung** weiter unten besprochen. □

Beispiel

(*Buffons Nadel*) In einem Beispiel weiter oben haben wir die Verteilungsdichte für die Richtung einer Nadel besprochen, die zufällig zu Boden fällt. Wenn man annimmt, dass

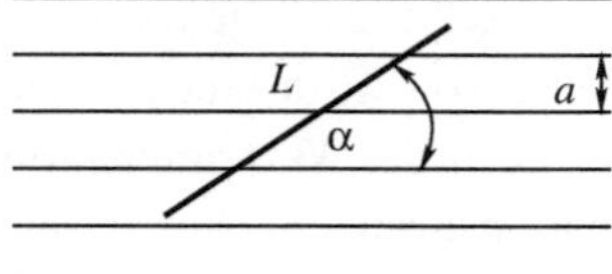

Abb. 21.3 Für gegebenen Winkel α relativ zur Linienrichtung kommt es auf die Projektion der Nadellänge senkrecht zu den Linien an, die Schnitthäufigkeit ist also $s = L\,|\sin\alpha|/a$

diese Nadel die Länge L hat und auf dem Boden liniertes Papier mit Linienabstand a liegt, wie viele Linien wird die Nadel im Mittel schneiden?

Wenn $L < a$, dann ist $s < 1$, da die Nadel die Linien höchstens einmal schneiden kann. Da $\alpha \in [0, 2\pi)$ gleichverteilt ist, ergibt sich der Mittelwert

$$\langle s\rangle = \frac{1}{2\pi}\int_0^{2\pi} d\alpha\ \frac{L}{a}\,|\sin\alpha| = \frac{L}{a\,\pi}\int_0^{\pi} d\alpha\ \sin\alpha = \frac{2\,L}{a\,\pi}\,.$$

Wenn man also $L = a$ wählt und die Nadel 100 mal fallen lässt, sollte sie im Mittel etwa 64 mal eine Linie berühren. Auch das ist eine Methode, den Wert von π zu ermitteln – man braucht aber gute Augen und viel Zeit dazu. Gutes Gelingen! □

Es gibt aber noch weitere „messbare" Parameter. Beispiele sind der **Median** und die **Quantile**. Der Medianwert ist die Zahl x_m bei der

$$P(X \leq x_m) = F(x_m) = \frac{1}{2} \tag{21.28}$$

ist. Dieser Wert stimmt nicht immer mit dem Mittelwert μ überein. Das Quantil(p) ist der Wert x, an dem $F(x) = p$ ist, es gilt also $F(\text{Quantil}(p)) = p$. Der Median ist also gleichzeitig das Quantil$(^1\!/\!_2)$. Daneben gibt es noch Quartile (Quantil$(^1\!/\!_4)$ und Quantil$(^3\!/\!_4)$), Dezile $(p = 0.1, 0.2\ldots)$, Perzentile $(p = 0.01, 0.02, \ldots)$ und andere. Diese Begriffe sind vor allem in der Wirtschaftsstatistik gebräuchlich. Weitere Parameter wie die **Skewness** (Schiefe der Verteilung) oder **Kurtosis** (Wölbung) sind aus den Momenten abgeleitete Größen, die Details der Verteilungsform charakterisieren.

Die Fouriertransformierte einer Verteilungsdichte heißt auch **Charakteristische Funktion** (die Bezeichnung ist namensgleich wie im Kap. 5 über Integration, hat hier aber eine andere Bedeutung). Streng genommen betrachtet man eine Funktion, die nach unserer Konvention (14.16) proportional der inversen Fouriertransformation ist. Man definiert

$$\Phi_X(t) \equiv \int_{-\infty}^{\infty} dx\ \mathrm{e}^{\mathrm{i}\,t\,x}\, f_X(x) = \langle \mathrm{e}^{\mathrm{i}\,t\,x}\rangle\,. \tag{21.29}$$

Wenn wir (unter der Annahme, dass Summe und Integral vertauschbar sind), die Exponentialfunktion in eine Reihe entwickeln, so ergibt sich

$$\Phi_X(t) = \sum_{n=0}^{\infty} \frac{(\mathrm{i}\,t)^n}{n!} \langle x^n \rangle \approx 1 + \mathrm{i}\,t\,\mu - \frac{1}{2} t^2 \langle X^2 \rangle + \mathcal{O}(t^3) \,. \tag{21.30}$$

Diese Beziehung wird uns bei der Kombination unterschiedlicher Zufallszahlen von Nutzen sein! Für manche Verteilungen kann man diese charakteristische Funktion explizit berechnen und so die Momente ablesen. Da wir die Vertauschbarkeit (und damit die Konvergenz der Reihenentwicklung) annehmen mussten, ist zwar im allgemeinsten Fall eine statistische Verteilung nicht eindeutig aus ihren Momenten definierbar, wohl aber über die Umkehrung der Fouriertransformation,

$$f_X(x) = \frac{1}{2\pi} \int_{-\infty}^{\infty} dt \; \mathrm{e}^{-\mathrm{i}\,t\,x} \Phi_X(t) \,, \tag{21.31}$$

aus ihrer charakteristischen Funktion.

M.21.2 Kurz und klar: Verteilungsfunktion, Dichte, Momente

Eine **Zufallsvariable** X nimmt Werte $x \in \mathbb{R}$ an. Die Wahrscheinlichkeiten für die Messwerte (beziehungsweise Intervalle) definieren die **Wahrscheinlichkeitsverteilung** oder kurz **Verteilung**.

Die **Verteilungsfunktion** $F_X(x) = P(X \leq x)$ gibt die Wahrscheinlichkeit einer Verteilung an. Die Funktion ist monoton wachsend. Die **Wahrscheinlichkeitsdichte** oder **Verteilungsdichte** ist eine nichtnegative Funktion f mit der Eigenschaft

$$F(x) = \int_{-\infty}^{x} dt\; f(t) \quad \text{mit} \quad F(\infty) = \int_{-\infty}^{\infty} dt\; f(t) = 1 \,. \tag{M.21.2.1}$$

Wo $F(x)$ differenzierbar ist, gilt

$$f(x) = \frac{d}{dx} F(x) \,. \tag{M.21.2.2}$$

Erwartungswerte sind Mittelwerte über die Verteilung

$$\langle g(X) \rangle \equiv \int_{-\infty}^{\infty} dx\; f(x)\, g(x) \,. \tag{M.21.2.3}$$

Andere gebräuchliche Bezeichnungen für Erwartungswerte sind

$$\langle g(X)\rangle \equiv \overline{g(x)} \equiv E(g(x)). \quad \text{(M.21.2.4)}$$

Wichtige Erwartungswerte sind der Mittelwert $\mu = \langle X\rangle$, die Varianz $\sigma^2 = \langle (X - \mu)^2\rangle = \langle X^2\rangle - \mu^2$ und die zentralen Momente $\mu_k = \langle (X - \mu)^k\rangle$. Diese Parameter charakterisieren eine Verteilung.

21.2 Spezielle Wahrscheinlichkeitsverteilungen

In der Natur kommen einige Verteilungsfunktionen immer wieder vor. Ein Beispiel dafür ist die **Gleichverteilung**, eine Verteilung, bei der alle möglichen Werte gleich wahrscheinlich sind. Wenn eine Messgröße viele Zufallseffekte beinhaltet, also zum Beispiel die Summe von Ergebnissen ist, die alle irgendwie mit zufälligen Fehlern behaftet sind, so folgt sie meist einer **Gaußschen Normalverteilung**. Einige der wichtigsten Verteilungen wollen wir daher hier besprechen.

21.2.1 Binomialverteilung

Im Boston Museum of Science kann man ein Galtonsches Nagelbrett (Abb. 21.4) bewundern. Von oben fallen in der Mitte Kugeln herab, die den Stiften im Brett jeweils nach links oder rechts ausweichen müssen. Darunter gibt es eine weitere Reihe von Stiften, und so ist jede Kugel auf ihrem Weg nach unten mehreren Zufallsentscheidungen unterworfen. In den Fächern am Boden ordnen sich die Kugeln so an, dass die entstehende Wahrscheinlichkeitsdichte einer Glockenkurve ähnelt.

Offenbar kann ein bestimmtes Fach über verschiedene Wege erreicht werden. Da jeder Stift einer links-rechts-Entscheidung entspricht, die zufällig jeweils mit Wahrscheinlichkeit 0.5 passieren soll, kann man die Häufigkeit der Wahl eines Fachs aus der Menge der verschiedenen Wege zum Fach berechnen. Die entsprechende Dichtefunktion ist die einer **Binomialverteilung**. Sie wird auch **Bernoullische Verteilung** genannt.

Für eine Verallgemeinerung betrachten wir ein Experiment, bei dem das Ergebnis entweder 0 oder 1 ist. Die Wahrscheinlichkeiten für die beiden Fälle müssen nicht gleich sein, wohl aber müssen sie sich zum Gesamtwert 1 ergänzen. Zum Beispiel kann $P(0) = p$ und $P(1) = 1 - p \equiv q$ sein. Wenn wir das Experiment n-mal wiederholen, ist das Ergebnis eine Menge von Werten, also etwa $(0, 1, 1, 0, 1, \dots)$. Bei n Versuchen gibt es insgesamt genau 2^n mögliche Ergebnisse. Wir fragen nun, wie wahrscheinlich es ist, k-mal den Wert 0 zu bekommen.

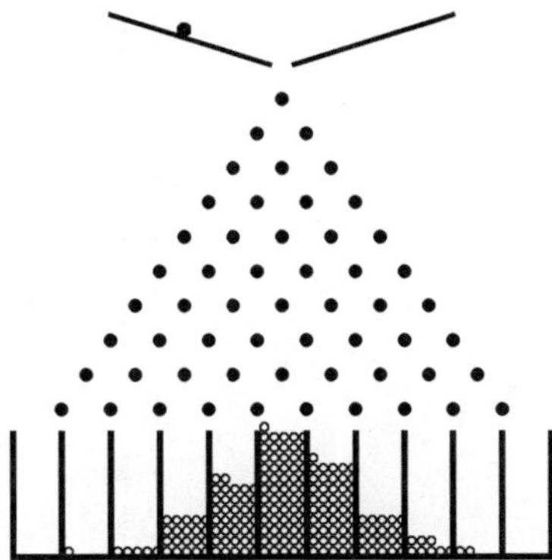

Abb. 21.4 Das Galtonsche Nagelbrett muss man sich als schiefe Ebene vorstellen, in die an den markierten Stellen Stifte eingeschlagen sind. Eine von oben nach unten rollende Kugel landet schließlich in einem der Fächer. Die Verteilung der Kugeln in den Fächern sind das Ergebnis eines Versuchs mit 200 Kugeln. Je größer die Zahl der Versuchskugeln, desto mehr nähert sich die Verteilung einer Binomialverteilung für $n = 10$ und $p = 0.5$

Wenn $n = 2$ ist, lässt sich die Gesamtwahrscheinlichkeit 1 folgendermaßen aufteilen

$$(p+q)\,(p+q) = p^2 + p\,q + q\,p + q^2 = p^2 + 2\,p\,q + q^2\,. \tag{21.32}$$

Die einzelnen Terme auf der rechten Seite der ersten Gleichung entsprechen den Wahrscheinlichkeiten für die Ergebnisse $(0,0)$, $(0,1)$, $(1,0)$, $(1,1)$. Die Summe aller Terme ist natürlich 1. Man erkennt leicht, dass die Vorfaktoren 1, 2, und 1 die Binomialkoeffizienten $\binom{2}{k}$ sind (siehe auch Anhang A). Die Wahrscheinlichkeit, bei n Versuchen k-mal den Wert 0 zu bekommen, ist also

$$P(X=k) = \binom{n}{k}\,p^k\,(1-p)^{n-k}\,. \tag{21.33}$$

Wenn die Wahrscheinlichkeit für 0 oder 1 gleich, also $p = 1/2$ ist, dann ist für alle Werte von k der Faktor derselbe, nämlich $p^k\,(1-p)^{n-k} = 1/2^n$.

Die Verteilungsdichte für diese diskrete Zufallsvariable kann also formal als Summe von Deltafunktionen (siehe Kap. 15) geschrieben werden. Es ist

$$\begin{aligned} f(x) &= \sum_{k=0}^{n} \binom{n}{k}\,p^k\,(1-p)^{n-k}\,\delta(x-k)\,, \\ F(x) &= \sum_{k=0}^{[x]} \binom{n}{k}\,p^k\,(1-p)^{n-k}\,, \\ \mu &= n\,p\,, \quad \sigma^2 = n\,p\,(1-p)\,. \end{aligned} \tag{21.34}$$

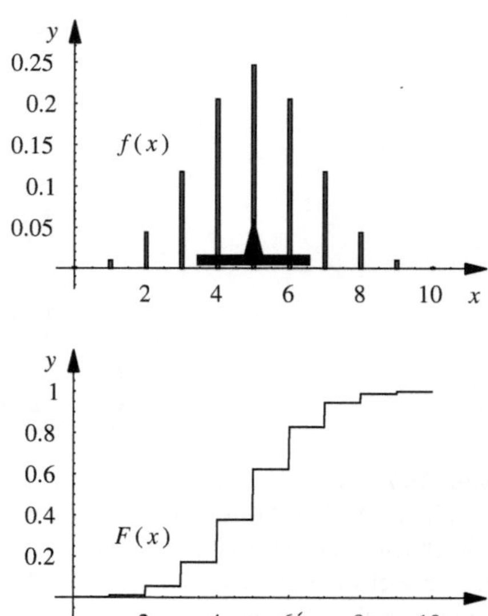

Abb. 21.5 Wahrscheinlichkeitsdichte und Verteilungsfunktion für die Binomialverteilung ($n = 10, p = 1/2$); der Mittelwert $\mu = 5$ und die Standardabweichung $\sigma = \sqrt{5/2}$ sind ebenfalls eingezeichnet. Nur für $p = 1/2$ ist die Verteilung symmetrisch zum Punkt $x = \mu$. Der Median stimmt hier mit dem Mittelwert überein. Mit rund 67.4% Wahrscheinlichkeit liegt ein Wert von X im Intervall $[\mu - \sigma, \mu + \sigma]$

Wir haben dabei die Bezeichnung $[x]$ für die „größte ganze Zahl $\leq x$" (siehe Anhang A) verwendet. Abb. 21.5 zeigt die Verteilung für $n = 10$ und $p = 1/2$.

Beispiel

Ihr Computerprogramm ist soeben „abgestürzt", und sie betrachten verzweifelt einen binären Coredump (Ausdruck des Speicherbereichs). Wie wahrscheinlich ist es, dass die Quersumme (Anzahl der 1-Bits) eines Bytes gleich 2 ist?

Ein Byte entspricht acht Binärstellen. Wenn die Zahlen vollkommen zufällig verteilt sind, sollte jeder Bitwert gleich wahrscheinlich sein. Die Frage führt also zur Binomialverteilung für $n = 8$ und $p = 1/2$. Die Antwort ist

$$\binom{8}{2}\left(\frac{1}{2}\right)^2\left(\frac{1}{2}\right)^6 = \frac{8!}{2!\,6!\,256} = \frac{7}{64} \approx 0.109\ldots,$$

und daher wird im Mittel eines von neun Bytes diese Eigenschaft haben. □

21.2.2 Poisson-Verteilung

Wenn bei der Binomialverteilung die Zahl der Versuche n gegen ∞ geht, aber gleichzeitig der Mittelwert μ konstant gehalten wird, also die Einzelwahrscheinlichkeit $p \propto \mu/n$

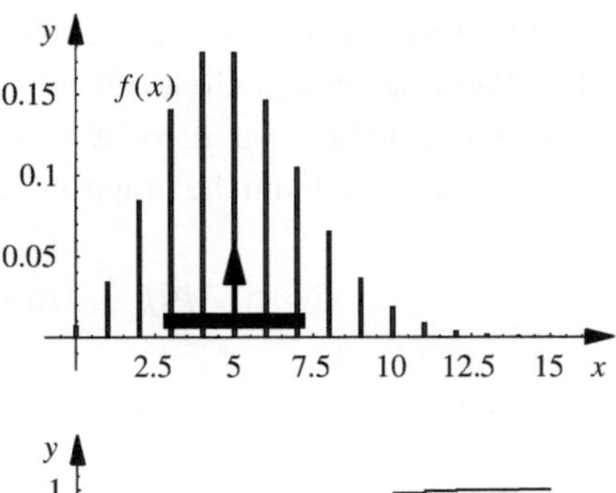

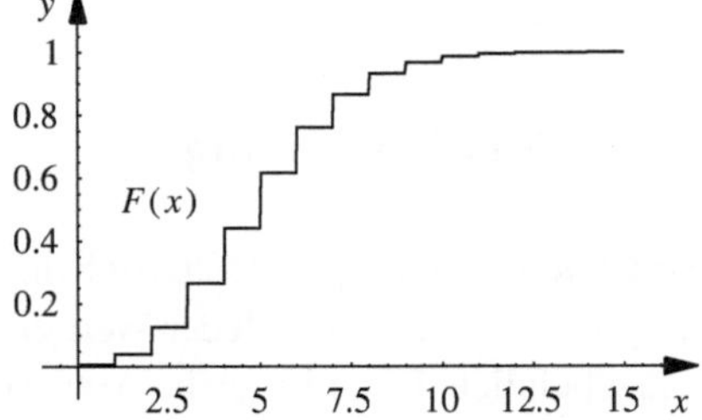

Abb. 21.6 Verteilungsdichte und Verteilungsfunktion für die Poisson-Verteilung ($\mu = 5$); der Mittelwert μ und die Standardabweichung $\sigma = \sqrt{5}$ sind ebenfalls eingezeichnet. Mit rund 68.2% Wahrscheinlichkeit liegt ein Wert von X im Intervall $[\mu - \sigma, \mu + \sigma]$

verschwindet, dann erhält man den Grenzwert

$$\begin{aligned} \lim_{n\to\infty} \binom{n}{k} \left(\frac{\mu}{n}\right)^k \left(1 - \frac{\mu}{n}\right)^{n-k} &= \lim_{n\to\infty} \binom{n}{k} \frac{\mu^k}{(n-\mu)^k} \left(1 - \frac{\mu}{n}\right)^n \\ &= \lim_{n\to\infty} \frac{n!}{(n-k)!(n-\mu)^k} \frac{\mu^k}{k!} \left(1 - \frac{\mu}{n}\right)^n = \frac{\mu^k}{k!} \mathrm{e}^{-\mu} . \end{aligned} \tag{21.35}$$

(Regeln für solche Grenzwerte haben wir in Abschnitt 1.1.2 besprochen.) Das Ergebnis ist die **Poisson-Verteilung** (Abb. 21.6),

$$\begin{aligned} f(x) &= \sum_{k=0}^{\infty} \frac{\mu^k}{k!} \mathrm{e}^{-\mu} \delta(x-k) , \\ F(x) &= \sum_{k=0}^{[x]} \frac{\mu^k}{k!} \mathrm{e}^{-\mu} , \\ \mu &= \text{Parameter} , \quad \sigma^2 = \mu . \end{aligned} \tag{21.36}$$

Beispiel

Eine große Anzahl N von radioaktiven Atomkernen wird untersucht. Der einzelne Kern zerfällt im Zeitintervall Δ mit der kleinen Wahrscheinlichkeit ϵ. Wenn durchschnittlich 6 Zerfälle während dieser Zeitdauer beobachtet werden, mit welcher Wahrscheinlichkeit werden dann bei einer Beobachtung über so eine Zeitdauer insgesamt 10 Kernzerfälle gemessen?

Im Prinzip haben wir hier eine Binomialverteilung mit $n = N, k = 10$ und $p = \epsilon$. Die Werte legen den Grenzfall $n \to \infty$ nahe. Die Werte werden also gut durch die Poisson-Verteilung für $\mu = N\epsilon = 6$ wiedergegeben. Wie brauchen also weder N noch ϵ zu kennen, um die Frage zu beantworten. Es ist

$$P(k = 10) = \frac{6^{10}}{10!}\,\mathrm{e}^{-6} \approx 0.0007\,,$$

also werden im Mittel in einer von rund 1400 Beobachtungen 10 Zerfälle gemessen werden! □

21.2.3 Gleichverteilung

Die **Gleichverteilung** (im Englischen: uniform distribution) ist die einfachste Verteilung stetiger Zufallsvariablen. Jeder Wert in einem Intervall $[a, b)$ der reellen Zahlen sei gleich wahrscheinlich. Dann ist (siehe Abb. 21.7)

$$\begin{aligned} f(x) &= \frac{1}{b-a} \quad \text{für } a \le x < b, \text{ sonst } 0\,, \\ F(x) &= \begin{cases} 0 & x < a\,, \\ \dfrac{x-a}{b-a} & a \le x < b\,, \\ 1 & b \le x\,, \end{cases} \\ \mu &= \frac{1}{2}(a+b)\,, \quad \sigma^2 = \frac{1}{12}(b-a)^2\,. \end{aligned} \tag{21.37}$$

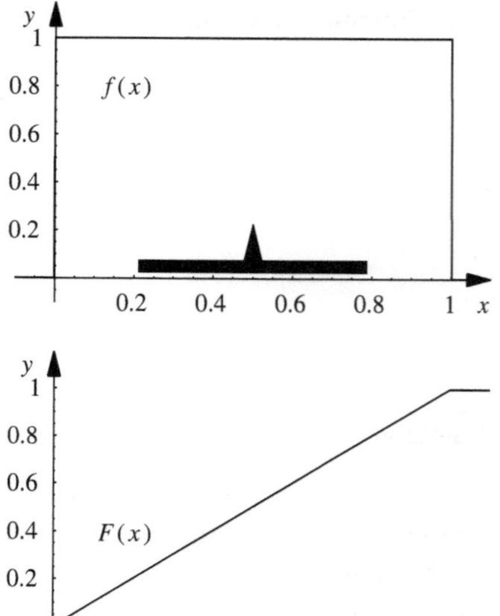

Abb. 21.7 Verteilungsdichte und Verteilungsfunktion für die Gleichverteilung ($a = 0, b = 1$); der Mittelwert $\mu = 1/2$ und die Standardabweichung $\sigma = 1/\sqrt{12}$ sind ebenfalls eingezeichnet. Mit rund 57.7% Wahrscheinlichkeit liegt ein Wert von X im Intervall $[\mu - \sigma, \mu + \sigma]$

Beispiel

Wir berechnen die zentralen Momente für die Gleichverteilung. Es ist

$$\begin{aligned}\mu_k &= \langle (X-\mu)^k \rangle = \frac{1}{b-a}\int_a^b dx\,(x-\mu)^k = \frac{1}{b-a}\int_{a-\mu}^{b-\mu} dy\, y^k \\ &= \frac{1}{b-a}\frac{y^{k+1}}{k+1}\bigg|_{a-\mu}^{b-\mu} = \frac{1}{(k+1)(b-a)}\left((b-\mu)^{k+1}-(a-\mu)^{k+1}\right) .\end{aligned}$$

Für $a = 0, b = 1$ ist also zum Beispiel $\mu = 1/2$, $\mu_k = 1/(2^k(k+1))$ für gerade k, sonst 0. □

21.2.4 Normalverteilung

Die **Gaußsche Normalverteilung** ist neben der Gleichverteilung vermutlich die wichtigste Verteilung. Wie wir später sehen werden, beschreibt sie insbesondere den Grenzfall, dass eine Zufallsvariable eine Summe von Zufallsvariablen unbekannter Verteilung ist. Genau das ist in den meisten Experimenten der Fall; man kann keine Messung einer reellen Zahl exakt, ohne irgendeinen Fehler, ausführen. Meist ist der Messfehler eine Summe verschiedener kleiner, aber kaum kontrollierbarer Fehler, wie etwa das thermische Rauschen der elektronischen Apparatur, akustische Störungen, elektromagnetisches Rauschen und Ähnliches.

Die Normalverteilung ist (siehe Abb. 21.8)

$$\begin{aligned}f(x) &= \frac{1}{\sqrt{2\pi\sigma^2}}\exp\left(-\frac{(x-\mu)^2}{2\sigma^2}\right), \\ F(x) &= \frac{1}{\sqrt{2\pi\sigma^2}}\int_{-\infty}^{x} dx\,\exp\left(-\frac{(x-\mu)^2}{2\sigma^2}\right) \equiv \frac{1}{2}+\frac{1}{2}\operatorname{erf}\left(\frac{x-\mu}{\sqrt{2}\,\sigma}\right) .\end{aligned} \tag{21.38}$$

Mittelwert μ und Standardabweichung σ sind schon in die Definition eingebaut. Die unvollständige Integration über die Gaußsche Glockenkurve kann nicht analytisch durchgeführt werden. Aus diesem Grund hat man die „Errorfunction" $\operatorname{erf}(x)$ eingeführt, die man entweder numerisch berechnen oder in Tabellen nachschlagen kann. In Kap. 5 haben wir in (5.76) die vollständige Integration der Glockenkurve durchgeführt. Man kann sich also leicht davon überzeugen, dass $F(\infty) = 1$ gilt.

Wegen der Symmetrie der Verteilungsdichte verschwinden alle zentralen Momente ungerader Potenzen

$$\langle (X-\mu)^{2k+1} \rangle = 0 . \tag{21.39}$$

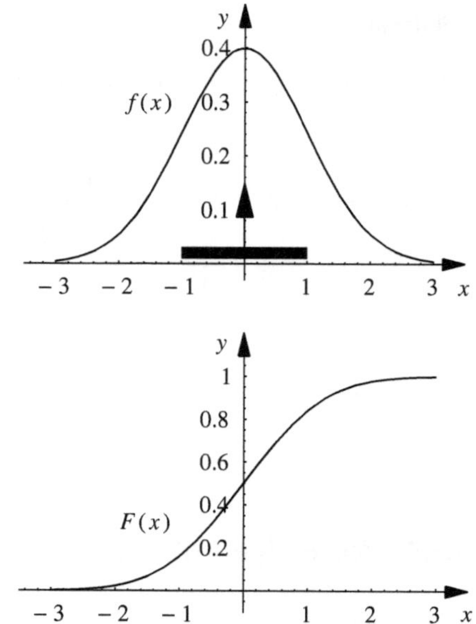

Abb. 21.8 Verteilungsdichte und Verteilungsfunktion für die Normalverteilung ($\mu = 0, \sigma = 1$); der Mittelwert und die Standardabweichung sind ebenfalls eingezeichnet. Mit rund 68.3% Wahrscheinlichkeit liegt ein Wert von X im Intervall $[\mu - \sigma, \mu + \sigma]$

Die geraden zentralen Momente lassen sich ebenfalls mit Hilfe der in Abschn. 5.3 besprochenen Verfahren bestimmen. Nach einer Variablentransformation $Y = (X - \mu)/\sigma$ ergibt sich

$$\begin{aligned} \langle Y^{2k} \rangle &= \frac{1}{\sqrt{2\pi}} \int_{-\infty}^{\infty} dy\ y^{2k} \mathrm{e}^{-\frac{y^2}{2}} \\ &= \frac{1}{\sqrt{2\pi}} (-2)^k \frac{\partial^k}{\partial a^k} \int_{-\infty}^{\infty} dy\ \mathrm{e}^{-\frac{a y^2}{2}} \Bigg|_{a=1} \\ &= (-2)^k \frac{\partial^k}{\partial a^k} a^{-\frac{1}{2}} \Bigg|_{a=1} = (2k-1)!! \\ &\Rightarrow \quad \langle (X-\mu)^{2k} \rangle = (2k-1)!!\, \sigma^{2k} \ . \end{aligned} \tag{21.40}$$

Dabei verwenden wir die gebräuchliche Abkürzung

$$(2k-1)!! \equiv (2k-1)\,(2k-3) \cdots 1 \ , \tag{21.41}$$

also eine Fakultätsfunktion, in der nur jeder zweite Faktor berücksichtigt wird (siehe Anhang A).

Die Gauß-Verteilung ist auch der Grenzfall einer Binomialverteilung für große n und große $n\,p\,(1-p)$, die in diesem Fall in der Nähe ihres Maximums durch eine Normalverteilung der Form

$$P(X = k) \simeq \frac{1}{\sqrt{2\pi\, n\, p(1-p)}} \exp\left(-\frac{(k - n\, p)^2}{2n\, p\,(1-p)}\right) \tag{21.42}$$

genähert werden kann. Dieser Übergang spielt auch in der statistischen Physik eine wesentliche Rolle.

21.2.5 Exponentialverteilung

Die Beobachtung radioaktiver Atomkerne hat gezeigt, dass die Zerfallswahrscheinlichkeit eines Atomkerns nicht von seiner Vorgeschichte abhängt. Es ist zu jedem Zeitpunkt gleich wahrscheinlich, dass das Atom in der nächsten Zeitspanne dt zerfällt. Die Wahrscheinlichkeit dafür, dass das Atom nicht zerfällt, sei $(1 - \lambda\, dt)$. Die Wahrscheinlichkeit, dass das Atom ein n-faches dieser Zeitspanne überlebt, ist $(1 - \lambda\, dt)^n$. Wenn wir eine gegebene Zeitspanne t in n Teile $dt = t/n$ zerlegen und die Zerlegung immer feiner machen, erhalten wir

$$\lim_{n\to\infty}\left(1 - \frac{\lambda\, t}{n}\right)^n = e^{-\lambda t}\ , \tag{21.43}$$

die so genannte **Exponentialverteilung**. Von einer zu $t = 0$ gegebenen Anzahl $N(0) = N_0$ von Atomkernen werden zu einem späteren Zeitpunkt also

$$N(t) = N_0\, e^{-\lambda t} \tag{21.44}$$

Atomkerne noch nicht zerfallen sein. Wir haben dieses Zerfallsgesetz schon früher im Zusammenhang mit linearen Differenzialgleichungen (in 6.5) diskutiert.

Die Exponentialverteilung hat die Form (siehe Abb. 21.9)

$$\begin{aligned} f(x) &= \begin{cases} \lambda e^{-\lambda x} & x \geq 0\ , \\ 0 & x < 0\ , \end{cases} \\ F(x) &= \begin{cases} 1 - e^{-\lambda x} & x \geq 0\ , \\ 0 & x < 0\ , \end{cases} \\ \mu &= \frac{1}{\lambda}\ , \quad \sigma^2 = \frac{1}{\lambda^2}\ . \end{aligned} \tag{21.45}$$

21.2.6 Histogramme

Jedes Experiment liefert nur eine endliche Anzahl von Messdaten, also eine endliche Menge von Werten einer Zufallsvariablen. Man kann sich ein Bild der Verteilung dieser Daten

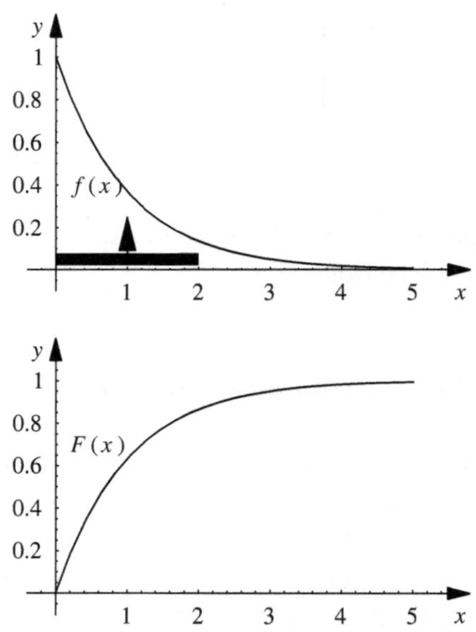

Abb. 21.9 Verteilungsdichte und Verteilungsfunktion für die Exponentialverteilung ($\lambda = 1$); der Mittelwert $\mu = 1$ und die Standardabweichung $\sigma = 1$ sind ebenfalls eingezeichnet. Mit rund 86.5% Wahrscheinlichkeit liegt ein Wert von X im Intervall $[\mu - \sigma, \mu + \sigma]$

mit Hilfe eines **Histogramms** machen. Dazu teilt man den Wertebereich der Zufallsvariablen X in n gleich große Intervalle einer Breite Δx, also

$$x_0 < x_1 = x_0 + \Delta x < \cdots < x_n = x_0 + n\,\Delta x\ . \tag{21.46}$$

Dann zählt man die Zahl der Werte von X, die in das jeweilige Intervall fallen. In Abb. 21.10 ist das für 1000 Werte einer Zufallsvariablen durchgeführt worden. Unsere Hypothese ist, dass die Zufallsvariable einer Gaußschen Normalverteilung folgt. Wir haben daher die entsprechend auf gleiche Gesamtwahrscheinlichkeit 1 normierte Verteilungsdichte (vgl. den Abschnitt 21.2.4) ebenfalls eingezeichnet und stellen gute Übereinstimmung fest.

Die Qualität der Übereinstimmung hängt natürlich von der Zahl der Versuchswerte und von der Feinheit der Intervalle ab. Wenn wir bei gleicher Anzahl zu feine Intervalle wählen, so werden in jedem Intervall schließlich nur sehr wenige Werte sein, und die ex-

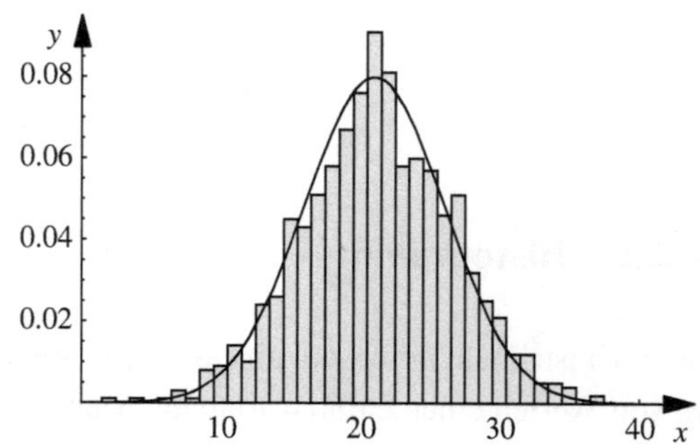

Abb. 21.10 Das ist ein (auf Gesamtfläche 1 normiertes) Histogramm aus 1000 Werten einer normalverteilten Zufallsvariablen. Darüber ist die Dichtefunktion der entsprechenden Normalverteilung ($\mu = 21, \sigma = 5$) dargestellt

perimentelle Dichteverteilung wird daher sehr „nervös“ sein, also stark fluktuieren. Wenn hingegen die Intervalle sehr breit gewählt werden, dann sind die Höhen der Balken zwar stabiler, die Verteilung aber ist recht eckig. Man muss eben einen geeigneten Kompromiss schließen. In Abschn. 21.5.4 wird erklärt, wie man die Übereinstimmung mit einer hypothetischen Verteilungsform überprüft.

Natürlich versucht man, aus den Messdaten die Parameter der Verteilung, also etwa Mittelwert und Varianz zu bestimmen. Das sind ja meist genau die interessanten Ergebnisse des Experiments. Bevor wir uns mit geeigneten Methoden näher befassen, müssen wir aber noch den Fall mehrerer Zufallsvariablen besprechen.

C.21.1 ... und auf dem Computer: Zufallszahlen

In Computersimulationen (Monte-Carlo-Methoden) und anderen Rechnungen benötigt man Zufallszahlen, also zum Beispiel reelle Zahlen zwischen 0 und 1 ohne erkennbare Regelmäßigkeit. Im Alltag tritt der Zufall oft auf (denken Sie an die Wettervorhersage), aber auf Computern heutiger Bauart gibt es keinen Zufall (außer bei manchen Betriebssystemen, dort aber unbeabsichtigt).

Man hat sich daher Verfahren überlegt, um statt dessen „Pseudozufallszahlen“ zu berechnen. Diese werden wie die Zahlen einer Folge durch ein vorgegebenes Gesetz berechnet, haben aber die statistischen Eigenschaften von echten Zufallszahlen. Sie sind also gleich wahrscheinlich in dem vorgegebenen Intervall, und sie sind (zumindest im Rahmen der getätigten Überprüfungen) voneinander unabhängig. Ein Programm zur Berechnung von (Pseudo-)Zufallszahlen wird **Zufallszahlengenerator** genannt. Es gibt viele Verfahren, um (Pseudo-)Zufallszahlen zu berechnen. Wir diskutieren hier Methoden zur Berechnung von „gleichverteilten Zufallszahlen“ (siehe Abschnitt 21.2.3).

Das bekannteste Verfahren ist der **Multiplicative Linear Congruential Generator**. Aus einer Zufallszahl wird jeweils die nächste berechnet:

$$x_{n+1} = a\, x_n + c \pmod{m}\ . \tag{C.21.1.1}$$

Häufig wird $c = 0$ gewählt. Der Multiplikator a muss $0 < a < m$ sein, der Modul m gibt den Bereich an, in dem die Zahlen liegen (die modulo-Operation ist in Anhang A erklärt). Obwohl die Vorschrift meist für ganze Zahlen angewendet wird (zum Beispiel: $a = 1664525$, $m = 2^{32}$), kann man auch reelle Zahlen (Beispiel: $a = 3.1664525$, $m = 1.0$) verwenden, wenn man die Definition der Modulo-Operation entsprechend verallgemeinert. Im Falle ganzer Zahlen muss die Zufallszahl x noch geeignet normiert – also etwa durch m geteilt – werden, um im gewünschten Intervall zu liegen. Der Startwert x_0 ist eine beliebige Zahl ($\neq 0, \neq m$). Die Wahl des Multiplikators a sollte Fachleuten überlassen werden, die durch geeignete Tests die Qualität festgestellt haben.

Ein anderes Verfahren ist das **Fibonacci** Verfahren,

$$x_{n+1} = x_n + x_{n-1} \pmod{m} \ , \tag{C.21.1.2}$$

so nach der Fibonacci-Folge genannt, bei der jeweils zwei ganze Zahlen addiert werden, um die nächste Zahl der Folge zu bekommen (1, 1, 2, 3, 5, 8, 13...). Hier muss man zu Beginn zwei Zahlen vorgeben. Auch hier können die x und m reell sein. So könnte man etwa $m = 1.0$ wählen und so die Zufallszahlen gleich auf das Intervall $[0, 1)$ beschränken.

Versuchen Sie, mit einem Computerprogramm eine Folge von Zufallszahlen zu berechnen und für diese Zahlenfolge die zentralen Momente zu bestimmen. Im Einzelfall wird der Aufwand von der benötigten statistischen Qualität der Zahlen abhängen (vgl. [1, 2]).

Bei manchen Problemstellungen – wie zum Beispiel in der statistischen Physik – benötigt man $\mathcal{O}(10^{10})$ und mehr „gute" Zufallszahlen. Es gibt Algorithmen, die 10^{171} „gute" Zahlen garantieren. In C.21.2 werden Verfahren zur Erzeugung von Zufallszahlen anderer Wahrscheinlichkeitsverteilungen diskutiert.

21.3 Funktionen von Zufallsvariablen

Die Wahrscheinlichkeitsdichte für die Impulse p der Moleküle eines (idealen) Gases ist die Boltzmann-Verteilung, die eine Normalverteilung in p ist. Wie lautet dann die Wahrscheinlichkeitsdichte für die kinetische Energie $E = p^2/2m$ (die so genannte Maxwell-Verteilung)? Wie kann man aus der bekannten Verteilung für eine Zufallsvariable X die Verteilung für die abhängige Variable $Y(X)$ finden?

Für lineare Zusammenhänge ist die Situation klar und einfach. Wir wollen annehmen, dass die Zufallsvariable Y linear von der Zufallsvariablen X abhängt, also

$$Y = g(X) = a\,X + b \tag{21.47}$$

gilt und a positiv ist. Dann ist zufolge der Definition (21.13) die Wahrscheinlichkeitsverteilung

$$F_Y(y) = P(Y \leq y) = P(a\,X + b \leq y) = P\left(X \leq \frac{y-b}{a}\right) = F_X\left(\frac{y-b}{a}\right) . \tag{21.48}$$

Für negative a muss man die Ungleichung entsprechend umformen. Allgemein gilt

$$Y = a\,X + b \;\Rightarrow\; F_Y(y) = \begin{cases} F_X\left(\frac{y-b}{a}\right) & a > 0\,, \\ 1 - F_X\left(\frac{y-b}{a}\right) & a < 0\,. \end{cases} \tag{21.49}$$

Diese Beziehung kann man sofort auf allgemeine, monoton wachsende Funktionen $Y = g(X)$ verallgemeinern, sofern deren Umkehrfunktion $X = g^{-1}(Y)$ bekannt ist. (Eindeutig ist sie auf jeden Fall aufgrund der geforderten Monotonie.)

$$\begin{aligned} Y = g(X) \quad &\Rightarrow \quad F_Y(y) = P(Y \leq y) = P(g(X) \leq y) = P(X \leq g^{-1}(y)) \\ &\Rightarrow \quad F_Y(y) = F_X(g^{-1}(y))\,. \end{aligned} \tag{21.50}$$

Beispiel

Gesucht ist die Verteilungsfunktion für $Y = X^2$, wenn $X \in (0, 1)$ einer Gleichverteilung folgt. Mit der Beziehung (21.50) finden wir

$$F_Y(y) = \begin{cases} 0 & y < 0\,, \\ \sqrt{y} & 0 \leq y < 1\,, \\ 1 & 1 \leq y\,. \end{cases}$$

Mit einer Wahrscheinlichkeit von 0.5 ist also $y < 0.25$. □

Wenn die Funktion $g(x)$ im gewünschten Definitionsbereich allerdings nicht monoton und die Umkehrfunktion daher nicht eindeutig ist, muss man verschiedene Fälle unterscheiden. Abb. 21.11 stellt die Situation dar.

$y < A$: ist nicht möglich, falls g nach unten beschränkt ist; dann gibt es kein x zu diesem Wert von y, und daher ist $F_Y(y < A) = 0$.

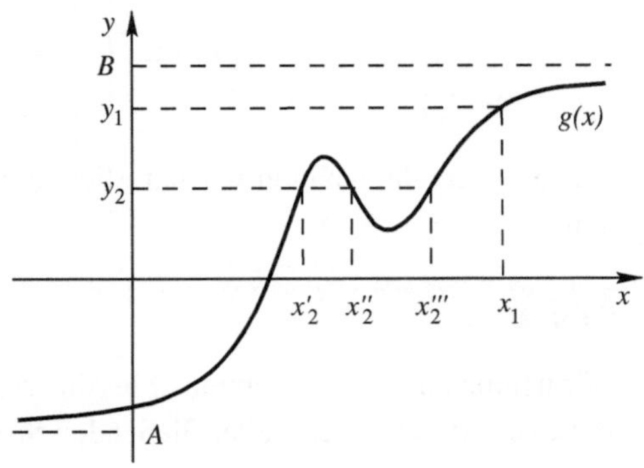

Abb. 21.11 Skizze zur Transformation der Wahrscheinlichkeitsverteilung durch $Y = g(X)$

$\boldsymbol{y = y_1}$**:** der Wert liegt in einem Bereich, in dem die Funktion g eindeutig umkehrbar ist. Es ist daher $F_Y(y_1) = F_X(x_1 \equiv g^{-1}(y_1))$.

$\boldsymbol{y = y_2}$**:** der Wert liegt in einem Bereich, in dem die Umkehrfunktion $g^{-1}(y)$ mehrere Lösungen $x_2', x_2'', x_2''' \ldots$ hat. Hier ist

$$\begin{aligned} F_Y(y_2) &= P(Y \le y_2) = P(g(x) \le y_2) = P(x \le x_2') + P(x_2'' \le x \le x_2''') \\ &= F_X(x_2') + F_X(x_2''') - F_X(x_2'') \, . \end{aligned} \tag{21.51}$$

$\boldsymbol{y > B}$**:** kann passieren, falls g nach oben beschränkt ist; dann ist sicher $g(x) < y$, und daher $P(Y \le y) = F_Y(y) = 1$.

Von der Verteilung ausgehend, kann man die Wahrscheinlichkeitsdichte bestimmen. Wir überspringen die Ableitung und bringen nur das Ergebnis. Die Verteilungsdichte der Zufallsvariablen X sei $f_X(x)$, die Zufallsvariable Y ist eine Funktion $g(X)$. Wenn diese für gegebenes y eine oder mehrere Lösungen x_i hat, für die also $g(x_i) = y$ gilt, dann ist

$$f_Y(y) = \sum_i \frac{f_X(x_i)}{|g'(x_i)|} \, , \tag{21.52}$$

wobei g' die Ableitung von g am jeweiligen Punkt bedeutet.

Beispiel

Zuerst besprechen wir das Beispiel zur Gleichverteilung von vorhin. Die Funktion war $y = g(x) = x^2$ und, da wir nur positive x betrachten, ist sowohl die Lösung als auch die Ableitung immer eindeutig

$$x = \sqrt{y} \, , \quad g'(x) = 2x \, ,$$

und wir erhalten

$$f_Y(y) = \begin{cases} 0 & y < 0 \, , \\ \frac{1}{2\sqrt{y}} & 0 \le y < 1 \, , \\ 0 & 1 \le y \, . \end{cases}$$

Dasselbe Ergebnis hätten wir natürlich auch durch Differenziation von $F_Y(y)$ gefunden. □

Beispiel

Wir nehmen an, ein bestimmtes Messinstrument messe nur den Betrag $|X|$ der Stromstärke des durch einen Leiter fließenden Stromes; die Stromstärke X ist normalverteilt um $\mu = 1$ mit einer Varianz $\sigma^2 = 0.5$. Welche Verteilungsdichte erwartet man für $Y = g(X) = |X|$ (vgl. Abb. 21.12)?

Die Umkehrfunktion zu $y = |x|$ ist zweideutig und nur positiv. Die gesuchte Dichte ist daher 0 für $y < 0$. Zu jedem positiven y-Wert gibt es zwei x-Werte, nämlich $x = -y$ und $x = +y$; die Ableitung $g'(x) = |x|'$ ist entsprechend -1 oder +1. Für positive y ergibt sich daher nach (21.52)

$$\begin{aligned} f_X(x) &= \frac{1}{\sqrt{\pi}} \mathrm{e}^{-(x-1)^2} \\ f_Y(y) &= \frac{f_X(x=-y)}{|-1|} + \frac{f_X(x=y)}{|1|} = \frac{1}{\sqrt{\pi}} \left(\mathrm{e}^{-(-y-1)^2} + \mathrm{e}^{-(y-1)^2} \right) \\ &= \frac{1}{\sqrt{\pi}} \mathrm{e}^{-y^2-1} \left(\mathrm{e}^{-2y} + \mathrm{e}^{2y} \right) . \end{aligned}$$

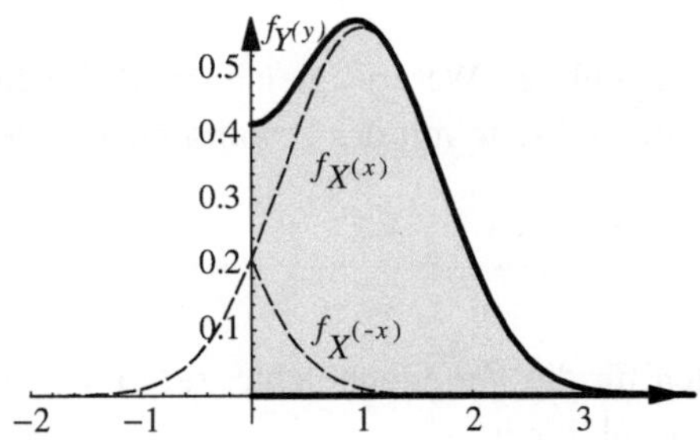

Abb. 21.12 Die Verteilungsdichte f_Y setzt sich aus dem ursprünglichen Anteil rechts und aus dem an der vertikalen Achse gespiegelten linken Teil zusammen. Da $f_Y(y)$ und $f_X(x)$ in derselben Skizze gezeigt werden, beschriften wir die horizontale Achse nicht □

Am Computer kann man am einfachsten gleichverteilte Zufallszahlen erzeugen (vgl. Computerbox C.21.1). Die soeben besprochene Methode erlaubt es, daraus auch Zufallsvariablen mit anderen Verteilungsdichten zu konstruieren. Wenn Y gleichverteilt ist, dann ist $X = F_A^{-1}(Y)$ mit der Dichte f_A verteilt. Um dies zu sehen, wählen wir

$$\begin{aligned} x = g(y) &= F_A^{-1}(y) \quad \Rightarrow \quad y = F_A(x) \\ &\Rightarrow \quad \frac{d\,y}{d\,x} = f_A(x) = \left(\frac{d\,x}{d\,y} \right)^{-1} = \left(g'(y) \right)^{-1} \\ &\Rightarrow \quad g'(y) = (f_A(x))^{-1} . \end{aligned} \tag{21.53}$$

Wir haben dabei die in M.4.2 besprochene Methode zur Differenziation einer Umkehrfunktion gebraucht. Da F_A eine Wahrscheinlichkeitsverteilung und daher monoton stei-

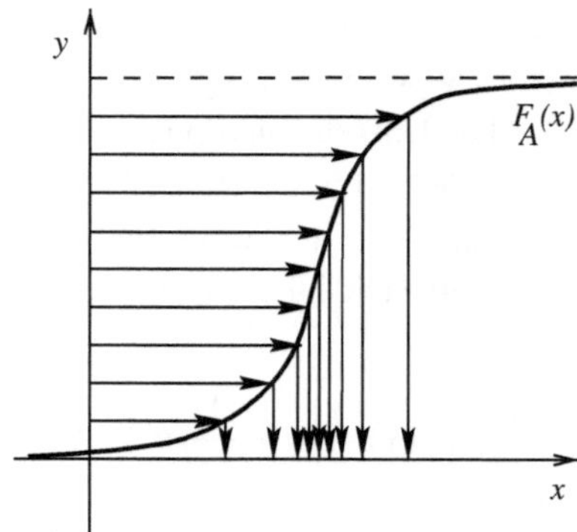

Abb. 21.13 Mit $X = F_A^{-1}(Y)$ kann man aus gleichverteilten Zufallszahlen Y Zufallszahlen X mit der Verteilung $F_A(x)$ erzeugen. Man benötigt dazu allerdings die Umkehrfunktion $x = F_A^{-1}(y)$

gend ist, ist F_A^{-1} eindeutig. Es folgt

$$f_X(x) = \frac{1}{(f_A(x))^{-1}} = f_A(x) \; . \tag{21.54}$$

Man muss also zu jedem zufälligen Wert y (gleichverteilt im Intervall (0,1)) die Zahl $x = F_A^{-1}(y)$ bestimmen, um y-Werte mit der gewünschten Verteilung zu erhalten (vgl. Abb. 21.13)!

Beispiel

Wir wollen Zufallzahlen für die Verteilungdichte $f_X(x) = {}^1\!/_2 \sin(x)$, $x \in [0, \pi]$, erzeugen. Die Verteilungsfunktion ist

$$F_X(x \leq 0) = 0 \; , \quad F_X(0 < x < \pi) = \frac{1}{2}\int\limits_0^x dt \; \sin(t) = \frac{1}{2}(1 - \cos(x)) \; ,$$

$$F_X(\pi \leq x) = 1 \; .$$

Die Umkehrfunktion ist daher $F_X^{-1}(y) = \arccos(1 - 2\,y)$, Wir nehmen in $(0, 1)$ gleichverteilte Zufallszahlen y_i und berechnen daraus $x_i = \arccos(1 - 2\,y_i)$; diese folgen der Verteilungdichte $f_X(x)$! □

C.21.2 … und auf dem Computer: Noch mehr Pseudozufallszahlen

In C.21.1 haben wir die Erzeugung von gleichverteilten Pseudozufallszahlen besprochen. Dafür gibt es meist Standardprogramme. Wir nehmen also an, dass wir beliebig viele, im Intervall $(0, 1)$ gleichverteilte Zufallszahlen y zur Verfügung haben. Wie erzeugt man aber Zufallszahlen für andere Verteilungen der gewünschten Form F_X und Verteilungsdichte f_X?

1. **Transformation**: Wenn die Umkehrfunktion F_X^{-1} bekannt oder zumindest numerisch berechenbar ist, so folgen die Zahlen $x = F_X^{-1}(y)$ der gewünschten Verteilung. Die Begründung dazu finden Sie bei Abb. 21.13.
2. **Auswahlmethode** (Englisch: rejection method): Dazu nehmen wir an, dass die Zufallszahl x Werte in einem endlichen Bereich $a < x < b$ annimmt; notfalls muss man eine geeignete Transformation durchführen. Die Verteilungsdichte sei ebenfalls beschränkt: $0 \leq f_X \leq M$.

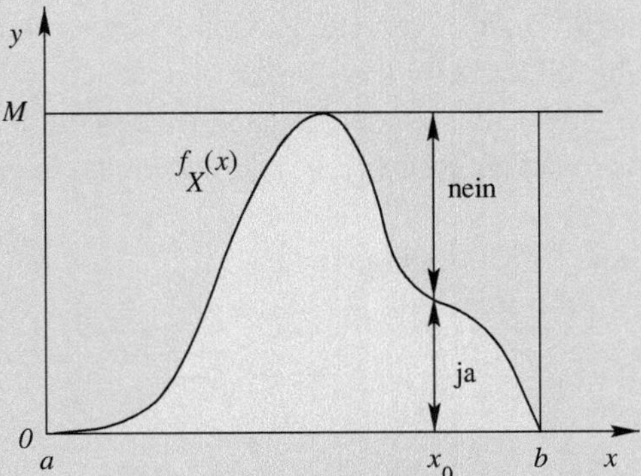

Abb. 21.14 Zufallszahlen x werden gleichverteilt in (a, b) vorgeschlagen aber nur mit Wahrscheinlichkeit $f_X(x)/M$ akzeptiert. In der Abbildung beträgt die Akzeptanzwahrscheinlichkeit für die vorgeschlagene Zufallszahl x_0 ungefähr 42%

Dann nehmen wir eine der in $(0, 1)$ gleichverteilten Zahlen r_1, berechnen daraus

$$x = a + (b - a)\, r_1$$

und akzeptieren diesen Wert mit der Wahrscheinlichkeit $f_X(x)/M$ (siehe Abb. 21.14). Für diesen Schritt müssen wir noch eine zweite, gleichverteilte Zufallszahl – nennen wir sie r_2 – bereitstellen:

$$\frac{f_X(x)}{M} \begin{cases} > r_2 & x \text{ wird verworfen}\,, \\ \leq r_2 & x \text{ wird akzeptiert}\,. \end{cases}$$

So ein Schritt liefert also nicht immer eine Zufallszahl x, da es oft zur Ablehnung des „Vorschlags“ kommt. Dabei werden Zufallszahlen x häufiger akzeptiert, wenn die Verteilungsdichte für diesen Wert größer ist und umgekehrt. Damit wird die gewünschte Verteilung erzielt. Man muss beachten, dass man in jedem Schritt *neue* Zufallszahlen r_1 und r_2 verwenden muss. Recycling von Zufallszahlen verfälscht die Verteilung.

Leider ist das Verfahren nicht sehr effizient. Es kann aber noch verbessert werden, indem man nicht von gleichverteilten Zufallszahlen ausgeht, sondern solche einer ähnlichen Verteilung zum Ausgangspunkt nimmt (siehe [3]).

3. **Spezielle Verfahren**: Für einzelne Verteilungen gibt es sehr effiziente Methoden. Wir wollen hier als Beispiel nur ein Verfahren zur Berechnung normalverteilter Zufallszahlen besprechen. Die so genannte Polare Methode (von G. E. Box, M. E. Muller und G. Marsaglia (1958) vorgeschlagen) erlaubt es, aus zwei gleichverteilten Zufallszahlen zwei normalverteilte zu gewinnen:
Schritt 1: Zwei in $(0, 1)$ gleichverteilte Zufallszahlen r_1 und r_2 werden in das Intervall $(-1, 1)$ abgebildet: $u_i = 2\,r_i - 1$. Man berechnet $s = u_1^2 + u_2^2$; wenn $s \geq 1$ ist, wird das Paar abgelehnt und der Vorgang wiederholt, bis die Ungleichung erfüllt ist. Damit hat man ein Paar (u_1, u_2) gefunden, das in einem Einheitskreis gleichverteilt ist.
Schritt 2: Aus u_1 und u_2 berechnet man

$$x_1 = u_1 \sqrt{\frac{-2 \ln s}{s}}\,, \quad x_2 = u_2 \sqrt{\frac{-2 \ln s}{s}}\,. \tag{C.21.2.1}$$

Die beiden Zufallszahlen x_1 und x_2 sind unabhängig (!) und normalverteilt mit Mittelwert 0 und Varianz 1. Der einzige Schönheitsfehler bei diesem Verfahren ist, dass man Wurzel und Logarithmus berechnen muss, was Rechenzeit kostet.

Vor allem bei mehrdimensionalen Problemen (wie bei der Monte-Carlo Integration in C.21.3) sind Zufallszahlen wichtig. Der klassische Text zu diesem Thema ist [4]. Anwendungsnahe Diskussion von Programmen findet man in [3] oder [5].

21.3.1 Fehlerfortpflanzung

In vielen Fällen braucht man nicht die gesamte Verteilung der transformierten Zufallsvariablen, sondern es reicht die Information über den Mittelwert oder die Varianz. Wenn Sie zum Beispiel eine Fehlerrechnung durchführen, dann wollen sie feststellen, wie sich Anfangsfehler (einer Messung) durch die Funktionsabhängigkeit „fortpflanzen“, wie sich also diese Fehler auf das Endergebnis auswirken.

Wir wollen für diesen allgemeinen Fall mit Hilfe einer Reihenentwicklung eine Beziehung zwischen den zentralen Momenten ableiten. Dazu entwickeln wir $g(x)$ in eine

Taylorreihe um den Entwicklungspunkt μ_X und erhalten

$$g(x) = g(\mu_X) + \left.\frac{\partial g}{\partial x}\right|_{x=\mu_X} (x-\mu_X) + \frac{1}{2}\left.\frac{\partial^2 g}{\partial x^2}\right|_{x=\mu_X} (x-\mu_X)^2 + \mathcal{O}\left((x-\mu_X)^3\right) . \tag{21.55}$$

Für polynomiale $g(x)$ ist das eine endliche Summe. Nun bestimmen wir die Erwartungswerte (in Bezug auf die Verteilung in X) von $g(x)$ und $g^2(x)$:

$$\begin{aligned} \langle g(X)\rangle &= g(\mu_X) + \frac{1}{2}\sigma_X^2 \left.\frac{\partial^2 g}{\partial x^2}\right|_{\mu_X} + \mathcal{O}(\mu_3) , \\ \langle (g(X))^2\rangle &= (g(\mu_X))^2 + \left(\left.\frac{\partial g}{\partial x}\right|_{\mu_X}\right)^2 \sigma_X^2 + g(\mu_X)\left.\frac{\partial^2 g}{\partial x^2}\right|_{\mu_X} \sigma_X^2 + \mathcal{O}(\mu_3) \end{aligned} \tag{21.56}$$

und erhalten schließlich die Varianz von $g(x)$ als

$$\sigma_g^2 \equiv \langle g^2\rangle - \langle g\rangle^2 = \left(\left.\frac{\partial g}{\partial x}\right|_{\mu_X}\right)^2 \sigma_X^2 + \mathcal{O}\left(\mu_3, \sigma^4\right) . \tag{21.57}$$

Terme höherer Ordnung (also von der Größenordnung der zentralen Momente dritter und höherer Ordnung) haben wir hier vernachlässigt. Dieser Zusammenhang zwischen Varianz von X und Varianz von $g(X)$ wird auch als Gesetz der **Fehlerfortpflanzung** bezeichnet. Nur wenn g höchstens quadratisch in x ist, ist das Gesetz exakt; sonst ist es eine Näherung.

21.4 Mehrere Zufallsvariablen

Wenn wir in einem Experiment Ausfallwinkel und Frequenz von gestreuten Lichtquanten messen, sind diese beiden Zahlen Werte von Zufallsvariablen. Sie haben eine gemeinsame Verteilungsfunktion, und erst durch das Studium dieser Funktion kann man etwaige Zusammenhänge feststellen. Auch wenn wir mit verschiedenfarbigen Würfeln oder einfach mehrmals hintereinander würfeln, können wir die einzelnen Würfe jeweils als verschiedene Experimente interpretieren und verschiedenen Zufallsvariablen zuordnen. Der gelbe Würfel (oder der erste Wurf) liefert X, der rote (oder der zweite Wurf) Y, und so weiter. Während die Zufallsvariablen bei den Lichtquanten vermutlich nicht voneinander unabhängig sind, es also Korrelationen geben wird, vermuten wir, dass die Würfe voneinander völlig unabhängig sind.

21.4.1 Verteilungsfunktion und Verteilungsdichte

Wir betrachten ein Experiment, in dem wir Paare von Zahlen messen. Man kann den Zahlenpaaren eine Wahrscheinlichkeit und eine gemeinsame Verteilungsfunktion und Ver-

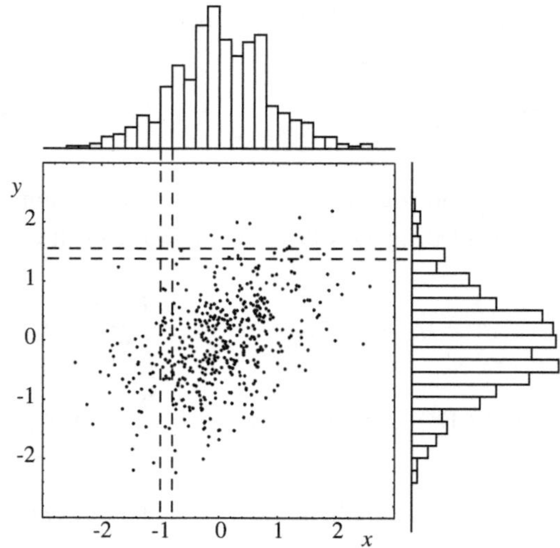

Abb. 21.15 Die Punkte sind die Ergebnisse von 500 Messungen des Zufallsvariablenpaars (X, Y). Die Variablen sind offenbar korreliert, da meist zu größeren (kleineren) Werten von x auch größere (kleinere) Werte von y gehören. Die Histogramme oben und rechts sind die aus den Daten gewonnenen Näherungen der Randverteilungen f_X und f_Y. Dazu wurde einfach zum Beispiel in jedem x-Intervall die Summe der darin befindlichen Punkte gezählt und als Höhe aufgetragen

teilungsdichte

$$F_{XY}(x, y) = P(X \leq x, Y \leq y) = \int_{-\infty}^{x} \int_{-\infty}^{y} dx\, dy\ f_{XY}(x, y) \tag{21.58}$$

zuordnen. Alles bisher Gesagte kann man auch auf den mehrdimensionalen Fall anwenden. Man kann Paare oder Gruppen von Zufallsvariablen zu einem Zufallsvariablenvektor zusammenfassen. Jede einzelne Komponente entspricht einer Richtung im Zufallsraum. Wir beschränken uns einstweilen auf Paare.

In Abb. 21.15 sind Punkte (x, y) dargestellt, die Werten der Zufallsvariablen X und Y entsprechen. Wenn man die gemeinsame Verteilungsdichte $f_{XY}(x, y)$ jeweils über eine der Variablen integriert, so erhält man die so genannten **Randverteilungen**,

$$f_X(x) = \int_{-\infty}^{\infty} dy\ f_{XY}(x, y)\ , \quad f_Y(y) = \int_{-\infty}^{\infty} dx\ f_{XY}(x, y)\ . \tag{21.59}$$

In der Abbildung sind die Randverteilungen nicht bekannt; wir haben aber die entsprechenden aus den Daten gewonnenen Histogramme eingezeichnet. Diese Histogramme spiegeln die Häufigkeit wieder, mit der entsprechende Werte gemessen werden. Sie geben näherungsweise Randverteilungen wieder. In Abschn. 21.5.4 wird besprochen, wie man prüft, ob die Verteilung einer erwarteten Form entspricht.

So zusammengefasste Ereignisse entsprechen also Punkten in dem Zufallsraum, und in einer grafischen Darstellung erkennt man oft Korrelationen aufgrund der sich nach vielen Versuchen ergebenden Form der Punktmenge. Erwartungswerte sind wie früher definiert, nämlich als

$$\langle g(X,Y)\rangle = \iint\limits_{-\infty}^{\infty} dx\,dy\; f(x,y)\,g(x,y)\;. \tag{21.60}$$

Es ist also zum Beispiel

$$\langle X+Y\rangle = \iint\limits_{-\infty}^{\infty} dx\,dy\; f(x,y)\,x + \iint\limits_{-\infty}^{\infty} dx\,dy\; f(x,y)\,y = \langle X\rangle + \langle Y\rangle = \mu_X + \mu_Y\;. \tag{21.61}$$

Entsprechend werden auch Momente $\langle X^k\, Y^n\rangle$ und die zentralen Momente

$$\mu_{kn} \equiv \langle (X-\mu_X)^k\; (Y-\mu_Y)^n\rangle \tag{21.62}$$

definiert. Neben den Varianzen

$$\sigma_X^2 = \mu_{20}\;, \quad \sigma_Y^2 = \mu_{02} \tag{21.63}$$

gibt es nun auch die so genannte **Kovarianz**

$$\begin{aligned} \mathrm{Cov}(X,Y) \equiv \mu_{11} &= \langle (X-\mu_X)\,(Y-\mu_Y)\rangle = \langle X\,Y\rangle - \mu_X\mu_Y - \mu_Y\mu_X + \mu_X\mu_Y \\ &= \langle X\,Y\rangle - \mu_X\mu_Y\;. \end{aligned} \tag{21.64}$$

Wie wir weiter unten sehen, liefert sie uns Informationen über mögliche Abhängigkeiten der Zufallsvariablen voneinander.

Die Verteilungsdichte ist besonders einfach, wenn die Variablen voneinander unabhängig sind. Die Wahrscheinlichkeiten sind dann einfach Produkte, und wir finden

$$f_{XY}(x,y) = f_X(x)\; f_Y(y)\;. \tag{21.65}$$

Für unabhängige Zufallsvariablen gilt daher offenbar

$$\langle X\,Y\rangle = \langle X\rangle\,\langle Y\rangle \quad\Rightarrow\quad \mathrm{Cov}(X,Y) = 0 \tag{21.66}$$

da ja die entsprechenden Summen oder Integrale faktorisieren. Für allgemeine Verteilungen gilt dies allerdings nicht. Wenn $\langle X\,Y\rangle$ verschwindet, nennen wir X **orthogonal** zu Y.

Beispiel

Ein Beispiel für eine nichttriviale zweidimensionale Verteilungsdichte ist

$$f(x,y) = C\,\exp\left(-2\,x^2 - 2\,y^2 + 2\,x\,y\right)\,.$$

Die Punkte in Abb. 21.15 sind entsprechend dieser Verteilung gewählt worden. Der Exponent ist eine quadratische Form. Ohne den Mischterm $x\,y$ wären die beiden Zufallsvariablen unabhängig und die Funktion einfach ein Produkt von zwei Normalverteilungen. Wir bestimmen zunächst einige Parameter der Verteilung. Die Konstante C ergibt sich aus der Normierungsbedingung. Für die Integration transformieren wir auf neue Variable,

$$\begin{aligned} -2\,x^2 - 2\,y^2 + 2\,x\,y = &\; -\frac{1}{2}\,(x+y)^2 - \frac{3}{2}(x-y)^2 \\ \Rightarrow &\; u = x + y\,,\; v = x - y\,,\quad \left|\frac{\partial(x,y)}{\partial(u,v)}\right| = \frac{1}{2} \\ \Rightarrow &\; dx\,dy = \frac{1}{2}\,du\,dv\,. \end{aligned}$$

Wir haben dabei die Jacobi-Determinante (vgl. M.5.8) zur Transformation des Flächenelements verwendet. Die optimalen Koordinaten kann man durch Raten oder durch Diagonalisierung (vgl. (3.131)) bestimmen. Da beide Eigenwerte – die Vorfaktoren von u^2 und v^2 – negativ sind, es sich also um eine negativ definite quadratische Form handelt, ist die Integration wohldefiniert.Damit faktorisiert das Integral

$$\begin{aligned} \iint\limits_{\mathbb{R}^2} dx\,dy\; f(x,y) &= \frac{C}{2}\iint\limits_{\mathbb{R}^2} du\,dv\,\mathrm{e}^{-\frac{1}{2}u^2-\frac{3}{2}v^2} = \frac{C}{2}\left(\int\limits_{\mathbb{R}} du\;\mathrm{e}^{-\frac{1}{2}u^2}\right)\left(\int\limits_{\mathbb{R}} dv\;\mathrm{e}^{-\frac{3}{2}v^2}\right) \\ &= C\frac{\pi}{\sqrt{3}} \quad \Rightarrow \quad C = \frac{\sqrt{3}}{\pi}\,. \end{aligned}$$

Die Mittelwerte und Varianzen sind

$$\begin{aligned} \mu_U &= 0\,,\quad \mu_V = 0 \quad \Rightarrow \quad \mu_X = \mu_Y = 0\,, \\ \sigma_U^2 &= 1 = \langle U^2\rangle\,,\quad \sigma_V^2 = \frac{1}{3} = \langle V^2\rangle\,,\quad \langle U\,V\rangle = 0\,, \\ \Rightarrow &\quad \langle X^2\rangle = \left\langle\left(\frac{1}{2}\,(U+V)\right)^2\right\rangle = \frac{1}{4}\,\langle U^2\rangle + \frac{1}{4}\,\langle V^2\rangle + \frac{1}{2}\,\langle U\,V\rangle = \frac{1}{3}\,, \\ \Rightarrow &\quad \langle Y^2\rangle = \left\langle\left(\frac{1}{2}\,(U-V)\right)^2\right\rangle = \frac{1}{4}\,\langle U^2\rangle + \frac{1}{4}\,\langle V^2\rangle - \frac{1}{2}\,\langle U\,V\rangle = \frac{1}{3}\,, \\ &\quad \langle X\,Y\rangle = \frac{1}{4}\,\langle U^2\rangle - \frac{1}{4}\,\langle V^2\rangle = \frac{1}{6}\,. \end{aligned}$$

□

Falls die beiden Zufallszahlen nicht unabhängig voneinander sind, ist die Gleichung (21.66) verletzt, und die Stärke der Verletzung wird als Maß für die Korrelation verwendet.

Man definiert den **Korrelationskoeffizienten**

$$\rho(X,Y) \equiv \frac{\mathrm{Cov}(X,Y)}{\sigma_X\,\sigma_Y} = \frac{\langle X\,Y\rangle - \langle X\rangle\,\langle Y\rangle}{\sigma_X\,\sigma_Y} . \tag{21.67}$$

Der Wert von $\rho(X,Y)$ bewegt sich zwischen -1 und 1. Für $|\rho| = 1$ liegt maximale Korrelation vor. Man kann sich selbst davon überzeugen, dass zum Beispiel für $Y = aX + b$ der Korrelationskoeffizient den Wert

$$\rho(X,Y) = \rho\,(X, aX + b) = 1 \tag{21.68}$$

annimmt. Umgekehrt kann man zeigen, dass aus $\rho(X,Y) = 1$ eine lineare Abhängigkeit zwischen den Zufallsvariablen folgt! Die Werte von X und Y in Abb. 21.15 sind korreliert mit einem Korrelationskoeffizienten von $\rho = {}^1\!/_2$.

Aus $\rho(X,Y) = 0$ kann man allerdings leider nicht auf Unabhängigkeit schließen. So kann man etwa zeigen, dass zwei Zufallszahlen, die die Relation $X^2 + Y^2 = 1$ erfüllen, auch einen verschwindenden Korrelationskoeffizienten haben, obwohl sie funktional zusammenhängen.

Beispiel

Wir betrachten Punkte, die auf dem Rand eines Einheitskreises gleichverteilt sein sollen. Die kartesischen Koordinaten dieser Punkte sind

$$X = \cos\varphi\,, \quad Y = \sin\varphi \;\Rightarrow\; X^2 + Y^2 = 1\,.$$

und laut Annahme ist φ in $[\,0,\ 2\,\pi)$ gleichverteilt. Es ist mit (21.67)

$$\begin{aligned}
\langle X\rangle &= \langle\cos\varphi\rangle = 0 = \langle Y\rangle\,,\\
\langle X^2\rangle &= \langle(\cos\varphi)^2\rangle = \frac{1}{2} = \langle Y^2\rangle\,,\\
\langle X\,Y\rangle &= \langle\cos\varphi\,\sin\varphi\rangle = \frac{1}{2}\langle\sin 2\varphi\rangle = 0\,,\\
&\Rightarrow \rho(X,Y) = 0\,.
\end{aligned}$$

Der Korrelationskoeffizient verschwindet in diesem Beispiel also. Dennoch sind die beiden Zufallsvariablen offenbar korreliert, da sie ja durch $X^2 + Y^2 = 1$ verknüpft sind! □

21.4.2 Funktionen von mehreren Zufallsvariablen

Eine Zufallsvariable ist eine Art Stellvertreter für eine Verteilung. Die Funktion der Zufallsvariablen hat ebenfalls ihre charakteristische Verteilung. Was passiert aber, wenn wir verschiedene Zufallsvariablen von verschiedenen (oder vielleicht auch gleichen) Verteilungen kombinieren? Diese Frage stellt sich, wenn man mehrere Experimente gemeinsam analysieren will, aber auch später bei der Besprechung von Schätzwerten und Stichproben. Wir müssen zum späteren Verständnis daher etwas Vorarbeit leisten.

Wir wollen zunächst annehmen, dass wir die (gemeinsame) Wahrscheinlichkeitsverteilung von zwei Zufallsvariablen, also $F_{XY}(x, y)$, kennen. Nun definieren wir eine neue Variable Z, die selbst eine Funktion der beiden anderen ist,

$$z = g(x, y) \Rightarrow F_Z(z) = P(g(x, y) \leq z) . \tag{21.69}$$

Wie sieht die Wahrscheinlichkeitsverteilung $F_Z(z)$ aus?

Auch hier gehen wir wie früher bei einer Funktion von nur einer Zufallsvariablen in Abschn. 21.3 vor. Wir betrachten die Punktmenge $D_z \in \mathbb{R}^2$, für die $g(x, y) \leq z$ gilt. Dann ist

$$F_Z(z) = P((x, y) \in D_z) = \iint\limits_{D_z : g(x,y) \leq z} dx\, dy\; f_{XY}(x, y) , \quad f_Z(z) = \frac{d}{d\, z} F_Z(z) . \tag{21.70}$$

In der Praxis kann diese harmlos aussehende Integration aber durchaus unangenehm werden.

Für unabhängige Zufallsvariablen X und Y vereinfacht sich die Rechnung allerdings. Für $Z = X + Y$ gibt es dann folgenden wichtigen **Fundamentalsatz**. Die Wahrscheinlichkeitsdichte für Z ist das Faltungsintegral $f_X(z) * f_Y(z)$, also

$$f_Z(z) = \int_{-\infty}^{\infty} dx\; f_X(x)\, f_Y(z - x) = \int_{-\infty}^{\infty} dy\; f_Y(y)\, f_X(z - y) . \tag{21.71}$$

Faltungsintegrale werden in Abschn. 14.4 diskutiert. Sie nehmen für die Fouriertransformierten der beteiligten Funktionen eine besonders einfache Form an. Diese sind ja proportional den charakteristischen Funktionen der Verteilungen, wie sie in (21.29) definiert wurden. Wir haben daher

$$\Phi_Z(t) = \Phi(f_X * f_Y) = \Phi_X(t)\, \Phi_Y(t) . \tag{21.72}$$

Wir werden den Beweis hier nicht besprechen, er kann in [6, 7] nachgelesen werden. Der Vorteil der Darstellung über Fouriertransformierte ergibt sich, wenn man Summen von vielen Zufallsvariablen betrachtet. Die Fouriertransformierte der Summe ist dann eben einfach das Produkt aller Fouriertransformierten der Einzelverteilungen.

Auch für Funktionen zweier (oder mehrerer) Zufallsvariablen können wir ein Fehlerfortpflanzungsgesetz wie in Abschnitt 21.3.1 ableiten. Wieder entwickeln wir $g(x, y)$ in eine Taylorreihe um den Entwicklungspunkt (μ_X, μ_Y) und erhalten nach ein paar Schritten

$$\sigma_g^2 = \langle g^2 \rangle - \langle g \rangle^2 = \left(\frac{\partial g}{\partial x}\right)^2 \mu_{20} + \left(\frac{\partial g}{\partial y}\right)^2 \mu_{02} + 2\frac{\partial g}{\partial x}\frac{\partial g}{\partial y}\mu_{11} + \mathcal{O}(\mu_{30}, \ldots) \ , \quad (21.73)$$

wobei man Terme höherer Ordnung (von der Größenordnung der zentralen Momente dritter und höherer Ordnung) vernachlässigt hat. Die Ableitungen sind am Entwicklungspunkt zu berechnen. Wieder entfallen die höheren Terme, wenn g ein Polynom von höchstens 2. Ordnung in den Variablen ist. Diese Formel lässt sich einfach auf Funktionen mehrerer Zufallsvariablen verallgemeinern.

Im häufig auftretenden Sonderfall $Z = X + Y$ erhält man

$$\sigma_{X+Y}^2 = \sigma_X^2 + \sigma_Y^2 + 2\,\mathrm{Cov}(X, Y) \ . \quad (21.74)$$

Wenn die beiden Variablen voneinander unabhängig sind, dann verschwindet die Kovarianz, und die Varianz der Summe ist die Summe der Varianzen.

Der britische Botaniker R. Brown wurde berühmt durch die Betrachtung kleiner Farbpartikel in Wassertropfen: Er beobachtete eine eigenartige Zitterbewegung. Wir wissen inzwischen, dass dieses Zittern von zufälligen Stößen der Wassermoleküle herrührt. Betrachten wir das Zittern in eine Richtung. Jeder Stoß führt zu einer Verschiebung um den Wert x_i. Die entsprechende Zufallsvariable X_i ist normalverteilt (Mittelwert 0). Wie weit hat sich das Körnchen nach n Stößen im Mittel bewegt? Die Antwort liegt in der Summe der X_i. Die gemeinsame Wahrscheinlichkeitsdichte ist

$$f(x_1, x_2, \ldots, x_n) = \frac{1}{\sigma^n (2\pi)^{\frac{n}{2}}} \exp\left(-\frac{1}{2\sigma^2}\left(x_1^2 + x_2^2 + \cdots + x_n^2\right)\right) . \quad (21.75)$$

Gesucht ist also die Verteilungsfunktion der Summe

$$Z \equiv \sum_{i=1}^{n} X_i \ . \quad (21.76)$$

Man kommt zum Ergebnis durch n-faches Anwenden des Fundamentalsatzes (21.71) in Form des Faltungsintegrals. Das ist hier einfach, da die Fouriertransformierte einer Normalverteilung wieder Gaußsche Form hat. Man erhält schließlich die Verteilungsdichte

$$f_Z(z) = \frac{1}{\sqrt{2\,n\,\pi\,\sigma^2}} \exp\left(-\frac{z^2}{2\,n\,\sigma^2}\right) . \quad (21.77)$$

Daraus lässt sich der Mittelwert $\mu_Z = 0$ und die Varianz als $\sigma_Z^2 = n\,\sigma^2$ ablesen. Im Mittel wird das Körnchen also am selben Ort bleiben. Die mittlere quadratische Abweichung σ_Z allerdings wächst proportional zu $\sqrt{n}$. Dieses Verhalten der Brownschen Bewegung ist typisch für Wärmebewegung und statistisches Rauschen.

Die Verteilung für $\hat{Z} = Z/n$ erhält man nach der Reskalierung (unter Beachtung der Normierung)

$$f_{\hat{Z}}(\hat{z}) = \frac{1}{\sqrt{2\,\pi\,\sigma_{\hat{Z}}^2}} \exp\left(-\frac{\hat{z}^2}{2\sigma_{\hat{Z}}^2}\right) \quad \text{mit} \quad \sigma_{\hat{Z}}^2 = \frac{\sigma^2}{n} \,. \tag{21.78}$$

Die Varianz des Mittels ist also um einen Faktor n kleiner als die Einzelvarianz. Das ist der Grund dafür, dass man viele Messungen mittelt, um einen besseren Schätzwert (also eine geringere Varianz) des Mittelwerts zu erhalten. Mehr darüber folgt im Abschn. 21.5.1 über Schätzwerte.

Wir betrachten einen Punkt im $\mathbb{R}^n$, dessen n Koordinaten alle unabhängig und normalverteilt ($\mu = 0$, Varianz σ^2) sind. Die Verteilungsdichte der Summe der Quadrate ist einfach ein Produkt der Einzelverteilungen,

$$\chi^2 \equiv \sum_{i=1}^{n} X_i^2 \quad \Rightarrow \quad f(\chi^2, n) = \frac{1}{(2\,\pi)^{\frac{n}{2}}\,\sigma^n} \exp\left(-\frac{\chi^2}{2\,\sigma^2}\right) . \tag{21.79}$$

In dieser geometrischen Darstellung ist χ^2 das Quadrat der Entfernung vom Ursprung. Zur Bestimmung der Verteilungsdichte für die Variable $z \equiv \chi^2$ muss man das Integrationsmaß berücksichtigen (Rechnung siehe [6]). Mit $\sigma^2 = 1$ erhält man die so genannte **χ^2-Verteilung vom Freiheitsgrad n**

$$f_{\chi^2}(z, n) = \frac{z^{\frac{n}{2}-1}}{\Gamma\left(\frac{n}{2}\right) 2^{\frac{n}{2}}} \exp\left(-\frac{z}{2}\right) , \quad (z \geq 0) \;,\; \mu = n \;,\; \sigma^2 = 2n \,. \tag{21.80}$$

(Gamma-Funktion: siehe Anhang A.) Diese Verteilung spielt eine große Rolle in der mathematischen Statistik. Damit können wir übrigens die am Beginn des Abschnittes 21.3 gestellte Frage nach der Maxwell-Verteilung der kinetischen Gastheorie beantworten. Es ist eine χ^2-Verteilung vom Freiheitsgrad 3!

21.4.3 Zentraler Grenzwertsatz

Wir sind umgeben von Fehlern. In einem Experiment setzt sich der Fehler einer Messgröße meist aus vielen Beiträgen zusammen, die durch die kaum kontrollierbaren Schwankungen von Umgebungstemperatur, Druck, durch Vibrationen, Ungenauigkeiten der elektronischen Bauteile oder der Ablesung der Instrumente und vieles andere bewirkt werden. Manche systematische Fehler kann man durch geeignetes Eichen bestimmen und im Idealfall beseitigen. Den unkontrollierbaren Anteil nennt man den statistischen Fehler. Man versucht zwar, ihn möglichst klein zu halten, aber er ist immer vorhanden. Genau hier tröstet uns der zentrale Grenzwertsatz.

Wir betrachten den Fall unabhängiger Zufallsvariablen X_i, deren Erwartungswerte und Varianzen alle gleich sind, μ und σ^2, deren Verteilungsfunktionen man aber nicht kennt.

Der **zentrale Grenzwertsatz** besagt, dass die Verteilung des Mittelwerts der n Zufallsvariablen

$$\hat{X} \equiv \frac{1}{n} \sum_{i=1}^{n} X_i \qquad (21.81)$$

im Grenzfall $n \to \infty$ in eine Normalverteilung mit Mittelwert μ und Varianz σ^2/n übergeht. Aufgepasst: $\hat{X}$ ist selbst eine Zufallsvariable.

Im Prinzip ist dies eine ähnliche Feststellung, wie wir sie weiter oben bei den *endlichen* Summen schon bemerkt haben. Der wesentliche Unterschied ist, dass es sich dort um vorgegebene Spezialfälle (feste Verteilungen) gehandelt hat. Hier wird hingegen nichts über die Einzelverteilungen ausgesagt, sie können durchaus verschieden sein. Dafür muss es sich aber um viele Zufallszahlen handeln, da der Satz ja den Grenzfall $n \to \infty$ betrifft.

Für den Beweis des Satzes verwendet man wieder den Fundamentalsatz. Man betrachtet die charakteristischen Funktionen (Fouriertransformierten) der Einzelverteilungen für die normierten Variablen Y_i welche alle den Mittelwert 0 und Varianz 1 haben. Dementsprechend gilt für jeden der Summanden:

$$Y_i \equiv \frac{X_i - \mu}{\sigma} \quad \Rightarrow \quad \Phi_Y(t) = 1 - \frac{t^2}{2} + \mathcal{O}(t^3) \; . \qquad (21.82)$$

Wir haben die charakteristische Funktion in (21.29) definiert. Wir suchen nun die Verteilung von

$$Z = \frac{1}{\sqrt{n}} \sum_{i=1}^{n} Y_i = \frac{X - \mu}{\sigma \sqrt{n}} \; . \qquad (21.83)$$

Für die charakteristische Funktion der Z-Verteilung gilt nach (21.72) daher

$$\begin{aligned} \Phi_X(t) = \lim_{n\to\infty} \prod_{i=1}^{n} \Phi_{Y_i}(t) &= \lim_{n\to\infty} \prod_{i=1}^{n} \left(1 - \frac{t^2}{2n} + \mathcal{O}\left(\frac{t^3}{n\sqrt{n}}\right)\right) \\ &= \lim_{n\to\infty} \left(1 - \frac{t^2}{2n} + \mathcal{O}\left(\frac{t^3}{n\sqrt{n}}\right)\right)^n = \mathrm{e}^{-\frac{t^2}{2}} \; . \end{aligned} \qquad (21.84)$$

Dies ist eine Gauß-Verteilung und damit aber auch die Fouriertransformierte einer Gaußschen Normalverteilung der Form

$$f_Z(z) = \frac{1}{\sqrt{2\pi}} \mathrm{e}^{-\frac{z^2}{2}} \; . \qquad (21.85)$$

Wegen (21.83) ist das für ausreichend große n eine Verteilung für die Variable X mit Mittelwert μ und Varianz $\sigma/\sqrt{n}$, wie oben behauptet.

In der Praxis ergibt sich schon bei kleinen Werten von n eine erstaunlich gute Beschreibung durch die Gauß-Verteilung. So verwendet man etwa zur Erzeugung von normalverteilten Pseudozufallszahlen (siehe auch C.21.2) oft einfach Summen von 10 gleichverteilten Pseudozufallszahlen.

Die wichtigste praktische Schlussfolgerung aber betrifft das am Beginn dieses Abschnitts besprochene Experiment mit dem aus unbekannten Teilen zusammengesetzten Fehler. Der zentrale Grenzwertsatz sagt, dass dieser statistische Fehler meist einer Gauß-Verteilung folgen wird. Die einfachste Annahme im Alltag des Experimentators ist daher genau diese, dass nämlich die Messfehler normalverteilt sind!

21.4.4 Autokorrelation

Oft betrachtet man eine Reihe von aufeinander folgenden Messungen und ordnet jeder Messung eine neue Zufallsvariable zu: $X_0, X_1, X_2, \ldots, X_n$. Wenn man mit dem Index die Zeit identifiziert, könnte man auch X_t schreiben. Es ist dann wichtig festzustellen, ob die verschiedenen Messungen korreliert sind, also zum Beispiel eine zeitabhängige Korrelationsfunktion

$$C(t) \equiv \rho(X_0, X_t) \tag{21.86}$$

haben. Häufig stellt sich ein exponentielles Verhalten der Form

$$C(t) = \exp\left(-\frac{t}{\tau_X}\right) \tag{21.87}$$

heraus. Man nennt dann τ_X die **Autokorrelationslänge** (oder auch Autokorrelationszeit) für die Zufallsvariable X_t. Die Summe

$$\tau_{X,\mathrm{int}} = \frac{1}{2} + \sum_{t=1}^{\infty} C(t) \tag{21.88}$$

heißt **integrierte Autokorrelationszeit** und stimmt mit τ_X überein, wenn das Abfallverhalten genau wie in (21.87) ist. Die Autokorrelationszeit gibt ein Maß für die relative Unabhängigkeit aufeinander folgender Messungen an. Eine Gruppe von n Einzelmessungen entspricht im Mittel nur $n/(2\tau)$ unabhängigen Messungen.

21.5 Analyse von Daten und Fehlern

In Experimenten (seien es nun Computer-Experimente, Simulationen oder echte Messdatenerfassungen) erhält man eine Reihe von Zahlen. Man möchte mit diesen Zahlen Verschiedenes anfangen.

- Parameter der entsprechenden Verteilung ermitteln, also Schätzwerte für Mittelwert, Varianz und andere Momente sowie die vermutlichen Fehler dieser Schätzwerte (beschreibende Statistik).

- Hypothesen testen; hat die Verteilung eine bestimmte Form? Fits durchführen, eine geeignet parametrisierte Funktion an die Messdaten anpassen; aus den Messdaten die Parameter der Testfunktion und deren vermutliche Fehler ermitteln (analytische Statistik).

Fragen wie diese werden in der **mathematischen Statistik** behandelt. Wir werden hier einige wichtige Verfahren zu diesen Themen besprechen.

21.5.1 Schätzung der Parameter einer Verteilung

Wenn man die Parameter der Verteilung einer Zufallsvariablen X schätzen möchte, so wird man in einem Experiment eine Reihe von Messungen von X durchführen, also – formal gesagt – aus der Grundgesamtheit eine **Stichprobe** der Form

$$(x_1, x_2, \ldots x_n) \tag{21.89}$$

entnehmen. Die Stichprobe soll wirklich zufällig sein. Es darf sich durch die „Entnahme" der Stichprobe aus der Grundgesamtheit nichts an der Verteilung ändern. (Im Falle eines Auswahlexperiments aus einer Grundgesamtheit von Steinen müssten die ausgewählten Steine jeweils wieder zurückgelegt werden.)

Dieser Zahlenvektor kann als n-komponentiger Zufallszahlenvektor angesehen werden. Eine Stichprobe entspricht der Messung dieses Vektors von n Zufallsvariablen. Bei verschiedenen Stichproben werden verschiedene Werte angenommen. Die einzelnen Zufallsvariablen X_i mögen unabhängig (also nicht korreliert) sein; daher gilt

$$\langle X_i\, X_k \rangle = \langle X_i \rangle \langle X_k \rangle \quad \text{für} \quad i \neq k\ . \tag{21.90}$$

Die Einzelverteilungen der X_i sollen identisch sein (da sie ja immer dasselbe Experiment betreffen). Die Gesamtverteilung der (X_i) ist aufgrund der Unabhängigkeit ein Produkt der Einzelverteilungen.

Die Stichprobe bietet uns eine Möglichkeit, die Parameter der Verteilung zu schätzen. Dazu wollen wir eine geeignete Funktion der Stichprobenwerte definieren und deren Eigenschaften ermitteln. Eine **Stichprobenfunktion** heißt auch **Schätzfunktion** oder **Statistik** (Englisch: **Estimator**) und ist selbst eine Zufallsvariable, da sie ja eine Funktion von Zufallsvariablen ist. Es ist wichtig, sich klarzumachen, dass der Wert so einer Schätzfunktion oder Statistik sich von Stichprobe zu Stichprobe ändern kann. Wir werden also auch an der Vertrauenswürdigkeit des Ergebnisses interessiert sein und Aussagen darüber anstreben.

Kandidaten für geeignete Schätzfunktionen für Mittelwert und Varianz der Verteilung sind das Stichprobenmittel und die Stichprobenvarianz,

$$\hat{X} \equiv \frac{1}{n} \sum_{i=1}^{n} X_i\ , \quad \hat{\sigma}^2 \equiv \frac{1}{n} \sum_{i=1}^{n} \left(X_i - \hat{X} \right)^2\ . \tag{21.91}$$

Sowohl $\hat{X}$ als auch $\hat{\sigma}$ ändern sich von Stichprobe zu Stichprobe und sind daher, wie gesagt, Zufallsvariable.

Wir sind an Erwartungswert und Varianz dieser beiden Zufallsvariablen interessiert. Aufgrund unserer Annahmen ist

$$\langle \hat{X} \rangle = \frac{1}{n} \sum_{i=1}^{n} \langle X_i \rangle = \langle X \rangle = \mu_X \, . \tag{21.92}$$

Wir sehen also, dass das Stichprobenmittel $\hat{X}$ eine korrekte Schätzfunktion für den tatsächlichen Mittelwert der Verteilung der X_i liefert. Nochmals zur Beachtung: Das Stichprobenmittel selbst ist nicht der Mittelwert $\langle X \rangle$, wohl aber hat der Mittelwert des Stichprobenmittels diesen Wert. Genügend verwirrt?

Das ist keineswegs trivial, wie wir gleich feststellen werden. Um den Erwartungswert von $\hat{\sigma}^2$ zu bestimmen, ermitteln wir zuerst die Varianz des Stichprobenmittels,

$$\sigma_{\hat{X}}^2 \equiv \left\langle \left(\hat{X} - \langle \hat{X} \rangle \right)^2 \right\rangle = \left\langle \left(\hat{X} - \mu_X \right)^2 \right\rangle = \frac{1}{n} \sigma_X^2 \, . \tag{21.93}$$

Wir haben dabei (21.78) für die Varianz einer Summe von n Zufallsvariablen verwendet. Dieser Wert liefert die Information darüber, wie sehr das Stichprobenmittel um den richtigen Mittelwert fluktuiert, also den **statistischen Fehler** von $\hat{X}$. Mit wachsendem n wird die Schätzung für den Verteilungsmittelwert immer besser und der statistische Fehler immer kleiner, da er sich ja wie die Quadratwurzel aus $\sigma_{\hat{X}}^2$, also wie $\sigma_X / \sqrt{n}$ verhält. Diese Zahl ist es, die die Größe des Fehlerbalkens im einer grafischen Darstellung (einem „**Plot**") zum Experiment festlegt.

Wir haben aber noch immer keine Kenntnis über unseren Kandidaten für eine Schätzfunktion für σ_X^2. Wir bestimmen daher den Erwartungswert der Stichprobenvarianz:

$$\begin{aligned} \langle \hat{\sigma}^2 \rangle &= \frac{1}{n} \sum_i \left(\langle X_i^2 \rangle - 2 \langle X_i \hat{X} \rangle + \langle \hat{X}^2 \rangle \right) = \langle X^2 \rangle - \langle \hat{X}^2 \rangle \\ &= \left(\langle X^2 \rangle - \mu_X^2 \right) - \left(\langle \hat{X}^2 \rangle - \mu_X^2 \right) = \sigma_X^2 - \sigma_{\hat{X}}^2 = \frac{n-1}{n} \sigma_X^2 \, . \end{aligned} \tag{21.94}$$

Diese Schätzfunktion hat also *nicht* den gewünschten Erwartungswert σ_X^2. Wenn man die Stichprobe (für jeweils n Werte) wiederholt durchführt, erhält man im Mittel diesen falschen Wert. Nur wenn n größer wird, nähert sich der Korrekturfaktor $\frac{n-1}{n}$ langsam dem Wert 1.

Da man nun aber den Korrekturfaktor kennt, kann man ihn entsprechend berücksichtigen. Wir wählen daher als geeignete Schätzfunktion für die Varianz der ursprünglichen Verteilung statt (21.91) die Form

$$S^2 \equiv \frac{n}{n-1} \hat{\sigma}^2 = \frac{1}{n-1} \sum_{i=1}^{n} \left(X_i - \hat{X} \right)^2 \, . \tag{21.95}$$

Für diese Schätzfunktion gilt wirklich $\langle S^2 \rangle = \sigma_X^2$, wie erwünscht.

Wir haben an dieser Diskussion zwei der drei wichtigsten Forderungen an eine gute Schätzfunktion kennen gelernt:

Konsistenz: Für $n \to \infty$ konvergiert die Schätzfunktion für eine Stichprobe gegen den wahren Wert der Verteilung.

Erwartungstreue (oder Unverzerrtheit): Auch bei endlich großen Stichproben ist der Erwartungswert der Schätzfunktion gleich dem zu schätzenden Parameter der Verteilung. Im Englischen verwendet man dafür den Begriff **unbiased estimator**; ein „Bias" ist ein Vorurteil, eine Befangenheit. Die Schätzfunktion S^2 ist unverzerrt, während der ursprüngliche Ansatz $\hat{\sigma}^2$ eine verzerrte Schätzfunktion war.

Effizienz: Die Varianz der Schätzfunktion soll möglichst klein sein. Es gibt für manche Parameter tatsächlich durchaus verschiedene Schätzfunktionen, die sich durch ihre Effizienz unterscheiden.

Wir haben hier einen wichtigen Punkt erreicht. In einem Experiment hat man eine Stichprobe von n Werten genommen. Das Stichprobenmittel $\hat{X}$ liefert einen Schätzwert für das tatsächliche Mittel. Die Schätzfunktion S^2 liefert einen Schätzwert für die tatsächliche Varianz der Verteilung von X. Wie groß aber ist der mögliche Fehler dieser beiden Schätzwerte?

Die Varianz des Stichprobenmittels $\sigma_{\hat{X}}^2$ aus (21.93) liefert die Information über den mittleren Schätzfehler von $\hat{X}$. Wie man den Fehler von S^2 schätzt, diskutieren wir im nächsten Abschnitt. All diesen Aussagen über Fehler ist gemeinsam, dass sie Wahrscheinlichkeitsaussagen sind. Wir wissen allerdings, dass die Fehler unserer Schätzungen sich proportional zu $1/\sqrt{n}$ verhalten.

Das ist das Schöne und gleichzeitig (wenn man an seiner Diplomarbeit arbeitet) das Unangenehme an statistischen Ergebnissen. Wenn man die Genauigkeit verdoppeln will (den Fehler halbieren will), muss man die Zahl der Versuche vervierfachen! Oder positiv ausgedrückt: Doppelte Genauigkeit ist erreichbar, man muss nur viermal so lange messen.

Beispiel

Eine Stichprobe (siehe Abb. 21.16) hat die Zahlen $(2.43, 2.37, 2.06, 2.71, 2.49, 1.91)$ ergeben. Wir erhalten daraus

$$\begin{array}{lrcl} \text{Stichprobenmittel} & \hat{X} & = & 2.33\,, \\ \text{Stichprobenvarianz} & S^2 & = & 0.08618\,, \\ \text{Varianz des Stichprobenmittels} & \sigma_{\hat{X}}^2 & = & \dfrac{S^2}{6} = 0.01436\,, \\ \text{Standardabweichung von } \hat{X} & \sigma_{\hat{X}} & = & 0.12\,. \end{array}$$

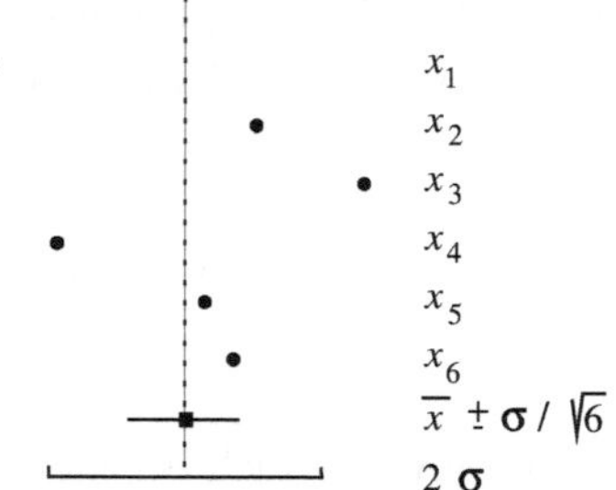

Abb. 21.16 Die 6 Datenpunkte x_i sind als Punkte markiert, das Stichprobenmittel und seine Standardabweichung als Quadrat mit Fehlerbalken. Die geschätzte Varianz der Verteilung ist durch den Balken der Breite $2\sigma \equiv 2S$ angedeutet □

Vertrauensintervall

In einem Plot zur Darstellung der Messergebnisse zeichnet man ein Symbol an die Stelle des Stichprobenmittels und einen Balken nach oben und unten (oder links und rechts, je nach der Art der Variablen), der das Vertrauensintervall kennzeichnet und daher eine statistische Information über den vermuteten Fehler des angegebenen Mittelwerts angibt.

Für die bekannten Verteilungen findet man die Größen der Intervalle und die entsprechenden Wahrscheinlichkeiten tabelliert (zum Beispiel in [5]). Ein Vertrauensintervall von einer Standardabweichung (also $\pm\sigma$) entspricht (für eine Normalverteilung) einer Wahrscheinlichkeit von 0.68 dafür, dass das tatsächliche Verteilungsmittel in diesem Intervall liegt. Die Wahrscheinlichkeit, dass es in einem $\pm 2\sigma$ Intervall (zwei Standardabweichungen) liegt, ist bereits 0.95. Man kann nie sicher sein, den richtigen Wert zu haben, aber die Wahrscheinlichkeit nimmt mit der Intervallgröße rapide zu. Damit kann man auch planen, wie viele Messungen notwendig sein werden, um eine gewünschte Genauigkeit zu erreichen.

Beispiel

Die Auswertung einer Messreihe von 100 Werten hat einen Stichprobenmittelwert von 0.63 mit einer Standardabweichung von 0.02 ergeben. Wir wollen den Mittelwert aber mit 95% Wahrscheinlichkeit auf drei Dezimalstellen richtig bestimmen.

Wir argumentieren wie folgt: Das 95% Konfidenzintervall hat die Form „Zentralwert $\pm\, 2\,\sigma$“. Die gewünschte Genauigkeit erfordert $2\,\sigma < 0.001$ oder $\sigma < 0.0005$. Bei 100 Messungen ist der Schätzwert für $\sigma \approx 0.02$. Wir müssen die Zahl der Messungen also um den Faktor $(0.02/0.0005)^2 = 1600$ erhöhen, um die gewünschten Werte zu erzielen. □

M.21.3 Kurz und klar: Stichproben: Mittelwert, Fehler, Varianz

Bei der Datenanalyse muss man auf eine sorgfältige Terminologie achten, um Verwechslungen zu vermeiden. Eine **Stichprobe** zu einer Verteilung der Zufallsvariablen X ist eine Entnahme von n unabhängigen Werten x_i. Mittelwert und Varianz der ursprünglichen Verteilung werden wie folgt geschätzt.

$$\begin{aligned}
&\text{Schätzfunktion für } \mu_X\text{:} && \hat{X} \equiv \frac{1}{n}\sum_{i=1}^{n} X_i \,, \\
&\text{Schätzfunktion für } \sigma_X^2\text{:} && S^2 \equiv \frac{1}{n-1}\sum_{i=1}^{n}\left(X_i - \hat{X}\right)^2 , \\
&\text{Varianz der Schätzung } \hat{X}\text{:} && \sigma_{\hat{X}}^2 \equiv \frac{1}{n}\sigma_X^2 \,, \\
&\text{geschätzt durch:} && \frac{1}{n}S^2 = \frac{1}{n\,(n-1)}\sum_{i=1}^{n}\left(X_i - \hat{X}\right)^2 .
\end{aligned} \tag{M.21.3.1}$$

Die Varianz der Schätzfunktion S^2 selbst kann durch Momente vierter Ordnung oder mit Hilfe von Verfahren wie Jackknife oder Bootstrap (Abschn. 21.5.2) näherungsweise bestimmt werden.

21.5.2 Andere Verfahren

Ein bisher von uns noch nicht diskutiertes Problem ist die Schätzung des statistischen Fehlers der geschätzten Varianz S^2. Eigentlich müsste man dafür viele Stichproben nehmen, für jede davon S^2 bestimmen und dann aus diesen Zahlen die Varianz von S^2 berechnen. Das ist oft aus Zeit- oder Kostengründen unmöglich. Eine weitere Möglichkeit ist es, die Momente vierter Ordnung zu verwenden, also

$$\langle\left(S^2 - \sigma_X^2\right)^2\rangle \tag{21.96}$$

durch Stichprobenmittel von X_i^k (für $k = 1$ bis 4) zu schätzen. Das scheitert in der Praxis meist an zu kleinen Werten von n. Um hier vertrauenswürdige Ergebnisse zu erhalten, muss man um zumindest eine Größenordnung mehr Daten haben als zur Schätzung von S^2.

Es gibt dennoch einige Methoden, um – ausgehend von einer beschränkten Menge von N (zum Beispiel N=10000) Datenwerten – Aussagen über den vermutlichen Fehler von S^2 treffen zu können.

Statistischer Bootstrap

Wir betrachten eine Schätzfunktion, wie etwa $\hat{X}$ und S^2 für eine gegebene Stichprobe von n Daten. Da wir mit der Methode beliebige Schätzfunktionen untersuchen können, nennen wir die Schätzfunktion – eine Zufallsvariable – θ. Ihr Wert für die Stichprobe sei $\hat{\theta}$.

Aus dieser Gesamtheit der n Daten wählt man zufällig (mit Hilfe von gleichverteilten, per Computer erzeugten Pseudozufallszahlen) eine Menge von wiederum n Werten. Die Auswahl findet „mit Zurücklegen" statt, die Verteilung der Gesamtheit bleibt also unverändert. Einige der Daten davon werden daher identisch sein. Jeder solche neue Datensatz wird wie eine neue Stichprobe analysiert, und der Wert von θ wird θ_i genannt. Dies wird k mal wiederholt; typische Werte von k sind 100 oder 200. Die Schätzwerte θ_i haben jeweils denselben Erwartungswert, sind aber verschieden. Man berechnet

$$\tilde{\theta} = \frac{1}{k}\sum_{i=1}^{k}\theta_i\ , \qquad \mathrm{Var} = \frac{1}{k}\sum_{i=1}^{k}\left(\theta_i - \tilde{\theta}\right)^2\ . \tag{21.97}$$

Der Mittelwert ist natürlich ein Schätzwert für $\langle\theta\rangle$. Die Varianz ist ein Schätzwert für $\sigma^2_{\hat{\theta}}$, die Varianz von $\hat{\theta}$ und die Quadratwurzel davon ist eine Schätzung des statistischen Fehlers für den erhaltenen Wert von $\hat{\theta}$.

Allerdings ist die Schätzfunktion $\tilde{\theta}$ nicht unverzerrt. Der Wert von $\tilde{\theta}$ wird nicht identisch mit $\hat{\theta}$ sein. Man nennt die Differenz den **Bias**,

$$\mathrm{Bias} = \tilde{\theta} - \hat{\theta}\ . \tag{21.98}$$

Wenn der Bias positiv ist, dann schließt man daraus, dass vermutlich auch $\hat{\theta}$ den wahren Wert $\langle\theta\rangle$ um den Biaswert überschätzt und umgekehrt.

Diese Methode ist einfach und elegant. Sie kann für beliebige Arten von Daten und Schätzfunktionen verwendet werden. Man „wiederholt" gewissermaßen das Experiment – exakter: Man simuliert Wiederholungen des Experiments. Es ist weit einfacher, mit dieser Methode Mittelwerte und Varianzen zu berechnen als zum Beispiel mit komplizierten Fehlerfortpflanzungsüberlegungen.

Jackknife

Auch hier geht man von einer Stichprobe von n Daten aus, für die man $\hat{\theta}$, den Wert einer Schätzfunktion θ, bestimmt hat. Man möchte wissen, ob der Wert einen Bias hat und wie groß die Varianz von $\hat{\theta}$ ist. Beim **Jackknife-Verfahren** (Jackknife ist die englische Bezeichnung für Taschenmesser) bildet man Untermengen von jeweils $n-1$ Daten, man streicht also jeweils einen Datenpunkt weg. Für jede der n Untermengen berechnet man den Mittelwert $\hat{\theta}_i$. Eine Schätzfunktion für die Varianz von $\hat{\theta}$ ist dann

$$\sigma^2_{\hat{\theta}} = \frac{n-1}{n}\sum_{i=1}^{n}\left(\hat{\theta}_i - \hat{\theta}\right)^2\ , \tag{21.99}$$

und die Quadratwurzel daraus, die Standardabweichung, dient zur Bestimmung eines Vertrauensintervalls für $\hat{\theta}$.

Aus den Werten $\hat{\theta}_i$ kann man auch den Bias, die mögliche Verzerrung der Verteilung für den Mittelwert $\hat{\theta}$ gewinnen. Mit der Definition

$$\tilde{\theta} = \frac{1}{n} \sum_{i=1}^{n} \hat{\theta}_i \tag{21.100}$$

ist die korrigierte, unverzerrte Schätzfunktion für den Mittelwert durch

$$\hat{\theta} - (n-1)\left(\tilde{\theta} - \hat{\theta}\right) \tag{21.101}$$

gegeben. In der praktischen Anwendung allerdings kann diese „Entzerrung“ über das Ziel hinausschießen; man sollte sich daher immer die Daten näher ansehen, wenn der Unterschied zwischen $\hat{\theta}$ und $\tilde{\theta}$ zu groß ist.

Falls man Daten hat, von denen man vermutet, dass sie nicht unabhängig sind, kann man alle besprochenen Verfahren wie folgt modifizieren. Man bildet Unterblöcke von Daten und berechnet Blockmittelwerte. Die Menge der Blockmittel betrachtet man dann als eigentlichen Datensatz, den man wie gewohnt analysiert. Wieder kann man aus der Streuung der Werte die Varianz berechnen und so die geschätzte Standardabweichung ermitteln.

21.5.3 Fit, mach mit!

Ein Experiment liefert Messdaten, also Wertepaare (x_i, y_i). Wie kann man diese am besten durch eine Funktion beschreiben? Oft gibt es ja auch theoretische Ideen, wie diese Funktion auszusehen hat, wobei meist einige Parameter unbekannt sind und eben durch das Experiment bestimmt werden sollen. Es geht also um das Problem der Anpassung einer Kurve an die Messdaten. Man nennt das auch einen **Fit** („survival of the fittest“), und es hat sich sogar das (Germanisten bitte weghören) Zeitwort „fitten“ eingeschlichen.

Wir haben früher (in C.1.5) Methoden besprochen, wie man gegebene Funktionswerte mit Polynomen interpoliert. Das ist aber nur dann eine sinnvolle Methode, wenn die Werte tatsächlich exakt bekannt sind, also mit Maschinengenauigkeit oder zumindest mehreren signifikanten Dezimalstellen. Wenn die Werte hingegen Messdaten – also fehlerbehaftet – sind, dann sollte man die im folgenden beschriebenen, so genannten **Ausgleichsverfahren** anwenden.

Wir werden dabei zwei verschiedene Ausgangssituationen getrennt diskutieren. Im ersten Fall hat man aus der Messung an Punkten x_i die Werte y_i ermittelt, weiß aber nichts über den statistischen Fehler dieser Messwerte. Später besprechen wir die Situation, dass man auch Angaben über die Standardabweichungen σ_i der Messwerte hat.

Wir suchen eine Funktion $y = g(x)$, welche die Menge der Wertepaare (x_i, y_i) möglichst gut approximiert. Was heißt dabei „gut"? Das ist letztendlich Geschmackssache, aber die gebräuchlichste Definition ist die der minimalen mittleren quadratischen Abweichung. Wenn die Messpunkte die Werte von Zufallsvariablen (X, Y) sind, dann können wir fordern, dass die Varianz minimal sein soll, also

$$\langle (Y - g(x))^2 \rangle \to \text{Minimum} . \tag{21.102}$$

Ausgedrückt durch die N Messdaten ist das die Funktion

$$D \equiv \sum_{i=1}^{N} (y_i - g(x_i))^2 . \tag{21.103}$$

Offenbar ist D positiv und hat den Wert 0 genau dann, wenn die Ausgleichsfunktion exakt durch alle Datenpunkte läuft, übrigens – statistisch betrachtet – ein höchst unwahrscheinlicher Fall.

Man kann sich diese Qualitätsfunktion D auch durch eine physikalische Konstruktion vorstellen. Man bringt an jedem Datenpunkt $y_i(x_i)$ eine Feder an, die mit dem von den Parametern abhängigen Wert der Funktion an dieser Stelle $g(x_i)$ verbunden ist. Dann ist D die Gesamtenergie, die in dieser Federnkonstruktion steckt, und sie ist so normiert, dass sie verschwindet, wenn alle Federn in Ruheposition, also überhaupt nicht gedehnt sind. Die beste Ausgleichsfunktion ist die mit kleinster Gesamtenergie.

Vom Standpunkt des Statistikers aus kann man D auch als Gesamtvarianz des Problems betrachten, da es sich ja um eine Summe von Varianzen von jedem der Messpunkte handelt.

Wenn die Fit-Funktion $g(x)$ durch M Parameter a_i dargestellt wird, dann hängt S von all diesen ab. Um D zu minimieren, müssen die entsprechenden partiellen Ableitungen $\partial D/\partial a_i$ simultan verschwinden. Diese M Gleichungen legen im Idealfall die Werte der unbekannten Parameter fest. Die Methode wird auch **Methode der kleinsten Fehlerquadrate**, **Least-Squares-Fit**, **Regressionsanalyse** oder eben **Ausgleichsverfahren** genannt.

Wir sollten deutlich mehr Datenpunkte (Anzahl N) als freie Parameter (Anzahl M) haben. Wenn $N < M$, dann gibt es zu viele Parameter, und das Problem ist unbestimmt. Wenn $N = M$, dann gibt es (für geeignete Funktionen, also zum Beispiel Polynome) immer eine Lösung, bei der die Funktion exakt durch die Datenpunkte geht; dies ist nichts anderes als die schon bekannte Interpolation. Nur für $N > M$ bestimmen wir tatsächlich eine Ausgleichsfunktion.

Man wählt die Ausgleichsfunktion als Summe von Testfunktionen mit unbekannten Koeffizienten. So wird D eine quadratische Funktion der Parameter, und das sich aus den partiellen Ableitungen ergebende Gleichungssystem ist ein lineares und daher im Prinzip (für $N \geq M$) eindeutig lösbar. Die Testfunktionen sind zum Beispiel Polynome oder aus anderen Gründen geeignet erscheinende Funktionen. Sie müssen linear unabhängig sein, da sonst das Problem singulär ist (vgl. (3.63)). Falls die Ausgleichsfunktion vorgegeben ist und keine lineare Funktion ihrer Parameter ist, hilft oft ein Trick. Zum Beispiel kann man statt der Funktion ihren Logarithmus betrachten,

$$g(x) = \ln\left(a\,\mathrm{e}^{b\,x}\right) = \ln a + b\,x\;, \tag{21.104}$$

der nun eine lineare Funktion der unbekannten Parameter ist. Durch entsprechende Redefinition der Daten ist also auch diese Funktion dem Verfahren zugänglich. Oder, falls Sie die Amplitude und die Phasenverschiebung einer periodischen Funktion bestimmen wollen, verwenden Sie die Umschreibung

$$g(x) = a\sin(b+x) = (a\;\cos b)\;\sin x + (a\;\sin b)\;\cos x \equiv \alpha\;\sin x + \beta\;\cos x\;. \tag{21.105}$$

Damit ist die Funktion wieder eine lineare Funktion der anzupassenden Parameter α und β.

Beispiel

Wir wollen die Methode zuerst an zwei einfachen Beispielen erläutern. Falls die Funktion eine Konstante ist, $g(x) = a$, dann gilt

$$\langle (Y-a)^2\rangle \to \text{Minimum} \quad\Rightarrow\quad \frac{\partial}{\partial a}\langle (Y-a)^2\rangle = -2\,\langle Y-a\rangle = 0$$

und daher $a = \langle Y\rangle$, wie nicht anders erwartet. □

Beispiel

Als nächstes nehmen wir an, dass die Funktion $g(x)$ einfach nur linear in x ist und zwei unbekannte Parameter a und b hat: $g(x) = a + b\,x$. Es handelt sich also um den Fit der Daten zu einer Geraden. Dieser Fall wird auch **lineare Regression** genannt. Wir fordern

$$\begin{aligned}
\left\langle (Y-a-b\,X)^2\right\rangle &\to \quad \text{Minimum}\;, \\
&\Rightarrow \quad \frac{\partial}{\partial a}\left\langle (Y-a-b\,X)^2\right\rangle = -2\langle Y-a-b\,X\rangle = 0\;, \\
& \quad \frac{\partial}{\partial b}\left\langle (Y-a-b\,X)^2\right\rangle = -2\langle Y\,X-a\,X-b\,X^2\rangle = 0\;.
\end{aligned}$$

Die partiellen Ableitungen ergeben die Gleichungen

$$\begin{aligned}
a + b\,\langle X\rangle &= \langle Y\rangle\;, \\
a\,\langle X\rangle + b\,\langle X^2\rangle &= \langle X\,Y\rangle\;, \\
\Rightarrow\quad b &= \frac{\langle X\,Y\rangle - \langle X\rangle\,\langle Y\rangle}{\langle X^2\rangle - \langle X\rangle^2}\;,\quad a = \langle Y\rangle - b\,\langle X\rangle\;.
\end{aligned}$$

□

Wir haben bisher angenommen, dass die statistischen Fehler der Werte y_i unbekannt, aber vergleichbarer Größe sind, die einzelnen Messpunkte also „gleich wichtig". Das wird im allgemeinen nicht so sein, und die einzelnen Werte werden auch noch Fehlerangaben σ_i haben. Wir wollen annehmen, dass die Werte der einzelnen Punkte einer Normalverteilung mit Varianz σ_i^2 folgen und gehen von Wertetripeln (x_i, y_i, σ_i) aus. (Für $\sigma_i = 1$ erhalten wir natürlich dieselben Ergebnisse wie oben.)

Um die einzelnen Beiträge zur Summe D geeignet zu gewichten, wird der Abstand $|y_i - g(x_i)|$ noch durch den jeweiligen Fehler dividiert, also die entsprechende Verteilung an diesem Punkt auf Varianz 1 normiert. Es ergibt sich daraus

$$D = \sum_{i=1}^{N} \frac{1}{\sigma_i^2} (y_i - g(x_i))^2 \ . \tag{21.106}$$

Da wir analog gebildete Summen in der folgenden Argumentation öfter benötigen, definieren wir eine eckige Klammer mit der Bedeutung

$$[h(X, Y)] \equiv \sum_{i=1}^{N} \frac{1}{\sigma_i^2} h(x_i, y_i) \ , \tag{21.107}$$

und daher ist in dieser Notation $D = \left[(Y - g(X))^2\right]$.

Falls die Anpassungsfunktion $g(x)$ nichtlinear in den M Parametern ist, gibt es keine allgemein gültige analytische Methode, um das Minimum zu finden. Man muss das Minimum mit Hilfe numerischer Verfahren (wie etwa Conjugate Gradient Minimierung) suchen. Wenn allerdings die Funktion als Summe

$$g(x) = \sum_{k=1}^{M} a_k \, \varphi_k(x) \tag{21.108}$$

geschrieben werden kann, dann gibt es ein eindeutiges Lösungsverfahren. Wir minimieren

$$D = \left[\left(Y - \sum_{k=1}^{M} a_k \, \varphi_k(X) \right)^2 \right] \tag{21.109}$$

durch Ermittlung und Nullsetzen aller partiellen Ableitungen,

$$\frac{\partial D}{\partial a_n} = -2 \left[\left(Y - \sum_{k=1}^{M} a_k \, \varphi_k(X) \right) \varphi_n(X) \right] = 0 \ . \tag{21.110}$$

So erhalten wir M Gleichungen, nämlich das lineare Gleichungssystem (vgl. Kap. 3) für die unbekannten Parameter a_k

$$\sum_{k=1}^{M} [\varphi_k(X) \, \varphi_n(X)] \, a_k = [Y \, \varphi_n(X)] \quad \Leftrightarrow \quad \mathbf{A} \boldsymbol{a} = \boldsymbol{b} \tag{21.111}$$

mit

$$(\mathbf{A})_{kn} = [\varphi_k(X)\,\varphi_n(X)] \ , \quad b_n = [Y\,\varphi_n(X)] \ . \tag{21.112}$$

Wenn die Zahl der Datenpunkte größer als oder zumindest gleich groß wie die Zahl der Parameter ist und die Daten keine exakten Abhängigkeiten haben, dann ist die Matrix **A** invertierbar. Die inverse Matrix wird **Kovarianzmatrix** genannt. Man erhält die Lösung

$$\boldsymbol{a} = \mathbf{A}^{-1}\boldsymbol{b} \ \Leftrightarrow \ a_k = \sum_{n=1}^{M} (\mathbf{A}^{-1})_{kn}\, b_n \ . \tag{21.113}$$

Beispiel

Oft möchte man die Datenpunkte durch ein Polynom $g(x) = \sum_{k=0}^{M-1} a_k\, x^k$ darstellen. Dann ergeben die vorangegangenen Gleichungen

$$\begin{aligned} (\mathbf{A})_{kn} &= [\varphi_k(X)\,\varphi_n(X)] = \left[X^{n+k}\right] = \sum_{i=1}^{N} \frac{x_i^{n+k}}{\sigma_i^2} \ , \\ b_n &= [Y\,\varphi_n(X)] = [Y X^n] = \sum_{i=1}^{N} \frac{y_i\, x_i^n}{\sigma_i^2} \ . \end{aligned}$$

Für $M = 2$, $(a_0, a_1) = (a, b)$ und $\sigma_i = 1$ wird das frühere Beispiel einer linearen Funktion reproduziert! □

Um aus den Ergebnissen die Qualität der Anpassung zu ermitteln, kann man D direkt aus (21.109) berechnen. Man kann aber auch zeigen, dass für die Lösungsfunktion gilt

$$\begin{aligned} D_{\min} &= \left[(Y - g(X))^2\right] = [Y^2] - 2\,[Y\,g(X)] + \left[g(X)^2\right] \\ &= [Y^2] - [Y\,g(X)] = [Y^2] - \sum_n a_n\, b_n \ . \end{aligned} \tag{21.114}$$

Wir haben dabei die aus (21.111) gewonnene Beziehung $[g(X)\,g(X)] = [Y\,g(X)]$ verwendet.

Varianz der Parameter und der Fit-Funktion

Die Parameter der Fit-Funktion werden mit Hilfe der Daten y_i bestimmt, die ja fehlerbehaftet sind und jeweils einer Verteilung mit Varianz σ_i^2 folgen. Damit können wir mit Hilfe von (21.73) etwas über die Varianz der a_k und auch von $g(x)$ lernen. Wir wollen annehmen, dass die verschiedenen y_i statistisch unabhängige Daten seien. Dann ist

$$\sigma_{a_k}^2 = \sum_{i=1}^{N} \left(\frac{\partial a_k}{\partial y_i}\right)^2 \sigma_i^2 \ . \tag{21.115}$$

Aus (21.113) und (21.112) sieht man, dass

$$\frac{\partial a_k}{\partial y_i} = \sum_{n=1}^{M} \left(\mathbf{A}^{-1}\right)_{kn} \frac{\partial}{\partial y_i} [Y\varphi_n(X)] = \sum_{n=1}^{M} \left(\mathbf{A}^{-1}\right)_{kn} \frac{\varphi_n(x_i)}{\sigma_i^2} . \tag{21.116}$$

Damit wird

$$\begin{aligned} \sigma_{a_k}^2 &= \sum_{i=1}^{N} \sigma_i^2 \left(\sum_{n=1}^{M} \left(\mathbf{A}^{-1}\right)_{kn} \frac{\varphi_n(x_i)}{\sigma_i^2}\right) \left(\sum_{m=1}^{M} \left(\mathbf{A}^{-1}\right)_{km} \frac{\varphi_m(x_i)}{\sigma_i^2}\right) \\ &= \sum_{n=1}^{M} \sum_{m=1}^{M} \left(\mathbf{A}^{-1}\right)_{kn} [\varphi_n(X)\, \varphi_m(X)] \left(\mathbf{A}^{-1}\right)_{km} \\ &= \sum_{n=1}^{M} \sum_{m=1}^{M} \left(\mathbf{A}^{-1}\right)_{kn} \mathbf{A}_{nm} \left(\mathbf{A}^{-1}\right)_{km} = \sum_{m=1}^{M} \delta_{km} \left(\mathbf{A}^{-1}\right)_{km} = \left(\mathbf{A}^{-1}\right)_{kk} . \end{aligned} \tag{21.117}$$

Die Varianz der Parameter kann also aus den Diagonalelementen der Kovarianzmatrix $\mathbf{A}^{-1}$ abgelesen werden. Analog kann man zeigen, dass

$$\sigma_{g(x)}^2 = \sum_{n=1}^{M} \sum_{m=1}^{M} \varphi_n(x) \left(\mathbf{A}^{-1}\right)_{nm} \varphi_m(x) \tag{21.118}$$

ist. Damit kann zu jedem Punkt der Fit-Kurve eine Varianz und damit ein Vertrauensintervall angegeben werden. Weiter unten sagen wir mehr über die Wahrscheinlichkeitsinterpretation dieser Angaben.

Beispiel

Wir bringen einige einfache Beispiele für Fits an statistisch unabhängige Daten (x_i, y_i, σ_i).

(a) $\boldsymbol{g(x) = a}$ (also $M = 1$ mit $\varphi_1 = 1$).

$$\mathbf{A} = [1] \, , \; a = \frac{[Y]}{[1]} \, , \quad \sigma_a^2 = \sigma_g^2 = \frac{1}{[1]} \, .$$

(b) $\boldsymbol{g(x) = a \sin x}$ (also $M = 1$ mit $\varphi_1 = \sin x$).

$$\mathbf{A} = [\sin^2 X] \, , \; a = \frac{[Y \sin X]}{[\sin^2 X]} \, , \; \sigma_a^2 = \frac{1}{[\sin^2 X]} \, , \quad \sigma_g^2 = \frac{\sin^2 x}{[\sin^2 X]} \, .$$

(c) $\boldsymbol{g(x) = a + b\,x}$ (also $M = 2$ mit $\varphi_1 = 1$, $\varphi_2 = x$). Das Gleichungssystem $\mathbf{A}\,\boldsymbol{a} = \boldsymbol{b}$ hat hier die Form

$$\begin{pmatrix} [1] & [X] \\ [X] & [X^2] \end{pmatrix} \begin{pmatrix} a \\ b \end{pmatrix} = \begin{pmatrix} [Y] \\ [XY] \end{pmatrix} \Rightarrow \left(\mathbf{A}^{-1}\right) = \frac{1}{A} \begin{pmatrix} [X^2] & -[X] \\ -[X] & [1] \end{pmatrix} ,$$

wobei wir die Determinante von **A** mit $A \equiv [1]\,[X^2] - [X]^2$ bezeichnen. Die Lösungen sind

$$\begin{aligned} a &= \frac{1}{A}\left([X^2]\,[Y] - [X]\,[X\,Y]\right)\,, & \sigma_a &= \sqrt{\frac{[X^2]}{A}}\,,\\ b &= \frac{1}{A}\left(-[X]\,[Y] + [1]\,[X\,Y]\right)\,, & \sigma_b &= \sqrt{\frac{[1]}{A}}\,,\\ \sigma^2_{g(x)} &= \frac{1}{[1]}\left(1 + \frac{1}{A}\left([1]\,x - [X]\right)^2\right) = \left(\mathbf{A}^{-1}\right)_{11} + 2x\left(\mathbf{A}^{-1}\right)_{12} + x^2\left(\mathbf{A}^{-1}\right)_{22}\,, \end{aligned}$$

vgl. (21.118). Die Definition der eckigen Klammern ist wie in (21.107) besprochen.

Überprüfen Sie doch zur Kontrolle die Varianz von $g(x = 0)$: Sie sollte identisch mit der Varianz von a sein! □

Damit haben wir den „besten Fit". Was man für eine seriöse Aussage allerdings auch braucht, ist eine Information über die statistische Vertrauenswürdigkeit des Fits. Dies holen wir im folgenden Abschnitt nach.

C.21.3 … und auf dem Computer: Monte-Carlo-Integration

Numerische Methoden, die mit dem „Zufall" arbeiten, erinnern an das Roulettespiel, daher wird dafür der Name der vielleicht berühmtesten Kasinostadt der (alten) Welt verwendet. Die nun besprochene Monte-Carlo-Methode zur Integration erinnert allerdings mehr an das „russische Roulette".

Die charakteristische Funktion $\chi_{\mathcal{A}}$ (vgl. Kap. 5, nicht zu verwechseln mit der charakteristischen Funktion einer Verteilungsdichte wie sie in (21.29) definiert wird) gibt an, ob ein Punkt in $\mathcal{A}$ liegt oder nicht (vgl. Kap. 5). Stellen Sie sich vor, Donald D. schießt mit einem Gewehr oder einem Wurfpfeil auf eine quadratische Fläche. Wir berücksichtigen nur Schüsse, die diese Fläche treffen. Donald ist ein so schlechter Schütze, dass die Punkte des Auftreffens völlig zufällig sind und daher die Treffer im Mittel gleichförmig auf dem Quadrat verteilt sind. Die Zahl dieser Treffer sei N.

Nun zeichnen wir eine beliebige Flächenumrandung, etwa einen Kreis, in dieses Quadrat (Abb. 21.17) und zählen separat die Treffer, die im Innern des Kreises liegen: M_N. Wenn man N proportional zur Fläche des Quadrats setzt, dann muss offenbar M_N proportional zur Kreisfläche sein,

$$A_{\text{Kreis}} = \iint\limits_{\text{Quadrat}} dx\,dy\;\chi_{\text{Kreis}}(x, y)\,. \tag{C.21.3.1}$$

Die charakteristische Funktion gibt an, ob der Treffer im Kreisinnern liegt oder nicht. Die Wahrscheinlichkeit p, dass ein Treffer im Kreisinnern liegt, ist gleich dem Verhältnis von Kreisfläche zu Quadratfläche,

$$p = \frac{A_{\text{Kreis}}}{A_{\text{Quadrat}}} = \lim_{N\to\infty} \frac{M_N}{N} \quad \Rightarrow \quad A_{\text{Kreis}} = A_{\text{Quadrat}} \lim_{N\to\infty} \frac{M_N}{N}. \tag{C.21.3.2}$$

Dieses Prinzip wird bei der **Monte-Carlo-Integration** genutzt. Die zufälligen Punkte im Quadrat werden durch Paare (r_x, r_y) von Pseudozufallszahlen $0 < r_x < 1$, $0 < r_y < 1$ simuliert. Solche Zufallszahlen mit Gleichverteilung im Intervall $(0, 1)$ können mit bestimmten Standardverfahren im Computer erzeugt werden (siehe C.21.1).

Betrachten wir als Beispiel das Quadrat $0 < x < 1$, $0 < y < 1$ und den Kreis $x^2 + y^2 < 1$ (Abb. 21.17). Für jedes neue Paar $(r_x, r_y) \equiv (x, y)$ wird N um 1 erhöht. Danach wird überprüft, ob der Punkt (x, y) im Kreisinnern liegt und dementsprechend vielleicht M_N um 1 erhöht. Das Verhältnis M_N/N muss gegen das Flächenverhältnis $\pi/4$ konvergieren. Stellen Sie den Integrationsvorgang mit einem Computerprogramm grafisch dar!

Ein großer Vorteil dieser Methode ist die relativ einfache Berücksichtigung der Integrationsgrenzen. Oft werden die Grenzen durch einander überschneidende Ungleichungen ausgedrückt und so das Integrationsgebiet unübersichtlich. Das passiert vor allem bei mehrdimensionalen Integrationen.

Für endliche N – also immer – hat der Schätzwert M_N/N einen statistischen Fehler ϵ_N. (Der statistische Fehler ist wie folgt definiert: Mit einer vorgebbaren festen Wahrscheinlichkeit – meist: 0.68 – ist der tatsächliche Fehler des Schätzwerts kleiner als ϵ_N.) Dieser Fehler ist proportional zu $\frac{1}{\sqrt{N}}$, eine Halbierung von ϵ_N ist also durch vier mal so großes N erreichbar! Dennoch ist das Monte-Carlo-Verfahren insbesondere bei mehrdimensionalen Integralen $(d > 3)$ vorteilhaft.

Auch das Integral

$$\text{Masse} = \iint\limits_{\text{Quadrat}} dx\, dy\ \chi_{\text{Kreis}}(x, y)\, \rho(x, y) \tag{C.21.3.3}$$

kann so berechnet werden. Man führt einfach einen anderen Zähler Z_N ein und erhöht diesen im Fall eines Treffers im Kreisinnern um den Wert von $\rho(x, y)$. Dann ist die Masse durch den Grenzwert

$$A_{\text{Quadrat}} \lim_{N\to\infty} \frac{Z_N}{N} \tag{C.21.3.4}$$

bestimmbar. Überprüfen Sie den Fall $\rho(x, y) = 1/(1 + x^2 + y^2)$; der Grenzwert muss $\pi \ln 2$ sein.

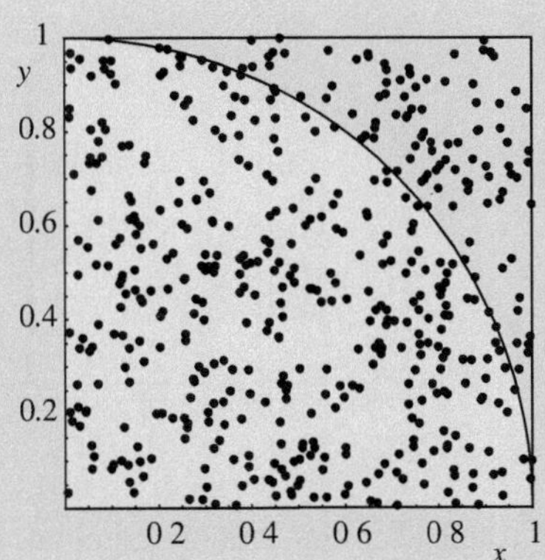

Abb. 21.17 Hier sind 500 Zufallstreffer in einem Quadrat der Seitenlänge eins markiert; ebenfalls eingezeichnet ist der Verlauf der Viertelkreis-Kurve. Insgesamt 399 Punkte landeten im grauen Bereich, die entsprechende Fläche wird so näherungsweise durch den Wert 399/500$\approx$ 0.798 wiedergegeben. Der exakte Wert ist $\frac{\pi}{4} \approx 0.7854\ldots$

21.5.4 Hypothesentest

Qualität eines Fits

Wie wahrscheinlich ist es, dass die Daten die betrachtete Fit-Funktion wiedergeben? Ein guter Fit scheint auf den ersten Blick einer mit einem kleinen Wert von D zu sein. Das stimmt so nicht. Wenn alle Punkte des Experiments genau auf die theoretische Kurve fallen, die Messpunkte selbst aber statistische Fehler haben, dann kann da was nicht stimmen. Es ist äußerst unwahrscheinlich, dass jeder der Messwerte genau den jeweiligen Mittelwert der Verteilung liefert, also auf die Kurve fällt. So ein Experiment ist „zu gut, um wahr zu sein"!

Wie groß sollte bei einem Fit der Wert von D sein? Kleine D entsprechen einer guten Darstellung der Daten, sind aber statistisch unwahrscheinlich, wenn es sich wirklich um experimentelle Daten handelt. Große D sind unerwünscht, weil dann die Fit-Kurve die Daten schlecht wiedergibt. Die Antwort ist einfach. Wenn es sich um unkorrelierte Daten handelt, die jeweils einer Normalverteilung (Varianz σ_i^2) gehorchen, dann muss D (als Summe der Quadrate, vgl. (21.109)) einer χ^2-Verteilung folgen. Da aus den N Datenpunkten insgesamt M Parameter abgeleitet wurden, ist die effektive Zahl der **Freiheitsgrade** aber nur $\nu \equiv (N - M)$, es handelt sich also um eine χ^2-Verteilung mit ν Freiheitsgraden (Definition siehe (21.80)).

Diese Verteilung hat ihren Mittelwert bei ν, das ist also der Erwartungswert von D. Aus der χ^2-Verteilung mit ν Freiheitsgraden in (21.80) kann man durch Integration ent-

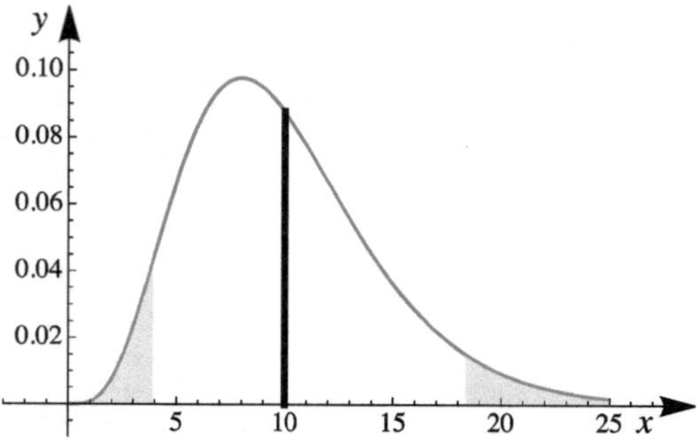

Abb. 21.18 Für eine χ^2-Verteilung mit 10 Freiheitsgraden (Mittelwert 10) ist $P(D < 3.94) = 0.05 = P(18.3 < D)$. Damit liegt ein für diese Verteilung gemessener Wert von D mit 90% Wahrscheinlichkeit zwischen 3.94 und 18.3

sprechend (21.26) Konfidenzgrenzen für den Wert D erhalten. Diese Werte sind tabelliert (vgl.[5]). In Abb. 21.18 zeigen wir ein Beispiel für die χ^2-Verteilung.

Es ist auch verbreitet, den **Goodness of Fit** genannten Parameter Q anzugeben. Das ist für einen Ergebniswert D einfach der Wert $Q \equiv 1 - F_{\chi^2}(D, \nu)$, also die Wahrscheinlichkeit dafür, dass bei einer χ^2-Verteilung für ν Freiheitsgrade ein Wert größer als D gemessen wird. Solange sich also Q in der Nähe von 0.5 bewegt, braucht man sich keine Sorgen zu machen. Kritischer wird es, wenn $Q < 0.1$ oder $Q > 0.9$ wird. Wenn Q Werte 0.001 und kleiner annimmt, sollten Sie sich über die Größenordnung und Verteilung der Messfehlerangaben Gedanken machen.

Wenn man beim Fit überhaupt keine Informationen über die Datenvarianzen hatte und daher einfach alle $\sigma_i = 1$ angenommen hatte, dann kann man mit Hilfe von D die Fehlergrößen schätzen. Offenbar ist $D/(N - M)$ eine Schätzfunktion für die Varianzen der Datenpunkte. Man nimmt für die Fehler daher den Wert $\sqrt{D/(N - M)}$ an. Dies ist gleichbedeutend mit einer Reskalierung, sodass das nun berechnete $D = N - M$ ist, also der laut χ^2-Verteilung wahrscheinlichste Wert.

Auch im Falle bekannter Fehlerangaben für die Daten kann der erhaltene Wert von D dazu dienen, die ursprünglichen Werte der Fehlerbalken σ_i für die Datenpunkte zu überdenken. Zwei Grenzfälle treten oft auf:

- D ist viel zu groß: Man hat die statistische Genauigkeit der Daten stark überschätzt, oder die angesetzte Funktion ist nicht oder sehr schlecht geeignet, die Daten zu beschreiben.
- D ist sehr klein: Die Daten werden anscheinend exzellent beschrieben. Jedoch könnte es auch sein, dass einfach die Fehlerbalken der Daten zu groß angegeben wurden oder die Daten und deren Fehler stark miteinander korreliert sind.

Wenn man sich über die absolute Normierung der Messfehlerangaben nicht sicher ist, kann man die Angaben der Fehler einfach mit einem Faktor $\sqrt{D/(N - M)}$ korrigieren. Damit erzwingt man den Wert $D = N - M$, also den optimalen Wert im statistischen Sinn. Das bedeutet aber einen Eingriff in die Angaben und sollte im Einzelfall begründet werden. (Sie trauen zum Beispiel den Daten nicht, weil...; oft nennt man diese Art von

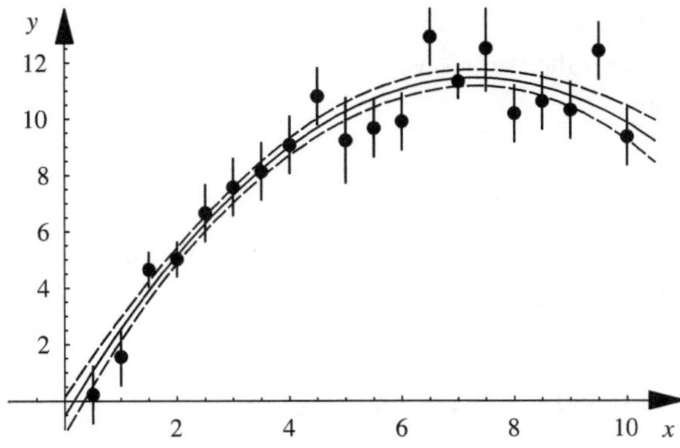

Abb. 21.19 Die Datenpunkte haben die durch Fehlerbalken angegebenen Standardabweichungen σ_i; es wurde ein Fit mit $g(x) = a + b\,x + c\,x^2$ durchgeführt und das Ergebnis dargestellt (durchlaufende Kurve). Ein 68%-Vertrauensintervall zur Fitkurve wurde wie im Text besprochen berechnet und wird durch die beiden gestrichelten Kurven angezeigt. Man beachte, dass dieses Fehlerband kleiner als die ursprünglichen Einzelmessfehler ist

Datenmassage auch „Courtesy Factor". Diese Manipulation hinterlässt meist kein gutes Gefühl.)

Vertrauensgrenzen für den Fit

Wir haben die Varianzen der Fit-Funktion $g(x)$ und der Parameter a_i schon abgeleitet, aber nichts über die Verteilungsfunktionen dieser Größen gesagt. Für die Berechnung von Konfidenzintervallen braucht man diese aber. Falls die Fehler der Messpunkte σ_i unbekannt waren, also konstant angenommen wurden, ist die Verteilungsfunktion für die Werte der Fit-Funktion $g(x)$ und die Parameter der Fit-Funktion die **t-Verteilung** (auch **Student-Verteilung** genannt) für $\nu \equiv N - M$ Freiheitsgrade (Näheres findet man in [8, 9]). Die Wahrscheinlichkeitsdichte $f_t(x, \nu)$ ist symmetrisch und nähert sich mit zunehmender Zahl der Freiheitsgrade in ihrer Form der Normalverteilung.

Die Vertrauensgrenzen für die Werte der Fit-Funktion sind

$$g(x) \pm t_{p\%}\,\sigma_{g(x)}\;, \tag{21.119}$$

wobei $\sigma_{g(x)}$ durch (21.118) gegeben ist. Gegebenenfalls modifizierte Werte der Anfangsdaten sollten hier natürlich berücksichtigt werden. Die Größe $t_{p\%}$ ist durch Integration der Normalverteilungsdichte (zu $\mu = 0$ und $\sigma^2 = 1$) gegeben, wenn die Fehler σ_i der Messdaten bekannt waren. Wenn die Fehler dagegen unbekannt sind und als konstant angenommen wurden, dann ist $t_{p\%}$ durch Integration der Student-Verteilungsdichte (für $M - N$ Freiheitsgrade) gegeben. In jedem Fall definiert es ein $p\%$ Vertrauensintervall (Abb. 21.19).

Streng genommen gibt es noch einen Unterschied, ob man die Varianzen der Datenpunkte σ_i tatsächlich kennt oder sie zu 1 gesetzt hat. Im zweiten Fall sollte man die

Fehler redefinieren, damit $D = N - M$ gilt, und statt der Normalverteilung die Student-Verteilung für $(N - M)$ Freiheitsgrade verwenden. In der Anwendung ist der Unterschied meist vernachlässigbar.

Beispiel

Ein Fit zu 12 Datenpunkten (im Bereich $x \in [0.5, 4.5]$) mit statistischen, normalverteilten Fehlern zur der Funktion $g(x) = a + b\,x$ hat folgende Ergebnisse geliefert:

$$a = 0.735\,, \quad b = 0.569\,, \quad D = 7.14\,, \quad \mathbf{A}^{-1} = \begin{pmatrix} 0.019882 & -0.006375 \\ -0.006375 & 0.002456 \end{pmatrix}.$$

Wie groß ist ein 95% Konfidenzintervall für den Wert der Fit-Funktion bei $x = 1.5$?

Die Zahl der Freiheitsgrade ist $n = 12 - 2 = 10$. Nur 30% der Werte der χ^2-Verteilung für $n = 10$ liegen unter dem Wert 7.14, der Fit ist also (vermutlich) akzeptabel. Es ist

$$\sigma^2_{g(x)} = 0.019882 - 0.01275x + 0.002456x^2$$

und also $\sigma_{g(1.5)} = 0.0793$. Daher ist das 95% Vertrauensintervall bei $x = 1.5$:

$$g(1.5) - 2\,\sigma_{g(1.5)} < g(1.5) < g(1.5) + 2\,\sigma_{g(1.5)} \;\Rightarrow\; 1.430 < g(1.5) < 1.747\,. \quad \square$$

Weitere statistische Tests

Eine verwandte Fragestellung ist, ob die statistischen Daten einer bestimmten Verteilung folgen. Das Ergebnis der Messung ist dann meist ein Histogramm, wie in Abschn. 21.2.6 besprochen, und man würde gerne wissen, ob dieses Histogramm tatsächlich einer theoretischen Vorgabe entspricht. Der **χ^2-Test** liefert eine Wahrscheinlichkeitsaussage über die Richtigkeit der Annahme.

Wir betrachten eine diskrete Verteilung; wir haben n Einzelmessungen für die Variable S durchgeführt und ein Histogramm bestimmt. Dazu wurde die s-Achse in k Teile geteilt, und es wurden die Höhen der Histogrammbalken für jeden der k möglichen Werte S mit y_s gemessen. Die theoretische Wahrscheinlichkeit für $S = s$ sei p_s. Da wir insgesamt n Messungen durchgeführt haben, ist die theoretische Erwartung für die Balkenhöhe $n\,p_s$. Dann bestimmen wir

$$A = \sum_{s=1}^{k} \frac{(y_s - n\,p_s)^2}{n\,p_s}\,, \qquad \left(\text{mit} \sum_s y_s = n \text{ und} \sum_s p_s = 1\right). \tag{21.120}$$

Auch A ist eine Zufallsvariable, die einer χ^2-Verteilung folgt, in diesem Fall einer zu $(k-1)$ Freiheitsgraden. Die Wahrscheinlichkeit für gemessene Werte von A (oder genauer: dafür, dass A in einem Intervall um den Erwartungswert $(k-1)$ liegt) kann man wieder den entsprechenden Tabellen entnehmen. Man könnte also zum Beispiel ein Ein- oder Zwei-Standardabweichungsintervall angeben.

Die Analyse statistischer Daten, also von Daten aus Experimenten, ist ein weites Feld. Wir haben etliche wichtige Bereiche, wie etwa weitere Hypothesentests oder das Problem korrelierter Daten stiefmütterlich oder gar nicht diskutiert. Gerade mit Statistik kann man leicht lügen [10], wie jeder weiß. Man kann sich aber auch leicht selbst betrügen. Um so größer ist die Verantwortung der Naturwissenschaftler, diese gewollten oder ungewollten Irrtümer zu vermeiden.

21.6 Aufgaben und Lösungen

21.6.1 Aufgaben

21.1: In einer Zeitschrift stand folgende Aussage zu lesen: „Jede(r) dritte Leser(in) dieser Zeitschrift ist Student(in). Offenbar haben wir ein hohes Niveau, da doch ein Drittel der Studenten unsere Zeitschrift liest!“. Stimmt diese Argumentation?

21.2: Aus einem Topf mit 5 Kugeln (3 aus Silber und 2 aus Gold) zieht man zufällig zwei Kugeln (ohne zurückzulegen). Mit welcher Wahrscheinlichkeit zieht man bei zweimaligem Ziehen zwei Goldkugeln?

21.3: Wie wahrscheinlich ist es, dass Sie beim gerade getätigten Atemzug zumindest ein Molekül einatmen, das Julius Caesar bei seinem letztes Atemzug (Auch du, Brutus!) ausgeatmet hat? Nehmen Sie ein Atemvolumen von 3 Liter und 2.7 10^{22} Moleküle pro Liter an.

21.4: Wenn ein Messgerät (zum Beispiel eine Funkenkammer) ein durchlaufendes Teilchen gemessen hat, fällt es für eine kurze Zeitspanne δ aus, bis es wieder messbereit ist. Wenn nun während eines Zeitraums T zwei Teilchen, jedes zu einem zufälligen Zeitpunkt, einfallen, wie groß ist die Wahrscheinlichkeit, dass auch beide gemessen werden?

21.5: Elektronen erreichen eine kreisrunde Anode (Radius R); die Wahrscheinlichkeit des Treffens sei für alle Flächenelemente gleich. Welche Form hat die Wahrscheinlichkeitsverteilung $F(r)$?

21.6: Wie wahrscheinlich ist es, dass die Ziffernsumme einer zufälligen 32-stelligen Binärzahl (führende Nullen sind auch erlaubt, es gibt also 2^{32} Möglichkeiten) ein Vielfaches von 8 ist?

21.7: Mit welcher Wahrscheinlichkeit (a) haben von 1000 zufällig gewählten Zahlen zwischen 1 und 100 genau fünf den Wert 50, (b) haben von 100 Personen zwei am 1.1. Geburtstag?

21.8: Nehmen Sie einen Würfel, und werfen Sie zweimal. Die Zufallsvariable X sei die Augenzahl des ersten Wurfs, Y sei jeweils die Summe der Augen beider Würfe. Wiederholen Sie das Experiment, und zeichnen Sie in ein (x, y)-Diagramm jeweils die Position der „gemessenen" Punkte ein. Erkennen Sie eine Struktur. Warum?

21.9: Bestimmen Sie die Wahrscheinlichkeitsdichte für $Z = X + Y$, wenn X und Y beide gleichverteilt in $[-1/2, 1/2]$ sind.

21.10: Die Zufallsvariablen X und Y haben die Verteilungsdichte

$$f(x, y) = c \exp(-1 - 2x - 17x^2 + 4y - 12xy - 8y^2) .$$

Bestimmen Sie die Normierungskonstante c sowie die wichtigsten Parameter: Mittelwerte, Varianzen und Korrelationskoeffizient der Variablen.

21.11: Zeigen Sie, dass für $f(u) = \langle \exp(u X) \rangle$ gilt:

$$\text{(a)} \quad \frac{\partial^n}{\partial u^n} f(u)\bigg|_{u=0} = \langle X^n \rangle , \quad \text{(b)} \quad \frac{\partial^n}{\partial u^n} \mathrm{e}^{-u\mu} f(u)\bigg|_{u=0} = \langle (X - \mu)^n \rangle \equiv \mu_n .$$

21.12: Erzeugen Sie sich eine Gruppe von 100 gleichverteilten Daten, zum Beispiel mit Hilfe eines Computers. Berechnen Sie für diese Daten Mittelwert und Varianz nach der Standarddefinition und nach dem Jackknife-Verfahren. Beschreiben Sie Ihre Erfahrungen.

21.13: Berechnen Sie für die Messdaten {0.727, 0.120, 0.105, 0.005, 1.099} den Mittelwert $\hat{X}$, die (korrigierte und unkorrigierte) Varianz und den geschätzten Fehler des Mittelwerts.

21.14: Berechnen Sie zu den Datenwerten (x_i, σ_i)= (4.46, 1.00), (5.56, 1.31), (4.11, 1.09), (5.40, 1.24), (5.28, 1.48), (5.30, 1.34) den Mittelwert $\hat{X}$, und den geschätzten Fehler des Mittelwerts.

21.15: Sie haben die fünf Wertepaare $(x, y)_i$ einer periodischen Funktion $\sin x$ gemessen: (1, 2.47), (2, 2.79), (3, 0.40), (4, -2.37), (5, -2.89). Bestimmen Sie die Amplitude und den Fehler (eine Standardabweichung) dieses Wertes unter der Annahme, dass eigentlich $\chi^2 = 4$ sein sollte. Wie groß ist dann der Fehler σ der Datenwerte?.

21.16: Sie haben drei Datenpunkte $(x, y)_i$=(0.25, 0.81), (0.5, 0.58), (0.7,0.32) und wollen dazu eine Gerade $a + b\,x$ anpassen. Bestimmen Sie die Parameterwerte, und schätzen Sie deren Fehlerbalken.

21.17: Bei einem Würfelexperiment erhalten Sie folgende Histogrammeinträge für die sechs möglichen Werte: 20, 13, 15, 18, 14, 20. Treffen Sie eine Aussage über Wahrscheinlichkeit dafür, dass es sich um eine Gleichverteilung handelt!

21.18: Bei einem Würfelexperiment werfen Sie jeweils zwei Würfel und addieren die Augen. Sie wiederholen das Experiment 100-mal und erhalten folgende Histogrammeinträge für die 11 möglichen Werte (2-12): 0, 6, 8, 13, 10, 23, 16, 13, 5, 2, 4. Welche Verteilung erwarten Sie? Treffen Sie eine Aussage über die Wahrscheinlichkeit dafür, dass es sich um diese Verteilung handelt!

21.6.2 Lösungen

Vollständige Lösungen unter http://physik.uni-graz.at/~cbl/mm/.

21.1: Nein.

21.2: Für die Notation siehe Beispiel in Abschnitt 21.1.1, $P(A) = 0.4$, $P(B|A) = 0.25$, daher $P(A\,B, B) = 0.1$.

21.3: Mittleres Luftvolumen der Erde bei etwa 10 km Höhe der Atmosphäre ist näherungsweise $4\,\pi\,10^4\,(6.4\,10^6)^2\,\mathrm{m}^3$, daher $N = 1.4\,10^{44}$ Moleküle; ein Atemzug enthält $A = 8\,10^{22}$ Moleküle. Bei gleichmäßiger Durchmischung ist die Wahrscheinlichkeit, zumindest eines von A (Caesar) aus N Molekülen zu finden $p = A/N = 5.7\,10^{-22}$. Da $A \ll N$, ändert sich p nur unwesentlich, wenn ein „markiertes" Molekül eingeatmet wird. Die Wahrscheinlichkeit, *kein* solches einzuatmen ist daher $(1-p)^A = \exp(A\ln(1-p)) \simeq \exp(-A\,p) \approx 1.4\,10^{-20}$, also praktisch null. Jeden Ihrer Atemzüge teilen Sie mit Caesar! Alternatives Argument: Die Poisson-Verteilung ($\mu = A^2/N$) für $k = 0$ gibt die Wahrscheinlichkeit, *kein* markiertes Molekül einzuatmen, also $\mathrm{e}^{-\mu}$, welches den gleichen Wert liefert.

21.4: $(1 - \Delta/T)^2$.

21.5: $F(r < 0) = 0, F(0 \le r < R) = r^2/R^2, F(R \le r) = 1$.

21.6: Es gibt vier mögliche Vielfache: 8, 16, 24, 32; die Binomialverteilung ergibt mit $\binom{32}{8} + \binom{32}{16} + \binom{32}{24} + \binom{32}{32} = 622116991$ die Wahrscheinlichkeit 0.144848.

21.7: Poisson-Verteilung: (a) $\mu = 1000/100 = 10$, $P = 10^5 e^{-10}/120 \approx 0.038$; (b) $P \approx 0.0285$.

21.8: Die Zufallsvariablen A und B sind korreliert;$X = A$, $Y = A + B$, $\rho(X, Y) = 1/\sqrt{2}$.

21.9: $z + 1$ für $z \in [-1, 0]$, $1 - z$ für $z \in [0, 1)$.

21.10: Hinweis: diagonal mit $u = -x + 2y$, $v = 2x + y$, bestimmen Sie zuerst die Parameter für u und v und daraus die eigentlich gesuchten; $c = 10/\pi$, $\mu_X = -1/5$, $\mu_Y = 2/5$, $\sigma_X^2 = 1/25$, $\sigma_Y^2 = 17/200$, $\rho(X, Y) = -3/\sqrt{34} \approx -0.514$.

21.11: Zu zeigen mittels Potenzreihenentwicklung.

21.13: Vgl. Abschnitt 21.5.1; $\mu = 0.4112$, korrigierte Varianz $S^2 = 0.2291$, unkorrigierte Varianz $\hat{\sigma}^2 = 0.1833$, Fehler $\sqrt{S^2/5} = 0.2141$.

21.14: $\hat{X} = 4.90 \pm 0.49$.

21.15: $A = 3.031 \pm 0.034$; man erhält $D = 0.01447$ und daher ist der Fehler der Datenwerte $\sigma_i \approx 0.060$, damit $\chi^2 = D = 4$ wird.

21.16: Da $D = 0.00118361$, korrigieren wir so, dass $D = 1$ wird. Damit ergeben sich Parameter und Fehler zu $a = 1.093(56), b = -1.082(108)$.

21.17: Laut Abschnitt 21.5.4 ist $A = 71/25 \approx 2.84$; relevant ist die χ^2-Verteilung zu $\nu = 5$. Es ist $P(A < 2.84) = 0.275$, das 1-σ Intervall ist (1.84,8.16).

21.18: Die Verteilung hat die Form einer Pyramide mit den Einträgen (1/36, 2/36, 3/36, 4/36, 5/36, 6/36, 5/36, 4/36, 3/36, 2/36, 1/36). Der Test entsprechend 21.5.4 gibt $A \approx 11.43$; relevant ist die χ^2-Verteilung zu $\nu = 11$. Der Wert ist also nahe dem erwarteten Wert, und es ist $P(A > 11.43) = 0.41$; das 1-σ Intervall ist (6.31,15.69).

Literaturempfehlungen

Umfassende Texte über Wahrscheinlichkeitstheorie und stochastische Prozesse sind [6, 7]. Ein Standardtext zur Datenanalyse ist [9], ein ausführliches aber dennoch anwendungsnahes Buch zur Statistik ist [8]. Eine sehr lesbare Einführung ist [11]. Die Jackknife- und Bootstrap-Verfahren werden gut in [12] dargestellt. Numerische Methoden zu Zufallszahlen und Monte-Carlo Methoden sind in [1, 3, 13] besprochen, ein ausführlicher Standardtext ist [4]. Tabellen finden Sie in [5], viele Aufgaben und Erläuterungen in [14]. Und schließlich gibt es den Klassiker [10], der einem erklärt, wie man mit Statistik lügt.

Literatur

1. Benjamin A. Stickler und Ewald Schachinger, *Basic Concepts in Computational Physics* (Springer International Publishing AG, Berlin-Heidelberg-New York, 2014).
2. F. James, Computer Physics Comm. **60**, 329 (1990).
3. W. H. Press, B. P. Flannery, S. A. Teukolsky, und W. T. Vetterling, *Numerical Recipes: The Art of Scientific Computing*, 3. Aufl. (Cambridge University Press, Cambridge, 2007).
4. D. E. Knuth, *The Art of Computer Programming*, Bd. 2 (Addison-Wesley Publ. Co., Reading, MA, 1981).
5. M. Abramowitz und I. A. Stegun, *Handbook of Mathematical Functions* (Martino Fine Books, Eastford, CT, 2014).
6. A. Papoulis, *Probability, Random Variables, and Stochastic Processes* (McGraw-Hill, Tokyo, 2001).
7. G. R. Grimmett und D. R. Stirzaker, *Probability and random processes* (Oxford University Press, Oxford, 2001).
8. L. Sachs, *Angewandte Statistik* (Springer-Verlag, Berlin, Heidelberg, 2004).
9. S. Brandt, *Datenanalyse für Naturwissenschaftler und Ingenieure* (Springer-Spektrum, Heidelberg, 2013).
10. D. Huff, *How to Lie With Statistics* (Norton, New York, 1993).
11. J. R. Taylor, *An Introduction to Error Analysis* (University Science Books, Sausalito, 1997).
12. M. C. K. Yang und D. H. Robinson, *Understanding and Learning Statistics by ComputerComputer* (World Scientific Publ. Co., Singapore, 1986).
13. Bernd A. Berg, *Markov Chain Monte Carlo Simulations and Their Statistical Analysis* (World Scientific Publ. Co., Singapore, 2004).
14. M. R. Spiegel und Larry J. Stephens, *Schaum's Outline of Statistics*, 5. Aufl. (McGraw-Hill, New York, 2014).

Abkürzungen und Anmerkungen

A

$\approx$ – „ungefähr gleich"

$\simeq$ – „asymptotisch gleich"

$\equiv$ – „identisch gleich"

Wir verwenden dieses Symbol auch, um eine Definition auszudrücken, also im Sinne von „definiert durch".

$\sim$ – „äquivalent", auch: „gleichwertig"

$\propto$ – „proportional"

$\Rightarrow$ – „daraus folgt"

$\rightarrow$ und $\mapsto$ – „Abbildung"

C.B. Lang, N. Pucker, *Mathematische Methoden in der Physik*,
DOI 10.1007/978-3-662-49313-7

Eine Funktion ist eine Abbildung, nach der jedem Element x einer Definitionsmenge D ein Element $f(x)$ einer Zielmenge Z zugeordnet wird; man schreibt dann $f : D \to Z$ oder $x \mapsto f(x)$. Der einfache Pfeil „$\to$“ bezeichnet oft aber auch einen Grenzübergang, wie etwa „$x \to \infty$“ bedeuten soll, dass x gegen unendlich strebt.

$\forall$ – „für alle“

Statt zu schreiben „Für alle $n > n_0$ gilt, dass …“, schreibt man kürzer: $\forall n > n_0$:“.

$\exists$ – „es gibt“, $\nexists$ – „es gibt nicht“

Statt zu schreiben „Es gibt eine Zahl $\epsilon > 0$, sodass gilt...“, kann man kürzer schreiben: „$\exists \epsilon > 0$:“. Analog bedeutet „$\nexists \epsilon > 0 : \ldots$“, dass es keine Zahl $\epsilon > 0$ gibt, für die gilt …

$x \in A$ und $A \subset B$

Das Element x ist in der Menge A enthalten: „x ist Element aus A.“
Die Menge A ist eine Teilmenge von B: „A ist in B enthalten.“ Wenn $A \subset B$ und $B \subset A$ gilt, dann ist $A \equiv B$. Oft wird auch zwischen $A \subseteq B$ für „Teilmenge“ und $A \subset B$ für „echte Teilmenge“ unterschieden.

$A \cup B$, $A \cap B$, $A \backslash B$

sind die Symbole für Vereinigungsmenge von A und B, Durchschnittsmenge, sowie Mengensubtraktion: in $A \backslash B$ sind nur die Elemente von A, die nicht auch in B sind.

$\bigcup_{i=1}^{n} A_i$ und $\bigcap_{i=1}^{n} A_i$

ist die Vereinigung ($\bigcup$) oder der Durchschnitt ($\bigcap$) der Mengen A_i, wobei der Index i von 1 bis n läuft.

$\mathbb{N}$

bezeichnet die Menge der so genannten natürlichen Zahlen $\{ 1, 2, 3, 4, 5, \ldots\}$, also der Zahlen, die wir zum Abzählen benötigen. Leopold Kronecker (ganz recht der, nach dem das „Kronecker-Delta δ_{ij}" benannt ist) sagte: „Die natürlichen Zahlen hat uns der liebe Gott gegeben, alles andere ist Menschenwerk."

$\mathbb{Z}$

bezeichnet die Menge der ganzen Zahlen; sie besteht aus den natürlichen Zahlen mit positivem und negativem Vorzeichen und der Zahl 0.

$\mathbb{Q}$

bezeichnet die Menge aller rationalen Zahlen, also aller Zahlen, die durch einen Bruch von zwei ganzen Zahlen $\frac{n}{m}$ gegeben sind. Es gibt abzählbar unendlich viele rationale Zahlen. Der Beweis dafür ist durch das Diagonalverfahren gegeben. Man ordnet dazu die Bruchzahlen (teilerfremd angeschrieben) in ein Schema ein, dessen Spalten durch den ganzzahligen Zähler und dessen Zeilen durch den entsprechenden Nenner gegeben sind. Nicht teilerfremde Zahlen schreibt man dabei einfach nicht an. Da es abzählbar unendlich viele ganze Zahlen gibt, hat dieses Schema abzählbar unendlich viele Zeilen und Spalten; jede denkbare rationale Zahl taucht darin jedoch auf. Man kann nun die darin enthaltenen rationalen Zahlen abzählen, und zwar in diagonalen Schlangenlinien, beginnend beim $(1, 1)$ Feld, dann $(1, 2)$ und $(2, 1)$, dann $(3, 1), (2, 2), (1, 3)$, und so weiter. Man wird damit zwar nie fertig, hat aber bewiesen: Die Mächtigkeit der rationalen Zahlen ist gleich jener der natürlichen ganzen Zahlen.

$\mathbb{I}$

bezeichnet die Menge der irrationalen Zahlen. Typische irrationale Zahlen sind $\pi = 3.141\,592\,653\,58\ldots$ oder $\sqrt{2}$; irrationale Zahlen können nicht durch einen Bruch dargestellt werden. Wenn man sie als Dezimalbruch (Dezimalzahl) anschreibt, so bricht die Folge der Dezimalstellen nach dem Komma nie ab und zeigt auch keine Periodizität. Es gibt überwältigend mehr irrationale als rationale Zahlen, und das Verfahren von Cantor beweist, dass die irrationalen (und damit auch die reellen) Zahlen keinem Abzählverfahren wie bei den rationalen Zahlen unterworfen werden kann. Man sagt daher, dass die Mächtigkeit der reellen (und der irrationalen) Zahlen überabzählbar unendlich ist.

Im **Verfahren von Cantor** geht man zunächst von der gegenteiligen Annahme aus: Es sei möglich, eine (abzählbare) Liste aller irrationalen (und rationalen) Zahlen anzugeben. Diese Liste könnte für die Zahlen zwischen 0 und 1 folgendermaßen aussehen.

laufende Nummer	Zahl
1	0.000157641...
2	0.123438561...
3	0.367650086...
4	0.200133336...
⋮	⋮

Dabei kommt es auf die Anordnung nicht an. Wichtig ist nur, dass es laut Annahme so eine vollständige und abzählbare Liste gibt. Wir können nun aber daraus eine Zahl konstruieren, die sicher nicht in dieser Liste enthalten ist! Wir wählen eine Zahl, die sich in der ersten Dezimale von der ersten Zahl der Liste unterscheidet (also zum Beispiel dort eine 1 statt einer 0 hat); in der zweiten Dezimalstelle soll unsere Zahl sich von der zweiten Dezimalstelle der zweiten Zahl der Liste unterscheiden. So geht es weiter, und man erhält eine Zahl (zum Beispiel 0.138267...), die sich zumindest in einer Dezimalstelle von jeder der Zahlen unserer Liste unterscheidet!

Dieses Verfahren führt zu einem Widerspruch mit der Ausgangsannahme (die Liste sei vollständig), diese kann also nicht stimmen. Daher kann es keine abzählbare Liste aller irrationalen Zahlen geben, sie müssen überabzählbar sein. Die Art der Beweisführung durch Widerspruch ist in der Mathematik verbreitet und heißt „Reductio ad absurdum“.

$\mathbb{R}$

bezeichnet die Menge der reellen Zahlen. Sie umfasst neben den rationalen auch noch die irrationalen Zahlen $\mathbb{I}$. Mit $\mathbb{R}^n$ bezeichnet man das äußere n-fache Produkt $\mathbb{R} \otimes \mathbb{R} \cdots \mathbb{R}$; das n-Tupel $(x_1, x_2, \ldots, x_n)$ ist ein Element aus $\mathbb{R}^n$. Der alltägliche 3-dimensionale Raum ist ein $\mathbb{R}^3$.

Intervall

Intervalle auf der reellen Achse sind Punktmengen. Sie können die Randpunkte enthalten (**abgeschlossen** sein) oder auch nicht (**offen** sein). Es gibt folgende Bezeichnungen:

$$\begin{array}{lll} x \in [a,b] & \text{entspricht} & a \leq x \leq b \\ x \in (a,b) \text{ oder } x \in]a,b[& \text{entspricht} & a < x < b \\ x \in (a,b] \text{ oder } x \in]a,b] & \text{entspricht} & a < x \leq b \\ x \in [a,b) \text{ oder } x \in [a,b[& \text{entspricht} & a \leq x < b\ . \end{array}$$

$\mathbb{C}$

bezeichnet die Menge der komplexen Zahlen.

„fast alle“ und „fast überall“

Im Falle einer (endlich oder unendlich) abzählbaren Menge, wie es zum Beispiel die ganzen Zahlen sind, bedeutet „fast alle“ einfach „alle, bis auf endlich viele“.

Bei messbaren Mengen gilt eine Eigenschaft „fast überall“, wenn sie überall, bis auf eine Menge vom Maß (siehe Kap. 5 und M.5.2) null gilt. (Dies wird oft auch „μ-fast überall“ genannt.) Die Funktion

$$f(x) = \begin{cases} -x & \text{für} \quad x < 0 \\ 1 & \text{für} \quad x = 0 \\ x & \text{für} \quad 0 < x < 1 \end{cases}$$

ist „fast überall“ gleich der Funktion $|x|$, und sie ist „fast überall“ stetig. Die in (M.5.3.1) definierte **Dirichlet-Funktion** hat „fast überall“ den Wert 0, da die Menge der rationalen Zahlen abzählbar (unendlich) ist und ihr Maß daher null ist.

$\mathcal{O}(x^n)$

bezeichnet „Beiträge der Ordnung x^n “. Man fasst in diesem Ausdruck alle möglicherweise vorkommenden Terme zusammen, die im Grenzfall $x \to 0$ gleich schnell oder schneller als die in der Klammer angegebenen Potenzen verschwinden.

$[x]$

bezeichnet die größte ganze Zahl, die kleiner oder gleich x ist; man sagt dazu „das größte Ganze von x“. (FORTRAN: `int(x)`; MATHEMATICA: `Floor[x]`)

$n!$

ist eine Kurzschreibweise für $n\,(n-1)\,(n-2)\,\ldots \times 3 \times 2 \times 1$ und wird „n Fakultät“ oder „n Faktorielle“ ausgesprochen. Dabei muss n eine nichtnegative ganze Zahl sein. Es gilt die Konvention $0! \equiv 1$ und für $n > 0$ die Rekursionsbeziehung $n! = n\,(n-1)!$.

Folgendes FORTRAN90 Programm berechnet $n!$:

```
Integer Function Fak(n)
Integer i,n
Fak=1
if(n.gt.1)then
  do i=2,n
    Fak=Fak*i
  enddo
endif
return
end
```

Die **Stirlingsche Formel** gibt Auskunft über das Verhalten von $n!$ für große n:

$$n! \simeq \left(\frac{n}{\mathrm{e}}\right)^n \sqrt{2\pi n}\left(1 + \mathcal{O}\left(\frac{1}{n}\right)\right) .$$

Es gibt noch eine weitere Abkürzung: $n!! \equiv n.(n-2).(n-4)\ldots$, wobei das Produkt hier bei 1 oder 2 endet, je nachdem ob n ungerade oder gerade ist. Die rekursive Definition ist $n!! = n\,(n-2)!!$ sofern $n > 2$. Zum Beispiel ist $5!! = 5 \times 3 \times 1 = 15$.

Gamma-Funktion $\Gamma(t)$

Sie ist eine Erweiterung des Gültigkeitsbereichs der Fakultätsfunktion auf reelle Argumente. Für positive, ganzzahlige Argumente $t = n + 1 \geq 0$ gilt

$$\Gamma(n+1) \equiv n! , \quad \Gamma(n+1) = n\,\Gamma(n) .$$

Es gibt eine Integraldarstellung

$$\Gamma(t) = \int_0^\infty dx\; x^{t-1}\,\mathrm{e}^{-x} , \quad \text{für} \quad t > 0 .$$

Wichtige spezielle Werte sind $\Gamma(1) = 1$ und $\Gamma(1/2) = \sqrt{\pi}$.

Binomialkoeffizient $\binom{n}{m}$

Ein Binom kann folgendermaßen angeschrieben werden.

$$(a+b)^n = \binom{n}{0}a^n + \binom{n}{1}a^{n-1}b + \cdots = \sum \binom{n}{m} a^{n-m}\,b^m .$$

Der Binomialkoeffizient ist dabei eine abgekürzte Schreibweise

$$\binom{n}{m} \equiv \frac{n!}{m!(n-m)!} = \frac{n(n-1)(n-2)\cdots(n-m+1)}{m!}.$$

Es ist also etwa

$$\binom{0}{0} = \binom{n}{0} = \binom{n}{n} = 1\,, \quad \binom{n}{1} = n = \binom{n}{n-1}\,,$$
$$\binom{5}{2} = \frac{5\times 4\times 3\times 2\times 1}{(2\times 1)(3\times 2\times 1)} = \frac{5\times 4}{2\times 1} = 10\,.$$

Diese Definition ist auch für nicht ganzzahlige Werte von p gültig:

$$\binom{p}{m} \equiv \frac{p\,(p-1)\,(p-2)\cdots(p-m+1)}{m!}\,.$$

Modulo Operation $n(\text{mod } m)$

ist üblicherweise für positive ganze Zahlen definiert und hat als Ergebnis den im Intervall $[0, m-1]$ liegenden Wert $n(\text{mod } m) \equiv n - [n/m]\,m$. Leicht vorstellbar ist dies als Ergebnis einer Verschiebung von n um geeignete ganzzahlige Vielfache von m. So ist zum Beispiel

$$5(\text{mod } 3) \equiv 2\,, \quad 2n(\text{mod } 2) \equiv 0\,, \quad 2n+1(\text{mod } 2) \equiv 1\,.$$

Bei Computerdefinitionen gilt oft eine Erweiterung des Definitionsbereiches der Modulo Operation auf negative Zahlen, die aber nicht einheitlich ist. Auch eine Erweiterung auf reelle Zahlen ist gebräuchlich, die dann entsprechend sinngemäß gilt:
$x(\text{mod } y) \equiv x - [x/y]\,y$.

Koordinatensysteme

Wir verwenden den Problemen angepasste Koordinatensysteme. Die Gebräuchlichsten sind:

Kartesische Koordinaten sind die Koordinaten des kartesischen Systems, in dem die Hauptrichtungen senkrecht aufeinander stehen, also x, y in der Ebene, x, y, z im 3-dimensionalen Raum, und so weiter.

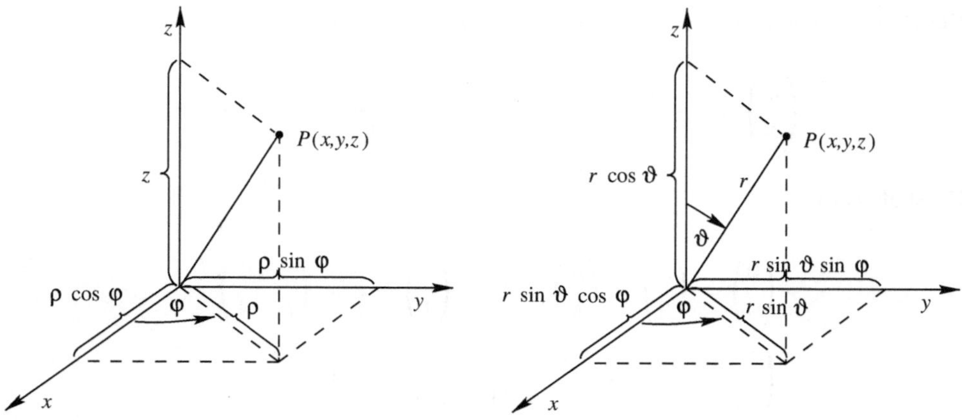

Abb. A.1 Skizze zur Definition der Zylinderkoordinaten (links) und Kugelkoordinaten (rechts)

Polarkoordinaten sind Koordinaten, die Punkte in der (x, y)-Ebene bezeichnen. Statt x und y wird der Abstand des Punktes zum Ursprung r und der Winkel φ, den der Abstandspfeil mit der positiven x-Achse hat, angegeben. Es gelten die Beziehungen

$$\begin{aligned} x &= r\cos\varphi\,, & r &= \sqrt{x^2+y^2}\,, \\ y &= r\sin\varphi\,, & \varphi &= \arctan\frac{y}{x} \in [0, 2\pi)\ . \end{aligned}$$

Die Umkehrbeziehung für $\varphi(x, y)$ gilt nur für $r \neq 0$, im Ursprung ist der Winkel nicht definiert.

Zylinderkoordinaten sind für Probleme mit zylindrischer Geometrie im 3-dimensionalen Raum wichtig. Man nimmt dazu die Polarkoordinaten für die (x, y)-Ebene (wir bezeichnen dabei den Radius in der Ebene mit $\rho = \sqrt{x^2 + y^2}$, um Verwechslungen mit dem Radius bei Kugelkoordinaten zu vermeiden) und die z-Koordinate für die dritte Richtung (vgl. Abb. A.1),

$$\begin{aligned} x &= \rho\cos\varphi\,, & \rho &= \sqrt{x^2+y^2}\,, & &\rho \in \mathbb{R}_0^+ \quad (\text{also } \rho \geq 0)\,, \\ y &= \rho\sin\varphi\,, & \varphi &= \arctan\frac{y}{x}\,, & &\varphi \in [0, 2\pi)\,, \\ z &= z\,. \end{aligned}$$

Auf der z-Achse ist φ nicht wohldefiniert.

Kugelkoordinaten sind die Verallgemeinerung der Polarkoordinaten auf den 3-dimensionalen Raum (siehe Abb. A.1). Es ist dies zunächst der Abstand des Punktes zum Ursprung: r. Die beiden anderen Koordinaten sind Winkel. Der Winkel zwischen dem Abstandsvektor des Punktes und der positiven z-Achse heißt ϑ; er kann Werte zwischen 0 und π annehmen. Die Punkte mit $\vartheta = 0$ liegen auf der positiven z-Achse, die mit $\vartheta = \pi$ auf der negativen. Punkte mit $\vartheta = \pi/2$ liegen in der (x, y)-Ebene.

Zur Beschreibung des zweiten Winkels betrachtet man die Projektion des Punktes und des Abstandsvektors zum Ursprung in die (x, y)-Ebene (Sehstrahlen seien parallel zur z-Achse aus positiver z-Richtung, also „von oben"). Der Winkel zwischen dem projizierten Abstandsvektor und der positiven x-Achse wird mit φ bezeichnet, und für Punkte mit $z = 0$ ist dies dieselbe Variable wie im Fall der Polarkoordinaten. Man kann sich aufgrund dieser Definition leicht folgende Beziehungen zwischen kartesischen und Kugelkoordinaten klar machen:

$$\begin{aligned} x &= r \sin\vartheta \cos\varphi\ , & r &= \sqrt{x^2 + y^2 + z^2}\ , & & r \in \mathbb{R}_0^+ \quad (\text{also } r \geq 0)\ , \\ y &= r \sin\vartheta \sin\varphi\ , & \vartheta &= \arctan\sqrt{\frac{x^2 + y^2}{z^2}}\ , & & \vartheta \in [0, \pi]\ , \\ z &= r \cos\vartheta\ , & \varphi &= \arctan\left(\frac{y}{x}\right)\ , & & \varphi \in [0, 2\pi)\ . \end{aligned}$$

Auf der z-Achse ist φ und im Ursprung sind ϑ und φ nicht wohldefiniert. Bei der Berechnung von $\vartheta(x, y, z)$ und $\varphi(x, y)$ muss der richtige Wertebereich des arctan beachtet werden. An den jeweiligen singulären Stellen ist $\vartheta(x, y, 0) = \pi/2$ und $\varphi(y > 0, 0) = \pi/2$, $\varphi(y < 0, 0) = 3\pi/2$.

Notwendig und hinreichend

Wenn aus einer Aussage $\mathcal{A}$ eine Aussage $\mathcal{B}$ abgeleitet werden kann, so schreibt man

$$\mathcal{A} \Rightarrow \mathcal{B}$$

und sagt, $\mathcal{A}$ sei **hinreichend** für $\mathcal{B}$. Offenbar ist ja die Gültigkeit von $\mathcal{A}$ in der Tat hinreichend, um die Gültigkeit von $\mathcal{B}$ abzuleiten. Man kann aber auch sagen: $\mathcal{B}$ ist **notwendig** für $\mathcal{A}$, da ja $\mathcal{B}$ immer dann gilt, wenn $\mathcal{A}$ erfüllt ist. Eine notwendige Bedingung ist also eine Voraussetzung.

Wenn ich mein Tagebuch heute verbrenne, dann kann ich es morgen nicht mehr lesen. (Wir nehmen an, dass es keine Kopien davon gibt; Nachfragen an den Geheimdienst oder ähnliche Institutionen.)

$\mathcal{A}$ = „Ich verbrenne mein Tagebuch heute."

$\mathcal{B}$ = „Ich kann mein Tagebuch morgen nicht mehr lesen."

Es gilt also

$$\mathcal{A} \Rightarrow \mathcal{B}\ .$$

Das Verbrennen meines Tagebuches ist hinreichend dafür, dass ich es nicht mehr lesen kann. Die Tatsache, dass ich mein Tagebuch nicht mehr lesen kann, ist eine notwendige Bedingung; sie ist sicher wahr, wenn ich das Buch verbrannt habe.

Man kann sich leicht klarmachen, dass aus der Ungültigkeit von $\mathcal{B}$ die Ungültigkeit von $\mathcal{A}$ folgt. In Symbolen schreibt man

$$\overline{\mathcal{B}} \Rightarrow \overline{\mathcal{A}}\,.$$

Der Strich über den Aussagen $\mathcal{A}, \mathcal{B}$ bedeutet dabei die Negation der jeweiligen Aussage. Es ist in unserem Beispiel also

$\overline{\mathcal{A}}$ = „Ich verbrenne mein Tagebuch heute nicht."

$\overline{\mathcal{B}}$ = „Ich kann mein Tagebuch morgen lesen."

Offenbar stimmt auch dies: Wenn ich mein Tagebuch morgen lesen kann, dann kann ich es unmöglich heute verbrannt haben. Diese Äquivalenz von

$$(\mathcal{A} \Rightarrow \mathcal{B}) \Leftrightarrow \left(\overline{\mathcal{B}} \Rightarrow \overline{\mathcal{A}}\right)$$

wird bei der mathematisch-logischen Beweisführung häufig verwendet und heißt dann „Reductio ad absurdum" (Beweis durch Widerspruch).

Ein anderes, mathematisch relevantes Beispiel ist

$\mathcal{A}$ = „$f(x)$ ist differenzierbar."

$\mathcal{B}$ = „$f(x)$ ist stetig."

(Dies gelte jeweils im gleichen Definitionsbereich.) Aus der Differenzierbarkeit folgt die Stetigkeit, aber nicht umgekehrt! Stetigkeit ist eine notwendige Bedingung für Differenzierbarkeit, aber keine hinreichende. Nicht stetige Funktionen sind sicher nicht differenzierbar.

Wir verlassen diese speziellen Beispiele und betrachten den Fall, dass die Aussage $\mathcal{B}$ sowohl notwendig als auch hinreichend für die Aussage $\mathcal{A}$ ist, also

$$(\mathcal{A} \Rightarrow \mathcal{B}) \text{ und } (\mathcal{B} \Rightarrow \mathcal{A})\ .$$

In diesem Fall ist natürlich auch $\mathcal{A}$ **notwendig und hinreichend** für $\mathcal{B}$. Man sagt dann, $\mathcal{A}$ ist „gleichwertig" mit $\mathcal{B}$ und schreibt symbolisch

$$\mathcal{A} \sim \mathcal{B} \quad \text{oder} \quad \mathcal{A} \Leftrightarrow \mathcal{B}\,.$$

Wenn ich gesund bin, dann bin ich nicht krank. Wenn ich nicht krank bin, dann bin ich gesund. Offenbar ist also „nicht krank sein" gleichwertig mit „gesund sein".

Zoologie elementarer Funktionen

B

Eine **Funktion** ist eine Vorschrift, nach der einem Element einer Menge (Definitionsmenge D) ein Element einer anderen Menge (Zielmenge Z) zugeordnet wird,

$$x \mapsto f(x) \quad \text{wobei} \quad x \in D\,, \quad f(x) \in Z\,. \tag{B.1}$$

Man sagt dazu auch **Abbildung** von D nach Z und schreibt

$$f : D \to Z\,. \tag{B.2}$$

Wenn man genauer spezifiziert, welche Werte aus Z die Funktion annehmen kann, so nennt man diese Menge die **Bildmenge** oder den **Wertevorrat** W.

M.B.1 Kurz und klar: Funktionen, Monotonie, Stetigkeit

Eine **Funktion** ist eine Abbildung, nach der jedem Element einer Definitionsmenge D ein Element einer Zielmenge Z zugeordnet wird (D und Z seien nicht leer),

$$f : D \to Z \quad \text{oder auch} \quad x \mapsto f(x)\,. \tag{M.B.1.1}$$

Die Menge $\{f(x) \in Z | x \in D\}$ heißt Wertevorrat W. Eine Abbildung $D \to Z$ ist

injektiv oder eineindeutig: $f(a) = f(b) \Rightarrow a = b$. (Die Umkehrung $a = b \Rightarrow f(a) = f(b)$ ist für Funktionen immer richtig!)
surjektiv: Für alle $y \in Z$ gibt es zumindest ein $x \in D$, sodass $f(x) = y$ gilt.
bijektiv: surjektiv und injektiv, das heißt also, für jedes $x \in D$ gibt es *genau ein* $y \in Z$ aus dem Zielbereich B! Die Abbildung ist dann umkehrbar für alle $y \in Z$.

C.B. Lang, N. Pucker, *Mathematische Methoden in der Physik*,
DOI 10.1007/978-3-662-49313-7

Wir betrachten nun Funktionen $f : x \mapsto f(x)$ in den reellen Zahlen, $x \in \mathbb{R}$, $f(x) = y \in \mathbb{R}$. So eine Funktion ist

monoton wachsend: Falls $a < b \Rightarrow f(a) \leq f(b)$; wenn sogar $f(a) < f(b)$ folgt, dann ist $f(x)$ streng monoton wachsend.

monoton fallend: Falls $a < b \Rightarrow f(a) \geq f(b)$; wenn sogar $f(a) > f(b)$ folgt, dann ist $f(x)$ streng monoton fallend. Streng monotone Funktionen sind injektiv.

gerade: $f(x) = f(-x)$.

ungerade: $f(x) = -f(-x)$.

stetig: Eine Funktion $f : X \to \mathbb{R}$ heißt genau dann **stetig** bei $x = a$, wenn für beliebige Folgen der Form (x_n), $x_n \in X$ mit $\lim_{n\to\infty} x_n = a \in X$ auch

$$\lim_{n\to\infty} f(x_n) = f(a) \in \mathbb{R} \tag{M.B.1.2}$$

gezeigt werden kann. Es ist dann also der Grenzwert von f gleich dem Funktionswert,

$$\lim_{x\to a,\, x\in X} f(x) = f(a) \; . \tag{M.B.1.3}$$

Je nach weiteren Eigenschaften der gewählten Folge (x_n) kann man auch die Begriffe linksseitig oder rechtsseitig stetig einführen.

Eine an einem Punkt x differenzierbare Funktion ist dort auch stetig; eine bei x stetige Funktion ist dort nicht unbedingt differenzierbar!

Wenn die Ableitung einer am Punkt x differenzierbaren Funktion dort wiederum stetig ist, so nennen wir die Funktion dort **stetig differenzierbar**.

Die in den folgenden Abschnitten besprochenen Funktionen sind meist reelle Funktionen von reellen Variablen, haben also die Form

$$f : \mathbb{R} \to \mathbb{R} \; , \tag{B.3}$$

wie zum Beispiel die Funktion

$$x \mapsto f(x) = 3x + 4x^4 - \sin x \; . \tag{B.4}$$

Oft verwenden wir die Schreibweise

$$y = f(x) \; , \tag{B.5}$$

und meinen damit den **Graph** von f in der (x, y)-Ebene, also die Menge der Punkte in $\mathbb{R}^2$ mit den Koordinaten $(x, y = f(x))$.

Eine Abbildung oder Funktion wird eineindeutig oder auch **injektiv** genannt, wenn aus $f(a) = f(b)$ auch stets $a = b$ folgt, und aus $a \neq b$ auch $f(a) \neq f(b)$. Das heißt, dass die Gleichung $f(x) = y$ (y sei Element der Zielmenge) höchstens eine Lösung x hat.

Zum Beispiel ist $f(x) = 3\,x$ sicher injektiv, aber $f(x) = x^2$ oder $f(x) = \sin x$ nicht (jeweils $x \in \mathbb{R},\ y \in \mathbb{R}$). Für $x \in \mathbb{R}^+$ ist $f(x) = x^2$ injektiv.

Surjektiv heißt eine Abbildung, wenn es für jedes y aus der Zielmenge wenigstens ein x gibt, sodass $f(x) = y$; der Wertebereich der Abbildung ist also die ganze Zielmenge. Offenbar ist $f(x) = 3\,x$ also auch surjektiv, $f(x) = \mathrm{e}^x$ aber nicht.

Wenn eine Abbildung $f : A \to B$ sowohl surjektiv als auch injektiv ist, so heißt sie **bijektiv**. Dann gibt es für jedes x aus dem Definitionsbereich A genau ein y aus dem Zielbereich B! Man kann dann die Abbildung umkehren, $g : B \to A$, mit $g(y) = x$ genau dann, wenn $f(x) = y$. Es ist also insbesondere $f(g(y)) = y$ und $g(f(x)) = x$. Man nennt g dann **Umkehrabbildung** oder **Umkehrfunktion** von f oder auch die **inverse Funktion** und schreibt f^{-1} statt g, also

$$f(x) = y \ \Leftrightarrow\ f^{-1}(y) = x\ . \tag{B.6}$$

Man darf f^{-1} nicht mit $1/f$ verwechseln!

Funktionen, deren Graph bei Spiegelung um die y–Achse symmetrisch ist, nennen wir **gerade Funktionen**, es gilt für sie

$$f(x) = f(-x) \ \Leftrightarrow\ f(x) \text{ gerade}\ . \tag{B.7}$$

Die Funktion $f(x) = x^2$ ist eine gerade Funktion. Wenn sich bei der Spiegelung das Vorzeichen des Funktionswerts umkehrt, so handelt es sich um eine **ungerade Funktion**,

$$f(x) = -f(-x) \ \Leftrightarrow\ f(x) \text{ ungerade}\ . \tag{B.8}$$

Die Funktion $f(x) = x$ ist eine ungerade Funktion. Jede Funktion ist entweder gerade oder ungerade oder kann als Summe einer geraden und einer ungeraden Funktion geschrieben werden,

$$\begin{aligned} f(x) &= f_+(x) + f_-(x)\ , \\ f_+(x) &= \frac{1}{2}\left(f(x) + f(-x)\right)\ , \quad f_-(x) = \frac{1}{2}\left(f(x) - f(-x)\right)\ . \end{aligned} \tag{B.9}$$

Falls für eine Funktion aus $x_0 < x_1$ folgt, dass $f(x_0) \leq f(x_1)$ gilt, so nennt man die Funktion **monoton wachsend**; wenn sogar folgt, dass $f(x_0) < f(x_1)$, so heißt sie **streng monoton wachsend**. Entsprechend definiert sind es die Begriffe **monoton fallend** und **streng monoton fallend**. Streng monotone Funktionen sind injektiv, da ja nie der Fall $f(a) = f(b)$ für $a \neq b$ eintreten kann.

Mit der Einführung des Begriffs Grenzwert in Kap. 1 können wir auch die **Stetigkeit** einer Funktion definieren. Eine Funktion $f : X \to \mathbb{R}$ heißt genau dann **stetig** bei $x = a$, wenn für beliebige Folgen der Form

$$(x_n)\,, \quad x_n \in X\,, \quad \lim_{n\to\infty} x_n = a \tag{B.10}$$

auch

$$\lim_{n\to\infty} f(x_n) = f(a) \tag{B.11}$$

gezeigt werden kann.

Beispiel

Die Funktion

$$f(x) = \begin{cases} 0 & x \le 0 \\ 1 & x > 0 \end{cases}$$

ist offenbar bei x=1 stetig, hat aber bei $x = 0$ eine Unstetigkeit. □

Welche Funktionen man **elementar** nennt, ist natürlich Konvention. Es gibt keinen grundsätzlichen Unterschied zu anderen, weniger „elementaren“ Funktionen wie etwa den Besselfunktionen, die eben nur weniger gebräuchlich sind.

B.1 Polynome und rationale Funktionen

Endliche **Polynome** vom Grad N sind Summen von endlich vielen Termen, die jeder proportional einer Potenz der Variablen sind. Sie können also als Summe

$$P_N(x) = \sum_{n=0}^{N} c_n x^n \tag{B.12}$$

geschrieben werden, wobei wir uns hier auf $c_n \in \mathbb{R}$ beschränken. Sie haben entweder genau N Nullstellen erster Ordnung oder aber weniger Nullstellen, wobei dann einige oder alle entsprechend höherer Ordnung sind. Eine alternative Schreibweise (der so genannte **Satz von Vieta**) drückt diesen Sachverhalt direkt aus:

$$P_N(x) = c_N \prod_{n=1}^{N} (x - x_n)\,, \tag{B.13}$$

wobei die x_n die Nullstellen des Polynoms sind und Nullstellen höherer Ordnung in der Menge der x_n entsprechend oft vorkommen. Da manche Nullstellen Paare von komplex konjugierten Zahlen sein können, wir uns aber im Moment auf reelle Zahlen beschränken wollen, schreiben wir

$$P_N(x) = c_N \left(\prod_{i=1}^{N_1} (x - x_i)\right) \left(\prod_{j=1}^{N_2} (x^2 + p_j x + q_j)\right)\,, \quad N = N_1 + 2\,N_2\,. \tag{B.14}$$

Falls in (B.12) $N \to \infty$, so sprechen wir von einer unendlichen Potenzreihe. Der Wertebereich von x, in dem diese Summe konvergiert, heißt Konvergenzbereich. Im Konvergenzbereich definiert die unendliche Potenzreihe eine Funktion (vgl. Kap. 1).

Rationale Funktionen sind Brüche von Polynomen

$$R_{NM}(x) = \frac{P_N(x)}{Q_M(x)} . \tag{B.15}$$

Sofern sich Nullstellen des Zählers nicht mit denen des Nenners aufheben, hat $R_{NM}(x)$ Nullstellen, wo $P_N(x)$ sie hat, und Singularitäten (so genannte Pole) an den Nullstellen des Nenners $Q_M(x)$. An den Singularitäten ist die rationale Funktion nicht definiert.

Jede rationale Funktion lässt sich in eine Summe von einfachsten Teilfunktionen zerlegen; das ist die bekannte **Partialbruchzerlegung**. Sie ist vor allem bei der Integration von rationalen Funktionen von Bedeutung, und wir wollen diese Methode daher kurz besprechen.

Ausgangspunkt ist eine rationale Funktion $R_{NM}(x)$, bei der der Grad des Nenners größer als der Grad des Zählers ist, $M > N$. Wenn das nicht der Fall ist, so kann man $R_{NM}(x)$ mit Hilfe einer Division der beiden Polynome auf die Form

$$R(x) = A(x) + \frac{B(x)}{C(x)} \tag{B.16}$$

bringen, sodass die Bedingung für $B(x)/C(x)$ erfüllt ist. Man bringt den Nenner $Q(x)$ in die Form (B.14), also

$$Q(x) = (x - x_1)^{k_1} (x - x_2)^{k_2} \cdots (x^2 + p_1 x + q_1)^{l_1} (x^2 + p_2 x + q_2)^{l_2} \cdots . \tag{B.17}$$

Für jeden Faktor $(x - x_i)^{k_i}$ setzt man k_i Terme

$$\frac{a_{i1}}{(x - x_i)} + \frac{a_{i2}}{(x - x_i)^2} + \cdots + \frac{a_{ik_i}}{(x - x_i)^{k_i}} , \tag{B.18}$$

und für jeden Faktor $(x^2 + p_i x + q_i)^{l_i}$ setzt man l_i Terme

$$\frac{b_{i1} x + c_{i1}}{(x^2 + p_i x + q_i)} + \frac{b_{i2} x + c_{i2}}{(x^2 + p_i x + q_i)^2} + \cdots + \frac{b_{il_i} x + c_{il_i}}{(x^2 + p_i x + q_i)^{l_i}} \tag{B.19}$$

für die Partialbruchzerlegung $Z(x)$ an. Man hat also insgesamt M unbekannte Parameter $\{a_{i1}, \ldots, b_{i1}, \ldots, c_{i1}, \ldots\}$. Wenn man $R_{NM}(x)$ mit diesem Ansatz $Z(x)$ für die Partialbruchzerlegung gleichsetzt und diese Gleichung mit dem Nennerpolynom erweitert,

$$P_N(x) = Z(x)\, Q_M(x) , \tag{B.20}$$

so kann man die unbekannten Parameter durch Koeffizientenvergleich bestimmen.

Beispiel

Als Beispiel zerlegen wir die rationale Funktion

$$R(x) = \frac{-2\,x^3 - 2\,x^2 + 2\,x + 14}{(x+1)^2\,(x^2+2x+5)}$$

in eine Summe von Elementarbrüchen. Unser Ansatz lautet:

$$Z(x) = \frac{a_0}{x+1} + \frac{a_1}{(x+1)^2} + \frac{b_0 x + c_0}{x^2+2x+5}\,.$$

Gleichsetzen mit $R(x)$ und Multiplikation mit dem Nenner von $R(x)$ ergibt

$$\begin{aligned} -2\,x^3 - 2\,x^2 + 2\,x + 14 &= a_0(x+1)\,(x^2+2\,x+5) + a_1\,(x^2+2\,x+5) \\ &\quad +(b_0\,x + c_0)\,(x+1)^2 \\ &= (a_0+b_0)\,x^3 + (3\,a_0 + a_1 + 2b_0 + c_0)\,x^2 \\ &\quad +(7\,a_0 + 2a_1 + b_0 + 2c_0)\,x + (5\,a_0 + 5a_1 + c_0)\,. \end{aligned}$$

Koeffizientenvergleich der Potenzen liefert vier Gleichungen für die a_i mit der Lösung $a_0 = 0$, $a_1 = 3$, $b_0 = -2$, $c_0 = -1$, und daher ergibt sich

$$\frac{-2\,x^3 - 2\,x^2 + 2\,x + 14}{(x+1)^2\,(x^2+2\,x+5)} = \frac{3}{(x+1)^2} - \frac{2\,x+1}{(x^2+2\,x+5)}\,.$$

Hier noch ein Hinweis: Oft kann man einige der unbekannten Parameter auch bestimmen, indem man in die Gleichung geeignete Werte für die Variable x einsetzt. In unserem Beispiel ergibt sich für $x = -1$ sofort die Beziehung $12 = 4\,a_1$ und damit $a_1 = 3$. So wird das System sofort einfacher. □

B.2 Exponentialfunktion und Logarithmus

Exponentielle Zusammenhänge ergeben sich in vielen Bereichen der Naturwissenschaften. Das Paradebeispiel ist die exponentielle Wachstumskurve der Bevölkerungszahl – oder der Umweltverschmutzung. Solch ein Verhalten ergibt sich immer, wenn der Wert der Funktion an der Stelle $(x + \delta x)$ proportional dem Wert der Funktion an der Stelle x ist, also

$$f(x+\delta x) = \alpha f(x) \quad \text{mit} \quad \alpha > 0\,.$$

Wenn wir für eine gegebene Schrittweite δx die Konstante geschickt umbenennen, $\alpha = a^{\delta x}$, dann ergibt sich

$$f(n\,\delta x) = \alpha^n f(0) = a^{n\,\delta x} f(0)\,, \quad a > 0\,, \tag{B.21}$$

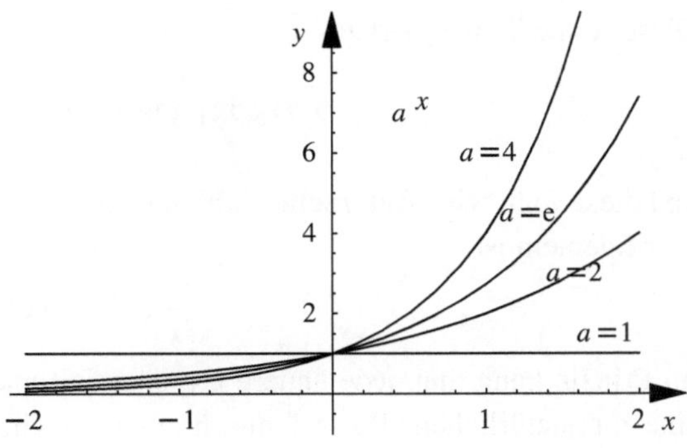

Abb. B.1 Die Funktion a^x ist für verschiedene Werte von a dargestellt

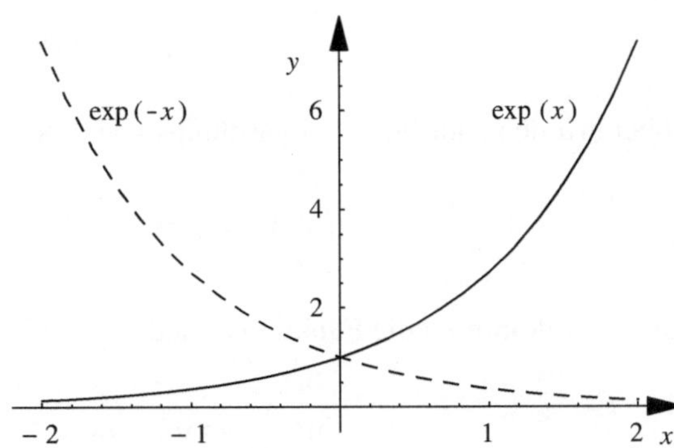

Abb. B.2 Die Exponentialfunktionen e^x und e^{-x} für reelle $x \in (-2, 2)$

und mit $x = n\,\delta x$

$$f(x) = a^x f(0)\,. \tag{B.22}$$

Die bekannteste Exponentialfunktion (Abb. B.1 und B.2) zeichnet sich dadurch aus, dass sie gleich ihrer Ableitung ist,

$$\frac{d}{dx}\,\mathrm{e}^x = \mathrm{e}^x\,. \tag{B.23}$$

Man kann diese Eigenschaft zur Definition der Exponentialfunktion verwenden und den Wert der Basis e bestimmen. Wie in Kap. 1 ausführlich diskutiert wird, kann man Funktionen durch unendliche Potenzreihen darstellen. Es ist

$$\mathrm{e}^x = 1 + x + \frac{x^2}{2!} + \frac{x^3}{3!} + \cdots = \sum_{n=0}^{\infty} \frac{x^n}{n!}\,, \quad x \in \mathbb{R}\,, \tag{B.24}$$

und insbesondere gilt

$$\mathrm{e}^1 = \mathrm{e} = \sum_{n=0}^{\infty} \frac{1}{n!} = 1 + 1 + \frac{1}{2} + \frac{1}{6} + \frac{1}{24} + \ldots\,. \tag{B.25}$$

Diese Reihe konvergiert zu

$$e = 2.718\,281\,828\,459\,045\,235\,360\,287\ldots\,, \tag{B.26}$$

und diese Zahl wird **Eulersche Zahl** genannt.

Allgemein ist

$$\frac{d}{dx} e^{c\,x} = a\, e^{c\,x}\,. \tag{B.27}$$

Im Prinzip kann man jede andere Exponentialfunktion mit Basis a (und $a > 0$) auch in eine zur „natürlichen" Basis e umschreiben. Es gilt die Identität

$$a^x = e^{x \ln a}\,, \tag{B.28}$$

wobei $\ln a$ den natürlichen Logarithmus von a bezeichnet (siehe unten). Weiter gilt

$$\left(\frac{1}{a}\right)^x = a^{-x}\,, \quad a^{x_1} a^{x_2} = a^{(x_1+x_2)}. \tag{B.29}$$

Für $a > 1$ dominiert die Funktion a^x jede beliebige Potenz von x im Grenzwert $x \to \infty$,

$$\lim_{x\to\infty} \frac{x^\gamma}{a^x} = 0\,, \quad \text{für } a > 1\,, \quad \gamma > 0\,. \tag{B.30}$$

Im Abschnitt über komplexe Zahlen wird mit Hilfe der Reihendarstellung gezeigt, dass eine besondere Beziehung zwischen der Exponentialfunktion und den trigonometrischen Funktionen besteht. Die **Eulersche Formel** gibt den Zusammenhang

$$e^{i\varphi} = \cos\varphi + i\,\sin\varphi\,. \tag{B.31}$$

Entsprechend kann man die Winkelfunktionen durch Linearkombinationen von $e^{i\varphi}$ und $e^{-i\varphi}$ ausdrücken.

Zu Beginn dieses Anhangs haben wir schon die Umkehrfunktion oder inverse Funktion besprochen. So wie die Wurzeln die Umkehrfunktionen der Potenz sind, gibt es auch die Umkehrfunktion zur Exponentialfunktion $x = a^y$. Man nennt sie „Logarithmus zu Basis a" und schreibt

$$\begin{aligned} x &= 10^y = 10^{\log_{10} x} &\Leftrightarrow\quad y &= \log_{10} x\,, \\ x &= e^y = e^{\ln x} &\Leftrightarrow\quad y &= \ln x\,. \end{aligned} \tag{B.32}$$

Offenbar ist $\log_a a = 1$ da ja $a^1 = a$.

Allen, die noch vor dem Taschenrechnerzeitalter in die Schule gegangen sind, ist der Logarithmus zur Basis 10 gut bekannt. Logarithmen haben nämlich die angenehme Eigenschaft, Rechenoperationen wie Multiplikation und Division durch Addition und Subtraktion ersetzen zu können. Wir werden weiter unten noch genauer darauf eingehen.

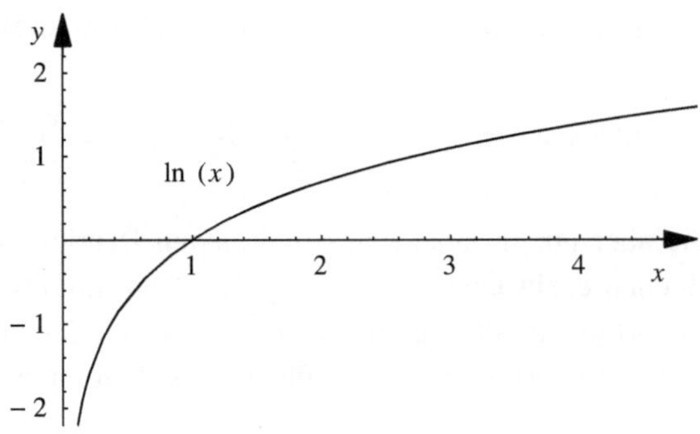

Abb. B.3 Der natürliche Logarithmus

Der Logarithmus zur Basis 2 ist in der Informationstheorie wichtig. Wie sicher bekannt ist, werden auf Digitalrechnern alle Daten, und insbesondere auch die Zahlen, durch Reihen von Bits dargestellt. Ein Bit ist die kleinstmögliche Informationseinheit, die nur zwei Werte (ja oder nein, richtig oder falsch, 1 oder 0) haben kann. Der Logarithmus zur Basis 2 einer Zahl gibt an, wie viele Bits man zu ihrer Darstellung benötigt.

Der Logarithmus zur Basis e ist in den Naturwissenschaften der gebräuchlichste und hat daher einen eigenen Namen erhalten. Man spricht vom **natürlichen Logarithmus** und schreibt (statt $\log_e$) einfach ln (Logarithmus naturalis, Abb. B.3).

Die Logarithmen zu verschiedenen Basen lassen sich einfach miteinander verknüpfen. So ist

$$\ln\left(10^{\log_{10} x}\right) = \ln\left(\mathrm{e}^{\ln x}\right) \tag{B.33}$$

und daher

$$(\log_{10} x)\,(\ln 10) = \ln x\ , \qquad \log_{10} x = (\log_{10} \mathrm{e})\,(\ln x)\ . \tag{B.34}$$

Dabei ist

$$\ln 10 = \frac{1}{\log_{10} \mathrm{e}} = 2.302\,585\,093\ldots\ . \tag{B.35}$$

Der Grund für die früher übliche Verwendung von Logarithmentafeln liegt in den besonderen Rechenregeln für Logarithmen. Es ist

$$\ln(a\,b) = \ln a + \ln b\ , \tag{B.36}$$

da ja

$$\mathrm{e}^{a+b} = \mathrm{e}^a\,\mathrm{e}^b \tag{B.37}$$

ist. Ebenso können allgemeine Potenzen vereinfacht berechnet werden, da

$$\ln a^b = b\,\ln a \tag{B.38}$$

gilt. Auch die folgende (skurrile?) Beziehung kann man durch Logarithmieren leicht beweisen:

$$a^{\ln b} = b^{\ln a} \quad \text{für positive } a, b \in \mathbb{R}\ . \tag{B.39}$$

Der natürliche Logarithmus hat ebenfalls eine Potenzreihendarstellung:

$$\ln(1+x) = x - \frac{x^2}{2} + \frac{x^3}{3} - \frac{x^4}{4} + \cdots = \sum_{n=1}^{\infty} \frac{(-1)^{n+1} x^n}{n} , \quad x \in (-1, 1] , \tag{B.40}$$

die aber nur in einem eingeschränkten Bereich von x-Werten gültig ist. Mit Hilfe der Rechenregeln kann man aber jeden Logarithmus einer positiven Zahl als Produkt von Logarithmen mit Argumenten in diesem Bereich umschreiben.

Der Logarithmus wächst für $x \to \infty$ langsamer als jede Potenz,

$$\lim_{x\to\infty} \frac{\ln x}{x^\gamma} = 0 \quad \text{für } \gamma > 0 . \tag{B.41}$$

Weitere asymptotische Beziehungen werden in Kap. 1 (vgl. (1.50) besprochen.

B.3 Trigonometrische Funktionen

Trigonometrische Funktionen verknüpfen in einem rechtwinkeligen Dreieck die Winkel mit den Seitenlängen. In einem Einheitskreis wird der Winkel üblicherweise von der positiven x-Achse weg gegen den Uhrzeigersinn gemessen und kann Werte von 0 bis 2π annehmen (vgl. Abb. B.4). Wir zählen den Winkel fast immer in Radianten und wollen nur hier daran erinnern, dass es auch die Einteilung des Vollkreises in Grad ($2\pi \simeq 360°$) gibt. Bei Punkten auf dem Einheitskreis definiert der Wert der x-Koordinate dann die Funktion $\cos\varphi$ und der Wert der y-Koordinate die Funktion $\sin\varphi$. Es gilt auch

$$(\sin\varphi)^2 + (\cos\varphi)^2 = 1 . \tag{B.42}$$

Andere trigonometrische Funktionen sind

$$\tan\varphi \equiv \frac{\sin\varphi}{\cos\varphi} , \quad \cot\varphi \equiv \frac{1}{\tan\varphi} . \tag{B.43}$$

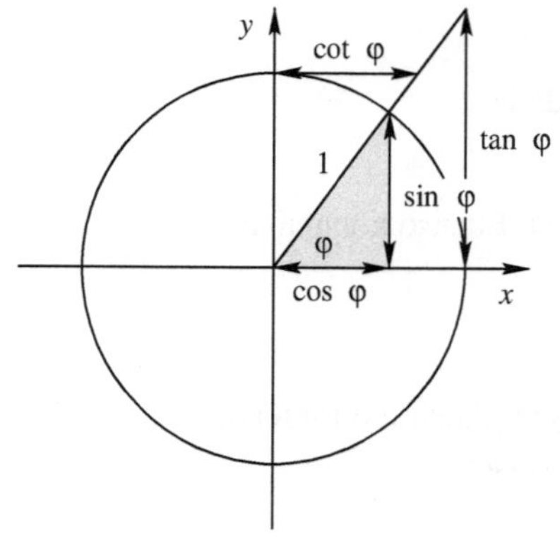

Abb. B.4 Die Winkelfunktionen $\sin\varphi$ und $\cos\varphi$ entsprechen den Koordinaten y und x eines Punktes am Einheitskreis

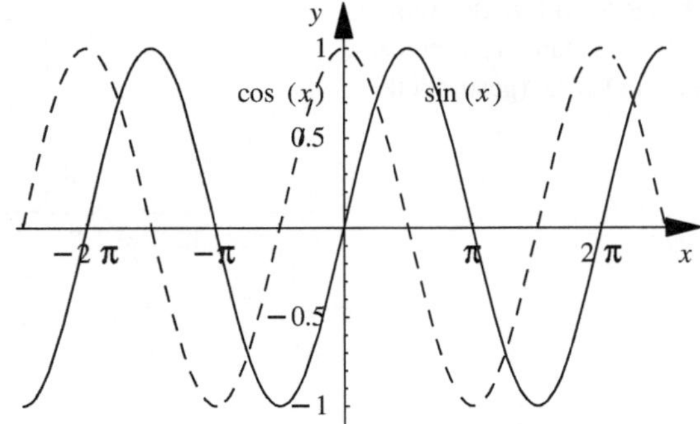

Abb. B.5 Skizze der Winkelfunktionen $\sin x$ (durchgezogen) und $\cos x$ (gestrichelt)

Die Funktionen $\sin\varphi$ und $\cos\varphi$ sind periodisch in Bezug auf das Argument mit der Periode 2π (Abb. B.5), die Funktionen $\tan\varphi$ und $\cot\varphi$ haben die Periode π (Abb. B.6). Hier folgen einige nützliche Beziehungen:

$$
\begin{aligned}
\sin(-x) &= -\sin x & \cos(-x) &= \cos x \\
\sin(x+2n\pi) &= \sin x & \cos(x+2n\pi) &= \cos x \\
\sin\left(x+\frac{\pi}{2}\right) &= \cos x & \cos\left(x+\frac{\pi}{2}\right) &= -\sin x \\
\sin(x+\pi) &= -\sin x & \cos(x+\pi) &= -\cos x \\
\tan(-x) &= -\tan x & \cot(-x) &= -\cot x \\
\tan(x+n\pi) &= \tan x & \cot(x+n\pi) &= \cot x \\
\tan\left(x+\frac{\pi}{2}\right) &= -\cot x & \cot\left(x+\frac{\pi}{2}\right) &= -\tan x \\
\frac{1}{(\sin x)^2} &= 1+(\cot x)^2 & \frac{1}{(\cos x)^2} &= 1+(\tan x)^2 \\
\cos x &= \frac{1-(\tan\frac{x}{2})^2}{1+(\tan\frac{x}{2})^2} & \sin x &= \frac{2\tan\frac{x}{2}}{1+(\tan\frac{x}{2})^2} \\
(\sin x)' &= \cos x & (\cos x)' &= -\sin x \\
(\tan x)' &= \frac{1}{(\cos x)^2} & (\cot x)' &= -\frac{1}{(\sin x)^2}
\end{aligned}
\tag{B.44}
$$

Manchmal (vorwiegend im englischen Sprachgebrauch) findet man auch die Bezeichnungen sec (für Secans) und csc (für Cosecans) mit der Bedeutung

$$
\sec x = \frac{1}{\cos x} \quad \text{mit } x \neq (n+\frac{1}{2})\pi\ , n \in \mathbb{Z}\ , \qquad \csc x = \frac{1}{\sin x} \quad \text{mit } x \neq n\pi\ , n \in \mathbb{Z}\ .
\tag{B.45}
$$

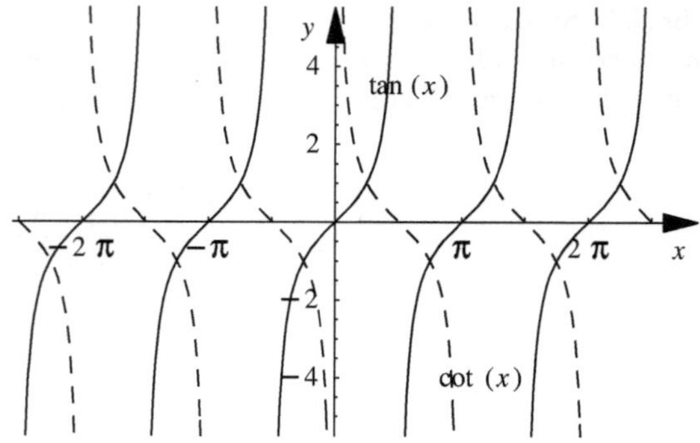

Abb. B.6 Skizze der Winkelfunktionen $\tan x$ (durchgezogen) und $\cot x$ (gestrichelt)

Auch die Winkelfunktionen lassen sich durch unendliche Potenzreihen darstellen, und es sind zum Beispiel

$$\begin{aligned} \sin x &= x - \frac{x^3}{3!} + \frac{x^5}{5!} - \frac{x^7}{7} + \cdots = \sum_{n=0}^{\infty} \frac{(-1)^n\, x^{2n+1}}{(2n+1)!} \,, \\ \cos x &= 1 - \frac{x^2}{2!} + \frac{x^4}{4!} - \frac{x^6}{6!} + \cdots = \sum_{n=0}^{\infty} \frac{(-1)^n\, x^{2n}}{(2n)!} \,, \qquad x \in \mathbb{R} \,. \end{aligned} \tag{B.46}$$

Die Winkelfunktionen lassen sich auch durch Linearkombinationen von Exponentialfunktionen mit rein imaginärem Argument ausdrücken,

$$\sin \varphi = \frac{\mathrm{e}^{\mathrm{i}\varphi} - \mathrm{e}^{-\mathrm{i}\varphi}}{2\mathrm{i}} \,, \qquad \cos \varphi = \frac{\mathrm{e}^{\mathrm{i}\varphi} + \mathrm{e}^{-\mathrm{i}\varphi}}{2} \,. \tag{B.47}$$

Winkelfunktionen für rein imaginäre Argumente kann man mit den so genannten **hyperbolischen Winkelfunktionen** (auch **Hyperbelfunktionen**) sinh und cosh in Beziehung setzen,

$$\sin \mathrm{i}\, y = \mathrm{i}\, \frac{\mathrm{e}^{y} - \mathrm{e}^{-y}}{2} = \mathrm{i} \sinh y \,, \qquad \cos \mathrm{i}\, y = \frac{\mathrm{e}^{y} + \mathrm{e}^{-y}}{2} = \cosh y \,. \tag{B.48}$$

Entsprechend gilt auch

$$\tanh x = \frac{\sinh x}{\cosh x} \,, \qquad \coth x = \frac{1}{\tanh x} \,. \tag{B.49}$$

Die Hyperbelfunktionen sind (für reelle Argumente) nicht periodisch. Sie haben gleiche Symmetrieeigenschaften wie die Winkelfunktionen, aber etwas andere Ableitungseigenschaften,

$$\begin{aligned} \sinh(-x) &= -\sinh x \,, & \cosh(-x) &= \cosh x \,, \\ (\sinh x)' &= \cosh x \,, & (\cosh x)' &= \sinh x \,. \end{aligned} \tag{B.50}$$

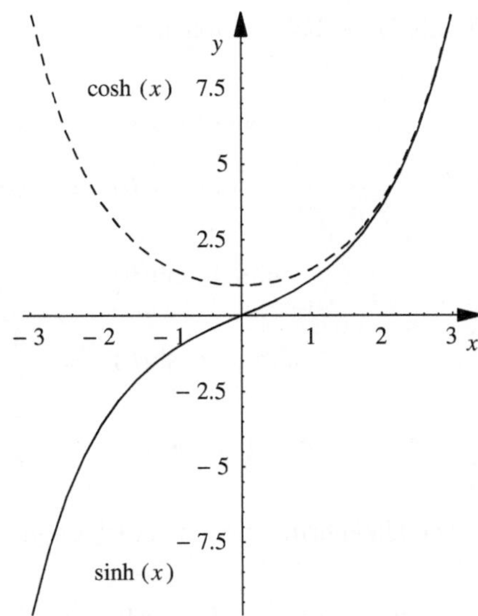

Abb. B.7 Hier ist der Verlauf der beiden Hyperbelfunktionen $\sinh x$ und $\cosh x$ skizziert

Auch ist

$$(\cosh x)^2 - (\sinh x)^2 = 1 \,. \tag{B.51}$$

In Abb. B.7 sind die beiden Hyperbelfunktionen für reelle Argumente dargestellt.

Aus der Exponentialdarstellung für die Winkelfunktionen kann man nützliche Additionstheoreme ableiten:

$$\begin{aligned}
\sin(a+b) &= \sin(a)\,\cos(b) + \cos(a)\,\sin(b) \\
\cos(a+b) &= \cos(a)\,\cos(b) - \sin(a)\,\sin(b) \\
\sin(a)\,\sin(b) &= \frac{1}{2}\left(\cos(a-b) - \cos(a+b)\right) \\
\sin(a)\,\cos(b) &= \frac{1}{2}\left(\sin(a-b) + \sin(a+b)\right) \\
\cos(a)\,\cos(b) &= \frac{1}{2}\left(\cos(a-b) + \cos(a+b)\right)
\end{aligned} \tag{B.52}$$

Für die Hyperbelfunktionen kann man mit Hilfe von (B.48) analoge Relationen finden:

$$\begin{aligned}
\sinh(a+b) &= \sinh(a)\,\cosh(b) + \cosh(a)\,\sinh(b) \\
\cosh(a+b) &= \cosh(a)\,\cosh(b) + \sinh(a)\,\sinh(b) \\
\sinh(a)\,\sinh(b) &= -\frac{1}{2}\,(\cosh(a-b) - \cosh(a+b)) \\
\sinh(a)\,\cosh(b) &= \frac{1}{2}\,(\sinh(a-b) + \sinh(a+b)) \\
\cosh(a)\,\cosh(b) &= \frac{1}{2}\,(\cosh(a-b) + \cosh(a+b))
\end{aligned} \tag{B.53}$$

Die Umkehrfunktionen der trigonometrischen Funktionen sind jeweils:

$$\begin{array}{lll}
y = \sin x & \text{Umkehrfunktion:} & y = \arcsin x \quad \text{oder} \quad y = \sin^{-1} x \\
& & x \in [-1, 1]\,, \quad y \in \left[-\frac{\pi}{2}, \frac{\pi}{2}\right] \\
y = \cos x & \text{Umkehrfunktion:} & y = \arccos x \quad \text{oder} \quad y = \cos^{-1} x \\
& & x \in [-1, 1]\,, \quad y \in [0, \pi] \\
y = \tan x & \text{Umkehrfunktion:} & y = \arctan x \quad \text{oder} \quad y = \tan^{-1} x \\
& & x \in \mathbb{R}\,, \quad y \in \left(-\frac{\pi}{2}, \frac{\pi}{2}\right]
\end{array} \tag{B.54}$$

und werden „Arcus Sinus“, „Arcus Cosinus“ oder „Arcus Tangens“ ausgesprochen. In der jeweils zweiten Zeile ist eine weitere übliche Schreibweise angegeben. Die Umkehrfunktion gibt den Wert des Bogens y an, für den die entsprechende Winkelfunktion den Wert x hat. Wegen der Vieldeutigkeit der Winkelfunktionen wird der Wertebereich der Umkehrfunktion geeignet beschränkt.

Die Umkehrfunktionen für die Hyperbelfunktionen sind entsprechend definiert:

$$\begin{array}{lll}
y = \sinh x & \text{Umkehrfunktion:} & y = \operatorname{arsinh} x \quad \text{oder} \quad y = \sinh^{-1} x \\
& & x \in \mathbb{R}\,, \quad y \in \mathbb{R} \\
y = \cosh x & \text{Umkehrfunktion:} & y = \operatorname{arcosh} x \quad \text{oder} \quad y = \cosh^{-1} x \\
& & x \in \mathbb{R}^+\,, \quad y \in \mathbb{R}^+ \\
y = \tanh x & \text{Umkehrfunktion:} & y = \operatorname{artanh} x \quad \text{oder} \quad y = \tanh^{-1} x \\
& & x \in [-1, 1]\,, \quad y \in \mathbb{R}
\end{array} \tag{B.55}$$

und werden „Area Sinus Hyberbolicus“ etc. ausgesprochen.

Tab. B.1 Differenziationstafel für elementare Funktionen; kann – umgekehrt gelesen – auch zur Bestimmung der unbestimmten Integrale (bitte nicht auf die Integrationskonstante vergessen!) genutzt werden

$f(x)$	$f'(x)$	Kommentar
a	0	
x	1	
x^b	$b\,x^{b-1}$	
$\frac{1}{a+b\,x}$	$-\frac{b}{(a+b\,x)^2}$	
e^x	e^x	
$\mathrm{e}^{a\,x}$	$a\,\mathrm{e}^{a\,x}$	
$a^x = \mathrm{e}^{x\,\ln a}$	$a^x\,\ln a$	$a > 0$
$\ln x$	$\frac{1}{x}$	$x > 0$
$x\,(\ln x - 1)$	$\ln x$	$x > 0$
$\sin x$	$\cos x$	
$\cos x$	$-\sin x$	
$\tan x$	$\frac{1}{(\cos x)^2} \equiv 1 + (\tan x)^2$	
$\cot x$	$-\frac{1}{(\sin x)^2} \equiv -1 - (\cot x)^2$	
$\arcsin x$	$\frac{1}{\sqrt{1-x^2}}$	$-1 < x < 1$
$\arccos x$	$-\frac{1}{\sqrt{1-x^2}}$	$-1 < x < 1$
$\arctan x$	$\frac{1}{1+x^2}$	$-\frac{\pi}{2} < \arctan x < \frac{\pi}{2}$
$\operatorname{arccot} x$	$-\frac{1}{1+x^2}$	$0 < \operatorname{arccot} x < \pi$
$\sinh x$	$\cosh x$	
$\cosh x$	$\sinh x$	
$\tanh x$	$\frac{1}{(\cosh x)^2} \equiv 1 - (\tanh x)^2$	
$\coth x$	$-\frac{1}{(\sinh x)^2} \equiv 1 - (\coth x)^2$	
$\operatorname{arsinh} x$	$\frac{1}{\sqrt{1+x^2}}$	
$\operatorname{arcosh} x$	$\frac{1}{\sqrt{x^2-1}}$	$x > 1$
$\operatorname{artanh} x$	$\frac{1}{1-x^2}$	$\|x\| < 1$
$\operatorname{arcoth} x$	$\frac{1}{1-x^2}$	$\|x\| > 1$

Programmbeispiele

C

Lange Jahre wurde als erste Programmiersprache BASIC oder PASCAL erlernt, aber diese Rolle haben inzwischen C und C++ übernommen. Daneben ist noch immer gerade im Bereich der Physik FORTRAN weit verbreitet Wir haben uns dazu entschieden, für die Beispielprogramme FORTRAN95 zu verwenden. Ausgehend davon ist es recht einfach, die Programme auch in die jeweilige Lieblingssprache zu übertragen.

Daneben werden einzelne Probleme auch in MATHEMATICA vorgestellt. Neben MAPLE ist das die derzeit wohl verbreitetste „Sprache" zur Formulierung analytischer und numerischer Fragestellungen sowie deren grafischer Darstellung. Wir geben nur die Eingabezeilen an, nicht die kompletten MATHEMATICA Notebooks, die ja auch Ausgabe und Plots enthalten.

Wir sind um eine möglichst einfache Programmstruktur bemüht und wollen möglichst wenige „Ornaymente" verwenden. Sie können daher sicher in vielen Fällen elegantere oder allgemeiner gültige Varianten entwickeln. Hier geht es nur um den ersten Schritt. Der Leser wird dazu aufgefordert, die vorliegenden Programme zu verändern und zu verbessern und eigene, vielleicht elegantere Lösungen zu finden. Die Fähigkeit zum selbständigen Arbeiten zu entwickeln, ist auch ein Ziel dieses Buchs.

Die Grafik ist immer von der Hardware abhängig. Für FORTRAN95 gibt es keine einfachen Standards. Das Paket OPENGL kommt dieser Forderung nahe, ist aber für Anfänger nicht einfach zu verwenden. Wir werden daher entweder die Ergebnisdaten in geeigneter Form zur Verwendung in eigenständigen Grafikprogrammen aufbereiten oder aber das verbreitete Paket GNUPLOT verwenden. Dieses Paket ist für fast alle Plattformen kostenfrei im Internet verfügbar.

Man findet alle Programmbeispiele im Internet (World-Wide-Web) unter den Verlags-Webseiten zum Buch oder unter

http://physik.uni-graz.at/~cbl/mm/

Sie benötigen dazu einen WWW-Browser und können die Programme damit auf Ihren Computer transferieren.

C.B. Lang, N. Pucker, *Mathematische Methoden in der Physik*,
DOI 10.1007/978-3-662-49313-7

Die Programmbeispiele sollen für den Leser eine Anregung zu weiteren Studien sein und können keinen Text oder Kurs über numerische Methoden in der Mathematik (wie etwa [1]) ersetzen. Programmbibliotheken im Bereich der Physik gibt es zur Zeit vorwiegend in FORTRAN und C. Auf den Webseiten vieler Forschungszentren, wie etwa auch am Europäischen Forschungszentrum CERN, gibt es große, frei verfügbare Sammlungen von Programmen. Für den Normalverbraucher verweisen wir vor allem auf die äußerst nützliche Sammlung in [2]. Im OpenSource Bereich liefert LAPACK (Linear Algebra PACKage) zahlreiche Programme zur linearen Algebra, wie etwa zur Bestimmung der Eigensysteme von Matrizen. Daneben gibt es noch weitere ausgezeichnete Bibliotheken wie etwa die NAG-Library oder auch die IMSL-Library, die kommerziell vertrieben werden. Gute und aktuelle Problemlösungen werden auch in Fachzeitschriften wie *Computer Physics Communications* (Elsevier) vorgestellt.

Literatur

1. W. Törnig und P. Spellucci, *Numerische Mathematik für Ingenieure und Physiker, Band 1 und 2* (Springer-Verlag, Berlin, 1988).
2. W. H. Press, B. P. Flannery, S. A. Teukolsky, und W. T. Vetterling, *Numerical Recipes: The Art of Scientific Computing*, 3. Aufl. (Cambridge University Press, Cambridge, 2007).

Sachverzeichnis

C.B. Lang, N. Pucker, *Mathematische Methoden in der Physik*,
DOI 10.1007/978-3-662-49313-7

E

F

G

H

S

T

W

Z